Angewandte Humangenetik

Angewandte Humangenetik

Andrew Read · Dian Donnai

Angewandte Humangenetik

Herausgeber der deutschen Übersetzung
Olaf Rieß · Johannes Zschocke

Mit zusätzlichen Beiträgen von
Ulrike A. Mau-Holzmann

Übersetzer
Susanne Kuhlmann-Krieg · Kurt Beginnen
Sebastian Vogel · Sigrid Kontz

1. Auflage

W
DE
G

Walter de Gruyter
Berlin · New York

Titel der Originalausgabe

New Clinical Genetics
Copyright © 2007 by Scion Publishing Ltd
Scion Publishing Limited
Bloxham Mill, Barford Road, Bloxham,
Oxfordshire OX15 4FF, UK
www.scionpublishing.com

Autoren der Originalausgabe

Andrew Read
Department of Medical Genetics
University of Manchester, UK

Dian Donnai
St Mary's Hospital, Manchester, UK

Herausgeber der deutschen Übersetzung

Prof. Dr. Olaf Rieß
Ärztlicher Direktor Humangenetik
Universität Tübingen
Calwerstr. 7
72076 Tübingen

Prof. Dr. Dr. Johannes Zschocke
Institut für Humangenetik
Universitätsklinikum Heidelberg
Im Neuenheimer Feld 344a
69120 Heidelberg

Lektorat
Dr. Petra Kowalski

Zusätzliche Beiträge

Dr. Ulrike A. Mau-Holzmann
Leiterin des Cytogenetik-Labors
Medizinische Genetik
Universität Tübingen
Calwerstr. 7
72076 Tübingen

Fallbeispiel Familie Engel
Krankheitsinfo 2.1 und 2.2, Exkurs 7.2

Übersetzer

Dr. Susanne Kuhlmann-Krieg
Karl-Benz-Str. 10
69214 Eppelheim

Dr. Kurt Beginnen
Jülicher Str. 8
50674 Köln

Dr. Sebastian Vogel
Erikaweg 5
50169 Kerpen

Sigrid Kontz
Jülicher Str. 8
50674 Köln

Herstellung
Marie-Rose Dobler

Mit zahlreichen vierfarbigen Abbildungen und Tabellen.

Diese Übersetzung des Originaltitels *New Clinical Genetics* wird in Absprache mit Scion Publishing Limited veröffentlicht.

ISBN 978-3-11-019465-4

Bibliografische Information der Deutschen Nationalbibliothek

Die Deutsche Nationalbibliothek verzeichnet diese Publikation in der Deutschen Nationalbibliografie; detaillierte bibliografische Daten sind im Internet über http://dnb.d-nb.de abrufbar.

∞ Gedruckt auf säurefreiem Papier, das die US-ANSI-Norm über Haltbarkeit erfüllt.

Vorwort der Herausgeber der deutschen Übersetzung

Die Erforschung der molekularen Grundlagen von Krankheit und Gesundheit führt zu einer Revolution in der Medizin, die in ihrer Bedeutung nur mit der Zellularpathologie des 19. Jahrhunderts vergleichbar ist. In allen medizinischen Bereichen werden Krankheiten neu verstanden und neu definiert, ändern sich die Möglichkeiten von Diagnose, Therapie und Prädiktion. Die Humangenetik als ärztliches Fach befindet sich dabei in einem Spannungsfeld zwischen klinischer Diagnostik, Labordiagnostik, Beratung und Grundlagenforschung. Es ist die besondere Aufgabe der Ärztinnen und Ärzte für Humangenetik, genetische Risikofaktoren bzw. erbliche Krankheiten klinisch und durch Laboranalysen zu erkennen und den betroffenen Personen beim Umgang mit der gewonnenen Information zu helfen. Dabei sind breite Kenntnisse über die klinischen Erscheinungsformen und pathophysiologischen Grundlagen von zahlreichen zum Teil sehr seltenen Krankheitsbildern aus allen Bereichen der Medizin unabdingbar. Die zunehmende Bedeutung der Humangenetik für die gesamte Medizin zeigt sich auch in der Aufnahme als Kernfach in die ärztliche Approbationsordnung.

Die Humangenetik ist primär ein klinisches Fach, in dessen Zentrum der Patient steht, und diese Auffassung spiegelt sich in der Struktur des vorliegenden Buches und im deutschen Titel. Die gesamte Breite des Faches auch unter Berücksichtigung des deutschen Gegenstandskatalogs wird ausgehend von insgesamt 27 klinischen Fällen erarbeitet. Einzelne inhaltliche Details wurden an die Umstände in Deutschland angepasst. In Erweiterung der englischen Ausgabe wurden eine zusätzliche Fallgeschichte und Informationen zu den klinisch wichtigen Themen „unerfüllter Kinderwunsch" und „wiederholte Fehlgeburten" aufgenommen, und wir danken Frau Dr. med. Ulrike A. Mau-Holzmann sehr herzlich für das Verfassen dieser Abschnitte. Des Weiteren danken wir Dr. Susanne Kuhlmann-Krieg, Dr. Kurt Beginnen, Dr. Sebastian Vogel und Sigrid Kontz sehr herzlich für das große Geschick und unermüdlicher Sorgfalt bei der Übersetzung ins Deutsche. Ein ganz besonderer Dank geht schließlich an Frau Dr. rer. nat. Petra Kowalski, auf deren Engagement die Übersetzung insgesamt zurückgeht, sowie an ihr Team im Verlag Walter de Gruyter, welches die deutsche Ausgabe in allen Stadien unermüdlich und mit Nachsicht begleitete. Wir hoffen, dass das vorliegende Buch Interesse für die Breite und Tiefe der Humangenetik weckt, und wünschen Ihnen, liebe Leserin und lieber Leser, viel Freude bei der Beschäftigung mit einem jungen und spannenden ärztlichen Fach.

Tübingen und Heidelberg, im Juli 2008   *Olaf Rieß* und *Johannes Zschocke*

Vorwort zur Originalausgabe

Dieses Buch ist das gemeinsame Werk eines Wissenschaftlers (Andrew Read) und einer Ärztin (Dian Donnai) und damit beispielhaft für die Arbeit der Humangenetik. Wir haben das Glück, in einer Abteilung für Genetik tätig zu sein, in der Kliniker, humangenetische Berater, Diagnostiker und Forscher eng zusammenarbeiten und sich dabei immer wieder gegenseitig inspirieren. Als wir beide irgendwann im Jahre 1977 im Department of Medical Genetics am St Mary's Hospital in Manchester ankamen, wurden uns Büros zugewiesen, die nebeneinander auf demselben Flur lagen, weil die Abteilung wie üblich aus allen Nähten platzte. Wir waren beide hierhin gekommen, weil wir diesen Fachbereich für den aufregendsten und dynamischsten in der gesamten Biologie und Medizin hielten. In dieser Ansicht wurden wir in den darauf folgenden Jahren vollauf bestätigt.

Mit unserem Buch wollen wir vor allem Medizinstudenten ansprechen, hoffen aber, dass auch humangenetische Berater und Wissenschaftler sowie niedergelassene Ärzte, die mehr über die Bedeutung der Humangenetik in der Medizin und Biologie wissen wollen, es mit Gewinn lesen werden. Heutzutage spezialisieren sich nur wenige Medizinstudenten auf Genetik. Alle Medizinstudenten müssen aber natürlich die genetischen Prinzipien kennen und mit ihrer Anwendung vertraut sein, weil künftig für sehr viele Bereiche in der Medizin fundierte Kenntnisse in der Genetik erforderlich sein werden. Um das Lernen interessanter zu gestalten, haben wir in diesem Buch vor allem die Patienten und wirklichkeitsnahe klinische Situationen in den Vordergrund gestellt, ohne jedoch das zugrundeliegende theoretische System der Genetik aus den Augen zu verlieren. Wie im Abschnitt *„Wie man mit dem Buch arbeitet"* erklärt wird, kann man sich bei der Arbeit mit dem Buch entweder an den Fallbeispielen orientieren oder aber gemäß der klassischen Lehrmethode eher auf die wissenschaftlichen Ergebnisse konzentrieren.

Wir haben uns bei den Inhalten am Curriculum der American Society of Human Genetics und der List of Competencies für Medizinstudenten orientiert, die vom britischen NHS Genetics Education Centre entwickelt wurden. Kommentierte Versionen dieser beiden Dokumente mit Angaben darüber, wo man im Buch die entsprechenden Stellen finden kann, kann man sich im Internet unter der Adresse http://www.scionpublishing.com/newclinicalgenetics herunterladen.

Wir danken David Cooper, Susan Hamilton, Lauren Kerzin-Storrar, Helen Middleton-Price, Rehat Perveen und Alison Stewart, die verschiedene Teile des Buches gelesen und dazu Ideen und Anregungen gegeben haben. Susan Hamilton hat darüber hinaus auch noch die meisten zytogenetischen Fotos zur Verfügung gestellt. Unser Dank gilt außerdem zahlreichen Kollegen, denen wir mit unseren Bitten um Fotos oder Daten auf die Nerven gegangen sind, für ihre Liebenswürdigkeit und Nachsicht sowie den Familien, die sich großzügig damit einverstanden erklärt haben, dass wir ihre Fotos verwenden können. Wir hoffen, ausreichend gekennzeichnet zu haben, woher unsere Illustrationen stammen. Sollte dennoch jemand feststellen, dass wir eines seiner Bilder ohne die entsprechenden Angaben verwendet haben, möge er sich bitte mit uns in Verbindung setzen. Zu guter Letzt möchten wir noch Jonathan Ray von Scion Publishing für seine blendenden Ideen, seinen unermüdlichen Einsatz und seine unerschöpfliche Geduld danken, ohne die dieses Buch niemals zustande gekommen wäre.

August 2006   *Andrew Read* und *Dian Donnai*

Inhaltsverzeichnis

Übersicht über die Fälle und dazugehörige Seitenzahlen

Abkürzungen

ACTH	adrenokortikotrophes Hormon (Adrenokortikotropin)
AFP	Alpha-Fetoprotein
AGS	Adrenogenitales Syndrom (kongenitale adrenale Hyperplasie)
ALAS	Aminolävolinsäure-Synthetase
ALL	akute lymphatische Leukämie
APP	*amyloid precursor protein* – Amyloidvorläuferprotein
ASO	allelspezifisches Oligonukleotid
ASP	„*Affected sib pair*"-Analyse – Geschwisterpaar-Analyse
CDK	*cyclin dependent kinase* – cyclinabhängige Kinase
CGH	*comparative genomic hybridisation* - vergleichende genomische Hybridisierung
cM	centiMorgan
DHPLC	*denaturating high performance liquid chromatography* – denaturierende Hochleistungsflüssigkeitschromatographie
DMD	Muskeldystrophie Typ Duchenne
DNA	Desoxyribonukleinsäure
DSH	Dyschromatosis symmetrica hereditaria, hereditäre symmetrische Dyschromatose
DTDST	mit diastrophischer Dysplasie assoziierter Sulfattransporter
DZ	dizygot
FAP	familiäre adenomatöse Polyposis
FDA	*Food and Drug Administration* – amerikanische Lebensmittel- und Arzneimittelzulassungsbehörde
FH	familiäre Hypercholesterinämie
FISH	Fluoreszenz-*in-situ*-Hybridisierung
GvH	*graft versus host* („Spender gegen Wirt"), Immunreaktion des Empfängers nach allogener Stammzelltransplantation
HLA	*human leucocyte antigen* – menschliches Leukozytenantigen
HNPCC	*hereditary non-polyposis colon cancer* - erbliches nicht polypöses kolorektales Karzinom
Ig	Immunglobulin
IRT	immunreaktives Trypsin
IVF	*In-vitro*-Fertilisation
LDL	*Low-density-Lipoprotein,* Lipoproteine geringer Dichte
LHON	Lebersche hereditäre Optikusneuropathie
MCAD	*medium chain acyl-CoA dehydrogenase,* Dehydrogenase zum Abbau mittelkettiger Fettsäuren
MH	maligne Hyperthermie
MHC	*major histocompatibility complex* – Haupthistokompatibilitäts-Komplex
ML	Mukolipidose
MLPA	*multiplex ligation-dependent probe amplification,* quantitatives PCR-Verfahren
MMR	Mismatch-Reparatur
MODY	*maturity onset diabetes of the young,* Erwachsenendiabetes bei Jugendlichen
MZ	monozygot

NK-Zellen	natürliche Killerzellen
NSC	*National Screening Committee*
NTD	*neural tube defect* – Neuralrohrdefekt
OLA	Oligonukleotid-Ligations-Assay
OMIM	*Online Mendelian Inheritance in Man*, online verfügbarer Katalog der genetisch bedingten Krankheiten
PCR	Polymerase-Kettenreaktion
PKU	Phenylketonurie
PWS	Prader-Willi-Syndrom
QTL	*quantitative trait locus* – Genort für ein quantitatives Merkmal
RB	Retinoblastom
RFLP	Restriktionsfragmentlängen-Polymorphismus
RNA	Ribonukleinsäure
RSTS	Rubinstein-Taybi-Syndrom
SNP	*single nucleotide polymorphism* – Einzelnukleotid-Polymorphismus
SSCP	*single strand conformation polymorphism* – Einzelstrang-Konformationspolymorphismus
SUMPF	Sulfatase modifizierender Faktor
T2D	Typ-II-Diabetes
TDT	Transmission-Disequilibrium-Test
TGFβ	*transforming growth factor β* – transformierender Wachstumsfaktor β
TPMT	Thiopurinmethyltransferase
TS	Tumorsuppressor
UPT	uniparentale Disomie
X-SCID	*X-linked severe combined immunodeficiency* – X-chromosomal verankerte schwere kombinierte Immunschwäche

Wie man mit dem Buch arbeitet

Jedes Kapitel ist einer bestimmten Frage gewidmet, die Studenten zur Genetik haben: etwa: Wie untersucht man Chromosomen? Ist Krebs genetisch bedingt? Die Kapitel sind alle gleich aufgebaut:

- Zu Beginn wird kurz zusammengefasst, was Studenten nach der Lektüre des betreffenden Kapitels gelernt haben sollten. Dazu gehören sowohl der von der American Society of Human Genetics veröffentlichte Lehrplan als auch das vom britischen NHS Genetics Education Centre aufgelistete Fachwissen, das Studenten haben sollten.
- In allen Kapiteln außer dem letzten findet man Fallbeispiele mit einer Reihe von am klinischen Bild orientierten Beschreibungen einer Familie sowie den Gründen, warum sie sich genetisch beraten lassen oder einem Test unterziehen wollten. Die Fälle sind allesamt fiktiv. Die dazu gehörenden Fotos illustrieren zwar den Krankheitszustand, zeigen aber nicht die beschriebenen Patienten. Die Fallbeispiele beruhen jedoch auf unserer langjährigen Erfahrung im Umgang mit realen Familien und deren Problemen.
- Unter der Überschrift „Hintergrund" werden Methoden und Begriffe erklärt, die im nächsten Abschnitt eine Rolle spielen.
- Im Abschnitt „Untersuchung der Patienten" wird anhand von Fallstudien in realistischen Szenarios beschrieben, wie die Methoden angewandt und die Konzepte umgesetzt werden. Daraus ergeben sich fortlaufende Geschichten, die sich über mehrere Kapitel hinziehen.
- In „Zusammenfassung und theoretische Ergänzungen" werden die für das Kapitel relevanten wissenschaftlichen Arbeiten präsentiert und durch weitere wissenschaftliche Daten ergänzt.

Studenten können den Stoff auf verschiedene Weise durcharbeiten:

| 1 – Familie Ashton | 1 | 6 | 64 | 100 | 144 | 357 | | |

- John, 28 Jahre alter Sohn von Alfred Ashton
- ? Chorea Huntington
- andere Familienmitglieder haben ähnliche Symptome
- der Stammbaum zeigt ein autosomal dominantes Vererbungsmuster
- es wird ein diagnostischer Test angefordert

- Wer sich bei seinem Studium lieber an konkreten Problemen orientiert, liest die ersten Abschnitte mit den Fallbeispielen und wendet sich dann dem Abschnitt „Untersuchung der Patienten" zu. Die übrigen Abschnitte benutzt er nur zum Nachschlagen. Regelmäßig findet man Seitenangaben, anhand derer die Studenten Fälle verfolgen können, die in mehreren Kapiteln behandelt werden. So wird beispielsweise der Fall der Familie Ashton auf den Seiten 1, 6, 64, 100, 144 und 357 erörtert. Darüber hinaus sollen die bei jedem Fall aufgeführten Stichpunkte wieder ins Gedächtnis rufen, was bereits erörtert wurde.
- Studenten, die einen mehr didaktisch ausgerichteten Ansatz bevorzugen, können sich vor allem mit den wissenschaftlichen Erklärungen in den Abschnitten „Hintergrund" und „Zusammenfassung und theoretische Ergänzungen" befassen. Die anderen Abschnitte bieten dann die dazugehörigen Abbildungen und Beispiele.

Am Ende des Kapitels stehen Fragen und Aufgaben, mit denen die Studenten überprüfen können, ob sie den Stoff beherrschen – unabhängig davon, in welcher Form sie ihn durchgearbeitet haben.

Das Buch soll kein Handbuch der Diagnostik sein und hat daher nicht das Ziel, alle bedeutenden chromosomal bedingten Krankheiten oder solche mit mendelschem Erbgang zu beschreiben. Anhand der Fallbeispiele und Informationen zu den Krankheiten kann man jedoch schon ermessen, wie groß das Spektrum an Erbkrankheiten ist. Für genauere Informationen sei der Leser auf die wissenschaftlich fundierten Seiten im Internet verwiesen, die in der Literaturliste der betreffenden Kapitel aufgeführt sind. Zuerst sollte man immer in der OMIM-Datenbank (http://www.ncbi.nlm.nih.gov/omim) nachschlagen. Die OMIM-Nummern sind überall im Buch angegeben.

Kapitel 1
Was erfährt man aus der Familienanamnese?

Wenn Sie dieses Kapitel durchgearbeitet haben, sollten Sie in der Lage sein

- eine Familienanamnese zu erheben
- einen Stammbaum mit den richtigen Symbolen zu zeichnen
- anhand eines einfachen Stammbaums das wahrscheinlichste Vererbungsmuster anzugeben
- anzugeben, wie Gene bei autosomal dominanten, autosomal rezessiven, X-chromosomal dominanten oder rezessiven, Y-chromosomalen sowie bei mitochondrialen Krankheiten segregieren
- Penetranz und Ausprägung zu definieren, sowie
- Verständnis für die menschlichen und wissenschaftlichen Probleme zu haben, die mit den beschriebenen Krankheiten einhergehen

1.1 Fallbeispiele

| 1 | 6 | 64 | 100 | 144 | 357 | | | |

Der 52-jährige Alfred Ashton war vergesslich geworden; alle glaubten, er sei depressiv, weil er seine Arbeit verloren hatte. Der Psychiater, den er aufgesucht hatte, erkannte, dass Alfred ruhelos war und einige choreatiforme Bewegungen machte (unwillkürliche zuckende Bewegungen seiner Finger und Schultern sowie Grimassen-Schneiden). Alfred erzählte dem Psychiater, dass er annahm, er werde „die Familienkrankheit" bekommen, obwohl er nicht genau sagen konnte, was darunter zu verstehen war. Der Psychiater vermutete, dass Alfred Chorea Huntington (OMIM 143100) hatte. Alfreds 28 Jahre alter Sohn wurde auf Anregung des Psychiaters hin von seinem Hausarzt in eine genetische Poliklinik überwiesen. John weiß nichts über Chorea Huntington und ist, weil er erst vor kurzem geheiratet und ein Haus gekauft hat, mit anderen Dingen beschäftigt.

Fall 1   Familie Ashton

- John, 28 Jahre alter Sohn von Alfred Ashton
- ? Chorea Huntington
- andere Familienmitglieder haben ähnliche Symptome

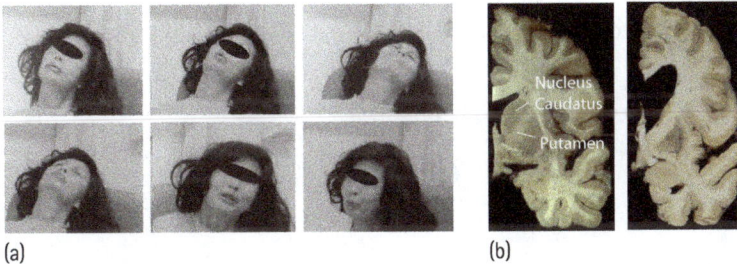

(a)   (b)

Abb. 1.1 Chorea Huntington
(a) Eine Patientin im fortgeschrittenen Krankheitsstadium zeigt unwillkürliche Kopf- und Gesichtsbewegungen. Fotos mit freundlicher Genehmigung von Professor Peter Harper aus Cardiff. **(b)** Hirnschnitte von einem Gesunden (links) und einem an Chorea Huntington erkrankten Patienten (rechts); der Geweberverlust im Gehirn des Chorea-Huntington-Patienten ist gut zu erkennen. Fotos mit freundlicher Genehmigung von Dr. David Crauford vom St. Mary's Hospital in Manchester.

Fall 2 Familie Brown

2	7	64	121	144	267	357	

- die sechs Monate alte Joanne; ihre Eltern: David und Pauline
- ? Mukoviszidose

Joanne ist das zweite Kind von David und Pauline Brown. Ihr älterer, inzwischen vier Jahre alter Bruder Jason ist vollkommen gesund; die Eltern müssen seine Kleidung sogar schon in der Größe für Sechsjährige kaufen. Das ist bei Joanne vollkommen anders. Um sie haben sich die Eltern von Anfang an Sorgen gemacht. Obwohl sie die Flasche gut annahm, hat sie nur sehr langsam an Gewicht zugenommen. In den ersten Monaten schien sie immer erkältet zu sein und Husten zu haben. Zunächst hatten Pauline und der Arzt das darauf zurückgeführt, dass Jason gerade in den Kindergarten gekommen und selbst ein paar Mal erkältet war. Als Joanne fünf Monate alt war, wurde sie richtig krank und musste mit einer Lungenentzündung ins Krankenhaus eingeliefert werden. Dort bemerkten die Krankenschwestern, dass ihr Stuhlgang jedes Mal sehr voluminös und übelriechend war, und als ihr Gewicht und ihre Größe in die Karte eingetragen wurden, lagen sie auf geringeren Perzentilen als bei ihrer Geburt und im ersten Monat. Weil die Ärzte bei ihr eine Mukoviszidose (OMIM 219700) vermuteten, führten sie einen Schweißtest durch. Die Untersuchung bestätigte die Vermutung (die Na^+-Konzentration im Schweiß lag mit 87 mmol/l deutlich oberhalb des Normalwerts von bis zu 60 mmol/l). Diese Diagnose war ein harter Schlag für Pauline und David. Auf ihren Wunsch hin machte Joannes Kinderarzt für sie einen Termin bei einem Genetiker aus, um alles Notwendige zu besprechen.

 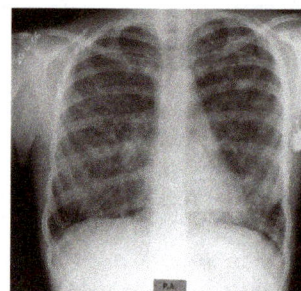 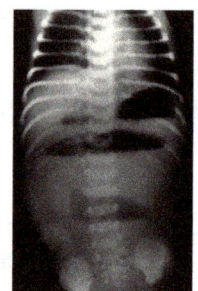

(a) (b) (c)

Abb. 1.2 Mukoviszidose
(a) Für Patienten mit Mukoviszidose hat sich die Perspektive in den letzten Jahren verbessert, sie benötigen jedoch nach wie vor häufige Krankenhausaufenthalte, Physiotherapie und eine Dauermedikation. **(b)** Röntgen Thorax eines Patienten mit Mukoviszidose. **(c)** Röntgen Abdomen eines aufgerichteten Neugeborenen mit Mekoniumileus zeigt verschiedene Flüssigkeitsspiegel. Fotos (a) und (b) mit freundlicher Genehmigung von Dr. Tim David vom Royal Manchester Children's Hospital.

Exkurs 1.1 Die pleiotropen* Effekte einer Mukoviszidose

Lunge	verstärkt visköser Schleim, dadurch Infektionen und Lungenschädigung
Magen-Darm-Trakt	Mekoniumileus
	distaler Darmverschluss
	Rektumprolaps
Bauchspeicheldrüse	exokrine Pankreasinsuffizienz
	Malabsorption
Leber- und Gallenwege	biliäre Zirrhose
	Gallensteine
Schweißdrüsen	erhöhte Chlorid- und Natriumkonzentration im Schweiß
Reproduktionstrakt	congenitale bilaterale Aplasie der Samenleiter (CBAVD)
	zäher Cervixschleim

* Pleiotropie = Beeinflussung mehrerer voneinander unabhängiger Merkmale

3	8	65	232	250	357

Nasreen ist das erste Kind der jungen Eltern Aadnan und Mumtaz Choudhary, die Cousin und Cousine ersten Grades sind. Die Schwangerschaft und die Geburt verliefen normal, und Nasreen gedieh gut. Sie konnte jeweils zum normalen Entwicklungszeitpunkt lächeln, den Kopf heben und sich umdrehen und wurde regelmäßig zu den üblichen allgemeinen kinderärztlichen Untersuchungen gebracht. Als mit acht Monaten ihr Gehör untersucht wurde, schien sie auf Geräusche nicht zu reagieren. Ihre Mutter hoffte, sie sei nur müde, doch ihre Audiogramme zeigten an beiden Ohren eine ausgeprägte Schwerhörigkeit.

- die acht Monate alte Nasreen; ihre Eltern: Aadnan und Mumtaz
- gehörlos
- die Eltern sind Cousin und Cousine ersten Grades

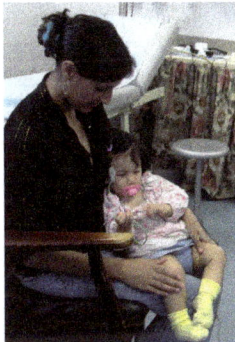 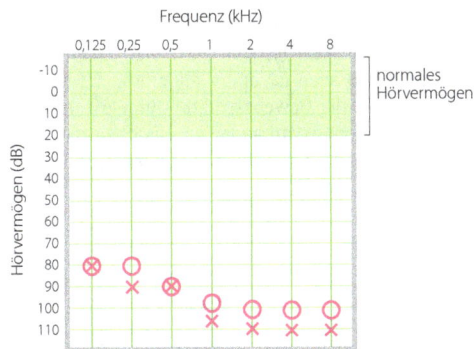

(a)   (b)

Abb. 1.3 Ergebnis eines Hörtests
(a) Hörtest eines Babys durch Überprüfung der akustisch evozierten Hirnstamm-Potentiale. **(b)** Das Audiogramm zeigt auf beiden Seiten eine starke Hörstörung. Auf der x-Achse wird die Frequenz und auf der y-Achse die Hörschwelle in Dezibel aufgetragen. Für jedes Ohr wird ein anderes Symbol benutzt. 0–20 dB entspricht einem normalen Hörvermögen; man unterscheidet schwache (20–40 dB), mod.ate (40–70 dB), starke (70–95 dB) sowie sehr starke (über 95 dB) Hörstörungen.

3	10	65	98	146	174	267	357

Martin ist der erste Sohn von Judith und Robert Davies, die bereits die Töchter Leanne und Kathryn haben. Die beiden Mädchen machten in der Entwicklung ihrer Motorik sehr rasch Fortschritte und konnten bereits vor ihrem ersten Geburtstag laufen. Martin schien in vieler Hinsicht langsamer zu sein; seine Mutter führte das darauf zurück, dass er ein Junge ist. Als er aber auch mit 18 Monaten noch nicht laufen konnte, baten sie den Arzt in der Klinik um Rat. Dieser fand bei der Untersuchung keinerlei Auffälligkeiten und vereinbarte, dass sie in einem halben Jahr wiederkommen sollte. Zu diesem Zeitpunkt hatte Martin im Alter von 20 Monaten seine ersten Schritte gemacht. Der Arzt erkannte jedoch beim nächsten Termin, dass Martin sehr unbeholfen war und sich, um vom Boden aufstehen zu können, an einem Stuhl festhalten oder mit den Händen an seinen Beinen abstützen musste. Sowohl der Arzt als auch Judith waren zu diesem Zeitpunkt äußerst besorgt, weil sie wussten, dass es in der Familie Fälle von Muskeldystrophie gegeben hatte. Obwohl es zahlreiche Gründe gibt, warum ein kleiner Junge nur langsam das Gehen lernt und schwerfällig ist, könnten das auch erste Anzeichen dieser Krankheit sein. Sie kamen überein, dass Martin an einen Neurologen überwiesen werden sollte und dass Judith und Robert einen Genetiker aufsuchen sollten.

- der 24 Monate alte Martin, seine Eltern: Judith und Robert
- geht schwerfällig und lernt das Gehen erst spät
- Fälle von Muskeldystrophie in der Familie

(a)

(b)

(c)

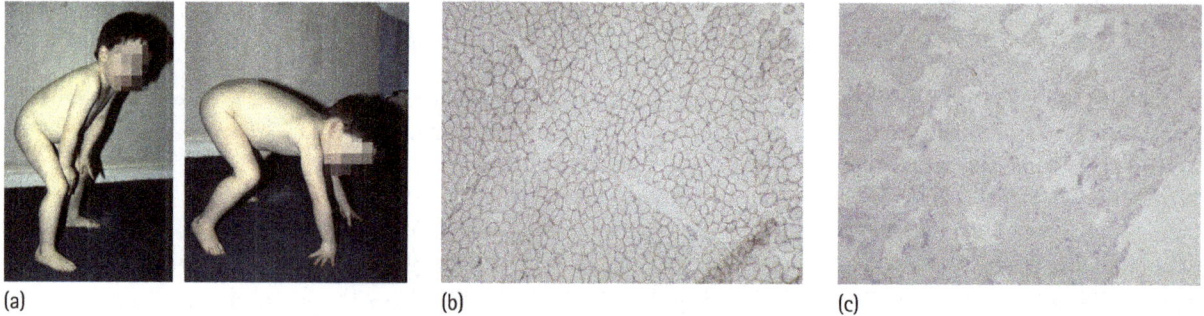

Abb. 1.4 Muskeldystrophie Duchenne
(a) Betroffene Jungen richten sich auf, indem sie sich mit ihren Armen an ihren Beinen abstützen, weil ihre Oberschenkelmuskulatur nicht kräftig genug ist (Gowers-Manöver: „An-sich-selbstemporklettern"). **(b)** und **(c)** Histologische Darstellung von Muskelgewebe (Gomori-Trichrom-Färbung). Bei normalen Muskeln (b) sind die Zellen regelmäßig angeordnet; Dystrophin in den intakten Muskelfasermembranen ist braun angefärbt. (c) Muskel eines 10-jährigen betroffenen Jungen. Man erkennt, dass die Gewebestruktur aufgelöst, der Muskel von fibrösem Bindegewebe durchzogen und kein Dystrophin vorhanden ist. Histologische Aufnahmen mit freundlicher Genehmigung von Dr. Richard Charlton aus Newcastle upon Tyne.

Fall 5   Familie Elliot

| 4 | 10 | 40 | 63 | 357 | | | | |

- Fehlgeburt
- Elizabeth ist ein schmächtiges Baby mit diversen Fehlbildungen; ihre Eltern: Elmer und Ellen
- Herzfehler

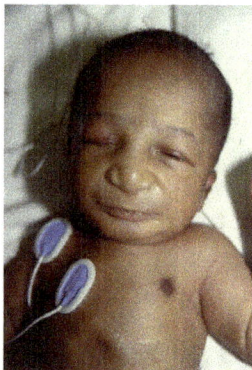

Abb. 1.5 Kind mit multiplen kongenitalen Anomalien und Fehlbildungen

Schon kurz nach ihrer Rückkehr aus den Flitterwochen in Jamaika, wo Elmers Eltern geboren waren, entschieden sich Elmer und Ellen, eine Familie zu gründen. Es dauerte nicht lange, bis Ellen schwanger war; doch acht Wochen nach ihrer letzten Periode hatte sie Blutungen. Der anschließend durchgeführte Schwangerschaftstest war negativ. Die nächste Schwangerschaft fünf Monate später schien erst einmal normal zu verlaufen, bei einer Ultraschalluntersuchung in der 30. Schwangerschaftswoche stellte sich allerdings heraus, dass das Kind zu klein war. Das beunruhigte die Eltern nicht, weil auch Ellen klein war. Als Elizabeth in der 37. Schwangerschaftswoche geboren wurde, war allerdings schnell klar, dass etwas nicht stimmte. Mit einer Größe und einem Gewicht jeweils auf der 3. Perzentile war Elizabeth zwar insgesamt klein, doch der Kopfumfang lag deutlich unter der 3. Perzentile. Sie musste künstlich ernährt werden und schien sehr schnell kurzatmig zu werden. Es wurden Herzgeräusche festgestellt und in der Echokardiografie war ein Ventrikelseptumdefekt (VSD) und eine valvuläre Aortenstenose zu erkennen. Der Kinderarzt bat den Genetiker, sich Elizabeth und ihre Eltern anzusehen und ihnen einen Rat zu geben, welche Untersuchungen angebracht sein könnten. Ellen erzählte dem Genetiker, dass ihre Schwester zwei frühe Fehlgeburten gehabt hatte und dass ihre in Trinidad lebende Tante erst nach einem Baby, das an einem angeborenen Herzfehler gestorben war, und einer Totgeburt zwei gesunde Kinder zur Welt gebracht hatte.

Fall 6   Familie Engel

| 4 | 11 | 43 | 357 | | | | | |

- Ungewollte Kinderlosigkeit
- Andrologische Untersuchung zeigt Azoospermie
- ? CBAVD bei Michael Engel
- Blutentnahme bei beiden Partnern für eine Chromosomenanalyse
- Veranlassung einer spezifischen DNA-Analyse

Helena und Michael Engel (31 und 33 Jahre alt) sind seit 3 Jahren ungewollt kinderlos. Helena war noch nie schwanger, der Gynäkologe konnte bei ihr bisher keine Ursache für die Sterilität finden. Bei einer andrologischen Abklärung von Michael Engel zeigte sich wiederholt eine Azoospermie. Es wird der Verdacht auf eine kongenitale Aplasie der Vasa deferentia (CBAVD, ein angeborener beidseitiger Verschluss beider Samenleiter) geäußert.

Frank war ein Elektriker, der mit 22 Jahren gerade seine Ausbildung am College abgeschlossen hatte. Er ging gerne mit seinen Freunden aus und trank an Wochenenden häufig ziemlich viel Alkohol. Er hatte immer gute Augen gehabt, eines Tages war seine Sicht jedoch verschwommen und die Farben der Kabel, mit denen er zu tun hatte, schienen blasser zu sein als sonst. Als sich sein Sehvermögen nicht besserte, ging er zum Augenarzt, der Veränderungen an der Netzhaut von Frank registrierte und ihn zur Notaufnahme in die Augenklinik schickte. Dort stellte sich heraus, dass er eine Stauungspapille hatte (Pseudoödem in der Nervenfaserschicht) und seine Netzhautgefäße stark geschlängelt waren. In den nächsten Monaten verschlechterte sich sein zentrales Sehen so sehr, dass er seine Arbeit aufgeben musste. Während seine Mutter Freda gesund war, war ihr einziger Bruder schon im Alter von 28 Jahren erblindet, was, wie sie sich erinnerte, auf eine Atrophie des Sehnervs zurückzuführen war. Ihre Schwester Doreen hatte ebenfalls gravierende Sehstörungen, die im Alter von etwa 45 Jahre erstmals aufgetreten waren. Der Augenarzt überwies Frank aufgrund seiner Familienanamnese in die genetische Poliklinik.

- das Sehvermögen des 22-jährigen Frank verschlechtert sich immer mehr
- positive Familienanamnese für Sehstörungen

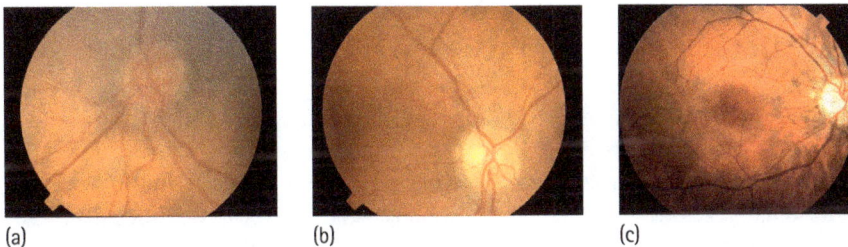

(a)   (b)   (c)

Abb. 1.6 Leber'sche hereditäre Optikusneuropathie
(a) Die Sehnervenpapille drei Wochen, nachdem der Patient die Verschlechterung des Sehvermögens bemerkt hatte; man erkennt die Hyperämie sowie die unscharfen Ränder. **(b)** Die Netzhaut des Onkels, der sein Sehvermögen bereits mehrere Jahre zuvor verloren hatte. Man beachte, dass aufgrund der Optikusatrophie vor allem die temporale Hälfte der Sehnervenpapille abgeblasst ist (temporale Abblassung). **(c)** Gesunde Netzhaut. Fotos mit freundlicher Genehmigung von Graeme Black vom St. Mary's Hospital in Manchester.

1.2 Hintergrund

Als Erstes muss man bei diesen Patienten eine Familienanamnese erheben. Sollte der überweisende Arzt die Anamnese schon mitgeschickt haben, ist es wichtig, dass der Genetiker sie anhand des Protokolls aus *Exkurs 1.2* sorgfältig durchgeht. Die Familienanamnese kann wichtige Hinweise für die genetische Diagnose geben und bildet darüber hinaus den nötigen Hintergrund, auf dem diese Diagnose gestellt wird und die Patienten beraten werden müssen.

Exkurs 1.2 Wie man eine Familienanamnese erhebt und einen Stammbaum zeichnet

Man nimmt ein spezielles Formular für den Stammbaum oder ein leeres Blatt Papier und zeichnet parallel zur Längsseite des Blattes vier Linien. Man beginnt in der Mitte der untersten Linie mit dem oder der **Ratsuchenden,** der Person, die in die Humangenetik überwiesen wurde. Dort trägt man das entsprechende Symbol ein (s. unten) und schreibt darunter seinen oder ihren Namen, Geburtstag sowie klinisch relevante Besonderheiten. Als Nächstes werden, falls vorhanden, Informationen über Ehe- oder Lebenspartner erfasst; anschließend geht man systematisch die Kinder, Eltern, Brüder und Schwestern (soweit sie blutsverwandt sind) durch und notiert bei jedem Blutsverwandten auch die Partner und Kinder. Daraufhin fragt man nach den Verwandten der Eltern sowie deren Partnern und Kindern. Und zum Schluss dokumentiert man alle vier Großeltern und deren Verwandte. Falls nichts dagegen spricht, kann man es dann dabei belassen. Fragen Sie möglichst systematisch nach jeder Person und notieren Sie bei jeder Person den Namen, das Geburtsdatum, eventuell den Todestag, die Todesursache sowie alle klinisch relevanten Informationen. Erkundigen Sie sich nach Fehlgeburten, Fortpflanzungsproblemen und gegebenenfalls dem Herkunftsort jeder Person. Selbst wenn sich die Ratsuchenden sicher sind, welcher Teil der Familie für ein Problem verantwortlich ist, ist es ratsam, über beide Familienhälften sämtliche Informationen einzuholen. Familienmythen können häufig in die Irre führen! Einige Institutionen verwenden Computersysteme, die eine Reihe von Fragen vorgeben, die den erwähnten ähneln, und dann selber den Stammbaum zeichnen.

Aus den gesammelten Informationen erstellt man Schritt für Schritt den Stammbaum, wobei man für jede Generation eine eigene horizontale Linie verwendet. Verwandte listet man in der Reihenfolge ihrer Geburt auf, falls das möglich ist, ohne dass sich in der Zeichnung zu viele Linien kreuzen müssen. Falls der Stammbaum insgesamt kompliziert wird, muss man ihn wahrscheinlich später noch einmal ins Reine übertragen. Man kann die Stammbäume in diesem Kapitel als Vorlage nehmen und sollte dabei die folgenden Symbole verwenden:

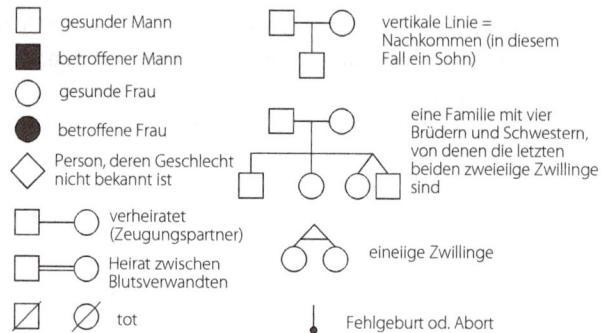

1.3   Untersuchung der Patienten

Bei jedem unserer Patienten wurde bei der Erstuntersuchung ein ausführlicher Stammbaum erstellt. Die Stammbäume unten veranschaulichen einige der typischen Eigenschaften autosomal dominant (Chorea Huntington) und autosomal rezessiv vererbter (Mukoviszidose und Nasreens Gehörlosigkeit) sowie X-chromosomaler (Martins Muskeldystrophie) Krankheiten. Die letzten drei Stammbäume (Familien Elliot, Engel und Fletcher) werfen Interpretationsfragen auf, die gegen Ende des Kapitels erörtert werden.

Fall 1   Familie Ashton

- John, 28 Jahre alter Sohn von Alfred Ashton
- ? Chorea Huntington
- andere Familienmitglieder haben ähnliche Symptome
- der Stammbaum zeigt ein autosomal dominantes Vererbungsmuster
- es wird ein diagnostischer Test angefordert

1	6	64	100	144	357	

Johns Mutter begleitet ihren Sohn in die Klinik, um bei der Erhebung des Stammbaums zu helfen. Außer John hat sie noch eine Tochter, die zwei kleine Söhne hat. Während Alfred Ashtons Vater Frederick (Johns Großvater) mit 38 Jahren bei einem Betriebsunfall ums Leben gekommen ist, lebt die 77-jährige Mutter von Alfred noch und ist gesund. Alfreds Großmutter väterlicherseits wurde im Alter zwischen 50 und 60 „verrückt" und musste in eine Anstalt überwiesen werden – genau wie einer ihrer beiden Brüder und ihre einzige Schwester. Die Familie hatte zwar mit dem weiteren Familienkreis nicht mehr so viel zu tun, seit sie jedoch die Diagnose von Johns Vater kennt, hat sie gehört, dass andere Familienmitglieder ebenfalls an Chorea Huntington erkrankt sind. Sie macht sich große Sorgen wegen Alfreds Schwester, die in Australien lebt und wie ihr Bruder gelegentlich ruckartige unwillkürliche Bewegungen zeigt.

Dieser Stammbaum zeigt einen autosomal dominanten Erbgang. Wenn jemand Chorea Huntington hat, hat sein Kind eine Wahrscheinlichkeit von 50 Prozent, das Chorea-Huntington-Gen zu erben. Wer dieses Gen hat, bekommt unweigerlich die Krankheit – es sei denn, er stirbt wie Alfreds Vater vorher an etwas anderem. Die Krankheit kann sich irgendwann zwischen der Kindheit und einem Alter von über 70 Jahren manifestieren, meist aber zwischen dem 40. und 50. Lebensjahr.

Schwere, in späteren Jahren auftretende Erbkrankheiten bringen Personen, die ein erhöhtes Risiko haben, in eine qualvolle Zwangslage. John hat gerade geheiratet und ein Haus gekauft. Seine Frau und er haben vor, eine Familie zu gründen. Obwohl er keine Krankheitssymptome hat, wird er, falls er das Gen für Chorea Huntington trägt, diese schwere Krankheit in seinem späteren Leben unweigerlich bekommen – und darüber hinaus auch jedes seiner Kinder mit 50-prozentiger Wahrscheinlichkeit. Es gibt einen DNA-Test, mit dem John eindeutig klären könnte, ob er die Mutation besitzt oder nicht. Ob er diesen Test machen soll oder nicht, ist eine der schwersten Entscheidungen seines Lebens. In Großbritannien entscheiden sich in einer solchen Situation etwa 70 Prozent aller Personen nach eingehender Beratung gegen den Test. Die humangenetischen Berater müssen stets das Recht des Patienten respektieren, in dieser oder einer anderen Situation etwas nicht wissen zu wollen. Bevor allerdings dieser schwierige Entscheidungsprozess beginnt, ist es wichtig, klar zu stellen, ob es sich bei der familiären Krankheit tatsächlich um Chorea Huntington und nicht um eine andere neurodegenerative Krankheit oder eine der seltenen autosomal dominant vererbten Krankheiten handelt, die der Chorea Huntington ähneln können. In diesem Fall ist der Psychiater von der Diagnose für Alfred überzeugt, sicherheitshalber wird jedoch noch ein Test mit Alfreds DNA gemacht (der Test wird in *Kapitel 4* beschrieben). Man sollte sich vor Augen führen, dass ein Test, der an einem bereits Erkrankten durchgeführt wird, ein diagnostischer Test ist, der aus ethischer Sicht nicht so problematisch ist wie ein prädiktiver Test bei einer gesunden Person wie John, obwohl ein positiver Befund bei Alfred die schlechte Prognose bestätigen würde.

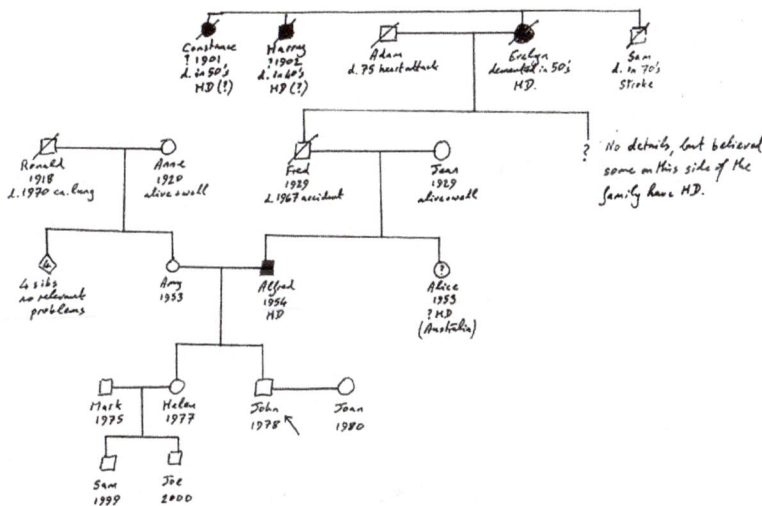

Abb. 1.7 Stammbaum der Familie von John Ashton
So könnte der Stammbaum in der Klinik aufgezeichnet worden sein, weil aber die Fallbeispiele mitsamt den dazugehörigen Familien in diesem Buch fiktiv sind, zeigen alle folgenden Stammbäume nur die Informationen, die nötig sind, um den Fall weiter verfolgen zu können und den genetischen Hintergrund zu verstehen.

2	**7**	64	121	144	267	357	

Fall 2   Familie Brown

- die sechs Monate alte Joanne; ihre Eltern: David und Pauline
- ? Mukoviszidose
- soll ein genetischer Test durchgeführt werden?

Dem Stammbaum nach zu urteilen, gibt es in der Familie keine Fälle von Mukoviszidose oder anderen offensichtlichen Erbkrankheiten. „Wie kann es eine Erbkrankheit sein, wenn sie in keiner der beiden Familien jemals vorgekommen ist?", fragte Pauline. In Wahrheit ist dieser Stammbaum typisch für autosomal rezessive Erbkrankheiten in Gesellschaften, in denen Ehen unter Blutsverwandten nicht sehr verbreitet sind. Das erkrankte Kind ist in der Regel der einzige Betroffene und stammt von nicht blutsverwandten Eltern mit unauffälliger Familienanamnese ab. Daher gibt es im Stammbaum keinerlei Anzeichen dafür, dass die Krankheit vererbt wird. Die Identifizierung der Ursache beginnt normalerweise mit der Erstellung einer klinischen Diagnose. Manchmal ist die Krankheit so unverwechselbar und die genetischen Befunde sind so eindeutig, dass eine klinische Diagnose genügend Sicherheit bietet. Häufiger ist die klinische Diagnose allerdings tatsächlich nur eine mehr oder weniger plausible Hypothese. Diese wird im Idealfall durch einen molekularen Test bestätigt, mit dem man die Mutation nachweisen kann.

In den meisten Fällen von Mukoviszidose ist die Diagnose nach der Anamnese und einem positiven Befund bei der Schweißuntersuchung (die eine in charakteristischer Weise erhöhte Natrium-Konzentration ergibt) recht eindeutig. Genetisch wird die Mukoviszidose immer autosomal rezessiv vererbt und immer durch Mutationen im *CFTR*-Gen auf Chromosom 7 ausgelöst (*Kapitel 3*). Ein molekularer Test auf die Mutation muss durchgeführt werden, um Verwandten Klarheit darüber zu verschaffen, ob sie Anlageträger der Mutation sind oder nicht, ferner bei vorgeburtlichen Tests sowie, um in ungewöhnlichen Fällen die Diagnose abzusichern.

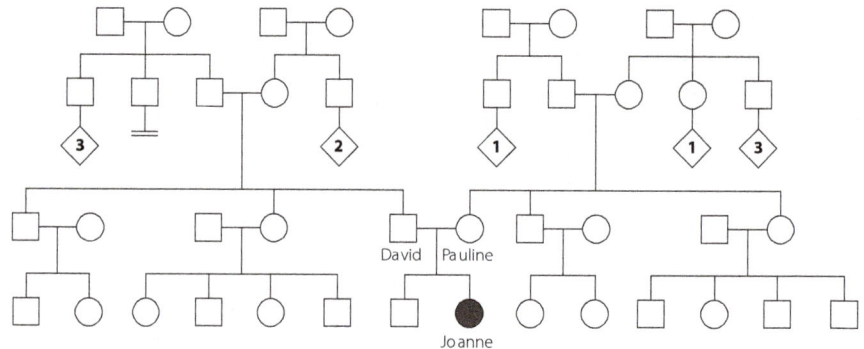

Abb. 1.8 Stammbaum der Familie von Joanne Brown
Wie man sieht, gibt es in der Familie keinen einzigen Fall von Mukoviszidose. Autosomal rezessiv erbliche Krankheiten manifestieren sich typischerweise als isolierte Einzelfälle.

Fall 3   Familie Choudhary

| 3 | **8** | 65 | 232 | 250 | 357 | | | |

- die acht Monate alte Nasreen; ihre Eltern: Aadnan und Mumtaz
- gehörlos
- die Eltern sind Cousin und Cousine ersten Grades
- der Stammbaum spricht für einen autosomal rezessiven Erbgang der Gehörlosigkeit

Der Beratungstermin wurde zu einer Familienangelegenheit, weil auch Aadnans Schwester Benazir und Mumtaz' Bruder Waleed darum baten, zusammen mit Aadnan, Mumtaz und Nasreen kommen zu dürfen. Waleed war taub, konnte aber gut Lippenlesen und sich dank einer umsichtig ausgewählten Sitzposition und Beleuchtung vollständig am Beratungsgespräch beteiligen. Dem Stammbaum zufolge war die Familie sehr umfangreich; mehrere Ehepaare waren blutsverwandt. In Großbritannien findet man diese Art von Stammbaum meist bei Personen, die ursprünglich aus dem Mittleren Osten oder dem indischen Subkontinent stammen. Aadnan und Mumtaz sind Cousin und Cousine ersten Grades (*Exkurs 1.3*). Mumtaz' Eltern – ebenfalls Cousin und Cousine ersten Grades – haben außer Mumtaz noch vier weitere Kinder. Zwei Jungen, Waleed und sein Bruder Mohammed, sind taub und besuchen mit sehr gutem schulischem Erfolg ein College für Gehörlose. Aadnan und Mumtaz wollen wissen, wie groß das Risiko ist, dass mögliche künftige Kinder gehörlos auf die Welt kommen. Mumtaz hat bereits zwei Fehlgeburten hinter sich und befürchtet, nie gesunde Kinder zu haben.

Angeborene Gehörlosigkeit kann durch äußere Umstände wie Röteln der Mutter oder Geburtsschäden verursacht werden. Die Genetikerin hat Mumtaz' Angaben überprüft, um solche Probleme mit Sicherheit auszuschließen, verweist aber darauf, dass mithilfe von Mumtaz' Mutter und deren Hausarzt unbedingt untersucht werden muss, ob solche Faktoren etwa bei Waleed oder Mohammed eine Rolle gespielt haben könnten. Der Stammbaum lässt sich am einfachsten dahingehend interpretieren, dass es sich um eine autosomal rezessiv vererbte Gehörlosigkeit handelt. Etwa zwei Drittel aller Fälle von angeborener Gehörlosigkeit sind auf eine solche Ursache zurückzuführen. Falls diese Interpretation richtig ist, liegt das Risiko für eine Gehörlosigkeit bei jedem künftigen Kind von Aadnan und Mumtaz bei 1:4. Der große Anteil an blutsverwandten verheirateten Paaren ist ein weiterer Hinweis auf eine rezessiv vererbte Krankheit. Obwohl eine Heirat unter Blutsverwandten das Risiko für eine Erbkrankheit in etwa verdoppelt (je nachdem, wie eng sie miteinander verwandt sind, s. *Kapitel 10*), macht das nur einen Anstieg von zwei auf vier Prozent aus. Das bedeutet, dass die Wahrscheinlichkeit, ein gesundes Kind zu bekommen, nur von 98 auf 96 Prozent sinkt. In vielen traditionellen Gesellschaften gibt es gute Gründe, lieber einen Verwandten als einen Fremden zu heiraten. Mumtaz' zwei Fehlgeburten haben höchstwahrscheinlich nichts mit der Gehörlosigkeit zu tun, sondern könnten auf eine andere sehr viel schwerere rezessive Erbkrankheit in der Familie hindeuten. Für eine Fehlgeburt gibt es aber viele Gründe, die nichts mit den Genen zu tun haben. Die Genetikerin versicherte Mumtaz, dass zwei frühe Fehlgeburten nichts Außergewöhnliches seien und sich in der Regel dahinter nichts Bedrohliches verberge.

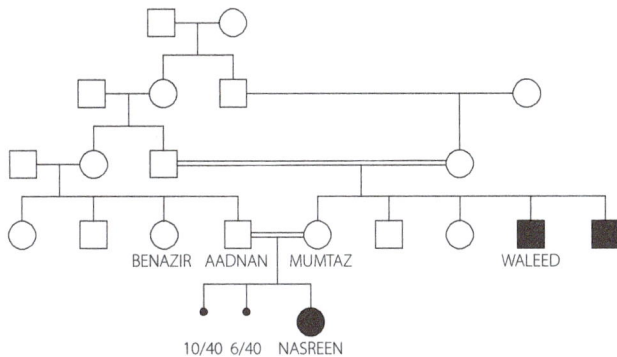

Abb. 1.9 Stammbaum der Familie von Nasreen Choudhary
Man beachte die doppelten Heiratslinien, die auf Konsanguinität hinweisen. Zwei frühe Fehlgeburten sind angegeben. Bei einer realen Familie würde man die Geburtsdaten von Aadnands und Mumtaz' Geschwistern eintragen, denn wenn man sie in der Reihenfolge ihrer Geburt anordnen würde, wäre es schwer, einen übersichtlichen Stammbaum zu zeichnen.

Dass Waleed und Benazir mit in die Klinik gekommen waren, wurde damit erklärt, dass eine Hochzeit geplant war. Benazir hatte die Sorge, dass ein mögliches gehörloses Kind nur zu Waleed eine Beziehung aufbauen könnte und sie dann aus dem Familienkreis ausgeschlossen würde. Waleed sah das sehr viel lockerer. Die Genetikerin musste genau auf die Zwischentöne achten sowie darauf, ihnen nicht ihre eigene Sichtweise aufzudrängen. In einer Familie mit einer bekannten rezessiv vererbten Krankheit birgt eine Heirat unter Blutsverwandten besondere Risiken. In *Kapitel 10* werden wir erfahren, wie die Genetikerin die Risiken von Waleed und Benazir berechnet hat. Diese Berechnung gilt allerdings nur unter der Voraussetzung, dass die Gehörlosigkeit von Waleed und Nasreen erwiesenermaßen autosomal rezessiv vererbt wurde. Die Familie wollte unbedingt wissen, ob es einen DNA-Test gibt, der diese Interpretation bestätigen konnte. Das wird in *Kapitel 3* erörtert.

Exkurs 1.3 Cousins

Jack und Jill sind Cousin und Cousine ersten Grades, wenn ein Elternteil von Jack Bruder oder Schwester von einem Elternteil von Jill ist. Sie sind Cousin und Cousine zweiten Grades, wenn ein Elternteil von Jack ein Cousin ersten Grades eines Elternteils von Jill ist.

In einigen Kulturen wird der Begriff „Cousin" sehr viel weiter gefasst und im Sinne von „Verwandter" benutzt. Für genetische Zwecke sollte er nur in der oben definierten engeren Bedeutung benutzt werden. Komplexere Verwandtschaftsbeziehungen wie im Fall der Familie Choudhary (Fall 3, Abb. 1.9) definiert man am besten, indem man den Stammbaum genau aufzeichnet oder beschreibt. In *Kapitel 10* werden wir sehen, wie man den genauen Verwandtschafts- und Inzuchtgrad berechnet.

Fall 4 Familie Davies

| 3 | **10** | 65 | 98 | 146 | 174 | 267 | 357 |

- Der 24 Monate alte Martin, seine Eltern: Judith und Robert
- geht schwerfällig und lernt das Gehen erst spät
- Fälle von Muskeldystrophie in der Familie
- der Stammbaum spricht für einen mit dem X-Chromosom gekoppelten rezessiven Erbgang
- Es wird ein diagnostischer DNA-Test angefordert

Der Stammbaum zeigt, dass Judiths Tante mütterlicherseits zwei Jungen mit einer progredienten Muskelerkrankung hatte, die als Teenager verstorben waren. Ansonsten war kein weiterer Verwandter in der Familie davon betroffen. Der Stammbaum spricht für einen X-chromosomal rezessiven Erbgang. Falls Martin tatsächlich dieselbe Krankheit hat wie seine beiden verstorbenen Verwandten, handelt es sich höchstwahrscheinlich um eine an das X-Chromosom gekoppelte Vererbung, was aber im gegenwärtigen Stadium der Untersuchung noch keineswegs sicher ist.

Erst muss unbedingt die genaue Diagnose für die beiden Jungen gefunden werden. Man kennt viele verschiedene degenerative Muskelerkrankungen. Während die Behandlung des Patienten bei all diesen Krankheiten in etwa die gleiche ist, hängen die Folgen für den weiteren Familienkreis jedoch entscheidend von einer exakten genetischen Diagnose ab. Die Humangenetikerin wird daher die Krankenakten anfordern und ihr Augenmerk besonders auf den genauen Krankheitsverlauf bei den beiden Jungen sowie auf mögliche histologische Untersuchungen der Muskulatur richten. Angesichts des bereits länger zurück liegenden Todes ist es unwahrscheinlich, dass irgendwelche DNA-Tests vorliegen. Wie in *Kapitel 4* beschrieben wird, spielt die Untersuchung von Martins DNA eine entscheidende Rolle bei der Untersuchung.

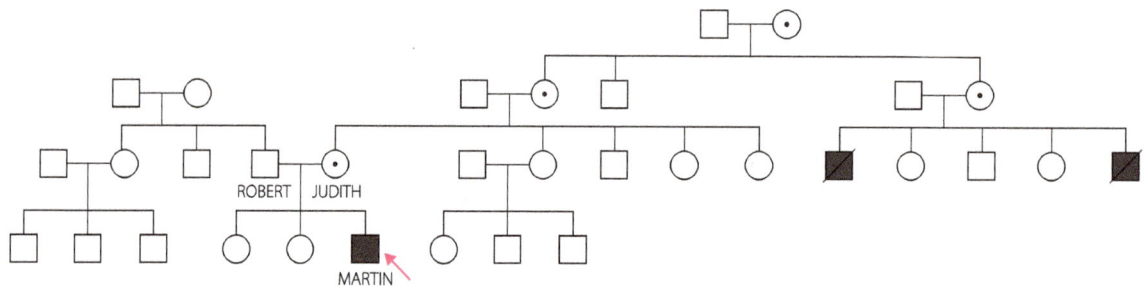

Abb. 1.10 Stammbaum der Familie von Martin Davies
Unter der Annahme, dass die Muskeldystrophie X-chromosomal vererbt wird, sind die mit Punkten versehenen Frauen obligate Trägerinnen des Krankheitsgens. Das heißt, sie müssen Anlageträger sein, weil sie sowohl Eltern als auch Kinder haben, die erkrankt oder Anlageträger sind. Andere Frauen (etwa die Schwestern der erkrankten Jungen) können Anlageträger sein, müssen es aber nicht.

Fall 5 Familie Elliot

| 4 | **10** | 40 | 63 | 357 |

- Fehlgeburt
- Elizabeth ist ein schmächtiges Baby mit diversen Fehlbildungen; ihre Eltern: Elmer und Ellen
- Herzfehler
- für eine Chromosomenanalyse wurde Blut entnommen
- der Stammbaum deutet auf eine autosomal dominant vererbte Krankheit mit reduzierter Penetranz hin

Die Familienanamnese, die in mehreren Generationen Fehl- und Totgeburten sowie lebend geborene Kinder mit Fehlbildungen ergab, könnte für eine autosomal dominant vererbte Krankheit mit reduzierter Penetranz sprechen (der Begriff Penetranz wird in *Abschnitt 1.4* erklärt). Die klinische Erfahrung sagt dagegen, dass höchstwahrscheinlich eine balancierte strukturelle Chromosomenanomalie vorliegt. Als nächstes muss bei den Eltern sowie dem lebenden kranken Kind eine Chromosomenanalyse durchgeführt werden (*Kapitel 2*).

Nach der Geburt eines Kindes, das Fehlbildungen und andere Störungen aufweist, durchleben die Eltern ein Gefühlsspektrum, das von Schock und Angst bis zu Ablehnung und Verwirrung reicht. Oft haben sie auch das Gefühl, das gesunde Kind verloren zu haben, auf das sie gehofft hatten. Natürlich reagiert jedes Familienmitglied anders auf die schwierige Situation, und es kommt zu weiteren Spannungen – vor allem, wenn eine „Seite" die andere dafür verantwortlich macht. Das Team aus der Kinderheilkunde, das sich um das Baby kümmert, muss dann dafür sorgen, dass die Familie über die Befunde des Babys sowie über Tests und Beratungsgespräche, die ausgemacht werden, vollständig informiert wird. Die

Humangenetiker haben die Aufgabe, so schnell wie möglich eine Diagnose zu erstellen, den Eltern komplexe Befunde verständlich zu machen und zu erklären, was das für die Zukunft des Säuglings bedeutet. Die humangenetische Beratung hinsichtlich der Risiken, dass auch mögliche weitere Kinder betroffen sein könnten, sowie der Konsequenzen für den weiteren Familienkreis erfolgt oft später, nachdem dringende klinische Behandlungsfragen geklärt worden sind.

Die Humangenetiker und Kinderärzte waren sich darin einig, dass sich Elizabeths Probleme am ehesten durch eine Chromosomenanomalie erklären ließen. Daher wurden dem Säugling und beiden Eltern Blut für eine Chromosomenanalyse entnommen. Welche Ergebnisse es gab und welche Folgen das hat, wird in *Kapitel 2* erörtert. Der Berater hat in mehreren Sitzungen den unten abgebildeten Stammbaum erstellt. Die Probleme bei der Fortpflanzung (Fehlgeburten oder Babys mit Anomalien) der Familie ergeben scheinbar ein autosomal dominantes Muster. Wie später erklärt wird, könnte es sein, dass die Probleme durch eine Chromosomenanomalie hervorgerufen werden.

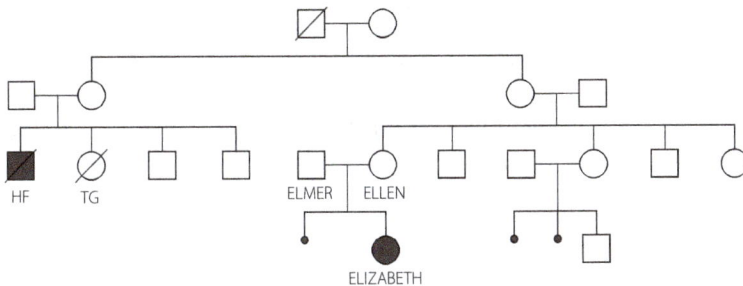

Abb. 1.11 Stammbaum der Familie Elliot
Familienanamnese der Reproduktionsprobleme. TG: Totgeburt, HF: angeborener Herzfehler.

| 4 | **11** | 43 | 357 | | | | |

Zunächst wird der Stammbaum von Familie Engel konstruiert.

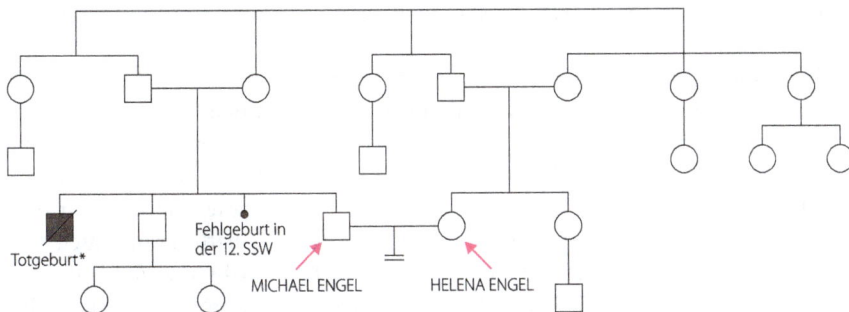

*Totgeburt mit Lippenkiefergaumenspalte, Herzfehler und Hexadaktylie

Abb. 1.12 Stammbaum von Familie Engel
Der Stammbaum zeigt in der Familie von Michael Engel eine Fehlgeburt und Totgeburt bei dessen Mutter. Zu dem totgeborenen Jungen ist bekannt, dass er eine Lippenkiefergaumenspalte, einen Herzfehler und eine Hexadaktylie aufwies.

Fall 6 Familie Engel

- Ungewollte Kinderlosigkeit
- Unauffälliger gynäkologischer Status bei Helena
- Azoospermie bei Michael
- ? CBAVD bei Michael
- Blutentnahme bei beiden Partnern für eine Chromosomenanalyse
- Veranlassung einer spezifischen DNA-Analyse

Der Stammbaum zeigt, dass bei den engeren Verwandten keine ungewollte Kinderlosigkeit auftritt. Allerdings hat die Mutter von Michael neben einer Fehlgeburt in der 12. SSW eine Totgeburt in der 39. SSW gehabt. Das Kind wies mehrere Fehlbildungen auf. Eine Chromosomenanalyse war damals nicht erfolgt. Das Auftreten von Sterilität, Fehlgeburten, Totgeburten, wie in der Familie Engel, oder lebende Personen mit einer geistigen/körperlichen Behinderung können auf das Vorliegen einer familiären Chromosomenstörung hinweisen.

Einer mehrjährigen ungewollten Kinderlosigkeit können unterschiedliche Ursachen zugrunde liegen. Die Abklärung erfordert daher eine interdisziplinäre Betreuung durch Gynäkologen, Urologen/Andrologen und Humangenetiker. So findet sich bei etwa 1/3 der Fälle eine Ursache bei der Frau (hormonelle Störung, anatomische Veränderung u. v. m.), in etwa 1/3 der Fälle eine Ursache beim Mann (hormonelle Störung, Z. n. Infektion u. v. m.) und in 1/3 finden sich Auffälligkeiten bei beiden Partnern oder bleiben unbekannt. Zu beachten ist, dass eine Sterilität nicht selten im Rahmen einer (meist balancierten) Chromosomenstörung (s. *Kapitel 2*) oder einer genetisch bedingten Erkrankung (s. Familie Brown, Fall 2 in *Kapitel 5* und *6*) auftreten und damit Auswirkungen auf mögliche Nachkommen haben kann.

Eine ungewollte Kinderlosigkeit bedeutet für die meisten Paare eine große emotionale Belastung. Die „natürlichste Sache der Welt" – ein Kind zu bekommen – funktioniert nicht. Ein Arzt wird oft erst nach Jahren konsultiert. Gefühle wie Enttäuschung, Verzweiflung, Scham, Trauer, Schuld, Wut und ein vermindertes Selbstwertgefühl bedürfen vonseiten der betreuenden Ärzte ein hohes Maß an Einfühlungsvermögen im Umgang mit den Paaren. Findet man eine Chromosomenstörung bei einem der Partner, so bürdet man dem Paar ein weiteres Problem auf, mit dem sie fertig werden müssen. Ungewollte Kinderlosigkeit ist weit verbreitet, 15 Prozent aller Paare sind betroffen! Früher mussten sich viele Paare in ihr Schicksal fügen – heute kann einem Teil der Betroffenen durch die modernen Techniken der Reproduktionsmedizin geholfen werden (IVF = *in vitro*-Fertilisierung, ICSI = intra-cytoplasmatische Spermieninjektion).

Fall 7   Familie Fletcher

| 5 | **12** | 66 | 126 | 147 | 357 |

- beim 22-jährigen Frank verschlechtert sich das Sehvermögen immer mehr
- positive Familienanamnese für Sehstörungen
- der Stammbaum spricht, wenn auch nicht mit endgültiger Sicherheit, für einen X-chromosomal rezessiven Erbgang
- ? Leber'sche hereditäre Optikusneuropathie (LHON)
- Anforderung eines Bluttests, um nach Mutationen in der mtDNA zu suchen

Frank kam mit seiner Mutter in die genetische Poliklinik. Er war immer noch sehr bestürzt über die Diagnose und die ungünstige Prognose, die ihm sein Augenarzt gestellt hatte. Er hatte sich noch nicht einmal ansatzweise mit den wichtigsten Veränderungen abgefunden, die in seinem Leben bevorstanden, wie dem Verlust seiner Arbeit sowie der Tatsache, nicht mehr selber Autofahren zu können. Es war ihm allerdings allmählich klar geworden, dass aufgrund der Familienanamnese seine eigenen Kinder gefährdet sein könnten. Bei seinem Besuch in der Klinik wollte er vor allem über diesen Aspekt reden, über den er und seine Freundin sehr besorgt waren.

Der Humangenetiker zeichnete erst einmal mithilfe von Franks Mutter Freda einen detaillierten Stammbaum. Ihr Bruder Derek war amtlich als erblindet registriert; bei ihm war eine Atrophie des Sehnervs diagnostiziert worden. Wie Frank hatte er erstmals mit Anfang bis Mitte 20 eine Beeinträchtigung bemerkt. Es machte Mut, dass er nach der Diagnose ein College besucht hatte und jetzt für eine große Firma im Bereich des Telemarketings arbeitete. Er hatte Frank auch von der staatlichen Organisation für Sehbehinderte erzählt sowie über die Hilfe und die Beratung, die er dort bekommen könnte. Fredas Schwester Doreen hatte bis Anfang 40 überhaupt keine Probleme mit dem Sehen. Bei ihr ließ die Sehkraft langsamer nach, obwohl auch bei ihr das zentrale Sehen betroffen war. Bei einer der Kontrollen in der letzten Zeit hatte sie erfahren, dass sie Herzrhythmusstörungen hatte; daher hatte sie Freda gebeten, den Humangenetiker zu fragen, ob es da einen Zusammenhang mit den Sehstörungen gäbe.

Folgende Punkte führten den Humangenetiker zu einer Hypothese über die Krankheit in Franks Familie:

- die Art der Sehstörungen
- die rasche Verschlechterung der Symptome bei den erkrankten Männern
- der spätere Ausbruch und etwas mildere Verlauf der Krankheit bei Doreen
- Doreens Herzrhythmusstörungen

Aufgrund dieser Beobachtungen vermutete der Genetiker, dass es sich bei der Krankheit um die Leber'sche hereditäre Optikusneuropathie (LHON) handeln könnte. Bei der LHON (OMIM 535000) gibt es ein breites Spektrum an Symptomen, die in ganz unterschiedlichem Alter auftreten können. Sie wird durch eine Mutation in der Mitochondrien-DNA (mtDNA, s. *Kapitel 3*) hervorgerufen. Der Humangenetiker schlug daher vor, bei Frank und Freda Blutuntersuchungen zu machen. Wenn diese Art der Vererbung bestätigt würde, wäre das eine gute Nachricht für mögliche Kinder von Frank und seiner Freundin, weil die mtDNA des Mannes nicht an die Kinder weitergeben wird.

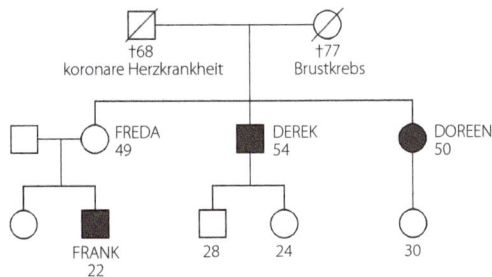

Abb. 1.13 Stammbaum von Frank Fletcher
Die Beurteilung dieses Stammbaums war schwierig. Auf den ersten Blick dachte der Genetiker an einen X-chromosomal rezessiven Erbgang, weil es zwei ähnlich betroffene Männer gab, die über eine gesunde Frau miteinander in Verbindung standen. Doreen war allerdings ebenfalls betroffen, weshalb eine X-chromosomale Vererbung weniger wahrscheinlich war. Sie konnte aber nicht ausgeschlossen werden, weil es in solchen Familien manchmal auch „manifeste weibliche Anlageträger" gibt, bei denen die Symptome geringer ausgeprägt sind als bei den betroffenen Männern (s. *Kapitel 7*). Wenn betroffene Personen über die weibliche Linie miteinander in Verbindung stehen, muss man allerdings immer auch andere Erbgänge wie eine X-chromosomal dominante oder mitochondriale Vererbung in Erwägung ziehen.

1.4 Zusammenfassung und theoretische Ergänzungen

Die Kunst, einen Stammbaum zu interpretieren

Bei Labortieren wie Taufliegen oder Mäusen lässt sich der Erbgang eines Merkmals immer zweifelsfrei durch Kreuzungsexperimente bestimmen. Bei Menschen müssen wir die Stammbäume so nehmen, wie wir sie erheben können; sie sind nur selten umfangreich genug, um den Erbgang eindeutig ermitteln zu können. Zu Forschungszwecken kann man Stammbaumreihen mithilfe der Segregationsanalyse statistisch analysieren, um den Vererbungsmodus herauszufinden, der am wahrscheinlichsten ist. In der Klinik ist die Interpretation von Stammbäumen Kunst und Wissenschaft zugleich und dient eher dazu, Hypothesen für weitere Untersuchungen aufzustellen. Bei der Bildung der Hypothesen können folgende Umstände eine Rolle spielen:

- eine Chromosomenanomalie
- eine autosomal dominant vererbte Krankheit mit vollständiger oder partieller Penetranz
- eine autosomal rezessiv vererbte Krankheit
- eine X-chromosomal dominant oder rezessiv vererbte Krankheit
- eine Krankheit, die durch einen Fehler in der mitochondrialen DNA hervorgerufen wird
- eine multifaktorielle Krankheit
- eine nicht genetisch bedingte Ursache

Der Fall der Familie Elliot (Fall 5) hat gezeigt, dass Chromosomenanomalien ein mendelsches Vererbungsmuster zeigen können. Ein solches Muster tritt immer dann auf, wenn ein Phänotyp durch etwas verursacht wird, dass sich auf dem Chromosom an einem bestimmten festen Ort befindet – sei es, dass dieses „etwas" ein klassisches Gen oder eine Anomalie im Chromosom ist.

Exkurs 1.4 Übersicht über die Vererbungsmuster

Autosomal dominant:

- vertikales Vererbungsmuster mit mehreren betroffenen Generationen
- jeder Kranke hat in der Regel einen betroffenen Elternteil
- jedes Kind einer kranken Person hat ein 50-prozentiges Risiko, ebenfalls betroffen zu sein
- Männer und Frauen sind gleichermaßen betroffen und vererben die Krankheit auch gleich häufig

Autosomal rezessiv:

- horizontales Vererbungsmuster, bei dem ein oder mehrere Geschwister betroffen sind; oft ist nur eine einzige Person krank
- Eltern und Kinder betroffener Personen sind normalerweise gesund
- für weitere Brüder oder Schwestern eines betroffenen Kindes besteht jeweils ein 25-prozentiges Risiko, ebenfalls betroffen zu sein
- Männer und Frauen sind gleichermaßen betroffen
- betroffene Kinder haben manchmal blutsverwandte Eltern. In Familien mit vielen blutsverwandten Paaren findet man in mehreren Generationen betroffene Personen

X-chromosomal rezessiv:

- Vererbungsmuster nach Art des Rösselsprungs: betroffene Jungen haben unter Umständen mütterlicherseits Onkel, die betroffen sind
- Eltern und Kinder erkrankter Personen sind normalerweise gesund. Keine Vererbung vom Vater auf den Sohn

- es sind überwiegend Männer betroffen: Frauen können Anlageträger sein, betroffene Männer eines Stammbaums sind über Frauen und nicht über gesunde Männer miteinander verwandt
- weitere Brüder von betroffenen Jungen sind mit 50-prozentiger Wahrscheinlichkeit betroffen; Schwestern sind nicht betroffen, haben aber ein 50-prozentiges Risiko, Anlageträger zu sein

X-chromosomal dominant:

- Vererbungsmuster ähnelt stark autosomal dominanten Stammbäumen, nur dass alle Töchter, nie aber die Söhne eines betroffenen Vaters betroffen sind
- die Krankheit verläuft bei Frauen oft leichter und variabler als bei Männern

Y-chromosomal:

- ein vertikales Vererbungsmuster
- alle Söhne eines betroffenen Vaters sind ebenfalls betroffen
- nur Männer sind betroffen

mitochondrial:

- ein vertikales Vererbungsmuster
- Kinder kranker Männern sind nie betroffen
- sämtliche Kinder einer betroffenen Mutter können betroffen sein, aber mitochondrial bedingte Krankheiten zeigen normalerweise selbst innerhalb einer Familie eine große Variabilität

---

In *Exkurs 1.4* sind die Eigenschaften der wichtigsten mendelschen Vererbungsmuster zusammengestellt. Zu den weiteren Untersuchungsmöglichkeiten gehören:

- das Syndrom klinisch zu identifizieren (man sollte sich aber vor Augen halten, dass einige klinisch definierte Syndrome mehrere Vererbungsmodi aufweisen können)
- den Karyotyp zu bestimmen (*Kapitel 2*)
- in Kandidatengenen nach Mutationen zu suchen (*Kapitel 5*)
- nach biochemischen Anomalien zu suchen (*Kapitel 8*)
- Tests auf eine asymmetrische Inaktivierung des X-Chromosoms (*Kapitel 7*)

Um eine Krankheits-Hypothese aufzustellen, überprüft man, welches Vererbungsmuster am besten zum jeweiligen Stammbaum passt. Die erste Hypothese basiert auf zwei Fragen:

(1) Zeigt der Stammbaum, dass eine betroffene Person zumindest einen betroffenen Elternteil hat? Falls diese Frage mit ja beantwortet wird, ist die Krankheit wahrscheinlich dominant; wird sie verneint, ist sie oft rezessiv. Eine dominant vererbte Krankheit manifestiert sich in der Regel in jedem, der das betreffende Gen aufweist. Mit Ausnahme von Neumutationen muss eine betroffene Person das Gen von einem Elternteil geerbt haben, der daher ebenfalls betroffen sein sollte.

(2) Gibt es irgendwelche geschlechtsspezifischen Effekte? Betrifft die Krankheit beispielsweise beide Geschlechter und kann sie von jedem Elternteil auf Jungen und Mädchen übertragen werden? Falls keine geschlechtsspezifischen Effekte zu beobachten sind, wird die Krankheit höchstwahrscheinlich autosomal vererbt. Achten Sie hier besonders auf die Übertragung vom Vater auf den Sohn: ein solcher Fall spricht klar gegen einen X-chromosomalen Erbgang, weil ein Vater sein X-Chromosom niemals einem Sohn überträgt. Sind jedoch geschlechtsspezifische Effekte zu erkennen, kann es sich um ein X-chromosomales Vererbungsmuster handeln, obwohl es, wie später erläutert wird, auch noch andere Gründe für das bevorzugte Auftreten bei einem Geschlecht geben kann. Falls der Stammbaum nicht ungewöhnlich groß ist, kann es sich bei den vermeintlichen Effekten auch nur um zufällige Schwankungen handeln.

Falls man eine erste Hypothese aufgestellt hat, besteht der nächste Schritt darin, sie zu überprüfen, indem man wie in *Abb. 1.14* die Genotypen aufschreibt. Nimmt man genügend Zufallsereignisse wie Neumutationen oder Anlageträger, die in die Familie einheiraten, an, kann man nahezu jeden Stammbaum mit nahezu jedem Vererbungsmuster in Einklang bringen. Das wahrscheinlichste Vererbungsmuster ist das, das die wenigsten Zufallsereignisse erfordert – am besten kommt man ganz ohne Zufälle aus. Falls Sie irgendwelche Zufälle benötigen, damit ihre erste Hypothese passt, sollten Sie probieren, ob eine andere Hypothese nicht besser geeignet ist. In den Prüfungsfragen für die Studenten müssen die Stammbäume immer zu einer eindeutigen, „richtigen" Lösung führen. Im wirklichen Leben ist das nicht immer so: viele reale Stammbäume sind oft nicht eindeutig oder passen nicht zu einem der üblichen mendelschen Vererbungsmuster. Die Krankheit kann mehrere Ursachen haben oder es gibt vielleicht einen anderen Hinweis auf eine Chromosomenanomalie oder eine nicht genetische Ursache.

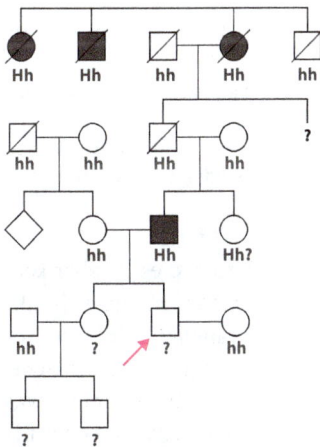

Abb. 1.14 Der Chorea-Huntington-Stammbaum aus *Abb. 1.7* mit den entsprechenden Genotypen

Einer Konvention gemäß schreibt man Allele für dominante Merkmale in Großbuchstaben und Allele für rezessive Merkmale in kleinen Buchstaben. In diesem Beispiel ist das Krankheitsallel dominant. Die betroffenen Mitglieder dieser Familie sind heterozygot, wie es für dominante Krankheiten des Menschen üblich ist. Homozygotie ist äußerst selten oder unbekannt; wenn sie doch auftritt, sind die Patienten meist sehr viel schwerer betroffen als Heterozygote. Trotzdem ist es richtig, eine solche Krankheit als dominant zu bezeichnen (und nicht als semi-dominant), weil Dominanz und Rezessivität Eigenschaften von Phänotypen (Merkmalen, Krankheiten ...) und nicht von Genen sind. Ein Merkmal ist dominant, wenn es sich unter heterozygoten Verhältnissen manifestiert, wie das bei Chorea Huntington der Fall ist. Chorea Huntington ist einer der seltenen Fälle beim Menschen, wo man Homozygote kennt und diese phänotypisch den Heterozygoten entsprechen.

Penetranz und Ausprägung:
Fallstricke für die Interpretation und Beratung

Viele Krankheiten des Menschen zeigen ein überwiegend autosomal dominantes Vererbungsmuster, überspringen aber gelegentlich eine Generation: das heißt, eine nicht betroffene Person mit einem erkrankten Elternteil hat ein oder mehrere betroffene Kinder. Somit kann eine Person manchmal das mutierte Gen besitzen, ohne selbst zu erkranken. Solche Fälle werden als unvollständige Penetranz bezeichnet. Die Penetranz eines Merkmals definiert man als den Anteil von Personen mit dem entsprechenden Genotyp, der auch das Merkmal aufweist.

Penetranz ist eine Eigenschaft, die sowohl Gene als auch Merkmale haben können. Verschiedene Syndrome zeigen charakteristischerweise eine unterschiedliche Penetranz. Das gilt unter Umständen aber auch für verschiedene Kennzeichen eines Syndroms. Die Penetranz kann wie etwa bei Chorea Huntington auch altersabhängig sein.

Fehlende Penetranz ist, wie *Abb. 1.15* zeigt, sowohl für die Interpretation eines Stammbaums als auch für die Beratung problematisch. Der Mann III-11 muss das Krankheitsgen tragen, obwohl er nicht erkrankt ist. Bevor er eine Familie gründete, hat er möglicherweise um eine Beratung gebeten, um zu erfahren, wie groß die Wahrscheinlichkeit ist, dass eines seiner Kinder die Krankheit bekommt. Der Berater hätte die Penetranz dieser speziellen Krankheit kennen müssen, um das Risiko berechnen zu können, mit dem der Ratsuchende, obwohl phänotypisch normal, Träger eines nicht penetranten Krankheitsgens ist. Glücklicherweise gibt es in vielen Fällen einen DNA-Test, mit dem man diese Frage eindeutig klären kann.

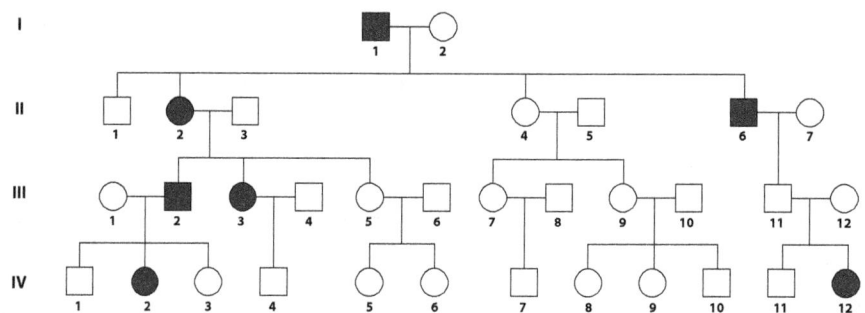

Abb. 1.15   Stammbaum einer autosomal dominant vererbten Krankheit mit reduzierter Penetranz
Die Krankheit zeigt bei der Person III-11 keine Penetranz. Andere nicht betroffene Personen in Generation IV, bei denen ein Elternteil betroffen ist, könnten ebenfalls Anlageträger eines nicht-penetranten Krankheitsgens sein.

Eine reduzierte Penetranz erschwert zwar die Arbeit des Beraters, es ist aber kein Geheimnis, wie es dazu kommt. Überraschend ist vielmehr, dass manche Krankheiten eine 100-prozentige Penetranz zeigen. Eine solche Krankheit wird sich unweigerlich manifestieren, wenn man das mutierte Gen besitzt – und weder die Gene, die man sonst noch hat, noch die Umwelt oder der Lebensstil können daran etwas ändern. Bei vielen Krankheiten besteht zwar für den Träger des Gens ein hohes Risiko, dass die Krankheit bei ihm ausbricht, doch gelegentlich wird man aufgrund einer günstigen Kombination von anderen Genen und/oder Umweltfaktoren davor bewahrt.

Bei Merkmalen und Genen gibt es ein kontinuierliches Spektrum von vollständiger bis zu minimaler Penetranz (*Abb. 1.16*). Daher besteht beispielsweise in der Krebsforschung ein großes Interesse daran, Gene mit geringer Penetranz zu finden, durch die sich das Tumorrisiko zwar erhöht, dies aber kein unausweichliches Schicksal ist (*Kapitel 12*). Merkmale am oberen Ende des Penetranz-Spektrums werden normalerweise als mendelnde Merkmale, solche im Bereich der geringen Penetranz dagegen als multifaktoriell bezeichnet (*Kapitel 13*). Es gibt allerdings keine feste und einfache Regel, wo das eine anfängt und das andere aufhört. Eine reduzierte Penetranz sollte auch bei rezessiv erblichen Merkmalen vorkommen, da dies aber in einem Stammbaum nicht so leicht zu erkennen wäre, beschränkt sich das Problem der reduzierten Penetranz in der Praxis auf dominant vererbte Krankheiten.

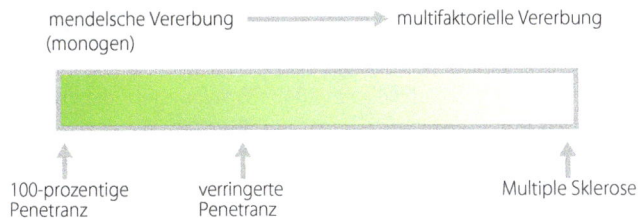

mendelsche Vererbung ──────────► multifaktorielle Vererbung
(monogen)

100-prozentige   verringerte   Multiple Sklerose
Penetranz   Penetranz

Abb. 1.16   Penetranzkontinuum
Es gibt hinsichtlich der Penetranz ein kontinuierliches Spektrum von Krankheiten mit vollständiger Penetranz, bei denen andere Gene oder Umweltfaktoren keine Rolle spielen, bis zu solchen mit geringer Penetranz, bei denen ein Gen neben anderen genetischen Faktoren und Umweltfaktoren nur wenig zum Erkrankungsrisiko einer Person beiträgt. Multiple Sklerose gilt als ein Beispiel für eine multifaktorielle Krankheit, bei der das Risiko einer Person weitgehend von genetischen Faktoren abhängt, aktuelle Forschungsberichte sprechen allerdings dafür, dass jeder einzelne Faktor nur eine sehr geringe Penetranz hat (*Kapitel 13*).

Erbkrankheiten werden häufig unterschiedlich stark ausgeprägt. Das heißt, damit eine Krankheit voll ausgebildet wird, muss eine Reihe von Merkmalen vorliegen, die aber bei vielen Betroffenen nur zum Teil vorhanden sind oder jeweils unterschiedlich stark ausgeprägt sein können. Neurofibromatose Typ 1 (NF1; s. *Krankheitsinfo 1*) ist beispielsweise eine sehr variable, häufige autosomal dominant vererbte Krankheit. Man könnte sagen, dass jedes Merkmal des Syndroms seine eigene charakteristische Penetranz hat oder dass das Syndrom insgesamt eine variable Ausprägung aufweist. Wie auch immer man es ausdrückt, darin spiegelt sich die Tatsache wider, dass Gene nicht isoliert agieren, sondern vielmehr im Zusammenspiel mit unzähligen anderen Genen und einer sich ändernden Umwelt. Jedes Kind eines NF1-Kranken hat ein 50-prozentiges Risiko, selbst das Krankheitsgen zu erben. Das lässt sich mit einem DNA-Test überprüfen; doch der Test sagt nichts darüber aus, wie schwer die Krankheit bei dem Kind ausfallen wird.

Krankheitsinfo 1   Neurofibromatose Typ 1 (OMIM 162200)

NF1, auch unter der Bezeichnung Morbus Recklinghausen bekannt, ist eine autosomal dominant vererbte Krankheit, die durch Mutationen im *NF1*-Gen auf dem Chromosom 17 ausgelöst wird. Man findet die Krankheit, die bei einer von 3500 Personen auftritt, bei Männern und Frauen sowie in allen Ethnien.

Ihre Penetranz ist insofern 100-prozentig, als man bei allen Betroffenen gewisse Symptome der Krankheit findet. Die Krankheit kann sich jedoch in vielen Formen und Schweregraden manifestieren.

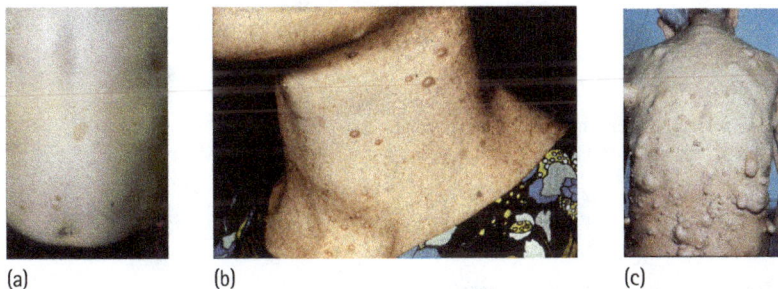

(a)   (b)   (c)

Abb. 1.17   Bei leicht erkrankten Patienten zeigen sich nur so genannte Café-au-lait-Flecken der Haut **(a)**, Lisch-Knötchen (Hamartome der Iris) sowie/oder Sommersprossen-ähnliche Flecken in den Achselhöhlen. Häufig findet man Neurofibrome der Haut **(b)**, die zahlreich und sehr entstellend sein können **(c)**.

NF1-Patienten entwickeln häufig gut- und bösartige Tumoren wie etwa Schwannome oder Neurinome, Gliome sowie andere Tumoren des Zentralnervensystems. Vereinzelt leiden die NF1-Patienten auch unter Lernschwierigkeiten, Kleinwuchs oder epileptischen Anfällen.

Eine Beratung kann schwierig sein. Etwa die Hälfte aller Fälle wird durch Neumutationen hervorgerufen (eine häufige Beobachtung bei dominant vererbten Krankheiten mit schwerem klinischem Verlauf, s. *Kapitel 10*). Patienten, in deren Familie bisher keine entsprechenden Krankheitsfälle aufgetreten sind, erkennen mitunter nicht die genetischen Risiken, und leicht erkrankten Personen ist oft nicht klar, dass ihre Kinder schwer erkranken können. Obwohl das *NF1*-Gen bekannt ist, ist die Suche nach Mutationen wegen der Größe des Gens (auf 350 kb genomischer DNA kommen 59 Exons, s. *Kapitel 3*) aufwändig und teuer. Selbst wenn man mithilfe einer DNA-Analyse die Mutation in einer Familie charakterisieren kann, lässt sich nicht vorhersagen, wie schwer die Krankheit beim Mutationsträger ausfällt.

NF1 ist ein Paradebeispiel für die Probleme, vor denen man bei einer autosomal dominant vererbten Krankheit mit variabler Ausprägung steht.

Seltenere Vererbungsmuster

X-chromosomal dominanter Erbgang

Bei Männern werden die X-chromosomalen Krankheiten weder dominant noch rezessiv vererbt, weil Dominanz und Rezessivität Eigenschaften sind, die nur bei Heterozygotie gelten, und Männer nur ein einziges X-Chromosom haben. Wie in *Kapitel 7* genauer erklärt wird, sind jedoch aufgrund des Phänomens der X-Inaktivierung selbst bei heterozygoten Frauen Dominanz und Rezessivität bei X-chromosomalen Krankheiten nicht so eindeutig wie bei autosomal vererbten Krankheiten. Heterozygote Frauen sind von den meisten X-chromosomalen Krankheiten meist nicht ernstlich betroffen; daher werden diese Krankheiten als rezessiv bezeichnet. Manche X-chromosomale Krankheiten führen bei Heterozygoten dagegen zu schweren Symptomen und werden daher als dominant bezeichnet. Ein gutes Beispiel dafür ist die X-chromosomale Hypophosphatämie (OMIM 307800), bei der aufgrund einer gestörten Rückresorption vermehrt Phosphat über die Nieren ausgeschieden wird, wodurch es zu einer Vitamin-D-resistenten Rachitis kommt. Auf den ersten Blick lässt sich das Vererbungsmuster (*Abb. 1.18*) als autosomal dominant interpretieren. Dafür spricht, dass es ein vertikales Vererbungsmuster gibt und im Durchschnitt 50 Prozent aller Kinder einer betroffenen Person ebenfalls betroffen sind. Da aber der Mann sein X-Chromosom nur auf seine Töchter und nie auf seine Söhne überträgt, bekommen immer die Töchter, aber nie die Söhne eines betroffenen Vaters die Krankheit. Wegen der X-Inaktivierung verlaufen mit dem X-Chromosom gekoppelte, dominant vererbte Krankheiten bei Frauen leichter und variabler als bei Männern.

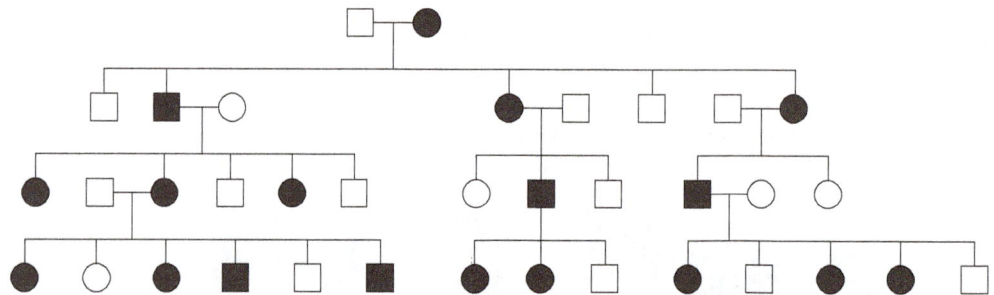

Abb. 1.18 Stammbaum einer X-chromosomal dominanten Krankheit
Zwar sind auch heterozygote Frauen betroffen, ihre Krankheit verläuft aber in der Regel leichter und variabler als bei Männern.

Andere Ursachen für geschlechtsspezifische Effekte

Ein geschlechtsspezifischer Effekt ist kein sicheres Zeichen für eine Kopplung mit dem X-Chromosom. Eine autosomal vererbte Krankheit kann auch aus anatomischen oder physiologischen Gründen nur ein Geschlecht betreffen. So können nur Frauen Eierstockkrebs bekommen, der durch Mutationen im *BRCA2*-Gen auf Chromosom 13 hervorgerufen werden kann. Solche Krankheiten bezeichnet man als geschlechtsgebunden. Manchmal kann eine Krankheit bei einem Geschlecht tödlich sein, beim anderen dagegen nicht. Passiert das vor der Geburt, so führt das dazu, dass die Krankheit nur bei einem Geschlecht auftritt. Das gilt für einige X-chromosomal dominant vererbte Krankheiten, bei denen heterozygote Frauen überleben, während die betroffenen männlichen Nachkommen bereits im Mutterleib sterben. Ein Beispiel dafür ist das Rett-Syndrom (OMIM 312750; s. *Krankheitsinfo 7*). Betroffene männliche Nachkommen sterben normalerweise früh in der Schwangerschaft, so dass das klassische Syndrom nur bei Mädchen zu beobachten ist. Inzwischen kennt man auch einige lebende Jungen mit Mutationen im *MECP2*-Gen, dem Gen, das bei den meisten Fällen von Rett-Syndrom mutiert ist, ihre Phänotypen unterscheiden sich aber deutlich von dem klassischen Syndrom.

Y-chromosomale Vererbung

Wenn eine Krankheit durch ein mutiertes Gen auf dem Y-Chromosom hervorgerufen wird, ist das Vererbungsmuster einfach und eindeutig: nur Männer und alle Söhne eines betroffenen Mannes sind betroffen. Auf dem Y-Chromosom befinden sich allerdings nur etwa 50 Gene, von denen keines für das Leben oder das Allgemeinbefinden essentiell sein kann, da Frauen gut ohne sie auskommen. Y-chromosomale Gene sind für die männliche Sexualfunktion wichtig, daher sind Anomalien auf dem Y-Chromosom eine häufige Ursache für die Unfruchtbarkeit von Männern (s. *Krankheitsinfo 2.1*). Solche Anomalien sind klinisch bedeutsam. Da sie aber zu Unfruchtbarkeit führen, verbreiten sie sich auch nicht über mehrere Generationen hinweg in Stammbäumen.

Mitochondriale Vererbung

Die Probleme in der Familie Fletcher (Fall 7, *Abb. 1.13*) veranschaulichen ein eher ungewöhnliches Vererbungsmuster. Bei allen Fällen davor ging es um die nukleäre DNA im Zellkern. Wie wir in *Kapitel 3* sehen werden, enthalten aber auch Mitochondrien DNA. Mutationen in dieser mitochondrialen DNA (mtDNA) sind allerdings nur für wenige Krankheiten verantwortlich, unter anderem auch für die Krankheit bei Familie Fletcher. In diesem Zusammenhang sind die folgenden vier Punkte von Bedeutung:

(1) Sämtliche Mitochondrien eines Embryos stammen aus der Eizelle, keines aus dem Spermium. Dadurch kommt es zu einem matrilinearen Vererbungsmuster: mitochondriale Mutationen werden von der Mutter, niemals vom Vater vererbt. Von den meisten Krankheiten, die durch Mutationen in der mtDNA hervorgerufen werden, sind beide Geschlechter gleichermaßen betroffen. Die Lebersche hereditäre Optikusneuropathie ist ein Sonderfall, weil daran aus noch unbekannten Gründen vor allem Männer erkranken.

(2) Die meisten Bestandteile und Funktionen von Mitochondrien werden von Genen kontrolliert, die sich auf der nukleären DNA im Kern befinden (s. *Kapitel 3*). Daher folgen die meisten Krankheiten, die durch Fehlfunktionen von Mitochondrien ausgelöst werden, einem typischen mendelschen Vererbungsmuster. Nur sehr wenige mitochondriale Krankheiten werden auch durch Mutationen in der mtDNA hervorgerufen und zeigen dann ein Vererbungsmuster, wie man es im Fall der Familie Fletcher sieht.

(3) Weil jede Zelle zahlreiche Mitochondrien enthält, kann sie auch sowohl normale als auch mutierte Mitochondrien aufweisen (Heteroplasmie). Die Anteile können von Gewebe zu Gewebe, aber auch innerhalb eines Gewebes mit der Zeit variieren. Auf diese Weise lässt sich erklären, warum Krankheiten, die durch Mutationen in den Mitochondrien ausgelöst werden, oft nur eine geringe Penetranz haben und oft sehr variabel ausgeprägt werden.

(4) Eizellen besitzen viele Mitochondrien; daher kann eine Mutter mit Heteroplasmie auch heteroplasmische Kinder haben. Das ist ganz anders als bei der

Mosaikbildung, die bei Anomalien an Chromosomen oder einem einzelnen nukleären Gen auftreten kann, aber nicht vererbt werden kann (s. u. sowie *Kapitel 2*).

Einige weitere Probleme bei der Interpretation von Stammbäumen

Eine Krankheit ist nicht zwangsläufig genetisch bedingt, nur weil sie kongenital, also bereits bei der Geburt vorhanden ist oder familiär gehäuft vorkommt. Chorea Huntington ist ein Beispiel für eine Krankheit, die zwar genetisch bedingt ist, aber bei der Geburt noch nicht ausgeprägt ist, während viele Geburtsfehler durch Teratogene aus der Umwelt wie etwa das Rötelnvirus oder Thalidomid (Contergan) hervorgerufen werden. Bei einer Erbkrankheit ohne eindeutig mendelsches Vererbungsmuster oder eine offensichtliche Chromosomenanomalie kann man oft nur sehr schwer sagen, welche Rolle die Gene bei ihrer Entstehung gespielt haben. Zahllose Verhaltensweisen und vereinzelt auch körperliche Merkmale sind eher auf ein gemeinsames familiäres Umfeld als auf Gene zurückzuführen. In *Kapitel 13* beschreiben wir, wie man diese „Anlage-Umwelt"-Probleme angehen kann. Aber auch das Gegenteil ist wahr: Eine negative Familienanamnese bedeutet noch nicht, dass das Problem nicht genetisch bedingt ist. Das gilt besonders für autosomal rezessive Krankheiten wie etwa im Fall der Mukoviszidose in der Familie Brown (Fall 2), kann aber auch auf autosomal dominant vererbte oder X-chromosomale Krankheiten zutreffen, die häufig durch Neumutationen hervorgerufen werden. In *Kapitel 10* wird erklärt, warum bestimmte Erbkrankheiten häufig mit Neumutationen einhergehen, andere dagegen nur selten.

Mosaikbildung

Als Mosaik bezeichnet man das Vorliegen von zwei oder mehr genetisch unterschiedlichen Zelllinien bei einer Person. Wie in *Kapitel 2* erläutert wird, dient der Prozess der Mitose dazu, dass jede Zelle im Körper einen vollständigen und gleichen Satz von Genen erhält. In unserer Erörterung sind wir bisher stillschweigend davon ausgegangen, dass eine einmal aufgetretene Mutation auch in allen Zellen des Körpers vorhanden ist. Das trifft auf vererbte Mutationen zu – was aber ist mit spontan aufgetretenen Mutationen? In jeder Zelle können jederzeit neue Mutationen entstehen. Diese Mutationen sind dann allerdings nur in den Tochterzellen dieser Zelle zu finden. Angesichts der enormen Anzahl von Zellen im menschlichen Körper und der normalen Mutationsraten von Genen ist klar, dass jeder von uns eine solche veränderte Zelle oder einen kleinen Klon von Zellen hat, bei denen fast jedes Gen, das man sich vorstellen kann, mutiert sein könnte. In der Regel haben diese vereinzelten mutierten Klone überhaupt keine Auswirkungen. Es gibt aber drei Situationen, in denen die Mosaikbildung klinische Bedeutung erlangt:

(1) wenn die mutierten Zellen dazu neigen, sich unkontrolliert zu vermehren (*Kapitel 12*)

(2) wenn die Mutation so früh in der Embryonalentwicklung auftritt, dass die mutierte Zelllinie insgesamt einen Großteil des Körpers ausmacht. Die betreffende Person kann dann Merkmale dieser Krankheit zeigen – die dann unter Umständen nicht so schwer ausfällt (falls das Produkt des mutierten Gens in andere Zellen diffundieren kann) oder so uneinheitlich verteilt ist, wie es der Verteilung der mutierten Zellen entspricht (falls das Genprodukt in der Zelle bleibt, in der es gebildet wird)

(3) wenn die Mutation Konsequenzen für die Keimbahn hat (für die Spermien oder Eizellen oder deren Vorläuferzellen)

Die Möglichkeit einer Mosaikbildung in der Keimbahn sorgt häufig für Verunsicherung und Verwirrung bei der Interpretation des Stammbaums und der genetischen Beratung. Wenn sich in der Keimbahn einer Person ein Klon von mutierten Zellen befindet, kann diese Person, die allen klinischen und genetischen Tests zufolge vollkommen gesund ist, mehrere Kinder bekommen, die dieselbe dominant vererbte oder X-chromosomale Krankheit haben. Wenn ein gesundes Paar ein Kind mit einer dominant vererbten Krankheit hat, die zuvor noch nicht in der Familie aufgetreten ist, handelt es sich offensichtlich um eine spontane Neumutation. Der Berater muss aber darauf hinweisen, dass bei Vater oder Mutter auch ein Keimbahnmosaik vorliegen könnte. Das Risiko, dass die Krankheit auch bei weiterer Kindern auftritt, lässt sich selten genau berechnen, weil man nicht weiß, wie groß der Anteil der Zellen in der Keimbahn ist, der diese Mutation trägt – es ist aber nicht vernachlässigbar. Wenn ein gesundes Paar zwei oder mehr betroffene Kinder hat, spricht dies für ein rezessives Vererbungsmuster (*Abb. 1.19*), wenn die Eltern nicht betroffen sind. Wenn man die Krankheit fälschlicherweise als rezessiv ansieht, kann es zu schwerwiegenden Fehlern kommen, falls das betroffene Kind nach dem Risiko fragt, dieses Merkmal weiterzugeben. Für eine seltene rezessive Krankheit wäre das Risiko gering, für eine dominant vererbte Krankheit läge es dagegen bei 50 Prozent.

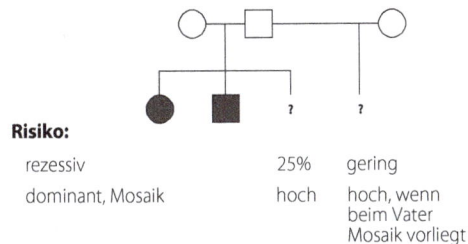

Abb. 1.19 Ein Problem bei der Beratung
Ein Paar, in dessen Verwandtschaft eine Krankheit bisher nicht aufgetreten ist, hat zwei betroffene Kinder. Handelt es sich hier um eine autosomal rezessiv vererbte Krankheit oder um eine autosomal dominant vererbte Krankheit mit elterlichem Keimbahnmosaik? Das Wiederholungsrisiko ist für die beiden Annahmen sehr unterschiedlich.

1.5 Quellen

Nützliche Internetseiten
Genauere Informationen über die genetisch bedingte Gehörlosigkeit finden Sie auf folgender Homepage: http://webh01.ua.ac.be/hhh

1.6 Fragen und Aufgaben

Jeder der folgenden zehn Stammbäume zeigt eine seltene Krankheit.

(a) Welches ist das wahrscheinlichste Vererbungsmuster: autosomal dominant (vollständige Penetranz), autosomal dominant mit einer Penetranz von über 90 Prozent, autosomal rezessiv oder X-chromosomal rezessiv?

(b) Geben Sie die Wahrscheinlichkeit an, mit der das nächste Kind der mit dem Pfeil markierten Person betroffen sein wird.

Hinweise zu den Stammbäumen findet man bei den Lösungen am Ende des Buches.

Stammbaum 1

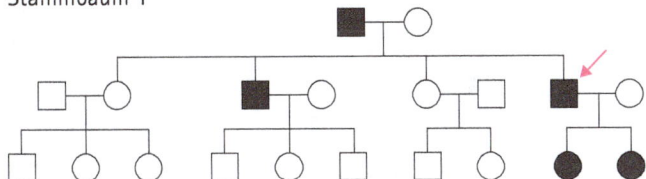

Stammbaum 2

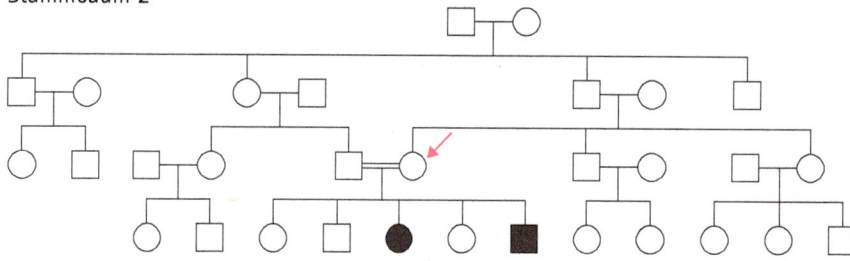

Stammbaum 3

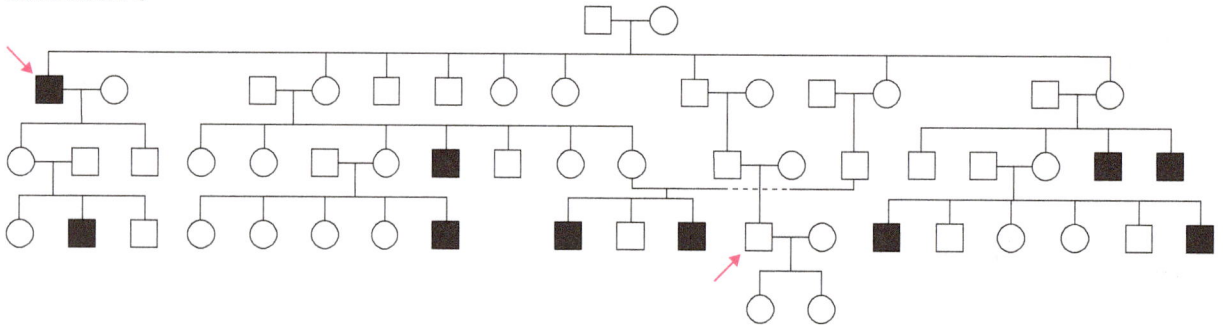

Stammbaum 4

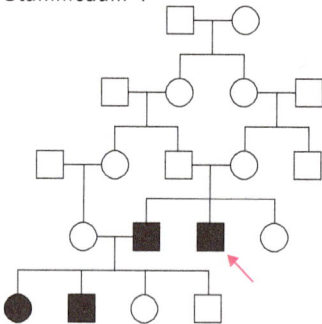

Stammbaum 5

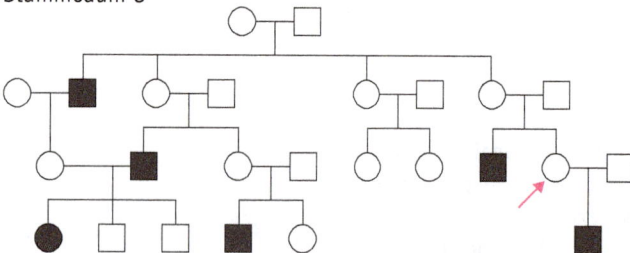

Stammbaum 6

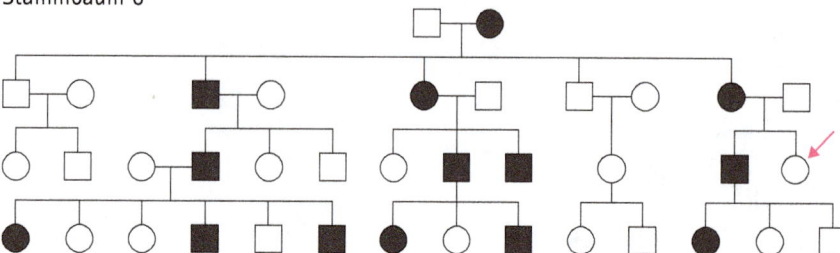

Stammbaum 7

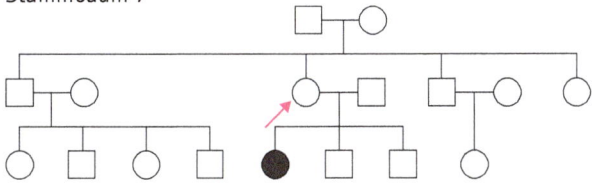

Stammbaum 8

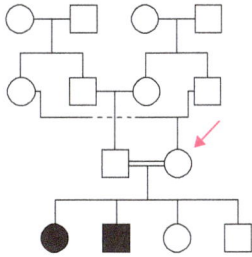

Stammbaum 9

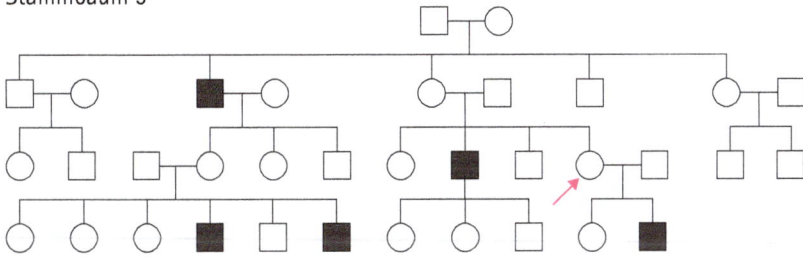

Stammbaum 10

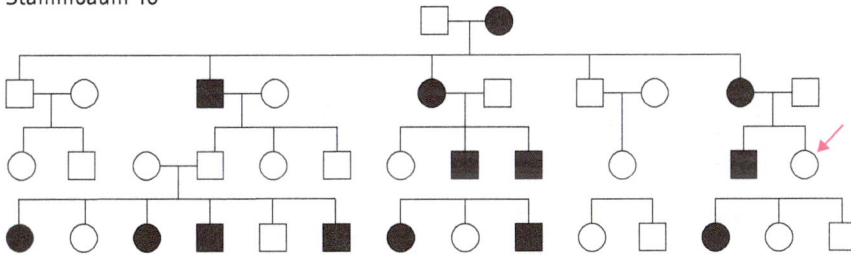

Kapitel 2
Welche Möglichkeiten gibt es, die Chromosomen eines Patienten zu untersuchen?

Wenn Sie dieses Kapitel durchgearbeitet haben, sollten Sie in der Lage sein,

- die Ergebnisse von Mitose und Meiose sowie die Prozesse selber zu beschreiben
- normale und einfache anomale Karyotypen zu erkennen
- die Bestimmung des genetischen Geschlechts beim Menschen sowie die Auswirkungen möglicher Fehler zu schildern
- zu wissen, was Triploidie, Trisomie, reziproke Translokationen, Robertson'sche Translokationen, parazentrische Inversionen, perizentrische Inversionen und Deletionen sind
- zu erklären, wie es zu den wichtigsten numerischen und strukturellen Chromosomenanomalien kommt
- darzustellen, welche Folgen bei der Reproduktion von Anlageträgern von Translokationen und Inversionen im Wesentlichen zu erwarten sind

2.1 Fallbeispiele

25	36	67	96	357				

Gillian ist das zweite Kind gesunder Eltern. Bei ihrer Geburt schien alles in Ordnung zu sein, obwohl sie bei Geburt weniger wog als ihre Schwester. Bei der ersten Routineuntersuchung der Neugeborenen hörte der Arzt ein Herzgeräusch und ließ daher ein Echokardiogramm erstellen. Das ergab, dass Gillian zwischen den beiden unteren Herzkammern ein kleines Loch hat: einen Kammerscheidewand- oder Ventrikel-Septum-Defekt (VSD). Der Herzfehler wurde als nicht schwerwiegend angesehen, und eine Nachuntersuchung wurde empfohlen. Im Alter von drei Jahren war das Herzgeräusch nicht mehr zu hören und ein erneutes Echokardiogramm zeigte, dass sich das Loch geschlossen hatte. Gillians Eltern waren allerdings nach wie vor beunruhigt, weil Gillian ihrer Schwester in allen Entwicklungsstadien hinterherhinkte. Ihre Sprachentwicklung verlief besonders langsam, und man konnte sie kaum verstehen. Der Kinderarzt überwies sie in eine logopädische Praxis, wo man herausfand, dass sich ihr Gaumen kaum bewegte. Daraufhin wurde ein Humangenetiker zu Rate gezogen. Dieser stellte fest, dass Gillian eine sehr schmale Nase und lange Finger hat und der obere Teil ihrer Ohren eingerollt ist. Er sorgte dafür, dass eine Chromosomenuntersuchung durchgeführt wurde und forderte zusätzlich zur üblichen Karyotypanalyse noch eine molekulare Untersuchung an, um zu sehen, ob möglicherweise in einem Teil des Chromosoms 22 eine Deletion vorhanden ist (22q11).

Fall 8 Familie Green

- dreijährige Gillian
- verlangsamte Entwicklung
- ? Chromosomenanomalie
- Anforderung von Tests, mit denen überprüft werden soll, ob eine Mikrodeletion 22q11 vorliegt

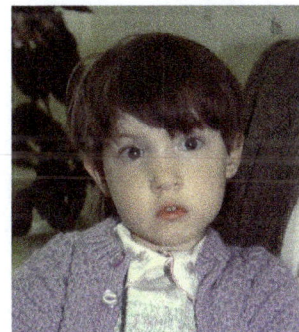

Abb. 2.1 Kind mit Deletion bei 22q11
Beachte den kleinen Mund, die schmale Nase und die schräg ansteigenden Augen.

Fall 9 Familie Howard

- Helen, die gerade geborene Tochter von Henry und Anne (beide 33 Jahre alt)
- Down-Syndrom
- könnten die Eltern bei weiteren Geburten erneut ein Kind mit Down-Syndrom bekommen?

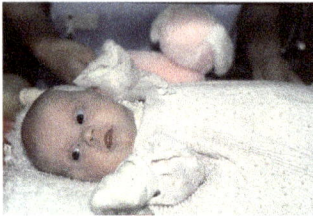

Abb. 2.2 Ein Kind mit Down-Syndrom

Die Schwangerschaft kam für Helens Eltern Anne und Henry überraschend. Beide waren 33 Jahre alt und hatten bereits einen Sohn und eine Tochter, die sie mit Anfang 20 bekommen hatten. Nachdem sie sich aber an den Gedanken gewöhnt hatten, freuten sie sich. Im Rahmen der vorgeburtlichen Betreuung wurden ihnen auch eine Untersuchung zur Erkennung des Down-Syndroms angeboten, die sie aber nicht in Anspruch nahmen, weil sie auch bei den früheren Schwangerschaften keine Tests hatten machen lassen und ohnehin beide einhellig der Meinung waren, dass eine Abtreibung nicht ernsthaft in Frage käme. Die Schwangerschaft verlief insgesamt gut und die Wehen setzten zum errechneten Zeitpunkt ein. Als Helen geboren wurde, fand Anne, dass sie ihrer Schwester ähnelte, doch die Hebamme war beunruhigt, weil das Kind sehr schlaff (hypoton) war, eine Nackenfalte und an den Händen Vierfingerfurchen (auf den Handflächen jeweils eine einzelne, quer verlaufende Furche) aufwies. Der Kinderarzt bereitete Anne und Henry schonend darauf vor, dass er befürchtete, Helen könne das Down-Syndrom haben. Er sorgte dafür, dass eine Blutprobe in ein zytogenetisches Labor geschickt wurde, und bat darum, das Ergebnis so bald wie möglich zuzuschicken, da die Eltern und Großeltern mittlerweile äußerst beunruhigt waren. Sowohl der Kinderarzt als auch die Hebamme besuchten die Familie in den darauffolgenden beiden Tagen mehrfach, bis das Ergebnis vorlag. Es bestätigte, dass Helen tatsächlich ein Down-Syndrom hat. Die Eltern hatten natürlich viele Fragen in Bezug auf Helens Zukunft. Der Kinderarzt beantwortete diese Fragen, schlug den Eltern aber vor, sie in eine genetische Poliklinik zu überweisen, wo man ihnen die Ursachen des Down-Syndroms erklären und Auskunft darüber geben könnte, wie hoch das Risiko sei, bei eventuellen weiteren Geburten erneut ein Kind mit Down-Syndrom zu bekommen.

Fall 10 Familie Ingram

- Isabel, die erste Tochter von Irene und Ian
- kleinwüchsig trotz hochgewachsener Eltern

Isabel war das erste Baby von Irene und Ian, die beide recht hochgewachsen waren. Isabels Füße waren in den ersten Monaten etwas geschwollen, und sie war ziemlich klein, aber im Großen und Ganzen war sie ein gesundes kleines Baby. Sie entwickelte sich in ihrer Kindheit normal, war aber immer die Kleinste in ihrer Klasse. Im Alter von zehn Jahren verstärkte sich bei ihren Klassenkameraden das Wachstum; bei einigen ihrer Freundinnen hatte bereits die Pubertät eingesetzt. Obwohl Irene und Ian nicht ernstlich besorgt waren, schlug die Krankenschwester der Schule einen Besuch Isabels beim Kinderarzt vor, da ihr deren Kleinwüchsigkeit in Anbetracht der hochgewachsenen Eltern ungewöhnlich zu sein schien. Im Rahmen ihrer Erstuntersuchungen forderte der Kinderarzt auch eine Chromosomenanalyse an.

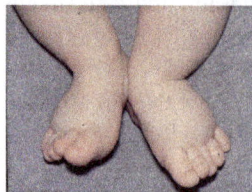 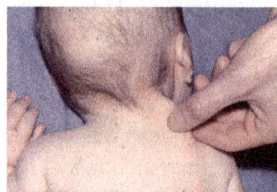 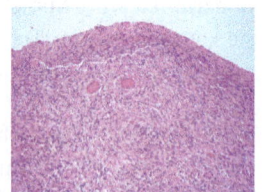

(a) (b) (c)

Abb. 2.3 Turner-Syndrom
(a) Geschwollene Füße, **(b)** überschüssige Haut im Nacken. **(c)** Histologischer Befund der Keimdrüsen: Im Stroma der ovariellen Rindenschicht befinden sich keine Keimzellelemente. Foto (c) mit freundlicher Genehmigung von Dr. Godfrey Wilson vom Manchester Royal Infirmary.

2.2 Hintergrund

Warum Ärzte sich mit Chromosomen auskennen müssen

Es gibt eine Reihe unterschiedlicher klinischer Situationen, in denen Chromosomenanomalien eine wichtige Rolle spielen:

- sie sind ein Grund für Unfruchtbarkeit und wiederholte Fehlgeburten
- über die Hälfte aller Embryonen, die in den ersten drei Monaten der Schwangerschaft spontan abgehen, weisen eine chromosomale Anomalie auf
- bei etwa einem von 200 Neugeborenen findet man multiple angeborene Fehlbildungen, die auf einer Chromosomenanomalie beruhen. Mithilfe der Pränataldiagnostik können solche Anomalien oft so früh erkannt werden, dass die Schwangerschaft abgebrochen werden kann, falls die Eltern dies wünschen
- die meisten Babys mit Chromosomenanomalien haben völlig gesunde Eltern; allerdings trägt etwa ein Prozent der Menschen eine kleine chromosomale Veränderung, die zwar für die eigene Gesundheit folgenlos bleibt, aber das Risiko erhöht, eine Fehlgeburt zu haben oder ein behindertes Kind zu bekommen
- in Krebszellen haben sich in der Regel größere Chromosomenanomalien eingeschlichen, die in den normalen Zellen des Patienten nicht vorhanden sind; viele spezielle Anomalien sind oft für die Diagnostik und die Prognose von Bedeutung

Wie untersucht man Chromosomen?

Will man Chromosomen unter dem Mikroskop untersuchen, braucht man Zellen, die sich gerade teilen, weil man, wie oben bereits beschrieben, nur in solchen Zellen die einzelnen Chromosomen erkennen kann. Wenn man einer Person Blut-, Haut- oder andere Proben entnimmt, erhält man zwar viele Zellen, darunter sind aber, falls überhaupt, nur wenige, die sich gerade teilen. Daher verwendet man für eine Chromosomenanalyse meist eine Probe von nicht proliferierenden Zellen, die man dann im Labor in Kultur nimmt und zur Teilung anregt (*Abb. 2.4*). Welches Probenmaterial geeignet ist, wird in *Exkurs 2.1* beschrieben. Außer den in diesem Kapitel geschilderten Methoden zur Chromosomenuntersuchung gibt es noch eine Reihe neuerer Verfahren, die unter dem Begriff molekulare Zytogenetik zusammengefasst werden. Mit ihnen kann man die Chromosomen sehr viel genauer untersuchen oder ihre Anzahl auch in Zellen bestimmen, die sich gerade nicht teilen. Diese Verfahren werden in *Kapitel 4* beschrieben.

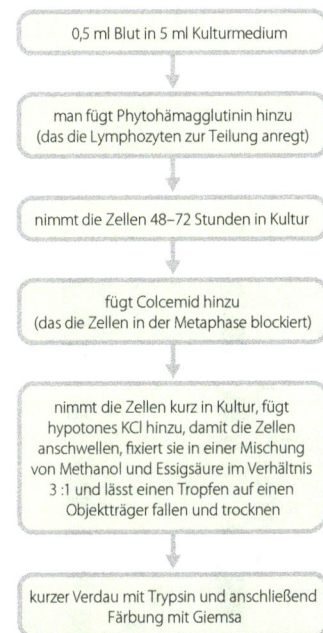

0,5 ml Blut in 5 ml Kulturmedium

man fügt Phytohämagglutinin hinzu
(das die Lymphozyten zur Teilung anregt)

nimmt die Zellen 48–72 Stunden in Kultur

fügt Colcemid hinzu
(das die Zellen in der Metaphase blockiert)

nimmt die Zellen kurz in Kultur, fügt hypotones KCl hinzu, damit die Zellen anschwellen, fixiert sie in einer Mischung von Methanol und Essigsäure im Verhältnis 3 :1 und lässt einen Tropfen auf einen Objektträger fallen und trocknen

kurzer Verdau mit Trypsin und anschließend Färbung mit Giemsa

Abb. 2.4 Flussdiagramm zur Aufbereitung einer Blutprobe für die Chromosomenanalyse mittels G-Bänderung

---

Exkurs 2.1 Probenmaterial für eine Chromosomenanalyse

- Meist verwendet man Lymphozyten aus einer normalen Blutprobe. 0,5 bis 10 ml Blut werden mit Phytohämagglutinin versetzt, das die Lymphozyten zur Proliferation anregt. Nach 48 Stunden werden die Kulturen geerntet. *Abb. 2.4* zeigt eine Kurzfassung des Protokolls.
- Für eine frühe Pränataldiagnostik benutzt man Chorionzotten, die man in der Regel in der zehnten bis zwölften Schwangerschaftswoche transvaginal oder durch die Bauchdecke der Mutter entnimmt. Das Verfahren birgt ein einprozentiges Risiko, dass eine Fehlgeburt ausgelöst wird. In der Probe sind Zellen vorhanden, die sich spontan teilen und für eine rasche Analyse verwendet werden können, zusätzlich müssen jedoch auch Zellen untersucht werden, die in Kultur genommen wurden. Vor der Verarbeitung der Probe müssen die fetalen Zellen sorgfältig

ausgewählt werden, damit man nicht Zellen der Mutter vermehrt.
- Fruchtwasser, das zwischen der 14. und 20. Schwangerschaftswoche entnommen wird, enthält abgeschilferte fetale Zellen. Diese wachsen nur langsam, und es dauert in Kultur etwa zwei Wochen, bis für die Analysen genügend sich teilende Zellen zur Verfügung stehen.
- Hautbiopsien dienen u.a. der Anlage von Fibroblastenkulturen, in denen z.B. manche Chromosomenanomalien nachweisbar sind, die im Blut verloren gegangen sind.
- Hodenbiopsien sind die einzige Möglichkeit, bei männlichen Personen die Meiose zu untersuchen. Da die Meiose bei weiblichen Personen bereits vor der Geburt in den fetalen Ovarien stattfindet, kann man die Meiose bei Patientinnen nicht klinisch untersuchen.

Um den Karyotyp mithilfe einer gängigen Analyse unter dem Mikroskop zu bestimmen, muss entsprechend des in *Abb. 2.4* aufgeführten Protokolls ein Objektträger präpariert werden, auf dem mehrere Zellen untersucht werden können, die sich gerade teilen. *Abb. 2.10* zeigt eine solche Zelle. Der Zytogenetiker zählt die Chromosomen, identifiziert jedes einzelne und überprüft, ob seine jeweilige Struktur keine Auffälligkeiten aufweist. Bei der Analyse überprüft man in der Regel zehn Zellen. Falls man ein bestimmtes Merkmal in einer Zelle nicht gut erkennen kann, kann man es dann in anderen Zellen untersuchen. Zur Archivierung werden die Chromosomen einer Zelle – meist mithilfe digitaler Bildbearbeitung – wie in den *Abb. 2.9* oder *2.11* zu einem Standard-Karyogramm angeordnet.

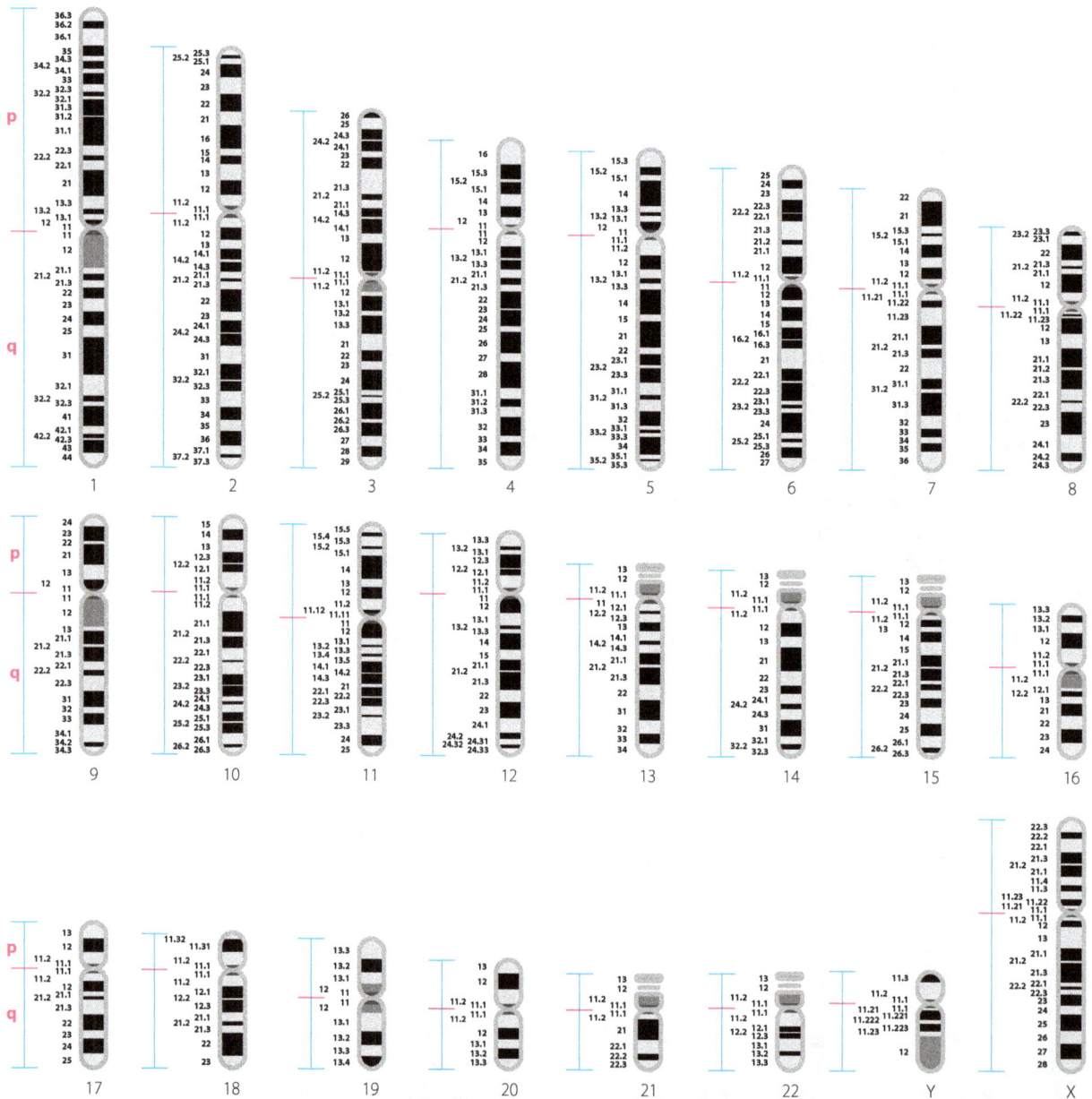

Abb. 2.5   Bezeichnung der zytogenetischen Banden
Das Idiogramm zeigt schematisch das G-Bänderungsmuster bei einer Auflösung von 550 Banden. Hauptbanden werden vom Centromer zum Telomer hin durchgezählt: 1, 2, 3 etc. Die Hauptbande 11q1 (11q bedeutet: langer Arm des Chromosoms 11, 11p: kurzer Arm) ist in die Subbanden 11q11–11q14 unterteilt, und bei der höchsten Auflösung kann man bei 11q14 noch 11q14.1–11q14.3 unterscheiden. Wiedergabe aus Schaffer & Tommerup mit freundlicher Genehmigung der S. Karger AG aus Basel.

Chromosomen werden immer von Zellen präpariert, die sich gerade teilen und in denen sich die DNA bereits verdoppelt hat. Unter dem Mikroskop sieht man sie daher stets in Form von zwei identischen Schwesterchromatiden, die am Centromer miteinander verbunden sind. Bei dem früher zur Präparation verwendeten üblichen Verfahren trat diese Struktur sehr deutlich hervor (s. Einschubbild in *Abb. 2.10*). Wenn Chromsomen nach heute gebräuchlichen Protokollen präpariert werden, sind das Centromer und die Schwesterchromatiden nicht so gut zu erkennen, weil dabei die Schwesterchromatiden eng zusammenbleiben.

Die Zytogenetiker orientieren sich am Bandenmuster, um jedes einzelne Chromosom zu identifizieren und strukturelle Abweichungen zu entdecken. Mithilfe einer Bandenfärbung erhält jedes Chromosom ein reproduzierbares und charakteristisches Muster aus dunklen und hellen Streifen. Das übliche Verfahren ist die G-Bänderung. Dabei werden die Chromosomen auf einem Objektträger für das Mikroskop kurz mit Trypsin verdaut und dann mit Giemsa gefärbt. Für bestimmte Analysen werden manchmal andere Bänderungsverfahren gewählt. Bei der R-Bänderung erhält man ein umgekehrtes Muster aus hellen und dunklen Banden, das sich besonders für die Untersuchung von Chromosomenden eignet. Bei anderen speziellen Verfahren werden die Centromeren (C-Bänderung) oder die kurzen Arme der akrozentrischen Chromosomen angefärbt (Silberfärbung).

Die Position auf den Chromosomen wird nach der Nomenklatur der Pariser Konferenz angeben, die in *Exkurs 2.2* vorgestellt wird. Die Banden sind durchnummeriert, wobei man vom Centromer aus nach außen zählt. *Abb. 2.5* zeigt die Standard-Idiogramme und die Nomenklatur der mit G-Bänderung präparierten Chromosomen bei einer Auflösung von 550 Banden. Eine höhere Auflösung erhält man, wenn man die Zellen erntet, noch bevor sich die Chromosomen in der Metaphase der Zellteilung maximal verkürzen (*Abb. 2.6*). Bei diesen stark ausgebreiteten Chromosomen sind die Streifen noch weiter in Unterbanden unterteilt, so dass man die Lage präziser angeben kann: etwa 7q11.23, was „7q eins eins Punkt zwei drei" ausgesprochen wird. Längere Chromosomen verwickeln und verknäueln sich dabei allerdings leicht, was eine Analyse unter dem Mikroskop bei höchster Auflösung (1500 bis 2000 Banden) sehr erschwert. Anomalien, die zu klein sind, als dass man sie in einer Standardanalyse mit einer Auflösung von 550 Banden erkennen könnte, entdeckt man am besten mithilfe molekularer Methoden. Dieses Verfahren werden wir konkret anhand des Falles von Gillian Green (Fall 8) kennen lernen.

Exkurs 2.2 Chromosomen samt Anomalien: Nomenklatur und Glossar

Für den Karyotyp gibt man die Anzahl der Chromosomen, die Art der Geschlechtschromosomen sowie sämtliche Anomalien an. Die Lage auf den Chromosomen wird nach der Nomenklatur der Pariser Konferenz beschrieben (*Abb. 2.5*). Mit „p" wird der kurze, mit „q" der lange Arm gekennzeichnet; „t" steht für Translokation, „del" für Deletion, „dup" für Verdopplung, „inv" für Inversion und „der" für ein anomales Chromosom, dessen Struktur nachfolgend genauer angegeben wird.

- 46,XX: eine normale weibliche Person
- 47,XY,+21: eine männliche Person mit Down-Syndrom
- 46,XX,t(1;22)(q25;q13): eine weibliche Person mit einer Translokation zwischen den Chromosomen 1 und 22; die Bruchstellen liegen bei 1q25 und 22q13 (die Anomalie in Fall 5, *Abb. 2.14*)
- 46,XY,del(2)(q34;q36.2): eine männliche Person mit Deletion das Genmaterials zwischen 2q34 und 2q36.2 auf dem langen Arm von Chromosom 2.

Das soll für unsere jetzigen Zwecke erst einmal reichen. Die gesamte Nomenklatur samt allen nur denkbaren Anomalien findet man in Schaffer & Tommerup.

Akrozentrisch: Eigenschaft eines Chromosoms, dessen Centromer sich in der Nähe eines seiner Enden befindet; der kurze Arm besteht nur aus repetitiver Satelliten-DNA. Die Chromosomen 13, 14, 15, 21 und 22 sind akrozentrisch.

Autosom: alle Chromosomen außer den Geschlechtschromosomen X oder Y.

Centromer: der Bereich eines Chromosoms, in dem die Schwesterchromatiden miteinander verbunden sind und an dem bei der Zellteilung die Spindelfasern ansetzen, um die Chromatiden auseinander zu ziehen.

Chromatid: wenn sich die Zelle teilt, besteht das Chromosom aus zwei identischen Schwesterchromatiden, die am Centromer miteinander verbunden sind. Nach der Teilung und bis zur erneuten DNA-Replikation besteht ein Chromosom nur aus einem einzigen Chromatid.

Chromatin: allgemeine Bezeichnung für den DNA-Protein-Komplex, aus dem die Chromosomen bestehen.

Euchromatin: Chromatin mit einer relativ lockeren Struktur, bei der Gene abgelesen werden können; Pendant zum Heterochromatin.

G-Bänderung: ein Standardverfahren, bei dem Chromosomen so vorbehandelt werden, dass sie ein charakteristisches und reproduzierbares Muster aus dunklen und hellen Streifen zeigen, wie es in *Abb. 2.5* zu sehen ist.

Heterochromatin: stark verdichtetes Chromatin ohne Genaktivität; man findet es besonders an den Centromeren.

Homologe Chromosomen: die beiden Exemplare eines jeden Chromosomenpaars (Nr. 1, 2, 3 usw.) eines Menschen. Beachte, dass homologe Chromosomen im Gegensatz zu Schwesterchromatiden keine Kopien voneinander sein, sondern sich aufgrund kleinerer Unterschiede in der DNA-Sequenz oder manchmal etwa infolge von Translokationen mehr oder weniger stark voneinander unterscheiden.

Inversion: eine Strukturanomalie, bei der ein Chromosomenabschnitt herausgetrennt und verkehrt herum wieder eingesetzt wurde (*Abb. 2.21*).

Karyotyp: die chromosomale Ausstattung einer Person, die man aus dem Karyogramm, der Gesamtdarstellung aller Chromosomen, ablesen kann (s. *Abb. 2.9*).

Metazentrisch: ein Chromosom mit dem Centromer in der Mitte (Beispiele: die Chromosomen 3 und 20).

Monosomie: Von einem normalerweise als Paar vorliegenden Chromosom ist nur ein einziges Exemplar vorhanden (Bei einer Monosomie eines einzelnen Chromosoms finden sich im Karyotyp insgesamt nur 45 Chromosomen).

Robertson'sche Translokation: besondere Art der Translokation, bei der zwei akrozentrische Chromosomen wie in *Abb. 2.22* in der Nähe ihrer Centromeren miteinander verbunden sind; die Satelliten tragenden kurzen Armen gingen verloren.

Schwesterchromatiden: die beiden Chromatiden eines Chromosoms, wie man sie in sich teilenden Zellen beobachten kann. Schwesterchromatiden sind identische Kopien, die in der vorausgehenden Phase der DNA-Replikation entstanden sind.

Submetazentrisch: ein Chromosom mit einem langen und einem kurzen Arm; Form der meisten Chromosomen des Menschen.

Telomer: eine spezielle Struktur am Ende eines Chromosomenarms.

Translokation: eine Strukturanomalie, bei der zwei Chromosomen nicht-homologe Bereiche austauschen.

Triploidie: es sind drei komplette Chromosomensätze vorhanden.

Trisomie: von einem bestimmten Chromosom sind drei Exemplare vorhanden (Bei einer Trisomie eines einzelnen Chromosoms finden sich im Karyotyp 47 Chromosomen).

Chromosomenanomalien

Von Chromosomenanomalien spricht man, wenn zu viele oder zu wenige Chromosomen vorhanden sind oder ein oder mehrere Chromosomen eine ungewöhnliche Struktur haben. In *Abschnitt 2.4* erörtern wir Art und Ursprung solcher Chromosomenanomalien genauer. Einige numerische Chromosomenaberrationen kommen so häufig vor, so dass die zugehörigen klinischen Syndrome hinreichend bekannt sind (*Erkurs 2.3*). So hat etwa die Hebamme bei Helen Howard die charakteristischen Merkmale eines Down-Syndroms gleich bei der Geburt erkannt (Fall 9). Strukturelle Chromosomenaberrationen sind in der Regel auf Chromosomenbrüche zurückzuführen. Einige Chromosomenabschnitte brechen besonders leicht an bestimmten Stellen, was jeweils zu bekannten Syndromen führt (*Erkurs 2.4*). Ein erfahrener Kliniker würde bei Gillian Green (Fall 8) an ein solches Syndrom denken. Die meisten Strukturanomalien sind allerdings einmalige Ereignisse, für die zufällige Chromosomenbrüche verantwortlich sind. Obwohl dadurch keine spezifischen Syndrome hervorgerufen werden, haben die Kliniker gelernt, dass bei Babys mit multiplen angeborenen Anomalien, die keiner bestimmten Entwicklungsstörung zugeschrieben werden können, oder bei Patienten mit einer Kombination aus geistiger Behinderung und Fehlbildungen, oft eine Chromosomenanomalie vorliegt. Aus diesen Gründen ist es richtig, für Elizabeth Elliot eine Chromosomenanalyse anzufordern (Fall 5).

Exkurs 2.3 Syndrome, denen eine numerische Chromosomenaberration zugrunde liegt

Triploidie (69, XXX, XXY or XYY)

Triploidie kommt bei einer Empfängnis häufig vor, triploide Embryonen und Feten überleben allerdings selten die Schwangerschaft, und falls doch, leben sie nicht lange.

Autosomale Trisomien

Bei frühen Fehlgeburten findet man alle möglichen autosomalen Trisomien; doch nur Babys mit den Trisomien 13, 18 und 21 sind bei der Geburt lebensfähig. Möglicherweise spielt dabei eine Rolle, dass die Chromosomen 13, 18 und 21 von allen Chromosomen unseres Genoms die geringste Gendichte aufweisen. Das bedeutet, dass bei diesen Trisomien weniger Gene involviert sind als bei Trisomien von anderen ähnlich großen Chromosomen. Wie Trisomien entstehen, wird später erläutert.

- +21 Down-Syndrom; s. Fall 9. Die einzige autosomale Trisomie, mit der man das Erwachsenenalter erreichen kann.
- +18 Edwards-Syndrom. Betroffene Babys sterben in der Regel im ersten Lebensjahr. Abgesehen von leichten Dysmorphiezeichen sind die Babys äußerlich oft relativ unauffällig, sie haben jedoch eine Wachstumsverzögerung und meist zahlreiche innere Fehlbildungen. Die wenigen Langzeit-Überlebenden haben eine schwerste Entwicklungsstörung.
- +13 Pätau-Syndrom. 50 Prozent der betroffenen Babys sterben bereits im ersten Lebensmonat, die meisten übrigen im Laufe des ersten Jahres. Typisch sind variable Mittellinien-Defekte an Kopf und Gesicht, von Hypotelorismus (enger Augenabstand) oder medianer Lippenspalte bis hin zu Zyklopie (einzelnes Auge über oder unter der Nasenwurzel) oder Holoprosenzephalie (Fehlbildung des Gehirns mit fehlender Trennung der beiden Hemisphären). Ein weiteres häufiges Merkmal ist eine Polydaktylie.

Anomalien der Geschlechtschromosomen

Eine falsche Anzahl von Geschlechtschromosomen ist bei weitem nicht so gravierend wie eine falsche Anzahl der Autosomen. Beim Y-Chromosom liegt dies daran, dass sich auf ihm sehr wenige Gene befinden, von denen keines lebensnotwendig ist. Das ist beim X-Chromosom anders: Auf ihm befinden sich etwa 1000 Gene, darunter viele, die für das Überleben essentiell sind. Durch die X-Inaktivierung (s. *Kapitel 7*) werden allerdings die Folgen einer abweichenden Zahl von X-Chromosomen erheblich reduziert.

Wie die unten aufgeführten Beispiele zeigen, ist eine Person männlich, wenn sie ein Y-Chromosom hat; unabhängig von der Anzahl der X-Chromosomen. Das *SRY*-Gen auf dem Y-Chromosom gilt als Hauptschalter für die geschlechtliche Differenzierung (s. *Krankheitsinfo 6*).

- 45,X Turner-Syndrom. Weibliches Geschlecht, Ausbleiben der Pubertät, Infertilität, Kleinwuchs, normale Intelligenz. Variable Hautfalte am Hals (Peterygium colli), Herzfehler (Koarktation oder Isthmusstenose der Aorta), Hufeisennieren.
- 47,XXY Klinefelter-Syndrom. Männliches Geschlecht, Ausbleiben der Pubertät, Infertilität, relativer Hochwuchs mit einer Verteilung des Körperfetts wie bei Frauen. IQ-Wert meist im Normbereich, aber oft geringfügig unter dem der Geschwister.
- 47,XXX weibliches Geschlecht, meist phänotypisch unauffällig, oft Zufallsbefund. IQ-Wert meist im Normbereich, aber oft geringfügig unter dem der Geschwister.
- 47,XYY männliches Geschlecht. Hochgewachsen, IQ-Wert meist im Normbereich, aber oft geringfügig unter dem der Geschwister, gelegentlich Verhaltensauffälligkeiten. Oft Zufallsbefund.

Warum haben wir Chromosomen?

Eine menschliche Zelle enthält 2 m DNA. Stellen Sie sich vor, eine typische 10 μm breite Zelle würde auf das Ausmaß eines 10 m breiten Hörsaals vergrößert. Die DNA wäre dann eine 2000 km lange Schnur, die in diesem Raum einen Großteil des Platzes einnähme. Stellen Sie sich vor, die DNA würde jetzt repliziert, indem man jeden einzelnen Strang der Schnur wie bei einem doppeladrigen Elektrokabel in einen Doppelstrang verwandelte. Und dann muss man die Zelle noch teilen. Eine Zelle schafft es in etwa einer Stunde, ihre replizierte DNA exakt so aufzuteilen, dass jede Tochterzelle genau eine Kopie von jeder DNA erhält. Um in einem Hörsaal voll doppeladriger Elektrokabel ein hoffnungsloses Durcheinander und Wirrwarr zu vermeiden, muss das Ganze auf eine äußerst präzise Art und Weise durchstrukturiert werden. Das genau ist die Aufgabe, die die Chromosomen in einer Zelle haben.

Exkurs 2.4 Häufige Mikrodeletions-Syndrome

Eine Reihe gut charakterisierter klinischer Syndrome wird durch Mikrodeletionen ausgelöst, d.h. den Verlust eines sehr kleinen Chromosomenabschnitts, der bei einer gängigen Chromosomenpräparation nicht nachweisbar ist (*Abb. 2.9*). Wenn ein erfahrener Arzt aufgrund klinischer Befunde eine Mikrodeletion vermutet, kann diese mithilfe molekularzytogenetischer Techniken nachgewiesen werden (*Kapitel 4*). Einige gut definierte Mikrodeletions-Syndrome sind in der Tab. aufgeführt.

Darüber hinaus wurden noch viele andere selten oder häufiger auftretende Mikrodeletionen charakterisiert. Von den in der Tab. aufgelisteten Syndromen werden das Wolf-Hirsch-horn-, das Katzenschrei- und das Miller-Dieker-Syndrom durch Deletionen jeweils am Ende eines Chromosomenarms hervorgerufen. Die proximalen Bruchstellen unterscheiden sich jeweils bei den betroffenen Patienten, die Deletionen umfassen jedoch immer eine kritische Region, die für das Syndrom spezifisch ist. Bei den anderen Syndromen in der Tab. liegen die Bruchstellen bei allen Patienten oft an der gleichen Stelle, was dazu führt, dass ein bestimmtes Chromosomensegment im Inneren fehlt. Sie entstehen, wie in *Krankheitsinfo 3* erläutert, in der Regel aufgrund von Rekombination nach Fehlpaarung von repetitiven DNA-Sequenzen (low copy repeats).

Syndrom	OMIM-Nummer	Position der Mikrodeletion	Anmerkungen
Wolf–Hirschhorn	194190	4p16	geringes Geburtsgewicht, geistige Behinderung, Anfälle, typisches Gesicht
Katzenschrei oder Cri-du-chat	123450	5p15	geistige Behinderung, typisches Gesicht, hohes schrilles Schreien
Williams–Beuren	194050	7q11.23	s. *Krankheitsinfo 3*
Angelman	105830	15q11–q13	s. *Kapitel 7*
Prader–Willi	176270	15q11–q13	s. *Kapitel 7*
Miller–Dieker	247200	17p13	Lissenzephalie, geistige Behinderung, typisches Gesicht
Smith–Magenis	182290	17p11	geistige Behinderung, Verhaltensprobleme, gestörte Schlafmuster
DiGeorge	188400	22q11	s. Fall 8, Familie Green

2.2.1 Centromere und Telomere

Chromosomen sind nicht einfach passive DNA-Pakete, sondern vielmehr Zellorganellen, die eine Funktion erfüllen. Teilweise hängt diese Funktion von zwei speziellen Strukturen ab: den Centromeren und den Telomeren.

- Ein funktionstüchtiges Chromosom darf nur ein einziges Centromer haben. Wie bereits erwähnt, sind die beiden Schwesterchromatiden am Centromer miteinander verbunden. Wichtig ist, dass das Centromer (oder genauer gesagt, das Kinetochor, eine Struktur, die sich am Centromer befindet) als Anknüpfungspunkt für die Spindelfasern dient, die die Chromosomen während der Zellteilung auseinanderziehen (s. unten).

- Telomere sind spezielle Strukturen, die sich an jedem Ende eines Chromosoms befinden. Sie enthalten lange Reihen von kurzen, sich wiederholenden DNA-Sequenzen: $(TTAGGG)_n$. Aufgrund der Funktionsweise der verschiedenen Enzyme im Rahmen der DNA-Replikation verliert jedes Chromosomenende bei jeder Zellteilung etwa 10 bis 20 Einheiten seiner repetitiven DNA-Sequenzen (s. *Abb. 12.3*). Wenn das Telomer völlig verloren gegangen ist, wird das Chromosom instabil, was normalerweise zum Zelltod führt. Einigen Theorien zufolge gibt es einen Zusammenhang zwischen diesem Vorgang und dem normalen Alterungsprozess; das ist allerdings umstritten. Telomere haben genügend repetitive Sequenzen, um alle Zellteilungen überstehen zu können, die im Laufe des Lebens einer Person anfallen; beim Übergang auf die nächste Generation müssen sie allerdings erneuert werden. Keimbahnzellen sowie Krebszellen haben ein spezielles Enzym, die Telomerase, die die Telomere wieder auf ihre ursprüngliche Länge bringen kann, was mit dazu beiträgt, dass diese Zellen unsterblich werden.

Das Verhalten der Chromosomen bei der Zellteilung

Vorbereitung auf die Teilung

Wie bereits erläutert, sorgen Chromosomen vor allem dafür, dass die Zellen ihre DNA in geregelter Form auf die Tochterzellen verteilen können.

(a) Replikation der DNA. Jedes Chromosom besteht zunächst aus einer einzigen enorm langen DNA-Doppelhelix. Wenn sich eine Zelle anschickt, sich zu teilen, wird die DNA während der S-Phase des Zellzyklus verdoppelt, ohne dass sich die beiden Kopien voneinander lösen. Jedes Chromosom besteht nun aus zwei identischen Schwesterchromatiden, die jeweils eine vollständige Kopie der DNA-Doppelhelix enthalten und am Centromer miteinander verbunden sind. Unter dem Mikroskop haben Chromosomen immer diese Struktur (obwohl die beiden Schwesterchromatiden, wie bereits erwähnt, in Standardpräparationen selten getrennt sind). Man sollte sich allerdings vor Augen halten, dass ein Chromosom in einer Zelle, die sich nicht teilt, normalerweise als einzelnes Chromatid vorliegt.

(b) Kondensation der Chromosomen. In der ersten Phase der Zellteilung (Prophase) verdichten sich die Chromosomen so stark, dass man sie unter dem Mikroskop erkennen kann.

Was als nächstes zu beobachten ist, hängt davon ab, welcher Typ von Tochterzelle entstehen soll. Es gibt zwei Arten von Zellteilung:

- Die Mitose ist die normale Form der Zellteilung und fast immer die Form, in der Chromosomen in der Klinik untersucht werden. Bei der Mitose wird die replizierte DNA gleichmäßig auf die beiden Tochterzellen aufgeteilt, so dass die beiden genetisch identisch sind.

- Die Meiose ist eine spezielle Form der Zellteilung, die nur dazu dient, Keimzellen (Spermien oder Eizellen) zu produzieren. Mit der Meiose werden zwei Ziele verfolgt. Erstens muss die Anzahl der Chromosomen von 46 auf 23 reduziert werden, damit bei der Verschmelzung von Spermium und Eizelle eine Zygote mit 46 Chromosomen entsteht. Zweitens sorgt die Meiose, wie noch im Folgenden beschrieben wird, auf zweierlei Weise dafür, dass jede Keimzelle (Gamet) eine neue und einzigartige Kombination der elterlichen Gene enthält. Wie in *Exkurs 2.1* erwähnt, kann die Meiose bei männlichen Personen klinisch mittels einer Hodenbiopsie untersucht werden, um beispielsweise mehr über die Unfruchtbarkeit von Männern zu erfahren. Die Meiose von Frauen kann dagegen beim Menschen praktisch überhaupt nicht beobachtet werden, weil die meisten Phasen im Fetus und damit noch vor der Geburt stattfinden. Die Folgen von Fehlern in der Meiose sind jedoch von entscheidender Bedeutung für die klinische Zytogenetik.

Mitose

Wenn die einzelnen Chromosomen bei der Mitose (*Abb. 2.6*) sichtbar werden, bestehen sie aus zwei stark verdichteten Schwesterchromatiden, die am Centromer zusammengehalten werden. Am Ende der Prophase löst sich die Kernmembran auf, und die Chromosomen wandern in die Zellmitte. Die Lage der Kerne in den beiden Tochterzellen ist bereits durch strahlenförmig angeordnete Mikrotubuli-Arrangements markiert. Diese heften sich an die Centromere der jeweiligen Chromosomen. Jedes Chromosom ist nun über Mikrotubuli mit beiden Zellpolen verbunden. Die Mikrotubuli verkürzen sich und ziehen dabei von beiden Seiten an den Chromosomen, bis diese sich in der Äquatorialebene der Zelle befinden (Metaphaseplatte). Zum Schluss teilt sich bei allen Chromosomen das Centromer. Wenn sich die Mikrotubuli nun weiter verkürzen, werden die Schwesterchromatiden der einzelnen Chromosomen auseinander- und jeweils zu einem der beiden Zellpole hingezogen (Anaphase). Sobald alle Chromatiden die Pole erreicht haben, dekondensieren sie, um sie herum bilden sich Kernmembranen aus, und aus der Zelle werden zwei Tochterzellen.

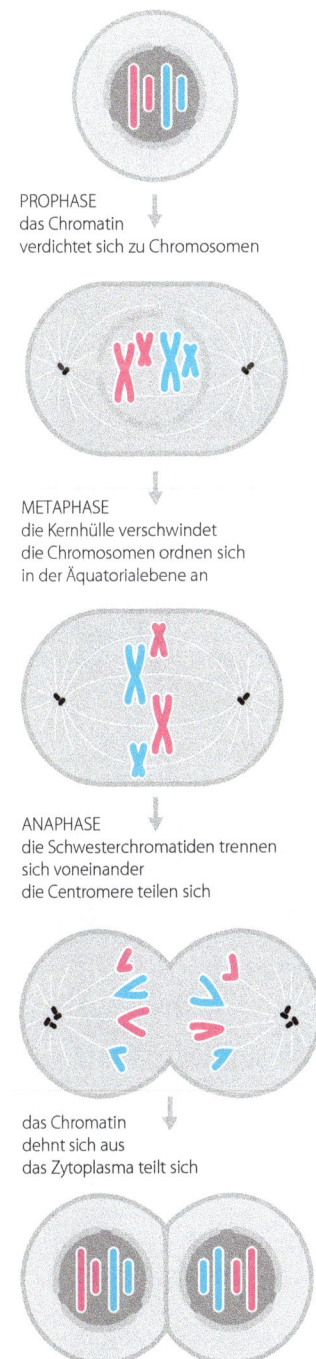

PROPHASE
das Chromatin verdichtet sich zu Chromosomen

METAPHASE
die Kernhülle verschwindet
die Chromosomen ordnen sich in der Äquatorialebene an

ANAPHASE
die Schwesterchromatiden trennen sich voneinander
die Centromere teilen sich

das Chromatin dehnt sich aus
das Zytoplasma teilt sich

Abb. 2.6 Die Mitosestadien

Die wesentlichen Merkmale der Mitose sind:

- Die Schwesterchromatiden sind jeweils identische Kopien, und jede Tochterzelle erhält von jedem einzelnen Chromosom je ein Chromatid.
- Jedes Chromosom agiert unabhängig von den anderen. Obwohl es von jedem Chromosom zwei Exemplare (Homologe) gibt, üben diese keinerlei Einfluss aufeinander aus. Auf *Abb. 2.10* erkennt man deutlich, dass die Chromosomen in der auf dem Objektträger ausgestrichenen Probe zufällig angeordnet sind. Dies ist ein wesentlicher Unterschied zwischen Mitose und Meiose.

Meiose

Wie bereits erwähnt, ist die Meiose eine hochspezialisierte Form der Zellteilung, die nur dazu dient, Keimzellen (Gameten) zu bilden (*Abb. 2.7*). Gameten haben 23 Chromosomen, und jede Keimzelle ist genetisch einmalig. Die Meiose besteht aus zwei aufeinanderfolgenden Zellteilungen; während die Meiose II der Mitose ähnelt, weist die Meiose I besondere Merkmale auf.

Wie in der Mitose verdichten sich die Chromosomen in der Prophase I und werden dann sichtbar. In der Meiose sieht man aber nicht 46 einzelne Chromosomen, sondern 23 Bivalente (*Abb. 2.8*). Jedes Bivalent besteht aus vier Strängen, die zwei homologen Chromosomen (zweimal die Nummer 1, 2 etc.) mit ihren beiden Schwesterchromatiden entsprechen. Während die beiden Schwesterchromatiden eines Chromosoms identisch sind, weil sie identische Kopien sind, unterscheiden sich die beiden Homologen. Man kann sie sich als lange Reihe von Schubladen vorstellen. Jedes Homolog hat zwar den gleichen Satz an Schubladen, einander entsprechende Schubladen der Homologen können aber unterschiedliche Inhalte haben. So befindet sich beispielsweise fast am Ende des langen Armes von jedem Exemplar des Chromosoms 9 ein Locus (ein Schubfach) für die Blutgruppen AB0. Während ein Homolog dort eventuell das Gen A hat, hat ein anderes Homolog dort das Gen 0. Beide sind somit nicht identisch.

Die Paarung der Homologen erfolgt ungewöhnlich präzise. Falls die Homologen aufgrund einer Strukturveränderung nicht vollständig zueinander passen, paaren sich eben nur die Segmente, die zusammenpassen, solange sich die Chromosomen dabei nicht zu stark verknoten müssen. *Abb. 2.17* zeigt, wohin das bei einer Translokation führt, und *Abb. 2.23*, was passiert, wenn sich in einem Homolog eine Inversion befindet. Bei der Meiose männlicher Personen kommt es auch zu einer Paarung von X- und Y-Chromosom, die fast völlig unterschiedliche Sequenzen haben. An den Enden der kurzen Arme der X- und Y-Chromosomen befindet sich allerdings eine kurze homologe Region, über die sich diese Chromosomen an ihren Enden paaren (zu dieser pseudoautosomalen Region s. *Abschnitt 7.2*).

In der Anaphase 1 ziehen die Spindelfasern die Chromosomen auseinander. Während sich bei der Mitose die Centromere der einzelnen Chromosoms teilen und die beiden Schwesterchromatiden auseinandergezogen werden, lösen sich bei der Meiose I die beiden homologen Chromosomen voneinander, die noch jeweils aus den beiden, am Centromer miteinander verknüpften Schwesterchromatiden bestehen. Daher hat jede Tochterzelle am Ende der Meiose I 23 Chromosomen mit jeweils zwei Schwesterchromatiden. In der Meiose II werden dann, wie bei der Mitose, die Schwesterchromatiden auseinandergezogen, so dass es am Ende der Meiose vier Zellen gibt, die jeweils 23 Chromosomen mit einem einzigen Chromatid enthalten. Familie Howard (Fall 9) und Familie Elliot (Fall 5) sind Beispiele dafür, was in dieser Phase alles schief gehen kann.

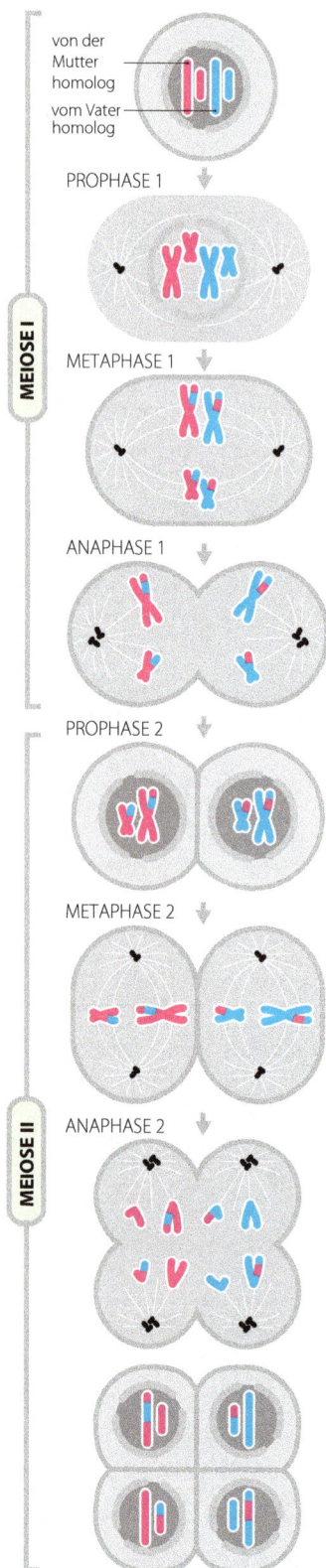

von der Mutter homolog
vom Vater homolog

PROPHASE 1
METAPHASE 1
ANAPHASE 1
MEIOSE I

PROPHASE 2
METAPHASE 2
ANAPHASE 2
MEIOSE II

Abb. 2.7 Die Phasen der Meiose
Die Meiose dient nur der Produktion von Spermien und Eizellen. Sie besteht aus zwei aufeinanderfolgenden Zellteilungen, durch die vier Tochterzellen entstehen (allerdings entsteht bei der Oogenese nur aus einer dieser Zellen eine reife Eizelle; die andern bilden die Polkörper). Die Meiose hat vor allem zwei Aufgaben: sie reduziert die Chromosomenzahl in der Keimzelle auf 23 und stellt sicher, dass jede Keimzelle genetisch ein Unikat ist.

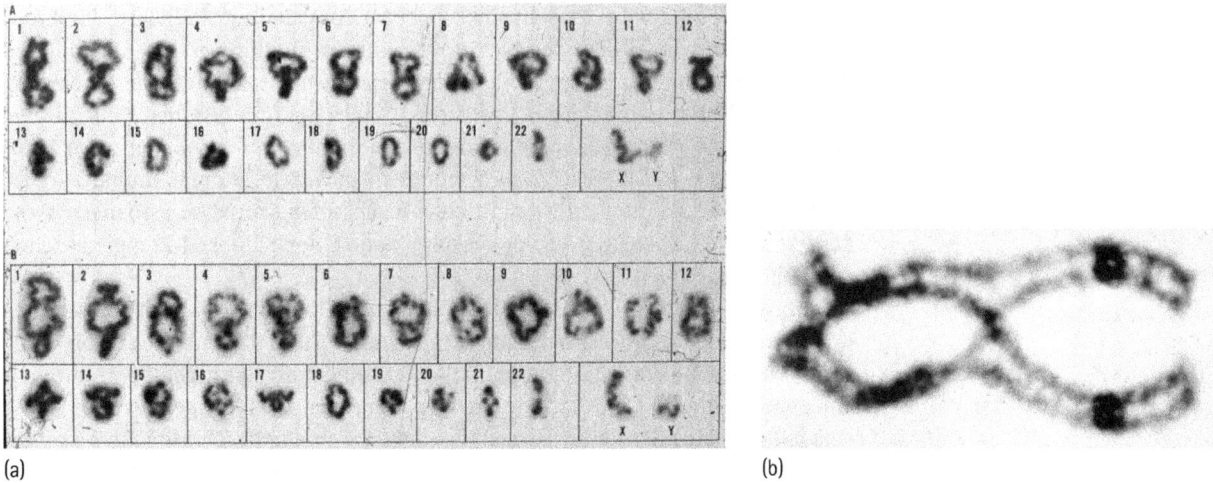

(a)   (b)

Abb. 2.8 Chromosomen während der Meiose
(a) Zwei Zellen einer Hodenbiopsie, deren Chromosomen sich in der Prophase I einer Meiose befinden. Jede der 23 Strukturen ist ein Bivalent, das aus zwei homologen Chromosomen mit jeweils zwei Chromatiden besteht. Beachte die Paarung der X- und Y-Chromosomen in ihren Endbereichen.
(b) Ein Bivalent aus der Meiose einer Amphibie mit großen Chromosomen, bei denen der Aufbau aus vier Strängen gut zu erkennen ist.

Abgesehen von seinen sonstigen Vor- und Nachteilen hat Sex in der Biologie nur einen einzigen Zweck: neue Genkombinationen hervorzubringen. Dies wird zum Teil schon allein dadurch erreicht, dass an der geschlechtlichen Fortpflanzung zwei verschiedene Menschen beteiligt sind. Es gibt jedoch noch zwei weitere Mechanismen, die für noch mehr Neuerungen sorgen und die beide unmittelbar mit dem Verhalten der Chromosomen während der Meiose zusammenhängen (*Abb. 2.7*).

(1) Wenn sich eine Keimzelle bildet, nimmt diese nur ein Chromosom des Chromosomenpaares Nr. 1 auf. Dieses könnte der betreffende Mensch entweder von seiner Mutter oder aber von seinem Vater erhalten haben. Bei jedem Chromosom gibt es daher zwei Möglichkeiten: entweder das mütterliche oder das väterliche Chromosom gelangt in die Keimzelle. Bezogen auf alle 23 Chromosomen bestehen somit folglich $2 \times 2 \times 2 \times 2 \times \ldots = 2^{23} = 8388608$ verschiedene Möglichkeiten, die jeweilige Nr. 1, Nr. 2, Nr. 3 usw. in eine bestimmte Keimzelle zu übernehmen.

(2) Durch einen zweiten Mechanismus erhöht sich die Anzahl der möglichen Variationen dann von etwa 8 Millionen auf unendlich viele. Wie bereits erwähnt, lagern sich in den ersten Phasen der Meiose homologe Chromosomen (die beiden Chromosomen des Paares Nr. 1, Nr. 2 etc.) zusammen. Diese haften aber nicht nur einfach aneinander (Synapse), sondern tauschen darüber hinaus noch Segmente aus – ein Prozess, der als genetische Rekombination bezeichnet wird. Die DNA des einen Homologs wird aufgeschnitten und mit der DNA des homologen Chromosoms verknüpft. Es ist nicht überraschend, dass der Rekombination ein komplizierter Mechanismus zugrunde liegt. Offensichtlich muss dafür die DNA der beiden Chromosomen bis auf das einzelne Nukleotid genau an der gleichen Stelle geschnitten werden, und die Enden müssen dann wieder über Kreuz zusammengefügt werden. In Wirklichkeit verläuft der Prozess allerdings etwas anders. Der zweite Schnitt erfolgt vielmehr irgendwo nicht weit entfernt vom ersten Schnitt; dann wird die DNA im Bereich der Kreuzungsstruktur (Crossover) neu synthetisiert, damit die Sequenzen richtig zusammen passen. Dieser komplizierte Vorgang erfordert viele Enzyme und ist noch längst nicht in allen Einzelheiten verstanden.

Unabhängig davon, wie der molekulare Mechanismus im Einzelnen aussieht, ist die Folge, dass homologe Chromosomen Segmente austauschen. Normalerweise kommt es auf jedem Arm eines Chromosomenpaars zu mindestens einem Crossover (d.h. einer Rekombination zwischen gepaarten Chromosomen). Während der Spermatogenese finden pro Zelle im Durchschnitt etwa 60 und während der Oogenese etwa 90 Crossover statt, obwohl die tatsächliche Anzahl von Person zu Person und von Zelle zu Zelle stark schwankt. In erster Annäherung sind diese Überkreuzungsstrukturen auf jedem der 22 Autosomenpaare zufällig verteilt (obwohl man bei genaueren Untersuchungen einige interessante, nicht zufällige Merkmale entdeckt hat). Daher enthält jedes Chromosom eines Spermiums oder einer Eizelle, die ein Mensch produziert, eine einzigartige Kombination aus Genen vom Vater und der Mutter. Auf dieses Thema werden wir in *Kapitel 9* noch einmal zurückkommen, wo es darum geht, wie mit einer bestimmten Krankheit assoziierte Gene kartiert werden können, weil die Rekombination der Schlüssel zur genetischen Kartierung ist.

Aufgrund dieser Prozesse stellt der Konzeptus (sämtliche Strukturen, die sich aus der befruchteten Eizelle entwickeln: Embryo samt Plazenta und extraembryonale Membranen) eine einmalige Kombination aus einem einzigartigen Spermium mit einer einzigartigen Eizelle dar. Die einzigen Menschen, die nicht genetisch einmalig sind, sind eineiige Zwillinge. Ihre Zellen leiten sich alle durch Mitose von einem einzigen ursprünglichen Konzeptus ab. Die Tatsache, dass es sich bei eineiigen Zwillingen zwar um Klone, aber trotzdem um einzigartige Individuen handelt, erinnert uns daran, dass nicht alles im Leben von der Genetik abhängt.

2.3 Untersuchung der Patienten

Fall 8 Familie Green

- dreijährige Gillian
- verlangsamte Entwicklung
- ? Chromosomenanomalie
- Anforderung von Tests, mit denen überprüft werden soll, ob bei 22q11 eine Mikrodeletion vorliegt

| 25 | **36** | 67 | 96 | 357 | | | | |

Die bei Gillian vorliegende Kombination aus verlangsamter Entwicklung, einem Herzfehler, Gaumenproblemen und leichten Dysmorphien lässt an eine Chromosomenanomalie denken. Aus diesem Grund wurde Blut für eine zytogenetische Analyse entnommen; diese ergab aber einen normalen weiblichen Karyotyp: 46,XX (*Abb. 2.9*). Aufgrund der speziellen Kombination an klinischen Merkmalen vermutete der Genetiker bei Gillian das DiGeorge-Syndrom, das durch eine Mikrodeletion bei 22q11 hervorgerufen wird. Wie in *Exkurs 2.4* beschrieben, ist die Deletion beim DiGeorge-Syndrom zu klein, als dass man sie unter dem Mikroskop erkennen könnte. Der Genetiker forderte daher eine molekulare Analyse an. Diese Untersuchung und ihr Ergebnis werden in *Kapitel 4* näher erörtert.

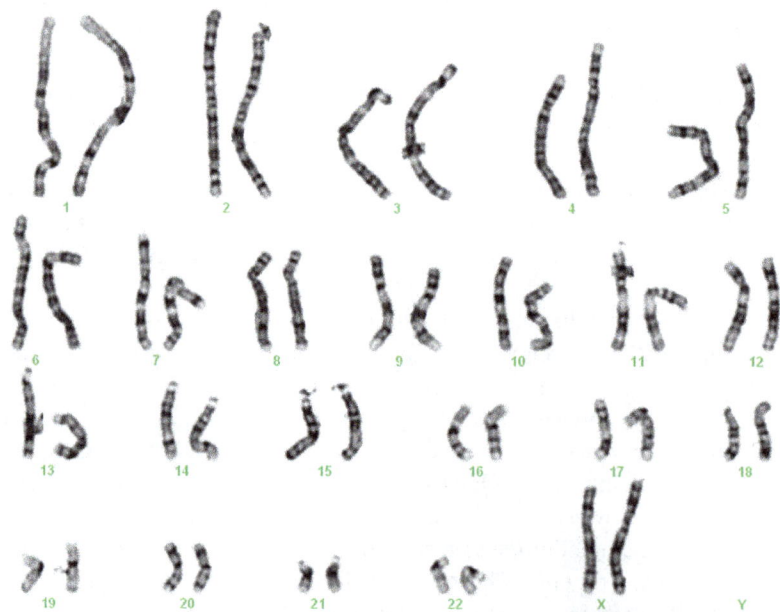

Abb. 2.9 Gillian Greens Karyogramm
Das Ergebnis ist (bei dieser Auflösung) ein normaler weiblicher Karyotyp: 46,XX

| 26 | **37** | 67 | 96 | 263 | 357 |

Eine Karyotypanalyse bestätigte die klinische Diagnose Down-Syndrom bei Helen. Dazu wurden ihr 2 ml Blut entnommen und die Zellen – wie in *Abb. 2.4* skizziert – in Kultur genommen, nach 48 Stunden geerntet und auf einen Objektträger ausgestrichen. Anschließend wurde eine G-Bänderung durchgeführt. Mit bloßem Auge analysierte die Zytogenetikerin 10 Zellen unter dem Mikroskop (eine davon ist in *Abb. 2.10* zu sehen) und ordnete, um das Ergebnis festzuhalten, die Chromosomen einer Zelle mithilfe eines Bildanalyseprogramms in Form eines Standard-Karyogramms an (*Abb. 2.11*). In ihrem Bericht gab sie als Karyotyp 47XX,+21 an und bestätigte damit, dass bei Helen die für das Down-Syndrom charakteristische Trisomie 21 vorlag. Ein weiterer Grund für die Überprüfung von Helens Karyotyp wird später in *Abschnitt 2.4* erläutert.

Fall 9   Familie Howard

- Helen, die gerade geborene Tochter von Henry und Anne (beide 33 Jahre alt)
- Down-Syndrom
- könnten die Eltern bei weiteren Geburten erneut ein Kind mit Down-Syndrom bekommen?

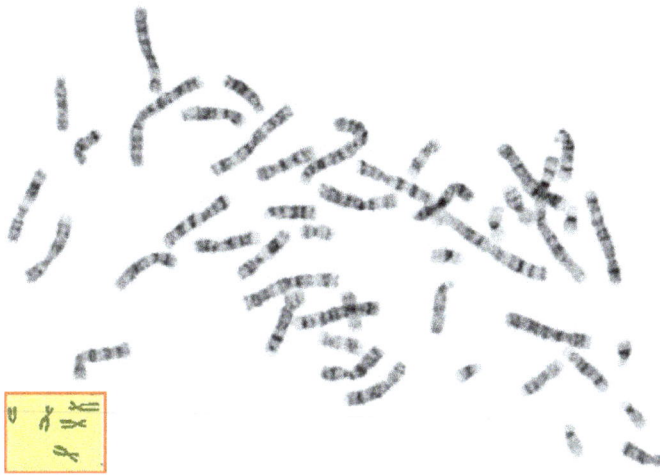

Abb. 2.10   Probenausstrich: 47,XX,+21
Vom Chromosom 21 sind drei Exemplare vorhanden. Homologe Chromosomen (die jeweiligen Paare von Nr. 1, Nr. 2 etc.) bleiben bei der Mitose völlig unabhängig voneinander. Aufgrund der hier angewandten Präparationsmethode liegen die beiden Schwesterchromatiden dicht beieinander, so dass mit bloßem Auge nicht immer gut zu sehen ist, wo sich das Centromer befindet. Dadurch kann aber der Zytogenetiker genauer das Bandenmuster erkennen. Das kleine Einschubbild zeigt einige Chromosomen, die anders aufgearbeitet wurden, um die Struktur der am Centromer miteinander verbundenen Schwesterchromatiden besser sichtbar zu machen.

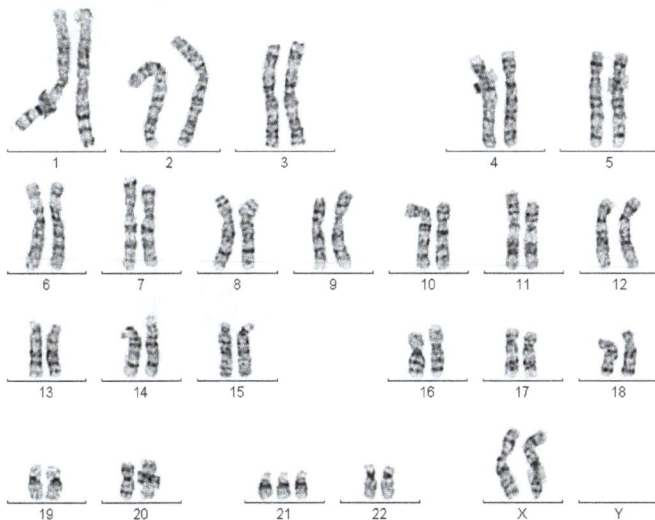

Abb. 2.11   Karyogramm bei einem Down-Syndrom
(47,XX,+21)

Wie erwartet, zeigte der Stammbaum weder bei Annes noch bei Henrys Familie Auffälligkeiten (keine früheren behinderten Babys oder wiederholte Fehlgeburten); daher wurde er hier auch nicht wiedergegeben. Als erstes wollten Anne und Henry wissen, warum es passiert war und warum gerade ihnen. Der Humangenetiker erklärte ihnen, es handele sich um einen einmaligen Fehler während der Meiose (s. *Abb. 2.12*). In der Anaphase war es nicht gelungen, entweder in der ersten meiotischen Teilung die beiden gepaarten Exemplare der Chromosomen 21 oder in der zweiten Teilung die beiden Schwesterchromatiden eines Chromosoms 21 voneinander zu trennen und auf verschiedene Tochterzellen zu verteilen. Letztlich waren beide in derselben Tochterzelle gelandet, so dass durch das Vorliegen zweier Kopien von Chromosom 21 eine Eizelle oder ein Spermium mit 24 Chromosomen entstanden war.

Anne erkundigte sich, ob, wie sie gehört hatte, immer die Frau schuld sei. Nein; zunächst einmal ist an diesen Dingen nie jemand schuld, und außerdem kann die Nondisjunction im Prinzip bei jeder Meiose bei jedem Elternteil passieren. Untersuchungen mit DNA-Markern haben aber gezeigt, dass für 70 Prozent aller Fälle eine Nondisjunction in der ersten meiotischen Teilung der Mutter verantwortlich ist. Das könnte auf die extrem lange Dauer dieser Phase beim weiblichen Geschlecht zurückzuführen sein, die von vor der Geburt bis zum Follikelsprung der betreffenden Eizelle reicht. Bei Männern finden dagegen in den Hoden von der Pubertät bis ins hohe Alter hinein ununterbrochen meiotische Teilungen statt. Das individuelle Risiko nimmt mit dem Alter der Mutter stark zu (*Tab. 2.1*); weil aber die meisten

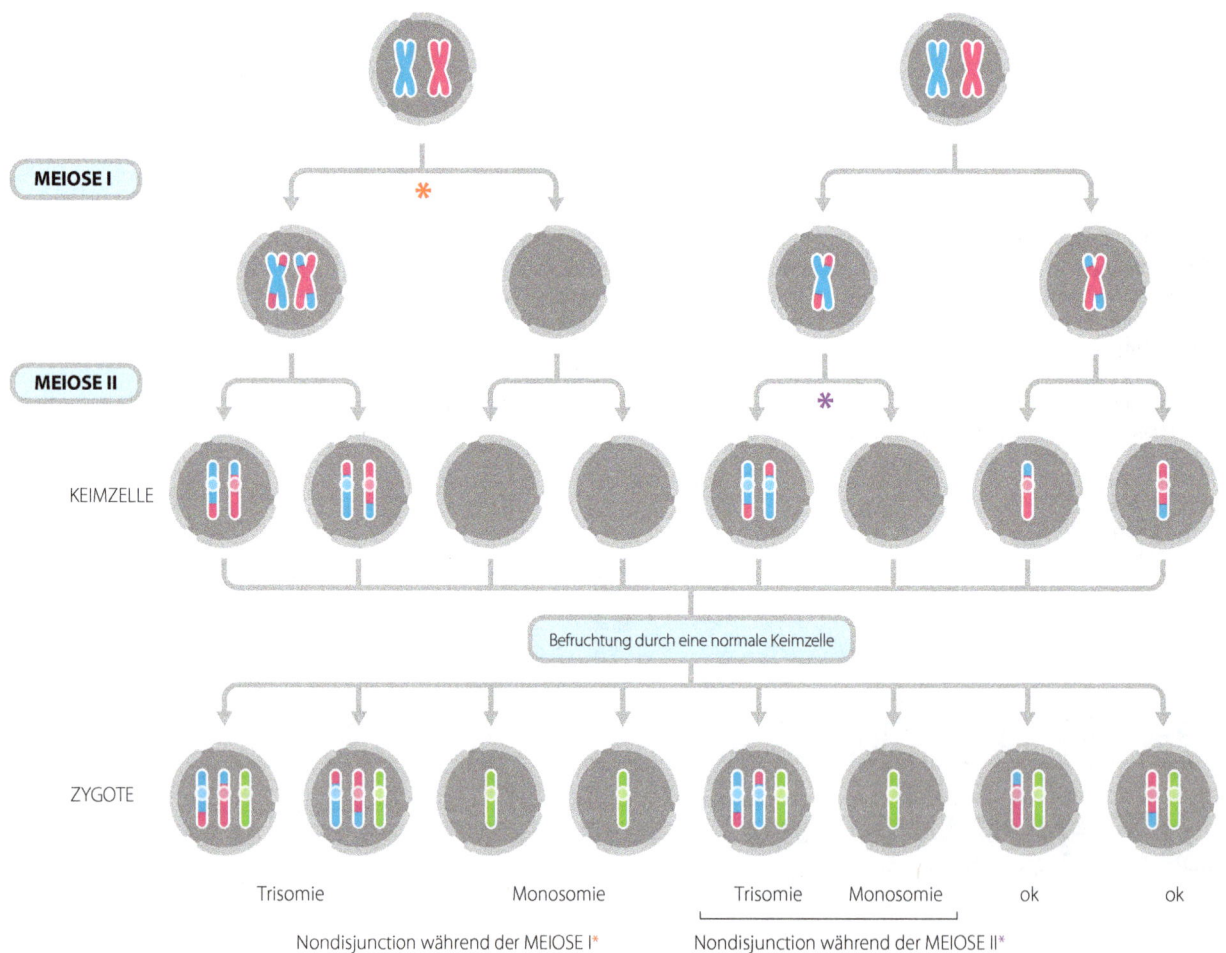

Abb. 2.12 Die Folgen einer Nondisjunction in der Meiose
An einer Nondisjunction ist, wie dargestellt, nur ein einziges Chromosomenpaar (Meiose I) oder ein einzelnes Chromosom (Meiose II) beteiligt; alle anderen Chromosomen (nicht dargestellt) werden normal getrennt und aufgeteilt.

Tab. 2.1   Risiko eines Down-Syndroms in Abhängigkeit vom Alter der Mutter

Alter (in Jahren)	20	30	34	36	38	40	42	45
Risiko	1:1500	1:900	1:500	1:300	1:200	1:100	1:60	1:30

Abgesehen vom Turner-Syndrom (45,X) findet man bei allen im *Exkurs 2.3* aufgeführten numerischen Chromosomenanomalien eine ähnliche Altersabhängigkeit.

Babys jüngere Mütter haben, haben auch die meisten Babys mit Down-Syndrom jüngere Mütter. Dies führte zu der in *Kapitel 11* beschriebenen öffentlichen Diskussion um Reihenuntersuchungen in der Bevölkerung.

Später baten Anne und Henry noch um einen Termin, um die Möglichkeiten einer Pränataldiagnose im Falle einer weiteren Schwangerschaft zu erörtern. Daraus ergaben sich die Diskussion sowie die Untersuchung, die in *Kapitel 4* beschrieben werden.

26	**39**	67	98	175	357		

Fall 10   Familie Ingram

- Isabel, die erste Tochter von Irene und Ian
- kleinwüchsig trotz hochgewachsener Eltern
- ? Turner-Syndrom

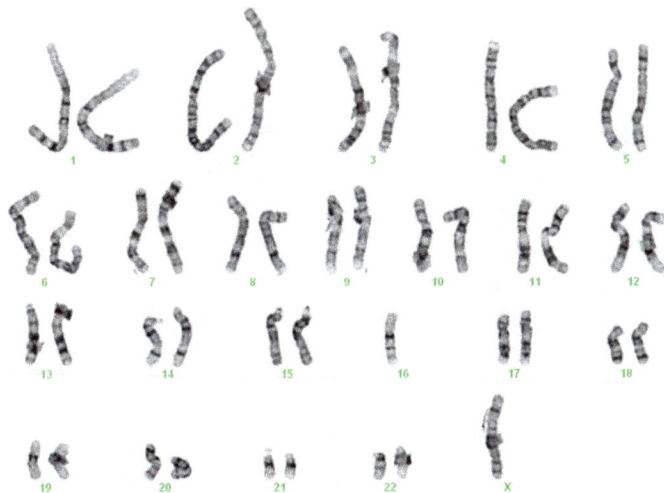

Obwohl Isabel, wie bereits beschrieben, bei ihrer Geburt einige kleine körperliche Auffälligkeiten aufwies, wurde man von ärztlicher Seite nur deshalb auf sie aufmerksam, weil sie im Vergleich zu ihren Eltern und zu gleichaltrigen Kindern sehr klein war. Ihr Phänotyp und ihre Vorgeschichte mit geschwollenen Händen und Füßen sprachen stark für ein Turner-Syndrom. Eine Chromosomenanalyse bestätigte diese Vermutung (*Abb. 2.13*). Die Monosomie X ist die einzige Monosomie des Menschen, die nicht schon in den ersten Entwicklungsphasen zum Tode führt. Weil männliche Personen mit nur einem X-Chromosom gut leben können, ist es vielleicht nicht überraschend, dass das Turner-Syndrom nicht immer tödlich ist. In Wahrheit führt es aber in über 90 Prozent aller Fälle zum vorgeburtlichen Fruchttod. Feten mit Turner-Syndrom können aufgrund von Flüssigkeitsansammlungen enorm aufgeschwemmt sein und die meisten gehen spontan ab. Diejenigen, die überleben, haben bei der Geburt geschwollene (ödematöse) Hände und Füße sowie im Nacken überschüssige Haut – vermutlich die Reste eines leichteren Ödems des Fetus.

Abb. 2.13   Karyogramm von Isabel Ingram
Obwohl Isabel auf normalem Wege keine Kinder bekommen wird, kann eine Behandlung mit Östrogenen zu einer normalen Ausbildung der sekundären Geschlechtsmerkmale führen und ihr persönliches und soziales Leben erheblich erleichtern. Dank moderner reproduktionsmedizinischer Techniken konnten einige Patientinnen mit Turner-Syndrom Kinder mithilfe von Spender-Eizellen zur Welt bringen. Eine Behandlung mit Wachstumshormonen führt außerdem zu einer Wachstumssteigerung und etwas höheren Endgröße als Erwachsene.

Anders als bei den Trisomien erhöht sich das Risiko für das Turner-Syndrom nicht mit dem Alter der Mutter, weil dem ein anderer Mechanismus zugrund liegt. Verantwortlich für das Turner-Syndrom ist nicht eine Nondisjunction, sondern eine Verzögerung in der Anaphase. Weil eines der Geschlechtschromosomen während der Zellteilung zu langsam zum Pol einer Tochterzelle wandert, bleibt es außerhalb des Kerns und wird dann abgebaut. Dies kann während der Entstehung der Keimzellen oder nach der Empfängnis im Verlauf einer frühen mitotischen Teilung passieren. Viele Turner-Frauen sind 45,X/46,XX- oder 45,X/46,XY-Mosaike (s. *Abschnitt 1.4* und weiter unten). Befindet sich in den Keimdrüsen XY-Gewebe, so besteht die Gefahr einer malignen Entartung; daher werden die Gonaden am besten chirurgisch entfernt.

Fall 5 Familie Elliot

- Fehlgeburt
- Elizabeth ist ein schmächtiges Baby mit diversen Fehlbildungen; ihre Eltern: Elmer und Ellen
- Herzfehler
- für eine Chromosomenanalyse wurde Blut entnommen
- der Stammbaum deutet auf eine autosomal dominant vererbte Krankheit mit geringer Penetranz hin

| 4 | 10 | **40** | 63 | 357 | | | |

Aus früheren Befunden war bekannt, dass die kleine Elizabeth multiple kongenitale Anomalien hatte (*Abb. 1.5*). Dies ließ an eine Störung des chromosomalen Gleichgewichts denken, erlaubte dem Genetiker jedoch keine Rückschlüsse darauf, welche Chromosomen daran beteiligt sind. Ellen hatte zuvor eine Fehlgeburt erlitten, was für sich genommen nichts besagt; wie sich aber herausstellte, hatte auch ihre Schwester zwei Fehlgeburten gehabt. Durch weitere Befragungen wurde klar, dass es in der Familie Fälle von Fortpflanzungsproblemen gegeben hatte; der Stammbaum ist in *Abb. 1.11* wiedergegeben. Man entnahm dem Baby sowie Vater und Mutter Blut für eine Chromosomenanalyse. Das Ergebnis sah folgendermaßen aus:

- Elmer: normaler männlicher Karyotyp, 46,XY
- Ellen: eine balancierte Translokation zwischen den Chromosomen 1 und 22 (*Abb. 2.14*)
- Elizabeth: ein unbalanciertes Segregationsprodukt (*Abb. 2.15*)

Als die Eltern von diesen Ergebnissen erfuhren, waren sie nicht nur äußerst beunruhigt und wollten wissen, welche Folgen das für Elizabeth hätte, sondern wollten auch unbedingt genau erfahren, was passiert war und warum. Man erklärte ihnen daher die zytogenetischen Zusammenhänge in einer ihnen verständlichen Sprache und erläuterte ihnen die Fachbegriffe.

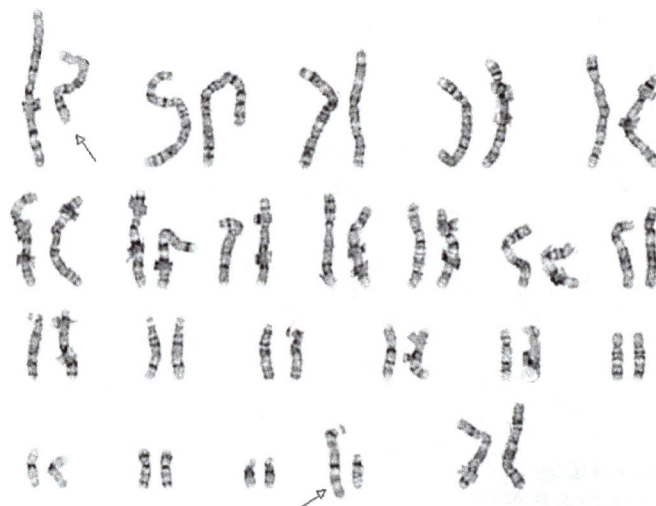

Abb. 2.14 Karyogramm (G-Bänderung) von Ellens Chromosomen
Man erkennt eine balancierte Translokation. Die Chromosomen 1 und 22 haben an den mit Pfeilen markierten Stellen Segmente ausgetauscht. Die genaue Bezeichnung der Translokation lautet 46,XX,t(1;22)(q25;q13).

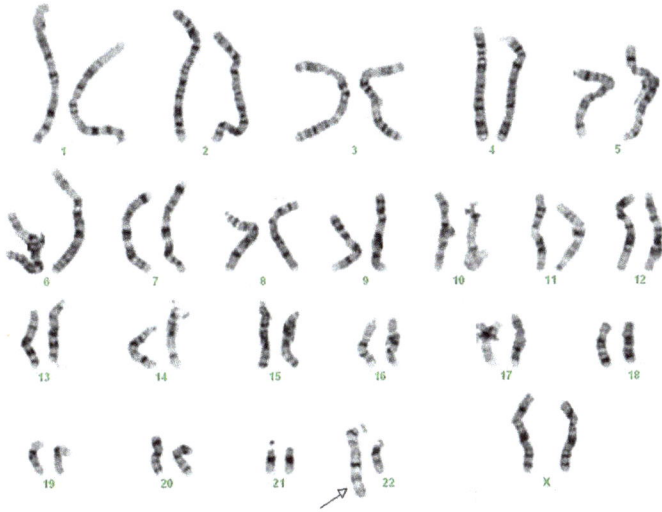

Abb. 2.15 Karyogramm (G-Bänderung) von Baby Elizabeth
Sie hat von Ellen das normale Chromosom Nr. 1, aber das veränderte Chromosom 22 geerbt (Pfeil). Sie ist also trisom für den Anteil von Chromosom 1, der distal von 1q25, der Bruchstelle für die Translokation, liegt, und monosom für das Chromosom 22 distal von 22q12.

Ellen war Trägerin einer konstitutionellen balancierten Translokation; das heißt, die Translokation war in jeder Zelle ihres Körpers vorhanden (weiter unten finden Sie mehr zum Vergleich zwischen balancierten und unbalancierten Anomalien). Die Translokation befand sich in der befruchteten Eizelle, aus der sich Ellen entwickelt hatte, und der Stammbaum ließ vermuten, dass sie bereits bei Ellens Großvater oder Großmutter mütterlicherseits vorgelegen hatte. Irgendwann war es bei dieser Person oder einem weiter entfernten Vorfahren zu Brüchen in den Chromosomen 1 und 22 gekommen. Chromosomenbrüche kommen recht häufig vor. Da Zellen diese Brüche aber reparieren können, wird das meist nicht bemerkt. In diesem Fall sind durch zwei gleichzeitige Brüche vier Bruchenden entstanden, die von der zellulären Reparaturmaschinerie unglücklicherweise falsch wieder zusammengefügt wurden (*Abb. 2.16*). Möglicherweise ist die Translokation aber auch durch Prozesse entstanden, die bei der Meiose für die genetische Rekombination verantwortlich sind; vielleicht wurde diese Maschinerie in einer Keimzelllinie fälschlicherweise

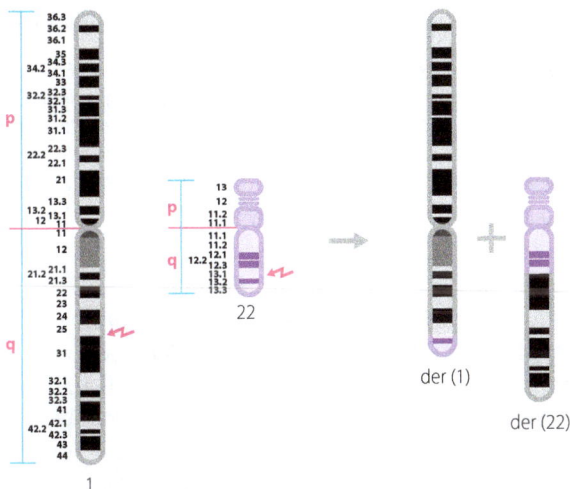

Abb. 2.16 Entstehung der 1;22-Translokation bei Ellen Elliot
Die Chromosomen 1 und 22 brachen an den von den Pfeilen markierten Stellen, und die Enden wurden von der DNA-Reparaturmaschinerie der Zelle falsch verknüpft. Es entstanden, wie hier sichtbar, zwei veränderte Chromosomen, die als „der(1)" und „der(22)" bezeichnet sind.

aktiviert und hat daraufhin nicht zusammenpassende Chromosomen geschnitten und miteinander verknüpft. Weil aber jedes davon abstammende Chromosom nur ein einziges Centromer hatte, verliefen die mitotischen Zellteilungen ohne Probleme, und weil kein genetisches Material überschüssig vorhanden oder verloren gegangen war, blieb der Phänotyp unauffällig.

Während Ellens Zellen problemlos eine Mitose durchlaufen können, liegt der Fall bei einer Meiose anders. Bei der ersten meiotischen Zellteilung paaren sich homologe (zusammenpassende) Chromosomenabschnitte (*Abb. 2.7*). Im vorliegenden Beispiel bildete sich bei der Paarung eine Kreuzstruktur aus vier ganzen Chromosomen: ein Tetravalent. Wenn sich die Spindelfasern an die vier Centromere heften und sie auseinanderziehen, können sich die Chromosomen auf unterschiedliche Weise voneinander trennen (*Abb. 2.17*). So könnte Ellen vollkommen normale Keimzellen, Keimzellen mit einer balancierten Translokation oder verschiedene unbalancierte Formen hervorbringen, wie die eine, aus der Elizabeth entstanden ist. Das Baby hat eine partielle Trisomie des Chromosoms 1 sowie eine partielle Monosomie des Chromosoms 21. Aufgrund der dadurch hervorgerufenen Störung des genetischen Gleichgewichts kam es zu ihren Anomalien.

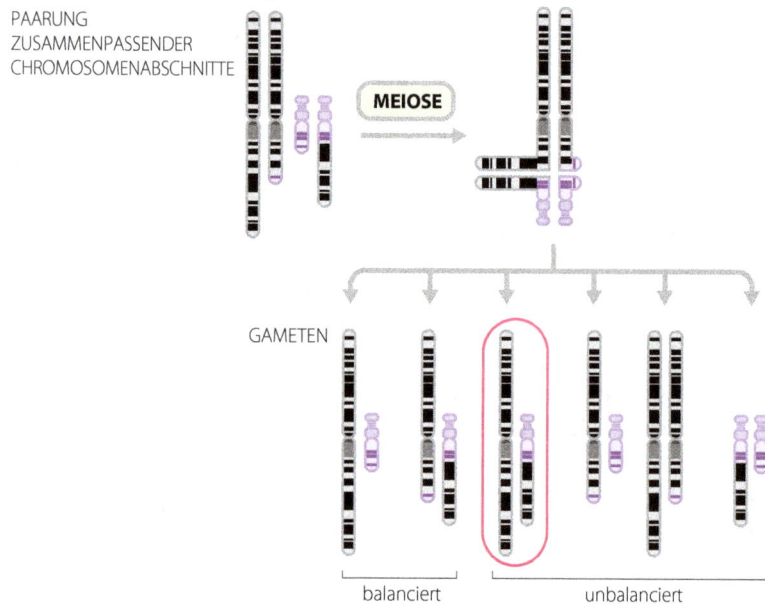

Abb. 2.17 Verschiedene Segregationsmöglichkeiten der Chromosomen von Ellen bei der ersten meiotischen Teilung
In der Prophase I paaren sich zusammenpassende Chromosomenabschnitte. Dies führt zu einem kreuzförmigen Quadrivalent, das aus den normalen und translozierten Kopien der Chromosomen 1 und 22 besteht. In der Anaphase I werden die Chromosomen auseinandergezogen. Das Diagramm zeigt verschiedene mögliche Resultate. Die Keimzelle, aus der Elizabeth Elliot hervorgegangen ist, ist eingekreist. Es sind zusätzlich auch noch andere kompliziertere Segregationsmuster (3:1-Segregation) möglich.

Es bestand die Gefahr, dass – je nachdem, wie die translozierten Chromosomen segregierten – auch bei zukünftigen Schwangerschaften diverse Probleme auftauchen könnten. So könnte das nächste Kind dieselben Anomalien wie die kleine Elizabeth oder aber aufgrund eines anderen Segregationsmusters eine andere Kombination kongenitaler Fehlbildungen aufweisen. Vielleicht wären die Veränderungen so gravierend, dass sie eine Fehlgeburt verursachen würden. Natürlich könnten die Eltern aber auch ein normales Baby zur Welt bringen. Diese unterschiedlichen Möglichkeiten wurden allesamt schon im Stammbaum bei anderen Familienmitgliedern beobachtet (*Abb. 1.11*). Das Risiko für eine Störung war beträchtlich, wie groß genau es war, ließ sich aber aus mehreren Gründen nicht so leicht bestimmen:

- wir können nicht genau angeben, wie groß jeweils die Wahrscheinlichkeit dafür ist, dass die translozierten Chromosomen auf eine bestimmte Art segregieren
- bei einigen möglichen unbalancierten Konstellationen könnte der Konzeptus so früh abgehen, dass das zugrundeliegende Problem überhaupt nicht erkannt würde
- man kann nicht sagen, ob es bei einem anderen unbalancierten Karyotyp mit weniger fatalen Folgen zu einer Fehlgeburt oder zu einer Lebendgeburt eines kranken Babys kommen würde.

Mit Elmer als Träger der Translokation wäre das Risiko geringer gewesen, weil es weniger wahrscheinlich ist, dass anomale Spermien den Wettlauf um die Befruchtung der Eizelle gewinnen. Wenn Elmer und Ellen dies wünschen, könnte man bei künftigen Schwangerschaften eine Pränataldiagnostik stellen und ggf. einen Abbruch der Schwangerschaft anbieten, falls der Fetus einen unbalancierten Karyotyp hätte. Welche Untersuchungsmethoden und Vorgehensweisen dabei in Frage kämen, wird in *Kapitel 14* erläutert.

Monate später, als Elmer und Ellen allmählich lernten, mit Elizabeths Gesundheitsproblemen umzugehen und die Mitteilung über die Translokation und die Risiken bei zukünftigen Schwangerschaften zu verkraften, wurde die Frage des Familienrisikos erörtert. Die Familienanamnese sprach dafür, dass Ellens Tante und Schwester sowie auch ihre jüngere, noch unverheiratete Schwester ebenfalls Träger derselben balancierten Translokation waren. Der genetische Berater erklärte, dass sie über das Risiko aufgeklärt werden müssten, vorzugsweise durch Elmer und Ellen, die das Thema bei Gelegenheit zur Sprache bringen könnten. Der Berater bot ein Gespräch mit den Verwandten an, um ihnen die Situation zu erklären und die möglichen Optionen wie etwa eine genetische Untersuchung durchzusprechen. In der genetischen Praxis ist es wichtig, mit jedem Familienmitglied einen eigenen Termin auszumachen, sofern die Familienmitglieder nicht eine andere Vorgehensweise bevorzugen. Die ärztliche Schweigepflicht sollte gewahrt bleiben, und Auskunft über ein Familienmitglied jemand anderem nur mit ausdrücklicher Genehmigung erteilt werden.

4	11	**43**	357					

Fall 6 Familie Engel

- Ungewollte Kinderlosigkeit
- Unauffälliger gynäkologischer Status bei Helena
- Azoospermie bei Michael
- ? CBAVD bei Michael
- Blutentnahme bei beiden Partnern für eine Chromosomenanalyse
- Veranlassung einer spezifischen DNA-Analyse

Zuvor war im Stammbaum des ungewollt kinderlosen Ehepaares Engel aufgefallen, dass niemand sonst in der Familie betroffen ist. Die Mutter von Michael hatte jedoch neben einer frühen Fehlgeburt eine Totgeburt. Das Kind wies mehrere Fehlbildungen auf. Eine Chromosomenanalyse war nicht erfolgt. Da der Verdacht bestand, dass eine familiäre Chromosomenstörung vorliegen könnte, wurde Blut von Helena und Michael für eine Chromosomenanalyse entnommen. Es zeigte sich folgendes Ergebnis:

- Helena – unauffälliger weiblicher Karyotyp, 46,XX
- Michael – 45,XY,der(13;14) (s. *Abb. 2.18*)

Dem Ehepaar wird erläutert, dass Michael Träger einer Robertson'schen Translokation ist – jeweils ein Chromosom 13 und 14 sind unter Verlust der kurzen Arme im Zentromer verschmolzen (s. auch *Abb. 2.22*). Diese Translokation, aber auch andere Chromosomenstörungen, werden gehäuft bei Männern mit Sterilität gefunden (s. *Krankheitsinfo 2.1*). Fertile Träger dieser Translokation haben ein erhöhtes Risiko für die unbalancierte Weitergabe der Chromosomen, was zu einer Fehlgeburt oder der Geburt eines behinderten Kindes mit einer Translokationstrisomie 13 (Pätau-Syndrom) führen kann (s. *Abb. 2.19*). Empirisch ist das Risiko für die Geburt eines Kindes mit Translokationstrisomie 13 für männliche Träger dieser Translokation mit unter 1 Prozent relativ gering. Das Risiko für weibliche Träger der gleichen Translokation liegt bei etwa 1 Prozent. Ob die Risiken ähnlich hoch sind, wenn bei Vorliegen einer solchen Translokation eine IVF oder ICSI durchgeführt wird, kann bisher nicht genau angegeben werden.

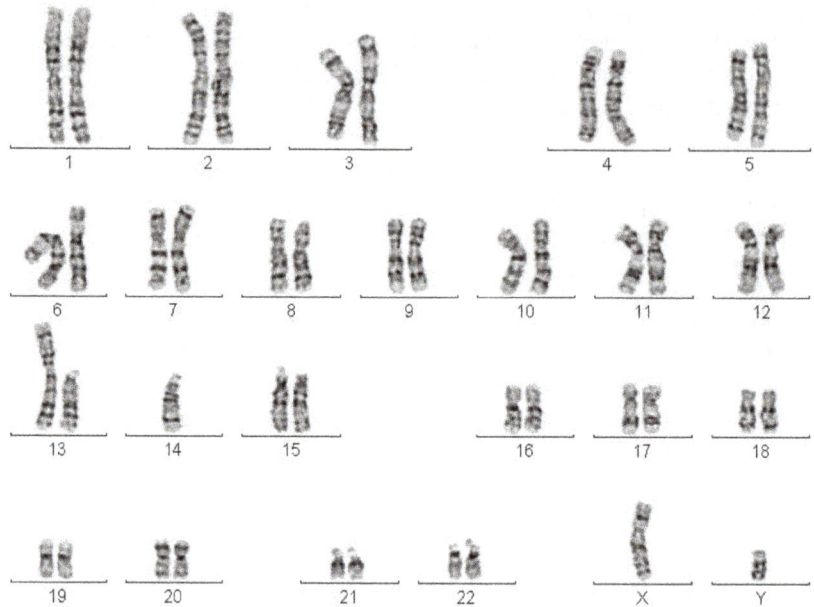

Abb. 2.18 Karyogramm von Michael Engel mit einer balancierten Robertson'schen Translokation 45,XY,der(13;14)

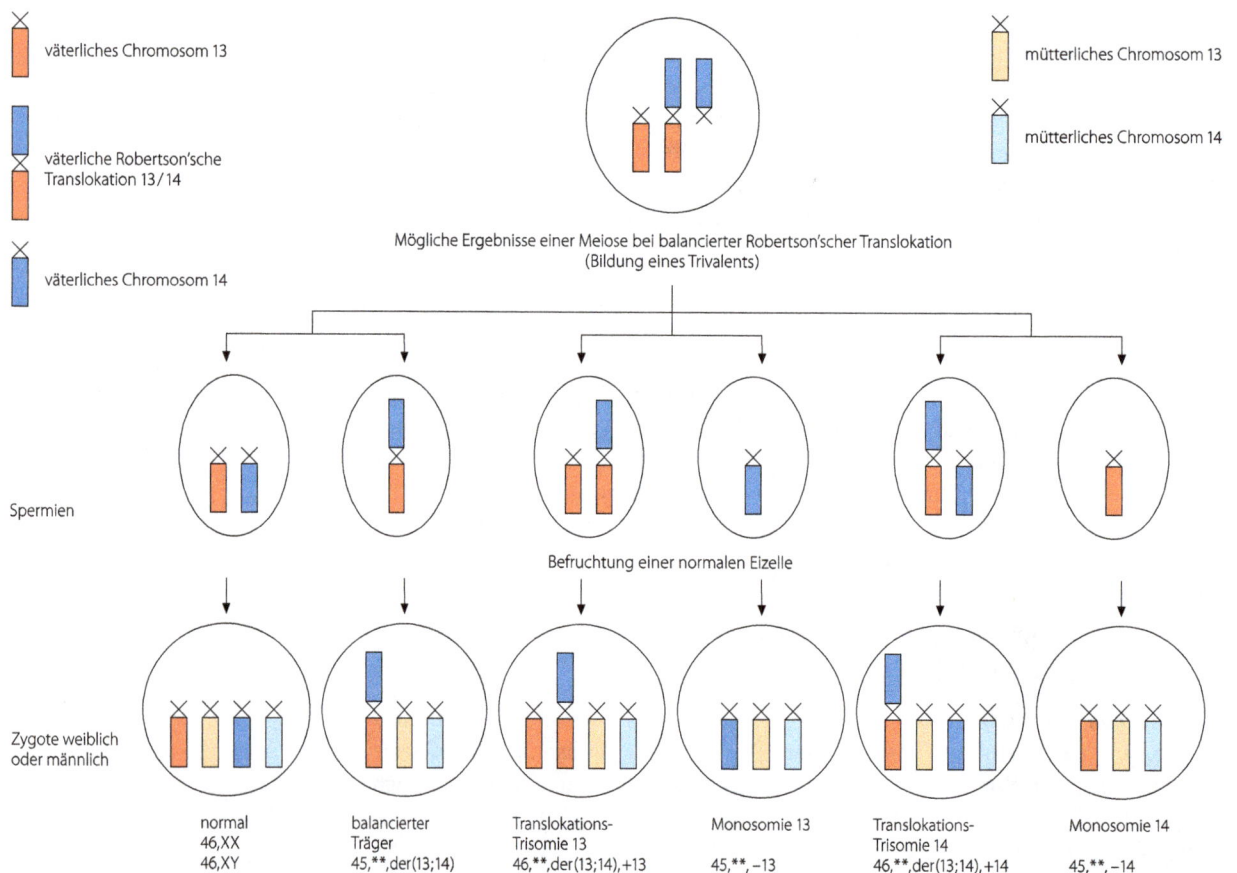

Abb. 2.19 Ergebnisse der Robertson'schen Translokation nach meiotischer Teilung

Das Schema zeigt die möglichen Ergebnisse einer Meiose eines Trägers einer balancierten Robertson'schen Translokation 13;14 und die entsprechenden Zygoten nach Befruchtung durch eine normale Keimzelle.

Die ersten beiden Zygoten weisen einen unauffälligen oder balancierten Karyotyp auf und können sich – vorausgesetzt, alle anderen Chromosomen haben sich normal verteilt – zu normalen Individuen entwickeln. Die dritte Zygote weist eine Translokationstrisomie 13 auf. Ein großer Teil dieser Schwangerschaften endet in einer spontanen Fehlgeburt. Ein lebend geborenes Kind hat das Pätau-Syndrom. Die letzten drei Zygoten sind so unbalanciert, dass es entweder erst gar nicht zu einer Schwangerschaft kommt oder eine entstandene Schwangerschaft früh in einer spontanen Fehlgeburt endet.

Die Mutter von Michael hatte eine Totgeburt. Möglicherweise hat es sich um eine unbalancierte Aberration (Translokationstrisomie 13) gehandelt. Die Kombination der Fehlbildungen (Lippenkiefergaumenspalte, Herzfehler, Hexadaktylie) würde dafür sprechen. In einem nächsten Schritt sollte eine Chromosomenanalyse der Eltern von Michael erfolgen, gegebenenfalls auch seines Bruders.

Das Risiko eines Trägers einer Robertson'schen Translokation für die Geburt eines behinderten Kindes hängt von den beteiligten Chromosomen und dem Geschlecht des Überträgers ab. Die Risiken können zwischen < 1 Prozent und 100 Prozent liegen!

	Risiko für eine Trisomie 21 bei 45,**,der(14;21)	Risiko für eine Trisomie 13 bei 45,**,der(13;14)	Risiko für eine Trisomie 21 bei 45,**,der(21;21)
Carrier Frau	10–15%	ca. 1%	nahezu 100%
Carrier Mann	< 1%	< 1%	nahezu 100%

Krankheitsinfo 2.1 Chromosomenstörungen bei Sterilität

Chromosomenstörungen werden bei Männern in Abhängigkeit vom Schweregrad des Spermiogrammbefundes in 4,5 bis 14 Prozent gefunden. Im Allgemeinen gilt: je geringer die Anzahl der Spermien im Ejakulat, desto wahrscheinlicher liegt eine Chromosomenstörung vor. Bei Patienten mit einer Azoospermie wird häufiger eine gonosomale Aberration gefunden (meist 47, XXY), bei Patienten mit einer Oligozoospermie ist der Nachweis einer strukturellen Veränderung (meist eine Robertson'sche Translokation 13;14) viel wahrscheinlicher. Der Zusammenhang zwischen einer strukturellen Chromosomenaberration und den Spermiogrammparametern ist weitgehend unklar. Tatsache ist, dass man unter Männern mit eingeschränkten Spermiogrammparametern gehäuft Chromosomenstörungen findet. Aber nicht alle Männer mit strukturellen Chromosomenstörungen haben Spermiogenesestörungen. So gibt es Brüder mit der gleichen Chromosomenaberration, wobei der eine ein unauffälliges Spermiogramm aufweist (und Kinder gezeugt hat), der andere aber z.B. eine Oligozoospermie hat und ungewollt kinderlos ist.

Interessanterweise findet man auch bei dem weiblichen Partner eines infertilen Paares, welches primär wegen des offensichtlich auffälligen Spermiogrammbefundes des Mannes in Betreuung ist, häufiger Chromosomenstörungen. Die Rate liegt bei 4-5 Prozent. Ein großer Teil ist auf gonosomale Mosaike zurück zu führen, die meist von untergeordneter Bedeutung sind. Allerdings finden sich bei 20 Prozent der Frauen mit Chromosomenstörungen Translokationen (insbesondere reziproke Translokationen), die einen großen Einfluss auf die Reproduktion haben können (*Kapitel 2*, Fall 5).

Chromosomenstörungen können den Verlauf und Erfolg einer Sterilitätstherapie beeinflussen, worüber das Paar aufgeklärt werden sollte. Nur dann können sie sich bewusst für oder gegen die Durchführung einer künstlichen Befruchtung entscheiden.

- Bei Männern mit einer Chromosomenstörung, die eine Oligozoospermie aufweisen, ist die Spermiengewinnung unproblematisch. Bei Männern mit Azoospermie können die Spermien nur durch einen operativen Eingriff aus dem Hoden/Nebenhoden gewonnen werden. Eventuell sind jedoch auch im Hodenpunktat keine verwendbaren Spermien vorhanden. Extrahierte Spermien können aufgrund der konstitutionellen Chromosomenaberration einen unbalancierten Karyotyp aufweisen und daher weniger befruchtungsfähig sein (geringere Fertilisierungsrate bei IVF/ICSI).

- Frauen mit einer Chromosomenstörung können nach hormoneller Stimulation eine ausreichende Zahl an Eizellen aufweisen. Es könnte aber auch sein, dass nur wenige oder gar keine Eizellen heranreifen. Aufgrund der Chromosomenaberration könnte die Fertilisierungsrate erniedrigt sein.

- Kommt es durch IVF oder ICSI zur Befruchtung in vitro, könnte dennoch die Einnistungsrate erniedrigt oder die Abort-/Totgeburtrate erhöht sein. Zudem besteht ein erhöhtes Risiko für die Geburt eines behinderten Kindes mit unbalanciertem Karyotyp. Daher wird diesen Paaren eine Pränataldiagnostik angeboten.

Krankheitsinfo 2.2 Fehlgeburten, Habitueller Abort

Endet eine Schwangerschaft vorzeitig als Fehlgeburt, so ist dies meist ein schmerzlicher Verlust eines erhofften Kindes.

Im Zusammenhang mit Fehlgeburten wird eine ganze Reihe von Begriffen benutzt und zum Teil verwechselt.

- Mit dem Begriff **frühe Fehlgeburt** (oder Abort) wird eine spontane Fehlgeburt bis zur 12. SSW bezeichnet.
- Der Begriff **Spätabort** wird meist für spontane Fehlgeburten zwischen der 13. und 24. SSW benutzt.
- Der Begriff **Intrauteriner Fruchttod** ist eine Bezeichnung für abgestorbene Feten ab der vollendeten 24. SSW (Lebensfähigkeit) vor Weheneintritt.
- Mit dem Begriff **Totgeburt** werden diejenigen Feten/Kinder ab der 24. SSW bezeichnet, die nach Eintreten der Wehen noch Lebenszeichen hatten, dann aber im Verlauf der Geburt verstorben sind.
- Der Begriff **habituelle Aborte** wird dann benutzt, wenn drei oder mehr spontane Fehlgeburten aufgetreten sind.

Etwa 15–20 Prozent aller erkannten Schwangerschaften enden als frühe Fehlgeburt – meist früh in der Schwangerschaft. Das Risiko für das Auftreten einer Fehlgeburt nimmt mit zunehmender Schwangerschaftswoche ab. Unabhängig davon nimmt das Fehlgeburtsrisiko mit mütterlichem Alter zu (höhere Wahrscheinlichkeit für das spontane Auftreten insbesondere von numerischen Chromosomenstörungen). Neben vielen gynäkologischen Ursachen (anatomisch, hormonell, immunologisch usw.) sind ein großer Teil der Fehlgeburten auf genetische Ursachen zurückzuführen.

Bei etwa 50 Prozent aller Fehlgeburten kann eine Chromosomenstörung nachgewiesen werden. Meist handelt es sich um eine neu entstandene numerische Chromosomenstörung (in etwa 50 Prozent eine autosomale Trisomie, davon findet sich besonders häufig eine Trisomie 16, in etwa 15 Prozent eine Triploidie, 10 Prozent ein 45,X-Karyotyp, in etwa 5 Prozent eine Tetraploidie). In ca. 4–5 Prozent findet sich eine unbalancierte strukturelle Aberration.

Bei etwa 5–6 Prozent aller Paare mit habituellen Aborten findet man bei einem der Partner eine balancierte Chromosomenstörung (meist eine reziproke oder Robertson'sche Translokation). Aufgrund der Bedeutung einer derartigen Chromosomenanomalie für zukünftige Schwangerschaften aber auch für weitere Familienangehörige, sollte ab der zweiten oder dritten ungeklärten Fehlgeburt eine Chromosomenanalyse beider Partner veranlasst werden. Hinweise können sich auch aus dem Stammbaum (3 Generationen) ergeben, wenn vermehrt Fehlgeburten, Totgeburten, Sterilität oder unklare Behinderungen angegeben werden. Bei Nachweis einer Chromosomenstörung muss eine adäquate genetische Beratung erfolgen, um dem Ehepaar die Art und Bedeutung der gefundenen Anomalie und die damit verbundenen Risiken zu erläutern.

Habituelle Aborte können in sehr seltenen Fällen auch Hinweis auf das Vorliegen einer X-chromosomal-dominanten Erkrankung geben, wie z.B. die Incontinentia pigmenti, welche letal im männlichen Geschlecht ist.

2.4 Zusammenfassung und theoretische Ergänzungen

Was sind Chromosomen?

Chromosomen sind DNA-Bündel. Jedes Chromosom besteht aus einer einzigen, enorm langen DNA-Doppelhelix, die von einer Gruppe unterschiedlichster Proteine umgeben ist. Die wichtigsten sind die vier Klassen von Histonen: H2A, H2B, H3 und H4; es gibt aber noch viele andere Proteine. Dieser DNA-Protein-Komplex wird allgemein als Chromatin bezeichnet. Seine Grundstruktur entspricht einer Perlschnur (*Abb. 2.20*). Die Schnur besteht aus DNA, die Perlen werden als Nukleosomen bezeichnet. Ein Nukleosom hat einen annähernd kugelförmigen Kern, der aus acht Histon-Molekülen besteht. Um diesen Kern herum sind 1,75 Windungen DNA gewickelt. Ein neuntes Histon-Molekül sitzt auf der Außenseite. Das Chromatin bildet große Schlingen, die an ihrer Basis an einem Proteingerüst verankert sind, das dem Chromosom als Rückgrat dient.

Über diese Grundstruktur hinaus nimmt das Chromatin verschiedene alternative Konfigurationen an, je nachdem, wofür ein bestimmter DNA-Abschnitt und die entsprechende Zelle gerade benötigt werden. Die meiste Zeit über ist die Perlschnur zu einer langen 30nm-Faser verdrillt. Die Nukleosomen können mehr oder weniger stark zusammengedrängt sein; das hängt davon ab, ob die Gene in diesem DNA-Abschnitt gerade abgelesen (exprimiert) werden oder nicht (Näheres zur Transkription findet man in *Kapitel 3*). Wenn sich die Zellen teilen, ist das Chromatin sehr viel dichter. In dieser Zeit sind die Chromosomen unter dem Lichtmikroskop zu erkennen (*Abb. 2.10* und *2.11*). Auch Zellen, die sich nicht teilen, haben Chromosomen; man kann diese aber nicht unter dem Lichtmikroskop sehen, weil die 30nm-Chromatinfasern zu dünn sind.

Numerische und strukturelle Chromosomenaberrationen

Es gibt numerische Chromosomenanomalien – dann stimmt wie bei Helen Howard (*Abb. 2.11*), Isabel Ingram (*Abb. 2.13*) oder den Beispielen in *Exkurs 2.3* die Anzahl der Chromosomen nicht – oder strukturelle Chromosomenanomalien, wenn wie bei Ellen Elliot ein oder mehrere Chromosomen falsche DNA-Abschnitte enthalten (*Abb. 2.14*).

Numerische Aberrationen
Man unterscheidet hier zwei Typen:

- Bei Fehlern in der Ploidie stimmt die Anzahl der vollständigen Chromosomensätze nicht. Normalerweise sind Zellen diploid (2n = 46 Chromosomen) und Keimzellen (Gameten) haploid (n = 23). Manchmal befruchten zwei Spermien eine Eizelle; dann entsteht eine triploide Zelle (3n = 69). Zu einer Triploidie kann es auch dann kommen, wenn der meiotische Prozess als Ganzes gestört ist und eine diploide Keimzelle entsteht, die dann eine normale haploide Keimzelle befruchtet. Wie bereits in *Exkurs 2.3* erwähnt, tritt bei der Empfängnis beim Menschen häufig eine Triploidie auf. Triploide Embryonen sterben allerdings in der Regel bereits während der Schwangerschaft oder werden tot geboren. Eine Tetraploidie tritt ein, wenn eine Zelle ihre DNA verdoppelt, ohne sich anschließend zu teilen. Eine Tetraploidie sowie weitere Vervielfachungen von Chromosomensätzen (Polyploidie) kann man bei einzelnen Zellen beobachten, nie aber im gesamten Organismus.
- Aneuploidie. Die eben genannten Anomalien betreffen Zellen mit vollständigen Chromosomensätzen, die als euploid bezeichnet werden. Bei aneuploiden Zellen sind nur ein oder mehrere einzelne Chromosomen zusätzlich vorhanden oder fehlen. Zellen oder Personen mit einem zusätzlichen Chromosom sind trisom, mit einem fehlenden Chromosom monosom in Bezug auf dieses Chromosom. Auch Tetrasomie und Nullisomie sind möglich. Warum Aneuploidie zu klinischen Problemen führt, wird in *Kapitel 7* erklärt.

Strukturelle Aberrationen
Dazu zählen:

- Reziproke Translokationen. Diese treten auf, wenn zwei beliebige Chromosomen nicht-homologe Segmente miteinander austauschen (*Abb. 2.16*). Ein Träger einer balancierten reziproken Translokation läuft Gefahr, dass seine Nachkommen mit einer Trisomie eines der translozierten Segmente und gleichzeitiger Monosomie des anderen auf die Welt kommen (*Abb. 2.17*). Das war das Problem in der Familie Elliot (Fall 5).
- Robertson'sche Translokationen. Dabei ist es zwischen zwei akrozentrischen Chromosomen (13, 14, 15, 21, 22) mit Bruchstellen im proximalen kurzen Arm knapp oberhalb des Centromers zu einer Translokation gekommen (*Abb. 2.22*). Bei einem Träger einer Robertson'schen Translokation besteht das Risiko eines Konzeptus mit entweder einer kompletten Trisomie oder einer vollständigen Monosomie eines der beteiligten Chromosomen. Hat jemand beispielsweise eine Robertson'sche Translokation, an der das Chromosom 21 beteiligt ist, so besteht die Gefahr, ein Kind mit Down-Syndrom zu bekommen. Etwa drei bis vier Prozent aller Fälle von Down-Syndrom sind auf solche Translokationen zurückzuführen. Vom Phänotyp her ist ein solches Kind nicht von einem anderen Kind mit Down-Syndrom zu unterscheiden, doch das Wiederholungsrisiko für nachfolgende Kinder ist sehr viel höher. Dies ist ein zusätzlicher Grund dafür, dass man Helen Howards (Fall 9) Karyotyp analysiert hat, obwohl es kaum Zweifel an der Diagnose Down-Syndrom gab.

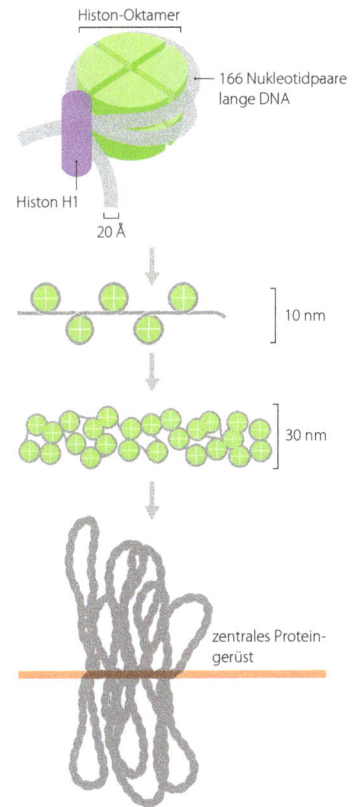

Abb. 2.20 Verpackung der DNA in einem Chromosom
Wenn man die DNA eines Chromosoms aus *Abb. 2.9* auseinanderziehen würde, wäre sie etwa 10000mal länger als das Chromosom. Die DNA liegt in den Chromosomen als DNA-Protein-Komplex vor, dem so genannten Chromatin. Die Grundeinheit des Chromosoms ist das Nukleosom, das aus annähernd 170 bp (Basenpaare) doppelsträngiger DNA besteht, die um ein Oktamer von Histonproteinen gewunden sind. Diese Perlschnüre sind zu einer 30nm-Faser verdrillt, die in großen Schlingen am Proteingerüst des Chromosoms hängt.

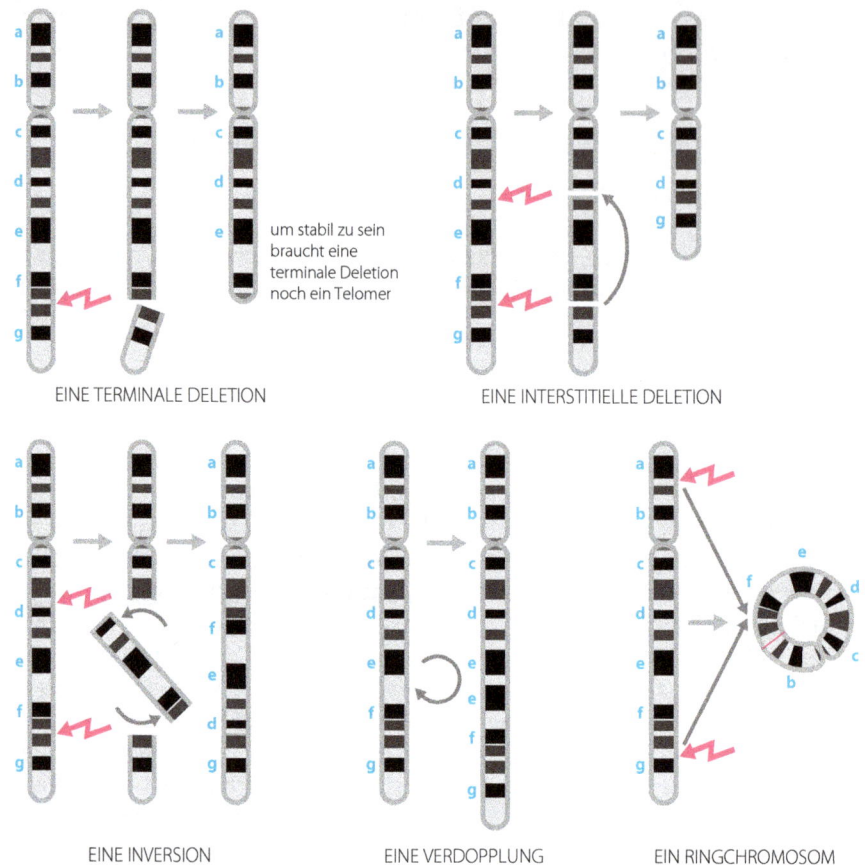

Abb. 2.21 Strukturelle Chromosomenanomalien
Sie können entweder durch Fehler bei der Reparatur von Chromosomenbrüchen oder durch Fehler bei der genetischen Rekombination entstehen. Für Translokationen s. *Abb. 2.16* u. *2.22*.

- Deletionen können sowohl innerhalb eines Chromosoms als auch an dessen Ende vorkommen. Da ein Chromosom jedoch nicht ohne Telomere funktionsfähig ist, muss es, damit einer terminale Deletion stabil sein kann, zum Erwerb eines neuen Telomers kommen. Ringchromosomen (s. *Abb. 2.21*) sind eine spezielle Form der terminalen Deletion. Deletionen haben im Allgemeinen gravierende Folgen, größere Deletionen sind tödlich.
- Bei Verdopplungen sind die Auswirkungen in der Regel nicht so schwerwiegend wie bei entsprechenden Deletionen.
- Es gibt Inversionen in jeder Größenordnung. Wenn die Inversion auch das Centromer umfasst (perizentrische Inversion), verändert sich die gesamte Form des Chromosoms; ist das Centromer nicht beteiligt (parazentrische Inversion), so kann man die Inversion nur bei einem sorgfältigen Studium des Bandenmusters entdecken.

Balancierte und unbalancierte Anomalien

- Eine Chromosomenanomalie gilt als balanciert, wenn weder Chromosomenmaterial dazu gekommen ist noch fehlt: die DNA ist dann einfach nur anders verteilt. Solange jedes Chromosom nur ein einziges Centromer und regelrechte Telomere hat, kann die Zelle bei einer balancierten Anomalie problemlos die Mitose durchlaufen. Daher kann sich aus einer befruchteten Eizelle mit einer balancierten Anomalie ein normaler Erwachsener entwickeln. Ellen Elliot (*Abb. 2.15*) ist ein Beispiel für eine Person mit einer balancierten Chromosomenanomalie und einem normalen Phänotyp. Robertson'sche Translokatio-

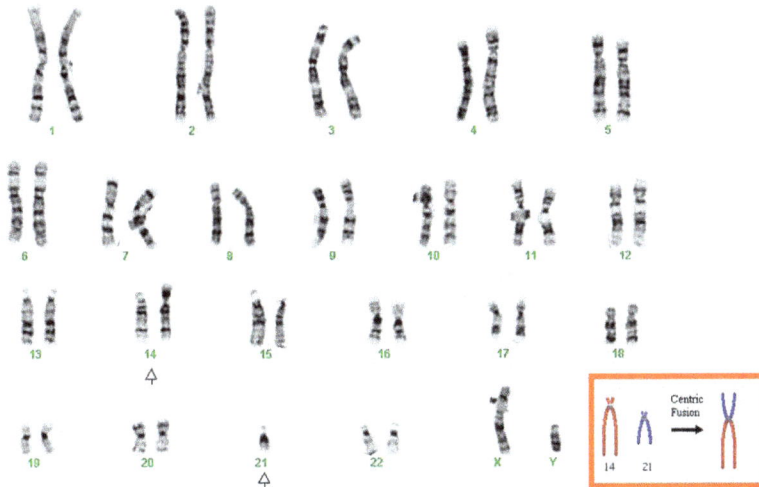

Abb. 2.22 Eine Robertson'sche Translokation
Auf dem Einschubbild erkennt man, wie es zu dieser häufigen Chromosomenanomalie kommt. Alle akrozentrischen Chromosomen (13, 14, 14, 21, 22) zeigen auf ihren kurzen Armen Homologien der DNA. Durch eine irrtümliche Rekombination zwischen zwei nicht homologen Chromosomen entsteht ein fusioniertes Chromosom, das sich bei der Mitose wie ein normales einzelnes Chromosom verhält. Die kleinen akrozentrischen Fragmente mit den beiden distalen kurzen Armen gehen dagegen verloren.

nen gelten, auch wenn zwei kurze akrozentrische Chromosomenarme verloren gegangen sind (*Abb. 2.22*), als balanciert, weil sie keine Auswirkungen auf den Phänotyp des Trägers haben; die kurzen Arme der verbliebenen akrozentrischen Chromosomen erfüllen sämtliche Funktionen der beiden fehlenden Arme.

- Wenn Chromosomenmaterial zusätzlich vorhanden ist oder fehlt und der Betroffene dadurch erkrankt, ist die Anomalie unbalanciert. Wir weisen hier auf die pathogene Wirkung hin, weil die frühere Sichtweise, wonach Menschen eine bestimmte Menge an Chromosomenmaterial haben müssen, aufgrund jüngerer Forschungsergebnisse überholt ist. Bestimmte DNA-Segmente sind bei gesunden Menschen häufig nicht oder doppelt vorhanden (Kopienzahl-Polymorphismen). Diese Varianten würde man nicht als unbalanciert bezeichnen. Trotzdem muss von einem Großteil unserer DNA die richtige Menge vorhanden sein. Helen Howard (*Abb. 2.11*) und Elizabeth Elliot (*Abb. 2.15*) sind anschauliche Beispiele für die Probleme bei unbalancierten Chromosomenanomalien.

Balancierte Anomalien spielen eine Rolle, wenn sich bei der Meiose homologe Chromosomen paarweise zusammenlagern. Dabei können zwei Arten von Fehler auftreten:

- bei translozierten Chromosomen gibt es Segmente, die ursprünglich von mehr als nur einem Chromosom stammen. In der Prophase der Meiose I paaren sie sich daher mit vielen verschiedenen Partnern und bilden dabei Tri- oder Tetravalente anstelle von Bivalenten (der Zusammenlagerung von zwei Homologen). Bei diesen kann es dann leicht passieren, dass sie in der Anaphase falsch segregieren (*Abb. 2.17*).

- Chromosomen mit Inversionen paaren sich zwar nur mit einem Partner, doch es kommt zur Bildung von Schlingen (*Abb. 2.23*); sollte es jedoch innerhalb der Schlinge zu einem Crossover kommen, sind die rekombinanten Chromosomen anomal (s. auch *Fragen und Aufgaben 4*).

Normalerweise spiegeln sich balancierte Anomalien nicht im Phänotyp des Anlageträgers wider; es gibt allerdings Ausnahmen:

- Liegen eine oder mehrere Bruchstellen innerhalb eines Gens, so können sie dieses aufspalten. Dadurch kann das Gen seine Funktion nicht mehr erfüllen, und das

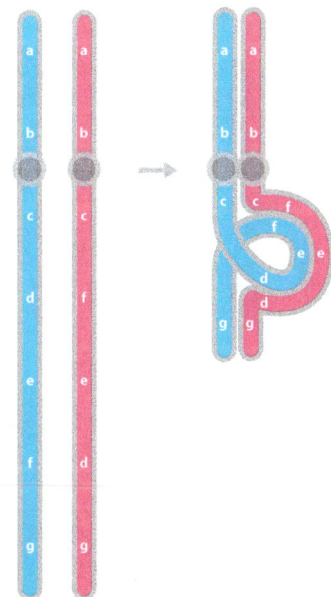

Abb. 2.23 Während der Meiose I paaren sich die jeweils zueinander passenden Chromosomenabschnitte. Enthält ein Chromosom eine Inversion, sein Homolog dagegen nicht, bildet sich in der Regel eine Schlinge aus.

kann für den Betroffenen Folgen haben oder auch nicht. In unserem Fall 13 (Familie Lawton) in *Kapitel 4* hat es Folgen.

- Manchmal zerstört eine Bruchstelle, wie in *Kapitel 3* beschrieben, nicht das Gen selbst, sondern trennt es lediglich von einem Kontrollelement ab, das sich etwas weiter weg auf demselben DNA-Strang befindet. Auch dadurch kann das Gen inaktiviert werden.

- Wenn eine Rekombination oder eine DNA-Reparatur an einer falschen Stelle stattgefunden haben und Segmente von verschiedenen Chromosomen fusioniert worden sind, kann es gelegentlich dazu kommen, dass aus Teilen von zwei Genen, die sich auf den verschiedenen Chromosomen neben den Bruchstellen befunden haben, ein neues, chimäres Gen entsteht. Solche Chimären spielen bei Krebserkrankungen eine wichtige Rolle (*Kapitel 12*).

- Schließlich können noch balancierte X-autosomale Translokationen aufgrund der Inaktivierung des X-Chromosoms spezielle Probleme verursachen. Darauf werden wir in *Kapitel 7* näher eingehen.

Konstitutionelle Anomalien und Mosaike

Man unterscheidet zwei Arten von Chromosomenanomalien:

- konstitutionelle (sind in jeder Zelle vorhanden)
- Mosaike (sind nur in einigen Zellen vorhanden)

Die Mosaikbildung wurde bereits in *Kapitel 1* und im Zusammenhang mit Fall 10 (Familie Ingram, Turner-Syndrom) besprochen. Sie wird stets durch Ereignisse hervorgerufen, die nach dem Stadium der Zygote stattfinden, wenn der Organismus bereits aus mehreren Zellen besteht. Aus diesem Grunde ist das Risiko, dass Eltern eines Kindes mit Mosaik erneut ein solches Kind bekommen, vernachlässigbar gering. Wenn sich der Mosaikbefund bei der betroffenen Person auf die Keimbahn erstreckt, kann das Risiko für die eigenen Kinder sehr groß sein. Derartige Überlegungen führen zu einer gewissen Unsicherheit in der genetischen Beratung, weil man – unabhängig davon, ob eine Chromosomenanomalie nachgewiesen wurde oder nicht – formal eine Mosaikbildung nie ausschließen kann (man kann schließlich nicht alle Zellen einer Person untersuchen) und man die Chromosomen der Keimbahn nur über ihre Auswirkungen auf die Kinder beurteilen kann.

Personen können entweder in Bezug auf einen Defekt in einem einzelnen Gen oder in Bezug auf eine Chromosomenanomalie Mosaike sein. Historisch gesehen stand bei der Diskussion klinisch relevanter Mosaikbildungen immer die chromosomale Mosaikbildung im Vordergrund. Das liegt daran, dass die Methode der Chromosomenanalyse bereits seit 40 Jahren etabliert ist, während für die Untersuchung von Mosaikbildung bei Punktmutationen molekulare Tests notwendig sind, die es erst seit kurzem gibt. Zytogenetiker sehen sich viele Zellen an, wenn sie die Chromosomen eines Patienten analysieren, und können daher einen Mosaikbefund leicht feststellen. Jede Chromosomenanomalie (außer Triploidie), die durch einen Fehler in der Meiose konstitutionell auftreten kann, kann durch einen Fehler in der Mitose auch als Mosaik auftreten. So ist beispielsweise auch ein Mosaikbefund eines Down-Syndroms nichts Ungewöhnliches. Der Phänotyp liegt dann irgendwo zwischen normal und voll ausgeprägtem Down-Syndrom; wo genau, lässt sich nicht genau vorhersagen, weil dies vom Anteil an trisomen Zellen in den verschiedenen Geweben und Organen abhängt. Außerdem sind viele Anomalien, die zum Tode führen würden, falls sie konstitutionell vorlägen, als Mosaik mit dem Leben vereinbar. So kann ein Patient zum Beispiel eine Trisomie 8 als Mosaik haben, wohingegen eine voll ausgebildete konstitutionelle Trisomie 8 äußerst unwahrscheinlich ist.

Manchmal ist die Mosaikbildung nur auf bestimmte Gewebe beschränkt: so löst beispielsweise eine 12p-Tetrasomie in Mosaikform (vier Kopien des kurzen Arms von Chromosom 12, die beiden zusätzlichen Kopien liegen in Form eines kleinen zusätzlichen metazentrischen Chromosoms vor) bei den betroffenen Personen das Pallister-Killian-Syndrom (OMIM 601803) mit einem charakteristischen Erscheinungsbild und einem bestimmten Fehlbildungsmuster aus. Die anomalen Zellen findet man nur in der Haut, nicht aber in den üblichen Blutproben. Wahrscheinlich überwiegen im Blut die normalen Zelllinien, weil die anomalen Zellen aufgrund der kurzen Lebensdauer der Zellen im Nachteil sind. Wenn sich die Mosaikbildung nur auf ein bestimmtes Gewebe beschränkt, kann das bei der Pränataldiagnostik zu besonderen Problemen führen. Durch eine Chorionzottenbiopsie (*Kapitel 14*) erhält der Zytogenetiker Plazentamaterial zur Untersuchung. Die Plazenta ist zwar fetales Gewebe, wenn hier aber ein Mosaik vorliegt, lässt sich nicht unbedingt entscheiden, ob dieses nur auf die Plazenta beschränkt ist oder ob der ganze Fetus betroffen ist, was dann Konsequenzen für die Schwangerschaft haben könnte.

Krankheitsinfo 2.3 Alpha-Thalassämie-Retardierungs-Syndrom: eine Chromatinkrankheit

Die Alpha-Thalassämie (OMIM 301040) entsteht durch einen Mangel der α-Globin-Kette des Hämoglobins. Fehlt diese vollständig (homozygote Mutationen beider α-Globin-Gene) so entwickelt sich ein letaler Hydrops fetalis, während das Fehlen von drei der vier Genkopien zur HbH-Krankheit mit Mikrozytose und Hämolyse führt. In den Malariaregionen vor allem Südostasiens sind sehr viele Menschen von dem Syndrom betroffen. Es wird durch Deletionen, manchmal auch Punktmutationen der α-Globin-Gene auf Chromosom 16p ausgelöst. Auf den Zusammenhang mit Malaria wird in *Kapitel 10* ausführlich eingegangen. Bei einheimischen Personen in malariafreien Regionen ist diese Thalassämie äußerst selten.

In den 1980er Jahren gab es Berichte über eine Reihe Nordeuropäer mit Alpha-Thalassämie (HbH-Krankheit) und geistiger Behinderung. Letztere ist kein typisches Merkmal einer Thalassämie, und bei näherer Untersuchung stellte sich heraus, dass mehrere dieser Personen größere Deletionen im Chromosom 16p aufwiesen, bei denen neben den α-Globin-Genen vermutlich auch noch andere Gene verloren gegangen waren, was die mentale Retardierung erklären könnte (s. OMIM 141750). Bei anderen Patienten war das Chromosom 16 dagegen unauffällig. Diese Patienten waren immer männlich, hatten manchmal erkrankte männliche Verwandte entsprechend einem X-chromosomal rezessiven Erbgang, und hatten oft charakteristische Gesichtszüge (s. Foto). Die HbH-Krankheit war zwar vorhanden, aber häufig relativ schwach ausgeprägt und oft nur durch Labortests nachzuweisen. Dagegen fanden sich gehäuft weitere Auffälligkeiten wie eine Geschlechtsumkehr von männlich zu weiblich. Mithilfe von Kopplungsanalysen und positioneller Klonierung (s. *Kapitel 9*) gelang es schließlich, Mutationen im so genannten *ATRX*-Gen im Bereich von Xq13 auf dem X-Chromosom nachzuweisen.

Wie können Mutationen in einem X-chromosomalen Gen eine Alpha-Thalassämie sowie ein ganzes Spektrum weiterer Krankheitsmerkmale hervorrufen? Seiner Aminosäurensequenz nach gehört das ATRX-Protein zur großen SWI2/SNF-Familie von Proteinen, die die Chromatinstruktur beeinflussen und so die Genexpression und das Verhalten der Chromosomen regulieren. Wie bereits erläutert, wird die DNA primär um ein Oktamer aus Histonproteinen gewickelt. Der Strang dieser Nukleosomen wird dann unter der Kontrolle zahlreicher anderer Proteine noch weiter verpackt. Man unterscheidet beim Chromatin zwei grundlegende Konfigurationen:

- das stark verdichtete Heterochromatin, in dem Gene nicht exprimiert werden
- das offenere und variable Euchromatin, in dem Gene exprimiert werden können (aber nicht müssen).

ATRX ist eine Helikase, ein Protein, das DNA-Doppelstränge abwickeln kann. Man nimmt an, dass es zu einem riesigen Multiproteinkomplex gehört, welcher die Chromatinstruktur und damit die Genexpression reguliert. ATRX ist vor allem mit den Centrosomen assoziiert, welche die expressions-

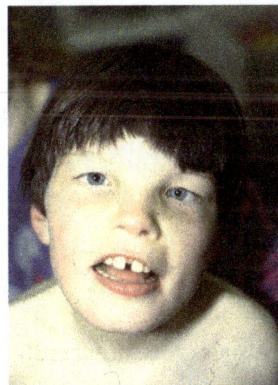
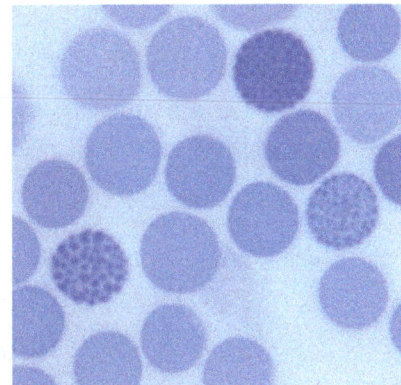

(a) Ein Patient mit ATRX. Wiedergabe aus J. Med. Genet. 1991; 28; 742-745 mit freundlicher Genehmigung der BMJ Publishing Group. (b) Lymphozyten mit charakteristischen Einschlüssen von einem Patienten mit ATRX. Foto mit freundlicher Genehmigung von Dr. Richard Gibbon, Oxford.

(a)

(b)

hemmende können ebenfalls, reguliert durch Signale aus dem Zellstoffwechsel, diese Strukturen ausbilden und so die Genexpression unterbinden. ATRX ist wahrscheinlich an der Schaffung und dem Erhalt hemmender Chromatinstrukturen beteiligt.

Multiproteinkomplex gehört, welcher die Chromatinstruktur und damit die Genexpression reguliert. ATRX ist vor allem mit den Centrosomen assoziiert, welche die expressionshemmende Heterochromatinstruktur zeigen. Andere Chromatinregionen können ebenfalls, reguliert durch Signale aus dem Zellstoffwechsel, diese Strukturen ausbilden und so die Genexpression unterbinden. ATRX ist wahrscheinlich an der Schaffung und dem Erhalt hemmender Chromatinstrukturen beteiligt.

Das Alpha-Thalassämie-Retardierungs-Syndrom ist ein Beispiel für eine Chromatinstörung. Weitere Beispiele sind das ICF-Syndrom (OMIM 242860) und das Rett-Syndrom (s. *Krankheitsinfo 7*). Die Gene, welche bei diesen Krankheiten durch Mutationen verändert sind, kodieren für Proteine, welche die Chromatinstruktur steuern und dadurch die Expression einer potentiell großen Anzahl von Genen beeinflussen. Bei unserem gegenwärtigen Kenntnisstand können wir nicht genau vorhersagen, welche Gene bei einem bestimmten Defekt betroffen wären oder zu welchen Phänotypen das klinisch führen würde. Diese Krankheiten ermöglichen uns jedoch einen kleinen Einblick in eine wichtige Funktion der Chromosomen. Sie zeigen uns, dass Chromosomen nicht nur dazu da sind, um

in der Mitose und Meiose das Genom auf die Tochterzellen aufzuteilen, sondern auch noch andere Aufgaben haben, wie die Steuerung der Genexpression durch lokale Veränderungen der Chromatinstruktur.

Chromatin hat eine äußerst dynamische Struktur. Proteine für den Chromatinumbau, zu denen auch das ATRX-Protein gehört, verschieben kontinuierlich die Position der Nukleosomen an der DNA und legen dadurch Stellen frei, an denen DNA und Histone gezielt modifiziert werden können. Aktives und inaktives Chromatin unterscheiden sich durch unterschiedliche DNA-Methylierungsmuster (s. Abb.) und eine Vielzahl von Histon-Modifikationen wie Acetylierung, Methylierung oder Phosphorylierung bestimmter Residuen.

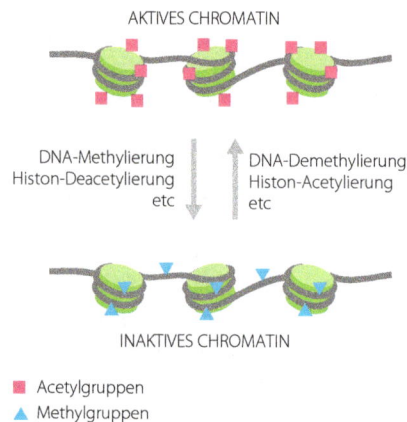

AKTIVES CHROMATIN

DNA-Methylierung   DNA-Demethylierung
Histon-Deacetylierung   Histon-Acetylierung
etc   etc

INAKTIVES CHROMATIN

■ Acetylgruppen
▲ Methylgruppen

2.5 Quellen

Gardner R.J.M. & Sutherland G.R. (1996): Chromosome Abnormalities and Genetic Counseling. 2. Aufl. OUP, Oxford. Behandelt eingehend den in diesem Kapitel besprochenen Stoff.

Shaffer L.G. & Tommerup N. (Ed.) (2005): ISCN 2005, An International System for Human Cytogenetic Nomenclature. S. Karger AG, Basel.

Weitere Einzelheiten zu Mitose und Meiose findet man in jedem Lehrbuch der Zellbiologie.

Nützliche Internetseiten
Ein gutes Hilfsmittel im Netz ist das Online-Biologiebuch von M.J. Farabee (s. vor allem die Kapitel über Mitose und Meiose):
http://www.emc.maricopa.edufaculty/farabee/BIOBK/BioBookTOC.html
Die Internetseite von Hironao Numabe von der Tokyo Medical University enthält viele (englisch beschriftete) Graphiken und Animationen, die für dieses Kapitel relevant sind: http://www.tokyo-med.ac.jp/genet/index-e.htm

2.6 Fragen und Aufgaben

(1) Durch welche meiotischen Teilungen bei welchem Elternteil könnte aufgrund einer Nondisjunction ein Kind mit folgendem Karyotyp entstehen:
    (a) 45,X

(b) 47,XXY

(c) 47,XYY

(2) Skizzieren Sie, welches Tetravalent sowie welche Gameten und Konzeptus aufgrund der folgenden Translokationen entstehen können.

(a) t(2;4)(q22;q32)

(b) t(5;10)(p14;p13)

(c) t(7;9)(q32;p21)

(3) Verwenden Sie die Diagramme der Tetravalente von der vorhergehenden Frage und nehmen Sie bei jedem der gepaarten Segmente noch ein Crossover zwischen den translozierten und normalen Chromosomen an. Schildern Sie die Konsequenzen. (Diese Aufgabe ist nicht dazu da, um Ihnen Kopfzerbrechen zu bereiten; vielmehr kommt es bei der Meiose normalerweise in jedem Chromosomenarm zu mindestens einem Crossover.)

(4) Stellen Sie sich den Träger einer balancierten 14;21-Robertson'schen Translokation vor, dessen Karyogramm in *Abb. 2.22* zu sehen ist. Während der Meiose bildet das translozierte Chromosom zusammen mit den normalen Chromosomen 14 und 21 ein Trivalent. Skizzieren Sie die Möglichkeiten, wie bei der Keimzellenbildung die Segregation ablaufen kann, und beschreiben Sie die jeweiligen Konsequenzen für jeden Konzeptus.

(5) Führen Sie aus, welche Gameten, Konzeptus und lebendgeborene Babys ein Träger einer balancierten 21;21-Robertsonschen Translokation haben kann, der mit einer Person mit normalem Chromosomensatz verheiratet ist.

(6) Betrachten Sie die Inversions-Heterozygote in *Abb. 2.23*. Schildern Sie, welche Konsequenzen ein Crossover hat, das entweder innerhalb oder außerhalb der Inversionsschleife stattfindet. Ändert sich etwas, wenn das Centromer nicht wie in der Abb. dargestellt außerhalb (parazentrische Inversion), sondern innerhalb des invertierten Segments (perizentrische Inversion) liegt?

Kapitel 3
Wie funktionieren Gene?

Wenn Sie dieses Kapitel durchgearbeitet haben, sollten Sie in der Lage sein,

- die Basen, Zucker und Nukleoside zu benennen, aus denen normale DNA und RNA bestehen, sowie eine DNA-Doppelhelix zu zeichnen und dabei die Basenpaare und die 5'- und 3'-Enden anzugeben
- in einem Diagramm (ohne genaue Enzymologie) die Prinzipien der DNA-Replikation, der Transkription, des Spleißens eines Transkripts und der Art und Weise, wie eine mRNA-Sequenz die Aminosäuresequenz eines Polypeptids bestimmt, darzustellen
- die allgemeinen Merkmale der Genome im Kern und im Mitochondrium aufzuführen
- die typische Struktur eines menschlichen Gens einschließlich Exons, Introns, Promotoren, Start- und Stoppcodons, den nicht translatierten Regionen am 5'- und 3'-Ende sowie den Spleißstellen aufzuzeichnen
- in einem kurzen Abriss zu schildern, welche Bedeutung der Promotor, die Transkriptionsfaktoren sowie die Chromatinstruktur jeweils für die Genexpression haben

3.1 Fallbeispiele

55 · 63 · 357

James war 14 Jahre alt, als er zum ersten Mal zur genetischen Beratung kam. Sein Vater Henry und mehrere andere Verwandte waren in der Abteilung für Genetik bereits seit vielen Jahren bekannt. Sie waren ursprünglich von einem Augenarzt überwiesen worden, der bei Henry eine Linsenektopie und eine relativ große Statur festgestellt hatte. Der Augenarzt war beunruhigt gewesen, als er herausfand, dass Henrys Bruder mit 45 Jahren unerwartet an einer Aortenruptur gestorben war und die Mutter in einem ähnlichen Alter dasselbe Schicksal erlitten hatte. Die Humangenetikerin bestätigte die Diagnose eines Marfan-Syndroms und teilte Henry bei der Beratung mit, dass seine eigenen Kinder ein Risiko von 50 Prozent hätten, von dieser dominanten Krankheit betroffen zu sein. Damals kannte man das für das Syndrom verantwortliche Gen noch nicht; die Diagnose stützte sich vielmehr auf gut definierte klinische Kriterien. Zu diesen gehörten, dass in der Familie mehrere Fälle aufgetreten waren und dass die für das Marfan-Syndrom typischen Systeme betroffen waren: allen voran das Skelett, die Augen und die Gefäße. Als James dann Jahre später in die Sprechstunde kam, untersuchte ihn der Arzt anhand der Genter Kriterien sorgfältig auf die klinischen Merkmale des Marfan-Syndroms (De Paepe et al., 1996). Ein Echokardiogramm ergab, dass der aufsteigende Teil der Aorta erweitert war; außerdem war James sehr groß für sein Alter. Aufgrund dieser Merkmale und der positiven Familienanamnese stellte der Arzt auch bei James die sichere Diagnose eines Marfan-Syndroms. Zu dieser Zeit

Fall 11 Familie Johnson

- Marfan-Syndrom

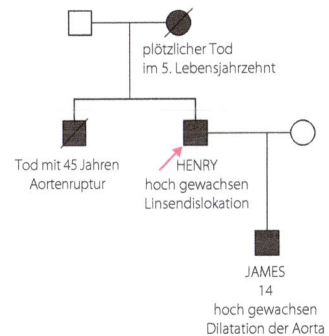

Abb. 3.1 Stammbaum von James Johnson

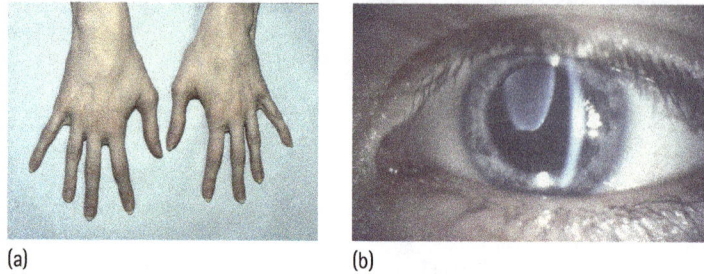

(a)   (b)

Abb. 3.2   Marfan-Syndrom
(a) Arachnodaktylie (lange Finger). **(b)** Linsendislokation.

hatte man zwar bereits das krankheitsauslösende Gen identifiziert, doch allein schon aufgrund der klinischen Kriterien war klar, dass James betroffen war.

3.2   Hintergrund

Zur Funktionsweise von Genen gibt es zwei berühmte Hypothesen. Obwohl keine von beiden vollkommen richtig ist, helfen sie doch, sich mehr mit Genen auseinanderzusetzen.

- In den 40er Jahren des 20. Jahrhunderts betrachteten Beadle und Tatum es als die Aufgabe von Genen, jeweils ein bestimmtes Enzym zu kodieren (die Ein-Gen–ein-Enzym-Hypothese). Obwohl dies nicht ganz stimmt – nicht alle gen-kodierte Proteine sind Enzyme und manche Gene kodieren für funktionelle (nicht-kodierende) RNA-Moleküle – bleibt diese Hypothese in der Form „Ein-Gen-ein-Polypeptid" ein guter Ansatz, wenn man Überlegungen zur Funktion von Genen anstellt.

- Einige Jahre später definierte Francis Crick im „Zentralen Dogma" der Molekularbiologie die entscheidende Funktion der DNA (*Abb. 3.3*). Demnach sind Gene funktionelle DNA-Einheiten, deren Aufgabe normalerweise darin besteht, die Struktur eines Proteins festzulegen. Man nimmt an, dass es im menschlichen Genom etwa 24000 proteinkodierende Gene gibt – auch wenn das nur eine vorläufige Schätzung ist. Das Zentrale Dogma ist zwar nützlich, aber ebenfalls nicht vollkommen richtig. So kann es vorkommen, dass die reverse Transkriptase (ein spezielles Enzym, das von RNA-Molekülen DNA-Kopien erstellt) den Informationsfluss von der DNA zur RNA umkehrt. Für den Lebenszyklus von RNA-Viren ist dies ein entscheidender Vorgang, der allerdings im Stoffwechsel der menschlichen Zelle keine wesentliche Rolle spielt. Wichtiger ist, dass die RNA nicht nur die Aminosäuresequenz von Proteinen festlegt, sondern viele andere Funktionen hat. Ribosomale RNA und Transfer-RNA sind die bekanntesten Beispiele für solche funktionellen RNAs, es gibt aber noch viele andere.

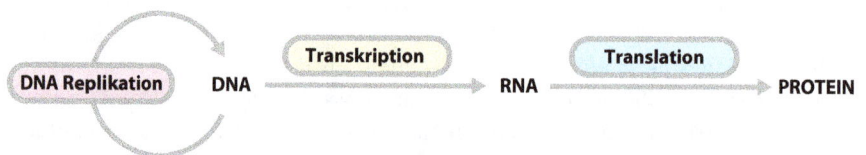

Abb. 3.3   Das Zentrale Dogma der Molekularbiologie
Die Pfeile bedeuten nicht, dass etwa die DNA in RNA umgewandelt wird, sondern besagen, dass die in der DNA enthaltene Information auf ein RNA-Molekül übertragen wird, das diese Information wiederum an ein Protein übergibt. Mit anderen Worten: Gene bestehen aus DNA, üben aber ihre Wirkung über Proteine aus. Die DNA überträgt ihre Information auch auf andere DNA-Moleküle (DNA-Replikation).

Um die Struktur und Funktion von Genen umfassend zu beschreiben, wäre ein ganzes Buch erforderlich. Alle daran beteiligten Prozesse sind äußerst kompliziert und an ihrer Durchführung und Regulation wirken unzählige Proteine und andere Moleküle mit. Glücklicherweise sind die meisten Einzelheiten für die klinische Praxis ohne Belang. Auch wenn es wünschenswert wäre, alles bis ins kleinste Detail zu verstehen, sind die für den Kliniker relevanten Details doch recht überschaubar. Die wichtigsten grundlegenden Punkte werden im Folgenden sowie in den *Exkursen 3.2* und *3.3* erklärt. Dabei handelt es sich um:

• die allgemeine Struktur von Nukleinsäuren als Ketten aus A-, G-, C- und T- (oder U-) Einheiten
• die Doppelhelix
• die 3'- und 5'-Enden der DNA
• den Aufbau der Gene aus Exons und Introns
• das Spleißen des Primärtranskripts
• den genetischen Code

Wer mehr erfahren möchte, sei an die vielen ausgezeichneten Lehrbücher verwiesen, in denen diese Themen sehr viel ausführlicher erörtert werden. Außerdem gibt es mehrere Internetseiten, auf denen Unterrichtsmaterialien allgemein zugänglich sind (s. *Abschnitt 3.5 Quellen*).

Die Struktur der Nukleinsäuren

Nukleinsäuren (DNA und RNA) bestehen aus Untereinheiten, den sogenannten Nukleotiden, die miteinander zu langen Ketten verknüpft sind. Jedes Nukleotid besteht aus drei Elementen: einer Base, einem Zucker und einem Phosphat. DNA-Ketten sind aus nur vier verschiedenen Nukleotiden zusammengesetzt. Während es sich beim Zucker immer um Desoxyribose handelt, kommen als Base Adenin (A), Guanin (G), Cytosin (C) oder Thymin (T) in Frage. Die chemische Formel finden Sie im letzten Abschnitt dieses Kapitels, man muss sie allerdings für die Verwendung dieses Buchs nicht kennen. RNA besteht ebenfalls aus vier verschiedenen Nukleotiden. Bei ihr ist der Zucker immer Ribose, und als Basen fungieren wie bei der DNA A, G und C – nur T wird in der RNA durch Uracil (U) ersetzt.

Die DNA besteht, wie Crick und Watson es in ihrer berühmten Arbeit aus dem Jahre 1953 beschrieben haben, normalerweise aus zwei umeinander gewundenen Polynukleotidketten: der Doppelhelix. Ausschlaggebend dabei ist, dass die beiden Ketten nur richtig zusammenpassen, wenn in den beiden Ketten jeweils ein A einem T bzw. ein G einem C gegenübersteht. Die Basenpaarung – A mit T sowie G mit C – erklärt, wie die DNA repliziert werden kann (*Abb. 3.4*). Aufgrund dieses Mechanismus kann die genetische Information, wie in *Kapitel 2* beschrieben, in der Mutterzelle kopiert und während der Mitose auf die beiden Tochterzellen verteilt werden. Die RNA liegt in der Regel nicht als Doppelhelix vor. Der Grund dafür liegt nicht in einer spezifischen Eigenschaft der chemischen Struktur der RNA, sondern darin, dass Zellen normalerweise von den meisten RNA-Molekülen keine komplementären Stränge enthalten und auch keine Enzyme besitzen, die anhand einer RNA-Matrize einen RNA-Strang erstellen könnten. DNA und RNA haben in den Zellen verschiedene Aufgaben, und die Zellen nutzen ihre chemischen

Exkurs 3.1 Hinweise zu den Einheiten

Die Länge eines DNA-Stückes wird in Nukleotiden, Basenpaaren (bp), Kilobasen (kb = 1000 Bp) oder Megabasen (Mb = 1000000 Bp) angegeben. Weil DNA praktisch immer als Doppelstrang vorliegt, wird meist der Unterschied zwischen Basen und Basenpaaren vernachlässigt, wenn man über die Länge einer DNA spricht. Daher sagt man, wenn man eine DNA-Doppelhelix mit einer Million Basenpaaren beschreibt, dass sie 1 Mb und nicht 2 Mb lang ist.

Exkurs 3.2 5'- und 3'-Enden

Um die klinische Genetik zu verstehen, muss man nicht unbedingt viel über den chemischen Aufbau der DNA wissen. Es gibt allerdings ein Merkmal, das zwar nicht sofort ins Auge fällt, aber von erheblicher Bedeutung ist. Die Beschreibung einer DNA-Sequenz als Abfolge von Buchstaben etwa in der Form AGTTGCACG lässt einen entscheidenden Punkt außer Acht: die beiden Enden sind chemisch nicht identisch. Betrachtet man die chemische Formel des Zucker-Phosphat-Rückgrats (s. Abb. unten), dann erkennt man, dass benachbarte Desoxyribose-Einheiten über die Kohlenstoffatome mit der Markierung 5' („5 Strich") und 3' miteinander verknüpft sind. Bei der obersten Desoxyribose ist 5'-Kohlenstoff frei, bei der untersten ist es 3'-Kohlenstoff. Biochemisch ist dieser Unterschied äußerst wichtig. Enzyme, die am 5'-Ende der DNA angreifen, wirken nicht am 3'-Ende und umgekehrt. Das hat etliche bedeutende Konsequenzen.

- Die beiden Ketten innerhalb einer DNA-Doppelhelix verlaufen antiparallel. Wenn man eine Doppelhelix senkrecht von oben nach unten aufzeichnet, dann befindet sich bei der einen Kette das 5'-Ende und bei der anderen das 3'-Ende oben. Das gilt auch für DNA-RNA-Doppelhelices, die bei der Transkription von Genen kurzzeitig als Zwischenprodukte entstehen.
- Die DNA-Replikation verläuft immer von 5' nach 3'. Das heißt, dass alle Enzyme, die Nukleotide aneinander reihen (DNA-Polymerasen), diese Nukleotide nur jeweils an die 3'-Enden eines Polynukleotids anheften können. Dies wird eine äußerst wichtige Rolle spielen, wenn wir in Kapitel 4 die Polymerase-Kettenreaktion (PCR) besprechen werden. Das gleiche gilt für die RNA-Polymerase, die RNA synthetisiert.
- Einer allgemeinen Übereinkunft zufolge schreibt man DNA- oder RNA-Sequenzen immer in 5' → 3'-Richtung. Die Sequenz AGTTGCACG bedeutet also eigentlich: 5'-AGTTGCACG-3'. Es ist also genauso falsch, eine Sequenz von 3' nach 5' zu notieren, wie einen deutschen Text von rechts nach links zu schreiben. Falls man eine Sequenz aus irgendeinem Grund dennoch in der Richtung 3'→5' notieren muss, muss man das an den Enden deutlich kennzeichnen, damit das auch klar wird.
- Es wird immer nur ein DNA-Strang eines Gens transkribiert. Das ist der so genannte Matrizen- oder Template-Strang. Angenommen ein Teil dieser Sequenz lautet 5'-AGTTGCACG-3'. Das RNA-Transkript ist dann komplementär dazu, hat also überall ein A, wo im Matrizen-Strang ein T ist, und ein G, wo im Matrizen-Strang ein C steht, usw. (s. Abb. 3.5a). In der üblichen 5' → 3'-Richtung geschrieben, ergibt sich dann die Sequenz CGUGCAACU (man erinnere sich, dass die Stränge antiparallel verlaufen und in der RNA statt eines T ein U steht). Selbst bei einer sehr kurzen Se-

quenz wie dieser, ist der Zusammenhang zwischen den beiden Strängen nicht sofort zu erkennen. Man hat sich daher darauf geeinigt, die DNA-Sequenz eines Gens nicht als den Matrizen-Strang, sondern als den dazu komplementären Strang anzugeben; das wäre in diesem Fall: CGTGCAACT. Dieser Strang wird als Sense-Strang (Sinn-Strang) bezeichnet. Die RNA-Sequenz entspricht, abgesehen davon, dass T durch U ersetzt wird, genau dem Sense-Strang.

- Die Lage von Sequenzen, die sich 5' von einem Gen oder einer relevanten Sequenz (auf dem Sense-Strang) befinden, wird als strangaufwärts oder upstream, die Lage von Sequenzen, die 3' von einem Gen liegen, wird dagegen als strangabwärts oder downstream bezeichnet.

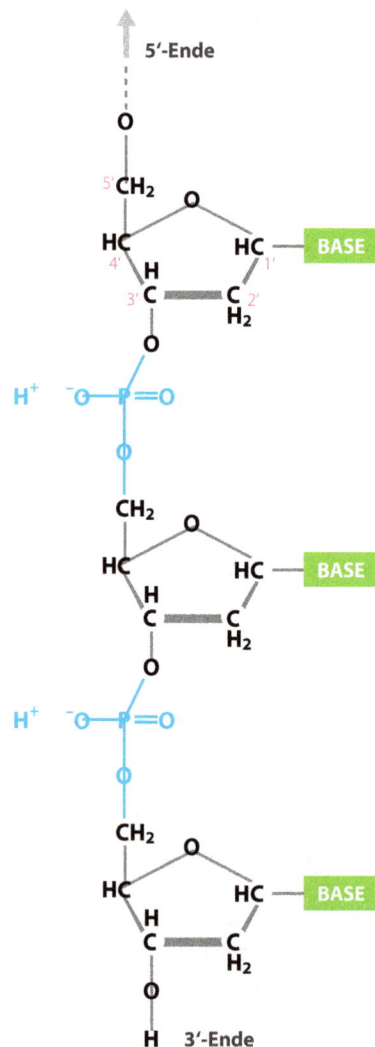

Ein DNA-Einzelstrang samt 5'- und 3'-Enden. Die Kohlenstoffatome der Desoxyribosezucker werden mit 1', 2' usw. durchnummeriert. Durch den Strich unterscheiden sie sich von den Kohlenstoffatomen der Basen, die ein eigenes Nummerierungsschema haben (hier nicht dargestellt). Die Phosphatgruppen sind negativ geladen; dies erlaubt die elektrophoretische Auftrennung von Nukleinsäuren (s. Exkurs 4.4).

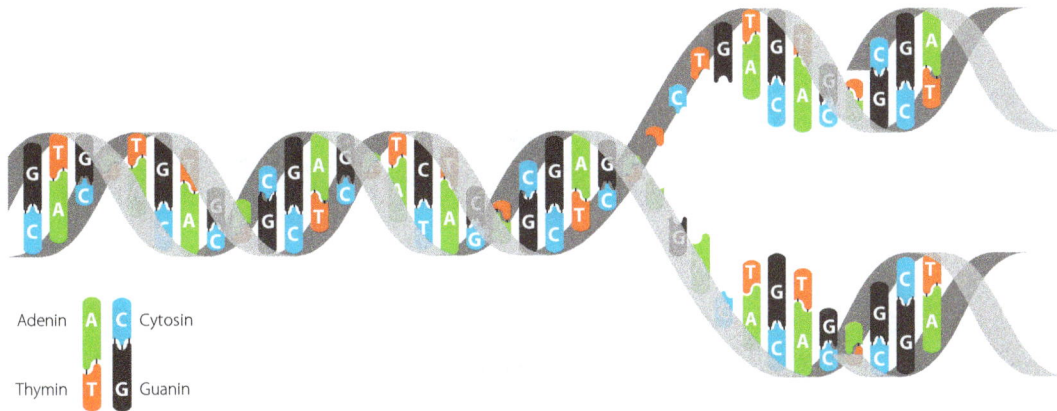

Adenin **A** **C** Cytosin

Thymin **T** **G** Guanin

Abb. 3.4 Das Prinzip der DNA-Replikation
Jeder Strang der Doppelhelix dient als Matrize für die Synthese einer exakten Kopie des anderen Stranges. Mithilfe eines ähnlichen Mechanismus wird von einem Strang der Doppelhelix auch eine RNA-Kopie erstellt, wenn ein Gen transkribiert werden soll (das U der RNA paart sich dabei mit dem A der DNA). Das Diagramm zeigt, wie eine DNA-Replikation im Prinzip abläuft und was dabei herauskommt. Was sich tatsächlich abspielt, ist allerdings sehr viel komplizierter. Insbesondere wird in diesem Diagramm die Tatsache vernachlässigt, dass Nukleinsäureketten nur in 5' → 3'-Richtung verlängert werden können (s. *Exkurs 3.2* und *Kapitel 4*).

Unterschiede als Erkennungssignale, um Enzyme nach Bedarf entweder zur DNA oder zur RNA zu lenken.

Das menschliche Genom besteht aus etwa 3×10^9 Bp DNA (in *Exkurs 3.1* finden Sie eine Anmerkung zu den Einheiten). Eine normale diploide Zelle enthält zwei Exemplare des Genoms (zwei Exemplare von Chromosom 1, zwei Exemplare von Chromosom 2, usw.). Wie in *Kapitel 2* beschrieben, besteht jedes Chromosom aus einer einzigen enorm langen DNA-Doppelhelix, die mithilfe von Histonen und anderen Proteinen zum Chromatin verdichtet wird. Chromosom 21, das kleinste, enthält 47 Mb DNA, Chromosom 1, das größte, 245 Mb. Neben diesem nukleären Genom gibt es in den Mitochondrien noch ein eigenes kleines Genom, das aus einem einzigen ringförmigen DNA-Molekül mit einer Länge von 16569 Basenpaaren besteht.

Der Aufbau der Gene aus Exons und Introns

Die meisten Gene des Menschen und anderer höherer Organismen sind in einer ungewöhnlichen und unerwarteten Weise organisiert. Die DNA-Sequenz, von der am Ende die Aminosäuresequenz eines Proteins abhängt, ist nämlich in verschiedene Abschnitte (Exons) unterteilt, die von nicht kodierenden Sequenzen (Introns) unterbrochen werden. Anzahl und Größe der Introns variiert, ohne dass dahinter irgendeine Gesetzmäßigkeit zu erkennen wäre. Ein menschliches Gen besitzt im Schnitt neun Exons von jeweils durchschnittlich 145 Bp Länge, während die Introns im Durchschnitt jeweils 3365 Bp lang sind; das Spektrum ist allerdings sehr groß (s. *Tab. 3.1* in *Abschnitt 3.4*).

Spleißen des Primärtranskripts

Benötigt eine Zelle ein bestimmtes Protein, so wird zunächst von einem der DNA-Stränge des entsprechenden Gens eine RNA-Kopie erstellt (*Abb. 3.5a*). Die Transkription ist ein sehr dynamischer Prozess, in den immer nur verstreute kleine Abschnitte des Genoms einbezogen werden, die aber abhängig von den Bedürfnissen der Zelle variieren. Wie dies im Einzelnen vor sich geht, wird im letzten Abschnitt dieses Kapitels etwas genauer beschrieben. Für das Primärtranskript wird die gesamte Sequenz aus Exons und Introns abgeschrieben. Anschließend werden noch im Zellkern die Introns herausgeschnitten und die Exons in einem Spleißprozess

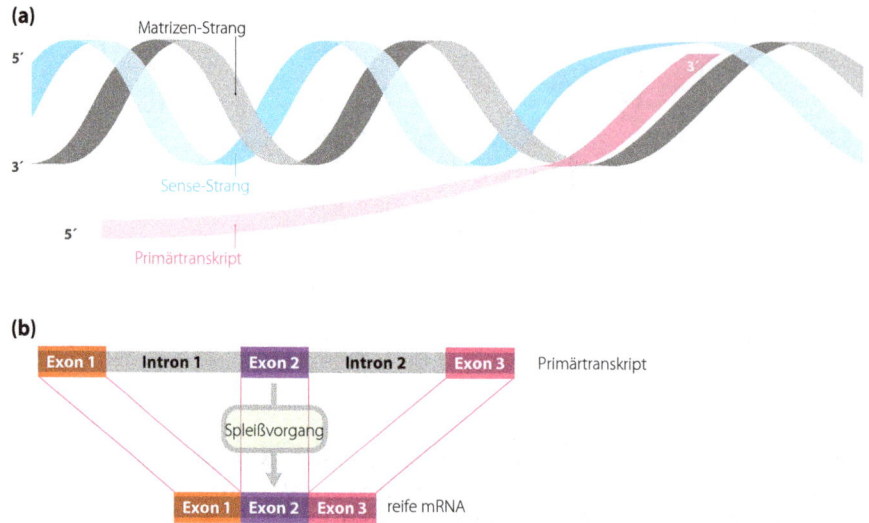

Abb. 3.5 Grundschema der Transkription
(a) Damit die RNA-Polymerase das Primärtranskript erstellen kann, wird die DNA-Doppelhelix an einer Stelle aufgewunden; sobald die Polymerase entlang der Kette weitergerückt ist, wird die Helix wieder verdrillt. Das Transkript wird anhand des Matrizen-Strangs angefertigt; seine Sequenz ist komplementär zum Matrizen-Strang und entspricht dem Sense-Strang. **(b)** Bei der Weiterverarbeitung des Primärtranskripts werden die Introns herausgeschnitten und die Exons miteinander verbunden, so dass die reife Messenger-RNA (mRNA) entsteht.

aneinander gehängt (*Abb. 3.5b*). Die RNA der Introns wird abgebaut und scheint keine weitere Aufgabe zu haben. Das Spleißen übernimmt eine große multimolekulare Maschinerie, das so genannte Spleißosom: ein Komplex aus Proteinen und kleinen RNA-Molekülen. Ein Großteil der komplizierten molekularen Einzelheiten ist klinisch wenig relevant, wichtig ist aber das Prinzip, mit dem Introns erkannt werden.

Fast alle Introns des Menschen beginnen mit GU (GT in der DNA des entsprechenden Sense-Strangs) der sogenannten Donor-Spleißstelle, und enden mit AG, der Akzeptor-Spleißstelle. Diese allein würden als Signale allerdings nicht ausreichen, um Spleißstellen zu definieren; es gibt unzählige GU- und AG-Dinukleotide innerhalb der Exons und Introns, die nicht als Spleißstellen fungieren. Um als Spleißstelle erkannt zu werden, muss das GU oder AG in eine längere Konsensus-Sequenz eingebettet sein. Typisch für eine funktionelle Spleißstelle ist eine bestimmte Kombination kurzer Sequenzmotive, die sich im Spleißosom an Proteine bzw. kleine RNA-Moleküle heften. Diese individuellen Motive sind nur vage definiert, weshalb man bei der Analyse von DNA- oder RNA-Sequenzen kaum vorhersagen kann, wo sich Spleißstellen befinden. Das ist für einen klinischen Humangenetiker frustrierend, weil, wie wir später sehen werden, Sequenzvarianten, die die Effizienz von Spleißstellen beeinflussen, eine wichtige Ursache für Krankheiten sind.

Translation und der genetische Code

Die reifen mRNAs, die jetzt nur noch Exon-Sequenzen umfassen, werden ins Zytoplasma überführt, wo sie an den Ribosomen abgelesen werden. Ribosomen sind weitere große multimolekulare Komplexe aus vielen verschiedenen Proteinen sowie mehreren Arten nicht kodierender RNA. Genauere Einzelheiten zum Prozess der Proteinsynthese findet man ebenfalls in Lehrbüchern oder auf den empfohlenen Internetseiten; für unsere Zwecke reicht hier das Folgende (s. auch *Abb. 3.6*):

- Welche Aminosäuren gebildet werden, hängt von aufeinanderfolgenden Nukleotidtripletts (Codons) in der mRNA ab. In *Tab. 6.1* findet man eine Tabelle mit dem genetischen Code.

(a)

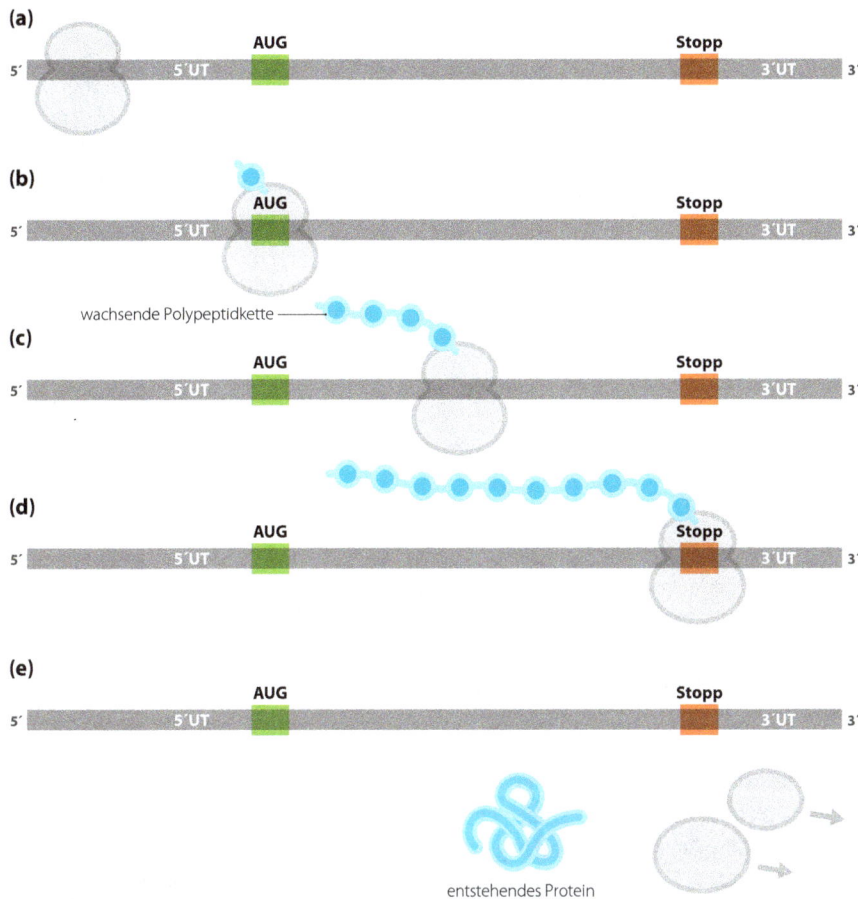

(b)

wachsende Polypeptidkette

(c)

(d)

(e)

entstehendes Protein

Abb. 3.6 Grundschema der Translation
(a) Ein Ribosom heftet sich an das 5'-Ende der mRNA. **(b)** Es bewegt sich entlang der 5'-untranslatierten Sequenz, bis es auf das AUG-Startcodon trifft. An diesem Punkt nimmt es die erste Aminosäure auf. **(c)** Das Ribosom rückt an der mRNA entlang weiter vor, nimmt dabei die zu den Codons der mRNA passenden Aminosäuren auf und baut sie in die wachsende Polypeptidkette ein. **(d)** Wenn es auf ein Stoppcodon trifft, wird die Translation der Information abgeschlossen. **(e)** An diesem Punkt fällt das Ribosom von der mRNA ab und trennt sich in seine zwei Untereinheiten auf. Das Polypeptid wird freigesetzt. Das reife funktionelle Protein muss noch richtig gefaltet, eventuell chemisch verändert und zur richtigen Position in oder außerhalb der Zelle transportiert werden.

- Die kodierende Sequenz beginnt irgendwo strangabwärts vom 5'-Ende der mRNA. Sie beginnt stets mit einem AUG, das in eine längere Konsensus-Sequenz (die Kozak-Sequenz) eingebettet ist. Die mRNA-Teile zwischen dem 5'-Ende und dem Startcodon werden als 5'-untranslatierte Sequenz bezeichnet (5'-UT).

- Das AUG am Anfang bestimmt das Leseraster. Was Leseraster bedeutet, kann man am besten anhand eines Beispiels verstehen (s. *Exkurs 3.3*).

- Das Ribosom gleitet an der mRNA entlang und verlängert dabei die wachsende Polypeptidkette um die jeweils dem genetischen Code entsprechende Aminosäure. Die Aminosäuren werden mithilfe einer Familie kleiner RNA-Moleküle, den Transfer-RNAs (tRNAs), zu den Ribosomen geschleust.

- Das Ribosom arbeitet sich solange an der mRNA entlang weiter vor, bis es auf ein Stoppcodon trifft. Es gibt drei Stoppcodons: UAG, UAA und UGA. Sobald das Ribosom ein Stoppcodon erreicht hat, gibt es das Polypeptid frei, das es hergestellt hat, und fällt von der mRNA ab. Die strangabwärts vom Stoppsignal liegenden Teile der mRNA enthalten die 3'-untranslatierte Sequenz (3'-UT). Sie enthält Steuerelemente, die für die Stabilität der mRNA wichtig sind.

Exkurs 3.3 Das Leseraster

Betrachten Sie folgende Buchstabenreihe:

ICHMAGNUREINEIS

Es gibt drei Leseraster, in denen man die Buchstabentripletts lesen kann:

I CHM AGN URE INE IS... oder
IC HMA GNU REI NEI S... oder
ICH MAG NUR EIN EIS

Genauso kann ein Ribosom die aneinandergereihten Nukleotide eines mRNA-Moleküls nach drei verschiedenen Lesarten translatieren. Doch nur eine Lesart ergibt eine sinnvolle Nachricht (kodiert also das gewünschte Protein). Welches Leseraster das richtige ist, hängt vom AUG-Startcodon einer mRNA ab. Mutationen, die das Leseraster verändern, haben katastrophale Folgen für die Genfunktion (s. *Kap. 6*).

Exkurs 3.4 Mikrofibrillen: vom Gen zur Struktur des Multiproteins

In der extrazellulären Matrix des Bindegewebes findet man Mikrofibrillen, die diesem Gewebe seine enorme Elastizität verleihen. Sie bestehen vor allem aus Fibrillin, dem Protein, das beim Marfan-Syndrom defekt ist (Fall 11, Familie Johnson). Fibrillin wird vom *FBN1*-Gen auf Chromosom 15 kodiert; dieses Gen besteht aus 66 Exons, die über 235 kb genomischer DNA verteilt sind. Die gespleißte mRNA ist 9749 Nukleotide lang. Sobald die Ribosomen mit der Translation der mRNA beginnen, binden die 27 zuerst produzierten Aminosäuren (das Signalpeptid) an das endoplasmatische Retikulum. Das aus 2781 Aminosäuren bestehende Polypeptid wird dann während der Synthese in das Lumen des endoplasmatischen Retikulums eingeführt. Dort wird das Signalpeptid abgespalten, die Kette faltet sich und bildet dabei über 50 Strukturdomänen aus, die jeweils durch mehrere Disulfidbrücken zwischen Cysteinresten zusammengehalten werden

(Teil a der Abb.); außerdem werden an 14 Asparagin-Reste Zucker angehängt. Dieses Protein wird in Form von Einzelmolekülen, möglicherweise auch Dimeren, ausgeschleust. Sobald es sich außerhalb der Zelle befindet, werden die Fibrillinmoleküle zusammengeführt und spezifisch zu Mikrofibrillen miteinander vernetzt. Diese langen Strukturen sind unter dem Elektronenmikroskop als eine Kette aneinandergereihter Kügelchen zu erkennen (Teil b). Jedes Kügelchen besteht aus gefaltetem quervernetztem Fibrillin-1, an das noch Proteine wie MAGP-1 (*microfibril-associated glycoprotein-1*) angelagert sein können. Die meisten der mit den reifen Fibrillin-Mikrofibrillen assoziierten Moleküle finden sich in geringerer Konzentration; nur Elastin findet sich in großen Mengen assoziiert mit den Mikrofibrillen der Haut, Gefäßwände etc.. In der *Krankheitsinfo 3* werden wir auf Elastin zurückkommen.

DOMÄNEN UND GLYKOSYLIERUNGS-/BINDUNGSSTELLEN

N-Terminus   Hybrid   Pro   ● Bindungsstellen für Zucker

▶ C-Terminus   TB   EGF   ● MAGP-1

(a)

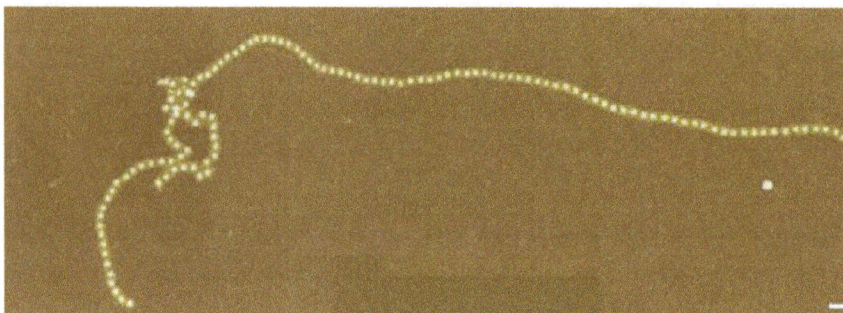

(b)

(a) Das große Fibrillinprotein besteht aus über 50 Strukturdomänen. (b) Unter dem Elektronenmikroskop entspricht die Struktur einer isolierten Mikrofibrille einer Kette von aneinandergereihten Kügelchen. Wiedergabe mit freundlicher Genehmigung von Elsevier aus Kielty et al. (2005) Advances in Protein Chemistry, 70: 405–436.

Mit der Translation sind die Proteine noch nicht fertig

Die Translation endet damit, dass die gerade synthetisierte Polypeptidkette vom Ribosom freigesetzt wird. Bis aber aus dem entstehenden Polypeptid ein voll funktionstüchtiges Protein geworden ist, sind noch einige weitere Prozesse erforderlich.

- Um die richtige dreidimensionale Struktur für die Kette zu erhalten, sind keine zusätzlichen Informationen erforderlich; die richtige Faltung ergibt sich aus der Aminosäuresequenz. Bis die Proteine allerdings korrekt gefaltet sind, sind sie instabil und leicht zu schädigen. Außerdem haben neuere Arbeiten ergeben, dass partiell oder falsch gefaltete Proteine für die Zelle toxisch sein können. Eine Reihe von „Chaperonen" (Begleitmolekülen) helfen beim Faltprozess und schützen das Polypeptid, wohingegen falsch gefaltete Proteine aufgespürt und abgebaut werden.

- Bei vielen Proteinen wird die Grundform des Polypeptids noch chemisch modifiziert. Oft werden Zucker (Glykosylierung) oder verschiedene andere kleine Moleküle angehängt. Die Kette kann gespalten werden, Cysteine können quervernetzt werden, um Disulfidbrücken (S-S) zu bilden, die die Struktur an Ort und Stelle verankern. Andere Aminosäurereste werden chemisch verändert, Prolin-Reste beispielsweise können hydroxyliert werden. Alle Polypeptide besitzen ursprünglich an ihrem Amino- oder N-Terminus aufgrund des AUG-Startcodons ein Methionin, das allerdings sehr oft wieder abgespalten wird.

- Proteine müssen an die richtige Stelle transportiert werden. Das Ziel wird oft durch ein kurzes N-terminales Signalpeptid vorgegeben, das später wieder entfernt wird. In anderen Fällen besteht das Signal aus einer Aminosäuresequenz, die sich irgendwo innerhalb der Kette befindet und nicht entfernt wird. Im Fall von Joanne Brown (Fall 2) wird sich herausstellen, dass in einem ihrer beiden *CFTR*-Gene eine Mutation vorliegt, die eine korrekte Positionierung des Proteins in der Zellmembran verhindert (die andere Genkopie hat eine andere Mutation; Joanne ist somit compound heterozygot).

- Strukturproteine können, wenn sie an ihrem endgültigen Standort angekommen sind, noch weiter modifiziert werden (s. *Exkurs 3.4*).

In *Abschnitt 8.4* findet man noch weitere Beispiele dafür, wie wichtig die posttranslationale Modifikation ist.

3.3 Untersuchung der Patienten

Bei vielen der bisher in diesem Buch beschriebenen Fälle sind DNA-Untersuchungen erforderlich. Im Folgenden stellen wir eine Beziehung zwischen den einzelnen Fällen und dem Aufbau der Gene her, wie wir ihn im letzten Abschnitt skizziert haben. Als erstes müssen wir jedoch kurz auf zwei Fälle eingehen, bei denen keine DNA-Untersuchungen erforderlich sind.

| 4 | 10 | 40 | **63** | 357 | | | | |

Fall 5   Familie Elliot

- Reziproke Translokation

Aufgrund der Chromosomenanalyse wissen wir bereits alles, was wir über diese Familie wissen müssen. Eine DNA-Untersuchung wäre überflüssig.

| 55 | **63** | 357 | | | | | | |

Fall 11   Familie Johnson

- Marfan-Syndrom

Als James das erste Mal in der Klinik vorstellig wurde, wurde bei ihm kein Gentest durchgeführt, weil seine Diagnose bereits aufgrund des klinischen Befunds klar war. Für die meisten genetischen Störungen gibt es erst seit den 1990er Jahren molekulare Tests. Viele Jahre lang stützten sich die Diagnosen bei den meisten Krankheiten auf die Familienanamnese, auf klinische Befunde sowie andere Untersuchungsergebnisse wie etwa Röntgenaufnahmen. Für das Marfan-Syndrom gibt es eine internationale Übereinkunft zu notwendigen Befunden für eine sichere Diagnosestellung (Genter Kriterien, s. De Paepe *et al.*, 1996), eine Mutationsanalyse ist für die Diagnosesicherung also meist nicht notwendig. Doch selbst bei klinisch eindeutig diagnostizierbaren Krankheiten kann eine molekulare Untersuchung indiziert sein - beispielsweise wenn eine pränatale Untersuchung gewünscht wird oder wenn eine Person zwar nicht ganz den diagnostischen Kriterien entspricht, weiterhin aber viele Verdachtsmomente vorhanden sind.

In den anderen hier diskutierten Fällen sind DNA-Tests erforderlich.

Fall 1 Familie Ashton

- John, 28 Jahre alter Sohn von Alfred Ashton
- ? Chorea Huntington
- andere Familienmitglieder haben ähnliche Symptome
- der Stammbaum zeigt ein autosomal dominantes Vererbungsmuster
- es wird ein diagnostischer Test angefordert

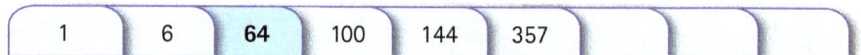

1	6	**64**	100	144	357

Ursache für Chorea Huntington ist eine Veränderung der kodierenden Sequenz eines Gens auf Chromosom 4p16. Dieses Gen (*HD*) besteht aus 67 Exons, erstreckt sich über 169 Kb genomischer DNA (*Abb. 3.7*) und kodiert für ein aus 3141 Aminosäuren bestehendes Protein namens Huntingtin. Bei allen Patienten mit Chorea Huntington ist eine bestimmte Stelle innerhalb des Gens, die für eine Folge von Glutamin-Residuen im Huntingtin-Protein kodiert, verlängert. Dies führt dazu, dass das kodierte Protein eine sehr viel längere Abfolge von Glutaminen enthält. Wie das zur Erkrankung führt, wird in *Krankheitsinfo 4* erläutert. Beim DNA-Test wird überprüft, wie lang die Glutamin-kodierende Sequenz ist.

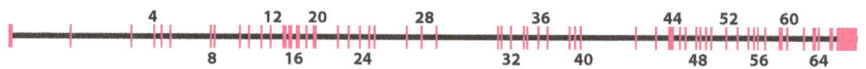

Abb. 3.7 Struktur des für Chorea Huntington verantwortlichen Gens (*HD*)
Die kurzen vertikalen Striche geben die Lage der Exons an. Daten aus dem Humangenomprojekt, wie sie in der Datenbank GenAtlas dargestellt werden (http://www.dsi.univ-paris5.fr/genatlas/).

Fall 2 Familie Brown

- die sechs Monate alte Joanne; ihre Eltern: David und Pauline
- ? Mukoviszidose
- soll ein biochemischer Test durchgeführt werden?

2	7	**64**	121	144	267	357

Wie bereits erwähnt, wird Mukoviszidose immer durch Mutationen im *CFTR*-Gen auf Chromosom 7q31 verursacht. Weil der Erbgang rezessiv ist, müssen bei Joanne beide Kopien ihres *CFTR*-Gens mutiert sein, falls sie Mukoviszidose hat. *CFTR* ist ein recht großes Gen mit 27 Exons, die sich über 188 Kb von Chromosom 7 erstreckt (*Abb. 3.8*). Anders als bei Chorea Huntington können Mutationen irgendwo im Gen auftreten. Verschiedene Patienten mit Mukoviszidose haben meist unterschiedliche Mutationen; in der Datenbank für menschliche Genmutationen (*Human Gene Mutation Database*) sind über 1000 verschiedene Mutationen registriert. Die beiden Mutationen von Joanne können gleich oder auch ganz unterschiedlich sein. Bei fast allen Mutationen ist nur ein einzelnes Nukleotid oder eine kleine Anzahl benachbarter Nukleotide verändert. Beide Genkopien auf entsprechende Veränderungen hin abzusuchen, ist keine leichte Aufgabe.

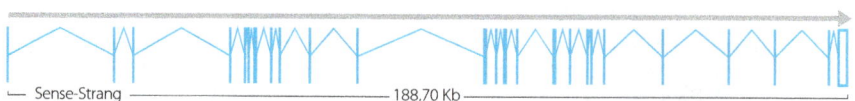

Abb. 3.8 Struktur des *CFTR*-Gens
Eine andere graphische Darstellungsform der Daten des Humangenomprojekts, hier aus dem Genombrowser ENSEMBL. Eng nebeneinander liegende Exons erscheinen als ein einziger breiterer Strich. Der Pfeil gibt die 5' → 3'-Richtung des Sense-Strangs an.

| 3 | 8 | **65** | 232 | 250 | 357 | | |

- die acht Monate alte Nasreen; ihre Eltern: Aadnan und Mumtaz
- gehörlos
- die Eltern sind Cousin und Cousine ersten Grades
- der Stammbaum spricht für einen autosomal rezessiven Erbgang der Gehörlosigkeit

Selbst wenn ein solcher Fall von Taubheit eindeutig genetisch bedingt ist, steht man hier vor dem Problem, dass dafür Mutationen in über 50 verschiedenen Genen verantwortlich sein können. Der Grund für diese Vielfalt ist leicht verständlich. Unser Hörsinn verfügt über einen überaus komplexen und ausgefeilten Mechanismus, mit dem er die Schallwellen, die an unser Ohr gelangen, in Nervenimpulse umsetzt. Daran sind naturgemäß viele Elemente beteiligt, die von vielen verschiedenen Genen kodiert werden. Der Ausfall eines dieser Elemente kann zum Ausfall des gesamten Mechanismus führen. Es bringt nicht viel, mit einer Genuntersuchung zu beginnen, ohne zu wissen, welches Gen untersucht werden soll. Dieses Problem lässt sich in der Regel nicht lösen, worauf wir in *Kapitel 9* näher eingehen. Man untersucht daher normalerweise zunächst ein bestimmtes Gen auf eine Mutation, die besonders häufig Schwerhörigkeit hervorruft. Falls dieser Test negativ ausfällt, sind die Laborkosten, die bei der Überprüfung der gesamten langen Genliste anfallen würden, normalerweise nicht zu rechtfertigen. Da jedoch Nasreens Familie ungewöhnlich groß ist und Onkel von ihr betroffen sind, könnte man mithilfe einer Kopplungsanalyse die Liste der Kandidatengene eingrenzen. Dieser Weg wird in *Kapitel 9* weiter verfolgt.

| 3 | 10 | **65** | 98 | 146 | 174 | 267 | 357 | |

- der 24 Monate alte Martin, seine Eltern: Judith und Robert
- geht schwerfällig und lernt das Gehen erst spät
- Fälle von Muskeldystrophie in der Familie
- der Stammbaum spricht für einen mit dem X-Chromosom gekoppelten rezessiven Erbgang
- es wird ein diagnostischer DNA-Test angefordert

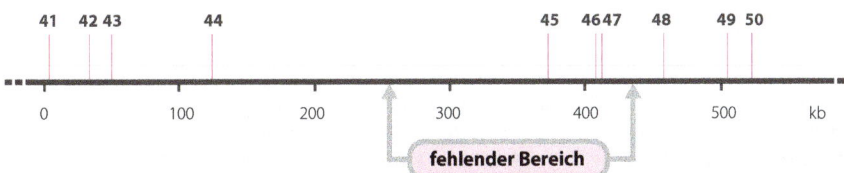

Die Muskeldystrophie Duchenne ist X-chromosomal erblich; daher muss sich das verantwortliche Gen auf dem X-Chromosom befinden. Es liegt bei Xp21 auf dem proximalen kurzen Arm und kodiert Dystrophin, ein Protein, ohne das die Muskelzellen nicht robust genug sind, um den langjährigen mechanischen Belastungen standzuhalten. Das Dystrophin-Gen (*DMD*) gehört zu den bemerkenswertesten Genen des menschlichen Genoms. Es ist riesig und umfasst über 2 Millionen Basenpaare DNA, von denen 99,3 Prozent Introns sind. Nachdem die 79 Exons aus dem Primärtranskript miteinander verbunden worden sind, bilden sie eine 13 kb lange reife mRNA. Zwei Drittel aller Fälle werden durch partielle Gendeletionen hervorgerufen. Weil beinahe die gesamte genomische Sequenz aus Introns besteht, liegen Anfang und Ende der Deletionen fast immer innerhalb von Introns, weshalb in der reifen mRNA ein oder mehrere dazwischenliegende Exons fehlen (*Abb. 3.9*). Es kann sehr aufwändig sein, in diesem riesigen Gen Mutationen zu finden. Man sucht daher in der genomischen DNA zuerst einmal nach fehlenden Exons. In der DNA eines betroffenen Jungen sind fehlende Exons leicht zu erkennen; trägt eine Frau das veränderte Gen, werden die Deletionen in der PCR-Analyse von ihrem normalen X-Chromosom verdeckt, bei dem natürlich alle Exons intakt sind.

Abb. 3.9 Deletion eines Teils des Dystrophin-Gens
Die Abb. zeigt einen 500 kb großen Bereich mit den Exons 41–50. Diese Exons sind alle 100–200 bp lang (bei einer maßstabsgerechten Wiedergabe würden die Linien für die Exons noch nicht einmal 0,05 Prozent der jetzigen Breite ausmachen). Aufgrund der Größenverhältnisse finden sich zufällige Deletionsbruchstellen fast immer in Introns. Dies führt dann dazu, dass in der reifen mRNA ein oder mehrere Exons vollständig fehlen. Aufgrund der hier dargestellten Deletion werden die Exons 45–47 aus der reifen mRNA entfernt, während alle anderen Exons intakt bleiben.

| 5 | 12 | **66** | 126 | 147 | 357 |

Fall 7 Familie Fletcher

- beim 22-jährigen Frank verschlechtert sich das Sehvermögen immer mehr
- positive Familienanamnese für Sehstörungen
- der Stammbaum spricht, wenn auch nicht mit endgültiger Sicherheit, für einen X-chromosomal rezessiven Erbgang
- ? Leber'sche hereditäre Optikusneuropathie (LHON)
- Anforderung eines Bluttests, um nach Mutationen in der mtDNA zu suchen

Der Stammbaum und das Krankheitsbild sprechen für die Diagnose einer Leber'schen hereditären Optikusneuropathie (LHON). Diese Krankheit wird durch Mutationen in der Mitochondrien-DNA und nicht durch Mutationen in der chromosomalen DNA im Zellkern hervorgerufen.

Das kleine mitochondriale Genom (*Abb. 3.10b*) unterscheidet sich deutlich vom Genom des Zellkerns. Es ähnelt in vieler Hinsicht eher bakteriellen Genomen – die passt zu der Vorstellung, dass Mitochondrien aus Bakterien hervorgegangen sind, die in Symbiose im Innern einer Urzelle gelebt haben. Das mitochondriale Genom ist ringförmig und kompakt. Es umfasst, obwohl es nur 16569 Bp lang ist, 37 Gene. Die Gendichte ist wie bei bakteriellen Genomen sehr groß, so dass sich zwischen den Genen nur sehr wenig DNA befindet – ein markanter Unterschied gegenüber dem Genom des Zellkerns, das durchschnittlich nur acht Gene pro Megabase enthält. Mitochondriale Gene haben keine Introns – eine weitere Ähnlichkeit mit bakteriellen Genen. Mitochondrien sind allerdings alles andere als unabhängige Mikroorganismen. Die meisten ihrer Funktionen hängen von Proteinen ab, die nukleär kodiert und nach ihrer Synthese ins Mitochondrium geschleust werden. Das ist ein wichtiger Punkt: Krankheiten, die durch eine mitochondriale Funktionsstörung hervorgerufen werden, werden viel häufiger durch Mutationen in der nukleären DNA, als in der mitochondrialen DNA verursacht. LHON ist eine der wenigen Krankheiten, die durch Mutationen in der mitochondrialen DNA hervorgerufen werden.

Die DNA, die aus einer in der Klinik entnommenen Probe extrahiert wurde, umfasst sowohl die DNA aus den Mitochondrien als auch die aus dem Zellkern. Die bei Frank Fletcher aufgestellte Diagnose wird bestätigt, falls man nachweisen kann, dass seine DNA-Probe eine der mitochondrialen DNA-Mutationen aufweist, die für LHON charakteristisch sind (s. *Kapitel 5*).

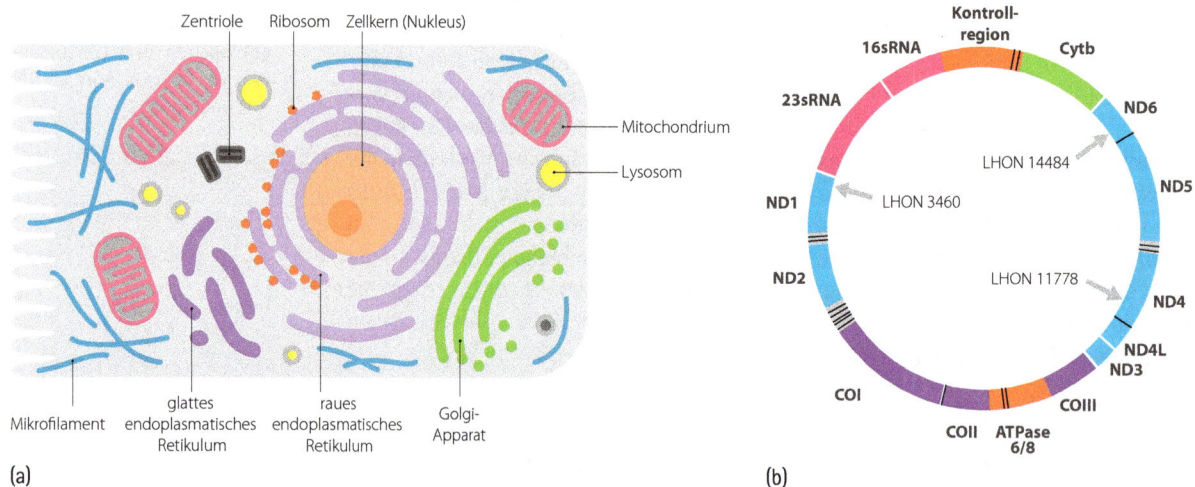

(a)

(b)

Abb. 3.10
(a) Eine Zelle mit Kern und Mitochondrien. **(b)** Das mitochondriale Genom. Die 13 proteinkodierenden Gene sind farblich abgesetzt, Pfeile weisen auf die Lage der drei häufig vorkommenden LHON-Mutationen hin. Die anderen 24 Gene im Mitochondrium kodieren funktionelle RNAs: die beiden ribosomalen RNAs (rote Abschnitte) sowie 22 Transfer-RNAs (t-RNAs, kleine Gene, die durch dünne schwarze Linien dargestellt werden).

| 25 | 36 | **67** | 96 | 357 | | | | |

Fall 8 Familie Green

- die dreijährige Gillian
- verlangsamte Entwicklung
- ? Chromosomenanomalie
- Anforderung eines Tests, mit dem überprüft werden soll, ob bei 22q11 eine Mikrodeletion vorliegt

Gillians Kombination aus Lernschwierigkeiten und leichten Dysmorphien spricht für eine Chromosomenanomalie; ihre klinischen Symptome ähneln denen von Patienten mit einer interstitiellen Deletion im Bereich der Bande 22q11 auf Chromosom 22. Unter dem Mikroskop schien ihr Karyogramm normal zu sein (*Abb. 2.9*), eine Deletion von weniger als 3–5 Mb DNA könnte aber unter diesen Bedingungen auch nicht entdeckt werden. Wenn man davon ausgeht, dass die durchschnittliche Gendichte im gesamten menschlichen Genom bei etwa acht Genen pro Mb DNA liegt (24000 Gene verteilt auf 3000 Mb genomischer DNA), können bei einer Deletion, die zu klein ist, als dass man sie unter dem Mikroskop erkennen könnte, ein Dutzend oder mehr Gene fehlen. Um die Diagnose zu überprüfen, muss man bei dem entsprechenden Test eine Deletion nachweisen können, die sich über einen zytogenetisch betrachtet kleinen, in molekularer Hinsicht aber großen DNA-Bereich erstreckt. Das erfordert eine andere Technik als in den vorangegangenen Fällen.

| 26 | 37 | **67** | 96 | 263 | 357 | | | |

Fall 9 Familie Howard

- Helen, die gerade geborene Tochter von Henry und Anne (beide 33 Jahre alt)
- Down-Syndrom
- Könnten die Eltern bei weiteren Geburten erneut ein Kind mit Down-Syndrom bekommen?

Die klinischen Merkmale und die Chromsomenanalyse (*Abb. 2.2* und *2.11*) bestätigen die Diagnose. Viele Paare möchten einen pränatalen Test auf das Down-Syndrom, weil sie entweder wie Helens Mutter ein betroffenes Kind haben, oder weil sich mit zunehmendem Alter der Frau auch das Risiko erhöht. Wie in *Kapitel 14* erläutert, dauert es nach der Entnahme der fetalen Zellen zwei Wochen, bis sie sich so weit vermehrt haben, dass eine normale zytogenetische Analyse durchgeführt werden kann. Diese Wartezeit kann für die Patienten sehr belastend sein. Um dies zu vermeiden, wird immer öfter ein DNA-Test gemacht, bei dem Zellen, die sich nicht teilen, sofort analysiert werden können.

| 26 | 39 | **67** | 98 | 175 | 357 | | | |

Fall 10 Familie Ingram

- Isabel, die erste Tochter von Irene und Ian
- kleinwüchsig trotz hochgewachsener Eltern
- ? Turner-Syndrom

Die klinischen Symptome und die Chromosomenanalyse (*Abb. 2.3* und *2.13*) bestätigen die Diagnose. Wie in *Kapitel 2* erläutert, hat Isabel ihr Leben möglicherweise als 46, XY-Konzeptus begonnen und bei einer der frühen mitotischen Teilungen ihr Y-Chromosom verloren. Wenn eine Zelle aus ihren dysgenetischen Gonaden ein Y-Chromosom besitzt, kann sich ein malignes Gonadoblastom entwickeln. Daher muss überprüft werden, ob noch DNA-Sequenzen vom Y-Chromosom vorhanden sind. Falls ja, wird in der Regel eine Entfernung der Keimdrüsen empfohlen.

3.4 Zusammenfassung und theoretische Ergänzungen

Ein wenig Chemie

Zum Nachschlagen findet man in *Exkurs 3.5* die chemischen Strukturformeln der Basen A, G, C, T und U sowie in *Exkurs 3.6* die 20 Aminosäuren, die als Proteinbausteine verwendet werden.

Exkurs 3.5 Die chemischen Formeln von A, G, C, T und U

Für jede Base ist die Formel, die Bezeichnung sowie die Art der Zucker-Bindung angegeben (Ribose in der RNA, Desoxyribose in der DNA). Bei den Basen unterscheidet man Purine (A, G) und Pyrimidine (C, T, U). In *Abb. 5.2* findet man die Formel eines vollständigen Nukleotids.

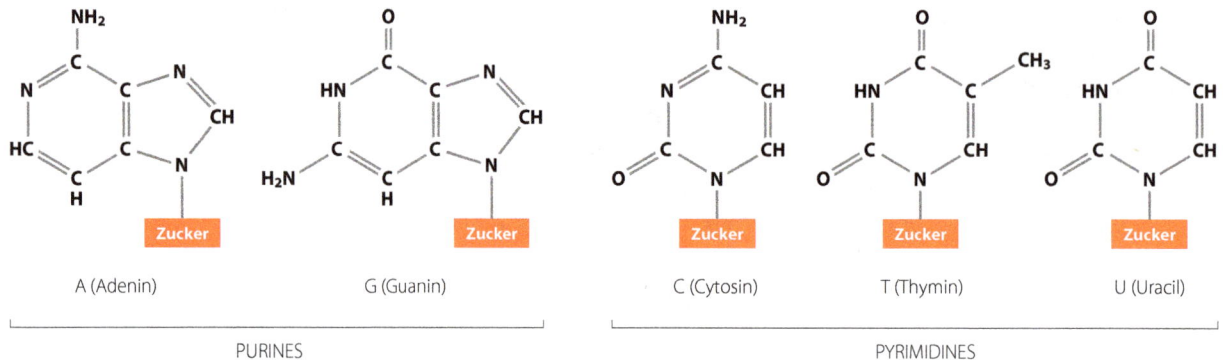

| A (Adenin) | G (Guanin) | C (Cytosin) | T (Thymin) | U (Uracil) |

PURINES   PYRIMIDINES

Gene sind viel größer, als man denkt

Zu einem als DNA-Funktionseinheit definierten Gen gehört sehr viel mehr als nur die proteinkodierende Sequenz.

- Die Exons eines Gens enthalten auch die 5'- und 3'-untranslatierten Sequenzen, die für die Stabilität der mRNA wichtig sind. Diese Sequenzen sind in menschlichen Genen durchschnittlich 200 beziehungsweise 800 Nukleotide lang.
- Das Primärtranskript umfasst sowohl die DNA-Sequenzen der Introns als auch der Exons. Die Introns sind oft erheblich größer als die Exons. In *Tab. 3.1* findet man einige Beispiele.
- Die Sequenzen, die strangaufwärts vom Transkriptionsstart liegen (der Promotor), sorgen dafür, dass das Gen exprimiert wird. Weiter unten wird die Funktion der Promotoren beschrieben. Promotorsequenzen befinden sich in der Nähe des Transkriptionsstarts, in der Regel nur etwa hundert Basenpaare entfernt, oft wird die Aktivität eines Promotors allerdings noch von anderen, weiter entfernt liegenden Sequenzen beeinflusst.
- Von manchen Genen oder Genclustern weiß man, dass ihre Expression durch kurze Sequenzelemente gesteuert wird, die bis zu mehrere hundert Kilobasen entfernt liegen. Die Existenz solcher Steuerelemente ist ein weiterer Grund dafür, dass Gene auch DNA-Abschnitte enthalten, die weitaus länger sind als die

Tab. 3.1 Aufbau einiger Gene des Menschen

Gen	Größe im Genom	Anzahl der Exons	Durchschnittliche Exongröße (bp)	Durchschnittliche Introngröße (bp)	Anteil der Exons im Primärtranskript
Interferon A6 (*IFNA6*)	0,57	1	570	–	100%
Insulin (*INS*)	1,4	3	154	483	32%
HLA-Klasse-I (*HLA-A*)	2,7	7	160	269	41%
Kollagen VII (*COL7A1*)	51	118	78	358	18%
Phenylalaninhydroxylase (*PAH*)	78	13	206	6264	3,4%
CFTR (Mukoviszidose)	188	27	227	7022	3,2%
Dystrophin (*DMD*)	2090	79	178	26615	0,7%

Anzahl und Größe der Introns sind von Gen zu Gen sehr unterschiedlich. Wie in *Exkurs 3.7* erläutert, kann man sich mithilfe des Genombrowsers ENSEMBL selbst ein Bild davon machen, wie groß die einzelnen Gene sind und welche Exon-Intron-Struktur sie jeweils haben.

Kodierungssequenz. Zurzeit ist es nicht möglich, diese Locus-Kontrollregionen (LCR) systematisch zu erfassen. Sie werden vielmehr zufällig entdeckt, wenn die Expression eines Gens aufgrund einer kleinen Deletion oder einer Bruchstelle im Chromosom, die in einiger Entfernung vom Gen gefunden werden, ausfällt, obwohl die kodierende Sequenz selbst intakt ist. Interessanterweise liegen Gene, die für die Steuerung der frühen Entwicklung entscheidend sind, oft in „Genwüsten", das heißt in Regionen in der Größenordnung von Megabasen, in denen sich keine anderen Gene befinden. Wahrscheinlich enthalten solche Regionen Steuerelemente mit großer Reichweite. Die dazwischen liegende DNA bildet wahrscheinlich Schlingen aus, die bewirken, dass sich diese Elemente in Wahrheit ganz in der Nähe des Gens befinden, das sie zu steuern haben, so dass Proteine an diesen Steuerelementen direkt mit den Proteinen in Wechselwirkung treten können, die an den Genpromotor gebunden sind.

Exkurs 3.6 Die Struktur von Proteinen

(a) Chemische Formel eines Polypeptids. Die Aminosäuren unterscheiden sich hinsichtlich ihrer Seitenketten (hier als R1, R2, R3 bezeichnet). Ein reales Protein enthält meist mehrere hundert Aminosäurereste. (b) Chemische Formeln der Seitenketten (R-Gruppen) der 20 Aminosäuren, die als Proteinbausteine dienen. Für jede Aminosäure sind sowohl die Abkürzung aus drei Buchstaben als auch der Einbuchstabencode angegeben.

An- und Abschalten von Genen: die Transkription und ihre Steuerung

Alle Zellen unseres Körpers enthalten einen identischen Satz an Genen – dafür sorgt die Mitose. Wie können sie sich dann so unterschiedlich entwickeln und beispielsweise Hirn-, Leber-, Haut- und Muskelzellen werden? Die Antwort lautet: Sie exprimieren unterschiedliche Anteile ihres Genrepertoires. Hinzu kommt, dass jede Zelle entsprechend ihrer aktuellen Bedürfnisse Gene an- oder abschalten kann. Das geschieht hauptsächlich, indem die Transkription an- oder abgeschaltet wird. Es kann auch auf der Translationsebene passieren, man weiß zur Zeit allerdings noch nicht so richtig, wie wichtig dies insgesamt gesehen ist; und die Untersuchung der entsprechenden Mechanismen steht erst am Anfang.

Der Schlüssel für die Transkription liegt in der Selektivität. Während die DNA eines Chromosoms ein riesiges Einzelmolekül ist, stellen die bei der Transkription gebildeten RNAs eine immer wieder neue Auswahl deutlich kleinerer Moleküle dar. Nur bestimmte kleine Abschnitte der DNA werden transkribiert. Die richtige Auswahl ist für die Zelle lebenswichtig; diese hängt zum Teil davon ab, wie die DNA verpackt ist. Wie in *Kapitel 2* erläutert (*Abschnitt 2.4* und *Krankheitsinfo 2.3*), ist die DNA von Histonen und anderen Proteinen umgeben, die gemeinsam das Chromatin bilden. Es gibt grundsätzlich zwei Arten von Chromatin: Heterochromatin, das dicht gepackt ist und die Genexpression hemmt, sowie Euchromatin, das offener und variabler ist. Gene in euchromatischen Chromosomenabschnitten können exprimiert werden oder auch nicht. Die vor Ort vorhandene Chromatinstruktur, die von Proteinkomplexen für den Umbau des Chromatins wie ATRX (*Krankheitsinfo 2.3*) abhängt, schafft so Verhältnisse, unter denen eine Transkription möglich ist oder auch nicht.

Die Transkription beginnt erst, wenn an der richtigen Stelle auf der DNA ein großer Multiprotein-Initiationskomplex entstanden ist. Der Promotor eines Gens ist durch verschiedene kurze (in der Regel 4–8 Nukleotide lange) Sequenzmotive definiert, die jeweils spezifische Proteine binden. Diese DNA-bindenden Proteine werden als Transkriptionsfaktoren bezeichnet. Sie binden wiederum andere Proteine, wodurch ein Komplex gebildet wird, zu dem auch die RNA-Polymerase gehört, die dann die eigentliche Transkription durchführt. Jede Wechselwirkung zwischen DNA und Protein ist für sich genommen schwach, sobald aber mehrere unterschiedliche Transkriptionsfaktoren locker gebunden sind, wird der Komplex aufgrund der Protein-Protein-Interaktionen zwischen ihnen fest zusammengehalten. Einige Proteine des Initiationskomplexes kommen permanent in allen Zellen vor, andere (die selbst Produkte stark regulierter Gene sind) dagegen nur in bestimmten Zellen, oder sie sind nur dann vorhanden, wenn die Zelle auf bestimmte Signale reagiert. Dadurch, dass Transkriptionsfaktoren in verschiedenen Kombinationen zusammenwirken, kann eine begrenzte (wenn auch große) Anzahl von ihnen die Expression einer weitaus größeren Anzahl von Genen flexibel steuern.

Wenn die Transkription einmal begonnen hat, wird sie solange fortgesetzt, bis ein vage definiertes Stoppsignal erreicht ist. Das Endprodukt, das Primärtranskript, ist ein einsträngiges RNA-Molekül von in der Regel 1–100 Kb Länge, dessen Sequenz exakt mit der des Sense-Strangs der DNA übereinstimmt (*Abb. 3.5*).

Ein Gen kodiert häufig für mehrere Proteine

Anders als in der Ein-Gen-ein-Enzym-Hypothese formuliert, kodiert ein einzelnes Gen häufig mehrere verschiedene Proteine (*Abb. 3.11*). Der wesentliche Mechanismus dafür ist das alternative Spleißen. Oft kann das Primärtranskript auf unterschiedliche Art und Weise gespleißt werden. Bestimmte Exons können entweder in die reife mRNA eingebaut oder auch weggelassen werden; auf diese Weise entstehen Spleißisoformen. Manchmal gibt es auch am Anfang oder Ende eines Exons zwei alternative Spleißstellen. Ein Gen kann auch mehrere alternative Promotoren und erste Exons haben (beim Dystrophin-Gen sind es acht). Aufgrund all dieser Variationsmöglichkeiten kann ein Gen mehr als ein Protein kodieren.

(a)

(b)

(c)

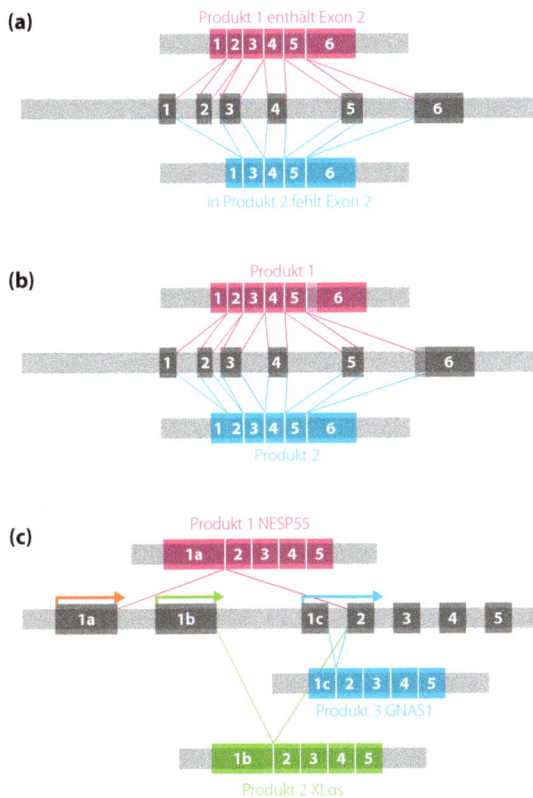

Abb. 3.11 Mechanismen, mit deren Hilfe ein Gen mehrere Proteine kodieren kann – **(a)** Exons können in die reife mRNA eingebaut werden oder auch nicht. **(b)** Ein Exon kann zwei alternative Spleißstellen haben. **(c)** Ein Gen hat mitunter zwei oder mehr alternative Promotoren oder erste Exons (hier sieht man das *GNAS1*-Gen, das drei unterschiedliche Proteine kodiert). Jeder dieser Mechanismen kann auch dazu führen, dass bei den strangabwärts gelegenen Teilen des Gens ein anderes Leseraster benutzt wird. Etwa die Hälfte der menschlichen Gene verwenden einen oder mehrere dieser Mechanismen, um mehrere Proteine zu kodieren.

Untersuchungen im Rahmen des ENCODE-Projekts (s. *Kapitel 6*) zufolge werden pro Genlocus durchschnittlich 5,4 Transkripte erstellt. Teilweise ist diese Variabilität wahrscheinlich nur auf Störungen im System zurückzuführen – etwa wenn eine Zelle das eine korrekte Signal nicht richtig erkennt –, in vielen Fällen erfüllt sie allerdings den Zweck, dass zwei Produkte mit jeweils unterschiedlichen Funktionen entstehen. Mutationen, die das ausgewogene Verhältnis der Spleiß-isoformen durcheinander bringen, können klinisch von Bedeutung sein, sind aber in der DNA-Sequenz nur schwer auszumachen.

Exkurs 3.7 Das Humangenomprojekt

Die Arbeit an diesem ersten internationalen Großprojekt der Biologie mit Tausenden von Wissenschaftlern aus zahlreichen Ländern begann im Jahre 1990. 2004 erzielte das Projekt mit der Veröffentlichung der „endgültigen" Sequenz des menschlichen Genoms einen triumphalen Erfolg. In den wichtigsten Publikationen (*International Human Genome Sequencing Consortium*, 2001, 2004) sind selbstverständlich nicht alle 3000000000 As, Gs, Cs und Ts aufgelistet – die findet man in Datenbanken–, sie beschreiben aber, welche Methoden angewandt wurden und welche charakteristischen Merkmale das Genom aufweist. Der 2004 veröffentlichte Artikel ist relativ kurz, doch die sensationelle Arbeit von 2001 zählt neben „Die Entstehung der Arten" von Darwin aus dem Jahr 1858 und dem Artikel von Watson und Crick aus dem Jahr 1953, in dem sie die Doppelhelix beschrieben, zu den wichtigsten Meilensteinen in der Biologie.

Die vollständige Sequenz wurde entschlüsselt, indem buchstäblich Millionen kurzer Sequenzabschnitte zusammengesetzt wurden, die verschiedene anonyme Spender zur Verfügung gestellt hatten. Sie ist daher nicht die Sequenz einer einzelnen Person. Wahrscheinlich hat niemand genau diese Sequenz. Aber genauso, wie wir alle als Menschen erkennbar sind, obwohl wir uns äußerlich jeweils stark unterscheiden, haben wir auch trotz individueller Besonderheiten eindeutig menschliche Genome. Gegenwärtig interessiert man sich vor allem dafür, inwieweit sich die Sequenzen der einzelnen Individuen unterscheiden.

Die Sequenz kann man in einer frei zugänglichen öffentlichen Datenbank nachlesen. Um dort hineinzukommen, benötigt man einen Genombrowser. Im Internet sind mehrere dieser Programme für die Öffentlichkeit frei verfügbar. Der SANTA-CRUZ- oder der ENSEMBL-Browser werden beispielsweise häufig benutzt. So kann man sich etwa mithilfe von ENSEMBL die Verteilung der Introns und Exons sowie die DNA-Sequenz von jedem beliebigen Gen, dessen Namen man kennt, ansehen. Dafür muss man folgendermaßen vorgehen:

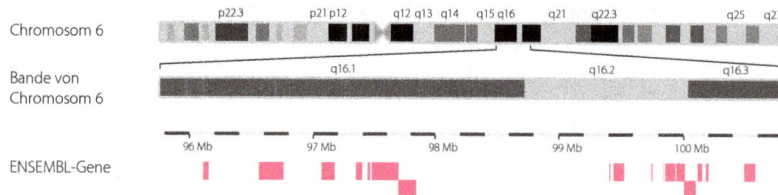

Chromosom 6

Bande von
Chromosom 6

ENSEMBL-Gene

Abb. 1   Verteilung der Gene in einem 5 Mb langen Bereich auf Chromosom 6
Der Maßstab ist zu klein, als dass man noch die Exon-Intron-Struktur der Gene wiedergeben könnte; Gene werden nur als magentafarbene Säulen oder Blöcke dargestellt. Dieses Beispiel zeigt, in welcher Form ein Genombrowser – in diesem Fall ENSEMBL – Informationen aus dem Humangenomprojekt präsentieren kann. In der Regel kann der Nutzer zwischen vielen Datenprofilen wählen; so kann er sich unter anderem repetitive Sequenzen, von verschiedenen Computerprogrammen errechnete Gene, Homologien zu anderen Organismen oder die Lage polymorpher Sequenzvarianten anzeigen lassen. Man klickt auf den Eintrag und erhält dann ausführliche Angaben dazu.

1. Rufen Sie die Seite
   http://www.ensembl.org/Homo_sapiens/index.html
   auf.
2. Füllen Sie die Suchmaske aus, so dass ENSEMBL nach einem Gen mit dem entsprechenden Namen, beispielsweise *CFTR*, suchen kann.
3. Wenn der Name richtig eingegeben wurde, erhält man unter Umständen eine längere Liste von Einträgen, die man sich sorgfältig ansehen muss, um das richtige Gen zu finden (bei *CFTR* ist es das ENSEMBL-Gen: ENSG00000001626).
4. Sobald Sie das richtige Gen ausgewählt haben, erscheinen auf dem Schirm ein oder mehrere Transkripte, zu denen man jeweils weitere Informationen (*transcript information, exon information, protein information)* aufrufen kann: klickt man beispielsweise auf *exon information*, erhält man die Struktur und Sequenz des gewünschten Gens. *Abb. 1* zeigt ein weiteres Beispiel, wie der Browser Informationen aufbereiten kann (in Wahrheit enthält die Bildschirmanzeige sehr viel mehr Daten als auf dieser Abb., die zur besseren Übersichtlichkeit stark bearbeitet wurde, zu sehen sind).

Die Entschlüsselung des menschlichen Genoms war eine phänomenale Leistung. Es ist aber wichtig, auch ihre Grenzen zu kennen. Tatsächlich sagt uns die reine, unbearbeitete Sequenz nur sehr wenig. Sie muss mit Erläuterungen versehen werden, damit man in der Sequenz die Gene und anderen Funktionselemente erkennt. Genombrowser wie ENSEMBL bieten nicht nur einen Überblick über das Rohmaterial, sondern enthalten auch enorme Mengen an erläuternden Daten – etwa zur Abgrenzung der in *Abb. 1* gezeigten Gene. Die Sequenz zu erläutern oder zu kommentieren, gehört mittlerweile zu den Hauptaufgaben von Wissenschaftlern auf der ganzen Welt. Dazu benutzen sie eine Kombination aus Laborexperimenten und Sequenzanalysen per Computer. Die Sequenz des Menschen wird mit anderen entschlüsselten Genomen (speziell vom Schimpansen, der Maus, dem Hühnchen und dem Kugelfisch) verglichen, um so die konservierten Bereiche zu erkennen. Wie später noch erklärt wird, haben die in verschiedenen Spezies konservierten Sequenzen wahrscheinlich wichtige Funktionen. Wann es einen vollständigen Genkatalog geben wird, ist noch nicht abzusehen. Kleine Exons, die wie beim Dystrophin-Gen versprengt in großen DNA-Abschnitten liegen, sind nur mit Mühe eindeutig zu finden. Gene, die eine funktionelle RNA und kein Protein kodieren, werden bislang von den Sequenz analysierenden Computerprogrammen nur schwer erkannt. Daher ist die derzeitige Schätzung von 24000 Genen als vorläufig zu betrachten und muss wahrscheinlich revidiert werden.

Selbst wenn alle Gene vollständig katalogisiert wären, würde das allein nicht reichen, um herauszufinden, welche Funktion das einzelne Gen hat. Solche Information zu liefern ist Ziel der **funktionellen Genomik**. Auch hierbei benutzt man sowohl Labordaten als auch Computeranalysen von Gensequenzen. Das menschliche Proteom (der vollständige Satz an Proteinen) umfasst mindestens 100000 verschiedene Proteine (viel mehr als die Anzahl an Genen – s. *Abb. 3.11*). Ein Großteil ihrer Funktion beruht allerdings darauf, dass eine sehr viel geringere Anzahl – vielleicht 1000 – funktioneller Module miteinander kombiniert wird. Ein einzelnes Protein könnte daher aus einem DNA-Bindungsmodul, einem Modul für Protein-Protein-Wechselwirkungen sowie einem Rezeptor für ein Steroidhormon bestehen. Wenn man die Module erkennt, die ein Gen kodiert, kann man die Funktion seines Proteinprodukts sehr viel leichter entschlüsseln. Beispiele der modularen Struktur von Proteinen findet man in der PFAM-Datenbank (*Abb. 2*).

Abb. 2   Domänenstruktur von Proteinen
Daten aus der PFAM-Datenbank (s. *Abschnitt 3.5*). Dies ist eine vereinfachte Version der Bildanzeige, die man erhält, wenn man die Homöobox-Proteinfamilie auswählt und dann auf „Domain organization" und „View representative architectures" klickt. Jede Linie steht für eine Proteinfamilie und jedes farbige Element entspricht einer strukturellen und funktionellen Proteindomäne. Die Homöodomäne (grün) wird bei allen hier dargestellten Proteinen mit vielen verschiedenen anderen funktionellen Domänen kombiniert. Diese Domänen wiederum findet man in verschiedenen Kombinationen auch in anderen Proteinen.

Wofür brauchen wir die ganze DNA?

Es ist rätselhaft, warum wir so viel DNA haben. Aufgrund von Untersuchungen an Bakterien war man früher der Ansicht, dass im Genom mehr oder weniger ein Gen neben dem anderen liege. Bakterien benötigen eine bestimmte Menge DNA zwischen den Genen für ihre Kontrollelemente, die die Genexpression an- und abschalten, doch das Gros der DNA ist für die Gene reserviert, von denen jedes vor allem aus einer proteinkodierenden Sequenz mit kleinen 5'- und 3'-untranslatierten Bereichen besteht, mit denen reguliert wird, wie die mRNA in den Ribosomen gelesen wird. Bei Menschen und höheren Organismen ist das dagegen vollkommen anders. Ganz im Gegensatz zu bakteriellen Genomen macht die kodierende Sequenz nicht mehr als 1,5 Prozent unserer DNA aus. Gene sind dünn gesät und scheinbar zufällig über die Chromosomen verteilt; außerdem ist zwischen den Genen weit mehr DNA vorhanden als notwendig wäre, um die Genexpression zu steuern, und die Gene selbst sind voller Introns.

Ein Vergleich zwischen den Genomen von Mensch und Maus zeigt, dass neben den proteinkodierenden Sequenzen weitere 2–3 Prozent unseres Genoms eine Sequenz aufweisen, die sehr ähnlich auch bei der Maus vorliegt. Wie auch an anderen Stellen im Genom entstanden vermutlich auch dort zufällige Varianten, die aber durch natürliche Selektion eliminiert wurden. Das spricht dafür, dass diese konservierten Sequenzen eine wichtige Funktion haben, die höchstwahrscheinlich mit der Genregulation zu tun hat. Bei den anderen 95–96 Prozent unseres Genoms bestehen beträchtliche Unterschiede zwischen Menschen und Mäusen. Wofür könnten diese Bereiche gut sein?

Darauf sind mehrere Antworten möglich (*Abb. 3.12*).

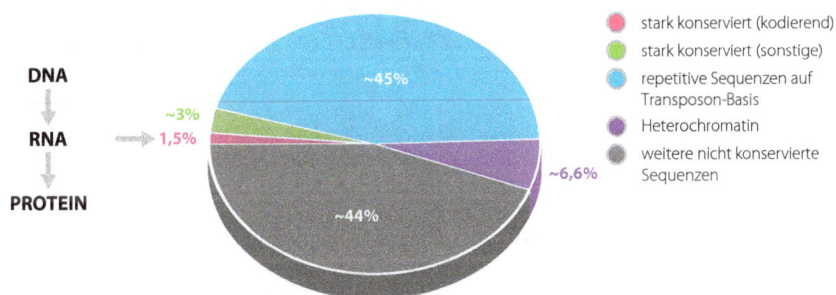

Abb. 3.12   Welche Funktion hat all unsere DNA?
Etwa 1,5 Prozent der DNA macht das, was das Zentrale Dogma für die DNA vorsieht. Weitere circa 3 Prozent sind bei Mensch und Maus konserviert, was auf eine sequenzabhängige Funktion hinweist. Zumindest ein Teil des Heterochromatins bildet die Centromere der Chromosomen. Etwa die Hälfte unserer restlichen DNA besteht aus multiplen Kopien repetitiver Elemente, die sich innerhalb des Genoms wie eine Infektion ausgebreitet haben. Daten aus Draft Human Genome Sequence (2001).

- Wie wir gerade gesehen haben, bestehen Gene aus viel mehr als nur den proteinkodierenden Sequenzen. Die Sequenzen der Introns wurden zwar im Allgemeinen nicht zwischen Mensch und Maus konserviert, ihre Lage dagegen schon. In der DNA der Introns können sich kurze Motive befinden, mit denen sich die Transkription oder das Spleißen besser steuern lässt, die allermeisten von ihnen haben jedoch keinerlei bekannte Funktion.

- Von einigen Sequenzen wie Centromeren und Telomeren von Chromosomen, die nicht zu Genen gehören, kennt man die Funktionen.

- Ein Großteil des menschlichen Genoms besteht aus kurzen Sequenzen, von denen enorm viele Kopien über das ganze Genom verteilt sind. Von den 100-300 Bp langen so genannten SINE-Sequenzen (*Short Interspersed Nuclear Elements*) gibt es 1,5 Millionen Kopien, von den so genannten LINE-Sequenzen (*Long Interspersed Nuclear Elements*) 850000. Sie machen etwa 13 beziehungsweise 21 Prozent unseres Genoms aus. Vollständige LINE-Elemente sind 6–8 Kb lang, die meisten sind jedoch verkürzt. Andere große Familien von repetitiven Se-

Krankheitsinfo 3 Das Williams-Beuren-Syndrom (OMIM 194050)

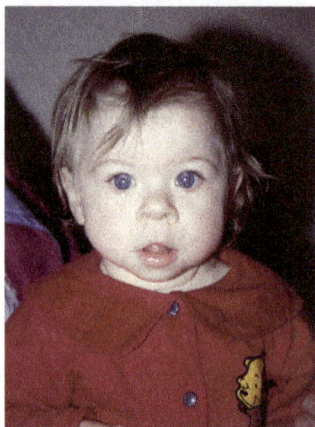

Abb. 1 Williams-Beuren-Syndrom

Kinder mit dem Williams-Beuren-Syndrom (WBS) erkennt man an der typischen Kombination aus Lernstörungen, Kleinwuchs und einer charakteristischen Gesichtsform mit vollen Lippen und Wangen sowie einer kurzen Nase (*Abb. 1*). Viele haben einen Herzfehler, eine supravalvuläre Aortenstenose (SVAS), die unter Umständen einen operativen Eingriff erfordert; einige haben eine infantile Hyperkalzämie, die ihre Gedeihstörung verschlimmert und mitunter eine Nierenschädigung verursacht, sich aber in der Regel spontan wieder zurückbildet. Das WBS kommt sporadisch vor; es gibt fast nie andere Fälle in der Familie. Bei beiden Geschlechtern und in allen ethnischen Gruppen hat etwa eines von 20 000 Neugeborenen diese Krankheit.

Das Williams-Beuren-Syndrom ist sowohl aufgrund seines Entstehungsmechanismus als auch wegen seiner phänotypischen Ausprägung bei Kognition und Verhalten von Interesse. An der Entstehung des WBS sind repetitive Sequenzen (s.o.) unmittelbar beteiligt. Einen entscheidenden Hinweis auf die Ursache des WBS lieferte eine Familie, in der etliche Mitglieder zwar unter einer supravalvulären Aortenstenose litten, aber kein WBS hatten. Die betroffenen Perso-

nen waren alle Träger einer balancierten Chromosomentranslokation t(6;7)(p21.1;q11.23). Die Bruchstelle im Chromosom 7 zerstörte das Elastin-Gen. Wie in *Exkurs 3.4* erläutert, ist Elastin zusammen mit Fibrillin ein wichtiger Bestandteil der elastischen Mikrofibrillen, die der Haut und den Arterienwänden ihre Elastizität verleihen. Die SVAS entsteht infolge eines relativen Elastin-Mangels. Die Schlussfolgerung, Personen mit WBS müssten ebenfalls einen Mangel an Elastin haben, veranlasste die Forscher, bei WBS-Patienten die entsprechende Region auf Chromosom 7 zu untersuchen; dabei stießen sie auf eine Mikrodeletion. Alle WBS-Patienten haben auf einer ihrer Kopien von Chromosom 7 diese Deletion. Wie man inzwischen weiß, gehen durch die Deletion 1,4 Mb DNA verloren - darunter auch das Elastin-Gen. Obwohl die Deletion zu klein ist, um mithilfe herkömmlicher zytogenetischer Techniken erkannt zu werden, befinden sich in dieser für das WBS entscheidenden Region mindestens 24 Gene.

Die WBS-Deletion tritt rezidivierend auf und zwar bei jedem neuen Fall fast immer spontan. Dass dieselbe pathogene Deletion immer wieder auftritt, liegt daran, dass die deletierte Region von repetitiven Sequenzen (low copy number repeats) flankiert wird. Innerhalb einer Region von 300 bis 500 Kb findet man in der DNA beiderseits der für das WBS entscheidenden Region eine Sequenzhomologie von über 98 Prozent. In der Meiose kommt es bei der Zusammenlagerung der beiden Exemplare von Chromosom 7 gelegentlich zu Fehlpaarungen dieser repetitiven Sequenzen. Ein Crossover innerhalb der fehlgepaarten Repeats führt dann dazu, dass in einem Chromosom die WBS-Deletion auftritt und im anderen die Region verdoppelt ist (*Abb. 2*).

Besonders faszinierend am WBS ist die phänotypische Ausprägung der Kognition und des Verhaltens bei den betroffenen Individuen. Obwohl der IQ-Wert von Kindern mit WBS insgesamt dem von Kindern mit Down-Syndrom entspricht (er liegt in der Regel im Bereich von 40–85), gibt es verblüffende Unterschiede in dem, was sie können und wo sie Defizite haben. Sie sind beispielsweise relativ wortgewandt, haben aber

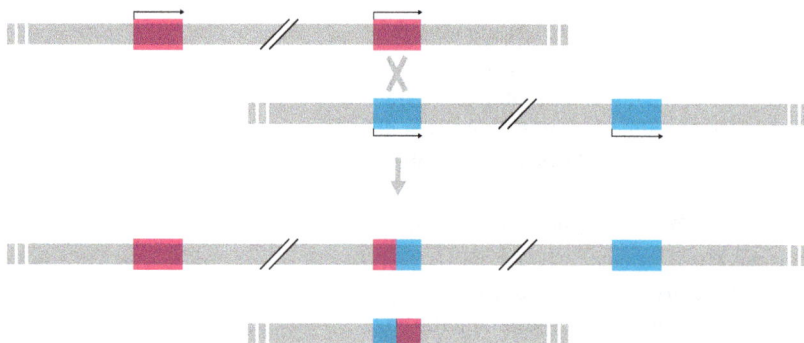

Abb. 2 Entstehung einer Deletion und der reziproken Verdopplung durch Rekombination falsch gepaarter repetitiver Sequenzen beiderseits der für das WBS entscheidenden Region
Repetitive Sequenzen mit geringer Wiederholungszahl sind im menschlichen Genom weit verbreitet; eine Rekombination zwischen fehlgepaarten Wiederholungssequenzen führt häufig zu unterschiedlich großen Verdopplungen oder Deletionen, die beim Menschen viele verschiedene Syndrome hervorrufen.

ein schlechtes räumliches Vorstellungsvermögen. Bittet man ein WBS-Kind, ein Objekt zu zeichnen oder eine Zeichnung zu kopieren, wird es die Details grob wiedergeben, sie aber nicht zu einem Gesamtbild zusammensetzen können (*Abb. 3*). Andererseits können diese Kinder sehr sprechfreudig sein. Sie zeigen ein charakteristisches Verhalten und typische Züge in ihrer Persönlichkeit. Ungewohnte Situationen ängstigen sie, Fremden gegenüber sind sie aber oft unangebracht freundlich.

Am Williams-Beuren-Syndrom erkennt man, dass Veränderungen in einer kleinen Anzahl definierter Gene überraschend einheitliche Konsequenzen für die Sprachentwicklung, Erkenntnisfähigkeit und Persönlichkeit haben. Viele Forscher erhoffen sich daher von diesem Syndrom generellere Hinweise darauf, welche genetischen Faktoren für den normalen Spracherwerb sowie Kognition und Verhalten relevant sind.

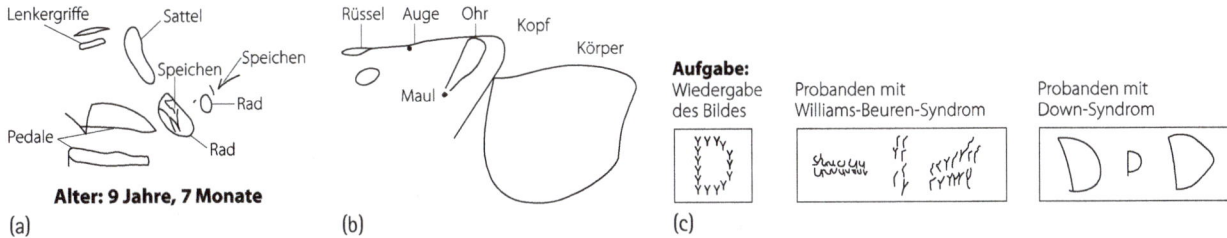

Abb. 3   Zeichnungen von Kindern mit WBS
(a) Ein Fahrrad und **(b)** ein Elefant. Beide Zeichnungen bestehen aus unverbundenen Teilen (vom Untersucher gekennzeichnet), die kein Gesamtbild ergeben. **(c)** Kinder mit WBS und Kinder mit Down-Syndrom mit vergleichbarem Alter und IQ wurden gebeten, die Zeich-nung auf der linken Seite zu kopieren. Erneut kann man sehen, dass die Kinder mit WBS die Details, nicht jedoch das Gesamtbild wahrnehmen. Wiedergabe der Zeichnungen mit freundlicher Genehmigung von Dr. Ursula Bellugi vom The Salk Institute for Biological Studies.

quenzen nehmen weitere 11 Prozent unseres Genoms ein. Man nimmt an, dass sich all diese repetitiven Elemente wie infektiöse Partikel in unserem Genom vermehrt haben. Man kann sie als eine Art genomischer Parasit betrachten. Ursprünglich konnten sie von einer Stelle im Chromosom zu anderen Stellen springen; dieser Fähigkeit, die nur noch einige wenige haben, verdanken sie ihren Namen: Transposons. Ob sie irgendeine Funktion haben, die für uns, ihre Wirte, von Interesse ist, ist umstritten. Die meisten sind jedenfalls harmlos.

- Neben diesen stark repetitiven Sequenzen gibt es auch viele, von denen wenige Kopien vorhanden sind und die durch noch nicht lange zurückliegende Verdopplungsprozesse entstanden sind. Man findet viele Spuren von Sequenzen (darunter auch Gensequenzen), die verdoppelt wurden und deren Kopien sich dann durch Anhäufung von Mutationen immer mehr auseinander entwickelt haben. Wenn Gene verdoppelt werden, bleibt oft nur eine Kopie funktionstüchtig, während die andere zu einem funktionslosen Pseudogen verkommt. Fall 20 (*Kapitel 8*) ist ein Beispiel dafür.

- Nach Berücksichtigung aller dieser verschiedenen Möglichkeiten bleibt immer noch eine riesige Menge an intergenischer DNA übrig, deren Sequenz nur einmal vorhanden ist und die weder zwischen Mensch und anderen Säugern konserviert wurde, noch eine uns bekannte Funktion hat.

Über die Frage, wie viel dieser so genannten „Junk-DNA" wirklich nutzlos ist und wie viel davon eine bislang noch nicht entdeckte Funktion hat, wird heftig diskutiert. Insgesamt gesehen, scheint das menschliche Genom recht chaotisch zu sein. Offensichtlich fehlte der Selektionsdruck für ein ordentliches Genom. Der Gegensatz zur Eleganz und Effizienz des größten Teils unserer Anatomie und Physiologie ist frappierend. Es ist faszinierend, darüber zu spekulieren, wie und warum es dazu gekommen ist.

Eine verborgene RNA-Welt?

Unlängst hat man zahlreiche nicht translatierte RNA-Moleküle entdeckt, die zumindest in einigen Fällen wichtige Steuerungsaufgaben in Bezug auf die Genexpression oder Chromatinstruktur haben. Dies wirft viele offene Fragen auf. Bis zu 50 Prozent unseres Genoms werden transkribiert – zumindest in manchen Zellen und zu irgendeinem Zeitpunkt. Nur bei einem geringen Teil davon handelt es sich um bekannte Gene. Ist diese Aktivität in weiten Teilen Hintergrundrauschen, zufällige Transkription funktionsloser Sequenzen, weil die Zelle die Gene nicht gut erkennt? Oder gibt es eine ganze Welt von funktionellen RNA-Arten, die noch darauf wartet, entdeckt zu werden? Wir wissen es nicht.

3.5 Quellen

De Paepe A. et al. (1996): Revised diagnostic criteria for the Marfan syndrome. Am. *J. Med. Genet.* 62 417–426. Genter Kriterien für die Diagnostik des Marfan-Syndroms.

International Human Genome Sequencing Consortium (2001): Initial sequencing and analysis of the human genome. Nature 409: 860–921.

International Human Genome Sequencing Consortium (2004): Finishing the euchromatic sequence of the human genome. Nature 431: 931–945.

Allgemeiner Hintergrund

NCBI Science primer – http://www.ncbi.nlm.nih.gov/About/primer/
Das Online-Biologiebuch von M.J. Farabee –
    http://www.emc.maricopa.edu/faculty/farabee/BIOBK/BioBookTOC.html
    Die Kapitel 14 bis 19 bieten viel Hintergrundwissen zu den Kapiteln 3–6 des vorliegenden Buches.

Detailliertere Erläuterungen zur DNA-Struktur und -Funktion findet man in jedem vernünftigen Lehrbuch neueren Datums zur Genetik und Zellbiologie, beispielsweise:

- **Strachan T. & Read A.P.** (2005): Molekulare Humangenetik. 3. Aufl. Elsevier, Spektrum, Akad. Verl., München, Heidelberg
- **Alberts B. et al.** (2005): Lehrbuch der molekularen Zellbiologie. 3. Aufl. Wiley-VCH, Weinheim

Der Text früherer Ausgaben dieser beiden Bücher steht im Internet kostenlos zur Verfügung; man findet ihn unter NCBI Bookshelf –
http://www.ncbi.nlm.nih.gov/entrez/query.fcgi?db=Books

Nützliche Internetseiten

ENSEMBL Genombrowser: http://www.ensembl.org/Homo_sapiens/
Datenbank für Genmutationen beim Menschen: http://www.hgmd.org/
PFAM-Datenbank zur Proteinstruktur: http://www.sanger.ac.uk/Software/Pfam/
SANTA CRUZ Genombrowser: http://genome.ucsc.edu

3.6 Fragen und Aufgaben

(1) Betrachten Sie die DNA-Sequenz:
CCAGCTTCGCAAGTC
Welche Base befindet sich direkt strangabwärts eines CpG-Dinukleotids
(a) im dargestellten Strang?
(b) im komplementären Strang?

(2) Auszug aus einer Gensequenz aus der Datenbank:
CAGCTGGAGGAACTGGAGCGTGCTTTTGAG
Schreiben Sie die Sequenz des Matrizen-Strangs und der mRNA auf.

(3) Im Folgenden ist ein Abschnitt von 150 Nukleotiden aus dem Chromosom Nr. 7 wiedergegeben. Um das Zählen zu erleichtern, ist er in Zehnergruppen aufgeteilt. Bei der in Großbuchstaben geschriebenen Sequenz handelt es sich um das Exon 1 eines Gens. Die in Kleinbuchstaben geschriebenen Nukleotide davor und dahinter gehören nicht zum Exon. Das Initiationscodon ist doppelt unterstrichen.

```
  1 gcagccaatg gagggtggtg ttgcgcgggg ctgggattag ggccggggcg
                                    a
 51 aaatgGGATC CTCCAAGGCG ACCATGGCCT TGCTGGGTAA GCGCTGTGAC
              b              c
101 GTCCCCACCA ACGGCgttag acctcagtac tgaatcagga cctcactcct
              d                      e
```

(a) Das wievielte Nukleotid in der Sequenz wird als erstes in mRNA transkribiert?

(b) Ordnen Sie die unterstrichenen und mit a bis e markierten Teile der Sequenz den Begriffen aus der folgenden Liste zu:
3'-untranslatierte Region
3. Codon
5'-untranslatierte Region
9. Codon
Akzeptor-Spleißstelle (das 3'-Ende eines Introns)
Donor-Spleißstelle (das 5'-Ende eines Introns)
Teil von Exon 2
Teil von Intron 1
Teil von Intron 2
Teil des Promotors

(4) Es folgen zwei Nukleinsäure-Sequenzen. Sequenz (A) stammt aus dem Genom, Sequenz (B) ist die entsprechende mRNA.

(A)

```
ATGACCACGCTGGCCGGCGCTGTGCCCAGGATGATGCGGCCGGGCCCGGGGCAGAACTAC
CCGCGTAGCGGGTTCCCGCTGGAAGGTAAGGGAGGGCCTCAGCGCGCCGCGCTTCTCTTT
TTCACCTTCCCACAGTGTCCACTCCCCTCGGCCAGGGCCGCGTCAACCAGCTCGGCGGTG
TTTTTATCAACGGCAGGTACCAGGAGACTGGCTCCATACGTCCTGGTGCCATCGGCGGCA
GCAAGCCCAAGGTGAGCGGGCGGGCCTTGCCCTCCTCGCCTGCCCGCCTGTTCTCTTAAA
GCAGGTGACAACGCCTGACGTGGAGAAGAAAATTGAGGAATACAAAAGAGAGAACCCGGG
CGTGCCGTCAGGTACTAGGCCCATTAACCTCTCCCCGCTTCCTTCCTCCTCCCGCCCCCA
GTGAGTTCCATCAGCCGCATCCTGAGAAGTAAATTCGGGAAAGGTGAAGAGGAGGAGGCC
GTCCTGAGCGAGCGAGGTAAGCGGTGGCGCCTTGGGCGGCGGTTGAAGTAGCTTTTATGC
CCTCAGGAAAGGCCCTGGTCTCCGGAGTTTCCTCGCATTAAAGGAGAGAGAGAGAGAGTA
CTCTTTTGACTGGT
```

(B)

```
AUGACCACGCUGGCCGGCGCUGUGCCCAGGAUGAUGCGGCCGGGCCCGGGGCAGAACUAC
CCGCGUAGCGGGUUCCCGCUGGAAGUGUCCACUCCCCUCGGCCAGGGCCGCGUCAACCAG
CUCGGCGGUGUUUUUAUCAACGGCAGGUACCAGGAGACUGGCUCCAUACGUCCUGGUGCC
AUCGGCGGCAGCAAGCCCAAGCAGGUGACAACGCCUGACGUGGAGAAGAAAAUUGAGGAA
UACAAAAGAGAGAACCCGGGCGUGCCGUCAGUGAGUUCCAUCAGCCGCAUCCUGAGAAGU
AAAUUCGGGAAAGGUGAAGAGGAGGAGGCCGUCCUGAGCGAGCGAGGAAAGGCCCUGGUC
UCCGGAGUUUCCUCGCAUUAAAGGAGAGAGAGAGAGAGUACUCUUUUGACUGGU
```

Wie viele Exons hat dieses Gen? Erstellen Sie eine kleine Tab., aus der die Nukleotidnummer (in der genomischen Sequenz) vom Anfang und Ende jedes Exons sowie die Länge der Exons und Introns ersichtlich wird. In realen Genen sind die Introns meist viel länger als hier.

(5) Suchen Sie mithilfe eines Genombrowsers wie ENSEMBL oder SANTA CRUZ die folgenden Gene heraus: *BRCA1, GJB2, DYS.*

(a) Wie viele Transkripte sind für jedes Gen bekannt?

(b) Wählen Sie für jedes Gen ein Transkript aus, notieren Sie seine ID-Nummer und geben Sie an, wie viele Exons es hat.

(c) Welche Beziehung besteht zwischen den verschiedenen Transkripten?

(d) Wie groß ist das Gen gemessen vom 5'-Ende von Exon 1 bis zum 3'-Ende des letzten Exons? Bedenken Sie, dass die Nukleotide von der Spitze des kurzen Chromosomarmes aus gezählt werden. Weil die beiden Stränge der Doppelhelix antiparallel verlaufen, werden die Gene auf dem einen Strang von der Spitze des kurzen Arms bis zur Spitze des langen Arms transkribiert, während die Gene auf dem anderen Strang in entgegengesetzter Richtung transkribiert werden. Daher werden die Nukleotide bei Genen auf dem einen Strang in aufsteigender Reihenfolge nummeriert, wenn man den Sense-Strang in 5' → 3'-Richtung entlang wandert, während sie bei Genen auf dem anderen Strang in absteigender Reihenfolge nummeriert werden.

Kapitel 4
Wie kann die DNA eines Patienten untersucht werden?

Wenn Sie dieses Kapitel durchgearbeitet haben, sollten Sie in der Lage sein,

- die wichtigsten technischen Verwendungsformen der Hybridisierung von Nukleinsäuren zu beschreiben
- einen Mikroarray zu charakterisieren und zu beschreiben, wofür man ihn benutzt
- ein Schaubild zu zeichnen, das die Prinzipien der Polymerase-Kettenreaktion beschreibt
- die entsprechenden Anwendungen für die PCR, den Southern- und Northern-Blot, die Fluoreszenz-*in-situ*-Hybridisierung (FISH) sowie die Array-CGH zu benennen
- zu beschreiben, was man vorhersagen kann und was nicht, wenn man die DNA mit diesen Methoden untersucht, und welche zusätzlichen Informationen eine RNA- oder Proteinuntersuchung bringen würde

4.1 Fallbeispiele

79	93	147	357					

Fall 12 Familie Kavanagh

- gesunder erstgeborener Junge
- Celia, das zweite Kind, ist blass und hat niedrige Hämoglobinwerte
- Sichelzellenanämie

Ken und Carol sind ein gesundes Paar, dessen erstes Kind Keith geboren wurde, als sie noch in ihrer Heimat Kenia lebten. Der Junge entwickelte sich gut und Carol wurde nach kurzer Zeit erneut schwanger. Zur selben Zeit zog die Familie nach England, wo Ken ein Aufbaustudium aufnehmen wollte. Kurz nach dem Umzug wurde Celia geboren. Bei ihr verlief nicht alles so glatt wie bei ihrem Bruder. Mit drei Monaten schwollen ihre Finger an, und es war ersichtlich, dass sie Schmerzen hatte. Sie wurde zu einem Kinderarzt überwiesen, dem auffiel, wie blass sie war, und der bei ihr eine Milzvergrößerung feststellte. Ihre Hämoglobinwerte waren mit nur 7 g/dl (4,5 mmol/l) niedrig, und der Retikulozytenwert lag bei 12 Prozent, einem Bereich, der auf eine hämolytische Anämie hindeutet. Die Untersuchung des Blutabstrichs zeigte sichelförmige Erythrozyten; damit stand die Diagnose Sichelzellenanämie fest. Carol, die, da sie in Kenia als Krankenschwester ausgebildet worden war, viel über Sichelzellenanämie wusste, war wegen der Folgen für Celia am Boden zerstört. Ihr war klar, dass Krisen mit starken Knochen- und Bauchschmerzen auftreten und Krankenhausaufenthalte nötig sein würden. Außerdem würde Celia Transfusionen und lebenslang Penicillin bekommen müssen. Die nächsten Monate waren sehr schwer für die Familie, die nun gleichzeitig versuchen musste, sich in dem neuen Land einzuleben und mit der schlechten Prognose für Celia fertig zu werden. Obwohl weitere Kinder noch nicht geplant waren, stellte Carol fest, dass sie erneut schwanger war. Das brachte Ken und Carol endgültig aus der Fassung; denn sie hatten zwar immer drei Kinder haben wollen, machten sich jetzt aber vor allem Sorgen, dass das nächste Baby ebenfalls Sichelzellenanämie haben könnte. Sie glaubten, ihnen bliebe nur die Möglichkeit abzutreiben. Als sie zum Gynäkologen gingen, erklärte dieser allerdings, dass schon früh in der Schwangerschaft Tests gemacht werden könnten, anhand derer man erkennen würde, ob das Kind betroffen war oder nicht. Ihnen wurde gesagt, die Wahrscheinlichkeit dafür, dass das Kind die Krankheit haben würde, läge bei 25 Prozent, die Wahrscheinlichkeit dafür, dass das Kind nicht betroffen oder nur Anlageträger sein würde, bei 75 Prozent, und so blickten sie wieder etwas optimistischer in die Zukunft.

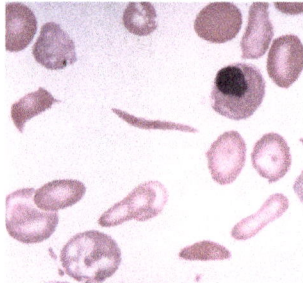

(a)

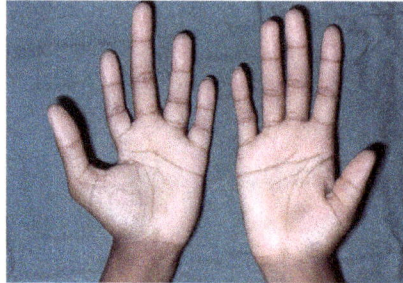

(b)

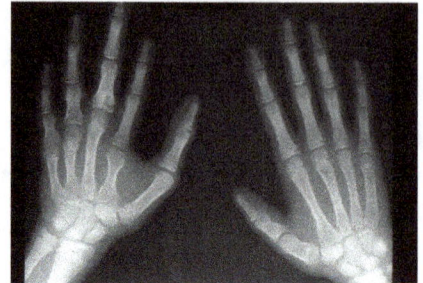

(c)

Abb. 4.1   Sichelzellenanämie
(a) Im Blutabstrich sind eine Sichelzelle, eine deutliche Poikilozytose (das Auftreten atypisch geformter Erythrozyten) sowie ein kernhaltiger Erythrozyt zu erkennen. **(b und c)** Eine Infarzierung mit anschließender Nekrose in den Finger- und Mittelhandknochen kann zu unterschiedlichen Fingerlängen führen. Fotos mit freundlicher Genehmigung von Dr. Andrew Will vom Royal Manchester Children's Hospital.

Fall 13   Familie Lawton

- Fälle von Hämophilie in der Familie
- der neugeborene Lennox hat einen subperiostalen Bluterguss am Schädel (Kephalhämatom)

| 80 | 94 | 357 | | | | | |

Lennox war das erste Kind von Lillian und Leslie Lawton. Lillian hatte immer gewusst, dass ihre Onkel an Hämophilie litten, doch erst als sie schwanger war, erfuhr sie von ihrer Mutter mehr über ihre Familiengeschichte und die möglichen Folgen für ihr Kind. Lillians Schwester war gesund, aber ihre Mutter hatte drei Brüder, von denen bei zweien im Kindesalter Hämophilie diagnostiziert worden war. Die beiden kranken Onkel waren nicht mehr sehr beweglich, weil es bei ihnen nach bestimmten Aktivitäten oder kleineren Verletzungen wiederholt zu Einblutungen in die Fuß- und Kniegelenke gekommen war; beide waren jedoch noch mobil genug, um ihr Hämophilie-Zentrum vor Ort aufzusuchen, sobald bei ihnen Probleme auftraten oder eine Nachuntersuchung anstand. Einer von ihnen fuhr gerne Motorrad und musste, nachdem sein Motorrad auf eisglatter Strasse weggerutscht war, auf der Intensivstation behandelt werden. Er benötigte mehrere Monate lang Pflege- und Rehabilitationsmaßnahmen. Lillian wusste, dass Hämophilie nur bei Jungen auftritt. Während der Schwangerschaft bat sie darum, an eine humangenetische Beratungsstelle überwiesen zu werden. Dort erklärte man ihr, die Wahrscheinlichkeit, einen kranken Sohn zur Welt zu bringen, betrage bei ihr 1 zu 16 (die Wahrscheinlichkeit, dass sie selber Anlageträgerin war, lag bei 25 Prozent und, falls sie tatsächlich Anlageträgerin sein sollte, lag die Wahrscheinlichkeit für das Kind aus einer Schwangerschaft ebenfalls bei 25 Prozent; somit galt: 1/4 × 1/4 = 1/16). Lillian beschloss, sich mit diesen Dingen erst wieder auseinanderzusetzen, wenn das Kind geboren sein würde. Aufgrund einer Wehenschwäche war bei Lillian eine Zangengeburt erforderlich. Lennox schien gesund zu sein, hatte aber eine große Schwellung an einer Seite des Kopfes, von der die Hebamme behauptete, es sei ein Kephalhämatom, das nach und nach zurückgehen würde. Als der Kinderarzt von der Krankengeschichte der Familie hörte, mutmaßte er, das Kephalhämatom könnte ein Anzeichen dafür sein, dass das Baby betroffen war, und schlug vor, möglichst bald einige Tests zu machen. Seine Begründung lautete, dass man, wenn man wüsste, dass Lennox Bluter ist, auf Symptome wie beispielsweise einen Bluterguss am Gelenk früh reagieren und damit Probleme auf ein Minimum reduzieren könnte.

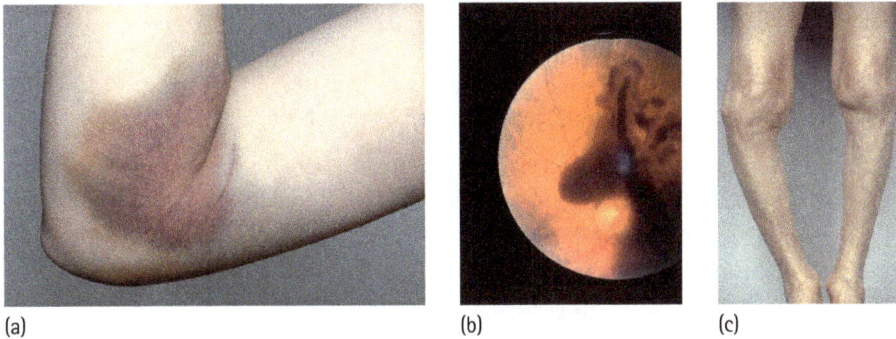

(a) (b) (c)

Abb. 4.2 Folgen der Hämophilie
(a) Bluterguss am Ellenbogen. **(b)** Blutung in der Netzhaut. **(c)** Nach wiederholtem Einbluten in die Gelenke kommt es zu einer schweren Arthritis. Fotos (a) und (c) mit freundlicher Genehmigung des Medical Illustration Department der Manchester Royal Infirmary sowie (b) Dr. Andrew Will vom Royal Manchester Children's Hospital.

| 81 | 97 | 357 | | | | | | |

Fall 14 Familie Murphy

- diverse Fehlbildungen bei einem Baby (Michelle)
- ? unbalancierte Chromosomenanomalie

Michelle war das dritte Kind von Max und Millie. Ihre beiden Söhne waren gesund und entwickelten sich normal. Das Paar freute sich, als ihre Tochter Michelle geboren wurde, obwohl es schon in der Schwangerschaft Grund zur Beunruhigung gegeben hatte. Ultraschallbilder in der 18. Schwangerschaftswoche hatten gezeigt, dass am Nacken des Kindes eine Schwellung vorhanden war, und bei weiterer Untersuchungen wurde an einer Niere eine Schwellung im Nierenbecken entdeckt. Max und Millie beruhigten sich aber wieder, nachdem die Amniozentese ergeben hatte, dass das Kind einen normalen Chromosomensatz hatte. Leider war die Freude der beiden nur von kurzer Dauer. Als der Kinderarzt ein Herzgeräusch hörte, wurde der erste von zahlreichen Tests gemacht. In den folgenden Monaten gab die Entwicklung von Michelle Anlass zur Sorge. Sie musste künstlich ernährt werden und lernte erst spät zu lächeln und aufrecht zu sitzen. Der Kinderarzt überwies sie zur Diagnose an die humangenetische Klinik. Dort kamen sie zu einer Humangenetikerin, deren wissenschaftliches Interesse vor allem der Dysmorphologie galt (zur Diagnostik und Klassifikation von kongenitalen Fehlbildungen, s. *Exkurs 4.1*). Sie erkannte daher rasch, dass Michelle neben ihren Herz- und Nierenproblemen und der inzwischen offensichtlichen Mikrozephalie eine erhebliche Anzahl von Fehlbildungen wie Epikanthus, weit auseinander stehende Augen, ein kurzes Philtrum

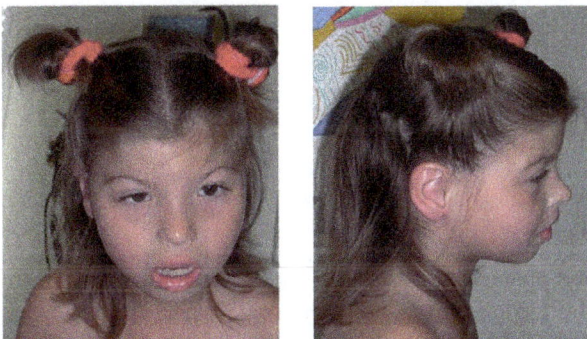

(a) (b)

Abb. 4.3 Ein Kind mit multiplen kongenitalen Anomalien, die für eine Chromosomenanomalie sprechen
Das Mädchen ist geistig schwer behindert, ihr Wachstum ist verzögert und es hat eine Mikrozephalie sowie charakteristische Dysmorphien von Gesicht und Händen (Epikanthus, Hypertelorismus, gebogene Augenbrauen, tief ansetzende Ohren, ein kurzes Philtrum, einen meist offenstehenden Mund, volle Lippen, Fehlstellungen der Unterkieferzähne, Klinodaktylie des 5. Fingers sowie eine distale Brachydaktylie). Mit freundlicher Genehmigung von Dr. Bert de Vries aus Nimwegen.

Exkurs 4.1 Fehlbildungen, Deformationen, Dysplasien, Syndrome

Fehlbildung: eine morphologische Anomalie, die auf eine gestörte Entwicklung zurückzuführen ist; ein früher Fehler in der Morphogenese wie etwa eine Lippenspalte

Eine Fehlbildungssequenz: multiple Defekte, die auf einem einzigen frühen Entwicklungsfehler beruhen; etwa ein Klumpfuß und ein Hydrozephalus als Folge eines Defekts im lumbalen Bereich des Neuralrohrs

Fehlbildungssyndrom: charakteristische Kombination von Fehlbildungen in verschiedenen Organsystemen aufgrund diverser Fehler in der Morphogenese, denen häufig eine gemeinsame Ursache zugrunde liegt („Syndrom" kommt aus dem Griechischen und bedeutet „zusammen auftreten")

Deformation: Verformung einer ansonsten normalen anatomischen Struktur durch eine physikalische Kraft (Verstauchung, Verrenkung usw.)

Disruption: Riss, Bruch oder Spaltung eines zuvor normalen Gewebes

Dysplasie: anomale Zellorganisation innerhalb eines Gewebes, die zu Strukturveränderungen führt, wie etwa bei skelettalen Dysplasien im Knorpel oder Knochen

---

und tief ansetzende Ohren hatte. Darüber hinaus waren ihre kleinen Finger nach innen gekrümmt und die distalen Fingerglieder verkürzt.

Die bei Michelle vorliegende Kombination aus Lernschwierigkeiten und Fehlbildungen spricht für eine unbalancierte Chromosomenanomalie. Wie bei Gillian Green (Fall 8; 22q11-Deletion) ist ihr Karyotyp im Großen und Ganzen normal, doch im Unterschied zu Gillian sagt ihr Phänotyp nichts darüber aus, in welchem Abschnitt von welchem Chromosom eine submikroskopische Veränderung aufgetreten sein könnte. Es war daher ein Test erforderlich, mit dem ihr gesamtes Genom nach Veränderungen in der Kopienzahl (Verdopplungen oder Deletionen) durchsucht werden konnte.

4.2   Hintergrund

Eine diploide Zelle des Menschen enthält 6×10^9 bp DNA, die alle chemisch identisch sind und aus den Nukleotiden A, G, C und T bestehen. Bei den meisten unserer Fallbeispiele müssen wir, um sie weiter analysieren zu können, in den DNA-Proben der betreffenden Patienten bestimmte Gene oder Chromosomenabschnitte untersuchen. Wie ist das möglich angesichts solcher Mengen an chemisch identischer DNA, die außerdem noch überwiegend für den speziellen Fall ohne Belang ist?

Sämtliche Laboruntersuchungen reduzieren sich auf einen der beiden folgenden Ansätze:

(a) man hybridisiert die Sequenz mit einer so genannten Sonde, einer markierten komplementären Sequenz

(b) man vermehrt die Sequenz, um die es geht, und kopiert sie immer wieder, um diese eine Sequenz in großem Überschuss zu erhalten und anschließend analysieren zu können

Die Prinzipien und Anwendungsmöglichkeiten, die im Abschnitt „Untersuchung der Patienten" in diesem Kapitel eine Rolle spielen, werden später beschrieben. Einige weitere für die Humangenetik wichtige Anwendungen werden im letzten Abschnitt des Kapitels vorgestellt.

Nukleinsäure-Hybridisierung

Die beiden Stränge der DNA-Doppelhelix werden von relativ schwachen chemischen Bindungen zwischen den Basenpaaren, so genannten Wasserstoffbrücken, zusammengehalten. Diese Bindungen kann man lösen, indem man die Lösung, in der sich die DNA befindet, erhitzt oder einem hohen pH-Wert aussetzt. Das bezeichnet man als Denaturierung der DNA. Der Prozess ist reversibel. Komplementäre einzelsträngige Nukleinsäuren hybridisieren (haften aneinander und bilden eine Doppelhelix), wenn sie bei einer mittleren Temperatur (in der Regel unter 50-60°C) und einem mittleren pH-Wert in einer Lösung zusammengebracht werden (*Abb. 4.4*). Dass passende Stränge in der Lage sind, miteinander zu hybridisieren, bildet die Grundlage für einen Großteil der DNA-Technologie.

Für eine Hybridisierung müssen die beiden Stränge nicht unbedingt perfekt zusammenpassen. Damit zwei Stränge miteinander hybridisieren, reicht es, dass ein hinreichend großer Teil an korrekt gepaarten Basen vorhanden ist, die Wasserstoffbrücken ausbilden können; einige fehlgepaarte Basen fallen dann nicht ins Gewicht. Stränge mit Fehlpaarungen denaturieren aber bei einer niedrigeren Temperatur als perfekt gepaarte Stränge und benötigen auch eine geringere Temperatur, um richtig zu hybridisieren. Kurze Stränge denaturieren leichter als lange Stränge, weil sie von weniger Wasserstoffbrücken zusammengehalten werden. Sie brauchen eine niedrigere Temperatur, um miteinander zu hybridisieren, und die Hybridisierung wird leichter durch Fehlpaarungen unterbunden. Wenn man sich diese Variablen geschickt zunutze macht, leistet die Hybridisierung für eine Reihe unterschiedlichster DNA-Untersuchungen gute Dienste.

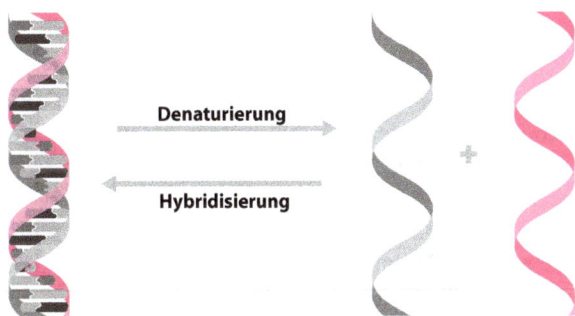

Abb. 4.4   Denaturierung einer doppelsträngigen DNA
Hybridisierung zweier komplementärer Einzelstränge

Hybridisierung als Grundlage von DNA-Analysen

Es gibt in der Humangenetik generell zwei Ansätze auf der Basis der Hybridisierung von Nukleinsäuren:

- Manchmal sucht man in einer DNA-Probe nach einer Punktmutation oder einer sehr kleinen Sequenzveränderung. Wenn wir die Sichelzellen-Mutation bei dem ungeborenen Kind der Familie Kavanagh (Fall 12; Sichelzellenanämie) mit einem DNA-Test finden sollen, müssen wir danach suchen, ob ein bestimmtes Nukleotid der 3 Mrd. Nukleotide des Genoms ausgetauscht wurde. Das kann man unter anderem dadurch erreichen, dass man als Hybridisierungssonde ein kurzes synthetisches Oligonukleotid (ein meist 15–30 Nukleotide langes DNA-Stück) benutzt. Bei einer solch kurzen Sonde kann man die Hybridisierungsbedingungen so wählen, dass alle Basen exakt zueinander passen müssen. Schon ein einziges falsch gepaartes Nukleotid reicht dann aus, um eine Hybridisierung zu verhindern. Eine solche hochspezifische Hybridisierung ist auch eine Voraussetzung für die Polymerase-Kettenreaktion (PCR, s.u.), die ebenfalls auf dem Einsatz von Oligonukleotiden beruht. Die PCR ist zwar primär kein Hybridisierungstest, aber um gezielt eine spezifische Sequenz vermehren zu können, muss zuvor eine spezifische Hybridisierung erfolgt sein.
- Bei anderen Gelegenheiten benötigen wir ein Hybridisierungsverfahren, das trotz der geringfügigen DNA-Unterschiede bei verschiedenen Menschen funktioniert. Wenn wir mithilfe eines Hybridisierungstests nach einer winzigen Deletion in den Chromosomen von Gillian Green (Fall 8; 22q11-Deletion) oder Michelle Murphy (Fall 14; Mikrodeletion) suchen, wollen wir vermeiden, dass

die Hybridisierung nur deshalb ausbleibt, weil die komplementäre Sequenz des Patienten einige abweichende Nukleotide enthält. Wenn es nicht zu einer Hybridisierung kommt, soll das bedeuten, dass die gesamte Sequenz fehlt. Für derartige Tests benutzen wir eine viel längere Hybridisierungssonde – in der Regel ein kloniertes Stück natürlich vorkommender DNA. Eine 1 kb lange Sonde hybridisiert immer mit einer mit ihr verwandten Sequenz, auch wenn diese geringfügige individuelle Unterschiede aufweist.

Unabhängig vom gewählten Verfahren müssen wir bei einem Hybridisierungsverfahren auf jeden Fall angeben können, ob die Sonde mit der zu testenden DNA hybridisiert hat oder nicht. Meist erreicht man das dadurch, dass man einen der beiden Hybridisierungspartner markiert. Früher hat man die DNA in der Regel durch den Einbau von radioaktivem ^{32}P markiert; heutzutage heftet man ihr lieber einen fluoreszierenden Farbstoff an. Bei der Trennung fixiert man normalerweise einen der Partner an ein festes Trägermaterial wie einen Nitrozellulosefilm oder Objektträger. Dann taucht man den Träger in eine Lösung mit dem markierten Partner, lässt beide hybridisieren, nimmt den Nitrozellulosefilm oder Objektträger heraus und entfernt den überschüssigen Marker durch Waschen. Die Farbstoffmarkierung zeigt dann auf dem Trägermaterial an, an welchen Stellen eine Hybridisierung statt gefunden hat. Bei den Untersuchungen in diesem Kapitel werden folgende Methoden benutzt.

- **Dot-Blot.** Bei der Familie Kavanagh (Fall 12, Sichelzellenanämie) wird DNA vom Fetus auf eine Nitrozellulosemembran getropft, die dann in eine Lösung mit markierten Oligonukleotidsonden getaucht wird, welche für die normale Sequenz beziehungsweise für Sichelzellen-Sequenzen spezifisch sind. Das Verfahren wird in *Abb. 4.11* skizziert.

- **Southern-Blot.** Bei der Familie Lawton (Fall 13, Hämophilie) geht es um die Frage, ob bei dem Jungen eine große Inversion vorliegt, durch die das *F8*-Gen auf seinem X-Chromosom unterbrochen wird. Das Verfahren wird in *Exkurs 4.2* und *Abb. 4.5* beschrieben. Man kann mithilfe des Southern-Blots überprüfen, ob die gesuchte Sequenz fehlt oder vorhanden ist, beziehungsweise die Größe des Restriktionsfragments bestimmen, auf dem sie liegt. In den 1980er Jahren war das die wichtigste Technik in den humangenetischen Labors. Sie ist inzwischen überwiegend von der PCR verdrängt worden, die sehr viel schneller und leichter zu handhaben ist und für die man weit weniger DNA benötigt. Man braucht den Southern-Blot immer noch, um DNA-Segmente zu untersuchen, die mehr als nur ein paar kb lang sind. In diesem Fall muss man den Southern-Blot verwenden, weil man vorher nicht genau bestimmen kann, wo die Endpunkte der Inversion liegen. Die PCR wird technisch immer komplizierter, je größer die zu untersuchende Ziel-Sequenz ist.

- **Fluoreszenz-*in-situ*-Hybridisierung (FISH).** Dieses Verfahren wird benutzt, um festzustellen, ob eine bestimmte DNA-Sequenz im Genom eines Patienten vorkommt oder nicht, ferner wie oft und an welcher Position sie auf den Chromosomen vorhanden ist. Bei Gillian Green (Fall 8; 22q11-Deletion) wollen wir überprüfen, ob es an einer bestimmten Stelle auf den Chromosomen eine Deletion im Megabasenbereich gibt. Falls eine solche Deletion vorhanden ist, dann nur auf einem der beiden homologen Chromosomen. Um auch die richtige Position auf dem Chromosom zu bestimmen, nehmen wir für die Hybridisierung nicht extrahierte DNA, sondern bringen Gillians Chromosomen auf einen Objektträger auf und sorgen dafür, dass diese sich ausbreiten. Wenn man das sehr vorsichtig macht, kann man die DNA in dem Ausstrich denaturieren, ohne die charakteristische Chromosomenform zu zerstören. Obwohl die zueinander passenden Sequenzen eng nebeneinander liegen, können sie sich nicht bewegen und zueinander finden, weil sie fest auf dem Objektträger fixiert sind. Die DNA wird denaturiert, um sie einzelsträngig zu machen. Anschließend wird der Objektträger in eine Lösung getaucht, die die markierte Sonde enthält. Als Sonde benutzt man ein geklontes Stück der betreffenden DNA, die viele Kilobasen

(a)   etwa 1 Million identische Moleküle genomischer DNA

↓ Spaltung mit einem Restriktionsenzym

(b)   etwa 1 Million identische Restriktionsfragmente

↓ Gelelektrophorese

(c)   ⊕ ⊖ die Fragmente werden im Gel der Größe nach aufgetrennt

↓ ① Denaturierung der DNA ② die DNA-Fragmente werden auf eine Membran übertragen

(d)

↓ durch Hybridisierung mit der markierten Sonde wird das gesuchte Fragment sichtbar

(e)

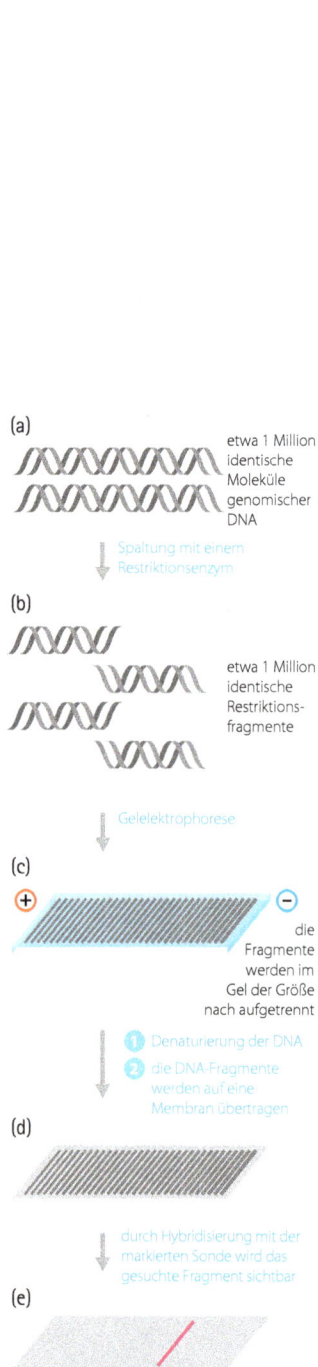

Abb. 4.5 Southern-Blot einer DNA
Die DNA-Probe (a) wird mit einer Restriktionsendonuklease geschnitten (b). Die Fragmente werden mithilfe einer Gelelektrophorese der Größe nach aufgetrennt (c), durch Eintauchen des Gels in Alkali denaturiert und dann auf eine Nitrozellulosemembran übertragen (d). Das Nitrozellulose-Blatt wird dann in eine Lösung eingetaucht, in der sich die markierte Sonde befindet. Die Markierung zeigt an, welche Fragmente hybridisiert haben (e). Weitere Einzelheiten in *Exkurs 4.2*.

Exkurs 4.2 Das Prinzip des Southern-Blots

Die DNA-Probe wird zuerst mit einem speziellen Enzym (einer Restriktionsendonuklease, s. *Exkurs 4.3* und *Abb. 4.5b*) in spezifische Fragmente geschnitten. Diese Enzyme spalten die DNA in reproduzierbarer Weise, so dass aus jedem Molekül die gleichen Fragmente entstehen. Die Fragmente werden zusammen einer Elektrophorese unterworfen (*Exkurs 4.4*), die Fragmente unterschiedlicher Länge der Größe nach im Gel aufgetrennt (*Abb. 4.5c*). Die Fragmente werden – noch der Größe nach getrennt im Gel vorliegend – in Alkali zu Einzelsträngen denaturiert, denn wir wollen sehen, welche Fragmente mit unserer Sonde hybridisieren. Allerdings eignet sich DNA, die in einem Gel fixiert ist, nicht gut für die Hybridisierungsreaktion. Die Moleküle können sich nicht ungehindert bewegen, um ihre Partner zu finden. Im nächsten Schritt werden die Fragmente daher auf ein Nitrozellulose-Papier übertragen; dabei bleibt das Auftrennungsmuster erhalten. Dieser Schritt ist der eigentliche Southern-Blot. Dafür legt man auf ein Nitrozellulose-Blatt, das auf das Gel platziert wurde, einen Stapel trockener Papiertücher und übt dann sehr vorsichtig Druck auf das Gel aus, durch den die Flüssigkeit durch das Nitrozellulose-Papier in die Tücher gesaugt wird. Die denaturierte DNA bleibt dabei an der Nitrozellulose haften (*Abb. 4.5d*). Wie bereits skizziert, wird diese dann nach Fixierung der einzelsträngigen DNA auf der Membran in eine Lösung mit einer markierten Sonde eingetaucht, die nur an das gesuchte Fragment hybridisiert und so dessen Lage anzeigt (*Abb. 4.5e*). Je nachdem, welche Markierung verwendet wurde, weist man die Lage der Sonde mithilfe einer Autoradiographie oder über Fluoreszenz nach. Diese Technik gibt Aufschluss darüber, ob in der DNA eine Sequenz vorhanden ist, die zu der Sonde passt und, falls das der Fall ist, auf welchem Restriktionsfragment sie liegt.

lang ist, damit, wie bereits erwähnt, kleinere Sequenzvarianten keinen Einfluss auf die Hybridisierung haben. Die Sonde wird mit einem Fluoreszenzfarbstoff markiert. Nach der Hybridisierung wird der Objektträger gewaschen und unter dem Mikroskop betrachtet. Dort, wo die Sonde hybridisiert hat, erkennt man ein Paar fluoreszierender Flecken auf dem entsprechenden Chromosom (es sind zwei Flecken, weil in dieser Phase des Zellzyklus jedes Chromosom aus zwei Schwesterchromatiden besteht, s. *Kapitel 2*). *Abb. 4.6* zeigt das Prinzip, und *Abb. 4.14* ein aktuelles Beispiel.

- **Interphase-FISH.** Helen Howard (Fall 9, Down-Syndrom) wurde geraten, einen pränatalen Test machen zu lassen, um zu klären, ob bei ihrem Kind eine Trisomie 21 vorliegt. Dazu wurden über eine Fruchtwasserpunktion (Amniozentese) fetale Zellen (*Kapitel 14*) gewonnen. Mithilfe einer Interphase-FISH kann man gezielt bestimmte Chromosomen zählen, ohne warten zu müssen, bis sich die in Kultur genommen Zellen geteilt haben. Wie beim Standardprotokoll der FISH (s.o.) werden die Zellen auf einem Objektträger fixiert, die DNA wird vorsichtig denaturiert, dann wird eine fluoreszenzmarkierte Sonde, die für das fragliche Chromosom spezifisch ist, dazu gegeben. Anschließend zählt man die Anzahl der fluoreszierenden Punkte im Zellkern, und das in mehreren Dutzend Zellen, um verlässliche Ergebnisse zu erhalten.
- Die **vergleichende genomische Hybridisierung (CGH)** ist ein generelles Verfahren für die Suche nach Kopienzahl-Varianten. Das heißt, man sucht mit der CGH nach Sequenzen, von denen in der zu untersuchenden DNA mehr oder auch weniger Kopien pro Genom vorhanden sind als in der normalen Kontroll-DNA. Damit kann man Varianten nachweisen, bei denen die Veränderungen zu klein sind, als dass man sie unter dem Mikroskop entdecken könnte; im Gegensatz zur FISH muss man zudem die genaue chromosomale Position der Varianten nicht im Vorhinein kennen. Die CGH gelangt im Fall von Michelle Murphy (Fall 14, Fehlbildungen und geistige Behinderung) zur Anwendung, weil man klären will, ob es irgendwo in ihrem Genom eine Deletion oder Verdopplung von submikroskopischen Dimensionen gibt.

Die Sonden werden auf einem Mikroarray aufgetragen. Mikroarrays funktionieren nach demselben Prinzip wie Dot-Blots, nur in einem sehr viel größeren Maßstab. Dabei wird statt der DNA-Probe die Sonde auf einem festen Objektträger verankert, und es wird nicht die Sonde sondern die Probanden-DNA-Probe mit einem Fluoreszenzfarbstoff markiert. Auf dem Objektträger, der dann in eine Lö-

(a)

(b)

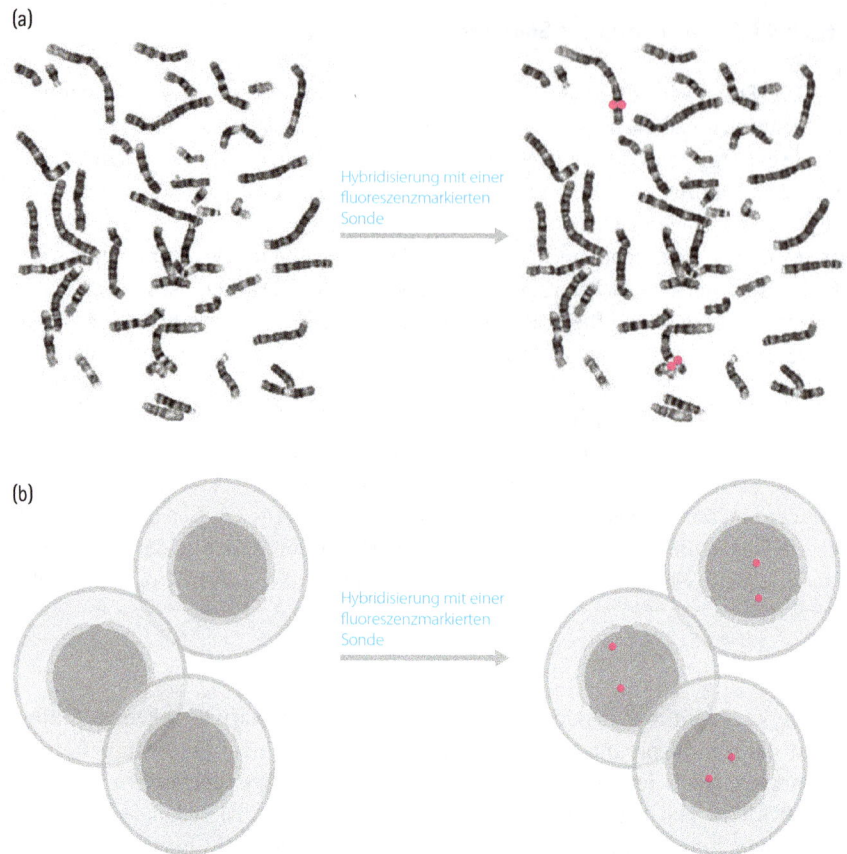

Abb. 4.6   Fluoreszenz-*in-situ*-Hybridisierung (FISH)
Man kann eine FISH entweder an ausgebreiteten Chromosomen **(a)** oder an Zellen durchführen, die sich nicht teilen **(b)**. In beiden Fällen wird das Material auf dem Objektträger sehr vorsichtig denaturiert und dann mit einer fluoreszenzmarkierten Sonde hybridisiert. Beispiele findet man in den *Abb. 4.14* und *4.15*.

sung mit der markierten DNA-Probe getaucht wird, sind Tausende verschiedener Sonden in einem Rastermuster fixiert. Dementsprechend ist der Objektträger in Tausende von Einheiten unterteilt, die den Pixeln eines digitalen Bildes ähneln. Jede Einheit enthält Tausende Moleküle einer bestimmten Sonde. Bei der CGH wird eine vergleichende Hybridisierung durchgeführt. Die DNA des Patienten und die einer gesunden Kontrollperson werden mit zwei unterschiedlichen Fluoreszenzfarbstoffen markiert: der Patient etwa mit Grün und die Kontrolle mit Rot. Nachdem die beiden markierten DNAs zu gleichen Teilen gemischt wurden, lässt man sie mit den Sonden auf dem Mikroarray hybridisieren (*Abb. 4.7*). Dabei konkurrieren bei der Hybridisierung mit den Sondenmolekülen in jeder Einheit des Arrays die grünen DNA-Fragmente des Patienten mit den roten Fragmenten der Kontrollperson. Nach der Hybridisierung und einem Waschschritt wird der Objektträger unter dem Mikroskop angesehen, um zu bestimmen, wie viel an roter und grüner Fluoreszenz an jede Rasterposition gebunden hat. Ist von beiden gleich viel vorhanden, so fluoresziert die Stelle gelb. Falls bei den Sequenzen eines Patienten eine oder beide Kopien fehlen, fluoreszieren die Einheiten eher rot, weil bei dieser Sequenz der Anteil der Kontroll-DNA überwiegt. Bei Verdopplungen leuchten sie grün (*Abb. 4.8*).

Eine Array-CGH hat zahlreiche Vorteile. Weil es aufgrund des Human-Genom-Projekts enorme Mengen an genau kartierten und charakterisierten Klonen gibt, kann man die Spezifität und Auflösung eines CGH-Arrays ganz exakt bestimmen. Man kann Arrays herstellen, die für ein bestimmtes Chromosom spezifisch sind, oder auch solche, die das gesamte Genom abdecken. Die Auflösung hängt von der Anzahl und Länge der verwendeten Klone sowie von ihrer Verteilung im Genom ab. Weil jeder Klon im menschlichen Genom ganz genau kartiert ist, kann

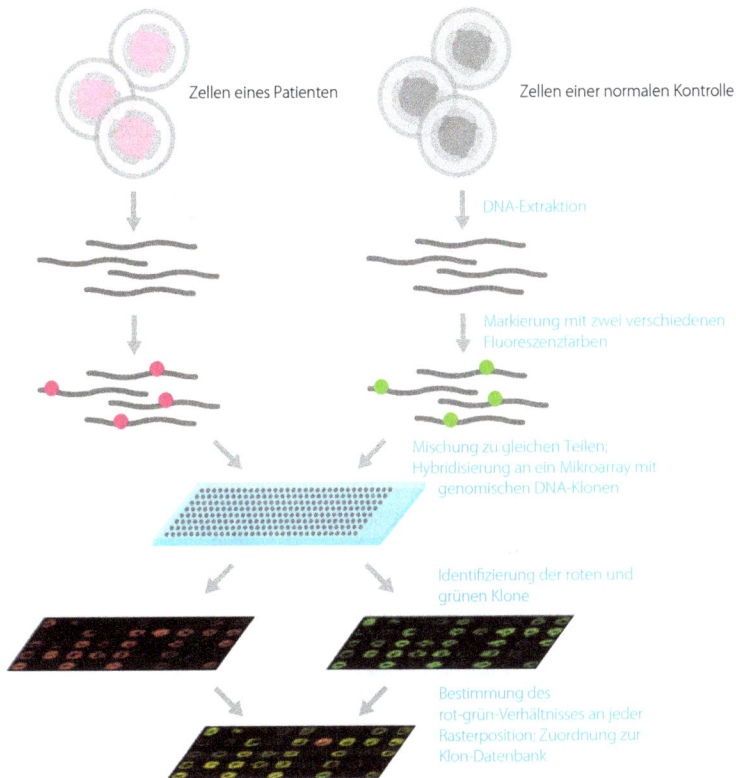

Abb. 4.7 Verdeutlichung des CGH-Prinzips anhand eines Mikroarrays mit genomischen Klonen (Array-CGH)
Bearbeitung eines Originals von Dr. Joris Veltman aus Nimwegen mit dessen freundlicher Erlaubnis.

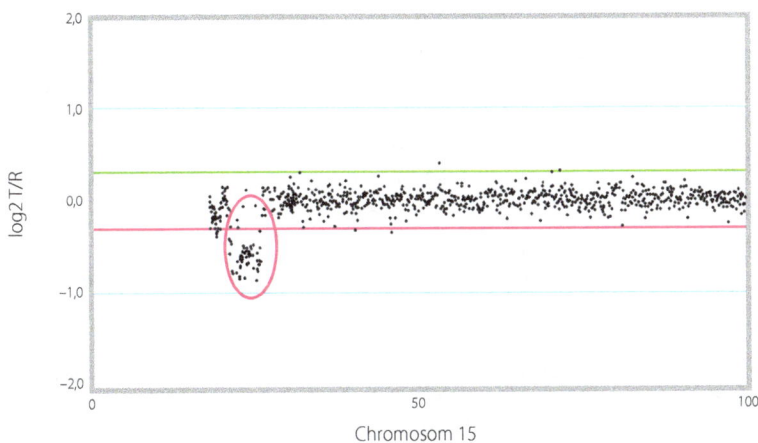

Abb. 4.8 Ausdruck einer Array-CGH
Die zu testende DNA (grün markiert) und eine Kontroll-DNA (rot markiert) wurden gemischt und dann auf einem Mikroarray mit 30000 Sonden aus künstlichen Bakterienchromosomen hybridisiert, deren Lage auf den Chromosomen bekannt ist. Auf der Y-Achse trägt man für jede Zelle dieses Arrays das Verhältnis zwischen grünen und roten Signalen auf. Ein Verhältnis oberhalb des Normbereichs spricht für eine Verdopplung innerhalb der DNA-Probe, eines unterhalb des Normbereichs deutet auf eine Deletion hin. Die Ergebnisse werden entsprechend der Lage der Sonde auf den Chromosomen entlang der X-Achse aufgetragen. In der vorliegenden Abb. sind nur die Ergebnisse von Sonden von Chromosom 15 wiedergegeben. Der Kreis zeigt eine Gruppe überlappender Klone zwischen 15q11 und q13 hin, die in der DNA-Probe nur einmal vorhanden waren, was dafür spricht, dass hier heterozygot eine Deletion vorliegt. Mit freundlicher Genehmigung von Dr. Joris Veltman aus Nimwegen.

Exkurs 4.3 Restriktionsendonukleasen

Diese bakteriellen Enzyme schneiden doppelsträngige DNA immer dort, wo sie auf eine bestimmte kurze Sequenz stoßen, die in der Regel 4, 6 oder 8 bp lang ist. Sie gehören zum Abwehrsystem der Bakterien gegen fremde DNA. Inzwischen hat man aus einem breiten Spektrum von Bakterienarten viele verschiedene Restriktionsenzyme isoliert. Jedes hat seine ganz eigene Erkennungssequenz: das Enzym *Eco*RI, welches aus *E. coli* Bakterien isoliert wird, beispielsweise schneidet bei GAATTC.

Für Molekularbiologen sind Restriktionsenzyme ungemein wichtige Hilfsmittel, weil sie mit ihnen ein DNA-Molekül reproduzierbar in große Stücke schneiden können. Man vergisst leicht, dass man es bei fast allem, was man mit der DNA macht, mit zahlreichen identischen Molekülen zu tun hat. So werden beispielsweise bei einem Southern-Blot in der Regel 5 μg einer aus Blut extrahierten DNA eingesetzt. Eine menschliche Zelle enthält 6,4 pg DNA; 6,4 μg DNA stammten daher aus 1 Million Zellen. Das Ausgangsmaterial bei DNA-Tests ist somit eine riesige Menge an identischen Molekülen. Wenn die Restriktionsenzyme nicht jedes Molekül an genau denselben Stellen scheiden würden, würden die Fragmente auf dem Gel ein großes Durcheinander, aber keine scharfen Banden bilden. Wie groß das Fragment im Durchschnitt ist, hängt vom jeweiligen Restriktionsenzym ab. Im Mittel kommt eine 4 bp große Restriktionsschnittstelle per Zufall alle $4^4 = 256$ bp vor, während eine 6 bp große Restriktionsschnittstelle alle 4096 bp auftritt. Da die Restriktionsschnittstellen in der DNA des Menschen zufällig verteilt sind, verteilt sich um diese Durchschnittsgrößen herum ein breites Spektrum an Fragmentgrößen.

Exkurs 4.4 Gelelektrophorese

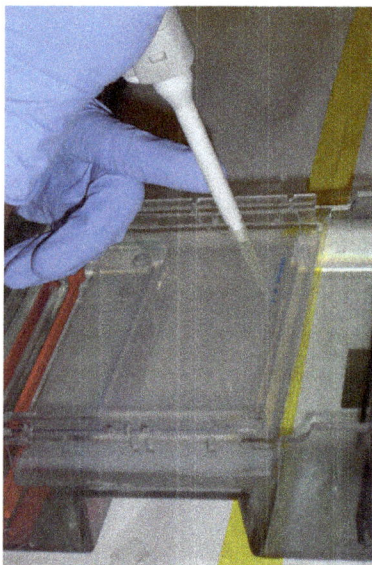

Die Gelelektrophorese gehört zusammen mit der PCR zu den wichtigsten Hilfsmitteln der Molekulargenetiker. Wegen ihrer Phosphatgruppen sind DNA-Moleküle negativ geladen (*Exkurs 3.2*). In einem elektrischen Feld wandert ein DNA-Molekül daher zum positiven Pol. In einem Agarose- oder Polyacrylamid-Gel müssen sich die DNA-Moleküle durch ein Gewirr von langen Polymer-Molekülen durchkämpfen. Wie rasch ein doppelsträngiges DNA-Molekül wandert, hängt fast ausschließlich von seiner Größe ab und ist nahezu unabhängig von seiner Sequenz. Kleine Moleküle bewegen sich schnell, große dagegen langsam. Moleküle einer einheitlichen Größe bilden eine scharfe Bande. Die Position eines Fragments, die man nach Hybridisierung und Färbung erkennen kann, ist ein Maß für seine Größe. Wie später noch erörtert wird, zeigen einzelsträngige DNA oder doppelsträngige DNA-Moleküle, bei der Basen falsch gepaart sind, eine veränderte Wanderungsgeschwindigkeit; darauf beruhen manche Verfahren zum Nachweis von Mutationen.

Auftragen von DNA auf ein Gelelektrophorese-Gel
Die DNA-Proben, die mit einem blauen Farbstoff gemischt wurden, um sie erkennen zu können, werden in Geltaschen eingefüllt, die beim Gießen des Gels mit einem sog. Gießkamm ausgespart wurden. Das Gel wird dann in eine Pufferelektrolytlösung eingetaucht, um es zu kühlen und das elektrische Feld aufzubauen.

man jede identifizierte Deletion oder Verdopplung direkt mit einer Liste der beteiligten Gene abgleichen. Bei einer älteren CGH-Version verwendete man anstelle des Mikroarrays einen Ausstrich normaler Chromosomen auf einem Objektträger. Dieses Verfahren wurde inzwischen durch die Array-CGH verdrängt.

Vervielfältigung der gesuchten Sequenz

Wenn die Sequenz, für die man sich interessiert, nur einen äußerst geringen Teil einer DNA-Probe ausmacht, kann man sie, wie bereits beschrieben, unter Umständen durch eine spezifische Hybridisierung sichtbar machen und verfolgen. Eine andere Möglichkeit besteht darin, sie selektiv zu vermehren. Bei dem herkömmlichen Verfahren kloniert man sie zu diesem Zweck in eine lebende Zelle, in der Regel in *E. coli*-Bakterien. Auf diese Weise erhält der Wissenschaftler viele exakte Kopien dieser Sequenz, die nicht mit all den anderen DNA-Molekülen, die ursprünglich noch vorhanden waren, kontaminiert sind. Dieses Verfahren wird in *Exkurs 4.5* erläutert. Für die meisten klinischen Zwecke nimmt man allerdings inzwischen lieber eine PCR, anstatt DNA in lebenden Zellen zu klonieren, man spricht dabei von einer Form der *In-vitro*-Klonierung. Wie beim konventionellen Klonieren werden dabei von einer ganz bestimmten Sequenz viele Kopien hergestellt – nur geht das in diesem Falle schneller und einfacher. Im Gegensatz zur konventionellen Klonierung wird die amplifizierte Sequenz bei der PCR nicht vom ursprünglichen Gemisch getrennt. Falls das nötig sein sollte, kann man das in einem weiteren Schritt tun, doch für viele Zwecke ist das nicht nötig. Die amplifizierte Sequenz ist in einem so großen Überschuss vorhanden, dass man das ganze PCR-Produkt als eine nur wenig verunreinigte Präparation der Sequenz, für die man sich interessiert, betrachten kann. Die PCR hat mehrere Vorteile gegenüber einer *In-vivo*-Klonierung: sie ist einfacher und schneller, entscheidend aber ist, dass sie selektiv ist. Bei der PCR bestimmt man, welcher DNA-Abschnitt vermehrt werden soll. Bei der *In-vivo*-Klonierung klont man alles und sucht dann aus den Tausenden oder Millionen von Klonen den heraus, den man haben will.

Exkurs 4.5 Vermehrung einer Sequenz durch Klonierung

Bis Mitte der 1980er Jahre war die Klonierung die einzige Möglichkeit, ein DNA-Fragment zu isolieren, das man untersuchen wollte. Dabei machte man sich die folgende Überlegung zunutze: wenn man ein DNA-Fragment auf die richtige Weise in eine Zelle einschleust und zulässt, dass die Zelle wächst und eine Kolonie von Tochterzellen bildet, wird jede dieser Tochterzellen eine Kopie des eingebrachten Fragments enthalten. Als Zellen nimmt man in der Regel *E.coli*-Zellen, man kann aber auch Hefe-, Säuger- oder andere Arten von Zellen verwenden.

Zum Klonieren benötigt man einen Vektor. Es ist erstaunlich einfach, ein DNA-Fragment in eine Zelle hinein zu bekommen. Ein in eine Zelle eingeschleustes einzelnes DNA-Fragment wird allerdings für gewöhnlich schnell abgebaut und bestimmt nicht repliziert, wenn sich die Zelle teilt. Vektoren sind DNA-Elemente, die aufgrund besonderer Merkmale dafür sorgen, dass die Wirtszelle sie toleriert und vermehrt. Sie stammen von natürlich vorkommenden Viren oder Plasmiden ab. Das Fragment, das amplifiziert werden soll, wird in den Vektor eingebaut, sodass beide zusammen ein einziges rekombinantes DNA-Molekül bilden. In die Herstellung von Vektoren und ihre Optimierung für bestimmte Zwecke wurden bereits viele innovative Ideen investiert. So gibt es künstliche Vektoren mit verschiedenen, raffiniert zusammengestellten Elementen, mit deren Hilfe sich die Wirtszellen finden lassen, die den rekom-

binanten Vektor enthalten, damit man diese vermehren und aus ihnen die klonierte DNA isolieren kann. Für unsere Zwecke reicht es erst einmal, wenn man sich merkt, dass jeder Vektortyp nur bis zu einer bestimmten Größe inserierte Fragmente aufnehmen kann (*Tab.*). Diese Maximalgröße ist immer sehr viel kleiner als ein Chromosom und auch kleiner als viele Gene des Menschen:

Die für die Gentechnik so wichtige Möglichkeit, DNA herauszuscheiden und irgendwo anders einzusetzen, verdankt sich den bereits beschriebenen Restriktionsendonukleasen sowie einem anderen Enzym, der DNA-Ligase. Viele Restriktionsenzyme machen, wenn sie eine Doppelhelix schneiden, einen versetzten Schnitt und hinterlassen an den Enden kurze Einzelstränge, so genannte „sticky ends (überstehende Enden)". Fragmente mit solchen komplementären klebrigen Enden können dann über ihre Enden miteinander hybridisieren (s. *Abb.*). Die DNA-Ligase verbindet schließlich die aneinander stoßenden Stränge dauerhaft über eine kovalente chemische Bindung.

Die Klonierung ist im Grunde ein zufälliger Prozess. Eine riesige Anzahl von Molekülen der zu untersuchenden DNA wird in zufällige Fragmente zerschnitten. Diese werden dann *en masse* in Millionen Vektoren eingesetzt, mit denen dann wiederum Millionen Wirtszellen infiziert werden. Vektoren sind so

Auswahl an Vektoren, die zur Klonierung von DNA-Fragmenten benutzt werden

Vektor	Wirtszelle	Maximale Klonierungskapazität (kb)	Kommentar
Plasmid	*E. coli*	5–10	einfache Vektoren für kleine Fragmente
Cosmid	*E. coli*	45	fast nur noch von historischer Bedeutung
künstliches Bakterienchromosom (BAC)	*E. coli*	150	das „Arbeitspferd" des Human-Genom-Projekts
künstliches Hefechromosom (YAC)	Hefe	1000	technisch raffiniert, doch nur für spezielle Zwecke geeignet

DNA, die kloniert werden soll

Vektor-DNA

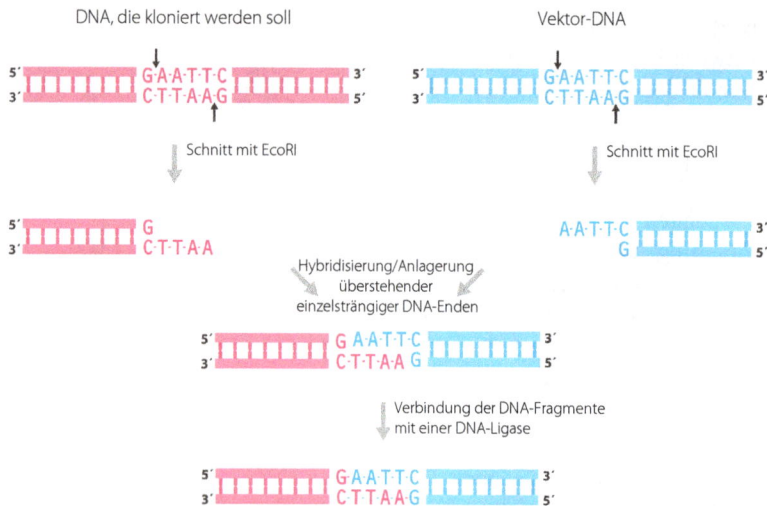

Herstellung eines rekombinanten DNA-Moleküls
Zwei verschiedene Moleküle werden mit demselben Restriktionsenzym geschnitten, um komplementäre klebrige Enden zu erhalten. Man lässt beide hybridisieren und verbindet sie dauerhaft mit einer DNA-Ligase.

ausgelegt, dass man Wirtszellen, die einen rekombinanten Vektor enthalten, selektieren kann; das geschieht in der Regel durch ein bestimmtes Muster an Antibiotika-Resistenzen. Der nächste Schritt besteht darin, dass man einzelne Zellen „herauspickt" und zu Kolonien heranwachsen lässt. Jede dieser Kolonien ist ein unerschöpfliches Reservoir für ein bestimmtes DNA-Fragment des Menschen. Die so entstandene Kollektion von Klonen wird als Bibliothek bezeichnet und enthält im Idealfall klonierte Exemplare von jeder Sequenz der DNA-Probe. Die Bezeichnung „Bibliothek" ist allerdings irreführend. Denn in einer normalen Bibliothek stehen die Bücher geordnet in Regalen, und es gibt einen Katalog, mit dessen Hilfe man jedes Buch, das man sucht, direkt finden kann. Bibliotheken rekombinanter DNA sollte man dagegen besser als Heuhaufen bezeichnen, in der sich die gesuchte Nadel befindet oder auch nicht.

In der Zeit von 1970 bis 1990 wurde der Fortschritt in der Molekulargenetik des Menschen überwiegend durch die Geschwindigkeit bestimmt, mit der in den Bibliotheken interessante Klone gefunden wurden. Um einen Blick auf diese heroische Phase der Humangenetik zu werfen, sollte man mal ein Lehrbuch der Humangenetik oder Molekularbiologie aus den 1980er Jahren durchblättern. Inzwischen sind im Rahmen des Human-Genom-Projekts eine vollständige Sammlung ausgiebig charakterisierter und präzise kartierter BAC-Klone isoliert worden, die das gesamte Genom des Menschen abdecken. Darüber hinaus gibt es heutzutage ein viel einfacheres Verfahren, um bestimmte DNA-Fragmente aus dem Genom eines Patienten zu vervielfältigen: die PCR (Polymerasekettenreaktion, polymerase chain reaction). Daher gehört die Herstellung und das Durchforsten von Bibliotheken mit rekombinanter DNA inzwischen nicht mehr zum klinischen Untersuchungsstandard, obwohl es für die Forschung weiterhin wichtig ist.

Die Polymerasekettenreaktion

Die PCR hat die Molekulargenetik revolutioniert. Vor ihrer Entwicklung konnten nur erfahrene Forscher eine DNA vervielfältigen und charakterisieren. Seit etwa 1990 gehören verbesserte PCR-Techniken, mit denen Sequenzen aus den Proben von Patienten gezielt vervielfältigt werden können, in den Diagnostiklabors zur Routine.

Die PCR macht sich drei Besonderheiten der DNA-Replikation zunutze.

(1) Eine neue Kette benötigt einen Primer. Die DNA-Polymerase – das Enzym, das die DNA repliziert, indem es komplementär zur einzelsträngigen Matrize einen zweiten Strang synthetisiert – kann nicht einfach starten, indem sie einzelne Nukleotide einbaut, sondern kann nur eine bereits vorhandene Kette verlängern. Die Primer, die bei der PCR benutzt werden, sind chemisch synthetisierte einzelsträngige Oligonukleotide von normalerweise 20 Nukleotiden Länge.

(2) Die Kette kann nur in 5' → 3'-Richtung verlängert werden (*Erkurs 3.2*).

(3) Die beiden Stränge einer DNA-Doppelhelix verlaufen, wie in *Abb. 3.5a* zu erkennen ist, antiparallel.

Abb. 4.9 Mit einem synthetisierten Primer bringt man die DNA-Polymerase dazu, genau den Strang herzustellen, der zu einem bestimmten Abschnitt eines großen DNA-Moleküls komplementär ist.
(a) Der Primer (rot) ist in großem Überschuss vorhanden. **(c)** Er hybridisiert nur an eine bestimmte Sequenz. **(d)** Nur die Sequenz strangabwärts des Primers wird kopiert.

Weil ein Primer erforderlich ist, kann man die DNA-Polymerase dazu bringen, aus der DNA-Probe eines Menschen nur einen bestimmten Sequenzabschnitt zu kopieren. Mit einem Oligonukleotid-Synthesizer kann man eine große Anzahl von Molekülen eines bestimmten einzelsträngigen Oligonukleotids herstellen, dessen Sequenz nur mit einer ganz bestimmten Sequenz aus der Gesamt-DNA hybridisiert. Man gibt diesen Primer in einem großen Überschuss zur DNA und denaturiert das Ganze, indem man es kurz auf 95°C erhitzt. Dann kühlt man die Mischung auf eine Temperatur ab, bei der es zu einer Hybridisierung kommen kann: in der Regel auf 55-60°C. Dabei werden sich zwar unter anderem auch wieder einige ursprüngliche Doppelhelices der menschlichen DNA bilden, wegen des großen Überschusses an Primer-Molekülen wird die Sequenz, die zum Primer komplementär ist, jedoch sehr viel häufiger mit dem Primer als mit ihrem ursprünglichen Partner hybridisieren. Besteht das Ausgangsmaterial aus der DNA mehrerer Zellen, wie das meist der Fall ist, werden zwar einige Kopien der betreffenden Sequenz mit ihrem ursprünglichen Partner, die meisten allerdings mit einem Primer-Molekül hybridisieren. Versetzt man dann diese Mischung mit DNA-Polymerase, wird das Enzym an das 3'-Ende des Primers Nukleotide hängen und so einen Strang bilden, der zu dem strangabwärts des Primers gelegenen Teilstück der genomischen DNA komplementär ist. Dieser Vorgang wird in *Abb. 4.9* skizziert.

Die PCR orientiert sich an diesem Prinzip, erweitert dieses allerdings durch den Einsatz von zwei Primern und mehreren Zyklen aus Denaturierung, Hybridisierung und anschließender Synthese so, dass aus der in *Abb. 4.9* dargestellten linearen Reaktion eine exponentielle Kettenreaktion wird. Der Ablauf wird in *Abb. 4.10* veranschaulicht. Die Primer hybridisieren spezifisch mit den beiden gegenläufigen DNA-Strängen beiderseits der Sequenz, die vervielfältigt werden soll, und sind so ausgerichtet, dass die 5'→3'-Verlängerung der Kette jeweils auf den anderen Primer zuläuft. Auf diese Weise ist in allen Strängen, die durch Verlängerung des vorwärts gerichteten Primers synthetisiert werden, auch die Sequenz enthalten, an die der rückwärts gerichtete Primer hybridisieren kann, und umgekehrt. Dieser Prozess wird ausführlicher in *Exkurs 4.6* erläutert.

Auch bei der PCR gibt es gewisse Einschränkungen:

- man muss die Sequenz, die vervielfältigt werden soll, genau genug kennen, um die richtigen Primer konstruieren zu können.
- die PCR arbeitet am effektivsten, wenn 100–400 bp lange Sequenzen amplifiziert werden sollen. Schwieriger wird es bei über 1–2 kb langen Sequenzen, während sich Sequenzen von über 20 kb kaum vervielfältigen lassen.

Obwohl nach Beendigung der PCR auch noch die ursprüngliche DNA vorhanden ist, liegt nun die amplifizierte Sequenz in einem so großen Überschuss vor, dass man das PCR-Produkt bei der weiteren Verwendung wie eine geringfügig verunreinigte Präparation der Ziel-Sequenz behandeln kann.

Abb. 4.10 Prinzip der PCR
Zur Durchführung der PCR-Reaktion sind eine Ziel-DNA, die DNA-Polymerase, große Mengen an beiden Primern sowie ein Vorrat an Mononukleotiden erforderlich. (1) Durch Erhitzen auf 95°C denaturiert man die Ausgangs-DNA. (2) Bei 55–60°C hybridisieren die Primer mit ihren Ziel-Sequenzen. Achten Sie hier jeweils auf die 5'→3'-Richtung! (3) Bei 72°C verlängert die Polymerase die Primer in 5'→3'-Richtung. (4) Ein weiterer Zyklus aus Denaturierung und Anlagerung von Primern. (5) Der nächste Polymerisationszyklus. Nach zwei PCR-Zyklen haben wir schon vier Stränge, ausgegangen waren wir von einem.

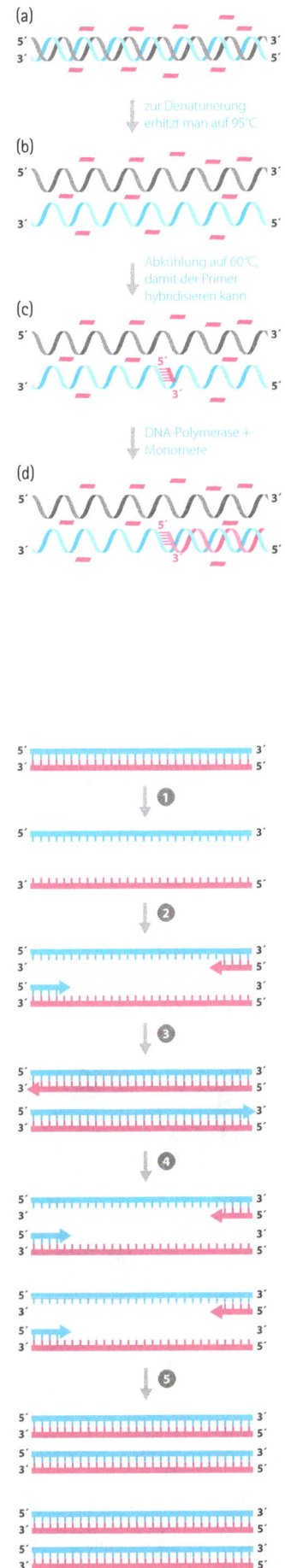

Wie beim Southern-Blot kann auch mithilfe der PCR überprüft werden, ob eine Sequenz vorhanden ist oder nicht und wie groß diese ist. Beispiele für beide Anwendungsmöglichkeiten werden später geschildert. Darüber hinaus eignen sich PCR-Produkte, wie wir in *Kapitel 5* noch sehen werden, zur Sequenzierung und zum Nachweis von Punktmutationen.

Exkurs 4.6   Die PCR

Die PCR ist eine einfache Methode, kurze DNA-Abschnitte millionenfach zu vervielfältigen, ohne die Ausgangs-DNA dafür in einen Vektor klonieren, in Bakterien transformieren, und daraus wieder isolieren zu müssen. In jedem Zyklus einer PCR, die aus Denaturierung, Hybridisierung und Synthese besteht, werden nicht nur die ursprüngliche Vorlage, sondern darüber hinaus auch alle in den vorherigen Zyklen synthetisierten Kopien vervielfältigt. Dadurch wird die Ziel-DNA mit jedem Zyklus verdoppelt. 20 PCR-Zyklen sollten ausreichen, um die Ziel-Sequenz millionenfach zu vervielfältigen. Die einzelnen Zyklen werden durch Temperaturänderungen gesteuert. Herrschen ein paar Sekunden lang 95°C, wird alles denaturiert. Wird die Lösung dann für einige Sekunden auf 55–60°C abgekühlt, können sich die Primer an die entsprechenden DNA-Matrizen anlagern. Schließlich folgen noch einige Sekunden bei 72°C, der optimalen Temperatur für die spezielle thermostabile Polymerase (Taq Polymerase, welche aus *Thermophilus aquaticus*, einem Bakterienstamm, der aus aus heissen Quellen stammt, isoliert wurde), in denen jeder Primer durch die Anlagerung von Nukleotiden an sein 3'-Ende verlängert wird. Eine übliche Amplifizierung mit 20–25 Zyklen, von denen jeder 30–60 Sekunden dauert, kann somit in weniger als zwei Stunden durchgeführt und abgeschlossen werden. Dazu benutzt man ein programmierbares Gerät, das aufheizen und kühlen sowie 20 oder mehr Reaktionsgefäße aufnehmen kann, sodass man mit einer PCR mehrere Proben gleichzeitig amplifizieren kann.

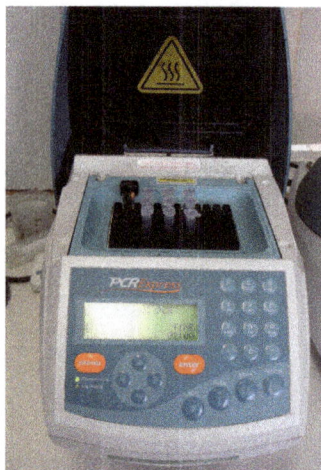

Ein typischer Thermocycler, wie man ihn zur PCR-Amplifizierung einsetzt
Während des Betriebs sind die Reaktionsgefäße durch einen Deckel geschützt.

Die Selektivität der PCR hängt davon ab, dass man Primer benutzt, die nur an das gewünschte Ziel und nicht an irgendeine andere Sequenz im gesamten Genom hybridisieren. Die nötige Spezifität erreicht man durch kurze – in der Regel 18–22 Nukleotide lange – Primer sowie durch eine präzise Temperaturführung. Ist die Anlagerungstemperatur zu gering, kommt es bei der Hybridisierung der Primer unter Umständen zu Fehlpaarungen, ist sie dagegen zu hoch, so hybridisieren sie überhaupt nicht. Normalerweise ermöglicht eine Temperatur zwischen 55 und 60°C eine spezifische Hybridisierung. Anhand der Datenbank mit der vollständigen Genomsequenz überprüft man, ob nicht noch eine andere Sequenz zu dem vorgesehenen Primer komplementär ist. Da die Effektivität des PCR-Prozesses von der Länge und Nukleotidzusammensetzung des Primers abhängt, werden zur Primerkonstruktion Computerprogramme benutzt.

Um zu verstehen, was bei einer PCR passiert, ist es hilfreich, zwei Arten von PCR-Produkten zu unterscheiden:

- Produkt A entsteht, wenn die ursprüngliche DNA als Matrize dient. Moleküle von Produkt A haben ein definiertes 5'-Ende (das 5'-Ende des Primers) sind aber unterschiedlich lang.

- Produkt B wird synthetisiert, wenn Produkt A als Vorlage dient. Beide Enden von Produkt B sind definiert. Als 5'-Ende fungiert das 5'-Ende des verwendeten Primers, während das 3'-Ende durch das Ende seiner Matrize vorgegeben ist, dem 5'-Ende von Produkt A. Alle Moleküle von Produkt B sind genau gleich lang.

In späteren PCR-Zyklen dient auch Produkt B als Matrize für den nächsten Synthesezyklus (*Tab.*). Das Ende eines Strangs, der durch die Verlängerung von Primer 1 entstanden ist, ist komplementär zu Primer 2; daher kann Primer 2 in der nächsten Runde daran hybridisieren und die Synthese eines komplementären Strangs veranlassen. Das Ende dieses Strangs ist wiederum komplementär zu Primer 1. Der frisch synthetisierte Strang ist genauso lang wie seine Vorlage. Nach wenigen Zyklen entstehen praktisch alle Produkte auf diese Weise, wobei Produkt B als Matrize dient.

Um sich klar zu machen, wie die PCR funktioniert, zeichnet man am besten auf einem großen Blatt Papier genau auf, was in den ersten drei bis vier Zyklen der Reaktion geschieht. Vergleichen Sie anschließend Ihr Ergebnis mit *Abb. 4.10*. Zeichnen Sie die 3'- und 5'-Enden ein. Denken Sie daran, dass die hybridisierten Stränge immer antiparallel verlaufen und die Stränge immer in 5'→3'-Richtung verlängert werden.

Verlauf der PCR-Reaktion

	Ausgangs-DNA	Produkt A, als Matrize dient die Ausgangs-DNA ein definiertes Ende		Produkt B, als Matrize dienen Produkt A oder B zwei definierte Enden		
	Einzelstränge	in diesem Zyklus entstandene Stränge	Einzelstränge insgesamt	in diesem Zyklus mit Produkt A als Matrize entstanden	in diesem Zyklus mit Produkt B als Matrize entstanden	Einzelstränge insgesamt
Nach 1 Zyklus	2	2	2			
Nach 2 Zyklen	2	2	4	2	-	2
Nach 3 Zyklen	2	2	6	4	2	8
Nach 4 Zyklen	2	2	8	6	8	22
Nach 5 Zyklen	2	2	10	8	22	52

Nehmen wir an, dass wir von einem doppelsträngigen DNA-Molekül ausgehen. Nach den ersten Zyklen besteht das Produkt fast ausschließlich aus der Sequenz zwischen den äußeren Enden der beiden Primer. Die Zahlen geben an, wie viel Einzelstränge vorhanden sind, wenn die gesamte DNA denaturiert ist.

4.3 Untersuchung der Patienten

Wir betrachten hier zunächst einmal Fälle, bei denen zur Untersuchung ein Hybridisierungsverfahren angewandt wurde. Während im ersten Fall nur ein einziges Nukleotid von Interesse ist, wird der überprüfte Genombereich in den nächsten Fällen zunehmend größer, bis dann im vierten Fall das gesamte Genom zu untersuchen ist. In den letzten drei Fällen wurde mithilfe einer PCR getestet, ob eine bestimmte Sequenz vorhanden war oder nicht, und deren Länge bestimmt. Im *Kapitel 5* lernen wir Beispiele kennen, in denen mithilfe der PCR die genaue Nukleotidsequenz ermittelt wurde.

Krankheiten, bei denen zur Untersuchung ein Hybridisierungsverfahren angewandt wurde

79	**93**	147	357				

Die Sichelzellenanämie wird durch den Austausch eines einzigen Nukleotids im Exon 1 des β-Globin-Gens auf Chromosom 11 hervorgerufen. Durch diesen Austausch wird aus einem Codon für Glutaminsäure eines für Valin. Hämoglobin besteht aus zwei α- und zwei β-Ketten – sowie vier Hämgruppen. Der Aminosäureaustausch im β-Globin verändert die Eigenschaften des Hämoglobins, so dass das Protein aggregiert und sich die roten Blutkörperchen verformen. Heterozygote Personen weisen zwar, wie man im Labor zeigen kann, das Sichelzellenmerkmal auf, sind aber vollkommen gesund. Homozygote Personen leiden dagegen unter Sichelzellenanämie, einer autosomal rezessiven Erbkrankheit. Die Sichelzellenanämie kann man ebenso wie das Sichelzellenmerkmal leicht mit gängigen hämatologischen Tests nachweisen; für diese Diagnose sind keine DNA-Tests erforderlich. Für eine pränatale Diagnose muss allerdings die DNA untersucht werden. Die fetale Blutentnahme ist kein einfacher Eingriff und daher nicht überall möglich; außerdem besteht das Risiko, eine Fehlgeburt auszulösen. Jedenfalls bilden Feten γ- statt β-Globin.

Für die Suche nach der Sichelzellmutation kann man zwischen verschiedenen Methoden wählen. Hier wird ein Dot-Blot mit zwei allelspezifischen Oligo-

Fall 12 Familie Kavanagh

- gesunder erstgeborener Junge
- Celia, das zweite Kind, ist blass und hat niedrige Hämoglobinwerte
- Sichelzellenanämie

nukleotiden (ASO) verwendet, um zwischen der normalen und der Sichelzell-Hämoglobinsequenz zu unterscheiden. In *Kapitel 5* werden einige andere Methoden vorgestellt, die man anwenden könnte.

Während die normale *β*-Globin-Sequenz so aussieht (Auszug):

CTGACTCCTGAGGAGAAGTCTG

lautet die mutierte Version, die die Sichelzellenanämie auslöst:

CTGACTCCTGTGGAGAAGTCTG

Die fetale DNA wurde durch eine Chorionbiopsie in der 11. Schwangerschaftswoche (*Kapitel 14*) gewonnen. Um die Empfindlichkeit des Tests zu erhöhen, wurde der betreffende Abschnitt des *β*-Globin-Gens mittels PCR vervielfältigt. Das PCR-Produkt wurde denaturiert und zusammen mit Kontrollproben eines bekannten Genotyps auf zwei Streifen Nitrozellulose-Membran getropft (*Abb. 4.11*). Jeder Streifen wurde in eine Lösung eingetaucht, die eine der markierten Sonden enthielt, also die Normalsequenzsonde bzw. die Sonde zum Nachweis der spezifischen Sichelzellmutation. Dabei zeigte sich, dass der Fetus für die Mutation heterozygot war und daher nicht an Sichelzellenanämie erkranken wird. Carol war sehr erleichtert, setzte ihre Schwangerschaft fort und brachte letztlich ein gesundes Kind zur Welt.

Abb. 4.11 Ein Dot-Blot als Test auf Sichelzellenanämie

Man fixiert denaturierte fetale DNA auf eine Membran und untersucht dann, ob es mit markierten Oligonukleotiden, die jeweils für die normale und die Sichelzell-Hämoglobinsequenz spezifisch sind, zu einer Hybridisierung kommt.

Dieser Fall sollte Planern im Gesundheitswesen eine Lehre sein. Die genetische Untersuchung hat hier das beste aller möglichen Ergebnisse erbracht: ein besorgtes Paar konnte beruhigt werden, eine Abtreibung wurde verhindert und ein gesundes Kind geboren. Es wäre viel zu einfach, das Ergebnis der genetischen Beratung mit „kein Handlungsbedarf" zu beschreiben. Für Humangenetiker ist es entscheidend wichtig, dass ihre Leistungen nicht danach beurteilt werden, wie viele Feten mit Anomalien entdeckt und abgetrieben wurden.

Fall 13 Familie Lawton

- Fälle von Hämophilie in der Familie
- der neugeborene Lennox hat einen subperiostalen Bluterguss am Schädel (Kephalhämatom)

80 **94** 357

Hämophilie A wird durch Mutationen im *F8*-Gen in der chromosomalen Region Xq28 ausgelöst, das den Blutgerinnungsfaktor VIII kodiert. Ein Stammbaum mit einem typischen X-chromosomalen rezessiven Vererbungsmuster war in Aufgabe 3 von Kapitel 1 zu sehen. Die betroffenen Familien haben unterschiedliche Mutationen in diesem Gen, etwa 40 Prozent aller schweren Fälle werden jedoch durch eine Inversion ausgelöst. Zwar handelt es sich gemessen am gesamten Chromosom nur um eine kleine Veränderung, doch sind daran immerhin über 500 kb DNA beteiligt. Eine der Bruchstellen liegt innerhalb des *F8*-Gens. Dadurch wird das Gen auseinander gerissen und die Bildung von Faktor VIII unterbunden (*Abb. 4.12*). Weil sich die Bruchstelle jedoch mitten im 32 kb langen Intron 22 befindet und die gesamte kodierende Gensequenz vorhanden bleibt, werden sämtliche Exons, wenn sie mithilfe einer PCR vervielfältigt werden, die richtige Sequenz haben, so dass man die Inversion nicht mit einem normalen PCR-Test wird nachweisen können. Man kann aber mithilfe eines Southern-Blots die Länge eines großen DNA-Fragments bestimmen, das die Bruchstelle enthält. Falls die Inversion vorhanden ist, hat das Fragment eine ungewöhnliche Größe (*Abb. 4.13*).

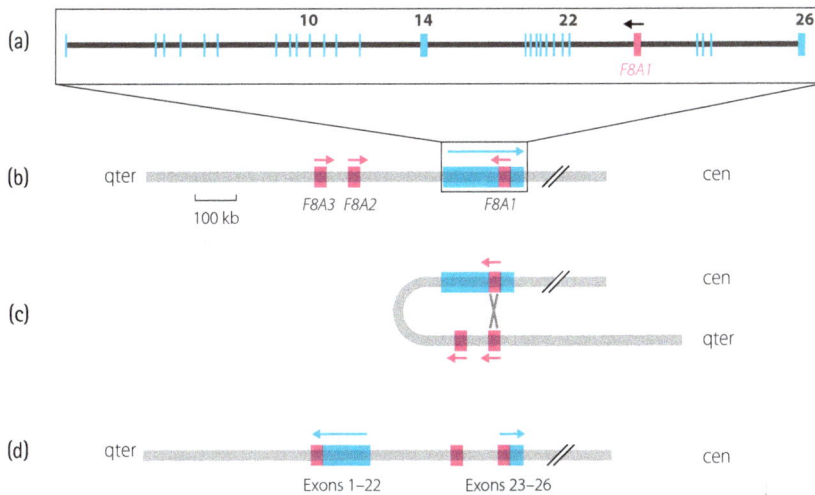

Abb. 4.12   Das Gen *F8* wird durch eine Inversion unterbrochen.
(a) Das *F8*-Gen hat 26 Exons, die sich bei Xq28 auf dem X-Chromosom über 187 kb erstrecken.
(b) Die roten Kästchen stehen für eine Sequenz im Intron 22 des Gens, von der es 360 und 435 kb
vom Startpunkt des Gens entfernt zwei weitere Kopien gibt. Die Pfeile geben an, wie die Sequenz
ausgerichtet ist. Man beachte, das es sich hier um inverse Repeats handelt (s. zum Vergleich die
Wiederholungssequenzen in *Krankheitsinfo 3*, bei denen es sich um direkte repetitive Sequenzen
handelt). **(c)** Beim Mann fehlt diesem Teil des X-Chromosoms während der Meiose ein entsprechender Partner. Die DNA kann sich zurückfalten, so dass sich zwei Exemplare der repetitiven Sequenz
paaren, die die gleiche Orientierung haben. Gelegentlich rekombinieren die gepaarten Sequenzen.
(d) Dadurch entsteht im Chromosom eine Inversion, die etwa 500 kb DNA umfasst und das *F8*-Gen
unterbricht.

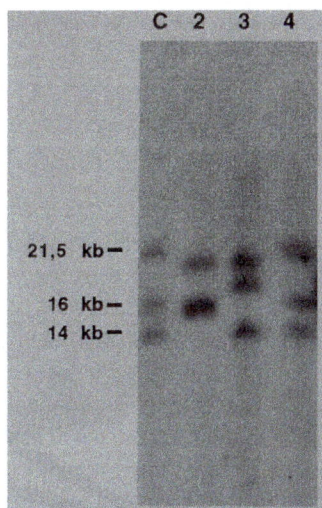

Abb. 4.13   Nachweis der *F8*-Inversion mithilfe eines Southern-Blots
Genomische DNA wird mit dem Restriktionsenzym *Bcl*1 geschnitten und in einem Agarosegel
aufgetrennt, von dem dann ein Southern-Blot auf einem Nitrozellulosefilter gemacht wird. Der
Filter wird mit einer Sonde hybridisiert, die die *F8A1*-Sequenz aus Intron 22 enthält. Auf dem
Autoradiogramm der Spuren C (Kontrolle) und 4 (Patient mit einer Punktmutation in *F8*) sind
Banden von 21,5, 16 und 14 kb zu erkennen, die den Fragmenten mit den Sequenzen F8A1, F8A3
beziehungsweise F8A2 entsprechen. In Spur 2 laufen die 21,5- und 14-kb-Banden anders, was
darauf hindeutet, dass die Umgebung von F8A1 und F8A3 durch Rekombination zwischen ihnen
verändert wurde, wie es in *Abb. 4.12* erklärt wurde. In Spur 3 laufen die 21,5- und 16-kb-Banden
anders, weil zwischen F8A1 und F8A2 eine Rekombination stattgefunden hat. Wiedergabe aus Lakich
et al., *Nature Genetics* 5: (1993) 238 mit freundlicher Genehmigung von Macmillan Publishers Ltd.

Fall 8   Familie Green

- dreijährige Gillian
- verlangsamte Entwicklung
- ? Chromosomenanomalie
- Anforderung von Tests, mit denen überprüft werden soll, ob eine Mikrodeletion der Region 22q11 vorliegt

Obwohl bei einer konventionellen Karyotypanalyse ein normaler Karyotyp gefunden wurde (*Abb. 2.9*), ist damit nicht ausgeschlossen, dass eine Deletion oder Verdopplung vorliegt, die unter der bei Standardpräparationen möglichen Auflösung von 3–5 Mb bleibt. Gillians Erscheinungsbild deutete auf eine Deletion der Bande 22q11 hin. Wie bereits in der *Krankheitsinfo 3* erläutert, entsteht sie durch eine Rekombination zwischen falsch gepaarten schwach repetitiven Sequenzen bei 22q11. Normalerweise hat die Deletion in etwa eine Größe von 3 Mb und umfasst über 20 Gene, zu denen auch das *TUPLE1*-Gen gehört. Für eine FISH-Analyse mit einer Präparation von Gillians Chromosomen wurde daher eine Sonde mit der *TUPLE1*-Sequenz benutzt. Dabei fand man auf einem Exemplar des Chromosoms 22 eine Deletion, die die Diagnose bestätigte (*Abb. 4.14*).

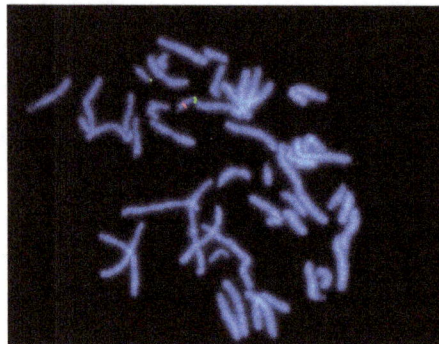

Abb. 4.14   Metaphase-FISH bei 22q11
Die grünen Punkte repräsentieren eine Kontrollsonde, die eingesetzt wurde, um die beiden Exemplare des Chromosoms 22 zu identifizieren und die Hybridisierung zu bestätigen. Die roten Punkte stammen von der *TUPLE1*-Sonde. Nur ein Exemplar der beiden Kopien von Chromosom 22 enthält die Sequenz, die mit dieser Sonde hybridisiert.

Fall 9   Familie Howard

- Helen, die gerade geborene Tochter von Henry und Anne (beide 33 Jahre alt)
- Down-Syndrom
- Könnten die Eltern bei weiteren Nachkommen erneut ein Kind mit Down-Syndrom bekommen?

Helens Mutter wurde geraten, bei ihrer nächsten Schwangerschaft einen pränatalen Test machen zu lassen. Obwohl das Risiko, ein weiteres Kind mit Down-Syndrom zu bekommen, gering ist, macht sich natürlich jeder, der bereits ein betroffenes Kind hat, bei späteren Schwangerschaften große Sorgen. Außerdem ist es äußerst belastend, auf das Ergebnis des Tests zu warten. Bei einer normalen Chromosomenanalyse dauert es zwei Wochen, bis sich die Zellen in der in Kultur genommenen fetalen Probe ausreichend vermehrt haben, um den Test durchführen zu können. Es gibt aber auch zwei Verfahren für nicht in Kultur genommene Zellen, bei denen man rasch ein Ergebnis bekommt: Die QF-PCR, die im letzten Abschnitt dieses Kapitels beschrieben wird, sowie eine Interphase-FISH, die in diesem Fall gewählt wurde (*Abb. 4.15*). Wie bereits beschrieben, wurde die DNA von Zellen, die sich nicht teilen, auf einem Objektträger fixiert, denaturiert und an eine fluoreszenzmarkierte Sonde von Chromosom 21 hybridisiert. Die durchschnittliche Anzahl an fluoreszierenden Punkten – ein Mittelwert aus 50 ausgezählten Zellen – lag bei 1,8. Das spricht dafür, dass die fetalen Zellen zwei Kopien von Chromosom 21 haben, obwohl es in einigen Fällen nicht zu einer Hybridisierung kam.

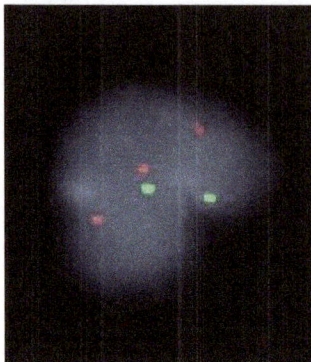

Abb. 4.15   Interphase-FISH-Test auf Trisomie 21 (Down-Syndrom)
Während die Sonde für Chromosom 21 mit einem roten Fluoreszenzfarbstoff markiert ist, wurde eine Kontrolle (für Chromosom 18) grün gefärbt. Die beiden grünen Punkte zeigen, dass in dieser Zelle eine Hybridisierung stattgefunden hat, während die drei roten Punkte bedeuten, dass von Chromosom 21 drei Kopien vorhanden sind. Der klinische Befund basiert auf der Untersuchung einer großen Anzahl von Zellen. Bei der Pränataldiagnostik benutzt man oft eine Mischung unterschiedlich gefärbter Sonden der Chromosom 13, 18, 21, X und Y.

| 81 | **97** | 357 |

Fall 14   Familie Murphy

- diverse Fehlbildungen bei einem Baby (Michelle)
- ? unbalancierte Chromosomenanomalie

Wie Gillian Green weist auch Michelle Murphy Merkmale auf, die auf eine Chromosomenanomalie hindeuten. Bei einer konventionellen zytogenetischen Analyse wurde allerdings keine Anomalie festgestellt. Michelles Kombination aus geistiger Behinderung und Fehlbildungen deutete auf kein bestimmtes Syndrom hin. Daher konnte keine FISH-Sonde gefunden werden, die ein verwertbares Testergebnis geliefert hätte. Man entschied sich stattdessen für eine Array-CGH, mit der man in etwa 10 Prozent aller ähnlichen Fälle submikroskopisch kleine Deletionen oder Duplikationen nachweisen kann. Um welche Anomalie es sich dann tatsächlich handelt, ist von Fall zu Fall unterschiedlich. Die DNA wurde aus einer Blutprobe extrahiert und dann zur Analyse geschickt. Es zeigte sich (*Abb. 4.16*), dass das Genmaterial bei 12q24.1 doppelt vorlag. Im CGH-Mikroarray von Michelles DNA war bei 39 überlappenden Klonen aus dem Bereich 12q24.1 eine Dosiserhöhung zu erkennen. Aus der genauen chromosomalen Lage dieser 39 Klone im menschlichen Genom konnte die Größe der Duplikation bestimmt werden. Den Daten zufolge waren 2,3 Mb Genmaterial verdoppelt.

Bevor Michelles Eltern diese Ergebnisse mitgeteilt wurden, musste noch unbedingt geklärt werden, ob Michelles Probleme tatsächlich auf diese Duplikation zurückzuführen waren. Da immer mehr Proben mit einer Array-CGH untersucht werden, weiß man inzwischen, dass auch gesunde Personen häufig unterschiedlich viele Kopien von kleinen Chromosomenabschnitten haben. Die bei Michelle gefundene Verdopplung gehörte zwar nicht zu den bekannten, nicht pathogenen Polymorphismen, hätte aber eine neue Variante sein können. Dazu musste zunächst geklärt werden, ob einer der beiden Elternteile Träger dieser Duplikation ist oder ob diese bei der kleinen Michelle spontan entstanden war. Da beide Eltern gesund sind, ist, wenn Vater oder Mutter dieses Phänomen ebenfalls aufweisen, nicht zu erwarten, dass die Verdopplung für Michelles Probleme verantwortlich ist.

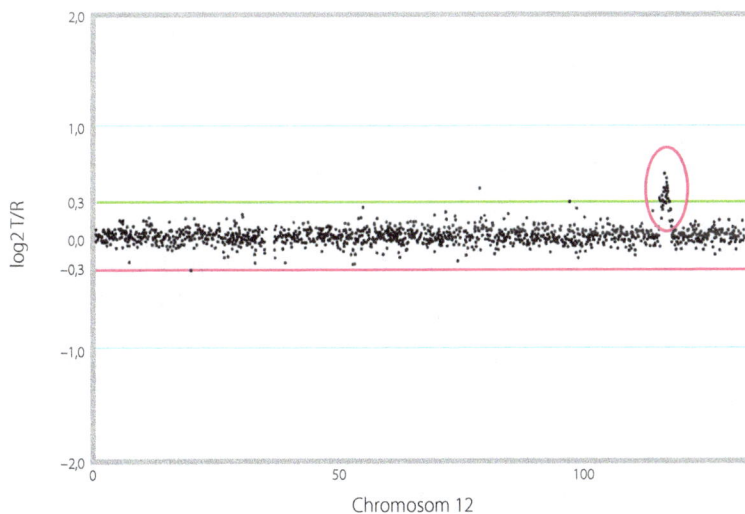

Abb. 4.16 Ergebnis einer Array-CGH bei der Patientin aus *Abb. 4.3*
Es wurde zwar das gesamte Genom untersucht, dargestellt sind aber nur die Ergebnisse von Chromosom 12. Es liegt eine Verdopplung vor, die sich über 39 überlappende Klone bei der Position 12q24.1 erstreckt. Mit freundlicher Genehmigung von Dr. Joris Veltman aus Nimwegen.

Wie sich zeigte, war die Mutation spontan entstanden. Das beweist zwar nicht, dass sie pathogen ist, macht dieses aber wahrscheinlicher. Anhand der Sequenz-Datenbank wurde untersucht, ob die Verdoppelung ein Gen enthielt, von dem man weiß, dass eine erhöhte Kopienzahl mit gesundheitlichen Problemen assoziiert ist. Ein eindeutiger Kandidat konnte nicht gefunden werden, da die Duplikation jedoch etliche Gene umfasst, ist es durchaus plausibel anzunehmen, dass sie für die vorhandenen Effekte verantwortlich sein könnte. Somit gab es insgesamt starke

Indizien dafür, dass Michelles Probleme durch die Duplikation bei 12q24.1 verursacht waren. Diese Erkenntnis war von erheblicher Tragweite, denn sie sprach dafür, dass das Risiko, dass diese Krankheit noch einmal auftreten würde, sehr gering war. Diese Verdopplung war spontan erfolgt, und es gab keinen Grund dafür, bei einem der beiden Elternteile einen Faktor anzunehmen, der ein erneutes Auftreten begünstigen würde. Bei der Beratung wurde erklärt, dass das Risiko eines erneuten Auftretens nicht gleich Null, aber äußerst gering sei. Wegen der zahlreichen unbekannten Faktoren war es unmöglich, präzise Angaben zu machen, aber in Anbetracht der allgemeinen Risiken, die mit jeder Schwangerschaft verbunden sind, war das Risiko vergleichsweise gering. Bei künftigen Schwangerschaften könnte der Fetus, falls die Eltern das wünschen, auf jeden Fall auf diese spezielle Anomalie hin getestet werden.

Genetische Erkrankungen, die mithilfe einer PCR untersucht werden

Fall 10   Familie Ingram

- Isabel, die erste Tochter von Irene und Ian
- kleinwüchsig trotz hochgewachsener Eltern
- ? Turner-Syndrom

| 26 | 39 | 67 | **98** | 175 | 357 | | |

Aufgrund des Karyotyps war die Diagnose bei Isabel klar (*Abb. 2.13*). Es ist aber, wie in *Kapitel 2* erklärt wurde, wichtig, zu untersuchen, ob sich bei ihr eventuell 46,XY-Zellen finden, weil diese Zellen in den Keimdrüsen häufig maligne entarten. Solche Zellen könnten vorhanden sein, falls Isabels Syndrom durch den Verlust des Y-Chromosoms während einer frühen mitotischen Teilung eines 46,XY-Embryos hervorgerufen worden wäre. Um XY-Zellen nachweisen zu können, wurde eine PCR mit Y-spezifischen Primern durchgeführt und überprüft, ob ein Produkt gebildet wurde. Diese Methode ist sehr viel empfindlicher als eine konventionelle zytogenetische Präparation. Ideal wäre es, Gewebe aus ihren dysgenetischen Keimdrüsen zu testen, weil vor allem dort eine maligne Entartung der Zellen zu befürchten ist; doch normalerweise werden diese Untersuchungen an Blutproben durchgeführt.

In Isabels Fall konnten keine Sequenzen vom Y-Chromosom vervielfältigt werden. Das bestätigte uns, dass Isabels Keimdrüsen wahrscheinlich keine XY-Zellen enthalten.

Fall 4   Familie Davies

- der 24 Monate alte Martin, seine Eltern: Judith und Robert
- geht schwerfällig und lernt das Gehen erst spät
- Fälle von Muskeldystrophie in der Familie
- der Stammbaum spricht für einen mit dem X-Chromosom gekoppelten rezessiven Erbgang
- es wird ein diagnostischer DNA-Test angefordert

| 3 | 10 | 65 | **98** | 146 | 174 | 267 | 357 | |

Wie wir in *Kapitel 1* gesehen haben, hat Martin Merkmale (Muskelschwäche und so genannte „Gnomenwaden", eine Pseudohypertrophie der Wadenmuskulatur), die für eine Muskeldystrophie Typ Duchenne (DMD) sprechen. Der Stammbaum verstärkte diesen Verdacht, weil es zwei Onkel mit einer progressiven neuromuskulären Krankheit gab. Der Humangenetiker hatte ihre klinischen Daten bekommen. Der klinische Verlauf sowie die histologischen Befunde des Muskelgewebes passten zum Bild einer DMD. Der Neurologe machte bei Martin eine Muskelbiopsie und entnahm eine Blutprobe, um die Konzentration an Creatinkinase (CK) zu bestimmen, einem Enzym, das in Muskelzellen vorkommt und bei einer Schädigung der äußeren Zellmembran austritt. Nach einer körperlichen Anstrengung ist seine Konzentration auch bei gesunden Personen erhöht, bei weiblichen DMD-Anlageträgerinnen sind die Werte hingegen oft permanent erhöht (was als hinreichender Hinweis darauf gilt, dass eine Frau Anlageträgerin für DMD ist). Bei den betroffenen Jungen ist die Creatinkinase stark und eindeutig erhöht.

Die Tests bestätigten die schlechten Nachrichten: Martin litt unter Muskeldystrophie Typ Duchenne. Diese Krankheit kann gegenwärtig nicht geheilt, sondern nur symptomatisch behandelt werden. Martins Prognose ist schlecht. Er wird höchstwahrscheinlich nicht viel älter als 20 Jahre werden, falls nicht in der Zwischenzeit eine neue effiziente Behandlungsmethode entwickelt wird (die Aussichten für eine Gentherapie werden in *Kapitel 14* erörtert). Martins Eltern Judith und Robert waren erst einmal vollauf damit beschäftigt, mit diesem schweren Schlag fertig zu werden und sich Gedanken darüber zu machen, wie sie am besten mit einem Kind umgehen sollten, das ein schweres progressives Leiden hat. Aber natürlich hatte die Diagnose auch Konsequenzen für künftige Schwangerschaften und den größeren Familienkreis. Als sie in der Lage waren, über solche Dinge nachzudenken, vereinbarte der Genetiker mit ihnen ein weiteres Gespräch. Judith schien höchstwahrscheinlich Anlageträgerin zu sein. In diesem Fall lag das Risiko für jeden weiteren Sohn bei 50 Prozent. Andere weibliche Verwandte könnten ebenfalls Anlageträgerin sein. Um all diese Fragen beantworten zu können, musste erst einmal geklärt werden, welche Mutation in Martins Dystrophin-Gen vorlag.

Wie wir in *Kapitel 3* gesehen haben, ist das Dystrophin-Gen zwar riesig, doch zwei Drittel aller Mutationen bestehen in der vollständige Deletion von einem oder mehreren Exons (*Abb. 3.9*). Solche Deletionen sind bei einem betroffenen Mann relativ leicht zu finden. Falls man keine Deletion entdeckt, heißt das allerdings nicht, dass keine DMD vorliegt, denn ein Drittel aller DMD-Fälle sind auf Punktmutationen oder Duplikationen zurückzuführen, die man mit einem solchen Test nicht finden würde. Damit wären weitere umfangreichere Tests erforderlich.

Weil das der DMD zugrunde liegende Dystrophin-Gen auf dem X-Chromosom lokalisiert ist, besitzt ein Junge nur eine Kopie des Dystrophin-Gens. Um nach partiellen Deletionen zu suchen, werden einzelne Exons des Gens per PCR vervielfältigt. Die 79 Exons sind – bis auf das letzte, Nummer 79, welches 2703 bp lang ist – sämtlich kürzer als 300 bp. Das letzte Exon eines Gens ist oft besonders groß, besteht aber überwiegend aus der nicht translatierten Region am 3'-Ende. Somit haben die einzelnen Exons die richtige Größe für eine Amplifikation per PCR. Die Primer werden so konstruiert, dass sie mit den Sequenzen der Introns rechts und links des jeweiligen Exons zusammenpassen, damit das Produkt die gesamte Sequenz des Exons samt einiger Intron-Sequenzen umfasst. Wie die Erfahrung zeigt, reicht es aus, 18 sorgfältig ausgewählte Exons zu testen, um 98 Prozent aller Deletionen zu finden. Indem man den Anteil der flankierenden Introns variiert, kann man Primer so konstruieren, dass das Produkt jedes Exons eine andere Größe hat. Gibt man diese Primerpaare alle zusammen in einen Reaktionsansatz, kann man in einem Arbeitsgang mehrere PCR-Reaktionen gleichzeitig durchführen (Multiplex). Dann lässt man die Produkte dieser PCR-Reaktionen gemeinsam in einem Elektrophorese-Gel laufen, woraufhin man ein Bandenmuster wie das in *Abb. 4.17* erhält.

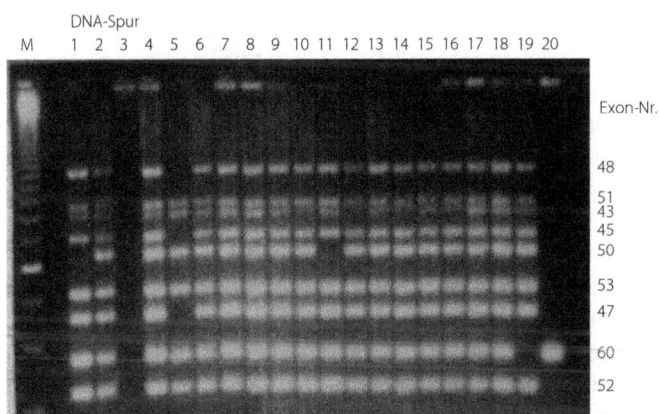

Abb. 4.17 Suche nach einer PCR-Deletion bei einer Muskeldystrophie Typ Duchenne
Aus der DNA einer Gruppe von 20 betroffenen Jungen wurden neun ausgewählte Exons des Dystrophin-Gens vervielfältigt. Wenn man die Produkte auf einem Elektrophorese-Gel laufen lässt, liefert jedes Exon eine Bande von charakteristischer Größe. Weil Jungen nur ein einziges X-Chromosom haben, kann man jede Deletion als fehlende Bande erkennen. In den Spuren 1, 5, 11, 12, 19 und 20 sind verschiedene Deletionen zu sehen. Spur 3 könnte eine große Deletion oder ein technischer Fehler sein. Den Jungen, bei denen auf diesem Gel keine Deletion gefunden wurde, fehlen eventuell andere der 79 Exons des Dystrophins-Gens, sie könnten aber auch Punktmutationen oder Duplikationen haben, die zu einem Funktionsverlust des Gens führen.

Das Ergebnis (*Abb. 4.17, Spur 5*) zeigte, dass bei Martin die Exons 45, 47 und 48 fehlen, wohingegen die Exons 43 und 50 vorhanden sind. Die Exons 44, 46 und 49 wurden in einzelnen PCR-Tests überprüft; dabei stellte sich heraus, dass die Exons 44 und 46 fehlen, das Exon 49 aber vorhanden ist. Somit sind bei Martin die Exons 44 bis 48 deletiert. Welche funktionellen Folgen dieser Ausfall für das Dystrophin-Gen hat, werden wir in *Kapitel 6* eingehender erörtern.

Da wir jetzt genau wissen, welche Mutation in dieser Familie weitervererbt wird, kann man bei den Frauen genauer untersuchen, ob sie Anlageträgerinnen sind, und ihnen auch eine präzise Pränataldiagnose anbieten. Judith und ihre Mutter sind zwangsläufig Anlageträgerinnen (s. den Stammbaum in *Abb. 1.10*); darüber hinaus gehören zur Familie mindestens acht Frauen oder Mädchen, die Anlageträgerinnen sein können. Die beiden Töchter Judiths sowie die Tochter ihrer Schwester sind im Augenblick für eine Untersuchung noch zu jung. Sie werden gegen Ende ihrer Teenagerzeit erneut kontaktiert. Über Judith wurde ihren drei Schwestern und beiden Cousinen (den Töchtern der Schwester ihrer Mutter) vorgeschlagen, jetzt einen Humangenetiker aufzusuchen. Frauen auf ihre Anlageträgerschaft hin zu testen, ist schwieriger, als Jungen zu testen, weil eine Trägerin heterozygot ist und jedes amplifizierte Exon des Dystrophin-Gens von ihrem normalen X-Chromosom stammen würde. Aus diesem Grunde ist ein quantitativer Test erforderlich, wie er im letzten Abschnitt dieses Kapitels und in *Kapitel 5* beschrieben wird. Bevor es diesen Test gab, entschieden sich viele Anlageträgerinnen für eine Geschlechtsbestimmung des Fetus und trieben alle männlichen Feten ab, obwohl das Risiko dafür, dass diese betroffen waren, nur 50 Prozent betrug. Aufgrund der Pränataldiagnose können sie nun sicher sein, gesunde Jungen zur Welt zu bringen, wenn sich bei den Tests kein Anzeichen für eine Anomalie ergeben.

Fall 1   Familie Ashton

- John, 28 Jahre alter Sohn von Alfred Ashton
- ? Chorea Huntington
- andere Familienmitglieder haben ähnliche Symptome
- der Stammbaum zeigt ein autosomal dominantes Vererbungsmuster
- es wird ein diagnostischer Test angefordert

| 1 | 6 | 64 | **100** | 144 | 357 | | |

Der nächste Schritt bei der Untersuchung dieser Familie besteht in einem diagnostischen Test bei Johns Vater Alfred, bei dem bereits Krankheitssymptome aufgetreten sind. Obwohl es sich bei der Erbkrankheit der Familie allem Anschein nach um Chorea Huntington handelt (s. Stammbaum in *Abb. 1.7*), muss das erst noch bewiesen werden, bevor man John richtig beraten oder ihm einen prädiktiven Test anbieten kann. Der Arzt entnahm Alfred 10 ml Blut und schickte die Probe zu dem Labor, in dem die DNA getestet wird.

Wie bereits in früheren Kapiteln erwähnt, soll im Labor bestimmt werden, wie viele Glutamincodons (CAG) im Exon 1 des *HD*-Gens auf Chromosom 4 hintereinander liegen. Normalerweise sind es 5–35 Codons (15–105 bp); alles über 37 Codons ist pathogen. Bei Patienten findet man meist 40–60 CAG-Codons auf dem betroffenen Allel; jedoch sehr selten mehr als 100 CAG-Einheiten. Diese Art von Test kann einfach mithilfe einer PCR durchgeführt werden. Man konstruiert Primer, die die Region, für die man sich interessiert, flankieren. Diese müssen weit genug voneinander entfernt sein, damit ein Produkt entsteht, dessen Größe man auf einem Elektrophorese-Gel exakt bestimmen kann. 100–300 bp sind ideal. Im Gel (*Abb. 4.18*) sind zwei Banden zu sehen, weil die DNA-Probe natürlich die DNA beider *HD*-Genkopien von Alfred enthält. Vergleicht man die Positionen von Alfreds Banden mit denen von Kontrollproben in benachbarten Gelspuren, bei denen man die Anzahl der zusätzlichen Trinukleotide kennt, sieht man, dass die beiden Exemplare des Gens von Alfred 15 beziehungsweise 65 Mal das Trinukleotid CAG aufweisen (*Abb. 4.18, Spur 1*). Mehr als 37 Sequenzwiederholungen sind pathogen. Somit bestätigt der Befund die Diagnose.

Da Alfreds Diagnose jetzt endgültig feststeht, ist klar, dass bei John ein 50-prozentiges Risiko dafür besteht, ebenfalls an Chorea Huntington zu erkranken. Falls er es wünscht, könnte ihm ein PCR-Test mit seiner DNA genau sagen, ob er die Mutation im *HD*-Gen geerbt hat oder nicht. In mehreren Sitzungen mit der genetischen Beraterin wogen John und seine Frau lange und gründlich ab, ob er

Abb. 4.18 Test auf die Chorea Huntington-Mutation
Hier gezeigt ist eine typische Anwendung der PCR: Mithilfe spezieller Primer wird eine Sequenz vermehrt, die einige Hundert Basenpaare umfasst, und das Produkt dann auf einem Elektrophorese-Gel aufgetrennt. Da kleinere Moleküle im Gel schneller laufen, ist die Position einer Bande ein Maß für die Größe des PCR-Produkts. Mithilfe einer Silberfärbung werden die Banden sichtbar gemacht. Obwohl auch noch die gesamte andere DNA aus dem Genom vorhanden ist, liegt das spezifische PCR-Produkt in so vielen Kopien vor, dass die übrige genomische DNA unter diesen Bedingungen nicht zu sehen ist. In jeder Probe sind zwei Banden zu erkennen, die zu den unterschiedlich großen PCR-Produkten gehören, die von den beiden Exemplaren des Chromosoms 4 gebildet wurden. In den mit M bezeichneten Spuren wurden Größenmarker aufgetragen, mit deren Hilfe man die Größen der Banden bestimmen kann. Die gestrichelte Linie gibt die Obergrenze für normale Varianten (36 Repeats) an. Anmerkung der Verfasser: Heute werden die Repeatgrössen bei Chorea Huntington und anderen Trinukleotidrepeaterkrankungen mit höherer Genauigkeit aufgetrennt, indem die DNA-Fragmente auf einem Sequenziergerät analysiert werden (s. *Abb. 5.3*).

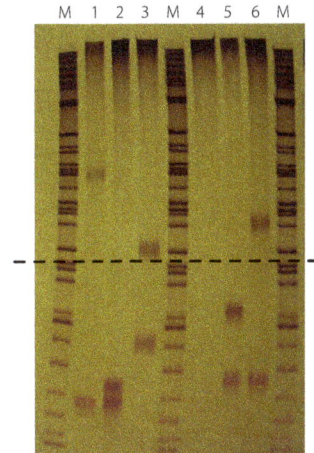

den Test machen sollte oder nicht. John hielt es zunächst für keine gute Idee, weil sich mit einem genetischen Test seine Aussichten, eine Versicherung abschließen oder einen Arbeitsplatz bekommen zu können, verringern würden.

Durch die Besprechung kam er allerdings zur Überzeugung, dass seine Ängste unbegründet waren. Wenn er in Großbritannien versichert werden wollte, musste er ohnehin über seine Familiengeschichte in Bezug auf Chorea Huntington Auskunft geben. Viele Versicherungsgesellschaften würden das zum Anlass nehmen, um einen deutlich höheren Beitrag zu fordern. Eigentlich hätte ein Gentest Vorteile für John: Wenn er negativ ausfiele, wäre die Familienanamnese bedeutungslos, während John bei einem positiven Befund in Großbritannien nicht gezwungen wäre, einer Lebensversicherung dieses Ergebnis mitzuteilen, solange diese einen bestimmten Rahmen nicht überschreitet, auf den sich die Versicherungsunternehmen in einem Abkommen geeinigt haben; wie dem auch sei, die schlechten Nachrichten hatten ohnehin schon überwiegend in der Familienanamnese bestanden. In den USA haben viele Staaten Gesetze erlassen, die eine genetische Diskriminierung beim Abschluss von Versicherungen verhindern sollen. Was den Arbeitsplatz betrifft, so ist es in Großbritannien gesetzlich geregelt, dass niemand aufgrund seiner genetischen Risiken benachteiligt werden darf. Solange er keine Symptome hat, die ihn daran hindern, seine Aufgaben ordnungsgemäß zu erfüllen, ist der Genotyp eines Arbeitnehmers für seinen Arbeitgeber ohne Belang. Johns Frau machte sich aber darüber hinaus noch Sorgen wegen der von ihnen bereits abgeschlossenen Versicherung. John besaß eine Lebensversicherung, mit der im Falle seines Todes der Kredit für das Haus abbezahlt werden sollte. Als John diese Versicherung abgeschlossen hatte, war ihm noch nicht klar gewesen, mit welcher Art von Problemen es seine Familie zu tun hatte. Er hatte aber alle Fragen aus dem Formular ehrlich und nach bestem Wissen und Gewissen beantwortet; daher war seine Police unberührt von späteren Entwicklungen gültig.

Nachdem diese Bedenken ausgeräumt waren, drehte sich die Diskussion erneut um die grundlegende Frage, ob John und seine Frau wirklich Bescheid wissen wollten. Das ist eine sehr persönliche und schwierige Entscheidung. Ungefähr 70 Prozent aller Menschen, die sich in Johns Lage befinden, lehnen den Test ab. Natürlich wäre ein negativer Befund eine große Erleichterung, und bei einem positiven Ergebnis könnten sich John und seine Frau bei ihrer Zukunftsplanung zumindest darauf einstellen. Doch die meisten von uns möchten lieber nicht genau wissen, wie zeitlich begrenzt ihr Leben ist. Nur wenige wollen im Alter von 28 Jahren hören, wann und wie sie sterben werden. Nachdem sie dies alles lange erörtert hatten, entschieden sich John und seine Frau dafür, lieber im Ungewissen bleiben zu wollen. Die Beraterin hätte sie auf jeden Fall unterstützt, wie auch immer die Entscheidung ausgefallen wäre. Sie vereinbarte für die kommenden Monate weitere Treffen mit ihnen, um ihnen auch weiterhin zur Seite zu stehen, und versicherte ihnen, dass sie jederzeit für weitere Besprechungen zur Verfügung stehen werde. Sie wies auch darauf hin, dass, falls in den nächsten Jahren eine Behandlungsmethode entwickelt würde, mit der man die Anfangsstadien der Krankheit verlangsamen könnte, es in Johns Interesse sein könnte, sich testen zu lassen, und versprach, sich bei ihnen zu melden, falls es zu solchen Entwicklungen kommen würde.

Am Ende diskutierte man darüber, was mit anderen gefährdeten Verwandten von John geschehen sollte. Bei seiner Schwester Helen, ihren beiden jungen Söhnen sowie seiner Tante Alice in Australien bestand aufgrund des positiven Befunds bei Alfred ebenfalls ein gewisses Risiko. Man kam überein, dass John mit Helen und Alice sprechen, ihnen dabei die Situation erklären und die Anschrift ihrer lokalen genetischen Beratungsstelle geben sollte. Ob sie diese aufsuchen würden oder nicht, war dann ihre Entscheidung. Hätte sich John für den Test entschieden, hätte die Genetikerin diese Tatsache oder den Befund keinem anderen Familienmitglied mitgeteilt. Da John Helen nahe stand, lag es bei ihm, ob er seine Überlegungen und Entscheidungen mit ihr erörtern wollte, er war aber in keiner Weise dazu verpflichtet.

4.4   Zusammenfassung und theoretische Ergänzungen

Tab. 4.1 gibt einen Überblick über die bisher in diesem Kapitel erörterten Methoden sowie die Probleme, für deren Lösung sie am besten geeignet sind

Es ist hilfreich, DNA-Veränderungen in umfangreichere Mutationen und Punktmutationen zu unterteilen, obwohl es zwischen beiden keine genau definierte Grenze gibt. Da nur 1,5 Prozent unserer DNA Proteine kodiert (*Kapitel 3*), liegen spontane DNA-Sequenzveränderungen in der überwiegenden Mehrheit nicht in einer kodierenden Sequenz und haben daher in der Regel, wenn auch nicht immer, keinen Einfluss auf den Phänotyp. Betrachten wir kurz die Veränderungen, die Konsequenzen für den Phänotyp haben und daher für Humangenetiker interessant sind:

- Zu den umfangreicheren Mutationen gehören große Deletionen oder Verdopplungen sowie Inversionen oder Translokationen innerhalb der Chromosomen, durch die ein Gen unterbrochen wird. Weil Exons im Vergleich zu den Introns klein sind, liegen die Bruchstellen bei den meisten dieser Umlagerungen innerhalb der Introns oder zwischen den Genen (*Abb. 3.9, 4.12 und 4.17*). Daher fehlen bei den großen Deletionen häufig eines oder mehrere Exons vollständig, während Inversionen oder Translokationen meist nicht die Sequenzen einzelner Exons verändern, sondern sie nur an eine falsche Stelle verlagern. Mit Verfahren, die auf einer einfachen PCR basieren, kann man solche Veränderungen nicht gut genug nachweisen. Bei einer PCR zeigen Exons aus einem invertierten oder translozierten Chromosomabschnitt keinerlei Auffälligkeiten, während De-

Tab. 4.1 Aufstellung der bisher in diesem Kapitel vorgestellten Methoden und ihrer wichtigsten Anwendungsbereiche

Prinzip	Methode	Anwendung
Hybridisierung	Dot-Blot mit Oligonukleotid-Sonde	Überprüfung, ob eine Sequenz vorhanden ist oder nicht oder ob ein bestimmtes Nukleotid verändert wurde
	Southern-Blot	Test auf größere Veränderungen (wie Inversionen oder Deletionen), die das Restriktionsmuster modifizieren
	FISH an ausgebreiteten Chromosomen	Untersuchung auf Vorhandensein/Fehlen sowie Bestimmung der Lage von mindestens mehreren kb langen Sequenzen auf den Chromosomen
	FISH an Zellen in der Interphase	Bestimmung der Kopienzahl bestimmter Chromosomen
	Vergleichende Genomhybridisierung (CGH)	das gesamte Genom wird darauf untersucht, ob sich bei viele kb langen Sequenzen die Kopienzahl geändert hat
Vervielfältigung	Klonierung etwa in *E. coli* etc.	man erhält einen unerschöpflichen Vorrat an einem bestimmten DNA-Fragment, das je nach Vektor 2–300 kb lang ist
	PCR	Prüfung, ob eine bestimmte 50 bp bis 5 kb lange Sequenz vorhanden ist und wie groß sie im Einzelnen ist

letionen, die nicht homozygot sind, nur mithilfe einer quantitativen PCR nachgewiesen werden können. Hier liefert ein Southern-Blot sehr viel eindeutigere Ergebnisse. Durch die Bruchstellen haben die Restriktionsfragmente, die diese Stellen einschließen, eine andere Länge, was man durch eine Hybridisierung an eine entsprechende Sonde leicht nachweisen kann.

- Bei Punktmutationen werden einzelne Nukleotide ausgetauscht oder es kommt zu Veränderungen, die auf ein Exon oder einen bestimmten Abschnitt eines Exons beschränkt sind. Solche Veränderungen kann man im Allgemeinen durch eine PCR nachweisen. Die Sequenz, in der sich die Mutation befindet, wird amplifiziert und das PCR-Produkt sequenziert oder durch eines der anderen Verfahren untersucht, die in diesem und dem nächsten Kapitel beschrieben werden.

Quantitative PCR

Wenn man das PCR-Protokoll sorgfältig optimiert, eignet es sich für quantitative Messungen. Dazu markiert man die Primer mit einem Fluoreszenzfarbstoff und kann dann mithilfe eines Fluoreszenzsequenzierers bestimmen, wie viel Produkt gebildet wurde (s. *Kapitel 5*). Bei zwei Fällen aus diesem Kapitel hätte man Untersuchungen mit einer quantitativen PCR vornehmen können:

- bei den Frauen in Fall 4 (Familie Davies, Muskeldystrophie Typ Duchenne) hätte man damit untersuchen können, ob sie heterozygote Trägerinnen einer Deletion im Dystrophin-Gen sind (eine Alternative, MLPA, wird in *Kapitel 5* erörtert).
- mithilfe der PCR anstelle einer Interpase-FISH können auch chromosomale Trisomien schnell diagnostiziert werden, wie das im Fall 9 (Helen Howard, Trisomie 21) geschehen ist. Neben Primern, die für Chromosom 21 spezifisch sind, setzt man noch Primer für eine Sequenz auf einem anderen Chromosom ein, die als Kontrolle dienen. Genetiker diskutieren zur Zeit, ob es bei der Suche nach Chromosomenanomalien bei Spätgebärenden besser ist, eine konventionelle Karyotypanalyse oder eine QF-PCR, eine quantitative PCR, zu machen, bei der fluoreszierende Primer für die Chromosomen 13, 18, 21, X und Y eingesetzt werden. Eine QF-PCR ist zwar viel schneller und billiger, mit ihr könnte man aber außer einer veränderten Kopienzahl bei einem der fünf untersuchten Chromosomen keine weitere Anomalie nachweisen. Hier könnte man mit Recht einwenden, dass es unter Umständen gar nicht so schlecht wäre, wenn viele der anderen Anomalien nicht entdeckt würden. Weitere Informationen und Erörterungen in *Kapitel 11*.

Real-time PCR

In vielen handelsüblichen Testkits (wie denen, die mit TaqMan®-Sonden arbeiten) wird mithilfe diverser raffinierter Tricks nur das PCR-Produkt und nicht die Primer oder die zahlreichen Monomere markiert. Anhand einer Fluoreszenzmarkierung kann man dann in Echtzeit verfolgen, wie viel Produkt gebildet wird. Die quantitative PCR liefert verlässlichere Ergebnisse, wenn man die Akkumulationsrate und nicht die Gesamtmenge an Produkt am Ende einer festgelegten Anzahl von Zyklen bestimmt. Mithilfe der Echtzeit-PCR ermittelt man die Kopienzahl einer DNA-Sequenz oder misst die Expression eines Gens mithilfe einer Reverse-Transkriptase-PCR (RT-PCR, s.u.). Im Gegensatz zur normalen PCR erfordert die Echtzeit-PCR eine kostspielige Ausrüstung und teure Reagenzien.

RNA-Test

Northern-Blot
Manchmal ist es vorteilhaft, statt der DNA lieber die RNA zu untersuchen. Eine entscheidende Frage bei Genen ist beispielsweise, wann und wo (in welchem Gewebe oder Organ) sie exprimiert werden. Außerdem findet man Mutationen manchmal

leichter in der mRNA als in der genomischen DNA – einerseits weil die reife mRNA in der Regel sehr viel kürzer ist als das Gen (*Tab. 3.1*), andererseits weil Mutationen, derentwegen Exons oder Introns anders gespleißt werden, auf RNA-Ebene besser zu erkennen sind als auf der DNA-Ebene. Die RNA ist allerdings sehr viel schwerer zu isolieren und zu handhaben. So muss beispielsweise das entsprechende Gewebe entnommen werden – wenn man Dystrophin-mRNA gewinnen will, etwa in Form einer Muskelbiopsie; außerdem ist RNA instabil, weshalb im Labor strenge Vorsichtsmaßnahmen erforderlich sind.

Mit einer Variante des bereits beschriebenen Southern-Blots, dem so genannten Northern-Blot, kann man mRNA-Moleküle direkt identifizieren (Der Name ist übrigens eine lustige Anspielung auf den Southern-Blot: Der Southern-Blot wurde von Dr. Ed Southern aus Oxford in Großbritannien entwickelt, den Northern-Blot hat man dann entsprechend den Himmelsrichtungen getauft). Beim Northern-Blot wird aus dem entsprechenden Gewebe mRNA extrahiert, auf einem Gel aufgetrennt und dann auf Nitrozellulose geblottet. Als Sonde dient eine markierte DNA von den Exons des fraglichen Gens. Man sieht daran, ob eine mRNA vorhanden ist und, falls ja, wie groß sie ist. Fehlt das erwartete Transkript, so ist möglicherweise das Gen inaktiviert worden, während eine ungewöhnliche Transkriptlänge auf eine Störung des normalen Spleißvorgangs hindeuten kann.

Herstellung einer cDNA
Eine RNA kann man nicht wie DNA klonen, mithilfe einer PCR vervielfältigen oder sequenzieren. Für die meisten RNA-Untersuchungen erstellt man daher zuerst von der RNA eine DNA-Kopie, die man dann untersucht. Dabei kommt es zu einer Umkehrung des üblichen Informationsflusses von der DNA zur RNA, den das zentrale Dogma der Biologie postuliert (*Abb. 3.3*). Einige Viren haben ein Enzym, die reverse Transkriptase, die von einer RNA-Matrize DNA-Kopien herstellt. Das Endprodukt ist eine doppelsträngige cDNA (komplementäre DNA). Bei einer RT-PCR (einer Polymerasekettenreaktion mit reverser Transkriptase) wird die gesamte extrahierte mRNA revers transkribiert und dann mithilfe genspezifischer Primer die gesamte cDNA des ausgewählten Gens amplifiziert. Die RT-PCR, die man in einem einzigen Arbeitsgang durchführen kann, ist ein effizientes Verfahren, so man das Gewebe entnehmen kann, in dem das fragliche Gen exprimiert wird. Durch die reverse Transkription der gesamten mRNA und die massenhafte Klonierung der auf diese Weise entstandenen cDNAs können cDNA-Bibliotheken hergestellt werden. Gewebespezifische cDNA-Bibliotheken sind ein sehr wichtiges Hilfsmittel, um Gene zu finden und ihr Expressionsmuster zu bestimmen.

Man kann das gesamte mRNA-Repertoire eines Zelltyps oder Gewebes untersuchen, indem man große Mengen mRNA – oder meist cDNA – an einen Mikroarray hybridisiert. In den dafür vorgesehenen Expressionsarrays sind Oligonukleotide fixiert, die den Exons einer ganzen Reihe von Genen – unter Umständen sogar des gesamten Genoms – entsprechen. Man markiert die mRNA oder cDNA mit einem Fluoreszenzfarbstoff und sorgt dann dafür, dass sie an das Array hybridisieren. In der Regel geht man dabei nach dem Protokoll für eine kompetitive Hybridisierung vor, wie es für die CGH beschrieben wurde (*Abb. 4.7*). Die Testprobe wird mit einem Farbstoff markiert und mit einer anders gefärbten Kontrolle gemischt. Am Verhältnis der beiden Farbstoffe, die an den einzelnen Rasterpositionen des Arrays gebunden sind, lässt sich dann ablesen, wie stark im Vergleich mit der Kontrolle das Gen im Testgewebe exprimiert wird. Ein Beispiel dafür ist in *Kapitel 12* abgebildet.

Proteintests

Ist der Ausfall eines bestimmten Proteins für die Krankheit verantwortlich, was wiederum an einer von zahlreichen Mutationen in dem entsprechenden Gen liegen kann, stellt sich die Frage, ob es nicht einfacher ist, das Protein direkt zu untersuchen, als das gesamte Gen auf eine mögliche Mutation hin zu durchforsten. Im Prinzip müsste diese Frage mit „ja" beantwortet werden. Während man aber für einen Gentest DNA aus jeder Probe nehmen kann, kommt das fragliche Protein mitunter nur in einem Gewebe vor, an das man nicht herankommt. Außerdem sind DNA-Tests universeller Natur, während Proteintests spezifisch sind. Das heißt, während ein Labor für eine DNA-Untersuchung irgendeines Gens die bereits bewährten Verfahren anwenden kann, muss es für jedes Protein einen eigenen Test entwickeln, ausarbeiten und optimieren. Man testet Proteine am besten mit handelsüblichen Tests, bei denen die Firmen die Reagenzien und das Protokoll bereits optimiert haben. Die Unternehmen entwickeln diese Tests allerdings nur für relativ gebräuchliche Bedingungen. In *Kapitel 11* werden wir Proteintests für Bevölkerungstests und in *Kapitel 12* solche für diagnostische Tests kennen lernen.

Chromosomenfärbung

Die Chromosomenfärbung ist eine Variante der FISH, bei der als Sonde eine Mischung aus vielen verschiedenen fluoreszenzmarkierten Sequenzen aus einem bestimmten Chromosom benutzt wird. In einem Zellausstrich in der Metaphase leuchtet dieses Chromosom dann in der entsprechenden Farbe. Mit dieser Technik versucht man, den Ursprung einer Chromosomenanomalie im Rahmen einer gängigen Karyotypanalyse aufzufinden. Falls man beispielsweise in Zellen von Elizabeth Elliot (Fall 5, *Abb. 2.15*) das Chromosom 1 farbig markierte, würden die beiden Kopien ihres normalen Chromosoms 1 plus der Teil des translozierten Chromosoms, der ursprünglich vom Chromosom 1 abstammt, farbig hervorgehoben. In diesem speziellen Fall ist keine Farbmarkierung erforderlich, um den Karyotyp zu verstehen, Patienten haben jedoch manchmal kleine zusätzliche „Marker-Chromosomen" – zusätzliches Material in einem Chromosom, von dem man ohne Chromosomenfärbung nicht sagen kann, woher es kommt. Unter Ausweitung dieses Konzepts benutzt man bei der M-FISH oder SKY einen Farbenmix, einen für jedes Chromosom, wobei jedes mit einer anderen Mischung von Fluoreszenzfarbstoffen markiert wird, so dass jedes Chromosom anders gefärbt ist. Wir werden auf diese Technik zurückkommen, wenn wir die äußerst komplizierten Chromosomenveränderungen erörtern, wie sie für Leukämie oder Krebszellen charakteristisch sind (*Kapitel 12*).

Krankheitsinfo 4
Krankheiten, die durch eine Vermehrung bestimmter repetitiver Nukleotidsequenzen hervorgerufen werden

Die Chorea Huntington-Mutation ist zwar ungewöhnlich, aber nicht einzigartig. Seit der Entdeckung des Fra(X)-Syndroms im Jahre 1991 wird die Liste von menschlichen Krankheiten, bei denen man hat zeigen können, dass sie durch eine Ausweitung bestimmter repetitiver Nukleotidsequenzen hervorgerufen werden, immer länger. Meist wiederholen sich wie bei Chorea Huntington Trinukleotide, man kennt aber auch Beispiele, bei denen Sequenzen von 4, 5 oder 12 Nukleotiden wiederholt werden. Diese Sequenzwiederholungen findet man immer auch bei gesunden Menschen, dort sind sie allerdings stabil und nicht pathogen. Die Anzahl der repetitiven Einheiten variiert aufgrund vereinzelter Mutationen von Mensch zu Mensch, liegt aber immer unterhalb eines gewissen Schwellenwerts. Überschreitet eine Sequenzwiederholung aufgrund einer dieser seltenen Mutationen diesen Schwellenwert, wird die Region instabil und es besteht ein großes Risiko, dass sie bei einer Vererbung von einem Elternteil auf ein Kind noch weiter verlängert wird. Die Instabilität wächst mit der Anzahl der repetitiven Einheiten. Unabhängig davon lösen die Repeats oberhalb einer bestimmten Größe Krankheiten aus. Wiederholungen, die zwar groß genug sind, um instabil zu sein, aber keine Krankheiten hervorrufen, bezeichnet man als Prämutationen. Menschen mit Prämutationen sind zwar gesund, aber das Risiko, dass ihre Kinder die von der Krankheit betroffen sein werden, ist erhöht. Die wichtigsten Krankheiten werden im Folgenden vorgestellt.

Ein Charakteristikum vieler dieser Krankheiten ist die Antizipation. Dieser Begriff beschreibt, wie es dazu kommen kann, dass die Schwere einer Krankheit von Generation zu Generation zunimmt. Der Grund dafür ist, dass die verlängerten Sequenzwiederholungen instabil sind und sich bei einer Vererbung oft noch vermehren. Häufig korrelieren die Schwere der Symptome und/oder der Zeitpunkt, zu dem sich die Krankheit ausbildet, mit der Größe dieser Sequenzverlängerung. Daher vermutet man, dass jeder Erbkrankheit, die Antizipation zeigt, eine sich verlängernde repetitive Einheit zugrunde liegt. Man muss allerdings bei Berichten über Antizipation äußerst skeptisch sein. Wenn eine dominante Erbkrankheit von Natur aus sehr variabel ist, wie das häufig der Fall ist, dann beobachten Kliniker oft, dass die Kinder von einem leicht erkrankten Elternteil schwer erkranken. Der umgekehrte Fall wird dage-

gen viel seltener beobachtet. Der Grund dafür ist, dass schwer erkrankte Menschen entweder keine Kinder bekommen oder, falls doch, bei einem leicht erkrankten Kind nicht das Gefühl haben, dass etwas nicht stimmt. So schleicht sich bei der Datenerfassung leicht ein systematischer Fehler ein, der dann häufig Antizipation vorgaukelt.

Genetisch bedingte Erkrankungen, die durch expandierte Repeatsequenzen verursacht werden

Krankheit	OMIM-Nr.	Art der Krankheit	Gen-locus	Lage der repetitiven Sequenz	Repetitive Sequenz	Normale Anzahl der Repeats	Pathogene Anzahl von Repeats
Chorea Huntington	143100	AD	4p16	Exon 1	$(CAG)_n$	5–35	37–120
DRPLA	125370	AD	12p13	Exon 5	$(CAG)_n$	7–34	58–88
SCA1	164400	AD	6p23	Exon 8	$(CAG)_n$	19–38	40–81
SCA2	183090	AD	12q24	Exon 1	$(CAG)_n$	15–29	35–59
SCA3 (Machado-Joseph-Krankheit)	109150	AD	14q24–q31	Exon 10	$(CAG)_n$	14–40	68–82
SCA6	183086	AD	19p13	Exon 49	$(CAG)_n$	6–17	21–30
SCA7	164500	AD	3p21–p12	Exon 3	$(CAG)_n$	7–17	38–130
SCA17	607136	AD	6q27	Exon 3	$(CAG)_n$	25–44	50–55
SBMA	313200	XLR	Xq11	Exon 1	$(CAG)_n$	11–33	38–62
Fra(X)-Syndrom	309550	XL	Xq27.3	5'UTR	$(CGG)_n$	6–54	200->1000
FRAXE-assoziierte geistige Retardierung	309548	XL	Xq28	Promotor	$(CCG)_n$	6–25	>200
Friedreich-Ataxie 1 (FRDA)	229300	AR	9q13–q21.1	Intron 1	$(GAA)_n$	7–22	200–1700
myotone Dystrophie 1 (DM1)	160900	AD	19q13	3'UTR	$(CTG)_n$	5–35	50–4000
myotone Dystrophie 2 (DM2)	602668	AD	3q21	Intron 1	$(CCTG)_n$	12	75–11000
SCA8	603680	AD	13q21	nicht transkribierte RNA	$(CTG)_n$	16–37	110->500
SCA10	603516	AD	22q13	Intron 9	$(ATTCT)_n$	10–22	Bis zu 22 Kb
SCA12	604326	AD	5q31	Promotor	$(CAG)_n$	9–18	66–78
Myoklonus-Epilepsie Unverricht-Lundborg	254800	AR	21q22.3	Promotor	$(CCCCGCCCCGCG)_n$	2–3	40–80

SCA: Spinocerebelläre Ataxie; DRPLA: Dentato-Rubro-Pallido-Luysiane Atrophie; SBMA: Spinobulbäre Muskelatrophie

Die ersten neun Krankheiten dieser Tabelle sind allesamt durch immer längere $(CAG)_n$-Abschnitte in der kodierenden Gensequenz gekennzeichnet. Da CAG das Codon für Glutamin ist (s. *Tabelle 6.1*), wird aufgrund der Sequenzwiederholung dieses Trinukleotids ein Protein mit einer längeren Polyglutamin-Sequenz kodiert. Solche Proteine wirken auf Nervenzellen toxisch. Da erst nach und nach immer mehr Neuronen zugrunde gehen, erkrankt der Betreffende spät an einer neurodegenerativen Krankheit. Die spinobulbäre Muskelatrophie wird in der *Krankheitsinfo 6* ausführlicher beschrieben. Bei den meisten anderen Krankheiten aus der Tabelle kann aufgrund der Ausweitung einer repetitiven Sequenz ein Gen nicht exprimiert werden, und der Betreffende erkrankt aufgrund des fehlenden Genprodukts. Die beiden Formen von myotoner Dystrophie hingegen beruhen darauf, dass sich die repetitive Einheit in einer mRNA ausgebreitet hat, und diese toxisch werden lässt. Eine toxische RNA spielt möglicherweise auch in der molekularen Pathogenese von FRAXA, SCA8 und vielleicht noch anderen Krankheiten eine Rolle. Somit wer-

den diese Krankheiten zwar alle durch die Ausweitung von Sequenzwiederholungen hervorgerufen, aber die Mechanismen, die die Krankheit jeweils verursachen, sind ganz unterschiedlich und in den meisten Fällen nur unzureichend bekannt.

Dem klinischen Erscheinungsbild nach sind die Polyglutamin-Krankheiten allesamt spät einsetzende neurodegenerative Krankheiten. Welche Symptome dabei im Einzelnen auftreten, hängt wahrscheinlich vom Expressionsmuster des mutierten Gens sowie von den Genen ab, deren Produkte mit dem veränderten Protein wechselwirken. Auch die Friedreich-Ataxie wird durch ein progressives Absterben von Neuronen ausgelöst, das die Funktion des Cerebellums beeinträchtigt. Bei beiden Formen des Fragilen-X-Syndroms (der Name spielt darauf an, dass ein Teil der X-Chromosomen bei Zellen, die in einem speziellen Medium in Kultur genommen werden, einen ungewöhnlich stark entspiralisierten Bereich, eine „fragile Stelle", aufweist) findet man eine geringe bis moderate geistige Behinderung, häufig Verhaltensauffälligkeiten, eine

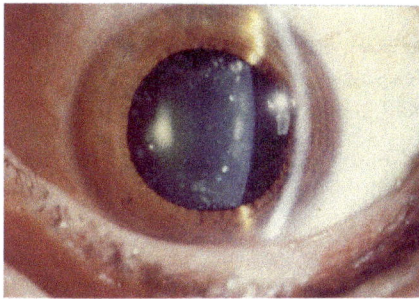
(a)

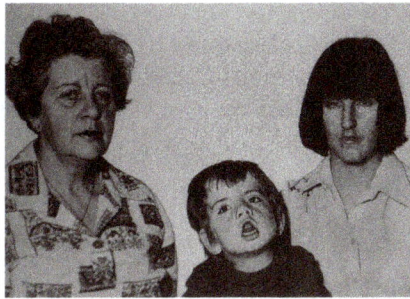
(b)

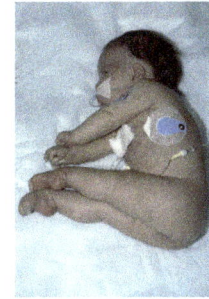
(c)

Antizipation bei einer myotonen Dystrophie

(a) In der ersten erkrankten Generation ist unter Umständen eine Linsentrübung (Cataracta myotonica) das einzige Anzeichen dieser Krankheit. **(b)** Drei Generationen einer Familie. Die Großmutter hat zwar beidseitig einen Katarakt, aber weder muskuläre Symptome noch den durch eine Atrophie der Gesichtsmuskulatur bedingten typischen Gesichtsausdruck (Facies myopathica); bei der Tochter zeigt sich eine moderate Atrophie der Gesichtsmuskulatur samt Ptosis und Katarak- ten, während das Kind die kongenitale Form der Krankheit aufweist. Wiedergabe aus Myotonic Dystrophy von Peter Harper (3. Auflage, Saunders, 2001) mit dessen freundlicher Erlaubnis. **(c)** Ein Baby mit der kongenitalen Krankheitsform und muskulärer Hypotonie. Die kongenitale Form der Krankheit wird immer von der Mutter vererbt und durch eine sehr starke Vermehrung von repetitiven CTG-Einheiten hervorgerufen, wie sie in dieser Form nie im Sperma zu finden sind.

Hodenvergrößerung sowie ein typisches langes, ovales Gesicht (mit Progenie und abstehenden Ohren). Im Gegensatz zu den meisten X-chromosomalen Erbkrankheiten zeigen Frauen als Anlageträger oft eine leichte bis mittlere geistige Behinderung. Bei den beiden Formen von myotoner Dystrophie schließlich handelt es sich um Multisystem-Krankheiten mit einer Myotonie, Katarakten, einer Hodenatrophie und einer Stirnglatze. Bei der myotonen Dystrophie ist das Phänomen der Antizipation besonders ausgeprägt.

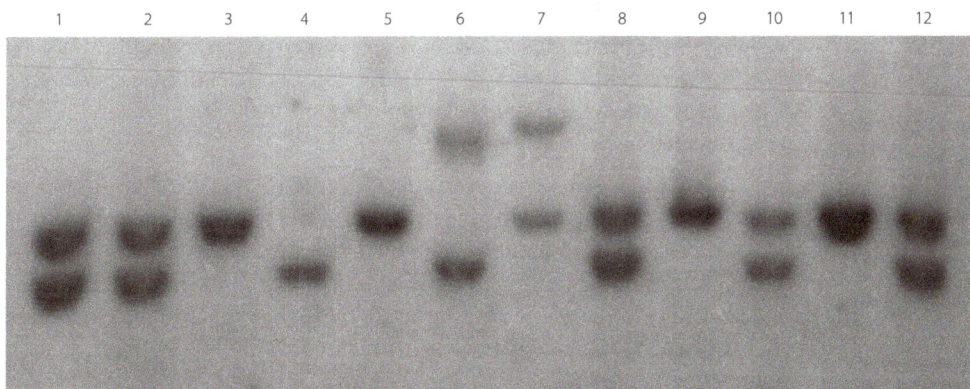

Ein Southern-Blot

Instabil verlängerte repetitive CTG-Einheiten bei mehreren Mitgliedern einer Familie. Die beiden untersten Banden sind ein nicht pathogener 10/11-kb-Polymorphismus. Die weiter oben im Gel liegenden Banden (Spuren 6 und 7, expandierte Fragmente mit Pfeilen gekennzeichnet) entsprechen hingegen pathogenen CTG-Repeats. Photo mit freundlicher Genehmigung von Dr. Simon Ramsden vom St. Mary's Hospital in Manchester.

4.5 Quellen

Allgemeine Beschreibungen der hier aufgeführten Techniken kann man in vielen Fachbüchern finden, beispielsweise bei **Strachan T. & Read A.P.** (2005): Molekulare Humangenetik. 3. Aufl. Elsevier, Spektrum, Akad. Verl., München, Heidelberg.

Nützliche Internetseiten

Das Genetic Science Learning Center der University of Utah erklärt auf seiner Internetseite http://learn.genetics.utah.edu/units/biotech/gel/ ausgezeichnet und in animierter Form die Gelelektrophorese.

Auf der Internetseite des Access Excellence Resource Centers findet man unter http://www.accessexcellence.org/RC/VL/GG/southBlotg.html grundlegende Beschreibungen des Southern-Blot-Verfahrens sowie anderer Methoden. Gute Graphiken, allerdings wird nicht näher ins Detail gegangen.

Zahlreiche ausführliche Informationen und Bilder zur FISH stehen auf folgender Internetseite von Tavis: http://info.med.yale.edu/genetics/ward/tavi/FISH.html zur Verfügung.

4.6 Fragen und Aufgaben

(1) Konstruieren Sie zehn Nukleotide lange Primer, mit denen man jede der unterstrichenen 50 bp langen Sequenzen vervielfältigen kann und dabei ein 50 bp langes Produkt erhält.

(a) CCACTCCCCTCGGCCAGGGCCGCGTCAACC<u>AGCTCGGCGGTGTTTTTATCAACGGCA GGTACCAGGAGACTGGCTCCATA</u>CGTCCTGGTGCCATCGGCGGCAGCAAGCCCAAGG TGAGCGGGCGGGCCTTGC

(b) AAGAGAGAACCCGG<u>GGCGTGCCGTCAGGTACTAAGGCCCATTAACCTCTCCCCGCTTC CTTCCTCCT</u>CCCGCCCCCAGTGAGTTCCATCAGCCGCATCCTGAGAAGTAAATTCGG GAAAGGTGAAGAGGAGGAG

(Denken Sie daran, dass Primer in Wirklichkeit 16–25 Nukleotide lang sind und so konstruiert werden, dass ein Produkt von einigen Hundert Basenpaaren entsteht; das hier ist nur eine Übung, um Primer herzustellen, die richtig positioniert und ausgerichtet sind. Konstruieren Sie sie selbst, auch wenn Sie ein Programm zum Bau von Primern haben.)

(2) Erweitern Sie die Tabelle in *Erkurs 4.6* und zeigen Sie, wie die PCR bis zum Zyklus 10 weitergeht. (Am besten legen Sie dafür ein elektronisches Arbeitsblatt an). Wie viele Zyklen wären erforderlich, um 100.000 Kopien von Produkt B herzustellen?

(3) In der DNA gibt es vier verschiedene Nukleotide, 16 verschiedene Dinukleotide, 64 verschiedene Trinukleotide sowie 4^n verschiedene Sequenzen mit einer Länge von n Nukleotiden. Wie viele Fragmente erhält man von der DNA einer menschlichen Zelle, wenn eine Restriktionsendonuklease eine DNA immer dann schneidet, wenn sie auf eine bestimmte Sequenz aus fünf Nukleotiden trifft – unter der Annahme, dass diese Sequenz zufällig im gesamten Genom verteilt ist?

(4) Angenommen das menschliche Genom bestünde nur aus DNA-Sequenzen, die einmal vorkommen. Wie lang müsste dann eine Oligonukleotidsonde sein, um nur an eine einzige Sequenz im Genom zu hybridisieren?

(5) Wählen Sie für jede der folgenden Sequenzveränderungen oder -effekte aus der unten stehenden Liste die Untersuchungsmethoden aus, mit denen sich die Veränderung oder der Effekt nachweisen lässt (in einigen Fällen können mehrere Methoden geeignet sein):

- ein Basenaustausch G>A im Exon 2 des *PAX3*-Gens, der im Genprodukt zu einem Austausch von Valin 60 gegen Methionin führt
- eine heterozygote 3-bp-Deletion in Exon 6 des *BRCA1*-Gens
- ein Basenaustausch A>T, durch den im Exon 7 des *MITF*-Gens aus dem Codon für Arginin 214 (AGA) ein Stoppcodon (TGA) wird
- ein Basenaustausch GT>GA an der Donor-Spleißstelle am Ende des Exons 4 vom *PAH*-Gen, das das Leberenzym Phenylalanin-Hydroxylase kodiert
- ein Basenaustausch C>A in einem Intron in der Nähe einer Spleißstelle eines ubiquitär exprimierten Aktin-Gens; es soll geklärt werden, ob sich dadurch der Spleißvorgang im Primärtranskript verändert
- Heterozygote Deletion mehrerer überlappender Gene von Chromosom 17 bei einem Kind mit Verdacht auf Smith–Magenis-Syndrom

- eine Verdopplung eines oder mehrerer Exons im Dystrophin-Gen bei einem Jungen mit einer Muskeldystrophie Typ Duchenne
- Deletion von einem oder mehreren Exons im *HYP*-Gen bei einem Jungen mit Hypophosphatämie (einer X-chromosomal dominanten Erbkrankheit)
- Insertion von drei Nukleotiden im Promoter eines Gens; geklärt werden soll, ob die Expression des Gens dadurch beeinträchtigt wird
- zusätzliches oder fehlendes Material bei einem Exemplar des Chromosoms 7 eines Patienten. Dem Zytogenetiker zufolge zeigte ein Exemplar von Chromosom 7 ein anomales Bandenmuster, er konnte aber nicht genau ermitteln, wie es zu dieser Veränderung gekommen war.

Mögliche Untersuchungsmethoden:

(a) Vervielfältigung mit einer PCR; Test darauf, ob ein Produkt vorhanden ist oder nicht
(b) Vervielfältigung mit einer PCR; Bestimmung der Größe des Produkts
(c) Vervielfältigung mit einer PCR samt anschließender Sequenzierung
(d) Vervielfältigung mit einer PCR gefolgt von einer Dot-Blot-Hybridisierung an ein allelspezifisches Oligonukleotid
(e) RT–PCR
(f) quantitative PCR in Echtzeit
(g) Southern-Blot
(h) FISH
(i) Chromosomenfärbung
(j) Array-CGH

Kapitel 5
Wie kann man die DNA eines Patienten auf Genmutationen untersuchen?

Wenn Sie dieses Kapitel durchgearbeitet haben, sollten Sie in der Lage sein,

- die Prinzipien der DNA-Sequenzierung zu beschreiben und eine einfache DNA-Sequenz zu lesen
- anzugeben, unter welchen Umständen man im Rahmen einer DNA-Analyse ein Gen auf Mutationen oder eine bestimmte Veränderung hin untersucht
- kurz die Prinzipien zweier Methoden (abgesehen von der Sequenzierung) zu beschreiben, mit denen man ein Gen auf Mutationen hin durchsuchen kann
- kurz die Prinzipien zweier Methoden zu beschreiben, mit denen die DNA eines Menschen auf eine bestimmte Mutation hin überprüft werden kann
- kurz die Prinzipien zweier Methoden zu beschreiben, mit denen die DNA eines Menschen auf Deletionen oder Duplikationen in den Exons eines Gens hin untersucht werden kann

5.1 Fallbeispiele

| 111 | 125 | 148 | 357 | | | | | | |

Fall 15 Familie Nicolaides

- ? Anlageträger für β-Thalassämie

Spiros Nicolaides ist ein Informatikstudent, der in Großbritannien geboren wurde, dessen Familie aber ursprünglich aus Zypern stammt. Er ist gesund und hat sich vor kurzem während eines Besuchs bei seinen Großeltern in Zypern in Elena verliebt, die kurz zuvor aus den USA zurückgekehrt war, wo sie studiert hatte. Beide Familien sind darüber sehr froh und haben ein großes Verlobungsfest geplant. Elenas ältere Schwester hat ihr aber erzählt, dass man ihr vor ihrer Heirat geraten hatte, Bluttests zu machen, um zu sehen, ob sie Anlageträgerin für β-Thalassämie sei. Zwar hatte sich herausgestellt, dass Elenas Schwester Trägerin dieser Krankheitsanlage

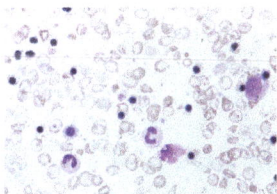
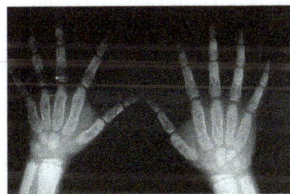
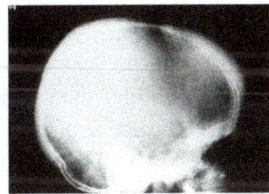
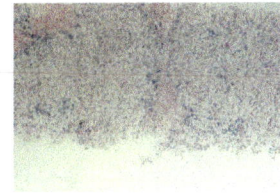

(a)　　　　　(b)　　　　　(c)　　　　　(d)

Abb. 5.1 Auswirkungen der Thalassämie
(a) Blutausstrich mit einer sehr ausgeprägten Hypochromie sowie zahlreichen kernhaltigen Erythrozyten. (b) Osteoporotisches Erscheinungsbild der Handknochen aufgrund einer Vermehrung des Knochenmarks (c) „Bürstenschädel" (d) Leberbiopsie mit Perl-Färbung, in der Eisenablagerungen zu erkennen sind. Mit freundlicher Genehmigung von Dr. Andrew Will vom Royal Manchester Children's Hospital.

ist, doch bei ihrem künftigen Ehemann hatte man nichts dergleichen nachweisen können. Inzwischen haben beide einen gesunden Sohn. Natürlich waren Elena und Spiros besorgt und ersuchten um einen Termin in der humangenetischen Klinik, um über ihr Risiko zu sprechen.

5.2   Grundlagen

Im vorherigen Kapitel haben wir gesehen, wie man mithilfe einer PCR oder verschiedener Hybridisierungsverfahren jeden beliebigen kurzen DNA-Abschnitt in einer Probe untersuchen kann. Manchmal ist keine weitere Untersuchung erforderlich. Das war bei mehreren Familien der Fall:

- in der Familie Davies (Fallbeispiel 4) wurde mithilfe einer PCR eine partielle Deletion des Dystrophin-Gens entdeckt und charakterisiert; auf diese Weise konnte die Diagnose Muskeldystrophie Typ Duchenne bestätigt werden.
- in der Familie Ashton (Fallbeispiel1) konnte über die Größe des PCR-Produkts das pathogene Chorea-Huntington-Allel nachgewiesen werden.
- bei der Familie Lawton (Fallbeispiel 13) ergab ein Southern-Blot, dass das *Faktor-VIII*-Gen durch eine Inversion zerstört war, was klinisch zu den Symptomen einer Hämophilie A bei männlichen Personen führte.

Bei vielen krankheitsauslösenden Mutationen ist jedoch lediglich irgendwo in der Sequenz eines Gens ein Nukleotid gegen ein anderes ausgetauscht, ohne dass in einem PCR-Produkt oder im Southern-Blot eine Veränderung erkennbar wäre. Bei einer Insertion oder Deletion von einem oder zwei Nukleotiden ist die Größe des PCR-Produkts nicht merklich verändert. Wir müssen daher darauf eingehen, wie man ein Gen auf solche Punktmutationen hin untersucht.

Die dafür geeigneten Methoden kann man in drei Gruppen einteilen:

- DNA-Sequenzierung
- Methoden zum Nachweis einer bestimmten Sequenzveränderung
- Methoden, mit denen man ein Gen rasch auf irgendwelche Veränderungen hin absuchen kann, ohne dabei die Art dieser Veränderung bestimmen zu können.

DNA-Sequenzierung

Zur DNA-Sequenzierung verwendet man – im Prinzip wie bei einer PCR – eine DNA-Polymerase, mit der man vom fraglichen Fragment viele Kopien herstellt. Man geht dabei folgendermaßen vor:

(1) Als Ausgangsmaterial nimmt man eine Reihe identischer DNA-Moleküle: in der Regel ein PCR-Produkt, manchmal auch eine klonierte Kopie des Fragments, für das man sich interessiert.

(2) Im Gegensatz zur PCR wollen wir bei einer Sequenzierung nur einen der beiden DNA-Stränge kopieren. Daher benutzt man nur einen einzigen Primer (vgl. *Abb. 4.9*). Statt die DNA-Matrize zu denaturieren, um Einzelstränge zu erhalten, bedient man sich häufig eines speziellen Klonierungsverfahrens. Dazu benötigt man einen speziellen Vektor, M13, der nur einen der beiden DNA-Stränge kopiert.

(3) Wenn wir die einzelsträngige Matrize generiert haben, geben wir den Primer, die vier Nukleotidmonomere A, G, C und T sowie eine DNA-Polymerase dazu, um den komplementären Strang zu synthetisieren. Unter den zugegebenen Monomeren befinden sich aber auch Moleküle, die zum Abbruch der entstehenden Nukleotidkette führen, und das ist der entscheidende Punkt bei der Sequenzierungstechnik. Die Idee dazu hatte Fred Sanger, der dafür den Nobelpreis erhalten hat (seinen zweiten! Den ersten hatte er bereits für die Bestimmung der Aminosäuresequenzen von Proteinen bekommen).

Die Moleküle für den Kettenabbruch sind Varianten der gängigen Nukleotide A, G, C und T (*Abb. 5.2*). Sie werden wie ihre normalen Pendants in die wachsende Polynukleotidkette eingebaut, verhindern dann aber, dass die Kette weiter verlängert wird. Der chemische Trick, mit dem dies erreicht wird, besteht darin, die Hydroxylgruppe an Position 3 der Desoxyribose zu entfernen: die Kettenabbrecher sind daher Didesoxynukleotide. Da diese Hydroxylgruppe das Verbindungsglied zum nächsten Nukleotid in der Kette ist, kann ohne sie kein weiteres Nukleotid an diese spezielle Kette angehängt werden.

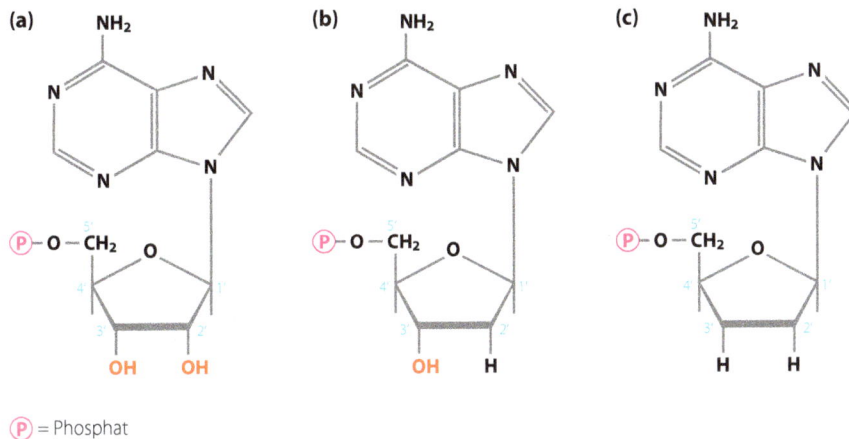

$\textcircled{P}$ = Phosphat

Abb. 5.2
Formeln **(a)** eines Ribonukleotids, **(b)** eines Desoxyribonukleotids und **(c)** eines Didesoxynukleotids. Das Didesoxynukleotid kann zwar über sein 5'-Phosphat an eine wachsende DNA-Kette angehängt werden; da es aber keine 3'-Hydroxylgruppe besitzt, kann die Kette nicht weiter verlängert werden. Für Sequenzierungsreaktionen werden die Didesoxynukleotide normalerweise markiert – entweder radioaktiv oder mit einem Fluoreszenzfarbstoff.

Damit das alles funktioniert, müssen wir nur die richtigen Mengen an Substanzen für den Kettenabbruch zugeben. Wenn die Polymerase ein A in die wachsende Kette einbaut, bleibt es dem Zufall überlassen, ob sie dafür ein normales oder ein Didesoxynukleotid A nimmt. Wenn ein Prozent des normalen A durch Didesoxy-A ersetzt wird, würde bei etwa einem Prozent der wachsenden Ketten das kettenabbrechende Molekül an der A-Position eingebaut und damit die Kette nicht weiter verlängert. Infolgedessen häuft sich eine Reihe von Fragmenten verschiedener Größen an, an deren Ende sich jeweils ein Didesoxy-A befindet. Nehmen wir ein konkretes Beispiel: Angenommen, wir benutzen einen 20 Nukleotide langen Primer und in der DNA, die wir kopieren, befindet sich jeweils 7, 10, 15, 21 usw. Nukleotide vom Startpunkt (dem 3'-Ende des Primers) entfernt ein T. Die Polymerase baut dann bei jedem T der Matrize in den neu synthetisierten Strang ein A ein. Ein Teil der wachsenden Stränge wird jeweils an diesen Stellen abbrechen. Daher werden wir Fragmente von 27, 30, 35, 41 usw. Nukleotiden Länge erhalten. Wenn man das Produkt elektrophoretisch auftrennt, kann man dann anhand der Fragmentgrößen die Positionen der A's in dem neu synthetisierten Strang ablesen. Würde man nur Didesoxy-A zum Kettenabbruch verwenden, gäbe es keine Fragmente von 28, 29, 31, 32 usw. Nukleotiden Länge, weil die Polymerase an diesen Stellen kein A in die wachsende Kette einbauen müsste und es daher auch nicht zu einem Kettenabbruch durch Didesoxy-A kommen könnte.

Ursprünglich wurde die Sequenzierungstechnik von Sanger genauso durchgeführt, wie wir das hier beschrieben haben; die Substanzen für den Kettenabbruch waren radioaktiv markiert und die Daten wurden manuell ausgewertet (*Exkurs 5.1*). Heutzutage sequenziert man meist mit fluoreszenzmarkierten Didesoxynukleotiden (*Abb. 5.3*). Das hat mehrere Vorteile – abgesehen davon, dass man den Gefahren beim Umgang mit radioaktivem Material aus dem Weg geht. Die vier

(a)

Sequenz, die bestimmt werden soll

5′ **AGCTTGAAGACTTAATGACCAACTTGATTATCATAAGTACGGCTAGC** 3′

Richtung, in die sequenziert werden soll

3′ **ATGCCGATCG** 5′ Primer

```
  CATGCCGATCG
 TCATGCCGATCG
 TTCATGCCGATCG
 ATTCATGCCGATCG
 TATTCATGCCGATCG
 GTATTCATGCCGATCG
 AGTATTCATGCCGATCG
 TAGTATTCATGCCGATCG
 ATAGTATTCATGCCGATCG
 AATAGTATTCATGCCGATCG
 TAATAGTATTCATGCCGATCG
 CTAATAGTATTCATGCCGATCG
 ACTAATAGTATTCATGCCGATCG
 AACTAATAGTATTCATGCCGATCG
 GAACTAATAGTATTCATGCCGATCG
```

Reaktionsprodukte: eine Reihe von Fragmenten verschiedener Größe, an deren Ende sich jeweils ein farbiges Didesoxynukleotid befindet

(b)

C T T A T G A T A A T C A A G T T G G T C A T T

klein ⟶ groß

(c)

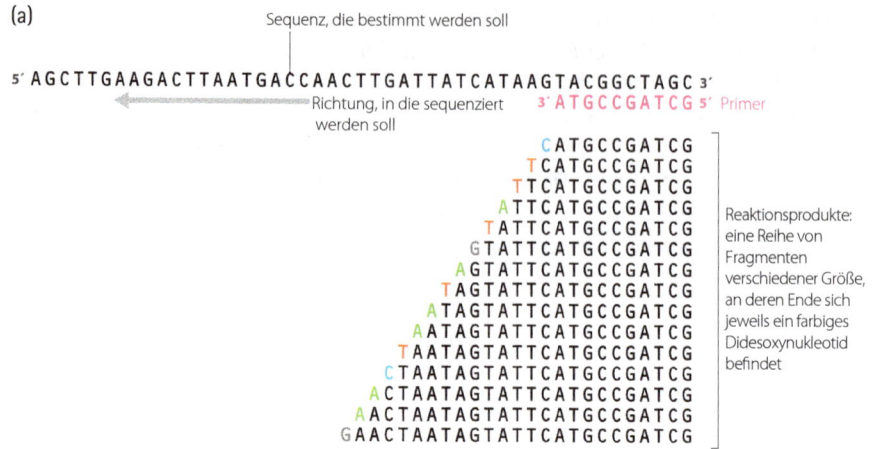

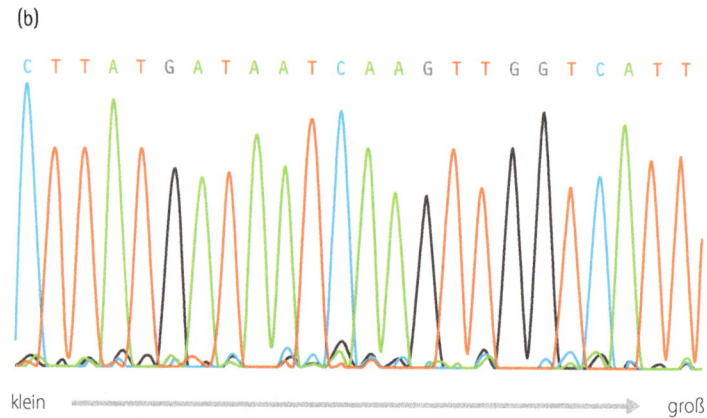

Abb. 5.3   Prinzip der DNA-Sequenzierung
(a) Jedes Mal, wenn ein Nukleotid in die wachsende Kette eingebaut wird, wird es sich mit einer gewissen Wahrscheinlichkeit um ein Didesoxynukleotid handeln, das die Verlängerung der Kette unterbindet. Auf diese Weise entsteht ein kontinuierliches Spektrum von Fragmenten unterschiedlicher Länge. (b) In einer Elektrophorese werden diese Fragmente nach ihrer Größe aufgetrennt. Jedes Didesoxynukleotid ist mit einem anderen Fluoreszenzfarbstoff markiert. (c) Sequenzierungsautomaten wie dieser Prism 377 von Applied Biosystems trennen die Fragmente automatisch auf, identifizieren sie, und bestimmen ihre Größe und Menge.

(a)

C T C C G A T A A T T A A G C T G A T TA A C A T TT G TT C C T C T C C A A AG A A T T T G G T C A C A C C A G G C T
90 100 110 120 130 140

(b)

G G T G T C T C A T GT G A C A G A C C AC C A G C G A C C C T C A C C C A G T T A T G
129 137 145 153 161

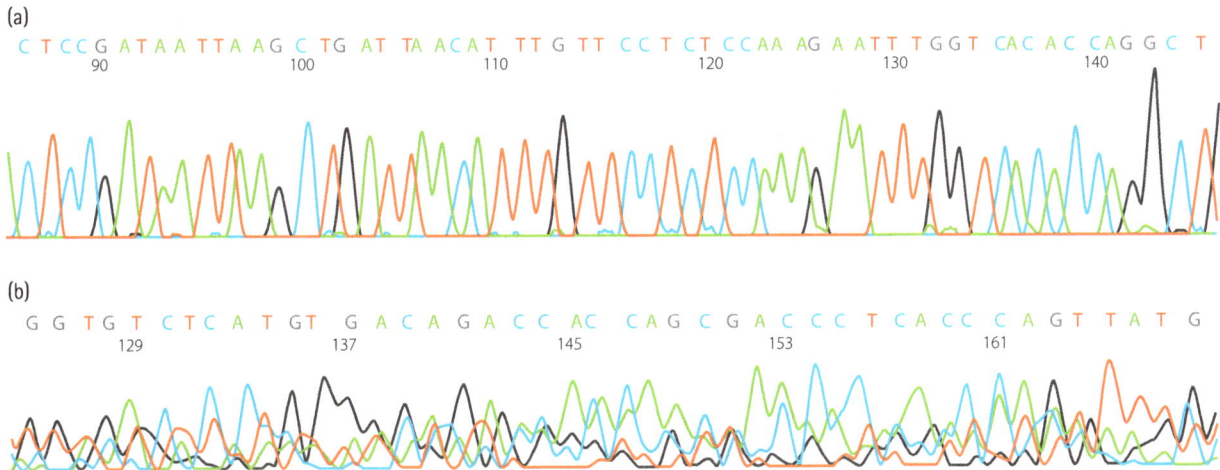

Abb. 5.4 Ausdruck einer DNA-Sequenz
(a) Sequenzen aus einem Abschnitt des Exons 15 vom *OCRL*-Gen. (b) Für die Sequenzierung benötigt man eine qualitativ hochwertige DNA. Wenn die eingesetzte DNA nicht sorgfältig genug gereinigt wurde, kann man die Spuren eventuell nicht gut lesen. (Spur (a) mit freundlicher Genehmigung von Dr. Andrew Wallace von der University of Manchester; Spur (b) anonym.)

Didesoxynukleotide sind mit vier verschiedenen Fluoreszenzfarbstoffen markiert, die normalen Nukleotide sind dagegen unmarkiert. Inzwischen kann man mit einer einzigen Reaktionsmischung arbeiten, in der jeweils geringe Mengen von allen vier Terminatoren (Didesoxynukleotiden) enthalten sind. Jedes Fragment, das mit einem A endet, ist dann – sagen wir einmal – grün markiert, jedes Fragment, das mit einem C endet, blau und so weiter. DNA-Sequenzierungsautomaten trennen die Fragmente in einer Gel- oder Kapillarelektrophorese der Länge nach auf und lesen die Farben ab. Das Ergebnis ist eine Abfolge von Farbmaxima (*Abb. 5.4*). Hochentwickelte Software interpretiert diese Sequenzen und kann darüber hinaus auch noch andere Informationen wie die Fläche eines jeden Maximums oder die Länge aller Fragmente liefern. Dank dieser Möglichkeiten können automatische Sequenzierer außer für die Sequenzierung auch noch für weitere Aufgaben benutzt werden. Bei Tests, die auf PCR basieren, arbeitet man zunehmend mit fluoreszenzmarkierten Primern; dann kann man mithilfe des Sequenzierers die Länge und Menge des PCR-Produkts bestimmen und muss dafür nicht noch zusätzlich ein Elektrophorese-Gel laufen lassen. Viele Tests, von denen später Fotos zu sehen sein werden, werden heutzutage in der Regel von einem Sequenzierer ausgewertet (wir zeigen hier allerdings die Aufnahmen der Gele, um einen unmittelbaren Zugang zum Verfahren zu ermöglichen).

Exkurs 5.1 Die ursprüngliche Sequenzierungstechnik von Sanger

Beim ursprünglichen Sequenzierungsverfahren wurden radioaktiv markierte Didesoxynukleotide eingesetzt. Die vier Nukleotide tragen alle eine ^{35}S-Markierung. Daher muss man vier verschiedene Reaktionen parallel laufen lassen, in denen jeweils einer der Kettenterminatoren eingesetzt wird. Die vier Produkte laufen in benachbarten Spuren eines Sequenzgels, das dann auf einen Röntgenfilm gelegt wird, um die Größe der markierten Fragmente in jeder Spur autoradiographisch zu bestimmen (s. Abbildung). Statt ^{32}P wird ^{35}S verwendet, weil die Banden auf dem Autoradiogramm aufgrund der niederenergetischen Strahlung so schärfer sind.

Manuelle Sequenzierung mit radioaktiv markierten Didesoxynukleotiden. Die Sequenz wird im Autoradiogramm von unten nach oben abgelesen (weil die kleinsten Fragmente im Gel am schnellsten laufen). Die Reihenfolge der ersten 15 Nukleotide (von unten) lautet: TCCAAGATCCTGTGC.

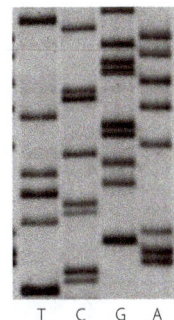

T C G A

Methoden zum Nachweis spezifischer Sequenzveränderungen

Im Labor wird häufig untersucht, ob in einer Probe eine bestimmte Sequenzvariante vorhanden ist oder nicht. Die Gründe für eine solche Untersuchung können ganz unterschiedlich sein.

- So kann es sein, dass die fragliche Krankheit immer durch genau dieselbe Sequenzveränderung hervorgerufen wird. Die Pränataldiagnose für die Sichelzellanämie in der Familie Kavanagh (Fallbeispiel 12) beruht darauf, dass die Sichelzellanämie immer durch exakt denselben Nukleotidaustausch ausgelöst wird. Warum einige Krankheiten immer auf eine bestimmte Mutation zurückzuführen sind, wird in *Kapitel 10* erörtert.
- Es kann sein, dass eine Krankheit zwar durch eine Reihe unterschiedlichster Mutationen ausgelöst wird, aber in einer bestimmten Bevölkerungsgruppe eine oder einige wenige Mutationen so häufig vorkommen, dass es sich lohnt, erst einmal nach diesen zu suchen, bevor man die Suche ausweitet. Ein gutes Beispiel dafür ist die Mukoviszidose. Bei ihr kennt man über 1000 verschiedene Mutationen, doch bei Nordeuropäern handelt es sich in 80 Prozent aller Fälle um eine bestimmte Deletion von drei Nukleotiden (*Tab. 11.1*). Und bei 80 Prozent aller Mutationen im Falle der *β*-Thalassämie bei Zyprioten griechischer Abstammung handelt es sich um die Mutation c.93–21G>A (*Tab. 5.2*).
- Möglicherweise soll ein Patient auch auf eine in der Familie vorkommende Mutation hin untersucht werden, die bereits bei anderen Familienmitgliedern entdeckt und charakterisiert wurde.

Dieselben Methoden werden etwa auch zur Genotypisierung von Personen mit nicht pathogenen Einzelnukleotid-Polymorphismen (SNP), bei Kopplungs- und Assoziationsanalysen (*Kapitel 9*) sowie bei anthropologischen Untersuchungen angewandt.

Es gibt viele Verfahren, mit denen man eine bestimmte Sequenzveränderung nachweisen kann. Zu ihnen gehören:

- Die DNA-Sequenzierung, normalerweise die eines PCR-Produkts. Mit der bereits beschriebenen üblichen Form der Sequenzierung nach Sanger kann man eine mehrere hundert Nukleotide lange Sequenz entschlüsseln; das ist oftmals nicht nötig. Bei einer speziellen Variante, dem Pyrosequencing®, werden von einem vorgegebenen Startpunkt aus nur einige wenige Nukleotide sequenziert. Für dieses Verfahren benötigt man ein besonderes Gerät sowie spezielle Reagenzien. Wenn diese Ausrüstung aber einmal vorhanden ist, eignet sich die Methode sehr gut dazu, in Proben einer Vielzahl von Personen ein bestimmtes Nukleotid nachzuweisen. Ein Beispiel dafür ist in *Abb. 5.16* zu sehen.
- Die Hybridisierung einer PCR-amplifizierten Probe mit einem allelspezifischen Oligonukleotid, wie im Falle der Sichelzellanämie (*Kapitel 4, Abb. 4.11*).
- Die Verdauung mit einem Restriktionsenzym. Erzeugt oder zerstört die Mutation zufällig eine Sequenz, die von einem Restriktionsenzym erkannt wird, so kann man einen einfachen Test durchführen: Man vervielfältigt den betreffenden Bereich mit einer PCR, schneidet das Produkt mit dem entsprechenden Restriktionsenzym und trennt das Ganze auf einem Gel auf. Anhand der Fragmentgrößen kann man dann erkennen, ob die Restriktionsschnittstelle vorhanden ist oder nicht. Bei Heterozygoten findet man sowohl Fragmente, die geschnitten wurden, als auch solche, die nicht geschnitten wurden. Entsprechende Beispiele für LHON (Fallbeispiel 7, Familie Fletcher, *Abb. 5.15*) sowie für die *β*-Thalassämie (Fallbeispiel 15, Familie Nicolaides, *Abb. 5.14*) zeigen wir im weiteren Verlauf des Kapitels.
- Eine allelspezifische PCR. Man kann auch dann mit PCR-Primern arbeiten, wenn diese nicht ganz genau zu ihrer Zielsequenz passen – vorausgesetzt, sie sind lang genug, um zu hybridisieren. Problematisch ist allerdings das Nukleotid am 3'-Ende des Primers. Dieses muss eine exakte Basenpaarung mit der Matrize

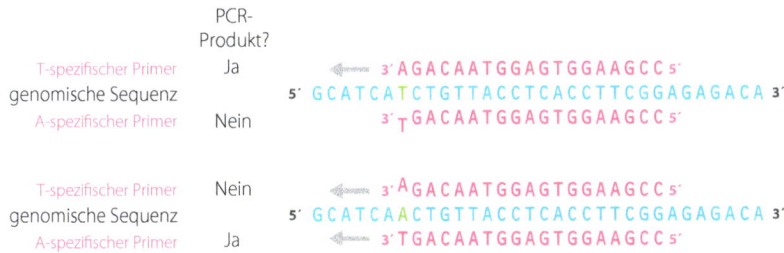

Abb. 5.5 Prinzip einer allelspezifischen PCR
Wenn das letzte Nukleotid am 3'-Ende eines Primers keine korrekte Basenpaarung eingeht, entsteht bei der PCR kein Produkt. Während falsch gepaarte Basen an anderen Stellen im Primer unter Umständen toleriert werden, muss das 3'-Ende vollkommen komplementär sein. Einer der Primer (nicht dargestellt, links außerhalb der Graphik) ist ein Standard-Primer, der zweite ist dagegen spezifisch für ein Allel mit einem T/A-Einzelnukleotid-Polymorphismus (grün). Man startet zwei Reaktionen mit jeweils dem Standardprimer sowie zusätzlich in der einen Reaktion mit dem T-spezifischen, in der anderen mit dem A-spezifischen Primer. Beispiele finden Sie in den *Abb. 5.10* und *5.13*.

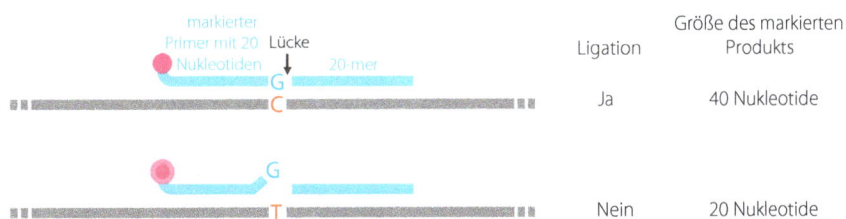

Abb. 5.6 Bestimmung des Genotyps einer C/T-Variante mithilfe des Oligonukleotid-Ligationstests
Die DNA-Ligase kann die Lücke zwischen den beiden endständigen Oligonukleotiden nur schließen, wenn die beiden Enden mit einem Matrizenstrang eine exakte Basenpaarung eingegangen sind. Ein Oligonukleotid ist mit einem Fluoreszenzfarbstoff markiert, sodass man nach der Ligation mit einem DNA-Sequenzierer die Größe des markierten Produkts bestimmen kann. OLA-Tests können als Multiplex-Reaktion laufen, falls die Oligonukleotide so konstruiert sind, dass verschieden große Ligationsprodukte entstehen, und/oder falls man sie mit verschiedenen Fluoreszenzfarbstoffen anfärbt.

eingehen, sonst findet die Reaktion nicht statt. Wir können daher überprüfen, ob es sich bei einem bestimmten Nukleotid um A oder G handelt, indem wir eine PCR ansetzen, bei der dieses Nukleotid mit dem Nukleotid am 3'-Ende eines der Primer hybridisieren muss. Ein Primer mit einem T am Ende vervielfältigt nur das A-Allel, während einer, der mit C endet, nur das G-Allel amplifiziert. Wie bei ASOs startet man zwei parallele Reaktionen mit zwei unterschiedlichen Primern oder markiert die Primer unterschiedlich (etwa mit verschiedenen Farben), so dass man die verschiedenen Produkte auch in einer gemeinsamen Reaktionsmischung wiederfinden kann. Das Prinzip ist in *Abb. 5.5*, Anwendungen sind in den *Abb. 5.10* und *5.13* dargestellt.

- Oligonukleotid-Ligationstest (OLA). Bereits im *Erkurs 4.5* haben wir das Enzym DNA-Ligase vorgestellt, das eine Lücke im Einzelstrang einer DNA-Doppelhelix kovalent schließen kann. Um mit OLA einen Austausch A>G nachzuweisen, hybridisiert man zwei Oligonukleotide mit der Test-DNA. Bei dem einen befindet sich das 3'-Ende beim variablen oder ausgetauschten Nukleotid, bei dem anderen befindet sich das 5'-Ende an dem Nukleotid direkt daneben. Die DNA-Ligase verbindet die beiden, wenn sie vollkommen komplementär zum Teststrang sind, aber nicht, wenn eines der beiden Endnukleotide, die verknüpft werden müssen, nicht exakt zur entsprechenden Base in der Test-DNA passt. Die Oligonukleotide werden anschließend isoliert und in ihrer Größe vermessen, um zu überprüfen, ob ein Ligationsprodukt vorhanden ist. OLA wurde kommerziell entwickelt und eignet sich gut dafür, eine Reihe bestimmter Sequenzveränderungen in einem Arbeitsgang zu untersuchen. Das Prinzip des Tests zeigt *Abb. 5.6*.

Welche Methode man wählt, hängt weitgehend davon ab, wie viele Proben untersucht werden sollen. Allelspezifische Oligonukleotide und Oligonukleotide für OLA müssen für jeden Fall neu synthetisiert werden. Daher lohnen sich diese Verfahren nicht für einen Einmal-Test. Primer für eine allelspezifische PCR müssen ebenfalls speziell angefertigt werden. Das ist allerdings kein so großer Aufwand, weil – für welche Technik man sich auch entscheidet – immer Primer für die PCR benötigt werden. Ein Restriktionsverdau ist zwar im Prinzip einfach, falls man jedoch für die entsprechende Sequenzveränderung kein Standardenzym benutzen kann, kann dieses Vorgehen kostspielig sein. Außerdem entstehen nicht bei allen Veränderungen Restriktionsschnittstellen oder werden welche zerstört. Das Pyrosequencing ist zwar generell ein gutes Verfahren, mit dem man viele Proben untersuchen kann, man benötigt dafür aber eine teure Spezialausrüstung.

Methoden, mit denen man ein Gen auf jede Sequenzveränderung hin untersuchen kann

Meist steht das DNA-Diagnoselabor vor der Aufgabe, die gesamte Sequenz eines Gens auf mögliche Mutationen hin zu untersuchen. Immer häufiger sequenziert das Labor einfach sämtliche Exons und Spleißverbindungen des betreffenden Gens. Die Sequenzierung ist bei einem solchen Mutationsscreening das Nonplusultra, aber nicht in jedem Fall die Methode der Wahl. Die Sequenzierung wird zwar immer billiger, ist aber immer noch ein relativ teures Verfahren. Erfahrung und eine qualitativ hochwertige DNA sind erforderlich, um Ergebnisse zu bekommen, die aussagekräftig genug sind, um Heterozygotie verlässlich nachweisen zu können. Außerdem macht die Struktur von Genen die Sequenzierung zu einem relativ ineffizienten Verfahren für die Suche nach Mutationen. Einzelne Exons des Menschen sind im Durchschnitt 145 bp lang und damit deutlich kürzer als die 400–800 bp, die man mit einem Sequenzierungsschritt erfassen kann. Die meisten Introns sind hingegen zu lang, als dass man in einer einzigen PCR mehr als ein Exon einer genomischen DNA amplifizieren könnte. Daher muss man bei einem Gentest in der Regel für jedes Exon eine eigene PCR durchführen und das Produkt dann sequenzieren. Bei einem Gen wie Fibrillin (s. Fallbeispiel 11, Familie Johnson) mit 66 Exons würde das eine Menge Arbeit bedeuten. Das Problem ließe sich zwar dadurch lösen, dass man die mRNA mithilfe einer RT-PCR untersucht (*Kapitel 4*), doch ist RNA im Labor nicht leicht zu handhaben und zu ihrer Gewinnung könnten unter Umständen größere Eingriffe erforderlich sein (was wäre beispielsweise, wenn das entsprechende Gen nur im Gehirn exprimiert wird?).

Aus diesen Gründen werden neben der Sequenzierung zusätzlich noch eine Reihe anderer Verfahren eingesetzt. Mit diesen kann man ein DNA-Fragment wie ein PCR-amplifiziertes Exon in kurzer Zeit daraufhin untersuchen, ob sich seine Sequenz in irgendeiner Weise von der des Wildtyps unterscheidet. So kann man Zeit und Geld sparen. Die gängigsten Methoden machen sich eines der beiden folgenden Prinzipien zunutze:

- *Die Eigenschaften von Heteroduplices.* Falls jemand für eine Sequenzvariante in einem Exon heterozygot ist, findet man mithilfe einer PCR des Exons eine Mischung von mutierten und normalen Sequenzen. Erhitzt man diese Mischung, um die DNA zu denaturieren, und lässt sie dann langsam abkühlen, sind einige der dabei entstandenen Doppelhelices Heteroduplices, das heißt, sie enthalten von jedem der beiden Allele jeweils einen Strang. Heteroduplices haben im Gegensatz zu einer perfekt gepaarten DNA Ausbuchtungen und Knicke (*Abb. 5.7a*). Daher laufen sie in einer Gelelektrophorese nicht so schnell wie entsprechende Homoduplices. Man kann sie an zusätzlichen Banden im Gel erkennen. Überdies denaturieren Heteroduplices leichter als exakt gepaarte Doppelstränge. Das kann man an unterschiedlichen Eigenschaften feststellen, etwa daran, dass sie in einer denaturierenden Hochleistungsflüssigkeitschromatographie (dHPLC) andere Laufeigenschaften zeigen. DHPLC-Säulen werden häufig benutzt, wenn in zahlreichen Proben immer dieselbe Sequenz untersucht werden muss.

(a)

PCR-Produkt einer
heterozygoten Person

❶ Denaturierung
❷ Hybridisierung

Homoduplices

Heteroduplices

(b)

Denaturierung

rasches
Herunterkühlen

Denaturierung

rasches
Herunterkühlen

unterschiedliche
dreidimensionale
Strukturen ⟶
unterschiedliche
Mobilität im Gen

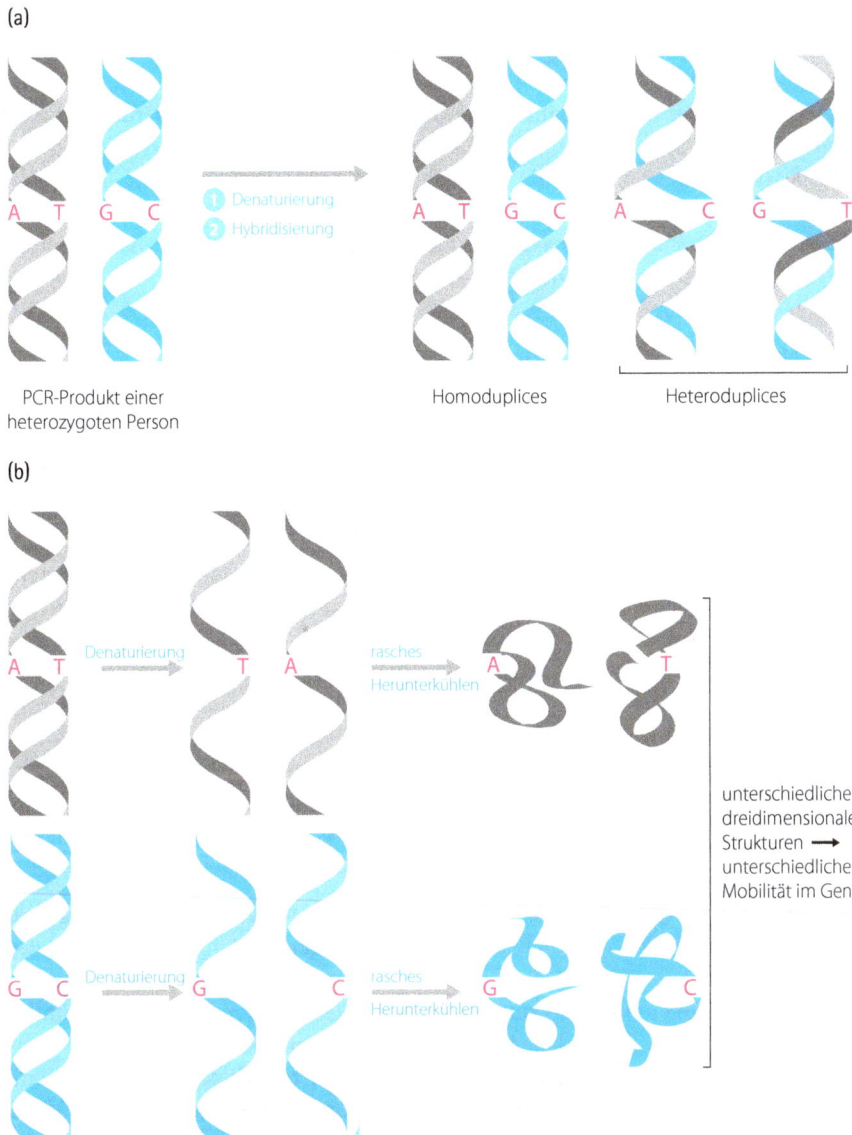

Abb. 5.7 Zwei Techniken für die Suche nach Mutationen
(a) Heteroduplices entstehen, wenn das PCR-Produkt einer heterozygoten Person erhitzt wird
und man es anschließend renaturieren lässt. Sie können anhand ihrer langsameren Laufeigenschaften in einer Gelelektrophorese oder anhand ihrer geringeren Denaturierungstemperatur in
einer denaturierenden Hochleistungsflüssigkeitschromatographie (dHPLC) nachgewiesen werden.
(b) Einzelstrang-Konformationspolymorphismus (SSCP). Welche Konformation eine einzelsträngige
DNA annimmt, hängt von ihrer Sequenz ab. Proben von Personen mit verschiedenen Sequenzvarianten können sich auf unterschiedliche, nicht vorhersagbare Weise falten und im Gel unterschiedlich
schnell laufen. Ein Beispiel dafür ist in *Abb. 5.11* zu sehen.

• *Eigenschaften einer einzelsträngigen DNA.* In einzelsträngiger DNA bilden sich
  Knoten, wenn sich Basen aus verschiedenen Bereichen des Strangs miteinander
  paaren. Welche Form der Knoten im Einzelfall genau hat, hängt von der Sequenz
  ab und hat Einfluss darauf, wie schnell der Knoten in der Elektrophorese wandert. Bei einer Untersuchung auf Einzelstrang-Konformationspolymorphismen
  (SSCP) sucht man nach Unterschieden zwischen dem Wanderungsverhalten der
  Test-Sequenz und einer normalen Sequenz (*Abb. 5.7b* und *5.11*). Im Gegensatz zur dHPLC benötigt man für eine SSCP-Analyse keine teuren Geräte und
  Reagenzien, und das Verfahren ist einfach; dafür entgehen dem Untersucher bei
  der SSCP-Analyse aber wahrscheinlich mehr Mutationen (man spricht von einer
  Sensitivität von 80-90 Prozent). Man setzt das Verfahren daher dann am besten
  ein, wenn nur wenige Proben untersucht werden müssen.

Oftmals bedienen sich Labors dieser oder ähnlicher Verfahren für eine rasche Durchsuchung von einzelnen Exons vorab als Screeningverfahren. Exons, bei denen die Sequenz von der normalen Version abweicht (z.B. über veränderte Laufeigenschaften der DNA-Fragmente im Gel), werden dann sequenziert. Gegenüber einer einfachen Sequenzierung aller Exons spart man bei diesem zweistufigen Ansatz Kosten und Arbeit für die Sequenzierung der normalen Exons. Allerdings findet man mit keiner dieser Methoden sämtliche Sequenzveränderungen und in Anbetracht der ständig sinkenden Sequenzierungskosten kommen diese Alternativen immer seltener zum Einsatz.

Verfahren zum Nachweis von Deletionen oder Duplikationen ganzer Exons

Wie bereits in *Kapitel 3* beschrieben (*Abb. 3.9*) sind bei großen Deletionen oder Verdopplungen in genomischer DNA in der Regel ganze Exons betroffen. Weil Exons nur einen sehr geringen Anteil der Sequenzen des gesamten menschlichen Genoms ausmachen, ist es unwahrscheinlich, dass eine zufällige Bruchstelle genau in einem Exon liegt. Selbst innerhalb eines Gens befindet sich die Bruchstelle mit sehr viel höherer Wahrscheinlichkeit in einem Intron als in einem Exon. Bei einer heterozygoten Person würde man mit einer der oben erläuterten Methoden keine Deletion oder Duplikation eines oder mehrerer Exons finden. So ist beispielsweise Judith Davies (Fallbeispiel 4) heterozygot für eine Deletion mehrerer Exons des Dystrophin-Gens. Wollten wir allerdings bei ihr jedes Exon dieses Gens amplifizieren, würde die entsprechende Sequenz von ihrem normalen X-Chromosom vervielfältigt, und das PCR-Produkt würde in keinem der bereits beschriebenen Tests irgendwelche Auffälligkeiten zeigen. Um Deletionen oder Duplikationen von ganzen Exons nachweisen zu können, sind spezielle Techniken erforderlich.

- In *Kapitel 4* wurde die quantitative PCR beschrieben. Wenn von dem Ergebnis eines einzigen Tests wichtige Lebensentscheidungen abhängen, wie das bei den Frauen in der Familie Davies (Fallbeispiel 4) der Fall ist, muss dieser Test unbedingt äußerst genau und zuverlässig sein. Meist werden für eine quantitative PCR in Echtzeit verschiedene handelsübliche Systeme benutzt.
- Bei der MLPA (*multiplex ligation-dependent probe amplification*) nutzt man die Spezifität der OLA (*Abb. 5.6*), um die Präzision einer einfachen quantitativen PCR zu erhöhen. *Abb. 5.8* veranschaulicht das Prinzip, in *Abb. 5.9* ist ein Beispiel zu sehen. Die MLPA hat in den genetischen Diagnostiklabors rasch an Beliebtheit gewonnen. Verantwortlich dafür war ihre im Vergleich zu anderen Methoden einfache Handhabung, die relativ geringen Kosten, die sie verursacht, die Tatsache, dass mit ihr schnell viele Tests durchgeführt werden können, und ihre gute Verlässlichkeit. Die MPLA ist ein Multiplex-Verfahren, mit dem man gleichzeitig bis zu 45 kurze – in der Regel 60 bp lange – Sequenzen auf Veränderungen in der Kopienzahl hin überprüfen kann. Daher ist sie gut geeignet, um in einem großen Gen mit vielen Exons nach der Deletion ganzer Exons zu suchen, sie könnte aber auch genauso gut dazu verwendet werden, bestimmte Exons von mehreren verschiedenen Genen zu testen. Es ist zeitaufwändig, einen neuen MLPA-Test zu etablieren, weil jede einzelne Sonde sorgfältig konstruiert werden muss; daher wird er meist nur bei häufig untersuchten Genen verwendet, für die es handelsübliche Sondensätze gibt. MLPA-Sonden sind teuer, weil sie viel länger sind als normale PCR-Primer, doch insgesamt gesehen ist die Technik billiger als die meisten Alternativen.

Bindungsstelle für PCR-Primer 1

Bindungsstelle für PCR-Primer 2

Verbindungsstück mit variabler Länge

Lücke, die geschlossen werden muss

Matrizenstrang

5′   3′

DNA-Ligase

3′   5′

aufgrund des Verbindungsstücks ist jedes Ligationsprodukt bei der elektrophoretischen Auftrennung unterschiedlich lang

PCR-Primer 2 bindet an den von Primer 1 aus synthetisierten Strang

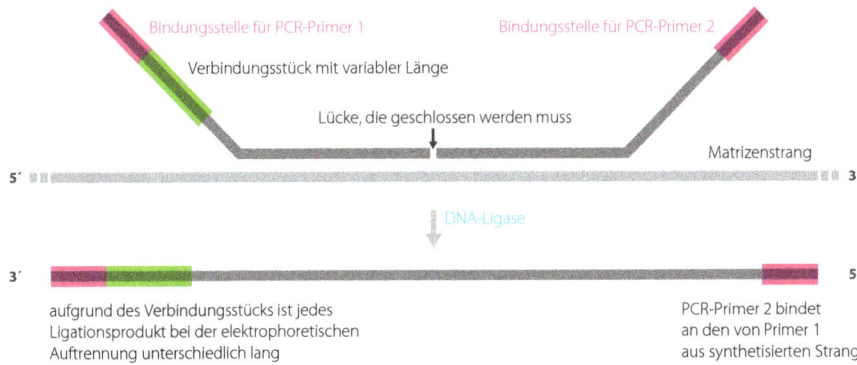

Abb. 5.8 Prinzip der MLPA (*multiplex ligation-dependent probe amplification*) zum Nachweis von Deletionen oder Duplikationen
Jede Sonde besteht aus einem Paar von Oligonukleotiden, das nur dann ligiert werden kann, wenn in der Testprobe wie beim Oligonukleotid-Ligations-Assay (*Abb. 5.6*) die komplementären Sequenzen vorhanden sind. Nach der Ligation wird der Sondenmix mit einer PCR und einem einzigen Primerpaar vervielfältigt, das mit Sequenzen hybridisiert, die sich an den Enden des jeweiligen Sondenpaars befinden. Daher können nur ligierte Moleküle vervielfältigt werden, weil nur sie beide Bereiche besitzen, an die sich die Primer anlagern können. Ein Primer ist mit Fluoreszenzfarbstoff markiert; die Reaktionsmischung wird dann auf einem DNA-Fluoreszenzsequenzierer analysiert. Die PCR-Produkte sind bei jeder Sonde unterschiedlich lang, so dass man auf dem Ausdruck des Sequenzierers für jedes Exon ein eigenes, nur einmal vorhandenes Maximum erhält.

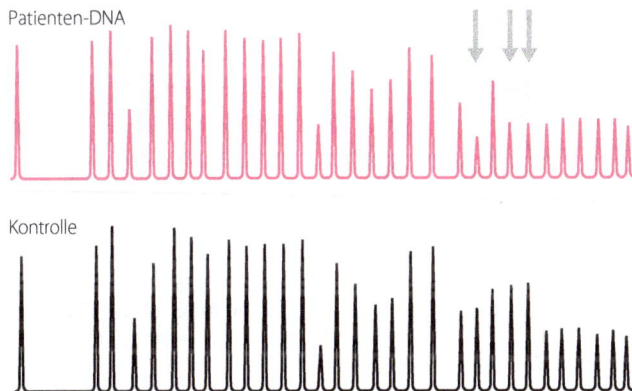

Patienten-DNA

Kontrolle

Abb. 5.9 Beispiel einer MLPA
Jedes Maximum entspricht dem vervielfältigten Ligationsprodukt von jeweils einem Exon eines Gens. In der oberen Spur ist bei drei Peaks und damit bei drei Sondenpaaren die Kopienzahl verringert. Wiedergabe mit freundlicher Genehmigung von MRC-Holland.

5.3 Untersuchung der Patienten

5.3.1 Was bisher geschah ...

In *Tab. 5.1* auf Seite 124 wird zusammengefasst, was für die Untersuchung der bisher beschriebenen Fälle bereits getan wurde und was noch getan werden muss. In diesem Abschnitt werden zur Veranschaulichung der verschiedenen bereits beschriebenen Techniken die weiteren Tests in den Fällen 2, 7 und 15 beschrieben.

| 2 | 7 | 64 | **121** | 144 | 267 | 357 |

David und Pauline hatten vor, noch mehr Kinder zu bekommen, allerdings wollten sie dann auf jeden Fall pränatale Tests machen, weil sie sich schon mit den zusätzlichen Bedürfnissen eines einzigen Kindes mit Mukoviszidose bis an die Grenzen belastet fühlten. Bevor ein solcher Test gemacht werden kann, muss allerdings geklärt werden, welche Mutationen des *CFTR*-Gens bei Joannes die Erkrankung verursachen. Darüber hinaus hatte es Familienzusammenkünfte gegeben, bei de-

Fall 2 Familie Brown

- die sechs Monate alte Joanne; ihre Eltern: David und Pauline
- ? Mukoviszidose
- soll ein biochemischer Test durchgeführt werden?
- Analyse der Mutationen im *CFTR*-Gen

nen über dieses Thema gesprochen wurde, und in denen auch andere Mitglieder der weit verzweigten Familie die Befürchtung geäußert hatten, sie könnten Anlageträger sein; mehrere Verwandte wollten sich daher ebenfalls einem entsprechenden Test unterziehen. Auch dafür müssen die Mutationen von Joanne bekannt sein. Obwohl bei Mukoviszidose-Patienten bisher über 1000 verschiedene Mutationen im *CFTR*-Gen beschrieben wurden, hat man die meisten davon nur in einem oder sehr wenigen Fällen gefunden. Eine Handvoll Mutationen ist dagegen relativ häufig anzutreffen. Ein Mutationstest bei einer Mukoviszidose beginnt daher mit der Suche nach diesen weit verbreiteten Mutationen. Dafür stehen mehrere handelsübliche Tests zur Verfügung. Joannes DNA wurde mithilfe einer allelspezifischen Multiplex-PCR getestet (das Prinzip veranschaulicht *Abb. 5.5*). Es zeigte sich (*Abb. 5.10*), dass sie die p.F508del-Mutation hat (kurze Erklärung zur Nomenklatur in *Exkurs 5.2*, wobei sich für diese Mutation auch die nicht der Konvention entsprechende Bezeichnung delta-F508 eingebürgert hat). Diese Mutation ist die häufigste *CFTR*-Mutation unter Nordeuropäern: sie macht in vielen Populationen 70-80 Prozent aller Mukoviszidose-Mutationen aus.

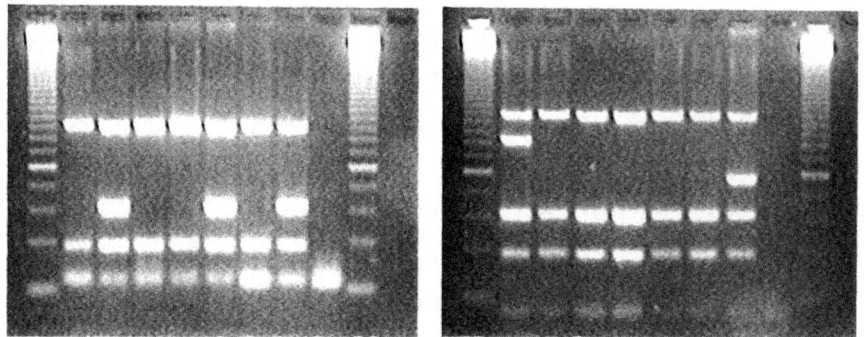

Abb. 5.10 Allelspezifische Multiplex-PCR zum Nachweis von 29 häufigen *CFTR*-Mutationen Die beiden Gele enthalten jeweils die gleichen mit verschiedenen Primerkombinationen amplifizierten sieben Proben. In den Spuren 3 und 4 sind keine Mutationen zu erkennen. Doch die Tatsache, dass in den anderen Spuren zusätzliche Banden vorhanden sind, sowie die Größe der Fragmente weisen eindeutig auf bestimmte Mutationen hin. Mit freundlicher Genehmigung von Victoria Stinton und Roger Mountford vom Liverpool Women's Hospital.

Joanne ist in Bezug auf die p.F508del-Mutation heterozygot und besitzt, wie der Test zeigt, an dieser Stelle auch die entsprechende normale Sequenz. Eine weitere Mutation wurde zunächst nicht gefunden. Der Diagnose zufolge müsste jedoch noch eine weitere Mutation vorhanden sein, wobei diese irgendwo im Gen liegen kann. Statt die 27 Exons des *CFTR*-Gens direkt zu sequenzieren, hat man im Labor die Exons zunächst per PCR amplifiziert und dann mit der SSCP-Methode (*Abb. 5.7b, 5.11*) festgestellt, welche Exons Sequenzvarianten aufwiesen. Dabei wurden in den Exons 3 und 14b von Joannes DNA Abweichungen gegenüber der normalen Kontrolle gefunden. Bei beiden oder auch nur einer von ihnen könnte es sich auch um nicht pathogene Sequenzvarianten handeln. (Aus historischen Gründen sind die 27 Exons des Gens in der wichtigsten Datenbank für Mutationen folgendermaßen nummeriert: 1–5, 6a, 6b, 7–13, 14a, 14b, 15, 16, 17a, 17b, 18–24).

Abb. 5.12 zeigt eine der Spuren des Sequenzierers sowie eine Kontrolle zum Vergleich. Folgende Veränderungen wurden gefunden:

- Exon 3   c.368G>A
- Exon 14b   c.2752–15C>G

In *Kapitel 6* werden wir sehen, auf welche Weise das Labor herauszufinden versucht hat, ob eine der beiden Veränderungen pathogen sein könnte.

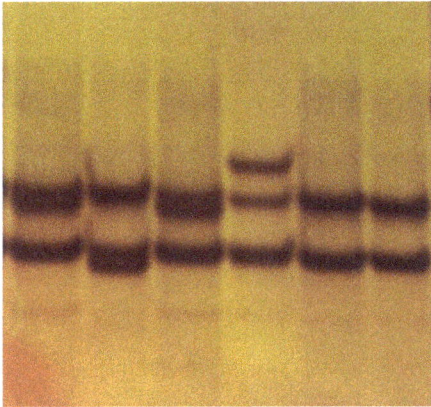

(a)

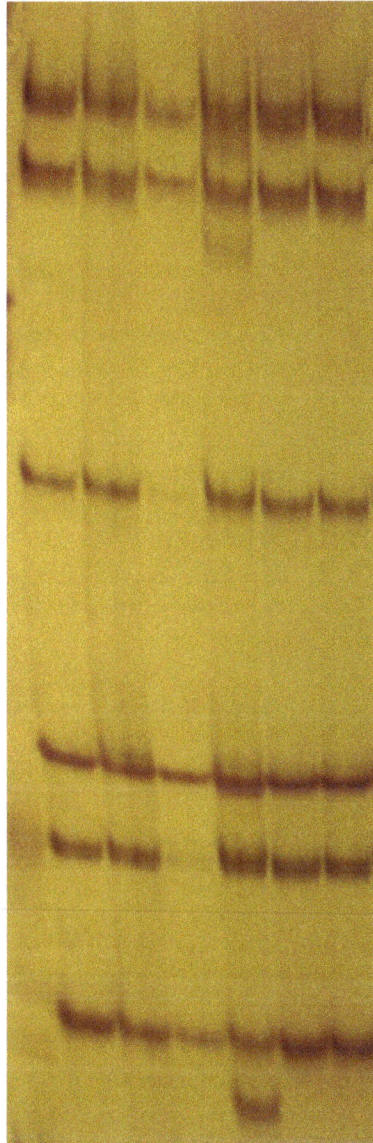

Abb. 5.11   SSCP-Analyse von Exons des *CFTR*-Gens

Exons aus Proben verschiedener Mukoviszidose-Patienten wurden jeweils einzeln in PCR-Reaktionen vervielfältigt. Die Ergebnisse zu den Exons 3 **(a)** und 14b **(b)** werden hier vorgestellt. Die Produkte von Joannes Probe (Spur 4 auf jedem Gel) zeigen ein anderes Bandenmuster als die der anderen Proben, was für Abweichungen in der Sequenz spricht. Bei den Proben in den Spuren 2 und 3 (von anderen Mukoviszidose-Patienten) gibt es ebenfalls Anomalien im Exon 3. Die Exons 3 und 14b müssen daher sequenziert werden (*Abb. 5.12*), um die Veränderung zu finden und entscheiden zu können, ob sie pathogen ist. Dank dieses Vorgehens mussten von Joanne nur noch 2 statt 27 Exons sequenziert werden.

(b)

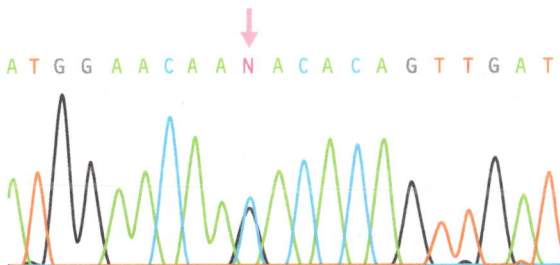

Abb. 5.12   Ausdruck des DNA-Sequenzierers von einem Teil des Exon-14b-PCR-Produkts von Joanne Browns *CFTR*-Gen

An der Stelle, auf die der Pfeil zeigt, findet man sowohl das Nukleotid G als auch das Nukleotid C, was zeigt, dass Joanne heterozygot für diesen Nukleotidaustausch ist (denken Sie daran, dass die Produkte von PCR und Sequenzierung normalerweise eine Mischung der Produkte von beiden Allelen sind). In Kontrollen ist nur das G vorhanden. Normalerweise sequenziert man beide Stränge der DNA getrennt, um die Veränderung zu bestätigen. Hier ist die Sequenz des Matrizen-Strangs abgebildet, demnach wurde in Joannes Sense-Strang ein C durch ein G ersetzt (C > G).

Tab. 5.1 Zusammenfassung der bereits durchgeführten Tests in den geschilderten Fällen sowie der noch erforderlichen Tests

Fall	Problem	bisher durchgeführte Tests	noch ausstehende Tests
1	Chorea Huntington	Ausmaß der Vervielfachung der repetitiven Sequenz durch PCR ermittelt	keiner erforderlich
2	Mukoviszidose		*CFTR*-Gen auf Mutationen untersuchen
3	Gehörlosigkeit		Gen und Mutation identifizieren (*Kapitel 9*)
4	Muskeldystrophie Typ Duchenne	mittels PCR wurde die Deletion der Exons 44–48 charakterisiert	keiner erforderlich
5	Chromosomentranslokation	durch Karyotypanalyse festgestellt	keiner erforderlich
6	ungewollte Kinderlosigkeit	Robertson'sche Translokation durch Karyotypanalyse festgestellt	aufgrund der CBAVD CFTR-Gen auf Mutationen untersuchen
7	Leber'sche hereditäre Optikusneuropathie		Suche nach mitochondrialer Mutation
8	Deletion von 22q11	Deletion durch FISH bestätigt	keiner erforderlich
9	Down-Syndrom	durch Karyotypanalyse bestätigt, pränataler Test mithilfe von FISH	keiner erforderlich
10	Turner-Syndrom	durch Karyotypanalyse bestätigt, Suche nach Y-Sequenzen mittels PCR	keiner erforderlich
11	Marfan-Syndrom		kein molekularer Test durchgeführt, klinische Diagnose reicht aus
12	Sichelzellenanämie	pränataler Test mithilfe von allel-spezifischen Oligonukleotiden	keiner erforderlich
13	Hämophilie	Test auf Inversion mithilfe des Southern-Blots	keiner erforderlich
14	Chromosomenanomalie	Test auf Störung des chromosomalen Gleichgewichts mittels Array-CGH, Überprüfung, ob es dazu spontan gekommen ist	keine weitere Routineuntersuchung
15	β-Thalassämie		Mutation finden

Exkurs 5.2 Ein kurze Einführung in die Nomenklatur der Mutationen

Man kann eine Mutation anhand der Veränderung in der genomischen DNA, in der cDNA oder im kodierten Protein beschreiben. Dementsprechend wird der Mutationsbezeichnung entweder ein g., ein c. oder ein p. vorangestellt.

Bei der DNA bedeutet das Zeichen > „ersetzt durch." Somit bedeutet G>A, dass anstelle des üblicherweise an dieser Stelle vorhandenen Nukleotids G ein A steht. Auf Deletionen oder Insertionen wird durch „del" beziehungsweise „ins" hingewiesen. Das betroffene Nukleotid wird von einem vereinbarten Startpunkt aus und entsprechend einem Eintrag in der Datenbank nummeriert. Bei der cDNA zählt man die Nukleotide ab dem A des Startcodons AUG. Ein Nukleotid in einem Intron erhält die Nummer des letzten Nukleotids des vorausgegangenen Exons, ein Plus-Zeichen sowie die Position im Intron, beispielsweise also: c.77+1, c.77+32. Befindet sich das Nukleotid fast am Ende eines langen Introns, können vor seiner Position auch die Nummer des ersten Nukleotids des folgenden Exons sowie ein Minuszeichen stehen (Beispiele findet man in den *Tab. 5.2* und *11.1*). Bei genomischer DNA muss die Position des Startnukleotids angegeben sein.

Bei Veränderungen auf Proteinebene verwendet man den Ein- oder Dreibuchstabencode für Aminosäuren (s. *Exkurs 3.6*). X steht für ein Stoppcodon. Bei Aminosäuren wird vom Start-Methionin des Proteins aus gezählt (auch wenn dieses in der Regel bei der posttranslationalen Modifikation entfernt wird).

Beispiele:

c.76A>C bedeutet, dass bei Nukleotid 76 ein A durch ein C ersetzt wurde;

c.76–78del bedeutet, dass von Nukleotid 76 bis 78 drei Nukleotide fehlen;

p.Ala26Val oder p.A26V bedeutet, dass aus der Aminosäure Alanin-26 ein Valin wurde;

p.Cys318X oder p.C318X bedeutet, dass aus dem Codon für Cystein 318 ein Stoppcodon wurde.

Das reicht erst einmal aus, um alle Mutationsbezeichnungen in diesem Buch zu verstehen. Die Nomenklatur wurde festgelegt, um alle erdenklichen Sequenzvarianten beschreiben zu können. Weitere Einzelheiten findet man auf der Internetseite der Human Genome Variation Society unter: http://www.genomic.unimelb.edu.au/mdi/mutnomen/

| 111 | **125** | 148 | 357 |

- ? Anlageträger für
  β-Thalassämie
- Test auf Mutationen

Hämoglobinopathien sind die am besten untersuchten Erbkrankheiten, weil Millionen Menschen in vielen Ländern der Erde davon betroffen sind. Kinder, die in Bezug auf β-Thalassämie homozygot sind, haben ein schweres Leben. Sie müssen unzählige Bluttransfusionen erhalten, bekommen dann aber große Probleme, weil sich in ihrem Körper zuviel Eisen ansammelt. Man schätzt, dass einer von sieben griechischen Zyprioten Anlageträger für β-Thalassämie ist. Daher kann man erwarten, dass bei einer von 49 Hochzeiten beide Partner Anlageträger sind. Das hat zu einem staatlichen Massenscreening in der Bevölkerung geführt. Die Gründe, warum Hämoglobinopathien bei einigen Volksgruppen so erstaunlich verbreitet sind, werden in *Kapitel 10* erörtert. Die Suche nach Anlageträgern erfolgt mithilfe gängiger Blutuntersuchungen, und ergab bei Spiros und Elena ergaben, dass es sich bei beiden um Anlageträger handelt, obwohl sie selbst vollkommen gesund sind. Um genau festzustellen, welche Mutationen bei ihnen vorliegen, hat man ihnen molekulare Tests angeboten. Sie nahmen das Angebot an, weil sie davon ausgingen, dass sie im Fall einer Schwangerschaft mit Sicherheit eine Pränataldiagnostik durchführen lassen würden. Es erschien ihnen besser, den Test zu einem Zeitpunkt machen, an dem dafür noch keine dringende Notwendigkeit bestand, als zu warten, bis Elena schwanger wäre und der Test in Eile durchgeführt werden müsste.

Beide gaben eine Speichelprobe ab, aus der DNA isoliert wurde. Bei 98,4 Prozent aller β-Thalassämie-Mutationen von griechischen Zyprioten handelt es sich um immer dieselben fünf Mutationen im β-Globin-Gen (*Tab. 5.2*). Die DNA von Spiros und Elena wurde daher zunächst einmal auf jede dieser fünf Mutationen hin untersucht. Bei einem negativen Ergebnis würden ihre β-Globin-Gene sequenziert, um die Mutationen zu finden. Weil das β-Globin-Gen klein ist – es besteht nur aus 3 Exons und 2 Introns von insgesamt nur 1500 bp Länge – kann man die Exons, Introns und den Promotor routinemäßig sequenzieren, um nach Mutationen zu suchen.

Tab. 5.2 Häufige β-Thalassämie-Mutationen bei Zyprioten griechischer Abstammung

Mutation	β-Thalassämie-Mutationen bei griechischen Zyprioten (%)	Sequenzveränderung: (normal, mutiert)
c.93–21G>A	79,8	ctattggt ctattttccc ctattagt ctattttccc
c.92+6T>C	5,5	AGgttggtat AGgttggcat
c.92+1G>A	5,1	AGgttggtat AGattggtat
c.316–106C>G	5,1	cagctaccat caggtaccat
p.Gln39X	2,9	TGGACCCAGAGGTTC TGGACCTAGAGGTTC

Exon-Sequenzen sind mit Großbuchstaben, Intron-Sequenzen mit kleinen Buchstaben gekennzeichnet. Bis auf die letzte Mutation liegen sie alle in einem Intron des β-Globin-Gens. Erläuterungen zur Nomenklatur der Mutationen findet man in *Exkurs 5.1* und Erörterungen, wie diese Mutationen Krankheiten hervorrufen, in *Kapitel 6*. Die Daten stammen aus der HbVar-Datenbank (http://globin.cse.psu.edu/globin/hbvar).

Keiner von beiden besaß die unter Zyprioten meist verbreitete Mutation c.93–21G>A. Daher wurde die DNA auf die vier anderen gängigen Mutationen hin untersucht. Es zeigte sich, dass Spiros die Mutation p.Gln39X und Elena die Mutation c.316–106C>G aufwies. Alle diese Mutationen können durch Sequenzierung, eine allelspezifische PCR oder eine Hybridisierung mit allelspezifischen Oligonukleotiden gefunden werden; die Mutation c.316–106C>G lässt überdies eine Restriktionsschnittstelle für die Enzyme *Rsa*I (GTAC) und *Kpn*I (GGTACC) entstehen. Als generelle Methode wäre ein reverser Dot-Blot geeignet, bei dem

C-spezifischer Primer   3′ G T T T C C A A G A A A C T C A G G A A A C C 5′
                 5′ G G A C C C A G A G G T T C T T T G A G T C C T T T G G G G A T C T G T C C A C 3′

                 5′ G G A C C T A G A G G T T C T T T G A G T C C T T T G G G G A T C T G T C C A C 3′
T-spezifischer Primer   3′ A T T T C C A A G A A A C T C A G G A A A C C 5′

Abb. 5.13 Nachweis der p.Gln39X-Mutation durch eine allelspezifische PCR
Durch den Austausch C>T wird aus einem Glutamin-Codon (CAG) ein Stoppcodon (TAG). Als Primer benutzt man die C- und T-spezifischen Primer sowie einen Standardprimer, der an eine Sequenz auf der linken Seite des dargestellten Bereichs hybridisiert. Eine gezielte Fehlpaarung an der Position 3 eines jeden Primers erhöht die Spezifität der Reaktion.

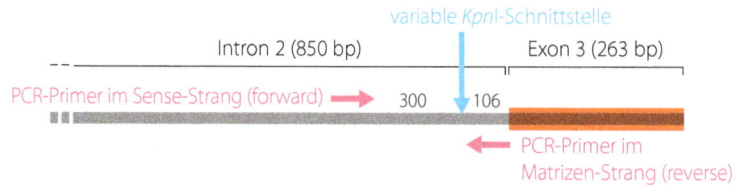

	KpnI-Schnittstelle	ungeschnittenes PCR-Produkt	durch KpnI-gespaltenes PCR-Produkt
normale Sequenz	fehlt	406 Nukleotide	406 Nukleotide
c. 316–106 C>G	vorhanden	406 Nukleotide	300 +106 Nukleotide

Abb. 5.14 Nachweis der c.316–106C>G-Mutation
Durch die Mutation entsteht im Intron 2 des β-Globin-Gens eine KpnI-Restriktionsschnittstelle (GGTACC). Mittels PCR wird ein Fragment von geeigneter Größe, das die Mutation enthält, amplifiziert; anschließend wird das Produkt dann mit dem Restriktionsenzym inkubiert.

ein Raster von allelspezifischen Oligonukleotiden auf ein Nitrozellulosefilter getropft wird, das dann mit einem angefärbten PCR-Produkt mit den vervielfältigten β-Globin-Genen des Patienten hybridisiert wird. In den *Abb. 5.13* und *5.14* wird der Einsatz verschiedener Methoden zum Nachweis dieser Mutationen beschrieben.

| 5 | 12 | 66 | **126** | 147 | 357 | | |

Fall 7 Familie Fletcher

- beim 22-jährigen Frank verschlechtert sich das Sehvermögen immer mehr
- positive Familienanamnese für Sehstörungen
- der Stammbaum spricht, wenn auch nicht mit endgültiger Sicherheit, für einen X-chromosomal rezessiven Erbgang
- ? Leber'sche hereditäre Optikusneuropathie (LHON)
- Anforderung eines Bluttests, um nach Mutationen in der mtDNA zu suchen
- Mutationstest mithilfe des Pyrosequencing

Für die Lebersche hereditäre Optikusneuropathie (LHON, OMIM 535000) ist eine Fehlfunktion der Mitochondrien aufgrund von Mutationen in der mitochondrialen DNA (mtDNA) verantwortlich. Um die Diagnose bei Frank zu bestätigen, muss die Mutation nachgewiesen werden. Die Molekulargenetik der LHON ist recht kompliziert. Bisher wurden 18 verschiedene Punktmutationen in der mtDNA mit der Krankheit in Verbindung gebracht. Vermutlich kann die Funktion der Mitochondrien auf vielerlei Weise so gestört werden, dass die Krankheit ausgelöst wird. Fünf der 18 Punktmutationen haben schon jede für sich so schwerwiegende Folgen, dass es zur LHON kommt; die anderen treten in Kombination miteinander auf, so dass sich vermutlich verschiedene geringfügigere Auswirkungen summieren und so die Krankheit verursachen.

Für die überwiegende Anzahl der Fälle sind – zumindest bei Personen mit europäischer Abstammung – drei Punktmutationen verantwortlich (wir verwenden hier die gängige mtDNA-Nomenklatur):

- G11778A: Austausch eines G gegen ein A bei Nukleotid 11778 im 16,5 kb langen mitochondrialen Genom. Dadurch wird im ND4-Protein, das in die oxidative Phosphorylierung eingebunden ist, das Arginin an Position 340 im ND4-Protein durch ein Histidin ersetzt.
- G3460A: durch den Nukleotidaustausch G>A wird das Alanin an Position 52 im ND1-Protein durch Tyrosin ersetzt.
- T14484C: aufgrund dieses Nukleotidaustauschs wird das Methionin an Position 64 im ND6-Protein durch Valin ersetzt.

	Sequenz			Länge der Fragmente	
				*Sfa*NI	*Mae*III
normal	11770 CGAACGCACT	11780 CACAGTCGCA	11790 TCATAATCCT	417 + 91	233 + 218 + 57
G11778A	11770 CGAACGCACT	11780 CACAGTCACA	11790 TCATAATCCT	508	233 + 131 + 87 + 57

Abb. 5.15   Nachweis der G11778A-Mutation anhand ihrer Wirkung auf die Erkennungsstellen eines Restriktionsenzyms
Durch die Mutation wird eine Schnittstelle für das Enzym *Sfa*NI (GCATC) zerstört und eine für das Enzym *Mae*III (GTNAC; wobei N ein beliebiges Nukleotid sein kann) geschaffen. Bei dem hier skizzierten Test wird ein 508 bp langes Stück der mtDNA, das das Nukleotid 11778 enthält, mithilfe einer PCR vervielfältigt. Anschließend werden Proben des PCR-Produkts einzeln mit den beiden Enzymen geschnitten, und die Fragmente elektrophoretisch aufgetrennt. Die Restriktionsschnittstellen sind unterstrichen, das veränderte Nukleotid ist farblich hervorgehoben und die Fragmentlängen sind angegeben.

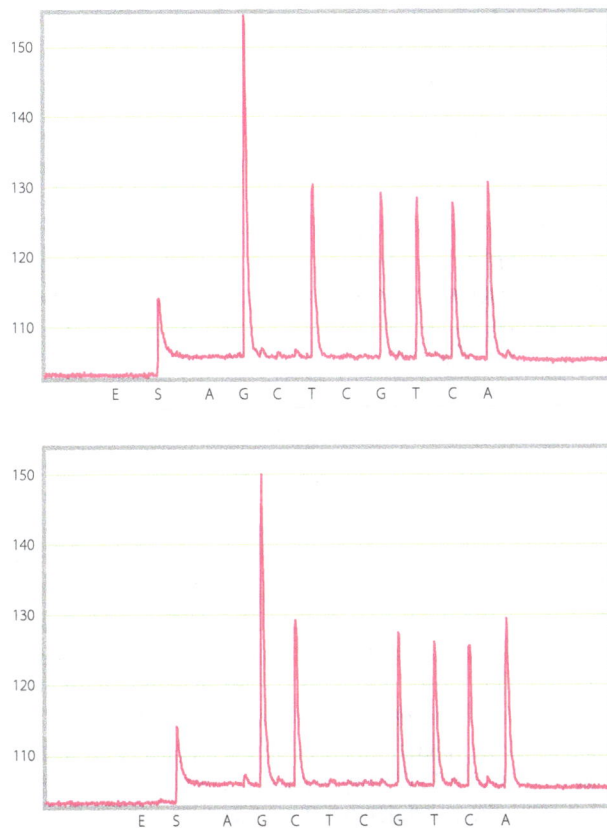

Abb. 5.16   Nachweis einer G3460A-Mutation in der mtDNA durch Pyrosequencing
Der Apparat für das Pyrosequencing versucht, jedes Nukleotid spezifisch der Reihe nach am Ende eines Primers anzuhängen. Die Originalsequenz muss dafür bekannt sein. Sobald das gelingt, wird eine Biolumineszenz-Reaktion ausgelöst, die das Gerät als Ausschlag registriert. Obere Spur: mutierte Sequenz GTGTCA; untere Spur: normale Kontrolle GCGTCA (die Sequenzen stammen vom Matrizen-Strang).

Normalerweise wird bei der Diagnostik zuerst einmal nach diesen drei konkreten Mutationen gesucht. Falls keine dieser Mutationen vorliegt, ist eine umfangreichere Suche erforderlich, bei der dann unter Umständen auch Teile der mtDNA sequenziert werden.

Zum Nachweis der gängigen Mutationen kann jedes der bereits beschriebenen Verfahren angewandt werden. *Abb. 5.15* zeigt eine Methode, bei der die G11778A-Mutation mithilfe eines Restriktionsenzyms bestimmt wird. Ein anderes Verfahren ist das Pyrosequencing (*Abb. 5.16*), das den Vorteil hat, quantitative Ergebnisse zu liefern. Wie bereits in Kapitel 1 erörtert, können Menschen in Bezug auf mitochondriale Mutationen homoplasmisch oder heteroplasmisch sein. Daher muss bei einem umfassenden Mutationstest auch überprüft werden, wie groß der Anteil an normalen und mutierten Mitochondrien ist. Der Test ergab, dass Frank hinsichtlich der G3460A-Mutation homoplasmisch ist, und bestätigte so die Diagnose LHON.

5.4 Zusammenfassung und theoretische Ergänzungen

Die drei Fragen

Ob und wie Mutationstests durchgeführt werden können, hängt vor allem von einer präzisen Fragestellung ab. Sehen Sie sich folgende drei Fragen an:

(1) Hat Joanne Brown (Fallbeispiel 2) irgendeine Mutation in einem Gen, die ihren Zustand erklären würde?
(2) Ist das *CFTR*-Gen von Joanne Brown mutiert?
(3) Enthält das *CFTR*-Gen von Joanne Brown die p.F508del-Mutation?

Frage (3) ist mit einer beliebigen Methode aus dem Abschnitt über den Nachweis bestimmter Sequenzveränderungen schnell und ohne großen finanziellen Aufwand zu beantworten. Dort findet man auch Informationen darüber, welche Situation vorliegen muss, damit man eine so gezielte Frage stellen kann.

Frage (1) lässt sich gegenwärtig nicht beantworten. Innerhalb der nächsten zehn Jahre wird es zwar aufgrund technischer Fortschritte möglich sein, jedes Gen eines Menschen oder sogar sein gesamtes Genom so einfach und kostengünstig zu sequenzieren, dass das Verfahren routinemäßig durchgeführt werden wird. Doch selbst wenn der Genetiker die Sequenzen des gesamten Genoms kennen würde, wäre das wahrscheinlich nicht ausreichend, um eine derart unpräzise Frage zu beantworten. Dafür sind die Unterschiede zwischen den Genomen der einzelnen Personen zu groß. Für die meisten Merkmale eines Menschen sind Kombinationen mehrerer, teilweise auch vieler Varianten verantwortlich. Irgendwann wird man möglicherweise genug wissen, um vorhersagen zu können, wie sich eine beliebige Kombination mehrerer Millionen Varianten auswirkt – allerdings bestimmt nicht in naher Zukunft.

Frage (2) lässt sich zwar im Prinzip immer beantworten; wie hoch die Kosten sind, hängt jedoch davon ab, wie viele Exons überprüft werden müssen. Wenn man sich Fallbeispiel 3 (Nasreen Choudhary) ansieht, so kennt man über 50 Gene, die bei angeborener Gehörlosigkeit eine Rolle spielen können und die insgesamt Hunderte von Exons enthalten. In einem solchen Fall kann man erst dann ein Mutationsscreening durchführen, wenn man die Kandidaten auf ein Gen oder einige wenige Gene eingegrenzt hat. Wie das in diesem speziellen Fall gemacht wurde, wird in *Kapitel 9* beschrieben. Bei Joanne Brown (Fall 2) kommt nur ein einziges Gen in Frage: Mukoviszidose wird immer durch Mutationen im *CFTR*-Gen hervorgerufen. Um das ganze Gen zu durchforsten, müssen immer noch 27 Exons überprüft werden. Welchen Aufwand ein Labor für die Beantwortung der Frage (2) betreiben wird, hängt von der klinischen Bedeutung der Antwort ab. Aufgrund einer zunehmenden Automatisierung und des Einsatzes einiger später im Text beschriebener Technologien werden die Mutationsscreenings, die ein Diagnoselabors zu einem bestimmten Preis durchführen kann, in nächster Zukunft immer umfangreicher werden.

Mutationsnachweis mithilfe von Chips

Mithilfe von Mikroarrays („DNA-Chips") kann man eine große Anzahl von Hybridisierungstests parallel laufen lassen. Wie in *Kapitel 4* beschrieben, bestehen

Mikroarrays aus Hunderten bis Hunderttausenden verschiedener DNA-Sonden, die auf einer festen Unterlage fixiert sind. Jede Position des Mikroarrays enthält viele Moleküle einer bestimmten Sonde. Dieser Grundaufbau kann auf unterschiedliche Weise umgesetzt werden. In *Kapitel 4* bestanden die Sonden aus großen Fragmenten natürlicher DNA (BAC-Klone), und der Mikroarray wurde eingesetzt, um mithilfe einer vergleichenden Genomhybridisierung in großem Maßstab nach Abweichungen in der Kopienzahl zu suchen. In einem anderen Ansatz verwendet man Mikroarrays mit synthetischen Oligonukleotiden, die so kurz sind, dass schon eine einzige Fehlpaarung ausreicht, um die Effizienz der Hybridisierung zu verringern. Oligonukleotid-Arrays bieten diverse Möglichkeiten, um eine DNA-Probe auf eine große Anzahl an einzelnen Basenaustauschen hin zu überprüfen.

- Als Sonden kann man Oligonukleotide nehmen, die systematisch die gesamte Sequenz eines Gens abdecken. Oligo1 könnte beispielsweise zu den Nukleotiden 1–25 der cDNA passen, Oligo2 zu den Nukleotiden 2–26 und so weiter über ein oder mehrere Gene hinweg. Ob die Test-DNA von dieser Sequenz abweicht, erkennt man an einer schlechteren oder fehlenden Hybridisierung mit bestimmten Oligonukleotiden. Solche „Resequenzierungs-Chips" enthalten auch Oligonukleotide, die zu allen möglichen Substitutionen einzelner Basen im entsprechenden Gen passen. Auf diese Weise kann man in einem einzigen Experiment sämtliche Sequenzen eines großen Gens auf Veränderungen in einzelnen Nukleotiden hin untersuchen.
- Die Sonden können Oligonukleotide sein, die ausgewählt wurden, um in allen Kandidatengenen einer bestimmten Krankheit eine ganze Reihe von speziellen Mutationen nachzuweisen. Auf diese Weise könnte etwa das Problem gelöst werden, 50 Kandidatengene für Gehörlosigkeit zu überprüfen, oder man könnte in allen Genen, die als mögliche Ursachen für das Long-QT-Syndrom (*Krankheitsinfo 5*) in Frage kommen, nach Mutationen suchen. Man würde in diesen Genen allerdings nur nach einer begrenzten, vorher genau definierten Gruppe von Mutationen fragen. Eine möglicherweise neu aufgetretene Mutation bei einem Patienten würde wahrscheinlich nicht erkannt werden. Solche Chips werden daher für einen ersten Test benutzt, um Mutationen zu finden, die in der Mehrzahl der Proben vorhanden sind. Proben mit negativem Ergebnis müssen dann mit anderen Techniken überprüft werden.
- Mithilfe einer Variante des zuvor skizzierten Chiptyps bestimmt man, welchen Genotyp aus einer großen Gruppe von bekannten, nicht pathogenen Variationen in einzelnen Basen (SNPs) eine Probe hat. Wie SNPs and SNP-Chips benutzt werden, wird in *Kapitel 9* erläutert.

Mikroarrays werden künftig für DNA-Untersuchungen immer mehr an Bedeutung gewinnen. Ein Chip wird zwar nur einmal benutzt, um jeweils eine Probe zu analysieren, doch wenn man die Arbeitskosten mit einrechnet, ist es, so teuer es auch sein mag, unter Umständen günstiger, Chips zu verwenden, als bei einem großen Gen jedes Exon zu vervielfältigen und zu sequenzieren. Die Investitionskosten sind enorm: Das Unternehmen muss einen entsprechenden Mikroarray entwickeln, herstellen und etablieren, und das Labor die für den Einsatz und die Auswertung der Mikroarrays nötige Ausstattung anschaffen. Aus diesem Grund werden die Chips in der Diagnostik wahrscheinlich vor allem bei Analysen eingesetzt, die häufig durchgeführt werden müssen: Mutationstests für Brustkrebs etwa oder für andere relativ häufige Krankheiten. Viele Krankheiten mit mendelschem Erbgang sind zu selten, als dass die Kosten für die Entwicklung spezieller Chips gerechtfertigt wären. Für die betroffene Familie hat eine äußerst seltene Krankheit natürlich trotzdem eine immense Bedeutung. Solche „Waisenkrankheiten" („Orchideenkrankheiten") sind in der humangenetischen Klinik ein großes Problem.

Krankheitsinfo 5 Long-QT-Syndrom

Wie seit langem bekannt ist, können auch scheinbar gesunde junge Menschen plötzlich und unerwartet sterben, ohne dass bei der Obduktion ein Hinweis auf die Todesursache gefunden würde. Gelegentlich sind mehrere Personen in einer Familie betroffen. Nach Erkenntnissen aus den letzten Jahren sind es vor allem zwei Gruppen von Krankheiten, die als Ursache für den plötzlichen Tod im Erwachsenenalter in Frage kommen, ohne dass bei der Autopsie offensichtliche Gründe dafür festzustellen wären: Long-QT-Syndrome sowie Kardiomyopathien. In der zweiten Gruppe können im Vorfeld einige Symptome auftreten und bei einigen Betroffenen kann bei der Obduktion eine deutliche Hypertrophie des Herzens zu finden sein. Manche Menschen zeigen jedoch keinerlei Symptome oder haben histologische Befunde, die nur Fachleute auf diesem Gebiet etwas sagen.

Für Long-QT-Syndrome sind Anomalien im EKG charakteristisch (*Abb. 1*). Dazu gehören eine Verlängerung der QT-Zeit (Anzeichen für eine verlängerte oder gestörte Erregungsrückbildung der Herzkammern) sowie eine anomale T-Welle, die mit einer Tendenz zur Tachykardie einhergehen können (einem Anstieg der Herzfrequenz), wodurch es unter Umständen zu einer Synkope (Ohnmacht) kommen kann. Zuckungen während der Bewusstlosigkeit können zur Fehldiagnose Epilepsie verleiten. Diese Episoden hören oft von selber auf, können aber auch zu einem Kammerflimmern und dadurch zum plötzlichen Tod führen. Für 10–20 Prozent aller Unglücksfälle durch Ertrinken sind möglicherweise das Long-QT-Syndrom oder andere genetisch bedingte Arrythmien verantwortlich (Choi et al., 2004). Mit dem Long-QT-Syndrom lassen sich unter Umständen auch einige Fälle von plötzlichem Kindstod erklären.

Es wurden Familien beschrieben, bei denen die Krankheit dominant vererbt wird, während betroffene Personen in anderen Familien zusätzlich unter einer Schallempfindungsschwerhörigkeit leiden und die Krankheit autosomal-rezessiv vererbt wird. Die dominanten Formen (*Abb. 2*) fasst man unter der Bezeichnung Ward-Romano-Syndrom (OMIM 192500), die rezessiven dagegen unter der Bezeichnung Jervell-Lange-Syndrom (JL; OMIM 220400) zusammen. Personen mit JL sind stark sensorineural hörgestört und haben ein langes QT-Intervall. Ohne Therapie stirbt jeder Zweite von ihnen vor dem 15. Lebensjahr.

Das Grundproblem ist eine Fehlfunktion bei einem oder mehreren Ionenkanälen, die für die Regulation des Herzrhythmus entscheidend sind. Kopplungsstudien haben ergeben, dass sowohl das Ward-Romano- als auch das Jervell-Lange-Syndrom heterogen sind, wobei in verschiedenen Familien unterschiedliche Genorte betroffen sind. Man kennt inzwischen Mutationen, bei denen folgende Gene für Ionenkanäle betroffen sind.

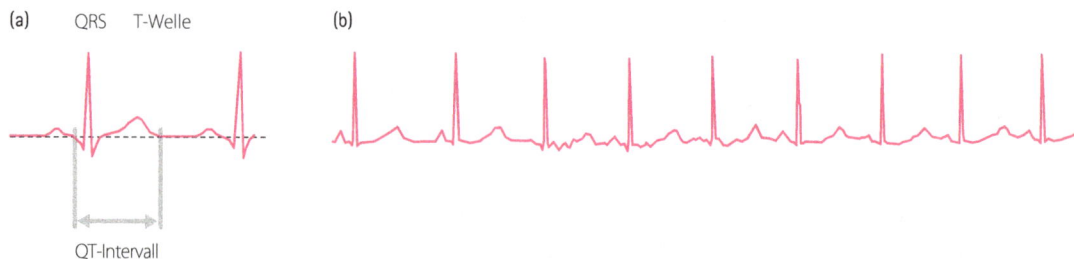

Abb. 1
(a) Das QT-Intervall sowie **(b)** Ausschnitt eines Belastungs-Elektrokardiogramms mit einem langen QT-Intervall (535 ms). Mit freundlicher Genehmigung von Dr. Kay Metcalfe vom St Mary's Hospital in Manchester.

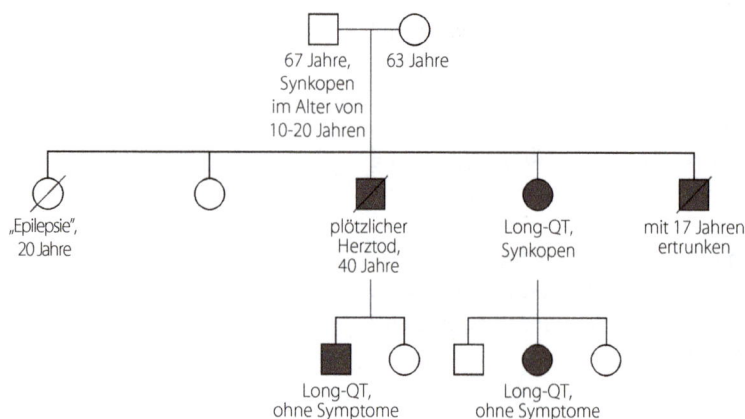

Abb. 2
Ein typischer Stammbaum einer Familie mit dem dominant vererbten Long-QT-Syndrom

- *KCNQ1* und *KCNE1*. Beide kodieren Elemente des IKs-Kaliumkanals. Ward-Romano-Patienten können für Mutationen in einem von beiden Genen heterozygot und JL-Patienten homozygot sein. Bewusstlosigkeit und der plötzliche Tod werden häufig durch körperliche Anstrengungen, vor allem beim Schwimmen, ausgelöst.

- *KCNH2* und *KCNE2*. Beide kodieren Elemente des IKr-Kaliumkanals. In einigen Ward-Romano-Patienten wurden heterozygote Mutationen in einem der beiden Gene beschrieben. Aufregung oder Lärm – besonders Lärm, der jemanden aufweckt – sind die häufigsten Auslöser für einen plötzlichen Tod.

- *SCN5A*, das einen Natriumkanal im Herz kodiert. Bei einigen Ward-Romano-Patienten wurden heterozygote Mutationen beschrieben. Der Tod tritt in der Regel im Ruhezustand oder Schlaf ein.

In *Kapitel 6* erörtern wir die Gründe dafür, dass Mutationen in *KCNQ1* und *KCNE1* solche Syndrome auslösen können, obwohl der Vererbungsmodus ganz unterschiedlich ist. Bei bis zu 30 Prozent der Familien lässt sich in keinem dieser Gene eine Mutation nachweisen. Einen Zusammenhang zwischen Genotyp und Phänotyp herzustellen, wird noch dadurch erschwert, dass eine vollkommen andere Krankheit, das Brugada-Syndrom (OMIM 601144), ebenfalls durch Mutationen in *SCN5A* hervorgerufen werden kann. Bei dieser Krankheit kommt es zwar auch zu Kammerflimmern und plötzlichem Tod, doch dort haben wir es mit anderen EKG-Anomalien (die einem Rechtsschenkelblock samt variabler ST-Streckenhebung ähneln) zu tun, die sogar ausbleiben können, wenn sie nicht provoziert werden.

Nach einem so verstörenden Ereignis wie einem plötzlichen Tod – besonders wenn es sich um einen jungen Menschen gehandelt hat – sind enge Verwandte meist besorgt und ängstlich. Tests und genetische Beratung können diesen Menschen wieder Sicherheit geben und ihnen helfen, mit dem Risiko für einen plötzlichen Tod umzugehen. Dafür sollte eine ausführliche Familienanamnese erhoben werden, wobei vor allem das Auftreten von Ohnmachten oder unerklärlichen „Anfällen" berücksichtigt werden sollte. Verwandte ersten Grades sollten auf Anzeichen für ein Long-QT-Syndrom hin untersucht werden. Es wäre äußerst wünschenswert, auch eine Mutation zu finden, die als Ursache für dieses Syndrom in Frage kommt, damit Verwandte mit einem Krankheitsrisiko eindeutig identifiziert und Verwandte ohne ein entsprechendes Risiko beruhigt werden können. Bei allen Long-QT-Syndromen zielt die Behandlung darauf ab, bekannte auslösende Faktoren zu vermeiden, durch den Einsatz von Betablockern die Neigung zur Tachykardie zu verringern und in einigen Fällen Cardioverter-Defibrillatoren zu implantieren. Ist die genaue Mutation bekannt, können die Patienten schon im Vorfeld darüber aufgeklärt werden, wie sie auslösende Faktoren meiden können. Da aber eines von mehreren Genen beteiligt sein kann, bereitet eine molekulare Diagnose ähnliche Schwierigkeiten wie bei Familien mit erblicher Gehörlosigkeit (s. Fall 3, Familie Choudhary).

Andere Methoden zur Genotypisierung oder Sequenzierung von DNA

Die in diesem Kapitel beschriebenen Methoden eignen sich für die meisten Belange in der Humangenetik, bei denen man nur eine oder einige wenige DNA-Proben untersuchen muss. Einige Wissenschaftler müssen sehr viele Proben auf spezielle Varianten hin überprüfen. Labors, die nach genetischen Risikofaktoren für bestimmte weit verbreitete Krankheiten (*Kapitel 13*) suchen, müssen den Genotyp von zahlreichen (etwa 5000–500000) spezifischen nicht pathogenen Polymorphismen in Hunderten oder Tausenden von Proben bestimmen. Die größten Labors bestimmen pro Woche mitunter Millionen an Genotypen. Für jedes Massenscreening, das künftig durchgeführt werden wird, werden spezielle Techniken erforderlich sein. Für die massenhafte Genotypisierung werden hochgradig automatisierte Verfahren eingesetzt, mit denen in Tausenden von Proben spezifische Varianten eines Genotyps bestimmt werden. Dafür benötigt man andere Verfahren als die, die bisher vorgestellt wurden. Der entscheidende Punkt bei allen groß angelegten Verfahren ist, dass sie ohne Elektrophorese auskommen müssen, weil es sehr schwierig ist, diese Technik in dem erforderlichen Umfang durchzuführen. Zu den möglichen Techniken gehören die Massenspektrometrie, mit der man DNA-Fragmente aufgrund ihrer Molekülmasse identifizieren kann, sowie die Hybridisierung der Test-DNA an ein Trägermaterial aus Millionen mikroskopisch kleiner Kügelchen, die jeweils mit einem speziellen Fluoreszenzfarbstoff oder molekularen Barcode markiert sind, mit denen die Kügelchen schnell sortiert und identifiziert werden können. Diese Methoden gehören (noch) nicht zum klinischen Testprogramm und würden daher den Rahmen dieses Buches sprengen; entsprechende Beschreibungen findet man bei Church (2006) und Sellner & Taylor (2004).

Viele Forschergruppen in Unternehmen und an Universitäten entwickeln nicht nur Methoden zur massenhaften Genotypisierung, sondern arbeiten auch an neuen Sequenzierungsverfahren. Ihr Ziel besteht zum einen darin, Techniken zu entwickeln, mit denen man ein bestimmtes Gen – etwa das *BRCA1*-Gen – auch in einer sehr großen Menge an Proben kostengünstig sequenzieren kann. Zum anderen sollen die Kosten für die Sequenzierung eines einzelnen Genoms um mehrere Größenordnungen gesenkt werden. Im Februar 2004 rief das National Institute for Human Genome Research der USA dazu auf, Vorschläge für die Entwicklung „revolutionärer Technologien zur Sequenzierung von Genomen" zu machen, mit denen man letztlich in der Lage wäre, innerhalb von einer Woche und für 1000 Dollar das gesamte Genom eines Menschen zu sequenzieren. Mehrere Labors und Unternehmen haben diese Herausforderung angenommen.

5.5 Quellen

Sellner L.N. & Taylor G.R. (2004); MLPA and MAPH: new techniques for detection of gene deletions. *Hum. Mutat.* 23: 413–419.

Church G.M. (2006): Genomes for All. *Sci. Amer.* 294: 47–54.

Choi G. et al. (2004); Spectrum and frequency of cardiac channel defects in swimming-triggered arrhythmia syndromes. *Circulation* 110: 2119–2124.

In der Ausgabe der Clinica Chimica Acta vom Januar 2006 (363, Nr. 1–2) findet man eine Reihe von Überblickarbeiten zum Thema „Present and Future of Rapid and/or High-throughput Methods for Nucleic Acid Testing." Auch wenn in den Reviews eher technische Details im Vordergrund stehen, werden dort alle hier erwähnten neueren Methoden sowie viele andere eingehend besprochen.

5.6 Fragen und Aufgaben

(1) Wählen Sie für jede der folgenden Sequenzveränderungen oder -effekte aus der unten stehenden Liste mögliche Testverfahren aus, mit denen man die Veränderung oder den Effekt nachweisen könnte (in vielen Fällen sind mehrere Methoden möglich).

- eine Punktmutation in einem der 26 Exons des *F8*-Gens
- Verdopplung der Exons 50–54 des Dystrophin-Gens bei einem Jungen mit Muskeldystrophie Typ Duchenne
- Vervielfältigung des (CAG)$_n$-Repeats im *SCA3*-Gen einer Frau, von der man annimmt, dass sie eine Spinocerebelläre Ataxie Typ 3 (Machado–Joseph-Krankheit) hat
- Identifizierung eines kleinen zusätzlichen „Markerchromosoms" bei einem Baby mit Fehlbildungen
- Insertion von 4 Nukleotiden im 7. Exon des Dystrophin-Gens bei der Schwester eines Jungen mit dieser Mutation
- Deletion eines von 20 Exons des Dystrophin-Gens bei einem Jungen mit Muskeldystrophie Typ Duchenne
- Mutation A>G im Exon 4 des *OCRL*-Gens
- Deletion eines von 20 Exons des Dystrophin-Gens bei der Mutter eines Jungen, der an Muskeldystrophie Typ Duchenne gestorben ist
- eine 1,5 Mb große Deletion an der Position 7q11.23 bei einem Kind, bei dem ein Verdacht auf Williams-Beuren-Syndrom besteht
- fehlende Expression eines offenbar intakten Gens in Lymphozyten, das normalerweise in diesen Zellen exprimiert wird
- Deletion der Exons 5–6 eines Gens auf Chromosom 15 bei einem geistig behinderten Jungen
- eine Punktmutation irgendwo (Exons oder Introns) im β-Globin-Gen

Mögliche Testverfahren:

- Karyotyp-Analyse
- FISH
- Array-CGH
- Southern-Blot
- Northern-Blot
- MPLA (*multiplex ligation-dependent probe amplification*)
- PCR: Test, ob ein Produkt vorhanden ist oder nicht
- PCR: Größe des Produkts
- PCR: Sequenz des Produkts
- PCR: Test auf Schnitt eines Produkts durch ein Restriktionsenzym
- Allelspezifische PCR
- RT–PCR
- Einzelstrang-Konformationspolymorphismus (SSCP)
- Hybridisierung an ein allelspezifisches Oligonukleotid
- Sequenzierung nach Sanger
- Pyrosequencing

(2) Geben Sie für alle folgenden Tests an, ob man sich dabei die Eigenschaften einer einzelsträngigen (ss) oder doppelsträngigen (ds) DNA zunutze macht:

- Test auf Heteroduplices durch Untersuchung der Wanderungsgeschwindigkeit im Gel
- Dot-Blot mit einem allelspezifischen Oligonukleotid
- konformationssensitive Gelelektrophorese (SSCP)
- Test darauf, ob eine Restriktionsschnittstelle entsteht oder zerstört wird
- allelspezifische PCR
- denaturierende Hochleistungsflüssigkeitschromatographie
- Sequenzierung mithilfe eines Mikroarray
- FISH

(3) Das Restriktionsenzym *Eco*RI schneidet die Sequenz GAATTC. Ein Teil einer kodierenden Sequenz eines bestimmten Gens lautet:

```
CAA AAC CTC AAG TCA ACG AGT TCG GTA ACG TAC
Gln Asn Leu Lys Ser Thr Ser Ser Val Thr Tyr
```

Dieser Genabschnitt aus der DNA eines Patienten, dessen Krankheit in vielen Fällen durch Mutationen in diesem Gen bedingt ist, wird per PCR vervielfältigt. Während das PCR-Produkt bei gesunden Personen nicht von *Eco*RI geschnitten wird, wird es in diesem Fall in zwei Fragmente gespalten. Finden Sie die Mutation unter der Annahme, dass sich durch sie in dem hier abgebildeten Bereich ein Nukleotid ändert.

Kapitel 6
Welche Folgen haben Mutationen?

Wenn Sie dieses Kapitel durchgearbeitet haben, sollten Sie

- in den kodierenden Sequenzen Missense-, Nonsense-, Frameshift-Mutationen, Mutationen von Spleißstellen sowie Veränderungen beschreiben und erkennen können, die phänotypisch keine Konsequenzen haben („stille Mutationen")
- anhand einer Tabelle des genetischen Codes bestimmen können, wie sich eine Veränderung in einer kodierenden Sequenz auf das Genprodukt auswirkt
- die folgenden Begriffe erklären und Beispiele dafür nennen können: Funktionsverlust, Funktionsgewinn, Haploinsuffizienz, dominant negative Effekte, Nonsense-vermittelter mRNA-Abbau sowie Dosisempfindlichkeit
- erörtern können, in wie weit sich Korrelationen zwischen Genotyp und Phänotyp nachweisen lassen
- verschiedene Möglichkeiten angeben können, wie sich eine Veränderung in der nicht kodierenden DNA auf die Expression eines Gens auswirken kann

6.1 Fallbeispiel

| **135** | 149 | 357 | | | | | | |

Fall 16 Familie O'Reilly

- Familienanamnese für Kurzsichtigkeit und Hüftprobleme
- Orla ist stark kurzsichtig, klein und hat Hüftprobleme
- ? Stickler-Syndrom

Die mit Raymond verheiratete Orla O'Reilly hat wegen ihrer starken Kurzsichtigkeit bereits als Kleinkind eine Brille getragen. Sie ist nur 150 cm groß. Ihr Bruder Oliver ist ebenfalls klein und kurzsichtig und wurde mit einer Gaumenspalte geboren. Er trägt außerdem Hörhilfen. Die beiden kommen nach ihrem kleinwüchsigen, untersetzten Vater, der seit kurzem auf beiden Seiten Hüftprothesen benötigt; mit 35 Jahren hatte er sich aufgrund einer Netzhautablösung in dem einen Auge einem operativen Eingriff unterzogen und sich lasern lassen, um eine Ablösung in dem anderen Auge zu verhindern. Orla ließ sich für den Abschluss einer Versicherung ärztlich untersuchen und erwähnte dabei, dass sie Hüftschmerzen bekommen hatte. Der untersuchende Arzt war gerade auf einer humangenetischen Fortbildung gewesen; ihm kam, nachdem er die Familienanamnese aufgenommen hatte, daher der Gedanke, zwischen den Gesundheitsproblemen von Orla und Oliver und denen ihres Vaters könne es eine Verbindung geben; daher überwies er Orla in die genetische Sprechstunde. Dort wurde sie eingehend untersucht; unter anderem wurde bei ihr auch ein Sehtest durchgeführt, bei dem sich herausstellte, dass sie neben der Myopie auch noch eine Vitreoretinopathie (*paravascular lattice retinopathy*) hatte. Der Arzt bemerkte außerdem, dass Orla eine kurze Nase mit flachem Nasenrücken sowie ziemlich knubbelige Gelenke hatte. Er teilte Orla mit, er vermute, dass sie das so genannte Stickler-Syndrom habe. Diese Krankheit wird durch Mutationen in Genen hervorgerufen, die für die Proteine Kollagen Typ II oder XI kodieren (Review von Snead & Yates, 1999).

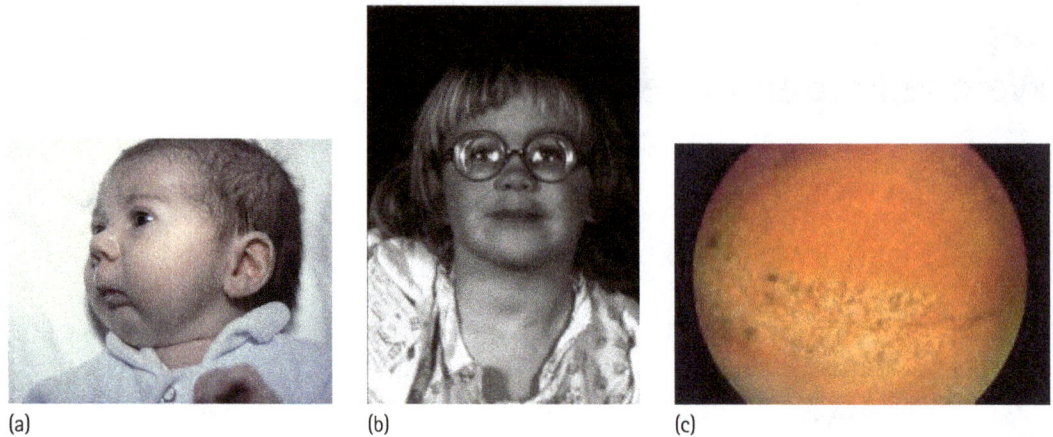

Abb. 6.1
(a) Ein Baby mit Stickler-Syndrom. Besonders hinweisen möchten wir auf den kleinen Kiefer (häufig in Kombination mit einer Gaumenspalte) sowie auf das relativ flache Gesicht mit den vorstehenden Augen. **(b)** Charakteristische Gesichtszüge eines vier Jahre alten Kindes mit Stickler-Syndrom. **(c)** Typische pigmentierte Vitreoretinopathie (Wiedergabe von (b) und and (c) aus Snead and Yates (1999) mit freundlicher Genehmigung der BMJ Publishing Group).

6.2 Grundlagen

Der Begriff „Mutation" kann für das Ereignis verwendet werden, durch das eine DNA-Sequenz verändert wird, oder auch für die Variante selbst, die durch diesen Prozess entsteht – unabhängig davon, ob sie spontan entsteht oder über viele Generationen hinweg vererbt wird. Anders gesagt, kann mit diesem Begriff der Prozess oder das Ergebnis dieses Prozesses gemeint sein. Hier verwenden wir ihn für das Ergebnis. Besonders hinweisen möchten wir darauf, dass der Ausdruck „Mutation" bei einer genetischen Beratung gegenüber den Patienten selten benutzt wird, zum Teil, um Fachausdrücke zu vermeiden, aber auch, weil er negativ besetzt ist (Mutanten usw.). Eine Mutation wird entweder als „Genveränderung", „Abwandlung" oder „Fehler" umschrieben.

In den beiden letzten Kapiteln haben wir einige Methoden kennen gelernt, mit denen man Sequenzvarianten der DNA nachweisen kann und uns bei einigen Patienten die entsprechenden Folgen angesehen: beispielsweise die große Inversion im Fall 13 (Familie Lawton), durch die das *F8*-Gen zerstört wird. In diesem Kapitel werden wir uns nun systematischer mit den Folgen von Sequenzveränderungen befassen und zwar unter den folgenden beiden Aspekten:

- einerseits müssen wir verstehen, welche Folgen eine Sequenzveränderung für die grundlegenden Prozesse der Transkription und Translation haben kann
- andererseits wollen wir die Genfunktion als Ganzes betrachten: gibt es einen Funktionsverlust oder Funktionsgewinn und wie genau kann man anhand des Genotyps den Phänotyp vorhersagen?

In diesem Abschnitt erörtern wir die Transkription und Translation. Wenn eine proteinkodierende Sequenz die Aufgabe erfüllen soll, die das Zentrale Dogma beschreibt (*Abb. 3.3*), sind etliche Schritte erforderlich, die alle durch eine Mutation beeinträchtigt werden können. In *Exkurs 6.1* finden Sie einen Überblick über die verschiedenen Mutationstypen, die erörtert werden. In *Abschnitt 6.3* werden einige Beispiele genannt, auf die im letzten Abschnitt dieses Kapitels eine Erläuterung der molekularen Pathologie etwa zum Funktionsverlust und -gewinn sowie zu den Perspektiven für Korrelationen zwischen Genotyp und Phänotyp folgt. In *Krankheitsinfo 6* wird an einem besonders bemerkenswerten Fall geschildert, wie es aufgrund eines Verlusts, einer Modifikation oder eines Gewinns einer Funktion in ein und demselben Gen zu einer Reihe ganz verschiedener Krankheitsbilder kommen kann.

Exkurs 6.1 Die in diesem Abschnitt erörterten Mutationstypen

Im Hinblick auf die DNA kann man folgende Mutationen unterscheiden:

- Verlust eines ganzen Gens
- Verdopplungen eines ganzen Gens
- Unterbrechung eines Gens durch Umverteilung von Chromosomenmaterial
- Verlust oder Verdopplungen eines oder mehrerer Exons eines Gens
- Mutationen im Promotor oder einer anderen in cis wirkenden Regulationssequenz
- Mutationen, die aufgrund einer Veränderung in einer vorhandenen Spleißstelle den Spleißvorgang beeinträchtigen
- Mutationen, die durch Aktivierung einer verborgenen Spleißstelle den Spleißvorgang beeinflussen

- Mutationen, die das Leseraster verändern (Frameshift-Mutationen)
- Mutationen, durch die ein vorzeitiges Stoppcodon entsteht (Nonsense-Mutationen)
- Mutationen, durch die eine Aminosäure des Proteins durch eine andere ersetzt wird (Missense-Mutationen)
- Mutationen, durch die ein Codon für eine Aminosäure zu einem anderen Codon für dieselbe Aminosäure wird (synonyme Substitutionen)

Bei einer anderen Einteilung unterscheidet man Null- oder amorphe Mutationen (es wird kein Genprodukt gebildet bzw. es hat keine Funktion) von hypomorphen (zu wenig Genprodukt, unzureichende Funktion) und hypermorphen Mutationen (zuviel Genprodukt, ein Übermaß an Funktion).

Verlust oder Verdopplung eines ganzen Gens

Bei derartigen Veränderungen würde man erwarten, dass die Menge an Genprodukt entsprechend der veränderten Anzahl der Gene zu- oder abnimmt; das wird aber unter Umständen durch Rückkopplungsmechanismen aufgefangen, die das Expressionsniveau mit dem jeweiligen Bedarf für das Genprodukt abstimmen. Nicht alle Deletionen oder Duplikationen verursachen Krankheiten. Wie sich unlängst herausgestellt hat, variiert bereits bei einigen Genen von Gesunden die Kopienzahl erheblich. Mithilfe der vergleichenden genomischen Hybridisierung (*Abb. 4.7*) konnte ein unerwartet großes Variationsspektrum bei der Kopienzahl nachgewiesen werden, die weit verbreitet und offensichtlich nicht pathogen ist. Im Folgenden werden Beispiele für häufige Verdopplungen oder Verluste genannt, die keine Krankheiten hervorrufen:

- Menschen haben auf ihrem X-Chromosom hintereinander unterschiedlich viele Gene, die das Pigment zum Erkennen der Farbe Grün kodieren
- Menschen haben bei 8p23 unterschiedlich viele Beta-Defensin-Gene
- einige Haplotypen des Haupthistokompatibilitätskomplexes bei 6p21 (s. *Kapitel 8*) haben unterschiedlich viele HLA-Gene

Für die meisten Gene gilt jedoch, dass Veränderungen in der Kopienzahl anomal und häufig pathogen sind. Ein Gen wird als dosissensitiv bezeichnet, wenn sich der Phänotyp bei einer Erhöhung oder Verringerung der Kopienzahl um 50 Prozent (also wenn 1 oder 3 Kopien eines Gens vorhanden sind, bei dem zwei Kopien normal sind) verändert. Verdopplungen sind möglicherweise seltener als Deletionen, und die Wahrscheinlichkeit, dass sie Krankheiten verursachen, ist geringer (bei chromosomalen Trisomien ist die pathogene Wirkung allerdings immer auf eine erhöhte Gendosis des entsprechenden Chromosoms zurückzuführen; s. *Abschnitt 6.4*).

Spaltung eines Gens

Wird ein Gen durch eine Umverteilung von Chromosomenmaterial gespalten, bleibt der Promotor im 5'-Fragment des Gens erhalten. Das Gen wird zwar mitunter noch transkribiert, das Transkript ist dann allerdings verkürzt. Ein Beispiel dafür ist die bei Lennox Lawton (Fallbeispiel 13, s. *Abb. 4.12*) nachgewiesene Inversion, von der der Faktor VIII betroffen ist. Die Stabilität der mRNA hängt im Wesentlichen von der 3'-untranslatierten Region ab; falls die mRNA nicht vollständig vorhanden ist, ist sie daher meist weder stabil noch in der Lage, irgendein Produkt zu kodieren. Manchmal können aufgrund eines Chromosomen-Rearrangements Exons von zwei unterschiedlichen Genen fusionieren und so ein neu zusammengesetztes Gen ergeben. Derartige Veränderungen spielen bei der Entstehung von Krebs eine wichtige Rolle (s. *Kapitel 12*) und bilden eine Teilausnahme von der Regel, dass Gene nach einer Spaltung nicht mehr exprimiert werden.

Mutationen, die die Transkription einer intakten Kodierungssequenz stören

Wir befassen uns hier mit cis-Effekten, also damit, wie sich die Veränderung einer DNA-Sequenz im Einzelnen auf ein unmittelbar benachbartes Gen auswirkt. Diese Effekte unterscheiden sich natürlich von trans-Effekten, bei denen die ursächlichen Mutationen die Expression von entfernten, häufig sogar auf anderen Chromosomen liegenden Genen beeinflussen. Unter trans-Effekten versteht man die meist strangabwärts auftretenden Folgen eines in cis wirkenden Ereignisses. Ein Beispiel dafür ist ATRX (*Krankheitsinfo 2.3*). Bei dieser Krankheit ändert sich aufgrund von Mutationen in einem Proteinkomplex zum Umbau des Chromatins die Expression vieler Gene. Ähnlich verhält es sich bei Mutationen in Genen für Transkriptionsfaktoren. Von cis-Effekten ist nur das unmittelbar neben der veränderten Sequenz liegende Gen direkt betroffen (vereinzelt auch andere in der Nähe liegende Gene auf demselben Chromosom), obwohl die veränderte Expression dieses Gens dann natürlich alle möglichen trans-Effekte für andere strangabwärts gelegene Gene haben kann.

Veränderungen im Promotor
Damit die RNA-Polymerase das Primärtranskript erstellen kann, muss sich auf dem Promotor ein aktiver Initiationskomplex (s. *Abschnitt 3.4*) gebildet haben. Mutationen, die Bindungsstellen für Transkriptionsfaktoren entfernen oder verändern, können die Transkription eines Gens unterbinden, verringern oder manchmal auch verstärken. Das Genprodukt ist zwar das richtige, es wird aber zu wenig oder zu viel davon gebildet (manchmal fehlt es auch ganz) oder aber es wird im falschen Gewebe hergestellt. Leider ist es sehr schwierig, die möglichen Konsequenzen einer Sequenzveränderung strangabwärts eines Gens vorherzusagen. Es gibt zwar Programme, die potentielle Bindungsstellen für Transkriptionsfaktoren aufspüren können, doch diese Programme geben häufig sehr viele mögliche Bindungsstellen an und berücksichtigen nicht die Protein-Protein-Wechselwirkungen zwischen den verschiedenen Faktoren, weshalb sie nur eine begrenzte Aussagekraft haben.

Wie sich Veränderungen im Promotor auswirken, kann im Labor mithilfe eines so genannten transienten Transfektionstests untersucht werden. Dabei steckt man ein Gen, dessen Aktivität leicht zu beobachten ist (häufig nimmt man β-Galaktosidase), in einen Vektor, in dem seine Expression von dem zu untersuchenden Promotor abhängt. Dann bringt man den genetisch veränderten Vektor in eine Zelle ein und misst die Stärke der Genexpression. Diese kann man mit dem Expressionsniveau vergleichen, das man mit dem Promotor vom Wildtyp erreicht. Transiente Transfektionstests sind wichtig für die Forschung, ihre Ergebnisse müssen jedoch mit großer Vorsicht betrachtet werden, weil das Versuchssystem doch sehr artifiziell ist. Selbstverständlich gehören solche Tests nicht zu den diagnostischen Routineuntersuchungen.

Veränderungen in anderen Steuerungselementen
Zusätzlich zur Promotorregion, die unmittelbar strangaufwärts neben dem Transkriptionsstartpunkt liegt, können sich auch in größerer Entfernung beiderseits der kodierenden Sequenz cis wirkende Steuerungselemente befinden. In *Kapitel 3* wurde bereits erwähnt, dass man diese Elemente noch nicht sehr gut kennt und auch noch keine Liste davon existiert. Die bereits bekannten Steuerelemente wurden durch zufällige Beobachtungen an Deletionen oder einer Umverteilung von

Chromosomenmaterial entdeckt, bei denen die Bruchstellen bis hundert Kilobasen vom Gen entfernt liegen und trotzdem dessen Expression beeinflussen. Im Rahmen einer umfassenden internationalen Zusammenarbeit, dem ENCODE-Projekt (Encyclopedia of DNA Elements, www.genome.gov/10005107), versucht man – zunächst in einer Probe, die ein Prozent des menschlichen Genoms umfasst, schließlich dann im gesamten Genom – alle Regulationselemente zu erfassen. Dabei verfolgt man hauptsächlich die Strategie, nicht kodierende Sequenzen zu durchforsten, die in einem ganzen Spektrum von Organismen stark konserviert wurden, weil man davon ausgeht, dass der Erhalt einer Sequenz auf eine sequenzspezifische Funktion schließen lässt. Möglicherweise gewinnt man durch ENCODE die entsprechenden Kenntnisse für eine gezielte Suche nach weitreichenden regulatorischen Mutationen – zurzeit kennen wir allerdings nur vereinzelte Beispiele.

Zusammenfassend kann man sagen, dass regulatorische Mutationen schwer nachzuweisen und zu charakterisieren sind. Möglicherweise spielen sie weniger bei Krankheiten mit mendelschen Erbgang eine Rolle, bei denen einzelne Mutationen oftmals dramatische Folgen haben, als bei komplexen multifaktoriellen Krankheiten (*Kapitel 13*), bei denen sich das Expressionsniveau eines intakten Gens vermutlich durch viele Risikofaktoren geringfügig verändert.

Mutationen, die den Spleißvorgang beim Primärtranskript beeinträchtigen

Beseitigung oder Modifizierung vorhandener Spleißstellen
Jegliche Veränderung der (fast) immer gleichbleibenden GT...AG-Dinukleotide, die Anfang und Ende eines Introns angeben, führt dazu, dass die betroffene Stelle bei einem Spleißvorgang nicht benutzt wird. Wie die Zelle darauf reagiert, ist schwer vorauszusagen. Möglicherweise wird das beteiligte Exon übersprungen, vielleicht bleibt auch in der reifen mRNA eine Sequenz aus dem Intron erhalten. Häufig wird als Ersatz eine andere nahegelegene Spleißstelle benutzt, was zu entsprechenden Sequenzveränderungen in der reifen mRNA führt. Auch Veränderungen in der Nähe einer Exon-Intron-Grenze können den Spleißvorgang beeinträchtigen – allerdings sind die Folgen weniger vorhersehbar. Wie bereits in *Kapitel 3* erwähnt (*Abb. 3.11*), können die GT...AG-Sequenzen nur dann als Spleißstellen dienen, wenn sie in eine vage definierte Konsensus-Sequenz eingebettet sind. Ob eine Spleißstelle effizient genutzt werden kann, hängt außerdem von benachbarten Sequenzen ab, die Elemente der Spleißmaschinerie binden und dadurch das Spleißen entweder fördern oder hemmen. Aber auch diese Sequenzen sind nicht genau festgelegt. Enhancer-Sequenzen können sich im Intron in der Nähe der Spleißstelle befinden, sie können aber auch genauso gut im Exon liegen. Falls eine Veränderung innerhalb einer kodierenden Sequenz eine Enhancer-Sequenz verändert, kann dies aus Gründen, die nichts mit einer vorhersagbaren Änderung der Aminosäuresequenz tun haben, zu Krankheiten führen. Zwei Beispiele sollen dieses Phänomen verdeutlichen:

- In der Nähe des 3'-Endes von Intron 8 des *CFTR*-Gens befindet sich eine Abfolge von T-Nukleotiden. Sie kann bei verschiedenen Personen jeweils 5, 7 oder 9 Ts umfassen. Bei der 5T-Variante wird die nahegelegene Spleißstelle nur nicht mehr zuverlässig genutzt und Exon 9 oftmals übersprungen, was zu einem Funktionsverlust führt. Der Funktionsverlust ist allerdings nicht vollständig, da ein Teil der Transkripte trotzdem korrekt gespleißt wird. Die 5T-Variante geht dementsprechend mit leichten und atypischen Formen der Mukoviszidose einher.
- Die spinale Muskelatrophie Typ 1 (SMA1 oder Werdnig-Hoffmann-Krankheit, OMIM 253300) wird durch einen Funktionsverlust des *SMN1*-Gens in 5q13 ausgelöst. Nur 500 kb entfernt befindet sich auf demselben Chromosom ein zweites Exemplar des Gens (*SMN2*), das auf den ersten Blick in der Lage sein sollte, die Funktion des mutierten Gens zu ersetzen. Die Sequenzen der beiden Gene unterscheiden sich scheinbar kaum voneinander. So befindet sich beispielsweise

im Exon 7, sechs Nukleotide strangabwärts der 5'-Spleißstelle, ein C anstelle eines T, wodurch auf den ersten Blick nur ein Phenylalanin-Codon durch ein anderes (TTT>TTC) ersetzt wird. In Wahrheit inaktiviert diese Veränderung aber einen Spleiß-Enhancer im Exon, so dass Exon 7 nur noch bei einem verschwindend geringen Anteil der Transkripte richtig gespleißt wird und das *SMN2*-Gen weitgehend als funktionslos zu betrachten ist. Interessanterweise haben manche SMA-Patienten mehrere Kopien dieses Gens. Obwohl jede einzelne davon nur sehr wenig Protein liefert, ist die Gesamtmenge doch immerhin ausreichend, um bei diesen Patienten einen leichteren Verlauf und ein späteres Einsetzen der Krankheit zu bewirken.

Schaffung neuer Spleißstellen

Manche Sequenzveränderungen stören den Spleißvorgang, indem sie eine verborgene Spleißstelle aktivieren. Das heißt, es gibt eine Sequenz, die zufällig viele Merkmale einer Spleißstelle hat, für die Zelle aber noch genügend Unterschiede aufweist, um sie nicht mit einer richtigen Spleißstelle zu verwechseln. Aufgrund einer Veränderung kann die Ähnlichkeit so stark werden, dass die Zelle damit beginnt, diese Stelle zum Spleißen zu verwenden. Wie die folgenden Beispiele zeigen, kann die verborgene Spleißstelle sowohl in einem Exon als auch in einem Intron liegen.

- Beim pathologischen Hämoglobin E (Hb-E) wurde im Gen für das β-Globin 14 Nukleotide strangaufwärts des 3'-Endes von Exon 1 ein G durch ein A ersetzt. Daraufhin sollte es zu einem Aminosäureaustausch Glu26Lys kommen. Die pathogene Wirkung beruht jedoch auf einer Veränderung des Spleißvorgangs. Aufgrund des Austauschs dieses einen Nukleotids verändert sich die Sequenz so, dass sie als alternative Spleißstelle dient. Transkripte, bei denen an dieser Stelle gespleißt wurde, können ihre Funktion nicht mehr erfüllen; die Folge ist eine Beta-Thalassämie.
- Eine mögliche Ursache für Mukoviszidose ist der Austausch einer einzigen Base c.3849+10kb C>T, 10 Kb innerhalb von Intron 19 des *CFTR*-Gens. Dieser aktiviert eine kryptische Spleißstelle, die zu einem abweichenden Spleißvorgang und damit zum Funktionsverlust des Gens führt.

Veränderung der Anteile der verschiedenen Spleiß-Isoformen

Anstatt zu verhindern, dass überhaupt ein funktionelles Transkript entsteht, können Spleißmutationen auch einfach nur das Gleichgewicht zwischen den verschiedenen Isoformen verschieben. Bei vielen Transkripten werden alternative Spleißstellen benutzt. Die durchschnittliche Anzahl verschiedener Transkripte pro Locus liegt, wie beim ENCODE-Projekt ermittelt wurde, bei 5,4 (obwohl einige davon sicher eher auf die Verwendung alternativer Promotoren oder erster Exons als auf ein alternatives Spleißen eines einzelnen Transkripts zurückzuführen sind). Wenn die Effizienz einer Spleißstelle durch eine Veränderung in der Konsensus-Spleißsequenz oder in einem Spleiß-Enhancer beeinflusst wird, hat das hier und da auch Folgen für die Balance unter den Spleiß-Isoformen, wodurch sich auch der Phänotyp verändern kann. Doch auch diese Veränderungen sind wahrscheinlich eher Risikofaktoren für gängige Krankheiten und nicht so sehr Mutationen, die Krankheiten mit einem mendelschen Erbgang auslösen.

Insgesamt gesehen ist der Spleißvorgang häufig von Mutationen betroffen, doch welche Folgen das hat, läßt sich – abgesehen von denen bei Veränderungen der invarianten GT...AG-Dinukleotide – nur sehr schwer vorhersagen. Sie werden in der wissenschaftlichen Literatur zweifellos zu selten behandelt. Das liegt daran, dass sie mitunter nur erkannt werden, wenn die mRNA und nicht die genomische DNA untersucht wird. Es gibt zwar Computerprogramme, die die Auswirkung einer Sequenzveränderung auf das Spleißen vorauszusagen versuchen, doch deren Ergebnisse können zurzeit lediglich als Anhaltspunkte dienen.

Mutationen, die zu Fehlern bei der Translation führen

Welche Folgen eine Sequenzveränderung in einer proteinkodierenden Sequenz für die Translation hat, muss man sich mit Hilfe des genetischen Codes klar machen (*Tab. 6.1*).

Tab. 6.1 Der genetische Code

1. Base im Codon	2. Base im Codon				3. Base im Codon
	U	C	A	G	
U	Phe	Ser	Tyr	Cys	U
	Phe	Ser	Tyr	Cys	C
	Leu	Ser	STOP	STOP	A
	Leu	Ser	STOP	Trp	G
C	Leu	Pro	His	Arg	U
	Leu	Pro	His	Arg	C
	Leu	Pro	Gln	Arg	A
	Leu	Pro	Gln	Arg	G
A	Ile	Thr	Asn	Ser	U
	Ile	Thr	Asn	Ser	C
	Ile	Thr	Lys	Arg	A
	Met	Thr	Lys	Arg	G
G	Val	Ala	Asp	Gly	U
	Val	Ala	Asp	Gly	C
	Val	Ala	Glu	Gly	A
	Val	Ala	Glu	Gly	G

Für einige Aminosäuren wie Serin und Arginin gibt es mehrere Codons, für Tryptophan und Methionin dagegen jeweils nur eines. AUG dient sowohl als Startcodon als auch als Codon für interne Methionine. Besonders hinweisen möchten wir hier auf die drei Stoppcodons.

Frameshift-Mutationen

Werden in eine Sequenz Nukleotide eingefügt oder entfernt, deren Anzahl nicht durch drei teilbar ist, so verschiebt sich das Leseraster. Dadurch wird die Information strangabwärts der Mutation vollkommen anders abgelesen (s. *Exkurs 3.3*). Im Prinzip könnte bei der Translation der so entstandenen mRNA ein völlig neues Polypeptid gebildet werden. Aber selbst wenn ein solches Protein entstehen würde, wäre es wahrscheinlich instabil. Denn nur ein äußerst kleiner Teil der unzähligen möglichen Polypeptidketten kann sich so falten, dass das Protein stabil ist. Alle falsch gefalteten Proteine werden von den Zellen erkannt und abgebaut. Häufiger ist es jedoch so, dass überhaupt kein neues Polypeptid gebildet wird, denn meist dauert es nicht lange, bis in der Information, deren Leseraster verschoben ist, ein Stoppcodon auftaucht, und wie später noch erläutert wird, werden mRNAs mit vorzeitigen Terminationscodons in der Regel abgebaut, und gelangen gar nicht mehr bis zur Proteinsynthese. Daher entsteht in jedem Falle kein Protein. *Abb. 6.2* zeigt ein Beispiel einer verbreiteten Frameshift-Mutation, die zu einem vorzeitigen Stoppcodon führt.

Verlust oder Verdopplung ganzer Exons

Welche Folgen es hat, wenn ein oder mehrere ganze Exons eines Gens entfernt oder verdoppelt werden, hängt teilweise davon ab, ob sich das Leseraster verschiebt oder nicht. Ein klassisches Beispiel hierfür ist der Verlust ganzer Exons im Dystrophin-Gen. In *Tab. 6.2* sind die Größen der Exons aus *Abb. 3.9* aufgeführt. Die Anzahl der Nukleotide in den Exons 41, 42, 47, 48 und 49 ist durch drei teilbar. Geht eines dieser Exons verloren, verschiebt sich das Leseraster nicht. Die anderen Exons haben, wenn man die Anzahl ihrer Nukleotide durch drei teilt, entweder ein Nukleotid

Tab. 6.2 Größen der Exons im Dystrophin-Gen

Exon	Größe (Bp)	Leseraster	Krankheit
41	183	0	BMD
42	195	0	BMD
43	173	−1	DMD
44	148	+1	DMD
45	176	−1	DMD
46	148	+1	DMD
47	150	0	BMD
48	186	0	BMD
49	102	0	BMD
50	109	+1	DMD

Fehlen Exons, so führt das zu einer schweren Muskeldystrophie Duchenne (DMD) oder der leichteren Form vom Typ Becker (BMD), je nachdem, ob sich durch den Verlust das Leseraster verschiebt oder nicht. Weitere Erklärungen im Text.

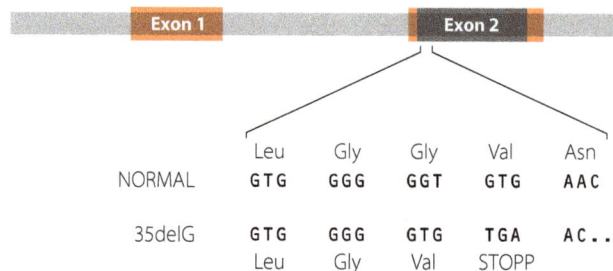

Abb. 6.2   Die c.35delG-Mutation im Gen für Connexin 26 (*GJB2*-Gen)
Dieses Gen ist häufig für eine autosomal rezessiv vererbte Schwerhörigkeit verantwortlich. Aus einer Folge von 6 Gs fehlt ein G-Nukleotid. Beim Ablesen der im Leseraster verschobenen Information stößt das Ribosom rasch auf ein Stoppcodon. Das *GJB2*-Gen hat nur zwei Exons. Die kodierende Sequenz ist schwarz darstellt, die farbigen Teile von Exon 1 und 2 kodieren die untranslatierten 5'- und 3'-Bereiche der mRNA. Die Darstellung ist nicht maßstabsgerecht.

zuviel (+1) oder zu wenig (−1). Beim Verlust eines solchen Exons wird daher das Leseraster verschoben. Falls intern ein Segment verloren geht oder doppelt vorhanden ist, kann das Protein Dystrophin immer noch in Ansätzen seine Funktion erfüllen, doch bei einer Verschiebung des Leserasters ist es vollkommen unbrauchbar. Dementsprechend führen Deletionen oder Duplikationen ohne Verschiebung des Leserasters zu einer leichteren Form der Muskeldystrophie, Typ Becker (BMD – OMIM 300376), Deletionen oder Duplikationen mit Leserasterverschiebung (sowie andere gravierendere Mutationen) wie bei Familie Davies (Fall 4) dagegen zur schweren Form der Muskeldystrophie, dem Typ Duchenne (DMD – OMIM 310200). Wegen seiner Auswirkungen auf das Leseraster kann der Verlust mehrerer Exons auch überraschende Konsequenzen haben: Kommt zu einer letalen Mutation noch eine zweite letale Mutation hinzu, kann das dazu führen, dass diese Mutationen insgesamt nicht letal sind. Fehlen beispielsweise die Exons 43 oder 44, entwickelt sich eine schwere DMD-Form, sind aber beide Exons verloren gegangen, hat der Patient eine in Bezug auf das Leseraster neutrale Deletion, die nur zu BMD, der leichteren Form der Muskeldystrophie, führt.

Nonsense-Mutationen
In der mRNA fungieren die drei Codons UAG, UAA und UGA als Stoppcodons (*Tab. 6.1*). Wird ein anderes Nukleotid durch Austausch eines einzelnen Nukleotids in ein Stoppcodon verwandelt (TAG, TAA oder TGA in der DNA), fällt das Ribosom an dieser Stelle ab und die Proteinsynthese wird abgebrochen. Derartige

Mutationen werden als Nonsense-Mutationen bezeichnet. Anders als gemeinhin angenommen, kommen mRNAs, die Nonsense-Mutationen enthalten, in der Regel nicht dazu, verkürzte Proteine herzustellen, denn die Zellen besitzen einen sehr interessanten Mechanismus, den Nonsense-vermittelten RNA-Abbau (*„nonsense-mediated RNA decay"*), mit dem sie mRNAs, die vorzeitige Stoppcodons enthalten, aufspüren und abbauen (*Abb. 6.3*). Vielleicht wird hier und da schon mal eine Gewisse Menge an verkürztem Protein gebildet, doch normalerweise hat eine Nonsense-Mutation denselben Effekt, als wenn das ganze Gen fehlen würde.

Möglicherweise ist der Nonsense-vermittelte RNA-Abbau entstanden, um die Zellen vor möglichen Schäden durch dominant negative Effekte verkürzter Proteine zu bewahren (s.u.). Das würde erklären, warum das letzte Exon bei vielen Genen so groß ist: man kann die 3'-untranslatierte Region nicht auf verschiedene Exons verteilen. Nonsense-Mutationen haben, was recht verwirrend ist, in verschiedenen Teilen eines Gens unterschiedliche Folgen, *Abb. 6.3* illustriert das: der Nonsense-vermittelte RNA-Abbau wird nur von Stoppcodons in der „roten Zone", nicht jedoch in der „grünen Zone" ausgelöst wird (als Beispiel s. OMIM 602229). Für weitere Details s. *Quellen*, Holbrook et al. (2004).

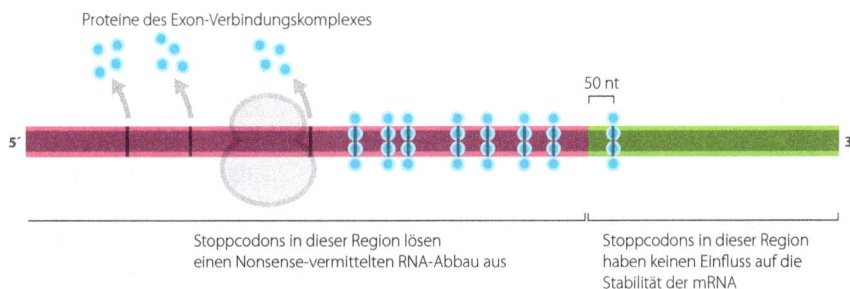

Abb. 6.3 Nonsense-vermittelter RNA-Abbau
Wenn eine gespleißte mRNA aus dem Zellkern ins Zytoplasma geschleust wird, bleiben an den Spleißstellen jeweils bestimmte Komponenten der Spleißmaschinerie (Exon-Verbindungskomplex) gebunden. Das erste Ribosom, das sich entlang der mRNA bewegt, verdrängt die Verbindungskomplexe, bis es das Stoppcodon erreicht hat und sich ablöst. Geschieht dies im roten Bereich der mRNA, bleiben ein oder mehrere Exon-Verbindungskomplexe an die Spleißstellen gebunden. Das löst den Abbau der mRNA aus. mRNA-Moleküle sind daher nur stabil, wenn das erste Stoppcodon im grünen Bereich liegt. Genauso wird, wenn Nonsense-Mutationen im roten Bereich gefunden werden, das Protein nicht verkürzt, während eine Mutation im grünen Bereich durchaus zur Synthese eines verkürzten Proteins führen kann, das dann unter Umständen pathogen ist.

Mutationen, die zum Austausch von Aminosäuren führen

Durch Austausch eines einzelnen Nukleotids innerhalb einer kodierenden Sequenz entsteht ein anderes Codon. Falls das veränderte Codon kein Stoppcodon ist, kann das zwei verschiedene Dinge zur Folge haben:

- Bei einer synonymen Substitution wird durch die Veränderung eines Nukleotids das Codon durch ein anderes ersetzt, das aber dieselbe Aminosäure kodiert. Tritt beispielsweise in der DNA ein G an die Stelle von T, so verwandelt sich ein UUU-Codon in der mRNA in UUC. Beide Codons kodieren Phenylalanin.
- Bei Missense-Mutationen wird eine Aminosäure aufgrund des veränderten Codons durch eine andere ersetzt. Anhand von *Tab. 6.1* kann man herausfinden, welche Folgen ein Codonwechsel für die Aminosäuresequenz hat.

Wie bereits erwähnt, sollte man immer daran denken, dass auch scheinbar harmlose synonyme Substitutionen oder Missense-Mutationen den Spleißvorgang stören und dadurch stark pathogen sein können.

In *Tab. 6.3* im *Abschnitt 6.4* finden Sie einen allgemeinen Überblick über die möglichen Folgen der verschiedenen Mutationstypen.

6.3 Untersuchung der Patienten

Im Folgenden befassen wir uns mit der molekularen Pathologie der bereits identifizierten Mutationen sowie der Untersuchung der Familie O'Reilly (Fall 16).

| 1 | 6 | 64 | 100 | **144** | 357 |

Die Vermehrung der Anzahl an repetitiven Trinukleotiden wurde bereits in *Kapitel 4* beschrieben. Formal handelt es sich dabei um eine Insertion in die kodierende Sequenz des *HD*-Gens. Das mutierte Gen wird transkribiert und translatiert. Da hierbei in die DNA CAG-Tripletts eingesetzt werden, wird das Leseraster nicht zerstört. Gebildet wird das normale, aus 3142 Aminosäuren bestehende Huntington-Protein, das allerdings in der Nähe seines N-Terminus nun eine längere Abfolge von Glutaminen aufweist (CAG ist das Glutamin-Codon). Die Betroffenen sind in der Regel heterozygot, vereinzelt auch homozygot, dann aber klinisch für gewöhnlich nicht von den Heterozygoten zu unterscheiden. Dieser Befund spricht dafür, dass die Probleme aufgrund der Veränderung des Proteins und nicht so sehr deshalb auftreten, weil das normale Protein fehlt. Bisher wurden noch keine Chorea-Huntington-Patienten mit Deletionen, Nonsense-Mutationen oder anderen Veränderungen des Gens beschrieben. Außerdem kennt man zumindest eine Person, die trotz einer Umverteilung von Chromosomenmaterial, die eine Kopie des Chorea-Huntington-Gens zerstört, nicht erkrankt ist. Zusammengenommen zeigen diese Beobachtungen, dass Chorea Huntington durch einen Funktionsgewinn hervorgerufen werden muss. Das veränderte Protein schädigt Neurone, insbesondere in Striatum und Nucleus caudatus. Der allmähliche Zelltod löst dann die spät einsetzende Krankheit aus. Warum genau das veränderte Protein toxisch wirkt, ist umstritten. Es bildet zwar Aggregate innerhalb der Neurone, noch ist aber nicht eindeutig geklärt, ob die Aggregate an sich schädlich sind. Man vermutet eher, dass ein bei der Bildung der Aggregate entstehendes Zwischenprodukt toxisch wirkt. Das normale Protein reagiert mit vielen anderen Proteinen und dient wahrscheinlich als eine Art Gerüst, an dem Multiproteinkomplexe zusammengesetzt werden; es ist daher sehr schwierig, eine entscheidende Funktion zu finden, die verändert ist.

| 2 | 7 | 64 | 121 | **144** | 267 | 357 |

Mukoviszidose ist eine rezessive Erbkrankheit, die durch einen vollständigen Funktionsverlust eines Chlorid-Ionenkanals verursacht wird. Kodiert wird dieser Kanal vom *CFTR*-Gen. Da Joanne betroffen ist, kann sie keine funktionstüchtige Kopie des Gens haben. Die DNA-Untersuchungen (*Kapitel 5*) ergaben drei Sequenzveränderungen: c.368G>A in Exon 3, p.508del in Exon 10 sowie c.2752−15C>G im PCR-Produkt von Exon 14b. Von diesen drei ist p.F508del sehr gut untersucht, weil diese Mutation bei Europäern mit Mukoviszidose bei weitem am häufigsten vorkommt (s. *Tab. 11.1*). Bei ihr sind in der kodierenden Sequenz drei aufeinanderfolgende Nukleotide ausgefallen, so dass das Leseraster nicht verschoben wird. Gebildet wird in diesem Fall ein Protein, das nahezu genauso lang ist wie das normale Protein und bei dem 1479 von 1480 Aminosäuren korrekt vorhanden sind. Durch das Fehlen dieser einen Aminosäure verändert sich allerdings die Gesamtstruktur des Proteins. Das veränderte Protein wird nach der Synthese nicht richtig weiterbearbeitet, weshalb es nicht zur apikalen Zellmembran gelangt, wo es gebraucht wird. Auf diese Weise kommt es zu einem vollständigen Funktionsausfall (s. *Tab. 6.4*). Die beiden anderen Mutationen von Joanne sind nicht weit verbreitet und erfordern eine eingehendere Analyse. Die Veränderung in Exon 14b wird aus zwei Gründen als nicht pathogen angesehen:

(1) Das G an Stelle von C befindet sich im Intron 14a, 15 Nukleotide vor dem Beginn des Exons 14b. Veränderungen in Introns können manchmal pathogen

---

Fall 1 Familie Ashton

- John, 28 Jahre alter Sohn von Alfred Ashton
- ? Chorea Huntington
- andere Familienmitglieder haben ähnliche Symptome
- der Stammbaum zeigt ein autosomal dominantes Vererbungsmuster
- es wird ein diagnostischer Test angefordert

Fall 2 Familie Brown

- die sechs Monate alte Joanne; ihre Eltern: David und Pauline
- ? Mukoviszidose
- soll ein biochemischer Test durchgeführt werden?
- Analyse der Mutationen im *CFTR*-Gen

sein, wenn sie sich auf den Spleißprozess auswirken. Diese Mutation zeigt zwar keinerlei Merkmale, die auf eine entsprechende Wirkung schließen ließe, doch ohne RNA-Untersuchungen können Folgen für den Spleißvorgang nicht ausgeschlossen werden. In diesem Fallbeispiel gab es allerdings noch einen weiteren Grund:

(2) Als die DNA von Joannes Eltern David und Pauline überprüft wurde, stellte sich heraus, dass sowohl die Mutation p.F508del als auch c.2752-15C>G von David stammt. Daher müssen sich beide in derselben Genkopie befinden. Selbst wenn die Mutation c.2752-15C>G pathogen sein sollte, würde das nicht Joannes Krankheit erklären, weil das Gen, das sie von Pauline geerbt hat, ebenfalls mutiert sein muss.

Joannes dritte Mutation c.368G>A stammt von ihrer Mutter. Der Nukleotidaustausch erfolgte im Exon 3 und verwandelt das Codon für Tryptophan 79 (TGG) in ein Stoppcodon (TAG), eine eindeutig pathogene Veränderung. Aufgrund des Nonsense-vermittelten mRNA-Abbaus (s. o.) ist es unwahrscheinlich, dass aus dem mutierten Gen ein Protein hervorgeht. Außerdem würde jedes Protein, das dennoch entstehen würde, sicherlich seine Funktion nicht erfüllen können, weil das Stoppcodon gleich zu Beginn der Sequenz auftritt. Darüber hinaus zeigte eine Suche in der Datenbank für *CFTR*-Mutationen unter www.genet.sickkids.on.ca/cftr/, dass man diese Mutation bereits von anderen Mukoviszidose-Patienten kennt.

| 4 | 11 | 43 | **145** | 357 | | | |

Fall 6   Familie Engel

- Ungewollte Kinderlosigkeit
- Unauffälliger gynäkologischer Status bei Helena
- Azoospermie bei Michael
- ? CBAVD bei Michael
- Blutentnahme bei beiden Partnern für eine Chromosomenanalyse
- Veranlassung einer spezifischen DNA-Analyse

Aufgrund der Vorbefunde ist bekannt, dass bei Michael eine Azoospermie besteht. Der Androloge hat den Verdacht auf eine kongenitale Aplasie der Vas deferentes (CBAVD) geäußert. Eine CBAVD kann als autosomal-rezessives Krankheitsbild aufgrund von Mutationen im CFTR-Gen auftreten. Mutationen im CFTR-Gen führen in der Regel zum Krankheitsbild der Mukoviszidose bzw. Cystischen Fibrose (*Kapitel 1*, *5* und *6*, Fall 2, Familie Brown). Betroffene Männer mit dem klassischen Krankheitsbild haben in der Regel auch eine CBAVD. Die CBAVD kann aber auch als Sonderform der Mukoviszidose (ohne die klassischen Symptome) auftreten! Bei diesen Männern findet man zwar häufig 2 Mutationen im CFTR-Gen, aber mindestens ein Allel trägt eine „milde" Mutation im CFTR-Gen, so dass noch eine Restfunktion des Proteins erhalten ist. Da die zweite Mutation eine „klassische" Mutation sein kann, sollte auch die Partnerin untersucht werden. Ist sie zufällig heterozygote Trägerin einer CFTR-Mutation, können Kinder heterozygot gesund sein. Es besteht aber ein erhöhtes Risiko für das Auftreten einer klassischen Mukoviszidose (bei Weitergabe der klassischen Mutation durch den Vater und die mütterliche Mutation). Ein Junge könnte auch, wie der Vater, wiederum eine CBAVD aufweisen.

Nachdem Helena und Michael dies erklärt wurde, entschied sich das Ehepaar für eine molekulargenetische Analyse. Bei Michael ergab sich kein Hinweis auf das Vorliegen einer CFTR-Mutation.

Neben dieser speziellen Problematik können auch andere monogene Krankheitsbilder im Zusammenhang mit einer Sterilität auftreten. Der betreuende Arzt sollte daher auf spezielle Symptome achten bzw. danach fragen.

- Bei Männern könnte z. B. ein Kallmann-Syndrom vorliegen (Symptome ähnlich wie bei 47,XXY, aber mit Anosmie). Es kann autosomal-dominant, autosomalrezessiv und X-chromosomal vererbt werden. Intrafamiliär besteht eine hohe variable Expressivität.
- Die häufigste Ursache für Azoospermie bzw. eine schwere Oligozoospermie bei unauffälligem Chromosomenbefund sind Mikrodeletionen am AZF-Lokus des Y-Chromosoms. Diese Mikrodeletionen können molekulargenetisch nachgewiesen werden. Daneben wurden bei bestimmten morphologischen Veränderungen von Spermien unterschiedliche Gendefekte nachgewiesen.

- Eine weitere Ursache könnte beim Mann das Vorliegen einer Myotonen Dystrophie sein. Hierbei handelt es sich um eine variable Trinukleotid-Erkrankung, die autosomal-dominant vererbt wird (Häufigkeit ca. 1:8000). Phänotypisch können u.a. eine Stirnglatze, eine Ptosis und eine Muskelschwäche beobachtet werden. Bei Weitergabe der Mutation an Nachkommen (insbesondere maternal) kann es zu einer Zunahme der Repeatzahl und damit einem früheren Auftreten der Symptome kommen (Antizipation, s. *Krankheitsinfo 4*).
- Frauen, bei denen eine (ggf. sekundäre) Amenorrhoe mit erhöhten Testosteronwerten und einem Hirsutismus besteht, könnten das adrenogenitale Syndrom (AGS) aufweisen, das durch einen Mangel des Enzyms 21-Hydroxylase (Mutationen im CYP21-Gen, s. *Exkurs 8.2*) verursacht wird. Ist auch der Partner heterozygot für eine CYP21-Mutation, ergibt sich bei der Schwangerschaft evtl. die Notwendigkeit einer Therapie mit Steroiden, um die Entstehung eines intersexuellen Genitales bei einem Mädchen mit schwerem AGS zu vermeiden.

Die Anamneseerhebung und körperliche Untersuchung bei Helena und Michael Engel hatte keinerlei Hinweise auf das Vorliegen derartiger Krankheitsbilder ergeben.

Fall 4 Familie Davies

- der 24 Monate alte Martin, seine Eltern: Judith und Robert
- geht schwerfällig und lernt das Gehen erst spät
- Fälle von Muskeldystrophie in der Familie
- der Stammbaum spricht für einen mit dem X-Chromosom gekoppelten rezessiven Erbgang
- es wird ein diagnostischer DNA-Test angefordert
- Frameshift-Mutation im Dystrophin-Gen

| 3 | 10 | 65 | 98 | **146** | 174 | 267 | 357 |

Bei Martin fehlen die Exons 44–48 des Dystrophin-Gens (*Kapitel 4*). Das lange Dystrophin-Molekül spielt in der Muskelzelle in etwa die Rolle eines Seils, das an beiden Enden verankert ist (*Abb. 6.4*). Das Seil selbst besteht aus repetitiven Einheiten, wobei für die Funktion des Dystrophins die Anzahl der Einheiten irrelevant ist. Hätte Martin nur etwas kleinere Dystrophin-Moleküle, wäre seine Prognose relativ günstig. Zählt man jedoch die Exonlängen in *Tab. 6.2* zusammen, so erkennt man, dass diese Deletion das Leseraster verschiebt. Jedes Protein, das gebildet würde, hätte strangabwärts der Rasterverschiebung eine vollkommen falsche Aminosäurenkette; in Wahrheit trifft das Ribosom aber rasch auf ein Stoppcodon, wenn es die Information in diesem neuen Leseraster abliest. Aufgrund des bereits geschilderten Nonsense-vermittelten mRNA-Abbaus wird von Martins Gen nicht ein verkürztes Protein, sondern überhaupt kein Protein gebildet. Wenn man eine bei einer Biopsie gewonnene Muskelprobe mithilfe eines markierten Dystrophin-Antikörpers untersuchen würde, würde sich bestätigen, dass kein Dystrophin vorhanden ist (s. *Abb. 1.4*). In Martins Fall erfährt man dadurch nicht Neues, das weiterhelfen könnte, aber für Jungen, bei denen bei der Deletionssuche mithilfe der PCR keine Mutation gefunden wird, ist dies ein wichtiger diagnostischer Test. Es wäre unglaublich mühsam, das gesamte riesige Dystrophin-Gen (79 Exons, 11 Kb kodierende Sequenz, 2,4 Mb genomische DNA) nach einer Punktmutation abzusuchen; eine Muskelbiopsie ist daher der einfachere Weg, die Diagnose zu erhärten.

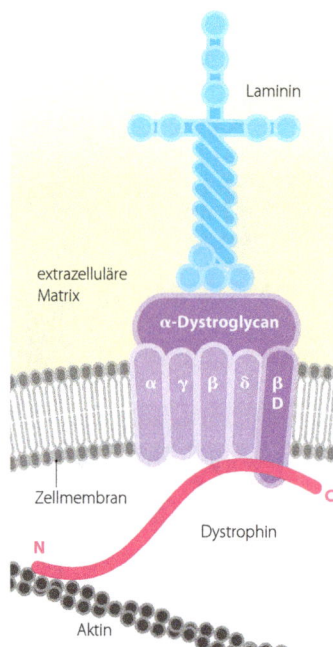

Abb. 6.4 Das Dystrophin-Molekül verankert das Zytoskelett der Muskelzellen über den Dystrophin-Glykoproteinkomplex an der extrazellulären Matrix.
Dazu gehören die Sarkoglykane (Mutationen in ihnen führen zu Gliedergürteldystrophien) und Dystroglykane. Muskelzellen ohne Dystrophin sind mechanisch nur sehr eingeschränkt belastbar und können nach einigen Jahren nicht mehr ihre Funktion erfüllen, was zu einer progressiven Muskelschwäche führt.

| 5 | 12 | 66 | 126 | **147** | 357 | | | |

Fall 7 Familie Fletcher

Ursächliche Mutation in Franks mitochondrialer DNA ist die G3460A-Mutation (*Kapitel 5*). Die meisten mitochondrialen Proteine werden durch Gene aus dem Zellkern kodiert, an Ribosomen im Zytoplasma synthetisiert und dann in das Mitochondrium geschleust. Die 13 proteinkodierenden Gene in der mitochondrialen DNA werden im Mitochondrium fast genauso transkribiert und translatiert, wie die Gene im Zellkern exprimiert werden. Sie kodieren Komponenten der Atmungskette in der oxidativen Phosphorylierung (*Abb. 3.10b*).

Man unterscheidet mitochondriale Mutationen ganz ähnlich wie die Mutationen im Zellkern (*Exkurs 6.1*). Größere Deletionen und Verdopplungen sind relativ häufig, dafür fehlen Spleißmutationen, weil mitochondriale Gene keine Introns haben. Aufgrund der Heteroplasmie ist die Variabilität zwischen Genotyp und Phänotyp noch zusätzlich erhöht. Die drei am meisten verbreiteten LHON-Mutationen sind allesamt Missense-Mutationen in drei verschiedenen Proteinen der Atmungskette: p.Ala52Tyr im ND1-Protein, p.Arg340His in ND4 und p.Met64Val in ND6. Franks Mutation ist die erste der drei genannten.

- beim 22-jährigen Frank verschlechtert sich das Sehvermögen immer mehr
- positive Familienanamnese für Sehstörungen
- der Stammbaum spricht, wenn auch nicht mit endgültiger Sicherheit, für einen X-chromosomalen rezessiven Erbgang
- ? Leber'sche hereditäre Optikusneuropathie (LHON)
- Anforderung eines Bluttests, um nach Mutationen in der mtDNA zu suchen
- Mutationstest mithilfe des Pyrosequencing
- Mutation G3460 in der mtDNA

| 79 | 93 | **147** | 357 | | | | | |

Fall 12 Familie Kavanagh

Durch den Austausch eines einzelnen Nukleotids in der kodierenden Sequenz des *β*-Globin-Gens wird aus dem Codon für die Aminosäure in Position 6 – einer Glutaminsäure – ein Codon für Valin (*Abb. 6.5*). Die Folgen dieser Veränderung sind bereits ausführlich untersucht worden. Glutaminsäure ist chemisch gesehen eine polare Aminosäure. Die Carboxylgruppe (–COOH) in seiner Seitenkette ist eine Säure, die leicht ein Proton abgibt und so zum –COO⁻-Anion wird.

- gesunder erstgeborener Junge
- Celia, das zweite Kind, ist blass und hat niedrige Hämoglobinwerte
- Sichelzellenanämie
- Mutation in einem Nukleotid, Glu>Val an Position 6 im Beta-Globinprotein

	Val	His	Leu	Thr	Pro	Glu	Glu	Lys	Ser
NORMAL	GTG	CAT	CTG	ACT	CCT	GAG	GAG	AAG	TCT
SICHELZELL-ANÄMIE	GTG	CAT	CTG	ACT	CCT	GTG	GAG	AAG	TCT
	Val	His	Leu	Thr	Pro	Val	Glu	Lys	Ser

Abb. 6.5
Bei der Sichelzellenanämie wird aufgrund des Nukleotidaustauschs A>T an Position 6 des *β*-Globin-Proteins eine Glutaminsäure durch ein Valin ersetzt.

Wenn sich eine lösliche Proteinkette auffaltet, befinden sich die geladenen Gruppen meist auf der Außenseite des Moleküls, wo sie mit der wässrigen Umgebung in Kontakt stehen. Valin ist unpolar und assoziiert dementsprechend mit anderen unpolaren Aminosäuren im Inneren des gefalteten Proteins auf der dem Wasser abgewandten Seite. Mit einem Valin auf der Außenseite haften die mutierten *β*-Globin-Moleküle dagegen vermehrt aneinander. Aufgrund der so entstandenen Proteinaggregate nehmen die roten Blutkörperchen eine Sichelform an und klumpen zusammen, infolgedessen kommt es zu einer vaskulär bedingten Ischämie. Man könnte also die Veränderung, die zur Ausbildung der Sichelzellenanämie führt, als Gain-of-function-Mutation betrachten, weil das mutierte Protein aktiv schädigt. Normalerweise würde man allerdings von Mutationen, die zu einem Funktionsgewinn führen, erwarten, dass sie bei Heterozygoten pathogen sind, heterozygote Träger des Sichelzellenmerkmals sind jedoch meist gesund.

Fall 15 Familie Nicolaides

| 111 | 125 | **148** | 357 | | | |

- ? Anlageträger für *ß*-Thalassämie
- eine p.Gln39X-Nonsense-Mutation bei Spiros
- eine c.316–106C>G-Mutation bei Elena

Bei Spiros findet sich die p.Gln39X-Mutation, eine klassische Nonsense-Mutation. Durch den Austausch eines einzelnen Nukleotids wird aus einem Codon für Glutamin (CAG) ein Stoppcodon (TAG) (*Abb. 6.6*). Das mutierte Gen liefert kein Produkt mehr, so dass es bei Homozygoten zu einer β^0-Thalassämie kommt.

		Leu	Leu	Val	Val	Tyr	Pro	Trp	Thr	Gln	Arg	Phe	Phe	Glu
INTRON 1	ccacccttagG	CTG	CTG	GTG	GTC	TAC	CCT	TGG	ACC	CAG	AGG	TTC	TTT	GAG
	ccacccttagG	CTG	CTG	GTG	GTC	TAC	CCT	TGG	ACC	TAG	AGG	TTC	TTT	GAG
INTRON 1		Leu	Leu	Val	Val	Pro	Pro	Trp	Thr	STOPP				

Abb. 6.6
Aufgrund der p.Gln39X-Mutation im *ß-Globin*-Gen gleich zu Beginn von Exon 2 wird aus einem Glutamin-Codon ein Stoppcodon. Die kleinen Buchstaben stehen für ein Intron, die großen für ein Exon.

Elenas Mutation (*Abb. 6.7*) ist komplizierter. Aufgrund der c.316–106C>G-Mutation wird ganz im Inneren von Intron 2 des *ß*-Globin-Gens, 106 Nukleotide strangaufwärts vom Beginn des Exons 3 ein einziges Nukleotid ausgetauscht. Dies ist ein Beispiel für einen Mutationstyp, der nur durch eine Untersuchung der mRNA charakterisiert werden kann. Die scheinbar harmlose Veränderung aktiviert eine verborgene Spleißstelle, die dann gegenüber der normalen Donor-Spleißstelle bevorzugt wird. So kommt es zu einer β^+-Thalassämie; das heißt, das mutierte Gen liefert zwar, wenn die normale Spleißstelle genutzt wird, einige richtige β-Ketten, aber die Menge reicht nicht aus.

NORMALES INTRON 2	ctaatagcagctacaatccagctaccattctgct
MUTATION Ein Teil des Introns wird als Exon mit einer neuen Donor-Spleißstelle benutzt	CTAATAGCAGCTACAATCCAGgtaccattctgct

Abb. 6.7
Die c.316–106C>G-Mutation aktiviert eine verborgene Spleißstelle im Inneren vom Intron 2 des *ß-Globin*-Gens. Die Kleinbuchstaben stehen für ein Intron, die Großbuchstaben für das anomale Exon.

In *Tab. 5.2* sind die drei anderen β-Globin-Mutationen aufgeführt, die bei griechischen Zyprioten häufig eine Thalassämie hervorrufen. Interessanterweise beeinträchtigen sie alle den Spleißvorgang.

- Die am weitesten verbreitete Mutation, c.93–21G>A, aktiviert ebenfalls eine verborgene Spleißstelle in einem Intron, in diesem Fall in Intron 1. Untersuchungen der mRNA ergaben, dass die neue Spleißstelle zu 80 Prozent genutzt wird, so dass von diesem Allel nur 20 Prozent der normalen Menge an β-Globin gebildet werden. Bei mehreren Genen würde eine 20-prozentige Funktion ausreichen; da aber vom β-Globin größeren Mengen erforderlich sind, kommt es zu einer β^+-Thalassämie.
- Die zweite Mutation, c.92+6T>C, gehört zu den Mutationen, die die Effizienz einer normalen Spleißstelle verringern. Das veränderte Nukleotid liegt 6 Nukleotide vom Beginn des Introns entfernt im Intron 1 (GGCAGgttggtatcaa..: die Exonsequenz ist in Großbuchstaben wiedergegeben, das veränderte Nukleotid ist unterstrichen). Das T-Nukleotid gehört nicht zum unveränderlichen GT, das man an den 5'-Enden jedes Introns findet, sondern zum Kontext, der vorhanden

sein muss, damit eine Spleißstelle gut erkannt wird. Erneut ist das Ergebnis eine β^+-Thalassämie.

- Die dritte, bei griechischen Zyprioten häufig anzutreffende Mutation ist c.92+1G>A. Sie verwandelt das obligatorische GT an der Spleißstelle zwischen Exon 1 und Intron 1 unmittelbar in ein AT. Daraufhin kann kein einziges Transkript korrekt gespleißt werden, so dass diese Mutation zu einer β^0-Thalassämie führt.

| 135 | **149** | 357 | | | | |

Fall 16 Familie O'Reilly

- Familienanamnese für Kurzsichtigkeit und Hüftprobleme
- Orla ist stark kurzsichtig, klein und hat Hüftprobleme
- ? Stickler-Syndrom
- Verschiebung des Leserasters (Rastermutation) im *COL2A1*-Gen

Der bei Orla vorliegende autosomal dominant vererbte Symptomkomplex aus starker Kurzsichtigkeit und Hüftproblemen ist charakteristisch für Personen mit einer Mutation im Kollagen Typ II – vereinzelt auch Kollagen Typ XI. Kollagene sind die wichtigsten Strukturproteine des menschlichen Körpers. Sie übernehmen, vor allem im Bindegewebe, eine Vielzahl unterschiedlicher Aufgaben. Beim Menschen gibt es mehr als 19 verschiedene Kollagentypen, die von mindestens 30 Genen kodiert werden. Die Anzahl der Gene ist größer als die der Kollagentypen, weil jedes Kollagen von einem Trimer aus drei Polypeptidketten gebildet wird, die zu einer Dreifachhelix umeinandergewunden sind. In *Exkurs 6.2* wird die Synthese bis zum reifen Kollagen geschildert. Kollagen Typ II bildet Fibrillen, die wichtige Strukturproteine des Knorpels, aber auch für den Glaskörper des Auges und das Innenohr von Bedeutung sind. Störungen bei der Synthese von Kollagen Typ II sind eine mögliche Ursache für Chondrodysplasien – eine Gruppe von etwa 150 klinisch definierten Krankheitsbildern mit Knorpeldefekten, die oft zu Fehlbildungen bei den langen Knochen führen.

Kollagen Typ II ist ein Homotrimer aus Polypeptiden und wird vom Gen *COL2A1* auf Chromosom 12q13 kodiert. Das Gen besitzt 53 Exons, von denen die Exons 8–49 den Bereich der Dreifachhelix kodieren. Orlas Mutation kann irgendwo in diesen Exons liegen. Veränderungen außerhalb dieses Bereichs sind nicht mit ihrem Phänotyp vereinbar. Weil die Kollagen-Gene so viele Exons haben, ist die Suche nach einer Mutation enorm aufwendig und kann nur in Speziallabors durchgeführt werden. In Orlas Fall gelang es unter großem Arbeitsaufwand, durch Sequenzierung des per PCR vermehrten Exons 40, das Fehlen eines einzelnen Nukleotids nachzuweisen. Auf diese Weise hatte sich das Leseraster verschoben, wodurch ein frühzeitiges Stoppcodon entstanden war und der Nonsense-vermittelte Abbau der mRNA ausgelöst wurde.

Durch Mutationen im *COL2A1*-Gen entwickeln sich unterschiedlich schwere autosomal dominante Krankheiten, je nachdem, in welcher Form die Kollagensynthese dadurch beeinträchtigt wird. Die *COL2A1*-Chondrodysplasien haben eine Bandbreite, die von Achondrogenesie Typ II, einer schon im Mutterleib oder bei der Geburt tödlichen Krankheit, über Hypochondrogenesie, Dysplasia spondyloepiphysaria congenita oder Wiedemann-Spranger-Syndrom und Kniest-Dysplasie bis hin zum Stickler-Syndrom reicht, einer vergleichsweise leichten Krankheitsform, die oft erst spät diagnostiziert wird. Interessanterweise sind die Mutationen, die besonders stark in die Proteinsynthese eingreifen, nicht diejenigen, die die schwersten Krankheitsbilder hervorrufen.

- Die schwersten Krankheitsbilder werden durch Missense-Mutationen ausgelöst, durch die in den Gly-X-Y-Einheiten im Bereich der Dreifachhelix die Glycine ausgetauscht wurden. In das Innere der dicht gepackten Dreifachhelix passt nur Glycin, die kleinste Aminosäure, so dass die Faser bei einem Austausch nicht mehr richtig zusammengesetzt werden kann. Die Dreifachhelix lagert sich ausgehend vom C-terminalen Ende her zusammen. Im Allgemeinen haben Austausche in der Nähe dieses Endes gravierendere Folgen als weiter N-terminal gelegene Veränderungen.
- Fehlen ganze Exons oder werden sie aufgrund von Spleißmutationen übergangen, so ist das ebenfalls mit relativ schweren Krankheitsbildern verbunden. Bei

Exkurs 6.2 Die Biosynthese von Kollagenen

Die etwa 30 *Kollagen*-Gene des Menschen sind über das ganze Genom verteilt. Kollagene sind große Proteine: das bei Orla O'Reilly mutierte Kollagen Typ II besteht beispielsweise aus 1418 Aminosäuren. Trotz ihrer zahlreichen Exons (53 bei *COL2A1*, 118 bei *COL7A1*, dem Gen für das Kollagen Typ VII) sind die Gene nicht besonders groß (*COL2A1*: 40 kb, *COL7A1*: 32 kb). Ungewöhnlich ist, dass alle Exons, die den zentralen Teil des Proteins kodieren, der die Dreifachhelix bildet, gegenüber Exondeletionen im Leseraster neutral sind. So sind diese Exons bei *COL2A1* meist 54 oder 108 bp lang, nur einige wenige haben 45 oder 99 bp. Daher wird das Leseraster bei Exondeletionen in diesem Bereich nicht verschoben, das Protein wird vielmehr einfach nur etwas kürzer.

Als erstes wird bei der Translation das Präprokollagen gebildet. Der Bereich der künftigen Dreifachhelix besteht aus einem sich wiederholenden Gly–X–Y, wobei X und Y eine beliebige Aminosäure sein kann, häufig jedoch Prolin oder Lysin ist. In diesem Bereich finden nach der Translation noch erhebliche Veränderungen statt (posttranslationale Modifikation).

- Im rauen endoplasmatischen Retikulum hydroxylieren spezifische Hydroxylasen, die als Kofaktoren Sauerstoff, Fe^{2+} und Ascorbinsäure verwenden, einen Teil der Lysine und Proline. Diese Modifikationen sind für die Reifung des Kollagens essentiell.
- An einige Hydroxylgruppen werden Zuckerreste angehängt.
- Dann werden drei Ketten, ausgehend von ihren C-terminalen Enden, zu einer Dreifachhelix umeinander gewunden. Dieser Prozess kann durch viele Kollagenmutationen unterbunden werden, insbesondere, wenn Glycine durch sperrigere Aminosäuren ersetzt werden, die nicht in das Innere der Dreifachhelix passen.
- Dieses Prokollagen wird dann freigesetzt, woraufhin spezifische Enzyme die C-terminalen und N-terminalen Propeptide abspalten. Einige Kollagenmutanten haben nicht die für die Spaltung erforderlichen Stellen und können daher nicht ausreifen.
- Schließlich werden die zur Dreifachhelix gewundenen Moleküle zu großen Multimeren vereinigt und über Lysinreste miteinander vernetzt. Einige Kollagentypen (Typ I, II, III, V und XI) bilden Fibrillen, andere wiederum Netzwerke, die Membranen unterstützen.

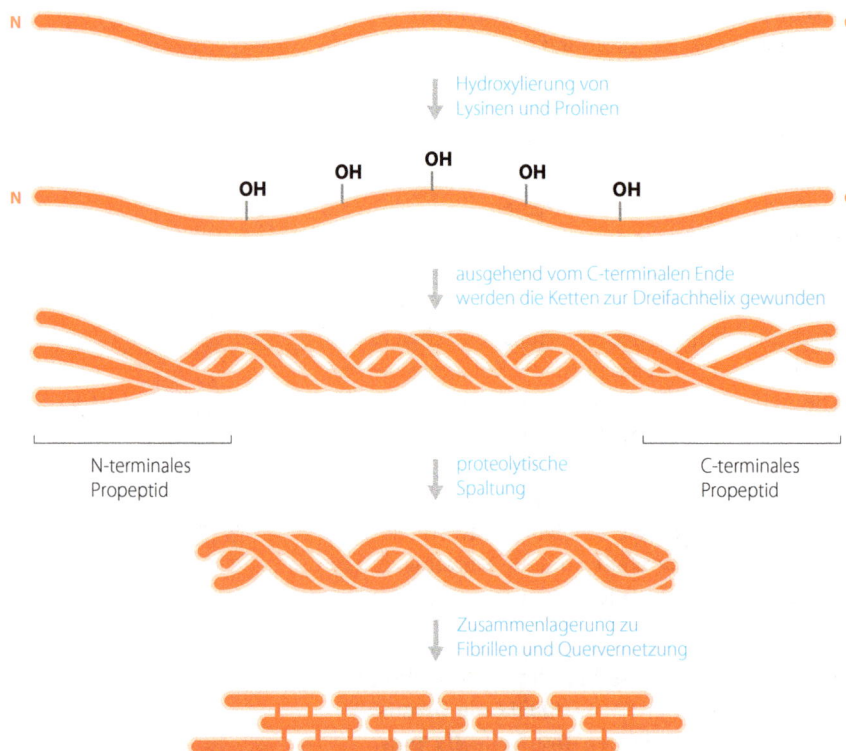

Posttranslationale Modifikation des Präprokollagens Typ II

Heterozygoten müssen unterschiedlich lange Ketten in die Dreifachhelix eingebunden werden, wodurch ebenfalls die Struktur zerstört wird. Zum N-Terminus hin gelegene Mutationen in den Exons 12–24 verursachen meist eine Kniest-Dysplasie, die zwar nicht tödlich ist, aber mit einem starken Minderwuchs, Netzhautablösungen, Schwerhörigkeit und Gelenkfehlbildungen samt entsprechenden Bewegungseinschränkungen einhergeht.

- Nonsense-Mutationen und Verschiebungen des Leserasters führen zum Stickler-Syndrom. Heterozygote haben keine anomalen Ketten, die die Zusammenlagerung der normalen Ketten stören könnten. Für den Phänotyp, der mit einem Spektrum von Minderwuchs, normalen Wuchs und Großwuchs unterschiedlich ausfallen kann, ist vermutlich eine unzureichende Menge an Kollagen Typ II verantwortlich.

Wie diese Aufzählung zeigt, ist es für Heterozygote günstiger, wenn kein Protein gebildet wird, als wenn eines gebildet wird, das die Funktion des normalen Pendants beeinträchtigen kann. Wenn das mutierte Produkt die Funktion des normalen Produkts verhindert, wird die Mutation als dominant negativ bezeichnet (*Abb. 6.8*). Wenn Moleküle für den Einbau in Dreifachhelices per Zufall aus einem Gemisch ausgewählt werden, das jeweils zur Hälfte aus normalen und anomalen Polypeptidketten besteht, hat nur eine von acht Helices drei normalen Ketten, während ein heterozygoter Patient mit einer Null-Mutation 50 Prozent normale Dreifachhelices aufweist.

Abb. 6.8 Ein dominant negativer Effekt
Aufgrund des mutierten Allels entsteht ein anomales Protein, das den Aufbau eines Multiprotein-Komplexes verhindert. Bei Heterozygoten führen dominant negative Allele zu schwereren Krankheitsbildern als Null-Allele.

6.4 Zusammenfassung und theoretische Ergänzungen

Für Molekulargenetiker, die in der Klinik arbeiten, ist es vor allem wichtig, vorhersagen zu können, wie sich eine Veränderung in der DNA-Sequenz auf den Phänotyp auswirkt. Dieses Ziel, Korrelationen zwischen Genotyp und Phänotyp herzustellen, lässt sich in zwei Teilschritte untergliedern:

- man muss feststellen, wie eine Mutation die Funktion eines Gens beeinflusst: verursacht sie einen (teilweisen oder vollständigen) Funktionsverlust, einen Funktionsgewinn oder hat sie überhaupt keine Wirkung?
- man muss herausfinden, wie der Funktionsverlust oder -gewinn eines Gens den Phänotyp beeinflusst.

Veränderungen, die zu einem Funktionsverlust oder Funktionsgewinn führen

Wenn es um die Folgen einer Mutation geht, muss man als erstes fragen, ob sie einen Funktionsverlust (Loss-of-function-Mutation) oder Funktionsgewinn (Gain-of-function-Mutation) auslöst. Einfacher gesagt, kann das mutierte Genprodukt seine normale Aufgabe nicht mehr erfüllen (möglicherweise überhaupt nicht, vielleicht auch nur zum Teil) oder kommt es zu einer aktiven Schädigung? In *Tab. 6.3* sind mögliche Konsequenzen verschiedener Mutationstypen aufgeführt.

Bei vielen der in *Tab. 6.3* aufgeführten Veränderungen fällt vermutlich die Genfunktion aus. Durch einige Missense-Mutationen und Deletionen oder Duplikationen, die das Leseraster nicht verschieben, wie etwa durch die Exondeletionen im Dystrophin-Gen, die zur Muskeldystrophie Becker führen (*Tab. 6.2*), kann das Genprodukt seine Funktion nicht mehr so gut erfüllen, ohne dass aber seine Funktion vollkommen zerstört würde. Wie sich eine Missense-Mutation auf ein Protein auswirkt, ist schwer vorherzusagen. Viele Aminosäuresubstitutionen verändern eher die Stabilität der dreidimensionalen Proteinstruktur, als dass sie eine aktive Stelle oder einen anderen, unmittelbar für die Funktion verantwortlichen Teil des Proteins beeinflussen. Proteine werden nach der Synthese der Basis-Polypeptidkette oft geschnitten, glykosyliert, phosphoryliert oder auf andere Art und Weise modifi-

Tab. 6.3 Häufige Mutationstypen samt möglicher Folgen

Art der Mutation	voraussichtliche Folgen für das Gen
größere Deletion oder Inversion	höchstwahrscheinlich völliger Funktionsausfall
Verdopplung eines ganzen Gens	Anstieg der Produktmenge um 50% (von zwei auf drei Genkopien); dadurch ändert sich der Phänotyp im Allgemeinen nicht – es sei denn, genau die richtige Konzentration ist entscheidend (dosissensitives Gen); z.B. APP-Gen auf Chromosom 21 führt zur Alzheimer Demenz bei älteren Patienten mit Down Syndrom, ein weiteres Beispiel in *Quellen* bei Aitman et al., 2006
Veränderung im Promotor oder einer Regulationssequenz	verringertes oder erhöhtes Transkriptionsniveau; möglicherweise wird auch anders auf Steuerungssignale reagiert; alle Proteine, die entstehen, haben eine normale Struktur und Funktion
Veränderung im Intron	bleibt höchstwahrscheinlich ohne Folgen, kann allerdings manchmal den Spleißprozess beeinträchtigen
Veränderung in der 5'- oder 3'-untranslatierten Region der mRNA	hat höchstwahrscheinlich keine Folgen, kann aber manchmal die Stabilität oder die Translationseffizienz der mRNA beeinflussen
Mutation von Spleißstellen	eine Mutation der obligatorischen GT...AG-Spleißstellen zerstört vermutlich die Funktion dieses Allels; andere Mutationen können komplexere Folgen haben, so dass etwa nur ein Teil des Transkripts falsch gespleißt oder das alternative Spleißmuster verändert wird; dadurch kann die Funktion teilweise verloren gehen; befindet sich die Mutation mitten im Intron, kann sie auch eine verborgene Spleißstelle aktivieren
Frameshift-Mutation	führt wahrscheinlich zum Funktionsverlust dieses Allels; das strangabwärts der Leserasterverschiebung gelegene Polypeptid hat keinerlei Ähnlichkeit mehr mit der korrekten Sequenz; wenn die Ribosomen die verschobenen Codons ablesen, treffen sie in der Regel recht schnell auf ein Stoppcodon; die Folgen sind dann dieselben wie bei einer Nonsense-Mutation
Nonsense-Mutation	führt wahrscheinlich zum Funktionsverlust dieses Allels; die meisten mRNAs mit vorzeitigen Stoppcodons werden nicht translatiert, weshalb auch kein verkürztes Protein entsteht; sie werden vielmehr abgebaut und überhaupt nicht verwendet (Nonsense-vermittelter mRNA-Abbau)
Missense-Mutation	ganz unterschiedliche Folgen, je nachdem, welche Eigenschaften und Funktionen die betroffenen Aminosäuren haben; ein Funktionsverlust ist genauso möglich wie ein Funktionsgewinn oder auch gar keine Wirkung; wird eine Aminosäure durch eine chemisch verwandte Aminosäure ersetzt, sind die Folgen sicherlich geringer als bei einer radikaleren Veränderung; bestimmte Aminosäuren in einem Protein sind für seine Struktur oder Funktion unverzichtbar, andere dagegen nicht; scheinbar harmlose Missense-Mutationen können aufgrund ihrer Folgen für den Spleißvorgang durchaus pathogen sein
Synonyme Substitution	hat höchstwahrscheinlich keinerlei Auswirkungen, kann aber manchmal den Spleißprozess beeinträchtigen

ziert. Werden bei einer Missense-Mutation Aminosäuren ausgetauscht, die für diese Modifikationsschritte erforderlich sind, kann das Protein seine Funktion wahrscheinlich nicht mehr erfüllen. Wie *Tab. 6.4* zeigt, können Missense-Mutationen jedoch auch noch ganz andere Folgen haben.

Funktionsgewinne sind seltener. Mit dem Begriff ist nicht gemeint, dass das Genprodukt eine völlig neue Funktion erhält, sondern dass es aktiv ist, wenn es nicht aktiv sein sollte. So kann das Protein beispielsweise gegenüber Signalen un-

Tab. 6.4 Mutationen im *CFTR*-Gen für den Chloridionenkanal können die Funktion des Genprodukts auf verschiedene Art und Weise beeinträchtigen oder zerstören. Ein Funktionsverlust beider Genkopien (Allele) führt zu Mukoviszidose.

Mutationsklasse	Folgen	Mutationstyp	Beispiel
I	keine oder verringerte Synthese	Nonsense-, Frameshift- oder Spleißmutationen, die die Effizienz des korrekten Spleißens beeinträchtigen	p.Gly542X c.3849+10kb C>T
II	Block beim Proteinprocessing	Missense-Mutation oder Deletion ohne Leserasterverschiebung	p.F508del
III	Fehlregulation im Chloridionenkanal	Missense-Mutation	p.Gly551Asp
IV	veränderte Leitfähigkeit im Chloridionenkanal	Missense-Mutation	p.Arg117His

empfindlich werden, die es abschalten sollten, oder es kann zu stark exprimiert werden. Ein Zelloberflächenrezeptor ist dann unter Umständen permanent aktiv und übermittelt Signale ins Zellinnere, selbst wenn kein Ligand vorhanden ist. Chorea Huntington ist ein Beispiel für ein mutiertes Protein mit einer schädigenden Wirkung (s. oben). Damit es zu einem Funktionsgewinn kommt, muss das mutierte Allel in ein anomales Protein translatiert werden. Funktionsverstärkende Mutationen können daher nur Missense- oder Regulationsmutationen, nie aber Nonsense- oder Rastermutationen sein.

Veränderungen, durch die Genchimären entstehen, sind eine Sonderform der funktionsverstärkenden Mutationen. Wie bereits erwähnt, kann gelegentlich ein neues Gen entstehen, wenn Exons von Genen, die im Genom normalerweise weit auseinander liegen, in unmittelbare Nachbarschaft zueinander geraten. Solche Genchimären können neue Funktionen haben. Diese Art der Umschichtung von Exons hat wahrscheinlich in der Evolution eine wichtige Rolle gespielt: man kann erkennen, dass viele Proteine unterschiedlich aus einem begrenzten Repertoire an funktionellen Domänen zusammengesetzt sind, die jeweils von verschiedenen Exons kodiert wurden (s. Abb. in *Exkurs 3.7*). Weil Chromosomentranslokationen zu ernsten Problemen in der Meiose führen (*Kapitel 2*), sind derartige Prozesse selten für Erbkrankheiten verantwortlich. Da aber Karzinome ausschließlich über Mitose aus mutierten somatischen Zellen hervorgehen, steht bei ihnen einer Weitergabe chromosomaler Rearrangements nichts im Wege. Das wird in *Kapitel 12* ausführlicher erörtert.

Dominant oder rezessiv?

Dominanz und Rezessivität sind Eigenschaften von Merkmalen oder Phänotypen, aber nicht von Genen. Wir sollten daher beispielsweise nicht von „dominanten Genen" sprechen, obwohl es nicht immer einfach ist, das zu vermeiden. Ein Merkmal ist dominant, wenn es bei einem Heterozygoten ausgeprägt wird, und rezessiv, wenn dies nicht der Fall ist.

- Von funktionsverstärkenden Mutationen erwartet man, dass sie dominante Merkmale hervorrufen. Dieser Funktionsgewinn ist auch bei Heterozygoten sichtbar, selbst wenn das normale Allel vorhanden ist.
- Mutationen mit Funktionsverlust können entweder dominante oder rezessive Merkmale hervorrufen, je nachdem, wie empfindlich der Organismus auf einen teilweisen Verlust der entsprechenden Funktion reagiert (*Abb. 6.9*). Für die meisten Gene gilt, dass die Schwelle für Krankheitserscheinungen unter 50 Prozent liegt und Loss-of-function-Mutationen zu rezessiven Phänotypen führen. Manchmal liegt eine Haploinsuffizienz vor, was bedeutet, dass 50 Prozent der normalen Funktion nicht ausreichen. In diesem Fall führt eine Mutation, die einen vollständigen Funktionsverlust hervorruft, zu einem dominanten Phänotyp, weil das normale Allel bei einem Heterozygoten die Funktion allein nicht ausreichend erfüllen kann.
- Dominant negative Mutationen sind eine Sonderform der Funktionsverlust-Mutationen, weil bei ihnen das anomale Produkt die Funktion des normalen Produkts beeinträchtigt (s. *Abb. 6.8*). Ein Beispiel dafür sind die Long-QT-Syndrome (*Krankheitsinfo 5*). Mutationen mit einem einfachen Funktionsverlust in den Ionenkanal-Genen führen zum rezessiven Ward-Romano-Syndrom: die Hälfte der normalen Proteinmenge reicht zur Erfüllung der normalen Funktion aus. Das dominante Jervell-Lange-Syndrom wird dagegen durch dominant negative Mutationen in denselben Genen ausgelöst. Ein einzelnes mutiertes Allel führt zu einem Funktionsverlust von über 50 Prozent. Weil dominant negative Effekte so großen Schaden anrichten, sind Proteine, die zwar noch ihre normale Länge haben, aber anomal sind, für den Organismus besonders gefährlich. Vermutlich war dies die treibende Kraft, die in der Evolution zur Entwicklung des Nonsense-vermittelten mRNA-Abbaus geführt hat.

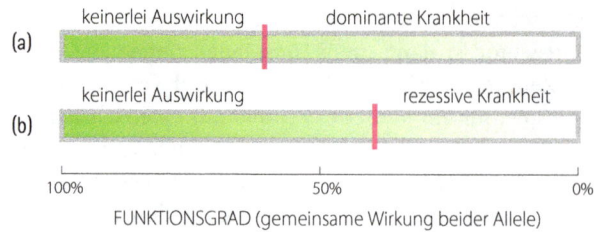

Abb. 6.9
Ob eine Loss-of-function-Mutation eine dominante oder rezessive Krankheit auslöst, hängt davon ab, wie empfindlich der Organismus auf den Ausfall dieser Funktion reagiert. Liegt die Schwelle für eine normale Funktion so, wie es in **(a)** dargestellt ist, dann ist ein Heterozygoter, bei dem die Funktion zu 50 Prozent erfüllt wird, von der Krankheit betroffen und die Krankheit ist dominant. Diese Situation wird als Haploinsuffizienz bezeichnet. Befindet sich die Schwelle an der in **(b)** eingezeichneten Marke, ist die Krankheit rezessiv.

Was bedeutet der Phänotyp?

Häufig findet man auf den ersten Blick keinen Zusammenhang zwischen der biochemischen Wirkung, die ein Genprodukt in der Zelle entfaltet, und den klinischen Folgen von Mutationen im entsprechenden Gen. Viele der in diesem Buch besprochenen Fälle verdeutlichen dies. Selbst wenn wir sowohl die Biochemie als auch den Phänotyp kennen, fällt es oft schwer zu erklären, wie sich aus dem einen das andere entwickelt. Warum sollte bei Männern mit dem Fra(X)-Syndrom – um nur ein Beispiel von vielen zu nennen – ein Mangel am RNA-Bindungsprotein FMR1 zu geistiger Behinderung, Hodenvergrößerung und der typischen länglich ovalen Gesichtsform führen?

Wichtig ist, dass man nicht der naiven Vorstellung verfällt, es gäbe „das Gen für …" Man sagt ja auch nicht, dass die Kühltruhe zu Hause eine Maschine sei, die eingefrorene Lebensmittelvorräte verdirbt. Das ist vielmehr das, was passiert, wenn ein Fehler auftritt. Genauso haben wir keine Gene „für" Mukoviszidose oder Muskeldystrophie. Viele Gene des Menschen wurden entdeckt, weil man die Krankheiten untersucht hat, die bei Fehlern oder Störungen in den Genen auftreten; daher neigt man dazu, den Namen der Krankheit mit dem Gen zu verbinden. Manchmal ist es schwierig, nicht etwa von einem „Chorea-Huntington-Gen" zu sprechen – man sollte aber auf gar keinen Fall auf den Gedanken kommen, die Funktion des Gens über die Krankheit zu definieren.

Korrelationen zwischen Genotyp und Phänotyp

Korrelationen zwischen Mutationen und Phänotyp herzustellen, die genaue Vorhersagen ermöglichen, ist der Heilige Gral der Molekularpathologie: äußerst wünschenswert, aber selten erreicht. Meist liegen zwischen der Veränderung einer DNA-Sequenz und den Problemen eines Patienten zu viele Ereignisse, als dass man dazwischen eindeutige Korrelationen herstellen könnte. Gene wirken nicht unabhängig von anderen Faktoren. Alle anderen Faktoren, die direkt mit dem Gen und seinem Produkt interagieren – die gesamten biochemischen Prozesse im Umfeld, die Vorgeschichte, der Lebensstil des Patienten sowie einfache zufällige Ereignisse –, tragen mit dazu bei, dass man nicht so einfach vorhersagen kann, welcher Phänotyp sich ausbildet. Die bislang in diesem Buch im Vordergrund stehenden Krankheiten mit mendelschem Erbgang sind nur eine kleine Untergruppe von all den vielen Krankheiten, bei denen die Wirkung einer einzelnen genetischen Veränderung zufällig nicht vollständig von anderen genetischen oder umfeldbedingten Effekten überdeckt wird. Selbst Krankheiten mit mendelschem Erbgang sind selten simpel, wenn man sie genauer untersucht. Ein ausgezeichneter Artikel (Scriver & Waters, 1999) analysiert die Gründe, warum es bei einer typischen Krankheit mit mendelschem Erbgang wie der Phenylketonurie, die in *Kapitel 8* ausführlicher charakterisiert wird, keinen engen Zusammenhang zwischen Genotyp und Phänotyp gibt.

In Anbetracht dessen scheinen Krankheiten mit einer gut definierten Korrelation zwischen Genotyp und Phänotyp eher interessante Ausnahmen von der allgemeinen Regel zu sein.

- Beispielhaft für eine solche Krankheit ist die Gruppe der Hämoglobinopathien. Sichelzellanämie und Thalassämie werden über das Produkt des Globin-Gens definiert und nicht durch weit entfernt strangabwärts wirkende Mutationen. So ist die Sichelzellanämie ganz präzise auf eine p.Glu6Val-Mutation im β-Globin zurückzuführen, während andere Mutationen vorhersagbar eine β^0- oder β^+-Thalassämie hervorrufen.
- Funktionsverstärkende Mutationen können äußerst spezifische Folgen haben, die nicht so leicht durch andere genetische oder umfeldbedingte Faktoren aufgefangen werden. Die $(CAG)_n$-Verlängerung im Chorea-Huntington-Gen führt immer zu Chorea Huntington, und es besteht sogar eine statistische (allerdings bei der einzelnen Person nicht so genau vorhersagbare) Korrelation zwischen der Anzahl der repetitiven Einheiten und dem Alter, in dem die Krankheit einsetzt. Vielleicht das verblüffendste Beispiel für eine enge Korrelation zwischen Genotyp und Phänotyp in der klinischen Genetik sind Gain-of-function-Mutationen in den *FGFR*-Genen, den Genen für die Rezeptoren der Fibroblastenwachstumsfaktoren (*Exkurs 6.3*).

Der Ansatz, von Syndromfamilien auszugehen, hat sich für die Erforschung der Beziehung zwischen Genotyp und Phänotyp als Erfolg versprechend erwiesen. Bevor man wusste, welche Gene bei bestimmten Krankheiten eine Rolle spielen, unterschieden die Ärzte die Krankheiten anhand klinischer Symptome und der damals verfügbaren Untersuchungsmöglichkeiten. Bei den Klinikern selbst könnte man „Spalter" und „Zusammenfasser" unterscheiden. Die „Spalter" hatten vor allem die Unterschiede zwischen den verschiedenen Krankheiten im Blick und unterteilten sie weiter in Untergruppen, weil sie davon überzeugt waren, dass den verschiedenen Untergruppen auch jeweils unterschiedliche Mechanismen zugrunde lägen. Die „Zusammenfasser" konzentrierten sich dagegen auf die Ähnlichkeiten und fassten Krankheiten mit ähnlichen klinischen Symptomen zusammen, weil sie davon ausgingen, dass ähnliche Symptome von ein und demselben Mechanismus hervorgerufen würden. Diesen zweiten Ansatz wandte der deutschen Kinderarzt J. Spranger in den 1980er Jahren auf verschiedene skelettale Dysplasien an. Er fasste viele Syndrome mit unterschiedlichen Bezeichnungen zu einer Gruppe von Syndromfamilien zusammen, wobei er sich an den radiologischen und klinischen Befunden und nicht an der Schwere des Krankheitsbildes orientierte. So ordnete er die Hypochondroplasie (bei der die betroffenen Personen klein, aber ansonsten gesund sind) und die Achondroplasie (bei der Betroffenen aufgrund der gestörten Knorpelbildung minderwüchsig sind und ernste Gelenkprobleme haben können, aber normal intelligent sind) der gleichen Gruppe zu wie die Thanatophore Dysplasie, bei der die Betroffenen aufgrund ihrer stark verkürzten Knochen und Rippen bei der Geburt sterben. Darüber hinaus rechnete er auch die Stickler-Kniest-Familie (für die verkürzte Extremitätenknochen, Gaumenspalten und starke Kurzsichtigkeit in unterschiedlichen Schweregraden typisch sind), die Oto-palato-digitales- und die Larsen-Syndrom-Familie (mit Gelenkdeformitäten und -dislokationen sowie Gaumenspalten) zu den Syndromfamilien. Da wir inzwischen die molekulare Basis dieser Krankheiten kennen, wissen wir, dass Sprangers Ansatz sehr weitsichtig gewesen ist. Während die Symptome der Stickler-Kniest-Familie allesamt auf *COL2A1*-Mutationen beruhen (s. Fall 16, Familie O'Reilly), werden die Achondroplasie und verwandte Störungen durch Mutationen im *FGFR3*-Gen hervorgerufen (s. *Exkurs 6.3*).

Die wissenschaftlichen Untersuchungen der normalen Entwicklung und der Korrelationen zwischen Genotyp und Phänotyp bei Entwicklungsstörungen haben

Exkurs 6.3 Die Korrelation zwischen Genotyp und Phänotyp bei Mutationen in den *FGFR*-Genen

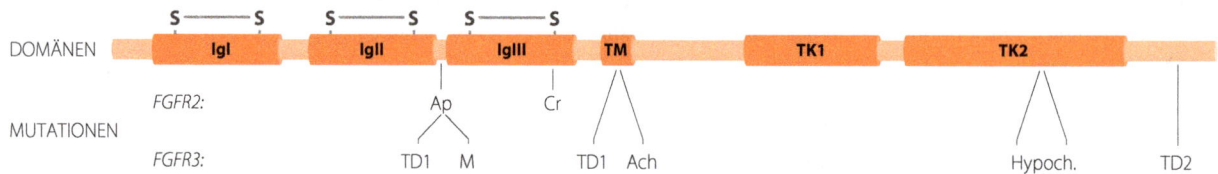

Schematische Darstellung eines Rezeptors für Fibroblastenwachstumsfaktoren sowie die Lage wichtiger Mutationen. TM: Transmembrandomäne; TK: Tyrosinkinase-Domäne; Ap: Apert-Syndrom; Cr: Crouzon-Syndrom; TD: Thanatophore Dysplasie; M: Muenke-Syndrom; Ach: Achondroplasie; Hypoch: Hypochondroplasie.

Die neun Fibroblastenwachstumsfaktoren (FGFs) steuern das Wachstum und die Differenzierung verschiedener mesenchymaler und neuro-ektodermaler Zellen. Ihre Wirkung erzielen sie über vier verschiedene Rezeptoren auf der Zelloberfläche. Jeder Rezeptor besteht aus einem extrazellulären Anteil mit drei immunglobulinartigen Domänen, einem Transmembransegment sowie einem im Zellinneren gelegenen Teil mit zwei Tyrosinkinase-Domänen und einer C-terminalen Transaktivierungsregion (s. *Abb.*). Nach einer Aktivierung durch den Liganden bilden die Rezeptoren Dimere aus. Dadurch kommt es zu Konformationsänderungen, die die intrazelluläre Tyrosinkinase aktivieren. Dies wiederum führt zur Aktivierung von STAT-1-Signalmolekülen und letztlich zur Unterbrechung des Zellzyklus.

Die vier *FGFR*-Gene kodieren jeweils mindestens 12 alternative Spleiß-Isoformen. Die Rezeptoren können sowohl Hetero- als auch Homodimere bilden und haben jeweils unterschiedliche Affinitäten für die neun FGFs. Dementsprechend können sie an die verschiedenen FGF-Kombinationen in den unterschiedlichen Zelltypen höchst differenzierte, gut abgestimmte Signale weiterleiten. Mutationen führen zu einem Funktionsgewinn. Der mutierte Rezeptor wird dann konstitutionell aktiv und übermittelt sein Signal mehr oder weniger auch ohne Bindung eines Liganden. Die FGFR-Mutationen zeigen erstaunlich spezifische Korrelationen zwischen Genotyp und Phänotyp (s. *Tab.*). Beinahe alle Mutationen befinden sich in den Genen *FGFR2* und *FGFR3*. Sie lösen spezifische Syndrome mit Kraniosynostosen oder Dysplasien des Skeletts aus. Mutationen kommen vor allem in dem kurzen Verbindungsstück zwischen der zweiten und dritten Immunglobulin-Domäne vor, wo sie die Flexibilität des Moleküls und damit seine Fähigkeit, Dimere zu bilden, beeinträchtigen können, oder sie befinden sich in der Transmembrandomäne. Jede Immunglobulin-Domäne wird von einer Schwefel(S-S-)brücke zusammengehalten. Bei weiteren häufigen Missense-Mutationen geht entweder eines der Cysteine verloren oder es entsteht ein neues; dadurch steigt vermutlich ebenfalls die Wahrscheinlichkeit, dass die Moleküle Dimere bilden, selbst wenn kein Ligand vorhanden ist.

Phänotypen und bedeutendere Mutationen in den *FGFR2*- und *FGFR3*-Genen

Gen	Krankheit (OMIM-Nummer)	Mutationen
FGFR2:	Apert Syndrom; auch Akrozephalosyndaktylie-Syndrom Typ I (101200)	p.Ser252Trp (65%), p.Pro253Arg (34%)
	Crouzon Syndrom, auch Kraniofaciale Dysostose Typ I (123500)	p.Cys342Tyr oder Arg (50%)
	Beare–Stevenson Cutis gyrata Syndrom (123790)	p.Ser372Cys (25%), p.Tyr375Cys (75%)
FGFR3:	Achondroplasie (100800)	p.Gly380Arg (97%)
	Hypochondroplasie (146000)	p.Asn540Lys (50%), p.Asn540Thr, p.Ile538Val
	Thanatophore Dysplasie Typ I (187600)	p.Arg248Cys (60%), p.Tyr373Cys (25%)
	Thanatophore Dysplasie Typ II (187600)	p.Lys650Glu (100%)
	Muenke Syndrom, auch Kraniosynostose (koronar nicht-syndromisch) (602849)	p.Pro250Arg (100%)

sich gegenseitig positiv beeinflusst. Dabei spielten vor allem die beiden folgenden Punkte eine wichtige Rolle:

- Häufig werden zwar bei den meisten, aber nicht bei allen Patienten mit einer bestimmten Entwicklungsstörung Mutationen in einem Gen gefunden. Wenn man schon etwas über den beteiligten Signalweg weiß, liegt es nahe, die noch nicht entdeckten Mutationen in anderen an diesem Signalweg beteiligten Genen zu suchen. Oft stellt sich heraus, dass sich das phänotypische Spektrum der Patienten mit diesen neuen Mutationen etwas von dem der ursprünglichen Fälle unterscheidet; auf diese Weise sind die Korrelationen zwischen Genotyp und

Phänotyp klarer zu erkennen. Beispiele findet man in den *Krankheitsinfos 2.3* (ATRX), *7* (Rett-Syndrom) und *9* (Rubinstein-Taybi-Syndrom).

- Wenn das Gen, das einem Syndrom zugrunde liegt, ausschließlich durch genetische Methoden entdeckt wird (durch Kartierung und anschließende Klonierung des Gens, ohne dass man dabei etwas über das Genprodukt weiß), ergibt sich dabei gelegentlich ein Hinweis auf einen bis dato unbekannten Signalweg. Als ein Beispiel unter vielen wäre etwa die Identifizierung des Defekts zu nennen, der zum Fra(X)-Syndrom führt (s. *Krankheitsinfo 4*). Als man die DNA untersuchte, stieß man auf einen neuen Mutationsmechanismus, und Studien zur Proteinfunktion offenbarten neue Aspekte des mRNA-Transports.

Weitere Erörterungen und Beispiele findet man bei Read & Donnai (2003) und Brunner & van Driel (2004).

In *Tab. 6.5* ist zusammengefasst, inwieweit bei den bislang in diesem Buch besprochenen klinischen Fallbeispielen Genotyp und Phänotyp miteinander korrelieren.

Tab. 6.5 Die Korrelation zwischen Genotyp und Phänotyp bei den bislang besprochenen klinischen Fällen

Fall	Krankheit	Ausmaß der Korrelation zwischen Genotyp und Phänotyp
1	Chorea Huntington	bei allen Patienten wiederholt sich die Sequenz CAG im Chorea-Huntington-Gen mehr als 36 Mal. Die Länge der repetitiven Sequenz korreliert statistisch mit dem Alter, in dem die Krankheit ausbricht. Bei einer langen expandierten Sequenz setzt die Chorea Huntington reproduzierbar mit einem deutlich anderen Krankheitsbild bereits im jugendlichen Alter ein.
2	Mukoviszidose	schwache Korrelation mit der Schwere des Krankheitsbildes bei Patienten mit klassischer Mukoviszidose, bei verwandten Störungen wie etwa dem angeborenen Fehlen des Ductus deferens oder Nasenpolypen sind jedoch bestimmte „weniger schwere" Mutationen zu beobachten
3	Schwerhörigkeit	bei Patienten mit Mutationen in Connexin 26, dem häufigsten Fall, sind Missense-Mutationen statistisch mit einem geringeren Hörverlust verbunden als Mutationen, die zu einer Verkürzung des Proteins führen; aber diese Korrelation sagt nichts über den Einzelfall aus
4	Muskeldystrophie	während Deletionen, die das Leseraster verschieben, fast immer eine Muskeldystrophie Typ Duchenne hervorrufen, wird ohne Verschiebung des Leserasters fast immer der leichtere Typ Becker ausgeprägt
5	Chromosomale Aberration	das Krankheitsbild hängt davon ab, wie groß die beteiligte Region ist und wie viele Gene in ihr vorhanden sind
7	Leber'sche hereditäre Optikus-Neuropathie (LHON)	auch bei Berücksichtigung der Heteroplasmie nur eine sehr schwache Korrelation
8	Deletion bei 22q11	schwache Korrelation zwischen der Größe der Deletion und der Schwere des Krankheitsbildes
9	Down-Syndrom oder Trisomie 21	der Phänotyp ist deutlich sichtbar, fällt aber recht unterschiedlich aus; Mosaike zeigen in der Regel ein schwächeres Krankheitsbild
10	Turner-Syndrom	Behauptungen zufolge hängen mögliche Verhaltensprobleme davon ab, ob das einzelne X-Chromosom von der Mutter oder dem Vater abstammt (s. *Kapitel 7*).
11	Marfan-Syndrom	variable Krankheit; kaum Korrelation zwischen Genotyp und Phänotyp
12	Sichelzellanämie	immer dieselbe Mutation; strangabwärts variable Konsequenzen
13	Hämophilie A	die Inversion ruft eine schwere Krankheit hervor; einige Missense-Mutationen führen zu einer leichteren Form
14	geringfügige Duplikation von Chromosomenmaterial	wahrscheinlich wird man letztlich Korrelationen finden; gegenwärtig reichen dazu die Fälle allerdings noch nicht aus
15	Thalassämie	starke Korrelationen zwischen dem Mutationstyp und der β^0- oder β^+-Thalassämie; Variationen im klinischen Befund, weil noch unterschiedlich viel fetales Hämoglobin gebildet wird
16	Stickler-Syndrom	die Art der *COL2A1*-Mutation korreliert recht gut mit der Lage im Spektrum der Chondrodysplasien

Vorhersage des Phänotyps: das Problem neuer Missense-Mutationen

Diagnostiklabors durchforsten bei Patienten routinemäßig viele Kilobasen eines Kandidatengens nach einer Mutation, die für die Krankheit verantwortlich sein kann. Bei Nonsense- oder Frameshift-Mutationen liegt es klar auf der Hand, dass sie pathogen sind, wenn aber eine neue Missense-Mutation entdeckt wird, ist nicht gleich klar, wie diese zu beurteilen ist. Ist sie für die Krankheit des Patienten verantwortlich oder nur eine harmlose Variante? Um dieses Problem zu lösen, sucht man in verschiedenen Richtungen nach Anhaltspunkten:

- Wurde die Mutation in der wissenschaftlichen Literatur bereits als Ursache dieser Krankheit erwähnt? Und wenn dem so ist, kann man davon ausgehen, dass diese Berichte zuverlässig sind?
- Findet man die Veränderung auch bei Personen, die nicht von der Krankheit betroffen sind? Wenn sie nicht in mehreren Hundert zufällig ausgewählten gesunden Personen mit dem gleichen ethnischen Hintergrund wie der erkrankte Patient vorkommt, dann ist es zumindest keine gewöhnliche polymorphe Variante, sondern könnte durchaus eine bislang noch nicht beschriebene seltene neutrale Variante sein.
- Falls der Patient aus einer großen Familie stammt, in der mehrere Personen betroffen sind, ist zu untersuchen, ob die Veränderung bei allen betroffenen Personen auftritt. Falls nicht, ist sie wahrscheinlich nicht pathogen. Aber selbst wenn sie bei allen betroffenen Familienmitgliedern entdeckt wird, muss sie nicht unbedingt die eigentliche pathogene Mutation sein, sondern ist vielleicht nur eine seltene unbedeutende Variante im selben Gen. Hätte man nicht bereits die richtige Mutation im selben Gen entdeckt, wäre die c.2752–15C>G-Mutation bei Joanne Brown (Fall 2) ein gutes Beispiel dafür.
- Ist die ausgetauschte Aminosäure für die Funktion oder Struktur des Proteins entscheidend? Man weiß über das jeweilige Protein nur selten genug, um diese Frage eindeutig beantworten zu können. Würde sich die fragliche Aminosäure bei allen verwandten Proteinen von Mensch und Tier an dieser Position befinden, wäre sie ein im Laufe der Evolution konservierter Rest und damit ein Hinweis – kein Beweis! – auf eine entscheidende Funktion.

Ist man all diesen Fragen eingehend nachgegangen, muss das Labor die jeweilige Veränderung nur allzu oft als Variante einstufen, deren Bedeutung man nicht richtig beurteilen kann. Das ist natürlich für alle Beteiligten äußerst unbefriedigend.

Dosisempfindlichkeit und pathologische Befunde bei Chromosomenanomalien

Obwohl einige hochrepetitive Varianten harmlos sind und es sich dabei sogar um Polymorphismen handeln kann, die in einer Population häufig vorkommen, sind Störungen des chromosomalen Gleichgewichts in den meisten Fällen pathogen. Das liegt vermutlich daran, dass bestimmte dosisempfindliche Gene nicht in der richtigen Anzahl vorhanden sind. Da ein Chromosom im Durchschnitt etwa 1000 Gene hat, können bereits von einer geringfügigen Störung des Gleichgewichts zahlreiche Gene betroffen sein. Die meisten Gene sind nicht dosissensitiv. Es gibt nur relativ wenige Funktionsverlust-Mutationen, bei denen sich aufgrund einer Haploinsuffizienz dominante Phänotypen entwickeln, und noch seltener führt eine Zunahme um 50 Prozent in der Kopienzahl oder der Konzentration des Genprodukts zu Problemen. Dennoch sind alle autosomalen Monosomien und Trisomien schon im Embryonalstadium tödlich oder verursachen schwere angeborene Fehlbildungen. Im Folgenden erörtern wir dafür zwei mögliche Erklärungen:

- Bei einigen Fällen kann eine Unausgewogenheit von nur zwei oder drei dosisempfindlichen Genen einen Großteil der Symptomatik erklären. So werden beispielsweise die wichtigsten Symptome des Down-Syndroms mitunter von nur zwei Genen auf Chromosom 21 verursacht: *DSCR1* und *DYRK1A*. Die Produkte dieser Gene steuern bestimmte Transkriptionsfaktoren und beeinflussen so indirekt die Expression zahlreicher Gene. An chromosomalen Phänotypen müssen allerdings immer mindestens zwei Gene beteiligt sein. Kliniker können in der Regel Patienten mit Chromosomenanomalien erkennen – auch wenn sie nicht vorhersagen können, welches Chromosom betroffen ist. Zum Phänotyp dieser Patienten gehören mehrere voneinander unabhängige Entwicklungsstörungen, und abgesehen von einigen Sonderfällen findet man ein solches Krankheitsbild nicht bei Patienten, bei denen nur ein einziges Gen Anomalien aufweist.

- In anderen Fällen besteht das Problem mitunter darin, dass sich viele schwächere Effekte summieren. Gene, die Proteine mit ähnlicher Funktion kodieren, liegen selten nahe beieinander auf demselben Chromosom. Bei Proteinen, die wie Hämoglobin aus mehreren Ketten bestehen, befinden sich die Gene, die die einzelnen Komponenten kodieren, in der Regel auf unterschiedlichen Chromosomen. Ebenso verhält es sich bei den Genen für einen Transkriptionsfaktor und dessen Zielproteine, die in den meisten Fällen auf verschiedenen Chromosomen anzutreffen sind. Ob dies auf einem bestimmten Prinzip beruht, das wir nicht kennen, oder ob es nur ein Beispiel für die offensichtlich chaotische Natur unseres Genoms ist, wissen wir nicht, es bedeutet aber, dass Störungen des chromosomalen Gleichgewichts fast immer auch für eine Unausgewogenheit in vielfältig interagierenden Systemen verantwortlich sind. Falls einer der Reaktionspartner in einer um 50 Prozent höheren Konzentration vorliegt, führt das unter Umständen nur zu einer geringfügigen Störung; wenn sich aber die Folgen von Dutzenden solcher Störungen summieren, kann es schnell passieren, dass die Entwicklung aus dem Ruder läuft. Dass Patienten mit verschiedensten Beeinträchtigungen des chromosomalen Gleichgewichts meist weitgehend fast dasselbe Spektrum an Störungen aufweisen (geistige Behinderung, verzögertes Wachstum, Anfälle und Gesichtsfehlbildungen), spricht ebenfalls für diese Sichtweise.

Es sollte nicht unerwähnt bleiben, dass die drei autosomalen Trisomien, die mit einer Lebendgeburt vereinbar sind (Trisomie 13, 18 und 21), Chromosomen betreffen, die klein sind und relativ wenig Gene enthalten. Nach Daten aus dem ENSEMBL-Genombrowser (Nummer 35, November 2005) haben diese drei Chromosomen 3,50, 4,23 beziehungsweise 5,77 Gene pro Mb DNA, während der durchschnittliche Wert im gesamten Genom bei 7,32 liegt. Genauso erklärt auch die niedrige Anzahl von Genen auf dem Y-Chromosom, warum die meisten 47,XYY-Männer nicht aus dem normalen männlichen Spektrum herausfallen und ihr Genotyp nicht erkannt wird. Auf dem X-Chromosom befinden sich allerdings zahlreiche Gene; daher wäre nicht unbedingt zu erwarten, dass gesunde Personen ein oder zwei zusätzliche X-Chromosomen haben können. Dafür ist eine spezielle Erklärung erforderlich, die im nächsten Kapitel gegeben wird.

Somatische Mutationen

Bei allen in diesem Kapitel besprochenen Fallbeispielen geht es um ererbte Mutationen. Mutationen können allerdings in jeder Zelle auftreten. Daher kommen – wie man sich leicht ausrechnen kann – die meisten von ihnen in somatischen Zellen vor und werden nicht weitervererbt. Somatische Mutationen werden nur in zwei Konstellationen zu einem Problem.

- Tritt eine somatische Mutation bereits sehr früh in der Embryogenese auf, kann sich aus der einen mutierten Zelle ein größerer Klon entwickeln. Die betreffende Person bildet dann hinsichtlich dieser Mutation ein Mosaik. Welche Folgen dies hat, hängt davon ab, welche Zellen betroffen sind und wie sich die Mutation auswirkt.
- Wenn eine Mutation dazu führt, dass sich eine Körperzelle unkontrolliert zu vermehren beginnt, kann sich schließlich ein Karzinom bilden. Diese Mutationen werden in *Kapitel 12* behandelt.

Krankheitsinfo 6 Molekulare Pathologie von Genvarianten des Androgenrezeptors

Die Säugetierentwicklung ist so angelegt, dass sie zunächst einmal die weibliche Richtung einschlägt, das gilt auch für den Menschen. Damit männliche Tiere oder Menschen entstehen, ist eine spezifische Abfolge von Ereignissen erforderlich. In der normalen Geschlechtsdifferenzierung beginnt diese Kaskade mit dem SRY-Gen auf dem Y-Chromosom. Dieses Gen sorgt dafür, dass sich die zunächst indifferenten Keimzellen zu Hoden entwickeln. Die Hoden sezernieren das Androgen (das männliche Geschlechtshormon) Testosteron, das durch ein Enzym, die Steroid-5-α-Reduktase, in Dihydro-Testosteron (DHT) umgewandelt wird. DHT aktiviert den Androgenrezeptor, einen im Zellkern vorhandenen Steroidrezeptor der Klasse I, der daraufhin die Transkription vieler verschiedener Gene stimuliert. Die aktivierten Genprodukte wiederum sorgen dafür, dass männliche Geschlechtsmerkmale ausgeprägt werden. Der Androgenrezeptor wird vom AR-Gen kodiert, das sich bei Xq11–q12 auf dem proximalen langen Arm des X-Chromosoms befindet. Das Gen besteht aus acht Exons, die sich über 178 kb genomischer DNA erstrecken und ein Protein aus 920 Aminosäuren kodieren. Die diversen Mutationen dieses Gens zeigen ein erstaunlich breites Wirkungsspektrum.

Loss-of-function-Mutationen führen zu einem X-chromosomal vererbten Androgeninsensitivitäts-Syndrom (OMIM 300068, Adrenogenitales Syndrom, früher: testikuläre Feminisierung). Die betroffenen XY-Embryonen bekommen normale Hoden, die auch ganz normal Testosteron sezernieren. Bei einem vollständigen Funktionsverlust des Rezeptors können die embryonalen Gewebe aber nicht auf die Androgene reagieren. Daher entspricht die anatomische Entwicklung der Betroffenen der der normalen Entwicklung von Frauen. Die Patienten sind vom Phänotyp her weiblich, haben weibliche äußere Geschlechtsmerkmale und Brüste, ihre Vagina endet allerdings blind und sie haben keine Gebärmutter. Die Hoden liegen inguinal oder abdominal, so dass die Ärzte oft erst bei einem Verdacht auf eine Inguinalhernie („Leistenbruch") auf die Patienten aufmerksam werden. Die Hoden sollten am besten chirurgisch entfernt werden, weil sie häufig maligne entarten. Abgesehen davon und von der zwangsläufig vorhandenen Unfruchtbarkeit führen die betroffenen Personen ein normales Leben als Frau.

Bei einem partiellen Funktionsverlust des Androgenrezeptors können sich diverse sexuelle Zwischenstufen entwickeln, zu denen häufig Hypospadien (untere Harnröhrenspalten) sowie ein kaum entwickelter Penis mit Gynäkomastie (Reifenstein-Syndrom; OMIM 312300) gehören. Ein solcher Pseudohermaphroditismus kann auch viele andere Ursachen haben. Am erstaunlichsten ist wohl die rezessive Form (Steroid-5-alpha-Reduktase-2-Mangel, OMIM 264600), der ein Funktionsverlust des SRD5A2-Gens zugrunde liegt, das die Steroid-5-α-Reduktase kodiert. Da das Testosteron bei den betroffenen Kindern nicht in Dihydro-Testosteron umgewandelt werden kann, sind ihre Genitalien nicht eindeutig einem Geschlecht zuzuordnen. Meist werden diese Kinder jedoch zunächst als Mädchen aufgezogen. In der Pubertät prägt sich dann allerdings durch ein alternatives 5-α-Reduktase-Gen, SRD5A1, ein männlicher Phänotyp aus. Der Patient gerät in den Stimmbruch, ihm wächst ein Bart und normalerweise nimmt er eine männliche Identität an. Berichten zufolge leben die Patienten gut mit ihrer neuen männlichen Identität. Falls dies zutrifft, liegt der Schluss nahe, dass ein früher virilisierender Einfluss von Testosteron auf das Gehirn für die sexuelle Identität einer Person mindestens genauso wichtig sein kann wie soziale Faktoren.

VOLLSTÄNDIGER FUNKTIONSVERLUST: Androgenogentiales Syndrom, Testikuläre Feminisierung (OMIM 300068)

TEILWEISER FUNKTIONSVERLUST: männlicher Pseudohermaphroditismus

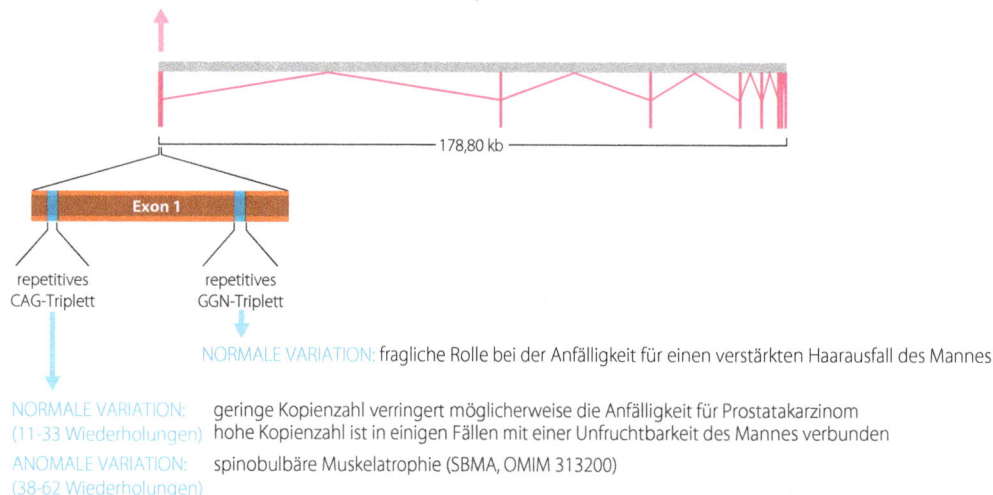

178,80 kb

Exon 1

repetitives CAG-Triplett

repetitives GGN-Triplett

NORMALE VARIATION: fragliche Rolle bei der Anfälligkeit für einen verstärkten Haarausfall des Mannes

NORMALE VARIATION: (11-33 Wiederholungen) geringe Kopienzahl verringert möglicherweise die Anfälligkeit für Prostatakarzinom / hohe Kopienzahl ist in einigen Fällen mit einer Unfruchtbarkeit des Mannes verbunden

ANOMALE VARIATION: (38-62 Wiederholungen) spinobulbäre Muskelatrophie (SBMA, OMIM 313200)

Verschiedene Varianten des AR-Gens mit ganz unterschiedlichen Folgen

Mutationen, die zu einem Funktionsverlust oder -gewinn führen, verursachen charakteristische Krankheiten mit mendelschem Erbgang, während eine Variation im Normbereich das Risiko für verschiedene weit verbreitete Krankheiten mit mendelschem Erbgang beeinflusst.

Eine Verlängerung der repetitiven (CAG)$_n$-Einheiten im Exon 1 des *AR*-Gens kann ganz unterschiedliche Folgen haben. Die spinobulbäre Muskelatrophie (SBMA, OMIM 313200) gehört zu der Gruppe von Krankheiten, die durch eine instabile Expansion repetitiver Sequenzen ausgelöst wird (s. *Krankheitsinfo 4*). Wie bei Chorea Huntington befindet sich das repetitive (CAG)-Triplett in der kodierenden Sequenz und kodiert einen verlängerten Abschnitt von Glutaminen im Rezeptorprotein. Genau wie bei den anderen, durch verlängerte Polyglutamin-Abschnitte hervorgerufenen Krankheiten kommt es zu einem Funktionsgewinn: das mutierte Protein ist für Neuronen toxisch. Das führt zu einer X-chromosomal vererbten Muskelschwäche, die im Erwachsenenalter auftritt und langsam fortschreitet. Darüber hinaus hat die Verlängerung allerdings noch weitere Konsequenzen. Der verlängerte Polyglutamin-Abschnitt liegt im N-terminalen Teil des Proteins, der Transaktivierungsdomäne, durch die der aktivierte (androgengebundene) Rezeptor die Transkription seiner Zielgene stimuliert. Bei einer Verlängerung des Polyglutamin-Abschnitts verringert sich die Effizienz der Transaktivierung. Männer mit SBMA haben daher Anzeichen eines leichten Androgen-Mangels, insbesondere einer Gynäkomastie.

Variiert die Anzahl der repetitiven (CAG)$_n$-Einheiten innerhalb der Norm, liegt auch die entsprechende Reaktion auf Androgene noch im Normbereich. Kurze repetitive Sequenzen verstärken die Reaktion allerdings eher, längere, die sich noch innerhalb des normalen Spektrums bewegen, dämpfen die Reaktion hingegen. Dies spielt bei der Inzidenz des Prostatakarzinoms, einer Androgen-abhängigen Erkrankung, eine Rolle. Auch wenn es bei der Verteilung erhebliche Überschneidungen gibt, so haben Afroamerikaner im Durchschnitt die wenigsten repetitiven Einheiten, weiße Nordamerikaner liegen im mittleren Bereich, während Japaner und Chinesen die meisten repetitiven Einheiten aufweisen. Die Inzidenz für das Prostatakarzinom variiert von Gruppe zu Gruppe im umgekehrten Verhältnis zur durchschnittlichen Länge der repetitiven Einheiten. Im oberen Teil des Spektrums (über 27 Wiederholungen) steigt dafür dann allerdings das Risiko dafür, dass der Betreffende unfruchtbar ist, um das Vierfache.

Varianten des Androgenrezeptors gelten auch als Risikofaktor für verstärkten Haarausfall beim Mann. Seit fast einem Jahrhundert untersuchen Genetiker bereits den Erbgang der Glatzenbildung bei Männern mittleren Alters (Alopecia androgenetica, OMIM 109200). Dabei kamen sie unter anderem eindeutig zu dem Schluss, dass die Kahlheit zwar gehäuft in Familien auftreten kann, aber kein einfaches mendelndes Merkmal ist. Neueren Arbeiten zufolge befindet sich jedoch ein wichtiger Risikofaktor irgendwo innerhalb des Locus für den Androgenrezeptor. Eine Variation an diesem Locus könnte etwa zur Hälfte das gesamte genetische Krankheitsrisiko erklären. Man weiß zwar nicht genau, welche Variante das Risiko erhöht, hält aber vor allem eine Veränderung in der Abfolge der Glycine in Exon 1 für den geeigneten Kandidaten. Denn diese Variante ist zwar variabel, aber im Gegensatz zu dem bereits beschriebenen Polyglutamin-Abschnitt meiotisch stabil. Die Stabilität beruht wahrscheinlich darauf, dass sich auf der DNA-Ebene nicht immer die gleichen Triplets wiederholen, sondern auch diverse andere Glycin-Codons (GGN)$_n$ vorhanden sind, wobei N ein beliebiges Nukleotid sein kann. Durch diese Variation verringert sich das Risiko, dass bei der Replikation aufgrund von Repeats Fehler auftreten („slippedstrand mispairing").

Wie entstehen Mutationen

Mutationen werden durch DNA-Schäden oder Replikationsfehler hervorgerufen. Die DNA ist zwar recht stabil, aber nicht gegen chemische Veränderungen gefeit. Bei Cytosinbasen kann die Aminogruppe leicht spontan abgespalten werden; welche Folgen das hat, wird im nächsten Kapitel beschrieben. Durch reaktive Sauerstoffspezies („Sauerstoffradikale"), die in den Zellen im Rahmen des normalen oxidativen Stoffwechsels entstehen, werden die Basen chemisch modifiziert. Aufgrund von Replikationsfehlern, chemischen Veränderungen oder infolge der natürlichen Strahlung brechen dauernd Stränge. Ein Großteil dieser Schäden hat meist nichts mit industrieller Verschmutzung, Kernkraftwerken oder anderen Aktivitäten des Menschen zu tun. Die Zellen besitzen Enzyme, die viele verschiedene DNA-Schäden reparieren können; daher hat der größte Teil dieser Schäden keinerlei Auswirkungen. Diese Enzyme arbeiten allerdings nicht immer fehlerlos. Beschränkt sich der Schaden nur auf einen Strang der Doppelhelix, kann der komplementäre Strang als Matrize dienen, um den defekten Strang wieder zu reparieren. Bei Doppelstrangbrüchen ist die Reparatur dagegen wesentlich komplizierter, weshalb anschließend häufig Fehler in der Sequenz zurückbleiben.

Auch bei der DNA-Replikation können Fehler passieren. Die Wahrscheinlichkeit dafür, dass die Polymerase eine falsche Base in eine wachsende Kette einbaut, ist schlicht eine Funktion der relativen Bindungsenergien der richtigen und falschen Basen. Nach dieser thermodynamischen Berechnung müsste die Fehlerrate um Größenordnungen höher liegen als die Rate, die man beobachtet. Dass die Fehlerquote um soviel geringer ist, liegt daran, dass Korrektur gelesen wird und

Fehlpaarungen entdeckt werden. Die Polymerase durchsucht die neu synthetisierte DNA nach falsch gepaarten Basen. Sobald sie eine Fehlpaarung entdeckt hat, läuft die Polymerase zurück, baut ein kurzes DNA-Stück ab und synthetisiert es noch einmal. Interessanterweise zeigten Mäuse, bei denen man gentechnisch bei einer nicht so bedeutenden DNA-Polymerase (die auf die Replikation der mitochondrialen DNA spezialisiert ist) nur die Fähigkeit des Korrekturlesens, nicht aber die Polymeraseaktivität ausgeschaltet hatte, vermehrt Alterserscheinungen (Trifunovic et al., 2004). Der Alterungsprozess ist einer Theorie zufolge darauf zurückzuführen, dass sich Mutationen anhäufen. Nachdem sich die Polymerase weiterbewegt hat, entfernen und reparieren bestimmte Enzyme fehlgepaarte Basen in der neu replizierten DNA. In *Kapitel 12* wird erläutert, was passieren kann, wenn diese Kontrollfunktion ausfällt. Doch trotz all dieser Kontrollen bleiben einzelne Fehler zurück. Vor allem in Abschnitten, in denen eine Base mehrfach hintereinander vorkommt, geht durch das so genannte *„slipped-strand mispairing"* leicht eine Base verloren oder es kommt eine hinzu. Die 35delG-Mutation im *GJB2*-Gen (*Abb. 6.2*) ist ein Beispiel dafür. Andere Mutationen entstehen endogen, etwa weil methylierte Cytosine desaminiert werden; dies wird in *Kapitel 7* genauer beschrieben.

Mutationen können jederzeit und in jedem DNA-Abschnitt auftreten. Wir haben uns hier vor allem mit Mutationen befasst, die Konsequenzen für die kodierende Sequenz haben, weil diese Mutationen im Zusammenhang mit Erbkrankheiten untersucht wurden und man bei ihnen oft die Wirkung auf das Genprodukt vorhersagen kann. Da allerdings nur 1,5 Prozent unserer DNA ein Protein kodiert, sind diese Mutationen in Wirklichkeit eine ganz kleine Minderheit. Die meisten Mutationen in nicht kodierenden Sequenzen spiegeln sich wahrscheinlich gar nicht im Phänotyp wider. Von diesen Sequenzen wurden nur sehr wenige zwischen dem Menschen und anderen Spezies konserviert, woraus man schließen kann, dass sie sich im Laufe der Evolution ändern konnte, ohne dass Mutanten selektiv benachteiligt gewesen wären. Zweifellos sind bestimmte Veränderungen pathogen, doch bis auf einige wenige zufällig entdeckte Ausnahmen können wir sie zurzeit nicht identifizieren.

6.5 Quellen

Aitman T.J., Dong R., Vyse T.J. et al. (2006): Copy number polymorphism in Fcgr3 predisposes to glomerulonephritis in rats and humans. Nature 439: 851–855.

Brunner H.G. & van Driel M.A. (2004): From syndrome families to functional genomics. Nat. Rev. Genet. 5: 545–51.

Donnai D. & Read A.P. (2003): How clinicians add to knowledge of development. Lancet 362: 477–484.

Holbrook J.A., Neu-Yilik G., Hentze M.W., Kulozik A.E. (2004): Nonsensemediated decay approaches the clinic. Nature Genetics 36: 801–808.

Scriver C. & Waters P.J. (1999): Monogenic traits are not simple: lessons from phenylketonuria. Trends Genet. 15: 267–272.

Snead M.P. & Yates J.R.W. (1999): Clinical and molecular genetics of Stickler syndrome. J. Med. Genet. 36: 353–359.

Trifunovic A. et al. (2004): Premature ageing in mice expressing defective mitochondrial DNA polymerase. Nature 429: 357–359.

Nützliche Internetseiten

Weitere Erörterungen zur Molekularpathologie in Kapitel 16 von Strachan, Read (3. Aufl. 2005), Human Molecular Genetics (3. Aufl., Garland). Die zweite Auflage steht im Internet kostenlos unter NCBI Bookshelf http://www.ncbi.nlm.nih.gov/entrez/query.fcgi?db=Books zur Verfügung

Zur Nomenklatur von Mutationen s. unter www.hgvs.org/mutnomen/

6.6 Fragen und Aufgaben

(1) Bei der Mukoviszidose funktionieren in den apikalen Zellmembranen die vom *CFTR*-Gen kodierten Kanäle für die Chloridionen nicht richtig. Welche der folgenden Mutationen könnte als Ursache für eine Mukoviszidose in Frage kommen?

(a) Deletion des *CFTR*-Gens;

(b) aufgrund einer Mutation im Gen für eine Arginin-spezifische t-RNA baut die Proteinsynthese-Maschinerie bei Serin-Codons Arginin in die wachsenden Polypeptidketten ein. Durch diesen Austausch von Serin gegen Arginin kann das CFTR-Protein seine Funktion nicht mehr erfüllen;

(c) aufgrund einer Mutation im Promotor des *CFTR*-Gens kommt es nicht mehr zu einer Transkription durch die RNA-Polymerase;

(d) aufgrund einer Mutation in der kodierenden Sequenz des *CFTR*-Gens wird ein Essentielles Serin durch ein nicht funktionelles Arginin ersetzt;

(e) aufgrund einer Mutation in einem der kleinen nicht kodierenden RNA-Moleküle im Spleißosom benutzt die Spleißmaschinerie nicht GT...AG, sondern GA...AG als Signal für den Beginn und das Ende von Introns;

(f) aufgrund einer Mutation im Gen für die RNA-Polymerase II kann die Polymerase nicht mehr ihre Funktion erfüllen;

(g) aufgrund einer Mutation in der kodierenden Sequenz des *CFTR*-Gens transportiert der Ionenkanal viel zu viele Chloridionen.

(2) In *Exkurs 6.4* findet man die Sequenz von zwei Exons (Großbuchstaben) samt der benachbarten Intronsequenzen (Kleinbuchstaben), die bei der Suche nach einer Mutation im *PAX3*-Gen mithilfe einer PCR vermehrt wurden. Bei Exon 1 enthält das PCR-Produkt nur einen Teil der 5'-UT. Die Nukleotide sind wie in der cDNA durchnummeriert (das erste Nukleotid des Startcodons trägt die Nummer +1), und die Proteinsequenz ist in Form des Einbuchstabencodes wiedergegeben (s. *Exkurs 3.6*).

Bei den folgenden acht Mutationen ist jeweils eine kurze Sequenz wiedergegeben; die Zahl gehört zum ersten abgebildeten Nukleotid. Das veränderte

Exkurs 6.4 Abschnitt aus der für die Fragen und Aufgaben benötigten Sequenz des *PAX3*-Gens

```
Exon 1 (451 nt)        ..CCGTTTCGC CCTTCACCTG GATATAATTT CCGAGCGAAG TGCCCCCAGG

                  1 ATG ACC ACG CTG GCC GGC GCT GTG CCC AGG ATG ATG CGG CCG GGC CCG GGG
                  1  M   T   T   L   A   G   A   V   P   R   M   M   R   P   G   P   G
                 52 CAG AAC TAC CCG CGT AGC GGG TTC CCG CTG GAA Ggtaagggagg gcctcagcgc..
                 18  Q   N   Y   P   R   S   G   F   P   L   E

Exon 2                            ..tgactttcc cttgcttctc tttttcacct tcccacag
                 86 TG TCC ACT CCC CTC GGC CAG GGC CGC GTC AAC CAG CTC GGC GGC GTT TTT
                 29  V   S   T   P   L   G   Q   G   R   V   N   Q   L   G   G   V   F
                136 ATC AAC GGC AGG CCG CTG CCC AAC CAC ATC CGC CAC AAG ATC GTG GAG ATG
                 46  I   N   G   R   P   L   P   N   H   I   R   H   K   I   V   E   M
                187 GCC CAC CAC GGC ATC CGG CCC TGC GTC ATC TCG CGC CAG CTG CGC GTG TCC
                 63  A   H   H   G   I   R   P   C   V   I   S   R   Q   L   R   V   S
                238 CAC GGC TGC GTC TCC AAG ATC CTG TGC AGG TAC CAG GAG ACT GGC TCC ATA
                 80  H   G   C   V   S   K   I   L   C   R   Y   Q   E   T   G   S   I
                289 CGT CCT GGT GCC ATC GGC GGC AGC AAG CCC AAG gtgagcgggc gggccttgcc..
                 97  R   P   G   A   I   G   G   S   K   P   K
```

Nukleotid (oder das erste, falls mehrere verändert sind) ist unterstrichen. Geben Sie jeder Mutation die korrekte Bezeichnung (a) als DNA-Veränderung oder (b) (wo es angebracht ist) als Veränderung im Protein.

1. c.15   CGGCGCTGTG<u>G</u>CCAGGATGATGC
2. c.43   GGCCCGGGG<u>T</u>AGAACTACCCGCG
3. c.78   GCTGGAAG<u>T</u>TAAGGGAGGGCCTC
4. c.86   TGTCCACTCC<u>A</u>CTCGGCCAGGGC
5. c.121   CTCGGCGGCGTTTT<u>A</u>TCAACGGC
6. c.130   GTTTT<u>G</u>ATCAACGGCAGGCCGCT
7. c.248   TCTCC<u>G</u>AGATCCTGTGCAGGTAC
8. c.283   TCCAT<u>T</u>CCTGGTGCCATCGGCGG

(3) Schreiben Sie unter Verwendung der *PAX3*-Sequenz in *Exkurs 6.4* die mutierte Sequenz der folgenden Mutationen wie bei den Beispielen in Frage 2 auf:

p.N47H

c.247_248ins(C)

c.185_202del

p.E61X

c.85+6G>T

c.86−2A>G

p.V29M

(4) Wählen Sie unter Verwendung der *PAX3*-Sequenz in *Exkurs 6.4* für jede der folgenden Mutationen eine der angegebenen Möglichkeiten:

(a) synonyme Substitution

(b) Missense-Mutation

(c) Nonsense-Mutation

(d) Frameshift-Mutation

(e) Insertion/Deletion ohne Leserasterverschiebung

(f) Mutation einer Spleißstelle

(g) Startcodon

(h) Stoppcodon

(i) Mutation innerhalb eines Introns

1. c.85+1G>A
2. c.86T>A
3. c.86−18T>G
4. c.101insGCC
5. c.118C>T
6. c.172_173delAA
7. c.216C>G
8. c.270C>G

(5) Man kann die Folgen einer Mutation sowohl auf der Proteinebene als auch mithilfe einer DNA-Sequenzierung untersuchen. Falls ein geeigneter Antikörper zur Verfügung steht, können Mutationen in CRM$^+$ and CRM$^-$ unterteilt werden (CRM steht für kreuzreagierendes Material). Ordnen Sie jeden Mutationstyp aus *Exkurs 6.1* diesen Gruppen zu und erläutern Sie die Fälle, in denen das Resultat schwer vorherzusagen ist.

(6) Ein Student schrieb zur Genetik der Mukoviszidose folgendes:

„Das Gen für die Mukoviszidose ist rezessiv. Hat man zwei Kopien dieses Gens, so leidet man unter Mukoviszidose, hat man jedoch nur eine Kopie, so ist man genauso gut dran wie jemand, der überhaupt keine Kopie hat."

Kommentieren Sie diese Aussage.

Kapitel 7
Was ist Epigenetik?

Wenn Sie dieses Kapitel durchgearbeitet haben, sollten Sie in der Lage sein,

- die Begriffe Epigenetik, Imprinting, uniparentale Disomie sowie CpG-Inseln zu definieren
- zu erklären, wie DNA methyliert wird und wie Methylierungsmuster vererbt werden
- zwei Methoden zu beschreiben, mit denen man Methylierungsmuster untersuchen kann
- die Bedeutung der CpG-Sequenzen für die Regulation und Mutation von Genen zu erläutern
- die X-Inaktivierung und ihre Folgen für die Anlageträger von X-chromosomal rezessiv vererbten Krankheiten und balancierten X-Autosomen-Translokationen zu beschreiben
- Beispiele für Vererbungsmuster und sporadische Syndrome zu geben, die von der genomischen Prägung abhängen

7.1 Fallbeispiele

| **165** | 176 | 205 | 357 | | | | | |

Fall 17   Familie Portillo

- ein ständig kränkelndes Kind (Pablo)
- Familienanamnese mit ähnlichen Symptomen
- Bluttests sprechen für eine X-chromosomal vererbte schwere kombinierte Immunschwäche

Pilar und Pedro Portillo stammen aus einander nahestehenden Familien, von denen drei Generationen in demselben Stadtteil leben. Als Pablo im Jahre 1989 geboren wurde, waren Pilar und Pedro glücklich, jetzt drei Kinder zu haben, doch Pablo war sehr viel kränklicher als seine Geschwister. Ständig hatte er Husten, eine Ohrentzündung oder Durchfall, und er nahm nicht zu. Pilars Großmutter mütterlicherseits riet Pilar, einen Termin bei einem Spezialisten im Kinderkrankenhaus zu vereinbaren, weil Pablos Probleme sehr den Problemen von zwei noch im 1. Lebensjahr verstorbenen Söhnen ähnelten. Sie hoffte, dass es inzwischen eine Therapie gäbe, mit der man eine weitere Verschlechterung von Pablos Zustand verhindern könnte. Im Krankenhaus wurde Pablo sofort für die Durchführung von Untersuchungen aufgenommen.

Die Bluttests ergaben, dass Pablos Lymphozytenzahl sehr niedrig war. T-Zellen und natürliche Killerzellen (NK-Zellen) fehlten vollständig, B-Zellen waren zwar vorhanden, aber nicht funktionstüchtig. In *Exkurs 7.1* findet man einige grundlegende Details über diese Zellen. Diese Befunde deuteten in Verbindung mit der Familienanamnese darauf hin, dass eine X-chromosomal vererbte schwere kombinierte Immunschwäche (X-SCID) vorlag. Das war eine schlechte Nachricht, weil diese Krankheit ohne erfolgreiche Behandlung eine sehr ungünstige Prognose hat. Nach Ansicht der Ärzte hätte Pablo noch die besten Chancen mit einer Knochenmarkstransplantation (s. *Kapitel 8*).

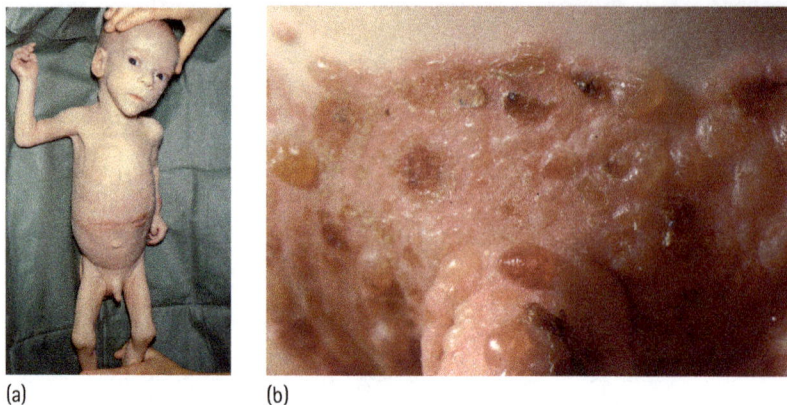

Abb. 7.1 Komplikationen einer Immunschwäche
(a) Gedeihstörung und Hautprobleme. (b) Eine Herpes-simplex-Infektion, die sich auf einem durch ein Ekzem veränderten Hautareal ausbreitet (Köbner-Phänomen). Fotos mit freundlicher Genehmigung (a) des Department of Medical Illustration der Manchester Royal Infirmary sowie (b) von Dr. Andrew Will vom Royal Manchester Children's Hospital.

Exkurs 7.1 Typen von Lymphozyten und deren Funktionen

Alle drei Typen von Lymphozyten stammen aus dem Knochenmark. Während B- und NK-Zellen im Knochenmark heranreifen, geschieht das bei T-Zellen im Thymus. Aus B-Zellen werden Plasmazellen, die Immunglobuline sezernieren. NK-Zellen sind große granuläre Lymphozyten mit einem charakteristischen Erscheinungsbild; sie machen bis zu 15 Prozent der Lymphozyten im Blut aus und bilden eine erste Verteidigungslinie gegen Zellen, die von Viren infiziert sind.

T-Lymphozyten sind an der Steuerung der Immunantwort sowie an der zellvermittelten Immunität beteiligt und helfen den B-Zellen bei der Bildung von Antikörpern. Reife T-Zellen exprimieren antigenspezifische T-Zell-Rezeptoren samt CD3-Molekül und darüber hinaus auf ihrer Oberfläche CD4- oder CD8-Moleküle, mit denen sie entweder eine Rolle in der zell- und der antikörpervermittelten Immunität spielen ($CD4^+$) oder zu cytotoxischen T-Zellen werden ($CD8^+$).

Fall 18   Familie Qian

166 178 357

- die kleine 2-jährige Kai hat eine Entwicklungsverzögerung
- Krampfanfall
- ? Angelman-Syndrom

Abb. 7.2 10-jähriges Mädchen mit Angelman-Syndrom
Sie hat eine Mutation im *UBE3A*-Gen. Foto mit freundlicher Genehmigung von Dr. Jill Clayton-Smith vom St. Mary's Hospital in Manchester.

Chu-Li und Chan arbeiteten hart in ihrem Importgeschäft. Als ihr erstes gemeinsames Kind Kai geboren wurde, kam Chu-Lis Mutter aus Hongkong, um sich mit um das Baby zu kümmern. Sie hatte bereits mehrere Enkelkinder betreut, aber auch sie fand es schwierig, Kai richtig zu füttern, sie zu beruhigen und zum Schlafen zu bringen. Kai nahm nur sehr langsam an Gewicht zu und brauchte viel Zeit, um die Meilensteine der kindlichen Entwicklung zu erreichen. Sie wirkte sehr nervös, machte aber einen fröhlichen Eindruck und lachte viel. Als sie mit zwei Jahren immer noch nicht begonnen hatte, zu sprechen, wurde ein Termin bei einem Kinderarzt vereinbart. Bevor es allerdings dazu kam, erlitt sie einen Krampfanfall und wurde auf der Kinderstation aufgenommen.

Für die Kinderärztin war klar, dass Kais Entwicklung erheblich gestört war. Sie bemerkte, dass Kai, die gerade erst laufen gelernt hatte, sehr steif und breitbeinig ging. Außerdem waren besonders die Armbewegungen von Kai sehr ruckartig. Kai lachte viel, streckte oft ihre Zunge heraus und sabberte viel. Ihr Kopfumfang, der bei der Geburt normal gewesen war, lag jetzt unter der 3. Perzentile. Die Kinderärztin veranlasste ein EEG, dessen Ergebnisse ihren Verdacht bestätigten: es zeigten sich Allgemeinveränderungen mit hochamplitudigen Delta-Wellen und intermittierenden Spike-Wave-Entladungen. Die Kinderärztin teilte den Eltern mit, dass ihrer Meinung nach der dringende Verdacht auf ein so genanntes Angelman-Syndrom bestünde. Die Familie war schockiert, zumal ihren Aussagen zufolge niemand sonst in der Familie Probleme hatte. Sie fragten nach der Ursache der Krankheit und wollten wissen, ob sie erneut auftreten könnte. Die Kinderärztin meinte, sie müsse sie dafür in eine humangenetische Sprechstunde überweisen, weil es für das Auftreten des Syndroms verschiedene Gründe geben und manchmal auch noch ein weiteres Kind in der Familie betroffen sein könne.

| **167** | 178 | 357 | | | | | |

Ralph und Rowena Rogers waren beide schon einmal verheiratet gewesen und hatten mit ihren ersten Partnern jeweils ein Kind. Obwohl Rowena bei der Hochzeit bereits 38 Jahre alt war, wollten Ralph und Rowena gerne noch ein gemeinsames Kind, und sie waren froh, als nach einigen Monaten feststand, dass Rowena schwanger war. Sie wollten möglichst viele Tests machen, um sicher zu sein, dass ihr Kind auch gesund war. Die Fruchtwasseruntersuchung (Amniozentese; *Kapitel 14*) erbrachte einen normalen männlichen Karyotyp und beim Ultraschall zeigten sich keinerlei Auffälligkeiten. Rowena erwähnte, dass sie nur selten Bewegungen des Fetus spüre, schob das aber darauf, dass sie viel zu tun hatte. Die Wehen setzten zum vorausberechneten Zeitpunkt ein und dauerten sehr lange, bis endlich ein 3,2 kg schwerer Junge geboren wurde. Die Familie entschied sich für den Namen Robert. Als Rowena ihn anlegte, machte er keinerlei Versuche, an der Brust zu saugen, und dem Arzt fiel eine ausgeprägte muskuläre Hypotonie auf. Er teilte Ralph und Rowena seine Besorgnis mit und erklärte ihnen, dass er umgehend eine Chromosomenanalyse anfordern würde, um eine Trisomie 21 auszuschließen. Rowena erinnerte ihn daran, dass die Fruchtwasseruntersuchung einen normalen Chromosomensatz gezeigt hatte; daher beschloss der Arzt, abzuwarten und zu verfolgen, welche Fortschritte Robert machte. Das Kind musste über eine Sonde ernährt werden, weil es nicht richtig saugen konnte und eine ausgeprägte muskuläre Hypotonie im Rumpfbereich hatte. Der Kinderarzt telefonierte mit dem Genetiker und schilderte ihm Roberts Probleme. Der Genetiker äußerte den Verdacht, dass ein Prader-Willi-Syndrom vorliegen könnte, und meinte, die Familie sollte unbedingt in seine nächste Sprechstunde kommen. Zufällig kam Familie Rogers zur gleichen Zeit in die genetische Poliklinik wie die Familie Qian (Fall 18) – ein aufschlussreiches Zusammentreffen vor allem für den Medizinstudenten, der gerade eine Famulatur in der Humangenetik machte.

Fall 19   Familie Rogers

- Baby Robert, dessen Eltern bei der Geburt schon älter waren
- bei der Geburt schlaff; schlechtes Saugen und Trinken
- Normaler männlicher Karyotyp in der Pränataldiagnostik
- ? Prader–Willi-Syndrom

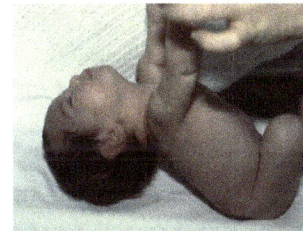

Abb. 7.3 Baby mit Prader–Willi-Syndrom
Stark ausgeprägte muskuläre Hypotonie.

7.2 Hintergrund

Epigenetische Veränderungen sind genetische Veränderungen, die zwar vererbt werden, aber nicht auf Veränderungen in DNA-Sequenzen beruhen. Sie werden durch DNA-Modifikationen hervorgerufen, bei denen jedoch die Grundsequenz der Nukleotide A, G, C und T erhalten bleibt. Solche Veränderungen sind sehr viel schwieriger zu untersuchen als die klassischen Mutationen, die durch eine DNA-Sequenzierung nachgewiesen werden. Die Erforschung der Epigenetik des Menschen befindet sich noch in den Anfängen. Manche sind der Ansicht, dass es eine ganze Welt von epigenetisch determinierten Phänotypen gibt, die noch auf ihre Entdeckung warten. Andere vermuten, dass epigenetische Mechanismen zwar bekanntermaßen bei Krebs eine wichtige Rolle spielen, für Erbkrankheiten jedoch nur eine begrenzte Bedeutung haben. Epigenetische Veränderungen im Zusammenhang mit Krebs werden in *Kapitel 12* erörtert. An dieser Stelle möchten wir die DNA-Methylierung vorstellen, den primären Mechanismus epigenetischer Veränderungen. Anhand der drei Fälle erläutern wir X-Inaktivierung und Imprinting, die abgesehen von Krebserkrankungen die hauptsächlichen Erscheinungsformen epigenetischer Prozesse sind.

Dosis-Kompensation beim X-Chromosom

Die Tatsache, dass vollkommen gesunde Menschen ein oder zwei zusätzliche X-Chromosomen haben können, bedarf der Erklärung. Wenn man ein Autosom zu viel oder zu wenig hat, ist das bei den zahlreichen Genen, die sich darauf befinden, meist letal (weitere Erörterungen zur Gendosis folgen später). Dass dies bei X-Chromosomen anders ist, erklärt sich durch einen Mechanismus der Dosiskompensation, die so genannte X-Inaktivierung oder Lyonisierung (nach der Entdeckerin Mary Lyon).

Im Blastozystenstadium, also recht früh im Leben eines menschlichen Embryos (oder eines Embryos anderer Säuger) wird in allen Zellen auf irgendeine Weise die Anzahl der X-Chromosomen ermittelt. Bis auf eines werden dann sämtliche X-Chromosomen auf Dauer inaktiviert. Das inaktivierte Chromosom bleibt zwar intakt, aber die meisten seiner Gene werden nicht exprimiert (einige ans X-Chromosom gekoppelte Gene sind von dieser generellen X-Inaktivierung ausgenommen – warum das so ist und wie das geschieht, wird noch erforscht). Welches X-Chromosom aktiv bleibt, wird in jeder Zelle zufällig festgelegt. Sobald dies feststeht, halten sich alle Tochterzellen dieser Zelle daran (*Abb. 7.4*). Die X-Inaktivierung ist ein epigenetischer Prozess: die genetische Veränderung kann, obwohl sich die DNA-Sequenz selbst nicht verändert, von der Zelle an ihre Tochterzellen weitergegeben werden. In einem Stammbaum lässt sich diese genetische Veränderung allerdings nicht verfolgen. In der weiblichen Keimbahn wird das inaktive X-Chromosom wieder reaktiviert und ist auch anfangs aktiv – unabhängig davon, welches der mütterlichen X-Chromosomen der Konzeptus erbt.

Die X-Inaktivierung wird durch das Gen *XIST* reguliert, das sich bei Xq13 auf dem proximalen langen Arm des X-Chromosoms befindet. *XIST*, das nur vom inaktiven X-Chromosom exprimiert wird, kodiert eine lange nicht kodierende RNA, die das inaktive X-Chromosom einhüllt. Wie sich die *XIST*-RNA über das inaktive X-Chromosom ausbreitet, ohne jemals auf das aktive X-Chromosom überzuspringen, ist unbekannt, doch ändert sich dadurch die Konformation des Chromatins, das nun zu Heterochromatin wird und seine Gene still legt. Im Karyogramm einer

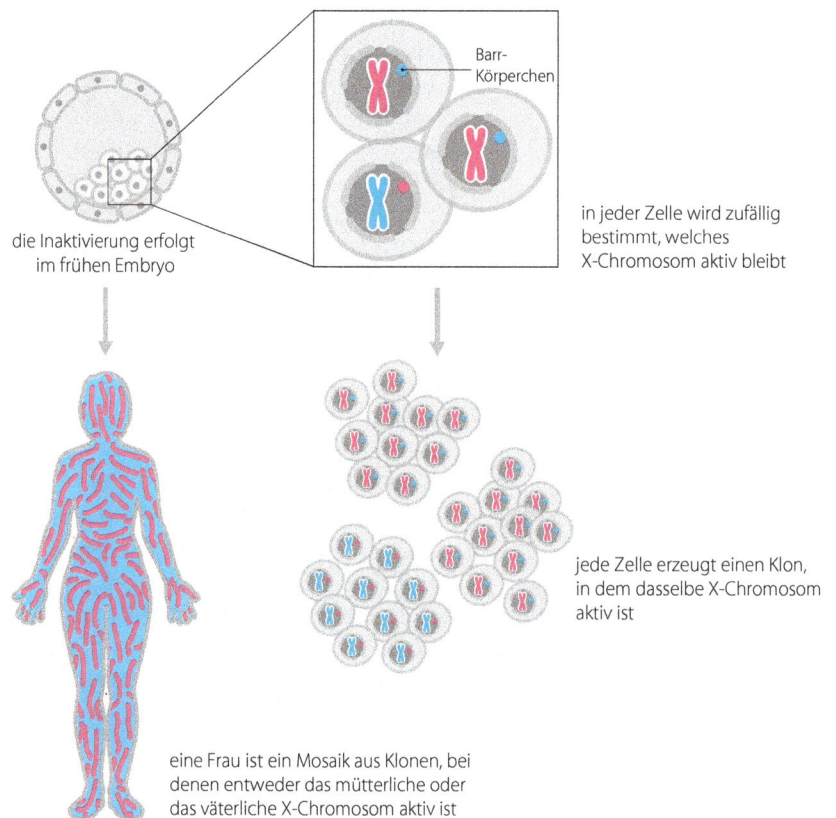

die Inaktivierung erfolgt im frühen Embryo

Barr-Körperchen

in jeder Zelle wird zufällig bestimmt, welches X-Chromosom aktiv bleibt

jede Zelle erzeugt einen Klon, in dem dasselbe X-Chromosom aktiv ist

eine Frau ist ein Mosaik aus Klonen, bei denen entweder das mütterliche oder das väterliche X-Chromosom aktiv ist

Abb. 7.4   Die X-Inaktivierung ist ein epigenetischer Prozess.
Aufgrund der X-Inaktivierung ist jede Frau ein Mosaik von Zelllinien mit jeweils unterschiedlichen aktiven X-Chromosomen.

Frau (*Abb. 2.9*) sind die beiden X-Chromosomen nicht zu unterscheiden. Das liegt daran, dass man die Chromosomen während der Mitose betrachtet, wenn alle Chromosomen stark kondensiert und überwiegend inaktiv sind. Während sich jedoch die Verdichtung der anderen Chromosomen nach Abschluss der Zellteilung verringert, bleibt der kondensierte Zustand beim inaktiven X-Chromosom erhalten. Man kann es bei Frauen als intensiv gefärbten Chromatinfleck am Rand des Zellkerns erkennen: das Barr-Körperchen. Anhand der Barr-Körperchen hat man früher die Anzahl der X-Chromosomen bestimmt – etwa bei Geschlechtstests von Sportlern. Normale Frauen und XXY-Männer haben pro Zelle ein Barr-Körperchen, normale Männer und 45,X-Frauen haben keines, während 47,XXX-Frauen zwei haben.

Eine 2,6 Mb lange Sequenz am terminalen Ende des kurzen Arms des X-Chromosoms hat besondere Eigenschaften. Eine homologe Sequenz befindet sich am Ende des kurzen Arms des Y-Chromosoms. In der Meiose lagern sich diese beiden Sequenzen zusammen (*Abb. 7.5*), und es kommt in diesem Bereich zu einem obligatorischen Crossover. Die Gene in diesem Bereich unterliegen nicht der X-Inaktivierung. Männer und Frauen haben von diesen Genen jeweils zwei aktive Kopien, und das Vererbungsmuster von Varianten in dieser Region erscheint autosomal. Aus diesem Grund wird dieser Bereich auch als pseudoautosomale Region bezeichnet. Es gibt noch eine weitere kurze pseudoautosomale Region von 300 Kb Länge am Ende des langen Arms, doch diese lagert sich in der Regel während der Meiose weder mit ihrem Pendant auf dem Y-Chromosom zusammen noch kommt es zwischen beiden zu einem Crossover.

Eine X-Inaktivierung hat Konsequenzen für Frauen, die Anlageträgerinnen von X-chromosomal vererbten Krankheiten sind, wie wir noch bei den Familien Davies und Portillo (Fälle 4 und 17) sehen werden, sowie für Frauen, die in ihrem Genom X-Autosomen-Translokationen haben, was im letzten Abschnitt dieses Kapitels erläutert wird. Weitere Erörterungen zur X-Inaktivierung finden Sie im nächsten Abschnitt im Zusammenhang mit dem Fall der Familie Ingram (Fall 10).

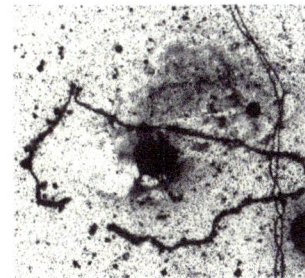

Abb. 7.5 Elektronenmikroskopische Aufnahme von einer Paarung der pseudoautosomalen Bereiche am Ende der kurzen Arme des X- und Y-Chromosoms in der Prophase I der Meiose. Aus: Connor and Ferguson Smith, Essential Medical Genetics, 3. Auflage, 1991, mit freundlicher Genehmigung von Blackwell Publishing, Oxford.

Imprinting: Warum man eine Mutter und einen Vater haben muss

Wenn es um den Phänotyp geht, ist es bei einer heterozygoten Person normalerweise unwichtig, von welchem Elternteil sie ihre jeweiligen Allele hat. Einige Beobachtungen sprechen allerdings dafür, dass es funktionelle Unterschiede zwischen den maternalen und paternalen Anteilen des Genoms gibt. Gelegentlich entstehen bei der Befruchtung durch Zufall Eizellen (46,XX) mit zwei maternalen oder zwei paternalen Genomen. Obwohl sie bezüglich der chromosomalen Ausstattung normal zu sein scheinen, kommt es bei solchen Konzeptus immer zu einer vollkommen anomalen Entwicklung, die auch ganz unterschiedlich verläuft (*Abb. 7.6*). Bei Experimenten mit Mäusen zeigen sich dieselben Effekte. Offenbar gibt es einen Unterschied zwischen dem Genom der Mutter und dem des Vaters, und beide werden für eine normale Entwicklung benötigt.

Durch ausgeklügelte Experimente an Mäusen ist es gelungen, den Anteil herauszufinden, den jedes einzelne Chromosom an diesem Effekt hat. Dank geschickter

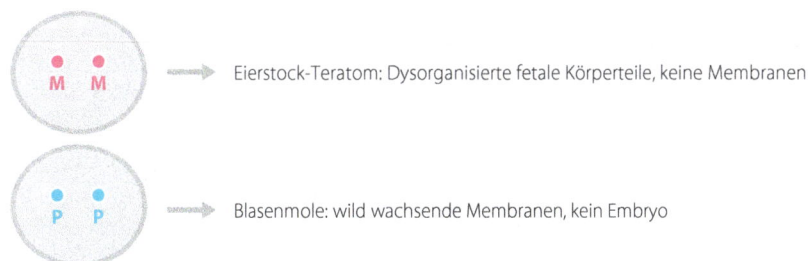

Eierstock-Teratom: Dysorganisierte fetale Körperteile, keine Membranen

Blasenmole: wild wachsende Membranen, kein Embryo

Abb. 7.6
Befruchtete Eizellen mit zwei Genomen der Mutter oder des Vaters können sich nicht normal entwickeln.

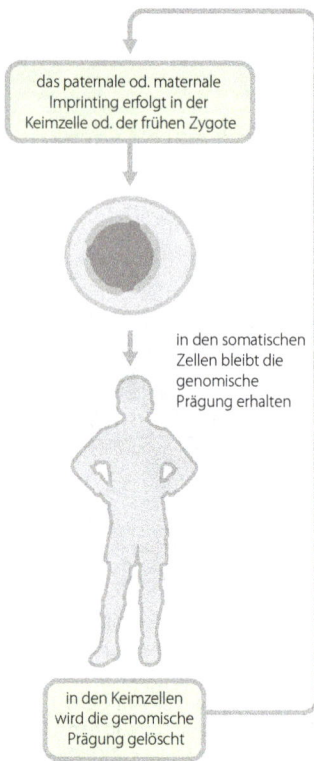

Abb. 7.7 Die genomische Prägung ist ein reversibler epigenetischer Prozess.

Manipulationen konnten Mäuse erzeugt werden, die zwar die richtige Anzahl von Chromosomen haben, bei denen aber beide Homologe eines bestimmten Chromosomenpaars von nur einem Elternteil stammen. Diesen Zustand bezeichnet man als **uniparentale Disomie** (UPD, s. *Exkurs 7.2*). Bei UPD für manche Chromosomen sind die Mäuse normal, bei anderen dagegen nicht. Zu welchen Anomalien es genau kommt, hängt davon ab, ob die Mäuse zwei maternale oder zwei paternale Kopien von dem fraglichen Chromosom besitzen. Durch Zufall hat man auch beim Menschen seltene Fälle von UPD entdeckt. Später wurde, wie noch erläutert wird, klar, dass bestimmte Syndrome beim Menschen durch UPD hervorgerufen werden können.

Diese und andere Beobachtungen sprechen dafür, dass es bei Menschen (und Mäusen) Gene gibt, die sich abhängig von der elterlichen Herkunft unterschiedlich verhalten. Sie müssen eine Art genomischer Prägung (Imprinting) besitzen, aus der hervorgeht, von wem sie stammen. Es ist wichtig, daran zu erinnern, dass Gene nicht von sich aus paternal oder maternal sind. Wenn ein Mann an sein Kind ein genomisch geprägtes Gen weitergibt, das er von seiner Mutter bekommen hat, hat er es mit einer maternalen Prägung erhalten und gibt es mit einer paternalen Prägung weiter. Somit muss die genomische Prägung reversibel sein und in jeder Generation gelöscht und erneut eingeführt werden können (*Abb. 7.7*). Tatsächlich ist das Imprinting ein wichtiger epigenetischer Prozess: das Expressionsverhalten solchermaßen geprägter Gene ist verändert und bleibt es auch während sämtlicher Zellteilungen von der befruchteten Eizelle bis zum ausgewachsenen Organismus, ohne dass die DNA-Sequenz verändert wäre. Mittlerweile wissen wir sehr viel mehr über das Imprinting beim Menschen, dazu beigetragen hat vor allem die Untersuchung bestimmter seltener Syndrome. Hier sind insbesondere zwei Krankheiten zu nennen (s. Fälle 18 und 19): das Angelman- und das Prader-Willi-Syndrom.

Exkurs 7.2 Uniparentale Disomie

Dieser Exkurs soll die Mechanismen der normalen Vererbung und beim Imprinting aufzeigen und die Entstehungsmöglichkeiten einer Uniparentalen Disomie (UPD) darstellen.

Vererbung ohne Imprinting
Im Normalfall liegen beim Individuum – unabhängig vom Geschlecht - zwei aktive Genkopien (A) vor. Nachkommen erhalten jeweils eine aktive Genkopie von jedem Elternteil und haben somit z.B. 2 intakte Gene für die 21-Hydroxylase.
Normale Gendosis: zwei aktive Genkopien

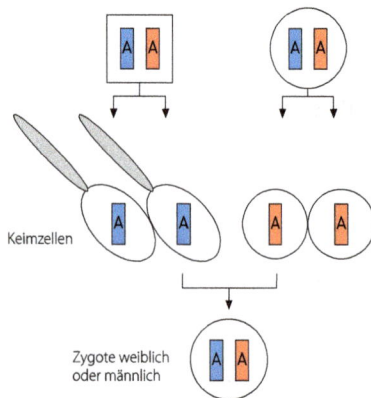

Mechanismus der Vererbung beim Imprinting
Bei geprägten Genen weist ein Individuum im Normalfall eine aktive (A) und eine inaktive (I) Genkopie von einem bestimmten Gen auf. Bei der Keimzellbildung wird diese Prägung aufgehoben. Je nach Geschlecht erhält das Gen eine neue Prägung, so dass Nachkommen dann jeweils wieder eine aktive und eine inaktive Genkopie besitzen.
Normale Gendosis: eine aktive Genkopie

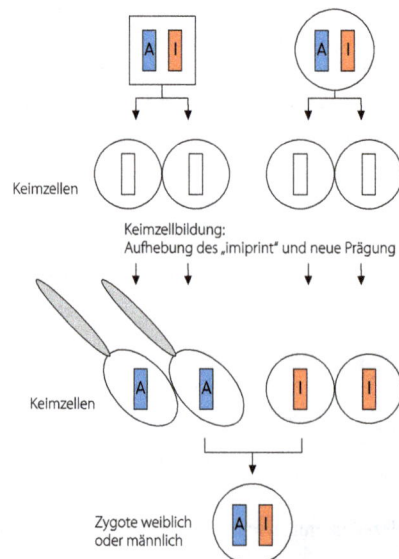

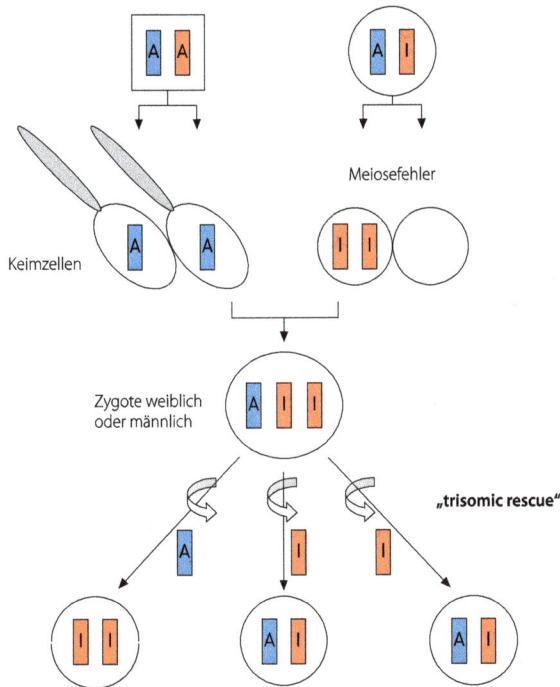

Keimzellen

Meiosefehler

Zygote weiblich
oder männlich

„trisomic rescue"

UPDmat: Verlust der väterlichen aktiven
Genkopie führt zu einer mütterlichen UPD
mit nur inaktiven Genkopien. Im Falle einer
UPD15mat würde ein Prader-Will-Syndrom
resultieren.

Zu einem Verlust eines der mütterlichen
inaktiven Allele kommt es in 2/3 der Fälle
von trisomic rescue. Es resultiert eine
bi-parentale Verarbung mit jeweils einer
ativen und einer inaktiven Genkopie.

Entstehung einer Uniparentalen Disomie durch „trisomic rescue"

Der vermutlich häufigste Mechanismus der Entstehung einer Uniparentalen
Disomie ist „trisomic rescue": eine zunächst entstandene Trisomie (die meist
nicht entwicklungsfähig wäre) wird „repariert" durch Verlust des einen überzähligen Chromosoms. Probleme ergeben sich dann, wenn sich auf diesem
Chromosom ein Gen/Gene befinden, die dem Imprinting unterliegen.

Normale Gendosis: eine aktive Genkopie.
In diesem Beispiel resultiert bei einem Drittel eine falsche Gendosis (keine
aktive Genkopie → UPDmat).
Anmerkung: das „trisomic rescue" kann auch erst in einer der ersten mitotischen Teilungen auftreten.

Entstehung einer Uniparentalen Disomie durch „monosomic rescue"

Trifft eine normal ausgestattete Keimzelle auf eine nullisome Keimzelle, so kann
es zum „monosomic rescue" kommen: das betreffende Chromosom redupliziert
sich und das Individuum ist wieder disom. Allerdings liegt ein elterliches Chromosom doppelt vor (Isodisomie).
Dies stellt dann ein Problem dar, wenn geprägte Gene vorliegen (es resultiert
die falsche Gendosis) oder eine rezessive Mutation auf dem entsprechenden
Chromosom vorlag (durch die identische Reduplikation kommt es zur Homozygotie, wurde z.B. für Mukoviszidose und andere rezessive Krankheitsbilder
beschrieben)

Entstehung einer Uniparentalen Disomie durch Gametenkomplementation

Trifft zufällig eine nullisome Gamete auf eine für das gleiche Chromosom di-
some Gamete, so nennt man dies Gametenkomplementation.
Ist die Disomie auf einen Meiose I-Fehler zurückzuführen, so liegt eine Hetero-
disomie vor. Aufgrund von Rekombinationsereignissen findet sich tatsächlich
meist aber eine gemischte Hetero-Isodisomie.
Ist die Disomie auf einen Meiose II-Fehler zurückzuführen, so liegt eine Isodisomie vor.

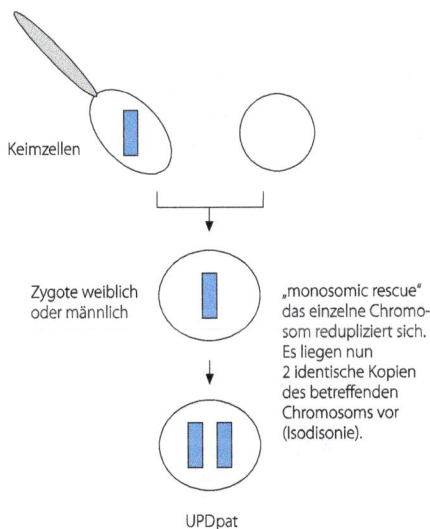

Keimzellen

Zygote weiblich
oder männlich

„monosomic rescue"
das einzelne Chromo-
som redupliziert sich.
Es liegen nun
2 identische Kopien
des betreffenden
Chromosoms vor
(Isodisonie).

UPDpat

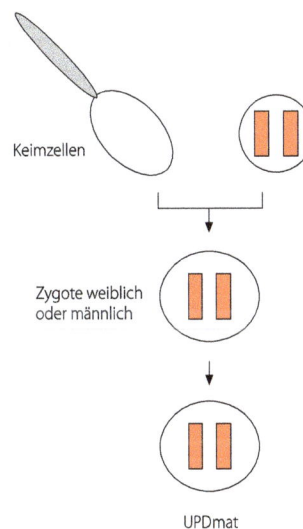

Keimzellen

Zygote weiblich
oder männlich

UPDmat

Die DNA-Methylierung, der Werkzeugkasten für die X-Inaktivierung und die genomische Prägung

In *Krankheitsinfo 2.3* und in *Abschnitt 3.4* wurde erläutert, welchen Einfluss die lokale Chromatinstruktur auf die Gentranskription hat. Dabei liegt das Chromatin im Wesentlichen in zwei Formen vor: als Heterochromatin, das die Transkription unterbindet, und als Euchromatin, das sie ermöglicht. In euchromatischen Bereichen wird der weitere Verlauf der Genexpression durch subtilere Veränderungen in der Chromatinstruktur reguliert, die über eine Reihe von Proteinen gesteuert werden, welche mit der elementaren Chromatinfaser assoziiert sind. Diese Steuerung wiederum wird von zwei miteinander wechselwirkenden und sich gegenseitig verstärkenden Signalen bestimmt: der Modifizierung von Histonen und der Methylierung der DNA. In den Schwänzen, die aus dem Kern des Nukleosoms herausragen, werden die Aminosäuren der Histone – kleiner basischer Proteine, die den Kern der Nukleosomen bilden – auf vielfältige Weise modifiziert. Die wichtigsten Signale sind die Methylierung und Acetylierung von Lysinresten, aber es kommt auch zur Phosphorylierung, zur Anheftung von Ubiquitin (einem kleinen Protein) oder anderen Veränderungen. Zusammen ergeben all diese Modifikationen einen „Histoncode", der aus der auf den ersten Blick einheitlichen Chromatingrundfaser eine hochgradig differenzierte Struktur macht (Hendrich & Bickmore, 2001).

Mit diesen Histonmodifikationen verbunden ist die DNA-Methylierung. Bei Menschen und anderen Säugern geschieht das durch Anheftung von Methylgruppen an das 5'-Ende des Cytosins, wodurch 5-Methylcytosin (5MeC, *Abb. 7.8*) entsteht. Die Methylierung ist fast ausschließlich auf Cytosine beschränkt, die sich in so genannten CpG-Dinukleotiden (das p steht für die Phosphatgruppe, mit denen beide Nukleotide verbunden sind) direkt 5' neben Guaninen befinden. DNA-Methylierung und Histonmodifikation sind voneinander abhängige Prozesse. Modifizierte Histone dienen als Andockstellen für Proteine, die DNA modifizieren, und methylierte DNA bindet an Proteine, die für einen Umbau des Chromatins sorgen. Das Rett-Syndrom (*Krankheitsinfo 7*) beruht auf einem Funktionsverlust des *MECP2*-Gens, das ein 5MeC-bindendes Protein kodiert. Das Protein bindet an methylierte DNA-Bereiche, in denen es – entweder direkt oder durch Herbeilocken von Histon-Deacetylasen und andere Repressoren der Transkription – die Genaktivität unterdrückt. Weitere Einzelheiten und Anschauungsmaterial zu diesen Vorgängen findet man bei Jones and Baylin (2002).

Die Methylgruppe des 5-Methylcytosins befindet sich in der großen Furche auf der Außenseite der Doppelhelix; dort ist sie für DNA-Bindungsproteine zugänglich, ohne die Basenpaarung im Innern der Helix zu stören. Da sich 5MeC genauso wie unmodifiziertes Cytosin mit Guanin paart (*Abb. 7.8*), beeinträchtigt die CpG-Methylierung die Kodierungseigenschaften der DNA nicht. Nicht jedes CpG ist methyliert: das Methylierungsmuster ändert sich in Abhängigkeit vom Zelltyp und dessen aktuellem Stoffwechselzustand. Die Methylierung von CpG-Dinucleotiden

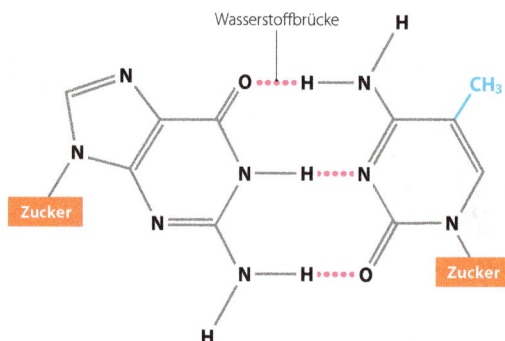

Abb. 7.8
5-Methylcytosin paart sich genauso mit Guanin wie unmodifiziertes Cytosin.

im Promoterbereich eines Gens ist ein Schlüsselsignal für die Steuerung der Genexpression. Im Allgemeinen unterdrückt die Methylierung die Genexpression, es gibt aber auch Gegenbeispiele.

Die CpG-Methylierung ist das Hauptsignal für die X-Inaktivierung und andere epigenetische Effekte. Seine Bedeutung für die Epigenetik beruht darauf, dass das Methylierungsmuster vererbt werden kann. CpG ist ein Palindrom. Das heißt, wenn man die Sequenzen in der 5'→3'-Richtung liest, steht gegenüber dem CpG in dem einen Strang der Doppelhelix auf dem anderen Strang ebenfalls ein CpG. Bei der DNA-Replikation sorgt eine Erhaltungsmethylase dafür, dass auf dem neu synthetisierten Strang jedes CpG, dem im Elternstrang ein methyliertes CpG gegenübersteht, ebenfalls methyliert wird (*Abb. 7.9*). Somit ist die CpG-Methylierung ein Mechanismus, mit dem vererbbare Veränderungen in die Genexpression eingebracht werden können, die nicht auf Veränderungen in der DNA-Sequenz beruhen.

Untersuchungen zur DNA-Methylierung

Methylierungsmuster in der DNA sind sehr viel schwerer zu untersuchen als Sequenzveränderungen. Wie *Abb. 7.8* zeigt, paart 5MeC genau wie unmethyliertes Cytosin mit G und verhält sich dementsprechend in den meisten Labortests genau wie C. Da also die Hybridisierungseigenschaften einer DNA nichts mit ihrem Methylierungszustand zu tun haben, kann man die Methylierung auch nicht mithilfe von Hybridisierungstests untersuchen. PCR und Sequenzierung beruhen beide darauf, dass die untersuchten Sequenzen vervielfältigt werden, und diese Kopien sind immer unmethyliert, unabhängig davon, ob die Original-DNA methyliert war oder nicht. Daher kann man das Methylierungsmuster einer DNA-Sequenz mit keiner der in den *Kapiteln 4* und *5* beschriebenen Methoden bestimmen. Bei Methylierungsstudien arbeitet man stattdessen mit folgenden beiden Techniken:

- Schnitt mit methylierungssensitiven Restriktionsenzymen. Bestimmte Restriktionsenzyme, deren Schnittstelle ein CpG enthält, schneiden diese Stelle nur, wenn sie nicht methyliert ist. Das Restriktionsenzym *Hpa*II beispielsweise schneidet zwar bei CCGG, nicht aber bei C^{Me}CGG. Bei anderen Enzymen hat eine Methylierung keinen Einfluss darauf, ob sie schneiden oder nicht; so schneidet beispielsweise *Msp*I die Sequenz CCGG unabhängig davon, ob sie methyliert ist oder nicht. Diesen Unterschied kann man nutzen, um herauszufinden, ob ein bestimmtes CpG methyliert ist. Bei der Untersuchung von Pablo Portillo (Fall 17, s.u.) wurde aus einer DNA, die zuvor mit *Hpa*II geschnitten worden war, mittels

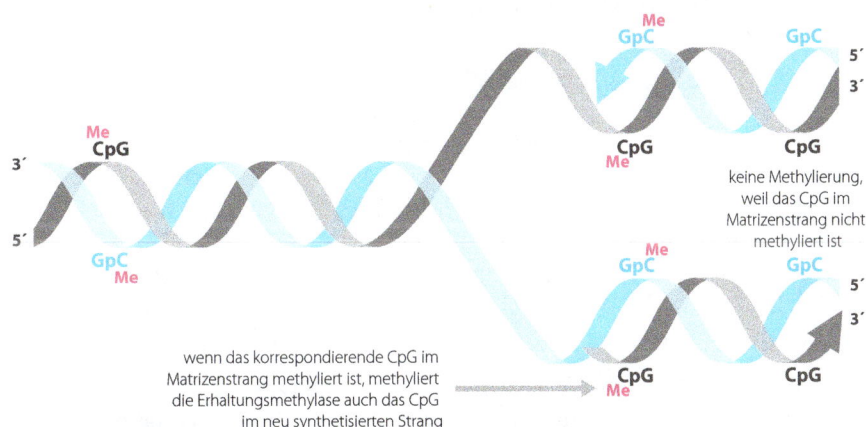

Abb. 7.9 Die Bedeutung des 5-Methylcytosins für epigenetische Prozesse
Bei der DNA-Replikation methyliert eine Erhaltungsmethylase gezielt CpG-Sequenzen im neu synthetisierten Strang, die sich gegenüber einem methylierten CpG im Elternstrang befinden. Auf diese Weise können die CpG-Methylierungsmuster vererbt werden.

methylierte Sequenz   nicht methylierte Sequenz

Me   Me Me
5′...GTGGAGCGGCCGCCGGAGAT...3′   5′...GTGGAGCGGCCGCCGGAGAT...3′

↓ Natriummetabisulfit   ↓ Natriummetabisulfit

Me   Me Me
5′...GTGGAGCGGCCGCCGGAGAT...3′   5′...GTGGAGUGGCUGCUGGAGAT...3′

↓ PCR   ↓ PCR

5′...GTGGAGCGGCCGCCGGAGAT...3′   5′...GTGGAGTGGCTGCTGGAGAT...3′

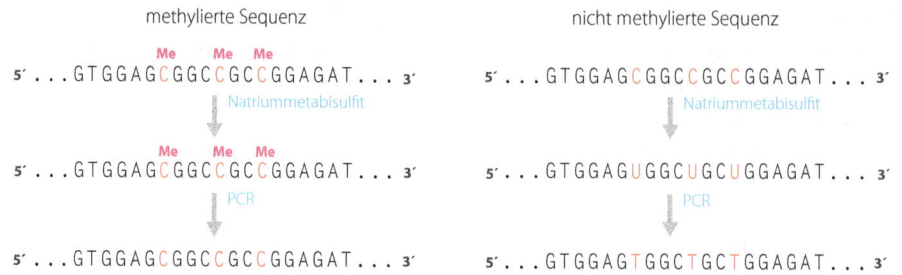

Abb. 7.10   Analyse des Methylierungszustands einer DNA mithilfe der Bisulfit-Sequenzierung
Bisulfit wandelt C, aber nicht 5MeC in U um. Nach der PCR sind aus den unmethylierten Cs im PCR-Produkt Thymine geworden.

PCR eine Sequenz amplifiziert, die methyliertes CpG enthält. Wenn die Stelle unmethyliert gewesen wäre, wäre die Matrize in zwei Stücke geschnitten und somit kein PCR-Produkt gebildet worden.

- Bisulfit-Sequenzierung. Behandelt man eine DNA unter sorgfältig kontrollierten Bedingungen mit Natriumbisulfit, so wird Cytosin durch Desaminierung in Uracil umgewandelt, während 5MeC nicht mit Natriumbisulfit reagiert. Uracil kommt zwar als Base normalerweise nicht in der DNA vor, geht aber genau wie Thymin eine Basenpaarung mit Adenin ein. Wenn man eine mit Bisulfit behandelte Matrize mit PCR vervielfältigt oder in einer Sequenzierungsreaktion einsetzt, wird aus jedem nicht methylierten C der Ausgangssequenz ein T, während methylierte Cs als C erhalten bleiben. Wenn man dann die unbehandelte und die mit Bisulfit behandelte Sequenz miteinander vergleicht, kann man das Methylierungsmuster erkennen (*Abb. 7.10*).

Bei einer Variante dieser Methode untersucht man den Methylierungszustand eines bestimmten C mithilfe einer allelspezifischen PCR (*Abb. 5.5*). Dafür nimmt man Primer, an deren 3'-Ende sich die Nukleotide G oder A befinden, damit sie zu dem C oder U in der mit Bisulfit behandelten Matrize passen. Während der Primer mit dem G nur die methylierte Matrize amplifiziert, vervielfältigt der Primer mit dem A nur die nicht-methylierte Sequenz. Dieses Verfahren funktioniert am besten, wenn sich in dem übrigen Bereich, mit dem der Primer hybridisieren muss, keine variabel methylierten Cytosine befinden. Ansonsten könnten diese ebenfalls durch die Bisulfit-Behandlung modifiziert werden, so dass der Primer nicht richtig hybridisiert.

7.3 Untersuchung der Patienten

Fall 4   Familie Davies

| 3 | 10 | 65 | 98 | 146 | **174** | 267 | 357 |

- der 24 Monate alte Martin, seine Eltern: Judith und Robert
- geht schwerfällig und lernt das Gehen erst spät
- Fälle von Muskeldystrophie in der Familie
- der Stammbaum spricht für einen mit dem X-Chromosom gekoppelten rezessiven Erbgang
- es wird ein diagnostischer DNA-Test angefordert
- Frameshift-Mutation im Dystrophin-Gen

Mehrere von Martins weiblichen Verwandten sind obligate oder mögliche Anlageträgerinnen dieser X-chromosomal rezessiv vererbten Krankheit. Aufgrund der X-Inaktivierung ist eine normale erwachsene Frau (XX) ein Mosaik aus Zellen, in denen entweder das väterliche oder das mütterliche X-Chromosom aktiv ist. Eine Anlageträgerin einer X-chromosomalen Krankheit ist ein Mosaik aus normalen und anomalen Klonen. Welche Folgen das hat, hängt davon ab, welche Funktion das betreffende Gen hat und wo sich die Zellen befinden.

- Wenn das Genprodukt diffundieren kann, wird die Wirkung nivelliert. Bei Anlageträgern einer X-chromosomalen Hämophilie ist die Konzentration des Gerinnungsfaktors nur halb so groß wie im Normalfall (mit individuellen Schwankungen). Der Gerinnungsprozess dauert deutlich länger als normalerweise, er funktioniert aber noch effizient genug, um eine Manifestation der Krankheit zu verhindern.

- Falls das Genprodukt nicht diffundieren kann, gibt es Bereiche mit gesundem und erkranktem Gewebe. Das kann man beispielsweise bei einer ektodermalen anhidrotischen Dysplasie 1 (OMIM 305100) beobachten, bei der die erkrankten Hautbereiche keine Schweißdrüsen haben. Wie groß diese Bereiche sind, hängt davon ab, ob das Gewebe aus vielen kleinen oder wenigen großen Klonen besteht und wie stark sich die Zellen im Gewebe während der Entwicklung vermischt haben.

- Bei der Muskeldystrophie Typ Duchenne wird die Situation dadurch erschwert, dass Muskelzellen viele Kerne haben, weil sie durch die Fusion von Myoblasten entstanden sind. Färbt man Muskelgewebe mit Antikörpern gegen Dystrophin an, findet man in den Muskeln heterozygoter Frauen eine uneinheitliche Verteilung, die auf die zufällige Auswahl bei der X-Inaktivierung zurückzuführen ist (*Abb. 7.11*). Gelegentlich haben auch Anlageträgerinnen eine deutliche Muskelschwäche – vermutlich, weil in ihren Muskelzellen unglücklicherweise vor allem das normale X-Chromosom inaktiviert wurde. Solche Personen werden als klinisch manifeste Heterozygote bezeichnet. Bei den meisten Trägerinnen findet man jedoch nur eine subklinische Muskelschädigung, die an biochemischen Parametern wie einem erhöhten Creatinkinase-(CK-)Wert im Serum zu erkennen ist. Wie bereits in *Kapitel 4* erwähnt, kann man anhand der CK-Konzentration abschätzen, mit welcher Wahrscheinlichkeit eine Frau Anlageträgerin ist. Die Schätzung ist allerdings in den seltensten Fällen so eindeutig, dass sie bei der Risikoabwägung in der weiteren Familienplanung als Orientierung dienen kann. Dafür muss dann eine DNA-Analyse durchgeführt werden.

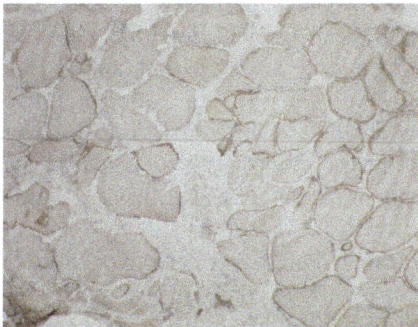

Abb. 7.11 Mithilfe einer Biopsie gewonnenes Muskelgewebe einer Anlageträgerin für Muskeldystrophie Typ Duchenne, das mit einem Antikörper gegen Dystrophin angefärbt wurde
Man beachte die uneinheitliche Färbung an den äußeren Zellmembranen. Vergleichen Sie diese Aufnahmen mit denen eines betroffenen Jungen und einer gesunden Kontrolle in *Abb. 1.4*. Foto mit freundlicher Genehmigung von Dr. Richard Charlton aus Newcastle upon Tyne.

| 26 | 39 | 67 | 98 | **175** | 357 | | |

Fall 10   Familie Ingram

- Isabel, die erste Tochter von Irene und Ian
- kleinwüchsig trotz hochgewachsener Eltern
- ? Turner-Syndrom
- Diagnose wurde durch eine Karyotypanalyse bestätigt

Isabel Ingram hat nur ein X-Chromosom (45,X) und hat ein Turner-Syndrom. Angesichts dessen, dass der Prozess der X-Inaktivierung dazu da ist, Personen mit einer abweichenden Anzahl von X-Chromosomen eine normale Entwicklung zu ermöglichen, könnte man sich fragen, wieso dann mit Isabel etwas nicht stimmt. Die Antwort ist, dass – selbst wenn man von den pseudoautosomalen Regionen absieht – nicht alle Gene auf dem X-Chromosom von der X-Inaktivierung erfasst werden. Als man vor nicht allzu langer Zeit das Transkriptionsniveau in seiner Gesamtheit untersucht hat (Carrel & Willard, 2005), hat man erstaunliche Abweichungen von dem überkommenen Bild einer generellen X-Inaktivierung gefunden. Etwa 15 Prozent der Gene auf dem X-Chromosom, auch außerhalb der pseudoautosomalen Regionen, werden weder teilweise noch vollständig inaktiviert und bei weiteren 10 Prozent dieser Gene ist das Ausmaß der Inaktivierung bei verschiedenen inaktiven X-Chromosomen unterschiedlich groß.

So können bis zu 25 Prozent aller X-chromosomalen Gene bei gesunden Frauen stärker exprimiert werden als bei Frauen mit Turner-Syndrom. Gene, die auf dem Y-Chromosom kein funktionelles Pendant haben, werden bei Männern im gleichen Maße exprimiert wie beim Turner-Syndrom; vielleicht ist die stärkere Expression dieser Gene bei normalen Frauen ja für einige der Unterschiede zwischen Männern und Frauen verantwortlich. Interessanterweise wurde berichtet, dass Turner-Frauen, die ihr X-Chromosom von der Mutter bekommen haben, Verhaltensauffälligkeiten zeigen, die man vor allem bei Jungen beobachtet (die ihr X-Chromosom natürlich von der Mutter haben), während Turner-Frauen mit einem paternalen X-Chromosom keine derartigen Probleme haben. Falls sich herausstellen sollte, dass diese These stimmt, wäre das ein Beleg für eine genomische Prägung.

Fall 17   Familie Portillo

- ein ständig kränkelndes Kind (Pablo)
- Familienanamnese mit ähnlichen Symptomen
- Bluttests sprechen für eine X-chromosomal vererbte schwere kombinierte Immunschwäche

165   **176**   205   357

Eine schwere kombinierte Immunschwäche kann entweder autosomal rezessiv oder X-chromosomal vererbt werden. Auf den ersten Blick mag es überraschen, dass eine Immunschwäche mit dem X-Chromosom gekoppelt sein sollte – man könnte erwarten, dass Immunschwächen durch Mutationen in den Immunglobulin-Genen auf den Chromosomen 2, 14 und 22 verursacht werden. Doch für die Bildung von Antikörpern müssen nicht nur die Strukturgene dieser Proteine funktionell intakt sein, sondern auch die B-Zellen, für deren normale Entwicklung zahlreiche weitere genetisch regulierte Schritte erforderlich sind. In *Kapitel 8* werden wir einige der komplizierten Abläufe kennen lernen, die nötig sind, damit diese Zellen ein letztlich unbegrenztes Repertoire an Antikörpern bilden können. Hinzu kommt, dass bei einer kombinierten Immunschwäche nicht nur die Antikörper produzierenden B-Zellen in ihrer Funktion gestört sind, sondern auch noch die T-Zellen fehlen, was auf eine Störung in einem früheren Stadium der Zelldifferenzierung hinweist. Als der Stammbaum (*Abb. 7.12*) erstellt wurde, war offensichtlich, dass der kleine Pablo die X-chromosomal vererbte Form von SCID hatte. Das hat für die Familie die unmittelbare Konsequenz einer genaueren Risikoangabe für die Verwandten. Bei Vorliegen der autosomalen Form der Krankheit hätte keiner der Verwandten als mögliche Träger der Anlage ein hohes Risiko, betroffene Kinder zu bekommen – es sei denn, ihr Partner besäße ebenfalls die Anlage. Weil SCID eine äußerst seltene Krankheit ist, ist dies unwahrscheinlich – vorausgesetzt, der Partner kommt aus einer anderen Familie. Da wir allerdings nun wissen, dass die Krankheit mit dem X-Chromosom gekoppelt ist, besteht bei Pilars Schwestern, ihrer Tante und ihrer Tochter ein beträchtliches Risiko für deren eigene Söhne, während dieses bei Pilars Bruder und ihrem gesunden Sohn vernachlässigbar gering ist.

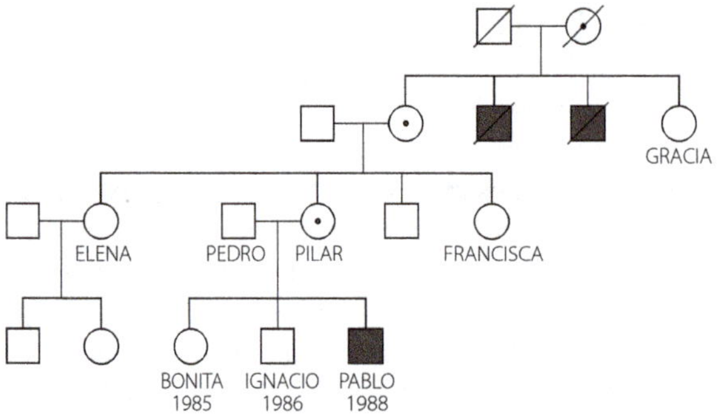

Abb. 7.12 Stammbaum der Familie Portillo mit dem Erbgang einer schweren kombinierten Immunschwäche
Am Vererbungsmuster erkennt man, dass dies die X-chromosomale Form dieser seltenen Krankheit ist. Mutter, Großmutter und Urgroßmutter des Probanden sind obligate Trägerinnen. Seine Schwester, seine beiden Tanten und seine Cousine sind möglicherweise Trägerinnen der Anlage.

(a)

(b)

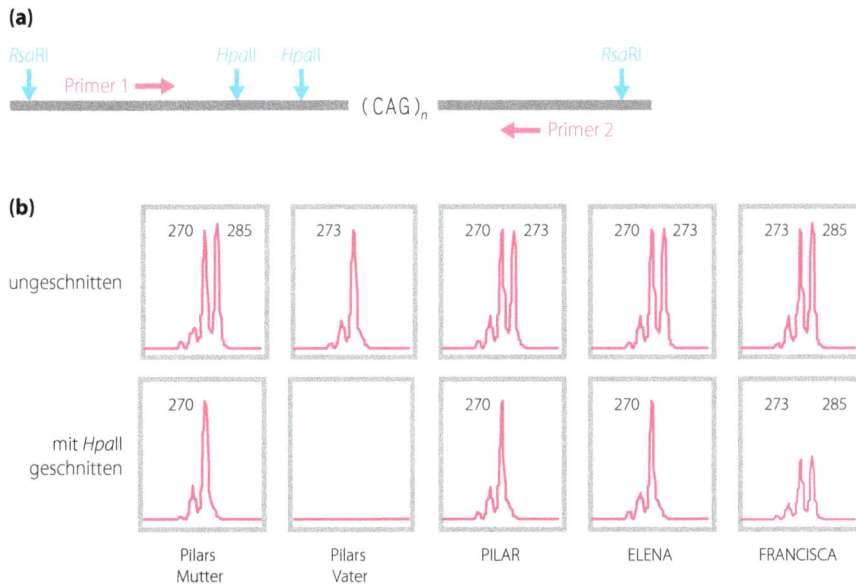

Abb. 7.13 Test, ob die X-Inaktivierung zufällig erfolgte
(a) Der beim Test eingesetzte Abschnitt aus dem Androgen-Rezeptor-Gen auf dem X-Chromosom. Angegeben sind die Positionen der PCR-Primer, des repetitiven Trinukleotids sowie der HpaII-Restriktionsschnittstellen. **(b)** Testergebnisse. Mithilfe eines DNA-Sequenzierers wurden Länge und Menge der PCR-Produkte bestimmt.

Zu dem Zeitpunkt, als man auf die Familie aufmerksam wurde, wusste man noch nicht, welcher Gendefekt für X-SCID verantwortlich ist. Man konnte jedoch den Trägerstatus untersuchen, indem man sich das X-Inaktivierungsmuster bei den potentiell gefährdeten Frauen ansah. Da sich bei einem X-SCID-Defekt weder B- noch T-Lymphozyten entwickeln, muss in allen Lymphozyten einer Anlageträgerin das normale X-Chromosom aktiv, das defekte X-Chromosom inaktiv vorliegen. Somit ist die X-Inaktivierung in den Lymphozyten der Trägerinnen nicht zufällig, obwohl das in all ihren anderen Geweben durchaus der Fall sein kann.

Mithilfe des methylierungssensitiven Restriktionsenzyms HpaII überprüfte man daher den X-Inaktivierungsstatus. Das Gen für den Androgenrezeptor auf dem X-Chromosom enthält einen Trinukleotidrepeat $(CAG)_n$ mit variabler Wieder-holungszahl (s. *Krankheitsinfo 6*). Die meisten Frauen haben hier zwei Allele mit unterschiedlichen Wiederholungszahlen, und bei diesen Frauen (aber nur diesen), kann man dies für einen X-Inaktivierunstest verwenden. In der Nähe der repetitiven Sequenz befinden sich zwei CCGG-Sequenzen, die auf dem inaktiven X-Chromosom von Frauen methyliert sind, auf dem aktiven X-Chromosom (sowie auf dem einzigen X-Chromosom der Männer) dagegen nicht. Für den Inaktivie-rungstest wird ein DNA-Abschnitt, der sowohl die $(CAG)_n$-Repeatsequenz als auch die beiden CCGG-Sequenzen enthält, mittels PCR amplifiziert, mit oder ohne vor-ausgehendem HpaII-Enzymverdau (*Abb. 7.13*).

- Wenn die PCR mit einer unbehandelten DNA-Probe einer Frau durchgeführt wird, so werden sowohl die Sequenzen des aktiven als auch des inaktiven X-Chromosoms amplifiziert. Die PCR wird durch eine Methylierung der DNA in keiner Weise beeinflusst. Sofern die Frau heterozygot für zwei unterschied-liche $(CAG)_n$-Repeats ist, findet man bei der Längenanalyse des PCR-Produkts zwei mehr oder weniger gleich große Spitzen (Peaks) (*Abb. 7.13b*).

- Eine zweite PCR wird mit DNA durchgeführt, die mit HpaII geschnitten wurde. Die methylierten CCGG-Sequenzen des inaktiven X-Chromosomen und damit die Zielsequenz für die PCR bleibt dabei intakt, eine Amplifikation ist möglich. Bei aktiven X-Chromosomen spaltet das Restriktionsenzym dagegen die Ziel-sequenz für die PCR. Die PCR-Primer hybridisieren daher an getrennten Restrik-tionsfragmenten, weshalb die PCR nicht stattfinden kann. Daher stammt das

PCR-Produkt einer mit *Hpa*II geschnittenen DNA nur vom inaktiven X-Chromosom.

- Eine übliche DNA-Probe enthält DNA aus einer Vielzahl von Lymphozyten. Bei zufälliger X-Inaktivierung ist bei ungefähr der Hälfte der Zellen das eine X-Chromosom inaktiviert, bei der anderen Hälfte das andere. Wenn man das PCR-Produkt einer mit *Hpa*II-geschnittenen Probe analysiert, finden sich die gleichen Peaks wie bei der Amplifikation einer nicht geschnittenen DNA, allerdings ist jeder Peak dann nur noch etwa halb so groß.

- Bei einseitig unausgewogener („skewed") X-Inaktivierung findet sich bei den meisten bzw. allen Lymphozyten eine Methylierung des gleichen Allels, welches von *Hpa*II nicht geschnitten wird. Es fehlt im PCR-Produkt dann einer der beiden Peaks. Mithilfe eines Sequenzierers kann man die Peak-Flächen quantitativ miteinander vergleichen und erhält so eine exakte Angabe über das Verhältnis der X-Inaktivierung der beiden unterschiedlichen Allele. In den Lymphozyten einer Anlageträgerin für X-SCID erfolgt die X-Inaktivierung vollkommen asymmetrisch.

Dieser Test zeigte nicht-zufällige X-Inaktivierung in den Lymphozyten von Pilar, ihrer Schwester Elena und ihrer Mutter. Das Chromosom in der Familie, das ein PCR-Produkt von 270 Bp lieferte, war immer inaktiviert. Pilar und Elena hatten dieses Chromosom von ihrer Mutter geerbt. Ihr anderes X-Chromosom lieferte ein 273 Bp langes PCR-Produkt (offensichtlich war das $(CAG)_n$-Repeat um ein Trinukleotid länger); dieses X-Chromosom stammte von ihrem Vater und wurde vom Enzym *Hpa*II vollkommen geschnitten, es war also in jedem Lymphozyten aktiv. Francisca besaß das väterliche 273-Bp-Allel, und hatte von ihrer Mutter ein 285-Bp-Allel geerbt. Nach *Hpa*II-Verdau wurden beide Allel etwa gleich stark amplifiziert, was zeigte, dass die X-Inaktivierung bei Francisca zufällig erfolgte. Somit waren Pilar und Elena (sowie deren Mutter) Anlageträger für die Immunschwäche, Francisca dagegen nicht. Zu der Zeit, als diese Tests durchgeführt wurden, kannte man das fehlerhafte Gen noch nicht; das Gen war zwar kartiert, aber die Daten waren noch unsicher. Diese Geschichte wird in *Kapitel 8* fortgesetzt.

Fall 18 Familie Qian		166	**178**	357						
Fall 19 Familie Rogers		167	**178**	357						

Familie Qian
- die kleine 2-jährige Kai hat eine Entwicklungsverzögerung
- Anfall
- ? Angelman-Syndrom
- Suche nach der verantwortlichen Mutation mittels FISH

Familie Rogers
- Baby Robert, dessen Eltern bei der Geburt schon älter waren
- bei der Geburt schlaff; schlechtes Saugen und Trinken
- Normaler männlicher Karyotyp in der Pränataldiagnostik
- ? Prader-Willi-Syndrom
- Suche nach der verantwortlichen Mutation mittels PCR

Diese beiden Fälle werden gemeinsam erörtert, weil die beiden Krankheiten trotz ihrer vollkommen unterschiedlichen Symptome sehr viele Gemeinsamkeiten bezüglich der Ursachen haben. Drei Viertel aller Fälle dieser beiden Krankheiten werden durch eine 15q11-q13-Deletion verursacht. Weil die beiden Syndrome so unterschiedlich sind, nahm man natürlich an, dass die dafür verantwortlichen Deletionen auch auf molekularer Ebene unterschiedlich sein müssten. Das ist jedoch nicht der Fall. Die Deletionen werden durch eine Rekombination zwischen fehlgepaarten Repeats hervorgerufen; diesen Mechanismus haben wir bereits beim Williams-Beuren- und beim DiGeorge-Syndrom kennengelernt. Bei beiden Krankheiten fehlt in der Regel dasselbe 4 Mb große DNA-Fragment.

Den Durchbruch im Verständnis dieser Krankheiten erzielte man, als man erkannte, dass die Unterschiede nicht auf verschiedenen Deletionsgrößen beruhten, sondern auf der elterlichen Herkunft des deletierten Chromosoms: Beim PWS befindet sich die Deletion immer auf dem väterlichen Chromosom 15, beim Angelman-Syndrom dagegen immer auf dem von der Mutter geerbten. Somit liegen dem krankhaften Geschehen genomisch geprägte Gene bei 15q11-q13 zugrunde. Bei Krankheitsfällen, die keine Deletion aufweisen, findet man in dieser chromosomalen Region andere Störungen (s.u.).

Ein FISH-Test auf Deletionen. Manchmal ist die Deletion noch unter dem Mikroskop zu erkennen (*Abb. 7.14*), ansonsten kann man sie aber auch leicht mithilfe einer FISH (s. *Abschnitt 4.2*) oder MLPA (*Abschnitt 5.2*) nachweisen. Die Daten aus

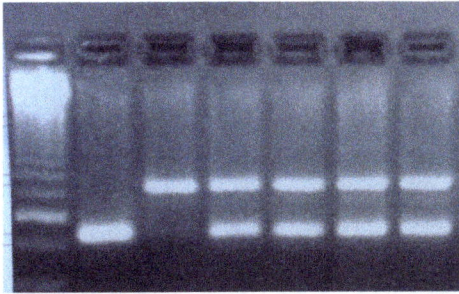

Abb. 7.15 Mithilfe einer methylierungssensitiven PCR wird der Zustand der genomischen Prägung im chromosomalen Bereich 15q11q13 bestimmt.

Chromosomen mit maternalem Imprinting liefern ein 313 Bp langes, Chromosomen mit paternalem Imprinting dagegen ein 221 Bp langes Produkt. Bei gesunden Menschen (Spuren 3–6) findet man beide Banden. Angelman-Patienten fehlt das 313-Bp-Produkt (Spur 1), Prader-Willi-Patienten dagegen das 221-Bp-Produkt (Spur 2). In Spur M laufen Größenmarker. Eine ausführliche Darstellung der Methode findet man in Zeschnigk et al. (1997). Foto mit freundlicher Genehmigung von Dr. Simon Ramsden vom St. Mary's Hospital in Manchester.

der Array-CGH in *Abb. 4.8* stammen von einem PWS-Patienten. Das Verfahren ist zu teuer, um damit lediglich nach der normalerweise vorliegenden PWS-Deletion zu suchen, es eignet sich aber für ungewöhnliche Fälle, in denen man die genaue Lage oder Größe einer Deletion bestimmen möchte. In den beiden vorliegenden Fällen konnte man bei Kai Qian mithilfe einer FISH-Sonde für 15q11 eine Deletion nachweisen und so die Diagnose eines Angelman-Syndroms bestätigen. Bei Robert Rogers fand man dagegen keine Deletion, so dass die Verdachtsdiagnose eines PWS zunächst noch nicht erhärtet werden konnte.

PCR-Test auf maternale und paternale genomische Prägung. Ein PWS wird immer dadurch hervorgerufen, dass ein väterlich geprägtes (imprimiertes) Exemplar der Region 15q11q13 fehlt; neben einer Deletion können dafür durchaus auch andere Mechanismen verantwortlich sein. Unabhängig von der genauen Ursache lässt sich mithilfe einer PCR direkt testen, ob ein PWS vorliegt – ähnliches gilt weitgehend auch für das Angelman-Syndrom. Bestimmte CpG-Sequenzen innerhalb des kritischen Bereichs sind abhängig von der paternalen oder maternalen Prägung unterschiedlich methyliert. Dieser Unterschied mag die eigentliche funktionelle Prägung darstellen oder eine Folge der Prägung sein – in jedem Fall erhält man darüber verlässliche Aussagen über den Imprinting-Status. Durch eine Bisulfit-Behandlung der DNA werden unmethylierte Cytosine in Uracil umgewandelt. Dabei schützt das unterschiedliche Methylierungsmuster der paternal und maternal geprägten DNA unterschiedliche Cytosine vor dem Bisulfit-Angriff. Väterlich und mütterlich geprägte Kopien der gleichen Sequenz werden durch die Bisulfit-Reaktion also in unterschiedliche DNA-Sequenzen umgewandelt. Diese werden dann mithilfe von Primern, die für die maternale beziehungsweise paternale Bisulfit-behandelte Sequenz spezifisch sind, PCR-amplifiziert. Weil bei den beiden Reaktionen unterschiedlich große Produkte entstehen, kann man sie zusammen in einem Reaktionsansatz laufen lassen (*Abb. 7.15*).

Test auf uniparentale Disomie anhand eines DNA-Polymorphismus. Mit dem PCR-Test fand man bei Robert Rogers nur maternal geprägte DNA aus 15q11q13; dies bestätigte die PWS-Diagnose, obwohl mittels FISH keine Deletion gefunden wurde. Da man mit der FISH-Sonde nur die eine spezifische Sequenz innerhalb des 15q11q13-Bereichs nachweisen kann, hätte man, falls man bei Robert eine ungewöhnliche Deletion vermutet hätte, für weitere Untersuchungen eine Array-CGH einsetzen können, um die gesamte PWS-Kandidatenregion zu untersuchen. Im vorliegenden Fall bestand der nächste Schritt allerdings in einem Test auf eine uniparentale Disomie.

Etwa 30 Prozent aller PWS-Patienten besitzen zwei intakte Kopien von Chromosom 15, die allerdings beide von der Mutter vererbt wurden. Man kann diese uniparentale Disomie (UPD) nachweisen, indem man sich auf Chromosom 15 das

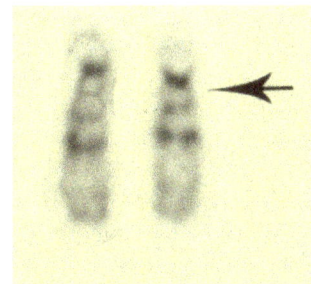

Abb. 7.14 In manchem Fällen von Prader-Willi- oder Angelman-Syndrom kann man die Deletion bei 15q11q13 noch nach einer herkömmlichen zytogenetischen Präparation unter dem Mikroskop erkennen. Meist ist für die Diagnose allerdings ein molekulargenetischer Test (FISH oder PCR) erforderlich.

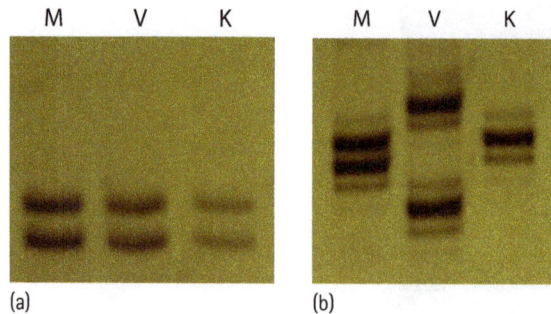

Abb. 7.16 Segregation von Markern auf Chromosom 15 bei einem Kind mit Prader–Willi-Syndrom
M: Mutter; V: Vater, K: Kind. **(a)** Bei diesem Marker kann man nicht sagen, welches Allel das Kind von welchem Elternteil geerbt hat. **(b)** Bei diesem Marker stammt keines der beiden Allele des Kindes vom Vater. Foto mit freundlicher Genehmigung von Dr. Simon Ramsden vom St. Mary's Hospital in Manchester.

Vererbungsmuster von Polymorphismen in der DNA ansieht. Überall in den nicht kodierenden Bereichen des Genoms findet man kurze Folgen von sich direkt wiederholenden $(CA)_n$-Nukleotiden. Die Anzahl der CA-Einheiten in diesen so genannten Mikrosatelliten ist variabel. Man kann die Wiederholungszahl bestimmen, indem man ein DNA-Fragment, das die repetitive Sequenz enthält, amplifiziert und dann seine Größe auf einem Gel bestimmt – genauso, wie wir die Anzahl der $(CAG)_n$-Repeats in der Familie mit Chorea Huntington (Familie Ashton, Fall 1, s. *Abschnitt 4.3*) ermittelt haben. Die in der aktuellen Untersuchung benutzten repetitiven Sequenzen sind nicht pathogen, sondern dienen nur als Marker, mit denen man bestimmen kann, von welchem Elternteil die Chromosomen stammen. In *Kapitel 9* werden die DNA-Polymorphismen ausführlicher erörtert.

Abb. 7.16 zeigt die Ergebnisse für zwei Polymorphismen. Bei den drei Proben in *Abb. 7.16a* kann man nicht erkennen, welches der beiden Allele von welchem Elternteil geerbt wurde. Erinnern wir uns, dass diese Polymorphismen nicht pathogen sind und keine Rolle bei der Auslösung des PWS oder irgendeiner anderen Krankheit spielen; es ist daher reiner Zufall, welche Allele jemand letztlich hat. Die Daten zeigen jedoch, dass das untersuchte Kind zwei unterschiedliche Kopien der untersuchten Sequenz besitzt. Da diese Sequenz aus dem für PWS kritischen Bereich stammt, bestätigt das den FISH-Test und zeigt, dass keine Deletion vorliegt. Die Untersuchung eines anderen Markers bei Robert (*Abb. 7.16b*) ist aufschlussreicher. Wie wir sehen, hat Robert kein Allel vom Vater geerbt. Er kann für das maternale Allel homozygot oder hemizygot (d.h. er hat nur eine einzige Kopie) sein; für sich genommen käme also sowohl eine Deletion als auch eine UPD in Frage. Da wir aber wissen, dass keine Deletion vorhanden ist, belegt das, dass eine UPD vorliegt. Einen solchen Fall, bei dem von ein und demselben maternalen Chromosom zwei Kopien vorhanden sind, bezeichnet man als Isodisomie. Dass eine UPD vorliegt, wurde durch den Nachweis eines ähnlichen Musters bei einem zweiten Marker für Chromosom 15 bestätigt (weil Allele von Mikrosatelliten hin und wieder mutieren, ist es sinnvoll, jeden Befund mit einem zweiten unabhängigen Mikrosatelliten zu bestätigen).

Robert hat kein Exemplar von Chromosom 15 von seinem Vater geerbt. Unter dem Mikroskop sieht Roberts Karyotyp vollkommen normal aus, die Mikrosatelliten-Analyse zeigt jedoch, dass beide Kopien seines Chromosoms 15 von seiner Mutter stammen. Bei einer UPD haben die Patienten den gleichen PWS-Phänotyp wie bei der häufiger auftretenden paternalen Deletion, was zeigt, dass PWS durch das Fehlen einer paternalen Kopie der Sequenz 15q11q13 hervorgerufen wird und dass (abgesehen von einem oft etwas helleren Kolorit von Haut und Haar bei Deletionsträgern aufgrund des einfachen Vorliegens des für die Melaninsynthese notwendigen *OCA2*-Gens in dieser Region) keine weiteren Effekte hinzukommen, wenn noch an anderen Stellen von Chromosom 15 väterliche

Genkopien fehlen. Einige wenige Fälle von Angelman-Syndrom, bei denen keine Deletion vorliegt, werden ebenfalls durch eine UPD hervorgerufen; in diesen Fällen haben die Betroffenen zwei paternale Kopien von Chromosom 15 und keine von der Mutter.

Wie kommt es zu einer uniparentalen Disomie? Die UPD erklärt, warum Robert das Prader-Willi-Syndrom hat. Doch wie kommt es zu einer UPD? Als über den ersten Fall berichtet wurde – das war im Jahre 1988, und es handelte sich um ein Kind mit Mukoviszidose – ging man von folgender Hypothese aus: eine Eizelle, die infolge einer Nondisjunction zwei Kopien des entsprechenden Chromosoms hat, wird aufgrund eines außergewöhnlichen Zufalls von einem Spermium befruchtet, das wegen einer Nondisjunction überhaupt kein Exemplar dieses Chromosoms besitzt. Wenn eine UPD nur durch solch einen Zufall zustande käme, müsste sie äußerst selten sein. In Wirklichkeit ist sie ist zwar ungewöhnlich, aber immer noch viel zu häufig, als dass sie mit einem so seltenen Szenario erklärt werden könnte. Viel wahrscheinlicher wird sie durch eine Trisomie-Korrektur (trisomic rescue) hervorgerufen (*Abb. 7.17, Exkurs 7.2*). Wie wir wissen, treten bei der Empfängnis alle möglichen Trisomien auf, von denen aber kaum eine erhalten bleibt, weil sie nicht überlebensfähig sind und die Embryonen spontan abgehen. Wie allerdings *Abb. 7.17* zeigt, kann durch eine zufällige Nondisjunction bei einer frühen mitotischen Teilung eines trisomischen Embryos eine Zelle mit einer normalen Chromosomenzahl entstehen. Falls dieses Ereignis früh genug in der Embryogenese eintritt, kann sich aus dieser einen Zelle unter Umständen ein vollständiger Mensch entwickeln. Angenommen die Nondisjunction in der Mitose erfolgt zufällig, so entstünde in einem von drei Fällen eine UPD. Diese Erklärung wird noch dadurch unterstützt, dass eine UPD zwar für 29 Prozent aller Fälle von PWS, aber nur für ein Prozent der Fälle mit Angelman-Syndrom verantwortlich ist. Da, wie wir wissen, Nondisjunctions, die zu Trisomien führen, in der Regel in der mütterlichen Meiose vorkommen, ist zu erwarten, dass die meisten trisomen Embryonen zwei Exemplare des Chromosoms von der Mutter und eines vom Vater haben. Daher entsteht bei einer Trisomie-Korrektur sehr viel häufiger eine maternale als eine paternale UPD. Es mag von Bedeutung sein, dass Roberts Mutter Rowena 38 Jahre alt war, als sie Robert empfangen hat.

Andere Ursachen für ein PWS- oder Angelman-Syndrom. Mit einer Deletion oder UPD lassen sich fast alle Fälle von PWS und die meisten Fälle von Angelman-Syndrom erklären (*Tab. 7.1*), einige haben allerdings andere Ursachen. Falls das PWS- oder das Angelman-Syndrom durch den Funktionsverlust eines Gens aus der Kandidatenregion hervorgerufen wird, sollten Punktmutationen in diesem Gen (auf dem entsprechenden elterlichen Chromosom), die zu einem Funktionsverlust führen, die gleiche Wirkung haben. Der deletierte Bereich enthält eine Reihe von Genen, von denen mehrere eine genomisch geprägte Expression zeigen (*Abb. 7.18*). Wie meist in Bereichen, die einem Imprinting unterliegen, werden einige Gene nur vom väterlichen und andere nur vom mütterlichen Chromosom exprimiert. Die Mutationsanalyse der entsprechenden Gene zeigt in etwa der Hälfte der Fälle von Angelman-Syndrom, bei denen weder eine Deletion noch ein UPD vorlag, Punktmutationen im *UBE3A*-Gen. Interessanterweise ist die Expression dieses Gens nur im Gehirn, nicht aber in anderen Geweben genomisch geprägt; das heißt, dass Imprinting gewebespezifisch sein kann. Beim PWS fand man dagegen keine Punktmutationen in einem einzelnen Gen; ob dieser Phänotyp durch

Tab. 7.1 Ursachen für das Prader–Willi- und das Angelman-Syndrom

Ursache	PWS (%)	AS (%)
Del15(q11q13)	70 (paternal)	75 (maternal)
uniparentale Disomie	29 (maternal)	1 (paternal)
Punktmutation	–	10 (UBE3A)
Fehler beim Imprinting	1	3

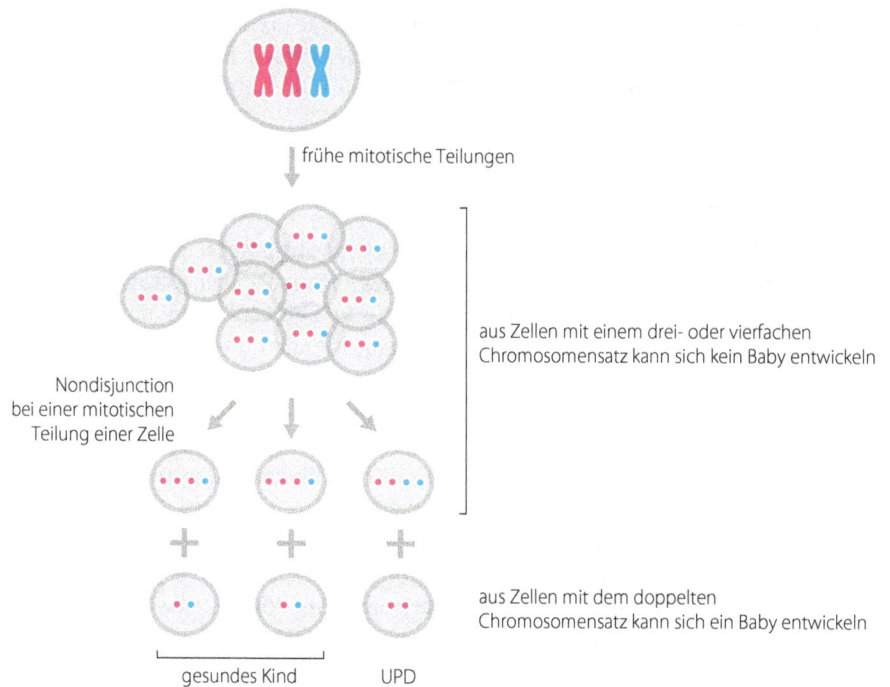

Abb. 7.17 Entstehung einer uniparentalen Disomie durch Trisomie-Korrektur
Der ursprüngliche Embryo ist trisomisch. Bei einer mitotischen Teilung entsteht infolge einer Nondisjunction eine disomische Zelle. Geschieht das sehr früh in der Entwicklung, kann aus dieser
einen Zelle ein vollständiges Baby hervorgehen. Per Zufall stammen in jedem dritten Fall die beiden
Kopien vom selben Elternteil.

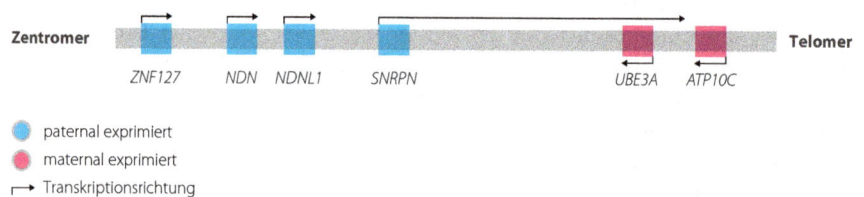

Abb. 7.18 Gene in der Region für das Prader-Willi- und Angelman-Syndrom

den Verlust gleich mehrerer Gene oder eine andere Ursache (z.B. den Verlust eines
nicht-proteinkodierenden Gens) ausgelöst wird, ist noch nicht geklärt.

Bei einigen wenigen anderweitig ungeklärten Fällen der beiden Syndrome
scheint das Imprinting fehlerhaft abgelaufen zu sein: Markerstudien (wie die in
Abb. 7.16) zeigen, dass die Chromosomen von Vater und Mutter vollständig vorhanden sind, doch eine methylierungsspezifische PCR (wie in *Abb. 7.15*) ergibt,
dass beide die gleiche genomische Prägung aufweisen. In einem solchen Fall ist
es offenbar zu einer Störung des Imprinting-Mechanismus gekommen, sodass
entweder das väterliche Chromosom eine maternale Prägung erhalten hat, was
zum PWS führt, oder das mütterliche Chromosom paternal geprägt wurde, was
ein Angelman-Syndrom auslöst. Diese seltenen Fälle sind Beispiele für Epimutationen – Mutationen, bei denen der epigenetische Prozess, aber nicht die DNA-
Sequenz verändert ist – und damit von besonderem Interesse für Wissenschaftler,
die die genomische Prägung untersuchen.

7.4 Zusammenfassung und theoretische Ergänzungen

CpG – ein Hotspot für Mutationen

Wir haben gesehen, wie Natriumbisulfit Cytosin durch Desaminierung – also durch Abspaltung einer Aminogruppe – in Uracil umwandelt. Das Cytosin in der DNA neigt allerdings auch dazu, spontan zu desaminieren. Man schätzt, dass in jeder Zelle täglich 100 Cytosin-Basen ihre Aminogruppe verlieren. Zellen besitzen ein Enzym, das Uracil in der DNA erkennt und den Schaden repariert, indem es Uracil durch Cytosin ersetzt. 5-Methylcytosin desaminiert ebenfalls spontan; dadurch entsteht Thymin (*Abb. 7.19*). Da das ein natürlicher DNA-Baustein ist, ist die Veränderung nicht offensichtlich und wird nicht immer repariert. Daher neigen CpG-Dinukleotide von Natur aus dazu, zu TpG zu mutieren. Ein Blick in Mutations-Datenbanken, in denen Mutationen vieler Krankheiten erfasst sind, zeigt deutlich, dass es bei CpG-Sequenzen häufig zu Mutationen kommt.

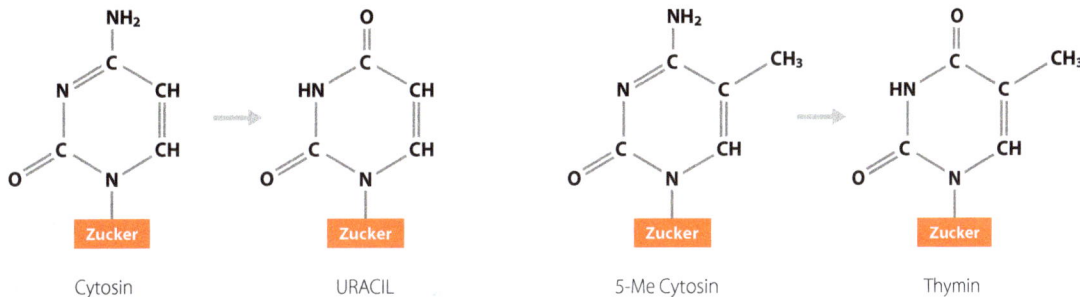

Abb. 7.19
Durch Desaminierung von Cytosin entsteht Uracil – eine Base, die in der DNA nicht vorkommt –, während durch Desaminierung von 5-Methylcytosin Thymin entsteht.

Diese Mutationsanfälligkeit von CpG-Sequenzen hat in der Evolution Konsequenzen gehabt. Da 41 Prozent der Basen des menschlichen Genoms C oder G sind, sollte man erwarten, dass 4,2 Prozent $(0,205 \times 0,205)$ aller Dinucleotide CpG sind. Die tatsächlich beobachtete Häufigkeit entspricht aber nur einem Fünftel dieses Wertes. Der überwiegende Teil der menschlichen DNA enthält keine CpG-Sequenzen – diese waren methyliert und wurden im Laufe der Evolution durch Desaminierung in TpG ungewandelt. Überall im Genom findet man jedoch etwa 27000 so genannte CpG-Inseln; wie viele es genau sind, hängt davon ab, wie man eine Insel definiert. Unter CpG-Inseln versteht man DNA-Abschnitte von in der Regel einem Kb Länge oder weniger, die noch zahlreiche CpG-Dinukleotide erhalten – vermutlich, weil diese Sequenzen entweder nicht methyliert werden oder weil sie funktionell so wichtig sind, dass sie aufgrund der natürlichen Selektion nicht verloren gehen.

Etwa 50 Prozent aller Gene des Menschen besitzen eine CpG-Insel im Promotor oder in seiner Nähe. Gene mit oder ohne CpG-Inseln unterscheiden sich manchmal in ihrer Transkriptionsregulation. CpG-Inseln werden normalerweise nicht methyliert – unabhängig davon, ob das damit verbundene Gen aktiv ist oder nicht. In einigen Krebszellen werden sie dagegen abnorm methyliert (*Kapitel 12*). Promotoren ohne CpG-Inseln enthalten trotzdem einzelne CpG-Dinukleotide, deren reversible Methylierung ein wichtiges Element der Genregulation ist.

Die Folgen der X-Inaktivierung für Frauen mit einer X-Autosom-Translokation

Wie zwischen allen Chromosomen kann es auch zwischen dem X-Chromosom und einem Autosom zu einer Translokation kommen. Wie jede andere Frau muss auch eine Frau mit einer balancierten X-Autosom-Translokation ein X-Chromosom inaktivieren – in jeder Zelle des Embryos jeweils zufällig entweder das eine oder das andere X-Chromosom. Fällt die Wahl auf das strukturell intakte X-Chro-

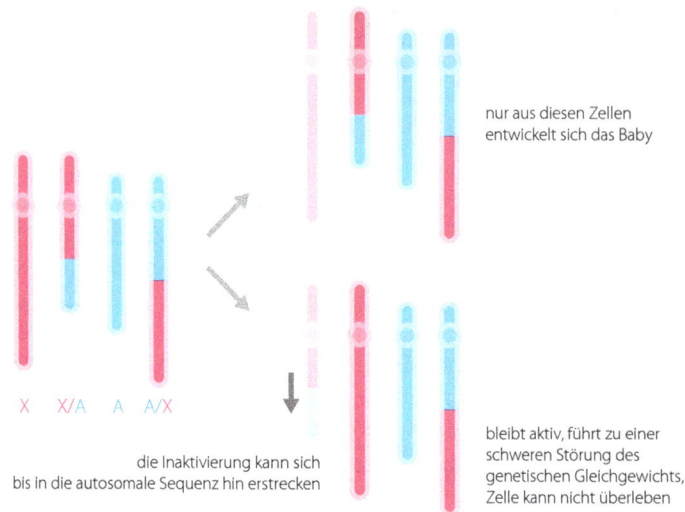

nur aus diesen Zellen
entwickelt sich das Baby

X   X/A   A   A/X

die Inaktivierung kann sich
bis in die autosomale Sequenz hin erstrecken

bleibt aktiv, führt zu einer
schweren Störung des
genetischen Gleichgewichts,
Zelle kann nicht überleben

Abb. 7.20
Bei einem Embryo mit einer balancierten X-Autosom-Translokation überleben nur die Zellen, in denen das *normale* Chromosom inaktiviert ist.

mosom, verläuft alles normal. Aber bei jeder Zelle, in der das translozierte X inaktiviert ist, treten Probleme auf. Der Inaktivierungsprozess beginnt am X-Inaktivierungszentrum auf dem proximalen langen Arm, von wo aus er entlang des Chromosoms nach außen fortschreitet. Der Bereich des X-Chromosoms, der durch die Translokation vom Inaktivierungszentrum abgekoppelt wurde, wird dabei allerdings nicht erreicht und bleibt aktiv, so dass in dieser Zelle von allen Genen des X-Chromosoms, die sich distal der Translokationsbruchstelle befinden, beide Exemplare exprimiert werden. Andererseits stoppt die Inaktivierungswelle, die sich entlang des translozierten Chromosoms bewegt, nicht genau an der Grenze zwischen X-Chromosom und Autosom, weswegen manchmal auch autosomale Gene in der Nähe dieser Grenze inaktiviert werden. Auf diese Weise kommt es insgesamt gesehen in der Zelle des Embryos zu einer Störung des genetischen Gleichgewichts, die in der Regel so gravierend ist, dass diese Zelle an der weiteren Entwicklung nicht mehr beteiligt ist (*Abb. 7.20*). Daher entstehen, wenn sich aus dem Embryo ein Baby entwickelt, alle Gewebe dieses Babys aus Zellen, in denen das strukturell intakte X-Chromosom inaktiviert wurde.

Eine Frau mit einer X-Autosom-Translokation zeigt daher eine vollkommen asymmetrische X-Inaktivierung. Das muss nichts bedeuten, hat aber in manchen Fällen doch Konsequenzen. Jedes mutierte Gen auf dem translozierten X-Chromosom einer solchen Frau wirkt sich genauso auf ihren Phänotyp aus, wie es das auch bei einem Mann täte, da es in jeder Zelle ihres Körpers das einzige aktive X-Chromosom ist. Falls durch die Translokationsbruchstelle zufällig ein Gen zerstört wird, zeigt sie außerdem genau denselben Phänotyp wie Männer mit einem Funktionsverlust in diesem Gen. So kennt man beispielsweise weltweit zwei Dutzend nicht miteinander verwandte Frauen, die eine schwere Muskeldystrophie Typ Duchenne haben, obwohl in ihrer Familie kein Fall von dieser Krankheit bekannt ist. Alle diese Frauen haben eine X-Autosom-Translokation. Die Bruchstelle auf den Autosomen liegt zwar bei jeder dieser Translokationen an einer anderen Stelle, doch auf dem X-Chromosom wird bei Xp21 immer das Dystrophin-Gen durch die Bruchstelle zerstört.

Andere Krankheiten, die mit der genomischen Prägung verbunden sind

Die Erörterung der mit dem Imprinting verbundenen Krankheiten führt uns zu einigen der kompliziertesten und kaum verstandenen Bereiche der Humangenetik, auf die wir in diesem Buch nur peripher eingehen können. Neben 15q11q13 kennt man noch eine Reihe anderer Chromosomenbereiche, in denen sich genomisch geprägte Gene befinden (*Tab. 7.2*). Wie bei der Prader-Willi-/Angelman-Region liegen in ihnen in der Regel viele geprägte Gene dicht beieinander, von denen einige nur vom maternalen und andere nur vom paternalen Chromosom exprimiert werden. Beim PWS- und beim Angelman-Syndrom ist der Verlust von mütterlichem oder väterlichem Chromosom jeweils für ein anderes Syndrom verantwortlich, während es keinen Unterschied macht, ob man von dem jeweils vorhandenen Chromosomenabschnitt eine oder zwei Kopien hat (weil sich der Phänotyp von Fällen mit UPD nicht von dem von Fällen mit Deletion unterscheidet). In anderen genomisch geprägten Genomabschnitten führt nur der Verlust des genetischen Materials von einem Elternteil zu einem Phänotyp, oder es treten bei Vorliegen von zwei Kopien des eines Chromosomenabschnitts vom gleichen Elternteil spezifische Dosiseffekte auf. Immer können auch, wie in *Tab. 7.1* dargestellt, verschiedene Pathomechanismen dieselbe Krankheit auslösen.

Tab. 7.2 Einige Krankheiten, an denen Mechanismen beteiligt sind, die mit einer genomischen Prägung zu tun haben

Syndrom	OMIM-Nr.	Lage auf den Chromosomen	Betroffenes Gen
Prader-Willi-Syndrom	176270 (PWS)	15q11q13	*SNRPN* (PWS)
Angelman-Syndrom	105830 (AS)	15q11q13	*UBE3A* (AS)
Beckwith-Wiedemann-Syndrom	130650	11p15.5	*H19, IGF2, KCNQ1OT1*
Silver-Russell-Syndrom	180860	7p11.2 11p15.5	*GRB10? H19, IGF2?*
Paragangliom (familiär nicht chromaffin) Typ 1	168000	11q23	*SDHD*
Pseudohypoparathyreoidismus	103580	20q13.2	*GNAS1*
Transienter neonataler Diabetes mellitus	601410	6q24	*ZAC/HYMAI*

Welchen Sinn hat die genomische Prägung?

Es gibt mehrere Theorien, die erklären sollen, warum sich der Prozess der genomischen Prägung entwickelt hat (Wilkins & Haig, 2003). Der Konflikt-Theorie zufolge haben Eltern entsprechend der Vorstellung vom „egoistischen Gen" gegensätzliche Interessen. Der Vater verbreitet seine Gene am besten, wenn er möglichst viele Kinder hat. Wenn seine Partnerin entkräftet stirbt, kann er sich aus der nächsten Höhle eine andere Frau nehmen. Eine Frau verbreitet ihre Gene dagegen am besten, wenn sie gut auf sich achtet und nicht zu viele Ressourcen für jedes einzelne Kind aufwendet. Daher fördern die Gene des Vaters das Wachstum des Fetus auch auf Kosten der Mutter, während die Gene der Mutter die Ressourcen begrenzen, die ein Fetus von ihr bekommen kann. Das stimmt mit Beobachtungen an Blasenmolen und Eierstock-Teratomen überein: Die paternalen Gene fördern die Proliferation der Plazenta und Membranen, über die Nährstoffe von der Mutter gewonnen werden. Gene der Mutter haben dagegen eine entgegengesetzte Wirkung. Allerdings passt nicht jeder dem Imprinting geschuldete Phänotyp zu dieser Theorie: so würde man etwa erwarten, dass Babys mit PWS klein und solche mit Angelman-Syndrom groß sind, was aber nicht der Fall ist. Das *IGF2* (*insulin-related growth factor 2*)-Gen wird bei gesunden Menschen unterschiedlich genomisch geprägt, was dafür spricht, dass das Imprinting mehr als eine Funktion besitzt. Manchmal kann es eine zufällige Nebenwirkung von Mechanismen der Genregulation sein.

Wie wichtig sind epigenetische Effekte?

Innerhalb einer Zelle sind DNA-Methylierung und damit einhergehende Veränderungen im Histoncode und der Chromatinstruktur entscheidend für die Genregulation. Die CpG-Methylierung kann vererbt werden, und es ist insofern naheliegend, dass auf DNA-Methylierung beruhende, epigenetische Veränderungen wichtig sind, um die Identität von Zellen und Geweben festzulegen und zu bewahren. Belege dafür liefert die Krebsforschung. Wie wir noch in *Kapitel 12* sehen werden, sind epigenetische Veränderungen bei Krebs sehr verbreitet und wichtig. Die genomische Prägung scheint allerdings auf eine kleine Anzahl von Genen beschränkt zu sein, von denen gegenwärtig nur einige Dutzend bekannt sind.

Ein Bereich, in dem die epigenetische Programmierung eine große Bedeutung hat, ist die Reproduktionstechnologie (Horsthemke & Ludwig, 2005). Geklonte Säugetiere zeigen häufig Anomalien. Abgesehen von der insgesamt geringen Erfolgsrate des Klonens (nur wenige derart behandelte Eier reifen wirklich aus) sind geklonte Tiere bei der Geburt häufig zu groß, und viele von ihnen sterben kurz nach der Geburt. Man geht davon aus, dass der zum Klonen benutzte somatische Zellkern während der Entwicklung des Tieres, aus dem er stammt, epigenetisch verändert wurde; damit er als Kern einer befruchteten Eizelle fungieren kann, müssen diese Veränderungen rückgängig gemacht werden. Diese epigenetische Umprogrammierung erfolgt – wenn auch vermutlich unvollständig und fehlerhaft – im Zytoplasma der Eizelle, in die der Zellkern transplantiert wird.

Ähnliche Effekte im kleineren Maßstab beobachtet man bei der künstlichen Befruchtung. Kinder, die nach *In-vitro*-Befruchtung auf die Welt gekommen sind, haben ein erhöhtes Risiko für das Beckwith-Wiedemann-Syndrom. Dieses Risiko ist zwar nicht groß – es liegt bei etwa 1 : 5000 –, es ist aber deutlich größer als bei Kindern, die auf natürlichem Wege gezeugt wurden. Die ungewöhnlichen Umstände einer *In-vitro*-Fertilisation stören, wie man annimmt, auf irgendeine Weise die epigenetische Programmierung, und das erhöht das Risiko für epigenetisch bedingte Krankheiten.

Einige Wissenschaftler glauben, dass epigenetische Veränderungen eine fundamentale Rolle bei der Anpassung des Menschen an die sich verändernde Umwelt spielen. Ein kontrovers diskutierte Theorie, die „Barker-Hypothese" (Barker, 2005) geht davon aus, dass das allgemeine Gleichgewicht im Stoffwechsel eines Menschen (seine Neigung zu Fettsucht, Bluthochdruck usw.) überwiegend durch seinen Ernährungszustand im Uterus und während der ersten Lebensphase nach der Geburt bestimmt wird. Diese Anpassung könnte durchaus von epigenetischen Prozessen abhängen. Eine entscheidende Rolle könnte dabei das *IGF2*-Gen spielen, weil es wichtige Funktionen bei der Steuerung des Stoffwechsels besitzt und, wie man weiß, der genomischen Prägung unterliegt.

Noch kontroverser wird die Vorstellung einer epigenetischen Wirkung über Generationen hinweg diskutiert – eine These, die von einigen epidemiologischen Beobachtungen gestützt wird, sich jedoch insgesamt nur schwer untersuchen lässt. Dies ist insofern verständlich, als die Hypothesen, die untersucht werden, neuartig und nicht sonderlich exakt sind und die gesammelten Daten mit einer großen Anzahl an Variablen behaftet sind. Das führt zu erheblichen Interpretationsschwierigkeiten. Bei der mütterlichen Linie sind generationenübergreifende Effekte ohnehin schwer zu interpretieren, weil man sie auch mit der Übermittlung von Stoffwechselsignalen über die Plazenta hinweg erklären kann. Zur Erklärung von Effekten, die über die männliche Linie weitergegeben werden, sind epigenetische Prozesse jedoch gute Kandidaten. Dafür können unter anderem folgende Beispiele angeführt werden:

- Historischen Untersuchungen aus Nordschweden zufolge besteht ein Zusammenhang zwischen dem Nahrungsangebot, das dem Vater und/oder den Großeltern väterlicherseits in ihrer Kindheit zur Verfügung stand, und der Lebensspanne des Probanden oder der Wahrscheinlichkeit, dass er an Diabetes oder Herzkreislauferkrankungen stirbt (Kaati et al., 2002; Pembrey et al., 2006).

Krankheitsinfo 7 Rett-Syndrom

Das Rett-Syndrom (OMIM 312750) ist eine Krankheit, die im Kindesalter einsetzt und von der fast ausschließlich Mädchen betroffen sind. Dr. Andreas Rett, ein österreichischer Arzt, beschrieb die Krankheit erstmals im Jahre 1966. Gewöhnlich verläuft die erste Entwicklungsphase des Kindes normal; in der Zeit vom 6. bis zum 18. Lebensmonat kommt es jedoch zu einer deutlichen Regression, in der die Kinder ihre Hände nicht mehr sinnvoll einsetzen können und diese in typischer Weise kneten oder andere stereotype Bewegungen vollführen. Das Kopfwachstum verlangsamt sich, und über 50 Prozent aller Patienten bekommen Krampfanfälle. Unregelmäßigkeiten in der Atmung wie Hyperventilation und Apnoe sind häufig und es ist schwer, Blickkontakt mit dem Kind herzustellen. Die Krankheit zeigt von Kind zu Kind große Unterschiede im Verlauf, der Schwere und dem Alter, in dem sie ausbricht. Einige Mädchen lernen niemals laufen oder sprechen, während diese Fähigkeiten bei anderen bis zu einem gewissen Grad erhalten bleiben. Die Krankheitsprogression kann dann für viele Jahre stagnieren, es können aber auch Komplikationen wie etwa eine Skoliose auftreten. In späteren Jahren kann eine weitere Verschlechterung zum Verlust der Muskelmasse, einer Einschränkung der Mobilität und einer Anfälligkeit für Atemwegsinfekte führen.

Vom Rett-Syndrom sind meist Mädchen betroffen, wobei es sich überwiegend um Einzelfälle innerhalb der Familie handelt. Es gibt allerdings auch einige Familien, in denen Schwestern oder Halbschwestern mit der gleichen Mutter erkrankt sind, was die Hypothese unterstützte, dass das Rett-Syndrom durch Mutationen in einem X-chromosomalen Gen verursacht wird, und dass solche Mutationen bei Jungen pränatal letal sind. In diesen seltenen Familien sowie bei der überwiegenden Mehrheit der Mädchen mit einem klassischen Rett-Syndrom hat man Mutationen im *MECP2-*(*methyl-CpG-binding protein 2-*)Gen gefunden. *MECP2-*Mutationen wurden auch bei einigen Jungen mit einer schweren neonatalen Enzephalopathie nachgewiesen und gibt es vereinzelte Familien, bei denen ein Mädchen mit Rett-Syndrom einen Bruder mit einer solchen Enzephalopathie hat.

Die Rolle des MeCP2-Proteins bei der Unterdrückung der Transkription und der epigenetischen Steuerung methylierter DNA haben wir bereits beschrieben. Es gibt Hinweise auf einen Zusammenhang von Genotyp und Phänotyp, insofern als bei Kindern mit Missense-Mutationen die Krankheit nicht so schwer verläuft wie bei solchen, bei denen die Mutation zu einer Verkürzung des Proteins führt, oder die DNA-Bindung nicht beeinflusst. Es wurden allerdings mehrere Personen mit derselben Mutation aber unterschiedlichen Phänotypen beschrieben. Somit hängt die Schwere der Krankheit unter Umständen noch von anderen Faktoren wie der X-Inaktivierung ab. Man kennt noch nicht alle Gene, die durch MeCP2 reguliert werden, und hat auch noch nicht verstanden, warum die Entwicklung zunächst normal verläuft.

Es wurden atypische Phänotypen beschrieben, bei denen die Krankheit früher oder später einsetzt bzw. leichter oder schwerer ausfällt; nur ein Drittel von ihnen geht mit einer *MECP2-*Mutation einher. Bei einigen Fällen mit früh im Kindesalter einsetzenden Krampfanfällen und schwerem Krankheitsbild fanden sich keine *MECP2-*Mutationen sondern neu entstandene Missense-Mutationen in einem anderen Gen auf dem X-Chromosom: *CDKL5.* Möglicherweise ist das CDKL5-Protein an der Regulation der Phosphorylierung von MeCP2 beteiligt. Das ist ein Beispiel dafür, wie ein typischer Phänotyp Ansätze für die Entschlüsselung eines Entwicklungsweges liefern kann (s. *Kapitel 6*).

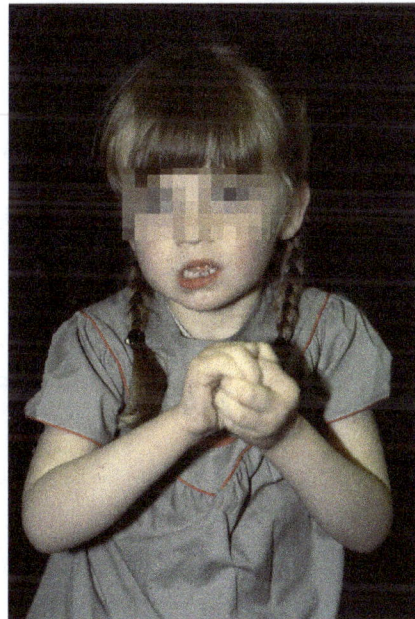

Mädchen mit Rett-Syndrom; man erkennt das typische Kneten der Hände.

- Nach einer aktuellen britischen Kohortenstudie haben die Söhne eines Mannes, der in der Mitte der Kindheit mit Rauchen *begann*, einen erhöhten Body-Mass-Index im Alter von neun Jahren (Pembrey et al., 2006).
- In einer aktuellen Bevölkerungsstudie aus Taiwan wurde ein Zusammenhang zwischen dem Kauen von Betelnüssen beim Vater und einem früh einsetzenden metabolischen Syndrom bei seinen Kindern festgestellt (Chen et al., 2006).

Da zum metabolischen Syndrom Adipositas, Insulinresistenz, erhöhter Blutdruck, ein erhöhtes Diabetesrisiko sowie Herzkreislauferkrankungen gehören (s. *Abschnitt 13.1*), überschneiden sich die Folgen dieser drei generationenübergreifenden Effekte bis zu einem gewissen Grad.

Wenn man davon ausgeht, dass die Anpassung an die eigene Umwelt günstig ist, stellt sich die Frage, warum uns die postulierten generationenübergreifenden epigenetischen Effekte offenbar an die Umwelt unserer Großeltern und nicht an unsere eigene anpassen. Die Vertreter der epigenetischen Programmierung könnten darauf erwidern, dass generationenübergreifende Effekte nur einen sehr geringen Anteil der gesamten epigenetischen Programmierung ausmachen, wir epigenetische Effekte aber gerade deshalb ernst nehmen sollten, weil sie intuitiv zunächst nicht einleuchtend sind.

7.5　Quellen

Barker D.J.P. (1995): Fetal origins of coronary heart disease. *Br. Med. J.* 311: 171–174. Kritische Anmerkungen hierzu bei **Paneth N. & Susser M.** (1995): Early origin of coronary heart disease (die Barker-Hypothese). *Br. Med. J.* 310: 411–412. Die beiden Artikel stehen als Volltext kostenlos zur Verfügung unter http://bmj.bmjjournals.com

Carrel L. & Willard H.F. (2005): X-inactivation profile reveals extensive variability in X-linked gene expression in females. *Nature* 434: 400–404.

Chen T.H.-H., Chiu Y.H., Boucher B.J. (2006): Transgenerational effects of betel-quid chewing on the development of the metabolic syndrome in the Keelung Community-based Integrated Screening Program. *Am. J. Clin. Nutr.* 83: 688–692.

Hendrich D. & Bickmore W. (2001): Human diseases with underlying defects in chromatin structure and modification. *Hum. Mol. Genet.* 10: 2233–2242.

Horsthemke B. & Ludwig M. (2005): Assisted reproduction: the epigenetic perspective. *Hum. Reprod. Update* 11: 473–482.

Jones P.A. & Baylin S.B. (2003): The fundamental role of epigenetic events in cancer. *Nature Rev. Cancer* 3: 415–428. Dieser Review befasst sich zwar speziell mit Krebs, die Mechanismen, die er beschreibt, sind jedoch generelle.

Kaati G., Bygren L.O., Edvinsson S. (2002): Cardiovascular and diabetes mortality determined by nutrition during parents' and grandparents' slow growth period. *Eur. J. Hum. Genet.* 10: 682–688.

Pembrey M.E., Bygren L.O., Kaati G. et al. (2006): Sex-specific male-line transgenerational responses in humans. *Eur. J. Hum. Genet.* 14: 159–166.

Wilkins D.F. & Haig D. (2003): What good is genomic imprinting: the function of parent-specific gene expression. *Nat. Rev. Genet.* 4: 359–368.

Zeschnigk M., Lich C., Buiting K., Doerfler W., Horsthemke B. (1997): A single-tube PCR test for the diagnosis of Angelman and Prader-Willi syndrome based on allelic methylation differences at the *SNRPN* locus. *Eur. J. Hum. Genet.* 5: 94–98.

7.6　Fragen und Aufgaben

(1) Angenommen, ein Gen auf Chromosom 6 unterliegt der genomischen Prägung und wird nur exprimiert, wenn es vom Vater vererbt wurde. Der vollständige Ausfall der Genexpression verursacht Auffälligkeiten des Aussehens. Zeichnen Sie einen Stammbaum, wie er sich ergeben könnte, wenn in einer großen Familie eine Funktionsverlust-Mutation in diesem Gen segregieren würde.

(2) Wiederholen Sie die Aufgabe 1 unter der Annahme, dass das Gen aufgrund der genomischen Prägung nur auf dem maternalen Chromosom exprimiert wird.

(3) Beim X-Inaktivierungstest, der bei Pilar Portillo und ihren Schwestern (Fall 17) durchgeführt wurde, wurde die DNA-Probe nach dem *Hpa*II-Enzymverdau 10 Minuten lang bei 95°C inkubiert, um sämtliche Spuren des Restriktionsenzyms zu zerstören, bevor die Reagenzien für die PCR zugesetzt wurden? Warum war das nötig?

(4) Die Skizze zeigt drei DNA-Polymorphismen auf Chromosom 15 bei den Eltern eines Kindes. Marker A kartiert innerhalb des kritischen Bereichs für das PWS-/Angelman-Syndrom; die anderen beiden Marker kartieren dagegen außerhalb dieser Region. Geben Sie an, welche Marker-Genotypen bei dem Kind möglich sind, wenn es folgende Krankheiten hat:

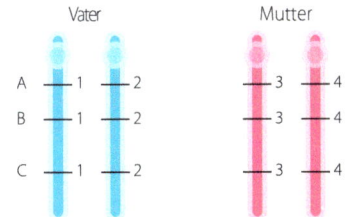

(a) PWS aufgrund einer Deletion
(b) Angelman-Syndrom aufgrund einer Deletion
(c) PWS aufgrund einer uniparentalen Disomie
(d) Angelman-Syndrom aufgrund einer uniparentalen Disomie
(e) PWS aufgrund einer Störung der genomischen Prägung
(f) Angelman-Syndrom aufgrund einer Mutation im *UBE3A*-Gen

(5) Wiederholen Sie die Aufgabe 4 unter der Annahme, dass in der paternalen Meiose ein Crossover zwischen den Positionen der Marker A und B sowie in der maternalen Meiose ein Crossover zwischen den Positionen der Marker B und C stattgefunden hat (Anmerkung: das ist nicht unrealistisch; in der Regel kommt es auf jedem Chromosomarm bei jeder meiotischen Teilung zu mindestens einem Crossover.)

(6) Ausschnitt aus einer DNA-Sequenz:

```
                m               m      m  m     m
5'-Ende    CACTGCGGCAAACAAGCACGCCTGCGCGGCCGCAGAGGCAG    3'-Ende
```

Die gekennzeichneten Cytosine sind alle entweder methyliert oder unmethyliert – je nachdem, von welchem Elternteil sie abstammen. Die DNA wird mit Natriumbisulfit behandelt; dann wird mithilfe eines PCR-Primers ein komplementärer Strang synthetisiert. Der Primer befindet sich rechts vom angegebenen Ausschnitt. Konstruieren Sie aus 10 Nukleotiden Primer, mit denen man in Verbindung mit dem strangabwärts gerichteten Primer gezielt die methylierten und unmethylierten Versionen dieser Sequenz amplifizieren kann, und schreiben Sie die Sequenz aus diesem Bereich des PCR-Produkts auf. (Normalerweise wären die Primer 20–40 Nukleotide lang; sie müssen eventuell länger als normale PCR-Primer sein, weil je nachdem, welche Cytosine methyliert sind, einige Fehlpaarungen nicht zu verhindern sind).

(7) Im Stammbaum erkennt man Genotypen für einen polymorphen DNA-Marker, der sich in der pseudoautosomalen Region Xp–Yp befindet. Geben Sie für alle Personen in diesem Stammbaum die möglichen Genotypen an.

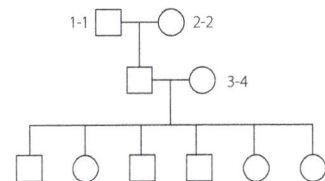

Kapitel 8
Wie beeinflussen unsere Gene unseren Stoffwechsel, unsere Reaktion auf Arzneimittel und unser Immunsystem?

Wenn Sie dieses Kapitel durchgearbeitet haben, sollten Sie in der Lage sein

- angeborene Stoffwechselstörungen in ihren Grundprinzipien zu beschreiben und Beispiele für Krankheiten anzuführen, die auf einen Stoffwechselblock zurückzuführen sind
- Beispiele für die individuell unterschiedliche Reaktion auf manche Arzneimittel anzuführen und ihre Bedeutung zu diskutieren
- die Perspektiven einer personalisierten Medizin auf der Grundlage genetischer Tests kritisch zu diskutieren
- die allgemeine Beschaffenheit und Funktion des Haupthistokompatibilitäts-Komplexes und die Bedeutung der HLA-Kompatibilität bei der Gewebstransplantation zu erläutern
- in groben Umrissen die genetischen Mechanismen zu skizzieren, auf denen unsere Fähigkeit basiert, gegen nahezu jedes fremde Antigen eine spezifische Immunantwort in Stellung zu bringen

8.1 Fallbeispiele

191	202	357						

Sarah und Steven Stott hatten bereits eine Tochter und freuten sich sehr, als bei den Ultraschalluntersuchungen während ihrer zweiten Schwangerschaft alles darauf hinzudeuten schien, dass dieses Baby ein Junge werden würde. Bei der Untersuchung des Neugeborenen unmittelbar nach der Geburt kamen der Hebamme allerdings Zweifel, und die Kinderärztin wurde verständigt. Sie erklärte Sarah und Steven, die Genitalien des Babys seien nicht eindeutig bestimmbar, und es könne sich bei ihrem Kind ebenso gut um einen Jungen mit einer Fehlbildung namens Hypospadie handeln wie um ein kleines Mädchen, dessen Genitalien aufgrund einer Hormonstörung vermännlicht seien. Davon abgesehen ginge es dem Baby gut, aber die Kinderärztin ordnete vorsichtshalber eine sofortige Untersuchung des Natrium- und Kaliumspiegels an, dazu eine Chromosomenanalyse. Mittels Fluoreszenz-*in-situ*-Hybridisierung konnte das Labor für Zytogenetik nach kurzer Zeit vermelden, dass es sich der Chromosomenausstattung nach bei dem Baby um ein kleines Mädchen handelte, auch die biochemischen Untersuchungen ergaben normale Ergebnisse. Die Kinderärztin zog den Kollegen von der pädiatrischen Endokrinologie zu Rate, und man schickte Blutproben ein, an denen die Konzentrationen von 17-Hydroxyprogesteron und Testosteron bestimmt werden sollten. Auch an das molekularbiologische Labor sandte man Proben, dort sollte eine ge-

Fall 20 Familie Stott

- zweite Schwangerschaft, Ultraschall lässt auf Jungen schließen
- Geschlecht des Neugeborenen unbestimmt
- Chromosomenanalyse mittels FISH
- ? Adrenogenitales Syndrom

netische Untersuchung auf das Vorliegen von Adrenogenitalem Syndrom (AGS) (auch: kongenitale adrenale Hyperplasie (CAH)) vorgenommen werden. Die Ergebnisse der Analysen bestätigten den Anfangsverdacht, und es zeigte sich, dass das Baby, das inzwischen den Namen Susie trug, tatsächlich an einer Nebennierenrindenhyperplasie litt, allerdings glücklicherweise an der weniger schweren Form, die nicht mit einem dramatischen Salzverlust einhergeht. Die 17-Hydroxyprogesteron- und Testosteron-Spiegel waren definitiv erhöht, und in beiden Kopien von Susies *CYP21*-Gen fanden sich Mutationen. Eine Hydrokortisontherapie wurde aufgenommen und für das Ende des Jahres ein Operationstermin angesetzt. Sarah und Steven erinnerten sich, wenn sie später an Susies erste Lebenswoche zurückdachten, vor allem daran, wie schwierig diese Zeit für sie gewesen war: Da war zunächst einmal die Sorge um ihr Kind, hinzukam, dass sie Freunden und Familienangehörigen nicht definitiv sagen konnten, ob sie einen Jungen oder ein Mädchen hatten, schon einen Namen für das Kind zu wählen, war ein Problem.

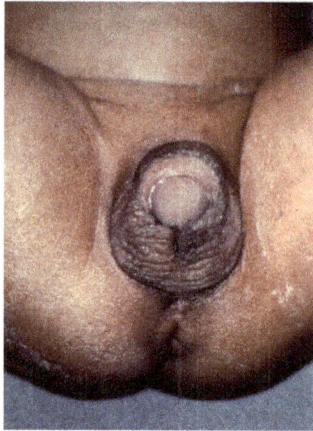

Abb. 8.1 Nicht eindeutig bestimmbares Genitale bei einem Mädchen mit der einfachen, nur vermännlichenden Form von Adrenogenitalem Syndrom

Fall 21 Familie Tierney

- Jason, ein vier Jahre alter Junge
- blass, ausgedehnte Blutergüsse, Tachykardie
- ? akute lymphatische Leukämie

192 204 294 357

Jason, ein bislang gesunder und munterer vierjähriger Junge, war dadurch aufgefallen, dass er über einen Zeitraum von etwa zwei Wochen immer wieder ausgedehnte blaue Flecke aufwies und über Rückenschmerzen klagte. Der Hausarzt stellte fest, dass der Junge sehr blass war und überdies einen beschleunigten Herzschlag (Tachykardie) aufwies ohne dabei Fieber zu haben. Im Blutbild waren das Hämoglobin stark erniedrigt, die Leukozyten massiv erhöht (90×10^9/l, Norm 4–11 $\times$ 10^9/l) und die Zahl der Blutplättchen deutlich verringert. Das Differenzialblutbild zeigte eine ausgeprägte Lymphozytose. Insgesamt waren die Befunde verdächtig auf eine akute lymphatische Leukämie.

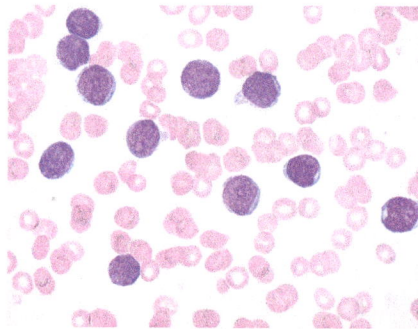

Abb. 8.2 Typisches Erscheinungsbild der akuten lymphatischen Leukämie
Kleine Blasten mit einem hohen Kern-Cytoplasma-Verhältnis, zum Teil mit deutlich hervortretenden Nukleoli. Aufnahme mit freundlicher Genehmigung von Dr. Yin, Manchester Royal Infirmary.

8.2 Hintergrund

In diesem Kapitel werden wir drei Gebiete der Humangenetik behandeln, die sich allesamt mit individuellen genetischen Unterschieden zwischen einzelnen Menschen und deren Ursachen befassen:

- angeborene Stoffwechselstörungen
- häufig anzutreffende individuelle Unterschiede bei der Reaktion auf gewisse Arzneimittel (Pharmakogenetik)

- die Systeme, die eine Immunreaktion gegen so ziemlich jedes Fremdantigen ermöglichen, gleichzeitig aber auch zur Transplantatabstoßung führen (Immunogenetik)

Dieser Abschnitt und *Abschnitt 8.4* sind jeweils in drei Teile untergliedert, in denen jeder der drei Bereiche für sich diskutiert wird.

Angeborene Stoffwechselstörungen

Der Begriff der angeborenen Stoffwechselstörung (englisch: *inborn error of metabolism*) wurde in den frühen Tagen der klinischen Humangenetik geprägt (s. *Exkurs 8.1*). Macht ein Stoffwechselweg das Aufeinanderfolgen mehrerer Enzymreaktionen erforderlich, können Loss-of-function-Mutationen in jedem der diese Enzyme kodierenden Gene zu einer Unterbrechung, einem „Block", des betreffenden Stoffwechselweges führen (*Abb. 8.3*). Vor dem Block sammelt sich in einem solchen Falle Substrat, jenseits des Blocks fehlt es an Produkt.

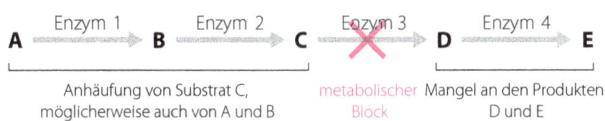

Abb. 8.3 Auswirkungen eines metabolischen Blocks in einem einfachen Stoffwechselweg

- Bei einem *Biosyntheseweg* besteht die augenfälligste Wirkung eines Blocks zumeist im Fehlen des Produktes: So ist die Tyrosinase zum Beispiel das Schlüsselenzym der Melaninbiosynthese, und bei einem homozygoten Funktionsverlust der Tyrosinase kommt es zum Albinismus (*Abb. 8.4*).
- Bei einem *abbauenden Stoffwechselweg* entstehen die Probleme eines enzymatischen Blocks in der Regel durch die Ansammlung des Substrats. Typische Beispiele dafür sind lysosomale Speicherkrankheiten. Lysosomen sind Vesikel, die eine Palette von ca. vierzig verschiedenen hydrolytischen Enzymen enthalten und ein breites Spektrum an großen Molekülen abzubauen haben. Zwar importieren Lysosomen Substrate von hohem Molekulargewicht, exportieren aber können sie nur die niedermolekularen Produkte ihrer Abbaureaktionen. Ein Defekt des einen oder anderen lysosomalen Enzyms hat daher zur Folge, dass sich unverändertes oder nur teilweise abgebautes hochmolekulares Substrat im Lysosom ansammelt. Dies kann letztendlich zum Tod der Zelle führen. Patienten mit lysosomalen Speicherkrankheiten sind typischerweise bei der Geburt zunächst gesund, der Aufstau von unabgebautem Substrat in den Lysosomen führt jedoch zu zunehmenden klinischen Auffälligkeiten. Bei den Mukopolysaccharidosen wie dem Hunter-Syndrom (Mukopolysaccharidose Typ II, OMIM 309900) und dem Hurler-Syndrom (Mukopolysaccharidose Typ I, OMIM 607014) führt zum Beispiel der Mangel an verschiedenen Enyzmen, die für den Abbau von Glykosaminoglykanen (Mukopolysacchariden) zuständig sind, zu einer Anhäufung von undegradierten, nicht exportierbaren Molekülen von hohem Molekulargewicht. *Abb. 10.1* veranschaulicht die Folgen am Beispiel einer weiteren lysosomalen Speicherkrankheit, der Tay-Sachs-Krankheit.
- Die hohe Substratkonzentration vor einem Block in einem degradierenden oder einem synthetischen Stoffwechselweg kann zudem zur Entstehung abnormer Metabolite führen. Bei der Phenylketonurie (s. Familie Vlasi, Fallbeispiel 23 in *Kapitel 11*) ist der Abbau von Phenylalanin blockiert, was zu einer Akkumulation dieser Aminosäure in Blut und Geweben (s. *Abb. 8.4*) und schließlich zur Synthese von pathologischen Metaboliten wie den Phenylketonen führt. Bei den Porphyrien (s. *Krankheitsinfo 8* am Ende des Kapitels) entstehen klinische Probleme durch eine Akkumulation toxischer Zwischenprodukte in einem blockierten Syntheseweg.

Exkurs 8.1   Ein Blick in die Geschichte

Der Begriff der angeborenen Stoffwechselstörung geht zurück auf die frühesten Tage der Humangenetik: Im Jahre 1902 veröffentlichte Archibald Garrod einen Artikel mit der Überschrift: „The incidence of alkaptonuria: a study in chemical individuality" (zu Deutsch: „Das Vorkommen von Alkaptonurie, eine Untersuchung zur chemischen Individualität"). Alkaptonurie (OMIM 203500 – s. *Abb. 8.4*) ist eine seltene Krankheit, bei der den Betroffenen ein Enzym namens Homogentisinsäureoxidase (genauer: Homogentisinsäure-1,2-Dioxygenase) fehlt, so dass sie mit ihrem Urin große Mengen an Homogentisinsäure ausscheiden, ein Stoffwechselzwischenprodukt im Abbauweg von Phenylalanin und Tyrosin. Bei Kontakt mit Luft oxidiert es zu Alkapton (daher der Name), wobei es sich schwarzbraun verfärbt. Garrod fiel auf, dass die Eltern der Patienten in vielen Fällen Cousins und Cousinen ersten Grades waren, und dass überdies in manchen Fällen auch Brüder und Schwestern betroffen waren. Er mutmaßte, dass Alkaptonurie möglicherweise eine rezessiv vererbte Krankheit mit mendelschem Erbgang sein könnte – eine bemerkenswerte Überlegung, wenn man bedenkt, dass Mendels Arbeiten erst zwei Jahre zuvor wieder entdeckt worden waren. Für eine Reihe von Vorträgen, die er im Jahre 1908 hielt, prägte er den Begriff *inborn error of metabolism* – angeborene Stoffwechselstörung – und nannte Cystinurie und Pentosurie als weitere Beispiele.

Ganz ähnlich wie Mendel war auch Garrod wohl seiner Zeit voraus. Zu jener Zeit waren Genetiker mehr damit beschäftigt, die Grundmechanismen der Vererbung zu verstehen, während sich die Biochemiker mit den Grundlagen der biologischen Chemie befassten. Für Patienten mit ausgesprochen seltenen Krankheiten existierte kein experimenteller Ansatz. Erst mehr als dreißig Jahre später entwickelten Beadle und Tatum an dem Schimmelpilz *Neurospora crassa* ein geeignetes Experimentalsystem: Mutagenese durch Röntgenstrahlung und anschließende biochemische Analytik. In ihrem Artikel aus dem Jahre 1941 „*Genetic Control of biochemical reactions in Neurospora*" (zu Deutsch: „Die genetische Kontrolle biochemischer Reaktionen in *Neurospora crassa*") ist zwar nirgends die Rede von dem mit ihren Namen so unauflöslich verknüpften Axiom: „Ein Gen, ein Enzym", aber es heißt darin:

Es sollte möglich sein, mit Hilfe einer Reihe von Mutanten, die nicht imstande sind, einen bestimmten Schritt einer gegebenen Synthese durchzuführen, herauszufinden, ob mit der unmittelbaren Regulation einer bestimmten chemischen Reaktion im Normalfall ein einzelnes Gen betraut ist.

Binnen fünf Jahren hatte Beadle die Ein-Gen-ein-Enzym-Hypothese klar und deutlich formuliert, und fortan bildete sie so etwas wie den Kern des damaligen Verständnisses von Genen und ihrem Wirken. Zu jener Zeit war weder die Struktur von Proteinen noch die von Genen bekannt. Eine weitere bedeutende Entdeckung war der von Ingram im Jahre 1956 erbrachte Nachweis des Unterschieds zwischen normalem Hämoglobin und Sichelzellenhämoglobin (Hämoglobin S). Anfang der sechziger Jahre schließlich waren die Grundlagen für die biochemische Genetik gelegt.

Die biochemische Genetik ist mehr als durch alles andere durch ihre Methoden und deren Anwender definiert. In den Jahren zwischen 1960 und 1990 – bevor die PCR zur Routinemethode wurde –, waren die Möglichkeiten der klinischen Untersuchung per DNA-Analyse recht eingeschränkt. Die Biochemiker aber verfügten über detaillierte Kenntnisse auf dem Gebiet der Stoffwechselprozesse und der Enzymologie, und mit diesem Wissen gingen sie an die Untersuchung entsprechender genetisch bedingter Krankheiten. Sie bedienten sich spezieller Instrumente – beispielsweise einer Kombination aus Gaschromatographie und Massenspektrometrie (GC-MS) – um abnorme Stoffwechselprodukte in Urin und Blut zu identifizieren. Sie unternahmen groß angelegte Screening-Programme an Neugeborenen und beteiligten sich an der Betreuung von Kindern, bei denen sie angeborene Stoffwechselstörungen diagnostiziert hatten. All das ließ sie ein bisschen neben der Hauptstoßrichtung der klassischen Humangenetik herlaufen, heutzutage haben die beiden Gebiete jedoch sehr viele Berührungspunkte. Die Biochemiker halten an ihren Spezialtechnologien wie GC-MS und anderen unverändert fest, doch in der Humangenetik ist der parallele Einsatz von DNA-Technologien und von Methoden und Konzepten aus Biochemie und Zellbiologie inzwischen fest etabliert.

Das Adrenogenitale Syndrom (AGS), von dem Susie Scott (Fallbeispiel 20) betroffen ist, veranschaulicht eine noch komplexere Situation. Das AGS ist Folge eines Stoffwechselblocks, durch den die Bildung der Glukokortikoid- und Mineralkortikoidhormone verhindert wird. *Abb. 8.5* zeigt die synthetischen Hauptwege. Ausgangspunkt aller Steroidsynthese ist das Cholesterin. Die beteiligten Enzyme sind hauptsächlich Bestandteil der Cytochrom-P450-Familie von oxidativen Enzymen. P450-Enzyme sind, wie wir weiter unten sehen werden, auch am Umsatz verschiedener Medikamente beteiligt. Einige dieser Enzyme darunter wirken auf etliche eng miteinander verwandte Substrate, und manche katalysieren mehr als eine Reaktion. Das Ergebnis ist eher so etwas wie ein Netz denn der einfache lineare Stoffwechselweg, wie er in *Abb. 8.3.* dargestellt ist.

DIETARY PROTEIN

$CH_2 - CO - COOH$

OH

PHPP

$CH_2 - CH \big\langle {}^{NH_2}_{COOH}$

OH

Tyrosin

$CH_2 - CH \big\langle {}^{NH_2}_{COOH}$

Phenylalanin

Tyrosin-aminotransferase
Tyrosinämie Typ II
(OMIM 276600)

Phenylalanin-hydroxylase
Phenylketonurie
(OMIM 2161600)

(bei PKU)

p-Hydroxylphenylpyruvat-Dioxygenase
Tyrosinämie Typ III
(OMIM 276710)

Tyrosinase
Albinismus
(OMIM 203100)

CH_2COOH

HO

OH

Homogentisinsäure

MELANIN

Phenylketone

HGA-Oxidase
Alkaptonurie
(OMIM 203500)

HO $\quad$ O $\quad$ $CO\text{-}CH_2\text{-}COOH$

O

Maleylacetacetat

$CO_2 + H_2O$

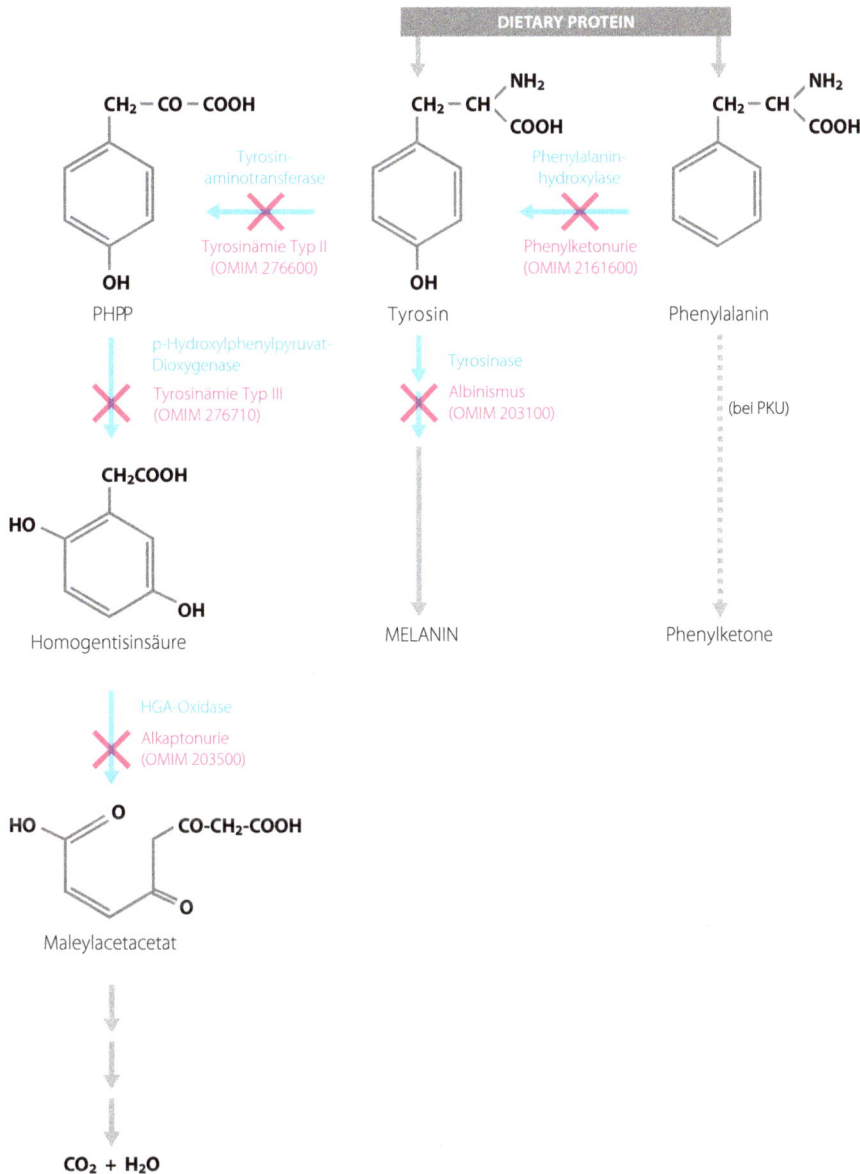

Abb. 8.4 Stoffwechselweg der Aminosäuren Phenylalanin und Tyrosin
Folgen eines metabolischen Blocks können sein: das Fehlen eines Produkts (Albinismus), die Ausscheidung des Metaboliten, der unmittelbar vor dem Block entsteht (Alkaptonurie) oder die Ausscheidung alternativer Metabolite des blockierten Substrats (Phenylketonurie). PHPP = *para*-Hydroxy-Phenylpyruvat.

Das AGS kann durch das Versagen jedes der fünf in der Abb. hervorgehobenen Enzyme zustande kommen, allerdings sind 95 Prozent der Fälle auf einen Mangel an 21-Hydroxylase zurückzuführen. Bei der schwersten Verlaufsform (AGS mit Salzverlust-Syndrom), führt der Mangel an Aldosteron zu einem lebensbedrohlichen renalen Salzverlust. Susie ist ein Beispiel für die leichtere Verlaufsform des AGS, bei der eine Virilisierung das einzige wesentliche Symptom ist (auch als *simple virilizing*) bezeichnet. Der Mangel an Glukokortikoid- und Mineralkortikoidhormonen führt über eine Rückkoppelungsschleife zu einer erhöhten Ausschüttung von adrenokortikotropem Hormon (ACTH), und diese wiederum zu einer vermehrten Produktion von Androgenen. Weibliche Feten erfahren durch die überschüssigen Androgene *in utero* eine Vermännlichung der äußeren Genitalien von unterschiedlichem Ausmaß. Die innere Anatomie ist normal weiblich ausgebildet, die äußeren Genitalien sind unter Umständen nicht eindeutig zuzuordnen und müssen ggf. bald nach der Geburt chirurgisch korrigiert werden. Eine leichte bis

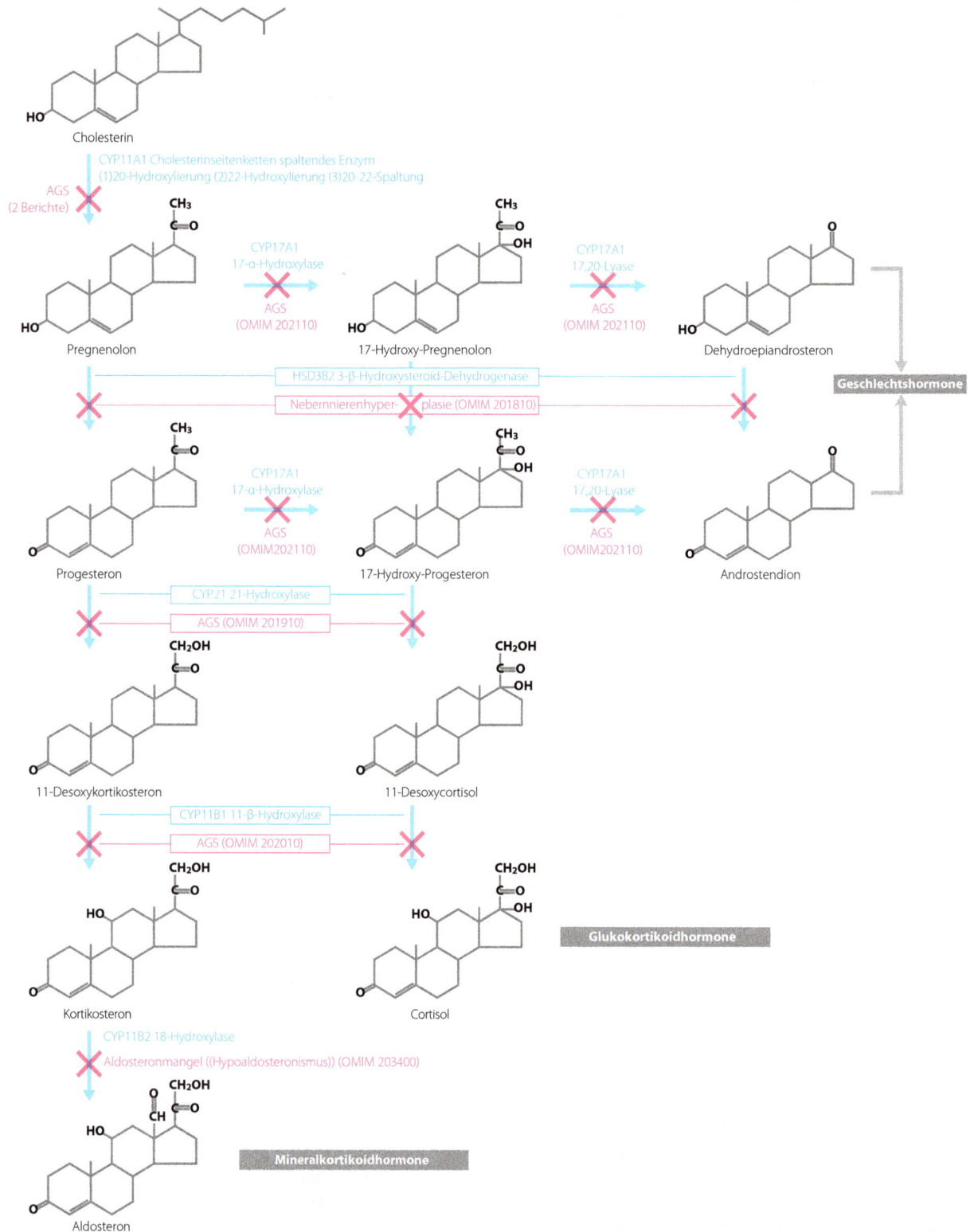

Abb. 8.5 Biosynthesewege der Steroidhormone

Außer 3-β-Hyroxysteroiddehydrogenase gehören alle hier genannten Enzyme zur Cytochrom-P-450-Familie. Mehrere darunter katalysieren mehr als eine Reaktion (CYPA11 und CYP17A1). Die meisten reagieren mit verwandten Substraten. AGS wird in der Regel durch einen Mangel an 21-Hydroxylase verursacht, kann aber auch Folge anderer Enzymdefekte innerhalb des Stoffwechselwegs sein.

abgeschwächte Form von AGS kann unter Umständen im Erwachsenenalter eine Unfruchtbarkeit verursachen. Die verschiedenen Krankheitsverläufe sind teilweise auf unterschiedliche Mutationen im Gen für das Enzym 21-Hydroxylase zurückzuführen (Deletionen oder trunkierende Mutationen führen zu einem vollständigen Funktionsverlust, während Missense-Mutationen oft noch eine Restfunktion belassen), teilweise auf das Vorliegen unterschiedlich vieler Genkopien (s. unten).

Wie in *Exkurs 8.2* beschrieben, entstehen Mutationen am Locus der 21-Hydroxylase oftmals durch die Interaktion des entsprechenden Gens mit einem benachbarten Pseudogen. Praktisch bedeutsam ist dieser interessante genetische Mechanismus insofern, als die Mutationen, die auf diese Weise entstehen, im Wesentlichen auf solche beschränkt sind, die im Pseudogen bereits vorhanden sind. Etwa 75 Prozent aller Mutationen lassen sich ausfindig machen, indem man nach wenigen typischen Varianten sucht, die man aus dem Pseudogen bereits kennt, so dass man es sich ggf. sparen kann, sämtliche 10 Exons des Gens zu sequenzieren. Nach dieser Verfahrensweise ist man bei den Untersuchungen im Falle der Familie Stott (Fallbeispiel 20) vorgegangen.

Pharmakogenetik

Man weiß seit Jahren, dass viele Medikamente nur bei einem Teil der Menschen wirken, und bei manchen Personen unerwünschte oder gefährliche Nebenwirkungen haben können (*Tab. 8.1*). Derart unterschiedliche Reaktionen auf Medikamente stellen ein beträchtliches klinisches Problem dar. Man schätzt, dass unerwünschte Reaktionen auf Arzneimittel in den Vereinigten Staaten für jährlich 100 000 Todesfälle verantwortlich sind, in Großbritannien wird jede 15. Einweisung in ein Krankenhaus dieser Ursache zugeschrieben. Ein Großteil dieser individuellen Unterschiede bei der Reaktion auf Arzneimittelwirkstoffe hat genetische Ursachen. Genetische Faktoren beeinflussen sowohl die Pharmakokinetik (Aufnahme, Verteilung, Umsatz und Ausscheidung) eines Arzneimittels als auch die Pharmakodynamik (die eigentliche Wirkung des Medikaments). Inzwischen gibt es ernsthafte Bestrebungen, mit Hilfe genetischer Tests zu klären, ob sich ein Medikament für einen Patienten eignet oder nicht. Viele der Verbindungen, die in den Entwicklungslabors der Pharmaunternehmen untersucht werden, werden voraussichtlich zusammen mit einem genetischen Test angeboten werden. Ein Zyniker wird vielleicht einwenden, dass Arzneimittelhersteller wohl kaum Interesse daran haben werden, den Markt für ihre eigenen Produkte zu beschneiden – aber dagegen steht, dass sie ein überwältigendes Interesse daran haben, schwere Nebenwirkungsreaktionen zu verhindern. Die Gesamtkosten für die Entwicklung eines neuen Medikaments bis zur Marktreife können gut und gerne eine Milliarde Dollar betragen,

Tab. 8.1 Einige Medikamente, die bei manchen Menschen konstitutionsbedingt schweren Nebenwirkungen haben können

Medikament	Nebenwirkungen
Azathioprin	bereits bei normaler Dosierung besteht für Menschen mit verringerter Aktivität der Thiopurinmethyltransferase ein Risiko für eine z.T. lebensbedrohliche Knochenmarkssuppression
Fluorouracil	Risiko einer ggf. tödlichen Neurotoxizität bei Menschen mit Dihydropyrimidindehydrogenasemangel (1%)
Hydralazin	bei langsamen Acetylierern Gefahr der Entwicklung eines systemischen Lupus erythematodes
Isoniazid	bei langsamen Acetylierern Risiko für die Entstehung von Polyneuropathien
Succinylcholin	längere Atemstillstände bei Menschen mit Pseudocholinesterasemangel
Marcumar (Warfarin)	exzessive Blutungsneigung bei Menschen mit herabgesetzter Aktivität von *CYP2C9* oder *VKORC1*

Exkurs 8.2 Deletionen und Genkonversionen bei 21-Hydroxylase-Defizienz

Forschungen zur Genetik des 21-Hydroxylasemangels haben einen interessanten Mutationsmechanismus offenbart. Das *CYP21*-Gen ist Teil einer in Tandemform duplizierten Sequenz innerhalb des Haupthistokompatibilitäts-Komplexes (MHC) auf Chromosom 6p21. Wir werden die Primärfunktionen des MHC bei unserer Diskussion zur Immungenetik weiter unten beleuchten. Es gibt darin eine 30 Kb große Tandem-Duplikation (s. *Abb.*). Die Gene *C4A* und *C4B* kodieren beide den Komplementfaktor 4, von den beiden duplizierten *CYP21*-Genen aber ist nur eines funktionsfähig. *CYP21P* ist ein inaktives Pseudogen. Im Vergleich zu seinem funktionsfähigen Gegenstück hat es mehrere Missense-Mutationen erworben, hinzu kommen Veränderungen im Spleißprozess, Leserasterverschiebungen und Nonsense-Mutationen, die jede für sich ausreichen würden, es funktionsuntüchtig zu machen. Wie in *Kapitel 3* bereits erwähnt, degeneriert eines der beiden Gene einer Genverdopplung häufig zum Pseudogen, weil es unter solchen Umständen keine Selektion gegen Zufallsmutationen gibt.

Wir haben bereits gesehen, dass solche Sequenzwiederholungen durch die Rekombination von falsch gepaarten Repeats häufig zum Schauplatz von Duplikationen und Deletionen werden (s. *Krankheitsinfo 3*). In dem hier dargestellten Falle weist das funktionsunfähige Produkt eine 30 Kb lange Deletion einer C4-CYP21-Einheit auf. Dieser Mechanismus macht 20–25 Prozent der 21-Hydroxylase-Mutationen aus und sorgt überdies für die Existenz eines komplexen Spektrums an Haplotypen in der Gesamtbevölkerung, mit einem oder drei Exemplaren der Sequenzwiederholung und funktionsfähigen Gene oder Pseudogenen in variabler Anzahl. Bei der Mehrzahl der AGS-Patienten ist jedoch die normale duplizierte Struktur vorhanden, im funktionsfähigen Gen sind jedoch inaktivierende Mutationen aufgetreten, welche den Mutationen im Pseudogen entsprechen. Die Analyse der flan-kierenden Sequenzvarianten zeigt, dass keine Rekombination stattgefunden hat. Dies ist ein Hinweis auf eine Genkonversion, einen Prozess, bei dem eine kurze DNA-Sequenz ohne Rekombination durch eine Kopie ersetzt wird, welche in der großen Mehrzahl aller Fälle von einer homologen Sequenz in unmittelbarer Nachbarschaft abstammt. Die Analyse der 21-Hydoxylase-Mutationen lieferte den ersten Beweis dafür, dass Genkonversion, ein Prozess, den man aus Pilzen kannte, auch bei Säugern stattfindet.

Auch wenn das Endergebnis anders aussieht, so ist die Genkonversion in Wahrheit doch auch ein Produkt eines Rekombinationsmechanismus. Wie in *Kapitel 2* beschrieben, läuft Rekombination nicht so ab, dass an irgendeiner Stelle zwei saubere Schnitte gemacht werden, die dafür sorgen, dass die beiden beteiligten Chromosomen an genau der richtigen Stelle rekombinieren. Vielmehr ist es in der Regel so, dass ein bei einem ersten Schnitt entstandenes loses Ende den anderen Partnerstrang „unterwandert". Die nachfolgenden Ereignisse können dann entweder in einer vollständigen Rekombination enden oder in einem Ersatz des kurzen Stücks der unterwanderten Empfängersequenz durch die eingedrungene „Invasionssequenz". Mismatch-Reparatur-Enzyme „korrigieren" dann womöglich die Fehlpaarungen der Empfängersequenz so, dass diese der neuen Sequenz entspricht – oder der Heteroduplex bleibt erhalten, bis die nächste DNA-Replikationsrunde eine Tochterzelle mit der korrekten „Invasionssequenz" hervorbringt. Genkonversion ist schwer nachzuweisen. In der Regel werden nur sehr kurze Sequenzabschnitte ersetzt, meist nicht mehr als 100 Basenpaare etwa. Wenn es gelingt, alle Produkte der Konversion aufzufinden und zu charakterisieren, wie es bei manchen Pilzen möglich ist, wird deutlich, dass ein solcher Austausch nicht auf Gegenseitigkeit beruht; auf andere Weise lässt sich der Prozess nicht von einer Doppelrekombination auf engstem Raum unterscheiden.

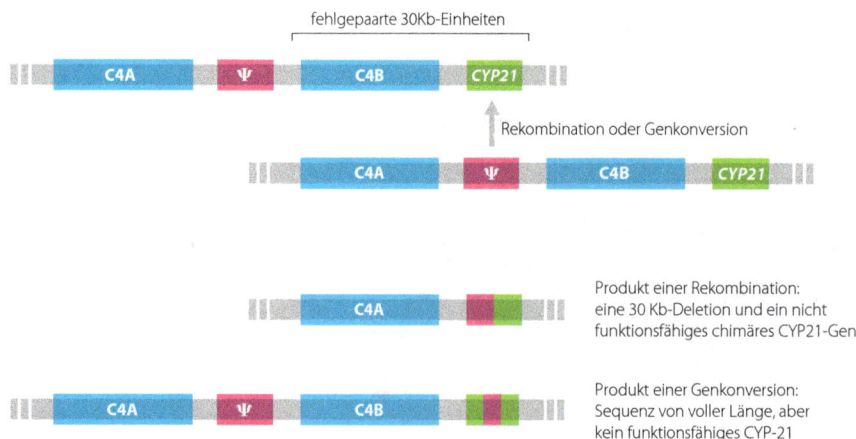

Die meisten 21-Hydroxylase Mutationen sind Ergebnis eines Crossovers zwischen fehlgepaarten C4-CYP21-Einheiten. 20 bis 25 Prozent der mutierten Allele weisen eine Deletion von 30 Kb auf, die übrigen haben ihre normale Länge, doch ist ein Teil des normalen Gens durch Sequenzabschnitte aus dem Pseudogen (ψ) ersetzt.

und unter Umständen ist dieses Geld vergeudet, wenn sich kurz nach der Freigabe herausstellt, dass das Präparat bei einem Teil der Patienten unvorhergesehene Nebenwirkungen hat. Medikamentenhersteller haben daher ein immenses Interesse daran, die Grundlagen von unerwünschten Wirkungen zu verstehen, damit sie ihre Dosierungsanleitungen und die Verschreibungsrichtlinien angemessen formulieren können, um das eigene Risiko so gering wie möglich zu halten.

Viele der spektakulärsten individuellen Unterschiede bei der Reaktion auf Arzneimittel sind auf die große individuelle Bandbreite bei der Umsatzrate für diese Wirkstoffe zurückzuführen. Bei einem beträchtlichen Anteil an verschreibungspflichtigen Präparaten (etwa 25–30 Prozent) beginnt der Abbau mit einer enzymatischen Oxidation, katalysiert von einem der drei Enzyme CYP2C9, CYP2C19 oder CYP2D6. Alle drei sind Vertreter der großen P450-Familie, die uns bei der Behandlung der Steroidbiosynthese bereits begegnet ist. Bei jedem dieser drei Enzyme sind etliche häufige Polymorphismen bekannt, die Einfluss auf die Enzymaktivität haben. Man kann Menschen nach ihrer Stoffwechselrate in langsame, intermediäre, schnelle und ultraschnelle Metabolisierer einteilen (*Abb. 8.6*). Die klinische Wirkung einer verabreichten Medikamentendosis ist bei einem langsamen Metabolisierer naturgemäß sehr viel stärker als bei einem ultraschnellen Metabolisierer, weil beide den Wirkstoff so unterschiedlich schnell umsetzen. Bei einer Standarddosierung kann es passieren, dass bei einem ultraschnellen Metabolisierer überhaupt keine Wirkung auftritt, wohingegen der langsame Metabolisierer mit Symptomen einer Überdosierung kämpft.

Manche Medikamente sind zur Überführung in ihre aktive Form (auch als Biotransformation bezeichnet) auf das P450-System angewiesen. Codein wird von CYP2D6 in seine aktive Form Morphin überführt. Langsame Metabolisierer erfahren durch normale Dosen an Codein keine schmerzstillende Wirkung, bei ultraschnellen Metabolisierern hingegen besteht ein erhöhtes Risiko für unerwünschte Nebenwirkungen wie Atemstörungen und Benommenheit.

Pharmakokinetische Unterschiede kennt man von einer ganzen Reihe von Enzymen. Ein seit langem bekanntes Beispiel ist das Risiko für länger anhaltende Atemstillstände als unerwünschter Nebenwirkung des in der Chirurgie verwendeten Muskelrelaxans Suxamethonium. Dies kommt vor bei Patienten, die homozygot für eine bestimmte Variante der Butyrylcholinesterase (Pseudocholinesterase) sind (*CHE1*-Gen, OMIM 177400). Wieder andere Medikamente werden über einen Acetylierungsschritt abgebaut, und man kann Patienten in schnelle und langsame Acetylierer einteilen, je nachdem, wie rasch und effizient ihre N-Acetyltransferase arbeitet.

Im Falle der Familie Tierney (Fallbeispiel 21) geht es um eine Variante der Thiopurinmethyltransferase (TPMT). Dieses Enzym katalysiert den ersten Schritt im Abbau der immunsuppressiven Medikamente Azathioprin und Mercaptopurin. Beide sind weit verbreitet zur Behandlung von entzündlichen Darmerkrankungen, entzündlicher Arthritis und akuter lymphatischer Leukämie. Im Jahre 1980 wurden die ersten Fälle von TPMT-Defizienz in roten Blutkörperchen beschrieben, und in Folgestudien stellte sich heraus, dass eine verminderte TPMT-Aktivität in den roten Blutkörperchen mit unerwünschten Nebenwirkungen von Thiopurinen wie Azathioprin und 6-Mercaptopurin einherging. Etwa 10 Prozent der britischen Bevölkerung sind heterozygot für ein Allel von geringer Aktivität, 0,3 Prozent sind homozygot. Diese Menschen reagieren auf diese hoch wirksamen Medikamente weit empfindlicher als Heterozygote. Bei Homozygoten mit reduzierter Enzymaktivität kann eine normale Dosis eine lebensgefährlicher Knochenmarkstoxizität und den Zusammenbruch der Blutbildung verursachen. Den TPMT-Status kann man sowohl durch die Bestimmung der Enzymaktivität als auch durch die DNA-Analyse des Gens überprüfen.

Zwar kann ein TPMT-Test nicht sämtliche Neutropenien und andere Nebenwirkungen vorhersagen, die mit diesen Medikamenten assoziiert sind, dennoch hat die amerikanische Lebens- und Arzneimittelzulassungsbehörde FDA im Jahre 2004 festgelegt, dass im Beipackzettel von 6-Mercaptopurin auf die Verfügbarkeit von

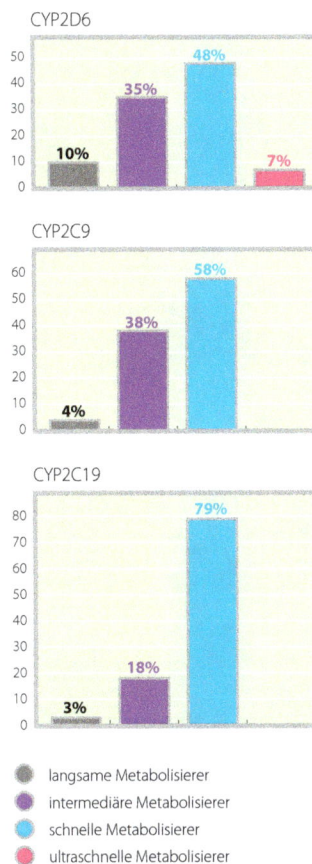

Abb. 8.6 Weit verbreitete Polymorphismen in den Genen für CYP2D6, CYP2C9 und CYP2C19 verursachen Unterschiede in der Enzymaktivität. Diese Variabilität ist, wenn auch in unterschiedlichem Ausmaß, in allen Populationen anzutreffen. Die hier genannten Zahlen gelten für die weiße Bevölkerung nordeuropäischer Abstammung und sind den Daten von Service (2005) entnommen.

genetischen und phänotypischen Untersuchungen zur Feststellung des TPMT-Status hingewiesen werden muss. Gegenwärtig wird in Großbritannien eine große randomisierte kontrollierte Studie durchgeführt, mit deren Hilfe der klinische Nutzen und die Kosteneffizienz von TPMT-Tests als Standarduntersuchung vor der Verabreichung von Thiopurin-Behandlungen untersucht werden soll. Weiteres dazu s. McLeod & Siva (2002).

Eine ausführlichere Diskussion der genetischen Einflüsse auf die Wirksamkeit von Medikamenten findet sich in den unter Quellen genannten Übersichtsartikeln von Evans & McLeod (2003) und von Weinshilboum (2003).

Immungenetik

Die Immungenetik befasst sich mit zwei Aspekten:

- der Frage, warum wir in klarem Verstoß gegen die „Ein-Gen-ein-Enzym-Regel" eine anscheinend unendlich große Anzahl an verschiedenen spezifischen Antikörpern zu produzieren imstande sind
- der Frage, wie wir Selbst und Nichtselbst – Körpereigen und Körperfremd – voneinander unterscheiden und eine Immunantwort gegen so gut wie jede fremde Zelle und jedes fremde Antigen in Gang setzen können

An dieser Stelle wollen wir die Genetik hinter dem Erkennungsproblem umreißen; die Mechanismen zur Schaffung der Antikörpervielfalt werden in *Abschnitt 8.4* behandelt. Die Immungenetik ist ein umfangreiches Gebiet, und die Abhandlung hier hat notwendigerweise rein einführenden Charakter. Jedes neuere Immunologie-Lehrbuch wird sehr viel tiefer in dieses faszinierende Gebiet der Genetik eindringen. Als Hintergrundinformation eignet sich zum Beispiel sehr gut das mit sehr viel mehr Details als das Folgende gespickte Kapitel 5 in *Immunobiology* von Janeway et al. (2001).

Wie jedermann weiß, werden transplantierte Organe abgestoßen, wenn die Gewebe sich bei einer entsprechenden Typisierung als nicht hinreichend kompatibel erweisen. Wir werden sehen, dass dies im Falle von Pablo Portillo (Fallbeispiel 17) zum Problem wurde: Er benötigte ein Knochenmarktransplantat (s. *Abschnitt 8.3*). Die Hauptakteure der Abstoßungsreaktion sind Antigene, die von Genen im Haupthistokompatibilitäts-Komplex (MHC) auf Chromosom 6p21.3 kodiert werden. Transplantate, die in Bezug auf ihren Haupthistokompatibilitäts-Komplex mit dem Empfänger übereinstimmen, werden normalerweise nicht abgestoßen. Unglücklicherweise kommt eine völlige Übereinstimmung außer bei eineiigen Zwillingen extrem selten vor, denn der MHC ist die polymorphste und variabelste Region im menschlichen Genom.

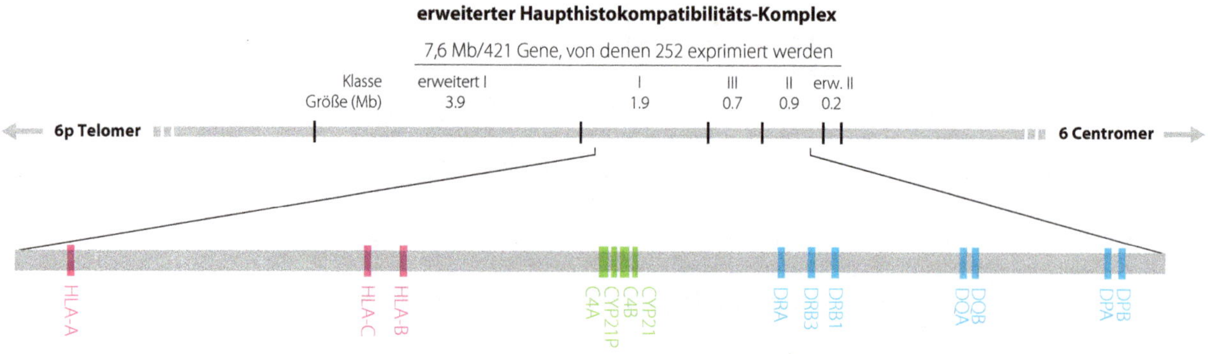

Abb. 8.7   Der menschliche MHC-Locus auf 6p21.3 wird traditionell in die Regionen der Klassen I, II und III eingeteilt, mit zusätzlichen Sequenzen an beiden Enden.
Die Abb. zeigt die wichtigsten Gene für die Gewebetypisierung, dazu den C4/21-Hydroxylase-Cluster. Entnommen aus Horton et al., 2004.

Die Gene innerhalb des MHC sind sehr dicht gepackt – der „klassische" MHC umfasst um die 200 Gene in einer Region von etwa 4,1 Mb. Der „erweiterte" MHC (*Abb. 8.7*) ist 7,6 Mb lang und umfasst mehr als 400 Gene – wobei fast die Hälfte davon so gut wie nie exprimierte Pseudogene sind. Ungewöhnlicherweise besteht bei vielen dieser Gene eine funktionelle Verwandtschaft. Bei höheren Organismen sind funktionell verwandte Gene in der Regel scheinbar zufällig über das Genom verstreut, eine Ausnahme machen einige wenige Cluster von in jüngerer Zeit duplizierten und divergierten Genen. Im MHC hingegen spielen die meisten Gene eine Rolle bei der Immunreaktion – auch wenn es Ausnahmen gibt wie das oben erwähnte Gen für 21-Hydroxylase. Die ausschlaggebenden Schlüsselkomponenten für die Unterscheidung zwischen Selbst und Nichtselbst innerhalb des MHC sind Zelloberflächenmoleküle, die von einer Reihe strukturverwandter Gene kodiert werden, und zwar den humanen Leukozytenantigenen (HLA).

Die HLA-Moleküle werden in zwei Klassen unterteilt:

- Klasse-I-Moleküle sind auf der Oberfläche der meisten kernhaltigen Zellen zu finden. Sie bestehen aus einer schweren Kette, die von einem HLA-Gen kodiert wird, und einer konstanten leichten Kette, β2-Mikroglobulin, deren Gen auf Chromosom 15 lokalisiert ist. Im Bereich des MHC gibt es 26 Klasse-I-Gene, von denen neun funktionell aktiv sind. Für die Gewebetypisierung sind die Klasse-I-Antigene HLA-A und HLA-B am wichtigsten. Beide Loci sind hoch polymorph: Der HLA-B-Locus ist mit 511 bekannten Allelen der polymorphste Genort im gesamten menschlichen Genom.
- Klasse-II-Antigene finden sich vor allem auf B-Lymphozyten und Makrophagen. Sie bestehen aus α- und β-Ketten, die sämtlich innerhalb des MHC kodiert sind. Von den 24 Klasse-II-Loci sind 15 funktionell aktiv. Die wichtigsten Klasse-II-Moleküle sind DR, DP und DQ, auch diese sind hoch polymorph (im Jahre 2001 listete ein Ausschuss der Weltgesundheitsorganisation 323 DRβ-Alelle auf).

Zweifellos hat es eine Selektion gegeben, welche diese ausgesprochen große Variabilität gefördert hat. Die Allele unterscheiden sich in vielen Fällen durch größere Blöcke von Aminosäureresten, was die Vermutung nahe legt, dass an der Entstehung dieser Vielfalt sowohl Rekombinations- als auch Genkonversionsereignisse beteiligt gewesen sein müssen.

HLA-Moleküle präsentieren den T-Lymphozyten Peptidbausteine fremder Proteine. Klasse-I-Moleküle präsentieren endogene Antigene den CD8$^+$-T-Zellen, Klasse-II-Moleküle präsentieren exogene Antigene den CD4$^+$-T-Zellen. Die T-Zellen setzen dann eine Immunantwort in Gang – entweder gegen körperfremde Peptide, die von körpereigenen HLA-Molekülen präsentiert werden, oder gegen Zellen, die körperfremde HLA-Moleküle exprimieren. Es gibt auch T-Zellen, die auf körpereigene Peptide ansprechen, aber diese werden im Verlauf der frühen Entwicklung eliminiert („klonale Deletion"). Ursache der Gewebeabstoßung bei Transplantaten ist eine Reaktion auf Zellen, die auf ihrer Oberfläche von HLA-Antigenen präsentierte körperfremde Peptide tragen. Idealerweise sollten Transplantatspender und -empfänger an den Loci HLA-A, HLA-B und HLA-DR in beiden Allelen (das heißt sechsfach) übereinstimmen. Mit modernen immunsuppressiven Mitteln lassen sich auch Transplantationen bei unvollständiger Übereinstimmung durchführen, aber die Immunsuppression hat ihre eigenen Probleme.

8.3 Untersuchung der Patienten

| 191 | **202** | 357 |

Fall 20 Familie Stott

- zweite Schwangerschaft, Ultraschall lässt auf Jungen schließen
- Geschlecht des Neugeborenen unbestimmt
- Chromosomenanalyse mittels FISH
- ? Adrenogenitales Syndrom
- PCR-Analyse auf Mutationen

Die Sequenzhomologie von 98 Prozent zwischen dem Pseudogen *CYP21P* und dem aktiven Gen *CYP21* nebst der variablen Kopienzahl, in der die beiden Gene vorliegen, macht die molekulargenetische Untersuchung des Adrenogenitalen Syndroms zu einer gewissen Herausforderung. Große Deletionen ließen sich früher nur durch Southern-Blots charakterisieren, wobei man in der Regel Lage und Intensität der Hybridisierungsbanden bei beiden Eltern und dem betroffenen Kind verglich. Heute steht dafür auch MLPA zur Verfügung. Mutationen, die auf Gen-Konversion zurückzuführen sind, können mit einer ganzen Palette an PCR-Methoden untersucht werden.

Mit dem hier verwendeten Protokoll können sechs spezifische Punktmutationen, eine 8 bp lange Deletion in Exon 3 sowie chimäre Gene aus Pseudogen-Sequenzen am 5'-Ende und funktionell aktiven Sequenzen am 3'-Ende erkannt werden. Damit werden 70 Prozent aller bekannten AGS-Mutationen erfasst. Auch hier müssen die Ergebnisse von Kind und Eltern mit Hilfe einer Reihe von PCR-Untersuchungen verglichen werden. Die Tests basieren auf PCR-Amplifikation mit allelspezifischen Primern, die nur dann binden, wenn das letzte Nukleotid (3'-Ende) eine korrekte Basenpaarung mit der Vorlage eingeht (s. *Abb. 5.5*).

Man bedient sich hierzu eines zweistufigen PCR-Protokolls. Das funktionelle Gen (*CYP21*) und das Pseudogen (*CYP21P*) unterscheiden sich in zahlreichen Punktmutationen, die eine allelspezifische PCR-Amplifikation erlauben. Die erste PCR-Runde ist nur dazu da, das funktionell aktive Gen zu amplifizieren; das Reaktionsprodukt (so vorhanden) dient als Ausgangsmaterial für eine zweite PCR-Runde, in der auf einzelne Punktmutationen getestet wird, erneut mit allelspezifischen Primern. In dieser zweiten Runde lässt man zwei alternative PCR-Reaktionen stattfinden, die eine mit Primern, die für die mutierten Sequenzen spezifisch sind, die andere mit Primern für die entsprechende normale Sequenz. Das Fehlen von Produkt in *beiden* sekundären PCR-Reaktionen bedeutet, dass kein Ausgangsmaterial vorhanden war, dass also die primäre PCR-Reaktion es nicht vermocht hat, dieses Ausgangsmaterial zu liefern. Dies findet sich dann, wenn in der ursprünglichen Probe nur das Gen *CYP21P* vorhanden ist. Natürlich ist es unbedingt notwendig, bei jeder Reaktion auch PCR-Primer für eine Kontrollsequenz mitlaufen zu lassen, um sicherzustellen, dass das Fehlen des Produkts einen spezifischen Grund hat und nicht einfach auf ein komplettes Fehlschlagen der PCR-Reaktion zurückzuführen ist. *Tab. 8.2* zeigt die Ergebnisse.

Tab. 8.2 Ergebnisse der Untersuchungen auf Mutationen im 21-Hydroxylase-Gen bei Susie Stott

1. Runde: Allelspezifische PCR-Amplifikation von:	2. Runde: Analyse der Mutationen:	Ergebnisse beim Kind
(1) Exons 1–3 von *CYP21*	89C>T	normal (C)
	655A/C/G	normal
(2) Exons 3–10 von *CYP21*	999T>A	mutiert (A)
	1683G>T	normal (G)
	1994C>T	normal (C)
	2108C>T	normal (C)
(3) Exons 3–6 von *CYP21* oder dem chimären Gen 5'-*CYP21P*-3'-*CYP21*	8 bp-Deletion	heterozygot
(4) Exons 3–6 von *CYP21*	8 bp-Deletion	normal

Die Befunde der ersten beiden Tests bzw. das Fehlen des normalen Allels von 999T>A lassen sich auf unterschiedliche Weise erklären:

- Homozygotie für die Mutation 999T>A
- Compound-Heterozygotie für 999T>A auf einem Allel und ein chimäres Gen, das in der ersten PCR-Runde nicht zur Amplifikation gelangte, auf dem anderen Allel
- Compound-Heterozygotie für 999T>A auf einem Allel und eine große Deletion auf dem anderen Allel (zu beobachten in etwa 25 Prozent aller Fälle).

Der dritte Test zeigt heterozygot die für das Pseudogen charakteristische 8 bp-Deletion, wobei nicht geklärt ist, ob sie auf dem ursprünglich aktiven CYP21-Gen oder einem chimären Gen liegt. Es ergeben sich folgende Möglichkeiten:

- Compound-Heterozygotie für die Mutation 999T>A und die 8-bp-Deletion; beide Mutationen sind durch Genkonversion jeweils in einem ursprünglich aktiven CYP21-Gen entstanden
- Compound-Heterozygotie für 999T>A und ein chimäres Gen, das die 8-bp-Deletion und vermutlich noch andere pseudogenspezifische Sequenzen enthält
- Beide Mutationen (999T>A und die 8 bp-Deletion) befinden sich auf demselben Chromosomenstrang, welcher mehr als ein mutiertes CYP21-Gen enthält (Duplikationen von CYP21 und CYP21P sind ebenso wie Deletionen von CYP21P nicht pathogen und in der Gesamtbevölkerung weit verbreitet), das andere Chromosom enthält überhaupt kein CYP21-Gen.

Der vierte PCR-Test zeigt, dass die 8-bp-Deletion auf einem chimären Gen liegt. Die Testergebnisse sind jeweils in Spur 1 der beiden Gele in *Abb. 8.8* gezeigt. Noch bleibt zu zeigen, ob die beiden gefundenen Veränderungen nicht auf demselben Chromosomenstrang liegen. Dazu untersucht man die Eltern mit derselben primären PCR-Reaktion und anschließend mit der geeigneten mutationsspezifischen sekundären PCR (*Tab. 8.3*).

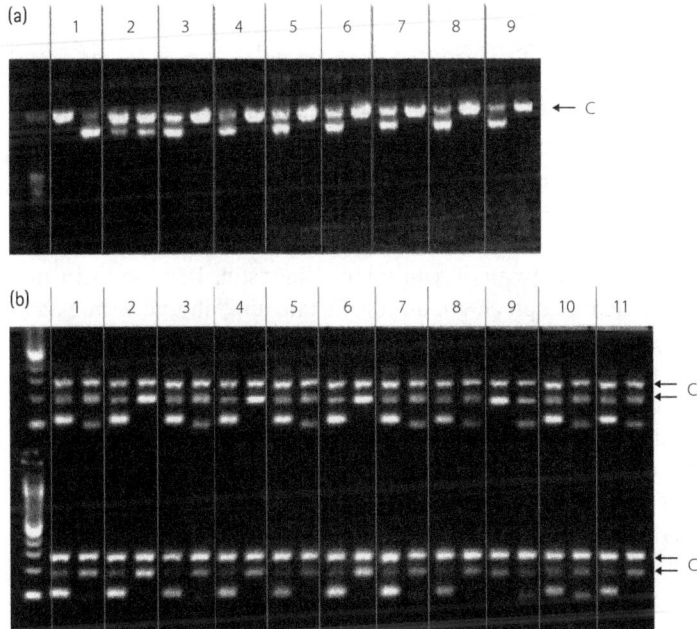

Abb. 8.8 Identifizierung des 21-Hydroxylase-Genotyps
(a) Test auf die Mutation 999T>A (Test 2 in *Tab. 8.2*) mittels allelspezifischer Amplifikation von T (linke Spur) beziehungsweise A (rechte Spur). Die Proben 1, 2 und 3 entsprechen A/A, A/T beziehungsweise T/T. (b) Test auf die 8 bp-Deletion in entweder *CYP21* oder dem chimären Gen. In der linken Spur eines jeden Paares ist jeweils das nicht-deletierte Allel amplifiziert, in der rechten das deletierte Allel (das, da es kleiner ist, ein wenig schneller läuft). Bei jeder Probe werden im oberen Gelbild sowohl *CYP21* als auch das chimäre Gen erfasst (Test 3 in *Tab. 8.2*), im unteren Gelbild nur *CYP21* (Test 4 in *Tab. 8.2*). Alle mit C markierten Banden sind PCR-Kontrollen. Aufnahmen mit freundlicher Genehmigung von Dr. Simon Tobi, St. Mary's Hospital, Manchester.

Tab. 8.3 Ergebnisse der Tests auf Mutationen im 21-Hydroxylase-Gen bei den Eltern von Susie Stott

1. Runde: Allelspezifische PCR-Amplifikation von:	2. Runde: Analyse der Mutationen:	Ergebnisse beim Vater	Ergebnisse bei der Mutter
(1) Exons 1–3 von *CYP21*	89C>T	normal	normal
(2) Exons 3–10 von *CYP21*	999T>A	normal	heterozygot
(3) Exons 3–6 von *CYP21* oder dem chimären Gen 5'-*CYP21P*-3'-*CYP21*	8 bp-Deletion	heterozygot	normal
(4) Exons 3–6 von *CYP21*	8 bp-Deletion	normal	normal

Man sieht, dass die beiden Mutationen von unterschiedlichenn Eltern stammen, womit bestätigt ist, dass sie beim Kind auf zwei verschiedenen Exemplaren von Chromosom 6 lokalisiert sind. Die Ergebnisse beim Vater zeigen, dass er neben einem normalen *CAP21*-Gen ein chimäres Gen mit der 8-bp-Deletion trägt.

Zusammenfassend wissen wir jetzt, dass Susie compound-heterozygot für zwei Funktionsverlust-Mutationen ist: Die eine ist eine Genkonversion, ein Basenaustausch T>A an Position 999 des Pseudogens, durch den es zum Aminosäureaustausch I172V kommt. Das solchermaßen mutierte Protein hat eine minimale 21-Hydroxylase-Restaktivität. Die andere Mutation ist Ergebnis einer Fehlpaarung bei der Rekombination, durch die es zu einem komplett funktionsuntüchtigen chimären Gen kommt, dessen 5'-Ende (zumindest bis zum Exon 3) vom Pseudogen stammt, während das 3'-Ende (wenigstens ab Exon 6) vom *CYP21*-Gen stammt. Susie verfügte offenbar noch über genügend 21-Hydroxylase-Aktivität, um dem schweren Phänotyp mit Salzverlust-Syndrom zu entgehen, allerdings reichte diese nicht aus, eine intrauterine Vermännlichung des Genitales zu verhindern.

Fall 21 Familie Tierney

- Jason, ein vier Jahre alter Junge
- blass, ausgedehnte Blutergüsse, Tachykardie
- ? akute lymphatische Leukämie
- Knochenmarkuntersuchung zur Überprüfung der Diagnose
- TPMT-Enzymuntersuchung vor der Behandlung mit 6-Mercaptopurin

192 **204** 294 357

Aufgrund von Jasons Blutbild besteht der Verdacht auf eine akute lymphatische Leukämie (ALL) des Kindesalters. Der Kinderarzt im örtlichen Krankenhaus führte eine Knochenmarkpunktion durch und bestätigte die Diagnose: In der entnommenen Probe fand sich ein hoher Anteil an Blasten (= unreifen Lymphozyten, s. *Abb. 8.2*). Jason wurde in die Klinik eingeliefert und zunächst mit einer Induktions-Chemotherapie aus Prednisolon, Vincristin, Daunorubicin und L-Asparaginase behandelt. Er sprach gut auf die Behandlung an und wurde dann zur Induktions-Konsolidierung auf eine Behandlung mit Methotrexat gesetzt. Zum Schluss folgte eine Erhaltungstherapie mit 6-Mercaptopurin und Methotrexat, die über drei Jahre durchgeführt werden sollte.

Vor der Behandlung mit 6-Mercaptopurin wurde eine Blutprobe entnommen, an der Vorhandensein und Aktivität des Enzyms Thiopurinmethyltransferase (TPMT) untersucht werden sollte. Wie oben erwähnt kann dieser Wirkstoff bei Menschen mit geringer TPMT-Aktivität zu schweren Nebenwirkungen führen. Etwa 80–95 Prozent der Fälle mit intermediärer bis langsamer TPMT-Aktivität sind auf drei Allele zurückzuführen (*Tab. 8.4* und *Abb. 8.9*).

Der TPMT-Test bei Jason ergab eine normale Enzymaktivität. Dennoch erlitt Jason nach Beginn der Behandlung eine schwere neutropenische Sepsis, eine mit schwerem Abfall der neutrophilen Granulocyten im Blut assoziierte Infektion. Die Behandlung mit intravenösen Antibiotika und ergänzenden Maßnahmen führte zu einer guten Erholung. Rückblickend diskutierten die Ärzte, dass eine Bluttransfusion, die Jason vor dem TPMT-Test zur Behandlung seiner Anämie erhalten hatte, zu einem falschen Befund bezüglich seines TPMT-Status geführt haben könnte, da die TPMT-Aktivität in Erythrozyten bestimmt wird. Eine darauf hin veranlasste Genotypisierung zeigte, dass Jason homozygot für das *TPMT*3A*-Allel war, also

Tab. 8.4 Häufige Thiopurin-S-Methyltransferase-Allele von geringer Aktivität

Allele	Häufigkeit bei Menschen kaukasischer Abstammung
TPMT*2	0,5%
TPMT*3A	5%
TPMT*3C	0,5%

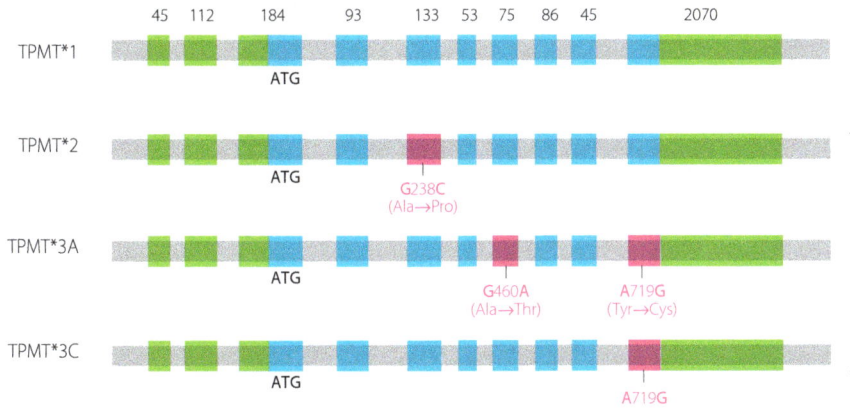

Abb. 8.9 Schematische Darstellung der normalen *TPMT*-(Thiopurin-S-Methyltransferase-) Genstruktur und verschiedener Allele mit verminderter Aktivität
Man beachte, dass die TPMT*3A-Sequenz zwei Missense-Mutationen enthält.

über keine TPMT-Aktivität verfügte. Für die Erhaltungstherapie erhielt Jason daher eine verminderte Dosis 6-Mercaptopurin und blieb symptomfrei.

| 165 | 176 | **205** | 357 |

Fall 17 Familie Portillo

- ein ständig kränkelndes Kind (Pablo)
- Familienanamnese mit ähnlichen Symptomen
- Blutuntersuchungen sprechen für eine X-chromosomale schwere kombinierte Immunschwäche
- abklären, ob eine Knochenmarktransplantation vertretbar ist

Im vorhergehenden Kapitel hatten wir den Stammbaum dieser Familie betrachtet (*Abb. 7.12*). Baby Pablo hat die schwere Immunschwäche SCIDX1, bei der eine Knochenmarktransplantation die Therapie der Wahl ist. Auf den ersten Blick scheint ein Patient mit einer Immunschwäche der ideale Empfänger für ein Transplantat zu sein: aufgrund der vollständig fehlenden T-Zell-Funktion kann Pablo ein Transplantat nicht abstoßen. Es gibt bei Knochenmarktransplantation jedoch das Problem der Graft-versus-Host-Reaktion, kurz GvH. Schafft es das empfangene Knochenmark, erfolgreich ein Immunsystem zu etablieren, wird dieses das Wirtsgewebe als fremd erkennen und eine Immunreaktion in Gang setzen, die tödlich ausgehen kann. Eine gute Übereinstimmung bei der Gewebetypisierung sollte dieses Risiko mindern. Pablo und die anderen Familienmitglieder wurden auf HLA-A, HLA-B und HLA-DR typisiert, die Ergebnisse zeigt *Abb. 8.10*.

Bei Geschwistern besteht eine Chance von 1:4, dass sie auf beiden Allelen denselben MHC-Haplotyp haben. Leider erwiesen sich Pablos Geschwister Ignacio und Bonita beide nicht als die perfekten Spender. Seine Eltern freilich hatten jeweils einen Haplotyp mit ihm gemeinsam. In der Hoffnung, einen besser passenden, nicht verwandten Spender ausfindig zu machen, durchsuchte man alle verfügbaren Knochenmarkspenderdateien, aber es überrascht vielleicht nicht allzu sehr, dass sich kein vollkommener, ja nicht einmal ein geeigneter Spender finden ließ. *Tab. 8.5* zeigt die relativen Häufigkeiten der einzelnen Allele bzw. der in der Familie vorgefundenen Haplotypen für Spanier aus der Region Murcia. Obwohl die Haplotypen zu den häufigsten der Region gehören, beträgt die Chance, dass ein zufällig ausgewählter Angehöriger dieser Population dieselbe Haplotyp-Kombination wie Pablo aufweist, nur 1:1500.

Die Zeit verging und schließlich beschloss man, bei der Knochenmarkspende auf Pablos Mutter Pilar zurückzugreifen. Eine neue Methode berechtigte zu der Hoffnung, dass die GvH-Reaktion sich deutlich verringern lassen würde. Ursache des Problems sind T-Zellen im Spender-Knochenmark, und in den 1980er Jahren waren Techniken entwickelt worden, mit denen das menschliche Knochenmark von T-Zellen befreit werden konnte. Im Prinzip wurde es dadurch möglich, bei Patienten mit allen Formen von SCID die Immunfunktion durch eine Knochenmarkspende herzustellen. Es würden zwar unweigerlich noch ein paar T-Zellen vorhanden sein, weshalb ein möglichst guter Gewebeabgleich zwischen Spender und Empfänger weiterhin angestrebt werden sollte, aber eine nur unvollständige

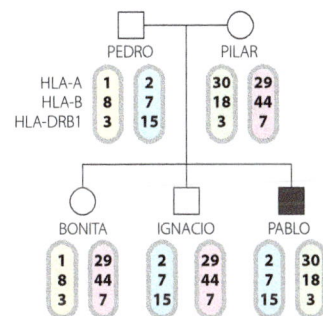

Abb. 8.10 Ergebnisse der HLA-Typisierung bei Familie Portillo
Da die HLA-A, -B und -DR-Loci auf Chromosom 6 sehr dicht beieinander liegen, werden sie in der Regel en bloc – als Haplotyp – vererbt.

Tab. 8.5 Häufigkeiten der Allele und Haplotypen aus der Familie Portillo in einer spanischen Population

Locus	Allel	Frequenz	
HLA-A	1	0,095	
	2	0,230	
	29	0,083	
	30	0,107	
HLA-B	7	0,056	
	8	0,052	
	18	0,071	
	44	0,179	
HLA-DRB1	3	0,123	
	7	0,179	
	15	0,052	
Haplotyp		beobachtete Allelfrequenz	errechnete Allelfrequenz
A1-B8-DR3		0,023	0,00011
A2-B7-DR15		0,019	0,00067
A29-B44-DR7		0,051	0,00266
A30-B18-DR3		0,035	0,00093

Man beachte, dass HLA-Gene bevorzugt in speziellen Kombinationen vorkommen. Die beobachteten Häufigkeiten für jeden Haplotyp sind daher sehr viel größer als die Produkte der einzelnen Genfrequenzen (dargestellt in der Spalte errechnete Allelfrequenz). Es handelt sich hier um ein Beispiel für ein Kopplungsungleichgewicht. Eine weiterführende Diskussion hierzu findet sich in *Kapitel 13*. Daten aus www.allelefrequencies.net; man beachte die vereinfachte Nomenklatur.

Übereinstimmung sollte kein unüberwindliches Problem mehr darstellen. Die Methode war kurz zuvor im regionalen Transplantationszentrum verfügbar geworden. Man entnahm Pilar Knochenmark, befreite dieses von T-Zellen und verabreichte es Pablo als Infusion. Die Ergebnisse waren leider enttäuschend. Bei dem Kind stellte sich nur eine sehr geringe T-Zell-Funktion ein, offenbar war das Knochenmark nur schlecht angenommen worden. Trotz eines Booster-Transplantats – wieder von seiner Mutter – erlitt Pablo eine Zytomegalieinfektion und starb im Alter von 14 Monaten. Die Erfahrung lehrt, dass die Erfolgsaussichten bei Transplantationen nach einem Lebensalter von dreieinhalb Monaten drastisch sinken. Buckley (2004) vermittelt einen äußerst fachkundigen und gut lesbaren Einblick in das Gebiet der Knochenmarktransplantation bei SCID.

Pablo starb im Jahre 1989. Zu jener Zeit war das Gen, das die Krankheit in der Familie verursachte, noch nicht gefunden. Bei weiter bestehendem Kinderwunsch gab es für die Eltern nur sehr beschränkte Optionen für eine Pränataldiagnostik. Möglich gewesen wäre theoretisch eine fetale Geschlechtsbestimmung und ein Schwangerschaftsabbruch im Falle eines männlichen Feten; da dieser aber in der Hälfte aller Fälle gar nicht betroffen gewesen wäre, kam diese Möglichkeit für Pilar und Pedro nicht in Frage. Wie in *Kapitel 9* beschrieben, hätten die Genetiker versuchen können, mit Hilfe von genetischen Markern herauszufinden, ob ein männlicher Fetus Pilars normales oder aber das veränderte X-Chromosom geerbt hat. Dafür, bzw. für eine Mutationsanalyse nach Identifikation des krankheitsauslösenden Gens, war eine DNA-Probe von Pablo asserviert worden. Das Problem war jedoch, dass die physikalische Kartierung von X-SCID zu jener Zeit noch nicht sicher war: zwar stand zu vermuten, dass sich das defekte Gen proximal auf dem langen Arm des X-Chromosoms befindet – auf Xq12-Xq13 –, aber man hatte gewisse Zweifel, ob dies für alle Fälle galt. Damit bestand das Risiko, dass man einen falschen genetischen Marker verwenden und ein falsch negatives Ergebnis erhalten könnte. Pilar und Pedro waren nicht bereit, dieses Risiko einzugehen, außerdem hatten sie bereits zwei gesunde Kinder und beschlossen, es dabei bewenden zu lassen. Pedro ließ eine Vasektomie vornehmen.

Im Jahre 1993 wurde das Gen identifiziert, das im Falle von X-SCID mutiert ist. Es trägt die Bezeichnung *IL2RG* und kodiert die γ-Untereinheit eines Rezeptors, an den verschiedene Zytokine (die Interleukine 2, 4, 7, 9 und 15) binden. Eine

```
normale Sequenz    CGGACGATGCCC GAATTCCCACCCTGAAG
                   R   T   M   P   R   I   P   T   L   K
mutierte Sequenz   CGGACGATGCCCTGAATTCCCACCCTGAAG
                   R   T   M   P   X
```

Abb. 8.11 Die Mutation im Gen *IL2RG*, die bei Pablo Portillo zu X-SCID geführt hatte
In der mutierten Sequenz steht X für ein Stoppcodon.

Unterbrechung des Zytokin-Signalwegs verhindert die Entwicklung von T- und NK-Zellen. B-Zellen sind zwar vorhanden, bilden aber keine Antikörper. Das Gen ist relativ klein, besteht aus acht Exons und deckt einen Bereich von 4,2 Kb am Genort Xq13 ab. Bei betroffenen Jungen hat man inzwischen eine breite Palette an Funktionsverlust-Mutationen beschrieben.

Die DNA-Probe von Pablo Portillo wurde inzwischen erneut untersucht. In Exon 7 fand man einen Basenaustausch C>T, damit wurde aus dem Codon CGA für Arginin an Position 293 der Aminosäuresequenz das Stoppcodon TGA (*Abb. 8.11*). Man beachte, dass hier eine CpG-Sequenz mutiert ist, das heißt, dass diese Mutation aller Wahrscheinlichkeit nach durch Deaminierung eines 5-Methylcytosins entstanden ist. Man hat diese Mutation mehrmals bei miteinander nicht verwandten Personen gefunden, ein Beleg dafür, dass dieses spezielle CpG-Dinukleotid zu den erhöht mutagenen Mutations-Hotspots gehört. Pilars Schwestern Francisca und Elena hatten bereits testen lassen, ob sie Trägerinnen des mutierten Gens seien, aber damals hatte man sie nur auf die X-Inaktivierung testen können (s. *Kap. 7*). Nun nahm man den Kontakt wieder auf und bot ihnen eine genetische Untersuchung an, mit der sich das Vorliegen einer Mutation abschließend würde klären lassen. Beide nahmen das Angebot an. PCR-Amplifikation und Sequenzierung von Exon 7 bestätigten das Muster, das die X-Inaktivierung ergeben hatte, und zeigte, dass Elena Anlageträgerin war, Francisca hingegen nicht. Es wurde geplant, die Töchter von Pilar und Elena für eine genetische Beratung zu kontaktieren, wenn sie etwa 16 Jahre alt sind, damit sie selber über eine mögliche Heterozygotentestung entscheiden können.

Jahre später wurde in einem anderen Zweig der Familie ein weiteres Kind mit X-SCID geboren, zu jener Zeit standen bereits neue Behandlungsmöglichkeiten zur Verfügung. Auf diese Geschichte wird in *Kapitel 14* noch einmal eingegangen.

8.4 Zusammenfassung und theoretische Ergänzungen

Angeborene Stoffwechselstörungen

Ein Gen – viele Enzyme?
Die Ein-Gen-ein-Enzym-Hypothese ist zwar nicht unter allen Umständen gültig, aber dennoch die prinzipielle Leitidee der biochemischen Genetik. Wie können wir nun Krankheiten erklären, in denen ein einzelner Gendefekt zu multiplen Enzymdefekten führt? Zwei Beispiele machen deutlich, auf welche Weise ein Fehler bei der posttranslationalen Modifizierung zum Aktivitätsverlust bei mehreren Enzymen führen kann:

- **Mukolipidose Typ II (ML II, OMIM 252500):** Die Patienten haben einen disproportionierten Kleinwuchs, vergröberte Gesichtszüge und eine geistige Behinderung ähnlich wie beim Hurler-Syndrom (OMIM 607014). Beiden Krankheiten liegt ein lysosomaler Enzymdefekt zugrunde, doch während das Hurler-Syndrom durch den Funktionsverlust eines einzelnen lysosomalen Enzyms – der α-L-Iduronidase – verursacht wird, fehlt den Lysosomen von Patienten mit ML II (auch bekannt unter dem Namen I-cell disease) ein ganzes Spektrum an Enzymen. ML II gehört zu der Familie der erblichen Glysylierungsstörungen. Lysosomalen Enzymen wird nach ihrer Synthese im Zytoplasma ein spezifischer

---

Exkurs 8.3 Die Unfähigkeit, Vitamin C zu synthetisieren – beim Menschen eine angeborene Stoffwechselstörung von universeller Verbreitung

Wollten Sie sich von dem Katzen- oder Hundefutter Ihrer vierbeinigen Mitbewohner ernähren, würden Sie über kurz oder lang an Skorbut erkranken, weil Ihnen Vitamin C fehlte. Wie also bleiben unsere Vierbeiner gesund, obwohl sie nie Zitronen fressen? Es hat sich gezeigt, dass fast alle Tiere über die zur Synthese von Ascorbinsäure nötigen Enzyme verfügen und daher nicht auf die Zufuhr von außen angewiesen sind. Ausnahmen von dieser Regel sind Menschen und andere höhere Primaten, Meerschweinchen, verschiedene Fledermäuse, die sich von Früchten ernähren, sowie der Rußbülbül (*Pycnonotus cafer*). All diesen Arten fehlt das Enzym L-Gulono-γ-

Lactonoxidase (GULO), das den letzten Schritt der Ascorbinsäurebiosynthese katalysiert. Die menschliche Version dieses Gens auf Chromosom 8p21 ist, verglichen mit dem funktionstüchtigen GULO-Gen der Maus, ein defektes Pseudogen mit fehlenden Exons und verschiedenen anderen Mutationen. Menschliche Zellen, die man mit dem Mausgen – *gulo* – transfiziert, stellen wieder eigene Ascorbinsäure her. GULO-defiziente Arten haben sich aller Wahrscheinlichkeit nach in einem so hohen Maß von Früchten ernährt, dass gegen diese Loss-of-function-Mutation kein Selektionsdruck hat wirken können.

D-Glucuronsäure → L-Gulonsäure → L-Gulonolacton —X→ 2-Keto L-Gulonsäure → L-Ascorbinsäure

Biosynthese von Ascorbinsäure
Der letzte Reaktionsschritt ist nicht enzymatisch katalysiert, sondern geschieht spontan. X steht für den metabolischen Block beim Menschen.

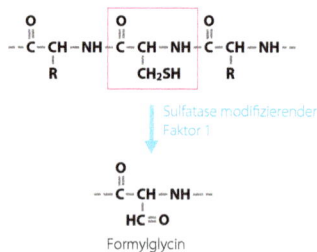

Abb. 8.12 Das aktive Zentrum verschiedener Sulfatasen benötigt eine posttranslationale Modifikation von Cystein zu Formylglycin durch das Enzym SUMF. Der Verlust der SUMF-Aktivität führt zu einer multiplen Sulfatase-Defizienz.

Kohlenhydratrest angehängt, der als Signal für den lysosomalen Import notwendig ist. Bei der Mukolipidose Typ II ist dieses Signal gestört. Der Enzymtransport in die Lysosomen ist weitgehend verhindert und die gebildeten Enzyme werden gehäuft ins Blut abgegeben. Das lysosomale Importsignal besteht aus N-Acetylglukosamin-1-Phosphat, welches an die Mannosereste der Kohlenhydratseitenketten vieler lysosomaler Enzyme angehängt ist. Bei der Mukolipidose Typ II fehlt nur ein einziges Enzym – die Phosphotransferase, die benötigt wird, um das N-Acetylglukosamin-1-Phosphat an die Mannosereste zu koppeln (kodiert vom *GNPTAB*-Gen).

- **Multiple Sulfatasedefizienz (OMIM 272200):** Diese Krankheit zeigt Merkmale von mindestens sechs Krankheiten mit mendelschem Erbgang, die jeweils durch das Fehlen einer spezifischen Sulfatase bedingt sind. Die mRNA für die jeweiligen Enzyme wird allerdings normal produziert. Wieder handelt es sich um einen Defekt in der posttranslationalen Modifikation. Bei allen betroffenen Enzymen ist eine ungewöhnliche Aminosäure Bestandteil des aktiven Zentrums: Formylglycin, das durch die Modifizierung eines Cysteinrestes im fertig synthetisierten Protein entsteht (*Abb. 8.12*). Eine multiple Sulfatdefizienz wird durch Mutationen im Gen für den Sulfatase modifizierenden Faktor (SUMF) 1, der für die Cysteinumwandlung zuständig ist, verursacht.

Ein Enzym – eine Krankheit?
Es gibt keine saubere Eins-zu-eins-Entsprechung zwischen Enzymen und Krankheiten. Man kann nicht eine Karte mit sämtlichen Stoffwechselwegen nehmen und neben jede Reaktion die Krankheit schreiben, die sich aus einem angeborenen Fehler bei diesem Schritt ergibt. Zunächst einmal kann eine Krankheit, die aufgrund eines gestörten Stoffwechselweg mit mehreren Schritten auftritt, durch einen Block bei jedem dieser Schritte zustande kommen. Daher können verschiedene angeborene Störungen dasselbe Krankheitsbild entstehen lassen – ähnlich wie bei einer ererbten Hörstörung, die auch durch Defekte in vielen Genen bedingt sein kann. Hinzu kommt, dass viele Enzyme entbehrlich sind – das Fehlen ihres Produkts hat vielleicht keinen merklich negativen Effekt, oder es gibt Wege, die Funktion zu ersetzen. Manche Gendefekte würden daher gar keine Krankheit entstehen lassen. Ein interessantes Beispiel dazu ist die Vitamin-C-Biosynthese – was sie betrifft, haben alle Menschen eine angeborene Stoffwechselstörung, die

Exkurs 8.4 Laktoseintoleranz – ein weit verbreiteter Stoffwechselpolymorphismus

Die meisten Erwachsenen nordeuropäischer Abstammung verfügen über ein dominant vererbtes Merkmal: die erbliche Persistenz von Lactase in der Dünndarmwand. Dadurch sind sie imstande, eine milchreiche Ernährung zu tolerieren. Bei den meisten Menschen in Ostasien und in den tropischen und subtropischen Regionen der Welt sistiert die Lactaseaktivität im Dünndarm dagegen in der frühen Kindheit. Menschen ohne Laktase bekommen häufig Magen- und Darmbeschwerden, Schmerzen und Durchfälle, wenn sie frische Milch zu sich nehmen. Molkereiprodukte wie Käse und Joghurt enthalten weniger Laktose und verursachen daher weniger Probleme. Weltweit betrachtet findet sich eine starke Korrelation zwischen Laktosetoleranz und Milchkonsum – bei bestimmten afrikanischen Nomadenstämme (zum Beispiel bei den Beduinen oder den Beja im Sudan), die viel frische Milch konsumieren, findet sich gehäuft eine Persistenz der intestinalen Lactaseaktivität, während dies bei den meisten anderen afrikanischen Völkern nicht der Fall ist.

Die Persistenz oder Nichtpersistenz von Lactase ist keine angeborene Stoffwechselstörung, sondern ein gängiger Polymorphismus: Beides findet sich bei gesunden Menschen. Der Urzustand war zweifellos die Nichtpersistenz, die sich auch bei den meisten Säugetieren findet. Offenbar hat es bei Populationen, die Milchwirtschaft betrieben haben, einen massiven Selektionsdruck zugunsten der Persistenz gegeben. All das muss in den vergangenen 9000 Jahren geschehen sein, und das macht diese Entwicklung zu einer der stärksten selektionsbedingten Veränderungen der jüngeren Menschheitsgeschichte.

Die verantwortliche DNA-Variante war schwer zu identifizieren. Jüngere Befunde lassen einen C/T-Polymorphismus 14 kb strangaufwärts vom Startcodon des Lactasegens auf Chromosom 2q21 vermuten. Bei einer Übersichtsstudie mit 236 Personen aus vier Populationen (finnischer, französischer, amerikanischer und afroamerikanischer Herkunft) verfügten alle Personen, bei denen man ein oder mehrere T-Allele hat nachweisen können, über eine persistierende Lactaseaktivität, bei Personen, die homozygot für das C-Allel waren, war dies nicht der Fall. Diese Variante ist ein typisches Beispiel für die Gruppe von zunehmend identifizierten genetischen Suszeptibilitätsallelen häufiger Krankheiten (*Kap. 13*). Krankheiten mit mendelschem Erbgang sind in der Regel das Ergebnis einer Mutation, die einen erheblichen Funktionsverlust beziehungsweise -zuwachs eines Gens verursacht. Hier aber haben wir es mit einer Veränderung zu tun, die Zeitpunkt und -dauer der Genexpression beeinflusst ohne die Unversehrtheit des Genprodukts selbst anzutasten.

allerdings nur unter außergewöhnlichen Umweltbedingungen als Krankheit zum Tragen kommt (*Exkurs 8.3*). In anderen Fällen ist das Ergebnis zwar ein eigener Phänotyp, der jedoch nicht als Krankheit einzuordnen ist. Ein Beispiel hierfür ist die Laktoseintoleranz (*Exkurs 8.4*). Schließlich können Funktionsverluste unterschiedlichen Grades bei ein- und demselben Enzym Phänotypen zur Folge haben, die sich stark genug voneinander unterscheiden, um jeweils als eigene Krankheit zu gelten – s. das unten angeführte Beispiel einer DTDST-Defizienz.

Genotyp-Phänotyp-Relationen
Die meisten angeborenen Stoffwechselstörungen werden durch Funktionsverlust-Mutationen verursacht und, wie dafür typisch, besteht meist eine beträchtliche allelische Heterogenität (s. *Kap. 6*). Da Biochemiker Enzymaktivitäten quantitativ bestimmen können, sind angeborene Stoffwechselstörungen ein vielversprechendes Gebiet für die Untersuchung von Genotyp-Phänotyp-Korrelationen. So würden wir beispielsweise erwarten, dass eine Mutation, die nur zu einem teilweisen Funktionsverlust bei einem Enzym führt, einen leichteren Krankheitsverlauf bedingen sollte als eine, die einen Totalausfall zur Folge hat.

In vielen Fällen wird diese Erwartung erfüllt. Ein anschauliches Beispiel hierfür ist das Adrenogenitale Syndrom. Im Rahmen einer Studie (s. OMIM 201901) hat man festgestellt, dass das völlige Fehlen des Enzyms in aller Regel zum Salzverlust-Syndrom führt, wohingegen eine Restaktivität von 2 Prozent das unkomplizierte AGS mit einfacher Virilisierung weiblicher Feten, eine Restaktivität von 10–20 Prozent verschiedene nicht-klassische Formen zur Folge hat. Wie bei so vielen anderen Beispielen ist jedoch auch hier die Korrelation zwischen Enzymaktivität und Phänotyp alles andere als geradlinig. Ein weiteres Beispiel sind Mutationen in einem Sulfattransportergen. Hochmolekulare sulfatierte Polysaccharide sind wichtige Bestandteile des Bindegewebes, und Funktionsverlust-Mutationen des Sulfattransporters DTDST (*diastrophic dystrophy sulfate transporter* – „Diastrophe-Dystrophie-Sulfattransporter") können zu Skelettdysplasie führen. Vier verschie-

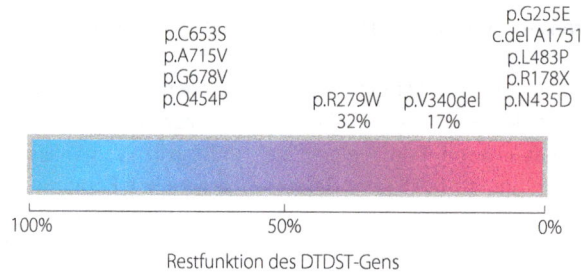

p.C653S　　　　　　　　　　　　p.G255E
p.A715V　　　　　　　　　　　　c.del A1751
p.G678V　　　　　　　　　　　　p.L483P
p.Q454P　　　　p.R279W　p.V340del　p.R178X
　　　　　　　　32%　　　17%　　p.N435D

100%　　　　　　50%　　　　　　0%
Restfunktion des DTDST-Gens

Abb. 8.13
Genotyp-Phänotyp-Korrelationen bei Skelettdysplasien, die auf einen Funktionsverlust des DTD-Sulfattransporters zurückzuführen sind. Daten aus Karniski (2001).

dene autosomal rezessiv vererbte Skelettdysplasien, die man stets unter klinischen Gesichtspunkten voneinander unterschieden hat, haben sich allesamt als Folge eines Defekts in ein und demselben Gen – *DTDST* – erwiesen. Aufsteigend nach Schweregrad geordnet sind dies:

- Multiple epiphysäre Dysplasie Typ 4 (MED4, OMIM 226900)
- Diastrophe Dysplasie (DTD, OMIM 222600)
- Atelosteogenese Typ II (AOII, OMIM 256050)
- Achondrogenesis Typ 1b (ACG 1b, OMIM 600972).

Man hat viele verschiedene Mutationen im *DTDST*-Gen beschrieben. Eine interessante Arbeit von Karniski (2001) geht der Beziehung zwischen Enzymaktivität und klinischem Phänotyp nach. Dabei wurde die Enzymaktivität bei einer Reihe von bei Patienten nachgewiesenen Mutationen gemessen (*Abb. 8.13*). Die meisten Patienten sind compound-heterozygot, und man darf nicht vergessen, dass das, worauf es in der Physiologie ankommt, das Gesamtniveau an Aktivität ist, das von den beiden Allelen eines Gens zusammen erreicht wird. Karniski teilte die Mutationen nach ihrer Aktivität in Null (N), gering (G) und mittelmäßig (M) ein und berichtete bei seinen Patienten über folgende Genotypen:

Krankheit	in einzelnen Fällen beobachtete Genotypen
MED, DTD	M/M, L/L, L/L, M/0
AOII	L/0, L/0, L/0, M/0
ACGB1B	0/0, 0/0, L/L, M/0

Die allgemeine Schlussfolgerung lautete, dass es eine Genotyp-Phänotyp-Korrelation gibt, diese aber in der Regel eher eine lose Beziehung darstellt. Ein Artikel von Scriver & Waters (1999) beschreibt, warum das so sein könnte.

Die Phenylketonurie (PKU, OMIM 26160) ist ein angeborener Stoffwechselfehler und zurückzuführen auf den Mangel der Phenylalanin-Hydroxylase (ein Beispiel dafür werden wir in *Kapitel 11*, Fallbeispiel 23 behandeln). Vor dem Block sammelt sich Phenylalanin an, welches in großen Mengen toxisch auf das sich entwickelnde Gehirn wirkt. Das klinische Hauptproblem bei dieser Krankheit ist daher die geistige Entwicklungsstörung. Man kennt viele verschiedene Mutationen, die zu Funktionsverlusten unterschiedlichen Ausmaßes führen. Die Frage, die Scriver und Waters stellten, lautete, inwieweit sich der IQ eines Patienten aus der Art der Mutation vorhersagen lässt. Die Antwort lautet: nicht sehr gut, und *Abb. 8.14* fasst ihre Begründungen für diesen Umstand zusammen (Die Lektüre dieses Artikels wird sehr empfohlen).

mutiertes
PAH-Allel
→ beeinflusst durch Unterschiede im Proteinabbau

verminderte
Enzymaktivität
→ beeinflusst durch Unterschiede in Phenylalaninaufnahme, -transport und -abbau

erhöhte
Phenylalaninkonzentration
im Blut
→ beeinflusst durch Unterschiede im Transport über die Blut-Hirn-Schranke

erhöhte
Phenylalaninkonzentration
im Gehirn
→ beeinflusst durch Unterschiede in der Empfindlichkeit des Gehirns für die Wirkung des Phenylalanins

verminderter
IQ

Abb. 8.14 Bei Phenylketonurie gibt es viele Faktoren, die die Genotyp-Phänotyp-Korrelation beeinflussen können.
PAH: Phenylalaninhydroxylase. Diese Graphik fasst die Argumente von Scriver & Waters (1999) zusammen.

Pharmakogenetik

Das Fallbeispiel 21 (Familie Tierney) und die in *Abschnitt 8.2* diskutierten Beispiele betrafen individuelle Unterschiede bei der Metabolisierung von Arzneimitteln (die Pharmakokinetik). Ein zweiter Aspekt der Pharmakogenetik sind die Schwankungen bei der Primärwirkung eines Arzneimittels, die zurückzuführen sind auf die genetische Variabilität der Zielmoleküle, mit denen das Medikament interagiert (die Pharmakodynamik). Auch natürliche Polymorphismen bei den Angriffspunkten eines Arzneimittels können für individuelle Unterschiede bei der Wirkung eines Arzneimittels sorgen. Mehr und mehr werden Medikamente verfügbar, die eigens für die Behandlung spezifischer Genotypen entworfen wurden. Zwei bekannte Beispiele sind Herceptin und Glivec.

- Herceptin (Trastuzumab) ist ein monoklonaler Antikörper gegen das Protein HER2 (ERBB2). Viele Brustkrebszellen überexprimieren diesen Zelloberflächenrezeptor, da es im Laufe der Brustkrebsentwicklung zu einer Amplifikation dieses Gens gekommen ist. Diese Tumoren reagieren auf Herceptin, Tumoren, die HER2 nicht überexprimieren hingegen nicht.
- Glivec (Imatanib) ist ein kleines Molekül, das eine abnorme Proteinkinase hemmt – das Fusionsprotein Bcr-Abl. Dieses Protein entsteht durch eine Chromosomenumlagerung, aus der ein für die chronische myeloische Leukämie spezifisches fusioniertes Gen – *Bcr-Abl* – hervorgeht (s. *Kap. 12*, Philadelphia-Chromosom). Da die Wirkung von Bcr-Abl von zentraler Bedeutung für die Krankheitsentstehung ist, hat Glivec sich als bemerkenswert wirksames Arzneimittel erwiesen. Bei der großen Mehrheit der damit behandelten Patienten mit Philadelphia-Chromosom kommt es zu einer kompletten Remission.

Es ist zu erwarten, dass in den kommenden Jahren weitere genotypspezifische Medikamente entwickelt werden, und darüber könnte es zu Kontroversen kommen. Ein Beispiel: Im Juni 2005 ließ die amerikanische Arznei- und Lebensmittelzulassungsbehörde FDA zur Behandlung von schwerem Herzversagen bei afroamerikanischen Patienten die Vermarktung eines Kombinationspräparats namens BiDil zu. Diese Wirkstoffkombination ist besonders geeignet für Menschen mit geringer vaskulärer Stickstoffoxidkonzentration, und diese ist häufiger bei Afroamerikanern zu finden als bei Menschen kaukasischer Abstammung. Bei der Therapieentscheidung wird die eigene Angabe der ethnischen Zugehörigkeit als Grobindikator für den Genotyp verwendet. Das BiDil-Archiv (s. *Quellen*) vermittelt einen lebhaften Einblick in die Debatte um diese Entscheidung.

In Anbetracht der zahllosen Diskussionen über die personalisierte Medizin ist es verwunderlich, wie wenig praktische Anwendung Gentests bisher in der Verordnungspraxis gefunden haben. Ein Grund dafür ist, dass die Arzneimittelhersteller inzwischen versuchen, Medikamente so zu gestalten, dass sie nicht mehr über das P450-System metabolisiert werden und in ihrer Wirkung auch nicht von den anderen bekannten individuellen pharmakokinetischen Variablen beeinträchtigt werden. Die Hauptziele für pharmakogenetische Untersuchungen sind daher bereits etablierte Medikamente, bei denen meist der Patentschutz bereits abgelaufen ist. Für die Industrie besteht wenig Anreiz, Tests für Medikamente zu entwickeln und zu vermarkten, die nicht viel Geld einbringen werden.

Ein zweites Problem ist das unvollkommene Wissen um die genetischen Ursachen, die vielen der individuell unterschiedlichen Reaktionen zugrunde liegen. Wir können das an zwei Beispielen deutlich machen:

- Als maligne Hyperthermie (MH, OMIM 145600) bezeichnet man eine autosomal dominant vererbte Krankheit, die sich in einer dramatischen, lebensbedrohlichen Reaktion auf bestimmte Anästhetika äußert. Viele Patienten mit maligner Hyperthermie tragen Mutationen im Ryanodin-Rezeptor-Gen, andere hingegen nicht. Kopplungsanalysen lassen vermuten, dass es noch mindestens fünf weitere MH-Loci gibt. Bei jemandem, in dessen Familien bereits MH vorgekommen ist, wird daher zunächst kein Gentest, sondern vielmehr ein phänotypischer Test (ein Kontraktionsexperiment an einem Stück Biopsiegewebe aus dem Muskel *in vitro*) durchgeführt, bevor man es wagt, dem oder der Betreffenden eine Vollnarkose zu verabreichen.

- Das P450-Enyzm CYP3A4 ist das häufigste P450-Enzym in der Leber und an der Metabolisierung von etwa der Hälfte aller verschreibungspflichtigen Medikamente beteiligt (s. OMIM 124010). Die Aktivität von Leberenzymen kann interindividuell um den Faktor 30 schwanken. Nur ein sehr geringer Teil dieser Variabilität aber lässt sich Unterschieden in der kodierenden Sequenz von *CYP3A4* zuschreiben. Es ist gut möglich, dass diese Variabilität größtenteils tatsächlich genetisch bedingt ist, aber es müssen bislang unbekannte Faktoren sein, die dafür verantwortlich sind.

Selbst wenn die genetischen Grundlagen relativ gut verstanden sind, ist der Genotyp oftmals nicht von hinreichendem Voraussagewert. Das Antikoagulans Marcumar (Warfarin) macht die komplexen Zusammenhänge gut deutlich. Marcumar wird vielen Patienten verschrieben, die unter koronaren Gefäßkrankheiten oder unter häufigen Venenthrombosen leiden; vor allem nach chirurgischen Eingriffen greift man häufig zu diesem Mittel. Sein Angriffsziel ist eine Vitamin-K-Epoxidreduktase – kodiert von dem Gen *VKORC1* – und es wird umgesetzt vom P450-Enzym CYP2C9 (s. *Abb. 8.6*). Bei Menschen mit einer CYP2C9-Variante von geringer Aktivität und/oder bestimmten Varianten von *VKORC1* besteht ein erhebliches Risiko, dass es bei ihnen unter der Normaldosis Marcumar zu schweren Blutungen kommt. Andererseits wird die Reaktion eines Menschen aber auch durch viele andere Faktoren mit bedingt. Dazu zählen das Alter des Patienten ebenso wie das Bestehen einer anderen Erkrankung oder die gleichzeitige Einnahme von anderen Medikamenten. Routinemäßig wird daher bei einem Patienten mit einer geringen Dosis Marcumar begonnen, die man allmählich steigert, bis der gewünschte Grad an antikoagulativer Wirkung erreicht ist. Selbst wenn die Patienten im Vorfeld auf ihren *CYP2C9*- bzw. ihren *VKORC1*-Status genotypisiert worden sind, ist es weise, sich an dieses Vorgehen zu halten.

Ein letztes Problem schließlich stellt die Logistik dar, das Einbinden von Gentests in die klinische Praxisroutine. All diese Probleme werden sich mit der Einführung von Mikroarrays, mit denen sich eine große Anzahl an relevanten genetischen Faktoren auf einmal charakterisieren lässt, möglicherweise ändern. Wenn sich das in kostengünstiger und anwendungsfreundlicher Weise erreichen lässt, wird die personalisierte Medizin in der klinischen Praxis unter Umständen doch eines Tages zur alltäglichen Wirklichkeit. Irgendwann wird es schließlich vielleicht auch möglich sein, bei einem Menschen ein einziges Mal im Leben eine Mikroarray-Analyse durchzuführen, aus der sich seine Reaktion auf eine ganze Reihe von gängigen Wirkstoffen herleiten lässt. Die Ergebnisse einer solchen Analyse würden dann lebenslang in seiner Krankenakte vermerkt.

Immungenetik

In *Abschnitt 8.3* haben wir zwei wichtige Themen der Immungenetik erwähnt – die Frage, wie Antigene als körpereigen und körperfremd erkannt werden, und die Frage, wie die praktisch unendliche Vielfalt an Antikörpermolekülen erzeugt wird. Welche Rolle der Haupthistokompatibilitäts-Komplex bei der Erkennung spielt, wurde im Vorhergehenden beschrieben. An dieser Stelle soll die Rede von den bemerkenswerten genetischen Mechanismen sein, die der Antikörpervielfalt zugrunde liegen.

Antikörper sind Proteine (Immunglobuline, Ig), die aus schweren und leichten Ketten bestehen. Diese können auf verschiedene Weise zu den unterschiedlichen Klassen von Antikörpern – IgA, IgD, IgE, IgG und IgM – verknüpft werden. Jede Klasse besitzt eine jeweils für sie charakteristische schwere Kette (α, δ, ε, γ, μ) und ein Ensemble aus zwei Arten von leichten Ketten, die als κ- und λ-Ketten bezeichnet werden. Die fünf Arten von schweren Ketten sind allesamt am Genort *IGH* auf Chromosom 14 kodiert, die leichten Ketten an den Loci *IGK* und *IGL* auf den Chromosomen 2 beziehungsweise 22. Jeder dieser Loci beinhaltet jedoch einen großen Pool an möglichen kodierenden Sequenzen (*Abb. 8.15*). Das C-terminale

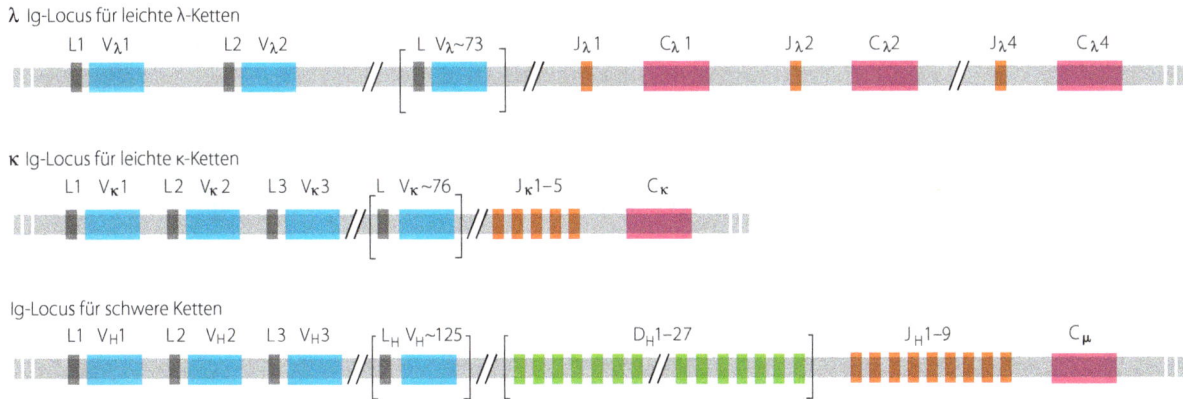

Abb. 8.15 Jeder Immunglobulingen-Typ wird durch DNA-Rearrangments zusammengesetzt, die nur in B-Lymphozyten vorkommen.
Bei den leichten Ketten wird eine von 73 (λ) beziehungsweise 76 (κ) möglichen V-Regionen mit einer von 5–11 J-Regionen verknüpft, das ergibt 365–836 Möglichkeiten. Bei den schweren Ketten wird eine von 27 D-Regionen mit einer von neun J-Regionen verknüpft, die so entstandene neue Sequenz wird dann mit einer von etwa 125 V-Regionen verbunden, das macht insgesamt 30 000 Kombinationen. Diese kombinatorische Vielfalt ist nur einer der Wege, die B-Zellen beschreiten, um eine nahezu unendliche Vielfalt an Immunglobulinen hervorzubringen. Zeichnung nach Janewa et al. (2001) mit freundlicher Genehmigung von Garland Science.

Ende jeder Ig-Kette einer bestimmten Klasse ist konstant, das N-terminale Ende aber, an dem sich die Antigen-Bindungsstelle befindet, ist hoch variabel. Reife Immunglobulingene weisen eine herkömmliche Multi-Exon-Struktur auf, bei der die variable Region am N-terminalen Ende von einem Exon allein kodiert wird, die konstante Region hingegen von mehreren Exons. Das Exon, das die Sequenz für die variable Region enthält, ist jedoch das Produkt hoch variabler DNA-Umlagerungs-Prozesse, die im Verlauf der B-Zell-Entwicklung stattfinden.

Wie in der Unterschrift zu *Abb. 8.15* beschrieben, wird die Sequenz, die für die jeweilige variable Region kodiert, gebildet, indem eine variable Region (V-Region) mit einer Verbindungsregion (J-Region, nach dem englischen *joining region*) und (im Falle der schweren Ketten) einer konstanten Region von typspezifischer Diversität (D-Segment) miteinander verknüpft werden. Jedes dieser Elemente wird dabei aus der vorliegenden Palette an möglichen Sequenzen ausgewählt. Man verwechsle diesen Prozess nicht mit dem Spleißen – beim Spleißen werden die Introns mit Hilfe des Spleißosom (s. *Kap. 3*) aus der letztlich als Translationsvorlage dienenden Primär-RNA (dem Transkriptionsprodukt also) herausgeschnitten. Ig-Gene werden, wenn man so will, „auf DNA-Ebene gespleißt", und dies nur in B-Lymphozyten. Das Produkt ist ein Multi-Exon-Gen, dessen Primärtranskript auf die normale Art und Weise gespleißt wird.

Die Gesamtvielfalt an Antikörpern hängt zusätzlich von einer Reihe weiterer Mechanismen ab.

- Im Unterschied zur herkömmlichen genetischen Rekombination fügt der Spezialmechanismus, der V-, J-, und D-Region verknüpft, an den Verknüpfungspunkten nach dem Zufallsprinzip immer wieder einige wenige Nukleotide hinzu oder spaltet ein paar ab. Wo das Ergebnis zu einer Verschiebung des Leserasters führt, ist das neu entstandene Gen funktionslos, aber in etwa einem Drittel der Fälle bleibt das Leseraster erhalten, und damit eröffnet sich eine völlig neue Ebene potentieller Vielfalt.

- Im Anschluss an die genetische Umstrukturierung greift ein Prozess der somatischen Hypermutation, der in der variablen Region der Gene von aktivierten B-Zellen zahlreiche Punktmutationen nach dem Zufallsprinzip auftreten lässt.

- Die verschiedenen Klassen von schweren Ketten bei IgA-, IgD, IgE-, IgG- und IgM-Molekülen werden von wieder einem anderen Spezialmechanismus der Rekombination geschaffen. Jedes rekombinierte IgH-Gen besitzt an seinem 3'-Ende Sequenzen für jede der fünf Arten von konstanten Regionen (in *Abb. 8.15* ist nur

C_μ dargestellt, die anderen Sequenzen befinden sich strangabwärts). Verwendet wird nur die C-Sequenz, die dem VDJ-Exon am nächsten liegt. Ein Wechsel der Antikörperklasse kommt durch ein intramolekulares Rekombinationsereignis zustande, das eine oder mehrere C-Sequenzen heraus schneidet, so dass eine andere in nächster Nähe zur VDJ-Sequenz zu liegen kommt.

- Schließlich bildet die Kombination von leichter Kette und schwerer Kette in einem Antikörpermolekül eine weitere Möglichkeit der kombinatorischen Vielfalt.

Bleibt nur noch hinzuzufügen, dass sich eine ähnliche Form der Schaffung von Diversität auch bei den T-Zell-Rezeptoren findet. Mehr Einzelheiten zu all diesen Abläufen finden sich in Immunologielehrbüchern wie dem von Janeway et al., 2001.

Krankheitsinfo 8   Die Porphyrien

Die Porphyrien sind eine Familie von Krankheiten, die durch Störungen der Hämbiosynthese verursacht werden. Das vollständige Fehlen von Häm wäre mit Sicherheit letal, und bei keiner Porphyrie kommt die Biosynthese komplett zum Erliegen. Der erste Schritt der Biosynthese der Hämgruppe ist die Synthese von δ-Aminolävulinsäure aus Glycin und Succinyl-CoA (s. *Abb.*), katalysiert von δ-Aminolävulinsäuresynthase (ALAS). Es handelt sich hierbei um den für den ganzen Stoffwechselweg geschwindigkeitsbestimmenden Schritt. Für jeden der sechs Folgeschritte kennt man Enzymdefekte, die eine Porphyrie verursachen.

Alle Porphyrien führen über einen metabolischen Block zur Akkumulation von Zwischenprodukten des Stoffwechselwegs und zur Bildung und Ausscheidung abnormer Porphyrine. Die abnormen Metabolite und nicht das Fehlen des Häms sind für die klinischen Probleme verantwortlich. Porphyrien sind klinisch gekennzeichnet durch Symptome der Haut, des Nervensystems und/oder der inneren Organe. Die Hautprobleme werden durch die Ablagerung des unphysiologischen Porphyrins Uroporphyrin I verursacht, das die Haut extrem lichtempfindlich werden lässt. Patienten mit akuter intermittierender Porphyrie, Porphyria variegata oder hereditärer Koproporphyrie sind im Großen und Ganzen gesund, doch verschiedene Umwelt-, Hormon- oder Stoffwechselfaktoren können einen Krankheitsschub bedingen. Alles, was die ALAS-Aktivität der Leber anregt, kann zu einer Aktivierung des gestörten Stoffwechselweges und zur vermehrten Freisetzung der schädlichen Intermediärprodukte führen – dazu gehören unter anderem Alkohol und Medikamente. Bei einem solchen Schub erleiden die Patienten schwere Magenkoliken und manchmal auch psychische Störungen, aber zwischen den Episoden sind sie in der Regel gesund (das Geschlechterverhältnis weiblich/männlich beträgt 5/1). Möglicherweise ist von Bedeutung, dass Porphyrine als Liganden für manche Benzodiazepinrezeptoren wirken können. Man hat gemutmaßt, dass verschiedene als „verrückt" eingestufte Persönlichkeiten der Geschichte – Vincent van Gogh zum Beispiel, oder der britische König George III – unter einer Porphyrie gelitten haben könnten.

Bei den Porphyrien gibt es verschiedene Aspekte, die von genetischem Interesse sind:

- Wie bei höheren Organismen üblich sind die Gene, die diese funktionell zusammenhängenden Enzyme kodieren, nicht wie in Bakterien zu einem Operon vereint, sondern über verschiedene Chromosomen verteilt.

- Die meisten Porphyrien werden dominant vererbt, aber die Vielfalt und Beschaffenheit der beschriebenen Mutationen (s. die entsprechenden OMIM-Einträge) machen deutlich, dass es sich um Loss-of-function-Mutationen handelt und die Pathologie auf Haplotypinsuffizienz zurückzuführen ist. Die einzige rezessiv vererbte Krankheit in dieser Gruppe, die kongenitale erythropoetische Porphyrie, ist durch einen teilweisen Funktionsverlust des betroffenen Enzyms gekennzeichnet. Die Schwere des klinischen Krankheitsbildes dieser Krankheit korreliert gut mit einer Enzym-Restaktivität. Ein sehr geringes Aktivitätsniveau führt zum Hydrops fetalis.

- Porphyria cutanea tarda ist die häufigste Form der Porphyrie, aber nur 20 Prozent der Fälle sind genetischen Ursprungs. Es gibt dafür eine ganze Reihe von Umweltfaktoren – unter anderem Alkohol –, außerdem ist die Anfälligkeit größer bei Menschen, bei denen sich im *HFE*-Gen eine der mit Hämochromatose (OMIM 235200) assoziierten Mutationen findet.

- Die erythropoetische Protoporphyrie erscheint dominant erblich, aber viele Träger eines einzelnen in seiner Funktion gestörten *FECH*-Allels bleiben völlig gesund. 35 Prozent der normalen Enzymaktivität reichen aus, um die Krankheit zu verhindern – warum haben also Menschen mit dieser dominant erblichen Krankheit weniger als 50 Prozent der normalen Ferrochelatase-Aktivität? Ein dominant negativer Effekt könnte eine Erklärung sein (s. *Abschitt 6.4*), allerdings gibt es bei ein und derselben FECH-Mutation Personen, die erkrankt sind, und solche die gesund sind, damit scheidet ein dominant negativer Effekt aus.

Es hat sich gezeigt, dass nahezu alle betroffenen Patienten compound heterozygot für ein seltenes nicht funktionfähiges Allel und ein häufiges teilfunktionsfähiges Allel sind. Eine einzelne Basensubstitution T>C 48 Nukleotide vom 3'-Ende des Intron 3 im FECH-Gen (SNP rs2272783) ist in manchen Populationen weit verbreitet (bei Japanern zu 43 Prozent, bei Südostasiaten zu 31 Prozent und bei Franzosen weißer Hautfarbe zu 11 Prozent), in anderen hingegen selten (bei Westafrikanern schwarzer Hautfarbe zu < 1 Prozent). Die Häufigkeit des SNP in den einzelnen Populationen korreliert mit der Häufigkeit des Auftretens von erythropoetischer Protoporphyrie. Dieser Polymorphismus beeinflusst die Effizienz des Spleißvorgangs. Ein Großteil der vom C-Allel transkribierten RNA wird falsch gespleißt und dann durch Nonsense-vermittelten Abbau degradiert (s. *Kap. 6*). Ein solcher Mechanismus vermag möglicherweise auch einen Teil der bei anderen dominanten Phänotypen beobachteten Variabilität zu erklären.

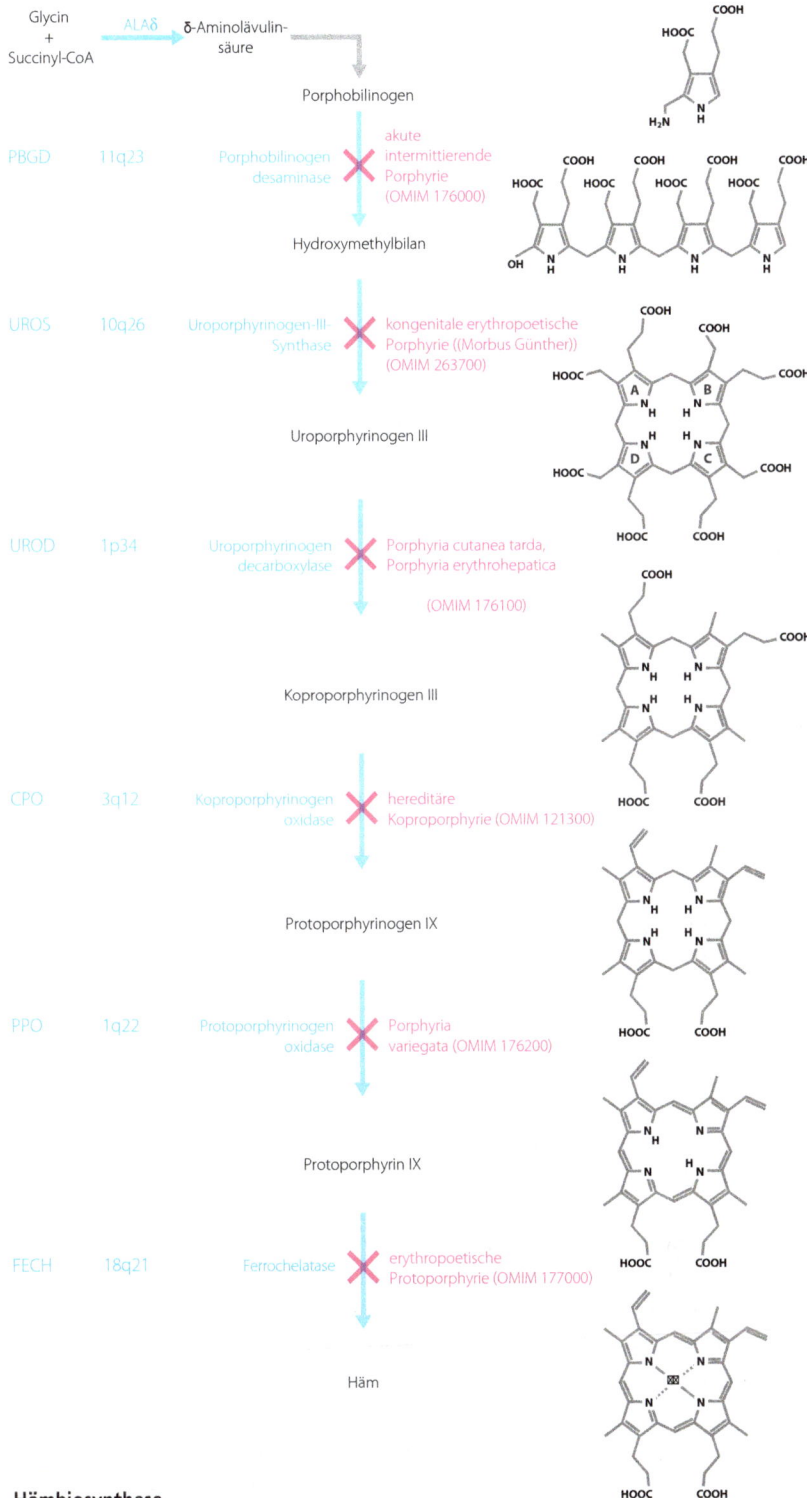

Hämbiosynthese
Abgebildet sind der Stoffwechselweg, die Namen und Genorte der beteiligten Enzyme und die Namen und OMIM-Codes der durch Gendefekte bei den einzelnen Schritten bedingten Erkrankungen.

8.5 Quellen

Buckley R.H. (2004): Molecular defects in human severe combined immunodeficiency disease and approaches to immune reconstitution. *Ann. Rev. Immunol.* 22. 625–655

Evans W.E. & McLeod H.L. (2003): Pharmacogenomics: drug disposition, drug targets and side effects. *New Engl. J. Med.* 348: 538–549. Der Text ist zudem frei verfügbar unter http://content.nejm.org./cgi/content/extract/348/6/538

Horton R., Wilming L., Rand V. et al. (2004): Gene map of the extended human MHC. *Nat. Rev. Genet.* 5: 889–899.

Janeway C.A., Travers P., Walport M., Shlomchik M. (2001): *Immunobiology*, 5. Aufl. Hrsg. Garland Science, New York. Verfügbar über das NCBI Bookshelf http://www.ncbi.nlm.nih.gov/books

Karniski L.P. (2001): Mutations in the diastrophic dysplasia sulfate transporter (DTDST) gene: correlation between sulphate transport activity and chondrodysplasia phenotype. *Hum. Molec. Genet.* 10: 1485–1490.

McLeod H.L. & Siva C. (2002): The thiopurine S-methyltransferase gene locus – implications for clinical pharmacogenomics. *Pharmacogenomics* 3: 89–98.

Scriver C. & Waters P.J. (1999): Monogenic traits are not simple: lessons from phenylketonuria. *Trends Genet.* 15: 267–272. Äußerst empfehlenswerte Lektüre

Service R.F. (2005): Going from genome to pill. *Science* 308: 1858–1860.

Weinshilboum R. (2005): Inheritance and drug response. *New Engl. J. Med.* 348: 529–537. Der Text ist zudem frei verfügbar unter http://content.nejm.org/cgi/content/extract/348/6/529.

Nützliche Internetseiten
BiDil-Archiv: http://www.nottingham.ac.uk/igbis/reg/bidil.htm
Personalised medicines: hopes and realities – a report by the Royal Society 2005: http://www.royalsoc.ac.uk/displaypagedoc.asp?id=17570

8.6 Fragen und Aufgaben

(1) Die Zeichnung

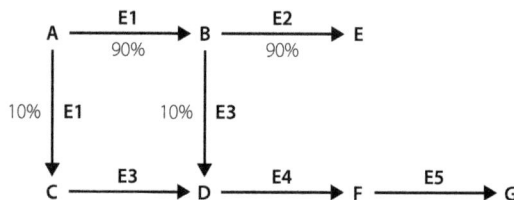

illustriert den Biosyntheseweg vom Vorläufermolekül A zu den Produkten E und G. Katalysiert wird die Reaktion von den Enzymen E1–E5. E1 wandelt 90 Prozent von A zu B und 10 Prozent zu C um. 90 Prozent von B werden normalerweise von E2 in E umgesetzt, 10 Prozent von E3 zu D. Welches Enzym – bzw. welche Enzyme – könnte bei einer Krankheit defekt sein, bei der man (a) einen Mangel an E und G, (b) nur einen Mangel an G und (c) einen Mangel an E bei gleichzeitigem Anstieg von G beobachtet?

(2) Beschreiben Sie, auf welche Weise eine Krankheit mit mendelschem Erbgang als Folge des Funktionsverlustes verschiedener Enzyme zustande gekommen sein kann, wenn a) mehrere miteinander nicht verwandte Patienten einen Funktionsverlust in nur einem der Enzyme aufweisen, bei jedem aber ein anderes Enzym betroffen ist, und (b) jeder Patient einen Funktionsverlust bei allen beteiligten Enzymen aufweist.

(3) Die akut intermittierende Porphyrie ist eine dominant erbliche Krankheit, dennoch wird geschätzt, dass 80 Prozent der für eine pathogene *PBDG*-Mutation

heterozygoten Menschen durchs Leben gehen, ohne sich dessen bewusst zu sein und ohne jemals zu erkranken. Diskutieren Sie die möglichen Gründe für diese geringe Penetranz.

(4) Diskutieren Sie, was dafür spräche, Skorbut als genetisch bedingte Krankheit zu betrachten. Gelten ähnliche Argumente auch für andere Beispiele?

(5) Arthur, Bridget und ihre drei Kinder Charles, Daniel und Eliza haben sich in Bezug auf ihre HLA-Gene typisieren lassen, untersucht wurden die Loci HLA-A, HLA-B und HLA-DR. Die Ergebnisse sehen aus wie folgt:

Arthur	A3,23; B7,27	DR3,4
Bridget	A2,23 B15,27	DR3,4
Charles	A3,23 B15,27	DR3,4
Daniel	A2,23 B7,27	DR3,4
Eliza	A2,3 B27	DR4

Angenommen, es findet keine Rekombination statt, so dass die Allele A, B und DR als kompletter Haplotyp vererbt werden: Benennen Sie die Haplotypen in dieser Familie.

(6) Welche Merkmale von Genort oder Mutationsspektrum bei einer Krankheit würden Sie dazu veranlassen anzunehmen, dass Genkonversion ein wesentlicher Mutationsfaktor gewesen ist?

(7) Wie könnte mögliche Genotypen für die in den beiden Gelen aus *Abb. 8.8* gezeigten Spuren 6, 8 und 9 aussehen?

Kapitel 9
Wie machen Forscher Gene für Krankheiten mit mendelschem Erbgang ausfindig?

Wenn Sie dieses Kapitel durchgearbeitet haben, sollten Sie in der Lage sein:

- die Prinzipien der Genkartierung am Beispiel des Menschen zu beschreiben
- in einem einfachen Stammbaum rekombinante und nicht rekombinante Nachkommen zu identifizieren
- die Verwendung von Mikrosatelliten und Einzelnukleotid-Polymorphismen (SNP) als genetische Marker darzustellen
- in groben Umrissen die unterschiedlichen Strategien zu erläutern, mit deren Hilfe man mit Krankheiten assoziierte Gene beim Menschen aufgespürt hat
- zu zeigen, wie sich die Datenbanken des Humangenomprojekts für die Behandlung klinischer Fragestellungen nutzen lassen
- zu zeigen, auf welche Weise man mit Hilfe gekoppelter Marker die Spur eines mit einer Krankheit assoziierten Gens durch einen Stammbaum verfolgen kann.

9.1 Fallbeispiele

219	229							

Hereditäre symmetrische Dyschromatose

Auch wenn diese Krankheit (OMIM 127400) selten und nicht übermäßig dramatisch in ihrem Verlauf ist, haben wir uns dennoch entschlossen, sie aufzunehmen, weil in ihrem Fall sämtliche Schritte der Standardroutine zur Identifizierung von Genen in einem einzigen Artikel zusammengefasst sind und die entsprechende

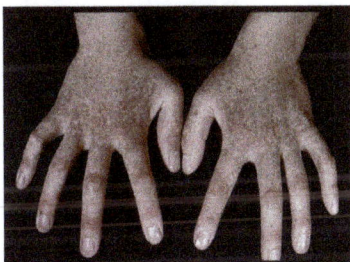 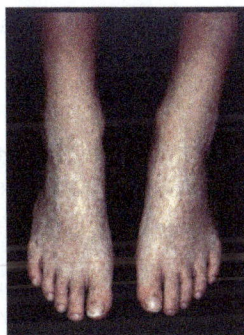

(a)   (b)

Abb. 9.1 Hereditäre symmetrische Dyschromatose (Dyschromatosis symmetrica hereditaria, DSH)
Bei Patienten mit DSH finden sich auf Hand- und Fußrücken große Mengen kleiner hyper- und hypopigmentierter Flecken, die jedoch nicht den allgemeinen Gesundheitszustand der Betroffenen beeinträchtigen. Die Erkrankung wird autosomal dominant vererbt. Aufnahmen mit freundlicher Genehmigung der Dres. Tamio Suzuki und Yasushi Tomita, Nagoya University.

Literaturquelle den meisten Lesern zugänglich sein dürfte (Miyamura et al., 2003). Weil es sich hierbei um real vorhandene Familien handelt, haben wir dieses Mal keine Anstrengungen unternommen, uns eine klinische Verlaufsgeschichte auszudenken.

9.2 Grundlagen

Es gibt zwei Begriffsmöglichkeiten, Gene zu definieren:

- als Einheiten, die Merkmale mit mendelschem Erbgang definieren (z.B. Huntington-Gen usw.), sowie
- als funktionelle Einheiten der DNA.

Am Ende müssen beide einander entsprechen, in diesem Kapitel werden wir sehen, wie sich beide zur Deckung bringen lassen. Das Humangenomprojekt und ähnlich gelagerte Initiativen geben uns eine sehr gute Auflistung von Genen als funktionelle DNA-Einheiten an die Hand. Wir kennen die genaue physikalische Lage der einzelnen Gene und ihre Distanzen zueinander, gemessen in Basenpaaren DNA vom Ende eines Chromosoms her. Der Katalog ist noch nicht ganz vollständig – Gene, deren Produkt in einer nicht translatierten RNA besteht, sind unterrepräsentiert, und für viele proteinkodierende Gene fehlt es noch an Details. Dennoch ist die Liste auch in ihrem gegenwärtigen Zustand, zumindest was die proteinkodierenden Gene angeht, eine unvergleichliche Fundgrube.

Nun sagt uns die reine Kenntnis der Sequenz des menschlichen Erbguts allein noch nichts über ein Gen aus, wie beispielsweise das, welches mit dem Auftreten der Chorea Huntington assoziiert ist – weder über seine DNA-Sequenz noch über seine Lage. Gene, die über einen Phänotyp definiert sind, müssen mittels verschiedener Methoden aufgespürt werden. Hat man sie einmal ausfindig gemacht, stellt sich so gut wie immer heraus, dass es sich um Sequenzen handelt, die man bereits als funktionelle DNA-Einheiten kannte – umgekehrt ist es in der Regel allerdings unmöglich, im Vorhinein zu sagen, welche funktionelle Einheit bei einer solchen Suche die richtige sein wird. Die Hauptleistung der klinischen Humangenetik aus den Jahren 1985-2000 hat darin bestanden, für den Großteil der Krankheiten mit mendelschem Erbgang die entsprechenden Gene ausfindig zu machen und die Verbindung zwischen klinischen Merkmalen und mutierten DNA-Sequenzen herzustellen.

Es gibt mehrere Möglichkeiten, einem Gen für ein Merkmal mit mendelschem Erbgang auf die Spur zu kommen, unter anderem die folgenden:

- Ist die Sequenz des Proteinprodukts bekannt, lässt sich über die Tabelle zum genetischen Code eine relativ wahrscheinliche cDNA-Sequenz herleiten. Anschließend kann man eine Oligonukleotid-Sonde synthetisieren, die Teilen der Sequenz entspricht, mit dieser eine cDNA-Bibliothek durchsuchen und aus dieser schließlich einen Klon isolieren, der die gesuchte cDNA enthält (s. *Exkurs 9.1*).
- Hat sich bei einem Mitglied einer Genfamilie herausgestellt, dass es mit der Entstehung einer bestimmten Krankheit assoziiert ist, so werden andere Gene aus dieser Familie automatisch zu potentiellen Kandidaten für eine Beteiligung an verwandten Krankheiten. Als man zum Beispiel nachgewiesen hatte, dass bei Patienten mit Marfan-Syndrom das Fibrillingen mutiert ist (s. Fallbeispiel 11, Familie Johnson), avancierte das verwandte Gen Fibrillin 2 automatisch zum viel versprechenden Kandidatengen für eine verwandte Krankheit, die kongenitale kontrakturelle Arachnodaktylie (OMIM 121050).
- Ruft ein Gen bei einem Tier einen bestimmten pathologischen Phänotyp hervor, so besteht die reelle Möglichkeit, dass das Homolog beim Menschen eine Krankheit mit entsprechender Symptomatik hervorruft. Eine Mutation im Mausgen *sox 10* beispielsweise sorgt bei Mäusen für den Phänotyp „dominantes Megakolon". Sein menschliches Homolog *SOX 10* wurde deshalb mit der Entstehung

Exkurs 9.1 Identifizierung von Genen über das Genprodukt

Diesen Weg hat man früher bei der Identifizierung von Krankheitsgenen beschritten. Bis zum Ende der siebziger Jahre waren die Techniken zur Isolierung und Charakterisierung von Proteinen sehr viel weiter entwickelt als die zur Isolierung und Charakterisierung von menschlicher DNA. Dazu einige Beispiele:

- Die α- und β-Globingene: Sie gehören zu den ersten menschlichen Genen, die man kloniert hat, und dies war nur möglich, weil man wusste, dass der größte Teil der Proteinsynthese in den Vorläuferzellen der roten Blutkörperchen diesen beiden Globinketten gewidmet ist. Die aus diesen Zellen isolierte RNA kam daher einer leicht verunreinigten Präparation von Globin-RNA gleich und konnte verwendet werden, um Genbanken auf passende Klone zu durchsuchen.
- Faktor VIII: Dieses Gen wurde im Jahre 1984 identifiziert, wieder aufgrund dessen, was man über das Protein wusste. Es war bekannt, dass Hämophilie A durch einen Mangel an Gerinnungsfaktor VIII verursacht wird. Man isolierte eine ausreichend große Menge an Faktor VIII aus Schweineblut und ermittelte einen Teil der Aminosäuresequenz.

Aus dieser leitete man den genetischen Code für die mutmaßliche Sequenz der kodierenden mRNA ab. Die so vorhergesagte Sequenz enthielt jede Menge Unsicherheiten – es kann zum Beispiel die Aminosäure Serin durch sechs verschiedene Codons kodiert werden. Das andere Extrem bilden Aminosäuren wie Tryptophan und Methionin, die jede nur durch ein einziges Codon beschrieben werden können. Man wählte eine Folge von 15 Aminosäuren, bei denen die Unsicherheiten möglichst gering waren und synthetisierte eine Mischung von Oligonukleotiden, die alle möglichen Sequenzen enthielt, die diesen 15 Aminosäuren hätten zugrunde liegen können. Diese Mischung wurde dann als Sonde verwendet, um in einer genomischen Datenbank von Schweine-DNA nach passenden Sequenzen zu suchen. Mit Hilfe des Faktor-VIII-Gens aus dem Schwein und einem passenden Klon ging man nun daran, das menschliche Faktor-VIII-Gen aus einer humanen DNA-Genbank zu isolieren.

Die Techniken der modernen Proteomforschung werden es in Zukunft möglicherweise erneut möglich machen, Gendefekte, die einer Krankheit zugrunde liegen, anhand des veränderten Proteinrepertoires zu identifizieren.

von Waardenburg-Syndrom Typ IV (OMIM 277580) beim Menschen in Verbindung gebracht.

- Ist ein Genprodukt Teil eines Entwicklungs- oder Stoffwechselweges beziehungsweise an einem regulatorischen System beteiligt und bei manchen Menschen mit einer bestimmten Krankheit mutiert, bei anderen hingegen nicht, so bietet es sich an, andere Gene des jeweiligen Stoffwechselweges als Kandidaten zu betrachten. *Krankheitsinfo 7* behandelt als Beispiel *CDKL5* und das Rett-Syndrom.
- Hat sich bei einer Krankheit das Phänomen der Antizipation gezeigt (das heißt, zeigt sie in jeder folgenden Generation einen schwereren Verlauf und/oder setzt früher ein – s. *Krankheitsinfo 4*), so ist es eine plausible Vermutung, dass sie durch eine instabile, expandierende Tandem-Repeatsequenz verursacht wird. Es gibt Methoden, die DNA eines Patienten direkt auf solche DNA-Repeatexpansionen hin zu untersuchen. Wenn sich dann bei einem bestimmten Gen eine solche Expansion findet, kann man in der DNA von anderen Patienten nach derselben Expansion suchen.

Nicht jede dieser Vorgehensweisen ist allerdings uneingeschränkt anwendbar auf jede Krankheit mit mendelschem Erbgang. Grundsätzlich ist die Chance, dass man mit einer phänotyp-basierten Prognose das richtige Gen trifft, nicht übermäßig hoch, da Genotyp-Phänotyp-Korrelationen prinzipiell schwer fassbar und schlecht vorherzusagen sind. Bevor sie daher viel Zeit und Mühe in ein Mutationsscreening investieren, würden die meisten Wissenschaftler es vorziehen, durch zusätzliche Befunde bestätigt zu sehen, dass sie am richtigen Ort suchen. Eine solche Bestätigung bezieht man aus der chromosomalen Kartierung des klinischen Merkmals.

Die Standardroutine, nach der man die überwiegende Mehrzahl der Gene für Krankheiten mit mendelschem Erbgang ausfindig gemacht hat, beginnt mit der Kartierung des merkmalbestimmenden Gens - dem Eingrenzen seiner Lage auf dem Chromosom. In der Zeit vor dem Humangenomprojekt musste man zunächst die gesamte DNA aus der Kandidatenregion klonieren, jedes Gen in dieser Region identifizieren und dieses dann bei betroffenen Personen auf Mutationen untersuchen. Man bezeichnet diesen Ansatz als Positionsklonierung, und es handelte sich um eine wahrhaft heroische Aufgabe. Heutzutage – in der Post-HUGO-Ära – sind die Dinge um einiges einfacher geworden. Hat man die Genregion kartiert, lädt man sich aus den Datenbanken eine Liste von Genen in der entsprechenden Chromosomenregion herunter und sucht sich daraus geeignete Kandidaten für ein Mutationsscreening heraus.

Wir wollen uns im Folgenden genauer damit befassen, wie sich phänotyprelevante Gene beim Menschen kartieren lassen und wie sich dann innerhalb der Kandidatenregion das richtige Gen aufspüren lässt. In *Abschnitt 9.3* behandeln wir die verschiedenen Schritte an einem konkreten Beispiel, dem Vorgehen bei der Identifizierung des DSH-Gens, bei dem man den ersten der beiden oben beschriebenen Wege gegangen ist, das heißt, sich zuerst anhand der Position Kandidaten gesucht und dann ein Mutationsscreening durchgeführt hat.

Die Grundzüge der Genkartierung

Jede Genkartierung gründet sich auf dem Verhalten von Chromosomen während der Meiose (*Abb. 2.7*). Nicht homologe Chromosomen segregieren unabhängig voneinander, das heißt, für Allele, deren Genorte auf verschiedenen Chromosomen liegen, beträgt die Chance dafür, in dieselbe Keimzellen zu geraten, ebenso 50 Prozent wie die Chance dafür, in verschiedenen Keimzellen zu landen (nicht rekombinant versus rekombinant). Genorte, die auf demselben Chromosom liegen, werden zusammenbleiben, sofern sie nicht durch ein Crossover-Ereignis zwischen zwei homologen Chromosomen voneinander getrennt werden (*Abb. 9.2*), das heißt, falls nicht irgendwo zwischen den beiden Genorten ein Austausch von Chromosomenabschnitten stattfindet. Bei weit voneinander entfernten Loci geschieht das naturgemäß häufiger als bei solchen, die dicht beieinander liegen. Damit wird die Häufigkeit, mit der es zwischen zwei Genorten zu einer Rekombination kommt, zu einem Maß für die Entfernung zwischen den beiden. Werden zwei Genorte in 1 Prozent aller Meiosen durch Rekombination voneinander getrennt, so beträgt die Entfernung zwischen ihnen *per definitionem* 1 centiMorgan.

Solchermaßen definierte und in centiMorgan gemessene *genetische* Entfernungen sind nicht dasselbe wie *physikalische* Distanzen, die man in DNA-Einheiten – Basenpaaren, Kilo- oder Megabasen – bemisst. Beide würden nur dann übereinstimmen, wenn die Crossover-Chancen auf jedem Chromosomenabschnitt gleich ständen. In Wirklichkeit aber haben manche Regionen eine höhere Crossover-Frequenz als andere. Die Reihenfolge der Genorte sollte auf genetischen und phy-

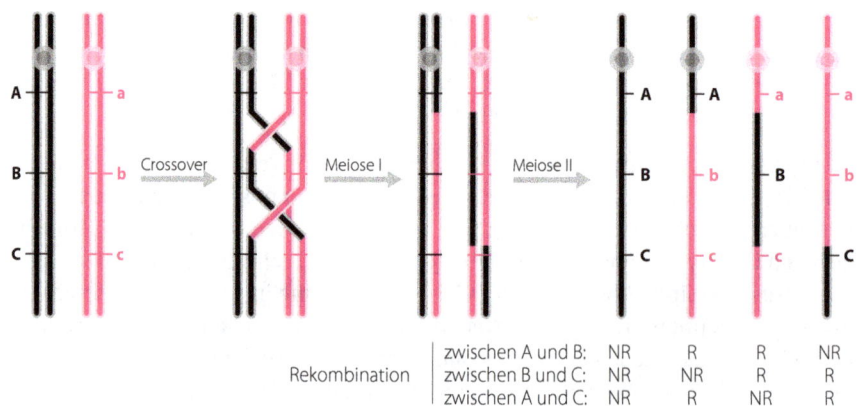

Rekombination	zwischen A und B:	NR	R	R	NR
	zwischen B und C:	NR	NR	R	R
	zwischen A und C:	NR	R	NR	R

Abb. 9.2
Durch Crossover zwischen den paarweise angeordneten homologen Chromosomen der ersten Meioseteilung kommt es zur Rekombination von Genorten. Dieses Beispiel zeigt die Auswirkungen von Crossover-Ereignissen zwischen drei von vier Chromatiden auf die drei Loci A, B und C. Ein Doppel-Crossover kann zwei, drei oder alle vier Stränge betreffen. NR steht für nicht rekombinant für dieses Locuspaar, R für rekombinant.

Drei rezessive Merkmale wurden untersucht.

    Vermilion (v)   gegenüber normaler Augenfarbe (rot, v^+)
    Crossveinless (cv)   gegenüber normalen Flügelvenen (cv^+)
    Cut (ct)   gegenüber normaler Flügellänge (ct^+)

Die verfügbaren Stämme waren:

    rote Augen, crossveinless, cut (v^+/v^+, cv/cv, ct/ct)
    vermilion, normale Flügel (v/v, cv^+/cv^+, ct^+/ct^+)

(a) *Für das Kartierungsexperiment wurden zwei Linien gezüchtet:*
    dreifach rezessive – v/v, cv/cv, ct/ct – mit roten Augen, fehlender Querader und Stummelflügeln, sowie dreifach heterozygote – v/v^+, cv/cv^+, ct/ct^+ – mit komplett normalem Phänotyp.

(b) *Die dreifach heterozygoten Tiere wurden mit Fliegen gekreuzt, die für alle drei rezessiven Merkmale homozygot waren, und die Nachkommen auf ihren Phänotyp untersucht:*
    Die rezessiven Merkmale stammten stets von den Männchen, so dass der Phänotyp der Nachkommen den Genotyp der mütterlichen Keimzelle, aus der er hervorgegangen ist, direkt widerspiegelt.

(c) *Es wurde nach Rekombinanten zwischen jeweils zwei Genorten gesucht, und die Rekombinationsfraktion berechnet:*
    Keimzellen sind rekombinant, wenn sie eine Allelkombination enthalten, die sich von der der Eltern unterscheidet (v^+, cv, ct) und (v, cv^+, ct^+). Folgende Ergebnisse wurden erzielt:

v	cv^+	ct^+	580	nicht rekombinant ($n = 1172$)
v^+	cv	ct	592	
v	cv	ct^+	45	rekombinant zwischen (v, ct) und cv ($n=85$)
v^+	cv^+	ct	40	
v	cv	ct	89	rekombinant zwischen v und (cv, ct) ($n=183$)
v^+	cv^+	ct^+	94	
v	cv^+	ct	3	rekombinant zwischen (v, cv) und ct ($n=8$)
v^+	cv	ct^+	5	
			1488	

Man beachte, dass lediglich 316 der 1488 Gameten (das sind 21 Prozent) rekombinant sind. Die drei Loci sind daher eindeutig gekoppelt.

(d) *Aus der Kombination der Daten ergeben sich Reihenfolge und genetische Distanzen zwischen den einzelnen Loci*
    Die seltenste Gruppe ist zwangsläufig diejenige, zu deren Bildung eine doppelte Rekombination notwendig war, daraus ergibt sich die Anordnung der Gene als v – ct – cv.

Als nächstes zählen wir die Rekombinanten pro Intervall:

    zwischen v und ct: 183 + 8   = 191/1488 = 13,2%
    zwischen ct und cv: 85 + 8   = 93/1488 = 6,4%
    zwischen v und cv: 183 + 85 + (2×8) = 284/1488 = 19,6%

Aus diesem Experiment ergibt sich folgende Kartierung: v – 13,2 cM – ct – 6,4 cM – cv.

Vermilion – Augenfarbenmutante – dunkelrote Augen, Augenfarbe wird kontrolliert durch den v Genort von Drosophila, der eine Tryptophanpyrrolase kodiert, rezessiv vererbt.

Crossveinless – Fehlen der großen longitudinalen Venen der Flügel bei Drosophila, rezessiv vererbt.

Cut – verkümmerte Flügel, Cut ist ein Transkriptionsfaktor mit einer Homeobox Domäne, welches das Wachstum der Flügel bei Drosophila reguliert.

Abb. 9.3 Genetische Kartierung an der Taufliege *Drosophila melanogaster*
Die Abstände sind genetische Entfernungen, gemessen in centiMorgan (cM). Daten aus Griffith et al., 1999.

sikalischen Karten dieselbe sein, aber die Abstände unterscheiden sich unter Umständen deutlich. Als Faustregel kann man annehmen, dass 1cM etwa 1 Mb entspricht, aber es gibt hierbei beträchtliche regionale Unterschiede.

Bei der Kartierung von Genen untersucht man eine Reihe von unabhängigen Meiosen im Hinblick auf zwei oder mehr Genorte und schätzt dann den Anteil an Meiosen, bei denen es zwischen diesen zur Rekombination gekommen ist. Liegt die Rekombinationshäufigkeit deutlich unter 50 Prozent, geht man davon aus, dass die beiden Loci gekoppelt sind und auf demselben Chromosom zu finden sein werden. Nicht gekoppelte Loci liegen entweder auf verschiedenen Chromosomen oder auf demselben Chromosom in großer Entfernung voneinander. Untersucht man eine

Reihe von gekoppelten Genorten und schätzt die jeweiligen Rekombinationsereignisse, so lassen sich die Loci in richtiger Reihenfolge hintereinander auf einer genetischen Karte aufreihen (*Abb. 9.3*). Die Abbildung zeigt einen Züchtungsversuch an Taufliegen, jenem Organismus, an dem die Methodik der Genkartierung etwa zwischen 1910 und 1920 von T.H. Morgan entwickelt wurde. Mit Experimenten wie dem hier dargestellten wurde die Methodik zwar etabliert, eine Anwendung dieser Prinzipien auf das menschliche Genom macht jedoch ausgefeilte statistische Methoden erforderlich.

Spezielle Probleme der Genkartierung beim Menschen

Über die Notwendigkeit, genetische Marker zu verwenden
Die Kartierung menschlicher Gene geht von genau derselben Fragestellung aus wie die Kartierung von Taufliegengenen, aber die angewandten Methoden müssen auf eine typische Menschenfamilie zugeschnitten werden. Bei einer Kartierung wird grundsätzlich nach Locuspaaren (oder größeren Mengen an Loci gesucht). Zwar kann es praktisch bei jeder Meiose zu einem Crossover kommen, doch ob so etwas geschehen ist oder nicht, können wir nur dann sagen, wenn der oder die Betreffende, bei dem die Meiose stattgefunden hat, für die beiden Genorte heterozygot ist. Bei den Fliegen in *Abb. 9.3* konnte der Experimentator eine passende Kreuzung arrangieren. Bei Menschen müssen wir die Familien nehmen wie sie kommen. Die Chance, Familien zu finden, in denen zwei Krankheiten vererbt werden, so dass sich doppelt heterozygote Personen ausfindig machen lassen, ist mehr als gering. So suchen wir also nach Familien, in denen die Krankheit, die uns interessiert, vererbt wird, und genotypisieren die Betreffenden anhand entsprechender Marker. Marker, die sich für diesen Zweck eignen, müssen vier Eigenschaften erfüllen:

- Sie müssen einen klaren mendelschen Erbgang aufweisen.
- Sie müssen hinreichend polymorph sein, damit eine reelle Chance besteht, dass die zu untersuchenden Personen auch heterozygot für den Marker sind.
- Sie müssen mit annehmbarem Aufwand typisierbar sein, und das aus Material, welches jeder Familienangehörige vermutlich zu spenden bereit ist.
- Die Marker müssen über das gesamte Genom hinweg in annehmbar kleinen Abständen verteilt sein. Wie nahe „annehmbar" ist, hängt von der Anzahl der Personen ab, die man aus der Familie untersuchen kann. Hat man die Chance, eine sehr große Zahl von Personen und damit von Meiosen zu untersuchen, kann man theoretisch das gesamte Genom abdecken, wenn die Marker 40 cM voneinander entfernt sind. In der Realität machen Stammbaumaufstellungen meist einen Markerabstand von maximal 10 cM nötig, das bedeutet 300 bis 500 einigermaßen gleichmäßig über das gesamte Genom verteilte Marker.

In der Vergangenheit hat man Blutgruppen, elektrophoretische Varianten von Proteinen und Histokompatibilitätsantigene als Marker zu verwenden versucht, doch jedes davon ließ eines oder mehrere der oben aufgelisteten Kriterien vermissen. Alle Anforderungen werden einzig und allein von DNA-Polymorphismen erfüllt. Im Allgemeinen werden zwei Arten von Polymorphismen als Marker verwendet (*Abb. 9.4*):

- Mikrosatelliten sind kurze, hintereinander geschaltete, repetitive, sich wiederholende Sequenzen (Tandem-Repeats), zum Beispiel Sequenzabfolgen der Zusammensetzung $(CA)_n$, die bei allen Menschen vorhanden und an immer derselben Stelle im Chromosom lokalisiert sind, sich aber von Person zu Person durch die Anzahl der Wiederholungen unterscheiden. Die ersten Phasen des Humangenomprojektes waren beispielsweise zum großen Teil dem Auffinden geeigneter Mikrosatelliten gewidmet. Heute gibt es einen Katalog von mehr als 20000 solcher Sequenzen. Zur Genotypisierung wird ein DNA-Abschnitt vervielfältigt (amplifiziert), der Mikrosatelliten-DNA enthält, die Länge der Sequenz wird dann mittels Gelelektrophorese bestimmt (häufig nach Fluoreszenzmarkie-

(a)
```
ctctcacagt agccacacac acaccgctgc acagcggcct                    n=5
ctctcacagt agccacacac acacaccgct gcacagcggc ct                 n=6
ctctcacagt agccacacac acacacaccg ctgcacagcg gcct               n=7
```

(b)
```
tttttttg tttcccttcc atgggtgata ttgcttcttg aaatacggac              A
tttttttg tttcccttcc atgggtgatc ttgcttcttg aaatacggac              C
```

(c)
```
tgcacagtga tgtggaattc gaaagctgac tgca          EcoRI-Schnittstelle vorhanden
tgcacagtga tgtggaattt gaaagctgac tgca          EcoRI-Schnittstelle fehlt
```

Abb. 9.4 Verbreitete Arten von DNA-Polymorphismen
(a) (CA)$_n$-Mikrosatellit. **(b)** A/C-Einzelbasenaustausch. **(c)** C/T-Einzelbasenaustausch, aus dem sich ein RFLP (Restriktionsfragmentlängenpolymorphismus) ergibt (in diesem Falle durch den Verlust einer EcoRI-Schnittstelle durch die Mutation CpG>TpG. Das Restriktionsenzym EcoRI erkennt die Sequenz GAATTC.

rung in einem Sequenzierungsautomaten). Mikrosatelliten haben den Vorteil, dass es sehr viele mögliche Allele gibt (jemand kann 5, 6, 7, 8 und so weiter Repeats haben), wodurch sich die Wahrscheinlichkeit dafür erhöht, dass uns eine Meiose Informationen liefern wird, kurz: „informativ" sein wird.

- Einzelnukleotidpolymorphismen (englisch: *single nucleotide polymorphisms* oder SNP) sind zwar weniger informativ, weil an einer polymorphen Stelle eigentlich immer nur zwei Alternativen in Frage kommen, dafür sind sie in großer Zahl vorhanden (die dbSNP-Datenbank – s. *Quellen* – listet mehr als 10 Millionen auf) und die Genotypisierung lässt sich mit Verfahren vornehmen, zu denen man keine Gelelektrophorese braucht. Das ist insofern von Bedeutung, als dies den Einsatz verschiedener Techniken mit extrem hohem Durchsatz ermöglicht – Mikroarrays (SNP-Chips) zum Beispiel oder Methoden, die auf der Durchflusssortierung mikroskopisch kleiner Kugeln basieren. Manche SNP lassen eine Erkennungsstelle für ein Restriktionsenzym entstehen oder verschwinden und schaffen damit einen Restriktionsfragmentlängen-Polymorphismus (RFLP). RFLP waren ursprünglich die ersten DNA-Marker für die Kartierung. Sie sind zwar im Großen und Ganzen inzwischen durch Mikrosatelliten abgelöst, aber in der Praxis noch immer von Nutzen, weil eine Genotypisierung anhand dieser Sequenzen auch in einem kleinen Labor leicht und unaufwendig zu handhaben ist.

Sämtliche DNA-Polymorphismen haben als genetische Marker einen großen Vorteil: Sie lassen sich problemlos einer speziellen Chromosomenregion zuordnen. Ursprünglich wurde das mittels Fluoreszenz-*in-situ*-Hybridisierung (FISH) oder ähnlicher Methoden bewerkstelligt (s. *Abschitt 4.2*); inzwischen muss man dazu nur noch die Genomdatenbank auf die Lage benachbarter einzigartiger Sequenzen durchsuchen. Der genetischen Kartierung steht inzwischen ein sehr dichtes Netz an Markern zur Verfügung, die allesamt in ihrer Lage zueinander und in ihrer jeweiligen Chromsomenregion genau kartiert und charakterisiert sind.

Die Identifizierung von rekombinanten Nachkommen
Abb. 9.5 zeigt einen Stammbaum, in dem sich rekombinante und nicht rekombinante Nachkommen unzweifelhaft unterscheiden lassen. In dieser Familie wird eine dominante Krankheit vererbt. Hier hat man bereits die einzelnen Personen anhand eines DNA-Polymorphismus genotypisiert, der die Allele 1, 2, 3, und 4 hat. Stattgefunden haben kann eine Rekombination zwischen krankheitsauslösendem Gen und Markerlocus bei jeder beliebigen Meiose innerhalb des Stammbaums, entdecken können wir sie aber erst bei den Nachkommen der heterozygoten Patientin II-2. Sie hat von ihrer Mutter zusammen mit dem krankheitsauslösenden Gen das Markerallel 2 und von ihrem Vater das Markerallel 4 zusammen mit dem normalen Allel geerbt. Nachkommen, die eine dieser beiden Kombinationen geerbt haben, sind nicht rekombinant, alle aber, die das mit der Krankheit assoziierte

Gen plus Markerallel 4, beziehungsweise das normale Allel plus das Markerallel 2 geerbt haben, sind rekombinant. Bei zehn Meiosen hat es also zweimal ein Rekombinationsereignis gegeben.

Wenn wir nur DNA von den beiden letzten Generationen der Familie aus *Abb. 9.5* zur Verfügung hätten (z.B. wenn die Großeltern bereits verstorben oder nicht bereit wären, ihre DNA untersuchen zu lassen), könnten wir nicht sagen, wer von den Nachkommen in der letzten aufgeführten Generation rekombinant ist und wer nicht. Wir wüssten, dass es zwei von einer Sorte und acht von der anderen gibt, und würden vielleicht annehmen, dass die zwei die rekombinanten Nachkommen sind, aber sicher wissen können wir es nicht. Die Person II-2 hätte das Markerallel 4 auch zusammen mit dem Krankheitsgen geerbt haben können, in diesem Falle hätten wir es mit acht rekombinanten und nur zwei nicht rekombinanten Nachkommen zu tun. Wenn wir Familien mit seltenen genetischen Krankheiten suchen, können wir nicht nur von Familien mit dem Idealstammbaum aus *Abb. 9.5* ausgehen. In aller Regel müssen wir uns mit Familien abfinden, deren Struktur keine eindeutige Identifizierung von rekombinanten Nachkommen zulässt.

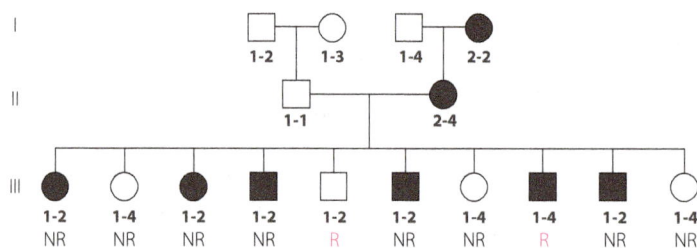

Abb. 9.5 Identifizierung von Rekombinanten und Nichtrekombinanten in einem menschlichen Stammbaum
NR = nicht rekombinant, R = rekombinant, Details im Text

Um dieses Problem zu umgehen, bedient man sich bei der Kartierung des menschlichen Genoms eigens dafür entworfener Computerprogramme, die nicht darauf ausgerichtet sind, die einzelnen Rekombinanten zu identifizieren, sondern vielmehr darauf, die Wahrscheinlichkeit (Likelihood) für die Gesamtdaten aus dem Stammbaum unter den beiden alternativen Annahmen zu errechnen, ob die beiden Loci a) gekoppelt sind (wobei es je nach ihrem Abstand voneinander im Laufe vieler Meiosen mit einer bestimmten Häufigkeit zu Rekombinationsereignissen kommt – man bezeichnet dies als Rekombinationsfraktion), bzw. b) nicht gekoppelt sind. Das Verhältnis der beiden Wahrscheinlichkeiten zueinander – auch bezeichnet als Likelihood-Quotient oder Likelihood-Ratio – ist dann jeweils ein Beleg für oder gegen eine Kopplung. Wenn der Likelihood-Quotient für eine Kopplung spricht, ist die wahrscheinlichste Rekombinationsfraktion diejenige, die den günstigsten Likelihood-Quotienten ergibt. Am Ende dieser Analyse steht als statistische Ergebnisgröße der Logarithmus des Likelihood-Quotienten, den man auch als LOD-Score bezeichnet. Warum man diese Statistik anwendet und welche Eigenschaften sie hat, ist kurz erklärt in Strachan & Read (2003) und ausführlicher in Ott (1999).

Das Problem, genügend Meiosen zusammenzubekommen
Selbst unter günstigsten Umständen – einem Stammbaum ohne Rekombinanten von idealer Struktur – benötigt man ein Minimum von zehn Meiosen, um einen statistisch gesicherten Beleg für eine Kopplung zu erhalten. Wenn wir ein krankheitsauslösendes Gen kartieren wollen, müssen wir die Familien nehmen wie sie kommen. Die Konstellationen sind nur selten ideal: gesunde Personen sind unter Umständen homozygot für den Marker (erinnern Sie sich, wir können nur doppelt heterozygote Meiosen wahrnehmen), und ein paar Rekombinanten gibt es sicher auch. Aus diesen Gründen ist eine Kopplungsanalyse mit weniger als 20 Meiosen nur selten erfolgreich. Das heißt in der Regel, dass man mehrere Familien kombinieren muss. Unter diesen Umständen ist es sehr wichtig, dass wirklich alle Be-

troffenen dieselbe Krankheit – verursacht durch eine Mutation am selben Genort – haben. Locusheterogenität ist in diesem Zusammenhang eine heikle Fußangel.

Ablauf einer Kopplungsstudie

Eine typische Kartierung fängt damit an, dass man Familien sucht, in denen die Krankheit von Interesse vererbt wird. Zu diesem Zeitpunkt ist ausgezeichnete klinische Arbeit von vitaler Bedeutung für den Erfolg. Es ist unerlässlich, eine korrekte Diagnose in der Hand zu haben und darauf vertrauen zu können, dass alle Familien wirklich dieselbe Krankheit haben, sowie dass die Menschen korrekt als betroffen und nicht betroffen eingeteilt werden. Wenn Krankheiten sich in Form und Schweregrad unterschiedlich manifestieren (s. *Krankheitsinfo 1*), kann das zu einer echten Herausforderung werden. Hat man die Familien sicher diagnostiziert, muss von betroffenen und nicht betroffenen Familienmitgliedern eine Probe – in der Regel eine Blutprobe – zur wissenschaftlichen Untersuchung erbeten werden. Glücklicherweise sind viele Menschen aus Familien, in denen eine genetisch bedingte Krankheit vererbt wird, durchaus willens, der Forschung zu helfen, aber zwingen kann und darf man niemanden. Menschen haben – im Unterschied zu Taufliegen – jedes Recht, sich zu weigern.

Aus der Blutprobe wird schließlich im Labor DNA extrahiert, dann werden die Proben anhand einer Reihe von Markern genotypisiert. Das ist im Laufe der Jahre immer einfacher geworden. Einst war dies ein gigantisches Unterfangen mit jeder Menge Southern-Blots, das sich über Jahre hinziehen konnte, heute lässt es sich automatisieren und binnen weniger Wochen abschließen. Die Typisierung erfolgt mittels PCR, wobei entweder handelsübliche Primer für Mikrosatelliten zum Einsatz kommen oder Chips, mit deren Hilfe sich in einem Arbeitsgang große Mengen an SNPs prüfen lassen. Für jeden Marker wird der Genotyp mit dem Stammbaum abgeglichen und auf Co-Segregation mit dem untersuchten krankheitsauslösenden Gen analysiert, so etwas erledigen Computerprogramme, die die LOD-Scores berechnen.

Wie im Vorhergehenden erwähnt ist das statistische Maß für das Vorliegen einer Kopplung der LOD-Score – der *Logarithmus der Wahrscheinlichkeit* (englisch: *odd*) für das Vorliegen einer Kopplung. Die wichtigsten Aspekte an LOD-Scores sind folgende:

- Jeder LOD-Score bezieht sich auf eine bestimmte Rekombinationsfraktion, in der Regel errechnet der Computer für jeden Marker eine Tabelle der LOD-Scores für eine Reihe von möglichen Rekombinationsfraktionen (s. *Tab. 9.1*).
- Ab einem LOD-Score von +3 ist statistische Signifikanz erreicht (P = 0,05).
- Je höher der LOD-Score, desto stärker der Hinweis auf das Vorliegen einer Kopplung, der LOD-Score ist eine logarithmische Größe, damit ist ein LOD-Score von +4 zehnmal so gut wie ein LOD-Score von +3.
- Ein LOD-Score unter -2 kann für die betreffende Fraktion als signifikanter Beleg gegen eine Kopplung gewertet werden.

Die Kopplungssuche wird fortgeführt, ein Marker nach dem anderen getestet, bis ein überzeugender positiver LOD-Score gefunden ist. *Tab. 9.1* zeigt ein konkretes Beispiel.

Der nächste Schritt besteht darin, die Kandidatenregion einzuengen. Die erste Analyse hat das mit der Krankheit assoziierte Gen möglicherweise in einem Intervall von 10 cM zwischen zwei benachbarten Markern lokalisiert. Über das gesamte Genom gemittelt könnte man sagen, dass Loci, die 10 cM auseinander liegen, durch etwa 10 Mb DNA voneinander getrennt sind, allerdings differiert diese Relation von einer Region zur anderen erheblich. Bevor man also damit fortfahren kann, Kandidatengene auf Mutationen zu überprüfen, ist es höchst erstrebenswert, die Kandidatenregion auf weniger als 1 Mb einzuengen – andernfalls überstiege die Anzahl an möglichen Kandidatengenen vermutlich jedes Maß. Um die Kandidatenregion einzuengen greift man auf die Datenbanken des Humangenomprojekts oder des NCBI (dbSNP) zurück, aus denen man dann eine Reihe von neuen Markern (Mikrosatelliten oder SNPs) auszuwählen kann, die in der Region mit hoher Dichte vertreten sind. In diesem Stadium ist es oftmals besser, die Ergebnisse nicht mit dem Computer sondern mit eigenen Augen auszuwerten. *Abb. 9.7* zeigt ein Beispiel aus dem Leben.

Die Zielgerade: Die Untersuchung der Kandidatengene auf Mutationen

Hat man über Kopplungsanalysen eine Kandidatenregion von akzeptabler Größe definiert, wird eine Liste sämtlicher Gene in dieser Region erstellt. Einst hat es mehrere Jahre Arbeit und eine Schar kunstfertiger Postdocs in Anspruch genommen, diese Gene ausfindig zu machen. Inzwischen kann man sich aus der Datenbank des Humangenomprojekts (z.B. http://www.ncbi.nlm.nih.gov oder http://www.ebi.ac.uk/embl/) eine geeignete Liste herunterladen (wobei man allerdings immer daran denken sollte, dass diese Liste unvollständig sein könnte), um einen Prioritätenkatalog zu erstellen, nach dem die Gene auf Mutationen untersucht werden sollen. Dabei gelten folgende Auswahlkriterien:

- Funktion: Machen die verfügbaren Informationen über die Funktion des Gens dieses zu einem wahrscheinlichen Kandidaten für diese spezielle Krankheit? Dabei sollte man allerdings nicht vergessen, dass die Beziehung zwischen biochemischer Funktion und Krankheitssymptomen oftmals alles andere als offensichtlich ist. Das Gen *FMR1* beispielsweise kodiert ein RNA-bindendes Protein. Eine Mutation, die zum Funktionsverlust des Produktes führt, äußert sich als Fragiles-X-Syndrom (OMIM 309550, s. *Krankheitsinfo 4*), dessen Hauptmerkmale in geistiger Entwicklungsverzögerung, einem charakteristischen Gesicht und Hodenvergrößerung (Makroorchidie) bestehen.
- Expressionsmuster: Ist das Gen in Geweben exprimiert, die durch die Krankheit betroffen sind? Expressionsdaten lassen sich aus Analysen von cDNA-Bibliotheken gewinnen. Eine cDNA-Bibliothek, die von einem bestimmten Gewebe angelegt wurde, wird nur die cDNA von Genen enthalten, die in diesem speziellen Gewebe exprimiert werden.
- Verwandte Gene: Gibt es andernorts im Genom verwandte (homologe) Gene, und wenn ja, sind diese bei einer ähnlichen Krankheit mutiert?
- Tiermodelle: Ist für dieses Gen eine Tiermutante bekannt, und wenn ja, gibt es einen passenden Phänotyp? Wir würden keine exakte Übereinstimmung sehen wollen, aber zumindest gewissen Ähnlichkeiten.
- Größe und Komplexität: Wenn bei zwei Genen sonst alles gleich ist, wird ein Gen mit zwei Exons auf jeden Fall leichter und schneller zu untersuchen sein als eines mit 67.

Hat man seine Prioritätenliste aufgestellt, wird bei einem Kollektiv von erkrankten, miteinander nicht verwandten Personen jedes Gen für sich auf Mutationen untersucht. Vorzugsweise werden natürlich die Patienten in diese Analysen eingeschlossen, bei denen zuvor das mit der Krankheit assoziierte Gen in der Kandidatenregion kartiert worden ist. Jede der in *Abschnitt 5.2* beschriebenen Techniken (Methoden zur Untersuchung eines Gens auf Sequenzveränderungen) wäre dazu geeignet. Das Ganze ist noch immer keine reine Routineaufgabe – nicht jedes Exon eines jeden Gens ist in den Datenbanken korrekt archiviert, und manche Mutationen befinden sich mitten in einem Intron oder sind aus anderen Gründen schwer auffindbar. Trotzdem wird ein Wissenschaftler in der Regel diese Aufgabe binnen weniger Monate erledigen können. Heutzutage besteht der schwierigste Teil der Arbeit darin, die richtigen Familien und Proben zusammenzubekommen.

Bei Krankheiten, die durch Loss-of-function-Mutationen zustande kommen, besteht berechtigte Hoffnung, dass sich bei verschiedenen miteinander nicht verwandten Personen eine ganze Reihe von Nonsense-, Spleiß- und Leserastermutationen auffinden lassen. Ein solcher Befund würde das Gen zweifelsfrei als das richtige identifizieren. Findet sich nur ein ganz bestimmter Austausch, dieser aber in etlichen miteinander nicht verwandten Personen (was im Falle von Mutationen, die zu einer Funktionserhöhung führen, recht häufig der Fall sein kann), wird es wichtig sein zu überprüfen, ob es sich nicht um einen in der Bevölkerung verbreiteten völlig harmlosen Polymorphismus handelt. In der Praxis heißt das, dass man eine hinreichend große Zahl gesunder Kontrollproben mit demselben ethnischen Hintergrund typisieren muss. Mit letzter Sicherheit kann man erst sagen, dass es sich bei dem gefundenen Gen um das richtige handelt, wenn man zum Beispiel ein Tiermodell an der Hand hat, in dem sich das Gen unter anderem durch gezieltes Knockout oder durch RNA-Interferenz manipulieren lässt (Bantounas et al., 2004; Iredale, 1999).

9.3 Die Untersuchungen der Patienten

| 219 | **229** | | | | | | |

Hereditäre symmetrische Dyschromatose

Man kennt mehrere japanische Familien, in denen diese Störung vererbt wird, und viele Familienmitglieder haben Blut für DNA-Analysen gespendet (*Abb. 9.6*). DNA-Proben aus drei Familien wurden auf 343 über das gesamte Genom verteilte Mikrosatellitenmarker typisiert, und man hat die zugehörigen LOD-Scores berechnet. Die meisten Marker ergaben negative LOD-Scores, aber eine Reihe von benachbarten Markern auf Chromosom 1 wies die in *Tab. 9.1* gezeigten Werte auf.

Zu bemerken ist zu dieser Tabelle:

- Einige der LOD-Scores liegen deutlich über 3 und liefern damit einen starken Hinweis auf das Vorliegen einer Kopplung.
- Die Tatsache, dass der LOD-Score für das Nichtvorliegen von Rekombinationsereignissen für die einzelnen Marker minus unendlich beträgt, bedeutet, dass bei jedem Marker zwischen dem Marker und dem mit der Pigmentstörung assoziierten Gen zumindest einige Rekombinationsereignisse stattgefunden haben müssen, was wiederum heißt, dass keiner der Marker übermäßig nahe am Genort für dieses Gen liegt.
- Die Marker sind nach ihrer Reihenfolge auf dem Chromosom aufgeführt. Für Marker in der Mitte der Tabelle sind die LOD-Scores sehr viel höher als für solche im oberen und unteren Teil. Das bedeutet, dass der Genort für das mit

Tab. 9.1 Kopplungsanalyse in den Familien aus Abb. 9.6

Marker	LOD für θ =:						
	0	0,05	0,1	0,15	0,2	0,3	0,4
D1S424	− inf.	0,17	1,15	1,51	1,59	1,30	0,66
D1S206	− inf.	−1,21	0,56	1,29	1,59	1,15	0,90
D1S502	− inf.	3,81	4,88	5,02	4,75	3,51	1,68
D1S252	− inf.	5,46	5,96	5,78	5,29	3,77	1,79
D1S498	− inf.	4,49	4,43	4,09	3,62	2,42	1,06
D1S484	− inf.	1,80	2,99	3,34	3,31	2,62	1,42
D1S196	− inf.	−0,76	0,46	0,99	1,21	1,17	0,72
D1S218	− inf.	−7,17	−4,03	−2,40	−1,41	−0,36	0,02

Die Tabelle zeigt mittels Computerprogrammen errechnete LOD-Scores für eine Reihe von Mikrosatellitenmarkern auf dem langen Arm von Chromosom 1 an. Θ steht für die Rekombinationsfraktion. Zur Diskussion s. Text. Die Namen der Mikrosatelliten folgen der Standardnomenklatur: D = DNA-Abschnitt, 1 = auf Chromosom 1, S = Einzelkopie, die Zahl gibt die zeitliche Reihenfolge an, in der die einzelnen Marker beschrieben wurden.

Nach Miyamura et al. (2003), mit freundlicher Genehmigung von University of Chicago Press.

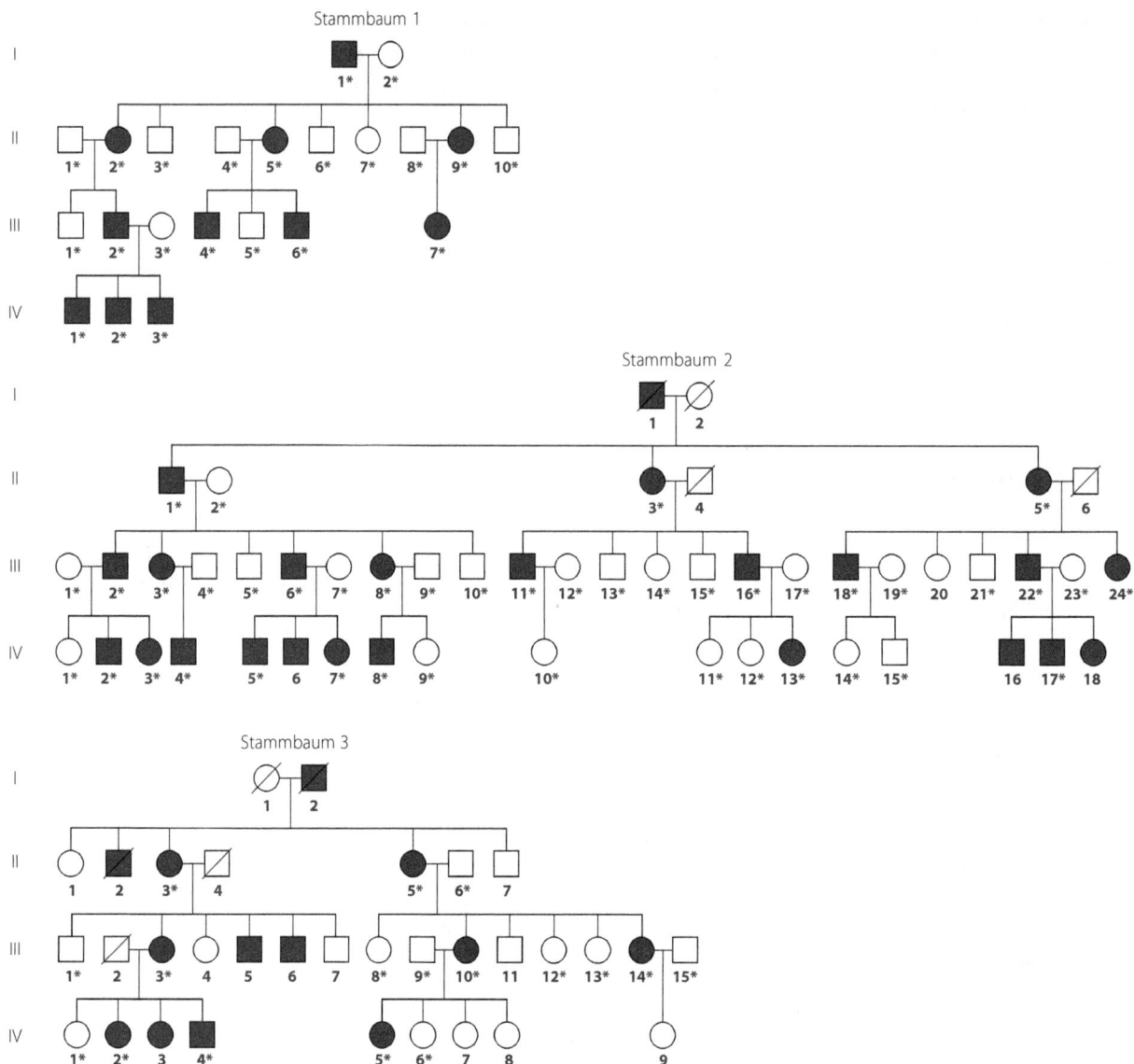

Abb. 9.6 Stammbäume der drei Dyschromatose–Familien, die von Miyamura et al. (2003) für die Kartierung des Dyschromatose –Gens analysiert wurden.
Mit Sternchen markierte Personen haben DNA-Proben zur Verfügung gestellt. Abdruck aus Miyamura et al. (2003) mit freundlicher Genehmigung von University of Chicago Press.

der Störung assoziierte Gen irgendwo im Mittelteil der von diesen Markern abgedeckten Region liegen muss.

- Messen Sie dem genauen Werten eines signifikanten positiven LOD-Scores nicht zuviel Gewicht bei. Es kann vorkommen, dass der LOD-Score für einen der Marker geringer ausfällt, als der für einen benachbarten Marker, weil vielleicht eine oder zwei Personen zufällig für den einen Marker homozygot sind, für den anderen hingegen nicht. Homozygote Personen liefern keinerlei Beitrag zum Kartierungsprozess, damit fällt der LOD-Score geringer aus. Das Gesamtmuster aber spricht deutlich für eine Kopplung mit Markern im Mittelteil der untersuchten Region.

Die in *Tab. 9.1* dargestellten Marker decken eine genetische Distanz von etwas mehr als 60 cM auf dem langen Arm von Chromosom 1 ab. Um dieses Intervall weiter einzuengen, werden die Familien anhand eines neuen Satzes dichter benachbarter Mikrosatelliten im Bereich der Kandidatenregion typisiert. *Abb. 9.7* zeigt die entscheidenden Daten für *D1S498* und 11 weitere neue Mikrosatelliten, die in dem 13 cM großen Intervall zwischen *D1S498* und *D1S484* lokalisiert sind.

Den unterschiedlichen Allelen der 12 Mikrosatelliten wurden Nummern zugeordnet, hier abgebildet sind die Genotypen von sieben Personen – dargestellt jeweils als zwei Haplotypen. Letztere erhält man aus der Genotypisierung der Eltern. Statt die LOD-Scores zu berechnen (die in dieser Phase nicht mehr relevant sind, weil man ja bereits weiß, dass diese Region mit dem Genort für das krankheitsauslösende Gen verknüpft ist), orientieren sich Forscher nun an den Haplotypen, um einzelnen Rekombinationsereignissen auf die Spur zu kommen.

Bei einer der untersuchten Familien hatten fast alle Betroffenen zusammen mit dem Dyschromatosegen den komplett gleichen Haplotyp an Markern geerbt, das heißt, bei dem Elternteil, der die Krankheit weitergegeben hat, ist diese Chromosomenregion während der Meiose nicht durch ein Crossover unterbrochen worden. Die meisten erkrankten Personen in Familie 1 wiesen den bei Person 1-I1 grün dargestellten Haplotyp auf, der mit dem Krankheitsgen gekoppelt ist. In Familie 2 hingegen war der blau dargestellte Haplotyp mit der Erkrankung gekoppelt (Person 2-II1), wohingegen in Familie 3 bei meisten Betroffenen der gelb dargestellte Haplotyp mit der Erkrankung einherging (s. Person 3-III3). Einige Personen zeigten jedoch einen rekombinanten Haplotyp, dargestellt in *Abb. 9.7* durch die nur teilweise farbigen Balken. Da diese Personen erkrankt waren, müssen sie die krankheitsverursachende Mutation geerbt haben, folglich musste das mutierte Gen innerhalb des farbigen Abschnitts ihres rekombinanten Haplotyps beziehungsweise im unmittelbar angrenzenden Intervall lokalisiert sein. Patient IV-3 aus Familie 1 sagt uns, dass der Genort für das Krankheitsgen oberhalb des Markers *D1S2777* liegen muss (denn auch wenn *D1S2715* der unterste Marker im farbigen Bereich des Haplotyps ist, so kann das Krankheitsgen doch zwischen diesem und dem nächsten Marker darunter liegen – allerdings nicht auf oder unter *D12777*). Patient IV-4 in Familie 3 sagt uns, dass es unterhalb des Markers *D12715* (im gelben Abschnitt des Chromosoms) lokalisiert sein muss. Folglich muss der Genort zwischen diesen beiden Markern sein, die anderen rekombinanten Personen bestätigen diese Vermutung.

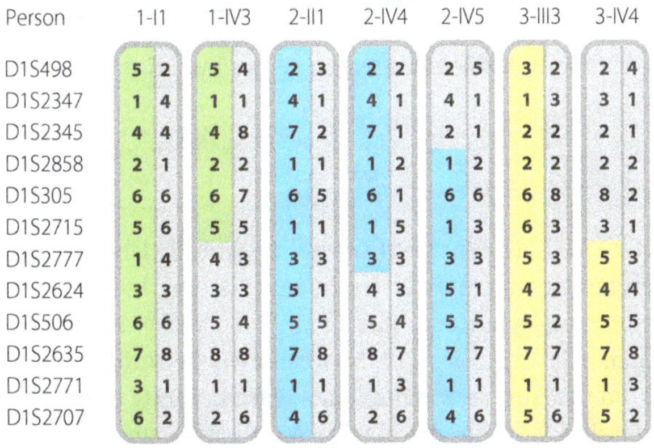

Person	1-I1		1-IV3		2-II1		2-IV4		2-IV5		3-III3		3-IV4	
D1S498	5	2	5	4	2	3	2	2	2	5	3	2	2	4
D1S2347	1	4	1	1	4	1	4	1	4	1	1	3	3	1
D1S2345	4	4	4	8	7	2	7	1	2	1	2	2	2	1
D1S2858	2	1	2	2	1	1	1	2	1	2	2	2	2	2
D1S305	6	6	6	7	6	5	6	1	6	6	6	8	8	2
D1S2715	5	6	5	5	1	1	1	5	1	3	6	3	3	1
D1S2777	1	4	4	3	3	3	3	3	3	3	5	3	5	3
D1S2624	3	3	3	3	5	1	4	3	5	1	4	2	4	4
D1S506	6	6	5	4	5	5	5	4	5	5	5	2	5	5
D1S2635	7	8	8	8	7	8	8	7	7	7	7	7	7	8
D1S2771	3	1	1	1	1	1	1	3	1	1	1	1	1	3
D1S2707	6	2	2	6	4	6	2	6	4	6	5	6	5	2

Abb. 9.7 Haplotypen von sieben Personen aus den drei Stammbäumen der Abb. 9.6
Eine genauere Diskussion hierzu findet sich im Text. Abdruck aus Miyamura et al. (2003) mit freundlicher Genehmigung von University of Chicago Press.

Diese Analyse engt die Kandidatengenregion auf nur 500 Kb in der chromosomalen Region 1q21.3 ein. Mit einem Computerprogramm, das die Genomdatenbanken des Humangenomprojekts durchsuchen kann, wurde die entsprechende Region überprüft: In diesem Bereich waren sieben Gene aufgeführt. Von verschiedenen Patienten aus den jeweiligen Familienstammbäumen (sowie von einer anderen, nicht verwandten Person, die ebenfalls an der Pigmentstörung litt) wurde DNA isoliert und auf Mutationen in einem der sieben Gene überprüft. Mit Hilfe von Einzelstrang-Konformationspolymorphismen (englisch: *single strand conformation polymorphisms*, kurz SSCP) (s. *Abb. 5.7b* und *5.11*) wurden sämtliche Exons jedes einzelnen Gens durchsucht. Bei allen Proben fanden sich Veränderungen in nur einem Gen: *DSRAD* (Doppelstrang-RNA-spezifische Adenosindesaminase).

Innerhalb einer Familie wiesen alle betroffenen Personen dieselbe Mutation auf, in den verschiedenen Familien allerdings jeweils eine andere, außerdem war nicht immer dasselbe Exon betroffen (bei vier miteinander nicht verwandten Personen waren es die Exone 2, 10, 10 und 15).

Zu beweisen blieb noch, dass die gefundenen Veränderungen in der Tat die gesuchten pathogenen Mutationen waren. Dafür sprachen die folgenden Indizien:

- Zwei der vier Mutationen waren Nonsense-Mutationen, die höchstwahrscheinlich keine weit verbreiteten polymorphen Varianten darstellten.
- Die anderen beiden Mutationen waren jeweils Missense-Mutationen, die betroffenen Aminosäuren im zugehörigen Protein sind bei 11 verschiedenen untersuchten Tierarten komplett erhalten. Ein derart hohes Maß an Konservierung spricht dafür, dass diese Aminosäuren eine wichtige Funktion haben müssen, die Mutationen werden also mit großer Wahrscheinlichkeit keine geläufigen Polymorphismen sein.
- Man hat DNA von 116 nicht miteinander verwandten normal pigmentierten erwachsenen Japanern auf jede der genannten Mutationen untersucht und sie bei keinem der Probanden nachweisen können. Auch das spricht dagegen, dass es sich dabei um normale Polymorphismen handelt.

Überraschenderweise führte die Ausschaltung des *DSRAD*-Gens durch Knockout bei Mäusen bereits bei heterozygoten Tieren im Embryonalstadium zum Tod. Das war zwar unerwartet, widerlegte jedoch nicht die Vermutung, dass es sich bei *DSRAD* um das für die hereditäre Dyschromatose verantwortliche Gen handelt. Zwar sind die Ähnlichkeiten zwischen Mäusen und Menschen bei weitem größer als die Unterschiede, dennoch gibt es Unterschiede. Diese werden besonders häufig offenbar, wo es sich, wie in diesem Fall, bei einem Symptom um die Folge einer Haplotypinsuffizienz handelt (das heißt, eine Genaktivität von 50 Prozent nicht ausreicht, ein normales Funktionieren zu gewährleisten). Man beachte außerdem, dass keine der beschriebenen Untersuchungen Hinweise darauf gibt, weshalb eine 50-prozentige Reduktion der Aktivität dieses Gens nur Pigmentanomalien in der Haut von Händen und Füßen zur Folge haben sollte. Oftmals ist eben die Identifizierung eines Gens erst der Anfang der Forschungen zu seiner Funktion.

Fall 3   Familie Choudhary

| 3 | 8 | 65 | **232** | 250 | 357 |

- die drei Monate alte Nasreen; ihre Eltern: Aadnan und Mumtaz
- gehörlos
- die Eltern sind Cousin und Cousine ersten Grades
- der Stammbaum spricht für eine autosomal rezessiv vererbte Form von Gehörlosigkeit

Als uns diese Familie das letzte Mal begegnet ist (*Kapitel 3*), war die Überlegung, dass Nasreens Gehörlosigkeit autosomal rezessiv ererbt sein, ja, überhaupt genetisch bedingt sein könnte, nur eine Hypothese, gibt es doch so viele verschiedene Ursachen von Hörstörungen. Die Tatsache, dass Nasreen zwei betroffene Onkel hatte und dass sie alle Nachkommen aus Verwandtenehen waren, stärkte das Argument für eine autosomal rezessive Störung, die einzige Möglichkeit aber, dies zu zeigen, bestand darin, eine Mutation nachzuweisen. Wie in *Kapitel 3* bereits gesagt, ist das extrem schwer, denn autosomal rezessiv vererbte Hörstörungen können durch Mutationen in mindestens 50 verschiedenen Genen zustande kommen.

Ungeachtet dessen aber, dass jedes von diesen mehr als 50 Genen verantwortlich sein könnte, ist in den meisten Populationen die häufigste Ursache eine Mutation in dem Gen *GJB2*. Dieses Gen kodiert für das Protein Connexin 26, das Gap-Junctions zwischen den Zellen des Innenohrs bildet. Diese Orte des zellulären Austauschs sind verantwortlich für das Recycling von Kaliumionen, die in die Haarzellen einströmen, wenn diese auf Schall reagieren. *GJB2* ist ein sehr einfach strukturiertes Gen mit nur zwei Exons, wobei die gesamte kodierende Sequenz sich in Exon 2 befindet. In bestimmten Populationen sind gewisse Mutationen besonders verbreitet – bei Europäern zum Beispiel c.35delG (s. *Abb. 6.2*) und bei Chinesen c.235delC. Die häufigsten Mutationen in der ethnischen Herkunftsgruppe eines Patienten ausfindig zu machen, ist ein Leichtes, ebenso die Sequenzierung des gesamten kleinen Gens, so dass diese Analyse häufig durchgeführt wird. In bis zur Hälfte aller Fälle liefert sie eine definitive Antwort. Ein negatives Ergebnis bringt die Untersuchungen allerdings nicht voran.

Bei Nasreens DNA hat man die gesamte kodierende Sequenz von *GJB2* sequenziert, konnte aber in keiner der beiden Kopien eine Mutation nachweisen. Normalerweise wäre damit die Geschichte zu Ende, aber in diesem Falle beschlossen die Genetiker, nicht aufzugeben. Zum Teil deshalb, weil die Familie besonders interessiert war, die Ursache für Nasreens Gehörlosigkeit zu erfahren, zum Teil, weil man ihrem Onkel Waleed und ihrer Tante Benazir, die, wie in *Kapitel 1* berichtet, vorhatten zu heiraten, ein verlässlicheres Wiederholungsrisiko an die Hand geben wollte (der Stammbaum findet sich in *Abb. 1.9*). Ein weiterer Grund war der, dass die Familienstruktur weitere Untersuchungen möglich machte.

Ausgehend von der Annahme, dass Nasreen, Waleed und sein Bruder Mohammed alle unter derselben autosomal rezessiv vererbten Hörstörung litten, war es wahrscheinlich, dass bei dem einen oder anderen von Nasreens Urgroßeltern die Mutation in heterozygoter Form vorgelegen hatte und dass die drei Gehörlosen aufgrund der zahlreichen Verwandtenehen in der Familie sämtlich zwei Kopien dieser Originalmutation ererbt hatten. Angenommen, sie hätten tatsächlich allesamt zwei Kopien des Chromosomensegments ihrer Vorfahren geerbt, so sollten sie auch allesamt homozygot für denselben Satz an Markerallelen in unmittelbarer Nachbarschaft des mutierten Gens sein. Das wäre etwas, das mit großer Wahrscheinlichkeit nicht durch bloßen Zufall zustande gekommen sein kann. Man beschloss daher, die drei Patienten mit hochpolymorphen Mikrosatellitenmarkern in der Nähe möglichst vieler mit Gehörlosigkeit assoziierter Genorte zu untersuchen. Die Internetseite Hereditary Hearing Loss Homepage (vgl. *Abschnitt 9.5*) liefert eine Liste von Mikrosatelliten, die eng mit Genorten assoziiert sind, die mit Gehörlosigkeit und Innenohrschwerhörigkeit in Zusammenhang stehen. Mit ihrer Hilfe und Daten aus der Datenbank des Humangenomprojekts erstellten die Genetiker eine Markerliste und ließen die drei Proben für jeden dieser Marker im Labor typisieren. Dieses vor allem in Familien mit einem hohen Anteil an Verwandtenehen verwendete Verfahren wird als Autozygotie-Kartierung bezeichnet. Unter Autozygotie versteht man Homozygotie durch die Abstammung von einem gemeinsamen Vorfahren.

Zwei eng mit dem Locus für das mit Gehörlosigkeit assoziierte Gen *DFNB9* gekoppelte Marker, *D2S174* und *D2S158*, wiesen ein Muster auf, das einer Kopplung entsprechen würde (*Abb. 9.8*). Bestätigt wurde dies durch die Typisierung einer weiteren Reihe von eng gekoppelten Markern auf Chromosom 2p22. Diese ergab, dass Nasreen, Waleed und Mohammed übereinstimmend homozygot für einen erweiterten Haplotyp an Markern rund um den Locus *DFNB9* waren. Das relevante Gen, *OTOF* (für Otoferlin), hat 48 Exons. Ohne den durch die Kopplungsanalysen

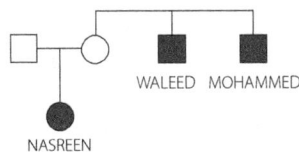

Genotypen für			
D10S537	**2-4**	**4-4**	**4-1**
D10S1432	**2-1**	**2-1**	**4-2**
D2S174	**6-6**	**6-6**	**6-6**
D2S158	**2-2**	**2-2**	**2-2**

Abb. 9.8 Homozygotie-Kartierung
Die drei gehörlosen Patienten der Familie Choudhary wurden mittels einer Reihe von Markern typisiert, die mit verschiedenen Loci gekoppelt sind, bei denen man um einen Zusammenhang mit angeborener Taubheit weiß. Gezeigt sind die Ergebnisse für die Marker *D10S537* und *D10S1432* unter Ausschluss von *DFNB12* auf Chromosom10q22, sowie für die Marker *D2S174* und *D2S158*, bei denen die Ergebnisse auf eine Kopplung mit dem Locus für *DFNB9* auf Chromosom 2p22-p23 hinweisen.

in hohem Maße begründeten Verdacht wäre es nicht der Mühe wert gewesen, ein so großes Gen auf Mutationen zu untersuchen. In diesem Stadium war es jedoch gerechtfertigt, und die Suche ergab, dass alle drei homozygot waren für einen Basenaustausch A > G an der Schnittstelle zwischen Exon 8 und Exon 9 des Otoferlin-Gens. Dadurch wurde die AG-Akzeptor-Spleißstelle verändert, und das ist so gut wie eine Garantie für einen Funktionsverlust. Interessanterweise war dieselbe Mutation – obwohl es bei den *OTOF*-Muationen wie bei allen Loss-of-function-Mutationen ein hohes Maß an allelischer Heterogenität gibt – in der Vergangenheit schon einmal in einer indischen Familie beschrieben worden. Wenn man nun DNA von einem erkrankten Angehörigen der indischen Familie isolieren könnte, bestünde die Möglichkeit, herauszufinden, ob beide Familien die Mutation von einem unbekannten gemeinsamen Vorfahren geerbt haben. Fände sich bei dem indischen Patienten derselbe Chromosomenabschnitt, müsste er auch denselben SNP-Haplotyp in unmittelbarer Nachbarschaft der Mutation aufweisen.

9.4 Zusammenfassung und theoretische Ergänzung

Das Auffinden von Kandidatenregionen oder Kandidatengenen mit Hilfe von Chromosomenanomalien

Theoretisch setzen Kopplungsanalysen ein absolutes Minimum von mindestens 10 informativen Meiosen voraus, damit überhaupt eine Chance besteht, einen LOD-Score von 3 (der Signifikanzschwelle) zu erreichen. In der Praxis benötigt man mindestens 20 Meiosen, um eine passable Aussicht auf Erfolg zu haben. Eine Meiose ist dann informativ in Bezug auf eine Kopplung, wenn wir mit ihr herausfinden können, ob sie für das mit der Krankheit assoziierte Gen und die umliegenden Marker rekombinant ist. Grundvoraussetzung dafür ist ein Elternteil, der sowohl für das krankheitsauslösende Gen als auch für den Marker heterozygot ist und über den wir dann herausfinden können, welches Allel eines bestimmten Lokus der Elternteil von seinen Eltern ererbt hat und welches Allel an das Kind weitergegeben wurde.

In seltenen Fällen kann es vorkommen, dass bei einem Patienten eine Chromosomenanomalie vorliegt, die es einem Forscher ermöglicht, die Kopplungsanalyse zu umgehen und direkt dazu überzugehen, Gene in der Kandidatenregion zu untersuchen. Das ist insbesondere wichtig bei dominant vererbten Krankheiten, bei denen die Betroffenen nur selten die Chance haben, selbst Kinder zu bekommen. Wie in *Kapitel 2* erwähnt, wird durch die Bruchstelle bei einer Chromosomentranslokation oder -inversion gelegentlich ein Gen unterbrochen. Wenn der Verlust einer Genkopie ausreicht, damit sich eine Krankheit manifestiert, wird der Betreffende diese Krankheit haben. In der klinischen Praxis sollte man daher stets ein Auge darauf haben, ob jemand zu einer Krankheit mit mendelschem Erbgang auch eine Chromosomenanomalie aufweist, insbesondere dann, wenn beide bei dem Betreffenden *de novo* aufgetreten sind. Manchmal wird dies nur ein Zufall sein, aber mehrere solche Fälle können den entscheidenden Hinweis liefern, der zur Auffindung eines für eine Krankheit ursächlich verantwortlichen Gens führt. Ein gutes Beispiel dafür ist das Rubinstein-Taybi-Syndrom (s. *Krankheitsinfo 9*). Weitere Beispiele sind in *Tab. 9.2* aufgeführt.

Gene tracking (Segregationsanalyse): Mit Hilfe gekoppelter Marker genetische Risiken in einem Stammbaum vorhersagen
Bei den Dyschromatose-Familien wussten die Forscher, wer die Störung hatte und wer nicht, und man untersuchte zahlreiche Marker, um einen zu finden, der verlässlich mit dem verantwortlichen Gen und damit der Erkrankung zusammen segregierte. Haben die Forscher schließlich einen Marker nachgewiesen, der verlässlich mit einem Krankheitsgen kosegregiert, ist es manchmal möglich, mit Hilfe des

Tab. 9.2 Fälle, in denen ein aufmerksamer Kliniker den entscheidenden Hinweis für das Auffinden eines für eine Krankheit verantwortlichen Gens gegeben hat

Krankheit	chromosomale Lokalisation	maßgebliche klinische Beobachtungen
Muskeldystrophie Typ Duchenne	Xp21.3	(a) ein Junge mit DMD und beobachteter Deletion der Region Xp21.3 (b) eine Frau mit DMD und balancierter reziproker Translokation X;21 beide Fälle deuteten auf die Region Xp21.3 und eröffneten den Wissenschaftlern in den frühen Tagen der Positionsklonierung den Zugang zu DNA aus der Region des für die Krankheit verantwortlichen Gens
Waardenburg-Syndrom Typ I	2q35	ein Junge, bei dem die Krankheit spontan aufgetreten ist und bei dem man eine *de novo* Inversion von 2q35-q37.3 festgestellt hatte, lenkte das Augenmerk auf diese Regionen und gab Anlass zu entsprechenden Kopplungsanalysen; dies zu einer Zeit, als man für die Überprüfung eines einzelnen Markers noch mindestens eine Woche brauchte
Williams-Beuren-Syndrom	7q11.23	eine Familie, in der das Auftreten von subvalvulärer Aortenstenose zusammenfiel mit einer reziproken Translokation t(6;7)(p21.1;q11.23) – s. *Krankheitsinfo 3*
Sotos-Syndrom	5q35	ein Patient mit einer balancierten reziproken Translokation t(5;8)(q35;24.1); der Bruchpunkt zerstörte, wie man später feststellte, das Gen *NSD1*, von dem man desweiteren zeigen konnte, dass es bei anderen Fällen von Sotos-Syndrom mutiert oder deletiert war

Markers vorherzusagen, wer in einer Familie das Gen ererbt hat und wer nicht. Dieses Vorgehen bezeichnet man als Segregationsanalyse, indirekte Genanalyse oder auch *Gene tracking*. *Abb. 9.9* illustriert ein hypothetisches Beispiel. Der Stammbaum zeigt eine X-gebundene rezessiv vererbte Krankheit und die Genotypisierung anhand eines polymorphen X-chromosomalen Markers, von dem bekannt ist, dass er mit dem Genort für das krankheitsauslösende Gen eng gekoppelt ist. Mit dem Wissen, dass der Marker mit dem krankheitsverursachenden Gen eng gekoppelt ist und der Tatsache, dass alle betroffenen Männer (II-3, II-4, III-1) Allel 1 dieses Markers von ihren Müttern geerbt haben, lässt sich schlussfolgern, dass Allel 1 mit der Mutation gekoppelt vererbt wird. Patientin III-2 hat von ihrer Mutter, die Konduktorin ist, Allel 3 geerbt, so dass für sie das Risiko, selbst Trägerin des Gens zu sein, sehr gering ist (cave: ihr Allel 1 muss vom Vater kommen!). Null ist es allerdings auch nicht, denn es könnte möglich sein, dass sich bei der Meiose, die die Eizelle hervorgebracht hat, aus der sie sich entwickelt hat, doch eine Rekombination zwischen krankheitsauslösendem Gen und Markerlocus ereignet hat. Beachten sie, dass Sie das Risiko nicht allein dadurch herleiten können, dass sie die einzelnen Markergenotypen betrachten (so hat zum Beispiel III-2 denselben Markergenotyp wie ihre Mutter, in ihrem Fall aber bedeutet dies, dass sie keine Konduktorin ist). Man muss die Segregation eines Chromosoms stets über den gesamten Stammbaum betrachten.

Zu der Zeit als die Loci für die häufigsten Krankheiten kartiert wurden, und man zwar die Marker kannte, die verantwortlichen Gene aber noch nicht identifiziert waren, war die Segregationsanalyse ein wichtiger Zweig der klinischen Humangenetik. Hat man ein Gen jedoch erst einmal identifiziert, zieht man es in der Regel vor, dieses direkt auf Mutationen zu untersuchen. Bei großen Genen mit vielen Exons, bei denen das Untersuchen des gesamten Gens auf Mutationen nicht kosteneffizient zu leisten ist, verwendet man die indirekte Gendiagnostik (*Gene tracking*) gelegentlich noch immer. Ein Sonderfall der Anwendung ist der pränatale Ausschlusstest. In *Abb. 9.10* besteht für Patient II-1 ein Risiko von 50 Prozent, an Chorea Huntington zu erkranken, weil seine Mutter die Krankheit hatte. Für sich selbst lehnte er einen prädiktiven Test ab, aber er und seine Frau wollten nicht, dass eines ihrer Kinder dieselbe lebenslange Angst würde ausstehen müssen. Ein direkter pränataler Test auf die der Krankheit zugrundeliegende Mutation (die Expansion eines $(CAG)_n$-Repeats, s. *Abb. 4.18*) würde definitiv darüber Auskunft geben, ob der Fetus die Krankheit bekommen wird oder nicht. Falls das Ergebnis aber positiv ausfiele, wüsste II-1, dass er ebenfalls die Mutation hat, und das möchte er nicht wissen. Also verwendet man stattdessen einen gekoppelten Marker. Fetus III-1 hat das Chromosom geerbt, das II-1 von seinem nicht betroffenen Vater

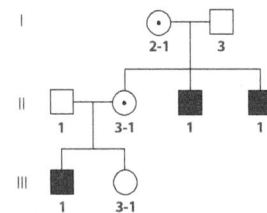

Abb. 9.9 Indirekte Genanalyse zur Vorhersage genetischer Risiken bei einer X-chromosomal vererbten Erkrankung
Man beachte, dass männliche Individuen von jedem Marker auf dem X-Chromosom nur ein einziges Allel haben.

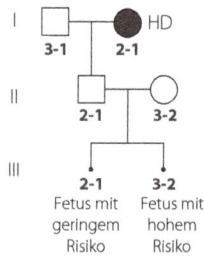

Abb. 9.10 Pränatale indirekte Kopplungsanalyse bei Chorea Huntington
Die Ziffern stehen für einen Marker, der mit dem Chorea-Huntington-Genort eng gekoppelt ist. Näheres im Text.

geerbt hat. Für ihn besteht daher kein Risiko (wenn man einmal von spontanen Rekombinationsereignissen im Verlauf der väterlichen Meiose absieht). Fetus III-2 hat das entsprechende Chromosom von seiner an Chorea Huntington erkrankten Großmutter. Für ihn besteht ein Risiko von 50 Prozent, die Huntington-Mutation geerbt zu haben. Die Eltern beschlossen, jede Schwangerschaft, die unter solchem Vorzeichen steht, zu beenden. Auf diese Weise waren sie sicher, dass ihre Kinder die Krankheit nicht haben würden, auch ohne dass II-1 herausfinden musste, ob er die Mutation in sich trägt oder nicht. Die Kehrseite ist, dass für jeden abgetriebenen Fetus eine Chance von 50 Prozent dafür besteht, gesund durchs Leben zu gehen.

Man beachte, dass der Markergenotyp eines Menschen allein uns bei der indirekten Genanalyse keinerlei verwertbare Information liefert. Worauf es ankommt, ist das Segregationsmuster der Krankheit und der verwendeten Marker in der jeweiligen Familie. In *Abb. 9.10* spricht der Marker-Genotyp 2-1, der auch bei der erkrankten Großmutter vorliegt, beim Fetus in der übernächsten Generation für ein geringes Risiko, wohingegen die Tatsache, dass II-1 auch den Genotyp 2-1 hat, uns nichts über dessen Krankheitsstatus sagt. Der Marker ist nicht identisch mit dem Krankheitsgen, sondern lediglich eine nicht pathogene Variante, die zufällig im selben Chromosomenabschnitt liegt wie das Krankheitsgen.

Krankheitsinfo 9 Rubinstein-Taybi-Syndrom (OMIM 180849)

Das Rubinstein-Taybi-Syndrom (RSTS) gehört zu den geläufigeren klinischen Diagnosen. Die Patienten sind in ihrer geistigen Entwicklung zurückgeblieben, zeichnen sich durch charakteristische Merkmale des Gesichts aus, und haben breite Daumen und Großzehen. Die meisten Fälle treten sporadisch auf; Geschwister von RSTS-Patienten sind so gut wie nie betroffen (das Wiederholungsrisiko liegt bei ca. 0,1 Prozent). Allerdings kennt man etwa ein Dutzend Fälle, bei denen eineiige Zwillinge von dem Syndrom betroffen sind, und dann tritt das RSTS fast immer bei beiden Personen auf (das heißt, die Kinder sind konkordant). Man weiß von sehr seltenen Fällen, in denen eine betroffene Person mit RSTS selbst ein Kind bekommen hat, hier ist das Wiederholungsrisiko hoch, nahezu 50 Prozent. Die wahrscheinlichste Interpretation ist, dass dem RSTS eine autosomal dominant wirkende Mutation zugrunde liegt. Da Betroffene so gut wie nie Kinder bekommen, liegt in fast in allen Fällen eine Neumutation vor.

In Ermangelung geeigneter Stammbäume war es unmöglich, das RSTS-Gen beziehungsweise die RSTS-Gene durch Kopplungsanalysen zu kartieren. Zwei Berichte von Patienten mit RSTS und balancierten chromosomalen Translokationen lieferten wichtige Hinweise. Bei einem Patienten lag eine Translokation 2;16- vor – t(2;16)(p13.3;p13.3) –, bei einem anderen eine Translokation 7;16 – t(7;16)(q34;p13.3). Jede für sich hätte ein Zufallsbefund sein können, aber dass beide eine Bruchstelle in der Region 16p13.3 aufwiesen, war mit Sicherheit von Bedeutung. Eine Gruppe niederländischer Wissenschaftler stellte ein Patientenkollektiv zusammen und untersuchte dessen Chromosomen mit einer Reihe von klonierten Sonden aus dem Bereich 16p13.3 und Fluoreszenz-*in-situ*-Hybridisierung (FISH, s. *Abschnitt 4.2*). Sechs von 24 untersuchten Personen wiesen eine Mikrodeletion auf. Die Deletionsbruchpunkte lagen sämtlich in einem 150 Kb großen Intervall, aus dem die Wissenschaftler das Gen *CREBBP* klonieren konnten. Als man dieses bei RSTS-Patienten ohne Deletion untersuchte, fanden sich darin zwei Nonsense-Mutationen. Das RSTS-Gen konnte also ganz ohne Kopplungsanalysen gefunden werden.

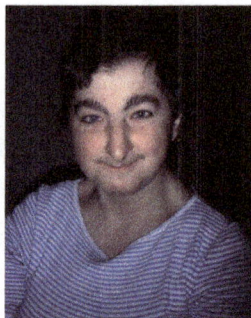
(a)

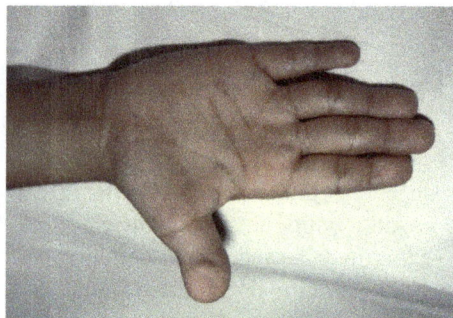
(b)

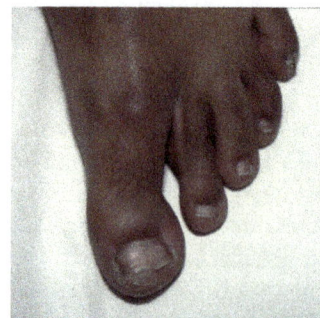
(c)

Klinisches Erscheinungsbild des Rubinstein-Taybi-Syndroms
(a) die typischen Gesichtszüge, (b) breite Daumen und (c) die charakteristische Form der großen Zehen

Das Genprodukt von *CREBBP* – das „CREB bindende Protein" – ist ein großes Kernprotein mit Histonacetyltransferase-Aktivität, das am Chromatinumbau und der Aktivierung vieler Gene durch den Transkriptionsfaktor CREB beteiligt ist. Die Situation erinnert an das Genprodukt des Gens für ATRX (*Krankheitsinfo 2.3*). RSTS ist genau wie ATRX eine Chromatinstörung. Ohne eine detaillierte Kenntnis der Zielgene ist es unmöglich, den beobachteten klinischen Phänotyp zu dem Gendefekt in Bezug zu setzen. Für die Krankheit verantwortliche Veränderungen im *CREBBP*-Gen hat man nur bei 40 Prozent der untersuchten RSTS-Fälle gefunden (36 von 92 in einer Studie aus jüngster Zeit); 3 von 92 Patienten wiesen Mutationen im Gen *EP300* auf, das eine andere, mit CREBBP eng verwandte, Histonacetyltransferase kodiert. Hier haben wir ein Beispiel dafür, wie die Untersuchung eines klinischen Syndroms dazu beitragen kann, einen biochemischen Stoffwechselweg zu verstehen (s. *Abschnitt 6.4*). Es bleibt zu untersuchen, ob sich bei den übrigen Patienten weniger augenfällige Veränderungen finden, die die Funktion des CREB bindenden Proteins beeinträchtigen, oder ob bei diesen Mutationen in einigen der vielen anderen Gene zu finden sind, deren Produkte mit dem CREB bindenden Protein interagieren.

RSTS ist kein Mikrodeletionssyndrom im eigentlichen Sinne. Echte Mikrodeletionssyndrome wie das Williams-Beuren-Syndrom (*Krankheitsinfo 3*) werden grundsätzlich und allein durch Mikrodeletionen verursacht, denn der Phänotyp ergibt sich durch Haplotyp-Insuffizienz ((Haploinsuffizienz)) mehrerer benachbarter Gene. Dem RSTS liegt eine Haploinsuffizienz eines einzigen Gens, *CREBBP*, zugrunde. Diese kann durch eine Mikrodeletion bedingt sein, aber jede andere Veränderung, die zum Funktionsverlust von CREBBP führt, wird denselben Phänotyp hervorbringen. Eine ähnliche Situation findet sich auch beim Alagille-Syndrom (OMIM 118450): 7 Prozent der Alagille-Patienten weisen Deletionen der Region 20p12 auf, unter anderem auch im Gen *JAG1*. Bei allen anderen finden sich andere *JAG1*-Mutationen. Mikrodeletionen und andere Chromosomenumlagerungen haben wertvolle Hinweise zur Identifizierung der krankheitsauslösenden Gene geliefert, aber sie sind nicht grundsätzlich ein essentieller Bestandteil der Pathogenese.

Dominant vererbte Krankheiten, die mit der Reproduktionsfähigkeit kollidieren, stellen, was das Auffinden der verantwortlichen Gene angeht, eine ungeheure Herausforderung dar. Kopplungsanalysen sind in diesen Situationen nicht möglich. Wenn es keine Chromosomenanomalien gibt, die eine Kandidatenregion erahnen läßt, besteht die einzige Möglichkeit darin, auf der Grundlage eventuell vorhandener Analogien zu Krankheiten, die durch Mutationen in verwandten Genen bei Tier und Mensch zustande kommen, Kandidatengene mehr oder minder zu erraten.

9.5 Quellen

Bantounas I., Phylactou L.A., Uney J.B. (2004): RNA interference and the use of small interfering RNA to study gene function in mammalian systems. *J. Mol. Endocrin.* 33: 545–557. Den vollständigen Text kann man auch kostenlos online einsehen unter http://jme.endocrinology-journals.org/cgi/content/full/33/3/545
Die Datenbank für Einzelnukleotid-Polymorphismen dbSNP ist öffentlich zugänglich unter http://www.ncbi.nlm.nih.gov/SNP/

Hereditary Hearing Loss Hompage: http://webhost.ua.ac.be/hhh

Iredale J.P. (1999): Demystified ... gene knockouts. *Mol. Pathol.* 52: 111–116. Den Gesamttext bekommt man online kostenlos unter http://mp.bmjjournals.com/cgi/reprint/52/3/111

Miyamura Y, Suzuki T, Kono M. et al. (2003): Mutations of the RNA-specific adenosin deaminase (DSRAD) gene are involved in dyschromatosis symmetrica hereditaria. *Am. J. Hum. Genet.* 73: 693–699.

Griffiths A.J.F., Gelbart W.H., Lewontin R.C., Miller J.H. (1999): *Modern Genetic Analysis*. WH Freeman, New York

Allgemeiner Hintergrund

Ott J. (1999): *Analysis of Human Genetic Linkage*, 3. Aufl., Johns Hopkins University Press, Baltimore. Hervorragende Darstellung der Grundlagen der Genkartierung beim Menschen.

Strachan T. & Read A.P. (2003): *Human Molecular Genetics*, 3. Aufl., Garland Science, New York. Hier findet sich der Inhalt dieses Kapitels ein bisschen ausführlicher abgehandelt – s. Kapitel 11 der 3. Auflage – verfügbar über das NCBI-Bookshelf, oder Kapitel 13 der 3. Auflage.

9.6 Fragen und Aufgaben

(1) Der hier abgebildete Stammbaum zeigt eine Familie mit einer autosomal dominant vererbten Krankheit mit vollständiger Penetranz. Dargestellt sind die Genotypen für einen DNA-Polymorphismus mit den Allelen 1 und 2.

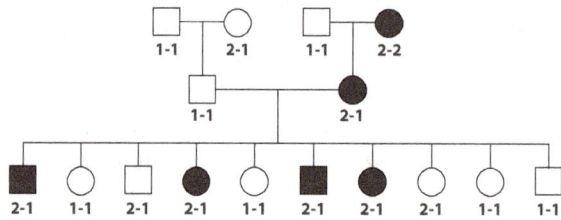

(a) Definieren Sie die einzelnen Meiosen als definitiv nicht rekombinant, definitiv rekombinant, vermutlich nicht rekombinant, vermutlich rekombinant oder nicht informativ.

(b) Wie hoch ist die geschätzte Rekombinationsrate?

(c) Testen Sie die Signifikanz der Abweichung von der Nullhypothese von 50 Prozent Rekombinanten (keine Kopplung) mit dem χ^2-Text. Ist das Ergebnis signifikant?

(d) Zu welchem Anteil würden Sie in einem solchen Stammbaum das beobachtete Markermuster in Generation III erwarten, wenn zwischen den Markern und dem Krankheitsgen keine Kopplung besteht? Nennen Sie diesen L1.

(e) Zu welchem Anteil würden Sie in einem solchen Stammbaum das beobachtete Markermuster in Generation III erwarten, wenn zwischen Markern und Krankheitsgen eine Kopplung bestünde (Rekombinationsfraktion θ)? Nennen Sie diesen L2 (wobei L2 natürlich eine Funktion von θ ist).

(f) Listen Sie die Werte L1, L2, L1/L2 und $\log_{10}$ (L2/L1) auf für θ = 0, 0,05, 0,1, 0,15, 0,2 ... 0,5.

(g) $\log_{10}$ (L2/L1) ist der LOD-Score. Wie groß ist der maximale LOD-Score? Ist dieser signifikant? Kommentieren Sie das Ergebnis.

(2) In der unten abgebildeten Familie segregiert eine autosomal dominant vererbte Krankheit mit vollständiger Penetranz. Das für die Krankheit verantwortliche Gen liegt laut physikalischer Kartierung aus früheren Studien auf 2q35. Der Stammbaum zeigt den Genotyp für vier DNA-Polymorphismen aus der Kandidatenregion aufgelistet nach ihrer Reihenfolge. Können Sie anhand dieser Daten den Genort für das Krankheitsgen einengen?

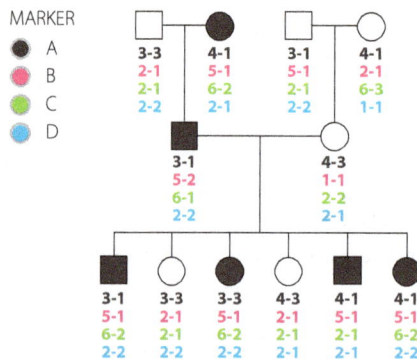

(3) Janet erwartete ihr zweites Kind als ihr Ehemann John und ihr 14jähriger Sohn Ben bei einem Autounfall ums Leben kamen. Ben litt unter Mukoviszidose. Janet will das Kind unbedingt bekommen, glaubt aber, nicht mit einer weiteren Tragödie in Gestalt eines zweiten an Mukoviszidose erkrankten Babys fertig werden zu können. Erst nach der Beerdigung sprach sie mit ihrem Arzt über das Thema. Er erklärte, dass eine Pränataldiagnose nur mit DNA-Proben von Ben und seinem Vater möglich wäre, beide aber waren eingeäschert worden.

Man nahm Kontakt zu Johns Eltern auf und beide willigten ein, eine Speichelprobe zur Mutationsanalyse nehmen zu lassen. Eine Woche später forderte das
Labor Blutproben an, damit eine ausführlichere Sequenzanalyse unternommen
werden konnte, weil der übliche Multiplex-PCR-Oligo-Ligations-Assay in der
Probe der Eltern keine Mutationen hatte nachweisen können. Inzwischen waren diese jedoch unerreichbar, sie hatten sich, um ihrer Trauer zu entfliehen,
auf eine Weltreise begeben. Eine Untersuchung alter Krankenakten brachte
einen alten Guthrie-Test zum Vorschein, der seinerzeit bei Bens routinemäßi-
ger Neugeborenenuntersuchung gemacht worden war. Die Probe war zu sehr
degradiert, als dass man sie für eine Mutationsanalyse hätte verwenden können, aber das Labor war imstande, einen DNA-Polymorphismus nachzuweisen,
von dem man wusste, dass dieser mit dem Genort für das bei Mukoviszidose
mutierte Gen eng gekoppelt war. Sämtliche verfügbaren DNA-Proben wurden
auf diesen Marker hin typisiert, die Ergebnisse zeigt nebenstehende Abbildung.
Welche Genotypen sind möglich und welche Folgen ergeben sich für den Fetus,
wenn eine pränatale Untersuchung durchgeführt wird?

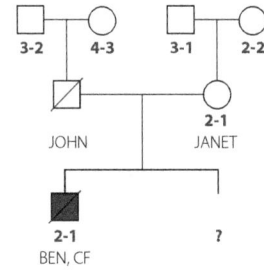

(4) Kopplungsanalysen haben das Gen für eine Krankheit mit mendelschem Erbgang auf eine Region von 2 Mb eingegrenzt. Eine Suche in der Datenbank des
Humangenomprojekts ergibt, dass diese Region die folgenden Gene enthält:

- ein Enzym, das in der Leber an Entgiftungsreaktionen beteiligt ist
- einen Phosphat-Transporter
- einen Bestandteil der großen Ribosomenuntereinheit
- einen im Kern kodierten Bestandteil der mitochondrialen Elektronentransportkette
- ein ubiquitär exprimiertes Protein unbekannter Funktion, das eine unterschiedlich lange Reihe von Glutaminresten enthält
- ein Enzym, das einen Schritt im Zitronensäurezyklus katalysiert
- ein Protein von unbekannter Funktion, das im adulten Zentralnervensystem und der Retina exprimiert wird
- einen Transkriptionsfaktor, der nur in ganz bestimmten Regionen des Embryos in einem frühen Entwicklungsstadium exprimiert wird
- ein ubiquitär exprimierter Transkriptionsfaktor
- einen Bestandteil des DNA-Reparatur-Apparats.

Welcher Kandidat stände für Sie an erster Stelle für eine Mutationsanalyse,
wenn die fragliche Krankheit eine der folgenden wäre:

(a) eine neurodegenerative Krankheit, die sich erst im Erwachsenenalter ma-
    nifestiert und bei der Antizipation vorliegt
(b) eine rachitisähnliche Skelett-Deformation
(c) das Fehlen der Hypophyse
(d) ein Progerie- (Frühvergreisungs-) Syndrom
(e) eine Kombination aus Diabetes und Gehörlosigkeit.

Kapitel 10
Warum sind manche genetische Krankheiten verbreitet und manche selten?

> **Wenn Sie dieses Kapitel durchgearbeitet haben, sollten Sie in der Lage sein:**
>
> - die Begriffe Allelfrequenz, Inzucht, Gründereffekt und Verwandtschaftskoeffizient zu erklären
> - bei autosomal und X-chromosomal vererbten Krankheiten mit Hilfe des Hardy-Weinberg-Gleichgewichts die Häufigkeiten zu berechnen, mit denen Anlageträger (Konduktoren) zu erwarten sind
> - qualitativ die Auswirkungen von Inzucht zu erläutern und mit Hilfe von Sewall Wrights Pfad-Koeffizienten die Genverteilung bei Verwandten zu berechnen
> - die Auswirkungen des Heterozygotenvorteils zu beschreiben und Beispiele dafür zu nennen
> - zu erklären, warum es schwierig ist, innerhalb einer Population Allelfrequenzen durch medizinische Interventionen zu verändern

10.1 Fallbeispiele

| 241 | 249 | 269 | 357 | | | | | |

Fall 22 Familie Ulmer

- Hannah, 6 Monate
- ethnische Zugehörigkeit: Aschkenasim (Bezeichnung für Juden Ost- u. Mitteleuropas)
- Tay-Sachs-Krankheit

Die Familien von Rachel und Uzi Ulmer stammten ursprünglich aus Osteuropa und waren ihrer Herkunft nach Aschkenasim, auch wenn beide Familien nicht religiös waren und weder Rachel noch Uzi auf eine jüdische Schule gegangen sind und nicht die Synagoge besuchten. Hannah war ihr drittes Kind; als sie geboren wurde, hatten die beiden bereits zwei gesunde Kinder im Alter von 3 und 5 Jahren. In den ersten Monaten schien Hannah rundum gesund, fing zum normalen Zeitpunkt an zu lächeln und allein den Kopf zu halten. Bei der Untersuchung nach einem halben Jahr fiel dem Arzt jedoch auf, dass die Kontrolle über die Kopfhaltung nachgelassen hatte, und er bestellte die Familie für den kommenden Monat erneut ein. Bei diesem Termin nahm seine Besorgnis zu: Hannah hatte noch weniger Kontrolle über ihre Kopfhaltung und reagierte außerdem insgesamt schlechter. Er führte eine komplette neurologische Untersuchung durch und stellte fest, dass der Augenhintergrund beider Augen einen kirschroten Fleck aufwies. Er war ziemlich sicher, dass Hannah unter der Tay-Sachs-Krankheit (OMIM 272800) litt und schickte Blutproben ein, an denen unter anderem der Hexosaminidase-A-Spiegel untersucht werden sollte. Traurigerweise war die Konzentration extrem gering, womit sich die Diagnose erhärtete. Rachel, Uzi und ihre beiden Familien waren am Boden zerstört ob der schlechten Prognose, die man ihnen für Hannah verkündete, jedoch auch entschlossen, ihr das Leben so angenehm wie möglich zu machen. Im

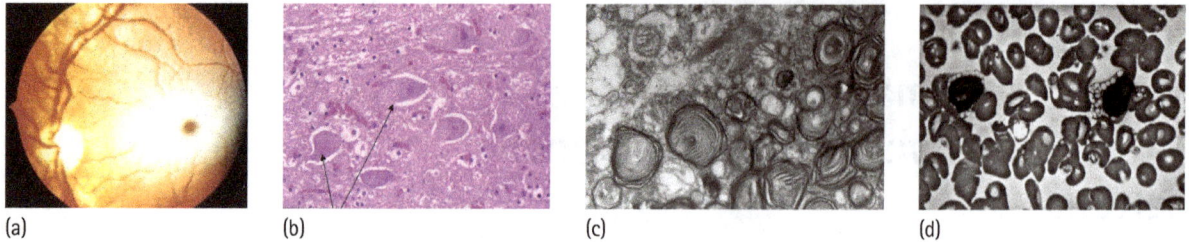

(a)   (b)   (c)   (d)

Abb. 10.1
(a) der typische kirschrote Fleck auf der Retina eines Kindes mit Tay-Sachs-Krankheit; **(b)** aufgeblähte Neurone im zentralen Nervensystem (Pfeile); **(c)** abnorme Zellkörper im Elektronenmikroskop; **(d)** vakuolisierte Lymphozyten. Dies sind typische Merkmale bei lysosomalen Speicherkrankheiten. Aufnahmen mit freundlicher Genehmigung der Dres. Ed. Wraith und Guy Besley, Royal Manchester Children's Hospital.

Laufe der nächsten drei Jahre ging es Hannah zusehends schlechter, sie entwickelte schwere Spastik der Gliedmaßen, erblindete, verlor das Gehör und starb schließlich im Alter von viereinhalb Jahren.

10.2 Grundlagen

In diesem Kapitel geht es um Allelfrequenzen: wodurch sie bestimmt werden, wie sie sich verändern können und wie sie sich in verschiedenen Situationen dazu heranziehen lassen, genetische Risiken zu berechnen. Man beachte, dass der häufig verwendete Begriff „Genfrequenz" eigentlich falsch ist – in Wirklichkeit meinen wir Allelfrequenzen. Zwar ist „Genfrequenz" im Genetikvokabular bereits ziemlich fest verankert, dennoch soll in diesem Buch von Allelfrequenzen die Rede sein. Allelfrequenzen werden ausgedrückt in Zahlen zwischen 0 und 1 und symbolisiert durch die Buchstaben p und/oder q.

Eng verknüpft mit dem Begriff der Allelfrequenz ist der des Genpools, den man korrekterweise vielleicht auch Allelpool nennen sollte. Dieser enthält sämtliche in einer bestimmten Population an einem bestimmten Genort vertretenen Allele. Der Begriff Population kann alles umfassen: angefangen von einer kleinen Gemeinschaft bis hin zur gesamten Menschheit. Innerhalb des Genpools beschreibt die Allelfrequenz von Allel $\underline{A}$ den Anteil, den dieses Allel am Gesamtpool hat. Damit ist gleichzeitig auch gesagt, mit welcher Wahrscheinlichkeit ein Gen, das man wahllos aus diesem Genpool herauspickt, ein $\underline{A}$-Allel ist. Allele können unterschiedlich definiert sein, je nachdem, für welchen Zweck man die Definition benötigt. Bei den meisten Diskussionen, in denen Allelfrequenzen im Zusammenhang mit Krankheiten eine Rolle spielen, werden alle Allele eines Genorts in zwei Klassen eingeteilt: normale Allele und mit der Krankheit assoziierte Allele. Die Frequenzen aller Allele in einer Population müssen zusammen 1 ergeben.

In der klinischen Praxis ist man in der Regel eher an den Häufigkeiten bestimmter Genotypen denn an Allelfrequenzen interessiert. Man will wissen, wie groß die Wahrscheinlichkeit ist, dass eine zufällig ausgewählte Person in Bezug auf ein mit einer Krankheit assoziiertes Allel homozygot oder heterozygot ist. Das Hardy-Weinberg-Gesetz (*Exkurs 10.1*) beschreibt die Beziehung zwischen Genotypfrequenzen und Allelfrequenzen. Mit ihm wird es möglich zu berechnen, mit welcher Häufigkeit Anlageträger rezessiv vererbter Merkmale oder Krankheiten innerhalb einer Population vorkommen, ohne dass man dazu eine große Anzahl an Personen im Labor genotypisieren muss. Zusammen mit den mendelschen Regeln bilden sie das entscheidende Werkzeug zur Berechnung genetischer Risiken.

Das Modell des Bohnensäckchens, anhand dessen wir in *Exkurs 10.1* das Hardy-Weinberg-Gleichgewicht herleiten, soll eine wichtige Grundvoraussetzung für die Anwendbarkeit des Gesetzes deutlich machen. Die Wahrscheinlichkeit dafür, dass

Exkurs 10. 1 Das Hardy-Weinberg-Gleichgewicht

Angenommen, Sie haben es in einer Population mit zwei Allelen A und a zu tun (es mag noch mehr geben, aber das soll hier keine Rolle spielen). Die Genfrequenz von A nennen wir p, die von a nennen wir q. Wenn A und a die beiden einzigen Allele in der Population sind, geben p und q in der Summe 1 (= 100 Prozent), sind noch mehr Allele vorhanden, ist $p + q$ kleiner als 1. Das Hardy-Weinberg-Gesetz sagt aus, dass die Häufigkeiten der drei möglichen Genotypen verteilt sind wie folgt:

AA	Aa	aa
p^2	$2pq$	q^2

In manchen Büchern heißt es, dass $p^2 + 2pq + q^2 = 1$ sei. Das stimmt so nicht. Das Hardy-Weinberg-Gesetz ist keine Gleichung. Es beschreibt die Beziehung zwischen Genhäufigkeiten und Genotyphäufigkeiten. p^2, $2pq$ und q^2 addierten sich nur dann zu 1, wenn jene beiden Allele die einzigen Allele in der Population wären, so dass jedermann nur AA, Aa oder aa sein kann. Sobald es noch andere Allele in der Population gibt (sagen wir A, a und a$_1$ mit den Häufigkeiten p, q und r), bleiben zwar die Häufigkeiten von AA, Aa und aa wie gehabt p^2, $2pq$ und q^2, aber es gibt hinfort noch andere Genotypen in der Population. Die Gesamtverteilung lautet jetzt:

AA	Aa	aa	Aa$_1$	aa$_1$	a$_1$a$_1$
p^2	$2pq$	q^2	$2pr$	$2qr$	r^2

Die Grundlage des Hardy-Weinberg-Gesetzes lässt sich mit Hilfe eines kleinen Gedankenexperiments leicht nachvollziehen. Stellen Sie sich alle Gene in einem Genpool als eine Menge Bohnenkerne in einem Sack vor. Ein Teil p dieser Kerne ist vom Typ A, und ein Anteil q ist vom Typ a. Schließen Sie die Augen, greifen Sie in das Säckchen und nehmen Sie eine Bohne heraus. Die Wahrscheinlichkeit dafür, dass diese den Genotyp A hat, sei p, die Wahrscheinlichkeit dafür, dass sie a hat sei q. Nun ziehen Sie eine zweite Bohne. Wieder beträgt die Wahrscheinlichkeit für A p, für a q (wir gehen davon aus, dass hinreichend viele Bohnen in dem Säckchen vorhanden sind, so dass das Ziehen einer Bohne die Häufigkeiten von p und q nicht in signifikanter Weise verändert). Die Chance dafür, dass beide Bohnen vom Typ A sind beträgt p^2, die Chance, dass beide a sind beträgt q^2. Die Chance, dass die erste Bohne A und die zweite a ist, beträgt pq, dasselbe gilt, wenn Sie erst a und dann A ziehen, damit beträgt die Wahrscheinlichkeit dafür, dass Sie eine Bohne vom Typ A und eine vom Typ a ziehen $2pq$.

die zweite Bohne A beziehungsweise a ist, muss gänzlich unabhängig davon sein, ob die erste Bohne ein A oder ein a gewesen ist. Mit den Worten der Genetik: Die Genotypverteilung gehorcht nur dann dem Hardy-Weinberg-Gesetz, wenn wir es mit freier Partnerwahl zu tun haben. Freie Partnerwahl hat hier nichts zu tun mit freier Liebe, sondern bedeutet lediglich, dass Sie Ihren Geliebten nicht nach seinem Genotyp fragen, bevor Sie ihm einen Antrag machen. Das ist nicht so weit hergeholt wie es klingt. Es gibt viele Kriterien, nach denen Menschen ihre Partner zumindest teilweise auf der Basis ihres Phänotyps selektionieren. Da gibt es Paarungssiebung in Bezug auf Körpergröße, Intelligenz, Gehörlosigkeit und viele andere Phänotypen, die zumindest teilweise genetisch bedingt sind. Verglichen mit den Vorhersagen des Hardy-Weinberg-Gleichgewichts führt Paarungssiebung zu einer Zunahme des Anteils an Homozygoten und einer Abnahme des Anteils an Heterozygoten für jedes in der Population vorhandene Allel.

Paarungssiebung spielt in der klinischen Genetik hauptsächlich im Zusammenhang mit Inzucht eine wichtige Rolle. Verwandte haben einen Teil ihrer Allele gemein, wenn Sie also statt einem nicht mit Ihnen verwandten Partner einen Verwandten heiraten, erhöhen Sie die Chance, dass Ihr Partner über dieselben Allele verfügt wie Sie. Wenn Sie ein Allel für eine rezessive Krankheit in sich tragen, besteht eine erhöhte Chance, dass Ihr Partner dasselbe Allel in sich trägt, und damit erhöht sich für Sie im Vergleich zu einem nicht verwandten Paar das Risiko dafür, dass Ihr Kind die Krankheit bekommen wird. Wir werden darauf in *Abschnitt 10.3* im Zusammenhang mit der Familie Choudhary (Fallbeispiel 3) noch ausführlicher zurückkommen.

Risikoberechnung zur Anlageträgerschaft mit Hilfe des Hardy-Weinberg-Gesetzes

Nehmen Sie an, die Schwester eines jungen, an Mukoviszidose (auch Cystische Fibrose genannt) erkrankten Mannes will heiraten. Sie weiß, dass die Krankheit genetisch bedingt ist, und möchte wissen, wie groß das Risiko dafür ist, selbst ein betroffenes Kind zu bekommen. Sie ist gesund, aber es besteht natürlich eine relativ hohe Wahrscheinlichkeit dafür, dass sie eine Anlageträgerin für Mukoviszidose ist (wie hoch diese genau ist, finden Sie weiter unten). Für ihre eigene Gesundheit hat das keinerlei Folgen, aber ihre Kinder wären gefährdet, falls ihr Partner ebenfalls Anlageträger sein sollte. Wenn wir das Risiko dafür, dass ihr Partner Anlageüberträger ist, berechnen wollen, so ist das genauso, als würden wir das bei einer beliebigen Person aus der Gesamtbevölkerung tun. Das Hardy-Weinberg-Gleichgewicht macht es möglich.

Wenn wir einmal die massive Allelheterogenität bei den Mukoviszidose auslösenden Mutationen vernachlässigen und sämtliche funktionsfähigen Allele als $\underline{A}$, sämtliche funktionslosen Allele als $\underline{a}$ bezeichnen, und diesen die Häufigkeiten p und q zuordnen, dann lautet die Genotypverteilung wie folgt:

$$
\begin{array}{ccc}
\underline{AA} & \underline{Aa} & \underline{aa} \\
p^2 & 2pq & q^2
\end{array}
$$

Eines von 2000 amerikanischen Neugeborenen nordeuropäischer Abstammung leidet unter Mukoviszidose (unter Amerikanern mit spanischem und asiatischem Hintergrund und bei Afroamerikanern ist die Krankheit seltener). q^2 ist daher $\frac{1}{2000}$, das heißt q ist die Quadratwurzel aus $\frac{1}{2000}$ und diese beträgt etwa $\frac{1}{45}$. Eines von 45 Allelen am *CFTR*-Locus ist funktionslos, also $\underline{a}$. Die verbleibenden $\frac{44}{45}$ müssen daher $\underline{A}$ sein (wir hatten ja beschlossen, dass es nur zwei Allelklassen, $\underline{A}$ und $\underline{a}$, geben sollte, in diesem Falle ist also die Summe $p + q = 1$). Damit können wir die Häufigkeit berechnen, mit der jemand Anlageträger ist, nämlich: $2pq = 2 \times \frac{44}{45} \times \frac{1}{45} = \frac{1}{23}$ (ungefähr). Wenn wir davon ausgehen, dass die Partnerwahl frei erfolgt, besteht also eine Chance von 1:23, dass der Partner des Mädchens Anlageträger ist.

Bei einer X-chromosomal vererbten Krankheit ist die Sache noch einfacher. Angenommen, in einer bestimmten Population ist einer von 5000 Jungen von Hämophilie A (s. Fallbeispiel 13, Familie Lawton in *Kapitel 4*) betroffen: Wie viele Frauen sind dann Konduktorinnen? Männer können nur $\underline{A}$ oder $\underline{a}$ sein, die Häufigkeit, mit der das Krankheitsallel auftritt, entspricht daher einfach der Anzahl an betroffenen Männern:

Frauen			Männer	
$\underline{AA}$	$\underline{Aa}$	$\underline{aa}$	$\underline{A}$	$\underline{a}$
p^2	$2pq$	q^2	p	q

Die Häufigkeit, mit der eine Frau Anlageüberträgerin ist, beträgt demnach $2 \times 4999/5000 \times 1/5000$, das entspricht 1 in 2500.

Bei einer seltenen Krankheit lässt sich die Häufigkeit des normalen Allels in der Regel näherungsweise gleich 1 setzen, damit wird die Berechnung noch einfacher. Man darf allerdings nicht vergessen, dass es sich im Falle seltener autosomal rezessiv vererbter Störungen bei einem beträchtlichen Anteil der Fälle um Nachkommen aus blutsverwandten Verbindungen (Verwandtenehen) handelt. In den Vereinigten Staaten und in Großbritannien spielt dies in Bezug auf Mukoviszidose keine große Rolle, weil die Krankheit dort relativ häufig ist. Je seltener die Krankheit jedoch ist, umso größer der Anteil an Fällen, in denen Blutsverwandtschaft eine Rolle spielt. Dies zu vernachlässigen und einfach ein Hardy-Weinberg-Gleichgewicht anzunehmen, kann bei sehr seltenen Krankheiten zu einer drastischen Überschätzung des Risikos für die Anlageträgerschaft führen.

Veränderte Allelfrequenzen

Allelhäufigkeiten können sich aus einer Reihe von Gründen von einer Generation zur anderen ändern:

- Neumutationen können die Anzahl an Krankheitsallelen im Genpool vermehren. Auch Rückmutationen können vorkommen, durch die ein ursprünglich defektes Gen wieder zum normalen Allel wird. Bei Loss-of-function-Mutationen ist der Prozess allerdings in der Regel unidirektional. Jede einzelne aus einer großen Zahl von möglichen Sequenzveränderungen kann ein funktionsfähiges Gen funktionslos machen, aber nur eine hochspezifische Rückmutation kann die Funktion eines funktionslosen Allels wiederherstellen. Das Verhältnis von Hin- zu Rückmutationen liegt wahrscheinlich in der Größenordnung von 1000 : 1. Ein funktionsloses Allel kann durchaus weiter mutieren, aber in den meisten Fällen bleibt es dabei funktionslos.

- Die natürliche Selektion entfernt Krankheitsallele aus dem Genpool, wenn die Krankheit die Betroffenen daran hindert, selbst Kinder zu bekommen. Künstliche Selektion kann einen ähnlichen Effekt bewirken (s. *Abschnitt 10.4*).
- Der Einfluss einer großen Zahl von Zuwanderern mit deutlich anderen Allelfrequenzen kann einen Genpool verändern.
- Wenn die sich reproduzierende Population sehr klein ist, können zufällige Effekte die Allelhäufigkeiten von einer Generation zur nächsten verändern. Wenn nur eine geringe Anzahl an Gameten zur nächsten Generation beiträgt, bilden diese nicht notwendigerweise eine wirklich repräsentative Auswahl aus dem elterlichen Genpool. Eine solche Gendrift vermag nur dann rasche und umfangreiche Veränderungen der Allelfrequenzen zu bewirken, wenn die reproduktive Population nicht mehr als etwa hundert Individuen umfasst.

Wie immer die ursprünglichen Genotyphäufigkeiten in einer Population ausgesehen haben, eine Generation von Zufallsverpaarungen reicht aus, eine Hardy-Weinberg-Verteilung zu etablieren. Wenn sich bei einer anschließenden Analyse der Population ergibt, dass diese signifikant vom Hardy-Weinberg-Gleichgewicht abweicht, so kann das verschiedenes bedeuten:

- Die Art der Stichprobenerhebung war fehlerhaft. So etwas ist am häufigsten der Fall, wenn ein neuer DNA-Polymorphismus geprüft wird. Eine Genotypverteilung, die nicht dem Hardy-Weinberg-Gleichgewicht entspricht, weist mit hoher Wahrscheinlichkeit darauf hin, dass die Methode der Genotypisierung fehlerträchtig ist und optimiert werden muss, um verlässliche Ergebnisse zu zeitigen.
- Es hat bereits eine Selektion stattgefunden. Ein Genotyp, der zu einer hohen pränatalen Sterblichkeit oder Säuglingssterblichkeit führt, wird bei einer Stichprobe von Überlebenden unterrepräsentiert sein.
- Es findet eine signifikante Paarungssiebung statt. Das kann schlicht Verwandtenbeziehungen bedeuten, vielleicht findet aber auch keine direkte Inzucht statt, sondern die Population besteht aus zwei oder mehr Gruppen mit verschiedenen Allelfrequenzen, die, was die Partnerwahl angeht, zum großen Teil unter sich bleiben (Populationsstratifikation).

Man beachte, dass es bei zwei Allelen lediglich einen Freiheitsgrad gibt, wenn man einen Chiquadrattest macht, um nachzuprüfen, ob die Genotypzahlen das Hardy-Weinberg-Gesetz erfüllen. Das gilt auch dann, wenn Sie drei beobachtete oder erwartete Werte haben. Der Grund dafür ist, dass sich, sobald Sie q festgelegt haben, alles andere automatisch ergibt.

Faktoren, die die Allelfrequenz beeinflussen

Manche Leute stellen sich vor, dass dominante Merkmale häufiger sein sollten als rezessive. In Wirklichkeit gibt es keinerlei Verbindung zwischen der Frequenz eines Allels und der Frage, ob dieses einen dominanten oder einen rezessiven Phänotyp kodiert. Chorea Huntington ist eines von vielen Beispielen für einen seltenen dominanten Phänotyp, die Blutgruppe 0 für einen seltenen rezessiven.

Bei einem neutralen Merkmal, bei dem die Selektion keine Rolle spielt, reflektieren die gegenwärtigen Allelfrequenzen diejenigen, die bei den Gründern der Population vorgelegen haben, samt einer etwaigen Modulation durch Gendrift, falls an irgendeinem Punkt der Geschichte der sich fortpflanzende Anteil der Population sehr gering gewesen sein sollte. Die meisten neutralen DNA-Polymorphismen

(Einzelnukleotid-Polymorphismen (SNP) oder Mikrosatelliten, s. *Kapitel 9*) fallen in diese Kategorie. Gelegentliche Mutationen sorgen für gewisse zufällige Veränderungen, indem sie ein Allel in ein anderes umwandeln. Wie in *Kapitel 7* beschrieben hat die Desaminierung methylierter Cytosine im Verlauf der Evolution dazu geführt, dass ein großer Teil an CpG-Sequenzen systematisch zu TpG umgewandelt worden ist, dieser Einfluss auf die Allelfrequenz aber wird nur über extrem große Zeitintervalle sichtbar.

Im Falle von Krankheiten reflektieren Allelfrequenzen zusätzlich noch weitere Faktoren: Erst kurz zurückliegende Mutationen bewirken tendenziell eine Erhöhung des Pools an Loss-of-function-Allelen, wohingegen die Selektion auf die Eliminierung von Krankheitsallelen aus der Population hinwirkt. Im Falle von dominanten oder X-chromosomal vererbten Krankheiten ist die Selektion überaus effizient, weil (bei dominanter Vererbung) jeder, beziehungsweise (bei X-chromosomaler Vererbung) jeder Mann, der das krankheitsauslösende Allel in sich trägt, der Selektion unterworfen ist. Bei autosomal rezessiv vererbten Krankheiten wirkt die Selektion sehr viel langsamer, denn die meisten der krankheitsauslösenden Allele finden sich in gesunden Heterozygoten, die der Selektion nicht unterworfen sind. Aus diesem Grund können Allele für rezessive Krankheiten, auch dann, wenn die Krankheit sehr schwer ist, über viele Generationen hinweg in einer Population erhalten bleiben. Dieser Umstand führt in vielen Populationen zu wichtigen Gründereffekten. Wenn eine Population, wie groß sie auch gegenwärtig sein mag, sich aus einer kleinen Anzahl an Gründern herleitet, oder einen Engpass zu überstehen hatte, bei dem nur wenige Individuen ihren Beitrag zur nächsten Generation haben leisten können, dann wird höchstwahrscheinlich jedes rezessive Allel, das bei einem der Gründer vorhanden war, mit beträchtlicher Häufigkeit in der gegenwärtigen Population vertreten sein. Umgekehrt wird, wenn eine normalerweise verbreitete rezessive Störung in dem kleinen Gründergenpool gefehlt hat, diese in der gegenwärtigen Population selten sein oder ganz fehlen (*Abb. 10.2*).

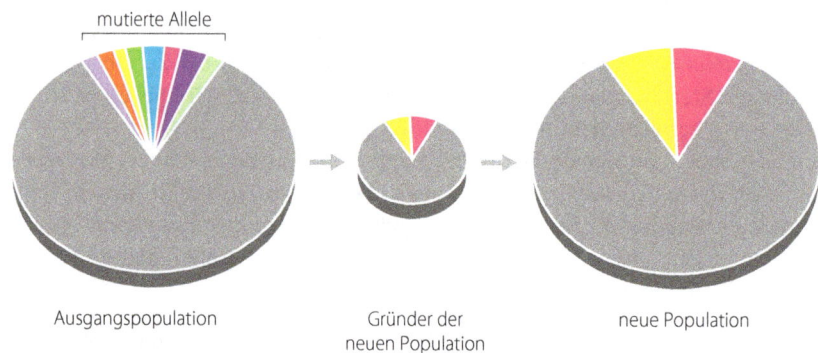

Abb. 10.2 Gründereffekte

Gründereffekte gibt es in vielen Populationen. Aus den oben genannten Gründen beeinflussen sie die Häufigkeiten rezessiver Allele, nicht aber die von dominanten oder X-chromosomal vererbten Störungen. *Tab. 10.1* zeigt ein paar Beispiele, und *Krankheitsinfo 10* beschreibt einige Krankheiten ausführlicher, die für eine solche Population, in diesem Fall die ost- und mitteleuropäische jüdische Gemeinschaft der Aschkenasim, charakteristisch sind.

10.2.1 Heterozygotenvorteil

Es gibt noch einen weiteren Grund dafür, dass eine rezessive Krankheit in einer Population mit besonderer Häufigkeit zu finden sein kann. Ein klassisches Beispiel dafür ist die Sichelzellenanämie. Diese ist in vielen Populationen verbreitet, in denen die Falciparum-Malaria endemisch ist oder in jüngerer Vergangenheit war, fehlt jedoch gänzlich in Populationen, in denen es keine Malaria gibt. Das treibende Moment hierbei ist die Tatsache, dass Menschen, die für das „Sichelzellallel"

Tab. 10.1 Krankheiten, die vermutlich aufgrund eines Gründereffekts von besonderer Verbreitung in bestimmten Populationen sind

Krankheit	OMIM	Erbgang	Population	Bemerkungen
Diastrophe Dysplasie	222600	AR	finnisch	90% aller Finnen haben eine Spleißstellendonor-Mutation in Intron 1
Aspartylglukosaminurie	208400	AR	finnisch	Anlageträgerfrequenz 1:30, zu 98% die Mutation p.Cys163Ser
Infantile neuronale Ceroidlipofuscinose	256730	AR	finnisch	Einzelmutation p.R122W in 97% aller finnischen Fälle
Hermansky-Pudlak-Syndrom	203300	AR	puertoricanisch	Anlageträgerfrequenz: 1:21, weit seltener als in den meisten anderen Populationen
Bardet-Biedl-Syndrom	209900	AR	Beduinen	Zwei nicht-allelische Formen, BBS1 und BBS2, beide relativ häufig
Myotone Dystrophie Typ 1	160900	AD	Sanguenay (Quebec)	Prävalenz: 1:500, entspricht 30-60 mal der Prävalenz in den meisten anderen Populationen
Butyrylcholinesterase-Defekt	177400	AR	Inuit in Alalska	Allelfrequenz von defekten Allelen 0,1. In dieser Population drei unterschiedliche Allele.
Usher-Syndrom Typ 1C	276904	AR	Akadier in Louisiana	43 von 46 Fällen homozygot für die Mutation c.216>A
Demyelinisierende Neuropathie (Charcot-Marie-Tooth-Syndrom Typ 4D)	601455	AR	bulgarische Romafamilien	interessanter Kommentar in OMIM

Man beachte, dass alle Krankheiten autosomal rezessiv vererbt werden (AR), die einzige Ausnahme macht die Myotone Dystrophie.

heterozygot sind, vergleichsweise malariaresistent sind. In der Frühzeit starben daher viele homozygote Träger des normalen Allels an Malaria, während homozygote Träger des Sichelzellallels an ihrer Krankheit starben, so dass die Heterozygoten einen unverhältnismäßig hohen Beitrag zur nächsten Generation leisten konnten (*Abb. 10.3*).

Schon ein Mindestmaß an Heterozygotenvorteil kann, wenn er über viele Generationen wirksam wird, die Allelfrequenzen massiv beeinflussen. Wenn sich im Unterschied zu den Heterozygoten Aa ein Anteil s_1 von Homozygoten mit der Allelkombination aa und ein weiterer Anteil s_2 von Homozygoten mit der Kombination AA nicht fortpflanzen können, ist das Verhältnis der Allelfrequenzen q/p im Gleichgewicht gleich dem Verhältnis s_2/s_1 der Anteile zueinander. Im Falle der Mukoviszidose beträgt s_1 näherungsweise 1 (wir sprechen von Krankheiten in der Vergangenheit, nicht über die Gegenwart), für Menschen nordeuropäischer Ab-

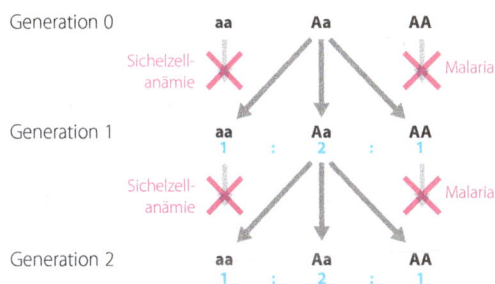

Abb. 10.3 Heterozygotenvorteil
Ein hypothetisches Extrembeispiel, bei dem jeder an Sichelzellenanämie Erkrankte (aa) sich aufgrund seiner Krankheit nicht fortpflanzen kann, während alle normalen Homozygoten (AA) durch eine Malariaerkrankung an der Fortpflanzung gehindert werden. Nur Heterozygotenverbindungen (Aa) tragen zur nächsten Generation bei. Gleichgültig wie viele Generationen die Selektion anhält, die Neugeborenen jeder Generation werden immer zu 25 Prozent homozygot für das Sichelzellenanämieallel, zu 50 Prozent heterozygot und zu 25 Prozent homozygot für das normale Allel sein. So extrem ist allerdings keine reale Situation.

stammung beträgt q/p $\frac{1}{45}$. Daraus folgt, dass s_1 auch etwa $\frac{1}{45}$ betragen muss. Mit anderen Worten: Um den hohen Anteil an Menschen nordeuropäischer Herkunft zu erklären, die Anlageträger für Mukoviszidose sind, müssen die Anlageträger im Verlauf der vergangenen Jahrhunderte einen Reproduktionsvorteil von 2 Prozent vor Homozygoten mit normalem Allel gehabt haben. Ein solcher Vorteil ist zu gering, um sich in einer normalen statistischen Erhebung bemerkbar zu machen, und wie er im Einzelnen aussieht, wird noch diskutiert.

Heterozygotenvorteil oder Gründereffekt?

Wenn eine Krankheit aufgrund eines Gründereffekts in einer bestimmten Population verbreitet ist, würde man nach dem oben gesagten annehmen, dass die meisten Betroffenen über dieselbe urtümliche Mutation verfügen müssten. Wenn andererseits der Heterozygotenvorteil am Werk gewesen ist, müsste ein ganzes Spektrum an Mutationen verbreitet sein. Ein gutes Beispiel ist die β-Thalassämie bei Juden, die aus Kurdistan stammen. Die Anlageträgerschaft liegt bei 20 Prozent, aber man kennt in dieser kleinen Gruppe 13 verschiedene β-Globin-Mutationen. Zweifellos war hier der Heterozygotenvorteil (Malariaresistenz vermutlich) die treibende Kraft. Andererseits ist bei den Amish in Lancaster County, Pennsylvania, das sonst eher seltene rezessive Ellis-van-Creveld-Syndrom (OMIM 225500) relativ geläufig, die Allelfrequenz liegt bei 0,07. Alle betroffenen Personen aus den neun bislang untersuchten Familien wiesen auf Chromosom 4 in jeder Kopie des Gens *EVC* genau dieselben Sequenzänderungen auf. Sie alle konnten ihre Abstammung zurückverfolgen bis zu dem im Jahre 1744 zusammen mit seiner Frau eingewanderten Samuel King. Das ist ein Beispiel für einen Gründereffekt. In diesem speziellen Falle ist der Gründer noch nicht allzu lange verstorben, so dass sich die gemeinsame Abstammung genealogisch nachweisen lässt. In den meisten Fällen muss man sie herleiten, indem man auf dem Chromosomensegment, auf dem sich das mutierte Gen befindet, einen gemeinsamen Haplotyp aus nicht pathogenen Polymorphismen identifiziert. Der Zufall will es, dass die *EVC*-Mutation in den Amish-Familien grundsätzlich von einer zweiten nicht pathogenen Sequenzänderung im *EVC*-Gen begleitet ist. Diese Änderung findet sich bei nicht mutierten Chromosomen nicht. Damit hat man eine zusätzliche Bestätigung dafür, dass wir es mit Kopien eines einzelnen, evolutionär alten Chromosoms zu tun haben.

Es gibt mehrere Beispiele für isolierte Populationen, bei denen für eine bestimmte rezessiv vererbte Krankheit mehr als eine krankheitsverursachende Mutation relativ häufig zu finden ist. Der Heterozygotenvorteil erscheint hier als Erklärung durchaus plausibel, aber es kann sich auch um einen Erhebungsfehler handeln. Mutationen werden in der Regel identifiziert, indem man betroffene Patienten untersucht, nicht dadurch, dass man eine ganze Population systematisch genetisch analysiert. Wenn ein Krankheitsallel recht häufig ist, wird es jede Menge Menschen geben, die für dieses Allel heterozygot sind. Wann immer so jemand ein weiteres Krankheitsallel erbt, wird er die Krankheit bekommen, damit sind dann beide Krankheitsallele identifiziert. Ein verbreitetes rezessives Krankheitsallel liefert damit einen Mechanismus, die selteneren Allele in einer Population ins medizinische Rampenlicht zu rücken. Doch wie einige der Krankheiten in *Krankheitsinfo 10* belegen, sind die Auswirkungen von Heterozygotenvorteil, Gründereffekt und Gendrift oftmals schwer auseinanderzuhalten.

10.3 Die Untersuchung der Patienten

| 241 | **249** | 269 | 357 | | | | |

Fall 22   Familie Ulmer

* Hannah, 6 Monate
* ethnische Zugehörigkeit: Aschkenasim
* Tay-Sachs-Krankheit
* Geschwister testen?

Bei der Tay-Sachs-Krankheit handelt es sich um eine lysosomale Speicherkrankheit (s. *Kapitel 8*), verursacht durch einen Mangel an dem Enzym Hexosaminidase A. Durch den Enzymmangel sammeln sich in den Lysosomen von Retinalganglien und anderen Neuronen große Mengen des Gangliosids G_{M2} an, die in der Regel im Alter von 2 bis 4 Jahren zum Tode führen. Man kennt die Krankheit aus allen ethnischen Gruppierungen, doch bei den Aschkenasim tritt sie etwa einhundert Mal so häufig auf wie in den meisten anderen Populationen. Ungefähr einer von 30 nordamerikanischen Juden ist Anlageträger, in den meisten anderen Populationen ist es vielleicht einer von 300. Das hat, wie in *Kapitel 11* beschrieben, in den Vereinigten Staaten und einigen anderen Ländern zur Einführung von Screeningprogrammen speziell für jüdische Gemeinschaften geführt. Da ihre Familien ein komplett säkulares Leben geführt und nie einer jüdischen Glaubensgemeinschaft angehört hatten, waren Rachel und Uzi bei dem Screening nicht mit erfasst worden.

Nachdem sie über das Tay-Sachs-Syndrom Bescheid wussten, wollten Rachel und Uzi unbedingt wissen, ob eines ihrer gesunden Kinder Anlageträger war und drängten auf eine genetische Untersuchung. Der Genetiker wandte ein, dass es gegen ethische Prinzipen verstoße, kleine Kinder zu testen, denn ein Testergebnis hätte in einem solchen Falle keinerlei Konsequenzen für die Gesundheit und Pflege des Kindes. Es sei erst an der Zeit, einen Test anzubieten, wenn das Kind alt genug sei, eine unabhängige, wohlinformierte Entscheidung zu treffen. Vielleicht würde es vorziehen, nichts zu wissen, und es sei falsch, ihm diese Möglichkeit zu verschließen, wenn dagegen nicht gleichzeitig ein echter Vorteil für das Kind stehe. Der Genetiker verwies darauf, dass das Risiko, Anlageträger zu sein, für jedes Kind 2 : 3 betrage und nicht, wie man vielleicht erwarten würde, 1 : 2, s. *Exkurs 10.2*).

Rachel und Uzi hätten prinzipiell gerne noch mehr Kinder gehabt, in diesem Falle aber wollten sie eine Pränataldiagnose. Um diese zu ermöglichen, wurden von beiden Speichelproben genommen und auf Mutationen im *HEXA*-Gen getestet. Über 90 Prozent aller Tay-Sachs-Fälle bei Aschkenasim sind auf drei Mutationen im Gen für Hexosaminidase A zurückzuführen (*Tab. 10.2*). Sowohl Rachel als auch Uzi hatten eine dieser Mutationen. Bei Rachel handelte es sich um eine Mutation

---

Exkurs 10.2   Das Risiko für ein gesundes Geschwisterkind, selbst Träger eines krankheitsauslösenden Gens zu sein

Wenn zwei gesunde Anlageträger für eine autosomal rezessive Krankheit gemeinsam ein Kind haben, besteht eine Chance von 1 : 4 dafür, dass das Kind homozygot für das normale Allel und damit gesund ist, von 1 : 2 dafür, dass es selbst gesunder Anlageträger wie beide Eltern ist, und von 1 : 4 dafür, dass es die Krankheit bekommt (homozygot für das betroffene Allel, schwarzes Viereck in der Abbildung). Die Chance aber, dass ein gesundes Geschwister eines kranken Kindes selbst Anlageträger ist, beträgt nicht 1 : 2, sondern 2 : 3. Wir wissen, dass das Kind gesund ist, also muss es, wie aus der Zeichnung zu ersehen ist, eines der drei Kinder in dem farbig unterlegten Kasten sein.

Das ist ein interessantes Beispiel dafür, wie schwierig es sein kann, einem Fehler auf die Spur zu kommen, wenn dieser darin besteht, dass man die richtige Antwort auf die falsche Frage gegeben hat.

* Die richtige Frage lautet: Wie groß ist das Risiko, dass ein gesundes Geschwisterkind Anlageträger ist? Antwort: 2 : 3

* Die falsche Frage würde lauten: Was für ein Risiko besteht dafür, dass ein Kind eines Anlageträgerpaares selbst Anlageträger ist? Antwort: 1 : 2 – aber es ist dies nicht die Frage, die die Eltern gestellt hatten.

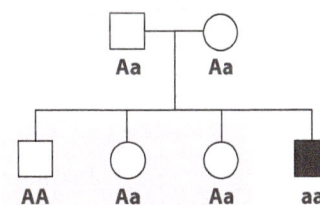

der Spleißstelle an Intron 12, bei Uzi um eine 4 Basenpaare lange Insertion in Exon 111, durch die sich das Leseraster verschoben hat. Hannah war gemischt heterozygot für beide Loss-of-function-Mutationen.

Tab. 10.2 zeigt die Ergebnisse einer statistischen Erhebung, bei der nur nach den drei häufigsten Mutationen bei Aschkenasim gefragt wurde. In nichtjüdischen Populationen sind diese Mutationen nicht übermäßig verbreitet, und aus anderen Arbeiten weiß man, dass es, wie zu erwarten, ein breites Spektrum an jeweils sehr seltenen Allelmutanten gibt. Die Situation der Aschkenasim fällt in diesem Punkt aus dem Rahmen. Wie im Vorhergehenden bereits erklärt, würden wir, wenn die große Häufigkeit der Tay-Sachs-Krankheit allein auf einen Gründereffekt zurückzuführen sein sollte, nur eine Mutation von großer Verbreitung erwarten. Wir werden dies in der *Krankheitsinfo 10* am Ende dieses Kapitels ausführlicher diskutieren.

Tab. 10.2 Verteilung von Hexosaminidase-A-Mutationen

Mutation	Häufigkeit bei Anlageträgern unter den Aschkenasim (in Prozent) (n = 156)	Häufigkeit bei Anlageträgern nicht-jüdischer Herkunft (in Prozent) (N ≅ 51)
4 bp Insertion in Exon 11	73	16
Spleißstelle mutiert in Intron 12	15	0
p.Gly269Ser in Exon 7	4	3
unbekannt	8	81

Daten aus Paw et al. (1990), zitiert im OMIM-Eintrag 272800

Fall 3 Familie Choudhary

- die acht Monate alte Nasreen; ihre Eltern: Aadnan und Mumtaz
- gehörlos
- die Eltern sind Cousin und Cousine ersten Grades
- der Stammbaum spricht für einen autosomal rezessiven Erbgang der Gehörlosigkeit

| 3 | 8 | 65 | 232 | **250** | 357 |

In dieser Familie mit einem hohen Anteil an Blutsverwandtschaft hatte man sich gefragt, ob Nasreens Gehörlosigkeit autosomal rezessiv vererbt und ihre beiden Onkel Waleed und Mohammed aus demselben Grund gehörlos sein könnten wie sie, oder ob es noch eine andere Ursache dafür gäbe. Die Frage war schließlich dadurch beantwortet worden (*Abschnitt 9.3*), dass man anhand der Familienstruktur eine Autozygotie-Kartierung (*autozygosity mapping*, Homozygotie-Kartierung in einer Familie) vorgenommen hatte. Dabei war ein Kandidatengen – *OTOF* – ins Auge gefallen, in dem man eine Mutationsanalyse veranlaßt hatte. Die verantwortliche Mutation war gefunden worden, damit hatte man die Möglichkeit, alle Familienangehörigen, die dies wünschten, zu testen und detailliert zu beraten. Von besonderer Bedeutung war dies für Waleed und seine Cousine Benazir, die vorhatten zu heiraten.

Die Autozygotie-Kartierung erfordert einen beträchtlichen Aufwand, und bevor sie glaubte, diesen guten Gewissens fordern zu können, wollte die Genetikerin zunächst einmal berechnen, ob diese zusätzlichen Investitionen in Labormittel sich in maßgeblicher Weise auf ihre Beratung auswirken würden. Sie beschloss zunächst, ausgehend von der Annahme, dass die Gehörlosigkeit in der Familie autosomal rezessiv vererbt wird, die Wahrscheinlichkeit (Likelihood) für den Fall zu errechnen, dass ein Kind von Waleed und Benazir gehörlos zur Welt kommen würde. Diese wollte sie dann mit der naturgemäß geringeren Likelihood für ein erneutes Auftreten von Gehörlosigkeit in der Familie zu vergleichen, die sich ergibt, wenn man von der Annahme ausgeht, dass die Fälle bloßer Zufall sind. Legte man die Hypothese von einer rezessiv vererbten Krankheit zugrunde, ist davon auszugehen, dass Benazirs Bruder Aadnan (Nasreens Vater, Person I in *Abb. 10.4*) Anlageträger ist. Dann aber muss auch ein Elternteil von Benazir und Aadnan Anlageträger sein – vermutlich die Mutter, denn sie bildet die Verbindung zum anderen Zweig der Familie. Das Risiko, dass Benazir das mutierte Gen ererbt hat, liegt demnach bei 1:2, das Gesamtrisiko, dass ein Kind von ihr und Waleed gehörlos sein würde, bei

1:4. Aus dieser Berechnung ist ersichtlich, dass diese Einschätzung des Risikos mit großen Unsicherheiten behaftet ist – es wäre hoch, wenn die Krankheit genetisch bedingt wäre und in der Familie rezessiv vererbt würde, und sehr viel geringer, wenn dies nicht zuträfe. Somit konnte es als gerechtfertigt gelten, einen größeren Laboraufwand zu betreiben, um diese Unsicherheiten aus der Welt zu schaffen.

Für die unfassende Beratung blutsverwandter Paare müssen wir Verwandtschafts- und Inzuchtkoeffizienten errechnen.

- Der Verwandtschaftskoeffizient zweier Menschen beschreibt den Anteil an Genen, den diese aufgrund der Tatsache gemeinsam haben, dass sie über einen oder mehrere gemeinsame Vorfahren verfügen.
- Der Inzuchtkoeffizient eines Menschen beschreibt den Anteil an Loci, von denen man erwarten kann, dass der Betreffende aufgrund der Blutsverwandtschaft seiner Eltern hier homozygot ist. Er entspricht der Hälfte des Verwandtschaftskoeffizienten der Eltern und beschreibt auch die Wahrscheinlichkeit dafür, dass der Betreffende an einem beliebigen Locus zwei Gene geerbt hat, die aufgrund ihrer Herkunft identisch sind.

Am leichtesten lässt sich diese Berechnung mit Hilfe von Sewall Wrights Pfadkoeffizienten durchführen (*Exkurs 10.3*). *Abb. 10.4* zeigt, wie sich Nasreens Inzuchtkoeffizient berechnen ließe. Mit Hilfe des Pfadkoeffizienten ergibt sich der Verwandtschaftskoeffizient von Aadnan und seiner Frau Mumtaz als $\frac{10}{64}$ – ein bisschen mehr als das übliche $\frac{1}{8}$ von Cousins ersten Grades. Nasreens Inzuchtkoeffizient beträgt damit $\frac{5}{64}$. Man muss dazu wissen, dass sogar in Stammbäumen mit einem extremen Grad an Blutsverwandtschaft nur relativ moderate Inzuchtkoeffizienten zu verzeichnen sind. Ohne direkten Inzest lässt sich kaum ein Stammbaum ersinnen, in dem der Inzuchtkoeffizient eines Kindes an den Wert $\frac{1}{4}$ heranreicht. Genetiker, die mit Mäusen arbeiten, müssen wiederholt Geschwister verpaaren, um

---

Exkurs 10.3 Berechnung der Auswirkungen von Verwandtenehen

Wie groß ist der Anteil an Genen, die Verwandte gemeinsam haben?

Bei nahen Verwandten ergibt sich die Antwort vielleicht intuitiv

- Eltern und Kinder haben grundsätzlich zur Hälfte die gleichen Gene
- Leibliche Geschwister (von denselben Eltern) haben (im Durchschnitt) die Hälfte ihrer Gene gemeinsam
- Halbgeschwister (ein gemeinsamer Elternteil) haben (im Durchschnitt) ein Viertel ihrer Gene gemeinsam
- Onkel/Tanten und Nichten/Neffen haben (im Durchschnitt) ein Viertel ihrer Gene gemeinsam
- Cousins/Cousinen ersten Grades haben (im Durchschnitt) ein Achtel ihrer Gene gemeinsam.

Wenn Ihnen diese Zahlen nicht intuitiv einleuchten, oder wenn die Beziehungen komplizierter sind, lässt sich Sewall Wrights Pfadkoeffizient leicht anwenden und liefert ein verlässliches Ergebnis:

1. zeichnen Sie einen Stammbaum, der nur die gemeinsamen Vorfahren und die Verknüpfungen zu diesen nennt
2. wählen Sie einen Pfad zwischen zwei Verwandten, der über einen gemeinsamen Vorfahren verläuft und zählen Sie die Anzahl an Verknüpfungen
3. wenn der Pfad n Verknüpfungen aufweist, trägt er $\left(\frac{1}{2}\right)^n$ zum Verwandtschaftskoeffizienten bei
4. gibt es mehr als einen Pfad, wiederholen Sie das Ganze für die anderen Pfade
5. addieren Sie den Beitrag eines jeden Pfads

Im Folgenden ist dieses Vorgehen für leibliche Geschwister und Cousins ersten Grades dargestellt. *Abb. 10.4* zeigt ein komplexeres Beispiel.

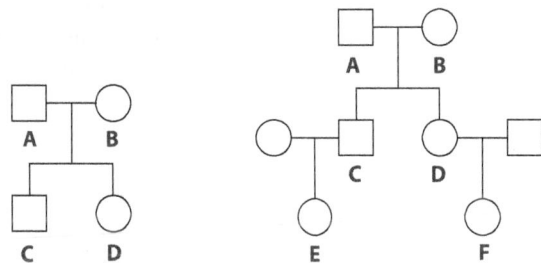

leibliche Geschwister

Pfad	Beitrag
C-A-D	$\left(\frac{1}{2}\right)^2 = \frac{1}{4}$
C-B-D	$\left(\frac{1}{2}\right)^2 = \frac{1}{4}$
Summe:	$\frac{1}{2}$

Cousins ersten Grades

Pfad	Beitrag
E-C-A-D-F	$\left(\frac{1}{2}\right)^4 = \frac{1}{16}$
E-C-B-D-F	$\left(\frac{1}{2}\right)^4 = \frac{1}{16}$
	$\frac{1}{8}$

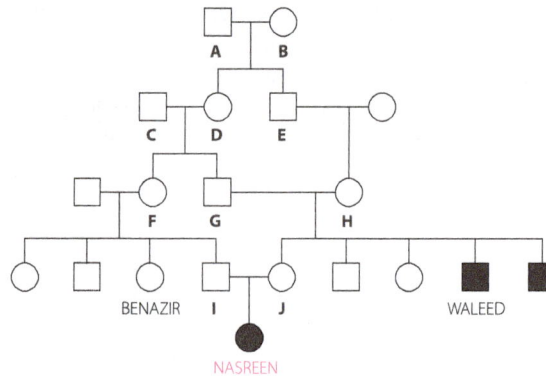

Pfad	Schritte	Beitrag
I - F - C - G - J	4	$(1/2)^4 = 1/16$
I - F - D - G - J	4	$(1/2)^4 = 1/16$
I - F - D - A - E - H - J	6	$(1/2)^6 = 1/64$
I - F - D - B - E - H - J	6	$(1/2)^6 = 1/64$

Verwandtschaftskoeffizient: **10/64**

Inzuchtkoeffizient für Nasreen
= ½ Verwandtschaftskoeffizient ihrer Eltern = **5/64**

Abb. 10.4 Berechnung des Inzuchtkoeffizienten für Nasreen Choudhary (Fallbeispiel 3)
Da es hier mehr als eine Inzuchtschleife gibt, ist es nicht leicht, diese Berechnung aus dem Handgelenk zu machen. Zur Berechnung des Verwandtschaftskoeffizienten von Nasreens Eltern wird der Pfadkoeffizient herangezogen.

stark homozygote Linien zu erhalten. Die einzigen, die Berichten zufolge solches beim Menschen versucht haben, waren die ägyptischen Pharaonen.

10.4 Zusammenfassung und theoretische Ergänzung

Die Häufigkeit, mit der eine genetisch bedingte Krankheit in einer Population auftritt, hängt von dem Einfluss der beiden gegeneinander arbeitenden Faktoren Mutation und Selektion ab, welche auf alle Allelfrequenzen einwirken, die in der ursprünglichen Gründerpopulation vorhanden gewesen sind.

Bei dominanten und X-chromosomal gekoppelten Krankheiten haben Mutationen normalerweise eine kurze Halbwertszeit.

- Im Extremfall einer letalen dominanten Krankheit muss jeder neue Fall auf eine Spontanmutation zurückzuführen sein. Wären die Eltern selbst betroffen, wären sie nie Eltern geworden. Man beachte, dass Letalität im genetischen Zusammenhang die Unfähigkeit bedeutet, die eigenen Gene an die nächste Generation weiterzugeben – als nicht notwendigerweise mit physischer Letalität gleichzusetzen ist.

- Eine Mutation, die eine dominant vererbte Krankheit bedingt, welche die Chance der Betroffenen, die eigenen Gene in die nächste Generation weiterzugeben, deutlich schmälert, wird in der Regel höchstens nur eine oder einige wenige Generationen persistieren, auch wenn sie die Reproduktionsfähigkeit nicht vollständig ausschaltet. Eine ungewöhnliche Erscheinung oder eine leichte Behinderung kann durchaus hinreichen, die Erfolgsaussichten eines Menschen auf dem Heiratsmarkt empfindlich zu trüben. Eine klassische Studie zur Achondroplasie (OMIM 100800) liefert hierzu ein anschauliches Beispiel: ET Mørch machte im Jahre 1941 in Dänemark eine Erhebung bei 94075 Geburten in Folge und traf dabei auf 10 Babys mit Achondroplasie. Bei nur zwei von ihnen war auch ein Elternteil erkrankt, so dass er zunächst annahm, es handle sich in 80 Prozent der Fälle um dominante Neumutationen. Er befragte Erwachsene mit Achondroplasie und stellte fest, dass die Kinderzahl bei Leuten, die an dieser Krankheit leiden, trotz völlig unangetasteter Fruchtbarkeit im Schnitt nur bei 20 Prozent dessen liegt, was er in der Gesamtbevölkerung beobachtete. Man hat Mørchs Daten angezweifelt, weil er bei seiner Neugeborenerhebung möglicherweise unwissentlich Patienten mit verschiedenen anderen rezessiv vererbten Skelettdysplasien mitgezählt hat. Vielleicht sollte man seine Zahlen am besten als Gedankenexperiment verstehen. Das Prinzip ist klar und liegt auf der Hand. Ein anschauliches Beispiel dafür ist die Neurofibromatose I (*Krankheitsinfo 1*): etwa 50 Prozent der Fälle sind Neumutationen.

- Bei einer X-chromosomal vererbten Krankheit wirkt die Selektion nur gegen die betroffenen männlichen Organismen. Wenn eine Population aus ungefähr gleichen Teilen weiblichen XX- und männlichen XY-Individuen (XX-Frauen und XY-Männern) besteht, befindet sich ein Drittel aller vorhandenen X-Chromosomen in männlichen Populationsmitgliedern (*Abb. 10.5*). Bei einer im genetischen Sinne letalen Krankheit wie DMD (Muskeldystrophie Typ Duchenne) heißt das, dass in jeder Generation ein Drittel aller mutierten DMD-Allele ausgelöscht wird. Da es die Krankheit noch immer gibt, muss das Verschwinden in etwa durch Neumutationen ausgeglichen werden. Wenn sich Mutation und Selektion die Waage halten, müsste ein Drittel aller DMD-Mutationen aufgrund von Neumutationen entstehen. Das hat wichtige Folgen für die Risikoeinschätzung. Wir können nicht automatisch davon ausgehen, dass die Mutter eines an DMD erkrankten Jungen Anlageträgerin sein muss – die Chancen dafür stehen 2:3. Nur dann, wenn sie einen erkrankten Bruder oder Verwandten mütterlicherseits hat, ist sie obligate Anlageträgerin (s. Judith Davies im Fallbeispiel 4).

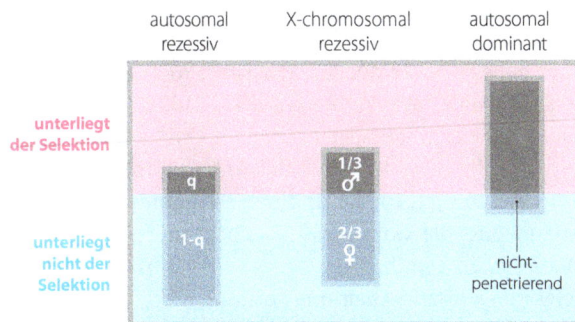

Abb. 10.5 Krankheiten mit unterschiedlichem Erbgang sind der natürlichen Selektion in unterschiedlichem Maße ausgesetzt.
Zu den Berechnungen s. Text

Bei rezessiv vererbten Merkmalen wirkt die Selektion nur dann auf mutierte Allele, wenn diese in homozygoter Form vorliegen. Das Genverhältnis bei Homozygoten zu dem bei Heterozygoten beträgt $2q^2 : 2pq$ ($2q^2$ deshalb, weil bei jedem Homozygoten zwei mutierte Allele vorliegen). Angenommen, p sei sehr nahe an 1, dann vereinfacht sich das Verhältnis auf q (*Abb. 10.5*). Mit anderen Worten, für ein typisches rezessives Allel mit $q = 0,01$ werden mutierte Allele nur in 1 Prozent der Fälle der Selektion unterworfen. Innerhalb evolutionärer Zeiträume mag die Selektion wirksam werden, aber ein paar Dutzend Generationen übersteht ein mutiertes Allel problemlos.

Infolge dieser unterschiedlichen Dynamik der Selektion weisen schwere dominant und X-chromosomal vererbte Krankheiten mit großer Wahrscheinlichkeit einen hohen Anteil an Neumutationen und eine extensive allelische Heterogenität auf. Bei den meisten rezessiv vererbten Störungen lassen sich Mutationen bei der Betrachtung von Familien vernachlässigen und einzelne mutierte Allele können in einer Population unter Umständen relativ häufig sein. Diese Überlegungen gelten vor allem für Loss-of-function-Mutationen, bei denen im Prinzip eine umfangreiche Allelheterogenität vorliegen kann. Dominante Störungen können das Ergebnis von Gain-of-function-Mutationen sein, bei denen einzelne oder nur einige wenige spezifische Mutationen die Störung hervorrufen können.

Humangenetiker befassen sich verständlicherweise vor allem mit Krankheiten, die verbreitet sind und einen schweren Verlauf haben, und all diese Störungen müssen der Auslöschung durch natürliche Selektion irgendwie entkommen sein. Es gibt verschiedene Möglichkeiten, wie das geschehen kann:

- eine sehr hohe Mutationsrate. Ein Beispiel hierfür ist DMD, daran beteiligt ist vermutlich die ungewöhnliche Struktur des Dystrophin-Gens (*Kapitel 3*).
- ein Heterozygotenvorteil für eine rezessive Erkrankung. Thalassämie (Fallbeispiel 13, Familie Lawton) ist ein gutes Beispiel dafür. Wie bereits im Vorhergehenden erwähnt, ist auch zu erwarten, dass es bei Mukoviszidose (Fallbeispiel 2, Familie Brown) einen Heterozygotenvorteil gibt, sonst könnte sie nicht so häufig sein. Genau genommen ist es, so nicht wie beim AGS (Fallbeispiel 20, Familie Stott) eine extrem hohe Mutationsrate vorliegt, plausibel, davon auszugehen, dass die meisten verbreiteten schweren rezessiv vererbten Krankheiten in jeder größeren Population vermutlich einen gewissen Heterozygotenvorteil haben.
- Symptome, die erst jenseits des fortpflanzungsfähigen Alters einsetzen. Chorea Huntington (Fallbeispiel 1, Familie Ashton) ist ein klassisches Beispiel hierfür, ebenso familiäre Brust- und Darmkrebsarten (s. *Kapitel 12*).
- Selektion während der Spermatogenese. Wie im Vorhergehenden bereits erwähnt, sind die meisten Fälle von Achondroplasie auf Neumutationen zurückzuführen, dennoch ist die Krankheit relativ weit verbreitet. Die Mutationsrate muss reichlich hoch sein, um das zu leisten. Das Ganze wirkt zunächst vielleicht nicht so übermäßig rätselhaft, wenn man nicht weiß, dass nur eine sehr spezifische Veränderung, pGly380Arg in dem Protein FGFR3 zur Achondroplasie führt (s. Abb. in *Exkurs 6.3*). Die meisten Mutationsraten für den Übergang von A>a sind die Summen der Mutationsraten von hunderten einzelner Nukleotide, bei der Achondroplasie aber entspricht sie der Mutationsrate dieses einen speziellen Austauschs. Die Mutationsrate an dem betreffenden Nukleotid liegt um viele Größenordnungen über der der allermeisten anderen Nukleotide im gesamten Genom. Die Analyse der Sequenz gibt keinerlei Anhaltspunkte für eine solche außerordentlich hohe Mutabilität. Die Lösung hat, so nimmt man inzwischen an, weniger damit zu tun, dass die Mutationsrate so besonders hoch ist, als vielmehr damit, dass die männlichen Keimbahnzellen, die diese Mutation in sich tragen, einen gewissen Selektionsvorteil haben und so in unverhältnismäßiger Weise zur Spermienproduktion beitragen.

Wie groß ist das Risiko, dass der Nachwuchs aus einer Verwandtenehe eine rezessive Krankheit erbt?

Betrachten wir Jack und Jill, Cousin und Cousine ersten Grades. Angenommen, in ihrer Familie gibt es ein krankheitsauslösendes Allel mit der Allelfrequenz q. Die Wahrscheinlichkeit dafür, dass Jack Anlageträger ist, beträgt $2pq$. Bei einer seltenen Krankheit ist p praktisch 1, damit wird für Jack das Risiko, Träger des besagten Gens zu sein, $2q$. Jill hat aufgrund des Verwandtschaftsgrades ein Achtel ihrer Gene mit Jack gemeinsam, das heißt, für jedes von Jacks Genen besteht eine Chance von 1:8 dafür, dass Jill dasselbe Gen hat wie Jack. Wenn Jack Anlageträger ist, beträgt die Chance dafür, dass Jill ebenfalls Anlageträgerin ist, also auch 1:8. Sind beide Anlageträger, liegt das Risiko, dass eines ihrer Kinder betroffen sein wird, bei 1:4, und das Gesamtrisiko bei $2q \times \frac{1}{8} \times \frac{1}{4} = q/16$. *Tab. 10.3* macht deutlich, dass im Vergleich zu nicht verwandten Personen das *relative* Risiko für zwei Verwandte ersten Grades umso größer ist, je seltener eine rezessiv vererbte Krankheit ist.

Ein andere Möglichkeit, dasselbe auszudrücken, wäre die Aussage, dass je seltener eine rezessiv vererbte Krankheit ist, desto größer der Anteil an Fällen sein müsste, der aus Verwandtenehen hervorgegangen ist. Wie oben erwähnt bedeutet dies, dass das Hardy-Weinberg-Gleichgewicht zur Berechnung der Häufigkeit von Anlageträgern bei der Anwendung auf sehr seltene rezessiv vererbte Krankheiten häufig irreführende Ergebnisse hervorbringt.

Tab. 10.3 Verwandtenehen und das Risiko für das Auftreten rezessiv vererbter Krankheiten

Genfrequenz für das Krankheitsgen	Erkrankungsrisiko für das Kind bei nichtverwandten Eltern	Erkrankungsrisiko für das Kind, wenn Eltern Cousin und Cousine ersten Grades sind	Relatives Risiko für Cousine und Cousin ersten Grades
q	q^2	$q/16$	$1/16q$
0.01	1:10000	1:1600	6,25
0.005	1:40000	1:3200	12,5
0.001	1:1000000	1:16000	62,5

Die Berechnung gilt nur für seltene Krankheiten, weil sie davon ausgeht, dass die Häufigkeit des Normalallels näherungsweise 1 ist. Überdies nimmt man an, dass Cousin und Cousine ersten Grades nur dadurch jeder zu einem Krankheitsgen gekommen sein können, dass sie dieses von einem gemeinsamen Vorfahren geerbt haben.

Können wir genetisch bedingte Krankheiten abschaffen?

Humangenetikern ist bewusst, dass ihr Ziel nicht darin bestehen kann, genetisch bedingte Krankheiten auszumerzen, und dass ihr Erfolg nicht an der Anzahl der aufgrund der medizinischen Indikation „Gendefekt" abgebrochenen Schwangerschaften gemessen werden darf. Ihr Ziel besteht darin, Menschen mit genetisch bedingten Krankheiten oder einem erhöhten Risiko für solche in die Lage zu versetzen, ein so normales Leben führen zu können wie irgend möglich, wozu auch gehört, dass diese selbst Familien haben können. Nichtsdestoweniger würden Gesundheitsexperten es vermutlich gerne sehen, wenn ein Nebenprodukt der humangenetischen Praxis eine Verringerung der Häufigkeit von Erbkrankheiten mit sich brächte.

Die oben geführte Diskussion über Mutation und Selektion zeigt, dass die Abschaffung genetisch bedingter Krankheiten kein realistisches Ziel ist. Die meisten schweren dominant vererbten Krankheiten weisen einen hohen Anteil an Neumutationen auf, während sich bei den rezessiv vererbten Krankheiten die meisten mutierten Allele in gesunden Heterozygoten finden. Wenn der Diktator eines Landes eines Tages beschließen sollte, alle Menschen mit schweren Erbkrankheiten sterilisieren zu lassen, würde dies nicht verhindern, dass mit jeder neuen Generation neue Fälle auftreten. Selbst ein über viele Generationen fortgesetztes Programm könnte dieses Ziel nicht erreichen. Ein paar spät einsetzende dominant vererbte Krankheiten wie Chorea Huntington ließen sich zum großen Teil verhindern, aber die einzige Möglichkeit, rezessiv vererbte Krankheiten aus der Welt zu schaffen, bestünde in der Sterilisation sämtlicher heterozygoter Träger des entsprechenden Gens. Das hätte für den Diktator und seine Familie fatale Folgen. Auch wenn die Heterozygotenhäufigkeit für die einzelnen rezessiv vererbten Krankheiten im typischen Falle bei 1:100 liegt, so listet OMIM doch Tausende an Krankheiten auf, und jeder einzelne von uns ist Anlageträger für eine ganze Reihe von letalen rezessiv vererbten Krankheiten. Ein Sterilisierungsprogramm könnte genetisch bedingte Erkrankungen nur verhindern, wenn man zusammen mit dem Rest der Menschheit auch den Diktator sterilisieren würde.

Eine etwas andere Frage wäre die, ob die Medizin sich womöglich langfristig sogar Probleme einhandelt, wenn sie die natürliche Selektion erfolgreich umgeht.

Exkurs 10.4
Sollten geheilte Patienten der Gesellschaft ihre Schulden zurückzahlen, indem sie auf Kinder verzichten?

Denken Sie an eine behandelbare Krankheit wie Phenylketonurie (PKU, s. Fallbeispiel 23, Familie Vlasi in *Kapitel 11*). Nicht behandelte Patienten sind schwer geistig zurückgeblieben und werden ihr Leben höchstwahrscheinlich in einer beschützenden Einrichtung verbringen. Schlägt die Behandlung jedoch an, kann ein Betroffener ein normales Leben führen, eben auch Kinder bekommen. Genetisch ist der Betreffende noch immer homozygot für die Mutation, jedes seiner Kinder wird unweigerlich das mutierte Allel erben. Die Therapie ist äußerst kostspielig – sollte es dafür eine Gegenleistung geben müssen? Sollten wir uns auf den Standpunkt stellen: Wir sind willens, die Behandlung zu finanzieren, wenn der oder die Behandelte sich bereit erklärt, die eigenen Gene nicht an die nächste Generation weiterzugeben?

Die meisten Ärzte würden ein solches Ansinnen für zutiefst geschmacklos halten – wobei ihnen im Hinterkopf allerdings auch das unbehagliche Gefühl herumspukt, dass sie sich als verantwortungsbewusste Ärzte dieser Frage eigentlich doch zu stellen hätten. Man sollte der Frage tatsächlich nicht ausweichen. Denn wenn man sie genauer betrachtet, löst sie sich in nichts auf. Wir hatten im Vorhergehenden gezeigt, dass im Falle einer autosomal rezessiv vererbten Krankheit der Anteil an mutierten Allelen bei betroffenen Personen mit q beschrieben werden kann, wobei q die Allelfrequenz benennt. In Großbritannien ist einer von 10000 Menschen von einer PKU betroffen, damit beträgt $q = 0,01$. Mit anderen Worten: Darüber nachzusinnen, ob ein behandelter Phenylketonuriepatient das Recht hat, seine Gene an die nächste Generation weiterzugeben, bedeutet ein Nachsinnen über 1 Prozent des Problems und das Ignorieren der übrigen 99 Prozent. Da klar ist, dass wir auf 99 Prozent der Betreffenden keinerlei Einfluss haben, entbehrt es jeder Logik, sich über 1 Prozent den Kopf zu zerbrechen. Natürlich erhöht sich jedes Mal, wenn ein behandelter PKU-Patient ein mutiertes Allel weitergibt statt auf eigenen Nachwuchs zu verzichten, zwangsläufig die Häufigkeit der mutierten Allele in der Folgegeneration ein kleines bisschen. Ein über 100 Generationen erfolgreich durchgeführtes Behandlungsprogramm hätte vielleicht eine Verdopplung der Allelfrequenz zur Folge. Die meisten Leute dürften sich dahingehend einig sein, dass die Menschheit in den kommenden 2500 Jahren ein paar durchaus ernsthaftere Probleme zu bewältigen haben wird als eine Verdopplung der Häufigkeit mutierter PKU-Allele.

Krankheitsinfo 10   Krankheiten vor besonderem ethnischem Hintergrund

Finnen und Juden aus der Gemeinschaft der Aschkenasim sind die best untersuchten Beispiele für Populationen mit starken Gründereffekten. Beide Populationen verfügen über einen hohen Bildungsstandard und ein gut ausgebautes Gesundheitswesen, das über Spektrum und Verbreitung genetisch bedingter Krankheiten verlässliche Daten liefert. *Tab. 10.1* listet einige in der finnischen Bevölkerung häufige Erbkrankheiten auf, die Tabelle in diesem Exkurs widmet sich einigen bei den Aschkenasim häufigen Krankheiten. Eine kurze, prägnante Übersicht über die in der jüdischen Bevölkerung verbreiteten Erbkrankheiten liefert Motulsky (1995).

Beide Populationen haben ihre Wurzeln in einer ziemlich kleinen Zahl von Gründern und haben sich stark expandiert.

- Von den 13–14 Millionen Juden auf der Welt gehören etwa 80 Prozent zu den Aschkenasim – Nachkommen einer Population, die im 9. Jahrhundert ins Rheinland eingewandert war und sich später in Polen, Litauen, Weißrussland und den umliegenden Regionen niedergelassen hatte. Die Aschkenasim haben sich vor mehr als 1000 Jahren von den Sephardim abgezweigt, die vor allem Spanien, Portugal und den Orient besiedelt hatten. Bis vor wenigen hundert Jahren stellten die Sephardim die Mehrzahl der jüdischen Weltbevölkerung, ihre Gemeinden in Spanien und Portugal existieren möglicherweise bereits seit den Tagen Roms. Zu Beginn der Moderne umfasste die Population der Aschkenasim vermutlich nur ein paar tausend Personen. Motulsky vermutet, eine kleine wohlhabende Kaufmannsklasse habe möglicherweise einen unverhältnismäßig großen Beitrag zu den kommenden Generationen geleistet und so für sehr starke Gründereffekte gesorgt.

- In Finnland hat es zwei Phasen der Bevölkerungsexpansion gegeben, die beide starke Gründereffekte zur Folge hatten: eine in prähistorischer Zeit, kurz nach der Erstbesiedelung des Südens, die andere im 17. Jahrhundert, als Pioniergruppen den bis dahin großenteils menschenleeren Norden bevölkerten (De la Chapelle, 1993).

Ob die Verteilung der Allele bei den genetisch bedingten Krankheiten der Aschkenasim sich tatsächlich allein auf die Populationsgeschichte zurückführen lässt, ist kontrovers diskutiert worden. Bei einem einfachen Gründereffekt würde man wohl erwarten, dass ein spezielles mutiertes Allel innerhalb eines spezifischen Marker-Haplotyps alle überzähligen Fälle erklären sollte (überzählig sind hier all jene Fälle, die über den normalen Durchschnitt in anderen Populationen hinausgehen). Das ist das, was wir beim Riley-Day-Syndrom (auch als familiäre Dysautonomie bezeichnet), bei Fanconi-Anämie und beim Bloom-Syndrom beobachten. Bei der Tay-Sachs-, Gaucher-, Niemann-Pick- und Canavan-Krankheit aber kom-

Krankheit	OMIM	Erbgang	Häufigkeit der Anlageträger (Heterozygotenfrequenz)	Bemerkungen
Tay-Sachs-Krankheit	272800	AR	$\frac{1}{30}$	drei relativ häufige Mutationen bei Aschkenasim – s. Fallbeispiel 22 (Familie Ulmer) und *Kapitel 11*
Riley-Day-Syndrom (familiäre Dysautonomie)	223900	AR	$\frac{1}{30}$	sehr wenige Fälle in nicht jüdischen Familien; 99,5% der jüdischen Patienten haben dieselbe Spleißstellenmutation
Gaucher-Krankheit	230800	AR	$\frac{1}{15}$	bei Aschkenasim vor allem zwei Mutationen verbreitet: p.Asn380Ser (75%) und c.84insG (15%); ebenfalls häufig: p.Leu444Pro
Canavan-Krankheit	271900	AR	$\frac{1}{40}-\frac{1}{60}$	bei Aschkenasim zwei Mutationen verbreitet: p.Glu285Ala und p.Tyr231STOP
Fanconi-Anämie (Komplementationsgruppe C)	227645	AR	$\frac{1}{90}$	die meisten Patienten unter den Aschkenasim haben eine Spleißstellenmutation in Intron 4
Niemann-Pick-Krankheit Typ A	257200	AR	$\frac{1}{80}$	65% aller Fälle bei Aschkenasim sind auf drei Mutationen zurückzuführen
Bloom-Syndrom	210900	AR	$\frac{1}{200}?$	Die meisten erkrankten Aschkenasim haben dieselbe Mutation: eine Deletion von ATCTGA und Insertion von TACATTC bei Position 2281 des Gens
Familiärer Brustkrebs	113705 (*BRCA1*) 600185 (*BRCA2*)	AD	insgesamt 2,5%	drei weit verbreitete Mutationen bei Aschkenasim: c.185delAG (1% der Population), c.5283insC (0,15%) in *BRAC1* und c.617delT (1,5%) in *BRCA2*
Torsionsdystonie 1	128100	AD	$\frac{1}{1000}-\frac{1}{300}$ Erkrankte	genetisch heterogen; viele Aschkenasim und nicht jüdische Patienten haben die gleiche Deletion von 3bp im *DYT1*-Gen

men relativ häufig zwei und mehr Allele vor. Man hat dies als Hinweis auf einen Heterozygotenvorteil gewertet. Bemerkenswert ist, dass es sich bei drei der letztgenannten Krankheiten (Tay-Sachs-, Gaucher-, Niemann-Pick-Krankheit) um lysosomale Speicherkrankheiten handelt, und tatsächlich ist auch eine weitere lysosomale Speicherkrankheit – Mukolipidose Typ IV – bei den Aschkenasim relativ weit verbreitet. Ist das nur Zufall, oder ist es denkbar, dass es an dem Status des Anlageträgers einer lysosomalen Speicherkrankheit irgendetwas gibt, das sich zu irgendeinem Zeitpunkt der Geschichte vorteilhaft ausgewirkt hat?

Ein Teil der Daten ließe sich durch einen nahe liegenden Beobachtungs- und Erfassungsfehler erklären. So sind zum Beispiel unter den Aschkenasim drei verschiedene *BRCA1/2*-Mutationen relativ häufig, die in anderen Populationen eher selten auftreten (s. *Kapitel 12*). Das scheint bemerkenswert – aber vielleicht hat es sich nur um eine Zufallsfluktuation am Anfang gehandelt, die sich durch die dramatische Bevölkerungsexpansion vervielfacht hat. Bevor man also nach einer Sondererklärung sucht, sollte man sich all die anderen Gene vergegenwärtigen, die bei den Aschkenasim nicht besonders häufig mutiert sind. Vielleicht ist es dann gar nicht so bemerkenswert, dass unter tausend Genen eines ein zufälliges Auf und Ab durchgemacht hat, das groß genug war, um die gegenwärtige Verteilung hervorzubringen.

10.5 Quellen

De la Chapelle A. (1993): Disease gene mapping in isolated human populations: the example of Finland. *J. Med. Genet.* 30 857-865

Motulsky A.G. (1995): Jewish diseases and origins. *Nat. Genet.* 9: 99-101

Paw B.H., Tieu P.T., Kaback M.M., Lim J., Neufeld E.F. (1990): Frequency of three Hex A mutant alleles among Jewish and non-Jewish carriers identified in a Tay-Sachs screening programm. *Am. Hum. Genet.* 47 698-704

10.6 Fragen und Aufgaben

(1) 200 nicht miteinander verwandte Personen wurden auf einen Einzelnukleotid-Polymorphismus genotypisiert, von dem es die beiden Allele C und T gibt. 87 Personen hatten den Genotyp CT, 93 TT und 20 CC. Wie lauten die Allelfrequenzen der beiden Allele C und T? Befindet sich die Population im Hardy-Weinberg-Gleichgewicht?

(2) Das Usher-Syndrom Typ 1 ist eine autosomal rezessiv vererbte Kombination aus angeborener Gehörlosigkeit und Blindheit, in einer bestimmten Population sei einer von 100 000 Menschen davon betroffen. Obschon alle Fälle sich klinisch nicht unterscheiden, haben genetische Analysen gezeigt, dass das Usher-Syndrom durch Mutationen in mehreren verschiedenen Genen zustande kommen kann (Locusheterogenität). Mit welcher Häufigkeit treten Anlageträger auf (a) wenn sich alle Fälle auf Mutationen an einem Genort zurückführen lassen, und (b) wenn an einem von 10 verschiedenen Loci Homozygotie zu gleichen Teilen zur Gesamtinzidenz beiträgt?

(3) Die Unfähigkeit, geringe Mengen an bitteren Substanzen wie Phenylthioharnstoff und vielleicht manche Arten von Kohl zu schmecken, ist (in der Regel) ein autosomal rezessiv vererbtes Merkmal. Man kann die Menschen in Wahrnehmer und Nichtwahrnehmer unterteilen. 64 Prozent der Angehörigen einer Population mögen kein Grünzeug, weil sie es als unangenehm bitter empfinden. Wie hoch ist die Allelfrequenz für das „Wahrnehmerallel"?

(4) Wie in *Krankheitsinfo 8* erwähnt verhält sich die erythropoetische Porphyrie wie eine dominante Krankheit mit verminderter Penetranz, doch haben molekulargenetische Untersuchungen gezeigt, dass die Betroffenen sämtlich gemischt heterozygot sind und ein seltenes funktionsloses, sowie ein weit verbreitetes Allel mit eingeschränkter Funktion besitzen (in Frankreich beträgt $q = 0,11$). Mit welcher Allelfrequenz tritt das funktionslose Allel auf, wenn einer von 30 000 Franzosen von der Krankheit betroffen ist? Wie hoch ist das Risiko, dass eine betroffene Person, die mit einer nicht betroffenen Person verheiratet ist, ein krankes Kind bekommt?

(5) Der einzige Sohn einer Frau hat Muskeldystrophie Typ Duchenne. Sie hat keine Brüder und Schwestern, auch gibt es in der übrigen Familie keine anderen Fälle dieser Krankheit. Wie hoch ist das Risiko, dass ihre Tochter Anlageträgerin ist?

(6) Die gesunde Schwester eines an Mukoviszidose erkrankten Jungen heiratet einen mit ihr nicht verwandten Mann, in dessen Familie die Krankheit bisher nicht vorgekommen ist. Beide sind dänischer Herkunft. Sie ist schwanger. Wie hoch ist das Risiko, dass das Kind Mukoviszidose bekommen wird? Hätten Sie ihr, wenn sie vor der Schwangerschaft um Rate gebeten hätte, geraten, keine Kinder zu bekommen?

(7) Angenommen, eine autosomal rezessiv vererbte Krankheit betrifft eine von 40 000 Personen. Die Ehe einer Frau zerbricht unter dem Druck der Fürsorge für ihr krankes Kind. Sie findet Trost bei einem mitfühlenden Cousin. Sie heiraten und sie wird erneut schwanger. Wie hoch ist das Risiko, dass das gemeinsame Kind von der Krankheit betroffen sein wird?

(8) Fred hat eine extrem seltene autosomal rezessiv vererbte Krankheit. Wie groß ist die Wahrscheinlichkeit, dass beide Großväter Anlageträger waren?

(9) Waleed und Benazir (*Abb. 10.4*) heiraten und bekommen einen Sohn, Aziz, der gehörlos ist. Gehörlose ziehen es häufig vor, sich mit einem gehörlosen Partner zusammenzutun, und Aziz lernt irgendwann Nasreen Choudhary kennen. Wie groß ist das Risiko, dass ihr erstes Kind gehörlos geboren wird? Errechnen Sie den Inzuchtkoeffizienten für dieses Kind. Besteht abgesehen von Gehörlosigkeit für dieses Kind ein erhöhtes Risiko, andere rezessive Krankheiten zu geerbt zu haben?

Kapitel 11
Wann ist ein Screening von Nutzen?

Wenn Sie dieses Kapitel durchgearbeitet haben, sollten Sie in der Lage sein:

- zwischen Screening und Diagnostik zu unterscheiden
- die Parameter zu beschreiben, anhand derer man die Leistungsfähigkeit eines Screening-Programms beurteilt
- die technischen, sozialen und ethischen Voraussetzungen zu benennen, die ein Screening-Programm erfüllen sollte
- Beispiele für pränatale, neonatale und postnatale Screeningprogramme aufzuführen und deren Vor- und Nachteile für den Einzelnen und die Gesellschaft zu diskutieren.

11.1 Fallbeispiele

| **259** | 264 | 357 | | | | | | |

Fall 23   Familie Vlasi

- Valon, Junge, sechs Jahre alt
- schwere Lernschwäche
- Kleinwüchsigkeit, Mikrozephalie, blaue Augen, helle Haut, hellblondes Haar, Ekzeme, Hyperaktivität
- ? Phenylketonurie

Der 6-jährige Valon war Adem und Flora Vlasis einziges Kind. Valon war im Kosovo geboren. Die Familie hatte in einem abgelegenen ländlichen Gebiet gelebt, wo nur die allernötigste medizinische Grundversorgung zur Verfügung stand. Kurz nach seiner Geburt eskalierte die politische Situation, und die Familie musste mehrmals umziehen, bevor sie nach Australien ausreisen konnte. Adem hatte sich im Laufe der Jahre immer wieder Sorgen um Valons Entwicklung gemacht, aber Flora war der Ansicht, die Probleme seien auf die vielen Ortwechsel zurückzuführen, die er erlebt hatte, und darauf, dass er nie zur Schule gegangen war. Als sie sich niedergelassen und Valon in einer Schule angemeldet hatten, fiel den Lehrern sofort auf, dass der Junge eine ernsthafte Lernschwäche hatte. Sie ließen ihn von einem Entwicklungspsychologen untersuchen und regten an, den Jungen einem Kinderarzt vorzustellen. Der Arzt dort nahm mit großer Überraschung zur Kenntnis, dass Valon eine Krankheit hatte, die er nur aus Lehrbüchern kannte. Er war kleinwüchsig, hatte einen auffallend kleinen Kopf, blaue Augen, sehr helle Haut und helles Haar, sowie Ekzeme. Er war hyperaktiv, und wenn man ihn festhielt, begann er, seinen Körper vor und zurück zu wiegen. Außerdem schien dem Arzt, als verströme der Junge, obwohl er gepflegt war und von den Eltern sichtlich gut versorgt wurde, einen muffigen Geruch. Der Arzt hatte den dringenden Verdacht auf das Vorliegen einer Phenylketonurie bei Valon und veranlasste die Analyse von Phenylalanin im Blut.

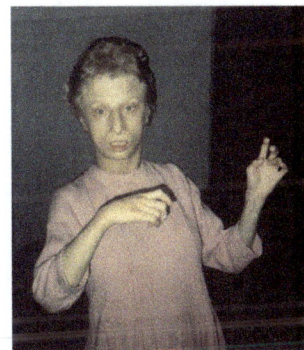

Abb. 11.1 Patient mit unbehandelter PKU

11.2 Hintergrund

Screening oder diagnostischer Test?

Der Begriff Screening wird oft umgangssprachlich als Synonym für ein etwas umfassenderes Testensemble verwendet, aber das entscheidende Merkmal eines Screenings im eigentlichen Sinne ist der Umstand, dass dieses auf die Gesamtbevölkerung angewandt wird. Im Unterschied zu einem diagnostischen Test, bei dem jemand mit einem Problem zum Arzt geht, damit dieser es einordnet, ist das Screening in der Regel ein von höherer Stelle verordnetes Verfahren, das einer großen Zahl von Menschen (meist definiert nach Alter, Reproduktionsstatus oder ethnischer Zugehörigkeit) angeboten wird. Bei jeder Art von genetischem Screening sind die ethischen Gesichtspunkte mindestens genauso wichtig wie die technischen Fragen. Wir wollen uns in diesem Abschnitt einigen der offensichtlicheren technischen Themen widmen und am Ende des Kapitels auf einige der allgemeineren Fragen zurückkommen.

Am Ende der meisten Screeningverfahren steht keine endgültige Diagnose, vielmehr dient ein solches Unterfangen dazu, Hochrisikogruppen auszumachen, denen man dann im Anschluss einen klärenden diagnostischen Test anbietet. Dazu gehört in aller Regel die Definition eines willkürlichen Schwellenwerts (*Abb. 11.2*), und dieser kann immer nur ein Kompromiss sein. Die Schwelle zu hoch ansetzen, hieße, einen inakzeptabel großen Teil der Zielgruppe unter den Tisch fallen lassen, sie zu niedrig ansetzen, hieße, zu viele Menschen, von denen der größte Teil am Ende gar nicht betroffen sein wird, mehr oder minder aufwändigen Untersuchungen zu unterwerfen. Ein Bevölkerungsscreening auf krankheitsauslösende Mutationen mit mendelschem Erbgang würde zwar in einem einzigen Schritt zu einer endgültigen Diagnose gelangen und könnte theoretisch keine falsch-positiven Ergebnisse hervorbringen. Dennoch ist, wie wir sehen werden, eine Mutationsanalyse in aller Regel nicht die erste Maßnahme bei einem Screening-Programm, und die stattdessen unternommenen Vorstufen sind definitiv mit dem Risiko einer falsch-positiven Aussage behaftet. In jedem Falle wird es falsch-negative Ergebnisse geben, denn kein DNA-Screening kann alle theoretisch denkbaren Mutationen in einem Gen erfassen. *Exkurs 11.1* zeigt einen Teil der Maßnahmen, mit deren Hilfe man versucht, die Aussagekraft eines Screeningverfahrens zu bewerten.

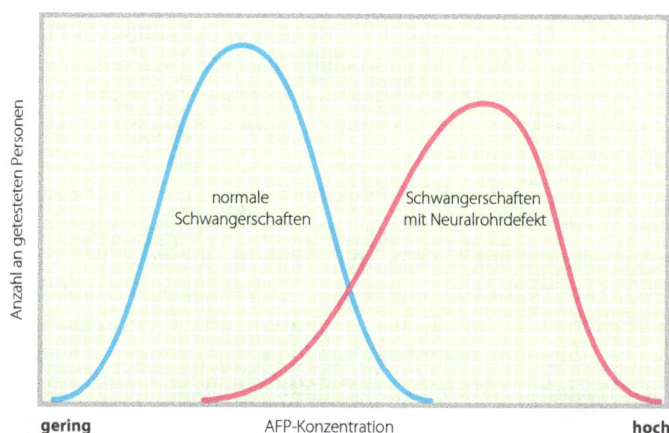

Abb. 11.2 Ein typischer Screening-Test
Das Risiko für einen Neuralrohrdefekt beim Fetus (Spina bifida oder Anenzephalus) lässt sich über eine Bestimmung von Alpha-Fetoprotein im mütterlichen Serum genauer einschätzen. Ein erhöhter AFP-Spiegel im Blut der Mutter deutet auf ein erhöhtes Risiko, allerdings überlappen sich die Verteilungen bei normalen und betroffenen Schwangerschaften. Man macht einen willkürlichen Schnitt, mittels dessen man z.B. 5 Prozent der Frauen zur weiteren Untersuchung selektiert. Dazu gehört eine detaillierte Ultraschalluntersuchung und/oder eine Amniozentese (s. *Kapitel 14*). Die meisten Frauen mit einem erhöhten AFP-Spiegel bekommen schlussendlich gesunde Kinder.

Exkurs 11.1 Parameter für einen Screening-Test

Bei dem in *Abb. 11.2* beschriebenen AFP-Test kann das Testergebnis einer Frau positiv und negativ ausfallen, ihr Kind kann mit oder ohne Neuralrohrdefekt geboren werden. In der Tab. repräsentieren die Buchstaben a, b, c, und d die Zahl der Frauen in jeder Kategorie:

	Fetus mit Neuralrohrdefekt	Fetus ohne Neuralrohrdefekt
positives Testergebnis	a	c
negatives Testergebnis	b	d

Sensitivität eines Tests = Anteil der erfassten Betroffenen = $a/(a+b)$

Spezifität eines Tests = Anteil aller nicht Betroffenen mit korrektem negativem Testergebnis = $d/(c+d)$

falsch-positiver Anteil = Anteil aller Tests mit falsch-positivem Testergebnis = $c/(a+b+d)$ OD. = Anteil aller positiven Testergebnisse, die falsch sind = $c/(a+c)$

falsch-negativer Anteil = Anteil aller negativen Testergebnisse, die falsch sind = $b/b+d$

positiv prädiktiver Wert = Anteil aller Betroffenen mit positiven Testergebnis = $a/(a+c)$

relatives Risiko = Risiko mit einem positiven Testergebnis im Vergleich zum Risiko der Allgemeinbevölkerung = $[(a/(a+c))/((a+b)/(a+b+c+d))]$

Wann wäre ein Screening denkbar?

Genetische Screeningverfahren fallen in drei Hauptgruppen

- Pränatales Screening: In Deutschland wird allen Schwangeren ab einem Alter von 35 Jahren eine Fruchtwasserpunktion (Amniocentese) als Screeninguntersuchung für den Nachweis einer kindlichen Chromosomenstörung (z.B. Down-Syndrom) angeboten. In anderen Ländern wird z.T. auf weitere Krankheiten gescreent; so wurden in Großbritannien Screening-Programme für Thalassämie und Sichelzellenanämie eingeführt. Daneben gibt es regelmäßig allgemeinere Untersuchungen zum Gesundheitszustand des Feten, wozu unter anderem sorgfältige Ultraschalluntersuchungen gehören, bei denen man nach Strukturanomalien sucht. Damit lassen sich im Normalfall neben vielen anderen Anomalien auch die meisten Neuralrohrdefekte feststellen, so dass ein Extratest auf Alpha-Fetoprotein (AFP) im mütterlichen Serum sich erübrigt. Das Screening auf das Vorliegen von Down-Syndrom wird im Zusammenhang mit Fallbeispiel 9 (Familie Howard) in *Abschnitt 11.3* erörtert. Viele Krankheiten mit mendelschem Erbgang und Chromosomenanomalien sind ebenfalls pränatal nachweisbar, aber hierzu gibt es kein Bevölkerungsscreening, sondern diese Tests werden Paaren angeboten, die aufgrund ihrer Familiengeschichte wissen, dass bei ihnen ein erhöhtes Risiko besteht.
- Neugeborenen-Screening: Wie im folgenden Abschnitt beschrieben werden in vielen Ländern sämtliche Neugeborenen auf Phenylketonurie getestet. Daneben wird unter Umständen ein ganzes Spektrum an weiteren Tests angeboten (s. *Abschnitt 11.4*). Die Liste unterscheidet sich von einem Land zum anderen, manchmal auch innerhalb eines Landes von einer Einrichtung zur anderen. Eine wichtige Entwicklung der letzten Jahre war die Einführung des erweiterten Neugeborenenscreenings mittels Tandem-Massenspektrometrie, wodurch zahlreiche weitere Krankheiten diagnostiziert werden können. Darüber hinaus werden in Deutschland auch die kongenitale Hypothyreose und das Adrenogenitale Syndrom erfasst (*Tab. 11.3*).
- Erwachsenen-Screening: Ein Screening auf Anlageträgerschaft rezessiv vererbter Krankheiten (wie zum Beispiel nach der Tay-Sachs-Mutation bei Aschkenasim, s. *Abschnitt 11.3*, Fallbeispiel 22, Familie Ulmer) wird in Deutschland im Gegensatz zu anderen Ländern sehr zurückhalten gesehen. Manchmal ergeben sich Risiken bei Erwachsenen aus der Familienanamnese, im Gegensatz zu einem echten Bevölkerungsscreening. So werden Frauen aus Familien mit gehäuftem Auftreten von Brust- oder Eierstockkrebs auf Mutationen in den Genen *BRCA1*

und *BRCA2* untersucht (s. *Kap. 12*), und Menschen mit einem hohen Cholesterinspiegel werden womöglich auf genetisch bedingte Hypercholesterinämie getestet (s. *Krankheitsinfo 11*). Wie in *Kapitel 8* bereits erwähnt ist auch das Screening auf pharmakogenetische Varianten beim Metabolismus von Arzneimittelwirkstoffen im Gespräch und wird in den kommenden Jahren womöglich häufiger praktiziert werden.

Bei manchen Krankheiten gibt es verschiedene Möglichkeiten, ein Screening anzubieten. Bei einer rezessiv vererbten Krankheit könnte der Frage, ob jemand Anlageträger ist oder nicht, theoretisch bereits am Neugeborenen nachgegangen werden, aber auch später bei Schulabgängern, bei Paaren im zeugungsfähigen Alter, die von ihren Hausärzten darauf angesprochen werden, bei Schwangeren und ihren Partnern oder bei jeder beliebigen Person, die ein Interesse an der Testung hat. Jeder Ansatz hat seine Vor- und Nachteile. Zu den Punkten, die in diesem Zusammenhang zu bedenken sind, gehören:

- können die Betreffenden ihre Einwilligung aus freiem Willen und eigener Überlegung (*informed consent*) geben?
- wie leicht ist der Zugang zu der Gruppe, an der das Screening durchgeführt wird?
- wie relevant wird die Information zu dem betreffenden Zeitpunkt für die getestete Person sein?
- welche praktischen und ethischen Folgen hätte ein positives Ergebnis?
- was würde das Programm kosten und rechtfertigt der Nutzen die Kosten?

All diese Punkte werden etwas weiter unten im Zusammenhang mit dem Screening auf Anlageträgerschaft für die Tay-Sachs-Krankheit diskutiert werden.

Wer sollte am Screening beteiligt werden?

Screening-Programme kann man der gesamten Bevölkerung anbieten oder einzelnen Gruppen vorbehalten. Letztere für ein Screening auszusondern kann ein politisches Problem darstellen, ganz egal wie solide die genetischen Argumente für diesen Schritt auch sein mögen. Als das Down-Syndrom-Screening in Großbritannien noch älteren Frauen mit einem erhöhten Risiko (s. *Tab. 2.1*) vorbehalten war, klagten viele junge Frauen, die ein Baby mit Down-Syndrom auf die Welt gebracht hatten, man hätte sie in unfairer Weise diskriminiert. Auch Pläne, bestimmte ethnische Gruppierungen einem Screening zu unterziehen, haben zu mancherlei Diskurs geführt. In Großbritannien werden alle Babys auf Sichelzellenanämie untersucht, und allen Frauen wird früh in der Schwangerschaft ein Test auf ihren Anlageträgerstatus angeboten, obwohl das Risiko für Briten weißer Hautfarbe extrem gering ist. Welche Methode angewandt wird, hängt vom Stand des Risikos in der lokalen Bevölkerung ab.

In anderen Fällen stützt sich das Screening auf die jeweilige Familiengeschichte. Das hat hauptsächlich ökonomische Gründe. Die beiden Gene *BRCA1* und *BRCA2* in ihrer Gesamtheit auf Mutationen zu untersuchen ist eine kostspielige Angelegenheit, und in vielen Gesundheitssystemen behält man die entsprechenden Tests Familien mit familiär erhöhtem Krebsrisiko vor (ganz abgesehen davon, dass sich in diesen Tests auch viele unklare Befunde ergeben können, deren Bedeutung nicht gut einzuschätzen ist). Diese Tests und das Kaskadenscreening (s. *Krankheitsinfo 11*) sind so etwas wie ein Zwischending zwischen der individuellen humangenetischen Familienberatung und dem Bevölkerungsscreening.

Wie sollte ein Screening aussehen?

Ein DNA-Test ist selten die beste Lösung. Die billigen und rasch durchführbaren DNA-Tests, die sich für ein Screening größeren Ausmaßes eignen würden, fragen grundsätzlich nach spezifischen Mutationen (s. *Kapitel 5*). Was wir jedoch in der

Regel wissen wollen, ist, ob überhaupt eine Mutation vorliegt – uns interessiert nicht nur eine einzige. Bei Mutationen, die mit einem Funktionsverlust einhergehen bzw. Krankheiten mit hoher Allelheterogenität, ist es in der Regel effizienter, für ein Screening in großem Maßstab einen funktionalen Test durchzuführen. Beim PKU-Screening wird die Phenylalaninmenge in einer Blutprobe bestimmt, beim Tay-Sachs-Screening wird normalerweise die Fähigkeit des entsprechenden Enzyms, der Hexosaminidase A, sein Substrat umzusetzen, bestimmt, und beim Mukoviszidose-Screening wird die Menge an immunreaktivem Trypsin (Trypsinogen) gemessen. Wenn man allerdings wissen will, ob jemand Anlageträger ist, wird man einen DNA-Test machen müssen.

11.3 Die Untersuchung der Patienten

| 26 | 37 | 67 | 96 | **263** | 357 | | |

Fall 9 Familie Howard

- Helen, die gerade geborene Tochter von Henry und Anne (beide 33 Jahre alt)
- Down-Syndrom
- Könnten die Eltern bei weiteren Geburten erneut ein Kind mit Down-Syndrom bekommen?

Pränatale Screeningverfahren auf das Vorliegen von Down-Syndrom und verschiedenen anderen Chromosomenanomalien sind seit vielen Jahren verfügbar. Bis in die achtziger Jahre des vergangenen Jahrhunderts beschränkte sich das Screening auf die Frage nach dem Alter der Mutter. Wie *Tab. 2.1* zeigt, steigt das Risiko, ein Kind mit Down-Syndrom zu bekommen, mit dem Alter der Mutter steil an. Oberhalb einer bestimmten Schwelle (abhängig von den vorhandenen Ressourcen meist im Bereich von 35–38 Jahren) wurde den Frauen dann ein pränataler diagnostischer Test zur Abklärung angeboten. Dabei wurden per Amniozentese oder (in jüngerer Zeit vermehrt) per Chorionzottenbiopsie fetale Zellen für eine zytogenetische Analyse entnommen. Beide Verfahren sind invasiv, für die Frau lästig und mit einem Risiko von 0,5–1 Prozent für das Auslösen einer Fehlgeburt behaftet. Außerdem sind sie kostspielig, kurz, sie sind nur bei Frauen mit einem besonders hohen Risiko vertretbar. Mit der oben genannten Altersgrenze fällt nur ein geringer Teil der Schwangeren in diese Gruppe.

Ein Screeningkriterium wie das Alter der Mutter ist nicht übermäßig sensitiv. Zwar ist das individuelle Risiko für eine Frau höher, wenn sie die 38 überschritten hat, aber es werden so viel mehr Frauen in jüngeren Jahren schwanger, dass die Mehrheit der Down-Syndrom-Babys tatsächlich von jungen Frauen ausgetragen wird. Um die Zuverlässigkeit der Risikoeinschätzung zu erhöhen, können (unter Berücksichtigung des Schwangerschaftsstadiums und des mütterlichen Gewichts) verschiedene Substanzen im Blut der Mutter gemessen werden, die sich bei einer Down-Syndrom-Schwangerschaft in charakteristischer Weise anders verteilen als bei einer normalen Schwangerschaft. Der durchschnittliche AFP-Spiegel bei Down-Syndrom-Schwangerschaften liegt bei 70 Prozent der normalen Durchschnittskonzentration, die Konzentration an nicht konjugierten Östradiolen bei 75 Prozent. Der Choriongonadotropin-Spiegel hingegen ist in der Regel erhöht. Zwischen den Down-Syndrom-Werten und der normalen Verteilung besteht eine starke Überlappung, so dass keiner der Befunde für sich genommen einen diagnostischen Wert hat, erst in der Kombination miteinander samt dem Alter der Mutter ergibt dieser sogenannte „Triple-Test" einen zusammengesetzten Zahlenwert für das Risiko, der von weitaus höherer Aussagekraft ist als das Alter allein. Heutzutage wird als Screeningtest neben zwei Serumanalysen die mittels Ultraschall gemessene Dicke der fetalen Nackenfalte (Wassereinlagerung unter der Nackenhaut) herangezogen, die beim Vorliegen einer Chromosomenaberration oft vergrößert ist (Ersttrimesterscreening).

Frauen, deren kombinierte Risikobewertung eine bestimmte, vorher festgesetzte Schwelle überschreitet, wird ein diagnostischer Test angeboten. Die Entscheidung, wo diese Schwelle liegt, erfordert einen Kompromiss zwischen Sensitivität einerseits und der Inkaufnahme falsch-positiver Befunde andererseits. Jeder Zunahme an Sensitivität steht eine Abnahme an Zuverlässigkeit entgegen. Die Aussagekraft eines Tests lässt sich zum Teil daran ablesen, wie dieser Kompromiss unter verschiedenen Bedingungen aussieht. *Abb. 11.3* zeigt ein paar theoretische Berechnungen dazu, wie der Kompromiss für einen Triple-Test sich bei verschiedenen Risikoschwellenwerten auswirkt. Man nennt solche Kurven aus historischen Gründen Receiver-Operator-Charakteristiken (ROC).

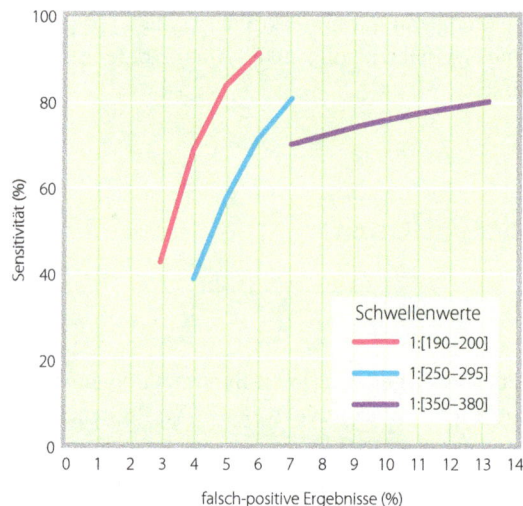

Abb. 11.3 Receiver-Operator-Charakteristik (ROC) für verschiedene Schwellenwerte beim Triple-Test auf das Vorliegen von Down-Syndrom
Man muss einen Kompromiss finden zwischen Sensitivität (Erfassung der größtmöglichen Zahl an Down-Syndrom-Schwangerschaften) und falsch-positiven Ergebnissen (durch die man unbotmäßig viele nicht betroffene Schwangerschaften weiteren diagnostischen Tests unterwerfen würde). Aus Conde-Agudelo und Kafury-Goeta (1990) mit freundlicher Genehmigung von Lippincott Williams und Wilkins.

Frauen wie Helens Mutter Anne, die bereits ein Kind mit Down-Syndrom zur Welt gebracht haben, wird man normalerweise unabhängig von deren Alter und objektivem Risikoniveau einen diagnostischen Test anbieten. Auch wenn das Wiederholungsrisiko bei einer jungen Frau gering ist, so wird doch ihre Angst nach der Geburt eines betroffenen Kindes verständlicherweise beträchtlich sein, so dass es herzlos wäre, ihr den Test zu verweigern.

Über bestimmte Fragestellungen zur invasiven vorgeburtlichen Diagnostik berichtet *Exkurs 11.2*. Wie in *Kapitel 4* berichtet entschied Anne Howard sich für die Fluoreszenz-*in-situ*-Hybridisierung an Interphasechromosomen und erhielt binnen zwei Tagen die beruhigende Diagnose, dass alles in Ordnung sei – wobei ihr freilich klar sein musste, dass in Ordnung hier keineswegs hieß, dass der Fetus überhaupt keine Chromosomenaberrationen aufweisen würde, sondern lediglich, dass bei ihm die Chromosomen 13, 18 und 21 in korrekter Kopienzahl vorlagen. Auf eine vollständige Karytypisierung wurde in diesem Beispiel aus Großbritannien verzichtet.

Fall 23 Familie Vlasi

259 | **264** | 357

- Valon, Junge, sechs Jahre alt
- schwere Lernschwäche
- Kleinwüchsigkeit, Mikrozephalie, blaue Augen, helle Haut, hellblondes Haar, Ekzeme, Hyperaktivität
- ? Phenylketonurie
- Test beim nächsten Baby?

Als die Familie in Sydney eintraf, war Flora bereits in der 6. Woche schwanger. Nachdem sie und Adem erfahren hatten, dass Valon unter einer schweren Erbkrankheit litt, waren sie in großer Sorge, dass auch ihr zweites Kind davon betroffen sein könnte. Sie hatten das Gefühl, dass sie es bei all den anderen Problemen, mit denen sie sich herumschlagen mussten, nicht verkraften würden, ein zweites Kind mit PKU zu bekommen und erwogen trotz ihrer generellen Vorbehalte gegen eine Abtreibung einen Schwangerschaftsabbruch. Ihr Hausarzt erklärte ihnen jedoch, dass das Kind, selbst wenn es betroffen sein sollte (die Chancen dafür standen 1:4) behandelt werden könne, und so baten sie um die Behandlung von Valon, aber

Exkurs 11.2 Probleme der vorgeburtlichen Diagnostik auf Down-Syndrom

Nach einem Pränatalscreening mit Serum-Tests und/oder der Messung der Nackentransparenz wird Frauen, deren Risiko oberhalb eines bestimmten Schwellenwerts liegt, ein diagnostischer Test angeboten. Man entnimmt wie in *Kapitel 14* beschrieben per Amniozentese oder Chorionzottenbiopsie fetale Zellen.

- In Deutschland wird anschließend grundsätzlich eine vollständige Chromosomenanalyse (*Kapitel 2*) durchgeführt, deren abschließendes Ergebnis erst nach frühestens 1–2 Wochen vorliegt und die jede Art von Chromosomanomalie aufdeckt. Von manchen wird bezweifelt, dass dies tatsächlich wünschenswert ist. Zwar sind autosomale Trisomien grundsätzlich pathologisch, aber der Nachweis mancher anderer Anomalien kann ein Paar vor schwierige Entscheidungen stellen, die es womöglich lieber nicht fällen möchte. Manche Aberrationen wie das Turner-Syndrom oder ein Karyotyp XXY haben wohlverstandene aber nicht allzu schwerwiegende Folgen, während die Konsequenzen anderer Anomalien – balancierte *de novo* Translokationen beispielsweise oder ein Mosaikbefund, bei dem in einem Teil der Zellen ein kleines nicht identifiziertes Extrachromosom vorhanden ist – unvorhersagbar sind. Wäre es nicht vielleicht besser, so etwas nicht zu wissen? In jedem Fall ist es wichtig, die Paare vor der invasiven Diagnostik über diese Möglichkeiten aufzuklären.

Die Abb. zeigt ein paar Daten aus vollständigen Karyotypisierungen.

- Grundsätzlich ist es möglich, die Analyse mittels molekularer Methoden auf die häufigen Trisomien der Chromosomen 13, 18 und 21 zu beschränken. Man kann diese mit Hilfe der Fluoreszenz-*in-situ*-Hybridisierung an Interphasechromosomen (*Kapitel 4*) oder quantitativer PCR nachweisen. Beide Methoden lassen sich an nicht kultivierten Zellen durchführen, womit man die lange Wartezeit bis zur Anzucht einer hinreichenden Menge an fetalen Zellen für die herkömmlichen zytogenetischen Verfahren umgeht. In Deutschland werden solche Methoden in der Regel nur aus diesem Grund als sogenannter Schnelltest angeboten, der allerdings oft von der Schwangeren privat bezahlt werden muss.

Eine britische Übersichtsstudie gibt den Zeitraum für eine komplette Karyotipisierung mit 12 Tagen und die Kosten mit knapp 376 Euro (253 £) an. Eine quantitative RCR dauerte 24 Stunden und kostete knapp 45 Euro (30 £ Kurs v. 21.6.07) pro Test, aber ungefähr 10 Prozent der bei dem Schnelltest nicht erfassten Anomalien haben eine schlechte Prognose. Manche davon wird die routinemäßige Ultraschalluntersuchung erfassen, andere werden einen Spontanabort erleiden, manche aber werden mit allen Anomalien lebend geboren werden.

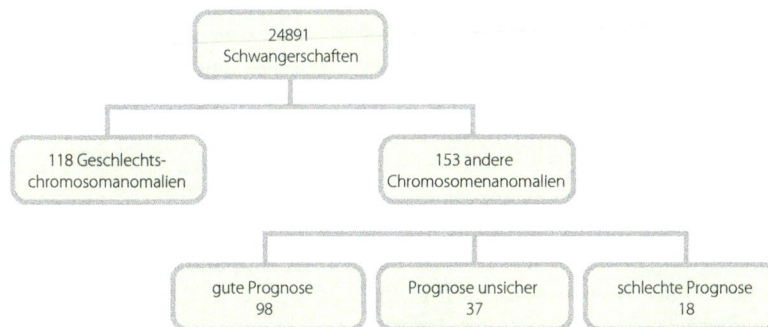

Chromosomenanomalien, die sich bei der Karyotypisierung einer pränatalen Probe gezeigt haben und durch einen molekularen Trisomie-Test nicht offenbar geworden wären. Die Daten stammen von 24891 Frauen, die man wegen eines erhöhten Risikos für die Geburt eines Kindes mit Down-Syndrom untersucht hatte. Aus: Ogilvie et al. (2005).

der Arzt musste ihnen klarmachen, dass eine solche Behandlung nur dann wirkt, wenn sie sehr bald nach der Geburt begonnen wird (s. *Kap. 14*). Also wollten sie wissen, ob das nächste Baby gleich nach der Geburt getestet werden könne, und waren beruhigt, als man ihnen zusicherte, dass dies geschehen werde.

Flora brachte ein gesundes Mädchen zur Welt, Mutter und Tochter konnten die Klinik umgehend verlassen. Wenige Tage später kam die Hebamme zu ihnen ins Haus. Sie untersuchte Mutter und Tochter und entnahm dem Baby aus der Ferse einen Tropfen Blut, den sie auf ein entsprechend präpariertes Filterpapierkärtchen aufbrachte. Dieser sogenannte Guthrie-Test ist in vielen Ländern Standard im Rahmen der Neugeborenenversorgung und wird unabhängig von der Familienanamnese bei jedem Kind durchgeführt. Die Probe wird in ein zentrales Screeninglabor geschickt, wo die Phenylalaninkonzentration im Blut bestimmt wird. Es wäre vielleicht einfacher gewesen, die Blutprobe zu entnehmen, solange das Baby noch im Krankenhaus war, dies ist aber nicht möglich, wenn Mutter und Kind sehr früh nach Hause entlassen werden. Im Mutterleib erfolgt der Ausgleich der fetalen Phenylalaninwerte über die Plazenta der Mutter (welche, so sie phänotypisch unauffällig ist, höchstens Anlageträgerin für PKU sein könnte) – s. *Abb. 11.4*. Erst wenn die Verbindung zur Plazenta durchtrennt ist, beginnt der Phenylalaninspiegel im Blut des Kindes mit PKU zu steigen. Es dauert eine gewisse Zeit, bis ein erhöhter Spiegel zuverlässig nachweisbar ist. Der optimale Zeitpunkt für die Blutentnahme ist nach 3 Tagen.

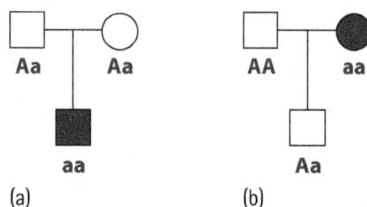

Abb. 11.4 Solange er sich der Fetus *in utero* befindet, wird die Phenylalaninkonzentration in seinem Blut nicht durch seinen eigenen Genotyp bestimmt, sondern durch den der Mutter.
(a) ein Fetus mit Phenylketonurie entwickelt sich *in utero* normal, weil die Mutter überschüssiges Phenylalanin über die Plazenta entsorgt. **(b)** Da ein hoher Phenylalaninspiegel im Blut der Mutter über die Plazenta den Fetus erreicht, wird auch ein gesunder Fetus mit schweren Hirnschäden und Mikrozephalie geboren, so die Mutter im Verlauf der Schwangerschaft nicht eine phenylalaninarme Diät einhält.

Bei der Bestimmung des Phenylalaninspiegels können die Labors verschiedene Wege gehen: Wachstumsassays an Bakterienkulturen, Chromatographie, Fluorimetrie oder Tandem-Massenspektrometrie. Letztere hat den Vorteil, dass man in einem einzigen Analysegang eine ganze Reihe von weiteren Stoffwechselkomponenten messen kann. Ein DNA-Test wird in diesem Stadium nicht durchgeführt, weil eine PKU durch sehr viele verschiedene Mutationen im Phenylalaninhydroxylase-(*PAH-*)Gen verursacht werden kann. Ein direkter Enzymassay kommt nicht in Frage, weil man dazu eine Leberbiopsie durchführen müsste. Welche Methode auch angewandt wird, es handelt sich um einen Screeningtest, nicht um einen diagnostischen Test. Der Schwellenwert für diesen Test wird in der Regel bei 120 µM angesetzt (normal wären 58 ± 15 µM). Babys, in deren Blut man Werte feststellt, die den Schwellenwert überschreiten, werden zu einer genaueren Untersuchung einbestellt. Dabei wird unter anderem der Phenylalaninspiegel im Blut mit einer anderen Methode spezifisch kontrolliert. Bei Babys mit klassischer PKU liegt er im Regelfalle oberhalb 1000 µM. Einen geringeren, aber nichtsdestoweniger deutlich erhöhten Phenylalaninspiegel findet man bei Babys mit so genannter Milder Hyperphenylalaninämie. Diese Kinder haben ebenfalls Mutationen im *PAH*-Gen, die Phenylalaninwerte steigen aber nie über einen kritischen Wert (der in Deutschland bei 600 µmol/l festgelegt wurde) und entwickeln sich ohne Behandlung normal. Das Screening hat eine Sensitivität von 98–99 Prozent, vorausgesetzt man führt es nicht zu früh nach der Geburt durch. Babys mit PKU erhalten eine spezielle Diät, die in *Kapitel 14* im Einzelnen beschrieben ist. Eine sorgfältige Einhaltung der Diät garantiert, dass die Kinder ohne kognitive Schäden heranwachsen.

Die Phenylalaninhydroxylase benötigt ein essentielles Coenzym, das Tetrahydrobiopterin (BH$_4$). Ein geringer Prozentsatz von Babys mit erhöhten Phenylalaninwerten hat keine Mutation im PAH-Gen, sondern eine genetische Störung bei der Produktion beziehungsweise im Recycling von BH$_4$. Diese Kinder müssen anders behandelt werden, weil BH$_4$ auch für andere Aminosäurehydroxylierungen gebraucht wird. Das Laborprotokoll fragt nach dieser Variante der PKU, oftmals wird man auch mit einem DNA-Test die Mutation im PAH-Gen genauer charakterisieren.

| 3 | 10 | 65 | 98 | 146 | 174 | **267** | 357 | |

Bei Martin wurd die Diagnose erst im Alter von zwei Jahren gestellt, als seine langsamen und schwerfälligen Bewegungen beim Laufen auffielen. In manchen Familien ist zu dem Zeitpunkt, an dem die Krankheit bei dem ersten Jungen erkannt wird, bereits ein betroffener Bruder auf der Welt. Das hat zu der Forderung geführt, alle Neugeborenen auf diese Krankheit untersuchen zu lassen. Technisch wäre dies mit einem vernünftigen Kostenaufwand möglich, indem man die Creatinkinase (CK) im Serum bestimmt, denn diese ist bei betroffenen Jungen extrem erhöht (s. *Kap. 4*). Bei kleinen Jungen mit einem hohen CK-Spiegel könnte man dann z.B. mittels eines Multiplex-PCR-Screenings nach Deletionen suchen, womit man etwa zwei Drittel der Fälle erfassen würde. Von den übrigen müsste man eine Biopsie aus dem Muskelgewebe nehmen, um das Fehlen des Dystrophinproteins nachzuweisen.

Dieses Ansinnen ist kontrovers diskutiert worden. Eine geringe Anzahl an Wiederholungsfällen würde sich verhindern lassen; andererseits aber beraubt das frühe Wissen um eine so dramatische Diagnose, für die es keinerlei wirksame Behandlung gibt, die Familie einer Reihe von unbeschwerten Jahren. Auch ist fraglich, wie viele Jungen, die aus irgendeinem unerfindlichen Grunde einen erhöhten CK-Spiegel aufweisen, ggf. eine Muskelbiopsie über sich ergehen lassen müssten, und wie schwer das psychische Trauma für Eltern wäre, deren Babys zunächst positiv getestet wurden, sich letztlich aber doch als nicht betroffen herausstellen. Das neonatale DMD-Screening beschränkt sich bisher auf einige wenige lokale Pilotprojekte.

- der 24 Monate alte Martin, seine Eltern: Judith und Robert
- geht schwerfällig und lernt das Gehen erst spät
- Fälle von Muskeldystrophie in der Familie
- der Stammbaum spricht für einen mit dem X-Chromosom gekoppelten rezessiven Erbgang
- Anordnung eines diagnostischen DNA-Tests
- Mutation mit Leserasterverschiebung im Dystrophingen
- Screening aller neugeborenen Jungen?

| 2 | 7 | 64 | 121 | 144 | **267** | 357 | | |

Beide Eltern von Joanne – David und Pauline – entstammen relativ großen Familien (*Abb. 1.8*). Bei ihren Verwandten besteht eindeutig ein erhöhtes Risiko dafür, Anlageträger für Mukoviszidose zu sein. Da wir inzwischen wissen, welche Mutationen bei David und Pauline vorliegen (*Kap. 5*), kann sich nunmehr jedes Familienmitglied problemlos auf diese beiden Mutationen untersuchen lassen – ein Beispiel für ein Kaskadenscreening (s. *Krankheitsinfo 11*). Da Mutationen, die zur Entstehung von Mukoviszidose führen können, in der Allgemeinbevölkerung weit verbreitet sind, bietet es sich an, bei der Gelegenheit gleichzeitig auch auf eine Reihe der häufigsten anderen Mutationen zu testen, nur für den Fall, dass jemand zufällig ein Anlageträger ist, aber eine andere Mutation von einem anderen Vorfahren geerbt hat.

Mukoviszidose ist die am weitesten verbreitete schwere rezessiv vererbte Krankheit in vielen Populationen europäischen Ursprungs, und so hat man sie wiederholt für ein allgemeines Bevölkerungsscreening und für Kaskadenscreening in Betracht gezogen. Es käme sowohl ein Neugeborenen-Screening in Frage, mit dem betroffene Babys ausfindig gemacht werden, als auch ein Screening bei Erwachsen, mit dem Anlageträger identifiziert werden könnten. Für ein Neugeborenen-Screening spräche, dass eine frühe Behandlung die Prognose verbessert. In Großbritannien hat das National Screening Committee sich dieses Argument zueigen gemacht und die Einführung eines allgemeinen Neugeborenen-Screenings empfohlen. Grundlage des Verfahrens ist die Bestimmung von immunreaktivem Trypsin (IRT), das bei Mukoviszidosepatienten erhöht ist. *Abb. 11.5* zeigt ein Ablaufschema für ein solches Verfahren. In Deutschland ist man diesbezüglich noch zurückhaltend, da man mit den gängigen Verfahren auch gesunde heterozygote Anlageträger identifizieren würde, was im Rahmen des Screenings problematisch ist, und auch die falsch negativen Befunde ein Problem darstellen könnten.

Für ein Heterozygotenscreenings bei Erwachsenen ist ein DNA-Test notwendig, da die Anlageträger biochemisch völlig unauffällig sind. Das Problem dabei ist die sehr große Zahl an Mutationen (mehr als 1000), die man inzwischen kennt. Wie in *Abschnitt 5.4* erörtert ist es leicht, nach einer spezifischen Mutation zu

- die sechs Monate alte Joanne; ihre Eltern: David und Pauline
- ? Mukoviszidose
- soll ein biochemischer Test durchgeführt werden?
- Mutationen im CFTR-Gen definieren
- universelles Neugeborenenscreening?

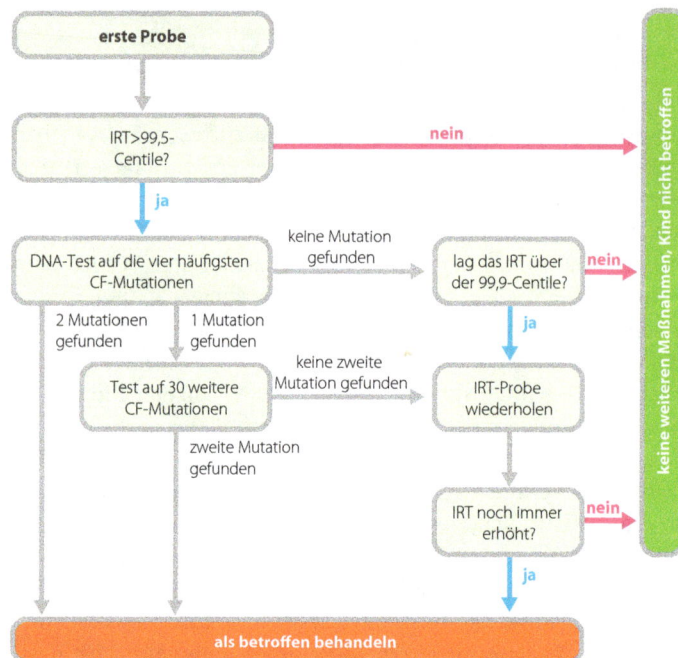

Abb. 11.5
In Großbritannien empfohlenes Schema für den Ablauf eines Neugeborenenscreenings auf Mukoviszidose zur möglichst frühen Behandlung der Betroffenen. IRT = immunreaktives Trypsin

suchen, aber schwer (bzw. unmöglich), ein Gen auf jede darin mögliche Mutation abzuklopfen. Das Gen *CFTR* hat 27 Exons (s. *Abb. 3.8*), und gegenwärtig gibt es keine Methode, die gesamte Sequenz eines solchen Gens zu so tragbaren Kosten zu scannen, dass sich dies für ein Bevölkerungsscreening eignen würde. Aufgrund von Gründereffekten (*Kap. 10*) machen einige wenige Mutationen das Gros der für Mukoviszidose verantwortlichen Mutationen in einer Population aus. Jedes Verfahren, das nach Anlageträgern fragt, ist deshalb ein Kompromiss zwischen Kosten und Sensitivität. Ein Test auf die paar häufigsten Mutationen ist billig, lässt aber einen Teil der Anlageträger durchs Raster fallen. Auf viele Mutationen zu testen ist teuer, und egal wie viele Mutationen auch untersucht werden, die Sensitivität wird nie bei 100 Prozent liegen. *Tab. 11.1* zeigt die in einem großen britischen Labor nachgewiesene Verteilung von *CFTR*-Mutationen.

Unweigerlich werden einige Paare mit einem negativen Screening-Testergebnis bei mindestens einem Partner trotzdem beide Anlageträger sein – mit einem Risiko von 1 : 4 dafür, dass ihr Kind die Krankheit bekommen wird. So gut wie in allen Fällen wird es sich um Paare handeln, bei denen ein Partner als Anlageträger erkannt wurde, der andere jedoch eine seltene Mutation hat und bei dem Test falsch-negativ getestet wurde. Wenn die Anlageträgerfrequenz 1 : 23 beträgt (s. *Kap. 10*) und die Sensitivität des Screeningverfahrens bei 0,9 liegt, dann findet sich ein Überträgerstatus etwa jedem 25. Menschen. In Anbetracht der vergleichsweise geringen Personenzahl verglichen mit der Ausgangszahl für das Screening ist es in solchen Fällen möglich, die Partner auf eine größere Palette an Mutationen zu testen, um die Zahl der falsch-negativen Befunde möglichst klein zu halten. Ein gutes Kriterium für die Screeningsensitivität könnte letztlich sein, dass die Risikoprognose für positiv-negativ-getestete Paare nicht größer ausfallen darf als die ursprüngliche für ein beliebiges Paar vor dem Screening. Man könnte dann das Argument vertreten, dass das Programm niemanden in eine schlechtere Position gebracht hat als er vor dem Screening gewesen ist. Bei einer Anlageträgerfrequenz von 1 : 23 macht dies für das Testen des Partners eines nachgewiesenen Anlageträgers eine Trefferquote von 99,8 Prozent erforderlich (damit das Risiko für ein falsch-negatives Ergebnis bei 99,8 Prozent liegt). Die Zahlen in *Tab. 11.1* machen

Tab. 11.1 Verteilung der CFTR-Mutationen bei 1754 Mukoviszidoseallelen, analysiert in Manchester

Mutation	Exon	Anzahl	Prozent der Allele	Prozent kumulativ
p.F508del	10	1420	81,0	
p.Gly551Asp	11	62	3,5	84,5
p.Gly542X	11	20	1,1	85,6
c.621+1G>T	Intron 4	17	1,0	86,6
c.1898+1G>A	Intron 12	16	0,9	87,5
p.Arg553X	11	13	0,7	88,3
p.Arg117His	4	13	0,7	89,0
p.Arg560Thr	11	11	0,6	89,6
c.3272-26A>G	Intron 17a	10	0,6	90,2
c.3659delC	19	9	0,5	90,7
p.Asn1303Lys	21	8	0,5	91,2
c.1717-1G>A	Intron 10	7	0,4	91,6
c.2711delT	14a	7	0,4	92,0
andere		114	6,5	98,5
unbekannt		27	1,5	
Summe		1754		100,0

Mit dem Testen der neun häufigsten Mutationen ließe sich eine Sensitivität von 90 Prozent erreichen, für eine Sensitivität von 95 Prozent müsste man 26 Mutationen testen. Daten mit freundlicher Genehmigung von Dr. Martin Schwartz, St. Mary's Hospital, Manchester, UK.

deutlich, dass eine solche Sensitivität eine ziemliche Herausforderung darstellen würde.

| 241 | 249 | **269** | 357 | | | | |

Unter den Aschkenasim liegt die Anlageträgerfrequenz für die Tay-Sachs-Krankheit bei 1:30. Aus diesem Grund hat man zu Beginn der siebziger Jahre des letzten Jahrhunderts in den Vereinigten Staaten und etlichen anderen Ländern begonnen, Screeningprogramme durchzuführen, um den Heterozygotenstatus künftiger Eltern festzustellen. *Tab. 11.2* zeigt einen Teil der Statistik. In Ländern, in denen die Aschkenasim sich dem Screening bereitwillig angeschlossen haben, wird inzwischen die Mehrzahl der betroffenen Babys in Familien von nichtjüdischer Herkunft geboren.

Fall 22 Familie Ulmer

- Hannah, 6 Monate
- ethnische Zugehörigkeit: Aschkenasim
- Tay-Sachs-Krankheit
- Geschwister testen?
- Screening auf Tay-Sachs-Krankheit?

Tab. 11.2 Tay-Sachs-Allelträgerstatus bei Aschkenasim 1971–1998

Land	Anzahl der getesteten Personen	Anlageträger	Paare aus zwei Anlageträgern
Vereinigte Staaten	925876	35372	795
Israel	302395	7277	380
Kanada	65813	3301	62
Südafrika	15138	1582	52
Europa	17725	1127	37
Brasilien	1027	72	20
Mexiko	655	26	0
Argentinien	84	5	0
Australien	3334	102	4
Summe	1332047	48864	1350

Daten aus Gravel A et al. (2001), hier abgedruckt mit freundlicher Genehmigung von McGraw-Hill Companies

Das Screening bedient sich eines biochemischen Tests, bei dem die Fähigkeit der im Serum der Probanden enthaltenen Hexosaminidase A gemessen wird, ein künstliches Substrat namens MUG (ein N-Acetylglucosamin-Derivat von 4-Methylumbelliferon) umzusetzen. Man verwendet für dieses Bevölkerungsscreening keinen DNA-Test, weil nicht bei allen Anlageträgern die weit verbreiteten typischen Aschkenasim-Mutationen zu finden sind (s. *Tab. 10.2*). Nach einem positiven Ergebnis beim Screeningtest wird ein diagnostischer Test nötig. Bei etwa 2 Prozent aller im Screening nachgewiesenen Anlageträger jüdischer Herkunft und 35 Prozent aller nichtjüdischen Anlageträger findet sich ein so genanntes Pseudodefizienzallel. Solche Allele kodieren eine Enzymvariante, die das im Screeningverfahren verwendete künstliche Substrat nicht umzusetzen vermag, bezüglich des natürlichen Substrats Gangliosid G_{M2} aber dennoch genügend Aktivität entfaltet, um als nicht pathogen gelten zu können. Das Screening auf die Tay-Sachs-Krankheit wird in der Regel kombiniert mit einem Screening auf eine von Fall zu Fall unterschiedliche Liste von anderen Krankheiten, die in der jüdischen Population besonders verbreitet sind (s. *Krankheitsinfo 10*).

Es gibt verschiedene Möglichkeiten, wie ein Screeningprogramm umgesetzt werden kann, und verschiedene Möglichkeiten, mit einem positiven Ergebnis umzugehen. Welcher Weg gegangen wird, bleibt der jeweiligen Gemeinschaft überlassen. Welche Vorgehensweise auch gewählt wird: Das Screening sollte freiwillig erfolgen und setzt eine fundierte, wohlüberlegte Einwilligung der Betroffenen voraus.

- Ein Heterozygotenscreening bei Babys und Kindern ist ethisch nicht vertretbar und ineffizient. Ein Kind kann keine angemessen fundierte Einwilligung erteilen, und das Ergebnis hat erst viele Jahre später Bedeutung, bis dahin ist es unter Umständen längst vergessen.
- Schulabgänger zu testen ist problematisch, weil sich die Frage stellt, in wieweit die Einwilligung wirklich freiwillig erfolgt, und man sehr sorgsam vorgehen muss, um jede Form der Stigmatisierung von Anlageträgern zu vermeiden. In manchen orthodoxen Gemeinden versucht man das Problem der Stigmatisierung zu umgehen, indem man die Ergebnisse nicht den getesteten Personen an die Hand gibt, sondern einem Vermittler überlässt (s.u.).
- Junge alleinstehende Erwachsene auf freiwilliger Basis zu testen umgeht das Problem der Einwilligung, wird aber einen Teil der Zielgruppe nicht erreichen.
- Paare zu testen liefert einem den kleinen Kreis von stark gefährdeten Paaren, ohne dass man die weit größere Zahl der Anlageträger mitberücksichtigen muss, deren Partner kein Anlageträger ist (vergleiche die beiden letzten Spalten von *Tab. 11.2*), verbaut den Betreffenden aber auch die Möglichkeit, selbst zu entscheiden, ob sie einen Anlageträger heiraten wollen oder nicht. In manchen orthodoxen Gemeinden, in denen Ehen mehr oder weniger arrangiert werden, bekommt der Vermittler die Ergebnisse von Tests an jungen alleinstehenden Personen auf rezessive Erkrankungen an die Hand und schaltet sich ein, wenn eine gewünschte Verbindung mit einem besonderen Risiko behaftet ist.

11.4 Zusammenfassung und theoretische Ergänzung

Für welche Krankheiten sollten wir Screenings durchführen?

Technisch gesehen scheinen die Möglichkeiten für ein genetisches Screening nahezu unbegrenzt – zumindest sind sie schon heute gewaltig und es werden jedes Jahr mehr. In der Praxis aber ist das, was angeboten wird, sehr viel überschaubarer. Abgesehen von der unabdingbaren Zeitverzögerung bis eine neue Errungenschaft im Einsatz ist, gibt es in erster Linie vier technische Gründe, weshalb das genetische Screening nicht viel weiter verbreitet ist (die sozialen und ethischen Faktoren werden wir später erörtern).

- Wenn Sie die Fragen 1–3 durcharbeiten, werden Sie sehen, dass der positiv prädiktive Wert eines Tests sehr gering sein kann, auch wenn der Test im Labor gut durchführbar ist.

- Eine DNA-Variante ist womöglich mit einem eindeutig erhöhten Krankheitsrisiko assoziiert, aber nur für einen geringen Teil des Gesamtrisikos verantwortlich. Das bevölkerungszurechenbare Risiko (*Exkurs 11.3*) ist bei jedem Screeningprogramm ein wichtiger Gesichtspunkt. Wenn eine Variante nur 5 Prozent des Gesamtrisikos erklärt, warum dann ein Screening durchführen? Wenn diese 5 Prozent sich auf einen kleinen Personenkreis konzentrieren, bei dem ein besonders hohes Risiko besteht, wäre es für diesen sicher wertvoll, Bescheid zu wissen, aber damit nähern wir uns der Situation bei Krankheiten mit mendelschem Erbgang, bei dem das Testen familienbasiert verläuft. Ist die Variante weit verbreitet, so dass das zusätzliche Risiko sich auf einen großen Teil der Bevölkerung verteilt, ist die Information für niemanden von besonderem Wert.

- Es ist wichtig, nicht nur das relative Risiko im Auge zu haben, sondern auch das absolute Risiko. Sogar ein hohes relatives Risiko kann unter Umständen kein allzu großer Anlass zur Sorge sein, wenn das absolute Risiko gering ist. Ein Beispiel dafür ist der Faktor-V-Mangel (OMIM 227400). Es handelt sich dabei um einen gut belegten Risikofaktor für die Entstehung von Thromboembolien – bei Passagieren auf Langstreckenflügen beispielsweise und bei Frauen, die orale Kontrazeptiva nehmen. Das relative Risiko unter Letzteren ist hoch (etwa 15 Prozent), das absolute Risiko aber ist immer noch sehr gering, denn Frauen, die die Pille nehmen, sind in der Regel jung und das Risiko für eine Embolie ist stark altersabhängig.

- Ganz allgemein ist ein Screening nur dann sinnvoll, wenn ein positives Ergebnis zu einer nützlichen Konsequenz führt. Das kann eine Veränderung der Lebensgewohnheiten sein, die prophylaktische Einnahme von Medikamenten, oder vielleicht auch erhöhte Wachsamkeit, zum Beispiel bei erhöhtem Krebsrisiko, bei dem eine frühzeitige Diagnose die Prognose verbessern kann. Manchmal wird ein genetischer Test auch nur durchgeführt, um Menschen Informationen an die Hand zu geben, die ihnen ihre Zukunftsplanung erleichtern, beispielsweise ein prädiktiver Test auf Chorea Huntington. Normalerweise sollte ein Screening aber zu praktischen Konsequenzen (z.B. einer Verbesserung von Gesundheitschancen oder Lebensumständen) führen.

Das amerikanische Office of Genomics and Disease Prevention der Centers für Disease Control and Prevention hat Rahmenrichtlinien verfasst, mit deren Hilfe sich ein genetischer (oder auch jeder andere) Test beurteilen lässt. Dieser Rahmen, abgekürzt ACCE (für *analytical value*, *clinical validity*, *clinical utility*, sowie für *ethical, legal and social implications*) schlägt vier Kriterien vor, an denen man sich bei Auswahl eines Tests orientieren sollte:

- Analytischer Aussagewert: Wie genau misst der Test, was er messen soll? Bei einem DNA-Test würde man zum Beispiel fragen: Welcher Anteil an Mutationen in einem Gen wird vom Testprotokoll erfasst?

- Klinischer Aussagewert: Wie genau erkennt der Test Vorliegen oder Nichtvorliegen einer Krankheit? So finden sich zum Beispiel bei den meisten Menschen mit hereditärer Hämochromatose (HFE, OMIM 235200) Mutationen in beiden

---

Exkurs 11.3 Das bevölkerungszurechenbare Risiko (Population attributable risk)

Dieser Wert beschreibt den Teil des Gesamterkrankungsrisikos in einer Population, der auf den untersuchten Faktor zurückzuführen ist. Man nennt es auch den bevölkerungszurechenbaren Anteil. Fällt dieser gering aus, ist der Nutzen eines Screenings ausgesprochen fraglich.

Beträgt das Gesamtrisiko in der Population r, und hat ein Teil p der Bevölkerung eine Genvariante, die den Betreffenden zu dem Gesamtrisiko noch ein zusätzliches Risiko R aufbürdet, dann ist das bevölkerungszurechenbare Risiko für diese Variante pR/r.

Exkurs 11.4 Vom UK National Screening Committee empfohlene Kriterien

Den kompletten Text der 22 Kriterien findet man überdies unter www.nsc.nhs.uk/pdfs/criteria.pdf

Die Krankheit:

(1) Es sollte sich bei der Krankheit um ein gravierendes Gesundheitsproblem handeln.

(2) Epidemiologie und Verlauf und Evolution der Krankheit sollten hinreichend verstanden sein.

(3) Sämtliche kostengünstigen Maßnahmen zur Prävention sollten so weit als möglich getroffen worden sein.

(4) Sofern bei einem Screening Mutationsträger identifiziert werden, sollte man den damit verbundenen natürlichen Verlauf einschließlich psychologischer Konsequenzen verstanden haben.

Der Test:

(5) Es sollte sich um einen einfachen, sicheren, präzisen und validierten Screening-Test handeln.

(7) Der Test sollte für die Bevölkerung akzeptabel sein.

(9) Falls eine Mutationsanalyse durchgeführt wird, bei der nicht alle potentiell möglichen Mutationen getestet werden können, sollten die Kriterien, nach denen die Auswahl der zu testenden Mutationen getroffen wird, klar definiert sein.

Die Behandlung:

(10) Für Patienten, die durch eine Früherkennung entdeckt werden, sollte eine wirksame Therapie oder Behandlung verfügbar sein, von der belegt ist, dass ein frühes Eingreifen bessere Ergebnisse hervorbringt als eine spätere Behandlung.

Das Screening-Programm:

(13) Aus randomisierten kontrollierten Studien von abgesicherter Qualität sollten Belege dafür vorliegen, dass das Screening-Programm einen wirksamen Beitrag zur Verringerung von Mortalität und Morbidität leistet. Wo

Screening einzig darauf ausgerichtet ist, Informationen beizubringen, die den Betroffenen in die Lage versetzen, seine „wohlüberlegte Entscheidung" zu treffen (Beispiel Down-Syndrom, Anlageträgerschaft für Mukoviszidose); müssen qualitativ hochwertige Beweise dafür vorliegen, dass der Test das Risiko exakt bemisst. Die Informationen, die der Test und sein Ergebnis liefern, müssen für den Getesteten von Wert und von ihm voll und ganz verstanden sein.

(14) Es sollten Belege dafür vorliegen, dass das gesamte Screening-Programm (Test, diagnostische Verfahren, Behandlung/Intervention) für Gesundheitsexperten und Öffentlichkeit klinisch, sozial und ethisch tragbar ist.

(15) Der Nutzen des Screening-Programms sollte die (durch den Test, die diagnostischen Verfahren und die Behandlung bedingte) physische und psychische Belastung aufwiegen.

(16) Die Kosten für das Screening-Programm (einschließlich Tests, Diagnose, Behandlung, Verwaltung, Schulung und Qualitätssicherung) sollten in Relation zu den sonstigen Ausgaben für die medizinische Versorgung ökonomisch ausgewogen sein.

(19) Alle anderen Optionen im Umgang mit der Krankheit (als da sind: eine Optimierung der Behandlung, Zurverfügungstellung zusätzlicher Leistungen) sollten in Betracht gezogen worden sein, um sicherzustellen, dass keine kostengünstigere Lösung hätte gefunden werden können.

(20) Potentiellen Testpersonen sollten durch hinreichende Belege untermauerte Informationen zu den Konsequenzen des Tests, der Untersuchung und Behandlung zugänglich gemacht werden, um sicherzustellen, dass sie eine fundierte Entscheidung treffen können.

(22) Bei einem Screening auf Mutationen sollte das Programm für Menschen, die als Anlageträger identifiziert wurden und andere Familienmitglieder tragbar sein.

Kopien des *HFE*-Gens, in der Regel handelt es sich um p.Cys282Tyr und/oder p.His63Asp. Ein Test auf diese Mutationen aber ist von geringem klinischem Wert, weil bei der großen Mehrzahl der homozygoten oder gemischt heterozygoten Genträger keine klinisch manifeste Hämochromatose vorliegt.

- Klinischer Nutzen: Welche Vorteile bringen die Testergebnisse im Hinblick auf einen potentiellen klinischen Nutzen? Bei jedem Menschen mit Waardenburg-Syndrom Typ 1 (OMIM 193500) ist das Gen *PAX3* mutiert. Der Test ist von großem analytischem und klinischem Aussagewert, aber die Mutationen im einzelnen zu kennen bringt den meisten Patienten, außer dass es vielleicht ihre Neugier befriedigen mag, keinerlei augenfälligen klinischen Nutzen.

- ethische, rechtliche und soziale Implikationen.

Bevölkerungsscreenings, bei denen sich der Einzelne aktiv dagegen statt aktiv dafür entscheiden muss, werden vom Staat oder von Versicherungsgesellschaften bezahlt werden müssen. Die Geldgeber werden jedes avisierte Vorhaben kritisch gegen technische, finanzielle und ethische Argumente abwägen. Die verwendeten Kriterien basieren in der Regel auf Überlegungen, die Wilson und Jungner in einem Bericht für die Weltgesundheitsorganisation im Jahre 1968 formuliert hatten (s. *Quellen*). *Exkurs 11.4* zeigt eine Auflistung von Kriterien, an denen sich das britische UK National Screening Committee orientiert. Auf dem Gebiet der Vermarktung mögen sich die Argumente deutlich anders ausnehmen. Pharmaunternehmen werden genetische Tests anbieten, wenn sie dafür einen mit hoher Wahrscheinlichkeit profitablen Markt sehen, und dies unabhängig davon, ob sich daraus sinnvolle Erkenntnisse oder langfristiger Nutzen ergeben. Das hat dazu geführt, dass verschiedene Firmen genetisches „Lifestyle-Screening" anbieten – Tests auf Genvarianten, die mit einem erhöhten Risiko für irgendeine verbreitete Krankheit einhergehen, gekoppelt mit Ratschlägen, wie sich besagtes Risiko mindern lässt (s. *Exkurs 11.5*). Wie profitabel so etwas ist, wird jedoch auch davon abhängen, wie gut es gelingt, einen Teil der Kosten auf jemand anderen abzuwälzen: Jemand, der in Großbritannien oder Deutschland über das Internet ein beunruhigendes Testergebnis erhält, erwartet aller Wahrscheinlichkeit nach, dass sein Hausarzt und das öffentliche Gesundheitssystem sich seiner Sorgen annehmen.

Das Neugeborenen-Screening ist im Zusammenhang mit der Frage nach der Angemessenheit von Bevölkerungsscreenings ethisch am wenigsten umstritten, denn hierbei geht es um behandelbare Krankheiten und das Ziel besteht darin, eine möglichst frühe Behandlung sicherzustellen und irreversible Schäden zu verhindern. Das American College of Medical Genetics empfiehlt, alle Neugeborenen auf 29 Krankheiten zu untersuchen: Entsprechend der 2005 in Kraft getretenen aktuellen Richtlinie zum erweiterten Neugeborenen-Screening werden in Deutschland aktuell 12 Krankheiten untersucht (s. *Tab. 11.3*).

Die Einstellung zum pränatalen Screening oder zum Screening von Kindern und Erwachsenen auf Anlageträgerschaft oder Risiko für eine spät manifestierende Krankheit ist eher eine gesellschaftliche Frage. Die Kriterien 4, 14, 15, 20 und 22 der britischen NSC-Leitlinien (*Exkurs 11.4*) befassen sich mit ethischen und sozialen Fragen. In Screeningverfahren spiegeln sich die Wünsche und Werte der Gesellschaft, in der sie durchgeführt werden. Ein vorgeburtliches Verfahren wird in einer Gesellschaft, in der Abtreibung unter allen Umständen als inakzeptabel gilt, in der Regel wenig Raum haben – auch wenn beide nicht notwendigerweise unauflöslich miteinander verknüpft sind. Manche Gesellschaften akzeptieren Behinderungen oder Anomalien bei ihren Mitbürgern bereitwilliger als andere, oder haben eine eher fatalistische Haltung, während in anderen der Wunsch nach einem gesunden Kind dominiert. Die Einstellung zur persönlichen Verantwortlichkeit des einzelnen, und zu dem Wert, der der Freiheit des Einzelnen in Relation zur Gesundheit der Allgemeinbevölkerung beigemessen wird, hat erheblichen Einfluss auf die Akzeptanz entsprechend zugeschnittener Programme. Wichtig ist auch die Haltung zu Kindern – in wieweit betrachten Eltern Kinder als ihren Besitz und leiten daraus das Recht ab, über deren genetische Beschaffenheit Bescheid zu wissen, oder inwieweit ist die Autonomie eines Kindes zu respektieren, hat man von Tests abzusehen, bis das Kind alt genug ist, um informiert eine eigene Entscheidung zu treffen? Es ist ein allgemeines Prinzip, dass ein Screening freiwillig zu sein hat und einer informierten Einwilligung bedarf, aber selbst hier sind die Grenzen fließend. Ein Baby kann keine Einwilligung zum PKU-Screening geben. Haben Eltern, die dagegen sind, das Recht, für ihr Kind das Risiko eines Lebens in einer Behinderteneinrichtung einzugehen und der Allgemeinheit die Kosten dafür aufzubürden? Nichtsdestotrotz müssen Menschen grundsätzlich die Freiheit haben, sich einem Screening zu widersetzen, wenn sie dies wünschen. Das heißt nicht nur, dass sie es ablehnen können, sich testen zu lassen, sondern auch, dass sie, wenn sie ein krankes Kind bekommen, nachdem sie z.B. einen pränatalen Test abgelehnt haben, in keiner Weise benachteiligt oder stigmatisiert werden dürfen.

In Großbritannien haben die Bürger griechisch-zypriotischer Abstammung ein Screening auf β-Thalassämie enthusiastisch begrüßt, während die Gemeinschaft der Pakistani dieses mehrheitlich ablehnt, obwohl ihre Angehörigen ebenfalls stark gefährdet sind. In Israel gibt es offensichtlich eine große Nachfrage bezüglich aller möglichen Screeningtests, während in Großbritannien und Deutschland die

Exkurs 11.5 Lifestyle-Gentests

Wenn Sie ein bisschen im Internet suchen, finden Sie mühelos Firmen, die Ihnen anbieten, Sie auf bestimmte weit verbreitete DNA-Varianten zu genotypisieren, um Ihnen dabei zu helfen, die für Sie gesündeste Lebensweise zu wählen. All diese Angebote stützen sich auf Berichte über die Assoziation von häufigen DNA-Polymorphismen mit einem erhöhten Risiko für bestimmte Krankheiten. Meist handelt es sich um Zitate von renommierten Wissenschaftlern aus angesehenen Wissenschaftsjournalen. So eindrucksvoll die Liste der Referenzen auch scheinen mag, es gibt ein paar Fragen, die Sie sich stellen sollten.

(a) Hat sich die Assoziation bestätigen lassen? Der Anteil an berichteten Assoziationen, der in unabhängigen Untersuchungen verifiziert werden konnte, ist deprimierend gering – s. *Kap. 13* zur weiteren Diskussion dieses Problems.

(b) Hat sie in allen ethnischen Gruppierungen Gültigkeit? Viele nachgewiesene Risikofaktoren sind nur für bestimmte ethnische Gruppen spezifisch.

(c) Wie sieht das Risikoverhältnis aus? Das heißt: Erhöht besagte Variante Ihr Risiko um den Faktor 20, 5, 2 oder 1,1? Und: Ist ein Risikoanstieg von 10 Prozent für Sie von Belang? Es ist wichtig zwischen statistischer Signifikanz und der Größe eines Effekts zu unterscheiden. Eine groß angelegte Studie kann eine hoch signifikante Assoziation (an deren Bestehen es also keinerlei Zweifel gibt) nachweisen, die bezüglich des Risikoverhältnisses jedoch relativ trivial ist. Nebenbei bemerkt ist lange bekannt, dass sich ursprüngliche Risikoverhältnisse – auch wenn das Risiko sich bestätigt – mit Folgestudien fast immer verringern.

(d) Wie groß ist das bevölkerungszurechenbare Risiko?

Angenommen, ein Test erfüllt all diese Kriterien in befriedigender Weise, so bleibt doch die Frage: Was bringt er? Vom allgemein gesundheitspolitischen Standpunkt aus betrachtet riskiert man unter Umständen mit solchen Lifestyle-Gentests die Verwässerung universell gültiger Maximen wie der Notwendigkeit, sich gesund zu ernähren, Sport zu treiben und nicht zu rauchen. Unternehmen, die auf Marktanteile aus sind, werden von solchen Gedanken womöglich weniger umgetrieben, aber keines davon könnte es riskieren, den Menschen, die aus ihren Tests als ungefährdet oder mit einem Minimalrisiko behaftet hervorgehen, zu versichern, sie könnten sich nunmehr fröhlich einer durch und durch ungesunden Lebensweise hingeben. Es wäre eine Sternstunde der Rechtsanwälte, wenn, was unausweichlich passieren wird, ein paar Leute genau den Krankheiten erliegen, für die das Risiko in ihrem persönlichen Fall angeblich gering gewesen ist. Das Risiko war niemals null, es war schlicht geringer als bei manchen anderen Menschen. Daher muss, völlig unabhängig vom jeweiligen Testergebnis,

der Rat der Firma ein immer gleicher Routineappell zum gesunden Leben sein – für Leute mit hohem Risiko vielleicht ein kleines bisschen eindringlicher dargebracht als für andere. Man kann daher argumentieren, dass solche Tests keinerlei ethische Konsequenzen haben. Derselbe Rat ist für jedermann umsonst zu haben – nur dass manche Leute eher darauf hören, wenn sie dafür 250 Euro gezahlt haben und hernach ein wissenschaftlich aussehendes Stück Papier in der Hand halten können. Für das öffentliche Gesundheitswesen ist einzig die Frage von Belang: Wie sieht die Balance aus zwischen denen, die sich durch ein erhöhtes Risiko zu richtigem Verhalten motivieren lassen, und denen, die sich durch die Kunde von einem geringen Risiko zu falschem Verhalten verleiten lassen?

Eine ganz andere wissenschaftliche Frage – die von den Befürwortern von Lifestyle-Gentests in der Regel ignoriert wird – betrifft nicht die Beziehung zwischen dem Testergebnis und dem Risiko für irgendeine spezielle Krankheit, sondern zwischen dem Testergebnis und dem gesundheitlichen Gesamtzustand. Assoziationsstudien basieren auf Forschungen, die einen Häufigkeitsvergleich angestellt haben zwischen dem Aufkommen einer speziellen DNA-Variante in einer Patientenkohorte mit einer speziellen Krankheit und in einer Kontrollgruppe von Leuten, die diese Krankheit nicht haben. Besagte Variante mag das Risiko für diese eine Krankheit erhöhen, aber vielleicht gibt es zum Ausgleich eine Senkung des Risikos für eine ganz andere Krankheit. Das ist nicht so weit hergeholt, wie es scheinen mag. Alle unsere Stoffwechselprozesse bilden ein delikates Gleichgewicht, das über tausende von Generationen optimiert worden ist, um mit einer Vielfalt an Umständen zurechtzukommen. Solche Gleichgewichte beinhalten Kompromisse. Eine Variante, die das Gleichgewicht verschiebt, verändert die Kompromisslage vielleicht nur ein wenig. Varianten, die in der Allgemeinbevölkerung häufig auftreten, können nicht nur schädlich sein, sonst hätte die natürliche Selektion sie abgeschafft. Es ist natürlich möglich, dass eine Variante nur in der Umwelt von Höhlenmenschen ihren Nutzen hatte und für Menschen in einer westlichen Überflussgesellschaft nichts als Nachteile hat, wie es die Theorie vom „zu guten Futterverwerter" (*„Thrifty-genotype-* Theorie") zur Anfälligkeit für Diabetes sieht (Hales und Barker, 2001). Gegenwärtig aber verfügen wir über so gut wie keinerlei Informationen über die Auswirkungen irgendwelcher DNA-Varianten auf den gesundheitlichen Gesamtzustand. Das ist vor allem von Bedeutung im Zusammenhang mit der Befürchtung, dass Versicherungsgesellschaften für ihre Policen womöglich Daten über verbreitete DNA-Varianten verwerten möchten, aber es mahnt auch zur Vorsicht, was den Wert genetischer Tests als Richtschnur für ein gesundes Leben angeht.

Tab. 11.3 Liste der Krankheiten, die in Deutschland im Rahmen des erweiterten Neugeborenen-screenings untersucht werden

Krankheit	OMIM	Behandlung
Angeborene Hypothyreose	**	orale Gabe von L-Thyroxin
Adrenogenitales Syndrom	201910	chirurgische Behandlung, Hormonersatztherapie
Biotinidase-Mangel	253260	Tägliche orale Gabe von Biotin
Phenylketonurie (PKU) und andere Formen einer Hyperphenylalaninämie	261600	lebenslange phenylalaninarme Diät (PKU)
Klassische Galaktosämie (Gal-P-Uridyltransferase-Mangel)	230400	Laktosearme Diät
Ahornsirupkrankheit (MSUD)	248600	proteinarme Diät, gewisse Aminosäuren von außen zuführen
Glutarazidurie Typ I (GA I)	231670	lysinarme Diät, orale Gabe von Carnitin
Isovaleriananzidämie	243500	proteinarme Diät, Nahrungsergänzungsmittel
Verschiedene Störungen der Fettsäurenoxidation (z.B. MCAD-Mangel)	201450	Vermeidung von Fastenperioden, ggf. weitere Maßnahmen

Haltung dazu sehr viel zurückhaltender ist. So hat zum Beispiel eine Reihe von renommierten britischen Geschäften aufgrund öffentlich geäußerter Bedenken aufgehört, Lifestyle-Screening-Sets anzubieten, obwohl so mancher auf dem Standpunkt stehen würde, dass solche Tests nicht schädlicher als ein Horoskop und schlimmstenfalls rausgeschmissenes Geld seien. Nach Aussage der Geschäfte war mangelndes öffentliches Interesse der Grund dafür, dass diese Tests aus dem Angebot genommen wurden, was (wenn es denn stimmt) ein recht gutes Licht auf den gesunden Menschenverstand der britischen Allgemeinheit werfen würde.

Was die Wirtschaftlichkeit von Screeningprogrammen betrifft, so ist durchaus interessant, wie vorsichtig Kriterium 16 in der britischen NSC-Leitlinie formuliert ist. Den finanziellen Nutzen eines Screeningprogramms zu bewerten, erfordert in der Regel eine Abwägung der unmittelbaren Kosten für das Verfahren gegen die mutmaßlichen Einsparungen auf lange Sicht. So etwas ist auf vielen politischen Gebieten ein brisantes Thema. Man geht dabei vor wie beim Modell des diskontierten Einnahmeüberschusses: Um die gegenwärtigen Kosten mit der Einsparungen zu vergleichen, die man in einem Zeitraum von zehn Jahren erwartet, werden die gegenwärtigen Kosten als Investition behandelt, deren Wertzuwachs über die nächsten zehn Jahre man mittels Zinseszinsrechnung hochrechnet. Fraglos hat hierbei der verwendete Zinssatz massiven Einfluss auf das Ergebnis, und verschiedene Arten von Einrichtungen haben vielleicht unterschiedliche Ansichten über die Bedeutung potentieller Einsparungen in ferner Zukunft. Außerdem haben solche Berechnungen als Handelsmaximen klar ihre Grenzen. Auf die Entscheidung für Kinder angewandt käme man mit dem Modell des diskontierten Einnahmeüberschusses unweigerlich zu dem Schluss, dass Fortpflanzung für eine Gesellschaft nichts anderes sein kann als ein desaströs-verhängnisvolles Geschäft: Es ist hoch unwahrscheinlich, dass der gesellschaftliche Beitrag, den ein Mensch im Laufe seines Arbeitslebens in Gestalt von Steuern leistet, je die Kosten für seine Entbindung, Versorgung und Ausbildung wird aufwiegen können.

Wenn die Kostenkalkulation vernünftig aussieht, dreht sich bei der Frage, ob ein Screening-Programm angewendet werden soll oder nicht, alles um die Bedürfnisse der Allgemeinheit und die soziale Akzeptanz. Da die öffentliche Meinung zu diesen Fragen nie zu einem einmütigen Ergebnis kommen wird, sind Entscheidungen dieser Art letztlich politische Entscheidungen.

Krankheitsinfo 11 Familiäre Hypercholesterinämie Typ IIA

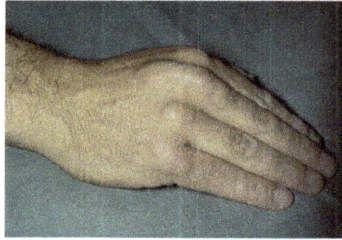

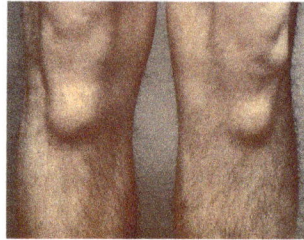

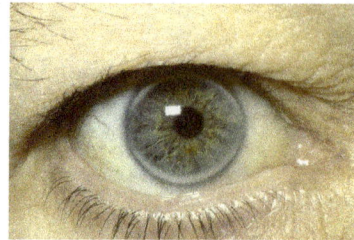

(a)   (b)   (c)

Cholesterinablagerungen bei Patienten mit familiärer Hypercholesterinämie (Heterozygote) **(a, b)** Sehnenscheidenxanthome, **(c)** Arcus corneae. Aufnahmen mit freundlicher Genehmigung von Dr. Paul Durrington, Manchester Royal Infirmary.

Wir alle kennen einen hohen Cholesterinspiegel als Folge von ungesunder Ernährung – aber einer von 500 Personen hat einen sehr hohen Cholesterinspiegel, der genetisch bedingt ist und ungeachtet seiner Ernährung fortbesteht. Die Familiäre Hypercholesterinämie (FH, OMIM 143890) ist eine autosomal dominant vererbte Krankheit. In den meisten Populationen ist sie die häufigste aller klinisch bedeutsamen Krankheiten mit mendelschem Erbgang. Bei Heterozygoten liegen Serumcholesterinspiegel bzw. LDL-Cholesterin im typischen Falle bei 0,25–0,45 bzw. 0,2–0,4 g/l (Normbereich 0,15–0,25 bzw. 0,075–0,17). Die Betroffenen entwickeln Xanthome der Sehnenscheiden (subkutane Cholesterinablagerungen), leiden ab dem mittleren Lebensalter an einer koronaren Herzkrankheit und sterben häufig früh an einem Herzinfarkt. Die seltenen homozygoten Betroffenen entwickeln diese Symptome bereits im Kindesalter.

Im Jahre 1985 erhielten Michel Brown und Joseph Goldstein den Nobelpreis für Medizin für ihre Arbeiten zur Familiären Hypercholesterinämie, die uns ein detailliertes Verständnis der Cholesterinhomöostase bescherten (näheres s. *Quellen*). Sie zeigten, dass FH in der Regel durch Mutationen im *LDLR*-Gen für den LDL-Rezeptor (LDL = *low-density lipoprotein*) zustande kommt. Dieser Zelloberflächenrezeptor importiert mit Cholesterin beladenes LDL in die Leberzelle (ein Beispiel für eine rezeptorvermittelte Endozytose), wo dieses unter anderem die endogene Cholesterinsynthese hemmt und so zur Cholesterinhomöostase beiträgt. Je nach der vorliegenden Mutation wird ein mutierter Rezeptor entweder überhaupt nicht in der Zellmembran verankert oder er vermag kein LDL zu binden, so dass es zur unkontrollierten endogenen Cholesterinproduktion kommt. Manchmal wird eine FH auch durch Mutationen in einem der beiden folgenden Gene verursacht:

- Bei manchen Menschen wird das in ihrem Körper produzierte LDL nicht vom Rezeptor erkannt, weil ein mutiertes *APOB*-Gen zur Bildung eines abnormen Lipoproteins führt
- Einige wenige Patienten haben eine aktivierende Missense-Mutation im *PCSK9*-Gen, das für ein Protein modifizierendes Enzym kodiert, welches Teil des Homöostase-Mechanismus ist.

Internalisiertes LDL hemmt normalerweise die 3-Hydroxy-3-methylglutaryl-Coenzym-A-(HMG-CoA-)Reduktase, welche den geschwindigkeitsbestimmenden Schritt der Cholesterinsynthese katalysiert. Eine Hemmung des Enzyms mittels Statinen kann bei FH-Patienten effizient zu einer Normalisierung des Cholesterinspiegels und der Gesundheitsrisiken führen. Da die Krankheit so häufig ist, die Gesundheit ernsthaft beeinträchtigt und wirksam zu behandeln ist, gibt es gute Argumente dafür, die gesamte Bevölkerung auf FH zu screenen. Allerdings bedeutet das einen beträchtlichen Aufwand. Ein Screening, das nur den Cholesterinspiegel und das Vorhandensein von Sehnenscheidenxanthomen erfasst, ist vor allem bei jungen Menschen von geringer Sensitivität. Ein DNA-basiertes Screening ist kostenaufwändig, denn das auf Chromosom 19p13.2 gelegene *LDLR*-Gen hat 18 Exons und man hat mehrere hundert verschiedene Mutationen beschrieben. Da diese dominante Krankheit weit verzweigte Stammbäume betrifft, wäre eine kostengünstige Methode, mit der sich große Personengruppen testen ließen, das Testen von Verwandten von bekanntermaßen betroffenen Personen. Dieses als Kaskadenscreening bezeichnete Vorgehen haben wir bereits früher vorgestellt, als es um das Testen der Verwandten von Joanne Brown (Fallbeispiel 2) auf Mukoviszidose-Mutationen ging. Das am weitesten fortgeschrittene Kaskadenscreening-Programm für FH läuft seit 1994 in den Niederlanden. Die Verwandten werden von einem Genetiker direkt kontaktiert. Die Familienanamnese wird sehr gründlich erhoben und im Schnitt werden 25,7 Verwandte des Indexpatienten selber getestet. Von den Betroffenen, die man auf diese Weise identifizierte, waren nur 39 Prozent bereits in Behandlung und nahmen Statine ein. Die Einzelheiten dieses und anderer Screening-Programme werden von Hatfield & Humphries (2005) genauer diskutiert.

Studien zu diesem niederländischen Programm ergaben klare Beweise für den klinischen Nutzen solcher Unterfangen: 93 Prozent der durch das Screening identifizierten Betroffenen nehmen Statine ein und verringern damit das Risiko, vorzeitig zu sterben. Man kann sich dazu verschiedene ethische Fragen stellen. Die direkte Kontaktaufnahme mit Verwandten wird in manchen Ländern als problematisch empfunden, stattdessen hält man die Probanden dazu an, ihren Verwandten eine Vorstellung bei einem Genetiker nahezulegen. Damit umgeht man zwar manche Probleme, senkt aber gleichzeitig die Zahl der getesteten Verwandten pro Patient. Auch bestehen Zweifel im

Zusammenhang mit der Identifizierung betroffener Kinder – wiegt der Nutzen der frühen Behandlung schwerer als das Risiko einer Stigmatisierung oder eines gestörten Selbstbildes? Auch ist es nötig über Versicherungsfragen nachzudenken, wenn man Personen ungefragt kontaktiert. Manche Versicherungen vertreten den Standpunkt, dass sich ihre Haftung am Phänotyp orientieren sollte – am gegenwärtigen Cholesterinspiegel des Betroffenen – und nicht am Genotyp. Da die Statin-Behandlung wirksam ist, werden viele Versicherungsfragen damit hinfällig. Sorgfältige Studien zum niederländischen Screening-Programm haben keine der vorhergesagten nachteiligen Wirkungen bestätigt, wobei es freilich möglich ist, dass dieser Umstand vielleicht nur gewisse bewundernswerte Qualitäten der niederländischen Gesellschaft reflektiert und andernorts nicht wiederholbar ist.

11.5 Quellen

Conde-Aguledo A. & Kafury-Goeta A.C. (1990): Triple marker test a screening for Down syndrome: a meta analysis. *Obstet. Gynecol. Survey* 53: 369–376

Hadfield S.G. & Humphries S.E. (2005): Implementation of cascade testing for the detection of familial hypercholesterinaemia. *Curr. Opin. Lipidol.* 16: 428–433.

Hales C.N. & Barker D.J.P. (2001): The thrifty phenotype hypothesis. Type 2 diabetes. *Br. Med. Bull.* 60: 5–20

Ogilvie C.M., Lashwood A., Chitty L., Waters J., Scriven P.N., Flinter F. (2005): The future of prenatal diagnosis: rapid testing or full karyotype? An audit of chromosome abnormalities and pregnancy outcomes for women referred for Down syndrome testing. *Br. J. Obstet. Gynae.* 112: 1369–1375.

Wilson J.M.G. & Jungner G. (1968): Principles and practice of Screening for Disease. World Health Organization, Geneva.

Richtlinie des Bundesausschusses der Ärzte und Krankenkassen über die Früherkennung von Krankheiten bei Kindern bis zur Vollendung des 6. Lebensjahres (Kinder-Richtlinien):

http://www.g-ba.de/informationen/richtlinien/

Die Internetseite des Labors von Brown und Goldstein am UT Southwestern Medical Center erzählt (auf englisch) die faszinierende Geschichte ihrer mit dem Nobelpreis ausgezeichneten Arbeiten zur Cholesterolregulation:

http://www4.utsouthwestern.edu/moleculargenetics/pages/brown/past.html

11.6 Fragen und Aufgaben

(1) Durch die Mutation des Gens *IGNO* wird eine hypothetische Krankheit ausgelöst. Bei 1 von 100 Menschen findet sich eine entsprechende Mutation. Sie verfügen über ein genetisches Testverfahren, das 80 Prozent aller Mutationen entdeckt. Sie erhalten 1000 Blutproben von Neugeborenen – 1 Prozent der Proben aber wird in kontaminierten Röhrchen abgeliefert, die Ihnen ein falsch-positives Testergebnis bescheren. Wie groß ist der positiv prädiktive Wert Ihres Tests?

(2) Ein Wissenschaftler hat Menschen untersucht, die unter schweren Nebenwirkungen eines Medikaments zu leiden haben. In der Allgemeinbevölkerung ist ein Mensch von 10000 davon betroffen. Er hat einen DNA-Polymorphismus entdeckt, der eine starke Assoziation mit diesem Risiko zeigt. In Blindversuchen im Labor erwiesen sich $\frac{99}{100}$ Personen, die unter Nebenwirkungen litten, als positiv für die von ihm gefundene Variante, während nur $\frac{1}{100}$ Patienten, die das Medikament ohne Nebenwirkungen vertragen hatten, hierfür positiv waren. Er plädierte daher dafür, die gesamte 1 Million Einwohner seiner Stadt auf die Variante zu testen. Errechnen Sie den positiv prädiktiven Wert seines Tests.

(3) Wiederholen Sie die Berechnung aus der vorherigen Aufgabe unter der Annahme, dass die Unverträglichkeit nicht bei einer von 10000, sondern bei einer von 10 Personen auftritt. Was sagt uns das über das Potential eines Screenings im Allgemeinen?

(4) Berechnen Sie unter der Annahme, dass bei einer von 100 getesteten Schwangerschaften ein Neuralrohrdefekt nachgewiesen wurde, anhand der Kurven aus *Abb. 11.2* die Sensitivität und den positiv prädiktiven Wert der AFP-Bestimmung im mütterlichen Serum unter Zugrundelegung folgender Schwellenwerte:
    (a) alle oberhalb des Mittelwerts bei normalen Schwangerschaften
    (b) alle oberhalb des Minimalwerts bei Schwangerschaften mit Neuralrohrdefekt
    (c) alle oberhalb des Maximalwerts bei normalen Schwangerschaften

(5) Beim Überträger-Screening auf Mukoviszidose wird bei manchen Paaren der Test für einen Partner positiv ausfallen, für den anderen hingegen negativ. Errechnen Sie die Sensitivität, die ein Test haben muss, um sicherzustellen, dass für solche Paare die Berechnung des Risikos dafür, dass in Wirklichkeit beide zu den Anlageträgern gehören, keinen höheren Wert ergibt als ohne jeden Test. Gehen Sie von einer Anlageträgerfrequenz von $1:40$ aus.

(6) Sie sind ein Beamter im Gesundheitswesen, dem man aufgetragen hat, ein Bevölkerungsscreening auf die Anlageträgerschaft für Mukoviszidose zu entwerfen (wobei die Heterozygotenfrequenz in ihrer Population bei 1 von 25 liegt).
    (a) Entscheiden Sie, in welcher Lebensphase und unter welchen Umständen Menschen getestet werden sollen, rechtfertigen Sie Ihre Entscheidung kurz schriftlich.
    (b) Sie haben von zwei Firmen Angebote für eine Massengenotypisierung. Die eine bietet Ihnen an, ein begrenztes Spektrum an Mutationen zu testen, das etwa 70 Prozent der mutierten Allele abdeckt, die andere testet ein breiteres Spektrum, das 90 Prozent der Mutationsträger erfasst. Natürlich gibt es Preisunterschiede, bevor Sie aber überhaupt irgendetwas entscheiden können, müssen Sie wissen, mit welchen Ergebnissen Sie rechnen können. Errechnen Sie für jede Option die bei einem Screening von einer Million Menschen erwarteten Ergebnisse und vergleichen Sie die Aussagen: Wie viele neue Fälle von Mukoviszidose könnten theoretisch verhindert werden, und wie viele Paare, bei denen der Screening-Test ergeben hat, dass nicht beide Anlageträger sind, würden dennoch ein Kind mit Mukoviszidose bekommen?

Kapitel 12
Ist Krebs genetisch bedingt?

Wenn Sie dieses Kapitel durchgearbeitet haben, sollten Sie in der Lage sein,

- die Krebsentstehung als Evolutionsprozess bei einem einzelnen Menschen zu beschreiben
- Onkogene und Tumorsuppressorgene zu definieren und Beispiele für solche Gene zu benennen
- zu beschreiben, welche Formen der genetischen Instabilität in Krebszellen vorkommen und wie Kontrollpunkte (checkpoints) des Zellzyklus zu ihrer Vermeidung beitragen
- die wichtigsten Eigenschaften bösartiger Tumore aufzuzählen und die somatischen genetischen Veränderungen zu beschreiben, die zu ihrer Entstehung führen, wie beispielsweise die Aktivierung von Onkogenen und Inaktivierung von Tumorsuppressorgenen durch somatische Mutationen, epigenetische Veränderungen, Deletionen, die zu einem Heterozygotieverlust führen, und Chromosomenumordnungen, durch die fusionierte Gene entstehen
- mindestens drei erbliche Krebssyndrome zu benennen und zu beschreiben, in welchem Zusammenhang sie zu häufigen sporadischen Krebsformen stehen
- zu beschreiben, wie die Genetik zur Diagnose, Therapie und Vorbeugung von Krebserkrankungen beiträgt

12.1 Fallbeispiele

| 279 | 295 | 357 | | | | | |

Fall 24   Familie Wilson

- ? familiärer Brustkrebs

Wendy Wilson sah im Fernsehen eine Sendung über das gehäufte Auftreten von Brustkrebs in bestimmten Familien und machte sich daraufhin verstärkt Sorgen wegen ihrer eigenen Familiengeschichte. Schon vor einigen Jahren hatte sie mit ihrem Hausarzt über ihre Bedenken gesprochen, aber der hatte sie beruhigt. Ihre Mutter Wanda war mit 42 Jahren erkrankt und schon mit 44 Jahren verstorben. Amy, die Schwester ihrer Mutter, wohnte in Neuseeland; sie hatte ebenfalls zwischen dem vierzigsten und fünfzigsten Lebensjahr Brustkrebs bekommen, aber nach Operation und Chemotherapie ging es ihr jetzt, sieben Jahre später, wieder gut. Letzte Weihnachten hatte Wendy von einer betagten Großtante eine Karte erhalten, und darin hatte die Verwandte berichtet, dass auch einer ihrer Enkelsöhne wegen Brustkrebs behandelt wurde; sie zeigte sich entsetzt, dass auch Männer betroffen sein können. Wendy setzte sich mit ihrem Bruder William und ihrer Schwester Veronica in Verbindung, und die drei entschlossen sich, der Sache etwas genauer nachzugehen. Veronica war die Ahnenforscherin der Familie und nahm zu mehreren Angehörigen, zu denen der Kontakt abgerissen war, Verbindung auf. Wie sich dabei herausstellte, war auch eine Cousine von Wanda schon in jungen Jahren an

Brustkrebs gestorben. In der Fernsehsendung war davon die Rede gewesen, dass genetische Beratungsstellen einen Test durchführen können, also vereinbarte Wendy einen Termin bei ihrem Hausarzt, um ihn nach einer Überweisung zu fragen. Sie teilte ihm so viele Einzelheiten wie möglich mit, und der Arzt informierte sich im Internet über die Richtlinien der Beratungsstelle. Wendy und ihre Angehörigen entsprachen den Kriterien für eine Risikofamilie, und der Arzt überwies sie in die Humangenetik. Im Vorfeld des Gesprächstermins nahm die Beraterin mit Wendy Kontakt auf und bat sie, einen Stammbaum zu zeichnen (s. *Abb. 12.1*). Außerdem erkundigte sie sich genauer nach Wendys Mutter und nach der Klinik, in der sie behandelt worden war. Auf diese Weise konnte sie sich die Krankenakten besorgen und die Details der Krankheit bestätigen.

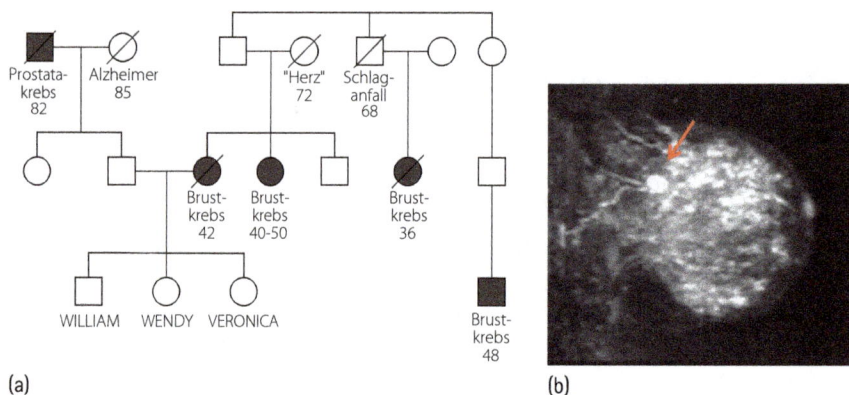

Abb. 12.1
(a) Stammbaum der Familie Wilson mit Krebsformen und Alter bei der Diagnose. **(b)** Mammakarzinom bei einer 40-jährigen Frau, nachgewiesen durch Kernspintomographie. Die Patientin trug eine Mutation im *BRCA1*-Gen. Foto mit freundlicher Genehmigung von Dr. Gareth Evans, St. Mary's Hospital, Manchester.

Fall 25 Familie Xenakis

280 298 357

- familiäre Häufung von Darmerkrankungen
- ? FAP

Christos war eines von drei Geschwistern, die in den 1960er Jahren in Zypern als Kinder von Xavier und Demi Xenakis zur Welt kamen. Xavier litt seit seinem 41. Lebensjahr an Darmbeschwerden, einen Arzt suchte er aber erst auf, als es ihm wirklich schlecht ging. Im Krankenhaus wurde Darmkrebs mit Lebermetastasen diagnostiziert, und man konnte nur noch eine palliative Therapie durchführen. Er starb noch im gleichen Jahr. Wenig später zog Christos mit seiner Frau und ihren beiden kleinen Kindern – einem Sohn und einer Tochter – nach Seattle, wo sie ein Restaurant eröffneten. Auch Demi wohnte bei der Familie. Sie hatten viel zu tun, aber das Restaurant lief gut. Als Christos sich einige Jahre später im Rahmen seiner Krankenversicherung ärztlich untersuchen ließ, erwähnte er, dass ihm kürzlich eine rektale Blutung aufgefallen war, die er auf Hämorrhoiden zurückführte. Wegen der familiären Vorgeschichte veranlasste der Arzt eine Darmspiegelung, und als dabei zahlreiche Darmpolypen festgestellt wurden, war die ganze Familie beunruhigt.

Der Chirurg erklärte, der Befund sei ein Zeichen, dass Christos an familiärer Polyposis coli (FAP) litt; die einzig sinnvolle Therapie sei eine Entfernung des Dickdarms, denn aus einem oder mehreren Polypen würden sich zwangsläufig bösartige Tumore entwickeln. Noch in der Klinik empfahl der Chirurg, Christos solle nach seiner Genesung eine genetische Beratungsstelle aufsuchen und sich darüber informieren, welches Risiko für seine Kinder bestehe und wann Screeninguntersuchungen anzuraten seien. Einige Monate später suchte die Familie eine genetische Beratungsstelle auf. Der Berater erklärte, was man unter dominanter Vererbung versteht, und dass jedes Kind mit einer Wahrscheinlichkeit von 50 Prozent das mutierte Gen geerbt hatte. Die Familie erfuhr, dass genetische Tests möglich sind, wenn bei Christos eine Mutation gefunden wurde, und dass man bei Kindern, die

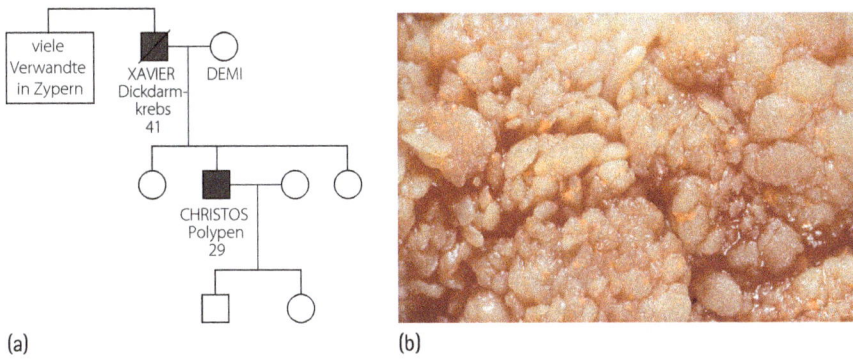

Abb. 12.2 Familiäre adenomatöse Polyposis coli
(a) Stammbaum der Familie Xenakis. **(b)** Ein Abschnitt des chirurgisch entfernten Dickdarms mit Polypen. Foto mit freundlicher Genehmigung des Medical Illustration Department, Manchester Royal Infirmary.

gefährdet waren oder die Mutation trugen, ab dem zehnten Lebensjahr regelmäßig eine Darmspiegelung durchführen könne.

12.2 Hintergrund

Natürliche Selektion und die Evolution von Krebs

Stellen wir uns einmal einen einsamen Wald vor, in dem eine Maulwurfspopulation zu Hause ist. Bei einem Maulwurf ereignet sich eine erbliche Mutation, die ihn in die Lage versetzt, sich schneller fortzupflanzen als seine Artgenossen. Kommt man 100 Generationen später in diesen Wald, so würde man damit rechnen, dass die meisten Maulwürfe Nachkommen dieses einen mutierten Exemplars sind. Genau die gleiche einfache, darwinistische Argumentation gilt auch für die Zellen unseres Körpers. Die Zellteilung unterliegt einer genetischen Steuerung. Wenn eine Zelle sich auf Grund einer Mutation schneller teilen kann als die anderen, machen ihre Nachkommen sich unter ansonsten gleichen Bedingungen im gesamten Organismus breit. Krebs ist also keine spezifische Krankheit mit einer einzigen Ursache, für die man nur eine einzige Heilungsmethode entdecken müsste. Bleiben die Voraussetzungen ansonsten unverändert, handelt es sich vielmehr um das natürliche Ende eines Evolutionsprozesses, der sich in jedem vielzelligen Organismus abspielt.

In Wirklichkeit bleiben die Voraussetzungen glücklicherweise nicht gleich. Vielzellige Organismen könnten nicht überleben, wenn sie nicht durch vielfältige Mechanismen die Evolution ihrer somatischen Zellen zumindest so lange steuern und unterdrücken würden, bis die Zeit der Fortpflanzung vorüber ist. In den Jahrmilliarden der Evolution haben sich bei den vielzelligen Lebewesen raffinierte, vielschichtige Mechanismen entwickelt, mit denen unbotmäßige Zellen im Zaum gehalten werden. Das Zellwachstum unterliegt einer strikten Kontrolle. Die meisten somatischen Zellen sind nicht in der Lage, sich unbegrenzt zu teilen. Jede Zelle, die sich unangemessen verhält und deren gesellschaftsfeindliches Betragen sich nicht eindämmen lässt, wird zum Suizid (**Apoptose**) veranlasst. Hanahan & Weinberg (2000) nannten in einem wichtigen Aufsatz sechs Funktionseigenschaften, die ein bösartiger Tumor erwerben muss, um sich weiterzuentwickeln und zu überleben (*Erkurs 12.1*). Um diese Fähigkeiten zu erwerben, müssen die Zellen jedes Mal einen anderen Regulationsmechanismus oder eine Verteidigungslinie des Organismus überwinden. Im Einklang damit stehen auch die Ergebnisse der klassischen Studien zur altersabhängigen Häufigkeit verbreiteter Epithelkrebserkrankungen: Sie lassen darauf schließen, dass vier bis sieben Einzelereignisse stattfinden müssen, bevor ein bösartiger Tumor entsteht.

Exkurs 12.1 Die sechs essenziellen Eigenschaften eines bösartigen Tumors

Nach Hanahan & Weinberg (2000) muss ein bösartiger Tumor im Laufe seiner Entwicklung sechs Eigenschaften annehmen:

- Seine Zellen müssen sich unabhängig von äußeren Wachstumssignalen vermehren können.
- Seine Zellen müssen in der Lage sein, sich über äußere wachstumshemmende Signale hinwegzusetzen.
- Seine Zellen müssen Apoptose vermeiden können.
- Seine Zellen müssen sich unbegrenzt teilen können, ohne zu altern.
- Er muss in der Lage sein, eine fortdauernde Gefäßneubildung in Gang zu setzen.
- Er muss in das umgebende Gewebe einwandern und weit entfernte Sekundärtumore bilden können.

Tumoren enthalten vielgestalte Zellen; die genannten Eigenschaften gelten vermutlich nur für eine kleine Population von Krebsstammzellen. Wahrscheinlich setzt der Erwerb jeder Eigenschaft eine spezifische genetische oder epigenetische Veränderung voraus, mit der ein Regulationsmechanismus umgangen wird. Ausnahmen sind möglicherweise die Fähigkeit zu unbegrenzter Teilung (wenn es sich bei der Gründerzelle bereits um eine Stammzelle handelt) und die Fähigkeit zur Metastasenbildung – in wie vielen Fällen diese Fähigkeit spezifisch erworben wurde und wann es sich nur um eine häufige Folge der anderen fünf Fähigkeiten handelt, ist umstritten.

Die Abwehr überwinden

Angesichts der typischen Mutationsraten scheint die Wahrscheinlichkeit, dass eine Zelle im Organismus eines Menschen nacheinander sechs ganz bestimmte Mutationen durchmacht, verschwindend gering zu sein. Unterstellt man eine Mutationsrate von 10^{-6} je Gen und Zelle, liegt die Wahrscheinlichkeit, dass eine Zelle sechs spezifische, aufeinander folgende Mutationen erlebt, bei 10^{-36}. Der menschliche Organismus besteht aber nur aus rund 10^{14} Zellen, es hat also den Anschein, als wäre die Krebsabwehr unüberwindlich. Andererseits wissen wir aber, dass ungefähr jeder dritte Mensch Krebs bekommt. Es muss also einen Weg geben, um die Abwehrmechanismen zu umgehen.

Der Trick besteht darin, dass die ersten Mutationen, die sich im Verlauf des Prozesses abspielen, die Wahrscheinlichkeit für spätere Veränderungen stark anwachsen lassen. Diesen Effekt können sie auf zweierlei Weise erzielen:

- Sie können der Zelle einen Wachstumsvorteil verschaffen. Kann eine mutierte Zelle 1000 mutierte Tochterzellen hervorbringen, ist die Wahrscheinlichkeit, dass eine davon die nächste Mutation durchmacht, bereits um das 1000-Fache gewachsen. In der Pathologie weiß man schon seit Langem, dass Tumoren sich stufenweise entwickeln, wobei jedes Stadium durch ein größeres Wachstumspotenzial gekennzeichnet ist; außerdem entwickeln sich Tumoren am häufigsten in Geweben, deren Zellen sich schnell teilen. Nach heutiger Kenntnis besitzen die Gründerzellen vieler Tumoren ähnliche Eigenschaften wie Stammzellen, das heißt, sie sind ohnehin bereits zu ungewöhnlich schnellem Wachstum in der Lage (Pardal et al., 2003).
- Sie können die allgemeine Mutationsrate durch eine Destabilisierung des Genoms steigern. Man kennt bei Krebszellen zwei Formen der genomischen Instabilität:

  Chromosomale Instabilität: Die meisten Tumorzellen zeigen einen bizarren Karyotyp mit stark abweichender Chromosomenzahl und vielen umgeordneten Strukturen (*Exkurs 12.2*)

  Mikrosatelliteninstabilität: Die Chromosomen mancher Tumoren sehen normal aus, aber die DNA-Untersuchung zeigt, dass die normale Überprüfung der korrekten DNA-Replikation nicht mehr funktioniert (s. u.).

Wegen solcher Abweichungen bildet sich in den ersten Stadien der Krebsentstehung eine wachsende Population von Zellen mit vielfältigen Zufallsmutationen, die einen guten Nährboden für die weitere Entwicklung darstellt. Die Gene, die in diesen ersten Stadien mutieren, bezeichnet man als **Onkogene** und **Tumor-**

Exkurs 12.2 Chromosomeninstabilität bei Krebszellen

Krebszellen zeigen in der Regel einen stark abweichenden Karyotyp mit zahlreichen überzähligen, fehlenden und umgeordneten Chromosomenabschnitten. Aus Zellen fester Tumoren erhält man in der Regel nur schlechte Chromosomenpräparate, deren Analyse mit den herkömmlichen Methoden der Zytogenetik schwierig oder unmöglich ist. Mit M-FISH und SKY, zwei mehrfarbigen Versionen des *chromosome painting* (s. *Abschnitt 4.4*), kann man jedes der ursprünglichen Chromosomen mit einer anderen Farbe markieren. Solche Verfahren erlauben eine detaillierte Analyse der zytogenetischen Veränderungen in Krebszellen. Als Beispiel sei hier ein Karyotyp genannt, den Dr. T. Reid für die menschliche Dickdarmkarzinomzelllinie HT29 aufstellte:

67–71,XX,del(X)(p11.2)[19], del(3)(p21)[11], der(3)ins(3;12)(p12;?)[16], der(3)del(3)(p25) ins(3;12)(p12;?)[5],

der(3)t(X;3)(?;qter)[11], i(3)(q10)[21], del(4)(q31.3) [21], +der(5)t(5;6)(q11;?)[10], del(6)(q12)[9], t(6;14)(q21;q13)[15], der(6)t(6;14)(q21;q13)[5], +del(7)(p15)[17], −8[20], der(8)i(8)(qter->q10::q10->q24::hsr::q24->qter)[21], +11[20], −13[9], der(13)i(13)(q10)del(q14)[11], der(13)t(5;13)(p13;p11.1)[12], i(13)(q10)[18], −14[21], −14[4],+15[20], der(17)t(17;19)(p11;p11)[21], i(18)(p10)[19], −19[13], i(19)(q10)dup(19)(q13.1q13.4)[19], +i(20)(q10)[21], −21[21], der(?22)t(17;?22;17)[20]

Insgesamt wurden 21 Zellen analysiert. Die Chromosomenzahl schwankte zwischen 67 und 71. Die Zahlen in eckigen Klammern geben an, wie viele Zellen die jeweils genannte Anomalie aufwiesen. Diesen Karyotyp und viele andere kann man als „Skygram"-Diagramme auf der Internetseite des National Cancer Institute unter http://www.ncbi.nlm.nih.gov/sky/ betrachten.

---

suppressorgene. Die Unterteilung stützt sich vor allem darauf, ob durch die Mutation eine Funktion hinzukommt oder verloren geht, und das wiederum hängt von der normalen Funktion des betreffenden Gens ab. Allgemein gesagt, regen Onkogene in ihrer normalen Funktion die Zellteilung an, während Tumorsuppressorgene sie normalerweise unterdrücken.

Ewig leben: die Bedeutung der Telomere

Krebszellen sind unsterblich: Sie haben die Fähigkeit Nummer 4 aus dem *Exkurs 12.1* erlangt. Die HeLa-Zellen, eine Standardzelllinie für Gewebekulturen, wachsen in den Labors schon seit einem halben Jahrhundert. Normale menschliche Zellen sind dazu nicht in der Lage: Sie machen in Gewebekulturen einige Dutzend Teilungen durch und stellen dann das Wachstum ein, ein Phänomen, das man als Zellalterung oder Seneszenz bezeichnet. Zellen mit bestimmten Krebs erzeugenden Mutationen (in den Genen *TP53* und *RB1*, s. unten) entgehen der Alterung. Sie erreichen nach einigen weiteren Teilungen eine „Krise", das heißt ein Stadium, das durch den Tod der großen Mehrzahl der Zellen gekennzeichnet ist. In den wenigen überlebenden Zellen haben sich umfangreiche Chromosomenumordnungen abgespielt, und sie sind zu unsterblichen Krebszellen geworden.

Diese Ereignisse stehen im Zusammenhang mit der Replikation der Chromosomenenden. Wie bereits erwähnt wurde, sind die beiden Stränge der DNA-Doppelhelix antiparallel angeordnet, sie können aber nur in 5'→3'-Richtung verlängert werden (*Exkurs 3.2*). Ein Strang der Doppelhelix hat ein freies 5'-Ende. Dient dieser Strang als Matrize für die Synthese eines Komplementärstranges, wandert die Polymerase zum Ende des Stranges, und der neue Strang kann problemlos bis zum Ende der Matrize verlängert werden (*Abb. 12.3a*). Am anderen Strang mit seinem freien 3'-Ende jedoch ergibt sich eine Schwierigkeit. Dient dieser Strang als Matrize, wandert die Polymerase entgegen der Bewegungsrichtung der Replikationsgabel vom Ende in Richtung des Inneren. Der neue Strang wird diskontinuierlich in Form von Abschnitten aus 100 bis 200 Nukleotiden (**Okazaki-Fragmente**) synthetisiert. Jedes dieser Fragmente besteht aus einem kurzen RNA-Primer aus rund zehn Nukleotiden. Der letzte Primer beginnt dabei nicht unbedingt am allerletzten Nukleotid des Chromosoms, und selbst wenn das der Fall wäre, würden die letzten zehn Nukleotide, die dem Primer entsprechen, verloren gehen, sobald der Primer entfernt wird und die Okazaki-Fragmente verknüpft werden. Eine lineare Doppelhelix verliert also mit jeder Replikation zwangsläufig an ihren Enden einen kurzen Sequenzabschnitt.

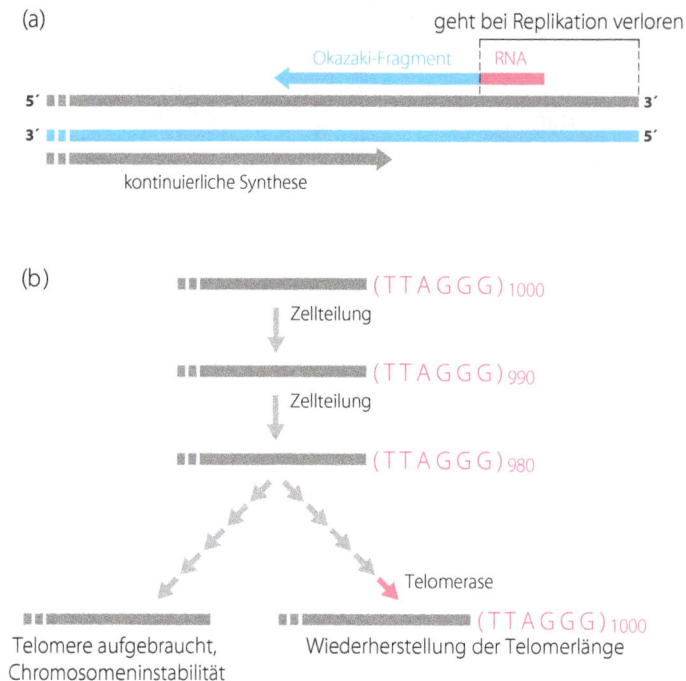

Abb. 12.3
(a) DNA-Replikationsmechanismen können die äußersten 3'-Enden des Moleküls nicht verdoppeln.
(b) Die Telomere der menschlichen Chromosomen enthalten tandemförmig wiederholte TTAGGG-Sequenzen. Jedes Mal, wenn sich die DNA der Zelle repliziert, gehen einige dieser Wiederholungseinheiten verloren. Bei Gewebekulturzellen führt der fortgesetzte Verlust zur Chromosomeninstabilität. In Keimbahn- und Krebszellen stellt eine Telomerase die Telomere in ganzer Länge wieder her.

Bakterien lösen das Problem mit ringförmigen Chromosomen, in Eukaryontenzellen erfüllen Telomere diesen Zweck. An den Enden menschlicher Chromosomen befindet sich eine rund 10 kb lange repetitive Sequenz $(TTAGGG)_n$. Mit jeder Replikationsrunde verkürzt sich dieses Telomer um 50 bis 100 Nukleotide. Innerhalb gewisser Grenzen spielt das keine Rolle, denn die Wiederholungssequenzen der Telomere enthalten keine genetische Information. Häufige Zellteilungen führen zum völligen Verlust der Telomere. Diese haben unter anderem die Aufgabe, die Chromosomenenden vor DNA-Reparaturmechanismen zu schützen, die Bruchstellen in der DNA erkennen und die Enden verbinden (*Abb. 12.3b*). Genau das geschieht in der Krise der Zellteilung im Anschluss an die Seneszenz.

Alle Zellen unseres Körpers stammen über zahlreiche Zellteilungen von der ursprünglichen befruchteten Eizelle ab, diese ist ihrerseits durch eine Kette von Zellteilungen aus den Zygoten hervorgegangen, aus denen unsere Eltern entstanden sind, und so weiter. Eine ununterbrochene Reihe von Zellteilungen reicht durch die Generationen zurück bis zum Anbeginn des Lebens. Warum besitzen wir heute noch die Telomere? Die Antwort: In manchen Zellen gibt es ein Enzym namens **Telomerase**, das Telomere in voller Länge wiederherstellen kann. Die Telomerase fügt TTAGGG-Einheiten an und bedient sich dazu einer eigenen, eingebauten RNA-Matrize, sodass sie nicht von einer äußeren Komplementärsequenz abhängig ist. Die Telomerase baut in der Keimbahn jeder Generation wieder vollständige Telomere auf. In normalen somatischen Zellen kommt sie nicht vor (das Gen ist zwar vorhanden, wird aber nicht exprimiert), die meisten Krebszellen besitzen sie aber. Die Reaktivierung der Telomerase ist für die Zelle ein wichtiger Schritt auf dem Weg zur unbegrenzten Teilungsfähigkeit. Auf den ersten Blick scheint die Telomerase natürlich auch ein ausgezeichneter Ansatzpunkt für Medikamente gegen Krebs zu sein, aber die Ergebnisse entsprechender Versuche waren bisher enttäuschend.

Tab. 12.1 Virus-Onkogene und ihre Entsprechungen in den Zellen

Gen	Herkunft	Protoonkogen in Zellen	
		Lage	Funktion
ABL	Abelson-Leukämie (Maus)	9q34	Signalübertragung (Tyrosinkinase)
ERBB2	Erythroblastenleukämie (Vögel)	17q21	Signalübertragung (Rezeptortyrosinkinase)
FES	Katzensarkomvirus	15q26	Signalübertragung (Tyrosinkinase)
FMS	Friend-Leukämie (Maus)	5q33	M-CSF-Rezeptortyrosinkinase
HRAS	Harvey-Rattensarkom	11p15.5	Signalübertragung (kleine GTPase)
KRAS	Kirsten-Sarkom (Maus)	12p12	Signalübertragung (kleine GTPase)
MYB	Myeloblastose (Vögel)	6q22	Transkriptionssteuerung (Zellkernprotein)
MYC	Myelomacytose (Vögel)	8q24	Transkriptionssteuerung (Zellkernprotein)
SIS	Affensarkomvirus	22q12	Blutplättchen-Wachstumsfaktor, B-Kette
SRC	Rous-Sarkom (Huhn)	20q12	Signalübertragung (Tyrosinkinase)

Onkogene

Die Erforschung der Onkogene begann in den 1970er Jahren mit Untersuchungen an Tumorviren. Viren rufen Krebs nicht auf die gleiche Weise hervor, wie sie Grippe auslösen – Krebs ist niemals ansteckend, und kein Virus führt bei jedem Infiziertern zu einem Tumor. Dennoch besteht bei manchen Krebserkrankungen von Menschen und Tieren ein kausaler Zusammenhang mit bestimmten Viren – das Cervixkarzinom ist beispielsweise mit Human-Papillomviren assoziiert. Im Labor konnte man aus bestimmten Tumoren von Tieren **akut transformierende Retroviren** isolieren. Diese Viren waren nicht infektiös, konnten aber Gewebekulturzellen sehr wirksam so transformieren, dass sie nach der Transplantation in Empfängertiere zu Tumoren heranwuchsen. Retroviren haben ein sehr einfaches Genom, das aus RNA besteht und nur drei Transkriptionseinheiten enthält (*Abb. 12.4*). Bei der Analyse der Genome akut transformierender Retroviren fand man, dass sie ein zusätzliches Gen enthielten, ein Onkogen. Die Untersuchung dieser Viren führte zur Entdeckung mehrerer Dutzend Onkogene, die nach den tierischen Tumoren benannt wurden, aus denen man die Viren isoliert hatte (s. *Tab. 12.1*). Auf weitere Onkogene stieß man, als man in Tumorzellen bestimmte DNA-Fragmente nachwies, die Mauszellen in Gewebekulturen transformieren konnten, so dass sie sich ganz ähnlich wie Tumorzellen vermehrten.

Diese Entdeckungen führten kurzfristig zu einer Flut von Spekulationen, Krebs könne immer die Folge einer Infektion mit Onkogen-tragenden Viren sein und man könne ihn vielleicht durch Impfungen verhüten. Aber dieser attraktive Gedanke verlor seinen Reiz, als sich herausstellte, dass auch normale Zellen Gene enthalten,

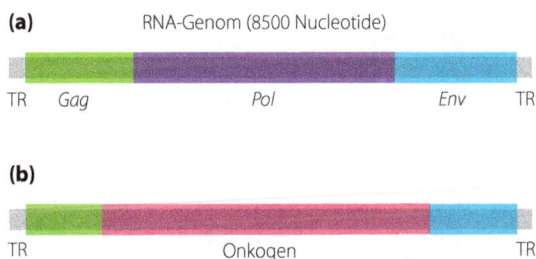

Abb. 12.4
(a) Ein Retrovirus. Das RNA-Genom enthält drei Transkriptionseinheiten namens *gag*, *pol* und *env*. An den Enden befinden sich kurze Sequenzwiederholungen (TR). **(b)** Ein akut transformierendes Retrovirus. Durch einen zufälligen Fehler in den biochemischen Abläufen wurde ein Teil des Virusgenoms gegen ein zelleigenes Protoonkogen ausgetauscht. Durch Überexpression oder zufällige Mutationen kann dieses zelleigene Gen Krebs hervorrufen, wenn das Virus in eine Wirtszelle eindringt. Die Virusgene sind teilweise deletiert, und das Virus kann sich nicht replizieren.

die zu den Virus-Onkogenen homolog sind. Manche kompliziert gebauten Viren besitzen tatsächlich virusspezifische Onkogene, aber die akut transformierenden Retroviren sind eigentlich nur Transduktionsvektoren: Sie nehmen Gene nach dem Zufallsprinzip aus einer infizierten Zelle auf und geben sie in der nächsten Zelle, die sie infizieren, wieder ab. Das derart übertragene Gen ersetzt einen Teil des normalen Virusgenoms, so dass die Replikation solcher Viren defekt ist.

Natürlich muss es einen Unterschied zwischen dem Onkogen des Virus und dem homologen Gen in normalen Zellen geben, denn das eine transformiert Zellen, das andere aber nicht. Virus-Onkogene sind aktivierte Versionen der Zellgene, die man auch **Protoonkogene** nennt. In der neueren Fachliteratur wird diese Terminologie häufig missachtet, und alle derartigen Gene werden einfach als Onkogene bezeichnet- der Unterschied zwischen aktivierter und nicht aktivierter Version ist jedoch von entscheidender Bedeutung.

Funktion und Aktivierung von Onkogenen

Einen großen Durchbruch in der Erforschung der molekularen Vorgänge bei der Krebsentstehung erzielte man seit Anfang der 1980er Jahre, als klar wurde, welche Funktionen die zelleigenen Onkogene normalerweise erfüllen. Wie man in *Tab. 12.1* erkennt, wirken diese Gene in ihrer normalen, nicht aktivierten Form an der Steuerung der Zellvermehrung mit. Angesichts dieser normalen Funktion versteht man sehr leicht, warum die gleichen Gene in einer pathologisch aktivierten Form Krebs auslösen können. Die Aktivierung erfolgt durch eine neu hinzukommende Funktion. Dieser Effekt kann auf unterschiedliche Weise erreicht werden:

- durch *Punktmutationen*: Wie immer, findet sich ein Zugewinn einer Funktion nur bei speziellen Mutationen. Bei Blasenkrebs findet man beispielsweise im (Proto)onkogen *HRAS* häufig die Mutation p.Gly12Val. Die drei *RAS*-Gene des Menschen (*KRAS, HRAS* und *NRAS*) kodieren kleine GTPasen; diese aktivieren in den Zellen eine Signalübertragungskaskade (RAS → RAF → MEK → MAPK), die für eine veränderte Genexpression sorgt. Durch die Mutation entsteht eine überaktive Form der GTPase, die eine übermäßige Expression der Zielgene verursacht.
- durch *Amplifikation*: Manche Tumoren enthalten tandemförmig wiederholte Kopien der Onkogene; diese haben manchmal die Form kleiner zusätzlicher Chromosomen, in anderen Fällen liegen sie als Duplikationen in einem Chromosom. In vielen Tumoren ist beispielsweise das Onkogen *MYC* amplifiziert.
- durch *Chromosomenumordnungen* können Exons zweier weit voneinander entfernter Gene in enge Nachbarschaft geraten, so dass ein neues Fusionsgen entsteht. Wie bereits erwähnt wurde, findet man in Krebszellen normalerweise viele Chromosomenanomalien. Zahlreiche mühevolle Forschungsarbeiten zielten auf den Nachweis von Veränderungen, die für bestimmte Tumortypen spezifisch sind und auf ihre Unterscheidung von der großen Zahl zufälliger Abweichungen. Die meisten derartigen Veränderungen konnte man bei der Leukämie nachweisen, die einfacher zu untersuchen ist als solide Tumoren. Beispiele sind in *Tab. 12.2* aufgeführt, und der *Exkurs 12.3* beschreibt einen allgemein bekannten Fall. Solche Umordnungen sind enorm interessant, denn durch Klonierung der Verbindungsstellen konnte man die Fusionsgene erkennen, und dies führte zur Entdeckung vieler Onkogene. Manche Gene sind bei vielen verschiedenen chromosomalen Rearrangements involviert – das *MLL*-Gen auf 11q23 wurde bei Leukämiepatienten in Verbindung mit über 30 verschiedenen Fusionspartnern nachgewiesen. Tests auf spezifisch rearrangierte Gene sind ein wichtiger Bestandteil der molekularbiologischen Krebsdiagnose. In vielen Fällen, so auch bei der Familie Tierney (Fall 21) liefert die Charakterisierung des Fusions-Onkogens wichtige Anhaltspunkte für Prognose und Therapie. Außerdem stellt die Aufklärung der Funktion solcher Fusionsgene einen wichtigen Weg zum Verständnis der biologischen Eigenschaften eines Tumors dar.

Tab. 12.2 Tumorspezifische balancierte Chromosomenumordnungen, die zur Entstehung von Fusionsgenen führen

Umordnung	Gene	Krankheit
t(1;22)(p13;q13)	RBM15/MKL1	akute Megakaryoblastenleukämie (FAB-M7)
t(2;13)(q35;q14)	PAX3/FKHR	alveoläres Rhabdomyosarkom
t(3;8)(p21;q12)	PLAG1/CTNNB1	pleomorphes Speicheldrüsenadenom
inv(3)(q21q26)	RPN1/EVI1	AML ohne Reifung (FAB-M1)
t(4;11)(q21;q23)	MLL/AFF	ALL/lymphoblastisches Lymphom
t(6;11)(q27;q23)	MLL/MLLT4	AMML (FAB-M4)
t(9;11)(p22;q23)	MLL/AF9	ALL/lymphoblastisches Lymphom
t(11;19)(q23;p13)	MLL/MLLT1	ALL/lymphoblastisches Lymphom
t(7;11)(p15;p15)	NUP98/HOXA11, HOXA13, HOXA9	AML mit Reifung (FAB-M2)
t(9;22)(q34;q11)	BCR/ABL1	chronisch-myeloische Leukämie
t(11;14)(q13;q32)	IGH/CCND1	chronisch-lymphocytäre Leukämie, Mantelzelllymphom
t(15;17)(q22;q12)	PML/RARA	akute Promyelocytenleukämie
t(12;16)(q13;p11)	FUS/DDIT3	Liposarkom
inv(16)(p13q22)	CBFB/MYH11	AMML (FAB-M4)
t(X;18)(p11;q11)	SS18/SSX1, SSX2, SSX4	Synovialsarkom
t(14;18)(q32;q21)	IGH/BCL2	follikuläres Lymphom
t(12;21)(p13;q22)	ETV6(TEL)/RUNX1 (AML1)	ALL/lymphoblastisches Lymphom
t(8;21)(q22;q22)	RUNX1/ETO	AML mit Reifung (FAB-M2)

Unter http://cgap.nci.nih.gov/Chromosomes/RecurrentAberrations findet sich eine große, von Dr. Felix Mitelman zusammengestellte Datenbank von DNA-Umordnungen. Diese wurden insbesondere bei Leukämien und Lymphomen definiert, weil die Zellen bei diesen Krankheiten in der Regel einen einzigen Klon bilden und zytogenetischen Analysen leichter zugänglich sind als die Zellen fester Tumore. ALL = akute lymphoblastische Leukämie; AML = akute myeloblastische Leukämie; AMML = akute myelomonocytäre Leukämie.

- durch *ein Onkogen, das durch eine Chromosomenumordnung heraufreguliert wurde,* weil es in einen Chromatinabschnitt mit besonders hoher Transkriptionsaktivität gelangt ist. Der klassische Fall ist das Burkitt-Lymphom, ein Tumor des Kindesalters, der den Unterkiefer betrifft und vor allem in Afrika verbreitet ist. Seine Häufigkeit steht im Zusammenhang mit Malaria- und Epstein-Barr-Virus-Infektionen. Die Tumorzellen besitzen als charakteristisches Merkmal die somatisch entstandene, balancierte reziproke Translokation t(8;14)(q24;q32) (*Abb. 12.5*). Durch diese Translokation gelangt das *MYC*-Protoonkogen vom Chromosom 8 in die Nachbarschaft des *IGH*-Gens für die schwere Immunglobulinkette auf dem Chromosom 14. Im Gegensatz zu den meisten anderen tumor-

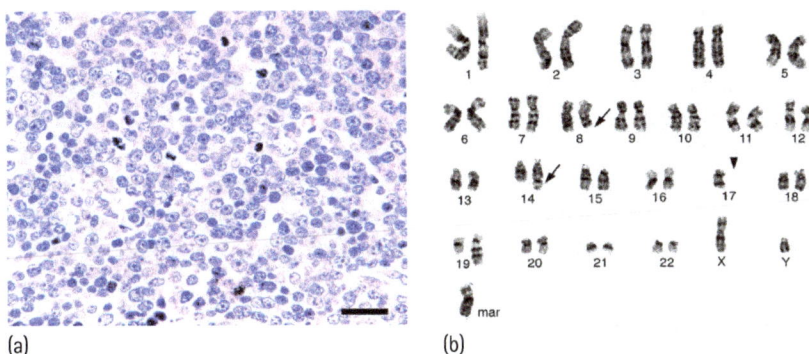

(a)   (b)

Abb. 12.5 Das Burkitt-Lymphom
(a) Histologie, (b) Karyotyp mit der charakteristischen Translokation 8;14. Darüber hinaus liegen wie bei den meisten Neoplasien weitere Chromosomenanomalien vor. Nachdruck aus *Molecular Cancer* 2:30; ©2003 Diensing et al.; Lizenznehmer BioMed Central Ltd.

Exkurs 12.3   Das Philadelphiachromosom und das Fusionsgen *BCR-ABL*

Die Lymphocyten von 90 Prozent aller Patienten mit chronisch-myeloischer Leukämie (CML) enthalten ein anormales kleines Chromosom, das als Philadelphia-Chromosom (Ph[1]) bezeichnet wird (*Abb. 1*). Es ist ein so häufig wiederkehrendes Merkmal der Krankheit, dass die Diagnose einer CML als fraglich gilt, wenn es fehlt. Wie man nachweisen konnte, ist das Ph[1]-Chromosom das Ergebnis einer balancierten reziproken Translokation zwischen den Chromosomen 9 und 22: t(9;22)(q34.1;q11.2). An der Translokations-Verbindungsstelle entsteht auf dem Philadelphia-Chromosom ein neues Mischgen, in dem der 5′-Abschnitt des *BCR*-Gens vom Chromosom 22 mit dem 3′-Teil des *ABL*-Gens aus dem Chromosom 9 verknüpft ist. Das so entstandene Gen *BCR-ABL* (*Tab. 12.1*) enthält stets das Exon 1 von *BCR* und in der Regel auch die nächsten ungefähr zehn Exons, die mit den Exons 2 bis 11 von *ABL* verbunden sind (*Abb. 2*).

ABL ist ein altbekanntes Onkogen. Es wurde erstmals in einem akut transformierenden Retrovirus nachgewiesen, das man aus dem Abelson-Rattensarkom isoliert hatte. Sein Produkt, eine Tyrosinkinase, ist Teil eines Signalübertragungssystems zur Wachstumssteuerung der Zellen. Die Aktivität der Kinase unterliegt einer strengen Kontrolle, die vermutlich zumindest teilweise von der im Exon 1 codierten Proteindomäne ausgeht. Das Fusionsgen wird transkribiert und translatiert; sein Produkt ist eine ständig aktive Proteinkinase. Es ist nachvollziehbar, dass eine solche neu hinzugewonnene Funktion

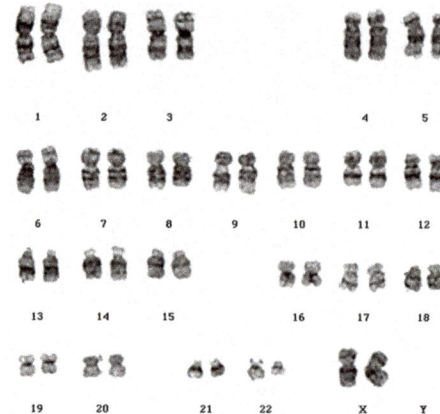

Abb. 1   Karyotyp einer Metaphase mit t(9,22)
Die anormalen Chromosomen 9 und 22 stehen in den Paaren jeweils rechts. Foto mit freundlicher Genehmigung von Dr. Christine Harrison, University of Southampton.

eines wichtigen Wachstumssteuerungsmechanismus die Zelle in Richtung des unkontrollierten Wachstums verändern kann.

Da, wie bereits in *Kapitel 8* erwähnt, diese anormale Tyrosinkinase für die CML so charakteristisch ist, hat sich ein Medikament, das spezifisch dieses Enzym hemmt, als extrem effektiv für die Induktion einer Remission bei Patienten mit CML erwiesen.

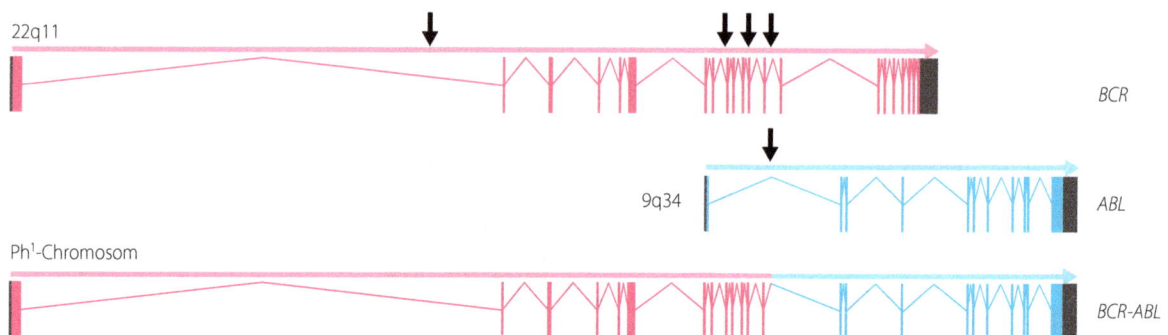

Abb. 2
Die Verknüpfung der Gene *BCR* und *ABL* zum *BCR-ABL*-Fusionsgen.

Die Bruchstelle kann sich in *BCR* in einem von mehreren Introns befinden.

spezifischen Chromosomenumordnungen führt diese nicht zur Entstehung eines Fusionsgens. Aber in Lymphocyten – nicht jedoch in anderen Zellen – wird *IGH* sehr stark exprimiert. Deshalb kommt es ausschließlich in Lymphocyten zu einer Überexpression von *MYC*. Die Folge ist ein Lymphom. In manchen Fällen gelangt *MYC* auch durch eine andere Translokation in die Nachbarschaft der Gene für die leichten Immunglobulinketten auf den Chromosomen 2 oder 22.

Tumorsuppressorgene

Die wenigen Krebsformen, die familiär erblich sind, waren von großer Bedeutung für unsere Kenntnisse über die Krebsentstehung. Im Jahr 1971 formulierte Alfred Knudson eine Hypothese über den Zusammenhang zwischen erblicher und sporadischer Form eines Krebstyps. Danach setzen die ersten, geschwindigkeitsbestimmenden Schritte der Karzinogenese voraus, dass die Gründerzelle eines Tumors zwei „Treffer" einsteckt – einfache Mutationen oder andere genetische Veränderungen. Bei der sporadischen Krebsform ereignen sich beide Treffer durch Zufall, und beide haben in der Kombination eine sehr geringe Wahrscheinlichkeit. Bei der familiären Form dagegen ist einer der beiden Treffer ererbt. Jede Körperzelle der betroffenen Person trägt den Defekt, und im Zielgewebe muss sich nur noch ein weiterer Treffer ereignen, damit der Tumor entsteht. Diese familiäre Anfälligkeit wurde von einem Elternteil als dominantes Merkmal geerbt. Der Phänotyp, durch den eine Zelle zur Gründerzelle des Tumors werden kann, ist rezessiv, da zwei Treffer erforderlich sind. Diese Tatsache erinnert nochmals daran, dass Dominanz und Rezessivität Eigenschaften von Phänotypen sind, nicht aber von Genotypen oder Mutationen (s. *Abb. 1.14*).

Knudson formulierte seine Hypothese für das Retinoblastom (RB), einen seltenen Netzhauttumor des Kindesalters. Das RB kann ein- oder beidseitig auftreten, und eine aufschlussreiche Beobachtung war, dass bei der familiären Form häufig beide Augen betroffen sind, während die sporadische Form stets einseitig ist. Ähnliches beobachtet man auch beim Brustkrebs. Beim familiären RB bilden sich manchmal in einem Auge mehrere unabhängige Tumoren. Bei Personen mit familiärem RB neigen die Netzhautzellen ganz offensichtlich stark zur malignen Entartung – und wenn man die Größe der entsprechenden Zellpopulation berücksichtigt, steht die Wahrscheinlichkeit einer solchen Umwandlung im Einklang mit typischen Mutationsraten (*Abb. 12.6*).

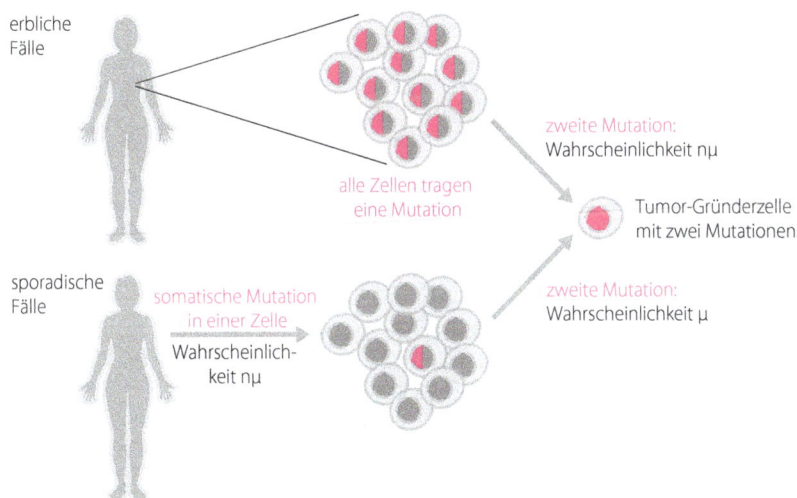

Abb. 12.6 Der Zusammenhang zwischen sporadischer und ererbter Form des gleichen Tumors Das Zielgewebe besteht aus n Zellen; μ ist die Wahrscheinlichkeit, dass in einer Zelle eine Funktionsverlustmutation eines Tumorsuppressorgens erfolgt.

Der Beweis für die Zwei-Treffer-Hypothese

Im Jahr 1983 zeigten Cavenee et al. in einem bahnbrechenden Aufsatz, wie man Knudsons Hypothese über das RB bestätigen kann, und stellten damit für die nächsten 20 Jahre die Agenda für die Erforschung familiärer Krebserkrankungen vor. Man hatte vermutet, die „Treffer" beim RB könnten das Chromosom 13 betreffen, denn in einer Familie mit familiärem RB segregierte der Tumor gemeinsam mit einer Anomalie dieses Chromosoms. Cavenee und Kollegen sammelten Zellen und DNA aus den Tumoren von Patienten mit sporadischem RB. Mit zytogenetischen Untersuchungen und Southern-Blot-Analysen, in denen die Sonden aus dem Chromosom 13 stammten, suchten sie nach Unterschieden zwischen den Tumoren und normalen Zellen derselben Personen. In der zytogenetischen Analyse stellte sich heraus, dass das Chromosom 13 in manchen Tumoren entweder fehlte oder mit einem überzähligen Exemplar vertreten war. Die Southern Blots zeigten in einigen Fällen, dass ein Tumor homozygot für einen Polymorphismus war, obwohl dieser in der normalen DNA aus dem Blut der Patienten in heterozygoter Form vorlag. Aus der Korrelation zwischen zytogenetischen Befunden und dem **Heterozygotieverlust** in einzelnen Tumoren konnten die Wissenschaftler eine überzeugende Beschreibung für den molekularen Entstehungsmechanismus der Knudson-„Treffer" ableiten (*Abb. 12.7*).

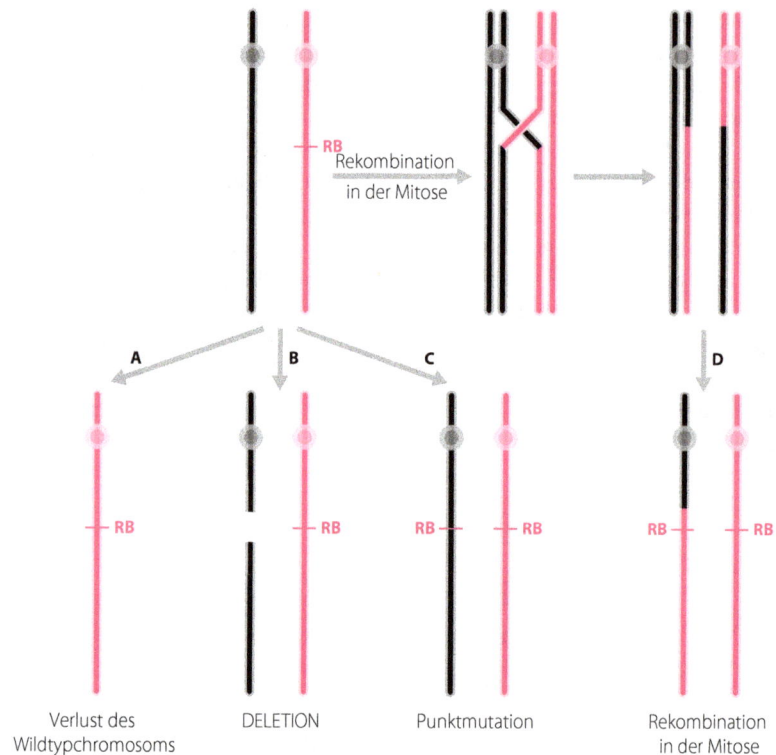

Abb. 12.7 Mechanismen beim Retinoblastom
Die ursprüngliche Mutation kann ererbt oder somatisch sein. Die Mechanismen A, B und D führen zum Heterozygotieverlust (B nur für die Marker in der Nähe des *RB*-Locus, D nur für Marker distal von der Crossoverstelle). In Cavenees ursprünglicher Studie war die verbliebene Kopie des Chromosoms 13 in manchen Tumoren verdoppelt, nachdem das Wildtypchromosom durch den Mechanismus A verloren gegangen war.

Später wurde das Bild durch weitere Untersuchungen vervollständigt. Wie sich herausstellte, besteht der zweite Treffer bei der ererbten Form immer darin, dass die normale Sequenz verschwindet. In den Tumorzellen war nur noch jene Sequenz vorhanden, die der Patient von dem betroffenen Elternteil geerbt hatte. Einige Jahre später, als man das *RB1*-Gen kloniert hatte und mit der PCR nach Mutationen suchen konnte, fand man in dem Allel, das anfällig für RB machte, die verschiedensten Funktionsverlustmutationen. Auch in Tumoren, die keine einschlägige Chromosomenanomalie zeigten, konnte man im Wildtyp-Allel erworbene somatische Mutationen nachweisen.

Die Untersuchungen am RB-Gen bestätigten, dass es Tumorsuppressorgene gibt, und man konnte nachweisen, dass familiäre Krebssyndrome sich mit der Zwei-Treffer-Hypothese erklären lassen. Zum Nachweis von TS-Genen legten die Ergebnisse zwei Wege nahe:

- Nachweis von Chromosomenabschnitten mit Heterozygotieverlust bei sporadischen Tumoren durch Vergleich der DNA aus Tumor und Normalgewebe (Blut) desselben Patienten.
- Kartierung und Positionsklonierung der Gene, die bei familiären Krebsformen mutiert sind.

Die Analyse von Heterozygotieverlusten lieferte trotz gewaltigen Arbeitsaufwandes enttäuschende Ergebnisse. Vor allem stellt sich dabei das Problem, dass vollständig entwickelte Tumoren eine uneinheitliche Ansammlung von Zellen mit zahlreichen Chromosomenveränderungen enthalten; daraus eine exakte Gesetzmäßigkeit für den Verlust eines kleinen Chromosomenabschnitts abzulesen, ist äußerst schwierig. Nachdem es jetzt die Array-CGH (s. *Abb. 4.7*) gibt, verspricht dieser Forschungsansatz produktiver zu werden, denn jetzt kann man zum ersten Mal ein Gesamtbild aller Genomveränderungen in einem Tumor zeichnen. Mithilfe der Kopplungsanalyse in Familien konnte man gleichzeitig für viele familiäre Krebssyndrome die ererbte Anfälligkeit nachweisen. Wenn man das verantwortliche Gen identifiziert hat, kann man in sporadischen Tumoren nach Mutationen des gleichen Gens suchen. Auf diese Weise lernte man eine beträchtliche Zahl von Tumorsuppressorgenen kennen (*Tab. 12.3*).

Tab. 12.3 Familiäre Krebssyndrome mit erblichen Mutationen in Tumorsuppressorgenen

Syndrom	OMIM Nr.	Gen	Lage
Retinoblastom	180200	*RB1*	13q14
familiäre adenomatöse Polyposis coli	175100	*APC*	5q21
nicht-Polyposis-assoziiertes familiäres Kolonkarzinom	120435 120436	*MSH2* *MLH1*	2p22 3p21
familiärer Brustkrebs	113705 600185	*BRCA1* *BRCA2*	17q21 13q12
Li-Fraumeni-Syndrom	151623	*TP53*	17p13
Basalzellnävus-Syndrom	109400	*PTC*	9q22
Ataxia teleangiectasia	208900	*ATM*	11q23
Neurofibromatose Typ I	162200	*NF1*	17q11
Neurofibromatose Typ II	101000	*NF2*	22q12
Von Hippel-Lindau-Syndrom	193300	*VHL*	3p25
multiple endokrine Neoplasie Typ I	131100	*MEN1*	11q13
multiple endokrine Neoplasie Typ II	171400	*RET*	10q11
familiäres Melanom	155601	*CDKN2A*	9p21

Die normalen Funktionen der Tumorsuppressorgene

Tumorsuppressorgene schränken die Zellvermehrung ein und werden an verschiedenen Steuerungs- und Kontrollpunkten tätig. Zu ihren wichtigsten Wirkungsbereichen gehören die Kontrollpunkte des Zellzyklus und die Regulation der Apoptose.

Den Zellzyklus stetig wachsender Zellen kann man in vier Stadien unterteilen (*Abb. 12.8*). Der Ablauf des Zyklus wird durch mehrere Kontrollen reguliert:

- *G1-S-Kontrollpunkt*: Die DNA-Replikation in den Zellen darf erst dann beginnen, wenn alle Schäden in der DNA repariert sind; in Zellen, deren DNA-Schäden nicht mehr zu beheben sind, wird der Suizid durch Apoptose ausgelöst.
- *S-Phase-Kontrollpunkte* werden wirksam, während die DNA-Replikation im Gang ist; verschiedene Replikationsursprünge werden in der S-Phase zu unterschiedlichen Zeitpunkten aktiv, und die Kontrollpunkte verhindern, dass die Replikation an neuen Startpunkten beginnt, solange die DNA dort geschädigt ist.
- Die *G2/M-Kontrollpunkte* verhindern, dass eine Zelle in die Mitose eintritt, wenn ihre DNA geschädigt ist und nicht repariert wurde.
- Der *Spindel-Kontrollpunkt* verhindert, dass die Chromatiden sich in der Anaphase trennen, bevor die Centromere aller Chromosomen an Spindelfasern angeheftet sind.

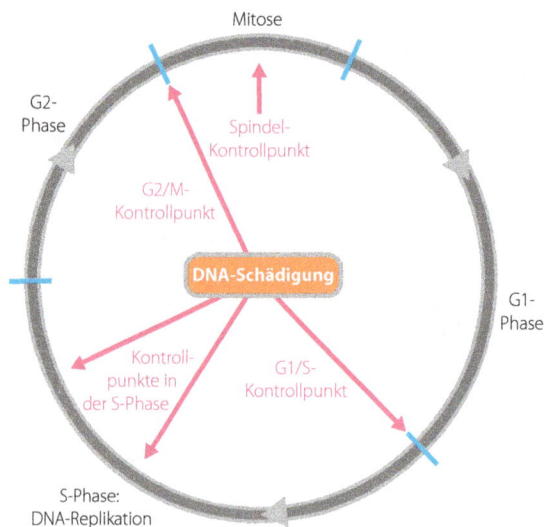

Abb. 12.8 Der Zellzyklus und seine Kontrollpunkte

Die ersten drei Kontrollpunkte entsprechen unterschiedlichen Effektoren der molekularen Maschinerie, die Schäden in der DNA und insbesondere Doppelstrangbrüche aufspürt. An dieser Maschinerie sind mehrere Tumorsuppressorgene beteiligt. Die Mechanismen der Kontrollpunkte sind entwicklungsgeschichtlich stark konserviert. Unsere Kenntnisse über die Steuerung des Zellzyklus beim Menschen wurden zum größten Teil durch die Untersuchung von Modellorganismen – insbesondere Hefe – gewonnen. Leland Hartwell, Tim Hunt und Paul Nurse erhielten 2001 den Medizin-Nobelpreis für ihre Arbeiten, mit denen sie diese Steuerungsmechanismen aufklärten (ihre Berichte darüber kann man unter http://nobelprize.org/medicine/laureates/2001/ nachlesen). Das Fortschreiten des Zyklus wird vor allem durch die Cycline gesteuert, eine Familie von Proteinen, deren intrazelluläre Konzentration zellzyklusabhängig schwankt. Cycline entfalten ihre Wirkung, indem sie eine Reihe von Proteinkinasen aktivieren, die man als cyclinabhängige Kinasen (*cyclin dependent kinases*, CDK) bezeichnet. Spezifische CDK-Inhibitoren wirken den Cyclinen entgegen.

Insbesondere am G1/S-Kontrollpunkt ist eine beeindruckende Zahl von Tumorsuppressorgenen aktiv (*Exkurs 12.4*):

- Das *RB-Protein* (pRB) bindet und hemmt den Transkriptionsfaktor E2F; dieser aktiviert normalerweise die Expression zahlreicher Gene, die für den Übergang von der G1- in die S-Phase notwendig sind. Wenn CDKs das pRB phosphorylieren, wird dieses inaktiviert, und der aktive E2F wird frei.
- *p53*, das Produkt des Gens *TP53*, wird normalerweise von MDM2 gebunden und abgebaut. p53 induziert die Transkription von *MDM2* und setzt damit seine eigene Aktivität stark herab. Verschiedene Signale können *MDM2* inaktivieren und lassen so den p53-Spiegel steigen. Je nach den sonstigen Umständen kann dies durch die Wirkung von p21 zum Stillstand des Zellzyklus führen, oder in der Zelle wird Apoptose eingeleitet. Bei einem großen Teil aller Krebszellen ist p53 durch somatische Mutationen inaktiviert; ererbte Mutationen dieses Gens führen zum Li-Fraumeni-Syndrom, einem familiären Krebsdispositionssyndrom.
- *p16* und *p14^{ARF}* sind Produkte desselben Gens *CDKN2A* (*Abb. 12.9*). Durch Nutzung unterschiedlicher Promotoren und verschiedener erster Exons wird die kodierende Sequenz des Exons 2 bei den beiden Produkten in unterschiedlichen Leserastern abgelesen, so dass in ihrer Aminosäuresequenz keine Homologie zu erkennen ist. Interessanterweise sind dennoch beide an der Zellzyklussteuerung beteiligt. Durch die in vielen Tumorzellen nachweisbare Deletion dieses Gens wird die Zellzykluskontrolle sehr wirksam gestört. p16 ist ein Inhibitor von cyclinabängige Kinasen. Bei manchen familiären Melanomen findet man ererbte

Exkurs 12.4 Der Kontrollpunkt zwischen G1 und S

Der Ablauf des Zellzyklus wird vor allem durch spezifische Proteine gesteuert, die Cycline. Diese aktivieren die cyclin-abhängigen Kinasen (CDKs) welche über die Phosphorylierung eines breites Spektrums nachgeschalteter Zielproteine als Effektoren wirken. CDKs werden durch die verfügbare Menge ihrer zugehörigen Cycline und durch verschiedene Inhibitoren reguliert. Das Durchlaufen der G1-Phase und der Übergang zur S-Phase werden durch die Cycline D und E sowie ihre Kinasen gesteuert. Dabei wird ihre Aktivität durch ein kompliziertes Netzwerk vorgeschalteter Kontrollen beeinflusst. Die Abb. zeigt nur einen Teil des Regulationsnetzwerks; weitere Einzelheiten finden sich in jedem Lehrbuch der Zellbiologie.

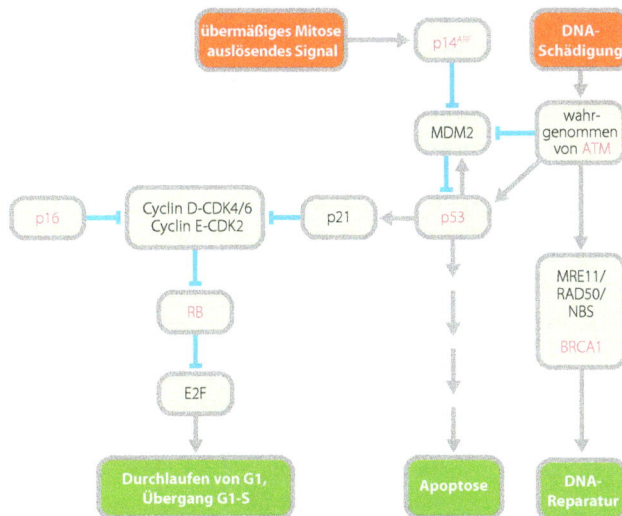

Einige Steuerungsmechanismen und Wechselwirkungen, die sich auf das Durchlaufen von G1- und S-Phase auswirken. Tumorsuppressorgene, die anhand familiärer Krebserkrankungen nachgewiesen wurden, sind rot dargestellt. ⊢ symbolisiert eine Hemmwirkung, → einen Stimulationseffekt.

EXON 2 von p16/INK4A

GT	CAT	GAT	GAT	GGG	CAG	CGC	CCG	AGT	GGC	GGA	GCT	GCT	GCT	GCT
	Gly	His	Asp	Asp	Gly	Gln	Arg	Pro	Ser	Gly	Gly	Ala	Ala	Ala	Ala

EXON 2 von p14ARF

GTC	ATG	ATG	ATG	GGC	AGC	GCC	CGA	GTG	GCG	GAG	CTG	CTG	CTG	CTC
Val	Met	Met	Met	Gly	Ser	Ala	Arg	Val	Ala	Glu	Leu	Leu	Leu	Leu

Abb. 12.9 Das Gen *CDKN2A* codiert zwei ganz unterschiedliche Proteine namens p16 und p14^ARF, die beide an der Zellzyklussteuerung mitwirken
CDKN2A ist in Tumorzellen sehr häufig deletiert. ARF steht für *alternative reading frame* (alternatives Leseraster).

Mutationen von p16, die aber nur das p16-Produkt des Gens betreffen. Erbliche Mutationen, die sich auf p14^ARF auswirken, sind selten, aber in Tumorzellen wird der p14-Promotor häufig durch epigenetische Einflüsse abgeschaltet.

- Das *ATM-Protein* dürfte der wichtigste Sensor für DNA-Doppelstrangbrüche sein. Das aktivierte ATM phosphoryliert mehrere Proteine, unter anderem MDM2 (das dadurch inaktiviert wird), sowie p53, CHK2, BRCA1 und den DNA-Reparaturkomplex aus MRE11/RAD50/NBS (die alle durch die Phosphorylierung aktiviert werden).

Bemerkenswert ist, dass mehrere Tumorsuppressorgene sehr große Proteine kodieren. Dies gilt beispielsweise für die Proteinprodukte von *APC* (2843 Aminosäuren), *ATM* (3056), *BRCA1* (1863), *BRCA2* (3418) und *NF1* (2839). Auch wenn nicht alle Tumorsuppressorgene große Proteine kodieren (die beiden Produkte des Gens *CDKN2A* beispielsweise sind nur 156 und 173 Aminosäuren lang), und nicht alle großen Proteine für Krebs eine Rolle spielen (zu den größten bekannten Proteinen gehören auch Muskel-Strukturproteine wie Dystrophin mit 3685 und Titin mit 19946 Aminosäuren), legt die Liste in *Tab. 12.3* dennoch die Vermutung nahe, dass der Funktionsverlust von Genen, die sehr große Proteine ohne Strukturfunktion kodieren, häufig das Anfangsereignis der Krebsentstehung darstellt. In Wirklichkeit erfüllen solche Proteine häufig doch eine Strukturaufgabe, zwar nicht auf mikroskopischer, wohl aber auf molekularer Ebene. Sie treten mit vielen anderen Proteinen in Wechselwirkung und dienen als Gerüst für den Aufbau der großen Multiproteinkomplexe, die in den Zellen zahlreiche Aufgaben wahrnehmen. Fällt an solchen Knotenpunkten im Netzwerk der intrazellulären Wechselwirkungen eine Funktion aus, werden die normalen Zellfunktionen unter Umständen sehr wirksam beeinträchtigt.

Der letzte Ausweg: Apoptose

Die Apoptose ist ein spezifischer, aktiver Vorgang. Sie wird durch verschiedene anormale Zustände der Zelle ausgelöst, ist aber auch ein wichtiger Bestandteil der normalen Entwicklung (im Embryo dient sie zum Beispiel dazu, die Finger einer Hand voneinander zu trennen). Zu ihrem Mechanismus gehört die Aktivierung einer Kaskade aus proteolytischen Enzymen, die man als Caspasen bezeichnet. Die Caspasen können aktiviert werden, wenn die Mitochondrien gestört sind und Cytochrom c freisetzen, oder wenn das Protein FAS in Verbindung mit den so genannten Todesrezeptoren aktiv wird. Ein derart wirksamer Suizidmechanismus muss natürlich einer strengen Kontrolle unterliegen, und die Regelkreise für die Apoptose sind äußerst verwickelt.

Zu den Zuständen, welche Apoptose auslösen können, gehören irreparable DNA-Schäden und übermäßige Wachstumssignale. Ein zentrales Bindeglied für diese Vorgänge ist das Protein p53, das durch Phosphorylierung spezifischer Aminosäuren und/oder die Inaktivierung seines Inhibitors MDM2 aktiviert wird. Wie man in *Exkurs 12.4* erkennt, regt p53 die Expression des Proteins p21 an, das dazu beiträgt, den Zellzyklus zum Stillstand zu bringen. Außerdem stimuliert p53 die Transkription mehrerer Gene, deren Produkte am mitochondrialen und FAS-vermittelten Apoptoseweg beteiligt sind. Da alle diese Vorgänge eine so wichtige Rolle spielen, erhielt p53 den Beinamen „Wächter des Genoms". *TP53* gehört bei allen Krebsformen zu den am häufigsten mutierten Genen.

12.3 Untersuchung der Patienten

Fall 21 Familie Tierney

- Jason, vier Jahre alter Junge
- blass, ausgedehnte Blutergüsse, Tachykardie
- ? akute lymphatische Leukämie
- Knochenmarksuntersuchung und Überprüfung der Diagnose
- TPMT-Enzymuntersuchung vor Behandlung mit 6-Mercaptopurin

192 204 **294** 357

Die akute lymphatische Anämie des Kindesalters (cALL) ist eine Neoplasie der B-Zell-Vorläufer- oder Stammzellen. In rund 25 Prozent der Fälle findet man eine balancierte reziproke Translokation 12;21 mit Bruchstellen in 12p13 und 21q22.3. An der Verbindungsstelle der Translokation werden der 5'-Abschnitt des Gens *TEL* (*ETV-6*) und fast die gesamte kodierende Sequenz des Gens *AML1* (*RUNX1* oder *CBFA2*) zusammengefügt und bilden ein Fusionsgen. Aus Funktionsverlustexperimenten mit Mäusen weiß man, dass *TEL* und *AML1* für die Hämatopoese unentbehrliche Gene sind. Jedes dieser Gene kodiert einen Transkriptionsfaktor. *AML1* kodiert die Alpha-Untereinheit des *core binding factor*, eines übergeordneten Regulators für die Bildung der hämatopoetischen Stammzellen. Durch die Fusion kommt die normale, von AML1 regulierte Transkriptionsaktivität zum Erliegen, und dadurch ändert sich die Fähigkeit der hämatopoetischen Stammzellen, sich zu erneuern und zu differenzieren. Beide Gene findet man bei lymphatischen und myeloischen Leukämien auch als Fusionspartner verschiedener anderer Gene, die für Kinasen oder Transkriptionsfaktoren kodieren. Die Fusion *TEL-AML1* scheint jedoch ausschließlich bei der ALL in den B-Zell-Vorläufern vorzukommen.

Da die Bruchstellen von *TEL* und *AML1* in schwach anfärbbaren, telomernahen Chromosomenabschnitten liegen, ist die Translokation mit der herkömmlichen Karyotypanalyse nur schwer nachzuweisen. Die Diagnose erfolgt mittels FISH. Interphasezellen von Jason wurden mit unterschiedlich farbmarkierten FISH-Sonden für die Gene *TEL* und *AML1* hybridisiert. Einer der Farbflecken, welche die *TEL*-Gene kennzeichneten, lag stets neben einem der *AML1*-Flecken; damit war bestätigt, dass die Zellen das *TEL/AML1*-Fusionsgen enthalten (*Abb. 12.10*). Das war eine positive Erkenntnis, denn Personen mit einer Umordnung von *TEL* sprechen in der Regel ausgezeichnet auf Chemotherapie an. Wie in *Kapitel 8* genauer beschrieben wurde, verlief die Induktions- und Konsolidierungstherapie erfolgreich, aber mit der langfristigen Erhaltungstherapie ergaben sich anfangs Probleme, weil Jason an einem Thiopurin-Methyltransferasemangel litt, so dass er überempfindlich gegen eines der eingesetzten Medikamente war, nämlich gegen 6-Mercaptopurin. Nachdem man die Dosierung dieses Wirkstoffs herabgesetzt hatte, blieb er gesund und symptomfrei.

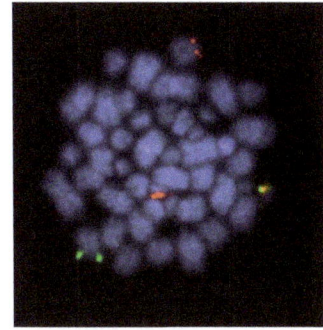

Abb. 12.10 Metaphase mit der Fusion *TEL-AML1*
Die grüne Markierung zeigt das normale Chromosom 12, ein rotes Signal ist das normale Chromosom 21, das andere befindet sich an dem veränderten Chromosom 12. Das gelbe Signal für die *TEL-AML1*-Fusion markiert das veränderte Chromosom 21. Foto mit freundlicher Genehmigung von Dr. Christine Harrison, University of Southampton.

| 279 | **295** | 357 |

Fall 24 Familie Wilson

- ? familiärer Brustkrebs
- DNA-Analyse zum Mutationsnachweis

In Großbritannien und den USA bekommt jede achte Frau im Laufe ihres Lebens Brustkrebs. Deshalb ist es nicht verwunderlich, dass in manchen Familien mehrere Fälle der Krankheit vorkommen. Fünf bis zehn Prozent der betroffenen Frauen haben eine Mutter oder Schwester mit Brustkrebs, und bei doppelt so vielen ist eine Verwandte ersten oder zweiten Grades betroffen. Häufig handelt es sich dabei um ein zufälliges Zusammentreffen, aber statistische Analysen weisen darauf hin, dass in fünf bis zehn Prozent der Familien eine echte familiäre Häufung auftritt. Im Jahr 1990 konnte man durch Kopplungsanalysen an einer großen Zahl solcher Familien einen möglichen Locus auf dem Chromosom 17 ausfindig machen, der die Anfälligkeit für den früh ausbrechenden Brustkrebs verursachen könnte, und nach vierjähriger intensiver Arbeit fand man durch Positionsklonierung das Gen *BRCA1*. Weitere Analysen an *BRCA1*-negativen Familien führten zur Identifizierung des Gens *BRCA2* auf dem Chromosom 13.

BRCA1 und *BRCA2* sind sehr große Gene (*Abb. 12.11*). Die 24 Exons von *BRCA1* kodieren ein Protein aus 1863 Aminosäuren; *BRCA2* umfasst 28 Exons, und das von ihnen kodierte Protein ist 3418 Aminosäuren lang. Wie bereits erwähnt wurde, haben solche großen Proteine wahrscheinlich mehrere Funktionen und treten mit zahlreichen Partnern in Wechselwirkung. Unsere Kenntnisse über die Aufgaben

Abb. 12.11 Die Exonstruktur der Gene *BRCA1* und *BRCA2*
Zwischen den beiden Genen und ihren Proteinen besteht keine Homologie. Die in *Abb. 12.16* gezeigte Expressionsanalyse lässt darauf schließen, dass sie in den Zellen an unterschiedlichen Reaktionswegen mitwirken. Beide Gene enthalten in der Mitte jeweils ein sehr großes Exon von 3426 bzw. 4932 Bp.

dieser Proteine in den Zellen sind noch sehr unvollständig. Eine wichtige Funktion besteht darin, dass sie Schäden in der DNA aufspüren und diese Information an die Zellzyklus-Kontrollpunkte weitergeben. Manches spricht auch dafür, dass die Proteine an der Transkriptionssteuerung mitwirken. *BRCA1* und *BRCA2* verhalten sich als Tumorsuppressorgene: Bei den familiären Krankheitsfällen findet man häufig einen mutationsbedingten Funktionsverlust, und in den entsprechenden Tumoren ist das Wildtypallel entweder verloren gegangen oder inaktiviert. Bei sporadischen Brustkrebserkrankungen dagegen kommen Mutationen von *BRCA1/2* bemerkenswerterweise nur selten vor; in 10 bis 15 Prozent der sporadischen Tumore ist *BRCA1* allerdings epigenetisch inaktiviert. Möglicherweise haben nur Zellen mit zwei Mutationen von *BRCA1/2* ein nennenswertes karzinogenes Potenzial, während dieses Potenzial bei nur einer Mutation gegenüber normalen Zellen nicht erhöht ist. Wenn das stimmt, dürfte es andere Wege geben, die mit größerer Wahrscheinlichkeit zu einem sporadischen Tumor führen. In die gleiche Richtung weisen auch Studien mit Expressionsarrays: Sie zeigen beim sporadischen Brustkrebs Expressionsmuster ohne Beteiligung von *BRCA1*, die sich von denen mit einer Mutation oder Inaktivierung von *BRCA1* unterscheiden.

Das Breast Cancer Information Core des National Human Genome Research Institute (http://research.nhgri.nih.gov/bic/) führt für *BRCA1* rund 1500 und für *BRCA2* 1800 Sequenzabweichungen auf. Eine unbekannte Zahl von diesen sind zufällig entdeckte, nichtpathogene Varianten. Bei den meisten eindeutig pathogenen Veränderungen handelt es sich um kleine Rasterverschiebungsdeletionen oder -insertionen, Spleiß-Mutationen oder Deletionen eines oder mehrerer Exons. Identifizieren lassen sie sich durch Sequenzierung oder eine der Standardmethoden zum Durchmustern eines Gens (*Kapitel 5*). Deletionen ganzer Exons weist man am besten mit MLPA nach (*Abb. 5.8*). Wie bei den meisten Mutationen, die einen vorzeitigen Kettenabbruch herbeiführen, ist ein vorzeitiger mRNA-Abbau wahrscheinlich (nonsense-mediated decay), so dass die Mutationen als Nullallele wirken, die das verstümmelte Protein nicht oder nur in sehr geringer Menge produzieren.

Ein Sonderfall sind die Aschkenasim (Juden ost- u. mitteleuropäischer Herkunft). In dieser Bevölkerungsgruppe sind drei Rasterverschiebungsmutationen (c.185delAG und c.5382insC in *BRCA1* sowie c.6174delT in *BRCA2*) weit verbreitet. Die Ursache sind vermutlich Gründereffekte (*Kapitel 10*). Wie sich in einer Übersichtsuntersuchung an 5318 gesunden Aschkenasim-Frauen herausstellte, trugen 120 (2,2 Prozent) eine der drei Mutationen. Dies steht im Gegensatz zu der Gesamthäufigkeit der *BRCA1/2*-Mutationen von 0,2 Prozent bei weißen Frauen in Großbritannien und den USA, die nicht zu den Aschkenasim gehören. Wegen der großen Häufigkeit dieser drei spezifischen Mutationen sind genetische Tests bei Aschkenasim wichtig und auch relativ einfach. Wenn man die genannten drei Mutationen ausgeschlossen hat, bleibt natürlich immer noch die Möglichkeit eines erhöhten Erkrankungsrisikos aufgrund einer anderen Mutation in *BRCA1/2* oder einem anderen Gen. Auch in anderen Bevölkerungsgruppen, so bei Frankokanadiern, Isländern und Pakistanis, gibt es eigene Gründermutationen.

Für die Trägerinnen einer Mutation wurde das Erkrankungsrisiko für die gesamte Lebenszeit auf 30 bis 85 Prozent geschätzt. In dieser großen Bandbreite zeigt sich ein interessanter Aspekt der Untersuchung von Krankheitsanfälligkeiten. Die ersten Schätzungen stützten sich auf die großen Familien mit vielen Krankheitsfällen, in denen man die Mutationen ursprünglich entdeckt hatte. Aber diese Familien hatte man ursprünglich danach ausgewählt, dass sie viele Betroffene umfassten, das heißt, die Grundlage der anfänglichen Schätzungen war eine einseitig zusammengestellte Gruppe von Familien. Bezieht man die Gesamtbevölkerung ein, gelangt man zu niedrigeren Risikoabschätzungen. Dennoch ist das Risiko im Vergleich zu Personen, die keine Mutationen tragen, immer noch beträchtlich, und das gilt möglicherweise ganz besonders für Frauen mit einer entsprechenden Familiengeschichte. Es besteht also ein hoher Bedarf für ein Mutationsscreening. Da es sich um große Gene handelt, in deren langen Sequenzen man überall auf

Funktionsverlust-Mutationen stoßen kann, ist die Mutationssuche mühsam und aufwändig. In der Praxis muss man den Familien beim Screening unterschiedliche Prioritäten zuordnen, und das geschieht vorwiegend anhand der Familiengeschichte.

Typische Kennzeichen für Mutationen von *BRCA1/2* sind

- Erkrankung in ungewöhnlich jungem Alter
- Befall beider Brüste (man vergleiche das Beispiel des Retinoblastoms)
- Brustkrebs bei Männern (dies ist insbesondere ein Kennzeichen von Mutationen in *BRCA2*)
- Familien mit Brust- und Eierstockkrebs (besonders bei Mutationen in *BRCA1*).

Alle diese Kennzeichen sind nicht völlig spezifisch für den durch *BRCA1/2* ausgelösten Brustkrebs, aber man hat auf ihrer Grundlage Risikotabellen erarbeitet. Einen solchen Index zeigt *Tab. 12.4* (Evans et al., 2004). Anhand derartiger Indices kann der Arzt im Einzelfall abschätzen, wie wahrscheinlich eine Mutation von *BRCA1/2* als Erkrankungsursache ist.

Tab. 12.4 Ein Bewertungssystem zur Beurteilung der Wahrscheinlichkeit, mit der man in einer Familie eine Mutation von *BRCA1* oder *BRCA2* finden wird

Krebsform, Alter bei Diagnose	Punkte für *BRCA1*	Punkte für *BRCA2*
Brustkrebs (Frauen), < 30	6	5
Brustkrebs (Frauen), 30–39	4	4
Brustkrebs (Frauen), 40–49	3	3
Brustkrebs (Frauen), 50–59	2	2
Brustkrebs (Frauen), > 59	1	1
Brustkrebs (Männer), < 60	5 (wenn *BRCA2* ausgeschlossen)	8
Brustkrebs (Männer), > 59	5 (wenn *BRCA2* ausgeschlossen)	5
Eierstockkrebs, < 60	8	5 (wenn *BRCA1* ausgeschlossen)
Eierstockkrebs, > 59	5	5 (wenn *BRCA1* ausgeschlossen)
Pankreaskrebs	0	1
Prostatakrebs, < 60	0	2
Prostatakrebs, > 59	0	1

Man addiert die Punktwerte für alle Fälle in der Familie, die mit einer dominant erblichen Anfälligkeit vereinbar sind. Die Summe soll angeben, mit welcher Wahrscheinlichkeit (in Prozent) man eine Mutation findet. Daten aus Evans et al. (2004), hier nachgedruckt mit Genehmigung der BMJ Publishing Group.

Wendet man das Bewertungssystem aus *Tab. 12.4* auf den Stammbaum der Familie Wilson (*Abb. 12.1a*) an, so gelangt man zu einer Wahrscheinlichkeit von 18 Prozent für eine Mutation von *BRCA2* und einer Wahrscheinlichkeit von 15 Prozent für eine Mutation von *BRCA1*, falls das Screening auf *BRCA2* negativ verläuft. Dabei gilt es zu beachten, dass dem Prostatakrebs von Wendys Großvater väterlicherseits kein Punktwert zugeordnet wird, denn wenn es sich bei dem Problem der Familie um eine Mutation von *BRCA1/2* handelt, stammt dieses, wie man aus dem Stammbaum erkennt, wahrscheinlich von der mütterlichen Seite. Das Vorkommen einer Brustkrebserkrankung bei einem Mann und das Fehlen von Eierstockkrebs legen die Vermutung nahe, dass eine Mutation von *BRCA2* vorliegt. Der Punktwert war so hoch, dass die Familie mit hoher Priorität für eine DNA-Analyse vorgesehen wurde.

Ein Stück von Wandas herausoperiertem Tumor wurde aus dem Archiv des pathologischen Labors geholt, und man extrahierte die DNA. Die Untersuchung ergab schließlich eine Deletion eines einzelnen Nukleotids im Exon 18 des *BRCA2-Gens* im Tumor. Durch diese Mutation c.8525delC im Codon 2766 ergab sich eine Rasterverschiebung, die zur Folge hatte, dass das Codon 2776 als Stoppcodon gelesen wurde. Eine zweite Mutation wurde in dem Tumor nicht gefunden; allerdings führte man keinen Test auf Heterotzygotieverlust durch, weil keine normale DNA aus Wandas Blut als Vergleichsmaterial zur Verfügung stand. Der Nachweis der Mutation im Tumor war ein wichtiger Hinweis darauf, dass es sich tatsächlich um eine *BRCA2*-Familie handelte, denn in sporadischen Tumoren kommen Mutationen von *BRCA2* nur selten vor.

Bevor man den Familienangehörigen den Mutationstest anbieten konnte, musste noch geklärt werden, ob es sich bei der im Tumor entdeckten Mutation um den ersten oder zweiten Treffer handelte – wenn es der zweite war, hatte man die familiäre Mutation noch nicht nachgewiesen. Man nahm Kontakt mit Amy in Neuseeland auf, und im Gespräch mit Wendy erklärte sie sich bereit, eine Blutprobe für einen Test zur Verfügung zu stellen. In Zusammenarbeit mit der genetischen Beratungsstelle an Amys Wohnort wurde die DNA extrahiert. Im Gegensatz zu Blut ist DNA stabil, so dass man sie mit normaler Post weltweit verschicken kann. Für Wendys genetische Beratungsstelle war es dann leicht, in Amys DNA gezielt nach der Mutation c.8525delC zu suchen – und das Ergebnis war positiv. Nachdem man nun die familiäre Mutation identifiziert hatte, gaben Wendy, William und Victoria DNA-Proben zur Untersuchung ab. Darin wurde ausschließlich nach der bereits nachgewiesenen familiären Mutation gesucht. Wie sich herausstellte, trugen Veronica und William die Mutation, Wendy aber nicht.

Wendy war über die Nachricht natürlich erleichtert, aber es war wichtig, sie genau zu beraten: Sie musste begreifen, dass für sie weiterhin, wie für die gesamte Bevölkerung, die Gefahr einer sporadischen Brustkrebserkrankung bestand und dass sie sich klugerweise im entsprechenden Alter den allgemeinen Mammographie-Vorsorgeuntersuchungen unterziehen sollte. Bei dieser Gelegenheit konnte man sie auch darauf hinweisen, dass das Brustkrebsrisiko stark von der Lebensweise abhängt und dass Frauen (auch solche mit Mutationen in *BRCA1/2*) die Erkrankungsgefahr z.B. durch Gewichtsabnahme und mäßige körperliche Betätigung um etwa 40 Prozent senken können. Veronica trug die Mutation und war deshalb stark gefährdet. Auch für sie bestanden mehrere Möglichkeiten: Sie konnte gar nichts tun, ihre Lebensweise ändern, sich an einem intensivierten Vorsorgeprogramm mit jährlicher Mammographie beteiligen, Tamoxifen einnehmen in der Hoffnung, damit das Risiko zu vermindern, oder sich in der radikalsten Konsequenz einer vorbeugenden Brustamputation unterziehen. Für William selbst bestand kein besonders hohes Brustkrebsrisiko, denn die Krankheit ist bei Männern selten (das relative Risiko war für ihn hoch, das absolute Risiko aber gering). Andererseits besteht für Träger der *BRCA2*-Mutation zwar nur ein geringes relatives, aber ein hohes absolutes Risiko für Prostatakrebs; deshalb erhielt auch er den Rat, diesbezüglich regelmäßige Vorsorgeuntersuchungen durchführen zu lassen. Hätte er eine Tochter gehabt, wäre bei ihr ebenfalls eine Beratung hinsichtlich des beträchtlichen Brustkrebsrisikos erforderlich gewesen.

Fall 25 Familie Xenakis

- Familiäre Häufung von Darmerkrankungen
- ? FAP

280 | **298** | 357

Das Gen *APC* (OMIM 175100) auf Chromosom 5q21-22 wurde durch Positionsklonierung als Ursache der FAP identifiziert. Den Ausgangspunkt bildeten Berichte über einen Patienten mit einer interstitiellen Deletion von 5q. *APC* hat die klassische Wirkung eines Tumorsuppressorgens. In den betroffenen Familien wird eine Mutation von *APC* vererbt, und im Tumor ist das normale Allel somatisch inaktiviert. Im Unterschied zu *BRCA1/2* beim Brustkrebs kommt es außerdem in einem frühen Entwicklungsstadium auch des sporadischen Dickdarmkrebses häufig zu einer Mutation oder dem Verlust beider Allele von *APC* (s. unten).

Das APC-Protein ist mit 2843 Aminosäuren ebenfalls sehr groß und erfüllt mehrere Funktionen. Es scheint in der Zelle an verschiedenen Vorgängen beteiligt zu sein, unter anderem an der Signalübertragung über den Wnt-Reaktionsweg, an der Zelladhäsion und an Wechselwirkungen mit dem Zytoskelett. Eine Funktion, die in besonders offenkundigem Zusammenhang mit Krebs steht, ist die Steuerung

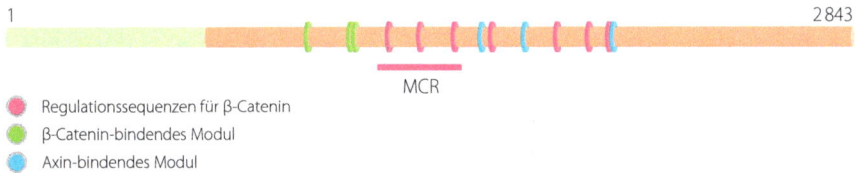

Regulationssequenzen für β-Catenin
β-Catenin-bindendes Modul
Axin-bindendes Modul

Abb. 12.12   Das APC-Protein und seine Funktion bei der Regulation der *β*-Catenin-Konzentration

Das Protein besteht aus 2843 Aminosäuren. Drei Module von jeweils 15 Aminosäuren binden *β*-Catenin, und sieben Module von jeweils 20 Aminosäuren regulieren die Konzentration herunter. APC entfaltet seine Wirkung in einem Komplex mit Axin und GSK3*β*. Die somatischen Mutationen liegen gehäuft in der *mutation cluster region* (MCR). Wegen der ungewöhnlichen Exon-Intron-Struktur des APC-Gens werden nur Moleküle, die im grün markierten Abschnitt verkürzt sind, durch Nonsense-vermittelten Abbau beseitigt. Die meisten Mutationen lassen verkürzte APC-Proteine entstehen, die sich nicht mehr an Axin heften können, *β*-Catenin aber nach wie vor binden und in begrenztem Umfang auch herunterregulieren können.

der Konzentration von *β*-Catenin, einem Transkriptions-Coaktivator (*Abb. 12.12*). *β*-Catenin verbindet sich im Zellkern mit dem Transkriptionsfaktor TCF4 und unterstützt die Transkription verschiedener Zielgene, darunter Cyclin D1 und das Onkogen *MYC*. Gesteuert wird der Vorgang vom Wnt-Signalübertragungsweg. Ist kein Wnt-Signal vorhanden, bildet das APC-Protein mit Axin und GSK3*β* einen Komplex, der *β*-Catenin abbaut. Durch das Wnt-Signal wird die Ausbildung des Komplexes verhindert, so dass es dem *β*-Catenin möglich ist, in den Zellkern einzutreten. APC-Mutationen führen typischerweise zu einem Anstieg der *β*-Catenin-Konzentration unabhängig vom Wnt-Signal. Dickdarmtumoren, in denen keine Mutationen von *APC* vorliegen, dürften Gain-of-Funktion-Mutationen im *β*-Catenin oder Funktionsverlustmutationen im Axin besitzen, die vermutlich zu ähnlichen Endergebnissen führen.

Bei den erblichen Mutationen handelt es sich fast ausschließlich um Nonsense- (30 Prozent) und Rasterverschiebungsmutationen (68 Prozent). Sie können in der ersten Hälfte der kodierenden Sequenz an beliebigen Stellen auftreten, eine deutliche Häufung findet man jedoch bei den Codons 1061 und 1309. Der zweite, somatische Treffer kann in einem Allelverlust oder in einer Punktmutation bestehen. Die somatischen Punktmutationen liegen sowohl bei der erblichen als auch bei der sporadischen Form des Dickdarmkrebses gehäuft in der so genannten *mutation cluster region* zwischen den Codons 1286 und 1513. Ein sehr interessanter Zusammenhang besteht zwischen Keimbahn- und somatischen Mutationen, insofern als Lage und Art des zweiten Treffers von der Position der Keimbahnmutation abhängen. Ähnliches kennt man von keinem anderen familiären Krebssyndrom.

Das APC-Protein enthält drei *β*-Catenin-bindende Module und sieben ähnliche Module aus jeweils 20 Aminosäuren, die den *β*-Catenin-Spiegel herunterregulieren. Den Zusammenhang zwischen erstem und zweiten Treffer kann man wie folgt zusammenfassen (Albuquerque et al., 2002):

- Entsteht durch die Keimbahnmutation ein Protein, dem alle sieben Regulationssequenzen für *β*-Catenin fehlen, führt der somatische zweite Treffer zur Bildung eines Proteins, das ein oder gelegentlich auch zwei solche Module besitzt;
- führt die Keimbahnmutation zu einem Protein mit nur einem Modul, werden durch die somatische Mutation in der Regel alle Module durch Verkürzung oder Allelverlust entfernt;
- besitzt ein Patient nach der Keimbahnmutation noch zwei Module, handelt es sich bei dem zweiten Treffer im Tumor in den meisten Fällen um eine Punktmutation, durch die alle Module entfernt werden.

Daraus ergibt sich eine klare Schlussfolgerung: Es besteht eine Selektion für das „genau richtige" Ausmaß der Regulationsfunktion für *β*-Catenin. Nach einem vollständigen Verlust würde der *β*-Catenin-Spiegel möglicherweise so stark von der Norm abweichen, dass in diesen relativ normalen Zellen Apoptose ausgelöst wird.

Ursache der Komplexität ist die ungewöhnliche Struktur des *APC*-Gens (*Tab. 12.5*). Das sehr große Exon am 3'-Ende umfasst 6580 Bp der insgesamt 8538 Bp langen kodierenden Sequenz. Normalerweise wird bei Nonsense- und Rasterverschiebungsmutationen durch Nonsense-vermittelten Abbau das vorausgesagte verkürzte Protein gar nicht erst produziert (*Kapitel 6*). Dieser Mechanismus findet sich jedoch in der Regel nicht bei vorzeitigen Stoppcodons im letzten Exon eines Gens oder in einem Abstand von weniger als 50 Nukleotiden von der letzten Spleißstelle (*Abb. 6.3*). Die *mutation cluster region* sowie alle Module für Bindung und Regulation von *β*-Catenin sind in dem großen letzten Exon. Für Stoppcodons vor Codon 640 des *APC*-Gens ist ein Nonsense-vermittelter Abbau zu erwarten, es handelt sich also um echte Nullmutationen. Interessanterweise sind solche Mutationen am 5'-Ende des Gens mit einem abgeschwächten Phänotyp assoziiert, bei dem man nur relativ wenige Polypen auftreten. Bei anderen Mutationen wird wahrscheinlich zumindest ein Teil des verkürzten Proteins produziert, und dessen Eigenschaften bestimmen dann darüber, welchen Selektionsvorteil der zweite Treffer bedeutet.

Tab. 12.5 Die ungewöhnliche Struktur des *APC*-Gens

Exon	Größe (Bp)	Intron	Größe (Bp)
1	39	1–2	16 947
2	153	2–3	11 300
3	85	3–4	778
4	202	4–5	8 238
5	109	5–6	5 052
6	114	6–7	11 542
7	84	7–8	8 749
8	105	8–9	14 111
9	99	9–10	3 372
10	379	10–11	2 551
11	96	11–12	5 116
12	140	12–13	681
13	78	13–14	849
14	117	14–15	5 978
15	215	15–16	2 387
16	8 686		
Gesamt	10 701		

Das offene Leseraster besteht aus 8538 Nukleotiden und kodiert für ein Protein von 2843 Aminosäuren. Die meisten Veränderungen bei der Polyposis coli sind Rasterverschiebungs- oder Nonsense-Mutationen, wobei mit Nonsense-induziertem Abbau nur dann zu rechnen ist, wenn sie sich in den Exons 1–15 befinden. Daten nach ENSEMBL (Juni 2006).

Christos Xenakis stellte eine Blutprobe zur Verfügung, aus der die DNA extrahiert und auf *APC*-Mutationen getestet wurde. Dabei stellte sich heraus, dass er heterozygot für eine Nonsense-Mutation im Codon 1309 des *APC*-Gens war (p.Glu1309X). Diese Mutation findet man bei der FAP häufig. Sie besitzt eine hohe Penetranz, so dass für Träger der Mutation ohne Behandlung ein Risiko von fast 100 Prozent besteht, Dickdarmkrebs zu bekommen. Nachdem sie nachgewiesen war, konnte man bei allen Risikopersonen in der Familie einen Test durchführen. Christos Mutter Demi nahm Kontakt zu mehreren Verwandten ihres verstorbenen Mannes in Zypern auf und setzte sie über das neu entdeckte familiäre Risiko in Kenntnis; außerdem gab sie ihnen die Kontaktdaten des Genetikers in Seattle, so dass die genetischen Beratungsstellen an ihren Wohnorten mit ihm Kontakt aufnehmen konnten, wenn einer der Angehörigen sich für den Test entschied. Gleichzeitig musste man auch an Christos zwei kleine Kinder denken. Für jedes von ihnen bestand ein Risiko von 50 Prozent, und vom zehnten Lebensjahr an sollte jedes Jahr mit einer Darmspiegelung nach Polypen gesucht werden. Diese Prozedur ließ sich vermeiden, wenn in einem DNA-Test nachgewiesen wurde, dass das Kind die Mutation nicht geerbt hatte. Es stellte sich die Frage, ob man den Test jetzt durchführen oder auf später verschieben sollte. Ihn jetzt vorzunehmen, konnte bedeuten, dass ein Kind mit dem Wissen um die Notwendigkeit jährlicher Darmuntersuchungen aufwuchs und später nicht davon überrascht wurde; verschob man jedoch den Test, konnte das Kind später, mit 10 Jahren, seine Situation besser verstehen und der Untersuchung selbst zustimmen.

An dieser Familie zeigen sich beispielhaft einige ethische Überlegungen, die man im Zusammenhang mit DNA-Tests bei Kindern anstellen muss. Normalerweise gilt es als nicht angebracht, Kinder auf eine Krankheitsanfälligkeit zu untersuchen – im Fall 22 beispielsweise überzeugte man die Eltern von Hannah Ulmer davon, dass eine Überträgeranalyse für die Tay-Sachs-Krankheit bei ihren anderen Kindern nicht sinnvoll ist. In dem hier beschriebenen Fall ist es für das Kind jedoch von Nutzen, wenn der Test bis zum Alter von 10 Jahren durchgeführt wird. Bei Kindern mit einem 50-prozentigen FAP-Risiko sollte die Überwachung durch Darmspiegelung ungefähr in diesem Alter beginnen. Für das Kind ist es eindeutig von Vorteil, wenn diese unangenehme Prozedur vermieden werden kann, weil nachgewiesen wurde, dass es die familiäre Mutation nicht trägt. Juristisch wäre für den Test nur die Zustimmung der Eltern erforderlich, aber es entspricht guter ärztlicher Praxis, das Thema auch mit dem Kind zu besprechen und sich soweit wie möglich seines Einverständnisses zu versichern.

12.4 Zusammenfassung und theoretische Ergänzungen

Erblicher nichtpolypöser Dickdarmkrebs

Die FAP, das Krankheitsbild in der Familie Xenakis (Fall 25) ist nicht die einzige Form einer erblichen Anfälligkeit für Dickdarmkrebs. Manche Familienanamnesen zeigen klare Hinweise auf einen dominant erblichen, früh ausbrechenden Dickdarmkrebs, ohne dass Polypen auftreten. Gene, die für die Anfälligkeit sorgen, wurden in manchen Familien auf Chromosom 2p22 und in anderen auf 3p21.3 kartiert. Erste Anhaltspunkte für die molekularen Grundlagen erhielt man durch die Untersuchung des Heterozygotieverlustes in den Tumoren. Bei der Genotypanalyse mit Mikrosatellitenmarkern stieß man auf ein unerwartetes Phänomen: Man fand keinen Heterozygotieverlust an spezifischen Abschnitten der Chromosomen, sondern in den Tumoren waren häufig zusätzliche neue Allele des Markers vorhanden. Dieser Effekt beschränkte sich darüber hinaus nicht auf eine bestimmte chromosomale Stelle, sondern man konnte ihn mit Mikrosatelliten aus dem gesamten Genom beobachten.

Mikrosatelliten sind kurze DNA-Abschnitte mit repetitiven Sequenzen (häufig $(CA)_n$, s. *Kapitel 9*). Wenn die DNA-Polymerase solche Sequenzen repliziert, unterlaufen ihr häufig Fehler: Sie fügt eine zusätzliche Wiederholungseinheit ein oder lässt eine aus. Eine solche ungenaue Replikation erfolgt auch bei der Vermehrung durch PCR und ist die Ursache der zusätzlichen Banden (*stutter bands*), die bei der Analyse der Mikrosatelliten durch Gelelektrophorese auftreten (s. *Abb. 7.15b*). Das Gleiche kann sich bei der DNA-Replikation in den Zellen abspielen, aber *in vivo* werden Fehlpaarungen zwischen Matrize und neu synthetisiertem Strang durch die Korrekturlesemechanismen aufgespürt und korrigiert. Die Instabilität der Mikrosatelliten beim erblichen Dickdarmkrebs ohne Polyposis (*hereditary non-polyposis colon cancer*, HNPCC) ist darauf zurückzuführen, dass diese Fehlpaarungsreparatur (*mismatch repair*, MMR) versagt.

Der MMR-Apparat ist in der Evolution von *E. coli* bis zum Menschen stark konserviert; ein Weg zur Klonierung der menschlichen MMR-Gene bestand sogar darin, dass man nach den humanen Homologen zu den so genannten Mutatorgenen der Hefe suchte. An dem Vorgang sind beim Menschen sechs Gene beteiligt (*Tab. 12.6*). Die Ursache der HNPCC sind in der Regel Mutationen in *MSH2* und *MLH1*. Beide wirken als Tumorsuppressorgene: Eine Funktionsverlust-Mutation ist ggf. ererbt, das verbleibende funktionsfähige Allel wird im Tumor durch eine somatische Mutation oder epigenetisch inaktiviert (s. unten). Bei sporadischen Fällen sind beide Genkopien durch Mutationen oder Promotor-Methylierung ausgeschaltet.

Tab. 12.6 An der Fehlpaarungsreparatur beteiligte Gene

Gen	OMIM Nr.	Lage	Anteil der HNPCC-Fälle
MSH2	609309	2p22p21	60%
MLH1	609310	3p21.3	30%
MSH6	600678	2p16	5% (atypisch)
MLH3	604395	14q24.3	selten oder nie
PMS1	600258	2q31q33	selten oder nie
PMS2	600259	7p22	selten oder nie

Mutationen in *MSH6* (*GTBP*) wurden vorwiegend bei Frauen mit Endometriumkarzinom und nicht bei Dickdarmkrebs beschrieben.

Warum löst der Defekt in einem allgemeinen Mechanismus wie der MMR spezifisch Dickdarmkrebs aus? Eine Teilantwort lautet: Er kann auch andere Krebsformen hervorrufen. Eine Mikrosatelliten-Instabilität findet sich auch bei einer Reihe anderer Tumoren, speziell bei Magen- und Endometriumkarzinomen. Eine weitere Teilantwort findet man, wenn man bedenkt, welche Folgen ein Versagen der MMR hat. Der transformierende Wachstumsfaktor β (TGFβ) hemmt im Dickdarm sehr wirksam die Zellvermehrung; er wirkt über einen Zelloberflächenrezeptor, zu dem als Bestandteil das Protein TGFBR2 (TGFβ-Rezeptor 2) gehört. Das *TGFBR2*-Gen enthält in der kodierenden Sequenz des Exons 3 eine Folge von zehn Adenin-Nukleotiden (*Abb. 12.13*), die in MMR-defizienten Zellen oft verändert ist. Das Hinzufügen oder Überspringen von einem oder mehreren As kann eine Rasterverschiebung verursachen, welche das Gen funktionsunfähig macht. In einer Studie fand man in 100 von 111 Dickdarmtumoren mit Mikrosatelliteninstabilität somatische Mutationen von *TGFBR2*. Auch verschiedene andere Zielgene mit einschlägigen Funktionen und Mikrosatelliten-ähnlichen Nukleotidsequenzen wurden identifiziert.

```
743  TGC  ATT  ATG  AAG  GAA  AAA  AAA  AAG  CCT  GGT  GAG  ACT  TTC
120  Cys  Ile  Met  Lys  Glu  Lys  Lys  Lys  Pro  Gly  Glu  Thr  Phe
```

Abb. 12.13 Ein Sequenzabschnitt aus dem Exon 3 des Gens *TGFRB2*
Wegen der Abfolge von zehn A-Nucleotiden ist das Gen anfällig für ein Versagen der Fehlpaarungsreparatur.

Ein ganz ähnlicher Effekt wird auch im Zusammenhang mit dem *APC*-Gen vermutet. Etwa 6 Prozent der Aschkenasim und ein kleinerer Anteil von Personen in anderen Populationen tragen die Missense-Variante p.Ile1307Lys. Diese Variante scheint ein niedrig-penetrantes Darmkrebsrisiko-Allel zu sein, welches das normale Risiko ungefähr verdoppelt. Durch die Veränderung der DNA-Sequenz entsteht eine ununterbrochene Kette von Adeninen (*Abb. 12.14*), was eine Anfälligkeit für MMR-Defekte bedeuten könnte. Anders als bei *TGFBR2* gibt es aber keinen Hinweis darauf, dass der betreffende Abschnitt bei der HNPCC bevorzugt mutiert wäre; die Anfälligkeit könnte also auch auf Proteinebene entstehen.

```
GCA  GAA  ATA  AAA  GAA  AAG    →    GCA  GAA  AAA  AAA  GAA  AAG
Ala  Glu  Ile  Lys  Glu  Lys         Ala  Glu  Lys  Lys  Glu  Lys
```

Abb. 12.14 Das Allel p.Ile1307Lys des *APC*-Gens, das anfällig für Dickdarmkrebs macht
Man beachte, dass durch die Mutation eine Serie von acht aufeinander folgenden As entsteht.

Krebsentstehung als Mehrschrittprozess

In der Pathologie weiß man schon seit Langem, dass bösartige Tumoren sich in mehreren Schritten entwickeln, die durch fortschreitende Entdifferenzierung der Zellen gekennzeichnet sind. Die FAP bietet eine besonders gute Gelegenheit, diesen Prozess zu untersuchen. Entfernt man bei einem FAP-Patienten chirurgisch den Dickdarm, findet man darin häufig Läsionen mit allen verschiedenen Stadien der Tumorentwicklung. Vogelstein und Kollegen (Zusammenfassung in Kinzler und Vogelstein, 1996) suchten in solchen Serien und sporadischen Tumoren nach Mutationen in Kandidatengenen und Heterozygotieverlust. Nach ihren Befunden kommen manche Veränderungen in den frühen Stadien häufig vor, während andere erst zu späteren Zeitpunkten auftauchen. Auf der Grundlage ihrer Beobachtungen formulierten sie den in *Abb. 12.15* gezeigten Entwicklungsablauf.

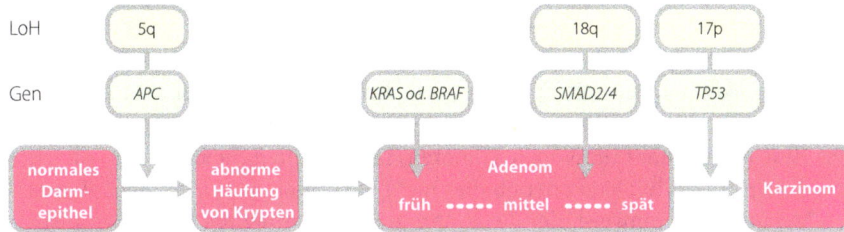

Abb. 12.15   Ein möglicher gemeinsamer Weg für die Entstehung von Dickdarmkrebs
Die Schemazeichnung (s. Kinzler und Vogelstein, 1996) beschreibt zusammenfassend, dass manche Gene häufig in den frühen Läsionen inaktiviert sind, während man eine Inaktivierung bei anderen erst in Läsionen eines späteren Stadiums beobachtet. Inwieweit dieses Schema sich allgemein anwenden lässt, ist umstritten, es wurde aber auch nie behauptet, dass Dickdarmkrebs sich immer genau auf diese Weise entwickelt.

Entscheidend sind die ersten Stadien: Hier müssen Mutationen in einer relativ normalen Zelle, deren Abwehrmechanismen noch zum größten Teil intakt sind, für Instabilität oder Wachstumsvorteile sorgen. Dies ist wahrscheinlich nur auf wenigen Wegen möglich, aber die Zahl der Möglichkeiten wächst, wenn die ersten Stadien überwunden sind. Zellen mit HNPCC-Mutationen verfügen vermutlich über ein breiteres Spektrum von Evolutionswegen in Richtung Krebs, an denen aber vielfach die gleichen Komponenten beteiligt sind. Tumoren, bei denen *APC* nicht verändert ist, tragen häufig Mutationen in anderen Komponenten des gleichen Reaktionsweges, beispielsweise in β-Catenin oder Axin. In Tumoren ohne *RAS*-Mutationen ist häufig das Gen *BRAF* verändert, das ähnliche Aufgaben erfüllt. Wie bereits erwähnt wurde, ist die Signalübertragung über TGFβ im Dickdarm ein wichtiger negativer Regulationsmechanismus für das Zellwachstum. Der TGFβ-Rezeptor gibt das Signal in der Zelle durch Phosphorylierung von Serin- oder Threoninresten in SMAD-Proteinen weiter. Dieser Mechanismus ist beim Dickdarmkrebs häufg defekt: bei Tumoren mit MMR-Defekten durch Mutationen von *TGFBR2*, bei nicht-HNPCC-Tumoren durch Verlust von Chromosom 18, auf dem sich das Gen *SMAD4* befindet.

Zur Erweiterung seiner Untersuchungen betrachtete Vogelstein das Gleichgewicht zwischen Geburt und Tod von Zellen. Da Gewebe und Organe im ausgewachsenen Organismus ihre Größe beibehalten, muss es einen Mechanismus geben, der dieses Gleichgewicht reguliert. Vogelstein äußerte die Vermutung, in jedem Gewebe könne ein entscheidendes Gen für diese Aufgabe verantwortlich sein. Solche Gene bezeichnete er als *gatekeepers* (Türhüter). Mutationen in einem gewebespezifischen *gatekeeper* würden die Entstehung einer gewebespezifischen Krebsform in Gang setzen. Hat die Tumorentwicklung auf diese Weise begonnen, hängt die weitere Progression davon ab, ob die Zelle ihre Abwehrmechanismen gegen ungeordnetes Wachstum aufrechterhalten kann. Die Gene, die dafür verantwortlich sind, nannte er *caretakers*. Ein Tumor entsteht also durch die Mutation eines *gatekeeper* und entwickelt sich durch die Mutation eines *caretaker* weiter. Dieses Bild passt sicher zum Dickdarmkrebs, inwieweit es sich aber allgemein anwenden lässt, ist umstritten. Zumindest ist es jedoch ein gutes Hilfsmittel, wenn man über die Krebsentstehung nachdenkt.

Epigenetik beim Krebs

Wie in *Kapitel 7* erläutert wurde, ist bisher nicht geklärt, welche Rolle epigenetische Mechanismen bei erblichen Krankheiten spielen. Dass sie bei Krebs von großer Bedeutung sind, ist aber unumstritten. Die Untersuchung der DNA-Methylierung in Tumorzellen zeigt ein recht paradoxes Bild. Einerseits ist der allgemeine Methylierungsgrad in vielen Tumorzellen im Vergleich zu normalen Zellen dieses Typs verringert, andererseits sind viele CpG-Inseln jedoch hypermethyliert. Die Promotoren von etwa der Hälfte aller Gene sind mit solchen CpG-Inseln assoziiert (s. *Kapitel 7*). Normalerweise sind diese Inseln nicht methyliert, ganz gleich, ob das zugehörige Gen aktiv oder abgeschaltet ist. Eine Promotormethylierung (an einzelnen CpG-Dinukleotiden) reguliert die Expression von Genen ohne CpG-Inseln, aber nicht von solchen mit CpG-Inseln. In Krebszellen dagegen sind Gene, deren Promotor eine CpG-Insel enthält, häufig durch Methylierung inaktiviert. Es gibt Hinweisen darauf, dass man Tumoren danach unterscheiden kann, ob viele CpG-Inseln inaktiviert sind oder ob dies nicht vorkommt, was auf einen allgemeinen Mechanismus hinweist, der die abnorme Methylierung der Inseln begünstigt. Manchen Beobachtungen zufolge unterscheiden sich Tumoren mit stark methylierten CpG-Inseln klinisch und pathogenetisch von solchen, denen dieses Merkmal fehlt.

Tumorsuppressorgene werden durch Promotormethylierung mindestens ebenso häufig inaktiviert wie durch Mutationen. Die relative Bedeutung der beiden Wege ist von Gen zu Gen unterschiedlich. Für manche Gene ist bekannt, dass sie stets epigenetisch und nie durch Mutationen abgeschaltet werden, für andere gilt das Umgekehrte, und bei wieder anderen kommen beide Vorgänge häufig vor. *MLH1* zum Beispiel wird vielfach epigenetisch inaktiviert, bei *MSH2* geschieht das nie. Ein Übersichtsartikel zu dem Thema mit vielen Beispielen und einigen Spekulationen über die Mechanismen stammt von Jones & Baylin (2003). Eine solche Spekulation besagt, die Untermethylierung der Centromere könne in Krebszellen die Chromosomeninstabilität begünstigen. Grundlage dieser Vermutung ist unter anderem die Beobachtung, dass ein Mangel an der DNA-Methyltransferase *DNMT3B* beim ICF-Syndrom (OMIM 242860) eine abnorme Verpackung des Heterochromatins an den Centromeren zur Folge hat.

Sind familiäre Brust- und Darmkrebserkrankungen wirklich multifaktorielle Prozesse?

Bei Familie Wilson (Fall 24) lieferte das Mutationsscreening eine Erklärung für die auffällige Familiengeschichte. In vielen anderen Familien jedoch, in denen Brustkrebs ebenfalls gehäuft auftritt, liegen keine Mutationen der Gene *BRCA1/2* vor. Veränderungen dieser Gene sind nur die Ursache von rund 25 Prozent aller familiären Häufungen von Brustkrebs. Trotz langjähriger Suche wurde aber kein *BRCA3*-Gen gefunden, auf das man einen nennenswerten Anteil der übrigen Fälle zurückführen könnte. Wahrscheinlich wird die Häufung in diesen Familien von zahlreichen Genen verursacht, das heißt, sie entsteht durch das Zusammenwirken mehrerer Loci mit geringer Penetranz (Antoniou et al., 2002). Man gründete ein Konsortium, das Kandidatengene auf solche schwach penetranten Auswirkungen auf die Krankheitsanfälligkeit überprüfen soll (National Cancer Institute Breast and Prostate Cancer Cohort Consortium, 2005).

Ein derartiger Locus wurde mittlerweile zweifelsfrei identifiziert. Das Gen *CHEK2* (OMIM 604373) ist an der Erkennung und Signalisierung von DNA-Schäden beteiligt. Eine Rasterverschiebungsmutation dieses Gens (c.1100delC) fand man bei 201 von 10860 (1,9 Prozent) nicht-selektierten Brustkrebspatientinnen, aber nur bei 64 von 9065 (0,7 Prozent) der Kontrollen. Daraus ließ sich das relativ hohe Risiko von 2,34 ableiten. Den Befunden zufolge verdoppelt diese Variante jedes Risiko, das eine Frau auf Grund anderer Faktoren trägt. Für eine Trägerin von 1100delC besteht für das ganze Leben ein Brustkrebs-Gesamtrisiko von 13,7 Prozent, für Frauen ohne die Mutation liegt es bei 6,1 Prozent. Die Variante allein ist aber nur für 0,7 Prozent der Gesamthäufigkeit von Brustkrebs in der Bevölkerung verantwortlich, ein Wert, der weit unter den Zahlen für Lebensstil-abhängige Faktoren wie Zahl der Schwangerschaften, Körpergewicht und körperliche Aktivität liegt. Deshalb ist nicht ganz klar, unter welchen Umständen sich ein Screening auf diese Variante lohnen würde. Weitere mutmaßliche Faktoren mit niedriger Penetranz sind Varianten der Gene *STK15* und *PTPRJ* (Lesueur et al., 2005). Mit der Suche nach solchen Anfälligkeitsfaktoren von geringer Penetranz und der Frage, welche Konsequenzen man aus ihrer Entdeckung ziehen soll, sind wir bei dem allgemeinen Thema der Suszeptibilität für häufige multifaktorielle Erkrankungen. Sie ist der Gegenstand des nächsten Kapitels.

Eine ähnliche Situation kennt man auch beim Dickdarmkrebs. Das Risiko, irgendwann im Leben an diesem Leiden zu erkranken, liegt in den USA bei 5 bis 6 Prozent. Etwa 20 Prozent aller Patienten mit Dickdarmkrebs haben mindestens zwei Verwandte ersten oder zweiten Grades, bei denen die Krankheit ebenfalls aufgetreten ist; in 5 bis 10 Prozent der Fälle beobachtet man eine mehr oder weniger mendelsche Vererbung. FAP und HNPCC sind für rund 4 Prozent aller Fälle von Dickdarmkrebs verantwortlich; die übrigen Fälle von familiärer Häufung sind vermutlich auf mehrere Allele zurückzuführen, die mit geringer Penetranz anfällig machen.

Expressionsprofile von Tumoren

Jeder Tumor ist genetisch einzigartig. Wie Hanahan & Weinberg (2000) zeigen konnten, sind die sechs in *Exkurs 12.1* aufgeführten Fähigkeiten auf vielen Wegen zu erreichen. Verschiedene Gene eines Reaktionsweges können durch Punktmutationen, epigenetische Vorgänge oder Chromosomenveränderungen aktiviert oder inaktiviert werden. Viele Genprodukte haben mehrere Funktionen; neben der Wirkung, an der die natürliche Selektion ansetzt, können sie also viele weitere Effekte haben. Die Evolution eines Tumors spielt sich in einem Umfeld aus genetisch instabilen Zellen ab, die eine Fülle bedeutsamer und nebensächlicher Mutationen tragen. Eine gezielte Therapie muss an jener kleinen Minderheit von Krebszellen ansetzen, die stammzellenähnliche Eigenschaften besitzen. Es besteht die dringende Notwendigkeit, eine Liste der bedeutsamsten Veränderungen aufzustellen, anhand derer der Arzt bei jedem Patienten über die optimale Behandlung und Prognose entscheiden kann. Bei Jason Tierney (Fall 21) ergab sich diese Information aus der Identifizierung des Fusionsgens *TEL-AML1*. Bei Brustkrebspatientinnen kann man nach der Amplifikation des *HER*-Rezeptors suchen, denn dieser bestimmt über die Ansprechbarkeit auf Herceptin. Aber bis zur Nutzung aller genetischen Informationen über einen Tumor ist es noch ein weiter Weg.

Hoffnung, in dieser Richtung voranzukommen, liegt in der Erstellung von Genexpressionprofilen. Die gesamte mRNA oder cDNA eines Tumors wird mit einem Farbstoff markiert und mit einem Mikroarray hybridisiert, wobei man sie meist in einem kompetitiven Ansatz mit dem mRNA-Repertoire des entsprechenden normalen Gewebes vergleicht. Der Mikroarray enthält Oligonukleotide, die einzigartigen cDNA-Abschnitten aus allen Genen des Genoms und – so hofft man jedenfalls – auch allen wichtigen Spleißvarianten entsprechen. Das Genetic Screening Learning Center der University of Utah (s. *Quellen*) erläutert auf einer hübschen animierten Internetseite von Grund auf die Prinzipien der Expressionsarray-Analyse von Krebszellen. Solche Experimente liefern eine Riesenmenge an Daten. Das Ziel besteht darin, eine „Signatur" zu erkennen, ein Expressionsmuster einer begrenzten Zahl von Genen, das über die Prognose der Erkrankung oder die Reaktion des Tumors auf Krebsmedikamente bestimmt. Ein Beispiel für eine solche Expressions-

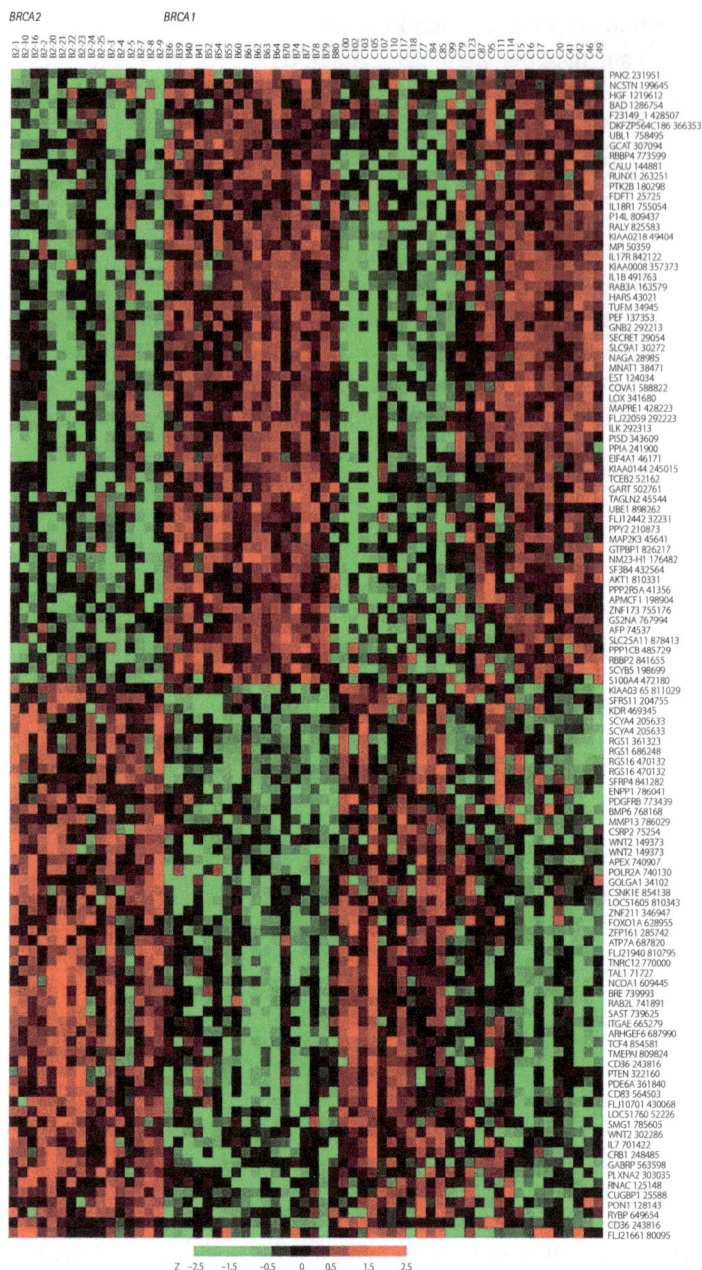

Abb. 12.16 Expressionsprofil von Eierstocktumoren
Die Abb. zeigt keinen Mikroarray, sondern eine große Tabelle mit den Expressionsmustern von 110 Genen in 61 einzelnen Eierstocktumoren; die Gene stellen eine Auswahl aus den 7651 Genen des Mikroarrays dar. Die Spalten enthalten jeweils die Daten für einen Tumor, die Zeilen die Daten für ein einzelnes Gen. Die Farben geben die Expressionsstärke an (grün = signifikant verminderte Expression, rot = signifikant erhöhte Expression). Die Ergebnisse wurden durch statistische Analysen so zusammengestellt, dass man gemeinsame Prinzipien erkennt: Vor der Analyse war bekannt, dass von den untersuchten 61 Eierstocktumoren 16 eine BRCA2-Mutation, 18 eine BRCA1-Mutation und 27 keine davon („sporadische" Tumoren) enthalten. Die Expressionsprofile der hier untersuchten Gene sind in Abhängigkeit vom BRCA1- oder BRCA2-Status unterschiedlich. Offensichtlich lösen BRCA1 und BRCA2 den Eierstockkrebs auf unterschiedlichen Wegen aus, auf denen sich auch die sporadischen Tumoren entwickeln. Nachgedruckt aus Jazaeri et al. (2002) mit Genehmigung von Oxford University Press.

signatur zeigt *Abb. 12.16*. Ein Leitartikel, der die Arbeiten in einen größeren Zusammenhang stellt, stammt von Hedenfalk (2002).

Die statistische Analyse durch hierarchisches Clustering (*Abb. 12.16*) ermöglicht die Identifizierung von Signaturen, die ggf. eine Vorhersage über die Ansprechbarkeit auf Medikamente oder die Prognose erlauben (s. z.B. Glinsky et al., 2005).

Ob sich solche Signaturen in nützliche klinische Hilfsmittel ummünzen lassen, bleibt abzuwarten. Zuvor müssen noch zwei Probleme überwunden werden. Erstens liefert jedes einzelne Mikroarray-Experiment eine Fülle von Daten, die man auf vielerlei Weise analysieren kann. Deshalb lässt sich die Bedeutung einer einzelnen Signatur, über die berichtet wird, nur schwer bestimmen. Das zweite Problem stellt sich sehr häufig, wenn man Forschungsergebnisse auf die klinische Praxis übertragen will. Ein Test unterscheidet vielleicht deutlich zwischen zwei Gruppen, aber das heißt nicht zwangsläufig, dass man jeden einzelnen Menschen eindeutig einer Gruppe zuordnen kann. Manche Expressionssignaturen ermöglichen eine statistische Voraussage und eine Unterscheidung zwischen Tumoren mit guter und schlechter Prognose – aber es bleibt die Frage, ob sie so spezifisch sind, dass sie auch eine nützliche Voraussage für einen einzelnen Patienten erlauben. Nach Ansicht mancher Wissenschaftler lohnt es sich eher, das gesamte Proteinrepertoire eines Tumors mit den Methoden der Proteomik (zweidimensionale Gelelektrophorese, Massenspektrometrie usw.) zu analysieren.

Krankheitsinfo 12 Das Von Hippel-Lindau-Syndrom

Patienten mit Von Hippel-Lindau-Syndrom (OMIM 193300) haben ein erhöhtes Risiko für verschiedene Krebserkrankungen (Tab. 1). Die häufigsten Todesursachen sind Nierenzellkarzinome und Hämangioblastome im Zentralnervensystem. Die Krankheit ist autosomal-dominant und tritt mit einer Häufigkeit von 1:35.000 bis 1:40.000 auf. Im Alter von 65 Jahren hat sich bei 95 Prozent der Anlageträger mindestens einer der charakteristischen Tumoren entwickelt. Da die verschiedenen Ausprägungsformen der Krankheit unter Umständen von verschiedenen Fachärzten behandelt werden, wird nicht immer sofort ein Zusammenhang zwischen ihnen hergestellt, was bei der endgültigen Diagnose zu Verzögerungen führen kann. Den klinischen Genetikern kommt dabei häufig die Funktion einer zentralen Anlaufstelle für die Angehörigen zu, und sie koordinieren die verschiedenen Vorsorgeprogramme, welche für die Angehörigen eingerichtet werden müssen.

Der *VHL*-Locus wurde auf 3p25-26 kartiert, und das Gen identifizierte man durch Positionsklonierung. Es verhält sich wie ein klassisches Tumorsuppressorgen. Die Betroffenen erben eine Funktionsverlust-Mutation, und in den Tumoren wird die zweite Kopie durch Mutation, Deletion oder Methylierung inaktiviert. Auch in 70 bis 80 Prozent der sporadischen klarzelligen Nierenkarzinome sind beide Genkopien inaktiviert. Das Gen ist klein (drei Exons codieren ein Protein aus 213 Aminosäuren), und die Mutation lässt sich relativ einfach nachweisen.

Die Krankheit prägt sich in verschiedenen betroffenen Familien unterschiedlich aus (Tab. 2). In manchen Familien entwickelt sich nie ein Phäochromocytom, in anderen kommt dieses häufig vor, weshalb man bei der Krankheit die Typen 1 und 2 unterscheidet. Den Typ 2 unterteilte man weiter in die Typen 2A, 2B und 2C. Alle Formen werden durch Mutationen im *VHL*-Gen verursacht. Zwischen Geno- und Phänotyp konnte man lockere Zusammenhänge nachweisen: Deletionen und verkürzende Mutationen führen in der Regel zum Typ 1, in Familien mit dem Typ 2 dagegen findet man meist Missense-Mutationen. Mit den verschiedenen Untertypen der Gruppe 2 sind jeweils ganz bestimmte Missense-Mutationen assoziiert. Das Nierenzellkarzinom kommt in Familien mit Typ 1 häufiger vor als in solchen mit Typ 2.

Tab. 1

Patienten mit Von Hippel-Lindau-Syndrom können verschiedene Tumoren bekommen und müssen genau überwacht werden

Tumor	Häufigkeit	mittleres Alter bei Auffälligkeit	Screening	Alter bei Beginn des Screenings
Hämangioblastom des ZNS	60-80%	33 Jahre	jährlich MRT von Schädel und Rückenmark	11 Jahre
Hämangioblastome der Retina	60%	25 Jahre	jährliche Ophthalmoskopie	Säuglingsalter
Tumoren des endolymphatischen Systems	11%	22 Jahre	CT oder MRT	bei Auftreten von Symptomen
Nierenkarzinom	24-45%	39 Jahre	jährliches CT des Bauchraumes	18 Jahre
Phäochromocytom	10-20%	30 Jahre	jährliche Plasmaunter-suchung oder 24-Std.-Urin-Katecholamin	2 Jahre

Daten aus Lonser et al., 2003.

Tab. 2
Klinische Subtypen des Von Hippel-Lindau-Syndroms die z.T. einheitlich in Familien vererbt werden

Typ	Phäochromo-cytom	Nierenzell-karzinom	Hämangio-blastom
1	–	+	+
2A	+	–	+
2B	+	+	+
2C	+	–	–

Die Analyse der Krankheitsmechanismen konzentrierte sich auf den Zusammenhang zwischen dem VHL-Protein und dem Protein HIF-1α (Hypoxie-induzierbarer Faktor 1α). Das VHL-Protein gehört zu einem E3-Ubiquitin-Ligase-Komplex (VCB-Cul2), der die Menge von HIF-1α reguliert, indem er dieses Protein bei normaler Sauerstoffkonzentration abbaut (s. Abb.). HIF-1α wird in einer sauerstoffabhängigen Reaktion durch Hydroxylierung spezifischer Prolinreste für den Abbau markiert. Das VHL-Protein wirkt dabei als Erkennungsregion der Ubiquitin-Ligase: Es bindet unmittelbar an hydroxyliertes HIF-1α. Die pathogenen Missense-Mutationen bei VHL liegen gehäuft in dem HIF-1α-bindenden Bereich des Proteins. Bei Sauerstoffmangel wird HIF-1α stabilisiert und wirkt dann als multifunktionaler Transkriptionsaktivator. Eines seiner vielen Zielproteine ist der VEGF (*vascular endothelial growth factor*, Gefäßendothel-Wachstumsfaktor), der sehr wirksam die Gefäßneubildung unterstützt. In diesem Zusammenhang ist interessant, dass die Tumoren beim Von Hippel-Lindau-Syndrom besonders gut durchblutet sind. Weitere Ziele von HIF-1α sind der Wachstumsfaktor TGFα und Enzyme, welche die Glycolyse und den Glucosetransport verstärken.

Darüber hinaus scheint das VHL-Protein weitere, von HIF-1α unabhängige Funktionen zu erfüllen (Barry und Krek, 2004). Obwohl dieses Protein viel kleiner ist als die riesigen Gerüstproteine, die in manchen anderen Tumorsuppressorgenen kodiert sind (s. oben), hat man eine erstaunlich große Zahl potenzieller Bindungspartner identifiziert. Das VHL-Protein bindet Cyclin D1, was Auswirkungen auf den Zellzyklus haben dürfte. Einflüsse auf die extrazelluläre Matrix (über die Bindung an Fibronectin) und auf das Cytoskelett (über die Bindung an Mikrotubuli) könnten für Invasivität und Metastasenbildung von Bedeutung sein. Außerdem konnte man kürzlich nachweisen, dass das VHL-Protein auch unmittelbar an p53 bindet und es gegen den MDM2-vermittelten Abbau stabilisiert.

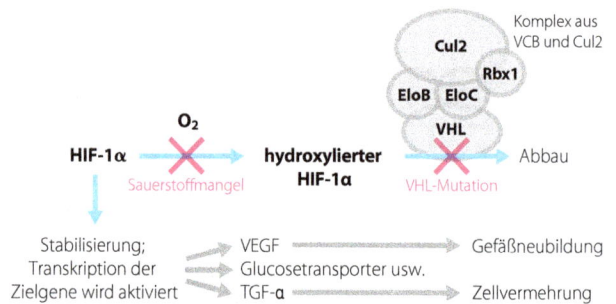

Der Hypoxie-induzierbare Faktor 1 sorgt bei Sauerstoffmangel für umfangreiche Anpassungsreaktionen im Zellstoffwechsel. Cul2 = Cullin-2; EloB = Elongin B; EloC = Elongin C; Rbx1 = Cullin-Regulationsprotein. In VHL-Zellen ist HIF ständig aktiv.

12.5 Quellen

Albuquerque C., Breukel C., van der Luijt R. et al. (2002): The 'just right' signaling model: *APC* somatic mutations are selected based on a specific level of activation of the b-catenin signaling cascade. *Hum. Molec. Genet.* 11: 1549–1560.

Antoniou A.C., Pharoah P.D.P., McMullen G. et al. (2002): A comprehensive model for familial breast cancer incorporating BRCA1, BRCA2 and other genes. *Br. J. Cancer*, 86: 76–83.

Barry R.E. & Krek W. (2004): The von Hippel–Lindau tumor suppressor: a multifaceted inhibitor of tumorigenesis. *Trends Mol. Med.* 10: 466–472.

Cavenee W.K., Dryja T.P., Phillips R.A. et al. (1983): Expression of recessive alleles by chromosomal mechanisms in retinoblastoma. *Nature*, 305: 779–784.

Evans D.G.R., Eccles D.M., Rahman N. et al. (2004): A new scoring system for identifying a *BRCA1/2* mutation outperforms existing models including BRCAPRO. *J. Med. Genet.* 41: 474–480.

Glinsky G.V., Berezovska O. & Glinskii A.B. (2005): Microarray analysis identified a death-from-cancer signature predicting therapy failure in patients with multiple types of cancer. *J. Clin. Invest.* 115: 1503–1521.

Hanahan D. & Weinberg R.A. (2000): The hallmarks of cancer. *Cell*, 100: 57–70. *Wer sich in der Zellbiologie nicht gut auskennt, muss die Einzelheiten überspringen, aber es handelt sich hier um eine ausgezeichnete Einführung in die modernen Ansichten über Krebs.*

Hedenfalk I.A. (2002): Gene expression profiling of hereditary and sporadic ovarian cancers reveals unique *BRCA1* and *BRCA2* signatures. *J. Natl.Cancer Inst.* 94: 960–961. *Vollständiger Text kostenlos verfügbar unter* http://jncicancerspectrum.oxfordjournals.org/cgi/content/full/jnci;94/13/960

Jazaeri A.A., Yee C.J., Sotiriou C. et al. (2002): Gene expression profiles of *BRCA1*-linked, *BRCA2*-linked, and sporadic ovarian cancers. *J. Natl. Cancer Inst.* 94: 990–1000.

Jones P.A. & Baylin S.B. (2003): The fundamental role of epigenetic events in cancer. *Nature Rev. Cancer* 3: 415–428.

Kinzler K.W. & Vogelstein B. (1996): Lessons from hereditary colorectal cancer. *Cell* 87: 159–170.

Lesueur F., Pharoah P.D., Laing S. et al. (2005): Allelic association of the human homologue of the mouse modifier *Ptprj* with breast cancer. *Hum. Molec. Genet.* 14: 2349–2356.

Lonser R.R., Glenn G.M., McClellan W. et al. (2003): Von Hippel–Lindau disease. *Lancet* 361: 2059–2067.

National Cancer Institute Breast and Prostate Cancer Cohort Consortium (2005): A candidate gene approach to searching for low-penetrance breast and prostate cancer genes. *Nature Rev. Cancer* 5: 977–985.

Pardal R., Clarke M.F., Morrison S.J. (2003): Applying the principles of stem-cell biology to cancer. *Nature Rev. Cancer* 3: 895–902.

Nützliche Internetseiten

Bildungsserver des Cancer Genome Anatomy Project:
http://cgap.nci.nih.gov/info/EducationResources
University of Utah Genetic Science Learning Center, Informationen über Expressionsanalyse von Tumoren:
http://gslc.genetics.utah.edu/units/biotech/microarray/

12.6 Fragen und Aufgaben

(1) Entscheiden Sie im Zusammenhang mit der Tumorentstehung, ob für die genannten Aussagen Folgendes gilt:
 (a) richtig für Onkogene und Tumorsuppressorgene;
 (b) richtig für Onkogene, falsch für Tumorsuppressorgene;
 (c) richtig für Tumorsuppressorgene, falsch für Onkogene;
 (d) falsch für Tumorsuppressorgene und Onkogene.

 1. Kann bei sporadischen Krebserkrankungen Nonsense-Mutationen enthalten.
 2. Kann Proteine kodieren, die an der Regulation des Zellzyklus mitwirken.
 3. Bei familiären und sporadischen Krebserkrankungen häufig mutiert.
 4. Bei sporadischen Krebserkrankungen häufig vom Heterozygotieverlust betroffen.
 5. Bei familiären, nicht jedoch bei sporadischen Krebserkrankungen häufig mutiert.
 6. Könnte indirekt die Telomerase inaktivieren.
 7. Bei sporadischen Krebserkrankungen häufig von Chromosomenumordnungen betroffen.
 8. Kann bei familiären Krebserkrankungen ererbte Missense-Mutationen enthalten.
 9. Bei sporadischen, nicht jedoch bei familiären Krebserkrankungen häufig mutiert.
 10. Kann bei sporadischen und familiären Krebserkrankungen Genamplifikation aufweisen.

(2) Aus Blut und den Tumoren zweier nicht miteinander verwandter Kinder mit Retinoblastom wurde die DNA extrahiert und auf einen in zwei Allelen vorhandenen DNA-Marker in der Nähe des *RB1*-Gens analysiert. In der Familie des einen Kindes war das Retinoblastom schon häufiger aufgetreten, bei dem anderen handelte es sich um eine sporadische Erkrankung, die nur ein Auge betraf. Die Genotypen lauteten:

	Kind A	Kind B
Blut	heterozygot 2–1	homozygot für Allel 1
Tumor	homozygot für Allel 2	homozygot für Allel 1

Geben Sie an, ob die folgenden Aussagen richtig oder falsch sind:

(a) Das Ergebnis zeigt, dass das Kind B die sporadische Form der Krankheit hat.

(b) Das Ergebnis zeigt, dass das Kind A die familiäre Form der Krankheit hat.

(c) Das Ergebnis zeigt, dass der Tumor beim Kind B für den Marker homo- oder hemizygot sein kann.

(d) Wenn Kind A eine erbliche Form der Krankheit hat, liegt die Mutation den Ergebnissen zufolge auf dem Chromosom, das auch Allel 2 des Markers trägt.

(3) Die Neurofibromatose Typ II (NF2, OMIM 101000) entsteht durch ererbte und/oder somatische Mutationen in dem Tumorsuppressorgen *NF2*. Die ererbte NF2 hat eine Penetranz von 90 Prozent. Wie groß ist die Population der Zielzellen, wenn man eine Mutationsrate von 2×10^{-4} je Gen und Zelle unterstellt? Mit welcher Häufigkeit rechnet man bei der sporadischen NF2?

(4) Die Abb. zeigt zwei Familien, in denen mehrere Krebsfälle aufgetreten sind (B = Brust, O = Ovar, P = Prostata; die Zahlen bezeichnen das Alter zum Zeitpunkt der Diagnose). Bei welcher der beiden mit Fragezeichen gekennzeichneten Frauen würden Sie mit höherer Priorität ein *BRCA 1/2*-Mutationsscreening vornehmen?

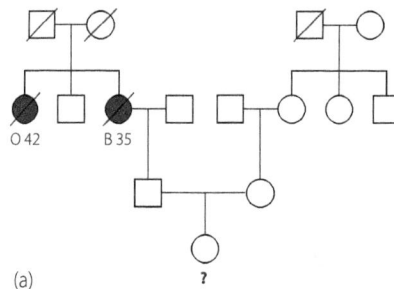

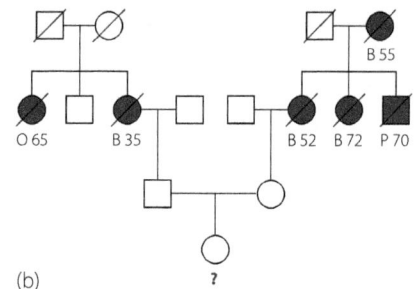

Kapitel 13
Sollte man Tests auf genetisch bedingte Krankheitsanfälligkeit durchführen?

Wenn Sie dieses Kapitel durchgearbeitet haben, sollten Sie in der Lage sein

- zu beschreiben, warum Modifier-Gene sowie stochastische Effekte und Pleiotropie selbst unter mendelschen Bedingungen zu unterschiedlich starker Expression und unvollständiger Penetranz führen können
- zu beschreiben, nach welchen Prinzipien Gene untereinander und mit verschiedenen Umweltfaktoren in Wechselwirkung treten, so dass verschiedene Phänotypen entstehen, darunter auch Krankheiten
- die multifaktorielle Entstehung der meisten normalen und anormalen Eigenschaften eines Menschen sowie die Prinzipien der multifaktoriellen Vererbung zu beschreiben
- zu erklären, was Loci für quantitative Merkmale sind
- zu beschreiben, was man unter der Falconer-Schwellentheorie versteht und wie man sie anwendet, um qualitative Risikovoraussagen zu machen
- das Prinzip der Geschwisterpaaranalysen zu beschreiben
- Kopplung und Assoziation zwischen einem Marker und einer Krankheit zu definieren und zu vergleichen
- den Aufbau des menschlichen Genoms aus Haplotypblöcken zu beschreiben und zu erläutern
- zu beschreiben, welche Probleme und Aussichten sich ergeben, wenn man Empfindlichkeitsallele mittels Assoziationsuntersuchungen identifiziert

13.1 Fallbeispiele

311	323	357						

Fall 26 Familie Yamamoto

- familiäre Vorgeschichte mit Demenzerkrankungen
- ? Alzheimer-Krankheit
- Test auf ApoE4?

Die Mutter von Bill Yamamoto wurde immer vergesslicher. Nach mehreren Vorfällen – unter anderem ließ sie einmal eine Pfanne auf dem Herd stehen und setzte so die Küche in Brand – wurde klar, dass sie allein nicht mehr zurechtkam. Sie zog in eine betreute Wohneinrichtung in die gleiche kalifornische Kleinstadt, in der auch Bill und seine Frau lebten. An die neue Umgebung konnte sie sich nicht mehr gewöhnen, und wenig später wurde sie zum Pflegefall.

Im Laufe der folgenden drei Jahre schritt die Demenz weiter fort, bis sie Bill schließlich kaum noch erkannte und nichts mehr allein tun konnte. Als sie mit 71 Jahren starb, war es fast eine Erleichterung – Bill sagte dazu: „Eigentlich ist meine Mutter schon vor mehreren Jahren gestorben."

Irgendwann hörte Bill von einer Freundin seiner Frau, Alzheimer sei erblich, und nun machte er sich ernsthafte Sorgen. Er wusste, dass man bei seiner Tante Yumiko – der Schwester seiner Mutter, die im Elternhaus der Familie in Hawaii wohnte – ebenfalls im Alter von 67 Jahren die Krankheit diagnostiziert hatte.

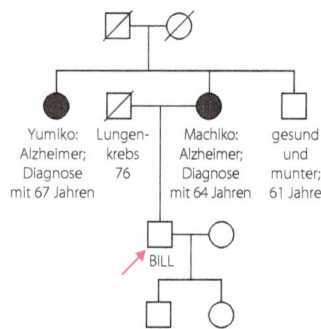

Abb. 13.1 Stammbaum der Familie Yamamoto

Seine Frau schlug vor, er solle mit seinem Arzt reden. Dieser erklärte ihm, erblich seien nur die seltenen Formen der Krankheit, die meist schon vor dem sechzigsten Lebensjahr ausbrechen. Dennoch war Bill nicht völlig beruhigt.

Er recherchierte im Internet und erfuhr, dass der genetische Faktor ApoE4 mit einer Anfälligkeit für die häufige, später ausbrechende Form der Krankheit assoziiert ist. Außerdem stieß er auf Firmen, die Tests auf ApoA4 anbieten. Nun überlegte er, ob er sich testen lassen sollte, und entschloss sich, eine genetische Beratungsstelle aufzusuchen. Er wollte wissen, ob der Test auch für Personen wie ihn, die japanischer Abstammung waren, zuverlässige Ergebnisse lieferte, und was er tun sollte, wenn er Träger des Risikoallels wäre.

Fall 27 Familie Zuabi

- Zafira, weiblich, 52 Jahre
- Übergewicht, sitzende Lebensweise, ständiger Durst
- Diabetes Typ 2
- Test beim Sohn

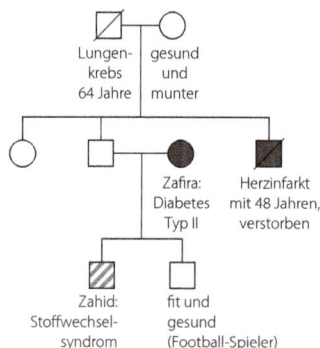

Abb. 13.2 Stammbaum der Familie Zuabi

312 326 357

Zafira war 52, als sie ihren Arzt aufsuchte: Seit drei Monaten litt sie an Schwindelgefühlen, Kopfschmerzen und Sehstörungen. Außerdem erwähnte sie, dass sie ständig Durst hatte: Sie trank jeden Tag große Mengen Wasser und produzierte eine entsprechend große Urinmenge. Wie sich herausstellte, hatte sie Zucker im Urin, und für den Blutzuckerspiegel ergab sich ein Nüchternwert von 9 mmol/l. Damit war die Diagnose eines Diabetes des Typs 2 (T2D) bestätigt. Als Ersttherapie erhielt sie ein Thiazolidendione-Präparat. Die weitere Anamnese ergab, dass sie eine ausschließlich sitzende Lebensweise pflegte und einen „Body Mass Index" (BMI) von 30 hatte; daraufhin wurde sie in ein Therapieprogramm mit mäßiger, angepasster körperlicher Betätigung aufgenommen. Körperliches Training und Gewichtsabnahme tragen dazu bei, die Morbidität bei T2D zu senken.

Die schockierende Diagnose war für Zafira ein Anlass, genauer über ihre Familie nachzudenken. Ihr Bruder war mit 48 Jahren an einem Herzinfarkt gestorben. Er hatte starkes Übergewicht gehabt und war völlig unbeweglich gewesen, aber sie konnte sich nicht erinnern, dass er übermäßig viel Flüssigkeit zu sich genommen hätte. Als sie erfuhr, dass für Verwandte ersten Grades von T2D-Patienten ebenfalls ein hohes Erkrankungsrisiko besteht (für Kinder eines betroffenen Elternteils nannte ihr Arzt ein Risiko von 38 Prozent), richteten sich ihre Gedanken auf Zahid, ihren ältesten Sohn. Er war nicht erkennbar krank, aber auch auf ihn trafen mehrere Risikofaktoren zu. Er fuhr mit dem Auto zur Arbeit, nahm in der Firma stets den Aufzug, genoss abends eine üppige Mahlzeit und setzte sich anschließend vor den Fernseher. Wie nicht anders zu erwarten, war auch er übergewichtig. Er erklärte sich zu einigen Untersuchungen bereit. Dabei zeigte sich, dass sein BMI bei 30 lag, und der Taillenumfang betrug 99 cm. Der Blutzuckerspiegel im nüchternen Zustand lag mit 6,4 mmol/l unter den 7,0, die als Grenzwert für die T2D gelten, war aber gegenüber dem Normalwert erhöht. Er hatte leichten Bluthochdruck (142/90 mm Hg) und anormale Blutfettwerte (Triglyceride 1,9 mmol/l). Die Kombination aus Übergewicht, gestörter Glucosetoleranz, anormalen Blutfetten und Bluthochdruck ist charakteristisch für das „Stoffwechselsyndrom" (*Tab. 13.1*), eine lose definierte, aber wohlbekannte Vorstufe des T2D und ein wichtiger Risikofaktor für Herz-Kreislauf-Erkrankungen (zusammenfassende Darstellung bei Eckel et al., 2005). Ihm wurden körperliche Bewegung und blutdrucksenkende Medikamente verordnet.

Tab. 13.1 Die Definition der Weltgesundheitsorganisation für das Stoffwechselsyndrom (1999)

Merkmal	Messung
Diabetes	Glukose nüchtern > 7,0 mmol/l
oder gestörte Nüchtern-Glykämie	Glukose nüchtern 6,1–7,0 mmol/l
oder gestörte Glukosetoleranz	
oder Insulinresistenz	Hyperinsulinämie
UND mindestens zwei der folgenden:	
Adipositas	BMI > 30 oder Verhältnis Taille/Hüfte > 0,9 (Männer) bzw. 0,85 (Frauen) (für nichtweiße Personen gelten z. T. andere Zahlenwerte); Triglyceride $\geq$ 1,7 mmol/l oder
Dislipidämie	HDL-Cholesterin < 0,9 (Männer) bzw. 1,0 (Frauen) mmol/l
Hypertonie	> 140/90 mm Hg
Mikroalbuminurie	Albuminausscheidung > 20 µg/min

Andere Organisationen formulierten geringfügig abweichende Definitionen, die sich aber mit dieser überschneiden. Die Liste zeigt den Komplex zusammenhängender Eigenschaften, die auf eine Anfälligkeit für Diabetes Typ II und Herz-Kreislauf-Erkrankungen hindeuten. Die Häufigkeit des Syndroms steigt mit dem Alter: in den USA bei Erwachsenen von 7 Prozent bei 20–29-Jährigen, bis 44 Prozent in der Altersgruppe 60–69. Bei stark übergewichtigen Kindern in den USA liegt die Häufigkeit bei 50 Prozent, und in den meisten Ländern der Welt ist sie in allen Altersgruppen im Steigen begriffen.

13.2 Grundlagen

Zwei Modelle der genetischen Veranlagung

Bei genetisch bedingten Eigenschaften unterscheidet man traditionell zwischen mendelschen und polygenen Merkmalen. Polygene Eigenschaften entstehen durch die gemeinsame Wirkung zahlreicher genetischer Faktoren von denen jeder einzelne nur einen kleinen Beitrag zum endgültigen Phänotyp leistet. Die Kategorien der mendelschen und polygenen Merkmale sind Begriffsmodelle und nützliche Hilfsmittel, wenn man über Vererbung nachdenkt – aber in Wirklichkeit liegen alle Krankheitszustände irgendwo zwischen diesen beiden Polen. Im Einzelfall muss man für jedes Merkmal entscheiden, mit welcher Kombination der beiden Begriffe es sich am besten beschreiben lässt, und dann muss man noch umweltbedingte Effekte in das Bild mit einbeziehen. In *Abb. 1.16* wurde ein lineares Spektrum genetisch bedingter Phänotypen gezeigt. Nimmt man Umwelteffekte hinzu, kann man die Etiologie jeder beliebigen Krankheit durch einen Punkt in dem Dreieck in *Abb. 13.3* darstellen. „Multifaktoriell" oder „komplex" sind nützliche, aber unverbindliche Beschreibungen für Krankheiten, die irgendwo innerhalb des Dreiecks angesiedelt sind.

Gene werden immer nach den mendelschen Prinzipien vererbt, aber *Merkmale* hängen nie ausschließlich vom Genotyp an einem einzelnen Genlocus ab. Bei näherer Untersuchung der Krankheiten, die nach mendelschen Prinzipien vererbt werden, stellt sich stets heraus, dass diese „einfachen" Krankheiten in Wirklichkeit durchaus nicht so einfach sind. Wie in den *Kapiteln 6* und *8* erläutert wurde, liefert die Suche nach Zusammenhängen zwischen Geno- und Phänotyp nur in den seltensten Fällen die erhofften eindeutigen Ergebnisse. Auf dem langen Weg von einer Abweichung der DNA-Sequenz zum sichtbaren Phänotyp können viele zusätzliche Faktoren („stochastische Effekte") ins Spiel kommen, darunter Umwelteinwirkungen, genetische Effekte und schlichter Zufall. Der Begriff der *Penetranz* schafft die Möglichkeit, alle diese Faktoren unter einer Überschrift zusammenzufassen, ohne dass man sie im Einzelnen analysieren müsste. Gene, die nachgewiesenermaßen

Abb. 13.3 Krankheitsentstehung
Das Gesamtgleichgewicht zwischen genetischen und umweltbedingten Determinanten kann man für jede Krankheit als Punkt innerhalb des Dreiecks darstellen.

den Phänotyp einer eigentlich mendelschen Eigenschaft beeinflussen, bezeichnet man als Modifier-Gene.

Dichotome und quantitative Merkmale

Alle Merkmale eines Menschen lassen sich in zwei Kategorien einteilen:

- Dichotome oder diskrete Merkmale, beispielsweise Krankheiten oder Fehlbildungen, hat man oder man hat sie nicht;
- Kontinuierliche oder quantitative Merkmale besitzt jeder Mensch, dies aber in unterschiedlicher Ausprägung. Beispiele sind die Körpergröße, das Körpergewicht oder der Blutdruck.

Merkmale beider Kategorien können genetisch determiniert sein, aber kontinuierliche Merkmale unterliegen nicht der mendelschen Vererbung. Genloci, die über kontinuierliche Merkmale mitbestimmen, bezeichnet man als **Loci für quantitative Merkmale** (*quantitative trait loci*, **QTL**). Die Erforschung der QTL wurde vorwiegend von Tier- und Pflanzengenetikern vorangetrieben, denen es darum ging, quantitative Merkmale wie Milchproduktion oder Getreideertrag zu verbessern. Manche QTL dürften die Folge einfacher Loss-of-Function- oder Gain-of-Function-Mutationen sein, wie sie auch den meisten mendelschen Eigenschaften zu Grunde liegen. In vielen Fällen haben QTL-Varianten aber kompliziertere Auswirkungen auf die Genfunktion. Abweichungen in Promotoren oder anderen Regulationselementen können zu geringfügigen Veränderungen der Expressionsstärke führen. Sequenzveränderungen können die Stabilität der mRNA oder das Gleichgewicht zwischen verschiedenen Spleiß-Isoformen beeinflussen. Ein typisches Beispiel ist vielleicht die Variante des Lactasegens, die dafür sorgt, dass Lactase im Darm weiterhin vorhanden ist (s. *Exkurs 8.4*). Das gleiche Gen könnte ein mendelsches Merkmal erzeugen, wenn es eine Mutation mit größeren Auswirkungen trägt, und mit kleineren Veränderungen könnte es zu einem QTL werden. Ebenso kann ein Gen sich auf eine Eigenschaft sehr stark auswirken, während es für eine andere einen QTL darstellt.

Die Polygentheorie

Modelle der polygenen Vererbung gelten für Eigenschaften, die durch die gemeinsame Wirkung vieler genetischer Faktoren entstehen, wobei jeder einzelne Faktor nur einen kleinen Beitrag zum endgültigen Phänotyp leistet. In der Humangenetik dienen solche Modelle nicht in erster Linie dazu, Voraussagen zu machen, sondern sie bilden den Rahmen für die Erforschung komplexer genetischer Störungen. Dazu muss der Rahmen in jedem Einzelfall mit empirischen epidemiologischen Daten gefüllt werden. In der klinischen Genetik sind vor allem zwei Elemente des Rahmens von entscheidender Bedeutung: Heritabilität und Schwellenwerte. Von ihnen soll im Folgenden die Rede sein.

Zur Abschätzung der *Heritabilität* vergleicht man die Häufigkeit eines Merkmals bei den Angehörigen einer betroffenen Person mit seiner Häufigkeit in der Gesamtbevölkerung. Bei kontinuierlichen Merkmalen berechnet man sie aus dem Verhältnis zwischen Verwandten. Sie hat einen Zahlenwert zwischen 0 (keine genetischen Einflüsse) und 1 oder 100 Prozent (keine nichtgenetischen Einflüsse). Die Heritabilität wird als h^2 dargestellt, was ihre Herkunft als Korrelationskoeffizient in der Polygentheorie widerspiegelt. Der Begriff der Heritabilität wird häufig falsch verstanden, was in politischen Diskussionen manchmal dazu führt, dass in falscher Weise darüber gestritten wird, ob man eine Krankheit durch gesellschaftliche Maßnahmen verhüten soll. So lange man sich der Grenzen des Begriffs bewusst ist, stellt die Heritabilität aber ein gutes Hilfsmittel zur Erforschung komplexer Krankheiten dar, denn sie liefert Anhaltspunkte für die Bedeutung genetischer Faktoren unter den jeweils herrschenden Bedingungen.

Die Heritabilität sagt nichts darüber aus, wie die betreffende Krankheit physiologisch und biochemisch bei einem Menschen entsteht. Sie besagt über das Individuum überhaupt nichts, sondern nur über eine Population. Mathematisch ist sie der Anteil der phänotypischen Varianz, der sich auf genetische Abweichungen zurückführen lässt. Die Heritabilität gibt Antwort auf die Frage, welcher Teil der individuellen Unterschiede in einer bestimmten Gesellschaft und zu einem bestimmten Zeitpunkt eine Folge der genetischen Unterschiede zwischen den Menschen ist und welcher Teil durch Unterschiede in den Umweltbedingungen entstanden ist.

Die Heritabilität ist keine festgelegte Eigenschaft einer Krankheit. Wird die Krankheitshäufigkeit sowohl durch genetische Faktoren als auch durch Umweltfaktoren beeinflusst, ist ihre Heritabilität besonders groß, wenn die meisten Angehörigen einer Population den fraglichen Umweltfaktoren auf einheitliche Weise ausgesetzt sind; bestehen in dieser Hinsicht dagegen große Unterschiede, ist sie gering. Eine teilweise genetisch bedingte Krankheit, die auch mit Armut und gesellschaftlichem Mangel assoziiert ist, hat beispielsweise in einer Gesellschaft mit relativ starker Gleichberechtigung eine höhere Heritabilität als in einer Gesellschaft mit starken sozialen Unterschieden. Durch neue Umweltfaktoren kann sich die Heritabilität verändern. Die geistige Behinderung beispielsweise, die durch die Phenylketonurie verursacht wird, war vor hundert Jahren ausschließlich genetisch bedingt. Heute hat sie in Gesellschaften, in denen Neugeborene getestet und gegebenenfalls mit einer entsprechenden Diät behandelt werden, fast ausschließlich umweltbedingte Ursachen – ursächlich könnten beispielsweise verloren gegangene Blutproben sein, Familien, die sich nicht in ärztlicher Betreuung befinden oder Eltern, die sich bei einem homozygoten Kind nicht streng an die Diätvorschriften halten. Wie man an diesem Beispiel deutlich erkennt, ist die Heritabilität eine Eigenschaft, die ein Merkmal an einem bestimmten Ort und zu einer bestimmten Zeit hat, aber keine innere Eigenschaft eines Gens.

Mit dem Begriff der *Schwellen* lässt sich erklären, wie dichotome Eigenschaften von mehreren Genen beeinflusst werden. Die Theorie der polygenen Merkmale gilt in ihrer einfachsten Form nur für kontinuierlich schwankende, quantitative Merkmale, die in einer Population eine Gaußsche Normalverteilung zeigen. Der Genetiker D.S. Falconer konnte mit dem Konzept der Schwellen zeigen, wie sich die Theorie der polygenen Merkmale auch auf dichotome Eigenschaften erweitern lässt (*Exkurs 13.1*). In der klinischen Genetik ist die Vorstellung von Schwellen hilfreich, wenn man wissen will, wie das Risiko für komplexe Krankheiten, die nicht der mendelschen Vererbung unterliegen, von der Familiengeschichte abhängt.

Die Untersuchung der genetischen Grundlagen komplexer Krankheiten

Die Behauptung, genetische Faktoren trügen zu einer komplexen Krankheit bei, müssen durch wissenschaftliche Befunde untermauert werden. Solche Befunde können sich aus dreierlei Untersuchungen ergeben:

- In *Familienstudien* betrachtet man die Angehörigen betroffener Probanden und fragt, mit welcher Wahrscheinlichkeit sie im Vergleich zu einer nicht mit ihnen verwandten Person ebenfalls betroffen sind. Das Risikoverhältnis wird mit λ bezeichnet, wobei ein Index das Verwandtschaftsverhältnis angibt. λ_s ist beispielsweise das relative Risiko für ein Geschwister (*sibling*) eines Probanden (*Tab. 13.2*). Hohe λ-Werte lassen auf genetische Faktoren schließen – aber dabei muss man immer daran denken, dass der gleiche Effekt auch die Folge eines gemeinsamen familiären Umfeldes sein kann. Da wir unseren Kindern nicht nur unsere Gene, sondern auch unsere Umwelt mit auf den Weg geben, kann man sich auf Familienstudien allein nicht unbedingt verlassen; das gilt insbesondere dann, wenn es um Verhaltensmerkmale geht.
- Mit *Adoptionsstudien* kann man die Auswirkungen der Gene von denen des familiären Umfeldes trennen. So besteht beispielsweise für Kinder schizophrener Eltern, die unmittelbar nach der Geburt von einer nicht betroffenen Familie

Exkurs 13.1   Polygene Krankheitsanfälligkeit

Krankheiten sind zwar eigentlich dichotome Eigenschaften (manche Menschen leiden an der Krankheit, andere nicht), die Theorie der Schwellenwerte postuliert jedoch, dass die Krankheitsanfälligkeit ein kontinuierliches Merkmal ist. Sie ist eine quantitative Eigenschaft, die von den kombinierten kleinen Effekten vieler Gene abhängt. In der Bevölkerung zeigt sie eine glockenförmige Verteilung. Die meisten Menschen haben eine mittelstarke Anfälligkeit, bei einigen wenigen ist sie besonders hoch oder besonders gering. Nur bei denjenigen, deren Anfälligkeit oberhalb einer gewissen Schwelle liegt, bricht die Krankheit aus (oberer Teil der Abbildung).

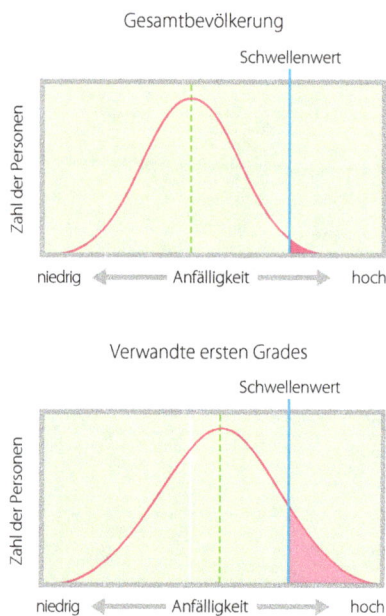

Verteilung der Krankheitsanfälligkeit und Schwellenwerte in der allgemeinen Bevölkerung (oben) und bei Verwandten (unten).

Eine erkrankte Person muss also aus genetischen Gründen besonders anfällig sein. Sie hat ein „schlechtes Blatt" mit Genen für hohe Anfälligkeit erwischt. Die Angehörigen haben einen Teil ihrer Gene mit dieser Person gemeinsam (s. *Exkurs 10.3*). Sie können Glück haben und nur wenige Gene für hohe Anfälligkeit mit dem erkrankten Verwandten teilen, oder sie haben Pech und besitzen viele solcher Gene. Insgesamt ist die Anfälligkeit bei den Angehörigen einer betroffenen Person breit gestreut, aber die Kurve ist im Vergleich zu der Verteilung in der Gesamtbevölkerung in Richtung einer höheren Anfälligkeit verschoben (unterer Teil der Abbildung). Angehörige

der betroffenen Person liegen mit größerer Wahrscheinlichkeit oberhalb des Schwellenwertes als solche, die nicht mit ihr verwandt sind. Je enger die Verwandtschaft ist, desto größer ist diese Wahrscheinlichkeit. Deshalb treten komplexe Krankheiten gehäuft in bestimmten Familien auf, aber die Tendenz ist dennoch wesentlich schwächer als bei Krankheiten mit mendelschem Erbgang (*Tab. 13.2*).

Diesen Gedankengang kann man in mehrfacher Hinsicht erweitern.

- Um Umweltfaktoren in die Betrachtung einzubeziehen, kann man davon ausgehen, dass es nicht eine einzige, festgelegte Schwelle gibt, sondern dass das Erkrankungsrisiko innerhalb eines gewissen Spektrums hoher Anfälligkeiten zunimmt.

- Die Schwellenwerte können geschlechtsspezifisch sein. Das klassische Beispiel ist die Pylorusstenose. Sie kommt bei Jungen wesentlich häufiger vor als bei Mädchen (5M:1W). Der Schwellenwert muss also aus irgendwelchen physiologischen Gründen bei Jungen niedriger liegen. Ein Mädchen ist nur dann betroffen, wenn es eine besonders hohe Krankheitsanfälligkeit besitzt. Betroffene Mädchen haben also im Durchschnitt stärkere Gene für die Anfälligkeit als betroffene Jungen. Entsprechend besteht auch für Angehörige betroffener Mädchen ein höheres Risiko als für die Verwandten betroffener Jungen, ebenfalls an der Pylorusstenose zu erkranken.

Diese Modelle kann man zwar auch mathematisch formulieren, nützlich sind sie aber vor allem als qualitatives Hilfsmittel, wenn man danach fragt, ob die Krankheit erneut auftreten wird. Aus ihnen ergibt sich eine allgemeine Regel:

- Für komplexe Krankheiten gilt: Je mehr Pech (viele Betroffene bzw. Betroffene beim weniger gefährdeten Geschlecht) eine Familie in der Vergangenheit hatte, desto größer ist das Risiko, dass neue Krankheitsfälle hinzukommen.

In dieser Hinsicht besteht also ein krasser Unterschied zwischen komplexen Krankheiten und solchen mit mendelschem Erbgang. Wenn Eltern das Pech haben, dass bereits drei Kinder an einer Mukoviszidose leiden, besteht für das vierte dennoch nur ein Krankheitsrisiko von 1 zu 4. Hat man aber nicht nur ein Baby, sondern zwei mit einem Defekt des Neuralrohrs, steigt das Risiko für das nächste Kind von 1 zu 25 auf 1 zu 12. Kommt ein zweites betroffenes Kind zur Welt, ändert sich nicht das Risiko selbst, sondern unser Wissen um die seit jeher vorhandene Gefährdung.

Tab. 13.2 Lebenszeitrisiko von Krankheiten mit mendelscher und komplexer Vererbung (Beispiele)

Krankheit	λ_s	Risiko für gesamte Lebenszeit (bis 80. Lebensjahr)
Mukoviszidose	500	0.05%
Chorea Huntington	5000	0.01%
Zöliakie	60	3%
Multiple Sklerose	25	1%
Diabetes Typ I	15	6%
Diabetes Typ II	4–6	7–35%
Hodenkrebs	8	2%
Alzheimer-Krankheit	4	35%
Brustkrebs	2	14%

λ_s ist das relative Risiko für ein Geschwister des Probanden im Vergleich zu einer nicht verwandten Person. Man vergleiche die Risiken für Krankheiten mit mendelschem Erbgang (grau unterlegt) und komplexe Krankheiten. Es handelt sich hier um **empirisch ermittelte Risiken**, die nicht aus theoretischen Berechnungen, sondern aus Übersichtsuntersuchungen an betroffenen Familien abgeleitet wurden. Sie können sich in verschiedenen Bevölkerungsgruppen und auch über längere Zeiträume (letzteres vermutlich wegen Veränderungen der Umwelt) unterscheiden. Wenn man solche Risikoangaben in der genetischen Beratung nutzt, muss man darauf achten, dass die verwendeten Studien zum populationsgenetischen Hintergrund der beratenen Personen passen. Daten von Dr. Alison Stewart. Cambridge.

adoptiert wurden, im Vergleich zu ihren Adoptionsgeschwistern ein signifikant erhöhtes Risiko, an Schizophrenie zu erkranken. Dies lässt darauf schließen, dass die familiäre Neigung zur Schizophrenie nicht auf das Verhalten der Eltern, sondern auf genetische Faktoren zurückzuführen ist.

- In *Zwillingsstudien* untersucht man betroffene Personen, die ein Zwillingsgeschwister haben. Im Vergleich eineiiger und zweieiiger Zwillinge (EZ und ZZ) stellt man fest, wie häufig das andere Geschwister ebenfalls betroffen ist. EZ haben sämtliche Gene gemeinsam, bei ZZ dagegen ist im Durchschnitt nur die Hälfte der Gene identisch; dagegen haben Zwillinge in der Regel unabhängig vom genetischen Status die gleiche Umwelt. Eine höhere Konkordanz bei EZ ist also ein Indiz für genetische Faktoren. Ein ideales Studienobjekt sind EZ, die unmittelbar nach der Geburt getrennt wurden, aber ihre Zahl ist so gering, dass sie höchstens faszinierende Einzelfallberichte liefern.

Das Ergebnis einer Familien-, Zwillings- oder Adoptionsstudie ist eine Abschätzung für die Heritabilität der untersuchten Störung (s. *Abb. 13.4*).

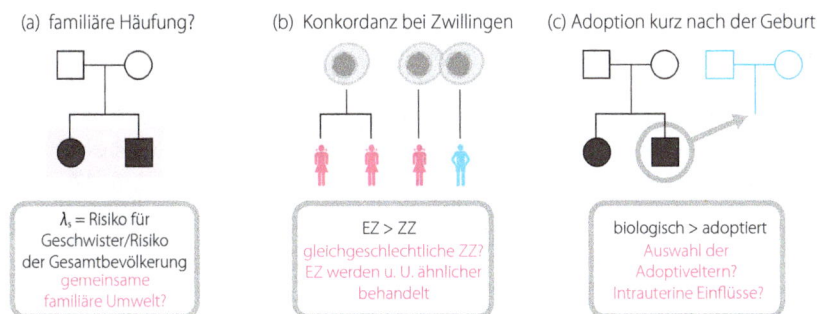

Abb. 13.4
Methoden zum Nachweis genetischer Effekte bei komplexen Krankheiten und Gründe, warum man bei der Interpretation der Ergebnisse vorsichtig sein sollte.

Kopplungsstudien zur Identifizierung von Anfälligkeitsfaktoren

Nachdem man zu dem Schluss gelangt ist, dass genetische Faktoren für die Anfälligkeit für eine untersuchte Krankheit tatsächlich von Bedeutung sind, besteht der nächste Schritt in der Identifizierung dieser Faktoren. Das ist viel einfacher gesagt als getan. Wie bei Krankheiten mit mendelschem Erbgang nimmt man in der Regel zunächst eine Kopplungsanalyse vor (*Kapitel 9*). Das Laborverfahren ist das Gleiche: Bei geeigneten Angehörigen wird eine große Sammlung genetischer Marker typisiert, und durch Analyse der Daten findet man Marker, die gemeinsam mit der Krankheit segregieren. Die Analyse läuft allerdings anders ab. Die normale LOD-Analyse setzt voraus, dass man die Penetranz der einzelnen Genotypen, die Allelhäufigkeit und die Mutationsrate in den Computer eingibt. Bei Krankheiten mit mendelschem Erbgang kann man hinsichtlich dieser Parameter meist eine plausible Vermutung entwickeln, für komplexe Erkrankungen ist dies jedoch nicht möglich. Deshalb muss man eine **nichtparametrische Kopplungsanalyse** vornehmen.

Bei der nichtparametrischen Analyse betrachtet man Familien mit mehreren betroffenen Personen und zieht in Betracht, in welchem Umfang diese Angehörigen gemeinsame Gene tragen. Gene werden im Gegensatz zu Eigenschaften stets nach den mendelschen Prinzipien vererbt, so dass man die voraussichtliche Gemeinsamkeit für beliebige Verwandte leicht berechnen kann. Betroffene Angehörige sollten alle Gene oder Marker, die an der Krankheitsentstehung beteiligt sind, unabhängig vom Erbgang in großem Umfang gemeinsam haben. In dem am häufigsten verwendeten Verfahren untersucht man zu diesem Zweck betroffene Geschwisterpaare.

Analyse betroffener Geschwisterpaare

Die Analyse betroffener Geschwisterpaare (*affected sib pair analysis*, ASP-Analyse) verfolgt das Ziel, eine Sammlung betroffener Geschwisterpaare (im typischen Fall 100 bis 500 Paare) zusammenzustellen und bei diesen eine Reihe über das ganze Genom verstreuter Marker zu typisieren. Betrachten wir beispielsweise ein Geschwisterpaar mit einer mendelschen, rezessiven Störung: *Abb. 13.5* zeigt, wie beide Beteiligten gemeinsame Allele an einem Markerlocus tragen, der mit dem Krankheitslocus im einen Fall eng gekoppelt ist, im anderen jedoch nicht. In *Tab. 13.3* ist das Prinzip in allgemeiner Form dargestellt. Marker, die mit einem Anfälligkeitslocus gekoppelt sind, sollten betroffenen Geschwistern unabhängig vom Erbgang häufiger gemeinsam sein, als es dem Zufall entspricht.

Die ASP-Analyse ist eine sehr zuverlässige Methode für eine parameterunabhängige Kopplungsanalyse. Sie geht nicht von Voraussetzungen aus, die sich als falsch erweisen könnten. Allerdings lassen sich auf diese Weise nur sehr lange Chromosomenabschnitte abgrenzen. Wie wir in *Kapitel 9* erfahren haben, kann man die Kopplungsanalyse für eine Krankheit mit mendelschem Erbgang in großen Familien bis auf die letzte Rekombinante zurückverfolgen und so möglicherweise eine Kandidatenregion definieren, die nur eine Hand voll Gene enthält. Anfälligkeitsfaktoren für komplexe Krankheiten sind jedoch weder notwendig noch hinreichend, damit sich die Krankheit entwickelt. Selbst wenn man also ein signifikantes Ergebnis findet, umfasst die Kandidatenregion meist 20 bis 50 Mb. Ein derart großer Chromosomenabschnitt muss weiter eingegrenzt werden, bevor man mit Mutationsuntersuchungen beginnen kann. Zu diesem Zweck sind Assoziationsstudien das ideale Mittel.

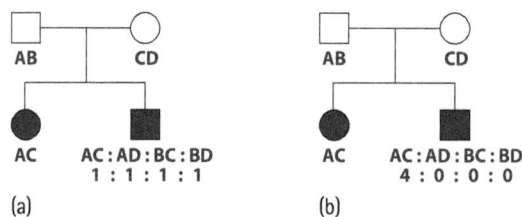

Abb. 13.5 Gemeinsame Markerallele bei zwei Geschwistern, die beide von einer Krankheit mit autosomal rezessivem Erbgang betroffen sind
(a) Ein Marker, der sich auf einem anderen Chromosom befindet als der Krankheitslocus. **(b)** Ein Marker, der mit dem Krankheitslocus eng gekoppelt ist. A, B, C und D sind unterschiedliche Allele am Markerlocus.

Tab. 13.3 Voraussichtlicher Anteil gemeinsamer Markerallele in Paaren betroffener Geschwister

Marker	Geschwister ohne gemeinsame Allele	Geschwister mit einem gemeinsamen Allel	Geschwister mit zwei gemeinsamen Allelen
nicht mit dem Krankheitslocus gekoppelt	1/4	1/2	1/4
eng gekoppelt mit seltener Krankheit, dominanter Erbgang	0	1/2	1/2
eng gekoppelt mit seltener Krankheit, rezessiver Erbgang	0	0	1
gekoppelt mit Anfälligkeitslocus für verbreitete Krankheit	< 1/4	> 1/2	> 1/4

Die Zahlen für Krankheiten mit mendelschem Erbgang gehen davon aus, dass beide Geschwister am Krankheitslocus die gleichen Allele besitzen, was in der Regel der Fall ist, falls die Krankheit in der Gesamtbevölkerung selten ist. Für Anfälligkeitsloci für verbreitete Krankheiten kann man keine genauen Anteile angeben, sondern nur die Richtung, in der die Anteile von der Zufallsverteilung abweichen.

Nachweis von Anfälligkeitsfaktoren durch Assoziation

Ursprüngliche Chromosomenabschnitte

In der Prophase I der Meiose finden in jeder Zelle bei Männern durchschnittlich 60 und bei Frauen 90 Crossover-Ereignisse statt. Ein durchschnittliches Chromosom wird demnach in zwei oder drei Abschnitte zerlegt. Wenn Geschwister gemeinsame Chromosomenabschnitte besitzen, sind diese also in der Regel sehr lang. Geht man von den Geschwistern zu weiter entfernten Verwandten über, wird die mutmaßliche Größe der von den Vorfahren ererbten Chromosomenabschnitte immer geringer. Als Beispiel betrachten wir ein Chromosomensegment, das Bob und Carol, zwei weitläufige Verwandte, von einem gemeinsamen Vorfahren geerbt haben (*Abb. 13.6*). Für einen Abschnitt von 10 cM Länge besteht nur eine Wahrscheinlichkeit von einem Prozent, dass es nicht in mindestens einer der zehn Meiosen, die Bob und Carol trennen, durch Rekombination gespalten wurde.

Bob und Carol wissen vermutlich gar nicht, dass sie verwandt sind. Jeder von ihnen hat 32 Ururgroßeltern, und selbst wenn beide begeistert Ahnenforschung betreiben würden, ist es höchst unwahrscheinlich, dass sie über alle diese 32 Personen Bescheid wissen und deren zahlreiche Nachkommen identifiziert haben. Die gleiche Überlegung gilt für jeden Chromosomenabschnitt jedes Menschen. Auch Menschen, die nach eigener Kenntnis nicht verwandt sind, besitzen kleine Chromosomenabschnitte, die sie von einem weit entfernten gemeinsamen Vorfahren geerbt haben. Je weiter dieser Vorfahre in der Vergangenheit liegt, desto kleiner ist der gemeinsame Abschnitt, aber desto größer ist gleichzeitig die Zahl der Menschen, die ihn gemeinsam haben. Jeder Mensch hat vor N Generationen 2^n Vorfahren (*Abb. 13.7*), und bei gleichbleibender Populationsgröße hat jeder dieser Vorfahren seinerseits 2^n Nachkommen. Geht man nur 20 Generationen weit zurück (also ungefähr 500 Jahre, das heißt in das Jahr 1500), so ist man bereits bei 2^{20} oder über einer Million. Letztlich sind wir alle verwandt. Der Ausdruck „nicht verwandt" bezeichnet hier, wie in der Genetik allgemein üblich, Personen, die keinen gemeinsamen Urgroßelternteil haben.

Von Bedeutung ist der letzte gemeinsame Vorfahre. Dieser lebte in einer kleinen, isolierten Population wahrscheinlich in jüngerer Vergangenheit als in einer großen Bevölkerung, und entsprechend größer sind dann auch die gemeinsamen Chromosomenabschnitte. Für unterschiedliche Chromosomensegmente gibt es sehr wahrscheinlich unterschiedliche Ureltern, und wir haben die jeweiligen Segmente auch mit unterschiedlichen Personen gemeinsam. Jeder Chromosomenabschnitt enthält polymorphe Marker, für die es auf dem betreffenden Chromosom bestimmte Allelvarianten gibt. Die gleiche Allelkombination, die sich bei dem Vorfahren auf dem fraglichen Abschnitt befand, ist – abgesehen von gelegentlichen Mutationen – auch allen heutigen Menschen gemeinsam, die ihn geerbt haben.

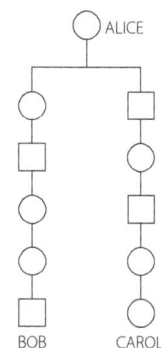

Abb. 13.6 Bob und Carol haben von ihrer Ururgroßmutter Alice einen Chromosomenabschnitt geerbt. Durch Rekombinationsereignisse in zehn Meiosen wurde das Segment, das Bob und Carol gemeinsam haben, immer kleiner.

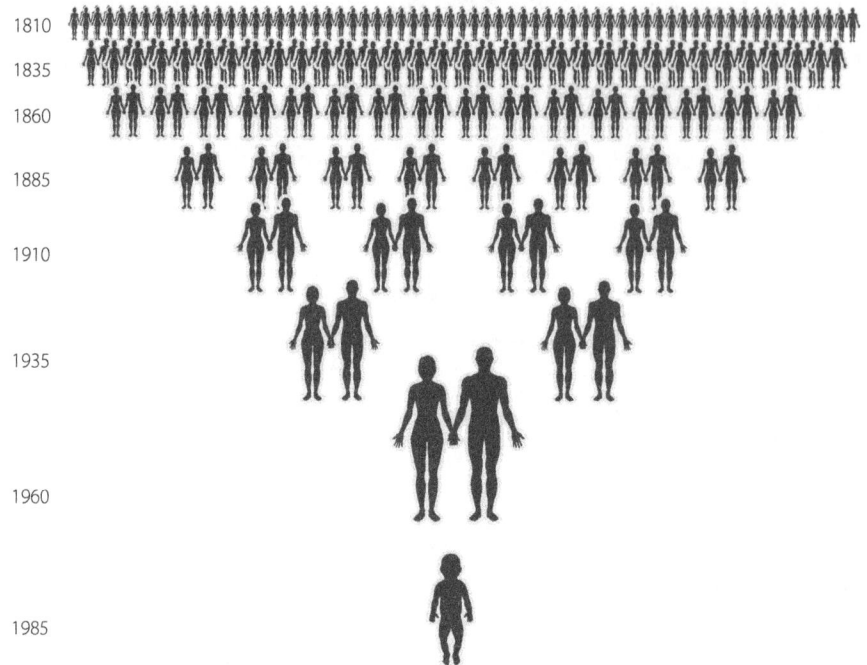

Abb. 13.7
Vor *N* Generationen hat ein Mensch 2^N Vorfahren. Diese Zahl übersteigt sehr schnell die Bevölkerungszahl der meisten Länder vor einigen Jahrhunderten. Selbst wenn man Verwandtenehen und die Isolation einzelner Gemeinschaften berücksichtigt, sind wir alle über entfernte gemeinsame Vorfahren verwandt. (Nach einer Idee von Dr. Brian Sykes.)

Gemeinsame ererbte Chromosomensegmente und Krankheitsassoziation
Angenommen, ein solches ererbtes Chromosomensegment enthält ein Allel, das anfällig für Diabetes macht. Diesen Chromosomenabschnitt hätten heute zahlreiche nicht miteinander verwandte Diabetiker gemeinsam. Das Allel allein ist weder notwendig noch hinreichend, damit der Diabetes entsteht; deshalb wird man es nicht bei allen Diabetikern finden, und es kommt auch bei manchen Menschen vor, die nicht an der Krankheit leiden – aber wenn das Allel die Anfälligkeit steigert, ist es bei betroffenen Personen mit größerer Wahrscheinlichkeit zu finden als bei anderen.

Die Suche nach solchen gemeinsamen Segmenten bildet die Grundlage für Assoziationsstudien bei komplexen Krankheiten. Man rekrutiert einige hundert oder tausend nicht miteinander verwandte, betroffene Personen und typisiert bei ihnen eine große Zahl genetischer Polymorphismen. Dafür bieten sich insbesondere die SNPs an, einerseits weil sie in großer Zahl vorhanden sind und weil es für ihre Genotypisierung leistungsfähige Hochdurchsatzverfahren gibt, andererseits aber auch weil sie weniger häufig mutieren als Mikrosatelliten. In Mikrosatelliten kommen Mutationen durch Replikationsfehler relativ häufig vor (s. *Abschnitt 12.4*); ihre Mutationsrate ist immerhin noch so gering, dass sie sich als stabile Marker für die Kopplungsstudien in Kernfamilien, mit denen man die mendelsche Vererbung von Krankheiten nachweist, durchaus eignen; sucht man aber nach ererbten Chromosomenabschnitten, die über mehrere hundert Generationen weitergegeben wurden, ist die Analyse von SNPs zuverlässiger.

Wie wir bereits erfahren haben, rechnet man damit, dass die gemeinsamen Segmente klein sind. Das HapMap-Projekt (s.u.) lässt darauf schließen, dass sie in der Regel einige Kb umfassen. Um kein gemeinsames Segment zu übersehen, muss man also in den Proben nach Markern suchen, die wenige Kilobasen voneinander entfernt sind. Trägt ein solches von den Vorfahren ererbtes Segment einen Faktor, der anfällig für eine Krankheit macht, kommt ein Markerallel, das ebenfalls auf diesem Segment liegt, bei betroffenen Personen häufiger vor als bei den Kontrollen.

Nachweis von Anfälligkeitsfaktoren mit Assoziationsstudien

Assoziationsstudien können auf dreierlei Weise dazu beitragen, Anfälligkeitsfaktoren für komplexe Krankheiten zu identifizieren. Dabei handelt es sich – nach wachsender Schwierigkeit geordnet – um folgende Möglichkeiten:

- *Untersuchung von Kandidatengenen.* Wenn man etwas über den Entstehungsmechanismus der Krankheit weiß oder über Tiermodelle verfügt, kann man in der Regel auch Vermutungen über plausible Kandidatengene anstellen. Häufig untersucht man SNPs in einem solchen Kandidatengen oder in seiner Nähe auf eine mögliche Krankheitsassoziation. Die Auswahl der SNPs erfolgt dabei vielfach auf Grund der Kenntnisse über die Struktur der Haplotypenblöcke im Umfeld des Kandidatengens (s.u.).

- *Kombinierte Kopplungs- und Assoziationsstudien.* Die Kopplung definiert große Chromosomenabschnitte, die eng verwandten Personen gemeinsam sind und sich mit ein paar hundert über das Genom verteilten Markern nachweisen lassen. Anhand der Assoziation definiert man sehr kurze gemeinsame Segmente „nicht verwandter" Menschen. Die dbSNP-Datenbank führt rund zehn Millionen SNPs auf, d.h. durchschnittlich einen je 300 bp. In den meisten Fällen steht also eine ausreichende Zahl von SNPs zur Verfügung, so dass man gemeinsame Segmente von wenigen kb Länge aufspüren kann. Deshalb ist es eine nahe liegende Strategie, mithilfe von Kopplungsstudien (das heißt anhand betroffener Geschwisterpaare) große Kandidatenregionen zu definieren und dann den Bereich des Kandidatengens einzugrenzen, indem man mit der Genotypisierung von SNPs, die in geringen Abständen voneinander liegen, nach Assoziationen sucht.

- *Assoziationsstudien an ganzen Genomen.* Durch die ständige Weiterentwicklung der Methoden zur Hochdurchsatz-Genotypisierung ist es mittlerweile möglich, das gesamte Genom einer Assoziationsstudie zu unterziehen. Um alle denkbaren ererbten Chromosomensegmente nachzuweisen, braucht man SNPs in Abständen von 5 kb oder vielleicht sogar 1 kb. Das entspricht 600 000 bis 3 000 000 SNPs. Wie im Folgenden noch genauer erläutert wird, muss man wegen der großen Zahl potentieller Assoziationen einen äußerst strengen Schwellenwert für die statistische Signifikanz einer Assoziation definieren. Das wiederum bedeutet, dass man sehr große Stichproben braucht. Der dazu erforderliche Arbeitsaufwand übersteigt in der Regel die Möglichkeiten und bleibt besonders gut ausgestatteten Institutionen oder Konsortien vorbehalten. Eine Möglichkeit zur Verringerung des Aufwandes besteht darin, dass man kleine, isolierte Populationen untersucht. Dort haben die meisten Menschen noch in relativ junger Zeit gemeinsame Vorfahren, und die gemeinsamen Segmente sind im Durchschnitt größer, so dass sie sich mit weniger Markern nachweisen lassen. Dies ist beispielsweise der Ansatzpunkt des Projekts DeCode (s. www.DeCode.com), in dessen Rahmen die Bevölkerung Islands analysiert wird.

Zu welchen Ergebnissen man mit diesen Verfahren bei der Alzheimer-Krankheit und beim Diabetes des Typs 2 gelangte, wird im nächsten Abschnitt beschrieben. Im letzten Absatz werden wir dann allgemeiner betrachten, welche Aussichten die Kopplungs- und Assoziationsstudien bei komplexen Krankheiten eröffnen und wo ihre Grenzen liegen.

Interpretation von Assoziationen

Mit einer gelungenen Assoziationsstudie weist man beispielsweise nach, dass das Allel X des Markers Y bei Personen mit der Krankheit Z um 20 Prozent häufiger vorkommt als bei Kontrollen. Damit ist nicht zwangsläufig gesagt, dass X die Ursache der Anfälligkeit für Z ist. Es gibt auch mehrere andere Erklärungen:

- Die Assoziation ist ein statistischer Ausreißer (ein Fehler 1. Art), der sich in einer zweiten, unabhängigen Stichprobe nicht zeigen würde.

Exkurs 13.2 Kopplung und Assoziation

Die **Kopplung** ist eine Beziehung zwischen **Loci**, nicht aber zwischen Allelen. Ein Beispiel zeigt *Tab. 9.1*: Hier ist der Locus *D1S252* mit dem Locus für Dyschromatose gekoppelt. Dies gilt unabhängig davon, welches Allel ein bestimmtes Chromosom am Krankheits- und Markerlocus trägt.

Assoziation ist (im genetischen Zusammenhang) eine Beziehung zwischen **Allelen** oder Phänotypen. Mit einer Krankheit ist nicht der Markerlocus assoziiert, sondern ein bestimmtes Markerallel. Die Assoziation besteht mit der tatsächlich vorhandenen Krankheit (dem Phänotyp), nicht aber mit einem Krankheitsanfälligkeitslocus, an dem sich Allele für hohes oder niedriges Risiko befinden können. Ein Allel an einem Markerlocus kann auch mit einem Allel an einem anderen Markerlocus assoziiert sein.

Aus einer Kopplung folgt nicht, dass es in einer Population eine Assoziation gibt. In *Abb. 9.7* erkennt man beispielsweise für jeden Marker auf krankheitauslösenden und normalen Chromosomen eine ganze Reihe verschiedener Allele. Innerhalb einer Familie dagegen besteht eine Assoziation: In der Familie 1 z.B. tragen neun der zehn betroffenen Personen auf ihrem krankheitsauslösenden Chromosom das Allel 1 von *D1S2777*. Die Assoziation besteht aber nur innerhalb dieser Familie. Betroffene Personen aus anderen Familien tragen die Allele 3 oder 5 dieses Markers.

Kopplung und Assoziation überschneiden sich, wenn auch eine Überschneidung zwischen der Familie und der allgemeinen Bevölkerung besteht. Wenn alle Angehörigen einer heutigen Population gemeinsame, von Vorfahren ererbte Chromosomenabschnitte tragen, so dass sie eigentlich alle zu einer riesigen Familie gehören, und wenn sich innerhalb dieser Abschnitte gekoppelte Loci befinden, ergeben sich in der Population auch Assoziationen zwischen den einschlägigen Allelen. Dies bezeichnet man in der Regel als **Kopplungsungleichgewicht**. Streng genommen kann das Phänomen des Kopplungsungleichgewichts seine Ursachen nicht nur in der Evolution haben. Wenn man aber in der Humangenetik diesen Begriff gebraucht, meint man damit immer eine Assoziation von Allelen auf Grund gemeinsamer, von Vorfahren ererbter Chromosomenabschnitte.

- Fälle und Kontrollen wurden schlecht aufeinander abgestimmt; X ist für die Krankheit ohne Bedeutung, aber die Fälle stammen aus einer Untergruppe der Bevölkerung, in der X zufällig mit höherer Häufigkeit vorkommt als bei den Kontrollen.
- X selbst ist nicht die Ursache der Anfälligkeit für Z, sondern es liegt nur auf dem gleichen ererbten Chromosomenabschnitt wie der wirkliche Anfälligkeitsfaktor; dies ist ein Beispiel für ein Kopplungsungleichgewicht (s. *Exkurs 13.2*).

In *Abschnitt 13.4* wird davon die Rede sein, wie man zwischen diesen Möglichkeiten unterscheiden und die wirkliche Ursache einer Assoziation identifizieren kann.

13.3 Untersuchung der Patienten

Bei multifaktoriellen Erkrankungen ist es nur in den seltensten Fällen von Nutzen, genetische Untersuchungen an *einzelnen* Patienten vorzunehmen – ob solche Untersuchungen in Zukunft nützlicher sein könnten, wird im letzten Abschnitt erörtert. Dagegen sind Analysen an Patienten*gruppen* das wichtigste Hilfsmittel zur Erforschung der genetisch bedingten Anfälligkeit für alle komplexen Krankheiten. Solche Untersuchungen entsprechen heute der Hauptrichtung der humangenetischen Forschung. Deshalb wollen wir für die beiden Krankheiten, die in diesem Kapitel als Fall 26 und 27 beschrieben wurden, zunächst die Frage erörtern, welchen Rat ein Genetiker den besorgten Angehörigen geben würde. Anschließend werden Forschungsarbeiten an Gruppen betroffener Personen beschrieben. Im letzten Abschnitt ordnen wir diese Beispiele dann in einen größeren Zusammenhang ein.

| 311 | **323** | 357 | | | | | |

Als Bill Yamamoto die Genetikerin aufsuchte, bestätigte sie die Aussage seines Hausarztes: Eine starke erbliche Komponente gibt es nur bei der früh manifestierenden Form der Alzheimer-Krankheit. Bei Bills Mutter und seiner Tante hatten die Symptome jedoch erst im hohen Alter eingesetzt. Definiert sind beide Formen durch die gleichen pathologischen Veränderungen des Gehirns, die erst nach dem Tod diagnostiziert werden können: zahlreiche extrazelluläre senile Plaques und Neurofibrillen in den Zellen (*Abb. 13.8*). Aber die spät einsetzende Form wird nicht einfach vererbt. Bill erkundigte sich bei der Genetikerin nach ApoE4. Sie bestätigte, dass es einen statistischen Zusammenhang des ApoE4-Allels mit der spät ausbrechenden Alzheimer-Krankheit gibt, der für Personen japanischer Herkunft ebenso gilt wie für solche mit europäischen Vorfahren. In mehreren Studien hatte sich für japanische Alzheimer-Patienten eine ApoE4-Allelhäufigkeit von 0,25 bis 0,3 gezeigt, im Gegensatz zu 0,1 bei den Kontrollen. Dennoch riet die Genetikerin von einem Test ab. Sie zeigte ihm eine Richtlinie über ApoE4-Tests, die eine Arbeitsgruppe des American College of Medical Genetics und der American Society of Human Genetics 1995 herausgegeben hatte; das Papier gelangt zu dem Schluss: „Derzeit wird die Anwendung in der klinischen Routinediagnostik und als Test zu Vorhersagezwecken nicht empfohlen."

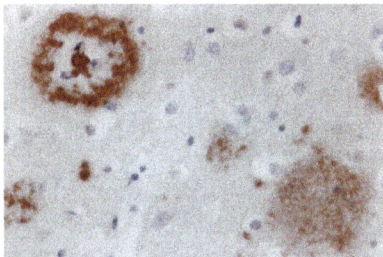
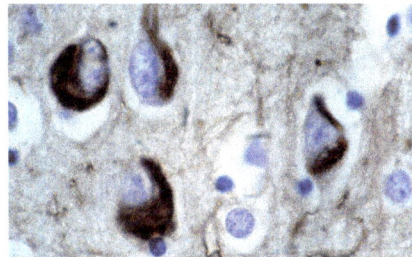

(a)   (b)

Abb. 13.8 Charakteristische neuropathologische Zeichen bei der Alzheimer-Krankheit
(a) Amyloidplaques, **(b)** Neurofibrillen (neurofibrillary tangles). Fotos mit freundlicher Genehmigung von Dr. Simon Lovestone, Institute of Psychiatry, London.

Als Bill erklärte, dies scheine ihm keine sehr tiefsinnige Empfehlung zu sein, fragte sie ihn, was er bei einem positiven Testergebnis tun wolle. „Ich würde Sie fragen, was ich tun muss, damit die Krankheit nicht ausbricht", erwiderte er. „Da könnte ich Ihnen aber keinen Rat geben. Man kennt für die Alzheimer-Krankheit keine sichere Vorbeugungsmethode, es gibt nur Medikamente, mit denen man den Krankheitsverlauf verzögern kann. Am besten bleiben Sie geistig aktiv – aber diesen Rat würde ich unabhängig von allen anderen Umständen ohnehin jedem Menschen geben. Und was tun Sie, wenn der Test negativ ist?" „Feiern!" „Aber das wäre falsch – auch viele Menschen mit negativem ApoE4-Test bekommen Alzheimer. Es ist nur ein statistischer Zusammenhang. Im Einzelfall erlaubt er keine Vorhersage." Sie gab ihm die Kopie eines Artikels von Holzman über genetische Tests mit auf den Weg und empfahl die gründliche Lektüre zur Vorbeugung gegen manche vollmundigen Angebote aus dem Internet (Holzman, 1999). Was das Risiko anging, war Bill nach dem Gespräch nicht beruhigt, aber immerhin hatte es ihn davon überzeugt, dass auch der hohe finanzielle Aufwand für den Test ihn nicht von seinen Sorgen befreien würde.

Die Alzheimer-Krankheit bricht in ungefähr einem Prozent der Fälle vor dem 60. Lebensjahr aus. Diese früh einsetzenden Erkrankungen treten häufig familiär gehäuft auf und verhalten sich vielfach wie eine Krankheit mit dominantem mendelschem Erbgang. Wenn das der Fall ist, kann man sie mit den Standardmethoden der Kopplungsanalyse und Positionsklonierung analysieren. Auf diese Weise konnte man bisher drei krankheitsauslösende Gene identifizieren (*Tab. 13.4*).

Tab. 13.4 Bekannte Ursachen der früh ausbrechenden Alzheimer-Krankheit

Gen	OMIM Nr.	Lage	Zahl der dokumentierten Familien	Genprodukt
APP	104760	21q21	39	Amyloid-Vorläuferprotein
PSEN1	104311	14q24	258	γ-Sekretase-Untereinheit
PSEN2	600759	1q31	15	γ-Sekretase-Untereinheit

Die Gesamtzahl der dokumentierten Familien stammt aus Bertram & Tanzi (2004). Zusammen erklären diese Ursachen nur einen winzigen Bruchteil aller Alzheimer-Erkrankungen; in ihrer großen Mehrzahl der Fälle bricht die Krankheit spät aus, und es besteht keine familiäre Häufung.

Die senilen Plaques bestehen bei der Alzheimer-Krankheit vorwiegend aus β-Amyloidprotein wohingegen die Neurofibrillen überwiegend aus dem tau-Protein aufgebaut sind. β-Amyloid entsteht durch proteolytische Spaltung aus dem β-Amyloid-Vorläuferprotein (APP). APP ist ein im Gehirn vorkommendes Protein aus 695 Aminosäuren, das von dem Enzym γ-Secretase in die Peptide Aβ_{40} und Aβ_{42} gespalten wird. Aβ_{42} ist nach heutiger Kenntnis die pathogene Variante. Die γ-Secretase ist ein Komplex aus fünf Polypeptiden, darunter die Genprodukte PSEN1 und PSEN2. Die seltenen mendelschen Formen der Alzheimer-Krankheit haben mit Sicherheit gezeigt, dass das Amyloidprotein für die Krankheitsentstehung eine Rolle spielt und nicht nur einen Nebeneffekt einer anderen Ursache darstellt.

Für Familien, die von der früh ausbrechenden Alzheimer-Krankheit betroffen sind, können Genetiker eine ganze Menge tun. Mit Kopplungsanalysen und Mutationssuche kann man versuchen, die verantwortliche Mutation zu finden. Hat man eine solche entdeckt, kann man ähnlich wie bei der Huntington-Krankheit prädiktive Tests durchführen. Eine geeignete Vorgehensweise wird im nächsten Kapitel beschrieben (*Erkurs 14.2*). Bei der spät einsetzenden Form dagegen, das musste auch Bill Yamamoto erfahren, befinden wir uns noch in der Phase der Erforschung, und die genetischen Beratungsstellen können derzeit keine sinnvollen Angebote machen. Man hat sich mit zahlreichen Kopplungs- und Assoziationsstudien bemüht, Anfälligkeitsfaktoren zu identifizieren, aber mit der unten genauer beschriebenen Ausnahme von *APOE** gelangte man damit weder zu nützlichen Vorhersageindikatoren noch zu Ansatzpunkten für Arzneiwirkstoffe.

Für Kopplungsanalysen ist die Einbeziehung von betroffenen Geschwisterpaaren naheliegend. Personen, die als nicht betroffen eingestuft werden, können später dennoch die Alzheimer-Krankheit bekommen, also beschränkt man die Untersuchungen am besten auf Betroffene. Familien mit mehreren Generationen stehen nur selten zur Verfügung, und wenn man nach solchen Familien sucht, enthält die Stichprobe einseitig viele Fälle der früh ausbrechenden Krankheitsform, die vielleicht nicht typisch ist. Es wurde über zahlreiche genomweite Kopplungsstudien berichtet, die aber alle einen niedrigen LOD-Wert haben. *Erkurs 13.3* nennt eine Reihe allgemein anerkannter Signifikanzschwellen für Screeninganalysen des gesamten Genoms. Nach diesen Kriterien gelangte keine Untersuchung zu einem *hoch signifikanten* Ergebnis. *Signifikante* oder *mutmaßliche* Befunde, die bei der genomweiten Suche zu bestimmten Chromosomenabschnitten führten, konnten nur in seltenen Fällen von anderen nachvollzogen werden. Diese recht enttäuschenden Ergebnisse sind typisch für Kopplungsuntersuchungen komplexer Krankheiten; mögliche Gründe werden in *Abschnitt 13.4* erörtert. Dennoch spricht manches für einige mögliche Positionen. Der Übersichtsartikel vom Bertram & Tanzi (2004) führt zwölf Chromosomenregionen auf, für die mindestens zwei Studien einen Hinweis auf Kopplung geliefert haben, und auch die Belege für die einzelnen Regionen werden erörtert. Insgesamt lässt dieser Artikel darauf schließen, dass sich die weitere Untersuchung mehrerer Chromosomenabschnitte lohnen könnte, aber abgesehen von 19q13, dem Ort des *APOE*-Gens, wurden keine weiteren Anfälligkeitsfaktoren definitiv kartiert.

Exkurs 13.3 Signifikanzschwellen in genomweiten Kopplungsstudien

Wie wir in *Kapitel 9* erfahren haben, liegt die Signifikanzschwelle eines LOD-Wertes bei 3,0. Die Wahrscheinlichkeit, dass sich ein so hoher LOD-Wert ergibt, obwohl in Wirklichkeit keine Kopplung mit dem betreffenden Marker vorliegt, beträgt 0,05. Mustert man mithilfe mehrerer hundert Marker das gesamte Genom durch, ist die Wahrscheinlichkeit, dass man mit dem einen oder anderen davon zu einem falsch positiven Ergebnis gelangt, natürlich höher als bei Benutzung eines einzelnen Markers. Aber die Frage, um welchen Betrag sie höher liegt, ist statistisch sehr schwer zu beantworten. Nach Lander und Kruglyak (1995) lassen sich die Ergebnisse einer genomweiten Kopplungsanalyse in folgende Kategorien einteilen:

- hoch signifikante Belege für Kopplung (LOD-Score > 5,4)
- signifikante Belege für Kopplung (LOD-Score > 3,6)
- mutmaßliche Belege für Kopplung (LOD-Score > 2,2)

Diese Schwellenwerte wurden so gewählt, dass man (in der gleichen Reihenfolge) in einer genomweiten Kopplungsstudie mit einer Wahrscheinlichkeit von 0,001, 0,05 und 1 einen derart hohen LOD-Wert findet, wenn man von der Nullhypothese (keinerlei Kopplung) ausgeht. Werte in der untersten Kategorie haben nur eine sehr geringe Aussagekraft, so lange sie nicht in unabhängigen Studien reproduziert wurden.

Insgesamt wurden etwa 100 Gene auf Alzheimer-assoziierte Varianten untersucht. Unter ihnen waren Kandidaten, die auf Grund ihrer Position in den Kopplungsstudien infrage kamen, und Kandidatengene, die wegen des Entstehungsmechanismus der Alzheimer-Krankheit nahe lagen. Es wurde über zahlreiche Assoziationen berichtet, aber abgesehen von *APOE*4 konnte keine davon überzeugend bestätigt werden. Eine Übersicht über diese Befunde findet sich ebenfalls bei Bertram & Tanzi, 2004. Die Ergebnisse vieler derartiger Studien liefern faszinierende Ausgangspunkte für weitere Forschungsarbeiten, aber von *APOE*4 abgesehen, wurden dabei keine Anfälligkeitsfaktoren für die Alzheimer-Krankheit eindeutig identifiziert. Dass *APOE*4 von Bedeutung ist, wurde jedoch in zahlreichen Studien bestätigt und ist nicht mehr umstritten.

Das Gen *APOE* auf dem Chromosom 19q13 kodiert das Apolipoprotein E. Es wurden viele Varianten von ApoE beschrieben (s. OMIM 107741), aber nur drei davon sind häufig vorkommende Polymorphismen. E2, E3 und E4 sind Varianten der kodierenden Sequenz, die ApoE-Proteine mit Cystein oder Arginin an den Positionen 112 und 158 entstehen lassen (s. *Tab. 13.5*). Die Abweichungen führen zu Funktionsunterschieden bei den Wechselwirkungen mit Lipiden. Die Variante E4 ist mit einem höheren Gesamt-Plasmacholesterinspiegel und einer höheren LDL-Konzentration assoziiert als E3-Homozygote sie aufweisen. Die Allelhäufigkeiten wurden in vielen Bevölkerungsgruppen untersucht. E4 ist das älteste Allel: Es findet sich auch bei anderen Primaten und ist bis heute häufig in Populationen, in denen die Nahrungssuche noch eine große Rolle spielt. In sesshaften, von Landwirtschaft lebenden Bevölkerungsgruppen kommt E4 nur selten vor.

Tab. 13.5 Die häufigsten Varianten des Apolipoproteins E und ihre Allelhäufigkeit in verschiedenen Bevölkerungsgruppen

	Aminosäure 112	Aminosäure 158	Spanien	Groß-brit.	China	Japan	US-Ureinwohner	Khoi San
E2	Cystein	Cystein	0,052	0,089	0,105	0,048	0,0	0,077
E3	Cystein	Arginin	0,856	0,767	0,824	0,851	0,816	0,553
E4	**Arginin**	Arginin	0,091	0,144	0,071	0,101	0,184	0,370

Daten aus Corbo und Sacchi (1999), *Ann. Hum. Genet.* **63**: 301–310.

E4 ist bei Menschen, die in einem westlich geprägten Umfeld leben, ein Risikofaktor für die koronare Herzkrankheit und die spät ausbrechende Alzheimer-Krankheit. Bei Europäern und Amerikanern europäischer Abstammung verbindet sich Heterozygotie für *APOE*4 mit einem dreifach und Homozygotie mit einem 15-fach erhöhten Risiko für die Alzheimer-Krankheit. *APOE*4 ist für 20 bis 30 Prozent des Gesamtrisikos verantwortlich und sowohl mit einem höheren Risiko als auch mit einem geringeren Alter bei Ausbruch der Krankheit assoziiert. Durch welchen Mechanismus das erhöhte Risiko entsteht, ist aber nicht geklärt.

Bertram & Tanzi (2004) stellen am Ende ihres Übersichtsartikels die Frage: „Was sollen wir den Patienten sagen?" Ihre Antwort: Bisher nicht viel. Damit geben sie die Ansicht mehrerer Expertengremien wieder, die sich dagegen ausgesprochen haben, ApoE4 oder andere angebliche Risikofaktoren zu klinischen Zwecken zu nutzen. ApoE4 ist für den Ausbruch der Alzheimer-Krankheit weder notwendig noch hinreichend. Eine Genotypisierung von ApoE würde die Diagnose bei einer Person mit einer mutmaßlichen Alzheimer-Erkrankung nicht erleichtern und bringt auch keinen Nutzen, wenn man die Erkrankungswahrscheinlichkeit im Einzelfall voraussagen will. Eine britische Studie gelangte zu dem Schluss, die Aussagekraft sei so gering, dass sie sich auf die Berechnungen von Versicherungsunternehmen selbst dann nicht auswirkt, wenn es sich um eine langfristig angelegte Pflegeversicherung handelt (Warren, 1999). Tests auf ApoE werden aber zu Recht im Rahmen der Erforschung von Lipidstoffwechselstörungen durchgeführt, und damit stellt sich die schwierige Frage, ob man Patienten über Testergebnisse informieren soll, die für die Lipidstörung ohne Bedeutung sind, andererseits aber Beunruhigung verursachen. Natürlich sind ApoE-Tests auch im Internet verfügbar – aber wenn man die Ergebnisse ernst nimmt, werden sie nur zum Anlass für falschen Optimismus oder ungerechtfertigten Pessimismus.

Fall 27 Familie Zuabi

- Zafira, weiblich, 52 Jahre
- Übergewicht, sitzende Lebensweise, ständiger Durst
- Diabetes Typ 2
- Test beim Sohn

312 **326** 357

Der Diabetes mellitus – definiert durch einen Nüchternglucosespiegel von über 7 mmol/l, einen Glucosespiegel nach Nahrungsaufnahme von über 11 mmol/l oder einen Glucosetoleranztest – ist eine heterogene Krankheit. Neben vielen Untertypen unterscheidet man zwei Hauptformen:

- Der Typ I (T1D) setzt bei jungen Menschen sehr plötzlich ein; die Ursache ist ein Autoimmunangriff auf die β-Zellen des Pankreas, ein Zusammenhang mit Übergewicht besteht nicht.
- Der Typ II (T2D) bricht in der Regel erst im Erwachsenenalter aus und steht im Zusammenhang mit Übergewicht und Bewegungsarmut. Autoimmunmechanismen sind nicht im Spiel; die Ursache ist einerseits eine unzureichende Insulinproduktion und andererseits eine Resistenz gegen die Wirkung des Insulins.

Für diese beiden sehr unterschiedlichen Krankheiten spielen sowohl eine genetisch bedingte Veranlagung als auch Umweltfaktoren eine Rolle. Belege für umweltbedingte Ursachen des T2D sind die alarmierend starke Zunahme der Krankheitshäufigkeit in den letzten Jahren (in den USA stieg sie von 1990 bis 1999 um 40 Prozent an, und der Aufwärtstrend hat sich auch in der Zeit danach fortgesetzt), sowie Interventionsstudien, in denen sich eine Kontrolle des Körpergewichts und körperliche Betätigung als wirksam erwiesen haben. Belege für genetische Faktoren stammen aus Familien- und Zwillingsuntersuchungen sowie aus der unterschiedlichen Erkrankungshäufigkeit in verschiedenen ethnischen Gruppen. λ_S liegt bei 4–6, und in vielen Studien wurde berichtet, dass die Konkordanz bei eineiigen Zwillingen höher ist als bei zweieiigen. Eine familiäre Vorgeschichte bedeutet ein 2,4-fach erhöhtes Risiko; bei 15 bis 20 Prozent aller Verwandten ersten Grades von T2D-Patienten entwickelt sich eine gestörte Glucosetoleranz oder ein voll ausgeprägter Diabetes. Die Erkrankungshäufigkeit ist in verschiedenen ethnischen Gruppen sehr unterschiedlich, und zwar auch dann, wenn ihre Angehörigen in einem gemischten, multikulturellen Umfeld leben. Manche Varianten des T2D (MODY und mitochondrialer T2D, s.u.) werden als Einzelgenstörungen vererbt, aber diese Formen machen noch nicht einmal zehn Prozent aller Fälle aus.

Was die genetische Beratung angeht, ist die Familie Zuabi ein recht typischer Fall. Verschiedene miteinander zusammenhängende Gesundheitsstörungen – T2D, Herz-Kreislauf-Erkrankungen, koronare Herzkrankheit – treten in manchen Familien in lockerer Häufung auf. Das Stoffwechselsyndrom ist ebenso wie seine Einzelkomponenten ein eindeutiger Risikoindikator. Die familiäre Vorgeschichte spricht nachdrücklich für ein erhöhtes Risiko, aber für eine gezielte genetische Beratung bleibt wenig Spielraum: Unabhängig von der Vorgeschichte würde man allen übergewichtigen Personen mit bewegungsarmer Lebensweise raten, sich körperlich stärker zu betätigen und abzunehmen. Eine Behandlung ist mit vielen Medikamenten möglich, aber welche davon verschrieben werden, richtet sich nicht nach der Genetik, sondern nach der Physiologie.

Die epidemische Zunahme des T2D in vielen Ländern führte in jüngerer Zeit zu intensiven Bemühungen, die Krankheitsursachen besser zu verstehen. Was die genetischen Ursachen angeht, wurde über mehr als 50 Familien- oder Geschwister-Kopplungsuntersuchungen und zahlreiche Assoziationsstudien berichtet. Was man dabei über T2D in Erfahrung brachte, ist typisch für viele komplexe Krankheiten.

Kopplungsstudien. Nach den Lander-Kruglyak-Kriterien (*Erkurs 13.3*) erbrachte keine Untersuchung hoch signifikante Ergebnisse. Nur wenige Regionen lieferten in einer einzelnen Untersuchung signifikante Anhaltspunkte oder wurden in anderen Studien bestätigt. In den meisten Studien gelangte man im besten Fall zu LOD-Werten, die eine Vermutung zulassen und nicht mit ähnlich verdächtigen Regionen aus anderen Untersuchungen übereinstimmten. Solche suggestiven Indizien für eine Kopplung wurden in dieser oder jener Studie für nahezu alle Chromosomenregionen gefunden, und fast keine davon wurde in Nachfolgeuntersuchungen bestätigt. Die aufschlussreichsten Ergebnisse dieses gewaltigen Arbeitsaufwandes sind in *Tab. 13.6* zusammengefasst.

Tab. 13.6 Mögliche Positionen von Anfälligkeitsloci für Diabetes Typ II (Vermutungen auf Grund von Kopplungsstudien)

Ursprüngliche Studie			Unterstützende Studie	
Population	Position	LOD	Population	LOD
Pima-Indianer	1q25.3	4.1	weiße Amerikaner	4.3
			weiße Franzosen	3.0
			weiße Briten	1.5
mexikan. Amerikaner	2q37.3	4.1	weiße Amerikaner	2.2
			Chinesen	2.1
mexikan. Amerikaner	3p24.1	3.9	mexikan. Amerikaner	1.3
			mexikan. Amerikaner	2.7
			weiße Finnen	1.1
Franzosen	3q28	4.7	Japaner	1.4
			austral. Aborigines	1.8
mexikan. Amerikaner	10q26.13	3.8	weiße Briten	2.0
Finnen	12q24.31	3.6	weiße Amerikaner	1.5
			Pazifik-Inselbewohner	3.7
			weiße Finnen	1.9
Finnen	18p11.22	4.2	weiße Amerikaner	2.4

Wiedergegeben ist eine Auswahl aus einer viel größeren Zahl von Studien, die für die genannten Positionen zu unzureichenden LOD-Werten gelangten. Genehmigter Nachdruck aus Florez et al. (2003). © Annual Reviews, www.annualreviews.org.

Assoziationsstudien. Mit der im vorangegangenen Abschnitt skizzierten Zweistufenstrategie wurde nur ein einziger mutmaßlicher Anfälligkeitsfaktor identifiziert. Positionsklonierung unter dem Kopplungs-Spitzenwert bei 2q39 lieferte Hinweise auf das Gen für Calpain-10 (*CAPN10*). Calpain-10 stand nirgendwo auf der Liste der mutmaßlichen Anfälligkeitsfaktoren, womit bewiesen war, wie gut man mit der Positionsklonierung neue Erkenntnisse über Krankheitsmechanismen gewinnen kann. In der ursprünglichen Studie führte man die Anfälligkeit auf eine

Kombination aus drei nicht codierenden SNPs zurück, deren funktionelle Bedeutung völlig unklar war. Aber auch in vielen Nachfolgestudien konnte die Natur der anfällig machenden Determinante nicht geklärt werden, und selbst ihre Existenz wurde nicht in allen Untersuchungen bestätigt. Mittlerweile gibt es möglicherweise ein zweites Beispiel: SNPs im Gen für Calsequestrin (*CASQ1*) unter dem Kopplungsspitzenwert bei 1q25 wurden vorläufig ebenfalls mit einem erhöhten Risiko für T2D in Verbindung gebracht.

Für die meisten Assoziationsstudien suchte man sich keine Chromosomenregionen aus, auf die man in Kopplungsuntersuchungen gestoßen war, sondern Gene, von denen man vermutete, dass sie an der Krankheitsentstehung beteiligt sein könnten. *Abb. 13.9a* zeigt eine sich selbst verstärkende pathogene Kaskade, die beim T2D zur Hypoglykämie und zum Anstieg der freien Fettsäuren führt; in *Abb. 13.9b* erkennt man den komplizierten Insulin-Signalübertragungsmechanismus. Die Liste potenzieller Kandidatengene ist in jedem Fall sehr lang.

Diesen Studien zufolge könnten auch mehr als 30 weitere Gene anfällig machende Varianten enthalten, aber wie bei den Kopplungsuntersuchungen, so konnte man auch hier nur wenige angebliche Assoziationen nachvollziehen. In einer großen Metaanalyse, in die über 25000 Fälle einbezogen wurden, bestätigte sich die Bedeutung einer Missense-Variante (p.Pro12Ala) im *PPARG*-Gen, das einen im Zellkern angesiedelten Hormonrezeptor kodiert. Das verbreitete Pro-Allel (Häufigkeit bei Europäern 85 Prozent) sorgt für ein mäßig erhöhtes Risiko (Risikoverhältnis 1,7), aber wegen seiner großen Häufigkeit verursacht dieser Polymorphismus nur 25 Prozent des attribuierbaren (oder bevölkerungszurechenbaren) Risikos (s. *Kapitel 11*). Auch Varianten bei zwei Ansatzpunkten für Medikamente, die häufig zur Behandlung des T2D eingesetzt werden (*ABCC8* und *KCNJ11*), wurden recht überzeugend mit der Krankheitsanfälligkeit in Verbindung gebracht.[1]

Die Beziehung zwischen Einzelgen- und komplexen Krankheitsformen. Nach einer allgemein verbreiteten Ansicht entsteht eine nach mendelschen Prinzipien vererbte Krankheit, wenn Gene in den einschlägigen Reaktionswegen schwerwiegende Mutationen durchmachen, wohingegen kleinere Varianten bei komplexen Krankheiten als Anfälligkeitsfaktoren wirken. Die mendelschen Formen des T2D sind gut untersucht. MODY (*maturity-onset diabetes in the young*) ist eine autosomaldominante Störung, die sich schon in jungen Jahren bemerkbar macht. Sie steht nicht im Zusammenhang mit Übergewicht oder Lebensweise, aber ansonsten ähnelt sie stark der im höheren Alter ausbrechenden Form. Mit Kopplungsstudien, Positionsklonierung und der Untersuchung von Kandidatengenen konnte man sieben Gene identifizieren, deren Mutationen zum MODY führen können (s. OMIM 606391). Die Identifizierung dieser Gene lieferte Aufschlüsse darüber, was für Mechanismen die Glucose-Homöostase und die Insulinausschüttung regulieren. Konnte man damit auch neue Erkenntnisse über die Anfälligkeit für T2D gewinnen? Derzeit lautet die Antwort: kaum. Nur ein MODY-Gen (*HNF4A, MODY1*) fällt unter den bestätigten Kopplungspeak für T2D (bei 20q13; er ist so schwach, dass er nicht in die *Tab. 13.3* aufgenommen werden konnte, wird aber durch LOD-Scores von 2,2 bei Finnen und 2,9 bei Chinesen unterstützt). In ersten Studien wurde kein Zusammenhang mit der später ausbrechenden Krankheitsform gefunden, einige neuere Untersuchungen lassen aber die vorsichtige Vermutung zu, dass SNPs von *HNF4A* für die T2D-Anfälligkeit eine Rolle spielen könnten.

Auch verschiedene Mutationen der Mitochondrien-DNA wurden mit dem Diabetes in Verbindung gebracht, wobei hier als Komplikation häufig weitere Merkmale (zum Beispiel Taubheit) hinzukommen. Manche Befunde sprechen für eine Fehlfunktion der Mitochondrien beim typischen T2D (s. Stumvoll et al., 2005), aber

---

[1] Anmerkung der Herausgeber: In drei kürzlich publizierten umfassenden genomweiten Assoziationsstudien konnten Polymorphismen in den Genen *IGF2BP2*, *CDKAL1* und in unmittelbarer Nähe der Gene *CDKN2A*, *CDKN2B*, *TCF7L2*, *SLC30A8*, *HHEX*, *FTO*, *PPARG* und *KCNJ11* mit einem erhöhten T2D Risiko assoziiert werden, so dass nunmehr 10 Genorte gesichert werden konnten (s. z.B. Scott et al., 2007).

(a)

(b)

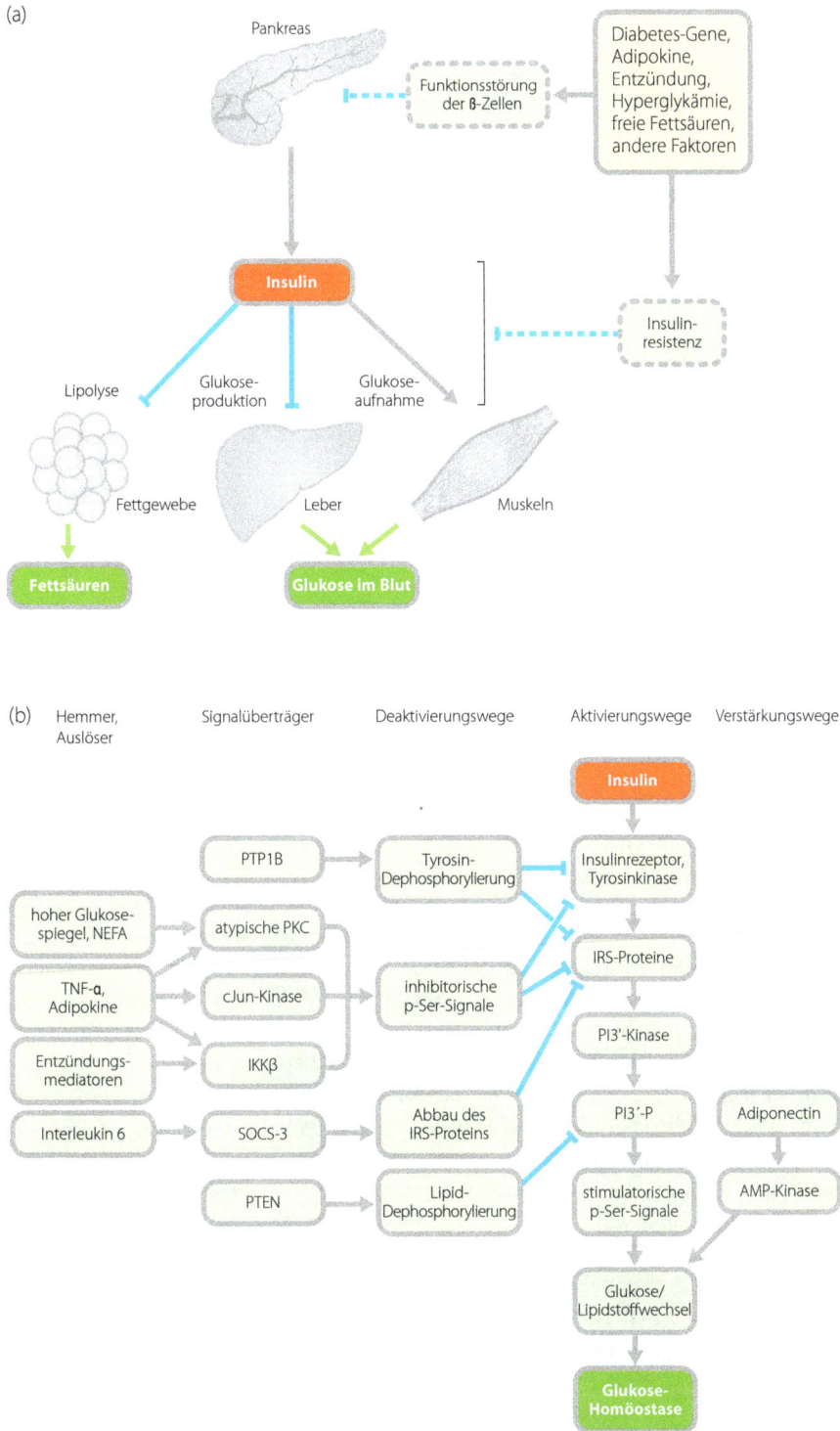

Abb. 13.9 Pathophysiologie beim Diabetes des Typs II
(a) Verringerte Insulinsekretion und Insulinresistenz in den Zielorganen führen zu einer erhöhten Konzentration von Glucose und freien Fettsäuren im Blut, was sich selbst weiter verstärkt.
(b) Der Mechanismus, durch den Insulin die Glucose-Homöostase steuert, und Faktoren, die ihn
beeinflussen. NEFA = nicht veresterte Fettsäuren; TNFa = Tumornekrosefaktor α; PTP1B = Phospho-
tyrosinphosphatase 1B; PKC = Proteinkinase C; IKKß = NFκB *inhibitory unit kinase* (ein Aktivator
für NFκB); SOCS-3 = *suppressor of cytokine signaling-3*; IRS = Insulinrezeptorsubstrat; PI = Phos-
phoinositol. Beide Abbildungen nachgedruckt aus Stumvoll et al. (2005) mit Genehmigung von
Elsevier.

bisher konnte man keine Variante der Mitochondrien-DNA signifikant mit der allgemein verbreiteten Form des T2D in Verbindung bringen.

Insgesamt war die Erforschung des im Erwachsenenalter ausbrechenden T2D durch einen gewaltigen Zeit- und Mittelaufwand bei mageren Ergebnissen gekennzeichnet. Manchen Behauptungen zufolge liegt das daran, dass man halsstarrig die falsche Theorie verfolge; demnach wäre T2D in Wirklichkeit auf eine Störung der epigenetischen Programmierung zurückzuführen, wie sie in *Kapitel 7* beschrieben wurde. Angesichts der großen Zahl beteiligter Faktoren bei der Pathogenese (s. *Abb. 13.9*) besteht aber eine hohe Wahrscheinlichkeit, dass das Problem in der großen genetischen Heterogenität liegt, bei der keine Genvariante einen herausragenden Effekt hat. Als Lektüre sei der Übersichtsartikel von Florez et al. (2003) empfohlen, und zwar nicht wegen der detaillierten Faktendarstellung, sondern weil er sehr gut nachzeichnet, wie schwierig es ist, auf diesem Gebiet zu definitiven Schlussfolgerungen zu gelangen.

13.4   Zusammenfassung und theoretische Ergänzungen

Alzheimer-Krankheit und T2D sind typische Beispiele dafür, wie frustrierend die genetische Analyse komplexer Krankheiten sein kann. Wie sich herausstellte, ist das ganze Forschungsgebiet viel schwieriger, als man es ursprünglich erwartet hatte. Anfang der 90er Jahre, als man in der Genetik die ASP (affected sib pair)-Analyse häufiger Krankheiten in Angriff nahm, herrschte allgemein die Ansicht, man werde die meisten Faktoren durch Untersuchung einiger hundert Geschwisterpaare identifizieren können. In Wirklichkeit waren die LOD-Scores meist niedrig, und bei jeder Krankheit wurde die Erforschung dadurch erschwert, dass man positive Befunde nicht reproduzieren konnte.

Dass ein Ergebnis nicht nachvollzogen werden kann, bedeutet nicht zwangsläufig, dass es falsch wäre. Eine erste Analyse des gesamten Genoms liefert Hinweise auf alle Regionen, in denen sich interessante LOD-Scores ergeben. In der Nachfolgestudie muss man dann für eine bestimmte Region einen guten LOD-Wert finden, was sicher eine viel anspruchsvollere Aufgabe ist. Wenn es ein Dutzend oder mehr Loci für die Anfälligkeit gibt, wobei die Leistungsfähigkeit der Methoden bei jedem einzelnen nur gerade eben zum Nachweis eines Effekts ausreicht, ist es sehr unwahrscheinlich, dass man mit einer Studie die Befunde einer anderen reproduzieren kann. Das ist zwar verständlich, aber es hilft den Wissenschaftlern nicht, wenn sie in einer Fülle nicht sonderlich signifikanter Ergebnisse eine echte Kopplung finden wollen. Die ASP-Methode ist zwar zuverlässig, aber wie die Berechnungen von Risch & Merikangas (1996) zeigten, kann man damit nur sehr wirksame Anfälligkeitsfaktoren nachweisen (*Tab. 13.7*). Nach 15-jährigen Bemühungen lautet deshalb die Schlussfolgerung: Die Anfälligkeit für die meisten verbreiteten Krankheiten ist das Ergebnis vieler schwacher und nicht weniger starker Faktoren.

Der Artikel von Risch und Merikangas hatte großen Einfluss, weil er nicht nur ein Problem benannte, sondern auch eine Lösung vorschlug. Die Autoren machten deutlich, dass man mit Assoziationsstudien viel schwächere Anfälligkeitsfaktoren nachweisen kann als mit Kopplungsanalysen, wenn man eine geeignete Zahl von Probanden untersucht. Ihre Berechnungen wurden zum Anlass für eine große Kehrtwende weg von Kopplungsanalysen und hin zu Assoziationsstudien. Diese haben in der Regel die Form von Fallkontrollstudien der Polymorphismen in Kandidatengenen, die auf Grund der bekannten biochemischen oder physiologischen Eigenschaften der fraglichen Krankheit nahe liegende Objekte darstellen. Aber auch bei Assoziationsstudien muss man sich mit einer Reihe von Problemen auseinander setzen.

Tab. 13.7 Erforderliche Zahl betroffener Geschwisterpaare zum Nachweis eines Krankheitsanfälligkeitsfaktors

Relatives Erkrankungsrisiko auf Grund dieses Locus	5x	3x	2,5x	2x	1,5x
Wahrscheinlichkeit eines gemeinsamen Allels bei zwei betroffenen Geschwistern	0.634	0.556	0.536	0.518	0.505
zum Nachweis des Effekts erforderliche Zahl betroffener Geschwisterpaare	94	559	1366	5379	67805

Betroffene Geschwisterpaare sind ein leistungsfähiges Hilfsmittel zum Nachweis von Faktoren, die das Risiko um mehr als das Dreifache anwachsen lassen. Die mageren Ergebnisse solcher Analyse lassen darauf schließen, dass der Effekt der meisten Risikofaktoren geringer ist. Daten aus Risch & Merikangas, 1996.

Probleme bei Assoziationsstudien

Multiple Tests

Auch die Assoziationsstudien lieferten eine Fülle positiver Ergebnisse, die nur in den seltensten Fällen bestätigt werden konnten. Einen guten Eindruck von der Datenlage in einem Teilgebiet vermittelt der Übersichtsartikel von Florez et al. (2003). Ein Problem sind dabei die multiplen Tests. Untersucht man eine große Zahl von SNPs auf eine Assoziation mit der Krankheit, muss man genau über den Schwellenwert für statistische Signifikanz nachdenken. Betrachten wir beispielsweise einmal zwei mögliche Schwellenwerte:

- Eine Wahrscheinlichkeit von 0,05, dass *dieser einzelne SNP* eine Abweichung dieses Umfangs von den Zufallserwartungen zeigt;
- Eine Wahrscheinlichkeit von 0,05, dass *einer von 1000 getesteten SNPS* eine Abweichung dieses Umfangs von den Zufallserwartungen zeigt.

Ein Ergebnis, das entsprechend dem strengeren Schwellenwert signifikant ist, ist natürlich glaubwürdiger. Hier gilt das gleiche Prinzip wie bei den Signifikanzschwellen in *Exkurs 13.3*. Die strengste Korrektur für multiple Tests (Bonferroni-Korrektur) besteht darin, dass man den *P*-Wert für jede einzelne Frage mit der Gesamtzahl der Fragen multipliziert. Bei 1000 SNP-Tests braucht man also einen einzelnen *P*-Wert von 0,00005, damit man zu einem Gesamt-*P* von 0,05 gelangt. Natürlich tun Wissenschaftler sich schwer damit, auf die Veröffentlichung einer Assoziation mit einem P-Wert von 0,0001 zu verzichten, wenn dies das beste Ergebnis monatelanger harter Arbeit ist.

Reproduktion positiver Befunde

Wenn 20 echte Assoziationen mit einer Krankheit bestehen, von denen aber nur eine in einer Studie entdeckt wird, lag diese eine vermutlich wegen einer glücklichen Kombination der Genotypen in der verwendeten Stichprobe oberhalb der Signifikanzschwelle. In einer Wiederholungsstudie wird man sie wahrscheinlich auch dann nicht finden, wenn sie echt ist, es sei denn, die Wiederholungsstudie ist statistisch weitaus aussagekräftiger als die ursprüngliche Untersuchung. Zu einer solchen besseren statistischen Aussage kann man gelangen, indem man die Zahl der Fragen vermindert – aber natürlich ist es frustrierend, wenn man die ganze Mühe auf sich nimmt, eine Stichprobe rekrutiert und dann nur wenige Marker typisiert, obwohl das Labor so ausgestattet ist, dass man wiederum das ganze Genom durchforsten könnte. Eine Metaanalyse von Assoziationsstudien zu mehreren Krankheiten (Lohmueller et al., 2003) gab jedoch Anlass zu vorsichtigem Optimismus. Berücksichtigt wurden alle Berichte über Assoziationsstudien zu T2D, bipolarer Krankheit und Schizophrenie sowie alle Studien mit acht anderen, zufällig ausgewählten Assoziationen. Insgesamt umfasste die Analyse alle veröffentlichten Studien über 25 angebliche Assoziationen eines bestimmten Genotyps mit einer bestimmten Krankheit. Bei acht der 25 Fälle sprach die Metaanalyse für eine echte Assoziation, bei den 17 anderen waren die Ergebnisse nicht schlüssig oder negativ. Das Risikoverhältnis für die acht bestätigten Assoziationen lag zwischen

1,07 und 2,28. Die Erkenntnis, die man insgesamt daraus ableiten kann, lautet: Assoziationen, über die erstmals berichtet wird, sind in vielen Fällen echt, aber die Bestätigung erfordert meist viel größere Studien, als sie üblicherweise durchgeführt werden, und die ursprünglich kommunizierten Risikoverhältnisse sind aus den zuvor erörterten Gründen fast immer viel zu hoch angesetzt.

Übereinstimmung von Fällen und Kontrollen

Ein schwieriger Aspekt von Assoziationsstudien ist die Übereinstimmung von Fällen und Kontrollen. Übereinstimmungen in Geschlecht und Alter sollten bedeutungslos sein – von diesen beiden Variablen dürfte die Häufigkeit eines Markerallels eigentlich nicht abhängen –, aber reicht es aus, Menschen aus der gleichen ethnischen Gruppe und dem gleichen Land als Kontrollen zu benutzen, oder sollten sie auch aus der gleichen Gegend stammen? In vielen Bevölkerungsgruppen gibt es eine Feinstruktur, wie man es auch nicht anders erwartet, da die Menschen in einer Gegend häufig zu derselben Großfamilie gehören. Starke Assoziationen sollten durch kleine, lokale Abweichungen der Markerallelhäufigkeiten nicht beeinflusst werden, aber in den derzeit laufenden großen Studien sucht man nach viel geringfügigeren Effekten, und deshalb muss man der Übereinstimmung mit den Kontrollen größere Beachtung schenken. Eine Lösung besteht darin, dass man interne Kontrollen benutzt; dabei dient das nicht vererbte Chromosom eines Elternteils als Kontrolle (Transmission-Disequilibrium-Test, TDT).

Transmission-Disequilibrium-Test. Der TDT vermeidet die Gefahr, dass Fälle und Kontrollen nicht zusammenpassen, indem er nicht vererbte elterliche Chromosomen als Kontrolle nimmt. Die Stichprobe in einer Studie besteht dann aus den Probanden und ihren Eltern. Ob die Eltern betroffen sind, ist ohne Bedeutung. Wenn man die Assoziation mit einem bestimmten Allel eines Markers überprüfen will, liefern nur Eltern, die für dieses Allel heterozygot sind, nützliche Erkenntnisse. In dem Test vergleicht man einfach, wie häufig der heterozygote Elternteil das fragliche Allel und nicht das andere an den betroffenen Probanden weitergegeben hat (*Abb. 13.10*). Die Signifikanz wird mit einem einfachen χ^2-Test nachgewiesen.

Der TDT eignet sich gut für Krankheiten des Kindesalters, aber bei der spät einsetzenden Alzheimer-Krankheit wäre er schwierig anzuwenden, weil die Eltern der Betroffenen schon lange verstorben sind. Um dieses Problem zu umgehen, kann man einen abgewandelten TDT benutzen, der die Geschwister einbezieht.

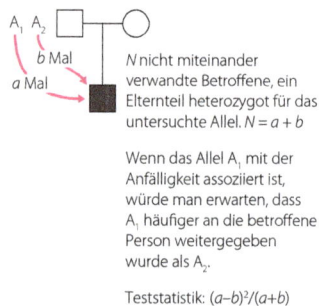

A_1 A_2

b Mal

a Mal

N nicht miteinander verwandte Betroffene, ein Elternteil heterozygot für das untersuchte Allel. $N = a + b$

Wenn das Allel A_1 mit der Anfälligkeit assoziiert ist, würde man erwarten, dass A_1 häufiger an die betroffene Person weitergegeben wurde als A_2.

Teststatistik: $(a-b)^2/(a+b)$

Abb. 13.10 Der Transmission-Disequilibrium-Test. Die statistischen Testwerte zeigen eine χ^2-Verteilung.

Nachweis der eigentlichen kausalen Variante

Wenn man eine Assoziation reproduziert hat und die Kontrollen zufrieden stellend aussehen, stellt sich die Frage nach der Identität des eigentlichen Anfälligkeitsfaktors. Wie bereits erwähnt, handelt es sich bei der verursachenden Variante meist nicht um den SNP, mit dessen Hilfe die Assoziation nachgewiesen wurde, sondern um etwas anderes, das mit ihm im Kopplungsungleichgewicht steht. Bei Krankheiten, die nach den mendelschen Regeln vererbt werden, gelangt man durch die Sequenzierung von Kandidatengenen in der Regel zu plausiblen Mutationen. Bei den Anfälligkeitsfaktoren für komplexe Krankheiten kann es sich wie im Fall der noch vorhandenen Lactase im Darm (*Exkurs 8.4*) um wesentlich weniger auffällige Varianten handeln. Hier muss man den gesamten Ausgangs-Chromosomenabschnitt von zahlreichen Fällen und Kontrollen sequenzieren, um darin nach Unterschieden zu suchen. In allen heutigen Fällen findet man dabei aber bedeutungslose Varianten, die bereits in dem Segment der Vorfahren vorhanden waren, so dass man die entscheidende Veränderung durch einen einfachen Vergleich von Fällen und Kontrollen unter Umständen nicht dingfest machen kann. Dazu braucht man vielmehr auch Kenntnisse über biologische Funktionen; so lässt sich beispielsweise nur sehr schwer sagen, warum ein C/T-Polymorphismus 14 kb stromaufwärts vom Startcodon sich auf die Expression des Lactasegens auswirkt. Diese letzte Hürde stellt hier eine viel größere Herausforderung dar als bei Krankheiten mit mendelschem Erbgang.

Eine Ressource für Assoziationsstudien: das HapMap-Projekt

Betrachten wir einmal die Verteilung normaler Variationen im menschlichen Genom. Die meisten Nucleotide sind mehr oder weniger unveränderlich, Varianten kommen dort nur selten vor; ungefähr eines von 300 ist jedoch polymorph: zwei Varianten sind in vielen oder allen Bevölkerungsgruppen verbreitet. Was könnte die Ursache einer solchen Verteilung sein? Es liegt nicht daran, dass manche Nucleotide aus irgendeinem Grund von sich aus häufiger variieren als ihre Nachbarn, sondern die verschiedenen Varianten kennzeichnen unterschiedliche Chromosomenabschnitte der Vorfahren. Das variable Nucleotid ist nur einmal durch Zufall bei einem entfernten Vorfahren mutiert, und eine beträchtliche Zahl aller heute lebenden Menschen hat die mutierte Version geerbt; bei anderen dagegen hat sich die ursprüngliche Form erhalten.

Die hoch auflösende SNP-Typisierung zeichnet ein faszinierendes Bild. Wenn alle 300 bp ein SNP vorkommt, enthält ein Abschnitt von 10 kb rund 30 SNPs. Liegt jeder davon als zwei Allele vor, sind 2^{30} Haplotypen möglich. In Wirklichkeit kommen aber für die meisten derartigen Abschnitte in allen Bevölkerungsgruppen nur vier bis sechs verschiedene Haplotypen einigermaßen häufig vor. Dies muss ein Hinweis auf gemeinsame Segmente bei den Vorfahren sein. Es bedeutet, dass alle Menschen im Hinblick auf einen bestimmten Genomabschnitt nur vier bis sechs Vorfahren haben. Das heißt aber nicht, dass wir alle von denselben vier bis sechs Höhlenmenschen abstammen würden. Der nächste Chromosomenabschnitt geht ebenfalls auf nur vier bis sechs Vorfahren zurück, aber das sind andere als bei dem vorherigen Segment.

Das Projekt International HapMap hat das Ziel, die konservierten Haplotypblöcke verschiedener ethnischer Gruppen abzugrenzen (s. www.hapmap.org/). Die bisherigen Daten aus über einer Million typisierten SNPs bestätigen das Bild, wonach unsere Chromosomen ein Mosaik verschiedener Blöcke unserer Vorfahren sind (*Abb. 13.11*). Die Blöcke sind statistische Gebilde, aber keine eindeutig nachweisbaren Merkmale des Genoms. Wie die Abbildung deutlich macht, ist der Aufbau aus Blöcken sofort zu erkennen, für die genauen Grenzen der Blöcke gilt das aber nicht: Im Einzelnen hängt ihre Zahl, Größe und Identität von den jeweils angewandten statistischen Kriterien ab. Die Blöcke sind unterschiedlich groß, umfassen im Durchschnitt aber 5 bis 15 kb. Manche verstreuten Genomabschnitte besitzen keine erkennbare Blockstruktur. Dabei könnte es sich um Regionen einer umfangreichen Rekombinationstätigkeit oder um Bereiche mit häufiger Genkonversion handeln. Trotz solcher Einschränkungen ist der Nachweis ererbter Blöcke jedoch ein entscheidender Aspekt für die Planung von Assoziationsstudien.

Abgrenzen kann man die Blöcke anhand des Genotyps von vielleicht zwei oder drei ausgewählten SNPs (*tagging SNPs*). Allmählich kann man sich ausmalen, wie man zur Beschreibung des Genoms eines Menschen mithilfe der SNPs eine Liste zusammenstellt, in der an jeder Chromosomenposition vier bis sechs alternative Blöcke vorliegen. Dies ist von Bedeutung für die Kartierung von Anfälligkeitsfaktoren, denn wenn man für mehrere Menschen, die an der untersuchten Krankheit leiden, eine solche Liste zusammenstellt, kann man daran sehr einfach ablesen, welche ererbten Abschnitte sie gemeinsam haben. Solche gemeinsamen Blöcke wären aussichtsreiche Kandidaten für den Ort der gemeinsamen, ererbten Varianten, die für die Krankheitsanfälligkeit verantwortlich sind. Während man mit der ASP-Kartierung große gemeinsame Abschnitte von 20 bis 50 Mb angrenzt, die für die Suche nach Sequenzvarianten viel zu groß sind, haben die gemeinsamen Haplotypenblöcke nur eine Länge von wenigen kb, sodass man sie leicht durchsuchen kann.

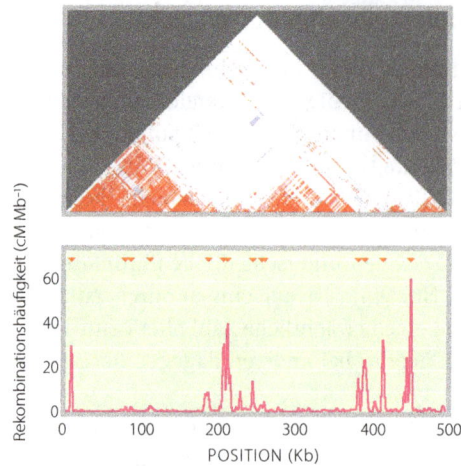

Abb. 13.11 Ein Beispiel des HapMap-Projekts für den Aufbau des menschlichen Genoms aus Haplotypblöcken
In dem dreieckigen Diagramm ist auf jeder ansteigenden Achse eine geordnete SNP-Gruppe aus einer 500 kb langen Region des Chromosoms 2q37 aufgetragen. Wo zwischen zwei SNPs ein vollständiges Kopplungsungleichgewicht besteht, ist die Zelle am Schnittpunkt der entsprechenden Koordinaten rot markiert. Das Ergebnis kann man auf der horizontalen Achse als Karte der Haplotypblöcke entlang der fraglichen Chromosomenregion ablesen. Die untere Abbildung spiegelt die Rekombinationshäufigkeit über die dargestellte Region wider. Der genomweite Durchschnitt liegt zwar bei 1 cM/Mb, die meisten Rekombinationsereignisse spielen sich aber an wenigen Hotspots ab, die sich als rote Dreiecke bemerkbar machen. In der Regel entsprechen die Rekombinations-Hotspots den Grenzen der Haplotypenblöcke. Verändert nach The International HapMap Consortium (2005), mit Genehmigung von Macmillan Publishers, Ltd.

Eine Gefahr bei Assoziationsstudien: Alles hängt davon ab, dass die *common-disease-common-variant*-Hypothese zutrifft

Echte Fortschritte auf diesem schwierigen Forschungsgebiet versprechen die Daten aus dem HapMap-Projekt in Verbindung mit der Hochdurchsatz-Genotypisierungsmethodik. Durch die Berechnungen von Risch und Merikangas wurde nicht nur deutlich, wie schlecht sich ASP-Untersuchungen zur Identifizierung schwacher Anfälligkeitsfaktoren eignen, sondern sie zeigten auch, dass Assoziationsstudien bei durchaus handhabbaren Stichprobengrößen wesentlich leistungsfähiger sind. Zwischen Kopplung und Assoziation besteht jedoch ein wichtiger Unterschied. Kopplung ist eine Beziehung zwischen Loci, Assoziation ist ein Zusammenhang zwischen Allelen oder Phänotypen (s. *Exkurs 13.2*). Solange die Familien einer Gruppe Mutationen in demselben Gen tragen, erkennt man bei ihnen eine Kopplung mit nahe gelegenen Markern. Das gilt selbst dann, wenn es sich im Einzelnen bei jeder Familie um eine andere Mutation handelt; es muss sich nur immer um denselben Locus handeln. Aber die gleiche Sammlung von Familien hat an dem nahe gelegenen Markerlocus in der Regel nicht das gleiche gemeinsame Allel, es sei denn, die Vorfahren aller Familien trugen die gleiche Mutation auf dem gleichen ererbten Chromosomenabschnitt.

Die *common-disease-common-variant*-Hypothese besagt, dass die meisten verbreiteten Krankheitsanfälligkeitsfaktoren ererbte Varianten sind, die als Polymorphismen in der heutigen Bevölkerung häufig vorkommen. Wie wir in den *Kapiteln 5* und *6* erfahren haben, findet man bei den meisten mendelschen Krankheiten eine starke Allelheterogenität. Ausnahmen gibt es zwar, aber in den meisten Fällen handelt es sich um eine vielgestaltige Ansammlung von Mutationen aus relativ junger Zeit. Würde es sich mit den Anfälligkeitsfaktoren für verbreitete Krankheiten genauso verhalten, wäre das ganze hier beschriebene Verfahren zum Scheitern verurteilt. Häufig wird jedoch die Ansicht vertreten, dass Mutationen, die mendelsche Krankheiten verursachen, einen wesentlich höheren Umsatz haben müssen, weil sie von der natürlichen Selektion ständig ausgemerzt werden und durch neue

Mutationen ersetzt werden müssen. Anfälligkeitsfaktoren dagegen, so diese Argumentation, werden von der natürlichen Selektion nicht nennenswert beeinflusst, und deshalb bleiben sie in der Bevölkerung als alte, von Vorfahren ererbte Varianten erhalten. Es handelt sich hierbei um eine Erweiterung des in *Kapitel 10* erörterten Gedankenganges über den langsamen Umsatz von Mutationen, die rezessive Krankheiten hervorrufen, während die kausalen Mutationen dominanter Krankheiten einem schnellen Umsatz unterliegen. Die Argumentation ist ganz und gar plausibel, aber ob und inwieweit sie zutrifft, werden erst weitere Forschungsarbeiten zeigen.

Angenommen, wir könnten Anfälligkeitsfaktoren identifizieren: Was dann?

Bisher haben wir eine umfangreiche und hoffentlich interessante Forschungsrichtung beschrieben – aber welchen praktischen Nutzen hat sie eigentlich? Angenommen, die Untersuchungen führen zum Erfolg, und die Anfälligkeitsfaktoren werden identifiziert: Wird das dazu führen, dass die Ärzte in zehn oder 20 Jahren mit ihren Patienten anders umgehen als heute? Und haben derartige Forschungsarbeiten noch einen anderen Wert?

Unabhängig davon, ob Kenntnisse über die Anfälligkeitsfaktoren sich auf die klinische Praxis auswirken werden oder nicht, besteht eine andere Hoffnung: Sie sollten Anhaltspunkte für die pharmazeutische Forschung liefern. Mit der Identifizierung eines neuen Anfälligkeitsfaktors für Diabetes klärt man auch einen Teil des Krankheitsmechanismus auf, der dann zum Ansatzpunkt für neue Medikamente werden kann. Vor zwanzig Jahren waren die wenigen bekannten Arzneimittel-Ansatzpunkte ein limitierender Faktor für die Medikamentenentwicklung. Heute ist die große Zahl potenzieller Ansatzpunkte den Pharmakonzernen geradezu peinlich, und die Frage, wie man ihnen unterschiedliche Prioritäten zuordnen kann, wird immer wichtiger. Wegen der langen Vorlaufzeiten in der Medikamentenentwicklung kann man heute noch nichts darüber aussagen, ob genetische Anfälligkeitsstudien eines Tages zu wirksamen neuen Medikamenten führen werden. Eine Schwierigkeit besteht darin, dass die Unternehmen ihre Gewinne zum größten Teil mit sehr wenigen „Blockbuster"-Präparaten erzielen. Dabei handelt es sich zwangsläufig um Medikamente, die einer sehr großen Zahl von Menschen verschrieben werden. Bei verbreiteten Krankheiten wie dem T2D liegen die vielversprechendsten Ansatzpunkte demnach in den letzten, gemeinsamen Reaktionswegen, die bei allen Erkrankten betroffen sind. Aber diese Mechanismen sind durch die physiologische Erforschung der Krankheit bereits gut bekannt. Ein Anfälligkeitsfaktor, der nur bei zwei Prozent der Betroffenen eine Rolle spielt, ist dagegen für die Medikamentenentwicklung viel weniger interessant.

Was mögliche Auswirkungen auf die klinische Praxis angeht, herrschen große Meinungsverschiedenheiten. Nach Ansicht der Optimisten wird die Medizin des 21. Jahrhunderts von dem Prinzip „Diagnose und Therapie" zu „Vorhersehen und Vorbeugen" übergehen. Danach werden die Menschen nicht mehr warten, bis sie krank sind, bevor sie zum Arzt gehen, sondern sie werden eine DNA-Probe abgeben, die man dann auf eine große Zahl von Krankheitsanfälligkeitsfaktoren untersuchen kann. Mit Computerhilfe wird man feststellen, für welche verbreiteten Krankheiten ein besonders hohes Risiko besteht, und der Arzt wird dann die erforderlichen Ratschläge geben und erklären, wie sich das Risiko vermindern lässt.

Diese Ansicht wird von vielen prominenten Humangenetikern geteilt. Ein Beispiel für eine solche Vision ist in *Exkurs 13.4* beschrieben. Andere, ebenso bekannte Experten sind, was den Sprung von der Diagnose zu Vorhersage und Vorbeugung angeht, weniger optimistisch. Zur Begründung führen sie vor allem drei Argumente an:

- Viele Voraussagen werden im Vergleich zu denen, die man auf Grund von Ernährung, Rauchen, körperlicher Aktivität usw. aussprechen kann, eine relativ geringe Aussagekraft haben. Wenn wir 20 genetisch bedingte Risikofaktoren für eine Krankheit kennen, können wir eine gut begründete Voraussage machen, wenn alle 20 auf ein niedriges oder ein hohes Risiko hindeuten. Aber bei den meisten Menschen wird man eine Kombination aus Hochrisiko- und Niedrigrisikofaktoren finden, und dann ist eine begründete Voraussage nicht möglich. Die Optimisten legen also bei ihren Überlegungen ein zu großes Gewicht auf genetische Faktoren und vernachlässigen die bekannten, mit der Lebensweise zusammenhängenden Faktoren, die sich viel leichter verändern lassen (man denke nur an das Beispiel des T2D).

- Empfehlungen, die man im Hinblick auf die Lebensweise ausspricht, sind nicht von der genetischen Voraussage abhängig. Einer Person, die niedrige Risikofaktoren für Lungenkrebs aufweist, würde man dennoch niemals sagen, sie könne beliebig viel rauchen und brauche sich keine Sorgen zu machen. Die Grenzen von „Lifestyle"-Gentests – persönlichen nutrigenetischen Analysen – wurden in *Kapitel 11* erörtert. Die Maßnahmen hängen nicht vom Testergebnis ab – welchen Nutzen hat der Test dann überhaupt? (Darauf würden die Optimisten erwidern: Bei Risikopersonen würde man nachdrücklichere Empfehlungen aussprechen und zusätzliche Überwachung sowie gegebenenfalls weitere Vorbeugemaßnahmen anraten; außerdem ist das Wissen um ein hohes Risiko für viele Menschen eine Motivation, vorsichtiger zu sein.)

- Vorhersage führt nicht automatisch zu Vorbeugung. In vielen Fällen kennt man überhaupt keine Vorbeugemaßnahmen, und selbst wenn es sie gibt, befolgen die Menschen entsprechende Empfehlungen in der Regel nur dann, wenn die Vorhersage sehr aussagekräftig ist und wenn die Vorbeugung keine großen Unbequemlichkeiten oder Kosten mit sich bringt. Für Lungenkrebs und T2D kennen wir ausgezeichnete Vorhersageindikatoren und auch höchst effektive Vorbeugungsmaßnahmen, über die jeder Bescheid weiß und die nichts kosten – aber dennoch bleiben diese Krankheiten ein großes Problem für die Volksgesundheit. Warum sollte man mit relativ schwachen genetischen Vorhersageindikatoren mehr Erfolg haben?

Wir haben hier hoffentlich beide Seiten der Kontroverse ausgewogen dargestellt. Die heutigen Medizinstudenten werden erleben, wer letztlich Recht behält.

Exkurs 13.4 Ein hypothetischer Fall im Jahr 2010

Der folgende Text stammt aus der Shattuck Lecture, die Francis Collins, Leiter des National Genome Research Institute, 1999 hielt. Genehmigter Nachdruck aus Collins (1999). Copyright 1999, Massachusetts Medical Society.

Allgemeine Visionen von einer zukünftigen, genetisch begründeten Medizin sind zwar nützlich, aber für viele Anbieter im Gesundheitswesen ist es wahrscheinlich noch ein Rätsel, wie sich der Wandel auf den Praxisalltag in der unmittelbaren Patientenversorgung auswirken wird. Deshalb soll hier eine hypothetische Situation im Jahr 2010 beschrieben werden.

John, ein Collegeabsolvent von 23 Jahren, wird von seinem Hausarzt überwiesen, weil im Rahmen der Einstellungsuntersuchung bei einem neuen Arbeitgeber ein Serumcholesterinspiegel von 255 mg je Deziliter festgestellt wurde. Sein Gesundheitszustand ist gut, aber seit sechs Jahren raucht er eine Packung Zigaretten pro Tag. Unterstützt von einem interaktiven Computerprogramm zur Familienanamnese, findet Johns Arzt auf der väterlichen Seite des Patienten eine starke Häufung von Herzinfarkten; Johns Vater ist mit 48 Jahren verstorben.

Um genauere Aufschlüsse über das zukünftige Risiko einer koronaren Herzkrankheit und anderer Krankheiten zu gewinnen, gibt John sein Einverständnis für eine Reihe genetischer Tests, die 2010 zur Verfügung stehen. Nachdem er ein interaktives Computerprogramm durchgearbeitet hat, das über die Gefahren und den Nutzen solcher Tests aufklärt, stimmt John durch Unterzeichnen eines entsprechenden Formulars zu, 15 genetische Tests vornehmen zu lassen. Diese liefern Risikobewertungen für Krankheiten, für die es auch Vorbeugungsstrategien gibt. Er entscheidet sich gegen zehn weitere Tests auf Störungen, für die bisher keine klinisch validierten Vorbeugungsmaßnahmen zur Verfügung stehen.

Ein Abstrich der Mundschleimhaut wird zum Testen eingeschickt, und eine Woche später sind die Ergebnisse da (*Tab. 1*). Das anschließende Beratungsgespräch, an dem John, sein Arzt und eine genetische Beraterin teilnehmen, konzentriert sich auf Störungen, bei denen sein Risiko deutlich (das heißt um einen Faktor von mehr als 2) von dem der allgemeinen Bevölkerung abweicht. Wie die meisten Patienten, so interessiert sich auch John sowohl für sein relatives als auch für sein absolutes Risiko.

Zu seiner Freude erfährt John, dass genetische Tests nicht immer schlechte Nachrichten zum Ergebnis haben: Für ihn besteht ein verringertes Risiko, Prostatakrebs oder Alzheimer zu bekommen, weil er von mehreren Genen, die nach dem Kenntnisstand von 2010 zu diesen Krankheiten beitragen, risikosenkende Allele besitzt. Ernüchtert ist er jedoch über die Befunde, wonach sein Risiko für koronare Herzkrankheit sowie für Dickdarm- und Lungenkrebs erhöht ist. Mit der Realität seiner eigenen genetischen Befunde konfrontiert, erlebt er den entscheidenden, „lehrreichen Augenblick", an dem eine lebenslange Verhaltensänderung, die auf die Verringerung spezifischer Risiken ausgerichtet ist, möglich wird. Tatsächlich kann er eine ganze Menge tun. Das Gebiet der Pharmakogenetik hat bis 2010 einen starken Aufschwung genommen, und auf der Grundlage von Johns persönlichen genetischen Daten kann man eine genau abgestimmte medikamentöse Prophylaxe betreiben, um den Cholesterinspiegel zu senken und das Risiko einer koronaren Herzkrankheit auf das normale Maß zurückzuführen. Das Darmkrebsrisiko lässt sich mit jährlichen Darmspiegelungen ab dem 45. Lebensjahr senken, was in seiner Situation einen sehr kostengünstigen Weg zur Vermeidung des Dickdarmkrebses darstellt. Das erhebliche Lungenkrebsrisiko schließlich wird für ihn zur Motivation, sich einer Selbsthilfegruppe von Personen anzuschließen, die aus genetischen Gründen durch ernsthafte Folgen des Rauchens gefährdet sind. Es gelingt ihm, das Rauchen aufzugeben.

Die Aussicht auf eine solche genetisch begründete, individuell zugeschnittene Präventivmedizin ist spannend, und sie könnte zur allgemeinen Gesundheit einen wichtigen Beitrag leisten. Damit diese Vision Wirklichkeit wird, müssen aber feste Regeln den Missbrauch genetischer Daten verhindern. Außerdem gilt es, eine weitere wichtige Herausforderung zu meistern: Ärzte, Pflegepersonal und andere Beschäftigte im Gesundheitswesen müssen sich mit dem neu entstehenden Gebiet der genetischen Medizin vertraut machen. Es wird ein beträchtlicher Bedarf an Spezialisten bestehen, die sich mit den kompliziertesten Fällen beschäftigen können, aber ihre Zahl wird nicht ausreichen, so dass die genetische Medizin zum größten Teil von jenen praktiziert werden muss, die auch die medizinische Grundversorgung leisten. Wie sich in zahlreichen Umfragen gezeigt hat, sind wir darauf nicht ausreichend vorbereitet – die meisten, die in der Grundversorgung tätig sind, haben im Rahmen ihrer Ausbildung bisher keine einzige Stunde Unterricht in Genetik gehabt.

Um diesem dringenden Weiterbildungsbedarf gerecht zu werden, haben das National Human Genome Research Institute, die American Medical Association und die American Nurses Association kürzlich gemeinsam die National Coalition für Health Professional Education in Genetics (NCHPEG) gegründet. Die NCHPEG (Näheres unter http://www.nchpeg.org) ist ein landesweites Projekt zur beruflichen Weiterbildung und Information auf dem Gebiet der Humangenetik. Als interdisziplinäre Gruppe umfasst die NHCPEG die Vorsitzenden von rund 100 ganz unterschiedlichen Berufsorganisationen aus dem Gesundheitswesen, Verbraucher- und Freiwilligenorganisationen und genetischen Fachgesellschaften. Indem die NCHPEG eine regelmäßige, offene Kommunikation erleichtert, möchte sie Nutzen aus der gesammelten Fachkompetenz und Erfahrung ihrer Mitglieder ziehen und Doppelanstrengungen verringern.

Tab. 1
Ergebnisse der genetischen Tests bei einem hypothetischen Patienten im Jahr 2010

Krankheit	beteiligte Gene*	relatives Risiko	lebenslanges Risiko (%)
vermindertes Risiko			
– Prostatakrebs	*HPCI, HPC2, HPC3*	0.4	7
– Alzheimer	*APOE, FAD3, XAD*	0.3	10
erhöhtes Risiko			
– koronare Herzkrankheit	*APOB, CETP*	2.5	70
– Dickdarmkrebs	*FCC4, APC*	4	23
– Lungenkrebs	*NAT2*	6	40

*HPC1, HPC2 und *HPC3* sind drei Gene für erblichen Prostatakrebs; *APOE* ist das Gen für das Apolipoprotein E; *FAD3* und *XAD* sind hypothetische Gene für die familiäre Alzheimer-Demenz; *APOB* ist das Gen für das Apolipoprotein B; *CETP* ist das Gen für Cholesterylestertransferase; *FCC4* ist ein hypothetisches Gen für familiären Dickdarmkrebs; *APC* ist das Gen für die familiäre adenomatöse Polyposis coli; und *NAT2* ist das Gen für *N*-Acetyltransferase 2.

Krankheitsinfo 13 Autismus

Seit der Autismus bei Kindern Anfang der 1940er Jahre erstmals beschrieben wurde, hat sich das Spektrum der Störungen, die unter dem Begriff des „autistischen Formenkreises" eingeordnet werden, beträchtlich erweitert. Schätzungen der Erkrankungshäufigkeit schwanken stark, sie dürfte aber für die schweren und mittelschweren Formen bei ungefähr 1 zu 1000 liegen. Kinder mit Austismus zeigen definitionsgemäß deutlich verzögerte soziale Interaktionen sowie Verzögerungen im sozialen Sprachgebrauch und im symbolischen oder fantasievollen Spiel, wobei die Krankheit nach dem Diagnostic and Statistical Manual of Mental Disorders vor der Vollendung des dritten Lebensjahres ausbricht. Kinder mit klassischem Autismus, der sich manchmal schon im Alter von 18 Monaten durch Rückzugstendenzen bemerkbar macht, weisen in der Regel folgende Störungen auf:

- gestörte zwischenmenschliche Interaktionen mit fehlendem Blickkontakt, Ausbleiben der altersgemäßen Beziehungen zu Gleichaltrigen und dem fehlenden Wunsch nach gemeinsamen Aktivitäten;
- gestörte Kommunikationsentwicklung mit verzögerter oder völlig fehlender Entwicklung der gesprochenen Sprache oder Gebrauch ständig wiederholter Sprachmuster und Ausbleiben fantasievoller oder nachahmender Spiele;
- Verhaltensauffälligkeiten mit unflexiblen Routinetätigkeiten, Obsessionen und ständig wiederholten, stereotypen Aktivitätsmustern.

Kinder mit klassischem Autismus brauchen eine besondere Bildungsförderung und sind während ihres ganzen Lebens auf andere angewiesen, Störungen am schwächeren Ende des Spektrums jedoch werden häufig erst im höheren Kindesalter oder beim Erwachsenen diagnostiziert; solche Personen können ein relativ normales Leben führen.

Der Autismus ist ein gutes Beispiel für viele Probleme, die sich bei der genetischen Analyse von psychiatrischen Störungen und Verhaltensmerkmalen stellen. Durch Definitionen wie die zuvor genannte ist zwar gewährleistet, dass Mediziner mit dem Wort „Autismus" immer das Gleiche meinen, aber die Definitionen sind auch zwangsläufig willkürlich und beschreiben nicht unbedingt einen biologischen Zustand. Das Spektrum reicht vom klassischen Autismus über das Asperger-Syndrom bis zu „normalen" Persönlichkeitsvarianten, ohne dass es natürliche Abgrenzungen gäbe (s. Abb.). Das Geschlechterverhältnis für den klassischen Autismus liegt mehreren Studien zufolge bei rund 4M:1W, aber andererseits sind sich auch alle einig, dass auch „normale" Jungen sich häufiger als Mädchen obsessiv mit einsamen Computerspielen beschäftigen und weniger zwischenmenschliche Geschicklichkeit besitzen. Viele zytogenetische oder monogene Störungen sind häufig mit Autismus oder autistischen Aspekten verbunden; hierzu gehören das Rett-Syndrom, das Fragile-X-Syndrom und Duplikationen des Chromosoms 15q11-13. Bei einigen Prozent der Kinder, bei denen ursprünglich die Diagnose Autismus gestellt wird, zeigt sich später eine dieser Störungen, bei der

großen Mehrzahl ist dies jedoch nicht der Fall. Offensichtlich handelt es sich beim Autismus um ein Verhaltensmuster, das viele Ursachen haben kann.

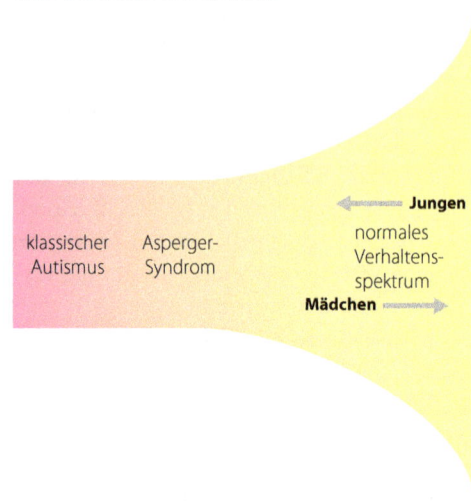

Die Krankheiten des autistischen Formenkreises gehen ohne feste Grenzen in das normale Verhalten über.

Umweltfaktoren als Hauptursache des Autismus wurden bisher nicht identifiziert. Erste Berichte über anormales Elternverhalten mit „Kühlschrankmüttern" konnten durch sorgfältigere Untersuchungen nicht bestätigt werden, und trotz großer Öffentlichkeitswirkung konnte auch keine seriöse Studie den MMR- (Masern-Mumps-Röteln-) oder irgendeinen anderen Impfstoff mit dem Autismus in Verbindung bringen. Dagegen weisen viele Beobachtungen auf wichtige genetische Determinanten hin. Das Risiko des erneuten Auftretens bei Geschwistern liegt (nach der Geburt eines Kindes mit klassischem Autismus) bei 6 bis 8 Prozent; λ_S liegt also über 50 und hat damit einen der höchsten Werte aller komplexen Krankheiten (vgl. *Tab. 13.1*). Für Verwandte zweiten Grades ist das Risiko mit 0,18 Prozent deutlich geringer. Die Konkordanz ist bei eineiigen Zwillingen erheblich höher als bei zweieiigen (je nach den Kriterien 70 bis 82 gegenüber 0 bis 10 Prozent). Der Unterschied zwischen EZ und ZZ sowie zwischen Verwandten ersten und zweiten Grades ist also viel größer als bei den meisten anderen komplexen Krankheiten. Dies kann zwei Gründe haben:

- Die genetische Anfälligkeit kann von Kombinationen einer ungewöhnlich großen Zahl von Genen abhängen (zum Beispiel 20 oder mehr);
- Die Anfälligkeit könnte zum größten Teil auf Neumutationen zurückzuführen sein; dabei kann es sich um gewöhnliche Sequenzabweichungen oder um Epimutationen handeln.

Es wäre gut zu wissen, welche dieser beiden Erklärungen stimmt, denn die Konsequenzen, die sich daraus für die genetische Erforschung des Autismus ergeben, sind einander diametral entgegengesetzt. Die erste Erklärung hätte zur Folge, dass Assoziationen nur mit sehr umfangreichen (und kostspieligen)

Studien nachzuweisen wären. Die zweite dagegen würde bedeuten, dass man das Assoziationsverfahren überhaupt nicht anwenden kann; die beste Vorgehensweise wäre hier die Sequenzierung (einschließlich Bisulfitsequenzierung) von Kandidatengenen bei einem Kollektiv von Betroffenen.

Bisher hat die genetische Forschung den üblichen Weg eingeschlagen. Zwischen 1998 und 2004 wurde über zwölf genomweite Scans berichtet. Nach den Lander-Kruglyak-Kriterien (*Exkurs 13.3*) zeigten sich keine hoch signifikanten LOD-Scores; signifikant war nur ein Score von 3,74 für das Chromosom 2q.

Mehrere weitere Studien sprachen mit mutmaßlichen LOD-Werten ebenfalls für 2q. Weitere Positionen sind 7q, 16p und 17q, die von mehreren mutmaßlichen, aber nicht signifikanten LOD-Scores unterstützt werden. In verschiedenen Studien wurde über mutmaßliche LOD-Werte für Loci auf den meisten anderen Chromosomen berichtet, aber diese konnten selbst mit geringfügig höheren LOD-Werten nur in seltenen Fällen reproduziert werden. Kandidatengene für Assoziationsstudien wurden wegen ihrer Lage auf den Chromosomen und/oder ihrer Beteiligung an der Nervenleitung ausgewählt. Es wurde über mehrere Assoziationen berichtet, aber Studien zu ihrer Reproduktion lieferten widersprüchliche oder negative Ergebnisse. Man fand wenige Personen mit Mutationen in diesem oder jenem Gen, aber bisher konnte für keinen Polymorphismus eine immer wiederkehrende Assoziation nachgewiesen werden, und keiner wurde als Hauptursache des Autismus identifiziert.

Bei der Erforschung psychiatrischer und verhaltensmäßiger Phänotypen steht man vor den gleichen Problemen wie bei der Analyse anderer komplexer Krankheiten, nur kommt hier die zusätzliche Schwierigkeit hinzu, dass die Diagnosebezeichnungen willkürlich sind. Der Autismus ist dafür ein typisches Beispiel: Das Wort bezeichnet ein Verhalten, das im Einzelfall ganz unterschiedliche Ursachen haben kann. Um einheitliche Gruppen abzugrenzen, versucht man „Endophänotypen" zu definieren, Eigenschaften, die Teil des gesamten Phänotyps sind, den zu Grunde liegenden Genwirkungen aber näher stehen. Die Auswahl potenzieller Endophänotypen ist groß, was Bestätigungsstudien und Metaanalysen erschwert. Vorerst ist es wichtig, im Einzelfall die Frage zu prüfen, ob eine der bekannten monogenen oder zytogenetischen Ursachen vorliegt; außerdem muss man eine genaue Familienanamnese erheben, im Stammbaum alle Krankheiten des autistischen Formenkreises erfassen und anhand der empirischen Daten eine Risikoabschätzung für ein erneutes Auftreten vornehmen.

Weitere Informationen über Autismus finden sich unter http://www.nimh.nih.gov/publicat/autism.cfm. Selbsthilfegruppen in den USA und Großbritannien betreiben die Internetseiten http://www.nas.org.uk/ und http://www.autism-society.org. Eine entsprechende Internetseite in Deutschland ist http://www.autismus.de.

13.5 Quellen

American College of Medical Genetics/American Society of Human Genetics Working Group on APOE and Alzheimer disease (1995): Statement on use of apolipoprotein E testing for Alzheimer disease. *JAMA* 274: 1627–1629.

Bertram L. & Tanzi R.E. (2004): The current state of Alzheimer's disease genetics: what do we tell the patients? *Pharmacol. Res.* 50: 385–396.

Eckel R.H., Grundy S.M., Zimmet P.Z. (2005): The metabolic syndrome. *Lancet* 365: 1415–1428.

Florez J.C., Hirshhorn J., Altshuler D. (2003): The inherited basis of diabetes mellitus: implications for the genetic analysis of complex traits. *Annu. Rev. Genomics Hum. Genet.* 4: 257–291.

Holzman N.A. (1999): Promoting safe and effective genetic tests in the United States: work of the task force on genetic testing. *Clin. Chem.* 45: 732–738.

The International HapMap Consortium (2005): A haplotype map of the human genome. *Nature* 437: 1299–1320.

Lander E. & Kruglyak L. (1995): Genetic dissection of complex traits: guidelines for interpreting and reporting linkage results. *Nat. Genet.* 11: 241–247.

Lohmueller K.E., Pearce C.L., Pike M., Lander E.S., Hirschhorn J.N. (2003): Meta-analysis of genetic association studies supports a contribution of common variants to susceptibility to common disease. *Nat. Genet.* 33: 177–182.

Risch N. & Merikangas K. (1996): The future of genetic studies of complex human diseases. *Science* 273: 1516–1517.

Scott L.J., Mohlke K.L., Bonnycastle L.L. et al. (2007): A genome-wide association study of type 2 diabetes in Finns detects multiple susceptibility variants. *Science* 316:1341–1345.

Stumvoll M., Goldstein B.J., van Haeften T.W. (2005): Type 2 diabetes: principles of pathogenesis and therapy. *Lancet* 365: 1333–1346.

Warren V. (1999): *Report of Work Group on Genetic Tests and Future Need for Long-Term Care in the UK.* Continuing Care Conference, London.

13.6 Fragen und Aufgaben

(1) Welche der folgenden Beobachtungen ist das stärkste Indiz dafür, dass genetische Faktoren zur Anfälligkeit für Herzinfarkte beitragen?
  (a) eine erhöhte Herzinfarkthäufigkeit bei den Geschwistern eines Indexpatienten;
  (b) eine erhöhte Konkordanz bei gleichgeschlechtlichen im Vergleich zu gemischtgeschlechtlichen Zwillingspaaren;
  (c) bei Indexpatienten, die adoptiert wurden, eine erhöhte Häufigkeit bei den biologischen Verwandten, aber nicht bei den Angehörigen der Adoptivfamilie;
  (d) die Beobachtung, dass Kinder in ihrem gesunden oder ungesunden Ernährungsverhalten den Eltern ähneln.

(2) Zwei nicht miteinander verwandte Frauen leiden an einer komplexen Krankheit; Befunde von Familien-, Zwillings- und Adoptionsstudien lassen darauf schließen, dass genetisch bedingte Anfälligkeit bei dieser Krankheit eine wichtige Rolle spielt. Anne ist in ihrer Familie als Einzige betroffen; bei Betty dagegen leiden Sohn und Bruder ebenfalls an der Krankheit. Entscheiden Sie in den nachfolgenden 4 Vergleichen, ob das Risiko
  (a) höher,
  (b) niedriger,
  (c) gleich, oder
  (d) auf Grund der Daten nicht zu beurteilen ist:

  1. das Risiko, dass Annes oder Bettys nächstes Kind betroffen ist, im Vergleich zum Risiko für die Nachkommen eines betroffenen Mannes;
  2. das Risiko, dass ein Sohn von Anne betroffen ist, im Vergleich zum Risiko für ihre Tochter;
  3. das Risiko, dass ein Sohn von Betty betroffen ist, im Vergleich zum Risiko für ihre Tochter;
  4. das Risiko, dass Annes nächstes Baby betroffen ist, im Vergleich zu dem Risiko für Bettys nächstes Baby.

(3) Auf einem Chromosom, das einen bestimmten Marker-Haplotyp trägt, tritt eine Mutation auf. Wie lang wäre die Halbwertszeit (in Generationen) der Assoziation zwischen der Mutation und einem Marker, der (a) 1 cM und (b) 5 cM von ihr entfernt ist?

(4) In den 1950er Jahren vertrat der Statistiker Ronald Fisher die Ansicht, die damals bereits bekannte Assoziation zwischen Rauchen und Lungenkrebs müsse nicht bedeuten, dass das Rauchen den Lungenkrebs verursacht. Er äußerte die Vermutung, ein beginnender Lungenkrebs könne die Atemwege reizen und dadurch die Menschen zum Rauchen motivieren; oder aber Menschen mit einer bestimmten nervlichen Verfassung würden dazu neigen, Lungenkrebs zu bekommen und unabhängig davon mit dem Rauchen anzufangen. Wie könnte man ihn widerlegen?

(5) Der Locus A hat drei Allele A*1, A*2 und A*3 mit den Allelhäufigkeiten (in der gleichen Reihenfolge) 0,5, 0,4 und 0,1. Der gekoppelte Locus B hat die Allele B*1, B*2 und B*3 mit den Häufigkeiten 0,6, 0,3 und 0,1. Welche der folgenden Beobachtungen wäre ein Beleg für ein Kopplungsungleichgewicht?
  (a) Die Häufigkeit des Haplotyps A*1, B*1 ist 0,30.
  (b) Die Häufigkeit des Haplotyps A*2, B*2 ist 0,14.
  (c) Die Häufigkeit des Haplotyps A*3, B*3 ist 0,03.
  (d) Die Häufigkeit des Haplotyps A*3, B*2 ist 0,01.

(6) Welche der folgenden Beobachtungen ist ein Beleg für ein Kopplungsungleichgewicht zwischen Mukoviszidose und dem gekoppelten DNA-Polymorphismus *KM19*?

   (a) In einem Vergleich von zehn Bevölkerungsgruppen hatte diejenige mit der größten Mukoviszidose-Häufigkeit auch die höchste Frequenz des *KM19*-Allels 2.

   (b) Das *KM19*-Allel 2 findet sich auf 91 Prozent der Chromosomen 7 mit dem für Mukoviszidose verantwortlichen mutierten Gen, aber nur auf 25 Prozent der Chromosomen 7, bei denen das Gen nicht mutiert ist.

   (c) Die Loci für *CFTR* und *KM19* wurden beide auf dem Chromosom 7q31.2 kartiert.

   (d) In Familienuntersuchungen findet man eine enge Kopplung zwischen *CFTR* und *KM19*.

(7) In einem Beutel voller schwarzer Bohnen ist jeweils eine unter 100 Bohnen rot. Sie greifen mit geschlossenen Augen in den Beutel und ziehen eine Bohne heraus. Angenommen, Sie haben zehn Versuche: Wie groß ist die Wahrscheinlichkeit, dass Sie mindestens einmal eine rote Bohne erwischen? Jetzt stellen Sie die gleiche Überlegung für die Suche nach Krankheitsanfälligkeitsgenen an. Sie testen 1000 Marker, die jeweils in vier Allelen vorkommen, auf eine Assoziation mit der untersuchten Krankheit. Welcher *P*-Wert für eine Assoziation wäre auf der Ebene von 5 Prozent signifikant? Wäre die Antwort die Gleiche, wenn Sie nicht auf Assoziation testen, sondern 1000 über das Genom verstreute Marker auf Kopplung untersuchen würden?

(8) Durch die Weiterentwicklung der Hochdurchsatz-Genotypisierung sind Assoziationstests des ganzen Genoms heute technisch möglich. In einer Kohorte von 500 betroffenen Personen und 500 Kontrollen werden eine Million SNPs untersucht. Der SNP Nummer 629380 hat zwei Allele, die bei den Kontrollen jeweils mit einer Häufigkeit von 50 Prozent vorkommen. Wo liegt die Schwelle für die Zahl der betroffenen Personen, die das Allel 1 dieses SNP tragen müssen, damit man eine signifikante Assoziation mit der Krankheit nachweisen kann?

(9) Am Locus für eine Krankheitsanfälligkeit liegt das relative Erkrankungsrisiko für die Genotypen 1-1, 1-2 und 2-2 bei 4:2:1. Berechnen Sie den voraussichtlichen Anteil betroffener Geschwisterpaare, wenn beide den Genotyp 1-1, beide 2-1 oder einer 1-1 und einer 2-1 haben, wenn die Genotypen der Eltern

   (a) 1-1 x 2-2

   (b) 1-1 x 2-1

   lauten.

Kapitel 14
Was kann man für Patienten mit genetisch bedingten Krankheiten tun?

Wenn Sie dieses Kapitel durchgearbeitet haben, sollten Sie in der Lage sein,

- den Wert von Diagnose und Beratung für Eltern und Patienten zu benennen
- (in unkomplizierten Fällen) das Wiederholungsrisiko für das erneute Auftreten von Krankheiten mit mendelschem Erbgang und verschiedenen multifaktoriell bedingten Krankheiten bei betroffenen Familien vorherzusagen
- die wichtigsten Methoden der Pränataldiagnostik, ihren Nutzen und die damit verbundenen Probleme zu umreißen
- den Wert von Diätmaßnahmen bei der Behandlung von genetisch bedingten Krankheiten zu schildern
- in groben Umrissen die Prinzipien potentieller Gentherapien mittels Genreparatur, Genersatz, *Gene Targeting*, sowie der Manipulation des alternativen Spleißens und deren gegenwärtigen Stand in der klinischen Praxis darzustellen
- die mögliche Verwendung von Stammzellen bei der Behandlung von genetisch bedingten Krankheiten zu beleuchten

14.1 Fallbeispiele

Bei diesem Kapitel werden keine neuen Krankengeschichten vorgestellt, stattdessen werden wir uns mit sämtlichen bisher in diesem Buch behandelten Fällen befassen.

14.2 Hintergrund

Wie bei den meisten medizinischen Spezialgebieten hängen auch in der klinischen Humangenetik die medizinischen Maßnahmen zunächst einmal von einer präzisen Diagnose ab. Die hauptsächlichen Tätigkeiten der klinischen Humangenetik bestehen in Beratung, Untersuchungen/Tests und Behandlung.

Diagnose

Wie die im vorangegangenen Text vorgestellten Fälle anschaulich demonstriert haben, bestehen die ersten Schritte bei der Erstellung einer Diagnose aus klinischen Beobachtungen und Untersuchungen. An der Diagnose und Beratung von Personen und Familien mit genetisch bedingten Krankheiten sind in der Regel viele Kliniker und Gesundheitsexperten beteiligt. In Ländern mit einem gut ausgebauten Gesundheitssystem hat man spezielle Genetikzentren eingerichtet, in denen

Humangenetiker, genetische Berater und wissenschaftlich arbeitende Genetiker zusammenarbeiten. Genetisch bedingte Krankheiten können alle Altersgruppen betreffen und alle Körpersysteme in Mitleidenschaft ziehen, die Experten müssen daher über ein breit gefächertes Wissen verfügen, wobei es durch die zunehmende Subspezialisierung mehr und mehr dazu kommen wird, dass klinische Humangenetiker auf bestimmten Gebieten besonders reiche Erfahrungen sammeln.

Zu Beginn einer Diagnose wird zunächst einmal eine detaillierte Kranken-, Schwangerschafts- und Familiengeschichte aufgenommen, danach werden allgemeine Untersuchungen und schließlich die jeweils angebrachten Sonderuntersuchungen durchgeführt. Bei manchen Syndromen (dem Williams-Beuren-Syndrom zum Beispiel oder der Achondroplasie) drängt sich der entsprechende Diagnoseverdacht durch gewisse äußere Erscheinungsmuster – charakteristische Gesichtszüge in Kombination mit anderen Merkmalen wie Herzfehlern oder bestimmten Körperproportionen – mehr oder minder auf. Bei anderen Krankheiten (neurologischen Krankheiten oder angeborenen Stoffwechselstörungen) ergibt sich ein diagnostischer Verdacht aus den klinischen Symptomen, dem Verlauf und der Untersuchung bestimmter Körperfunktionen. Die Differentialdiagnose wird dann mit Hilfe spezieller Tests, so diese verfügbar sind, überprüft. Bei vielen genetisch bedingten Krankheiten ist man einzig und allein auf die klinische Diagnostik angewiesen, weil es bisher keine entsprechenden Gentests gibt.

Eine gut abgesicherte Diagnose erleichtert das klinische Vorgehen, die Abschätzung von potentiellen Komplikationen und, bei einigen Krankheiten, auch die Behandlung. Auch eine sinnvolle genetische Beratung ist auf eine präzise Diagnose angewiesen. Handelt es sich um eine Krankheit mit mendelschem Erbgang oder eine zytogenetische Veränderung, so ist die Beratung eine relativ geradlinige Angelegenheit. In vielen Situationen aber – bei Lernschwächen zum Beispiel oder bei Geburtsfehlern, die keinem bereits bekannten Muster gehorchen, oder in Fällen, in denen gewisse Untersuchungen ein negatives Ergebnis erbracht haben – ist die Beratung weniger treffsicher und kann sich nur an Untersuchungsergebnissen aus Familien mit ähnlichen Symptomen orientieren.

Risikoabschätzung und genetische Beratung

Eine genetische Beratung umfasst weit mehr als das Verkünden von Wiederholungsrisiken – aber zu Beginn der Beratung ist es nun einmal unabdingbar, diese Risiken korrekt aufzuschlüsseln. Wer Aussagen über solche Risiken trifft, muss genügend wissenschaftliches und methodisches Verständnis für eine solche Risikoberechnung mitbringen, um eine Zahl, die im Raum steht, beurteilen und gegebenenfalls rechtfertigen zu können, auch wenn er diese nicht selbst ermittelt hat.

- Bei Krankheiten mit *mendelschem Erbgang* haben die zunehmende Verfügbarkeit und der Erfolg der Mutationsanalytik diesen Teil der Beratung im vergangenen Jahrzehnt deutlich erleichtert. Wo Risikobewertungen sich allein auf den Stammbaum stützen, liegen die Hauptschwierigkeiten bei schweren dominant und X-chromosomal vererbten Krankheiten, bei denen es häufig zu Neumutationen kommt. In diesen Fällen sind Bayes'sche Verfahren wichtige Instrumente (s. *Exkurs 14.1*). Berater (auch Kliniker, die Beratungen anbieten) müssen genug über die Bayes'schen Methoden wissen, um Berechnungen nachvollziehen und rechtfertigen können, unabhängig davon, ob sie solche Berechnungen normalerweise selbst durchführen oder nicht.

- Bei *Chromosomenanomalien* wie den Trisomien sind Wiederholungsrisiken empirische Risiken. Wo ein Elternteil eine balancierte Anomalie aufweist (wie im Falle Ellen Elliott im Fallbeispiel 5), sollten zur Risikobewertung für verschiedene mögliche unbalancierte Konstellationen Kollegen aus der Zytogenetik zugezogen werden. Auch wenn jeder Fall einzigartig ist, können Zytogenetiker auf der Basis der Geometrie meiotischer Paarungen – bei Trägern von rezipro-

Exkurs 14.1   Eine Einführung in die Anwendung Bayes'scher Verfahren in der Genetik

Dieses Verfahren der Kombination und Wichtung von Wahrscheinlichkeiten wurde im 18. Jahrhundert von Reverend Thomas Bayes ersonnen. Es hat sich als ungemein nützliches Instrument zur Risikoberechnung in der Humangenetik erwiesen. Man geht aus von einer *a-priori*-Wahrscheinlichkeit – wie wahrscheinlich ist zunächst einmal die Ausgangshypothese allein für sich genommen? Und dann geht man daran, relevante Pro- und Contra-Aspekte einzubringen, die diese Hypothese unterstützen oder gegen sie sprechen (konditionale Wahrscheinlichkeiten oder Likelihoods) und alles zusammen dann zu einer *a-posteriori*-Wahrscheinlichkeit zusammenzufassen.

Die Schritte im Einzelnen:

(1) Formulieren Sie die verschiedenen möglichen, einander ausschließenden Einzelhypothesen, die Sie testen wollen. Dabei müssen alle Möglichkeiten abgedeckt sein, so dass die eine oder andere Alternative wahr sein muss. In der Humangenetik benennt man meist nur zwei Alternativen – Person X ist Träger eines Gens oder nicht – manchmal aber gibt es mehrere Möglichkeiten (vielleicht wollen sie die Wahrscheinlichkeiten dafür errechnen, dass X aa, Aa oder AA ist).

(2) Ordnen sie jeder Möglichkeit eine *a-priori*-Wahrscheinlichkeit zu. In der Genetik werden dies in der Regel die jeweiligen Wahrscheinlichkeiten innerhalb mendelscher Erbgänge sein: 1:2, 1:4 usw.. Die Summe all dieser Wahrscheinlichkeiten muss am Ende 1 ergeben.

(3) Nun betrachten Sie ihren ersten Befund und notieren für jede Alternative einzeln die Wahrscheinlichkeit dafür, dass Sie diese Beobachtung gemacht hätten, wenn diese Alternative wahr wäre. Damit haben Sie die konditionalen Wahrscheinlichkeiten, diese müssen sich nicht zwangsläufig zu 1 addieren.

(4) Liegen noch andere relevante Beobachtungen vor, die von der ersten völlig unabhängig sind, wiederholen Sie Schritt 3 für jede dieser Beobachtungen.

(5) Ist die Liste vollständig, multiplizieren Sie die Zahlen in jeder Spalte Ihrer Tabelle. Die Ergebnisse nennt man verbundene Wahrscheinlichkeiten.

(6) Da die Endwahrscheinlichkeiten für jede der möglichen Ausgangshypothesen wiederum zusammen 1 ergeben müssen (das heißt, eine davon muss wahr sein), müssen Sie die verbundenen Wahrscheinlichkeiten so umformen, dass sie sich zu 1 addieren lassen. Sie tun das dadurch, dass Sie jede einzelne durch die Summe aller verbundenen Wahrscheinlichkeiten dividieren. Das Ergebnis ist die Endwahrscheinlichkeit für jede Ihrer ursprünglichen Hypothesen unter Berücksichtigung der *a-priori*-Wahrscheinlichkeit und sämtlicher zusätzlichen Beobachtungen.

Zur Illustration des Gesagten im Folgenden die Berechung des Risikos dafür, dass die gesunde Schwester eines an Mukoviszidose leidenden Kindes selbst Anlageträgerin ist. Die einzelnen Schritte sind farbig markiert.

Ausgangshypothese: Die Schwester ist	AA	Aa	aa
a-priori-Wahrscheinlichkeit	$\frac{1}{4}$	$\frac{1}{2}$	$\frac{1}{4}$
konditional: Sie ist nicht betroffen	1	1	0
verbundene Wahrscheinlichkeit	$\frac{1}{4}$	$\frac{1}{2}$	0
Endwahrscheinlichkeit (*a-posteriori*-Wahrscheinlichkeit)	$\frac{1}{4}/(\frac{1}{4}+\frac{1}{2}+0)=\frac{1}{3}$	$\frac{1}{2}/(\frac{1}{4}+\frac{1}{2}+0)=\frac{2}{3}$	0

(1) Legen Sie die Alternativen fest. Als Tochter zweier Anlageträger kann sie AA, Aa oder aa sein.

(2) Die *a-priori*-Wahrscheinlichkeit entspricht der für mendelsche Erbgänge: 1:2:1

(3) Was jetzt kommt ist der heikelste Teil. Erinnern Sie sich, dass jede konditionale Wahrscheinlichkeit die Wahrscheinlichkeit für eine Beobachtung ist unter der Voraussetzung, dass die jeweilige Ausgangshypothese wahr ist. Wenn sie AA ist, wird sie definitiv nicht betroffen sein (die Wahrscheinlichkeit dafür liegt demnach bei 1. Dasselbe gilt, wenn sie Aa ist. Wäre sie aa, bestünde natürlich keinerlei Chance, dass sie nicht betroffen sein könnte (Sie könnten hier nun natürlich mit variablen Penetranzen operieren, und damit wären Sie bei einem der Hauptverwendungszwecke dieses Verfahrens).

(4) Multiplizieren Sie die Zahlen in jeder Spalte.

(5) Teilen Sie jede verbundene Wahrscheinlichkeit durch die Summe aller verbundenen Wahrscheinlichkeiten, damit sie sich auf 1 addieren.

In den Anleitungen zu den Fragen und Aufgaben am Ende des Kapitels finden Sie weitere Beispiele und eine Diskussion zum Bayes'schen Theorem. Der Bayes'sche Ansatz beim Umgang mit Wahrscheinlichkeiten ist insofern attraktiv, als er der Art und Weise entspricht, wie wir auch im täglichen Leben entscheiden, ob wir etwas glauben sollen oder nicht. Wie in den Anleitungen für die Aufgaben in *Kapitel 9* erwähnt, werden Sie Ihrem Freund durchaus glauben, wenn er Ihnen erzählt, er habe die Vorlesung verpasst, weil er verschlafen habe, wohl kaum aber, wenn er Ihnen erklärte, er sei von Aliens entführt worden. Sie beurteilen die Gesamtglaubwürdigkeit seiner Geschichte im Lichte ihrer *a-priori*-Wahrscheinlichkeit. Bayes'sche Verfahren sind demnach so etwas wie quantifizierter gesunder Menschenverstand.

ken Translokationen zum Beispiel über Tetravalente in der Meiose-I – oftmals gewisse Vermutungen herleiten und beratend wirken.

- Bei *komplexen Krankheiten* hat man es mit rein empirischen Risiken zu tun. Das wichtigste hier ist es, Daten zu verwenden, die aktuell sind (denn mit veränderten Umständen verändern sich auch die Risiken), und sie zur richtigen ethnischen Gruppe in Bezug zu setzen.

Humangenetische Beratung ist in erster Linie ein kommunikativer Prozess der Informationsvermittlung. Die in Amerika weithin akzeptierte Definition des Begriffs humangenetische Beratung (American Society of Human Genetics, 1975) stellt fest, genetische Beratung ist:

„ein Kommunikationsprozess, der sich mit menschlichen Problemen befasst, die mit dem Auftreten oder dem Risiko für das Auftreten einer genetisch bedingten Krankheit in einer Familie einhergehen. Teil dieses Prozesses ist das Bemühen einer oder mehrerer entsprechend geschulter Personen, dem betroffenen Einzelnen oder der betroffenen Familie dabei zu helfen:

(1) die medizinischen Fakten, unter anderem die Diagnose, den wahrscheinlichen Verlauf der Krankheit und die verfügbaren Möglichkeiten des Umgangs damit, zu verstehen;

(2) zu erfassen, in welcher Weise Vererbung zu dieser Krankheit beigetragen hat und welches Wiederholungsrisiko für die einzelnen Familienmitglieder besteht;

(3) die alternativen Möglichkeiten im Umgang mit dem Wiederholungsrisiko zu sehen;

(4) sich für die Handlungsweise zu entscheiden, die im Hinblick auf das individuelle Risiko, die eigenen familiären Zielvorstellungen, sowie die eigenen ethischen und religiösen Maßstäbe angemessen erscheint, und im Einklang mit dieser Entscheidung zu handeln, sowie

(5) bei einem betroffenen Familienmitglied die bestmögliche Haltung zu einer Krankheit und/oder dem Wiederholungsrisiko für eine solche Krankheit zu erreichen."

Testarten

Wie jedem anderen Kliniker steht auch dem Humangenetiker eine breite Palette an Tests zur Verfügung, viele davon sind keine genetischen Tests im eigentlichen Sinne. Zur Diagnosestellung kann es notwendig sein, auch die sonst üblichen klinischen Untersuchungen und Tests durchzuführen. Wir wollen uns an dieser Stelle auf genetische Tests beschränken.

Diagnostische Tests
Diese können Chromosomen- und DNA-Analysen ebenso umfassen wie biochemische Verfahren:

- *Chromosomenanalysen* sind angezeigt bei Babys mit multiplen angeborenen Fehlbildungen, bei Patienten jeden Alters mit einer geistigen Entwicklungsverzögerung, die von physischen Fehlbildungen begleitet ist, sowie bei anderweitig nicht erklärbarer Unfruchtbarkeit, mehrfachen Fehlgeburten oder bei Personen mit intersexuellem Phänotyp. Die zugehörigen Methoden sind in *Kapitel 2* beschrieben.
- *Biochemische Analysen* sind angezeigt, wenn bestimmte Zeichen und Symptome beobachtet werden, beispielsweise bei Leber- und Milzvergrößerung, früh einsetzenden Krampfanfällen, allmählich zunehmendem neurologischem Leistungsabfall und einer Vergröberung der Gesichtszüge.

- *Molekularbiologische Untersuchungen* sind nützlich, wenn ein starker Verdacht auf das Vorliegen einer bestimmten Krankheit mit mendelschem Erbgang besteht, aber die Gewissheit fehlt. Wie in *Abschnitt 5.4* erläutert, muss eine solche Untersuchung zielgerichtet sein, idealerweise auf eine bestimmte Mutation abzielen, zumindest jedoch auf ein oder zwei spezielle Gene fokussiert sein.

Grundsätzlich werfen diagnostische Tests nicht dieselben ethischen Probleme auf wie prädiktive Tests, dennoch muss ein Kliniker die möglichen Konsequenzen für andere Familienmitglieder grundsätzlich berücksichtigen.

Tests auf Anlageträgerschaft (Heterozygotentests)

Diese werden bei autosomal und X-chromosomal vererbten Krankheiten durchgeführt, ebenso bei balancierten Chromosomenanomalien. Im Normalfall wird eine solche Untersuchung auf Verlangen des Patienten vorgenommen, und zwar aus einem Grund, der über bloße Neugier weit hinausgeht. Eine humangenetische Beratung sollte bei dieser Untersuchung grundsätzlich dazu gehören. Kinder sollten bei solchen Tests nicht erfasst werden, es sei denn, es ergäbe sich daraus ein unmittelbarer Nutzen für das Kind.

Prädiktive Tests

Diese werden im Zusammenhang mit spät im Leben einsetzenden Krankheiten wie der Chorea Huntington und familiären Krebserkrankungen angewandt. Prädiktive Tests sollten grundsätzlich nur im Zusammenhang mit einer umfassenden humangenetischen Beratung durchgeführt werden, wobei nach einem ausführlichen, schriftlich ausformulierten Protokoll vorgegangen werden sollte, das im Vorfeld das mögliche Vorgehen im Falle des jeweiligen Untersuchungsergebnisses festlegt. *Exkurs 14.2* zeigt ein solches Protokoll für die humangenetische Beratung und Untersuchung bei einem bestehenden Risiko für die Chorea Huntington.

Pränatale genetische Diagnostik

Diese kann zu verschiedenen Zeitpunkten innerhalb der Schwangerschaft durchgeführt werden.

- Die *Chorionzottenbiopsie* wird ab der 10. (bis 12.) Schwangerschaftswoche unter Ultraschallkontrolle durchgeführt (*Abb. 14.1*). Dabei wird entweder transabdominal oder transzervikal Gewebe aus den Chorionzotten – der äußersten embryonalen Gewebeschicht – entnommen, wobei die Kanüle nicht in die Amnionhöhle eindringen sollte. Nach der Entfernung muss das Gewebe sorgfältig unter dem Mikroskop von kontaminierendem mütterlichem Gewebe befreit wer-

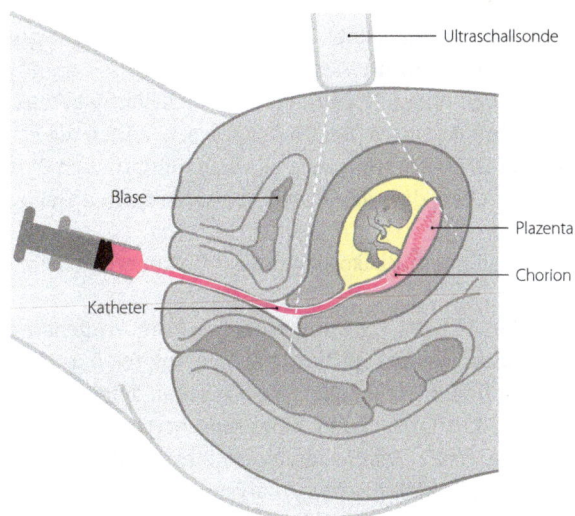

Abb. 14.1 Chorionzottenbiopsie

Exkurs 14.2 Ablauf von Beratung und prädiktiver Untersuchung bei einem Risiko für Chorea Huntington

Die Vorgehensweise in einem solchen Falle weist in verschiedenen Ländern geringfügige Unterschiede auf, überall aber werden mehrere Beratungssitzungen vereinbart. Der folgende Ablauf – adaptiert nach Tibben (2002), wiedergegeben mit freundlicher Genehmigung von Oxford University Press – ist typisch. Man ermuntert den Patienten, zu seiner Unterstützung den Ehegatten, einen Freund oder eine andere Person in die Sitzung mitzubringen.

Erste Beratungssitzung:
- Feststellung der soziodemographischen Gegebenheiten
- Bestätigung der familiären und klinischen Daten und Befunde
- klärendes Gespräch über die Auswirkungen der Krankheit selbst und über die Aussagekraft der zu erwartenden Testergebnisse
- Aufklärung über den Krankheitsverlauf und über den Ablauf des prädiktiven Tests
- Besprechung der Gründe für den Wunsch nach einem solchen Test
- Überweisung des Patienten an einen Neurologen und einen Psychologen / Psychiater / Psychotherapeuten / gegebenenfalls Pfarrer
- Hinweis auf Selbsthilfegruppen

Neurologische Untersuchung – Psychologische Konsultation

Zweite Beratungssitzung (frühestens einen Monat nach der ersten Sitzung):
- Beurteilung der psychologischen, persönlichen und sozialen Mittel und Beweggründe unter Zuhilfenahme standardisierter Methoden

- weitere Beratung und Diskussion über die Sitzung, bei der die Testergebnisse besprochen werden sollen
- Unterzeichnung der Einwilligungserklärung
- Entnahme der Blutprobe

Laborarbeiten:
- Die Blutprobe wird in zwei Aliquots aufgeteilt und an zwei aufeinander folgenden Tagen an das Labor versandt, um das Risiko für eine Verwechslung von Proben zu minimieren
- Das Labor bestimmt mittels PCR die Größe der CAG-Repeats bei beiden Kopien von Chromosom 4 (vgl. *Abb. 4.18*)

Dritte Beratungssitzung (ca. 3 Wochen nach der zweiten Sitzung):
- Terminvereinbahrung soll immer vom Ratsuchenden ausgehen
- Besprechung der Testergebnisse
- Weiteres Procedere (z.B. bei positivem Test Abstand der neurologischen Untersuchungen)

Nach Bedarf können dieser letzten Sitzung eines oder mehrere Nachgespräche folgen, zumindest sollte telefonischer Kontakt erfolgen.

Nur ein geringer Teil der Personen mit einem erhöhten Risiko lässt den prädiktiven Test letztlich vornehmen. Nachgespräche sind für Personen mit negativem Testergebnis nicht minder wichtig als für die Träger der Huntington-Mutation.

den. Chorionzotten können zur DNA-Analyse oder zur raschen zytogenetischen Untersuchung von darin bereits vorhandenen sich teilenden Zellen verwendet werden. Solche Schnellanalysen müssen jedoch durch gleichzeitig angelegte Zellkulturen nach mehreren Tagen überprüft werden. In Chorionzotten aufgefundene Mosaike sind schwer zu deuten: Im Nachhinein stellt sich häufig heraus, dass diese auf die Plazenta beschränkt waren. Bei DNA-Analysen sollten die Ergebnisse grundsätzlich mit einer DNA-Kontrollprobe aus dem mütterlichen Blut verglichen werden, um sicherzugehen, dass das Testergebnis den fetalen Genotyp reflektiert.

Bei der Chorionzottenbiopsie besteht ein Risiko von etwa 2 Prozent, eine Fehlgeburt zu verursachen.

- Eine *Amniozentese* wird in der 14.-20. Schwangerschaftswoche vorgenommen (*Abb. 14.2*). Das Fruchtwasser besteht im Wesentlichen aus fetalem Urin sowie Lungenflüssigkeit. Darin finden sich Zellen aus Amnion, fetaler Haut und fetalem Urogenitalsystem. Man kann daran biochemische Untersuchungen vornehmen, und man kann fetale Zellen daraus isolieren und zur späteren zytogenetischen und molekularbiologischen Analyse in Kultur nehmen. Zu den biochemischen Untersuchungen würde ein Test auf das von der fetalen Leber produzierte Alpha-Fetoprotein (AFP) gehören: Ein hoher Alpha-

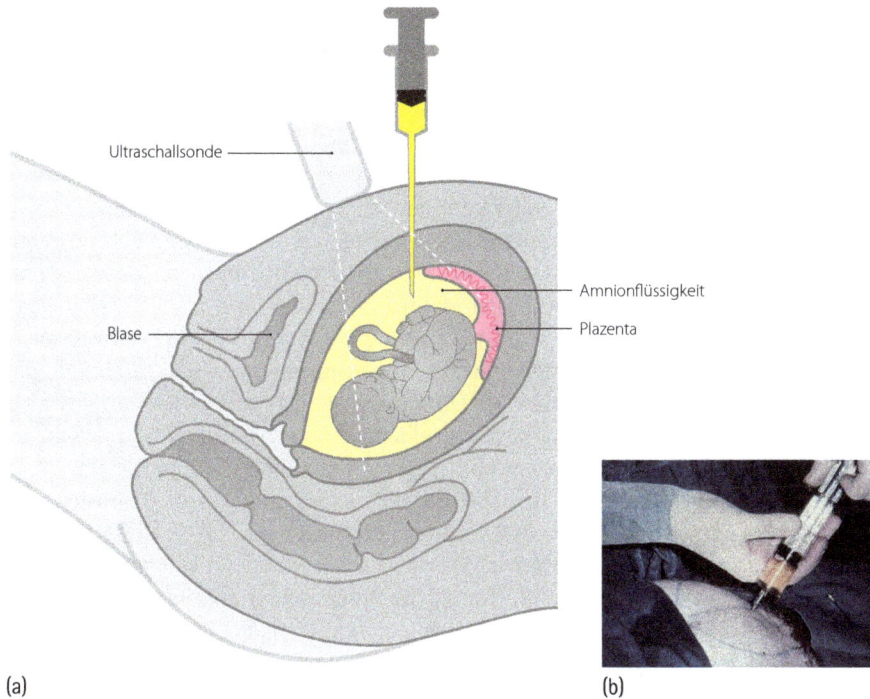

Abb. 14.2 Amniozentese
(a) Schematische Darstellung des Verfahrens (b) Fruchtwasserentnahme

Fetoproteinspiegel lässt darauf schließen, dass der Fetus eine offene Stelle – in aller Regel ein unvollständig verschlossenes Neuralrohr, möglicherweise aber auch einen Bauchdeckendefekt haben könnte. Über die Interpretation von biochemischen Untersuchungsergebnissen existiert eine Fülle an Veröffentlichungen. Für die Kultivierung von fetalen Zellen aus Amnionflüssigkeit zur zytogenetischen Untersuchung muss man, um Präparate von guter Qualität herstellen zu können, etwa zwei Wochen veranschlagen. Das Fruchtwasser ist eine weniger ergiebige DNA-Quelle als die Chorionzotten, denn es enthält weniger Zellen. Mehr und mehr kommen daher neuere Techniken zum Zuge, für die es keiner vorherigen Kultur bedarf – QF-PCR beispielsweise (eine quantitative PCR mit fluoreszenzmarkierten Primern) zur Auffindung spezieller Trisomien.
Bei der Amniozentese beträgt das Risiko, eine Fehlgeburt auszulösen, etwa 0,5-1 Prozent.

- Unter dem Begriff „*Triple-Test*" wird Schwangeren oftmals angeboten (keine Kassenleistung) bestimmte Proteinwerte im Blut der Mutter biochemisch zu bestimmen. Dies können AFP, Östriol, freies hCG (human Chorionic Gonadotropin) und neuerdings auch PAPP-A (pregnancy associated plasma protein A) sein, die das mütterliche Altersrisiko für Chromosomenaberrationen beim Kind weiter modifizieren. Sie bilden wie gesagt eine Grundlage für eine modifizierte Wahrscheinlichkeitsrechnung, jedoch keine zielgerichtete Diagnose. Daher kann es leicht zu unnötigen Verunsicherungen der werdenden Mutter kommen.

- Vielfach ist die *Analyse von fetalen Zellen oder von DNA aus dem mütterlichen Blut* als nicht invasive Alternative der pränatalen Diagnostik vorgeschlagen worden. Aus vielen Berichten geht hervor, dass sich in mütterlichem Blut fetale Zellen finden lassen, man geht dabei in der Regel von etwa einer Zelle pro Milliliter Blut aus. Diese Zellen könnten im Prinzip für die Untersuchung auf eine lange Liste von Anomalien herangezogen werden, aber derzeit sind die Untersuchungsmethoden für den klinischen Routineeinsatz noch nicht verlässlich genug. In einer groß angelegten Studie, an der sich mehrere Humangenetik-Zentren beteiligt haben (NIFTY-Studie, s. Bianchi et al. 2002), hat man bei 3502 mütterlichen Blutproben versucht, mittels Interphase-Fluoreszenz-*in-situ-*

Hybridisierung eine Geschlechtsbestimmung an fetalen Zellen vorzunehmen, um nach Aneuploidien zu suchen. Bei Frauen, die einen einzelnen männlichen Fetus austrugen, fand sich in 41 Prozent der Fälle wenigstens eine Zelle mit einem X- und einem Y-Chromosom. Die Häufigkeit von falsch-positiven Ergebnissen betrug 11 Prozent. Im Falle einer Aneuploidie lag die Detektionsrate bei 74 Prozent, in 0,6–4,1 Prozent der Fälle erhielt man falsch-positive Ergebnisse. Aufgrund derart enttäuschender Resultate ist man dazu übergegangen, im mütterlichen Blut nach freier fetaler DNA zu suchen. Im Plasma einer Schwangeren findet sich freie DNA, die zu 3-6 Prozent fetalen Ursprungs ist. Die Menge an freier fetaler DNA ist weit größer als die in den wenigen fetalen Zellen enthaltene. Freie fetale DNA kann etwa ab der 7. Woche, möglicherweise sogar noch früher, nachgewiesen werden, und die Konzentration steigt im Laufe der Schwangerschaft. Fetale DNA besteht vor allem aus Fragmenten von mehr als 200 bp Länge. Woher sie kommt, weiß man nicht genau, aber höchst wahrscheinlich stammt sie aus der Plazenta (in diesem Falle könnten allerdings plazentale Mosaike genauso zum Problem werden wie bei der Chorionzottenbiopsie).

Man hat hochempfindliche PCR-Verfahren angewendet, um an dieser Art von fetaler DNA eine Geschlechtsbestimmung vorzunehmen und sie auf väterliche Mutationen zu durchsuchen. Aufgrund des großen Überschusses an mütterlicher DNA ist es nicht möglich, nach Mutationen zu suchen, die über die Mutter vererbt werden. Es gibt viele Berichte, denen zufolge die fetale Genotypisierung an freier fetaler DNA aus mütterlichem Blut eine praktikable Möglichkeit ist, aber wie so häufig bei neuen Technologien stammen die ersten Berichte von Leuten, denen es gelungen ist, das Verfahren zu etablieren. Diejenigen, die es versucht haben und gescheitert sind, berichten meist nicht über ihre Erfahrungen. Es wird großer kontrollierter Studien bedürfen, um zu klären, wie gangbar diese Methode für den Routineeinsatz in nicht eigens darauf spezialisierten Zentren oder für zugesandte Proben aus entlegenen Kliniken ist – aber sie ist mit Sicherheit einigermaßen viel versprechend.

- *Bildgebende Verfahren* werden hier genannt, weil sie, so sich in ihnen eine Anomalie zeigt, häufig Anlass zu einer weiteren – genetischen – Untersuchung geben. Es handelt sich hierbei um die einzige etablierte nicht invasive Methode zur routinemäßigen Beobachtung der fetalen Entwicklung. Mit jedem Jahr werden die Methoden besser und ausgefeilter. Heute können 3D- und 4D-Verfahren wirklich deutliche Bilder von fetalen Strukturen, ja sogar von Gesichtszügen vermitteln. Heute wird gezielt bei bestehendem Risiko und bei Verdacht auf Fehlbildungen zwischen der 20. und 22. Schwangerschaftswoche eine gesonderte fetale Ultraschalluntersuchung angeboten, die anders abläuft als die Routineuntersuchungen zur Altersbestimmung und zur Überprüfung von Organstrukturen, und die von speziell dafür geschulten Ärzten durchgeführt wird. Mit ihr lässt sich eine große Palette an Strukturanomalien entdecken und gegebenenfalls weiter untersuchen – oftmals folgt eine Amniozentese mit anschließender Zellkultur und Chromosomenanalyse, oder man sucht mittels Fluoreszenz-*in-situ*-Hybridisierung nach speziellen Krankheiten. So kann man zum Beispiel beim Auffinden eines Herzfehlers mittels FISH nach Deletionen im Bereich 22q11 suchen. Solche Ultraschall-Untersuchungen helfen auch, erste Anzeichen für das Vorliegen von Down-Syndrom zu entdecken. Am häufigsten wird nach dem fetalen Nackenödem (einer Verdickung der Nackenfalte) gesucht, doch auch andere Merkmale – zum Beispiel das Fehlen des Nasenbeins – deuten auf eine erhöhte Wahrscheinlichkeit für ein Baby mit Down-Syndrom. Schließlich kann auch ein auffälliger biochemischer Test des mütterlichen Serums Anlass für eine hochauflösende Ultraschalldiagnostik sein.

Behandlung

An dieser Stelle wollen wir die beiden großen Hoffnungen im Umgang mit genetisch bedingten Krankheiten besprechen: Gentherapie und die verschiedenen Spielarten der Stammzelltherapie. Bevor wir darauf eingehen, ist es wichtig zu betonen, dass beide Technologien erst in fernerer Zukunft Erfolge verheißen, man aber auch hier und heute bereits eine Menge tun kann. Der Ruf der Unbehandelbarkeit, der genetisch bedingten Krankheiten anhängt, ist nur sehr eingeschränkt berechtigt. Patienten mit Erbkrankheiten haben, wie alle anderen Patienten auch, Probleme und Symptome, die sich lindern lassen, auch wenn eine durchschlagende Heilung nicht möglich ist. Für eine Reihe von Krankheiten sind spezielle Therapiemöglichkeiten verfügbar, die sich der jeweiligen Funktionsanomalien annehmen. Eine Reihe von Beispielen findet sich in *Abschnitt 14.3*, *Tab. 14.2* am Ende des Kapitels.

Gentherapie
Die Möglichkeiten der Gentherapie stehen und fallen mit der Verfügbarkeit gut etablierter Methoden zum Einschleusen von Genen in Zellen. Im Labor gestaltet es sich überraschend einfach, exogene DNA in lebende Zellen einzubringen, und es existiert eine ganze Reihe von Methoden, mit denen sich das bewerkstelligen lässt (*Abb. 14.3*). Man kann sie grob einteilen in physikalische Methoden und vektorenabhängige Methoden.

Physikalische Methoden sind:

- *Liposomen* – künstliche membranumschlossene Vesikel, die mit Zellmembranen fusionieren und ihren Inhalt in die Zellen entleeren können
- *rezeptorvermittelte Techniken*, bei denen die DNA an den Liganden für einen Zelloberflächenrezeptor gebunden und dieser nach Ligandenbindung internalisiert wird
- *Elektroporation*, bei der ein kurzer Hochspannungspuls die Eigenschaften der Zellmembran kurzfristig verändert, so dass die Zelle unverpackte DNA aus dem Zellmedium aufnehmen kann.

Vektorenbasierte Methoden bedienen sich gentechnologisch veränderter Viren, die den akut transformierenden Retroviren aus *Abb. 12.4* ähneln. Im Vergleich zu den physikalischen Methoden sind diese häufig effizienter, wenn es darum geht, die fremde DNA in einen vernünftigen Anteil der Zielzellen zu manövrieren. Man hat viele verschiedene Viren zur Auswahl, bestimmt wird die Entscheidung unter anderem durch

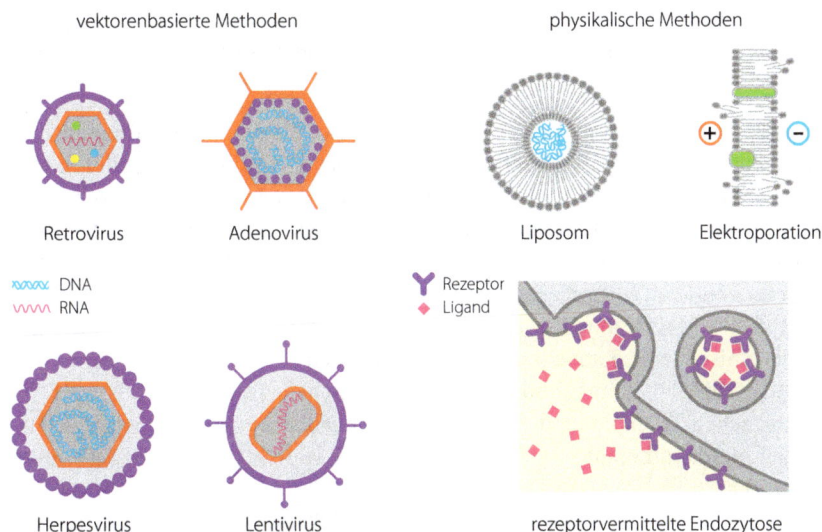

Abb. 14.3   Methoden zur Einbringung eines Fremdgens in eine Zelle

- die Kapazität: Wie groß darf das eingebaute DNA-Fragment sein?
- die Viruspräferenz: Manche Viren infizieren bevorzugt bestimmte Zelltypen
- die Frage, ob der Vektor auch nicht in Teilung befindliche Zellen zu infizieren vermag: Retroviren können nur sich teilende Zellen infizieren
- die Frage, ob ein sich integrierendes Virus gewünscht wird oder nicht: Integrierende Vektoren wie Retroviren verankern das transferierte Gen in einem Chromosom der Wirtszelle und stellen auf diese Weise sicher, dass jede Tochterzelle eine Kopie davon erhalten wird. Nicht integrierende Vektoren – Adenoviren beispielsweise – bleiben als extrachromosomale Episomen erhalten, die im Laufe der Zellteilung schließlich und endlich ausverdünnt werden. Wie wir im Falle der Familie Portillo (Fallbeispiel 17, X-SCID, Immunschwäche) sehen werden, gibt es auch bei der Integration Vor- und Nachteile.

Je nachdem, welche Krankheit es zu behandeln gilt, kann die Gentherapie drei Dinge zum Ziel haben:

- Den *Ersatz oder das Hinzufügen von Genen:* Bei beidem will man in eine Zelle, der die Funktion eines bestimmten Gens abhanden gegangen ist, eine funktionsfähige Kopie dieses Gens einbringen. Dies wäre unter anderem die Methode der Wahl bei Krankheiten, die auf Loss-of-function-Mutationen zurückzuführen sind, wozu eine ganze Reihe der in unseren *Fallbeispielen* geschilderten Probleme gehören. Daneben könnte diese Methode verwendet werden, um ein neues Gen in eine Zelle einzuschleusen, in der Regel um auf diese Weise in Zellen, die man eliminieren möchte, künstlich eine bestimmte Anfälligkeit hervorzurufen. Man könnte beispielsweise Tumorzellen dazu veranlassen, ein neues Antigen zu exprimieren, das eine zytotoxische Reaktion des Immunsystems auslösen würde, oder auch ein intrazelluläres Enzym, das eine harmlose Wirkstoffvorstufe in einen toxischen Metaboliten umwandelt.
- *Gene Silencing* hat zum Ziel, die Expression eines vorhandenen Gens zu verhindern. Eine solche Form der Gentherapie wäre im Falle von Krankheiten zu wählen, die durch Gain-of-function-Mutationen oder dominant negative Mechanismen bedingt sind. In den meisten Fällen müsste ein solches „Ruhigstellen" spezifisch für das mutierte Allel sein und die Expression des nicht mutierten normalen Allels unberührt lassen. *Gene Silencing* kann auch angewandt werden, um die Expression viraler Gene in einer infizierten Zelle zu verhindern.
- Bei der *Genreparatur* versucht man nicht, ein vorhandenes Gen ruhig zu stellen oder im Ganzen zu ersetzen, sondern man will gezielt eine Fehlfunktion darin aufheben. Der Ansatz zur Genreparatur basiert auf einer gezielten homologen Rekombination oder Mismatch-Reparatur, mit der sich ein eng umgrenzter Fehler in einem Gen beheben lässt. Alternativ kann die Reparatur auch auf Expressionsebene stattfinden, zum Beispiel durch eine Manipulation des Spleißvorgangs, durch die sich spezielle Exons eines Gens gezielt aussortieren oder erhalten lassen.

Jede dieser Methoden kann *ex vivo* - an Zellen also, die man dem Patienten entnommen hat und ihm nach geglückter Modifizierung wieder injiziert –, oder *in vivo* durch Injektion oder eine andere Form der Einbringung eines therapeutisch wirksamen Konstrukts in den Körper des Patienten erfolgen. Ebenso wäre es prinzipiell möglich, somatische Zellen oder Keimbahnzellen zu behandeln. Die Keimbahntherapie ist im Vergleich zur somatischen Therapie von einer geradezu verführerischen Endgültigkeit - das Problem wäre ein für alle Mal aus der Welt –, wird aber generell als ethisch inakzeptabel betrachtet. Tatsächlich sind zudem die technischen Hindernisse, die der Keimbahntherapie im Weg stehen, weit größer als im Falle der somatischen Therapie, und es ist schwer vorstellbar, unter welchen Umständen eine Keimbahntherapie - so sie denn machbar wäre - von Nutzen sein sollte (*Abb. 14.4*).

dominant vererbte Krankheit, jeder zweite Embryo gesund

rezessiv vererbte Krankheit, 3 von 4 Embryonen gesund

Abb. 14.4 Der eingeschränkte Nutzen der Keimbahntherapie
Das Ziel einer Keimbahntherapie wären höchstwahrscheinlich Embryonen, die durch *In-Vitro-Fertilisation* gewonnen wurden. Eine IVF resultiert im Regelfalle in 5–10 Embryonen von denen zwei zur Implantation ausgewählt werden. Mit Hilfe eines Gentests würde bestimmt, bei welchem Embryo eine Therapie notwendig wäre. Je nach Vererbungsmodus könnten jeder zweite beziehungsweise 3 von 4 Embryonen aber auch ohne jede Therapie verwendet werden.

Stammzelltherapien

Haupthindernisse der Heilung geschädigter Gewebe und Organe mit Hilfe neuer Zellen sind die beschränkte Lebensdauer und das begrenzte Teilungspotential der meisten differenzierten Zellen, sowie die Abstoßungsreaktion des Körpers auf fremde Zellen. Obschon natürlich die *Organtransplantation* in den vergangenen Jahrzehnten ohne Frage große Erfolge zu verzeichnen gehabt hat, unter anderem auch zur Behandlung genetisch bedingter Krankheiten (zum Beispiel im Falle von Nierentransplantaten bei polyzystischer Nierenerkrankung), versucht man heute vermehrt, *Zelltransplantate* zu verwenden, das heißt, eine geringe Anzahl von Zellen in ein Gewebe einzubringen, die sich dort etablieren und teilen sollen. Dazu benötigt man Stammzellen.

Man geht davon aus, dass jedes Gewebe durch eine geringe Anzahl an Stammzellen unterhalten wird. Diese Zellen haben unter anderem die Fähigkeit, sich asymmetrisch zu teilen in eine neue Tochterstammzelle und in eine Zelle, die sich zu einer funktionsfähigen Gewebezelle weiterdifferenzieren kann (*Abb. 14.5*). Die verschiedenen Arten von Stammzellen unterscheiden sich in Bezug auf das Spektrum an Zelltypen, das sie hervorbringen können. Embryonale Stammzellen sind totipotent. Aus ihnen kann jede Zelle des ausgewachsenen Organismus hervorgehen. Es kann sein, dass wir eines Tages, wenn wir mehr darüber wissen, wie wir diese Zellen zu kultivieren, zu versorgen und zur Differenzierung zu bringen haben, imstande sein werden, aus solchen Stammzellen Organe und Gewebe nach

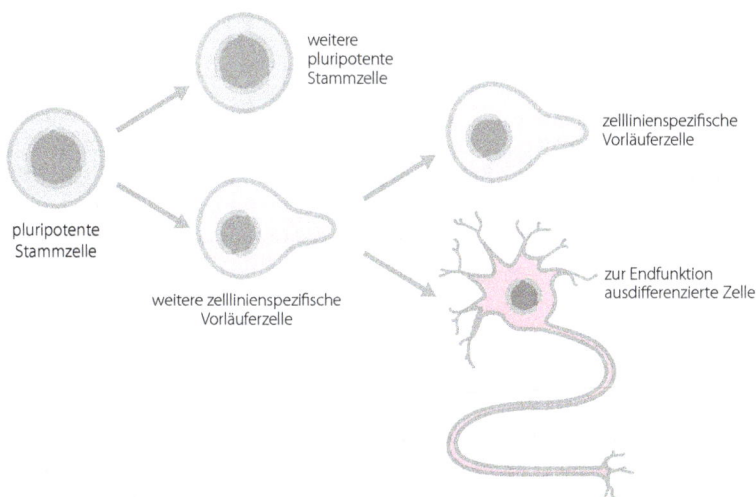

Abb. 14.5 Stammzellen haben sowohl die Fähigkeit sich selbst zu erneuern, als auch das Potential, in verschiedene Zelllinien zu differenzieren.
Stammzellen aus einem frühen Embryo können zunächst jede Zelle des erwachsenen Organismus hervorbringen; andere Stammzellen sind in ihren Differenzierungsmöglichkeiten bezüglich des Zelltyps stärker eingeschränkt.

Wunsch zu züchten. Vielleicht wird so etwas möglich sein, vielleicht auch nicht. Gegenwärtig wissen wir das nicht – aber die Möglichkeit ist derart verlockend, dass Labors auf der ganzen Welt ungeheure Anstrengungen in den Versuch investieren, das herauszufinden.

Embryonale Stammzellen können nur durch die Zerstörung eines Embryos in einem sehr frühen Entwicklungsstadium gewonnen werden (*Abb. 14.6*). Gegenwärtig wird das Potential nicht embryonaler Stammzellen heiß diskutiert. Der Umgang mit solchen Zellen ist schwierig und von Unwägbarkeiten geprägt. Die Isolierung und Charakterisierung von Stammzellen erfordert ein außergewöhnliches Maß an labortechnischem Geschick, und die Interpretation von Experimenten zur Untersuchung ihres Potentials gestaltet sich oftmals extrem schwierig. Zu den wissenschaftlichen Problemen kommen politische und religiöse Standpunkte, die bestimmte Interpretationen favorisieren und/oder ablehnen. Es wird noch ein paar Jahre dauern, bis diese Wissenschaft auf so sicheren Beinen steht, dass man zumindest über die Ausgangsfakten zu einer Einigung kommen kann. Freilich kann Naturwissenschaft niemals die Lösung ethischer Fragen übernehmen, aber es wäre gut, wenn irgendwann in der Zukunft alle Teilnehmer am ethischen Dialog zumindest von einer allseits akzeptierten naturwissenschaftlichen Tatsachenbasis ausgehen können.

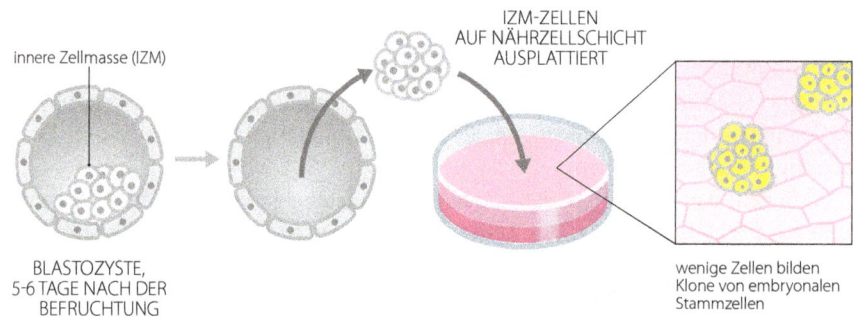

innere Zellmasse (IZM)

IZM-ZELLEN
AUF NÄHRZELLSCHICHT
AUSPLATTIERT

BLASTOZYSTE,
5-6 TAGE NACH DER
BEFRUCHTUNG

wenige Zellen bilden
Klone von embryonalen
Stammzellen

Abb. 14.6
Embryonale Stammzellen (ES) werden aus der 100–150 Zellen umfassenden inneren Zellmasse (IZM) eines Embryos im Blastozystenstadium – 5 bis 6 Tage nach der Befruchtung – gewonnen. Die Zellen werden in der Regel auf eine Nährschicht aus inaktivierten Mausfibroblasten ausplattiert. Nach der Entfernung aus der Blastozyste hören die IZM-Zellen auf, sich zu teilen und exprimieren auch keine Stammzellmarker mehr. Nach wenigen Tagen fangen jedoch ein bis zwei Zellen erneut an zu wachsen und weisen auch wieder Stammzellmarker auf. Es bilden sich Zellhäufchen, aus denen man dann embryonale Stammzellen entnimmt. Zu diesen Zellen gibt es in normalen Embryonen kein natürliches Gegenstück.

Ungeachtet all dieser Unsicherheit hat eine Form der Stammzelltransplantation bereits Eingang in die klinische Routine gefunden. Blut aus der Nabelschnur enthält Stammzellen, die zu sämtlichen Arten von Blut- und Knochenmarkzellen (möglicherweise auch noch zu anderen Zellarten) differenzieren können. Man kann sie bei jeder Geburt ohne Schmerzen und Risiken für Mutter und Kind gewinnen. Die Methodik zur Isolierung von Stammzellen ist gut etabliert, und inzwischen hat man Zellbanken für Nabelschnurzellen eingerichtet, in denen diese in flüssigem Stickstoff aufbewahrt werden. Solche Zellen werden inzwischen routinemäßig zur Behandlung von Leukämien und anderen Blutkrankheiten, sowie bei Krebspatienten zur Knochenmark-Rekonstitution nach einer aggressiven Chemotherapie eingesetzt.

Heterologe Zelltransplantate wie diese (das heißt Zellen, die von einer anderen Person stammen) bringen das Problem der Abstoßung und, im Falle von Immunzellen, einer Graft-versus-host-Reaktion mit sich. Autologe Transplantate, das heißt, Transplantate aus eigenen Stammzellen, würden dieses Problem umgehen. Es gibt drei Möglichkeiten, an autologe Stammzellen zu kommen:

• Manche Menschen sind dafür, von jedem Baby Nabelschnurzellen einzufrieren für den Fall, dass diese Jahrzehnte später gebraucht werden sollten. Allerdings bekommt man damit möglicherweise nur ein eingeschränktes Spektrum an Stammzellen.

- Bessere Methoden und neue Erkenntnisse werden es vielleicht möglich machen, adulte Stammzellen aus nicht betroffenem Gewebe eines Patienten zu isolieren und dazu zu bringen, zu Stammzellen für das gewünschte Gewebe „umzudifferenzieren". Man hat wiederholt über Prozesse der Transdifferenzierung berichtet (durch die beispielsweise aus einer Blutstammzelle (hämatopoetischen Stammzelle) eine Muskelstammzelle wird), aber es besteht gewisse Uneinigkeit darüber, ob die Deutung der Experimente mit der Realität in Einlang steht. Was die Pluripotenz und das Teilungspotential adulter gewebespezifischer Stammzellen angeht, klaffen die Meinungen auseinander, und wie im Falle der embryonalen Stammzellen ist auch hier die Interpretation der Ergebnisse oftmals mit den persönlichen ethischen und religiösen Einstellungen des Interpretierenden behaftet.

- Und schließlich könnte das zutiefst umstrittene *therapeutische Klonen* dazu verwendet werden, embryonale Stammzellen zu generieren, die denselben Genotyp haben wie der Patient (*Abb. 14.7*). Während derzeit noch fraglich ist, ob es gelingen kann, blut- oder andere gewebespezifische Stammzellen in zuverlässiger Weise zur Transdifferenzierung zu veranlassen, hätte man bei embryonalen Stammzellen keine Einschränkungen zu befürchten. Diese Überlegung steht im Mittelpunkt einer hitzigen Ethikdebatte, bei der auf der einen Seite Gruppen und Regierungen stehen, die dieses Verfahren verbieten möchten, auf der anderen Leute, die behaupten, es sei ethisch verantwortungslos, *nicht* zu versuchen eine Therapie zu entwickeln, die einen Wendepunkt im Leben zahlloser Patienten darstellen könnte. Wie immer man selbst zu diesen Fragen steht, es ist wichtig, das therapeutische Klonen vom *reproduktiven Klonen*, sprich, dem Versuch, ein Kind zu klonieren, zu unterscheiden. Man kann darüber streiten, ob eine klonierte Blastozyste ein potentieller Mensch ist. Sie wäre vermutlich nicht imstande, sich zu einem normalen Kind zu entwickeln, auch dann nicht, wenn man sie implantieren würde, denn ihr ginge ein Teil der epigenetischen Zusatzprogrammierung ab. Die große Mehrzahl klonierter Säugerblastozysten, die auf diese Weise bereits generiert worden sind, hat sich überhaupt nicht weiter entwickelt, und bei den wenigen, bei denen eine Entwicklung stattgefunden hat, ist diese in der Regel abnormal verlaufen. Selbst klonierte Tiere, die als Jungtiere

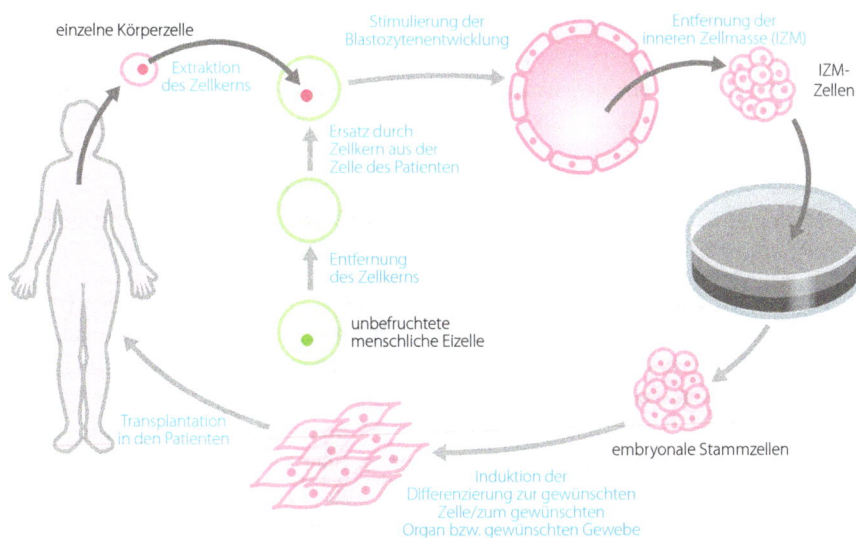

Abb. 14.7 Therapeutisches Klonen
Das Ziel dieses Verfahrens ist es, embryonale Stammzellen zu produzieren, die mit den Zellen des Patienten genetisch identisch sind. Man benötigt dazu einen Vorrat an unbefruchteten menschlichen Eizellen, der Embryo wird bei der Prozedur zerstört. Das Verfahren ist allerdings zu unterscheiden vom reproduktiven Klonen, bei dem das Ziel ein maßgeschneidertes Baby ist.

normal wirken – man erinnere sich an das Schaf Dolly – sterben in der Regel früh. Bei embryonalen Stammzellen aber scheint sämtliche zuvor vorhandene epigenetische Programmierung gelöscht worden zu sein.

14.3 Die Untersuchung der Patienten

Statt jeden Fall gesondert zu besprechen haben wir die Patienten für den größten Teil der folgenden Diskussion zu Gruppen zusammengefasst, an denen wir diskutieren wollen, welche Möglichkeiten uns zur Verfügung stehen.

Möglichkeiten der Pränataldiagnostik

Im Prinzip könnte für die meisten aller Krankheiten, die wir in unseren Fallbeispielen erörtert haben, eine Pränataldiagnostik angeboten werden. Eine Ausnahme machen Leukämie (eine erworbene Krankheit), die Alzheimer-Krankheit und Diabetes mellitus Typ II (komplexe Erkrankungen, bei denen eine genetische Prognose nicht möglich ist). Bei den meisten Krankheiten mit mendelschem Erbgang wäre dies nur machbar, wenn man zuvor eine ursächliche Mutation identifiziert hätte – wie wir in Kapitel 9 gesehen haben, war es im Falle angeborener Hörstörungen eine echte Herausforderung, diese ausfindig zu machen.

Etliche der beschriebenen Chromosomenanomalien waren *de novo* entstanden (s. Fallbeispiele 8, 9, 10, 14, 18 und 19). In solchen Fällen ist das Wiederholungsrisiko sehr gering und man wird die Eltern im Allgemeinen beruhigen, statt ihnen für künftige Schwangerschaften eine Pränataldiagnose anzubieten. Bei Strukturumlagerungen (Rearrangements), die *de novo* entstanden sind (s. Fallbeispiele 8, 14 und 18), lässt sich ein Keimbahnmosaik nie ganz ausschließen, so dass ein gewisses, wenn auch geringes, Wiederholungsrisiko besteht. Sind die Eltern besonders besorgt, wird es gut sein, ihnen eine pränatale Untersuchung anzubieten, dabei aber darauf hinzuweisen, dass die Gefahr, neuerlich auf eine Erkrankung zu stoßen, vermutlich geringer ist als das Risiko, durch die Prozedur einen Abort auszulösen. Natürlich wiegen die beiden Risiken nicht notwendigerweise für jeden gleich, und jede Familie wird ihre eigene Entscheidung diesbezüglich treffen müssen, wie viel Gewicht sie jedem davon beimisst. Bei unseren Fallbeispielen aus dieser Gruppe von sechs Familien ließ sich nur Anne Howard (Fallbeispiel 9, Down-Syndrom) in der nächsten Schwangerschaft testen. In ihrem Falle hatten ihr Ehemann und sie sich dazu entschlossen, weil sie zum einen fürchteten, aufgrund ihres Alters bereits mit einem leicht erhöhten Risiko behaftet zu sein, zum anderen weil sie glaubten, Helen nicht die Aufmerksamkeit schenken zu können, die sie benötigte, wenn sie ein zweites Kind mit Down-Syndrom zur Welt brächten.

Bei den anderen Krankheiten würde die Entscheidung für oder gegen eine Pränataldiagnostik von verschiedenen Faktoren bestimmt:

- den legalen und ethischen Rahmenbedingungen des jeweiligen Landes – in manchen Ländern ist die Pränataldiagnostik nur für eine beschränkte Liste an Störungen und Krankheiten zugelassen, in anderen, wie in Deutschland, ist sie allein eine Frage der Einigung zwischen Eltern und Arzt
- die praktische Verfügbarkeit einer solchen Untersuchung, dazu gehört unter anderem auch die Frage, ob ein Dritter – Staat oder Versicherungsgesellschaft – diese bezahlen wird
- die Schwere der Erkrankung – viele Menschen würden zum Beispiel eine angeborene Hörstörung nicht als Indikation für eine Beendigung der Schwangerschaft erachten (in Deutschland wird eine Testung bezüglich Taubheit pränatal in der Regel nicht durchgeführt, höchstens mit der Ausnahme, dass man die postnatale Notwendigkeit für Cochleaimplantat Operationen bereits vorgeburtlich planen kann)

- die Verfügbarkeit und Wirksamkeit einer Behandlung – die Forderung nach einer Pränataldiagnose im Falle von Mukoviszidose beispielsweise hängt davon ab, wie man die gegenwärtigen und künftigen Behandlungsaussichten bewertet
- das Alter, in dem sich die Krankheit manifestiert – viele Menschen erachten spät einsetzende Krankheiten wie Chorea Huntington nicht als hinreichenden Grund für eine Pränataldiagnose
- die Situation der jeweiligen Familie – wie gut wird sie emotional, physisch und finanziell mit der Geburt eines kranken Kindes zurechtkommen?
- die moralischen Prinzipien und religiösen Überzeugungen der Betroffenen – für manche Menschen ist ein Schwangerschaftsabbruch nicht tragbar, während andere ihn unter gewissen Umständen in Betracht ziehen würden

Gegenwärtig verfügbare Behandlungsmöglichkeiten

Keine der im Vorhergehenden besprochenen Krankheiten ist unbehandelbar, allerdings sind die meisten zum gegenwärtigen Zeitpunkt nicht heilbar. In *Tab. 14.1* sind sie unterteilt in solche, bei denen das vorliegende Problem Ergebnis von Ereignissen ist, die früh in der Entwicklung stattgefunden beziehungsweise nicht stattgefunden haben, und solche, bei denen das Problem hauptsächlich auf Ereignisse zurückzuführen ist, die hier und jetzt stattfinden beziehungsweise nicht stattfinden. Im Falle der ersten Gruppe beschränkt sich die Behandlung zwangsläufig einzig und allein auf die Symptome, bei der zweiten dagegen wäre eine grundlegendere Behandlung oder Heilung grundsätzlich möglich.

Tab. 14.1 Zusammenfassung von 26 in diesem Buch vorgestellten Fallbeispielen

Fallbeispiel	Familie	Krankheiten, bei denen das Problem in einer Entwicklungsstörung besteht, so dass die Behandlung nur symptomatisch sein kann	Fallbeispiel	Familie	Krankheiten, bei denen das Problem in einer anhaltenden Fehlfunktion besteht, so dass eine Therapie auf die Korrektur dieser Fehlfunktion abzielen könnte
3	Choudhary	Gehörlosigkeit	1	Ashton	Chorea Huntington
5	Elliot	Chromosomenanomalie	2	Brown	Mukoviszidose
8	Green	Deletion bei 22q11	4	Davies	Muskeldystrophie Typ Duchenne
9	Howard	Down-Syndrom	7	Fletscher	Leber'sche hereditäre Optikusneuropathie
10	Ingram	Turner-Syndrom	12	Kavanagh	Sichelzellenanämie
11	Johnson	Marfan-Syndrom	13	Lawton	Hämophilie
14	Murphy	Chromosomenanomalie	15	Nicolaides	Thalassämie
16	O'Reilly	Stickler-Syndrom	17	Portillo	X-chromosomaler schwerer kombinierter Immundefekt
18	Quian	Angelman-Syndrom	21	Tierney	akute lymphatische Leukämie
19	Rogers	Prader-Willi-Syndrom	22	Ulmer	Tay-Sachs-Krankheit
20	Stott	Adrenogenitales Syndrom	23	Vlasi	Phenylketonurie
			24	Wilson	Brustkrebs
			25	Xenakis	familiäre adenomatöse Polyposis
			26	Yamamoto	Alzheimer-Krankheit
			27	Zuabi	Diabetes mellitus Typ II

Die *Phenylketonurie* (Fallbeispiel 23 – Familie Vlasi) kommt gegenwärtig einer Heilung am nächsten. Einmal diagnostiziert wird dem Kind eine proteinarme Diät verabreicht, durch die sich die Aufnahme von Phenylalanin verringert. Freilich ist ein gewisses Maß an Protein notwendig, ebenso ein gewisses Maß an Phenylalanin. Phenylalanin ist für den Menschen eine essentielle Aminosäure, das heißt eine, die er nicht selbst synthetisieren kann, sondern mit dem Protein aus seiner Nahrung aufnehmen muss. Der Phenylalaninspiegel muss sorgfältig eingestellt sein – zuviel Protein oder Phenylalanin führt zu Unterernährung, Wachstumsverzögerung, etc., ein zu hoher Phenylalaninspiegel schädigt das Gehirn. Ein Kind unter einer solchen Diät bei der Stange zu halten ist eine immense Herausforderung für eine Familie, vor allem, wenn es gesunde Geschwister gibt. Wohlmeinende Freunde und Nachbarn verleihen ihrem Mitleid mit einem scheinbar durch seine Diät zu Unrecht gepeinigten Kind nicht selten heimlich durch ungebetene Leckereien Ausdruck. Der Konformitätsdruck aus den Reihen der Altersgenossen kann bisweilen für das Kind unerträglich werden. Inzwischen gibt es phenylalaninarmes Mehl, so dass es eigenen Kuchen und eigene Kekse bekommen kann.

Wenn das Gehirn aufgehört hat zu wachsen, ist es für die toxische Wirkung des Phenylalanins nicht mehr empfänglich, so dass das Kind irgendwann zwischen 8 und 14 Jahren auf eine normale Ernährung umstellen kann. Diese Umstellung ist unter Umständen von massiver emotionaler Labilität begleitet. Dennoch wird empfohlen, den Serum-Phenylalanin-Wert auch bei Jugendlichen und Erwachsenen unter 20mg/dl zu halten, da sonst testpsychologische Werte sich deutlich verschlechtern. Darüber hinaus muss, wie in *Abb. 11.4* erwähnt, eine an PKU erkrankte Frau während einer Schwangerschaft wieder auf die Diät zurückgreifen, weil die hohe Phenylalaninkonzentration andernfalls das sich entwickelnde Gehirn des Babys schädigen kann, selbst wenn dieses selbst nicht unter Phenylketonurie leidet.

In *Tab. 11.3* und den letzten Abschnitten dieses Kapitels sind verschiedene andere Beispiele für angeborene Stoffwechselstörungen aufgeführt, die durch Diätmaßnahmen behandelbar sind.

Das *Adrenogenitale Syndrom* (Fallbeispiel 20 – Familie Stott) ist eine der wenigen genetisch bedingten Krankheiten, die sich *in utero* behandeln lassen. Wie in *Kapitel 8* erläutert, ist die Vermännlichung der Genitalien bei einem Mädchen in diesem Fall Ergebnis eines Rückkopplungsmechanismus, durch den die Nebennieren überstimuliert werden. Wenn ein Paar bereits ein betroffenes Kind hat, wird der Mutter in Folgeschwangerschaften Dexamethason verabreicht, ein Glukokortikoid, das die plazentale Barriere durchdringen kann und die Hormonproduktion der Nebennieren drosselt. Man beginnt damit zum frühestmöglichen Zeitpunkt der Schwangerschaft. Ergibt ein späterer Schwangerschaftstest, dass der Fetus männlich ist, kann man die Behandlung abbrechen. Kinder mit AGS werden mit Steroiden behandelt, um ein normales Wachstum und eine ungestörte Entwicklung zu gewährleisten.

Akute lymphatische Leukämie (Fallbeispiel 21 – Familie Tierney) ist bei Kindern heutzutage recht erfolgreich behandelbar (bei Erwachsenen hat die Krankheit eine weitaus schlechtere Prognose): 70–80 Prozent der Kinder überleben das erste Fünfjahresintervall ohne Rezidiv, und in den besten Behandlungszentren wird in 80 Prozent der Fälle oder mehr echte Heilung (lange krankheitsfreie Intervalle) erreicht. Die Reaktion auf die Therapie ist zum Teil eine Frage der Genetik von Leukämiezellen – eine ganze Palette an Chromosomenumlagerungen sorgt für unterschiedliche chimäre Onkogene, die die Prognose beeinflussen –, zum Teil eine Frage von genetischen Polymorphismen, die die Pharmakokinetik (Absorption, Umsatz und Clearance) und die Pharmakodynamik (das Ansprechen auf das verwendete Arzneimittel) kontrollieren. Das Ansprechen auf die Behandlung wird gemessen an der Schwere der Resterkrankung nach dem Einsetzen der Remission. Die Anzahl an verbliebenen Zellen mit leukämischem Phänotyp wird mittels PCR anhand des krankheitsspezifischen chimären Onkogens kontrolliert. Im günstigsten Falle beträgt diese 0,01 Prozent oder weniger der ursprünglichen Zellzahl. Auch werden, vor allem bei Erwachsenen, häufig Stammzelltransplantationen vorgenommen. Die Zellen hierfür werden aus Nabelschnurblut von nicht verwandten Neugeborenen gewonnen (s. oben).

Jason Tierney (Fallbeispiel 21) hatte zwei prognostisch günstige Faktoren auf seiner Seite: die *TEL-AML1*-Translokation und ein Mangel an Thiopurinmethyltransferase. Zwar hat letzterer anfänglich zu Problemen geführt, doch hat er andererseits auch bedeutet, dass seine Zellen das Medikament in sehr hoher Wirkdosis bekommen konnten.

Im Falle der spät einsetzenden Krankheiten aus *Tab. 14.1* ruhen die Hoffnungen auf präventiven Maßnahmen. Das Risiko für das Auftreten von Diabetes mellitus Typ II (Fallbeispiel 27 – Familie Zuabi) lässt sich durch körperliche Aktivität und Kontrolle des Körpergewichts mit Sicherheit drastisch senken. Patienten mit familiärer adenomatöser Polyposis (Fallbeispiel 25 – Familie Xenakis) wird stark angeraten, sich den Dickdarm entfernen zu lassen, wobei leider allerdings immer noch ein gewisses Risiko für das Auftreten von Magentumoren und Tumoren im oberen Mastdarmbereich verbleibt. Eine entsprechende Diät vermag das Wiederholungsrisiko zu senken. Für Frauen mit Mutationen im *BRCA2*-Gen (Fallbeispiel 24 – Familie Wilson) ist unter Umständen eine prophylaktische Mastektomie eine Option, Frauen mit *BRCA1*-Mutationen entscheiden sich oftmals für eine Oophorektomie. Für Menschen mit einem erhöhten Krebsrisiko sind häufigere Routineuntersuchungen unerlässlich. Maßnahmen, mit denen sich das Risiko für das Einsetzen von Chorea Huntington (Fallbeispiel 1 – Familie Ashton) oder der Alzheimer-Krankheit (Fallbeispiel 26 – Familie Yamamoto) senken ließe, kennt man gegenwärtig noch keine.

Die Behandlung der meisten anderen Krankheiten aus *Tab. 14.1* ist rein symptomatisch.

Möglichkeiten der Gentherapie

Prinzipiell sollte bei jeder der auf der rechten Seite von *Tab. 14.1* aufgeführten Krankheiten, bei denen das Problem in der anhaltenden Fehlfunktion eines Gens besteht, eine Gentherapie möglich sein.

- Im Falle komplexer Krankheiten (Alzheimer, Diabetes) würde jede solche Therapie nicht versuchen, die eigentliche genetische Anfälligkeit anzugehen, denn wie wir gesehen haben, hat jedes Gen für sich genommen nur geringe Wirkung. Möglicherweise würde sich irgendein Punkt in einem gemeinsamen Endabschnitt der Pathogenese als Angriffsziel eignen, aber im Allgemeinen ist die Gentherapie bei komplexen Krankheiten als erste Angriffslinie ungeeignet.
- Bei Leukämien und malignen Tumoren würde sich jede Therapie gegen die neoplastische Zelle richten. In klinischen Studien hat man versucht, neoplastische Zellen für Angriffe durch das Immunsystems empfänglicher zu machen, indem man ein fremdes Antigen auf der Zelloberfläche verankert.
- Die Chorea Huntington als Gain-of-function-Störung benötigte eine ausgeklügeltere Version der Gentherapie als die übrigen Krankheiten in unserer Liste, die sämtlich durch Funktionsverluste zustande kommen und im Prinzip durch „Ausbessern" des verantwortlichen Gens behandelbar sein müssten.
- Wie im Vorhergehenden bereits erwähnt, sind die dankbarsten Ziele für die Korrektur einer gestörten Genfunktion Krankheiten, bei denen das genaue Expressionsniveau des importierten Gens nicht wichtig ist und schon ein geringes Niveau an Aktivität von klinischem Nutzen sein kann. Das würde Mukoviszidose, Muskeldystrophie Typ Duchenne, Hämophilie und X-SCID zu den am besten geeigneten Zielen machen.
- Im Falle der Duchenne-Muskeldystrophie hat allerdings die ungeheure Größe des Gens im Zusammenwirken mit der Schwierigkeit, einen angemessen großen Anteil an Muskelzellen mit einem fremden Gen zu befrachten, bislang alle gentherapeutischen Versuche vereitelt.

Bislang stellt X-SCID die einzige Erfolgsgeschichte der Gentherapie dar (Fallbeispiel 17 – Familie Portillo). In *Abschnitt 9.3* hatten wir erwähnt, dass vor nicht allzu langer Zeit eine entfernte Verwandte innerhalb der Familie ebenfalls einen erkrankten Jungen geboren hat. Für dieses Baby sind die Aussichten sehr viel rosiger als für Pablo, der 1989 zur Welt kam. Zwei Optionen stehen zur Wahl:

- Eine Knochenmarktransplantation: Vorausgesetzt, diese wird früh genug durchgeführt, so sind, wie bereits erwähnt, die Ergebnisse gut. Steht ein in seinen

HLA-Antigenen genau übereinstimmendes Geschwister nicht zur Verfügung, kann auch Knochenmark von einem Elternteil oder einem Geschwister genommen werden, das mit dem betroffenen Baby mindestens einen HLA-Haplotyp gemeinsam hat, obschon die Erfolgsrate in diesem Fall nicht ganz so hoch ist. Das Knochenmark wird zunächst von T-Zellen befreit um eine Graf-versus-Host-Reaktion zu unterbinden.

- Ein gentherapeutischer Ansatz: In bahnbrechenden Arbeiten ist es der Arbeitsgruppe um Alain Fisher in Paris gelungen, 9 von 11 Babys mit X-SCID zu heilen (Hacein-Bey-Abina et al., 2002) (*Abb. 14.8*). Andere Gruppen sind inzwischen zu ähnlichen Ergebnissen gekommen. Allerdings wurde der zunächst hochfliegende Optimismus empfindlich gedämpft, als zwei der behandelten Babys und später ein drittes an einer T-Zell-Leukämie erkrankten. In zwei der Fälle konnte gezeigt werden, dass dies auf die Integration des Vektors (eines Retrovirus) in unmittelbarer Nähe eines Onkogens – *LMO2* – zurückzuführen war. Der starke Promotor, der für eine hohe Expression des therapeutisch erwünschten Gens *IL2RG* sorgen sollte, hatte zugleich eine Hochregulation der Expression von *LMO2* bewirkt. Der Vorgang ähnelt der 8;14-Translokation beim Burkitt-Lymphom, die zu einer Hochregulation des Onkogens *MYC* führt, indem sie dieses in nächste Nähe zum Gen für die extrem hoch exprimierte schwere Kette des Immunglobulins manövriert (*Kapitel 12*).

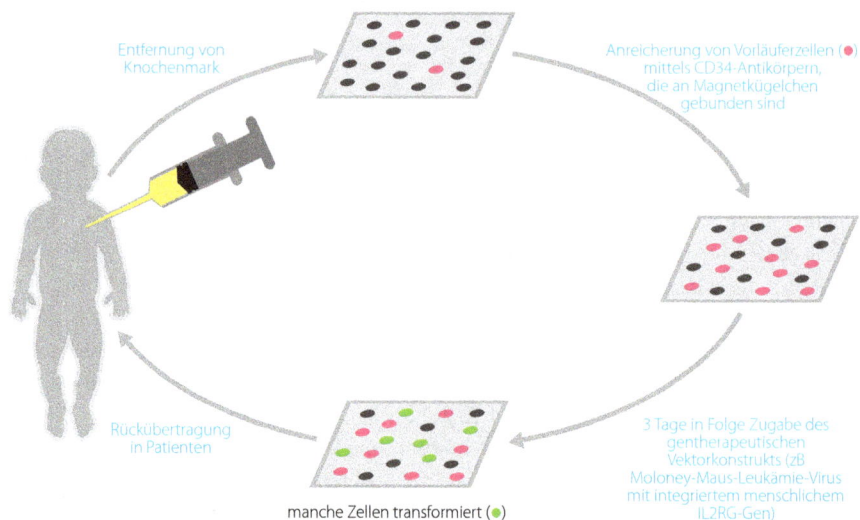

Abb. 14.8 Gentherapie-Verfahren bei X-chromosomalem schwerem kombiniertem Immundefekt
Die Krankheit wird verursacht durch Loss-of-function-Mutationen im Gen für den Zytokinrezeptor IL2RG. Mit einem Retrovirus als Vektor wurde eine funktionsfähige Kopie des Gens in die Chromosomen von hämatopoetischen Vorläuferzellen eingebracht. Damit hatten diese bei der Rückübertragung in den Patienten einen Selektionsvorteil, der sie bei 9 von 11 der behandelten Babys befähigt hat, die Funktionen von T-Zellen und natürlichen Killerzellen wiederherzustellen. Bei älteren Patienten mit einer partiellen Fehlfunktion des Gens war diese Behandlung nicht erfolgreich.

Nach dem ersten Schock angesichts all dessen, auf den hin weltweit sämtliche Versuche zur Gentherapie mit Retroviren gestoppt worden waren, machte sich irgendwann wieder ein vorsichtiger Optimismus breit: Immerhin hatte man die Leukämie unter Kontrolle gebracht. Ohne Gentherapie hätten die Babys nicht überlebt. Wo es nichts zu verlieren gibt, scheint so manches Risiko den Einsatz wert. Vielleicht könnte eine Veränderung am Vektordesign oder am Behandlungsprotokoll das Risiko senken. Trotzdem bleibt es Tatsache, dass die Gefahren dieser Form von Insertionsaktivierung und die potentiellen Schwierigkeiten einer Gentherapie mittels integrierender Vektoren größer geworden sind.

Möglichkeiten der Zelltherapie

Chorea Huntington und Alzheimer-Krankheit stehen auf der Liste der Kandidaten für eine zelltherapeutische Behandlung ganz weit oben. Unabhängig von der ursprünglichen Ursache ist es in beiden Fällen der Zellverlust in speziellen Hirnregionen, der die klinischen Probleme verursacht. Das Gehirn ist ein immunologisch privilegierter Ort: Im Gegensatz zu Xenotransplantaten (Transplantate von einer anderen Spezies) werden allogene Transplantate (Transplantate von einem anderen Individuum derselben Spezies) in der Regel nicht abgestoßen. Tierversuche belegen das langfristige Überleben transplantierter allogener Hirnzellen.

Im Falle von Chorea Huntington hat man bereits Vorversuche mit Zelltransplantaten ins Striatum unternommen. Kürzlich wurden die Ergebnisse einer dieser Studien über einen Zeitraum von sechs Jahren veröffentlicht (Bachoud-Levy et al., 2006). Man hat fünf Huntington-Patients fetales Hirngewebe ins Striatum transplantiert. Das Gewebe entstammte der entsprechenden Hirnregion bei 7,5–9 Wochen alten Feten aus Abtreibungen oder Spontanaborten – in diesem Stadium enthält das Gehirn die geeigneten neuronalen Vorläuferzellen (Anmerkung der Herausgeber: Die Verwendung von fetalen neuronalen Zellen bei der Therapie ist in Deutschland verboten). Die Ergebnisse dieser kleinen Studie zeigten in einigen Fällen eine echte Verbesserung der klinischen Symptome, sowie eine zeitweilige Milderung des Fortschreitens der Krankheit. Nach sechs Jahren war jedoch der normale Verfallsverlauf wieder zu beobachten. Die transplantierten Zellen können zwar (in manchen Fällen) untergegangene Zellpopulationen ersetzen, aber sie vermögen nicht, die neurodegenerativen Prozesse im übrigen betroffenen Gehirn aufzuhalten. Es gibt Berichte über weitere Studien, bisher allerdings nicht mit vergleichbar intensiver Nachbeobachtung, weitere Untersuchungen sind im Gange.

Diese Studien berechtigen zu der Hoffnung, dass es letztlich gelingen könnte, für Chorea Huntington eine zelluläre Therapie zu entwickeln. Gegenwärtig besteht die Einschränkung in der Herkunftsquelle der Zellen. Ganz abgesehen von den ethischen Problemen einer Verwendung von Gewebe aus Aborten muss das Gewebe sehr frisch sein, wenn man es verwenden will, und kann nicht ausführlich charakterisiert oder im Labor gezüchtet werden. Wirkliche Fortschritte wird es erst geben, wenn es gelingt, Stammzellen zu finden, die sich konservieren, bei Bedarf im Labor kultivieren und zur gewünschten Differenzierung bringen lassen.

14.4 Zusammenfassung und theoretische Ergänzung

Die Hoffnungen der meisten Menschen in Bezug auf die Behandlung vieler genetisch bedingter Krankheiten ruhen auf der Gentherapie und der Stammzelltransplantation, obwohl sich in der Realität andere Therapien, die sich auf die Kenntnis der genetischen und zellulären Mechanismen einer Krankheit gründen, als nicht minder effizient und mit weniger Risiken behaftet erweisen könnten.

Gentherapie

Die Hoffnungen, die in die Gentherapie gesetzt wurden, haben im Verlauf der vergangenen 20 Jahre eine Achterbahnfahrt der Hochs und Tiefs nach manisch-depressivem Muster durchgemacht. Zu Beginn glaubte man noch, es würde einfach sein, die Techniken aus dem Labor in die Praxis zu übernehmen. Bereits im Jahre 1990 wurde behauptet, ein Kind mit kombinierter Immunschwäche (nicht der im Fallbeispiel 16 behandelten X-chromosomal vererbten Form, sondern einer autosomal rezessiv vererbten Form, die auf einen Mangel an Adenosindesaminase zurückzuführen ist) sei mittels Gentherapie geheilt worden. In Wirklichkeit war vermutlich die Enzymersatztherapie, die man gleichzeitig mit der versuchten Gentherapie begonnen hatte, für die Besserung seines Zustands verantwortlich.

Das Dauerproblem an der Gentherapie besteht darin, eine angemessen lang anhaltende und angemessen hohe Expression des eingeführten Gens zu gewährleisten.

- Zunächst einmal muss ein hinreichend großer Anteil an Zellen des Zielgewebes transfiziert werden. Retroviren sind als Vektoren am effizientesten, können aber nur bei sich teilenden Zellen eingesetzt werden, und, wie wir im Falle von X-SCID gesehen haben, hat die Integration auch eine Kehrseite. Adenoviren scheinen als nicht integrierende Vektoren viel versprechend, in hoher Dosierung lösen sie jedoch unter Umständen Entzündungsreaktionen aus, und im Falle von Jesse Gelsinger (s. http://www.uvm.edu/~cgep/Education/Expert.html) haben diese einen tödlichen Verlauf genommen. Von den in *Abschnitt 14.2* vorgestellten physikalischen Methoden vermag es unter realistischen klinischen Bedingungen keine, eine sinnvolle Menge an Zellen zu erreichen. Neue virale Vektoren verheißen hier die größte Hoffnung.
- Des Weiteren muss ein angemessen hohes Expressionsniveau erreicht werden. Da sich dies schwierig gestaltet, hat sich der größte Teil an Arbeiten auf Bedingungen konzentriert, unter denen ein geringes Expressionsniveau erwünscht ist. Mukoviszidose und Hämophilie sind Beispiele für Krankheiten, bei denen 10 Prozent des normalen Expressionsniveaus echten klinischen Nutzen bringen würde.
- Sollte man imstande sein, eine angemessen hohe Expression zu gewährleisten, bestünde das nächste Problem darin, diese zu kontrollieren. Hämoglobinopathien wären die geeigneten Ziele für eine solche Therapie – die Gene sind klein und außerordentlich gut verstanden, und die mit ihnen assoziierten Krankheiten sind von ungeheurer Tragweite. Das Problem ist, dass das Expressionsniveau eines eingebrachten Globingens sehr genau kontrolliert werden müsste. Eine Überexpression eines eingebrachten β-Globingens könnte die β-Thalassämie eines Patienten in eine sekundäre α-Thalassämie verwandeln.
- Eine stabile Expression zu erreichen hat sich als ungemein schwierig erwiesen. Zellen bedienen sich in der Regel epigenetischer Mechanismen, um die Expression von Transgenen zu unterbinden. Vor allem bei nicht integrierenden Vektoren ist die Wahrscheinlichkeit dafür, dass diese nach kurzer Zeit aufhören zu funktionieren, sehr hoch. Das hat viele Forscher dazu veranlasst, sich auf Situationen zu verlegen, bei denen es keiner lang andauernden Expression bedarf – zum Beispiel beim Abtöten von Tumorzellen oder von virusinfizierten Zellen.

Trotz all dieser Probleme gibt es auf dem Gebiet der Gentherapie kolossale Investitionen in Forschung und Entwicklung. Eine Menge einfallsreiche Versuchsanordnungen haben in ersten Laborexperimenten bewiesen, dass das Prinzip dahinter generell funktioniert. Dutzende Firmen verfolgen neue Ansätze. Hunderte von klinischen Studien haben ihre erste Phase hinter sich, dies allerdings vor allem auf dem Gebiet der Tumor- und Infektionsforschung, weniger im Zusammenhang mit Krankheiten mit mendelschem Erbgang. Trotz aller Probleme bleibt X-SCID ein Meilenstein des Erfolgs. In Anbetracht der ständig wachsenden Zahl von Methoden, die uns zur Manipulation von Genen und deren Expression zur Verfügung stehen, ist es kaum vorstellbar, dass sich im Laufe der nächsten zehn Jahre überhaupt nichts Nutzbringendes ergeben sollte. Vielleicht lautet die wichtigste Frage, ob sich irgendein Schritt als Durchbruch von allgemeiner Tragweite entpuppen wird, der zu einer Therapie für eine ganze Reihe von Krankheiten geeignet ist, oder ob es auf eine lange Liste an krankheits- und zellspezifischen Tricks herausläuft, die für einige wenige Patienten von großem Nutzen sein, das Gebiet insgesamt aber wenig voranbringen werden.

Stammzelltherapie

Die Stammzelltherapie hat wie die Gentherapie eine ähnliche übertriebene Euphorie durchlebt. Es ist nicht schwer, ein betörendes Bild von einer schönen neuen Welt zu malen, in der Organe und Gewebe auf Bestellung kultiviert werden – ob dies jemals irgendetwas mit der Wirklichkeit zu tun haben wird, ist eine ganz andere Frage. Wir wissen noch immer wenig darüber, welches Potential in embryonalen Stammzellen oder auch in allen anderen Stammzellen wirklich schlummert. Die Zahl der gegenwärtig verfügbaren embryonalen Stammzelllinien ist verschwindend gering, bei einem so intensiv beforschten, vorrangigen Thema ein wichtiges Indiz dafür, wie problematisch diese Techniken tatsächlich noch immer sind. Verglichen mit den technischen Schwierigkeiten werden die rechtlichen Hindernisse als Fortschrittsbremse vermutlich keine allzu große Rolle spielen, die Forschung wird sich schlicht auf andere Länder verlagern, in denen sie nicht nur erlaubt ist, sondern sogar aktiv gefördert wird. Sollte sich der eine oder andere verheißene klinische Nutzen realisieren lassen, wird dem Druck zur Zulassung des Verfahrens vonseiten der Patienten politisch nicht mehr zu widerstehen sein. Ein wichtigerer Faktor wird unter Umständen der Nachschub an Eizellen sein.

Doch während wir darauf warten, dass diese neuen Technologien die in sie gesetzten euphorischen Erwartungen erfüllen, übersehen wir leicht, was bereits alles erreicht wurde.

Diagnose und Beratung

Es mag unspektakulär erscheinen, aber beide können für das Leben von Familien, die von einer Erbkrankheit betroffen sind, Einschneidendes leisten.

- Die Diagnose ist ein Eckpfeiler der klinischen Betreuung. Ohne sie ist der klinische Umgang mit der Krankheit ungerichtet, können Komplikationen nicht angemessen vorhergesehen werden.
- Lautet die Diagnose auf eine tödliche Krankheit wie zum Beispiel Trisomie 18, so ist in der Regel auch bei Vorliegen von Fehlbildungen, die man normalerweise chirurgisch korrigieren würde, am ehesten eine rein palliativ-pflegerische Versorgung angezeigt.
- Oftmals werden Familien viele Ärzte zurate ziehen, das Kind wird bei der Suche nach einer Diagnose viele Untersuchungen über sich ergehen lassen müssen. Es ist wichtig, Kontakt zum richtigen Spezialisten zu bekommen.
- Für viele Menschen ist auch in Fällen, in denen es keine Heilung gibt, das Erstellen einer Diagnose und das Informiert werden über eine Krankheit von echtem therapeutischem Wert: Man kann Kontakte zu Selbsthilfegruppen knüpfen. Die Familien haben etwas, das sie benennen können, und mit dem sich soziale und/oder ausbildungsrelevante Fördermaßnahmen wirksamer erreichen lassen.
- Diagnose und Beratung können dazu beitragen, die Schuldgefühle und den Zorn zu zerstreuen, von denen das Leben einer Familie nach der Geburt eines kranken oder von einer Fehlbildung betroffenen Kindes oftmals überschattet wird. Es reicht nicht, den Eltern zu erklären, dass die Krankheit nicht durch irgendetwas zustande gekommen ist, was der eine oder andere von beiden getan hat. Die professionellen Fähigkeiten eines Beraters können den Eltern helfen, sich durch das natürliche Reaktionsspektrum aus Schock, Trauer und Wut hindurchzuarbeiten.
- Humangenetische Beratung vermag Sorge und Belastung zu mindern, indem sie überzogene allgemeine Schätzungen zum Wiederholungsrisiko zurechtrückt und, insbesondere bei X-chromosomal oder rezessiv vererbten Krankheiten, Familienmitglieder benennt, bei denen ein vernachlässigbar geringes Risiko besteht. Allen landläufigen Ansichten zum Trotz entlässt die humangenetische Beratung nämlich mehr Menschen mit guten als mit schlechten Nachrichten, das heißt mehr Menschen, denen man verkünden kann, dass für sie das Risiko geringer ist als erwartet, als Menschen, denen man ein hohes Risiko bescheinigen muss.

• Zwar vermag eine humangenetische Beratung nicht die konkreten Probleme des Lebens mit einem betroffenen Familienangehörigen zu beseitigen, aber sie kann Menschen helfen, sich auf Lösungen statt auf Probleme zu konzentrieren. Man kann angemessene Hilfsmaßnahmen einleiten und Eltern eine Reihe von Optionen für den Umgang mit dem Wiederholungsrisiko nennen.

Untersuchungen

Tests und Untersuchungen sind zentraler Bestandteil des übergeordneten Bemühens, Familien, die von einer genetisch bedingten Krankheit betroffen sind, ein so normales Leben wie irgend möglich zu gestatten. Das wird sehr anschaulich deutlich an einer Untersuchung von Modell et al. (1980) über Familien mit einem erhöhten Risiko für das Auftreten schwerer Formen von Thalassämie. Bevor es die Möglichkeit zur Pränataldiagnose gab, verzichteten Ehepaare, denen nach der Geburt eines betroffenen Kindes klar wurde, dass das Risiko für weitere erkrankte Kinder 1:4 betrug, in aller Regel darauf, weitere Kinder zu bekommen. Die meisten späteren Schwangerschaften waren ungewollt und wurden zu 70 Prozent vorzeitig beendet. Im Jahre 1975 wurde für diese Krankheit eine Pränataldiagnostik verfügbar. Von da an entschlossen sich auch Paare mit erhöhtem Risiko dazu, weitere Kinder zu bekommen, wohingegen weniger als 30 Prozent der Schwangerschaften mit der Indikation Thalassämie abgebrochen wurden. Die Pränataldiagnostik hatte also eine verringerte Zahl an Schwangerschaftsabbrüchen zur Folge und ermöglichte es auch Eltern mit erhöhtem Risiko, normale Familien zu haben.

Das im Folgenden beschriebene konkrete Beispiel einer Familie mit Muskeldystrophie Typ Duchenne illustriert eindrücklich, dass die zunehmende Genauigkeit sowohl der Untersuchungen zur Anlageträgerschaft als auch der Pränataldiagnostik Paare davor bewahren kann, gewollte Schwangerschaften abzubrechen. *Abb. 14.9* zeigt anschaulich wie sehr sich die Verteilung des Risikos, Genträger zu sein, für diese Form der Muskeldystrophie verändert hat, sobald mehr Wissen und bessere genetische Tests verfügbar waren.

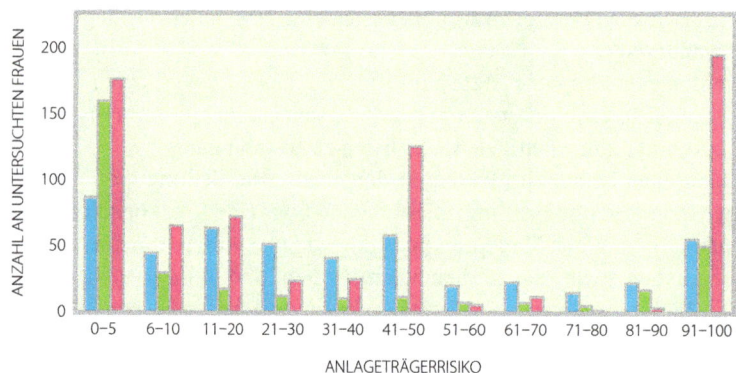

Abb. 14.9   DMD-Anlageträgerrisiko bei Frauen aus Familien, die im North West Genetic Register, Manchester, geführt sind
Blaue Balken: Risikoberechnung auf der Basis von Stammbäumen und der Serumkonzentration von Creatinkinase, angefertigt vor der Verfügbarkeit von molekularbiologischen Methoden; grüne Balken: Risikoverteilung aus dem Jahre 1989 bei Frauen, deren Stammbaum eine Segregationsanalyse möglich gemacht hat; rote Balken: Risikoverteilung nach einer Mutationsanalyse. Der Ausreißer bei den mittleren Risikowerten in dieser letzten Serie ist darauf zurückzuführen, dass es viele Mädchen gibt, die gegenwärtig noch zu jung für einen Test sind. Mit freundlicher Genehmigung von Dr. Elizabeth Howard, St. Mary's Hospital, Manchester.

Behandlung

Für eine ganze Reihe von genetisch bedingten Erkrankungen gibt es Behandlungsmöglichkeiten. Die Fixierung auf die Hoffnungen in spektakuläre Technologien wie Gen- und Stammzelltherapie lenkt die Aufmerksamkeit weg von den langsamen, aber durchaus sichtbaren Fortschritten, die bei der Behandlung einer ganzen Palette an genetisch bedingten Krankheiten gemacht worden sind. Einem exzellenten kurzen Übersichtsartikel von Munnich (2006) verdanken wir eine Auflistung einiger dieser Fortschritte, wer mehr Details und weitere Referenzen wünscht, sollte diesen Artikel lesen.

Eine zentrale Aussage, die Munnich in diesem Artikel macht, lautet, dass Patienten nicht an ihren Mutationen leiden, sondern an den funktionellen Folgen dieser Mutationen. Häufig ist es für die Behandlung gänzlich unerheblich, ob man die Mutation oder auch nur das Gen kennt. Wir müssen nicht wissen, ob das Nierenversagen eines Patienten auf das Alport-Syndrom, polyzystische Nierenerkrankung oder Nephronophthise zurückzuführen ist, um uns darüber klar zu sein, dass ein Nierentransplantat seine Lebensqualität entscheidend verbessern wird. Wir müssen nicht wissen, welches von den hundert möglichen Genen die Gehörlosigkeit eines Kindes verursacht, bevor wir anfangen können, uns Gedanken über den möglichen Nutzen eines Cochlea-Implantats zu machen. Sogar bei Chorea Huntington, einem Beispiel für eine nicht behandelbare Krankheit lässt sich die Lebensqualität des Patienten und derjenigen, die die Patienten betreuen, oftmals mit Medikamenten wie Neuroleptika und Antidepressiva, sowie einer ausgewogenen Ernährung und einer angemessenen häuslichen Umgebung entscheidend verbessern.

In anderen Fällen ist eine genauere Kenntnis der Genfunktion – wenn auch nicht notwendigerweise des Gens selbst – der Schlüssel zur Behandlung. *Tab. 14.2* führt einige Beispiele und Fälle von besonderem Interesse auf, darunter die folgenden.

- Tyrosinämie Typ I (OMIM 276700) ist eine schwere angeborene Stoffwechselstörung, die aufgrund eines Gründereffekts mit besonderer Häufigkeit in der Region Saguenay-Lac Saint Jean in der kanadischen Provinz Quebec zu finden ist. In der zeichnerischen Darstellung des Tyrosinabbaus (*Abb. 8.4*) befindet sich das defekte Enzym jenseits des letzten dort abgebildeten Schritts. Der Block führt zu einer Akkumulation von Maleylacetessigsäure und Ausweichreaktionen, die in die Produktion von Succinylaceton münden. Dieser physiologisch nicht vorgesehene Metabolit hemmt die Produktion von Porphobilinogen im Biosyntheseweg des Häms (s. Abb. in *Krankheitsinfo 8*). Die Folge ist eine schwere porphyrieähnliche Symptomatik, die Patienten versterben an Krebs oder Leberversagen. Tyrosinämie Typ II hingegen zeigt einen leichten Verlauf, hier ist der erste Schritt im Tyrosinabbau blockiert (*Abb. 8.4*). NTBC (2-(2-Nitro-4-trifluoromethylbenzoyl)-1,3-Cyclohexandion) hemmt das Enzym – die Tyrosintransaminase –, das bei dieser abgeschwächten Form von Tyrosinämie defekt ist und resultiert in einer Phänokopie der Typ-II-Erkrankung. Durch einen solchen Block wird die Produktion von Maleylacetessigsäure verhindert und für den Patienten wandelt sich die tödliche Typ-I-Form der Krankheit zur leicht verlaufenden Typ-II-Form.
- Beim angeborenen Glykosylierungsdefekt Ib (OMIM 602579) besteht der zugrunde liegende Defekt in der Unfähigkeit Fruktose zu Mannose zu isomerisieren (es fehlt das Enzym Phosphomannose-Isomerase (PMI). Die Symptome – chronische Durchfälle und schwere Leberschäden sind einzig auf den Mangel an Mannose zurückzuführen. Durch die orale Gabe von Mannose lassen sie sich vollständig korrigieren.
- Bei der Cystinose handelt es sich um eine atypisch verlaufende lysosomale Speicherkrankheit. Von dem Defekt betroffen ist kein lysosomales Enzym sondern ein lysosomaler Membrantransporter. Sein Fehlen bedeutet, dass Cystin nicht mehr aus den Lysosomen herausbefördert werden kann. Die Anhäufung von Cystin verursacht schwere Symptome – unter anderem Nierenversagen, Pankreasinsuffizienz, Hornhautdegeneration, Störungen im zentralen Nervensystem und eine schweren Myopathie. Die orale Einnahme von Cysteamin bildet eine höchst wirksame Therapie. Cystin besteht aus zwei Molekülen Cystein, die über eine Schwefelbrücke miteinander verbunden sind (*Abb. 14.10*). Oral eingenommenes Cysteamin gelangt über ein spezifisches Transportprotein in

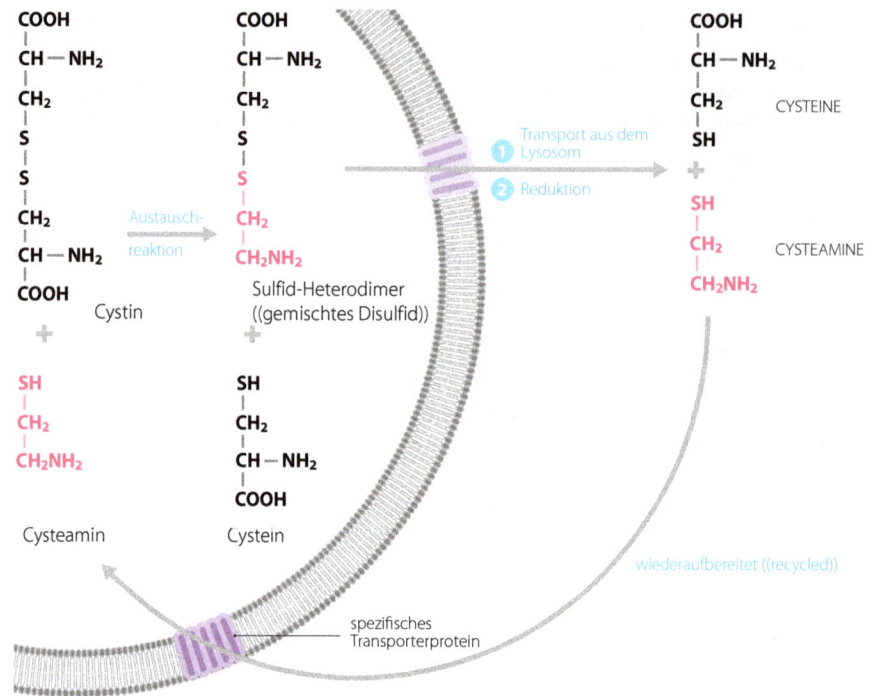

Abb. 14.10 Die Behandlung von Cystinose mit Cysteamin
Cysteamin und das Disulfid-Heterodimer können die Lysosomenmembran passieren, Cystinose-
patienten fehlt jedoch das Transporterprotein, das bei gesunden Menschen Cystin aus den Lysosomen hinausbefördert. Die Symptome der Krankheit entstehen durch die Anhäufung von Cystin in
den Lysosomen.

die Lysosomen. Dort bindet es ein Cysteinmolekül des Cystins und bildet ein
Cysteamin-Cystein-Disulfid, das aus dem Lysosom heraustransportiert werden
kann, und zwar offenbar über einen Lysintransporter. Außerhalb des Lysosoms
wird das gemischte Disulfid reduziert, das Cysteamin wird freigesetzt und kann
ein weiteres Cysteinmolekül aus dem Lysosom herausbefördern.

In anderen Fällen zielen die Interventionen eher auf eine veränderte Genexpression ab. Diese Therapien befinden sich zum großen Teil noch im experimentellen
Stadium, zum Beispiel:

- Die Symptome eines Mangels an oder einer Anomalie im β-Globin bei Sichelzellanämie oder β-Thalassämie fallen leichter aus bei Patienten, die auch im
Erwachsenenalter noch eine gewisse Menge an fetalem Hämoglobin exprimieren (man bezeichnet das als hereditäre Persistenz von fetalem Hämoglobin, kurz
HBFH). Bei Patienten, bei denen die Produktion von fetalem γ-Globin im Laufe
der normalen Entwicklung abgeschaltet worden ist, kann durch die Behandlung mit Hydroxyharnstoff eine Wiederaufnahme der Genexpression veranlasst
werden.

- Das Antibiotikum Gentamycin kann mRNA-Ablesefehler an den Ribosomen verursachen, was dazu führen kann, dass ein Ribosom gelegentlich ein Stoppcodon
überliest. Bei Mukoviszidose-Patienten mit einer Nonsense-Mutation hat man
erfolgreich Gentamycin zur Linderung der Symptomatik verwendet. Es steht
außer Frage, dass es katastrophal wäre, wollte man Ribosomen dazu bringen,
einen hohen Prozentsatz an Stoppcodons zu ignorieren, im Falle der Mukoviszidose aber kann schon ein geringer Prozentsatz an überlesenen Stoppcodons
eine beträchtliche klinische Besserung mit sich bringen.

- Das Antiepileptikum Valproat zielt auf den Intron-Exon-Spleißvorgang ab. Erste Ergebnisse bei Patienten mit spinaler Muskelatrophie Typ I (OMIM 253300)
deuten darauf hin, dass Valproat imstande sein könnte, das Leben betroffener
Neugeborener zu verlängern. Beim Dystrophin-Gen hat man nach gerichteteren

Tab. 14.2 Beispiele für genetisch bedingte Krankheiten, deren Symptome sich lindern oder manchmal sogar dadurch beheben lassen, dass man die Fehlfunktion – nicht notwendigerweise die DNA-Sequenz des geschädigten Gens – kennt

Strategie	Beispiel	Krankheit
Gabe eines fehlenden Moleküls		
	Insulin	Diabetes
	Wachstumshormon	STH-Mangel (endokriner Minderwuchs)
	Faktor VIII	Hämophilie A
Ersatz eines defekten Enzyms		
	Glukocerebrosidase	Morbus Gaucher
	α-Galaktosidase	Morbus Fabry
	α-Glukosidase	Pompe-Krankheit
Ernährungsergänzung		
	kohlenhydratreiche Diät	Glykogenspeicherkrankheiten
	Cholesterin	Smith-Lemli-Opitz-Syndrom
	Mannose	angeborener Glykosylierungsdefekt 1b
	Biotin	biotinabhängiger multipler Carboxylasemangel
	Pyridoxin	Homocystinurie
	Cobalamin	Vitamin-B_{12}-abhängige organische Azidurien
	α-Tocopherol	Abetalipoprotinämie (Bassen-Kornzweig-Syndrom, Pseudo-Friedreich-Ataxie)
	Creatin	Störungen der Creatinsynthese
Ernährungseinschränkung		
	phenylalaninarme Diät	Phenylketonurie
	proteinarme Diät	Ahornsirupkrankheit (Leucinurie)
	fettarme Diät	Hypercholesterinämie
	Verzicht auf Phytansäure	Morbus Refsum
Verstärkung von Restenzymaktivitäten		
	Fibrate	Fettsäureoxidationskrankheiten
Entfernung von toxischen Stoffwechselprodukten		
	regelmäßiger Aderlass	Hämochromatose
	Cysteamin	Cystinose
Blockade eines pathogenen Prozesses		
	NBTC	Tyrosinämie Typ I
	Biphosphonate	Osteogenesis imperfecta (Glasknochenkrankheit)

nach Munnich 2006

Möglichkeiten gesucht, das Spleißen zu beeinflussen. Ziel ist es, bestimmte Exons auszuschalten, um das Leseraster verändernde Mutationen zu neutralisieren und so die Muskeldystrophie Typ Duchenne (DMD) in die leichter verlaufende Form Muskeldystrophie Becker zu überführen (s. *Abschnitt 6.2*). Oligonukleotide werden für die relevante Exon-Intron-Schnittstelle maßgeschneidert. Mit der gewohnten Problematik, eine effiziente Beibringung und Expression des Oligonukleotids zu gewährleisten, fällt dieses Vorgehen fast schon eher in das Reich der Gentherapie.

Die wahre Geschichte (nur die Namen wurden verändert) einer Familie aus Manchester, in der Muskeldystrophie Typ Duchenne grassiert, zeigt, wie sehr die in den letzten drei Jahrzehnten erreichten Fortschritte in der Genetik zu mehr Lebensqualität geführt haben – auch wenn eine Heilung oder auch nur eine Therapie von durchschlagender Wirkung für diese Krankheit noch lange nicht in Sicht ist.

- Im Jahre 1977 wurde bei dem 3-jährigen Alan auf der Basis klinischer Untersuchungen (Schwierigkeiten beim Treppensteigen und Rennen, Pseudohypertrophie der Waden), eines erhöhten Serumspiegels an Creatinkinase und des histologischen Befunds seiner Muskeln eine DMD diagnostiziert.

- Seine Mutter Betty wurde an die Humangenetik verwiesen. Bei der Erhebung der Familienanamnese (*Abb. 14.11*, grauer Teil) stellte sich heraus, dass Betty zwei ebenfalls betroffene Brüder hatte, die – inzwischen Anfang zwanzig – an den Rollstuhl gefesselt waren. Damit war klar, dass Betty und ihre Mutter Carrie obligate Anlageträgerinnen für die DMD (Konduktorinnen) waren. Betty hatte zwei Schwestern, Delia und Elly. Durch Betty bestellte man die beiden Schwestern zur humangenetischen Beratung ein und klärte sie auf, dass für jede von ihnen ein Risiko von 50 Prozent bestand, Anlageträgerin zu sein. Blutproben wurden abgenommen und auf Creatinkinase untersucht, doch bei Delia und Elly waren die Ergebnisse weder hoch noch niedrig genug, als das sie dem angenommenen Risiko etwas geändert hätten.

- Im Jahre 1982 war Delia, inzwischen verheiratet, schwanger. Sie beantragte eine fetale Geschlechtsbestimmung, und in der 16. Woche wurde eine Amniozentese durchgeführt. Es dauerte zwei Wochen, bis man genügend sich teilende Zellen für eine zytogenetische Untersuchung beisammen hatte, und diese ergab, dass der Fetus männlich war. In der 18. Woche wurde diese gewollte Schwangerschaft durch die Einleitung der Geburt beendet.

- Im Jahre 1984 war Delia erneut schwanger, erlitt aber in der 10. Woche, noch vor jeglichem Test, eine Fehlgeburt. Elly war inzwischen ebenfalls verheiratet, wollte aber in Anbetracht des Kummers ihrer Schwestern nicht das Risiko eingehen, selbst Kinder zu bekommen.

- Inzwischen hatte man DNA-Marker identifiziert, die mit dem *DMD*-Locus gekoppelt waren. Mittels indirekter Kopplungs- (*Gene Tracking)* und Segregationsanalyse (s. *Kapitel 9*) ermittelte man für Delia und Elly das jeweilige Risiko, Anlageträgerin zu sein. Da sämtliche Marker zu mindestens 5 Prozent eine Rekombination mit dem krankheitsauslösenden Gen zeigten, verwendete man zwei Marker, einen distal und einen proximal des Genorts für das *DMD*-Gen. Wenn

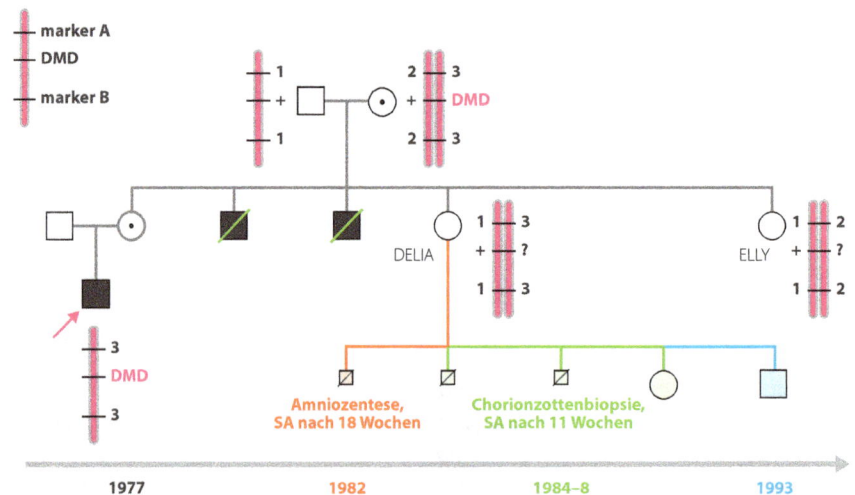

Abb. 14.11 Fortschritte in der Genetik und ihr Einfluss auf eine Familie, in der Muskeldystrophie Typ Duchenne vorkommt
Diese Familie gibt es wirklich, nur die Namen wurden geändert. Die Farben zeigen, wie sich der Stammbaum im Laufe der Jahre entwickelt hat. Die schwarzen Querbalken symbolisieren die Ergebnisse der Segregationsanalyse mit Hilfe zweier DNA-Polymorphismen, A und B, die diesseits und jenseits des DMD-Locus kartieren. Die Allelbezifferung ist willkürlich gewählt, + steht für das normale Allel am DMD-Locus, SA für Schwangerschaftsabbruch.

eine Meiose für beide Marker keine Rekombination zeigte, war das Risiko für eine Rekombination zwischen den Markern und dem *DMD*-Locus nur sehr gering. Im Falle einer meiotischen Rekombination zwischen beiden ließe sich keine Aussage treffen, zumindest aber hätte man eine falsche Vorhersage vermieden. Das Ergebnis der Analyse (magentafarbene Linien in *Abb. 14.11*) ergab, dass für Delia das Risiko, Anlageträgerin zu sein, bei mehr als 99 Prozent lag, wohingegen es bei Elly sehr gering war, vorsichtig geschätzt bei 2 Prozent. Rückblickend erhöhte sich damit das Risiko dafür, dass das Kind aus Delias erster Schwangerschaft die Krankheit gehabt hätte, von 25 auf 50 Prozent, was Delia rückwirkend als eine gewisse Beruhigung im Hinblick auf die Richtigkeit ihrer damaligen Entscheidung empfand. Elly sah sich nun imstande, eine Familie zu gründen.

- Im Jahre 1985 war Delia ein drittes Mal schwanger. Inzwischen gab es die Chorionzottenbiopsie (grüne Linie in *Abb. 14.11*). In der 10. Woche wurde die Untersuchung durchgeführt. Eine zytogenetische Schnellanalyse ergab, dass der Fetus männlich war, und die Schwangerschaft wurde in der 11. Woche beendet.

- Im Jahre 1988 ergab eine Chorionzottenbiopsie in Delias vierter Schwangerschaft, dass der Fetus weiblich war, sie setzte die Schwangerschaft fort und brachte ein gesundes Mädchen zur Welt.

- Im Jahre 1993 war Delia zum fünften Mal schwanger. Inzwischen hatte man das Dystrophin-Gen kloniert (blaue Linie in *Abb. 14.11*). Die Analyse der DNA von Alan lieferte die in der Familie vorliegende Mutation, eine Leserasterverschiebung in Exon 45 (s. *Tab. 6.2*). Erneut wurde eine Chorionzottenbiopsie vorgenommen, die zytogenetische Analyse besagte, dass der Fetus männlich war. Die molekulargenetische Analyse auf Y-spezifische Sequenzen bestätigte das Geschlecht, aber es gelang, Exon 45 des Dytrophin-Gens aus der fetalen DNA mittels PCR zu amplifizieren, und hierbei zeigte sich, dass die Mutation darin nicht vorhanden war. Delia setzte die Schwangerschaft fort und brachte einen gesunden Jungen zur Welt.

Die Geschichte dieser Familie veranschaulicht mehrere Aspekte der humangenetischen Praxis. Zum einen zeigt sie, wie rasch wissenschaftlicher Fortschritt in die klinische Praxis umgesetzt werden kann, zum zweiten, wie sehr sich die Optionen für einzelne Familienmitglieder dadurch verändern können, auch wenn die Krankheit nach wie vor unheilbar bleibt, und schließlich, drittens, wie wichtig es ist, Familien langfristig zu begleiten. Delias Tochter wird bald wissen wollen, ob sie die Anlage geerbt hat und welche Möglichkeiten ihr offen stehen.

Schließlich sollten wir uns mit einigen Einwänden befassen, die gegen den steten Fortschritt der Humangenetik erhoben werden:

- *Wer Menschen mit genetisch bedingten Krankheiten zu einem normalen Leben verhilft, sorgt dafür, dass diese die Möglichkeit haben, ihre Gene in die Folgegeneration einzubringen, und das zeugt von einem unverantwortlichen Mangel an Weitblick im Hinblick auf die Zukunft.* Wir haben darüber schon in *Kapitel 10* im Zusammenhang mit Krankheiten mit mendelschem Erbgang diskutiert. Was komplexe Krankheiten angeht, so ist dies ein Vorwurf, der sich in Wirklichkeit an die gesamte Medizin – ja eigentlich gegen die gesamte Zivilisation richtet. Was anderes ist denn eine zivilisierte Gesellschaft, als der kollektive Versuch, das Wirken der natürlichen Selektion zu behindern?

- *Eine Pränataldiagnose auf eine genetisch bedingte Krankheit anzubieten wertet Menschen mit dieser Krankheit ab.* Verständlicherweise würden Menschen mit Spina bifida, Achondroplasie oder Down-Syndrom überaus empfindlich auf die Ansicht reagieren, dass sie nie hätten geboren werden sollen. Der elterliche Wunsch nach gesunden Kindern kollidiert in der Tat mit dem nötigen Respekt, den wir dem Leben von Menschen mit Behinderungen schulden. Jeder von uns hat vermutlich seine ganz persönliche Schwelle, an der er die Linie ziehen würde. Eine Generallösung für diesen Konflikt (keine oder keine uneingeschränkte Wahl) wäre für die Mehrzahl der Menschen in den meisten Ländern inakzeptabel. Vermutlich besteht der Weisheit letzter Schluss darin, den Konflikt so weit wie möglich zu umgehen, indem wir uns an die Maxime halten, dass wir, welche Indikationen auch immer wir für die Beendigung einer Schwangerschaft zu akzeptieren bereit sind, einem Kind, das mit einer Behinderung geboren wird, auf keinen Fall weniger Wertschätzung entgegenbringen werden als jedem anderen Menschen, und dass wir der Familie in angemessener Weise Hilfe und Beistand zuzukommen lassen haben.

- *Bei manchen Krankheiten ist eine Heilung nichts anderes als ein Mittel, Menschen mit diesen Krankheiten zu diskriminieren.* Dieser Vorwurf wurde vor allem im Zusammenhang mit Cochlea-Implantaten bei gehörlosen Kindern häufig erhoben. Nimmt man diese vor, wenn die Kinder noch sehr jung sind, können sie mit relativ großem Erfolg ein Kind dazu befähigen, gesprochene Sprache zu verstehen. Die meisten hörenden Menschen würden keinen Augenblick zögern, es als positiv zu betrachten, wenn man einem Kind das Hören ermöglichen kann. Aber viele Menschen aus der Gemeinschaft der Gehörlosen sehen das anders. Für sie kommt der Versuch, Taubheit abzuschaffen einer Unterminierung ihrer Kultur gleich.

  Die Situation hat gewisse Parallelen zu der Frage, ob man Menschen in kleinen isolierten Sprachgemeinschaften in ihrer eigenen, einer Minderheitensprache, unterrichten soll, oder lieber in der Nationalsprache des Landes, dem sie angehören. Für den einzelnen bedeutet das Erlernen der Sprache eine Erweiterung seiner Möglichkeiten, gleichzeitig droht dadurch aber der Minderheitenkultur binnen weniger Generationen die Auslöschung. Vielleicht wäre es am besten, Kinder mit Cochlea-Implantaten zweisprachig zu erziehen. In Schweden ist das Praxis, sonst aber so gut wie nirgends. Dazu sollte noch angemerkt werden, dass die meisten Kinder, die gehörlos zur Welt kommen, in eine Familie von Hörenden hineingeboren werden und während der ersten prägenden Jahre nicht Teil der Gehörlosengemeinschaft sind. Die schwedische Lösung lässt ihnen die Freiheit, selbst entscheiden zu können, welcher Kultur sie angehören wollen, sobald sie alt genug sind.

- *Die Fortschritte bei den genetischen Untersuchungsmethoden und die Entscheidungsfreiheit setzen eine unheilvolle Abwärtsspirale in Gang.* Bei dieser Diskussion kommt die Sprache in der Regel ziemlich bald auf das bei Journalisten so beliebte Schlagwort vom „Designerbaby“. Man hat es wiederholt im Zusammenhang mit „Lebensrettergeschwistern“ verwendet – Babys, die nach einer *In-vitro*-Fertilisation geboren wurden, bei der die Embryonen selektioniert wurden auf ihre HLA-Kompatibilität mit einem älteren Geschwister, das an einer schweren Krankheit leidet, die sich durch Blutstammzellen aus der Nabelschnur von einem HLA-kompatiblen Spender könnte heilen lassen. Lässt man diese Art von Selektion zu, so die Kritiker, öffnet man Tür und Tor für eine sehr viel umfassendere Selektion von Embryonen aus nichtmedizinischen Gründen.

  Die Absurdität dieses Einwands offenbart ein Blick auf *Abb. 14.4*. Angenommen Herr und Frau Frank N. Stein beschließen, einen hochgewachsenen blonden Sohn mit blauen Augen mit einem IQ von 150 haben zu wollen. Sie nehmen Kosten und Mühen einer IVF auf sich, am Ende haben sie eine Petrischale mit acht Embryonen vor sich. Vier davon sind weiblich und werden gleich verworfen. Blaue Augen und blondes Haar sind keine Merkmale mit einfachem mendelschem Erbgang, sondern in der Regel rezessiv. Photographien von den Eltern zeigen uns keine blonden blauäugigen Personen, also müssen wir davon ausgehen, dass diese bestenfalls heterozygot für diese Merkmale sind. Damit wird nur einer von den vier verbliebenen Embryonen ihren Farbwünschen entsprechen. Weg mit den drei anderen, nur ein einziger bleibt übrig. Zu dumm, dass er nur einen Meter sechzig groß wird und einen IQ von 95 hat!

Das „Designerbaby“-Beispiel zeigt, dass die bloße Embryoselektion nicht allzu viel bringt. Geht man an die Embryonen aus *Abb. 14.4* allerdings mit den Gentherapiemethoden aus *Abb. 14.8* heran, könnte die Sache ganz anders aussehen. Angenommen, eines Tages in ferner Zukunft wären der Genmanipulation sämtliche Steine aus dem Weg geräumt, so dass sich jede gewünschte genetische Veränderung mit großer Sicherheit und Effizienz erreichen lässt – womöglich ließen sich dann wirklich Babys auf Bestellung gestalten. Ehrgeizige Eltern könnten vielleicht Kataloge mit erstrebenswerten menschlichen Eigenschaften durchstöbern. Wenn wir uns schon auf dem Gebiet der Science-Fiction tummeln, warum bei bereits existierenden Eigenschaften stehen bleiben? Wie jede neue Technologie brächte auch diese neben vielen Risiken auch Nutzen. Die ethischen Probleme wären nicht auszudenken. Aber wir sollten nicht vergessen, dass es sich um Science-Fiction handelt, und nicht alles, was dort denkbar ist, auch jemals Realität wird – so wissen wir zum Beispiel bereits heute, dass das Zeitreisen wie Hollywood es sich vorstellt, nie wahr werden wird. Solange nicht jeder Gentransfer in jeden Embryo mit hundertprozentiger Sicherheit und Effizienz vonstatten geht, hätten alle Versuche zur multiplen Manipulation mit demselben Problem des abnehmenden Ertragszuwachses zu kämpfen wie die Embryonenselektion. Und so nicht jede der 100–150 Zellen aus der inneren Zellmasse einer Blastozyste manipuliert werden kann, wird der Embryo am Ende vielleicht nur ein unvollkommenes Mosaik mit Teilen des gewünschten Genotyps sein. Kurz: Zwar sollten wir neuen Techniken wachsam gegenüberstehen, aber panisch-moralische Skepsis gegenüber der Genetik ist fehl am Platz. Für die absehbare Zukunft werden die Dienstleistungen der humangenetischen Klinik ein kleiner aber wichtiger Teil der normalen Medizin bleiben, der den Familien, die auf sie angewiesen sind, großen und immer größer werdenden Nutzen bringen kann, während die Genetik als Wissenschaft in zunehmendem Maße Grundlage einer sehr viel breiteren medizinischen Praxis sein wird.

14.5 Quellen

American Society of Human Genetics (1975): Genetic counselling. *Am. J. Hum. Genet.* 27: 240–242.

Bachoud-Lévi A.-C., Gaura V., Brugieies P. et al. (2006): Effect of fetal neural transplants in patients with Huntington's disease 6 years after surgery: a long-term follow-up study. *Lancet Neurol.* 5: 303–309.

Bianchi D.W., Simpson J.L., Jackson L.G. et al. (2002): Fetal gender and aneuploidy detection using fetal cells in maternal blood: analysis of NIFTY I data. *Prenat. Diag.* 22: 609–615.

Chiu R.W.K. & Lo Y.M.D. (2004): The biology and diagnostic applications of fetal DNA and RNA in maternal plasma. *Curr. Topics Dev. Biol.* 61: 81–111.

Hacein-Bey-Abina S., Le Deist F., Carlier F. et al. (2002): Sustained correction of X-linked severe combined immunodeficiency by ex vivo gene therapy. *New Engl. J. Med.* 346: 1185–1193.

Modell B., Ward R.H., Fairweather D.V. (1980): Effect of introducing antenatal diagnosis on reproductive behaviour of families at risk for thalassaemia major. *Br. Med. J.* 280: 1347–1350.

Munnich A. (2006): Advances in genetics: what are the results for patients? *J. Med. Genet.* 43: 555–556.

Tibben A. (2002): Genetic Counseling and presymptomatic testing. In: *Huntington Disease*, 3. Auflage, Hrsg. Bates G, Harber PS und Jones L. Oxford University Press, Oxford.

14.6　Fragen und Aufgaben

(1) Eine Frau hat einen Sohn mit Muskeldystrophie Typ Duchenne. In der Familie hat es bislang keinen weiteren Fall gegeben. Andere Kinder gibt es nicht, die Mutter selbst ist Einzelkind. Möglicherweise ist sie Anlageträgerin, vielleicht ist bei dem Jungen aber auch eine neue Mutation aufgetreten. Berechnen Sie die Wahrscheinlichkeit dafür, dass sie Anlagenträgerin ist (s. *Anhang: Antworten zu den Fragen und Aufgaben*, dort finden Sie zwei Wege, wie man eine solch wichtige Berechnung durchführen kann).

(2) Diese Berechnung verwendet das in der ersten Frage errechnete Risiko von 2/3 für die Anlageträgerschaft. Angenommen, die Frau hat ein zweites Kind, ein Mädchen. Wie groß ist das Risiko, dass das Mädchen Anlageträgerin ist?

(3) Angenommen, die Frau aus Frage zwei hat zwei weitere Kinder, zwei gesunde Jungen. Ändert sich Ihre Risikoberechnung dadurch? Wenn ja, verwenden sie das Bayes'sche Theorem, um das neue Risiko zu berechnen.

(4) Ein Mann stammt aus einer großen Familie, in der eine autosomal dominante Krankheit segregiert. Seine Mutter ist erkrankt, er selbst ist gesund. Die Penetranz für die Krankheit beträgt 90 Prozent, das heißt, er hat entweder das krankheitsauslösende Gen nicht geerbt, oder bei ihm wird die Krankheit nicht klinisch manifest. Er heiratet. Berechnen Sie die Wahrscheinlichkeit dafür, dass die Krankheit bei seinem ersten Kind klinisch manifest wird.

(5) Verallgemeinern Sie das Ergebnis aus *Frage 4* für eine Krankheit mit der Penetranz x und errechnen Sie, unter der Bedingung, dass x jeden Wert annehmen kann, das maximale Risiko dafür, dass das Kind des Betreffenden krank sein wird.

(6) Ihre Mutter leidet an Chorea Huntington. Sie sind 45 und gesund. Wenn die Hälfte aller Patienten, die das krankheitsauslösende Gen geerbt haben, mit 45 Jahren Symptome zeigt, wir groß ist dann die Wahrscheinlichkeit, dass sie das Gen geerbt haben?

(7) Entscheiden Sie bei jeder der folgenden Aussagen, ob sie falsch oder richtig ist:
   (a) Empirische Risiken werden herangezogen bei der Beratung im Falle von Krankheiten ohne mendelschen Erbgang
   (b) Empirische Risiken basieren auf mathematischen Vereinfachungen
   (c) Empirische Risiken legen keine Annahmen zu genetischen Mechanismen zugrunde
   (d) Empirische Risiken gelten nur für eine bestimmte Population zu einer bestimmten Zeit.

(8) Entwerfen Sie eine Strategie zur Entwicklung einer Gentherapie für (a) Mukoviszidose, (b) Muskeldystrophie Typ Duchenne, und (c) einen rasch wachsenden Hirntumor. Wägen Sie in jedem Falle die Vor- und Nachteile ab, die diese Krankheiten im Hinblick auf die von ihnen vorgeschlagene Therapie jeweils aufweisen, beschreiben Sie die Gene und Konstrukte, die Sie verwenden würden, welches Gewebe und welche Zellen Sie ins Visier nehmen und wie Sie das bewerkstelligen würden.

Anhang
Antworten zu den Fragen und Aufgaben

Kapitel 1

In jedem Fall lässt sich die eigene Hypothese am besten überprüfen, indem man den Stammbaum durchgeht und den Genotyp der einzelnen Personen notiert. Man richte sich dabei nach der vorgestellten Konvention, nach der zwei Allele an einem Locus die Bezeichnungen A und a tragen, wobei A das dominante Merkmal kennzeichnet. Die Personen nummeriert man wie in *Abb. 1.15*: römische Ziffern für die Generation, arabische für die Person, wobei man die Generation von links nach rechts durchnummeriert.

(1) Jeder Erkrankte hat einen erkrankten Elternteil → dominanter Erbgang. Beide Geschlechter sind betroffen → autosomaler Erbgang. Betroffene Personen haben die Allele A und a, nicht betroffene a und a. Der mit dem Pfeil markierte Mann hat den Genotyp Aa, seine Frau aa, für jedes Kind besteht demnach ein Risiko von 50 Prozent, das Allel A zu erben und selbst betroffen zu sein.

(2) Erkrankte ohne erkrankten Elternteil → rezessiver Erbgang. Beide Geschlechter betroffen → autosomaler Erbgang. Man beachte überdies, dass die beiden erkrankten Personen Nachkommen aus einer Ehe von Cousin und Cousine ersten Grades sind. Erkrankte Personen haben den Genotyp aa, nicht erkrankte AA oder Aa. Die mit dem Pfeil markierte Frau muss Aa sein, ihr Mann ebenso, das heißt, für jedes Kind besteht ein Risiko von 25 Prozent, das Allel a von beiden Eltern zu erben und selbst betroffen zu sein.

(3) Erkrankte Personen ohne erkrankte Eltern → rezessiver Erbgang. Es sind nur Männer betroffen → X-chromosomale Vererbung, wobei man nicht vergessen sollte, dass dies nicht der beste Beweis für eine X-chromosomale Vererbung ist. Man überprüfe sicherheitshalber, ob alle Betroffenen von nicht erkrankten Frauen abstammen, das taugt als Beleg sehr viel besser. Erkrankte Männer sind a (in diesem Falle sind die Männer hemizygot und besitzen nur ein Allel), nicht erkrankte A. Nicht erkrankte Frauen können AA oder Aa sein, eine erkrankte Frau wäre aa. Der mit dem Pfeil oben links gekennzeichnete Mann hat das Allel a, seine Frau höchstwahrscheinlich AA (vielleicht auch Aa, aber die Krankheit ist selten und sie hat in die Familie eingeheiratet, es wäre demnach ein unwahrscheinliches Zusammentreffen). Seine Söhne wären nicht betroffen, weil sie ihr X-Chromosom nicht von ihm erben. Jede Tochter ist obligate Anlageträgerin (weil sie zwangsläufig das einzige X-Chromosom des Vaters erbt), wird aber nicht erkranken (so die Mutter nicht zufällig den Genotyp Aa hat, in diesem Falle bestünde eine Wahrscheinlichkeit von 50 Prozent dafür, das Allel a zu erben und selbst zu erkranken).

(4) Die erkrankten Personen haben keinen erkrankten Elternteil → rezessiver Erbgang. Beide Geschlechter sind betroffen → autosomaler Erbgang. Dennoch ist dieser Stammbaum – wie im Text erläutert – nicht eindeutig. Er passt ebenso zu einem X-gekoppelten rezessiven Erbgang. Unter dieser Annahme müsste die Mutter eines erkrankten Mädchens Carrier, das heißt Aa, sein, die erkrankte Tochter wäre dann aa. In diesem Stammbaum wäre das durch und durch plausibel, das heißt, es braucht niemanden, der zufällig Carrier ist und in die Familie einheiratet, damit es zu dieser Konstellation kommt. Unter der Annahme, dass es sich um einen autosomal rezessiven Erbgang handelt, ist das

Risiko für jedes der Kinder des mit dem Pfeil markierten Mannes gering – seine Frau müsste zufällig Anlageträgerin sein, was bei einer seltenen Krankheit und einer Ehe unter nicht miteinander blutsverwandten Personen eher unwahrscheinlich wäre. Man könnte eine Übung zum Hardy-Weinberg-Gesetz anfügen, indem man der Krankheit eine bestimmte Häufigkeit innerhalb der Population zuordnet. Was die Hypothese X-gekoppelt betrifft, so ist das Risiko dasselbe wie in Stammbaum (3).

(5) Dieser Stammbaum ist für Studenten gedacht, die der Ansicht sind, nur Männer könnten einer X-chromosomal vererbten rezessiven Krankheit zum Opfer fallen. Unter der Annahme, dass es sich um eine autosomal-rezessiv vererbte Krankheit handelt, müssten II-4, II-8 und III-9 jeweils aus blankem Zufall Carrier sein. Zu einer X-Koppelung passt der Stammbaum ohne Zufall. Die betroffene Frau IV-1 hat die Allelkombination aa, ihre Mutter ist als Tochter eines betroffenen Mannes obligate Anlageträgerin. Die mit dem Pfeil gekennzeichnete Frau – III-8 – hat den Genotyp Aa. Für jeden Sohn besteht ein Risiko von 50 Prozent, die Krankheit geerbt zu haben, Töchter werden nicht erkranken, aber zu 50 Prozent Anlageträgerinnen sein.

(6) Schlicht und einfach autosomal dominant, nach derselben Logik wie in Stammbaum 1. III-12 (Pfeil) liefe nur Gefahr, ein betroffenes Kind zu bekommen, wenn die Krankheit keine vollständige Penetranz aufwiese – im wahren Leben eine Überlegung wert, in diesem Stammbaum aber deutet nichts auf verminderte Penetranz hin.

(7) Ein typisches Beispiel für die Art von Dilemma, vor dem ein Humangenetiker immer wieder steht. Im wirklichen Leben würde man die Wahrscheinlichkeit dafür ausloten, dass die Krankheit von III-5 nicht genetisch, chromosomal oder multifaktoriell bedingt ist, indem man die Art der Krankheit, den Schwangerschaftsverlauf und ähnliches in Betracht zieht. In Anbetracht der begrenzten Alternativen in dieser Übung ist aber eindeutig von einem autosomal rezessiven Erbgang auszugehen, II-3 und II-4 sind beide Anlageträger, d. h. haben die Allelkombination Aa, das Risiko für jedes weitere Kind beträgt 25 Prozent.

(8) Autosomal rezessiv ohne Wenn und Aber, nach derselben Logik wie in Stammbaum 2. Im Vergleich zu Stammbaum 4 kann die Krankheit dieses Mal nicht X-gekoppelt sein, denn sie wurde von einem nicht erkrankten Mann übertragen. Die Risiken sind dieselben wie in Stammbaum 7.

(9) X-gekoppelt rezessiv, nach derselben Logik wie in Stammbaum 3. Die Risiken für die Frau III-10 (Pfeil) sind dieselben wie für III-8 in Stammbaum 5.

(10) Nach derselben Logik wie in Stammbaum 1 passt dieser Stammbaum zu einem autosomal dominanten Erbgang der Krankheit – mit Ausnahme der Tatsache, dass III-4 nicht erkrankt ist. Um Platz zu sparen, sind nicht alle Gatten gezeigt, aber man kann zu recht davon ausgehen, dass sie nicht verwandt und nicht erkrankt sind. Der Stammbaum passt auf keinen Fall zu einem autosomalen oder X-gekoppelten rezessiven Erbgang. Am besten lässt er sich daher als autosomales Muster mit verminderter Penetranz erklären (im wirklichen Leben ein sehr häufiges Phänomen). Damit wird die Risikoabschätzung für III-12 extrem schwierig (die Verhältnisse sind dieselben wie bei Frage 4 in *Kapitel 14*). Damit ein Kind die Krankheit erbt, müssen drei Dinge gegeben sein: III-12 muss das Allel haben, ohne das Merkmal auszuprägen (unvollständige Penetranz), das heißt, er oder sie fungiert als Carrier, das Kind muss das Krankheitsallel A von III-12 erben **und** das Kind selbst muss das Merkmal ausprägen. Aus Gründen der Vollständigkeit und weil sich daraus eine interessante Aussage ergibt, stellen wir im Folgenden die Berechnung dar:

Die Penetranz sei p ($0 < p < 1$). Die Chance zu errechnen, dass III-12 Carrier ist macht ein Bayes'sches Verfahren nötig – siehe *Exkurs 14.1*:

Hypothese: III-12 ist	AA	Aa
a-priori-Wahrscheinlichkeit:	$\frac{1}{2}$	$\frac{1}{2}$
konditional: nicht erkrankt:	1	$1-p$
verbundene Wahrscheinlichkeit	$\frac{1}{2}$	$\frac{1}{2}(1-p)$
Endwahrscheinlichkeit (*a-posteriori*-Wahrscheinlichkeit)	$\frac{1}{2}/\left(\frac{1}{2}+\frac{1}{2}(1-p)\right)$	$\frac{1}{2}(1-p)\left(\frac{1}{2}+\frac{1}{4}(1-p)\right)=(1-p)/(2-p)$

Wenn III-12 Aa ist, beträgt das Risiko dafür, dass das Kind ebenfalls Aa ist, 50 Prozent (so der Vater aa ist), damit beträgt hier das Risiko $\frac{1}{2}p(1-p)/(2-p)$. Ist das Kind Aa, beträgt das Risiko, dass es tatsächlich klinisch auffällig wird p, das Gesamtrisiko liegt also bei $\frac{1}{2}p(1-p)/(2-p)$.

Am interessantesten ist es, dieses Risiko als Funktion von p darzustellen (man kann eine Excel-Tabelle anlegen). Das Maximum beträgt etwa 8,6 Prozent für p = 0,59. Das liegt vermutlich weit unter dem, was man vermuten würde, und kann Anlass für eine interessante Diskussion sein.

Kapitel 2

(1) (a) in Meiose I oder II bei Vater oder Mutter
(Denken Sie an Ereignisse in der Oogenese, die dazu führen können, dass ein X fehlt (eine Eizelle wird von einem Spermium mit einem X-Chromosom befruchtet), sowie an Ereignisse in der Spermatogenese, die dazu führen können, dass ein Spermium entweder kein X oder kein Y hat. Bedenken Sie, dass das Turner-Syndrom in Wirklichkeit normalerweise eher aufgrund einer zeitlichen Verzögerung der Anaphase als durch eine Nondisjunction hervorgerufen wird (s. *Abschnitt 2.3*).)
(b) in Meiose I oder II bei Vater oder Mutter
(c) nur in Meiose II beim Vater

(2) Die untenstehende Zeichnung zeigt einen Teilkaryotyp, das Aussehen des Tetravalents in der Prophase von Meiose I, die mit hoher Wahrscheinlichkeit zu erwartenden Gameten und die Folgen für die Zygote nach der Befruchtung mit einer normalen Keimzelle. Man beachte, dass die gezeigten Gameten solche sind, die aus der Segregation homologer Centromere hervorgehen – mit anderen Worten: Jede Gamete enthält ein blaues und ein gelbes Centromer. Nicht alle Gameten sind gleich wahrscheinlich. Bei der Risikobewertung berücksichtigt der Zytogenetiker die Wahrscheinlichkeit, mit der eine bestimmte unbalancierte Störung vor der Implantation bzw. im Embryonalstadium letal ist, denn Eltern interessiert vor allem das Risiko für die Geburt eines Kindes mit einer Anomalie. Es sind auch andere Segregationsformen möglich, siehe dazu Gardner, RJM und Sutherland, GR (2004), *Chromosome Abnormalities and Genetic Counselling*, 3. Auflage, Oxford University Press.

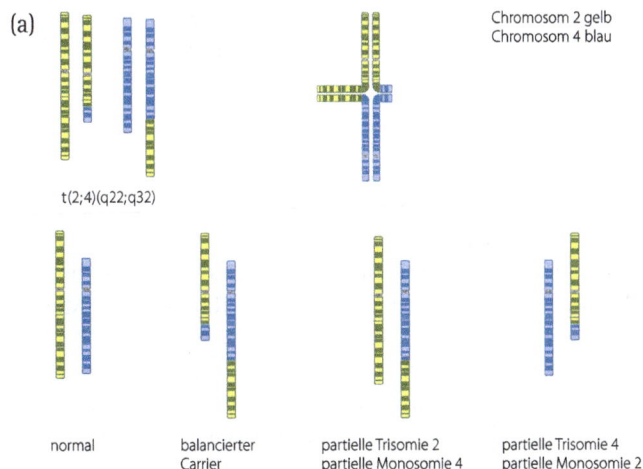

(a)

Chromosom 2 gelb
Chromosom 4 blau

t(2;4)(q22;q32)

normal

balancierter Carrier

partielle Trisomie 2
partielle Monosomie 4

partielle Trisomie 4
partielle Monosomie 2

(b)

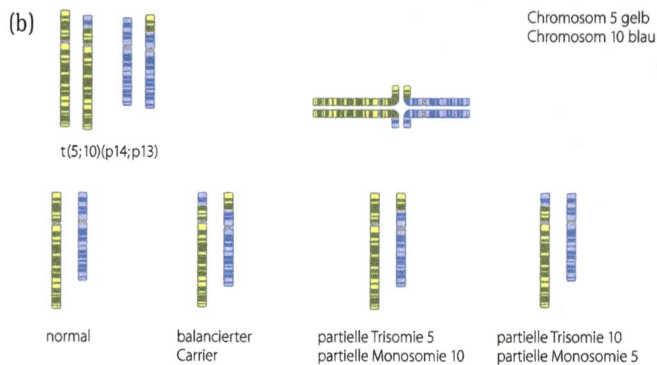

Chromosom 5 gelb
Chromosom 10 blau

t(5;10)(p14;p13)

normal | balancierter Carrier | partielle Trisomie 5 partielle Monosomie 10 | partielle Trisomie 10 partielle Monosomie 5

(c)

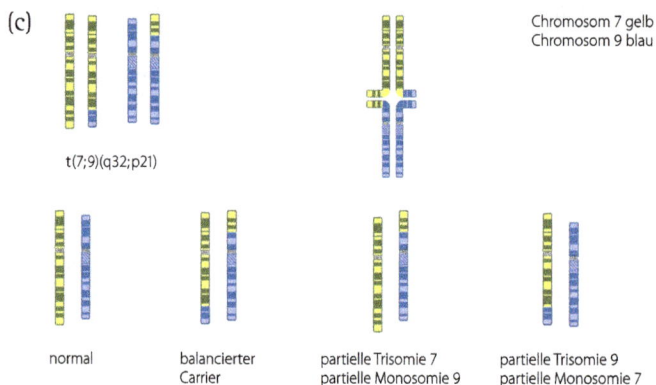

Chromosom 7 gelb
Chromosom 9 blau

t(7;9)(q32;p21)

normal | balancierter Carrier | partielle Trisomie 7 partielle Monosomie 9 | partielle Trisomie 9 partielle Monosomie 7

(3) Zu Crossover-Ereignissen kommt es zwischen homologen Sequenzen. Durch Rekombination ändert sich die genetische Beschaffenheit eines Chromatids, wobei dizentrische oder azentrische Chromatiden als Resultat ausgeschlossen sind. Nebenbei bemerkt: Das Tetravalent ist eigentlich eine achtsträngige Struktur, denn in diesem Stadium besteht jedes Chromosom aus zwei Geschwisterchromatiden.

(4) Das untenstehende Diagramm zeigt einen Teilkaryotyp, die Konfiguration des Trivalents in der Prophase der Meiose I, die wahrscheinlich zu erwartenden Gameten und die Zygote nach Befruchtung durch eine normale Keimzelle.

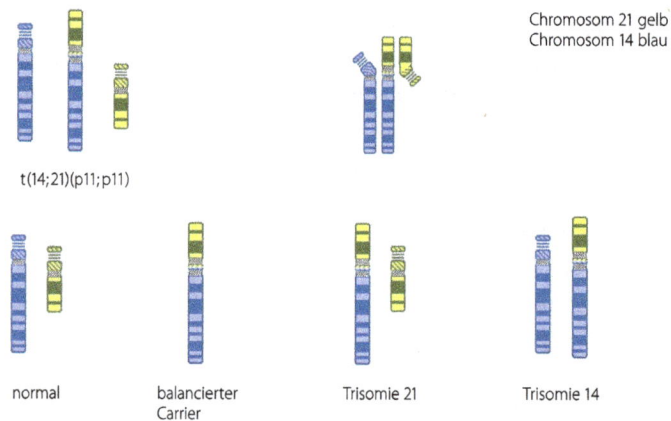

Chromosom 21 gelb
Chromosom 14 blau

t(14;21)(p11;p11)

normal | balancierter Carrier | Trisomie 21 | Trisomie 14

(5) Der Carrier einer 21;21-Robertson'schen Translokation kann nur Keimzellen ohne Chromosom 21 oder aber mit dem fusionierten Chromosom hervorbringen. Die Befruchtung durch eine normale Keimzelle führt dann zu Monosomie 21 beziehungsweise zu Trisomie 21. Wie in *Kapitel 7* (siehe *Abb. 7.17*) erläutert, wird der Chromosomensatz einer trisomischen Zygote nur selten durch den Spontanverlust eines Chromosoms wieder normalisiert. Im vorliegenden Fall würde dies unweigerlich zu einer uniparentalen Disomie von Chromosom 21 führen.

(6) Crossover-Ereignisse außerhalb der Inversionsschleife laufen wie jedes andere Crossover ab. Crossover innerhalb einer parazentrischen Inversionsschleife (vgl. *Abb. 2.23* und die unten stehende Abbildung) bringen dizentrische und azentrische Chromatiden hervor. Diese können sich während der Mitose nicht ordnungsgemäß auftrennen, so dass man die Produkte in keinem der Nachkommen finden wird. Parazentrische Inversionen verhindern, wenn man so will, ein Crossover zwischen Sequenzen innerhalb der Inversion. Liegt die Inversion perizentrisch (und schließt das Centromer ein), bringt ein Crossover innerhalb der Inversionsschleife monozentrische Chromatiden hervor, die während der Mitose segregieren, aber Deletionen oder Duplikationen tragen.

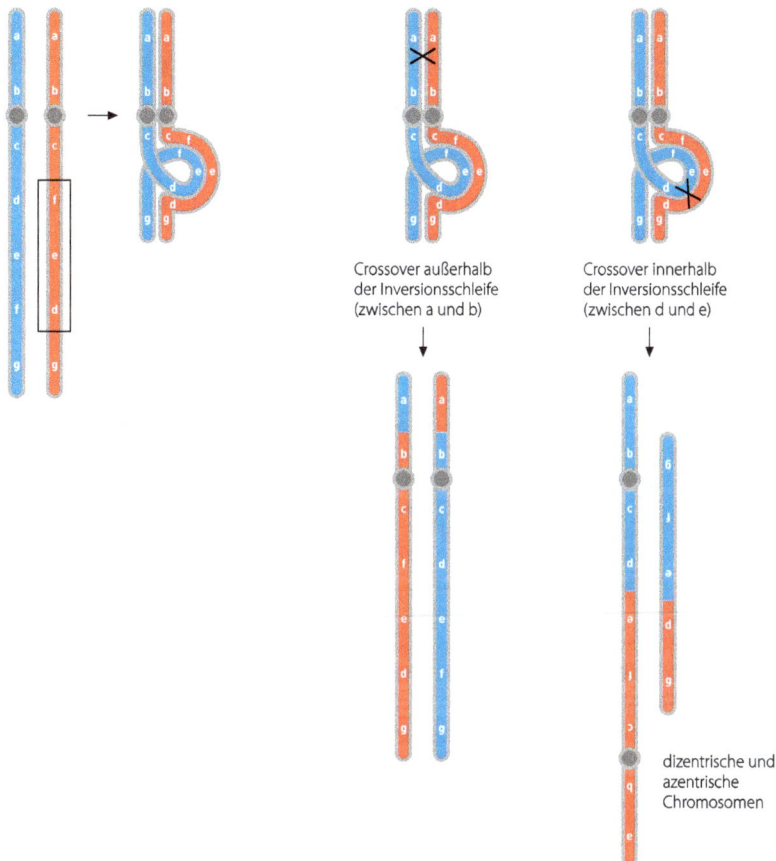

Crossover außerhalb
der Inversionsschleife
(zwischen a und b)

Crossover innerhalb
der Inversionsschleife
(zwischen d und e)

dizentrische und
azentrische
Chromosomen

Kapitel 3

(1) im gezeigten Strang: CCAGCTTCG**C**AAGTC
im komplementären Strang   CCAGCT**TC**GCAAGTC (nicht CC**A**GC....)

(2) gegebene Sequenz: CAGCTGGAGGAACTGGAGCGTGCTTTTGAG
Matrizen-Strang: GTCGACCTCCTTGACCTCGCACGAAAACTC
mRNA: CAGCUGGAGGAACUGGAGCGUGCUUUUGAG

(3) 1   gcagccaatg gagggtggtg ttgcgcgg**ggg** ctgggattag ggccggggcg
                                         a

    51   aaatg**GGATC** C**TCC**AAGGCG ACCATGGCC**T** **TG**CTGGGTAA GCGCTGTGAC
                       b   c

    101 GTCCCCACCA ACGGC**gttag** acctcagtac tgaa**tca**gga cctcactcct
                    d   e

(a) G-56

(b) a – Teil des Promotors; b – 5'-untranslatierte Region,   c – 3. Codon (nicht 9.);   d – Donor-Spleißstelle; e – Teil von Intron 1 (nicht von Intron 2)

(4) ATGACCACGCTGGCCGGCGCTGTGCCCAGGATGATGCGGCCGGGCCCGGGGCAGAACT
ACCCGCGTAGCGGGTTCCCGCTGGAAGGTAAGGGAGGGCCTCAGCGCGCCGCGCTTCT
CTTTTTCACCTTCCCACAGTGTCCACTCCCCTCGGCCAGGGCCGCGTCAACCAGCTCG
GCGGTGTTTTTATCAACGGCAGGTACCAGGAGACTGGCTCCATACGTCCTGGTGCCAT
CGGCGGCAGCAAGCCCAAGGTGAGCGGGCGGGCCTTGCCCTCCTCGCCTGCCCGCCTG
TTCTCTTAAAGCAGGTGACAACGCCTGACGTGGAGAAGAAAATTGAGGAATACAAAAG
AGAGAACCCGGGCGTGCCGTCAGGTACTAGGCCCATTAACCTCTCCCCGCTTCCTTCC
TCCTCCCGCCCCCAGTGAGTTCCATCAGCCGCATCCTGAGAAGTAAATTCGGGAAAGG
TGAAGAGGAGGAGGCCGTCCTGAGCGAGCGAGGTAAGCGGTGGCGCCTTGGGCGGCGG
TTGAAGTAGCTTTTATGCCCTCAGGAAAGGCCCTGGTCTCCGGAGTTTCCTCGCATTA
AAGGAGAGAGAGAGAGAGTACTCTTTTGACTGGT

Das Gen hat 5 Exons (farbig unterlegt) und 4 Introns (unterstrichen).

Exon 1   85 Nukleotide   (1–85)
Exon 2   116 Nukleotide   (136–251)
Exon 3   70 Nukleotide   (302–371)
Exon 4   76 Nukleotide   (421–496)
Exon 5   69 Nukleotide   (547–615)

Die durchschnittliche Exongröße in der menschlichen Genomsequenz liegt bei 145 Nukleotiden, Introns sind im Schnitt 3365 Nukleotide lang, wobei die Variationsbreite sehr groß ist.

(5) Die Antworten hierauf werden davon abhängen, welchen Browser man verwendet. Die folgenden Daten stammen von ENSEMBL, Zugriff im Oktober 2007.

BRCA1 – VEGA Gen OTTHUMG00000141727. Aufgeführt sind 10 Transkripte. Der Eintrag enthält auch ein Diagramm, das unterschiedliche Positionen der Exons in den 10 Transkripten zeigt. Transkript OTTHUMT00000282210 hat 23 Exons und umfasst in genomischer DNA einen Bereich von 80821 Nukleotiden.

GJB2 – VEGA Gen OTTHUMG00000016513. 2 Transkripte aufgelistet. Das Diagramm zeigt, dass sie sich durch das Vorhandensein bzw. Nichtvorhandensein von Exon 2 unterscheiden. Transkript OTTHUMT00000044063 hat zwei Exons und erstreckt sich über 5429 Nukleotide genomischer DNA.

DYS – VEGA Gen OTTHUMG00000021336. Aufgeführt sind 20 Transkripte, deren Startpunkt verschiedene interne Promotoren sind. Transkript OTTHUMT00000056182 hat 79 Exons und erstreckt sich über 2092396 Nukleotide genomischer DNA.

Kapitel 4

(1) (a) 5' AGCTCGGCGGTGTTTTTATCAACGGCAGGTACCAGGAGACTGGCTCCATA 3'
         3' TCGAGCCGCCACAAAAATAGTTGCCGTCCATGGTCCTCTGACCGAGGTAT 5'
     (b) 5' GCGTGCCGTCAGGTACTAGGCCCATTAACCTCTCCCCGCTTCCTTCCTCC 3'
         3' CGCACGGCAGTCCATGATCCGGGTAATTGGAGAGGGGCGAAGGAAGGAGG 5'

Die Primer sind unterlegt. Wie gesagt, ist dies eine reine Übung zum Auffinden der richtigen Position und Orientierung für einen Primer, keine Übung zum Entwerfen von verwertbaren Primern.

(2)

	Ausgangs-DNA	Produkt A Matrize ist die Ausgangs-DNA; ein definiertes Ende		Produkt B Sowohl Produkt A als auch Produkt B können als Matrize dienen; zwei definierte Enden		
	Einzel-stränge	im laufenden Zyklus hergestellt	insgesamt vorhanden	mit Produkt A als Matrize im Zyklus hergestellt	mit Produkt B als Matrize im Zyklus hergestellt	insgesamt vorhanden
nach 1 Zyklus	2	2	2			
nach 2 Zyklen	2	2	4	2	–	2
nach 3 Zyklen	2	2	6	4	2	8
nach 4 Zyklen	2	2	8	6	8	22
nach 5 Zyklen	2	2	10	8	22	52
nach 6 Zyklen	2	2	12	10	52	114
nach 7 Zyklen	2	2	14	12	114	240
nach 8 Zyklen	2	2	16	14	240	494
nach 9 Zyklen	2	2	18	16	494	1004
nach 10 Zyklen	2	2	20	18	1004	2026

Die Gesamtzahl an Kopien nach der $n$ten Runde beläuft sich auf

n = (die Anzahl der in dieser Runde von Matrize A hergestellten Kopien)
+ (der Anzahl der in dieser Runde von Matrize B hergestellten Kopien)
+ (der Menge an B nach der vorhergehenden Runde)

Nach wenigen Zyklen ist die Gesamtzahl an Molekülen von Produkt B am Ende des $n$ten Zyklus näherungsweise 2^{n+1}. Nach dem 16. Zyklus sind demnach 100000 erreicht (2^{17} = 131072). Arbeitet man sich durch die Tabelle, kommt man auf die Zahl 131038. In der Realität ist die Reaktion natürlich nicht zu 100 Prozent effizient.

(3) Bei zufälliger Verteilung kommt eine beliebige 5 Nukleotide lange Sequenz einmal in 4^5 = 1024 Nukleotiden vor. Die 6×10^9 Nukleotide in einer menschlichen Zelle können also in näherungsweise 6 Millionen Fragmente zerschnitten werden.

(4) 14 Nukleotide

(5) (a) ein Basenaustausch G>A im Exon 2 des *PAX3*-Gens, der im Genprodukt zu einem Austausch von Valin 60 gegen Methionin führt
c, d

(b) eine heterozygote 3-Bp-Deletion in Exon 6 des *BRCA1*-Gens
c, d (b, wenn Sie eine sehr kleine Sequenz amplifiziert haben)

(c) ein Basenaustausch A>T, durch den im Exon 7 des *MITF*-Gens aus dem Codon für Arginin 214 (AGA) ein Stoppcodon (TGA) wird
c, d

(d) ein Basenaustausch GT>GA an der Donor-Spleißstelle am Ende des Exons 4 vom *PAH*-Gen, das das Leberenzym Phenylalanin-Hydroxylase kodiert
c, d, e

(e) ein Basenaustausch C>A in einem Intron in der Nähe einer Spleißstelle eines ubiquitär exprimierten Aktin-Gens; es soll geklärt werden, ob sich dadurch der Spleißvorgang im Primärtranskript verändert
e

(f) Deletion mehrerer überlappender Gene auf einem Exemplar von Chromosom 17 bei einem Kind mit Verdacht auf Smith–Magenis-Syndrom
f, g, h, j

(g) eine Verdopplung eines oder mehrerer Exons im Dystrophin-Gen bei einem Jungen mit einer Muskeldystrophie Typ Duchenne
f, g, eventuell j

(h) Deletion von einem oder mehreren Exons im *HYP*-Gen bei einem Jungen mit Hypophosphatämie (einer X-chromosomal dominanten Erbkrankheit)
a, g, eventuell j

(i) Insertion von drei Nukleotiden im Promoter eines Gens; geklärt werden soll, ob die Expression des Gens dadurch beeinträchtigt wird
e

(j) zusätzliches oder fehlendes Material bei einem Exemplar des Chromosoms 7 eines Patienten; dem Zytogenetiker zufolge zeigte ein Exemplar von Chromosom 7 ein anomales Bandenmuster, er konnte aber nicht genau ermitteln, wie es zu dieser Veränderung gekommen war
i, j

Kapitel 5

(1) • eine Punktmutation in einem der 26 Exons des *F8*-Gens
PCR→ Sequenz des Produkts, Sequenzierung nach Sanger, keine Pyrosequenzierung

• Verdopplung der Exons 50–54 des Dystrophin-Gens bei einem Jungen mit Muskeldystrophie Typ Duchenne
MLPA (*multiplex ligation-dependent probe amplification*)

• Vervielfältigung des $(CAG)_n$-Repeats im *SCA3*-Gen einer Frau, von der man annimmt, dass sie eine Spinocerebelläre Ataxie Typ 3 (Machado–Joseph-Krankheit) hat
PCR → Größe des Produkts; Sanger-Sequenzierung

• Identifizierung eines kleinen zusätzlichen „Markerchromosoms" bei einem Baby mit Fehlbildungen
Array-CGH, einen speziellen Verdacht sollte man mittels FISH überprüfen

• Insertion von 4 Nukleotiden im 7. Exon des Dystrophin-Gens bei der Schwester eines Jungen mit dieser Mutation
PCR → Sequenz des Produkts, allelspezifische Sequenzierung, Hybridisierung an allelspezifische Oligonukleotide (ASO)

• Deletion von einem der 20 Exons des Dystrophin-Gens bei einem Jungen mit Muskeldystrophie Typ Duchenne
MPLA (*multiplex ligation-dependent probe amplification*); PCR, Überprüfung auf Vorhandensein/Nichtvorhandensein des Produkts (mittels *multiplex*-Reaktion)

• Mutation A>G im Exon 4 des *OCRL*-Gens
PCR → Sequenz des Produkts

• Deletion von einem der 20 Exons des Dystrophin-Gens bei der Mutter eines Jungen, der an Muskeldystrophie Typ Duchenne gestorben ist
MLPA (*multiplex ligation-dependent probe amplification*)

• eine 1,5 Mb große Deletion an der Position 7q11.23 bei einem Kind, bei dem ein Verdacht auf Williams-Beuren-Syndrom besteht
FISH; Array-CGH würde auch funktionieren, ist jedoch unnötig, wenn man weiß, wonach man sucht

• fehlende Expression eines offenbar intakten Gens in Lymphozyten, das normalerweise in diesen Zellen exprimiert wird
Reverse-Transkriptase-PCR (RT-PCR); Northern blotting würde auch gehen, ist aber schwieriger

- Deletion der Exons 5–6 eines Gens auf Chromosom 15 bei einem geistig behinderten Jungen

  MLPA (*multiplex ligation-dependent probe amplification*); Reverse-Transkriptase-PCR (RT-PCR), so die mRNA leicht zu bekommen ist

- eine Punktmutation irgendwo (Exons oder Introns) im β-Globin-Gen

  PCR → Sequenz des Produkts (Sequenzierung nach Sanger)

In den meisten Fällen kann man auch andere Methoden anwenden, die hier vorgeschlagenen sind wahrscheinlich die raschesten und einfachsten.

(2) • Test auf Heteroduplices durch Untersuchung der Wanderungsgeschwindigkeit im Gel

  ds

- Dot-Blot mit einem allelspezifischen Oligonukleotid

  ss

- konformationssensitive Gelelektrophorese (CSGE)

  ss

- Test darauf, ob eine Restriktionsschnittstelle entsteht oder zerstört wird

  ds

- allelspezifische PCR

  ds (man kann darüber diskutieren)

- denaturierende Hochleistungsflüssigkeitschromatographie

  ds

- Sequenzierung mithilfe eines Mikroarray

  ss

- FISH

  ss

$$\downarrow$$

(3) normal: CAAAACCTCAAGTCAACGA<u>GTT</u>CGGTAACGTAC
mutiert: CAAAACCTCAAGTCAAC<u>GAATT</u>CGGTAACGTAC

Kapitel 6

(1) a, c, d. Nicht aber b, e oder f, weil diese die Genexpression im Allgemeinen beeinflussen, nicht nur die *CFTR*-Funktion. Bei g liegt die Sache nicht ganz so einfach: Mukoviszidose kommt durch eine Loss-of-function-Mutation zustande, und g beschreibt eine Gain-of-function-Mutation. Es kann sein, dass es dadurch zu gar keinem pathogenen Effekt kommt, oder zu einem, der anders aussieht als Mukoviszidose, aber es gibt auch Beispiele dafür, dass ein Funktionsverlust und ein Funktionsgewinn dieselbe klinische Symptomatik nach sich ziehen können.

(2) 1. c.25C>G   oder p.P9A
  2. c.52G>T   oder p.Q18X
  3. c.85+1G>T
  4. c.96C>A   oder p.P32P
  5. c.135delT   oder p.F45fs
  6. c.135T>G   oder p.F45L
  7. c.253A>G   oder p.K85E
  8. c.288_290delACG   oder p.R97del

(3) zu

p.N47H	c.134	TTATC<u>C</u>ACGGCAGGCCGCTGCCCA
c.247_248ins(C)	c.243	CTGCG<u>C</u>TCTCCAAGATCCTGTGCA
c.185_202del	c.180	GGAGA<u>GG</u>CCCTGCGTCATCTCGCG
p.E61X	c.175	ATCGTG<u>T</u>AGATGGCCCACCACGGC

c.85+6G>T	c.82	GAAGgtaagggagggcctcagcgc
c.86–2A>G	c.86-10	cttcccacggTGTCCACTCCCTC
p.V29M	c.79	CTGGAAAgtaagggagggcctcagcgc

(4)
1. c.85+1G>A   Mutation einer Spleißstelle, f
2. c.86T>A   Misssense-Mutation, V29E, b
3. c.86-18T>G   Mutation innerhalb eines Introns, könnte den Spleißvorgang stören, i
4. c.101insGCC   Insertion ohne Leserasterverschiebung, e
5. c.118C>T   Nonsense-Mutation Q40X, c
6. c.172.173delAA   Frameshift-Deletion, d
7. c.216C>G   Misssense-Mutation, p.172M-kein Initiator, b
8. vc.270C>G   Nonsense-Mutation, Y90X, c

(5)
- Verlust eines ganzen Gens
  CRM⁻
- Verdopplungen eines ganzen Gens
  CRM⁺
- Unterbrechung eines Gens durch Umverteilung von Chromosomenmaterial
  CRM⁻
- Deletion oder Verdopplungen eines oder mehrerer Exons eines Gens
  CRM⁻, wenn sich daraus eine Leserasterverschiebung ergibt. Andernfalls schwer vorherzusagen. Ist das Protein fehlerhaft gefaltet, wird es vermutlich zurückgehalten und im endoplasmatischen Retikulum degradiert, so dass die Mutation schlussendlich zu CRM⁻ wird. Faltet es sich normal, wird es womöglich korrekt produziert und exportiert, in diesem Fall ist die Frage, ob der Antikörper es noch erkennt.
- Mutationen im Promotor oder einer anderen cis wirkenden regulatorischen Sequenz
  CRM⁺, wenn die Veränderung die Expression nur teilweise verhindert, CRM⁻, wenn gar keine Expression mehr stattfindet.
- Mutationen, die aufgrund einer Veränderung in einer vorhandenen Spleißstelle den Spleißvorgang beeinträchtigen
  Höchstwahrscheinlich CRM⁻, weil sich dadurch vermutlich eine Leserasterverschiebung ergibt. Dieselbe Begründung wie bei der Deletion oder Duplikation eines oder mehrerer Exons.
- Mutationen, die durch Aktivierung einer verborgenen Spleißstelle den Spleißvorgang beeinflussen
  Begründung wie im vorhergehenden Fall
- Mutationen, die das Leseraster verändern (Frameshift-Mutationen)
  CRM⁻
- Mutationen, durch die ein vorzeitiges Stoppcodon entsteht (Nonsense-Mutationen)
  CRM⁻ (durch Nonsense-vermittelten Abbau)
- Mutationen, durch die eine Aminosäure des Proteins durch eine andere ersetzt wird (Missense-Mutationen)
  CRM⁺, so die Veränderung nicht zur Fehlfaltung des Proteins oder zum Verschwinden des Epitops führt.
- Mutationen, durch die ein Codon für eine Aminosäure zu einem anderen Codon für dieselbe Aminosäure wird (synonyme Substitutionen)
  CRM⁺, so die Veränderung nicht zu einem gestörten Spleißprozess führt.

(6) Es sind nicht die Gene, die dominant oder rezessiv sind, sondern die Phänotypen. Mukoviszidose ist darauf zurückzuführen, dass keine funktionstüchtige Kopie von *CFTR* vorhanden ist, nicht darauf, dass zwei defekte Kopien vorliegen (man denke an jemanden, der heterozygot oder homozygot für die Deletion des Gens ist).

Kapitel 7

(1) und (2) Siehe untenstehende Stammbäume. Übrigens: Wer in den beiden Stammbäumen ganz oben steht, kann klinisch auffällig sein, muss es aber nicht, das hängt davon ab, von welchem Elternteil er die Mutation ererbt hat (es kann sich auch um eine *de-novo*-Mutation mit Keimbahnmosaik handeln, was allerdings in Anbetracht der großen Zahl an betroffenen Nachkommen eher unwahrscheinlich ist).

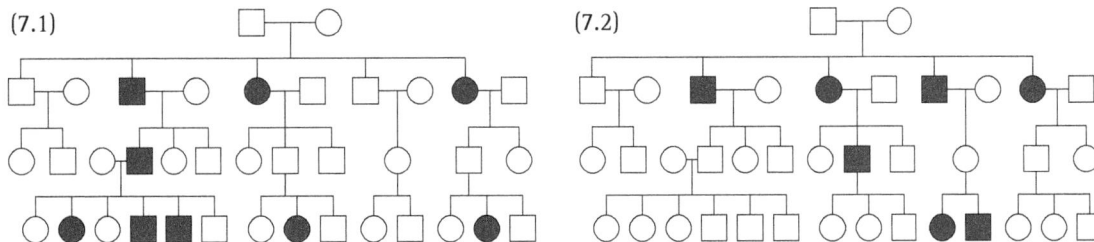

(3) Das PCR-Produkt wird nicht methyliert sein, unabhängig davon, ob die Originalvorlage methyliert war oder nicht. Verbliebenes *Hpa*II könnte das Produkt daher unabhängig vom ursprünglichen Methylierungsstatus verdauen. Diese Frage soll noch einmal klarmachen, dass Methylierungsmuster in der PCR nicht reproduziert werden.

(4) (a) A*3, B*1-3, C*1-3 (väterliches Allel A*1 deletiert, keine Rekombination)
   A*4, B*1-4, C*1-4
   A*3, B*2-3, C*2-3 (väterliches Allel A*2 deletiert, keine Rekombination)
   A*4, B*2-4, C*2-4
   (b) A*1, B*1-3, C*1-3 (mütterliches Allel A*3 deletiert, keine Rekombination)
   A*2, B*2-3, C*2-3
   A*1, B*1-4, C*1-4 (mütterliches Allel A*4 deletiert, keine Rekombination)
   A*2, B*2-4, C*2-4
   (c) A*3-3, B*3-3, C*3-3 (falls keine Rekombination vorliegt)
   A*4-4, B*4-4, C*4-4
   (d) A*1-1, B*1-1, C*1-1
   A*2-2, B*2-2, C*2-2
   (e) Jede normale Kombination von Genotypen
   (f) Jede normale Kombination von Genotypen

(5) (a) A*3, B*1-3, C*1-4 (väterliches Allel A*1 deletiert)
   A*4, B*1-4, C*1-3
   A*3, B*2-3, C*2-4 (väterliches Allel A*2 deletiert)
   A*4, B*2-4, C*2-3
   (b) A*1, B*2-3, C*2-3 (mütterliches Allel A*3 deletiert)
   A*2, B*1-3, C*1-3
   A*1, B*2-4, C*2-4 (mütterliches Allel A*4 deletiert)
   A*2, B*1-4, C*1-4
   (c) A*3-3, B*3-3, C*4-4
   A*4-4, B*4-4, C*3-3
   (d) A*1-1, B*2-2, C*2-2
   A*2-2, B*1-1, C*1-1
   (e) Jede normale Kombination von Genotypen, die entsprechende Rekombinationen erlaubt
   (f) Jede normale Kombination von Genotypen, die entsprechende Rekombinationen erlaubt

(6)
```
         m            m   m     m
5' CACTGCGGCAAACAAGCACGCCTGCGCGGCCGCAGAGGCAG 3'
```

Primer mit Spezifität für die unmethylierte Sequenz:
```
5' CACTGCGGCAAACAAGCACGCCTGCGCGGCCGCAGAGGCAG 3'
      5'              ACGCCTGCGC              3'
```

Methylierte Sequenz nach Bisulfitbehandlung:
```
5' CACTGUGGCAAACAAGCAUGCCTGUGUGGCUGCAGAGGCAG 3'
```

Primer, spezifisch für die methylierte Sequenz:
```
      5'              ATGCCTGTGT              3'
```

PCR-Produkt von bisulfitbehandelter methylierter Matrix
```
5' ATGCCTGTGTGGCTGCAGAGGCAG 3'
```

PCR-Produkt von bisulfitbehandelter unmethlyierter Matrix
```
5' ACGCCTGCGCGGCCGCAGAGGCAG 3'
```

(Um maximale Spezifität zu erreichen, wurden dem Primer ein fehlgepaartes 3'-Ende und eine maximale Zahl an anderen Fehlpaarungen gegeben).

(7) Siehe unten stehenden Stammbaum

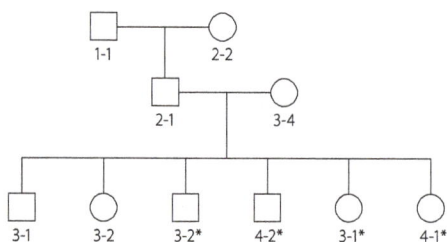

* Diese Personen sind das Ergebnis einer X:Y-Rekombination bei der väterlichen Meiose, aus der ein Y-Chromosom mit dem Markerallel 2 und ein X-Chromosom mit dem Markerallel 1 hervorgegangen ist.

Kapitel 8

(1) (a) Mangel an E und G: E1
    (b) Mangel an G: E3, E4 oder E5
    (c) Mangel an E und Anstieg von G: E2

(2) (a) Irgendein Enzymdefekt innerhalb eines linearen Stoffwechselweges, in dem aufeinander folgende Schritte von verschiedenen Enzymen katalysiert werden.
    (b) Ein Fehler in einem Prozess, der für das ordnungsgemäße Funktionieren einer ganzen Reihe von Enyzmen verantwortlich ist. Beispiele dafür sind die Mukolipidose II und die Multiple Sulfatasedefizienz in *Abschnitt 8.4*. Eine andere Möglichkeit wäre die Unfähigkeit, ein Coenzym zu produzieren, das von einer Reihe von verschiedenen Enzymen benötigt wird.

(3) *PBGD*-Mutationen führen zum Funktionsverlust (s. *Krankheitsinfo 8* oder OMIM 176000), das heißt, dass sämtliche klinischen Auffälligkeiten bei Heterozygoten auf Haploinsuffizienz zurückzuführen sind. Unter normalen Umständen reicht die halbe Menge Enzym aus, zu einer akuten Attacke kommt es nur, wenn etwas das System überbeansprucht. Vielen Menschen, die ein nicht funktionsfähiges Allel in sich tragen, widerfährt nie etwas, das ihr System an den Rand des Zusammenbruchs bringt. Hinzukommt, dass die normale Variationsbreite bei der Genaktivität anderer Enzyme jemandem eine von Natur aus höhere oder geringere Anfälligkeit verleihen kann. Aus diesem Grund variieren die Krankheitsepisoden, die durch die Haploinsuffizienz bedingt sind, selbst innerhalb einer Familie merklich. Jüngste Daten zeigen auch bei gesunden Personen für viele Gene beträchtliche Expressionsunterschiede.

(4) Darüber lässt sich trefflich diskutieren, und Studenten sollten etwas dazu sagen können. Man könnte PKU anführen – wenn jeder PKU hätte, würden wir einfach glauben, Phenylalanin sei giftig. Man könnte anmerken, dass herkömmliche Genetik nur mit Unterschieden operieren kann, wohingegen die Molekulargenetik Techniken eingeführt hat, die es möglich machen, universelle genetische Mechanismen zu untersuchen.

(5) Arthur   A23, B7, DR3/A3, B27, DR4
Bridget   A23, B15, DR3/A2, B27, DR4
Der einfachste Ansatz würde mit Eliza beginnen. Da sie für die Loci B und DR heterozygot ist, kann man ihre Haplotypen einfach niederschreiben. Mit diesen lassen sich die elterlichen Haplotypen ermitteln und mit deren Hilfe lässt sich prüfen, ob diese bei Charles und Daniel passen.

(6) Damit Genkonversion überhaupt wahrscheinlich ist, muss irgendwo an anderer Stelle im Genom eine etwas andere, aber sehr stark verwandte Sequenz vorhanden sein. Wenn derselbe Sequenzaustausch häufiger vorkäme und das fragliche Sequenzstück sich dem verwandten Gen annäherte, wird man aufmerken. Aus zwei Gründen sollten Marker in der näheren Umgebung untersucht werden: erstens um zu sehen, ob das Chromosom mit der Mutation Resultat einer konventionellen Rekombination zwischen fehlgepaarten Sequenzen ist (so elterliche DNA zur Verfügung steht und die verwandte Sequenz sich auf demselben Chromosom und in räumlicher Nähe befindet). Fehlende Rekombinationspunkte sprächen für eine Genkonversion. Zweitens, um zu sehen, ob eine immer wiederkehrende Mutation sich in verschiedenen Haplotypen findet – das wäre ein starker Hinweis darauf, dass es sich um unabhängige Ereignisse handelt, und ließe daher auf einen eigenen Mechanismus schließen, der nicht darauf beruht, dass sich alle Fälle von einem gemeinsamen Vorfahren herleiten.

(7) Das obere Gel zeigt das normale (T)-Allel der 999T>A-Mutation in jeder der drei Proben. Das untere Gel zeigt in Spur 6 nur die normale (nicht deletierte) CYP21-Sequenz. Die Probe in Spur 8 ist im oberen Gelteil heterozygot für die Deletion, im unteren CYP21-spezifischen Teil des Gels aber zeigt sich nur die nicht deletierte Sequenz. Die hier untersuchte Person besitzt demnach mindestens eine normale, nicht deletierte CYP21-Sequenz, und mindestens eine Kopie des nicht funktionsfähigen chimären Gens. Die Probe in Spur 9 scheint im oberen und unteren Teil homozygot für die Deletion, die betreffende Person verfügt demnach über keine normale CYP21-Sequenz. Vielleicht ist sie homozygot für die 8 Basenpaare große Deletion, oder sie ist hemizygot und besitzt nur eine einzige mutierte Kopie von CYP21.
Wer diese Frage schwierig findet, dem sei versichert, dass dies eine der vertracktesten DNA-Analysen ist, die routinemäßig in Diagnose-Labors durchgeführt werden.

Kapitel 9

(1) (a) Man beachte, dass Menschen nicht automatisch als rekombinant oder nicht rekombinant eingestuft werden, weil sie dieselbe Genotyp-Phänotyp-Kombination wie einer ihrer Elternteile haben, vielmehr verfolgt man die Kombination bestimmter Marker- und Krankheitsgene durch den Stammbaum hindurch. Man kann sich das anschaulich machen, indem man der Person II-1 den Marker-Genotyp 2-1 zuordnet. Bei den nicht rekombinanten Nachkommentypen wären 1-1 – Nichtbetroffene – und 2-2 – Betroffene – möglich. Nachkommen mit dem Genotyp 2-1 und Symptomen könnten rekombinant sein oder auch nicht. Es ist vielleicht der Mühe wert, ein paar Extrastammbäume zu erfinden, um Studenten diese Art von Ana-

lyse üben zu lassen – unserer Erfahrung nach brauchen einige eine ganze Menge Unterstützung, bis sie es hinkriegen, und es ist schließlich eine sehr grundlegende Fertigkeit für einen Genetiker.

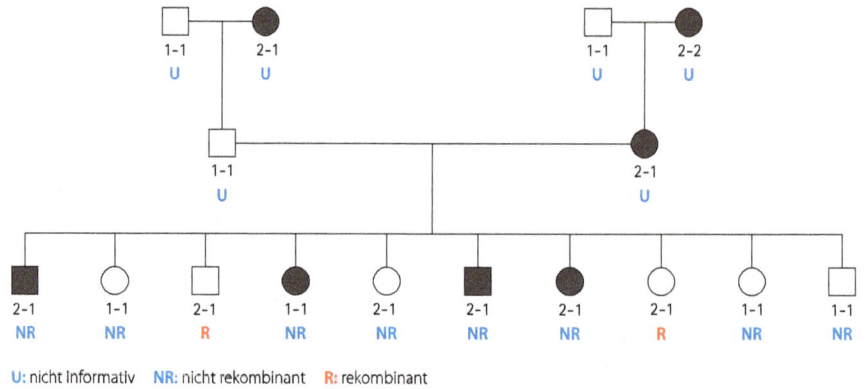

U: nicht informativ   NR: nicht rekombinant   R: rekombinant

(b) 0,2

(c) Beobachtet 2:8; erwartet aufgrund der Nullhypothese 5:5. $X^2 = 3,6$ mit 1 Freiheitsgrad (oder 2,5 mit der Yates-Korrektur für kleine Zahlen). Also nicht direkt signifikant.

(d) $L1 = \left(\frac{1}{2}\right)^{10}$ – mangels Kopplung hat jede Meiose die gleiche Chance von 0,5, rekombinant oder nicht rekombinant auszufallen.

(e) $L2 = (1-\theta)^8(\theta)^2$

(f)

θ	0	0,05	0,1	0,15	0,2	0,25	0,3	0,35	0,4	0,45	0,5
L1	$\left(\frac{1}{2}\right)^{10}$	$\left(\frac{1}{2}\right)^{10}$	$\left(\frac{1}{2}\right)^{10}$	$\left(\frac{1}{2}\right)^{10}$	$\left(\frac{1}{2}\right)^{10}$	$\left(\frac{1}{2}\right)^{10}$	$\left(\frac{1}{2}\right)^{10}$	$\left(\frac{1}{2}\right)^{10}$	$\left(\frac{1}{2}\right)^{10}$	$\left(\frac{1}{2}\right)^{10}$	$\left(\frac{1}{2}\right)^{10}$
L2	0	$1,6 \times 10^{-3}$	$4,3 \times 10^{-3}$	$6,1 \times 10^{-3}$	$6,7 \times 10^{-3}$	$6,3 \times 10^{-3}$	$5,2 \times 10^{-3}$	$3,9 \times 10^{-3}$	$2,7 \times 10^{-3}$	$1,7 \times 10^{-3}$	$\left(\frac{1}{2}\right)^{10}$
L2/L1	0	1,70	4,41	6,28	6,87	6,41	5,31	4,00	2,75	1,74	1
Log (L2/L1)	–inf	0,23	0,64	0,80	0,83	0,81	0,73	0,60	0,44	0,24	0

(g) Der maximale LOD-Score ist 0,83, wobei $\theta = 0,2$ ist. Das ist weit entfernt von der Signifikanzschwelle von z = 3,0. Man vergleiche, wie viel stringenter im Vergleich zum X^2-Test der LOD-Score als Kopplungstest ist. Das liegt daran, dass der LOD-Score die geringe a-priori-Wahrscheinlichkeit der Kopplung berücksichtigt.

(2)

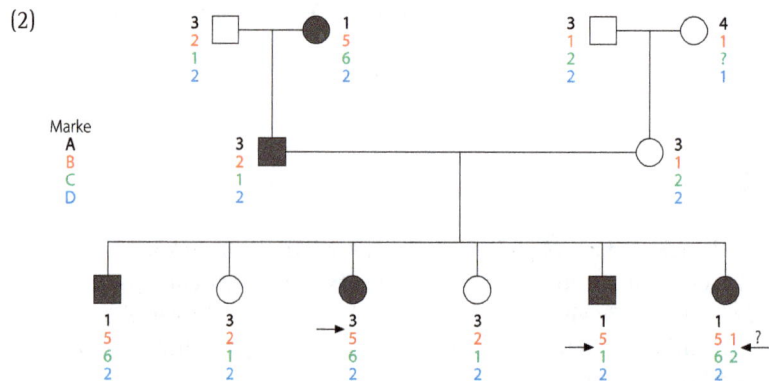

Marker als Haplotypen dargestellt, Crossover-Positionen durch Pfeile markiert

Die erste Aufgabe besteht darin, die Genotypen aus dem Stammbaum in Haplotypen umzuwandeln (es sollte klar sein, dass die Genotypen eines Probanden für jeden Marker aufgelistet werden, wie sie im Labor ermittelt wurden, Haplotypen hingegen durch Stammbaumanalysen hergeleitet werden müssen). Die Haplotypen sind oben abgebildet.

Zwischen I-4 und ihrer Tochter II-2 besteht Unklarheit in Bezug auf Marker C. Es kann sich um einen Laborirrtum handeln, vielleicht ist I-4 aber auch nicht die Mutter von II-2. Fälschlich angenommene Mutterschaft ist jedoch deutlich seltener als fälschlich angenommene Vaterschaft. Beide aus II-2 hergeleiteten Haplotypen sind bei den Nachkommen von II-2 zu finden, so dass anzunehmen ist, dass ihr Genotyp korrekt ist. Man sollte das Labor bitten, I-4 und II-2 erneut zu typisieren. Wir nehmen an, dass dies einen Irrtum bei der Typisierung von I-4 offenlegen wird, genau genommen können wir die beiden Haplotypen von II-2 aber auch aus den restlichen Genotypen der Familie herleiten, ohne den von I-4 kennen zu müssen, in diesem Fall ist er daher nicht so wichtig. Der mutmaßliche Genotyp ist in der Zeichnung mit einem Fragezeichen versehen. Als nächstes betrachten wir die Rekombinanten in der dritten Generation, sie sind in der Zeichnung mit Pfeilen gekennzeichnet.

- III-3 weist auf dem mit der Krankheit assoziierten Chromosom eine Rekombination zwischen den Markern A und B auf. Da sie erkrankt ist, muss der Krankheitslocus unterhalb von A liegen.

- III-5 weist eine Rekombination zwischen den Markern B und C auf dem mit der Krankheit assoziierten Chromosom auf. Da auch er erkrankt ist, muss der Genort der Krankheit oberhalb von Marker C liegen.

- III-6 weist eine Rekombination zwischen den Markern A und D auf, aber da diese die Krankheitsausprägung nicht betrifft ergibt sich hieraus keine Information über den Genort der Krankheit.

Alles in allem lokalisiert diese Studie den Genort für das Krankheitsgen in dem Intervall zwischen den Markern A und C.

(3) Diese ziemlich konstruierte Geschichte hat womöglich eine sehr einfache Lösung, da moderne Methoden der Genamplifizierung unter Umständen auch aus einer sehr kleinen Probe genügend DNA für eine Sequenzierung hervorbringen können. Wenn wir jedoch bei der Geschichte bleiben wollen, so muss es John gewesen sein, der das Markerallel 2 an Ben vererbt hat, denn keiner seiner beiden Eltern hatte das Markerallel 1. Sein zweites Allel muss 3 oder 4 gewesen sein, und das muss auf einem normalen (nicht mit Mukoviszidose assoziierten) Gen gelegen haben. Janets Chromosom mit der Anlage für Mukoviszidose muss daher Markerallel 1, das andere Markerallel 2 aufweisen. Die möglichen Ergebnisse der Pränataluntersuchung lauten daher:

Fetus: 3-1 oder 4-1: nicht erkrankter Anlageüberträger

3-2 oder 4-2: homozygot gesund

2-1: erkrankt

2-2: nicht erkrankter Anlageüberträger

Die Möglichkeit der Rekombination oder einer irrtümlich angenommenen Vaterschaft werden hierbei nicht berücksichtigt.

(4) (a) eine neurodegenerative Krankheit, die sich erst im Erwachsenenalter manifestiert:

ein ubiquitär exprimiertes Protein unbekannter Funktion, das eine unterschiedlich lange Reihe von Glutaminresten enthält

(b) eine rachitisähnliche Skelettdeformation:

ein Phosphat-Transporter

(c) Fehlen der Hypophyse:

Ein Transkriptionsfaktor, der nur in ganz bestimmten Regionen des Embryos in einem frühen Entwicklungsstadium exprimiert wird (ausgehend von der Annahme, dass das Expressionsmuster sonst in Ordnung ist, andernfalls ein ubiquitär exprimierter Transkriptionsfaktor, denn oft reagiert ein bestimmtes Gewebe oder Organ auf die Fehlfunktion eines ubiquitär exprimierten Gens besonders empfindlich).

(d) ein Frühvergreisungssyndrom:
   ein Bestandteil des DNA-Reparatur-Apparats

(e) eine Kombination aus Diabetes und Gehörlosigkeit:
   ein im Kern kodierter Bestandteil der mitochondrialen Elektronentransportkette (das Zusammentreffen aus Gehörlosigkeit und Diabetes ist charakteristisch für mitochondriale Defekte)

Beachten Sie, dass das nur Mutmaßungen sind und es nicht überraschen würde, wenn das krankheitsverursachende Gen in Wirklichkeit eine ganz andere Funktion ausübt. Zum gegenwärtigen Zeitpunkt ist es sehr schwer, die biochemische Funktion eines Gens ausgehend vom Phänotyp der Personen, die in dem Gen Mutationen tragen, vorherzusagen.

Kapitel 10

(1) Genfrequenzen lassen sich durch einfaches Zählen ermitteln. 20 Personen tragen je zwei C-Allele, 87 Personen je eines, macht zusammen 127 Allele. Daneben gibt es $(2 \times 93) + 87 = 273$ T-Allele. Die Häufigkeiten betragen demnach für C $127/400 = 0{,}3175$, für T $273/400 = 0{,}6825$.
Nach Hardy-Weinberg würde man für die einzelnen Genotypen folgende Werte erwarten:
CC: $200 \times 0{,}3175^2 = 20{,}16$
CT: $200 \times 2 \times 0{,}3175 \times 0{,}6825 = 86{,}68$
TT: $200 \times 0{,}6825^2 = 93{,}16$
Diese Zahlen liegen so nahe an den beobachteten, dass es sich kaum lohnt, einen Chiquadrattest zu machen, um sie zu überprüfen (man beachte, dass es nur einen Freiheitsgrad gibt).

(2) (a) Wenn alle Fälle auf Mutationen im selben Locus zurückzuführen sind, gilt $q^2 = 1/100000$, das heißt, $q = 3{,}16 \times 10^{-3}$ und $2pq = 6 \times 10^{-3}$.

   (b) Wenn zehn Loci zu gleichen Teilen beitragen, gilt für jeden einzelnen Locus $q^2 = 1/1000000$, das heißt, $q = 0{,}001$ und $2pq = 0{,}002$. Für alle zehn Formen zusammen ergibt sich ein Anlageträgeranteil von 0,02 oder 2 Prozent der Population.

(3) Nennen wir die Allele T (dominant, abgeleitet von *taste – Geschmack*) und t. Homozygote tt treten mit einer Häufigkeit von 0,36 auf, die Allelfrequenz von t beträgt also 0,6, die von T 0,4. Wer die Antwort mittels der quadratischen Gleichung $p^2 + 2pq = 0{,}64$ herleitet, indem er für $q(1-p)$ einsetzt, ist rasch am Ziel.

(4) Diese Frage lässt sich mit Hilfe der Hardy-Weinberg-Gleichung lösen:
A – das normale funktionsfähige Allel, hat die Häufigkeit p
A* – das Allel mit eingeschränkter Funktion die Häufigkeit $q = 0{,}11$
und
a – das nicht funktionsfähige Allel die Frequenz r.

Die Genotypen sind verteilt wie folgt:

AA	AA*	Aa	A*a	A*A*	aa
p^2	$2pq$	$2pr$	$2qr$	q^2	r^2

Erkrankte Personen sind A*a, das heißt, $2qr = 1/30000$. Wir wissen, dass $q = 0{,}11$, damit ist $r = 1{,}5 \times 10^4$.

Bei einer erkrankten Person (A*a) besteht das Risiko, dass ihr Kind ebenfalls betroffen ist, wenn sie ihr a-Allel weitergibt (die Wahrscheinlichkeit dafür beträgt 0,5) und ihr nicht erkrankter Partner das Allel A* weitergibt (die Wahrscheinlichkeit dafür beträgt 0,11). Das Risiko liegt also bei 0,055, wobei das Risiko vernachlässigt wird, dass der Partner Aa sein könnte, aber in Anbetracht der geringen Allelfrequenz ist dies ein sehr geringes zusätzliches Risiko.

(5) Die Antwort lautet 1/3. Die Begründung findet sich ausführlich in den Anworten zu den Fragen 14.1 und 14.2.

(6) Das Risiko, dass das Mädchen Anlageträger sein könnte, beträgt 2/3, nicht $\frac{1}{2}$ (siehe *Exkurs 10.2*.) *Exkurs 14.1* bietet ein alternatives – Bayes'sches – Verfahren, zu dieser Zahl zu kommen. Das Risiko für ihren Ehemann beträgt 2pq. Das Risiko, ein erkranktes Kind zu bekommen, beträgt $\frac{1}{4}$, wenn beide Eltern Anlageträger sind, das ergibt $\frac{1}{4} \times 2/3 \times 2pq$. In Dänemark beträgt q ungefähr 1/45. Das Gesamtrisiko liegt damit bei 1 zu 135.

Genetische Beratung erteilt grundsätzlich keine Ratschläge und der Berater hat die Fakten in nicht normativer Weise darzulegen. Es obliegt dem Paar zu entscheiden, ob es das Risiko eingehen will oder nicht. Der Berater wird dieses Risiko möglicherweise in Bezug setzen zu dem 2-prozentigen Krankheitsrisiko, das bei jeder Schwangerschaft besteht – aber vielleicht sorgt sich dieses spezielle Paar in Anbetracht der Familiengeschichte in besonderer Weise um ein möglicherweise bestehendes Risiko für Mukoviszidose. Ebenso gut kann es jedoch sein, dass es den Bruder der jungen Frau unter hervorragender Behandlung erlebt, wie er ein erfülltes und zufriedenes Leben führt, und dem Risiko eines eigenen an Mukoviszidose erkrankten Kindes relativ gelassen gegenüber steht.

(7) Die Frau ist obligate Anlagenträgerin. Das Risiko, dass ihr Cousin ebenfalls Carrier ist, beträgt aufgrund der Verwandtschaft 1:8. Hinzukommt ein Risiko von näherungsweise 2pq, dass er zufällig Carrier ist (das tatsächliche Risiko zu errechnen ist nicht einfach, aber auch nicht allzu wichtig, wenn man bedenkt, dass 2pq im Vergleich zum Risiko, das sich aus der Verwandtschaft ergibt, eher gering (1/100) ist. Das Risiko, dass das Kind erkrankt ist, beträgt (ihr Carrier-Risiko) × (seinem Carrier-Risiko) × $\frac{1}{4}$ = 1/32.

(8) Beide Eltern von Fred sind obligate Carrier. Auf jeder Seite muss demnach ein Großelter ebenfalls Carrier sein (wenn einmal die Möglichkeit einer Neumutation außer Acht lässt), damit besteht für jeden Großvater eine Wahrscheinlichkeit von 1 zu 2, ebenfalls Anlageträger zu sein. Die Möglichkeit, dass beide Großväter Anlageträger sind, liegt damit bei $\frac{1}{2} \times \frac{1}{2}$ = 1/4.

(9) Es ist so gut wie sicher, dass Nasreen und Aziz für dasselbe rezessive Allel homozygot sind, damit wird jedes ihrer Kinder gehörlos zu Welt kommen. Manchen beiderseits gehörlosen Paaren ist diese Aussicht mehr als willkommen. Mit Hilfe des Pfadkoeffizienten (*Abb. 10.4*) errechnet sich ein Inzuchtkoeffizient von 0,16. Das liegt zwischen dem Wert für eine Ehe zwischen Onkel und Nichte (1/8) und dem für eine inzestuöse Verbindung zwischen Bruder und Schwester (1/4). Bei einem derart hohen Inzuchtkoeffizienten besteht für das Kind mit Sicherheit auch das Risiko, andere rezessive Krankheiten ererbt zu haben, obschon die massive Inzucht in den länger zurückliegenden Generationen dieser Familie bedeuten könnte, dass bei gesunden Personen ein geringeres Risiko besteht, als es die Rohdaten vermuten lassen würden.

Kapitel 11

(1)

	Mutation vorhanden	keine Mutation
+ im Test	81	98
– im Test	19	9802

Der positiv prädiktive Wert liegt bei $81/(81 + 98) = 0,45$.

(2)

	Nebenwirkungen	keine Nebenwirkung
Variante vorhanden	99	9999
Variante nicht vorhanden	1	989901

Der positiv prädiktive Wert liegt bei 9/(99 + 9999) = 0,01

(3)

	Nebenwirkungen	keine Nebenwirkung
Variante vorhanden	99000	9000
Variante nicht vorhanden	1000	891000

Der positiv prädiktive Wert beträgt 99000/(99000 + 9000) = 0,916. Aus den Fragen (2) und (3) lernt man, dass es, sobald man einen Screeningtest für eine seltene Krankheit verwendet, von entscheidender Bedeutung ist, dass dieser keine falsch-positiven Ergebnisse liefert. Falsch-negative Ergebnisse sind weniger problematisch. In dieser Hinsicht ist die DNA-Analyse sehr versprechend, denn die meisten Tests liefern eine Ja/Nein-Antwort, und sollten, menschliche Fehler von der in Frage (1) behandelten Sorte einmal ausgenommen, keine falsch-positiven Ergebnisse liefern. Dass und wie sie falsch-negative Ergebnisse liefern, ist im *Abschnitt 11.2* erläutert.

(4) Schätzen Sie die relativen Zahlen, indem Sie die Kästchen unterhalb des jeweiligen Kurvenabschnitts zählen. Beide Kurven haben in dieser Darstellung die gleiche Gesamtfläche, aber vergessen Sie nicht, dass die Kurve für NTD-Schwangerschaften eigentlich nur ein Hundertstel der Fläche unter der Kurve für normale Schwangerschaften haben sollte. Mit der vorgeschlagenen Kästchenzählmethode lauten die näherungsweisen Antworten, wenn man die Zahl an Neuralrohrdefekten durch 100 teilt:

Schnitt	Normalgeburten über dem Limit	NTDs über dem Limit	Empfindlichkeit der NTD-Erkennung	Positiv prädiktiver Wert
Normales Mittel	158/317	3/3	ca. 0,99	0,02
Minimum NTD	219/317	3/3	1,0	0,013
Normales Maximum	0/317	2/3	0,67	1,0

(5) Ohne jedweden Test beträgt das Risiko dafür, dass bei einem Paar beide Personen Anlageträger sind, 1/1600. Daher müssen Mutationsanalysen hinreichend sensitiv sein, um sicherzustellen, dass, sollte der Partner eines nachgewiesenen Carriers im Test negativ abschneiden, die Chance dafür, dass er in Wirklichkeit doch Carrier ist, höchstens 1 zu 1600 beträgt. Dazu ist ein Test vonnöten, dessen Sensitivität 39/40 beträgt – denn es besteht ein Risiko von 1 zu 40, dass jemand tatsächlich Carrier ist, und ebenso ein Risiko von 1 zu 40 dafür, dass so jemand im Test nicht identifiziert wird. Die benötigte Sensitivität beträgt daher 0,975.

(6) (a) Hier können Sie anhand des Textes ihre eigenen Überlegungen und Präferenzen diskutieren, eine „richtige" Antwort gibt es nicht.
    (b) Angenommen, jede Person aus dieser Million ist verheiratet und jedes Paar hat ein Kind. Die roten Zahlen in der Zeichnung stehen für einen Test mit einer Empfindlichkeit von 70 Prozent, die blauen für einen Test mit 90-prozentiger Empfindlichkeit. Aus dem Diagramm geht hervor, dass ein Test mit einer Empfindlichkeit von 70 Prozent zwar 196 Schwangerschaften identifiziert, bei denen der Fetus an Mukoviszidose erkrankt ist, aber dennoch 204 Kinder mit Mukoviszidose geboren werden, weil die Eltern aufgrund der Screening-Ergebnisse nicht wussten, dass sie beide Carrier

sind. Ein Test mit einer Empfindlichkeit von 90 Prozent würde 326 erkrankte Feten dentifizieren, 76 Babys würden trotz Screening geboren, weil die Eltern nicht über ihren Carrierstatus informiert waren.

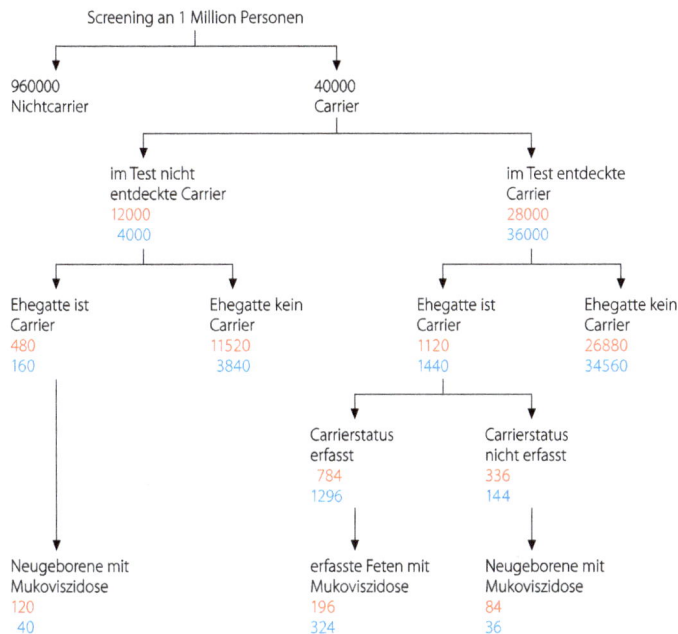

```
                    Screening an 1 Million Personen

       960000                              40000
       Nichtcarrier                        Carrier

              im Test nicht              im Test entdeckte
              entdeckte Carrier          Carrier
              12000                      28000
              4000                       36000

      Ehegatte ist    Ehegatte kein    Ehegatte ist    Ehegatte kein
      Carrier         Carrier          Carrier         Carrier
      480             11520            1120            26880
      160             3840             1440            34560

                                 Carrierstatus    Carrierstatus
                                 erfasst          nicht erfasst
                                 784              336
                                 1296             144

      Neugeborene mit        erfasste Feten mit    Neugeborene mit
      Mukoviszidose          Mukoviszidose         Mukoviszidose
      120                    196                   84
      40                     324                   36
```

Diese Zahlen könnten Grundlage sein für eine Diskussion über die mit großer Wahrscheinlichkeit zu erwartenden Vor- und Nachteile des Screenings. Belastender als wenn überhaupt kein Screening stattgefunden hätte dürfte es wohl für ein Paar sein, ein Kind mit Mukoviszidose zu bekommen, wenn es nach dem Screening davon ausgehen muss, dass dieses Risiko für seine Familie nicht besteht. Natürlich würden Menschen normalerweise vor einem Screening aufgeklärt und müssten diesem aus freien Stücken zustimmen, auch ist es keine unausweichliche Schlussfolgerung, dass alle Schwangerschaften abgebrochen werden müssen, wenn sich herstellen sollte, dass der Fetus erkrankt ist, oder gar, dass es gut wäre, dies zu tun. Die Studenten werden unterschiedliche Ansichten zu diesen Fragen haben, manche gar persönliche Erfahrungen im Umgang mit Mukoviszidose, entweder bei sich selbst oder bei jemandem in ihrer Familie.

Kapitel 12

(1) 1. Kann bei sporadischen Krebserkrankungen Nonsense-Mutationen enthalten.
     trifft zu für Tumorsuppressorgene, nicht aber für Onkogene (c)
     2. Kann Proteine kodieren, die an der Regulation des Zellzyklus mitwirken.
     trifft auf Onkogene und Tumorsuppressorgene zu (a)
     3. Bei familiären und sporadischen Krebserkrankungen häufig mutiert.
     trifft zu für Tumorsuppressorgene, nicht aber für Onkogene (c)
     4. Bei sporadischen Krebserkrankungen häufig vom Heterozygotieverlust betroffen.
     trifft zu für Tumorsuppressorgene, nicht aber für Onkogene (c)
     5. Bei familiären, nicht jedoch bei sporadischen Krebserkrankungen häufig mutiert.
     trifft weder auf Tumorsuppressorgene noch auf Onkogene zu (d)

6. Könnte indirekt die Telomerase inaktivieren.
trifft auf Onkogene und Tumorsuppressorgene gleichermaßen zu (a)

7. Bei sporadischen Krebserkrankungen häufig von Chromosomenumordnungen betroffen.
trifft auf Onkogene zu, nicht aber auf Tumorsuppressorgene (b)

8. Kann bei familiären Krebserkrankungen ererbte Missense-Mutationen enthalten.
trifft zu für Tumorsuppressorgene, nicht aber für Onkogene (c)

9. Bei sporadischen, nicht jedoch bei familiären Krebserkrankungen häufig mutiert.
trifft auf Onkogene zu, nicht aber auf Tumorsuppressorgene (b)

10. Kann bei sporadischen und familiären Krebserkrankungen Genamplifikation aufweisen.
trifft auf Onkogene zu, nicht aber auf Tumorsuppressorgene (b)

(2) (a) Das Ergebnis zeigt, dass das Kind B die sporadische Form der Krankheit hat.
falsch (ein Heterozygotieverlust wird bei beiden Formen nicht unbedingt sichtbar)

(b) Das Ergebnis zeigt, dass das Kind A die familiäre Form der Krankheit hat.
falsch (ein Heterozygotieverlust kann bei beiden Formen zu finden sein).

(c) Das Ergebnis zeigt, dass der Tumor beim Kind B für den Marker homo- oder hemizygot sein kann.
richtig (und dasselbe gilt für Blut, wenn es sich um die ererbte Form handelt).

(d) Wenn Kind A an der erblichen Form der Krankheit leidet, hat es den Ergebnissen zufolge das Chromosom geerbt, das das Allel 2 des Markers trägt.
richtig (der Heterozygotieverlust bei der ererbten Form betrifft grundsätzlich das Wildtyp-Allel).

(3) Diese Frage enthält einen unglücklichen Fehler. Wenn n Zellen vorhanden sind und die Mutationsrate (sowohl für Erst- als auch für Zweitmutationen) μ beträgt, wird das Auftreten von sporadischen Fällen durch $n\mu^2$ beschrieben, die Penetranzrate durch $n\mu$. Mit der angegebenen Mutationsrate von 2×10^{-4} und einer Penetranz von 90 Prozent ergibt sich $n = 4500$ und die Auftretenshäufigkeit liegt bei 1 zu 5500. Die Rechnung ist richtig, aber die Ergebnisse sind unrealistisch.
Eine realistischere Mutationsrate wäre 2×10^{-5}, damit ergäbe sich eine Auftretenshäufigkeit von 1,8 pro 100000, das ist realistisch, n beträgt 45000.

(4) Mit dem Bewertungssystem in *Tab. 12.4* gelangt man durch einfache Addition der Punkte in den Stammbäumen für die Familie A zu einer Wahrscheinlichkeit von 12 Prozent für eine Mutation von *BRCA1*, für Familie B beträgt diese Wahrscheinlichkeit 14 Prozent. Aber in der Familie A stammen alle Punkte von der väterlichen Seite, in Familie B dagegen steuert die väterliche Seite neun und die mütterliche fünf Punkte bei. Wenn eine Mutation von *BRCA1* vorliegt, stammt sie wahrscheinlich vom Vater, die Wahrscheinlichkeit beträgt aber nur neun Prozent. Natürlich handelt es sich bei diesem Beispiel um einen ziemlich konstruierten Fall.

Kapitel 13

(1) Die Ernährungsgewohnheiten in einer Familie können angelernt sein oder genetische Ursachen haben. Zwillinge unterschiedlichen Geschlechts sind immer zweieiig, gleichgeschlechtliche können ein- oder zweieiig sein. Die ersten drei Beobachtungen lassen auf genetische Faktoren schließen. Die sauberste Trennung zwischen genetischen und umweltbedingten Faktoren ermöglichen die

Adoptionsstudien, aber die Barker-Hypothese (s. *Kapitel 7*) hat zur Folge, dass man auch hier keine allzu dogmatischen Schlussfolgerungen ziehen sollte.

(2) (a) Das Risiko, dass Annes oder Bettys nächstes Kind betroffen ist, im Vergleich zum Risiko für die Nachkommen eines betroffenen Mannes
höher

(b) Das Risiko, dass ein Sohn von Anne betroffen ist, im Vergleich zum Risiko für ihre Tochter
höher

(c) Das Risiko, dass ein Sohn von Betty betroffen ist, im Vergleich zum Risiko für ihre Tochter
höher

(d) Das Risiko, dass Annes nächstes Baby betroffen ist, im Vergleich zu dem Risiko für Bettys nächstes Baby.
geringer

(3) Man berechne n so, dass $(1-\theta)n = 0,5$ ist, wobei n die Anzahl an Generationen und θ die Rekombinationsfraktion ist. $n\log(1-\theta) = \log(0,5)$, damit ist $n = \log(0,5)/\log(1-\theta)$

Für $\theta = 0,01$ ergibt sich $n = 69$ Generationen
Für $\theta = 0,05$ ergibt sich $n = 14$ Generationen

Das zeigt, dass Chromosomenfragmente, die von sehr weit zurückliegenden Generationen stammen, sehr klein sein müssen.

(4) Der einzig wirklich schlüssige Beweis wäre eine randomisierte Studie. Alternative Vorschläge wären zum Beispiel das abnehmende Risiko bei Personen, die aufgehört haben zu rauchen, das Vorhandensein bekannter Karzinogene in Tabakrauch, Tierversuche etc.

(5) b, c und d deuten allesamt auf ein Kopplungsungleichgewicht. Bei b ist die Relation schwach, weil die Differenz (beobachtet 0,14, erwartet 0,12) klein und womöglich nicht signifikant ist, je nachdem, wie viele Probanden getestet wurden. In d liegt die beobachtete Häufigkeit (0,01) unter der erwarteten (0,03) Das ist dennoch ein Hinweis für ein Kopplungsungleichgewicht – vermutlich besteht ein kompensierender Überschuss von einem anderen Haplotyp.

(6) Nur b, c und d sind notwendige Voraussetzungen für ein Kopplungsungleichgewicht, selbst allerdings kein Beweis für ein solches. Für a kann es verschiedene Erklärungen geben, unter anderem den Zufall.

(7) Für das Experiment mit dem Bohnensäckchen lautet die Antwort 1 zu 10, denn für jeden einzelnen Versuch besteht eine Chance von 1 zu 10.
Im Beispiel aus der Genetik haben Sie 4000 Fragen gestellt. Nach komplett durchgeführter Bonferroni-Korrektur liegt die Signifikanzschwelle bei P $= 0,05/4000 = 1,25 \times 10^{-5}$. Diese Frage illustriert ein sehr wichtiges Prinzip, aber im Alltag gerät man mit seinen Anwendungen rasch in sehr tiefe statistische Gewässer.

(8) 2 Millionen Fragen wurden gestellt, die Schwelle P liegt also bei $2,5 \times 10^{-8}$ (bei komplett durchgeführter Bonferroni-Korrektur).

(9) (a) alle Kinder müssen 2-1 sein

(b) Für die Eltern 2-1 × 1-1 müssen die Mendelschen Verhältnisse zwischen den Geschwistern abgewandelt werden, weil man ja Paare mit zwei betroffenen Partnern ausgewählt hat. Am einfachsten geschieht dies durch ein Bayes'sches Verfahren, wobei die mendelschen Verhältnisse aus Ausgangswahrscheinlichkeit und die Tatsache, dass beide Geschwister betroffen sind, als besondere Bedingung behandelt werden:

Genotypen der Geschwister	(1-1, 1-1)	(1-1, 2-1)	(2-1, 2,1)
a-priori-Wahrscheinlichkeit	$\frac{1}{4}$	$\frac{1}{2}$	$\frac{1}{4}$
konditionale Wahrscheinlichkeit (beide betroffen)	16 :	8 :	4
verbundene Wahrscheinlichkeit	4 :	4 :	1
a-posteriori-Wahrscheinlichkeit	4/9	4/9	1/9

Genaue Erläuterungen zu der Methode finden sich in *Exkurs 14.1*

Kapitel 14

(1) Es handelt sich hierbei um eine wichtige grundlegende Berechnung zur Abschätzung von genetischen Risiken, daher wollen wir sie ausführlich behandeln. Es gibt zwei Möglichkeiten, zu einer Antwort zu gelangen, diese gilt für jede X-chromosomal vererbte rezessive Krankheit, bei der betroffene Männer keine Chance haben, sich fortzupflanzen.

(a) Wenn die Population aus gleichen Anzahlen von männlichen Organismen mit einem X-Chromosom und weiblichen mit zweien besteht, dann befindet sich ein Drittel aller X-Chromosomen in männlichen Organismen. In diesem Falle findet sich demnach ein Drittel aller DMD-X-Chromosomen bei Männern. Jedes DMD-X-Chromosom von einem Mann wird nicht an die Folgegeneration weitergegeben, das heißt, in jeder Generation geht ein Drittel aller DMD-X-Chromosomen verloren. Bleibt die Krankheitshäufigkeit über viele Generationen konstant, muss dieser Verlust durch Neumutationen ausgeglichen werden. Mit anderen Worten: Ein Drittel aller Fälle sind Neumutationen, damit beträgt das Risiko dafür, dass die Mutter von einem zufällig herausgepickten Einzelfall Anlageträgerin ist, 2/3.

(b) Eine alternative Vorgehensweise beginnt damit, dass man die Wahrscheinlichkeit dafür errechnet, dass eine zufällig herausgegriffene Frau DMD-Anlageträgerin ist. Diese Wahrscheinlichkeit nennen wir P. Angenommen, sie hat eine Tochter. Die Wahrscheinlichkeit dafür, dass die Tochter Anlageträgerin ist, ergibt sich aus drei Überlegungen:

- Sie könnte Anlageträgerin sein, weil ihre Mutter Anlageträgerin ist und sie das mutierte X-Chromosom von ihr geerbt hat. Die Wahrscheinlichkeit dafür beträgt P/2.
- Sie könnte Anlageträgerin sein, obwohl ihre Mutter nicht Anlageträgerin ist, wenn das X-Chromosom, das sie von ihr geerbt hat, eine DMD-Neumutation aufweist. Nennen wir die Mutationswahrscheinlichkeit μ.
- Sie könnte Anlageträgerin sein, weil das X-Chromosom, das sie von ihrem Vater geerbt hat, eine DMD-Neumutation aufweist. Wieder beträgt die Wahrscheinlichkeit dafür μ.

Das Gesamtrisiko für die Tochter ist damit $P/2 + 2\mu$. Aber die Frau, die wir zu Beginn ausgewählt hatten, war völlig zufällig ausgewählt worden, das heißt, für sie und ihre Tochter gilt genau dieselbe Logik. Das Risiko, Anlageträgerin zu sein, ist für Mutter und Tochter gleich (wäre dem nicht so, sollten Sie, wenn Sie das Ganze über hinreichend viele Generationen fortführen, irgendwann ein Risiko von 0 oder von 100 Prozent bekommen, und das wäre absurd). Daher ist $P = P/2 + 2\mu$, das heißt, $P = 4\mu$.

Nun, da wir die a-priori-Wahrscheinlichkeit dafür, dass eine beliebig ausgewählte Frau Anlageträgerin für DMD ist, kennen, können wir uns wieder unserer ursprünglichen Frage zuwenden und mit Hilfe des Bayes'schen Verfahrens das Risiko dafür berechnen, dass eine Frau, die einen an DMD erkrankten Sohn hat, Anlageträgerin ist. Die Alternative lautet: Anlageträgerin od. nicht, die Berechnung läuft wie folgt ab:

Die Frau ist	Anlageträgerin	nicht Anlageträgerin
a-priori-Wahrscheinlichkeit	4μ	$1-4\mu \approx 1$
konditional: der Sohn ist betroffen	$1/2$	μ
verbundene Wahrscheinlichkeit	2μ	μ
a-posteriori-Wahrscheinlichkeit	$2\mu/3\mu = 2/3$	$\mu/3\mu = 1/3$

(2) Das Risiko für die Tochter ist halb so groß wie das für die Mutter – es besteht eine Chance von $1:2$ dafür, dass sie das „Risiko"-X-Chromosom der Mutter erbt und nicht das andere.

(3) • Methode 1: wiederholen Sie die Berechnung aus Frage 1, und fügen Sie dieser für die beiden nicht betroffenen Jungen eine Extrazeile hinzu. Angenommen sie ist Anlageträgerin, so beträgt die Chance dafür, zwei gesunde Jungen zu bekommen, 1:4. Angenommen, sie ist nicht Anlageträgerin, so beträgt die Chance $1-2\mu$, und das ist 1.

• Methode 2: Beginnen Sie mit einem Risiko für die Anlageträgerschaft von 2/3 als *a-priori*-Wahrscheinlichkeit. In diesem Fall ist die Information, dass sie einen erkrankten Jungen hat, bereits eingeflossen, die konditionalen Wahrscheinlichkeiten sind also nur für die nicht erkrankten Jungen anzugeben.

Daraus wird ersichtlich, dass es gleichgültig ist, welche Informationen man als *a-priori*-Wahrscheinlichkeiten und welche man als konditionale Wahrscheinlichkeiten einsetzt, solange man jede Einzelinformation einmal und nur einmal verwendet.

Bei dieser Art von Risikobewertung, bei der jede betroffene Person das Risiko erhöht, verringert sich das Risiko durch jeden nicht Betroffenen. In diesem speziellen Fall verringert sich nach den in den erläuterten Methoden das Carrier-Risiko der Mutter von 2/3 auf 1/3.

(4) Diese Frage ist identisch mit der Frage 10 aus *Kapitel 1* – die Lösung ist dort gegeben. In der Antwort hatten wir die Formel $\frac{1}{2}(1-p)/(2-p)$ hergeleitet. Für $p = 0{,}9$ beträgt das Risiko 16 Prozent.

(5) Auch dies ist in der Antwort auf Frage 10 in *Kapitel 1* genauer erläutert.

(6) Das Risiko beträgt 1/3 (nicht $\frac{1}{4}$, wie so mancher Student annehmen wird). Zur richtigen Antwort gelangt man entweder, indem man der Logik in *Exkurs 10.1* folgt oder mittels des Bayes'schen Verfahrens.

Sie haben das Krankheitsgen	geerbt	nicht geerbt
a-priori-Wahrscheinlichkeit	$\frac{1}{2}$	$\frac{1}{2}$
konditional: Sie sind 45 und gesund	$\frac{1}{2}$	1
verbundene Wahrscheinlichkeit	$\frac{1}{4}$	$\frac{1}{2}$
Endwahrscheinlichkeit (a-posteriori-Wahrscheinlichkeit)	$\frac{1}{3}$	$\frac{2}{3}$

(7) (a) Empirische Risiken werden herangezogen bei der Beratung im Falle von Krankheiten ohne mendelschen Erbgang
stimmt

(b) Empirische Risiken basieren auf mathematischen Vereinfachungen
falsch

(c) Empirische Risiken legen keine von Annahmen über genetische Mechanismen zugrunde
stimmt

(d) Empirische Risiken gelten nur für eine bestimmte Population zu einer bestimmten Zeit
stimmt.

(8) Zu dieser Frage gibt es keine einzig richtigen Antworten.

Glossar

3'-untranslatierte Sequenz – nicht kodierender mRNA-Abschnitt jenseits (*downstream*, strangabwärts) des Stopp-Codons.

5'-untranslatierte Sequenz – nicht kodierender mRNA-Abschnitt vor dem Translationsstartcodon AUG (*upstream*, strangaufwärts).

akrozentrisch – ein Chromosom, dessen Centromer sich in der Nähe eines seiner Chromosomenenden befindet. Beim Menschen sind dies die Chromosomen 13, 14, 15, 21 und 22.

akut transformierendes Retrovirus – kleines RNA-Virus, bei dem ein Teil des Genoms durch ein aktiviertes Onkogen ersetzt worden ist (s. *Abb. 12.4b*).

Allele – unterschiedliche Formen eines Gens. Ein Mensch hat in der Regel für jeden autosomalen Genort zwei Allele, ein durch die Mutter und ein durch den Vater vererbtes Allel.

allelische Heterogenität – der Umstand, dass ein klinisch relevanter Phänotyp durch mehrere (oftmals viele) Mutationen innerhalb eines bestimmten Gens zustande kommen kann; typisch für Mutationen, die zu einem Funktionsverlust führen (Loss-of-function-Mutationen).

Allelfrequenz – Die Allelfrequenz von Allel A_n gibt an, wie häufig das Allel A_n des Gens A im Vergleich zu anderen Varianten am gleichen Locus innerhalb einer bestimmten Population vorhanden ist.

alternatives Spleißen – die Möglichkeit, ein RNA-Primärtranskript eines Gens durch Schneiden an verschiedenen Spleißstellen zu mehreren verschiedenen translatierbaren Vorlagen zu formen.

Amnionflüssigkeit – Fruchtwasser, Milieu, von dem der Embryo in der Fruchtblase umgeben ist.

analytische Validität – beschreibt, zu welchem Grad ein Test das misst, was er zu messen beabsichtigt.

Anaphase – Phase der Zellteilung (Meiose oder Mitose), in der die Chromosomen beziehungsweise die Chromatiden voneinander getrennt und zu den beiden Zellpolen befördert werden.

aneuploid – beschreibt den Zustand einer Zelle, die nicht „euploid" ist, das heißt, über weniger oder mehr Chromosomen verfügt als für sie normal wäre.

annealing – Hybridisierung zweier komplementärer Nukleinsäure-Einzelstränge zu einem Doppelstrang.

Anlageträger – auch: Konduktor, Überträger, englisch: *carrier*; heterozygoter Träger einer rezessiven (autosomal oder X-chromosomal vererbten) Mutation (respektive Krankheitsanlage).

Antizipation – Phänomen, dass eine Krankheit von einer Folgegeneration zur nächsten früher einsetzt und meist auch schwerer verläuft.

Apoptose – programmierter Zelltod, das zelluläre Suizidprogramm.

a-priori-**Wahrscheinlichkeit** – die Ausgangswahrscheinlichkeit für jede einzelne Alternativhypothese bei der Berechnung von bedingten Wahrscheinlichkeiten nach der Formel von Bayes.

ascertainment bias – s. Auswahlverzerrung

ASP-Methode – *affected-sib-pair*-Methode, s. Geschwisterpaaranalyse.

Assoziation – im statistischen Sinne die Tendenz zweier Gegebenheiten, häufiger oder seltener gemeinsam aufzutreten als bloßer Zufall es diktieren würde. Die

Kombination aus beiden tritt mit einer Häufigkeit auf, die mit dem Produkt der Einzelhäufigkeiten nicht übereinstimmt.

Auswahlverzerrung – systematischer Erfassungsfehler, durch den eine Stichprobe gewählt wird, die für die Gesamtpopulation statistisch nicht repräsentativ ist.

Autosomen – alle Chromosomen außer den Geschlechtschromosomen X und Y.

Autozygotie-Kartierung – die bei Verwandtschaftsverhältnissen mit einem hohen Grad an Blutsverwandtschaft verwendete Form der Kartierung von rezessiven Krankheitsbildern anhand evolutionsgeschichtlich alter, hoch konservierter Chromosomenabschnitte, die den Betroffenen gemeinsam sind (s. *Abb. 9.8*).

balancierte Translokation – Translokation ohne Veränderung der Gesamtmenge an Erbgut (gilt sowohl in Bezug auf das Gesamterbgut als auch für einzelne Chromosomen). (Der Begriff wird allerdings auch auf die Robertson-Translokation angewandt, obwohl es bei dieser zum Verlust eines Teils der kurzen Arme akrozentrischer Chromosomen kommt.)

attribuierbares Risiko – englisch: *population attributable risk*, deutsch auch: attributables Risiko oder bevölkerungszurechenbares Risiko, errechnet sich aus dem relativen Krankheitsrisiko und dem Anteil der Bevölkerung, der diesem Risiko ausgesetzt ist. Das attribuierbare Risiko gibt somit den Anteil an Krankheitsfällen an, der tatsächlich auf dieses Risiko zurückzuführen ist (anders ausgedrückt: den expositionsbedingten Anteil an Erkrankten), beziehungsweise umgekehrt den Anteil an Erkrankten, der sich hätte verhindern lassen.

Bibliothek – englisch: *library*, in der Molekulargenetik eine Sammlung von Zufallsfragmenten unterschiedlicher Größe von einem komplexen genetischen Ausgangsmaterial (DNA oder RNA). In den meisten Fällen handelt es sich um genomische Bibliotheken oder um cDNA-Bibliotheken (s. *Abb. 4.5*).

Bisulfit-Sequenzierung – Methode zum Auffinden nicht methylierter Cytosine innerhalb der DNA. Durch die Behandlung mit Natriumbisulfit werden diese zu Uracil umgewandelt und bei der anschließenden Polymerasekettenreaktion als Thymin gelesen (s. *Abb. 7.10*).

Bonferroni-Korrektur – statistisches Korrekturverfahren zur Neutralisierung des α-Fehlers beim multiplen Testen (dem gleichzeitigen Testen mehrerer Hypothesen an einer Stichprobe), bei dem der für jede einzelne Beobachtung gewonnene Wahrscheinlichkeitswert in Bezug gesetzt wird zur Anzahl der getesteten Hypothesen.

cDNA – komplementäre DNA: von dem Enzym reverse Transkriptase synthetisierte DNA-Kopie einer mRNA. Beim Menschen finden sich in einer mRNA Präparation nur 1 bis 3 Prozent der genomischen DNA als cDNA, darunter die meisten (wenn auch nicht alle) klinisch relevanten Sequenzen. Im Unterschied zu Präparationen von genomischer DNA vermitteln cDNA-Präparationen ein gewebespezifisches Bild.

Centromer – die Stelle, an der die Schwesterchromatiden eines replizierten Chromosoms miteinander verbunden sind, gleichzeitig Sitz des Kinetochors – der Anheftungsstelle für die Spindelfasern bei der Zellteilung.

Chimäre – a) Organismus aus genetisch nicht einheitlichen Zellen, hervorgegangen aus mehreren Zygoten, Gegenteil der Zwillingsbildung sozusagen und ein eher seltener Fall; b) Gen, das durch chromosomale Veränderungen entstanden ist, durch die die Exons zweier Gene sich zu einem neuen Gen vereinigt haben, häufig zu beobachten bei Tumoren (s. *Exkurs 12.3*).

Chorionzotten – fetaler Teil der Plazenta, Auswüchse der äußersten fetalen Gewebeschicht.

Chromatid – zum Chromosom verpackte DNA-Doppelhelix. Normalerweise liegen Chromosomen als Einzelchromatiden vor, bei der Zellteilung sieht man die kondensierten Chromosomen jedoch meist als zwei am Centromer zusammenhängende Schwesterchromatiden.

Chromatin – allgemeine Bezeichnung für den Komplex aus Proteinen (Histonen) und DNA, zu dem das Erbgut eukaryonter Lebewesen organisiert ist.

Chromatinstörung – Krankheit, die durch eine gestörte Regulation der Chromatinstruktur bedingt ist (s. *Krankheitsinfo 2.3*).

Chromosomeninstabilität – gehäuftes Auftreten von strukturellen und/oder quantitativen Chromosomenanomalien in abnorm veränderten Zellen, Beispiel: Tumorzellen.

***common-disease–common-variant*-Hypothese** – Hypothese, der zufolge die genetischen Risikofaktoren für die meisten gängigen komplexen Krankheitsbilder evolutionsgeschichtlich hoch konservierte, mithin alte Genvarianten von großer Verbreitung in der Bevölkerung sind. Diese Hypothese steht hinter dem Versuch, Risikoallele mit Hilfe von Kopplungsstudien ausfindig zu machen. Die Gegenhypothese besagt, dass das Krankheitsrisiko von einer heterogenen Ansammlung relativ junger Mutationen abhängt.

Cousin – in der Genetik in der Regel Cousin ersten Grades.

Cousin ersten Grades – Jack und Jill sind Cousin und Cousine ersten Grades, wenn ein Elternteil von Jack Bruder oder Schwester von einem Elternteil von Jill ist.

Cousins zweiten Grades – Zwei Personen sind Cousins/Cousinen zweiten Grades, wenn ihre Eltern Cousins/Cousinen ersten Grades waren.

CpG-Dinukleotid – Dinukleotid aus einem Cytosin, das am 3'-Ende mit einem Guanin verknüpft ist; Ziel DNA-methylierender Enzyme und häufiger Schauplatz eines Nukleotidaustauschs CpG gegen TpG.

CpG-Inseln – kurze Chromosomenabschnitte (in der Regel kleiner als 1 kb) mit erhöhtem Cytosin- und Guaninanteil, in denen es nicht zu der ansonsten genomweit stark verbreiteten Desaminierung des labilen Cytosins gekommen ist (s. *Abschnitt 7.4*).

denaturierende Hochleistungsflüssigkeitschromatographie (dHPLC) – Methode zur Überprüfung eines PCR-Produkts oder anderer doppelsträngiger DNA-Fragmente auf Veränderungen gegenüber der Referenzprobe mit Hilfe einer Säulenchromatographie.

Denaturierung – in der Genetik: Trennen der beiden DNA-Doppelstränge mit Hilfe einer Erhöhung von Temperatur oder pH-Wert, wird manchmal auch als Schmelzen bezeichnet.

diagnostischer Test – Test, mit dem sich ein Diagnoseverdacht bestätigen lässt (vergleiche prädiktive Tests oder Screening-Verfahren).

dichotomes Merkmal – auch: diskretes Merkmal, ein Merkmal (zum Beispiel eine Krankheit), das man hat oder nicht hat; im Unterschied zu quantitativen oder kontinuierlichen Merkmalen, über die jeder verfügt und die sich von einem Menschen zum anderen nur in ihrem Ausprägungsgrad unterscheiden.

Didesoxynukleotid (ddNTP) – ein chemisch modifiziertes Nukleotid, das verwendet wird, um bei der DNA-Sequenzierung die wachsende DNA-Kette zu beenden.

diploid – mit zwei Chromosomensätzen ausgestattet (kann Zellen oder ganze Organismen beschreiben), normaler Zustand somatischer Zellen.

dominant – Merkmal, das auch im heterozygoten Organismus zur Ausprägung gelangt. Dominanz und Rezessivität sind primär Eigenschaften von Merkmalen, nicht von Genen oder Allelen, sind aber natürlich bestimmten Allelen zuzuordnen.

dominant negativ – Mutation, bei der das Produkt des mutierten Allels beim heterozygoten Organismus die Funktion des normalen Genprodukts beeinträchtigt.

dosissensitives Gen – ein Gen, bei dem sich die Veränderung der Kopienzahl im Phänotyp niederschlägt.

Dot-Blot – Hybridisierungsansatz, bei dem entweder die zu testende DNA oder aber die Sonde punktförmig auf ein festes Trägermaterial aufgebracht wird.

downstream – „strangabwärts", auf einem Nukleinsäurestrang zum 3'-Ende (des *Sense*-Strangs) hin angeordnet.

Ein-Gen-ein-Enzym-Hypothese – eine von Beadle und Tatum in den vierziger Jahren des letzten Jahrhunderts aufgestellte Hypothese, der zufolge die Funktion eines Gens darin besteht, die Synthese eines Enzyms – das heißt, eines katalytisch wirksamen Proteins – zu veranlassen; wird inzwischen nur noch stark eingeschränkt als gültig erachtet.

Einzelnukleotid-Polymorphismus – englisch: *single nucleotide polymorphism* (SNP) Polymorphismus, bei dem es zum Austausch einer einzelnen Base kommt.

Einzelstrang-Konformationspolymorphismus – englisch: *single strand conformation polymorphism* (SSCP) eine schnelle, aber nicht sehr zuverlässige Methode zur Durchmusterung von DNA-Fragmenten (von bis zu 300 Basenpaaren) auf Basenaustausche (s. *Abb. 5.7b*).

embryonale Stammzelle – undifferenzierte Zelle aus der Blastozyste eines Embryos, die sich zu nahezu jeder beliebigen Zelle differenzieren kann (s. *Abb. 14.6*).

empirisches Risiko – im Unterschied zu einem theoretisch ermittelten Risiko das aus erhobenen Daten ermittelte Risiko.

ENCODE-Projekt – internationales Projekt (Encyclopedia of DNA Elements), http://www.genome.gov/10005107, mit dem Ziel, sämtliche Funktionen menschlicher DNA zu ermitteln (s. *Abschnitt 6.2*).

epigenetische Vererbung – Veränderungen der Genexpression ohne vorhergehende oder begleitende Veränderungen der Nukleotidsequenz; umgesetzt durch die Methylierung von DNA und/oder Veränderungen der Chromatinstruktur. (Solche Veränderungen können sowohl von einer Zelle auf ihre Tochterzellen als auch von einer Generation auf die nächste weitergegeben werden.)

Epimutation – Mutation, die für eine epigenetische Veränderung, nicht aber für eine DNA-Veränderung sorgt.

Episom – extrachromosomales genetisches Element.

Euchromatin – Chromatin von relativ lockerer Struktur, in dem Gene aktiv sein können, so die geeigneten Transkriptionsfaktoren und Co-Aktivatoren vorhanden sind; Gegenstück zum Heterochromatin.

euploid – Gegenteil von aneuploid: Zelle, die den ihr zustehenden vollständigen Chromosomensatz (beziehungsweise die ihr zustehenden Chromosomensätze) enthält ohne dass darin Chromosomen fehlen oder zusätzliche enthalten sind.

Exon – Abschnitt der genomischen DNA, der in reifer mRNA erhalten bleibt. Dazu gehören unter anderem die 3'- und die 5'-untranslatierten Regionen eines Gens sowie seine kodierenden Sequenzen.

Expressionsarray – Mikroarray aus Oligonukleotiden oder cDNAs, die mit einzelnen mRNAs oder cDNAs hybridisieren. Bei Hybridisierung mit einem Gesamt-cDNA-Extrakt aus einer Zelle oder einem Gewebe lässt sich am Hybridisierungsmuster das RNA-Repertoire im Ausgangsmaterial ablesen (s. *Abschnitte 4.4* und *12.4*).

familiär – mit der Tendenz, gehäuft in Familien aufzutreten, nicht zwangsläufig genetisch bedingt.

Fehlpaarungskorrektur – s. Mismatch-Reparatur

Fluoreszenz-*in-situ*-Hybridisierung (FISH) – *In-situ*-Hybridisierung mit Hilfe einer fluoreszenzmarkierten DNA- oder RNA-Sonde (s. *Abb. 4.6* und *4.15*).

fragile Stelle – englisch: *fragile site*, für Brüche besonders anfällige Chromosomenregion, erscheint in einer Präparation vergleichsweise locker gepackt und ungeschützt; wird in der Regel nur unter speziellen Kulturbedingungen erkennbar, zum Beispiel bei Behandlung mit Bromdesoxyuridin oder Aphidicolin. Die meisten *fragile sites* sind Polymorphismen ohne Krankheitsbedeutung. Die beiden fragilen Stellen FRAXA und FRAXE (s. *Krankheitsinfo 4*) sind in ihrer Pathogenität ein Sonderfall.

Frameshift-Mutation – Mutation, die das Leseraster einer kodierenden Sequenz verändert (vergleiche *Exkurs 3.3* und *Abschnitt 6.2*).

funktionelle Genomik – Untersuchung von sämtlichen Genen in einem Genom oder sämtlichen Genen, die in einer Zelle oder einem Gewebe exprimiert werden.

G-Bänderung – Standardverfahren, bei dem Chromosomen so vorbehandelt werden, dass sie sich in einem charakteristischen, reproduzierbaren Muster aus hellen und dunklen Banden anfärben (s. *Abb. 2.5*).

gemischt heterozygot – compound heterozygot, Vorliegen von zwei verschiedenen Varianten eines Krankheitsgens bei ein und derselben Person.

Gendrift – Veränderung der Allelfrequenzen von einer Generation zur nächsten durch zufallsbedingte Schwankungen. Zur Gendrift kommt es nur, wenn die Anzahl der Keimzellen gering, das heißt, die Größe der sich fortpflanzenden Population sehr klein ist.

Genkonversion – Ersatz eines kurzen (in der Regel um die 100 Basenpaare langen) DNA-Abschnitts durch eine ähnliche, aber nicht identische Sequenz aus einem anderen Allel oder Gen, ein Prozess, der im Rahmen der Rekombination erfolgt, aber nicht reziprok verläuft – das Spender-Gen bleibt unverändert (s. *Exkurs 8.2*).

Genom – die „Erbsubstanz" eines Organismus, Gesamtheit seines genetischen Materials.

genomische DNA – die DNA im Zellkern, vergleiche auch cDNA.

Genpool – die Gesamtheit aller Allele eines bestimmten Locus in einer Population.

geschlechtsgebunden – ein Merkmal, das aus anatomischen oder physiologischen Gründen nur bei einem Geschlecht auftritt.

Geschwisterpaaranalyse – modellunabhängige Form der Kopplungsanalyse, bei der man nach Chromosomenabschnitten sucht, die bei Geschwisterpaaren, welche an derselben Krankheit leiden, häufiger auftreten als bloßer Zufall es bedingen würde (s. *Tab. 13.3*).

Gründereffekt – ungewöhnliche Häufigkeit eines bestimmten Allels oder Haplotyps in einer Population, die sich von einem oder einer kleinen Anzahl an Gründern herleitet, von denen einer oder mehrere diese Sequenz eingebracht haben.

haploid – Zellen oder Organismen, die nur über einen einfachen Chromosomensatz verfügen (beim Menschen wären dies 23 Chromosomen).

Haploinsuffizienz – liegt vor, wenn eine einzelne funktionsfähige Kopie eines Gens nicht hinreicht, einen normalen Phänotyp entstehen zu lassen. Mutationen an diesem Locus, die zu einem Funktionsverlust führen, haben damit automatisch dominanten Charakter.

Haplotyp – Reihe von eng miteinander gekoppelten Varianten auf einem Chromosom, die normalerweise en bloc vererbt werden.

HapMap-Projekt – internationale Kooperation zur Kartierung sämtlicher konservierten, das heißt, evolutionsgeschichtlich alten Chromosomenabschnitte in verschiedenen menschlichen Populationen (s. *Abschnitt 13.4* und http://www.hapmap.org).

Hardy-Weinberg-Gleichgewicht – beschreibt die mathematische Relation zwischen Allel- beziehungsweise Genotyphäufigkeiten in einer idealen Population, das heißt, wenn keinerlei verzerrende Faktoren wirken. Beim Menschen wird diese Formel vor allem zur Berechnung der Heterozygotenhäufigkeit angewandt, wenn man bei einer Risikofamilie die Wahrscheinlichkeit für das Auftreten einer autosomal rezessiv erblichen Krankheit bei einem Kind berechnen möchte (s. *Exkurs 10.1*). Bei extrem seltenen rezessiv vererbten Krankheiten taugt diese Relation allerdings nur sehr bedingt.

Heritabilität – Erblichkeit, Maß dafür, inwieweit in Bezug auf ein bestimmtes Merkmal die Unterschiede zwischen einzelnen Individuen (Angehörigen einer bestimmten Population zu einem bestimmten geschichtlichen Zeitpunkt) auf genetische Unterschiede zwischen diesen zurückzuführen sind. Heritabilität wird beschrieben durch einen Verhältniskoeffizienten, ihr Symbol ist h^2 und sie kann Werte zwischen 0 (kein genetischer Einfluss) und 1 (allein durch genetische Unterschiede bestimmt) annehmen (s. *Abschnitt 13.2*).

Heterochromatin – genetisch inaktives Chromatin, das während des gesamten Zellzyklus hoch kondensiert vorliegt und sich hauptsächlich im Bereich der Centromeren findet.

Heteroduplex – DNA-Doppelhelix mit Basenfehlpaarungen (englisch: *mismatches*) (s. *Abb. 5.7a*).

Heteroplasmie – Vorkommen von zwei oder mehr genetisch unterschiedlichen Mitochondrienstämmen in einem Organismus.

Heterozygotieverlust – loss of heterozygosity, LOH, wird in der Krebsforschung häufig beobachtet: eine Tumor-DNA erscheint homozygot für DNA-Polymorphismen, die in der normalen genomischen DNA des betreffenden Patienten heterozygot ist. Kennzeichnet in der Regel den Verlust von einem der beiden Allele (Hemizygotie). Wird dies häufiger beobachtet, ist dies ein Hinweis auf ein Tumorsuppressor-Gen in der entsprechenden Region (s. *Abb. 12.7*).

homologe Chromosomen – Chromosomenpaare (z. B. die beiden Exemplare von Chromsom 1) in einer diploiden Zelle. Homologe Chromosomen enthalten dieselbe Anordnung von Genen, sind aber, im Unterschied zu Schwesterchromatiden, keine Kopien voneinander. Sie können sich minimal (durch kleine Sequenzunterschiede) oder auch drastisch (zum Beispiel durch großräumige Translokationen) voneinander unterscheiden.

hybridisieren – das Zusammenlagern komplementärer Nukleinsäure-Einzelstränge zu einem Doppelstrang.

informative Meiose – eine Meiose, bei der die resultierenden Genotypen bei einer Kopplungsanalyse die Unterscheidung von rekombinant und nicht rekombinant zulassen.

Intron – Genabschnitt, der Teil des Primärtranskripts ist, durch den Spleißapparat jedoch herausgeschnitten wird und in der reifen mRNA nicht mehr vorhanden ist.

Inversion – Strukturanomalie, bei der sich ein Teil eines Chromosoms im Vergleich zum Rest in umgekehrter Orientierung befindet (s. *Abb. 2.21 und 4.12*).

Inzuchtkoeffizient – beschreibt die Wahrscheinlichkeit, mit der ein Nachkomme blutsverwandter Eltern für einen bestimmten Genort homozygot sein wird; der Inzuchtkoeffizient entspricht der Hälfte des elterlichen Verwandtschaftskoeffizienten.

Karyogramm – korrekter Ausdruck für die Darstellung der diskreten Einzelchromosomen eines Organismus (s. *Abb. 2.9* und andere), Umgangssprachlich oft als Karyotyp bezeichnet.

Karyotyp – Chromosomenkombination eines Menschen – oft als Begriff für die Chromosomenpräparation verwendet (s. *Abb. 2.9* und ähnliche).

Kaskadenscreening – Identifizierung von Anlageträgern durch die systematische Untersuchung von Familienangehörigen eines betroffenen Patienten (s. *Krankheitsinfo 11*).

Keimbahn – Zelllinie, aus der die Keimzellen (Gameten) gebildet werden. Mutationen in der Keimbahn können potentiell an die nächste Generation weitergegeben werden. Beim Menschen und anderen Tieren trennt sich die Keimbahn bereits sehr früh in der Embryogenese von der Entwicklung der somatischen Zellen.

Keimbahnmosaik – entsteht durch eine Mutation in der Keimbahn (nach der Befruchtung) und führt dazu, dass die Keimbahn des betreffenden Organismus aus genetisch unterschiedlichen Zellen besteht und somit genetisch unterschiedliche Gameten hervorbringen kann; Fallstrick bei der Deutung von Abstammungslinien und der Einschätzung von Krankheitsrisiken.

klinisch manifeste Heterozygotie – liegt zum Beispiel vor, wenn im Falle einer X-chromosomal vererbten Krankheit die Trägerin des mutierten Gens ein gewisses Maß an Krankheitssymptomen aufweist. Entsteht durch die variable, zufällige X-Inaktivierung des normalen oder mutierten Allels.

kongenital – bei der Geburt vorhanden, aber nicht notwendigerweise genetisch bedingt.

Konsensus-Sequenz – mit statistischen Mitteln konstruierte Sequenz der maximalen Deckungsgleichheit bei einer Sequenzfamilie. Diese Sequenz enthält an jeder Position das jeweils häufigste Nukleotid und stimmt daher in ihrer Nukleotidsequenz mit möglichst vielen anderen Vertretern der Familie überein (was nicht heißen muss, dass sie in ihrer Gesamtsequenz die am häufigsten vorkommende ist).

konservierte Regionen – Sequenzen, die sich bei verwandten Arten nicht oder nur wenig unterscheiden.

Kopplung – das Phänomen, dass Genorte, die sich auf einem Chromosom in enger Nachbarschaft befinden, innerhalb einer Familie häufig zusammen vererbt werden. Die Stärke dieser Neigung (irgendwo zwischen zufälliger Verteilung und unweigerlicher Cosegregation) bemisst sich nach der genetischen Entfernung zwischen den Genorten, die zwischen 0 und 50 centiMorgan betragen kann.

Kopplungsungleichgewicht – die nichtzufällige Kopplung bestimmter Allele an zwei oder mehr Genorten innerhalb einer Population. Ein Kopplungsungleichgewicht ist zu beobachten, wenn die Loci auf einem Chromosom eng nebeneinander liegen und die Allele zu einem gemeinsamen evolutionsgeschichtlich alten, hoch konservierten Chromosomenabschnitt gehören.

kryptische Spleißstelle – Sequenz innerhalb eines Exons oder Introns, die einer Spleißstelle ähnelt, aber doch genügend Unterschiede aufweist, um nicht als solche benutzt zu werden. Eine Mutation kann sie derart verändern, dass sie als Spleißstelle verwendet wird (Aktivierung einer kryptischen Spleißstelle).

Lepore-Hämoglobin – Ursache einer Hämoglobinopathie vom Typ einer β-Thalassämie, bei der die β-Kette des Hämoglobins durch ein chimäres Gen aus β- und δ-Ketten-Genanteilen kodiert wird. Chimäre Gene, die durch nicht homologe Rekombination hervorgegangen sind, werden daher auch als Gene vom Lepore-Typ bezeichnet.

Locus – (Plural Loci), Genort, genaue Lage eines Gens auf einem Chromosom (im Unterschied zu Allelen, den unterschiedlichen Varianten eines bestimmten Gens oder einer bestimmten Sequenz).

Locus-Heterogenität – der Fall, dass ein klinisch auffälliger Phänotyp durch Mutationen in mehreren verschiedenen Genen zustande kommen kann (vergleiche allelische Heterogenität).

Locus-Kontrollregion (LCR) – DNA-Sequenz, die etliche Kilobasen vom Transkriptionsstart entfernt liegt und die Expression eines Gens oder einer Gruppe von Genen kontrolliert (s. *Abschnitt 3.4*).

LOD-Score – Wahrscheinlichkeitsverhältnis, ein statistisches Maß für die Signifikanz in einer Kopplungsanalyse; entspricht dem dekadischen Logarithmus des Quotienten aus den Wahrscheinlichkeiten, dass die Loci einer bestimmten Rekombinationseinheit gekoppelt beziehungsweise nicht gekoppelt sind (s. *Abschnitt 9.2*).

Lyonisierung – s. X-Inaktivierung

lysosomale Speicherkrankheiten – angeborene Stoffwechselstörungen, bei denen eine bestimmte Substanz in den Lysosomen nicht abgebaut wird. Infolgedessen sammelt sich diese Substanz in den Lysosomen an, und führt zu krankhaften, oftmals zytotoxischen Veränderungen.

Meta-Analyse – zusammenfassende Analyse der kombinierten Daten aus einer Reihe von Einzelstudien.

Metaphase – Mitose- beziehungsweise Meiosestadium unmittelbar vor der Anaphase, in dem die Chromosomen in kondensierter Form zur Metaphaseplatte in der Äquatorialebene angeordnet sind.

Metazentrisch – Chromosom, bei dem sich das Centromer in der Mitte befindet (zum Beispiel Chromosom 3 und 20).

Methylierung – allgemein das Anhängen von Methylgruppen (CH₃) an ein beliebiges Molekül, im Besonderen die Konversion von Cytosin (in einem CpG-Dinukleotid) zu 5-Methylcytosin im Rahmen der epigenetischen Genregulation (s. *Abb. 7.8*).

methylierungssensitives Restriktionsenzym – ein Restriktionsenzym wie HpaII, das nur an unmethylierten Schnittstellen schneidet (s. *Abschnitt 7.2*).

Mikroarray – festes Trägermaterial, unterteilt in zahlreiche Einzelsegmente, auf denen jeweils eine zu testende Probe oder ein Reagenz verankert ist, an denen sich dann eine große Anzahl an Untersuchungen parallel durchführen lässt. In der Genforschung sind Mikroarrays – beladen mit Oligonukleotiden, cDNAs, Antikörpern oder Tumorproben – ein viel verwendetes Instrument.

Mikrodeletion – Chromosomendeletion, die zu klein (< 3-5 Megabasen) ist, als dass sie in einer Standardpräparation von Chromosomen sichtbar würde; wird nachgewiesen durch Fluoreszenz-*in-situ*-Hybridisierung, vergleichende genomische Hybridisierung, quantitative Microarray-Analyse oder *multiplex ligation dependent probe amplification*.

Mikrosatelliten – kurze, sich wiederholende DNA-Sequenzen (Tandem Repeats) mit Wiederholungseinheiten aus 1-6 Nukleotiden (Tandem Repeats mit längeren Wiederholungseinheiten heißen Minisatelliten). Mikrosatelliten-Polymorphismen gehören zu den wichtigsten DNA-Markern für Kopplungsanalysen.

Mikrosatelliteninstabilität (MSI) – Kennzeichen von Tumorzellen, bei denen die Reparatur von durch Replikationsfehler bedingte DNA-Fehlpaarungen gestört ist. Solche Tumor-DNA enthält im Vergleich zur normalen DNA des Patienten neue Allele an den verschiedensten Mikrosatelliten des Genoms.

Mismatch-Reparatur – gelegentlich auch: Fehlpaarungskorrektur; vermittelt durch einen Proteinkomplex, dem unter anderem die Proteine MSH2 und MLH1 angehören, und der frisch replizierte DNA auf falsch eingebaute Nukleotide überprüft, diese ausschneidet und das entsprechende DNA-Stück neu synthetisiert.

Modifier-Gen – Gen, das den Phänotyp eines nach den Mendel'schen Gesetzen vererbten Merkmals – einer Krankheit beispielsweise – verändert, ungeachtet dessen, dass deren Primärursache ein anderes Gen ist.

Monosomie – das Fehlen eines Exemplars eines bestimmten Chromosoms, während von allen anderen Chromosomen zwei Kopien vorhanden sind (ein Mensch hätte damit 45 Chromosomen).

Mosaik – aus zwei oder mehr genetisch unterschiedlichen Zelllinien bestehend. Ein Organismus kann in Bezug auf eine Chromosomenvariante oder auch nur in Bezug auf ein einzelnes Gen Mosaikstruktur haben.

multifaktoriell – Allzweckbegriff mit dem etwas beschrieben wird, was durch viele Faktoren bedingt wird, zum Beispiel ein durch mehrere Gene und Umweltfaktoren beeinflusstes Merkmal.

multiplex ligation-dependent probe amplification – kurz: MLPA, Methode zur Untersuchung einer größeren Zahl (30-50) kurzer DNA-Fragmente auf Veränderungen der Kopienzahl; verwendet z. B. für den Nachweis von Deletionen ganzer Exons in einem Gen.

nicht verwandt – wenn Sie weit genug zurückgehen, ist jeder mit jedem verwandt. In der Genetik bezeichnet man in der Regel zwei Personen als nicht verwandt, wenn diese keine gemeinsamen Urgroßeltern haben.

nichtparametrische Kopplungsanalyse – Kopplungsanalyse, die nach gemeinsamen Chromosomenabschnitten bei erkrankten Verwandten fragt, und dabei nicht von einem speziellen genetischen Modell zur Entstehung des Phänotyps ausgeht (s. *Abschnitt 13.2*).

Nonsense-Mutation – Mutation, die ein Codon für eine Aminosäure in ein Stoppcodon (UAA, UAG oder UGA in der mRNA, TAA, TAG oder TGA in der DNA) umwandelt.

Nonsense-vermittelter RNA-Abbau – zellulärer Mechanismus, über den mRNA-Moleküle abgebaut werden, bei denen die Translation ca. 50 Nukleotide vor der nächstgelegenen Spleißstelle (in Richtung 3'-Ende) abbricht, z. B. aufgrund eines vorzeitigen Stoppcodons; in der Evolution vermutlich entstanden, um Zellen vor den negativen Auswirkungen trunkierter (mit unsinnigen Aminosäuresequenzen verlängerter) Proteine zu schützen.

Northern-Blot – Nachweis spezifischer RNA-Sequenzen durch das Auftrennen von RNA per Gelelektrophorese, Übertragen der aufgetrennten Fragmente auf einen Membranfilter und Hybridisierung mit einer markierten Sonde. Northern-Blots dienen der Expressionsanalyse.

Nukleosid – mit einem Zucker verknüpfte Base.

Nukleosom – Grundstruktureinheit des Chromatins, bestehend aus 146 Basenpaaren DNA, die um einen aus je zwei Molekülen der Histone H2A, H2B, H3 und H4 bestehenden Proteinkomplex gewunden sind.

Nukleotid – Nukleinsäuregrundbaustein aus Zucker und Base (Nukleosid) und einem Phosphatrest.

obligater Anlageträger – jemand, für den aufgrund von Stammbauminformationen sicher ist, dass er Träger einer rezessiven (autosomal oder X-chromosomal vererbten) Mutation (respektive Krankheitsanlage) sein muss. Im Falle von X-gebundenen Krankheiten, bei denen es häufig zu Neumutationen kommt, müssen bei einem obligaten Träger in der eigenen oder in vorangegangenen Generationen sowie unter seinen Kindern bzw. Enkeln betroffene (erkrankte) Personen oder Anlageträger zu finden sein. Eine Frau, die mehr als einen Sohn mit einer X-chromosomal rezessiven Krankheit hat, ist nicht automatisch eine obligate Anlageträgerin, da bei ihr auch ein Keimbahnmosaik vorliegen könnte.

Okazaki-Fragmente – Zwischenstufen der DNA-Replikation. Während die Replikationsgabel an der DNA entlang wandert, kann nur ein Strang kontinuierlich in 5'-3'-Richtung abgelesen werden, der andere wird in Gestalt kurzer (100 bis 200 Nukleotide messender) Fragmente synthetisiert, die dann miteinander verknüpft werden (s. *Abbildung 12.3a*).

Oligonukleotid – kurzes Stück einzelsträngiger DNA oder RNA.

Onkogen – Gen, das im Falle einer funktionsverstärkenden Mutation (Gain-of-function-Mutation) zu unkontrolliertem Zellwachstum und damit zur Tumorentstehung beitragen kann. Im eigentlichen Sinne gilt der Begriff nur für das mutierte Gen, der Wildtyp ist ein Proto-Onkogen, aber dieser Unterschied wird häufig ignoriert.

Paarungssiebung – (englisch: *assortative mating*) die Auswahl eines Partners, der einem selbst genetisch ähnlich ist. Der Begriff kann sich auf phänotypische Ähnlichkeit oder auf den Verwandtschaftsgrad beziehen.

Panmixie – (englisch: *random mating*) genotypunabhängige Partnerwahl, Gegenstück zur Paarungssiebung.

Penetranz – die Wahrscheinlichkeit, mit der ein bestimmter Genotyp zur Manifestation eines Merkmals führt. Penetranz ist eine Eigenschaft eines Merkmals oder eines Phänotyps, nicht eines Gens oder eines Allels.

Phänokopie – Phänotyp, der einem anderen, genetisch definierten Phänotyp ähnelt, wobei diese Ähnlichkeit nicht auf genetische Ursachen zurückzuführen ist.

Phänotyp – die beobachtbaren, äußerlich wahrnehmbaren Merkmale einer Person.

Pharmakogenetik – die Untersuchung von Effekten einzelner Gene auf den Metabolismus und die Wirkung eines Medikaments.

Pharmakogenomik – Untersuchung der Gesamtheit aller genetischen Faktoren, welche die Medikamentenwirkung bei einer individuellen Person beeinflussen.

pleiotrop – eine Mutation, die sich auf viele Systeme auswirkt.

polygen – in der mathematischen Theorie wird ein polygenes Merkmal durch das Zusammenwirken einer unendlich großen Anzahl an Genen gestaltet, die jeweils einen unendlich kleinen Einfluss ausüben. In der Praxis ist ein polygener Effekt häufig auf nicht mehr als eine Handvoll Gene zurückzuführen.

Polymorphismus – DNA-Variante, die in zwei oder mehreren unterschiedlichen Formen (Allelen) in der Bevölkerung vorkommt, wobei das seltenere Allel eine Frequenz von mindestens 1 Prozent hat.

population attributable risk – s. attribuierbares Risiko

positionelle Klonierung – auch: Positionsklonierung; Auffinden von Krankheitsgenen mit Hilfe von Kopplungsanalysen und anschließender Kartierung und Untersuchung der in der fraglichen Region enthaltenen Kandidatengene (vergleiche dazu die Identifizierung von Krankheitsgenen über die Aufklärung der molekularen Pathogenese einer Krankheit).

positionelles Kandidatengen – Gen, das in einer Chromosomenregion lokalisiert ist, von der man durch Kopplungsanalysen weiß, dass sich dort ein mit einer bestimmten Krankheit assoziiertes Gen befindet.

positiv prädiktiver Wert – der Anteil an „echt-positiven" Testergebnissen bei einem Test, das heißt, ein Maß für die Wahrscheinlichkeit, mit der sich die untersuchte Krankheit oder Eigenschaft auch korrekt nachweisen lässt.

prädiktiver Test – Test, aus dem sich ablesen lässt, mit welcher Wahrscheinlichkeit eine gegenwärtig gesunde Person eine später im Leben einsetzende Krankheit bekommen wird oder nicht.

Prämutation – bei Krankheiten, die durch eine Verlängerung von wiederholten Nukleotidsequenzen (Tandem-Repeats) zustande kommen, eine Verlängerung, die noch nicht das Krankheitsbild auslöst, die Region aber derart destabilisiert, dass es in nachfolgenden Generationen zur Ausprägung der Krankheit kommen kann (s. *Krankheitsinfo 4*).

pränataler Ausschlusstest – bei spät manifestierenden dominant erblichen Krankheiten eine kopplungsanalytische Methode zur Klärung der Frage, ob ein Fetus ein möglicherweise krankheitsassoziiertes Allel von einem seiner Großeltern geerbt hat, ohne dass man dazu einen prädiktiven Test bei den Eltern vornehmen muss.

Primärtranskript – das ursprüngliche, frisch gebildete RNA-Produkt der Transkription eines Gens. Enthält noch sämtliche Exons und Introns der Vorlage. Bei der Weiterverarbeitung zur reifen RNA werden die Introns herausgeschnitten.

Primer – kurzes (10 bis 40 Nukleotide langes) Oligonukleotid, das an komplementäre, einzelsträngige DNA hybridisiert und dann mittels DNA-Polymerase durch das Anhängen von weiteren Nukleotiden an sein 3'-Ende verlängert wird.

Prometaphase – spätes Stadium der Prophase des Zellzyklus. Die Zytogenetiker nehmen die Karyotypisierung von mitotischen Zellen normalerweise in der Prometaphase vor, weil die Chromosomen zu diesem Zeitpunkt weiter auseinander liegen als in der Metaphase und eine größere Zahl von Banden sichtbar ist.

Promotor – DNA-Region unmittelbar vor einem Gen, die die regulatorischen Elemente zur Transkriptionskontrolle enthält und an der sich der RNA-Polymerase-Komplex zur Transkription des Gens zusammenfindet.

Prophase – erstes Stadium von Mitose oder Meiose, in dem die Chromosomen allmählich kondensieren und sichtbar werden; endet mit der Auflösung der Kernhülle.

Proteom – die komplette Proteinausstattung einer Zelle oder eines Gewebes.

Proto-Onkogen – normale, nicht durch eine Mutation aktivierte Wildtypform eines Onkogens.

pseudoautosomale Region – Regionen von ca. 2,6 Mb Länge an den Enden der kurzen Arme der X- und Y-Chromosomen, die aus homologer DNA bestehen und während der Meiose rekombinieren. Gene in dieser Region zeigen ein autosomales Vererbungsmuster. Auch an Enden der langen Arme gibt es eine kurze pseudoautosomale Region (s. *Abb. 7.5*).

Pseudogen – funktionslose Kopie eines Gens. Pseudogene kommen im menschlichen Genom überaus häufig vor.

Quantitative trait locus – Genort, der Einfluss auf die Ausprägung eines quantitativen phänotypischen Merkmals hat.

quantitatives Merkmal – Merkmal wie Körpergröße oder Blutdruck, das allen Menschen gemeinsam ist, aber bei jedem eine andere Größenordnung erreicht – wird manchmal auch als kontinuierliches Merkmal bezeichnet, im Unterschied dazu: dichotome (diskrete) Merkmale.

random mating – s. Panmixie

Real-time-PCR – auch: Echtzeit-PCR, Methodik, bei der sich die zunehmende Menge von PCR-Produkten im Verlauf quantifizieren lässt. Grundlage der meisten quantitativen PCR-Analysen.

rekombinant – Die Keimzelle eines Organismus ist rekombinant in Bezug auf zwei Loci oder Genorte, wenn die beiden Allele dafür jeweils von einem anderen Elternteil stammen.

rekombinante DNA – DNA, die durch die Ligation von Sequenzen aus unterschiedlicher Quelle zustande kommt; typisches Beispiel: das Einbringen einer menschlichen DNA in einen Vektor.

relatives Risiko – in der Humangenetik das Erkrankungsrisiko eines Menschen mit einem bestimmten Genotyp oder mit einer erkrankten Person in der Verwandtschaft im Vergleich zum Risiko in der Gesamtbevölkerung. Man beachte, dass relative Risiken ganz andere Werte ergeben als absolute Risiken. Wenn sich durch eine Erhöhung des relativen Risikos um den Faktor 10 das absolute Risiko lediglich von 1 in 10 000 auf 1 in 1000 erhöht, ist das unter Umständen von keinerlei klinischer Bedeutung.

reproduktives Klonen – Verfahren zur Klonierung eines Organismus (s. *Abschnitt 14.4*).

Restriktionsendonuklease – Enzym, das doppelsträngige DNA an einer bestimmten Stelle ihrer Sequenz schneidet; in der Regel handelt es sich dabei um ein Palindrom aus vier oder sechs Nukleotiden.

Restriktionsfragmentlängen-Polymorphismus (RFLP) – DNA-Polymorphismus, durch den eine Erkennungsstelle für ein Restriktionsenzym neu geschaffen wird oder verloren geht (Beispiel s. *Abb. 5.14*).

reverser Dot-Blot – Dot-Blot, bei dem nicht die Test-DNA sondern die Sonde auf dem Trägermaterial verankert ist. DNA-Mikroarrays sind reverse Massen-Dot-Blots.

rezessiv – Ein Merkmal wird als rezessiv bezeichnet, wenn es im heterozygoten Organismus nicht manifest wird. Rezessivität und Dominanz sind primär Eigenschaften von Merkmalen, nicht von Genen oder Allelen, sind aber natürlich bestimmten Allelen zuzuordnen.

Robertson'sche-Translokation – Spezialfall der Translokation, bei dem die langen Arme von zwei akrozentrischen Chromosomen in der Nähe ihrer Centromere miteinander verschmelzen (s. *Abb. 2.22*).

RT-PCR – Polymerasekettenreaktion, bei der cDNA amplifiziert wird, die mittels reverser Transkriptase aus mRNA hergestellt wurde.

Schwesterchromatiden – die beiden Chromatiden eines duplizierten Chromosoms, wie sie in einer sich teilenden Zelle sichtbar werden. Schwesterchromatiden sind Kopien voneinander, die während der letzten DNA-Replikation entstanden sind.

Screening-Test – ein Test, mit dem man Personen mit erhöhtem Risiko aus der Gesamtpopulation herausfiltert. In der Regel folgt anschließend ein diagnostischer Test (s. *Abschnitt 11.2*).

Segregationsanalyse – engl.: *gene tracking;* das „Nachverfolgen" der Vererbung (Segregation) von Chromosomenabschnitten innerhalb eines Stammbaums mit Hilfe polymorpher Marker; wird verwendet, um einer pathogenen Mutation nachzuspüren, wenn es aus irgendeinem Grunde nicht möglich ist, diese durch Sequenzierung direkt nachzuweisen (s. *Abb. 9.9*).

***Sense*-Strang** – der „Sinn-Strang" der Doppelhelix, dessen Sequenz mit der transkribierten mRNA für das Genprodukt übereinstimmt (das Gegenstück zum *Template*-Strang, der mRNA-Vorlage).

Sensitivität eines Tests – der Anteil erkrankter Personen, der von einem eine Krankheit nachweisenden Test tatsächlich erfasst wird (s. *Exkurs 11.1*).

Signalpeptid – das N-terminale, oft etwa ein Dutzend Aminosäurereste umfassende Ende eines Proteins, das den Transport dieses Proteins in eine bestimmte Organelle vermittelt. Signalpeptide werden abgespalten, sobald sie ihre Funktion erfüllt haben.

single nucleotide polymorphism **(SNP)** – s. Einzelnukleotid-Polymorphismus

single strand conformation polymorphism **(SSCP)** – s. Einzelstrang-Konformationspolymorphismus

slipped strand mispairing – ein Replikationsfehler im Bereich eines Tandem-Repeats (mehrfach hintereinander wiederholte DNA-Sequenzen), durch den der neu synthetisierte Strang mehr oder weniger Sequenzwiederholungen enthält als die Vorlage.

somatische Mutation – Mutation in einer Körperzelle, die nicht an die Nachkommen weitergegeben wird.

Sonde – einzelsträngige DNA, die beispielsweise mit einem Fluoreszenzfarbstoff oder radioaktiv mit ^{32}P markiert wurde und in einem Hybridisierungsassay zum Nachweis der komplementären Sequenz verwendet wird.

Southern–Blot – Methodik, bei der DNA mit Restriktionsenzymen verdaut, per Gelelektrophorese aufgetrennt, auf eine Membran aufgebracht und schließlich mit einer markierten Sonde hybridisiert wird (s. *Abb. 4.5*). Southern-Blots dienen dem Nachweis bestimmter Sequenzen (Gene oder Genabschnitte) im Gesamtgenom.

Spleiß–Isoformen – mögliche Varianten eines Proteins, die durch alternatives Spleißen von Exons zustande kommen.

Stammzelle – eine teilungsfähige Zelle, die pluripotent ist, aus der also mehrere unterschiedlich differenzierte Zelllinien hervorgehen können (s. *Abb. 14.5*).

Stopp-Codon – Codon aus den Tripletts UAG, UGA oder UAA in der mRNA, die dem Ribosom das Signal gibt, die Verlängerung des Polypeptids einzustellen und zu dissoziieren; auch für die entsprechende DNA-Sequenz im Gen verwendet.

submetazentrisch – Chromosom mit einem langem und einem kurzen Arm, wie die meisten menschlichen Chromosomen (die anderen sind metazentrisch oder akrozentrisch).

Tandem-Repeat – auch: Tandemwiederholungen; gleiche DNA-Sequenzen, die unmittelbar hintereinander angeordnet sind. Daneben gibt es verstreute Repeats und inverse Repeats (auch: Palindrome).

Telomerase – Ribonukleoprotein, das an die Telomere eines Chromosoms Repeat-Einheiten anhängt (beim Menschen sind das TTAGGG-Einheiten).

Telomere – Struktur an den Enden eines Chromosoms, bestehend aus hintereinander geschalteten Tandemwiederholungen, die mit einer Reihe von Proteinen assoziiert sind (beim Menschen bestehen Telomere aus TTAGGG-Sequenzen).

Template-**Strang** – der Strang der Doppelhelix, der im Verlauf der Transkription als Vorlage für die wachsende RNA dient.

therapeutisches Klonen – Verfahren, bei dem genetisch mit einem Patienten kompatible embryonale Stammzellen hergestellt werden, aus denen sich Zellen oder Gewebe für die Transplantation gewinnen lassen (s. *Abb. 14.7*).

trans-aktiv – genregulatorisches Element, das ein oder mehrere Gene reguliert, die andernorts im Genom angesiedelt sind.

Transkriptionsfaktor – Protein, das die Transkription eines oder mehrerer Gene steuert und dazu beiträgt, RNA-Polymerase und Promotor in räumliche Nähe zueinander zu bringen oder zu halten.

Translokation – nichthomologer Sequenzaustausch zwischen zwei Chromosomen (s. beispielsweise *Abb. 2.14*).

Transmissions-Disequilibriums-Test (TDT) – Test, der unter Berücksichtigung von Familieninformationen aus Kopplungsstudien nach einer Assoziation fragt; wird angewandt zum Auffinden von Faktoren, die eine Anfälligkeit für eine bestimmte Krankheit entstehen lassen (s. *Abb. 13.10*).

Transposon – „springendes Gen": ein bewegliches genetisches Element, das von einem Chromosomenabschnitt zu einem anderen wechseln kann, dies geschieht entweder durch Herausschneiden oder durch die Synthese einer mobilen Kopie. Man kann Transposons als eine Art intrazelluläres Virus betrachten, zu erkennen sind sie an bestimmten Sequenzcharakteristika. Etwa 50 Prozent des menschlichen Genoms bestehen aus Transposons, der größte Teil davon aber hat seine Fähigkeiten sich umzulagern durch die Anhäufung von Mutationen verloren. Die bekanntesten Transposons des Menschen sind LINE und SINE Elemente, die in jeweils bis zu 1 Mio. Kopien vorkommen.

triploid – Zelle oder Organismus mit dreifachem Chromosomensatz (beim Menschen entspräche das 69 Chromosomen); bei Tieren und Menschen in der Regel letal.

Trisomie – das Vorliegen von drei anstelle von zwei Kopien eines Chromosoms, das heißt, von insgesamt 47 Chromosomen beim Menschen (vgl. *Abb. 2.11*).

Trisomie-Korrektur – Mechanismus, der in uniparentaler Disomie münden kann. Eine Trisomie durch fehlende Trennung der homologen Chromosomen im Verlauf der Meiose (Nondisjunction) kann unter Umständen durch Chromosomenverlust während einer Mitose des zunächst trisomen Embryos zu einer Zelle mit normalem Chromosomensatz führen, aus dem sich dann das Baby entwickelt. In einem Teil der Fälle führt dies allerdings dazu, dass der Fetus beide Kopien eines Chromosoms vom selben Elternteil hat (uniparentale Disomie), was in seltenen Fällen wiederum Ursache von genetisch bedingten Erkrankungen sein kann.

Tumorsuppressorgen – Gen, das die Zelle vor unkontrolliertem Wachstum schützt und dessen Funktion in Tumoren verloren gegangen ist.

unbalanciert – eine Chromosomenstörung, bei der genetisches Material verloren gegangen ist oder zusätzliches Material vorliegt, also nicht nur eine Umlagerung des normalen Chromosomenmaterials bei gleich bleibender Menge erfolgt ist.

uniparentale Disomie (UPD) – der Fall, dass beide Exemplare eines Chromosomenpaares von einem Elternteil ererbt wurden, man unterscheidet uniparentale Isodisomie von uniparentalen Heterodisomien. Bei ersterer stammen die kindlichen Chromosomen vom identischen elterlichen Chromosom ab, bei letzterer ist das kindliche Chromosomenpaar identisch zu beiden homologen Chromosomen eines Elternteils.

upstream – „strangaufwärts", auf einem Nukleinsäurestrang zum 5'-Ende (des *Sense*-Strangs) hin gelegen.

Vektor – DNA-Sequenz, in die sich ein spezifisches DNA-Stück einfügen und so in Zellen einführen und manipulieren lässt. Die meisten Vektoren sind gentechnisch präparierte Versionen von natürlichen Plasmiden oder Bakteriophagen (s. *Exkurs 4.5*).

vergleichende genomische Hybridisierung (CGH) – Methode zum Nachweis einer veränderten Kopienzahl beliebiger Sequenzen innerhalb des Genoms (s. *Abb. 4.7* und *4.8*).

Verwandtschaftskoeffizient – Anteil des genetischen Materials, das bei zwei Organismen aufgrund gemeinsamer Vorfahren identisch ist (s. *Abschnitt 10.2*).

X-Inaktivierung – Mechanismus, durch den bei einem weiblichen Organismus alle X-Chromosomen bis auf eines inaktiviert sind, und zwar unabhängig von der Zahl der vorhandenen X-Chromosomen.

Zellzykluskontrollpunkt – auch: Checkpoint; regulatorisch wirkendes Kontrollsystem, welches fehlerhafte Zellen daran hindert, den Zellzyklus zu durchlaufen.

Register

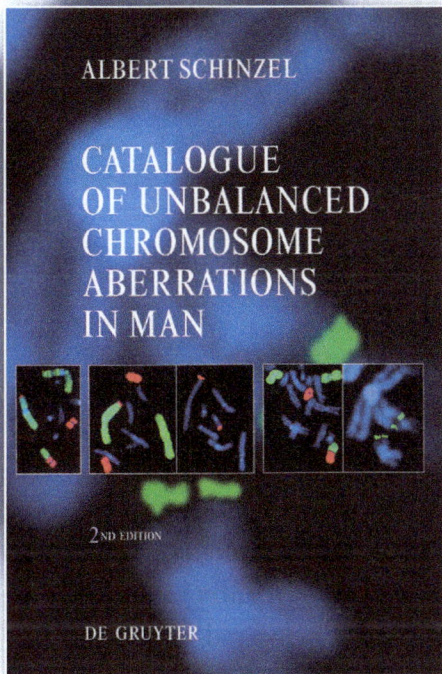

Albert Schinzel

■ Catalogue of Unbalanced Chromosome Aberrations in Man

2nd rev. and expand. ed. 2001.
XVI, 966 pages. 1800 fig. Hardcover.
RRP € [D] 248.00
ISBN 978-3-11-011607-6

This text presents a comprehensive and updated catalogue of the already large, and rapidly growing number of chromosome aberrations in man. The consistent structure of the text and references provide for rapid orientation. The catalogue should prove useful for any clinician treating patients with autosomal chromosome aberrations as well as for physicians and biologists working in cytogenic laboratories and human genetic institutes.

W
DE
G
de Gruyter
Berlin · New York

www.degruyter.com

Prices are subject to change.
Prices do not include postage and handling.

www.ingramcontent.com/pod-product-compliance
Lightning Source LLC
Chambersburg PA
CBHW061328190326
41458CB00011B/3936